Gesamtverzeichnis des eutschsprachigen Schrifttums (GV) 1700 – 1910

Bearbeitet unter der Leitung von
Hilmar Schmuck und Willi Gorzny
Bibliographische und redaktionelle Beratung:
Hans Popst und Rainer Schöller

140

Stes – Stos

K · G · Saur München · New York · London · Paris 1985

CIP-Kurztitelaufnahme der Deutschen Bibliothek

Gesamtverzeichnis des deutschsprachigen Schrifttums :
(GV). -- München, New York, London, Paris : Saur.
Bd. 1 – 6 bearb. unter d. Leitung von Peter Geils
u. Willi Gorzny.
ISBN 3-598-30000-X

1700 -- 1910 / bearb. unter d. Leitung von Hilmar
Schmuck u. Willi Gorzny. Bibliograph. u. red.
Beratung: Hans Popst u. Rainer Schöller

NE: Schmuck, Hilmar [Bearb.]

140. Stes - Stos. - 1985.

Techn. Realisierung und Druck: Norbert Gärtner, Mainz-Kastel
Binden: Karl Schaumann, Darmstadt
Printed in the Federal Republic of Germany
ISBN 3-598-30000-X (Gesamtwerk)

Stesichorus

Stesichori lyrici fragmenta in unum collecta. certo ordine digesta et interpretatione illustr. a J. A. Suchfort, c. Epist. C. G. Heyne. 4. Götting. 771. Dieterich. 4 gl

Stesichori Fragmenta. Collegit, dissertat. de vita et poesi auctoris praemisit O. Fr. Kleine. 8 maj. (10 B.) Berolini 828, Reimer. 18 Gr., Vlnp.

Stęszewski, Felix de Valois Valentinus *(geb. Lowitsch in Pol. 26.11.1796)*: De pathematibus animi, morborum caussis, signis, remediis. Vratislaviae (1822). (32 S.) 8°
Breslau, Med. Diss. v. 10. Dez. 1822

Stetefeld, Richard

Die drei Kältemaschinen-Systeme: Ammoniak, schweflige Säure u. Kohlensäure zeigen f. normale Kühlwassertemperaturen ... keine Abweichungen zu Gunsten d. einen oder and. Systems. Von Rich. Stetefeld. *(München 1902: R. Oldenbourg.)* (9 S.) 4° [Kopft.]
Aus: Zeitschr. f. d. gesammte Kälte-Industrie. 1902. [02. 11332 B

Stetefeld, Rich., die Eis- u. Kälteerzeugungs-Maschinen. Ihr Bau u. ihre Verwendg. in der Praxis. Ein Compendium der gesamten Kälte-Industrie. gr. 8. (XI, 488 S. m. Abbildgn. u. Taf.) Stuttgart 901. M. Waag. n.n. 20.—; geb. n. 22.—

Stetefeld, R: Die bakteriologische Wirkung der Luftkühlung in Fleischkühlanlagen. Berlin (1903?)

— s.: Zeitschrift f. die gesammte Kälte-Industrie.

Stetefeldt, Carl A., the lixiviation of silver-ores with hyposulphite solutions, with special reference to the Russell process. 2. ed. gr. 8. (XV, 210 S. m 2 Taf.) Oakland, Cal. (895). (Freiberg, Craz & Gerlach.) n.n. 20.—

Stetfeld, Joh. Fr., Samml. e. kurzen Reden. 8. Coburg. Ahl. 760.

Stetina, Ant., neues österreichisches Kochbuch f. jeden Haushalt. (In 20 Hftn.) 1. Hft. gr. 8. (32 S.) Gablonz a/N. 886. Böhme. n. — 30

Stetina, Ant., neues österreichisches Kochbuch für jeden Haushalt. Eine leicht faßl. und bewährte Anleitung, jede Speise, von der gewöhnlichsten Hausmannskost bis zur vornehmsten Tafel als auch jede Bäckerei auf die feinste und schmackhafteste Weise nach eigener selbst erprobter Erfahrung herzustellen, nebst genauer Angabe der Eintheilung bei kleineren und größeren Diners und Soupers, nebst Tranchirkunst, Einmachekunst der Früchte und Gemüse, als auch vielen anderen in jedem Haushalte vorkommenden, nützl. und unentbehrl. Sachen. gr. 8. (528 S.) Gablonz a. N. 886, Böhme. geb. [*M 5.—] *

STETKA, Ernst
Die Tactik für die Infanterie- und Jäger-Truppe. Zum leichtfasslichen Studium in Verse gefasst und allen jüngeren Kameraden freundschaftlichst gewidmet von Ernst Stetka. 8. Auflage. Pressburg. [1899.] Druckerei C. F. Wigand. [In Comm. Heckenast's Nachfolger.] 8°. 16 S. fl. —.30

Stetkiewicz, s.: Kosciesza-Stetkiewicz.

Stetlen: Die Alkoholbehandlung bei Erkrankungen des Ohres. Beyer. Königsberg. 1893.

Stetner, Andreas Adam (Buch/Franken) A. S. 1383/30

De ecclesia subterranea. Präs. Christoph Sonntag. Altdorf (Kohles) 11. II. 1711. 13 S.

W. v.: Präs., Georg Michael Nittinger (Opp.), Georg Wolfgang Bürger (Opp.). 33503

Stets willkommen. (Bilderbuch.) gr. 4. (6 farb. Taf. m. eingedr. u. 6 S. illustr. Text.) Düsseldorf 895. A. Bagel. 1.—

Stetson, s.: Gilman, Charlotte Perkins.

Stett, Frz. Mth., gemeinnütz. Gesundheits- u. Krankenbuch f. Bürger u. Landleute, außer u. in den Tagen ihrer Krankheit, mit besond. Rücksicht auf ihr nahes Ende. 8. Augsb. 805. M. Rieger. 10 gl

— prakt. Handbuch für noch nicht geübte Seelsorger, den Kranken die Sakramente zu reichen u. beizustehen. 8. Augsb. 804. M. Rieger. 14 gl

Stetten, August Frh. von, approb. Arzt aus Meersburg i. Baden: Aus d. Kgl. Augenklinik zu Kiel. Über zwei bemerkenswerte Fälle von Bulbusverletzung[!]. *Kiel 1900: H. Fiencke.* (19 S.) 8°
Kiel, Med. Diss. v. [12. Juni] 1900

Stetten, Norbert Frhr. v., Gedichte. gr. 8. (VIII, 121 S.) Wien 882. Konegen. n. 3. —

Stetten, Paul von

— Leben u. Charakter, (v. L. F. Krauß). 8. Augsb. 809.

v. Stetten, Paul, († d. 12. Febr. 1808.) Beschreib. der Reichsst. Augsburg nach ihrer Lage, jetzigen Verfassung 2c., nebst Grundriß. gr. 8. Augsb. 788. v. Jenisch u. St. 18 gl

[**Stetten**, Paul v.] Briefe eines Frauenzimmers aus dem XV. Jahrh. Augsburg, bey Conrad Heinrich Stage 1783.
204 S.; 13 Taf. in Kupferst. 8°.
Der Autor ist der Augsburger Historiker Paul v. Stetten d. J.
Die Kupfer gestochen von Th. Weber nach Zeichn. von Gottl. Fr. Riedel
1. Ausg. 1777

Vgl. Briefe...

Stetten, P. v., Briefe eines Frauenzimmers aus dem XV. Jahrh., s.: Bibliothek deutscher Curiosa.

— Erläuterr. der in Kupfer gestoch. Vorstellungen, aus d. Geschichte der Reichsstadt Augsburg, in histor. Briefen an ein Frauenzimmer. Mit 36 Kpf. u. 12 Vign. gr. 4. Augsb. 765 u. 767. v. Jenisch u. St. 5 ℔

v. Stetten, Paul, († d. 16. Febr. 1786.) Geschichte der freien Reichsstadt Augsburg; aus bewährten Jahrbüchern u. Urkunden gezogen. 2 Bde. Mit Kpf. gr. 4. Frankf., Leipz. u. Augsb. 743 u. 758. Klett. 10 ℔

v. **Stetten**, P. Geschichte der h. R. Reichs Freyen Stadt Augsburg. 2 Bde. 4. Frankfurt a. M. 1743. 58.

— Geschichte d. fr. Reichsstadt Augsburg, m. K. 2 Bände. gr. 4. Augsb. Klett. 745—58.

— Geschichte der adeligen Geschlechter in Augsburg. Mit 228 in Kupfer gestoch. adel. Wappen u. Siegeln. 4. Augsb. 763. Lotter. (Kranzfelder). 4 ℔ Hbg. Pr. 2 ℔

— Kunst-, Gewerbs- u. Handwerksgeschichte der Reichsstadt Augsburg. 2 Thle. gr. 8. Augsb. 779—88. v. Jenisch u. St. 2 ℔ 6 gl

— Lebensbeschreibb. zur Erweckung bürgerl. Tugenden. 2 Thle. Mit Kpf. 8. Augsb. 778 u. 782. v. Jenisch u. St. 1 ℔ 8 gl

Stetten, Paul von, s. Mensch, Der, in seinen versch. Lagen.

— s. Merkwürdigkeiten der Stadt Augsburg.

— Nachrr. von den noch jetztlebenden Künstlern in Augsburg. gr. 4. Augsb. 768. v. Jenisch u. St.

v. Stetten, Paul. Gelinde, eine Rittergeschichte, in drei Büchern. (Geschichte der Elisabeth Rehlinger). Mit Kpf. 4. Augsb. 764. Lotter. 12 ℳ

— Siegfried u. Agnes; e. Rittergeschichte. 8. Augsb. 767. v. Jenisch u. St. 4 ℳ

van Stetten, Wlh., Dissert. med. inaug., observatt. continens de saliva ejusque vi et utilitate. 8maj. Groningae 837. Smit. (Lipsiae, Weidmann.) n. 1 1/6 ℛ

Rekrutenwerbungen im reichsritterschaftlichen Gebiet im 18. Jahrhundert. Von [Ludwig] Frh. v. Stetten-Buchenbach, Oberst z. D. *Berlin: E. S. Mittler & Sohn 1903.* (S. 451–466.) 8° [F.]
— Militär-Wochenblatt. 1903. Beiheft 10, [2.] (03. 1339)

Stetten-Buchenbach, Frhr. v., Rekrutenwerbungen im reichsritterschaftlichen Gebiet im 18. Jahrh., s. a Beiheft zum Militär-Wochenblatt 1903. Hft. 10.

Stettenheim, Julius

Stettenheim, Jul., heiteres Allerlei. Humorist.-satir. Feuilletons. 8. (VIII, 216 S.) Berlin 898. Freund & Jeckel. n. 3. —

Stettenheim, Jul., s. Almanach zum Lachen.

Stettenheim, Jul., unter vier Augen. Besuche des eigenen Interviewers. 8. (VII, 136 S. mit dem Portr. des Interviewers von Gust. Heil.) [Leipzig 885, Friedrich.] Berlin, [Friedrich Nachf.] Steinitz' Verlag. *

Stettenheim, Jul., die Ballmutter und andere Typen der Gesellschaft. Amateur-Photographien. (215 S.) 8. Berlin 904. F. Fontane & Co. n. 2. —; geb. n. 3. —

Stettenheim, Jul., Wippchen's sämmtliche Berichte. I. Der oriental. Krieg. Mit Wippchen's Portr. (in Holzschn.) von Gust. Heil. 1.—6. unveränd. Aufl. gr. 16. (VI, 99 S.) Berlin 878, Brigl. *

Stettenheim, Jul., Wippchen's sämmtliche Berichte. I. Der orientalische Krieg. Mit Wippchen's Portr. (in Holzschn.) von Gust. Heil. 6., unveränd. Aufl. gr. 16. (VI, 99 S.) Berlin 878. Hofmann & Co. n. 1. 20

Stettenheim, Jul., Wippchen's sämmtliche Berichte. 2. Bd. Mit 1 (chemitypy.) Tischkarte von Paul Meyerheim, dem Portr. „Wippchen's als Kaffer" von Gust. Heil und Wippchen's Karte von Afghanistan. 1. und 2. Aufl. 12. (172 S.) Berlin 880, [Brigl.] Hofmann und Comp. *ℳ 1,70.; geb. *
1. Bd. Ebendas. 1878. *ℳ 1,20.; geb. *ℳ 1,75.
—— dass. — 3. Bd. Mit Illustr. von Gust. Heil. 12. (158 S.) Berlin 884, Hofmann und Comp. ℳ 1,50.; geb.

Stettenheim, Jul., Wippchens sämmtliche Berichte. 1.—3. Bd. 12. Berlin 878—84. Hamburg, Verlagsanstalt und Druckerei, A.-G. * 4 40

—— Wippchens sämmtliche Berichte. 4. und 5. Bd. Mit 2 Portr. Wippchens, gezeichnet von Gust. Heil. 12. Berlin, H. Paetel. [4. Bd. 2. und 3. Aufl. (III, 136 S.) 886,87; 5. Bd. 2. Aufl. (III, 153 S.) 886.] à Bd. *ℳ 1.50. * geb. à Bd. ℳ 2.25.
1.—3. Bd. Berlin 1878—84, Hofmann und Comp. *ℳ 4.40.

— Wippchen's sämmtliche Berichte. 5.—7. Bd. Mit Illustr. 12. Berlin, H. Paetel. à n. 1. 50; geb. n. 2. 25 (1—7: n. 10. 40; geb. n. 14. 75)
5. 3. Aufl. (III, 153 S.) 890. — 6. (III, 142 S.) 889. — 7. (III, 132 S.) 890.

—— Wippchen's sämmtliche Berichte. 1.—3., 5.—7. Bd. Berl., H. Paetel. [1. Bd. 14. Aufl. 8. (100 S.) 886; 2. Bd. 9. Aufl. 8. (172 S.) 887; 3. Bd. 4. Aufl. 8. (158 S.) 885; 5. Bd. 3. Aufl. 12. (III, 153 S.) 890; 6. Bd. 12. (142 S.) 889; 7. Bd. (III, 132 S.) 891.] à Bd. * 1 50; geb. à * 2 25

— Wippchen's sämmtliche Berichte. 1.—3., 5., 7.— 9. Bd. 12. Berlin, H. Paetel. à n. 1. 50; geb. à 2. 25
1. Der Orientalische Krieg. 16. unveränd. Aufl. (VI, 99 S. m. Bildnis.) 893. — 2. 10. Aufl. (172 S. m. 2 Illustr. u. e. eingedr. Karte.) 893. — 3. 5. Aufl. (158 S. m. Illustr.) 893. — 5. 3. Aufl. (III, 153 S.) 890. — 7. (III, 132 S.) 891. — 8. (III, 144 S.) 893. — 9. 2. Aufl. (III, 100 S.) 894.

— Wippchens sämmtliche Berichte. 10.—12. Bd. 12. Berlin, H. Paetel. à n. 1. 50; geb. à 2. 25
10. 2. Aufl. (III, 152 S.) 896. — 11. 2. Aufl. (III, 128 S.) 897. 12. (III, 154 S.) 898.

— Wippchen's sämmtliche Berichte. 13.—15. Bd. 12. Berlin, H. Paetel. à n. 1. 50; geb. à 2. 25
13. 2. Aufl. (III, 153 S.) 899. — 14. (III, 165 S.) 900. — 15. 2. Aufl. (III, 152 S.) 901.

— Wippchens sämtliche Berichte. 16. Bd. (III, 159 S.) 12. Berlin 903. H. Paetel. n. 1. 50; geb. in Leinw. n. 2. 25

Stettenheim, Jul., Berliner Blaubuch aus dem Archiv der Komik. 1. und 2. Bd. hoch 4. (48; 40 S., mit Illustr. in Holzschn. von G. Heil.) Berlin 868—70, Brigl. à Bd. *

Stettenheim, Jul., Berliner Blaubuch aus dem Archiv der Komik. 1. Bd. Mit Illustr. (in Holzschn.) von G. Heil. Berlin 869. Mecklenburg. hoch 4. (48 S.) n. 10 ngr.

Stettenheim, Jul., e. lustig Buch. 2. u. 3. Taus. 8. (188 u. 191 S.) Berlin 894. H. Steinitz' Verl. à n. 2. —

—— bulgarische Krone gefällig? Allen denen, welche Ja sagen wollen, als Warnung gewidmet. 1.—5. Aufl. 12. (VIII, 53 S.) Leipzig 888, Freund. *

Stettenheim, Jul., Burlesken. 1.—5. Taus. schmal 8. (128 S.) Berlin-Charlottenburg (899). Leipzig, P. E. Lindner. 1. —

Stettenheim, Julius [Vorw.]
s. Chales de Beaulieu, Gertraut: Neu-Berlin. 1890.

—— s. Deutschland, das humoristische.

[F.] Tausend Ein- und Zweizeiler v. Julius Stettenheim ... *Berlin: Freund & Jeckel 1896.* (4 Bl., 123 S.) 1 Bd 8. (97. 3766

Stettenheim, Julius
Heitere Erinnerungen. Keine Biographie.
Berlin: Fischer 1896. 316 S. 8°

— die letzte Fahrt, s. Bloch's, E., Dilettanten-Bühne.

— ungebetene Gäste, s. Bloch's Dilettanten-Bühne.

— Wippchen's Gedichte. 8. (108 S.) Berlin 889. S. Fischer Verl. n. 2. —; geb. n. 3. —

Stettenheim, Jul., Wippchen's Gedichte. Neue Folge. 8. (VII, 110 S.) Berlin 894. S. Fischer, Verl. n. 2. —; geb. n. 3. —

Lustige Gesellschaft. Komische Vorträge und humorist. Vorles. von Julius Stettenheim. *Berlin: H. Paetel [1900].* (IV, 154 S.) 8° [F.] (00. 8084

Fuhrmann Henschel. Von Julius Stettenheim. *Berlin: A. Hofmann & Co. 1901.* (70 S.) 8° [F.]
= Unterbrettl. H. 1. (02. 5953

Stettenheim, Jul., Humor u. Komik. 1. u. 2. Tausend. 8. (VII, 232 S.) Berlin 891. Steinitz' Verl. n. 3. —; geb. n. 4. —

[F.] Humoresken und Satiren v. Julius Stettenheim. *Berlin: Freund & Jeckel 1896.* (4 Bl., 216 S.) 1 Bd 8. [96. 2813

—— Drei komische Kerle, s. Zehnpfennig-Bibliothek.

Der moderne Knigge. Leitfaden durch d. Jahr u. durch d. Gesellsch. Von Julius Stettenheim. 1. 2. *Berlin. A. Hofmann & Co 1899.* 2 Bde 8° [F.]
1. Leitfaden durch d. Winter. 2. Leitfaden durch d. Sommer. [01. 3479

— der moderne Knigge. Leitfaden durch das Jahr u. durch die Gesellschaft. I—III. gr. 8. Berlin, A. Hofmann & Co. à n. 1. 50
I. Leitfaden durch den Winter. 5. Taus. (3. Aufl.) (119 S.) 902.
II. Leitfaden durch den Sommer. 5. Taus. (3. Aufl.) (118 S.) 902.
III. Leitfaden durch die Fest- u. Feiertage. (120 S.) 902.

— der moderne Knigge. Leitfaden durch das Jahr u. durch die Gesellschaft. 8. Berlin, A. Hofmann & Co. à n. 1. 50; geb. à n. 2. —
I. Leitfaden durch den Winter. 4. Aufl. (119 S.) 906.
IV. Leitfaden f. den Verkehr m. Zeitgenossen. (117 S.) 903.

— Wippchens russisch-japanischer Krieg u. andere Beiträge Wippchens zur Geschichte des 20. Jahrhunderts. 1.—3. u. 4.—6. Taus. (à 159 S.) 8. Berlin 904. [Dr. Demcker.] Dr. F. Ledermann. n. 1. 50; geb. in Leinw. n. 2. 50

Wippchens Russisch-Japanischer Krieg u. andere Beiträge Wippchens z. Geschichte d. 20. Jhs. Von Julius Stettenheim. 5.–6. Taus. Berlin: Demcker 1905. (159 S.) 8° [F.] [05. 14815

—— Brodlose Künste. Blicke hinter die Coulissen der Gesellschafts-Komödie. 8. (110 S.) Berl. 890, S. Fischer Verl. * 2 —; geb. * 3 —

— das Lied v. der versunkenen Glocke u. and. Parodieen. gr. 8. (168 S.) Charlottenburg 898 M. Simson. n. 3. —

—— Lohengrin, s. Albumblätter, humoristische.

Stettenheim, Jul., e. gefälliger Mensch, s.: Bloch's Ed., Theater-Gartenlaube.

— e. Kistchen Monopol-Cigarren. Die Kunst, e. Cigarre anzubieten. Jour fixo bei Muckenich. Mit 17 Illustr. v. R. Griesz, Schwindrazheim, Klingebeil zc. 1.—3. Aufl. qu. gr. 8. (48 S.) Berlin 889. S. Fischer Verl. n. 1. 50

Julius Stettenheim. Nase- und andere Weisheiten. Berlin: F. Fontane & Co. 1904. (188 S.) 8° [F.] [04. 6114

— Nase- u. andere Weisheiten. 2. Aufl. (188 S.) kl. 8. Berlin 904. F. Fontane & Co. n. 2. —; geb. n. 3. —

—— Muckenich's Reden und Thaten. 8. (140 S.) [Leipzig 885, Friedrich.] Berlin, [Friedrich Nachf.] Steinitz' Verlag. *

— sauer macht lustig! Ein Körbchen aus der Weinfabrik. Mit 15 Illustr. qu. gr. 8. (48 S.) Berlin 894. S. Fischer, Verl. n. 1. 50

— Tierisches — Allzumenschliches. Fabeln. (X, 144 S.) 8. Ebd. 905. n. 2. —; geb. n. 3. —

—— satirisch-humoristischer Volks-Kalender der Hamburger Wespen für 1864. Illustr. von Chr. Förster. 8. (109 S. mit eingedr. Holzschn.) Hamburg 863, J. F. Richter. *

Stettenheim, Julius, s. Vorträge, Humoristische, f. gesellige Kreise.

Stettenheim, Jul. Welche Frau ist die Beste, s. Mayer, Rud.

—— die Berliner Wespen im Aquarium. Humoresken. gr. 8. (64 S. mit Illustr. in Holzschn. von G. Heil.) Berlin 869, Brigl. *

Stettenheim, Julius (Red.), s. Wespen, Hamburger.

—— die Hamburger Wespen auf der internationalen landwirthschaftlichen Ausstellung. Illustr. von Chr. Foerster. gr. 8. (III und 59 S. mit eingedr. Holzschn.) Hamburg 863, J. F. Richter. *

—— die Hamburger Wespen im zoologischen Garten. Illustr. von Chr. Foerster. gr. 8. (III und 58 S. mit eingedr. Holzschn.) Hamburg 863, J. F. Richter. *

Stettenheim, Julius
Wippchen in Chicago. Erzählung.
Berlin: Fischer 1893. 112 S. 8°

Stettenheim, Ludwig [aus Hamburg]: Schillers Fragment Die Polizey" m. Berücks. anderer Entwürfe d. Nachlasses .. Berlin, Druck v. W. Issleib, *1893*; 2 Bl., 56 S. 8.
Rostock, Phil. Fak., Inaug.-Diss. v. [16. März] 1893

Stettenheim, Ludw., Schillers Fragment: „Die Polizey", m. Berücksicht. anderer Entwürfe des Nachlasses. gr. 8. (73 S.) Berlin 893. F. Fontane & Co. n. 1. 50

Stettenheim, Ludw., der deutsche Schulschiff-Verein. Im Auftrage des geschäftsführ. Ausschusses. 8. (65 S. m. Abbildgn.) Bremen 903. G. A. v. Halem. n. 1. —

M. Stettenheim's Illustrirter Plan von Hamburg, Altona und Umgegend. 1869. Lith. Inst. v. C. Adler, Hamburg. 1 : 10000. — Hamburg: Stettenheim 1869. 72×56 cm [Lithogr.]

Stettenheim's, M., illustrirter Plan von Hamburg, Altona und Umgegend 1870. Fol. Hamburg 871, Gussmann's Verlag. In Carton

—— dass. — 1872. 1 : 10,000. Fol. Ebendas. cart. color.

Stettenheimer, Anna, a. Stuttgart: Eine absolute Messung des Zeemanphänomens. Leipzig: J. A. Barth 1907. (15 S.) 8° ¶ [Aus: Annalen d. Physik F. 4 Bd 24 S. 384—396.]
Tübingen, Naturw. Fak., Ref. Paschen, Diss. v. 30. Juli 1907
[Geb. 21. Juni 84 Stuttgart; Wohnort: Stuttgart; Staatsangeh.: Württemberg; Vorbildung: Mädchen-Gymn. Stuttgart, Gymn. Kannstatt Reife O. 04; Studium: Tübingen 6, Bonn 1 S.; Coll. 30. Juli 07.]

Stettenheimer, Ernst [Referendar am kgl. Amtsger. zu Höchst a. M.]: Ueber den Grundsatz der Brevis manus im römischen und gemeinen Recht ... Heidelberg, Buchdr. v. C. Pfeffer, 1896; 52 S. 8.
Marburg, Jur. Fak., Inaug.-Diss. v. [29. Jan.] 1897

Stettenheimer, Ludw., e. Discussion d. Kräfte d. chem. Dynamik. 3 Vorträge. gr. 8. (88 S.) Frankfurt a/M. 895. H. Bechhold. n. 3. —

Stettenheimer, Ludwig [aus Mannheim]: Hydrierte Produkte aus α-Naphtochinolin. ... *Mannheim,* Mannheimer Ver.-Druckerei, 1889; 39 S. 8°
München, Phil. Fak., Inaug.-Diss. v. 1889

Stetter: Ergebnis einer Aalfangstatistik im Regierungsbezirke Oberbayern für das Jahr 1895. München 1896.

Stetter, Local-Gütertarif f. Stuttgart von u. nach sämmtlichen deutschen Verbands-Stationen, m. den allgemeinen Tarif-Vorschriften nebst Güterklassifikation. gr. 8. (141 S.) Stuttgart 886. (Metzler's Verl.) n.n. 4. 25

Stetter, Local-Gütertarif f. Stuttgart von u. nach sämtlichen deutschen Verbands-Stationen, m. Tarif-Vorschriften nebst Güterklassifikation. gr. 8. (181 S.) Stuttgart 892. (J. B. Metzler's Sort.) n.n. 4. —

Stetter, über d. Nothwendigkeit einer Lehrkunst f. Eltern, Erzieher und Lehrer. gr. 8. Wien, Geistinger. 807.

Stetter, Adf., u. Rob. **Bücheler,** unser Schreinerhandwerk. Zahlreiche mustergült. Orig.-Entwürfe u. Werkzeichngn. v. allerlei einfachen, zum Tl. ausgeführten Möbel- u. Bauschreinereien, nebst prakt. Ratschlägen f. die vorteilhafte Herstellg. in der Werkstatt. Hrsg. v. Leonh. Heilborn. (In 10 Lfgn.) 1. u. 2. Lfg. gr. 4. (14 Taf. m. 9 Bog. Werkzeichngn. u. 7 S. Text.) Stuttgart (902). Greiner & Pfeiffer. à Lfg. 2. 50; f. Abnehmer d. südd. Möbel- u. Bauschreiner à Lfg. 2. —

Stetter, Adf., u. Rob. Bücheler, unser Schreinerhandwerk. Zahlreiche mustergült. Orig.-Entwürfe u. Werkzeichngn. v. allerlei einfachen, zum Tl. ausgeführten Möbel- u. Bauschreinereien, nebst prakt. Ratschlägen f. die vorteilhafte Herstellg. in der Werkstatt. Hrsg. v. Leonh. Heilborn. 3.—10. (Schluss-) Lfg. (56 Taf. m. 43 Bog. Werkzeichngn. u. 11. u. 18 S. Text.) gr. 4. Stuttgart 903. Greiner & Pfeiffer. à 2. 50; für Abnehmer des süddeutschen Möbel- u. Bauschreiner à 2. — (Vollständig in Mappe: n. 26. —, bezw. n. 20. —)

Franz Stetter. Über die Wichtigkeit und Erklärung der Ortsnamen. I. Abt. 51 S. Konstanz, P 1845

Franz Stetter. Über die Wichtigkeit und Erklärung der Ortsnamen. II. Abt. 40 S. Konstanz, P 1847

Stetter, Georg

Stetter, G., s.: Arbeiten aus d. Ambulatorium u. d. Privatklinik f. Ohren-, Nasen- u. Halsleiden.

Stetter, Georg *(geb. Breslau 2. 6. 1848)*: Beitrag zur Diagnose und Behandlung der Schussverletzungen des Kniegelenks. Breslau (1872). (32 S.) 8° *[Im Buchhandel 1872 bei Gosohorsky in Breslau.]*
Breslau, Med. Diss. v. 2. Aug. 1872

— Beiträge zur operativen Behandlung der Schwerhörigkeit in Folge v. Schallleitungshindernissen. [Aus: „Monatsschr. f. Ohrenheilkde."] gr. 8. (4 S.) Berlin 892. O. Coblentz. n. 1. —

Stetter, Betrachtungen üb. d. Grenzen der Otochirurgie bei der Behandlung der eiterigen Mittelohr- u. Warzenfortsatz-Entzündungen, s.: Vorträge, klinische, aus dem Gebiete der Otologie. IV. 1.

— über d. chron., trockene Entzündg. d. Trommelfells, s.: Vorträge, klinische, aus d. Gebiete d. Otologie u. Pharyngo-Rhinologie.

Stetter, Compendium der Lehre von den frischen subcutanen Fracturen f. Studirende u. Aerzte. gr. 8. (VIII, 115 S.) Berlin 888. G. Reimer. n. 2. 40

Stetter, Compendium der Lehre von den frischen subcutanen Fracturen f. Studierende u. Aerzte. 2. Aufl. gr. 8. (VIII, 122 S. m. Abbildgn.) Berl. 891, G. Reimer. * 2 40

— Compendium d. Lehre v. d. Fracturen f. Studier. u. Ärzte. 3. Aufl. gr. 8. (VI, 138 S. m. 26 Fig.) Berlin 895. G. Reimer. n. 2. 40

Stetter, Compendium der Lehre v. den frischen traumatischen Luxationen f. Studirende u. Ärzte. gr. 8. (VIII, 118 S.) Berlin 886. G. Reimer. n. 2. —

— Compendium der Lehre von den frischen traumatischen Luxationen f. Studirende u. Aerzte. 2. Aufl. gr. 8. (VIII, 128 S. m. Illustr.) Ebd. 889. n. 2. 40

— Compendium der Lehre v. den frischen traumatischen Luxationen f. Studierende u. Ärzte. 3. Aufl. gr. 8. (VIII, 130 S.) Ebd. 892. n. 2. 40

Compendium der Lehre von den frischen traumatischen Luxationen. F. Studier. u. Ärzte v. Prof. Dr. [Georg] **Stetter.** 4. Aufl. *Berlin: G. Reimer 1896.* (X, 143 S.) 1 Bd 8. [97. 1530

Stetter, G., die angebor. u. erworb. Missbildungen d. Ohres, s.: Vorträge, klin., aus d. Gebiete d. Otologie etc.

Stetter, Konr., quer durch die Schulbankfrage. Vortrag. (61 S. m. Abbildgn.) gr. 8. Horb 903. P. Christian. n. — 80

Stetter K. internationale Schulhygienekongresse und Subsellienfrage. (10 S) Sonderdruck. Hamburg 1909

Stetter K. Schulzimmer, Zeichensaal, Schularztzimmer auf der bayerischen Jubiläums-Ausstellung Nürnberg 1906. (42 S 5 T) Stuttgart (1906)

Stettheimer, Ettie, aus New-York: Die **Urteilsfreiheit als Grundlage der Rechtfertigung des religiösen Glaubens mit besonderer Berücksichtigung der Lehre von James.** *Wittenberg 1903: Herrosé & Ziemsen.* (IV, 113 S.) 8°
Freiburg i. B., Phil. Diss. v. 1903

Stettin [Sachliches OW]

Stettin. Plan d. Stadt nebst einem Führer für Fremde, s. Brockhaus, Reise-Atlas.

Stettin (Städteführer), s.: Miniatur-Bibliothek.

Aus Stettin. (Hrsg. von Norman Ellsworth Schultz.) H. 1. *Stettin:* (Selbstverl. 1903). 8° [04. 9676 9

Buntes Stettin. Skizzen und Genrebilder. 2 Hfte. Mit 2 Kpfrn. Stettin, Sanne u. Co., 1844. Kl. 8°. (à Heft 1/6 Rthlr.)
Engelmann II. 1846. — Selten!

Stettin als Handels- und Industrieplatz. Den Teilnehmern am 7. Verbandstage d. Deutsch-Österr.-Ungar. Verbandes f. Binnenschiffahrt gewidmet von d. Stadtgemeinde Stettin. (Hrsg.: [Karl] Benduhn, Stadtbaurat.) Stettin 1906: H. Saran. (216 S.) 4° [06. 16004 9

Stettin-Posen-Frankfurt a.O.-Bromberg. Führer für Reisende auf den Eisenbahnen zwischen Stettin, Posen, Frankfurt a. O. und Bromberg, s. Brockhaus' Reise-Atlas.

Stettin nebst Umgebung. Ein zuverlässiger kleiner Führer f. Einheimische u. Fremde. Nebst 1 Pl. von Stettin, 1 Pl. d. Umgegend, 1 Pl. von Stettin bis z. Ostsee. Stettin: H. Saran 1903. (72 S.) 8° [03. 25983

Stettin und Umgebung. Hrsg. v. Stettiner Verkehrsverein. Stettin [1908]: Bauchwitz. 62 S. 8°

Stettin und Umgebung. Prakt. Reiseführer. 14., neu bearb. Aufl. Mit Pl. von Stettin. Berlin: A. Goldschmidt 1908–09. (20 S.) 8°
= **Reiseführer,** Griebens. Bd 64. [08. 15537

Stettin und Umgebung 1909. Hrsg. v. Stettiner Verkehrs-Verein E. G. Stattin (1909): Bauchwitz. 66 S. 8°

Stettin u. seine Umgebung, s.: Städtebilder u. Landschaften aus aller Welt.

Stettin [Schlagwort]

— s. a.: **Deutschland. Uebersichtskarte. — Europa. Generalkarte. Uebersichtskarte. — Pharus-Städte-Atlas. — Radfahrerkarten. Karte. Ravenstein. — Rügen.**

— s. a.: Europa. Liebenow. — Geologische Karten. Preussen. 67. — Kreiskarten. — Radfahrerkarten. Strassenprofilkarte.

— s.: Flaggenkarte. — Radfahrerkarten. — Westentaschen-Sammlung.

Stettin, Reg.-Bez., s.: Heimatskärtchen. 31.

Stettin-Berlin, s.: Automobilkarten. Pharus-Auto-Strecke.

Stettin-Danzig, s.: Automobilkarten. Automobil-Tourenkarte.

Stettin-Deutsch-Krone, s.: Automobilkarten. Automobil-Tourenkarte.

Stettin-Stralsund, s.: Automobilkarten. Automobil-Tourenkarte.

Stettin. Dunker, H., Karte der Umgegend v. Stettin. Nach d. neuesten Aufnahmen entworfen u. gezeichnet. 1 : 70,000. 48 × 39 cm. Farbendr. Stettin 895. H. Dannenberg & Co. — 75; in Leinw.-Decke n. 1. —; auf Leinw. in Leinw.-Decke n. 1. 50

Stettin, Stadt. Gaebler, E., Specialkarte der Umgegend von Stettin. 1:125,000. Chromolith. Metz 889. Leipzig, Lang. 25

[Stettin — Gegend westlich um —]. Karte zum Manöver des 2. Armee-Corps. 1852. 50.000. 1 Bl.

— — von Stettin, Grabow u. Bredow. 1 : 10,000. 3. Aufl. Nach amtl. Quellen zusammengestellt im J. 1889. Chromolith. gr. Fol. Mit Strassenverzeichnis. 8. (3 S.) Stettin 889. Burmeister. n. 1. —

Stettin. Karte von Stettin, Grabow u. Bredow. 1 : 10,000. 5. Aufl. Farbendr. 58,5 × 42,5 cm. Mit Strassenverzeichnis. gr. 8. (3 S.) Stettin 892. J. Burmeister. n. 1. —

— Karte der Umgegend v. Stettin. Königl. preuss. Landesaufnahme 1886. Hrsg. 1890. 1 : 25,000. 6 Blatt. Farbendr. u. color. gr. Fol. Berlin 890. (Eisenschmidt.) n.n. 9. —

Stettin, Reg.-Bez. Liebenow, W., Specialkarte des Reg.-Bez. Stettin, f. Reise, Bureau u. Verkehr. [Aus: „L., Karte v. Mittel-Europa".] 1:300,000. 68 × 69,5 cm. Farbdr. Frankfurt a/M. (903). L. Ravenstein. In Decke n. 2. 50; auf Leinw. in Decke n. 3. 50

— — dasselbe. 1 : 300,000. (Volksausg.) 67 × 69 cm. Farbdr. Ebd. (904). n. 1. 50

Stettin, Stadt. Meyer, Carl Fr., die Buchheide bei Stettin. Nach den Messtischblättern der kgl. Landesaufnahme gezeichnet. 1 : 33,333. 44,5 × 57 cm. Farbdr. Nebst e. prakt. Führer. Hrsg. unter Mitwirkg. des Buchheide-Vereins zu Stettin. 11. Aufl. 1905/06. (20 S.) 8. Stettin (kl. Domstr. 1), Herm. Saran. n. — 75

— Meyer, C. Fr., Karte der Umgegend v. Stettin. 1 : 100,000. Steindr. 22,5 × 16 cm. Stettin 892. F. Wittenhagen. n. — 15

— Meyer, Carl Fr., grosser Plan v. Stettin. 1 : 10,000. Neu durchgesehen, ergänzt u. erweitert bis Mai 1898. 69,5 × 46,5 cm. Farbdr. Mit: Kurzgefaßte Erläuterg. nebst Führer. 4. Aufl. 12. (22 S.) Stettin 898. (Keimling & Grünberg.) n. 1. —

— — Stettin im J. 1693, nach der schwed. Landesvermessg. reducirt u. m. Andeutg. der späteren Anlagen versehen. 1 : 23,000. Steindr. 36,5 × 44,5 cm. Ebd. 892. n.n. — 30

— Panorama von Stettin. qu. 12. (5 Blatt in Lichtdr.) Stettin 895. F. Nagel. — H. Dannenberg & Co. In Leinw.-Decke n. 2. —

— Pharus-Plan. Stettin. Entworfen v. Cornelius C. Loewe. 1:11,500. 87,5 × 50 cm. Farbdr. Nebst: Wissenswerte Angaben f. Einheimische u. Fremde m. Hinweis auf den Pharus-Plan Stettin. (11 S.) kl. 8. Berlin (904). Pharus-Verlag. n. — 60

Stettin. Plan, neuer, v. Stettin u. Umgegend. 1 : 10,000. 66,5 × 49 cm. Farbdr. Nebst alphabet. Aufführg. der Strassen u. Plätze, der öffentl. Gebäude, Behörden, Aemter etc. zum schnellen Auffinden auf dem Plane. 8. (8 S.) Stettin 901. P. Niekammer. n. 1. —

— Plan, neuer, v. Stettin u. Umgegend. 1 : 10,000. (Neue Aufl.) 67 × 51 cm. Farbdr. Nebst e. geschichtl. Vorbemerkg. u. e. Beschreibg. v. Stadt u. Umgegend, sowie alphabet. Aufführg. der Strassen u. Plätze, der öffentl. Gebäude, Aemter etc. zum schnellen Auffinden auf dem Plane. (33 S.) kl. 8. Stettin 905. P. Niekammer. n. — 50

— Plan von Stettin. Nach den neuesten amtlichen Aufnahmen bearb. 1 : 10,000. Chromolith. qu. Fol. Stettin 889. Nagel. n. — 50

— Plan v. Stettin u. Umgegend. 1 : 10,000. 66,5 × 48 cm. Farbendr. Stettin 894. F. Nagel. n. 1. —

— Stettin's weitere Umgebung bis Heringsdorf, Stargard, Schwedt, Prenzlau. Grosse Ausg. 1 : 140,000. Farbdr. 75 × 56 cm. Mit Text auf dem Umschlag. Stettin (kl. Domstr. 1) 900. H. Saran. n. 1. —

Stettiner Haff [Schlagwort]

Stettiner Haff, s.: Seekarten.

Stettiner, Hugo [pr. Arzt aus Königsberg i. Pr.]: Zur Klinik der foudroyanten Pleuritis bei Scarlatina ... Berlin, Buchdr. v. G. Schade, *1892;* 29 S., 1 Bl. 8. Berlin, Med. Fak., Inaug.-Diss. v. 4. Aug. 1892.

Stettiner, Otto, der Entwurf des Stempelsteuergesetzes, s.: Veröffentlichungen d. Berliner Anwalt-Vereins.

Stettiner, Paul [Dr.]: Friedrich der Grosse und Graf Schaffgotsch, Fürstbischof von Breslau. Königsberg, Hartungsche Buchdr., 1889; S. 1–24; 4° Königsberg i. Pr., st. RG, OP 1889 (20)

Stettiner, Paul, aus der Geschichte der Albertina. (1544—1894.) gr. 8. (82 S.) Königsberg 894. Hartung. n. 1. —

Stettiner, Paul, Dr.: Zur Geschichte des preussischen Königstitels und der Königsberger Krönung. 1. Die Anerkennung d. Preuss. Königstitels durch d. Curie. 2. Die Krönung in Königsberg. (Umschlagt: 1. Die Anerkennung d. preuss. Königskrone ... 2. Die Krönung ...) *Königsberg i. Pr. 1900: Hartung.* (99 S.) 8° Königsberg i. Pr., st. RG, OP 1900 (18)

Zur Geschichte des preussischen Königstitels und der Königsberger Krönung. Von Dr. Paul Stettiner, Oberl. zu Königsberg i. Pr. 1. Die Anerkennung d. Preuss. Königstitels durch d. Curie. 2. Die Krönung in Königsberg. *Königsberg i. Pr.: W. Koch 1900.* (99 S.) 4°(8°) 1900. 5910 6

Stettiner, Paulus: (Die Instruktion für den Bibliothekar Andreas Concius vom Jahre 1659.) *Regimontii 1901: Hartung.* (3 S.) 8°
Gratulations-Schrift f. d. Beamten d. Königl. u. Univ.-Bibl. Königsberg z. Eröffnung d. neuen Bibliotheksgebäudes (23. Sept. 1901). [01. 19979 10

Stettiner, Paul, ad Solonis aetatem quaestiones criticae. Dissertatio inauguralis. gr. 8. (53 S.) Königsberg i. Pr. 885, (Koch's Antiqu.) **

Stettiner, Paul, Dr.: Der Tugendbund. Königsberg i. Pr. 1904: Hartung. (57 S.) 4° [F.]
Königsberg i. Pr., st. RG OP 1904 (18)

Stettiner, Paul, der Tugendbund. (57 S.) Lex.-8. Königsberg 904. W. Koch. n. 2. —

Stettiner, Rich., s.: Ausstellung v. Kunstwerken des Mittelalters u. der Renaissance.

Stettiner, Richard, s. Museum, Das.

Stettiner, Richard: Die illustrierten Prudentiushandschriften . Berlin, Druck v. J. S. Preuss, 1895; VIII, 400 S. 8.
Strassburg, Phil. Fak., Inaug.-Diss. v. 1889

Stettiner, Richard. Die illustrierten Prudentius-Handschriften. Tafelband: 695 Handschriftenseiten auf 200 Tafeln. *Text* 23 S. 4. Berlin, G. Grote, 1905. [geb. M. 75. —]

Stettinger, Gottfr., mein täglich Brot. Anleitung z. prakt. Betrachtg. (III, 95 S.) 16. Graz (909). Styria. Geb. in Leinw. — 50

Stettinger, M., zur Geschichte der Sozialdemokratie in Deutschland u. Österreich, s.: Volksaufklärung.

— Wertvolle Geständnisse sozialdemokratischer Führer, s.: Volksaufklärung.

Stettinger, M., Der socialdemokratische Humbug. 16°. Klagenfurt, Buch- und Kunsthdlg. des St. Josef-Vereines, 1903. (Volksaufklärung, Nr. 113, 114.)

— Der sozialdemokratische Humbug, s. Volksaufklärung.

— Ein wichtiges Kapitel, betr. die rechte Benützung des Wahlrechtes u. der übrigen staatsbürgerlichen Rechte, s.: Volksaufklärung.

— Katholizismus u. Wirtschaftsleben, s.: Volksaufklärung.

— Römlinge, s.: Volksaufklärung.

Stettinsky, J. C., Unterricht v. d. 12 Monatssteinen. 8. Zittau. Schöps. 764.

Stettler, Albert. Kaufet die Zeit aus! Zum Abschied von Biel als Erinnerung an gemeinsam verlebte Jahre der Arbeit von A' St', Pfarrer. [Predigten.] 71 S. 8. Biel, Ernst Kuhn, [1905]. [geb. fr. 2. —]

Stettler, Eugen

Stettler, E: Anwendung der Zeichnungskunst und der Plastik für industrielle Zwecke. (Schweiz). Zürich 1879

Stettler, Eug., Anwendung der Zeichnungskunst auf industrielle Zwecke, s. Weltausstellung, internationale, 1878 in Paris.

Stettler, E., zu Gunsten der Eisenbahn-Verstaatlichung. E. geschichtl. Nachweis f. d. Notwendigkeit d. Rückkaufs der Eisenbahnen durch den Bund. gr. 8. (36 S.) Zürich 898. C. Schmidt. n. — 40

Stettler, Friedrich

Stettler, Fr., Bericht an d. schweiz. gemeinn. Gesellsch. üb. d. Frage aus d. Fache d. Gewerbwesens: „Ist es rathsam, daß in d. Schweiz um ihrer geograph. Lage willen d. Handel mit Holz auf irgend eine Weise beschränkt werde?" 8. (2 B.) Bern 838, Fischer.

—— ein Blick in d. jetzige Bernische Departementsverwaltung. 8. (1 B.) Bern 840, Fischer.

Stettler, Friedr., das Bundesstaatsrecht d. schweizerischen Eidgenossenschaft vor d. Jahre 1798. Als Einleitung zu Vorlesungen üb. d. gegenwärtige schweizerische Bundesstaatsrecht. gr. 8. (7 B.) Bern 844, Huber u. Comp.

Stettler, Friedr., das Bundesstaatsrecht der schweizerischen Eidgenossenschaft gemäß den Entwickelungen seit dem J. 1798 bis zur Gegenwart. (II. Abhandl.) gr. 8. (IV und 190 S.) Bern 847, Huber und Comp.
(I. Abhandl.) Obendas. 1844. 1½ Ngr.

Stettler. F[riedrich] *I* [1796–1849]. Gedanken über die Aargauische Klosterfrage.... 8. Bern 1841.

Stettler, Fr[iedrich] *II* [1828–1905]. Haller-Büchlein. Ein Beitrag zur Hallerfeier für das Volk, besonders für die bernische Schuljugend. 8. Bern 1877.
[1. Aufl.] — 2. Aufl. [Mit Porträt-Tafel.]

Stettler, Fr., Haller-Büchlein. Ein Beitrag zur Hallerfeier für das Volk, besonders für die bernische Schuljugend. 8. (19 S.) Bern 877. Haller. n. — 20

Stettler, Fr[iedrich]. Haller-Büchlein. Hrg. für die bernische Jugend. [Mit Porträt.] 47 S. 8. Bern, Buchdr. des Berner Tagblatt, 1902. (fr. —. 40)

Stettler, [Albert] Fried[rich]. Rede über den Nuzen und die Nothwendigkeit der vaterländischen Geschichte.... Gehalten bey Eröfnung der Vorlesungen des politischen Instituts den 11. Novemb. 1794. 8. Bern 1794.

Stettler, Friedrich *I*. Die Regesten der vor der Reformation im Gebiet des alten Kantonstheils von Bern bestandenen Klöster und kirchlichen Stifte. Bearb. nach den im ehemaligen Kantons-Lehen-Archive vorhandenen Urkunden. 4. Chur 1849.
(Die Regesten der Archive in der schweizerischen Eidgenossenschaft, Band 1, Heft 2.)

—— Staats- u. Rechtsgeschichte des Kantons Bern. Von den ältesten geschichtl. Zeiten bis zu Einführung der Verfassung vom Juli 1831. gr. 8. (12 B.) Bern 845, Huber u. Comp.

Stettler, Fr., Vergleichung d. Bernerschen Reformation im 16. Jahrh. mit d. Revolution im J. 1830 u. 1831. Ein histor. Versuch. gr. 8. (6 B.) Bern 834, (Jenni, Sohn.)

Stettler, Fried[rich] *I*. Vergleichung der Reformation im J. 1528 mit der Revolution im J. 1831 im Kanton Bern. Rede bei der Feier des zehnten Jahrestages der Eröffnung der Hochschule zu Bern gehalten am 15. November 1844. 8. Bern.

—— Versuch ein. urkundl. geschichtl. Entwickelung d. Gemeinde- u. Bürgerrechtsverhältnisse im Kanton Bern. 8. (5 B.) Bern 840, Fischer.

Stettler, F[riedrich] *I*. Versuch einer kurzen Geschichte des zum Kanton Bern gehörenden Theils des ehemaligen Bisthums Basel. Ein Beitrag zur Beleuchtung der gegenwärtigen jurassischen Zustände. 8. Bern 1840. Fischer.

Stettler, Fr., Versuch einer kurzen Geschichte des zum Kanton Bern gehör. Theils des ehemal. Bisthums Basel. Ein Beitrag zur Beleuchtung der gegenwärt. jurassischen Zustände. gr. 8. Bern 841, Fischer. 5/12 ß

—— Versuch einer Geschichte des deutschen Ritterordens im Kanton Bern. Ein Beitrag z. Geschichte der Stadt u. des Kantons Bern. gr. 8. (6 B.) Bern 842, Fischer. –

Stettler, Fried(rich) *I.* Vertheidigung des Herrn Fried. St'... gegen die von dem Regierungsrathe wider ihn erhobene gerichtliche Anklage der Auflehnung gegen Beschlüsse der obersten Bundesbehörde und Injurie, nebst dem darauf erfolgten Urtheil des Amtsgerichts von Bern, vom 24. December 1847. 8. Bern 1848.

Stettler, J R[udolf]. Schweizerisches Orts- & Gewerbe-Lexikon. 1. [einziger] Band: Die Ortschaften und Gemeinden der Schweiz, ihre kirchliche und politische Eintheilung, ihre Bevölkerung und Sprache.... Nach amtlichen Quellen bearbeitet. 8. Bern. – *A. u. d. T.:* Manuel-Lexique des localités et industries de la Suisse. Volume 1er.... Berne. – *A. u. d. T.:* Indicatore delle località ed industrie svizzere. Volume 1°.... Berna.

Ausg. A. 1864.

Ausg. B. ([Mit Anhang:] Nachtrag zum Schweizerischen Ortslexikon. Enthaltend sämmtliche seit 1861 eingetretenen Veränderungen.... Nach amtlichen Quellen ergänzt bis 1. October 1871. Bern 1872.) 1864 (*Umschlag:* 1872).

Stettler, J. R., schweizerisches Orts- u. Gewerbe-Lexikon, 1. Bd.: Die Ortschaften u. Gemeinden der Schweiz, ihre kirchl. u. polit. Eintheilung, ihre Bevölkerung u. Sprache, sowie ihre Beziehung zu den Postkursen, Telegraphen- u. Bahnlinien mit den daher. Distanz-Angaben. Nach amtl. Quellen bearb. Bern 864. Haller'sche Verlagsh. gr. 8. (XII, 267 S.) n. 1 ß 10 ngr.

Stettler, Johann Rudolf: Über Einheit ..., s. Stettler, Rudolf

Stettler, Karl

St[ettler], C[arl Ludwig]. Adrian von Bubenberg, Ritter, Schultheiss der Stadt Bern. Eine biographische Skizze. [Mit 2 Tafeln. SA.] 8. Bern 1828.

(St[ettler], C[arl Ludwig].) Bemerkungen über die von Herrn Oberförster [Carl] Kasthofer... gehaltene Rede über den Kampf der Demokratie mit der Aristokratie in der Republik Bern. 8. *o. O.* [1831].

Stettler, Karl. Das Frutigland. Der bernische Amtsbezirk Frutigen nach allen Seiten beleuchtet in gebundener und ungebundener Rede. In-8°, IV u. 535 S. Mit 6 Illustrationen in Lichtdruck u. Stahlstich u. 1 Karte. Bern, Huber & Cie. (Hans Körber). 1887. 6 —

Des Frutiglands Geschichte. Festschrift auf den 500jährigen Gedenktag der Vereinigung der Landschaft Frutigen mit Bern, sowie auf die Eröffnung der Spiez-Frutigen-Bahn im Sommer 1901. Im Auftrag der Leistgesellschaft Frutigen verfasst von Karl Stettler, gewesener Pfarrer von Frutigen. Mit 14 Illustrationen [*d. i.* 12 Tafeln und 2 Abbildungen im Text]. 88 S. 8. Frutigen, Selbstverlag der Leistgesellschaft, Druck von Büchler & Co., Bern, 1901. [fr. 1. —]

Stettler, Karl, des Frutiglands Geschichte. Festschrift auf den 500jähr. Gedenktag der Vereinigung der Landschaft Frutigen m. Bern, sowie auf die Eröffng. der Spiez-Frutigen-Bahn im Sommer 1901. Im Auftrag der Leistgesellschaft Frutigen verf. gr. 8. (88 S. m. 14 Abb.) Bern 901. (H. Körber.) n.n. 1. —

Stettler, Karl, Wernher Stettler u. d. Kloster zu Frauenkappelen. E. histor. Novelle. 8. (121 S. m. Titelbild.) Bern 898. K. J. Wyß. n. 1. 20

Stettler, Rudolf. Ueber Einheit und Föderalism, oder Plan zu einer neuen Staatsverfassung für die Schweiz. 8. Bern 1800.

Stettler (Sam.) Rud. u. Jh. Rud., über Einheit u. Föderalismus, od. Plan zu e. neuen Staatsverfassung f. die Schweiz. 8. Bern 800.

STETTLER, Rudolph von (Könitz/Schweiz): Die Coalitionsfreiheit.- München: Wolf 1872. 44 S. 29.7.1872 - Urk (Titel: De jure societatum ab operariis condendarum.); Chr 1871/72,18

Diss. Ingolst.-Landsh.-München.

Stettner, Daniel

Stettner, Dn., († d. 1. Oct. 1769.) der zur Verfertigung schöner Risse getreulich anweisende Ingenieur. Mit Kupf. Fol. Nürnb. 750. Mit folg. n. Titel: der Ingenieur, od. Anweis. zu Verfertig. schöner Risse in d. Feldmeß-, Civil- u. Militär-Baukunst, wie auch in der Artillerie u. Feuerwerkerei, nebst Beschreib. der dazu gehör. Instrumente. Mit 24 Kpf. Fol. Nürnb. 780, auch 782. Schneider u. W. 1 ß 8 gr. ill. 4 ß

Stettner, D., Ingenieur, oder Anweis. zu Verfert. schöner Risse in d. Feldmeß-, Civil- und Militair-Baukunst, wie auch in d. Artillerie und Feuerwerkeren, nebst Beschr. d. dazu gehör. Instrum. m. 25 K. Fol. Nürnb. Schneider und W. 780.

Stettner, Daniel: Der zur Verfertigung schöner Risse getreulich anweisende Ingenieur, welcher nicht allein die in denen Feldmess-, Civil- und Militärbaukunst .... am meisten vorkommenden Fällen deutlichen Unterricht giebt, sondern auch dieselben in schönen hierüber verfertigten Rissen vor Augen leget .... Dritte vermehrte Auflage. Mit vier und zwanzig Kupfertafeln. Nürnberg 1782. 36 S., 22 Tf. quer 8°. [B 2365

— deutl. u. gründl. Vorstellung u. Beschreib., wie 6 berühmter Baumeister, Andr. Palladii, Pt. Catanei, Seb. Serlii, Jak. Barozzi v. Bignola, Vinc. Scamozzi u. Jh. Branca, Säulen-Ordnungen, nach eingetheiltem Modell aufzureißen. 4. Nürnb. 750. Mit folg. n. Titel: Unterricht der 5 Säulenordnungen. Mit Kpf. 4. Nürnb. 782. Schneider u. W. 16 gr.

— Grundregeln d. 5 Säulenordnungen, m. Kupf. 4. Ebend. 782.

Stettner, Eduard Theodor Bartholds Athetesen im Hippolytos des Euripides Vers 500–1000. 8 (S. 3–36).
Progr. K. k. G. *Triest* 1893

Stettner, E., De L. Junio Moderato Columella Vergilii imitatore. Pr. 1894. 84 S.

Stettner, Eduard: Über Prüfen, Classificieren und Semestralzeugnisse. S. 9–35. 8. **Progr.** K. k. Staats-Gymn. *Bielitz* 1902.

Wozu studiert man noch heutzutage Latein und Griechisch? Ein Beitrag z. Schulreform von Eduard **Stettner**. Prof. in Bielitz. Wien: K. Gerolds Sohn in Komm. 1907. (165 S.) 8° [5.] [08. 347

Stettner, Eduard, wozu studiert man noch heutzutage Latein u. Griechisch? Ein Beitrag zur Schulreform. (IV, 167 S.) gr. 8. Wien 907. Bielitz, Professor E. Stettner. 2.60; erm. Pr. 1.50

Stettner, Ernst [Dr., Rechtspraktikant]: Das Recht des Aufenthalts und der Niederlassung ... Erlangen, k. b. Hof- u. Univ.-Buchdr. v. F. Junge, 1894; 45 S. 8.
Erlangen, Jur. Fak., Inaug.-Diss. v. 1894

Stettner, Fr., hinterlass. Gedichte in Nürnberger Mundart. Hrsg. v. seinem Sohne. 8. (11 B. u. Ttlkpfr.) Nürnberg 830, (Zeh.)

Stettner, G., zur Lehrplanfrage. Grundlinien der Theorie u. der prakt. Gestaltg. des Lehrplans. (129 S.) gr. 8. Stuttgart 903. A. Bonz & Co. n. 1. —
Sonderabdruck aus: „Die Volksschule".

(Stettner, Geo., [† J. Fenyéry,]) Handbuch d. ungrischen Poesie, s. Handbuch etc.

Stettner, Hermann, Referendar: Das **Miterbenverhältnis** nach gemeinem Rechte und dem Rechte des bürgerlichen Gesetzbuches für das deutsche Reich. *Bonn 1903: C. Georgi.* (VI, 60 S.) 8°
Greifswald, Jur. Diss. v. [7. Juni] 1903

Stettner, Johann Friedrich

— — S. auch *Cirylius*, Burkhard.

CIRYLLUS, Burkhard (d. i. *Joh. Friedr. Stettner*), Hugo v. Adlerfeld u. Ida v. Wertingen, oder Treue Liebe führt zum Ziele. Mit 1 Kpfr. v. Geissler. Nürnberg 1829. 8⁰. 240 S. (2 Mk. 50 Pfg. v. Zahn & Jaensch, Dresden, 1909.)

— — Albrecht Achilles, Markgraf zu Brandenburg, oder ächte Liebe scheut kein Opfer. Nach der Geschichte romantisch bearbeitet. Mit Titelkpfr. Ebd. 1826. 8⁰. 16 Bog.

— — Corando Corandini, der kühne Räuberhauptmann. Eine romantische Geschichte unsers Jahrhunderts. 2 Thle. Mit 2 Kpfrn. Ebend. 1823. 8⁰.

— — Graf Albrecht von Hohenstein oder der Gang nach dem Eisenhammer. Nach Schiller's Ballade romantisch bearb. Mit 1 Kpfr. Ebd. 1827. 8⁰. (1 Mk. 20 Pfg., stark fleckig, Oskar Rauthe, Berlin-Friedenau, 1910.)

§ **SIEGMAR,** Rudolph (d. i. *Joh. Frdr. Stettner*), Die zwölf schlafenden Jünglinge, oder der Zauberadler der Geisterwittwe vom Schlosse Tripolstein. Ritter- und Geistergeschichte. 2 Thle. Mit Kpf. Nürnberg u. Leipzig, Zeh, 1822. 8⁰.

— — Graf Meinolf von Wildenforst, oder: das wunderbare Wirken des grauen Mannes auf den Burgen seiner Freunde. Eine Geschichte aus den Tagen der Vorzeit. 3 Thle. Mit 3 Titelkpfrn. von C. Schuler. Nürnberg u. Leipzig, Zeh, o. J. (1825). 8⁰. (3 Rthl.) (3 Mk. Max Harrwitz, Berlin.)
256, 255, 215 SS., 1 S. Zeh'scher Verlag.

— — Moranzo, furchtbares Oberhaupt kühner spanischer Räuber auf dem Lande und zur See. Eine romantische Geschichte unsers Jahrhunderts. 2 Thle. Mit Titelkpfrn. Ibid. 1826. 8⁰.

— — Ullo von Hohenau u. sein tapferer Sohn, oder die unerwarteten Wirkungen des Vehmgerichts. Eine Rittergeschichte. Ebd. 1833. 8⁰. 13 Bog. (1 Mk. Frz. Teubner, Bonn, c. 1895.)
Sämmtlich ziemlich zahm. — A. G. Schmidt, Gallerie; Frz. Brümmer, Lex. d. dtsch. Dichter. Lpz. (1885). S. 517.

§ — — Veronika die Nonne mit dem Blutschleier, od. die furchtbare Erscheinung um Mitternacht im Schlosse Strahlenfels. Eine Ritter- u. Geistergeschichte. 2 Bde. Mit Kpf. Ebd. 1823. 8⁰.
Goedeke hat „1822" (?).

Stettner, Jul., methodische Einführung in die Elemente der ungarischen Sprachlehre. Für Bürger u. Mittelschulen bearb. gr. 8. (IV, 163 S.) Budapest 878. Tettey & Co. n. 1. 60

Stettner. Th., s.: Geschichte der Stadt Lindau im Bodensee.

Stetza, H. F., die Liebfrauenmilch v. Worms. Eine Wormser Weingeschichte, den Freundinnen u. Freunden des Weins erzählt. 8. (III, 139 S.) Worms 902. H. Fischer. Geb. in Leinw. n. 2. —

Stetzel, H., ein geschichtlicher Wegweiser zum Aufschluß der bildlichen Darstellungen u. symbolischen Prophezeiungen der Heiligen Schrift; mit besonderer Rücksicht auf das Buch Daniels u. die Offenbarung Johannis. 8. (273 S.) Allentown, Pa. 878. (Philadelphia, Schäfer & Koradi.) geb. n. 4.

Steub, Fritz, Firlefanz. Scherze u. Schwänke in Bildern. 4. (38 S. m. color. Holzst.) München 874. Braun & Schneider. 3. —

Steub, Ludwig

Steub, Ludw., onomatologische Belustigungen aus Tirol. [Aus: „Bote für Tirol u. Vorarlberg".] 8. (69 S.) Innsbruck 879. Wagner. n. 1. 20

Steub, Ludw., Bilder aus Griechenland. 2 Thle. gr. 12. (25½ B.) Leipzig 841, Brockhaus.

Steub, Ludwig: Bilder aus Griechenland. Th. 1, 2. Leipzig 1841. 1 Bd. 376; 218 S. 8⁰.
[F 7924

Steub, Ludw., Bilder aus Griechenland. Altes u. Neues. gr. 8. (IV, 884 S.) Leipzig 885. Hirzel. n. 4. 50; Einbd. n.n. 1. 50

Steub, L., zur Ethnologie der deutschen Alpen. 8. (IV, 97 S.) Salzburg 887. Kerber. n. 1. 60

— zur rhätischen Ethnologie. Stuttgart 854. Gebr. Scheitlin. gr. 8. (XII, 251 S.) n. 1 ℛ. 15 ngr.

Steub, Ldwg, Über deutsche und zunächst bayerische Familiennamen. Augsburg 1869. 8.
Sep.-Abdr. aus: Allg. Ztg. Beilage 271, 272, 278, 279. . . . . (D.)

— die oberdeutschen Familiennamen. München 870. Oldenbourg. 8. (XI, 216 S.) n. 1 ℛ

Steub, Ludw., der schwarze Gast. Erzählung aus den Tagen der tirolischen Protestantenfrage. 2. Abdr. München 863. Fleischmann. 8. (90 S.) n. 15 ngr.

Steub, Ludw., der schwarze Gast. Erzählung aus den Tagen der tirol. Protestantenfrage. 2. Abdr. 8. (90 S.) München 863, [Merhoff's Verlag.] *

—— s. Grienberger, Th. v., Steubiana.

— Hagbarth u. Signe. Romantische Oper in 3 Akten. Musik von Edm. von Miholovich. 8. (63 S.) Dresden

Steub, Ludwig: Herbsttage in Tirol. — Mchn: Merhoff 1867. V, 263 S.

— Herbsttage in Tirol. 2., verm. u. illustr. Aufl. 12. (VIII, 386 S.) München 889. Merhoff's Verl. n. 4. —; geb. n. 4. 80

Steub, Ludw., das bayerische Hochland. 8. (VIII und 570 S.) München 860, Literarisch-artistische Anstalt.

Steub, Ludw., Das bayerische Hochland. München 1866. 8⁰.

Steub, Ludw., aus dem bayerischen Hochlande. 8. (VI u. 204 S.) München 850, Literarisch-artistische Anstalt. n. 1 ℛ

—, *Altbayerische Culturbilder.* Leipzig, Ernst Keil, 1869. 8⁰. Name auf Titel. Hsrsb., gebr.
1 Bll., 229 S., 1 Bl. Inh.: 1. Aus dem bayerischen Vormärz. 2. Der Judenmord zu Deggendorf. 3. Die Wandbilder d. bayerischen Nationalmuseums (in München). 4. Epilog.

Steub, Ludw., mein Leben, s. Bücherei, deutsche.

—— Lustspiele. [Das Seefräulein. Der Römer in Deutschland.] 8. Stuttgart 872, Cotta'sche Buchh. *

Steub, Ludwig: Tirolische Miscellen. — Stg.: Cotta 1874. 382 S. (Steub: Kleinere Schriften. Bd 3.)

—— zur Namens- und Landeskunde der deutschen Alpen. 8. (IV, 175 S.) [Nördlingen 885.] München, Beck'sche Verlagsh. *

— gesammelte Novellen. 2. Aufl. 8. (III, 472 S. m. Holzschn.-Portr.) Stuttgart 883. Bonz & Co. n. 5. —; geb. n. 6. —

Steub, Ludw., Novellen und Schilderungen. Stuttgart 853. Scheitlin. 8. (2 Bl., 236 S. mit in Stahl rad. Titel.) 1 ℛ.

—— lyrische Reisen. 8. (VI, 378 S.) Stuttgart 878, Bonz und Comp. * ℳ 4.; geb. mit Goldschn. *

— die Rose der Sewi. Eine ziemlich wahre Geschichte aus Tirol. gr. 16. (VII, 184 S.) Ebend. 879. n. 2. 40

[F.] Die Rose der Sewi. E. zieml. wahre Geschichte aus Tirol v. Ludwig Steub. 2. Aufl. M. Ill. v. Hugo Engl. *Stuttgart: A. Bonz & C. 1892.* (2 Bl., 252 S.) 1 Bd 8. [96. 5458

— Sängerkrieg in Tirol. Erinnerungen aus den Jahren 1842—1844. 12. (VIII, 493 S.) Ebend. 882. n. 5. —; geb. n. 6. —

Steub, Ludw., kleinere Schriften. 1—4. Bd. 8. Stuttgart 873—75. Cotta. n. 20. —

1. Reiseschilderungen. (IV, 276 S.) n. 4. 50
2. Literarische Aufsätze. (IV, 271 S.) n. 4. 50
3. Tirolische Miscellen. (382 S.) n. 6. —
4. Altbayerische Miscellen. (IV, 252 S.) n. 5. —

Steub, Ludw., drei Sommer in Tirol. gr. 8. (42⅛ B.) München 846, Liter.-artist. Anstalt. *

Steub, Ludwig: Drei Sommer in Tirol. Bd 1—3. 2., verm. Aufl. — Stg.: Cotta 1871. [1. Aufl. Mchn 1846.] IV, 275 S.; III, 266 S. u. III, 310 S.

Steub, Ludw., drei Sommer in Tirol. 3., durchgeseh. Aufl. m. Karte. 2 Bde. 8. (XI, 405 u. 447 S.) München 895. H. Hugendubel. n. 7. —; in 1 Leinwbd. n. 8. —

Steub, Ludw., drei Sommer in Tirol. 4., m. dem Nachtrag der 1. Aufl. verm. Aufl. 2 Bde. 8. (XI, IV, 405, 447 u. 71 S.) München 899. H. Hugendubel. n. 7. —; geb. in Leinw. n. 8. —; Nachtrag (71 S.) allein n. — 80

— Streifzüge durch Vorarlberg. Mit e. Einleitg. u. Anmerkgn. neu hrsg. v. Hans Nägele. (XVI, 183 S. m. Bildnis.) 8. München 908. H. Hugendubel. 1. 80

Steub, Ludwig: Aus Tirol. — Stg.: Bonz 1880. 308 S.

— deutsche Träume. Roman. 3 Thle. Braunschweig 858. Vieweg. 12. (VII, 252; 2 Bl., 230; 2 Bl., 264 S.) n. 3 ℛ. 15 ngr.

Steub, Ludw., deutsche Träume. Roman. 2. (Titel-)Ausg. 3 Thle. 8. (VII, 252; 230; 264 S.) Braunschweig (858)888, Vieweg und Sohn. *

—— die alte Trompete in Es. Oberbayerische Dorfgeschichte. 8. (52 S.) München 849, Literarisch-artistische Anstalt.

—— über die Urbewohner Rätiens u. ihren Zusammenhang mit den Etruskern. gr. 8. (12 B.) München 843, Literar.-artist. Anstalt.

— Wanderungen im bayerischen Gebirge. München 862. Fleischmann 8. (VII, 224 S.) n. 1 ℛ

—— Wanderungen im bayerischen Gebirge. 8. (VII und 224 S.) München 862, Merhoff's Verlag. *

Steub, Ludw., *Wanderungen im bayerischen Gebirge.* 2. vermehrte Aufl. München, E. A. Fleischmann, 1864. (Gedr. Augsburg.) 8⁰. Titelblatt ausgebess. Eleg. blau Hsrsb.

Steube, Aug., Erklär. d. Neuen Testaments. 4. Bremen. 723.

Steube, C. G., die Auferstehung Jesu Christi. Eine histor. Untersuchg. f. die Gebildeten. gr. 8. (IV, 132 S.) Leipzig 888. Grunow. n. 2. —

Steube, J. H., (J. H. Meynier,) neues theoret.-prakt. Lehrbuch der gesammten Gartenkunst, od. leichtfaßl. jedoch gründl. auf lange Erfahrung gegründ. Unterricht zur zweckmäß. Behandlung des Küchen-, Blumen- u. Obstgartens 2c. Mit 2 Kpf. 8. Nürnb. 822. 2e A. 827. Campe. 1 ℛ

Steube, J. H., (J. H. Meynier). neues theoret.-prakt. Lehrb. d. gesammten Gartenkunst od. leichtfassl. jedoch gründl. auf lange Erfahr. gegründ. Unterricht z. besten Gemüsebau, z. schönsten Blumenzucht u. edelsten Obstcultur. Mit 3 Kpf. 8. Nürnberg, 1822. 2. Aufl. 1827. (Campe.) 1. —

Steube, Johann Kaspar

Steube, Jh. Kasp., († d. 22. April 1795.) Briefe üb. den Bannat. 8. Eisenach 793. (Bärecke). 10 gr. Schrbp. 12 gr.

Steube, J. C., Briefe üb. d. Bannat. 8. Eisenach, Wittekind. 793.
Schreibp.

— Wanderschaften und Schicksale. m. K. 8. Gotha, Ettinger. 791.

Steube, Johann Sebastian (Kaltennordheim) A. S. 1273/6

Dissertatio medica de corpulentia nimia.
Präs. Christian Ludwig Wucherer.
Jena (Müller) 7. III. 1716. 24 S.

Gew.: Georg Wolffgang Wedel, Johann Hadrian Slevogt, Jo. Adolph Wedel. 33512

Steube, Johann Sebastian (Kaltennordheim) A. S. 1281a/8

Dissertatio inauguralis medica, de infelici hydropes saccati curatione. Präs. Johann Adrian Slevogt.
Jena (Nies) 19. IV. 1721. 26 S.

Gew.: Michael Zülich, Jo. Abraham Kromayer. 33511

Steube, Karl, Eine Geschichte aus gesammelten Briefen von ihm selbst und seinen Freunden. Eisenach 1784—89. N. A. Leipzig 1805. V: *Reussing, Marianne geb. Wedekind.* (GGr)

v. **Steuben**, Chr. Ludw. Angemerkte Fehler, welche sich noch in der Kriegsbaukunst und denen Festungen, auch neusten herausgegebenen Manieren zu fortifizieren, befinden, als welches die wahre Ursache, warum die heutiger Festungen so gar bald übergehen; und eine ganz neue Manier zu fortifizieren, darinnen sie abgeschaft. 1. Koppenhagen 1761.

[STEUBEN, Friedrich Wilhelm August Freiherr von] 1730 - 1794
Regeln für die Ordnung und Disciplin der Truppen der Vereinigten Staaten.
Erster Theil.
Aus dem Englischen übersetzt.
Philadelphia: Cist. 1793. 88 S. 8°.
New York Public Library
Übers. v. Regulations for the Order and Discipline of the Troops of the United States, 1793.
Mehr nicht erschienen.
Sabin 91419. Evans 26361.

Das Steubenfest und das Steubendenkmal in Baltimore. *Baltimore, Md. 1878. pp. . . .*

Steuben Sesqui-Centennial: 1777 1927 New York, NY

STEUBENVILLE

Steubenville Germania : Aug. 11, 1876—1918?
Independent weekly; supported Tilden. Circulation: 1880, 1050; 1890, 850; 1900, 1450; 1910, 900; 1915, 900. Edited & published by R. Schnorrenberg, Aug. 11, 1876—1878; by Max Gescheider, 1879—90; by H. Schmied, 1891—92; by Gustav C. Nickel, 1893—95; by Joseph Niederhuber, 1896—1918.
Steubenville, OH

Steuber, über die Verwendbarkeit europäischer Truppen in tropischen Kolonien vom gesundheitlichen Standpunkte. (38 S. m. 5 Abbild.) gr. 8. Berlin 907. E. S. Mittler & Sohn. — 80
Sonderabdr. a.: „Vierteljahrshefte f. Truppenführg. u. Heereskde."

Steuber, C., Zusammenstellung der zur Zeit gültigen Eisenbahn-Gütertarife der Station Hagen i. Westf., s.: Quartier, H.

Steuber, Heinrich Wilhelm (Mansfeld) A. S. 203/18

Collegii juris feudalis disputatio III. sistens theses de personis, quae contractum feudale celebrare possunt. Präs. Jakob Ludovici.
In: Ludovici: Collegium juris feudalis. Ed. 2.
Halle (Zeitler) 1712. S. 23-37. 33513

Steuber, J. A. G., zwei Predigten auf das allbetrauerte Hinscheiden Sr. Maj. Friedrich Wilhelm III., Königs v. Preußen. gr. 8. (1½ B.) Zeitz 840, Webel.

Steuber, Joh., v. heil. Abendmahl. 12. Gießen. 736.

Steuber, Johann Andreas Gottfried

Steuber, Jh. Andr. Gf., Anklänge der Zeit. 8. Sondershaus. 816. (Voigt in Ilmenau). 10 gr

— Beschreib. d. 50jähr. Regierungsjubelfeier des regier. Grafen Karl Ludwig zu Stolberg-Stolberg. 8. Stolberg 811.

Steuber, J. A. G. De praecipuis causis, cur juvenes literarum studiosi in priscis scriptorib. in serm. patrium quam accuratissime convertendis magnopere exercendi sint. 27 S. . . . .
Progr. Dortmund 1826

Steuber, J. A. G. Entlassungsworte an akad. Abitur., am 14. Sept. 1832. 5 S.
Dortmund, Progr. 1832

— über den pädagog. Geist unserer Zeit. Eine Rede. 8. Stolberg 818.

— über Gymnasialbildung. 8. Ilmenau 817. Voigt. 20 gr

Steuber, J. A. G. Die Gymnasien in ihrem Verhältnisse zur Gegenwart. Dortmund, G., 1832. 16 S. 4. Progr.

— observationes in paedagogices recentioris vim atque efficaciam in usum juventutis studiosae. 8. Nordhaus. 811. (Nitzsche). 8 gr

Steuber, J. A. G., de variis reprehensionibus, in quas ludi litterarii hodie incurrerunt. Progr. Dortm. 821. 4. (15 Seiten).

Steuber, J. A. G. De hodierno studio adolescentibus ad subsellia academica aliquando accessuris cognitionem literarum artiumque nimis facilem reddendi. 23 S. .
Progr. Dortmund 1830

Steuber, Jo. Andr. Godofr., de hodierno studio adolescentibus, ad subsellia academ. aliquando accessuris, cognitionem literar. artiumque nimis facilem reddendi. 4 maj. (3¼ B.) Tremoniae 830. (Lipsiae, Cnobloch.)

— Progr. De linguae latinae usu non tollendo, sed commendando. 4 maj. Lippstadt 818. (Voigt in Ilmenau). 6 gr

Steuber, Karl

Steuber, Car. (Frid.) (geb. Nägelstedt in d. Prov. Sachs. 3. 3. 1825): De angina maligna. Berolini (1850). (26 S.) 8°
Berlin, Med. Diss. v. 17. Aug. 1850

Steuber, W., s.: Wissmann, Hermann v., Deutschlands grösster Afrikaner.

Steuber, Werner [pr. Arzt aus Heiligenstadt]: Ein klinischer Beitrag zur Lehre von der Leukämie. . . . Berlin, Buchdr. v. Gustav Schade (Otto Francke) (1889); 29 + 1 S. + 1 Bl. 8°
Berlin, Med. Fak., Inaug.-Diss. v. 22. Jan. 1889

Steubing, die Taufe m. dem hl. Geist (die Geistestaufe), s.: Weg, der, göttlicher Zeugnisse. 10, II.

Steubing, Arnold, 1. Pfarrer in Haiger: Der paulinische Begriff „Christusleiden". Darmstadt 1905: C. F. Winter. (39 S.) 8°
¶[Teil einer größeren Arbeit des Verfassers: Die Leidenskontemplation des Apostels Paulus.]
Heidelberg, Theol. Fak., Ref. Deissmann, Diss. v. 17. Juli 1905
[Geb. 28. Apr. 57 Diez a/Lahn; Wohnort: Haiger, Prov. Hessen-Nassau; Staatsangeh.: Preußen; Vorbildung: Gymn. Dillenburg Reife O. 79; Studium: Leipzig 2, Tübingen 1, Berlin 3 S.; Rig. Erlassen.]

Steubing, Johann (Jos.?) Hermann

Steubing, Jh. Herrm., Geschichte der hohen Schule Herborn. gr. 8. Hadamar 823. (Lanz in Weilb.) 1 rt 15 gr

Steubing, (Jos. Herrm.,) Geschichte der hohen Schule Herborn. gr. 8. Hadamar 823, Gelehrten-Buchh.

— Nassauische Kirchen- und Reformationsgeschichte. gr. 8. Hadamar, Gelehrte Buchh. 804.

Steubing, J. Hn., Materialien z. Statistik und Geschichte d. Nassauischen Lande. 1r Bd. gr. 8. Marb. Krieger. 792.
Vgl. Materialien...

— biograph. Nachrr. aus dem 16. Jahrh. 8. Marb. 790. Krieger. 12 gr

Steubing, J. H., Topographie d. Stadt- u. Grafschaft Dietz. 8. Hadamar, N. Gel. Buchh. 812.

Steubing, J. Hermann, s. Versuch e. Nassauischen Geschichtsbibliothek.

Steubing, R. W. P., üb. den Ursprung u. die Gränzen des positiven Privatrechts. 8. Hadam. 815. (Lanz in Weilb.) 4 gr

Steubing, Walter, a. Dillenburg: Über die optischen Eigenschaften kolloidaler Goldlösungen. Leipzig 1908: J. A. Barth. (38 S., 2 Tab.) 8°
Greifswald, Phil. Fak., Ref. Mie, Diss. v. 20. März 1908
[Geb. 12. Juni 85 Dillenburg; Wohnort: Greifswald; Staatsangeh.: Preußen; Vorbildung: Gymn. Greifswald Reife O. 04; Studium: Tübingen 3, Greifswald 4 S.; Rig. 16. Dez. 07.]

Steubing, W., über die spektrale Intensitätsverteilung der Kanalstrahlen in Wasserstoff, s.: Stark, Johs.

Steuch, Johannes (Angermanland/Schweden)
A. S. 1383/11

De anno jubileo, secundum disciplinam Hebraeorum disputatio. Präs. Johann Christoph Wagenseil. Altdorf (Kohles) 7. II. 1700. 32 S. 33516

Steuckard, Ioh. Dav., tentamina sacra ex omnibus theologiae partibus. VI Ptes. 8. Vitteb. Knoch. 724—28.

— Unschuld d. Timothei Verini. 8. Wetzlar. Knoch. 715.

Franzesko Radda. Sociale Tragödie in 5 Aufz. von Christoph **Steudall.** Leipzig: O. Weber [1898]. (146 S.) 8° [F.] [07. 6769

Steude, Ernst Gustav

Steude, E. G., evangelische Apologetik, s.: Zimmer's Handbibliothek der praktischen Theologie.

Steude, E. Gust., praktische Apologetik. 1. u. 2. Heft. gr. 8. Gütersloh, C. Bertelsmann. à n. 2. 40
1. Die Unsterblichkeitsbeweise. (156 S.) 904.
2. Die modernen Weltanschaugn. (IV, 128 S.) 906.

Steude, E. Gust., volkstümliche Apologie. [Aus: „Der Beweis des Glaubens".] gr. 8. (III, 65 S.) Gütersloh 895. C. Bertelsmann. n. — 80

Volkstümliche Apologie. Von E[rnst] G[ustav] **Steude,** Lic. 2. Aufl. *Gütersloh: C. Bertelsmann 1901.* (70 S.) 8° [F.] [01. 4706

Steude, E. G., die Auferstehung Jesu Christi. Eine histor. Untersuchung für die Gebildeten. gr. 8. (IV, 182 S.) Leipzig 888, Grunow. *

— die Auferstehung Jesu Christi. Eine histor. Untersuchg. f. die Gebildeten. 2. (Titel-)Ausg. gr. 8. (IV, 182 S.) Leipzig 893. F. W. Grunow. n. 1. 50

Steude, E. G., Beiträge zur Apologetik. gr. 8. (VII, 295 S.) Gotha 884. F. A. Perthes. n. 4. 80

— bete u. arbeite! Betrachtgn. 8. (IV, 107 S.) Leipzig 898. Fr. Richter. n. 1. 50

Steude, E. G., s.: Beweis, der, des Glaubens.

Steude, E[rnst] Gustav: Der Beweis für die Wahrheit des Christentums. Ein Beitrag z. Apologetik. Gütersloh: C. Bertelsmann 1899. (VIII, 148 S.) 8°
= Beiträge z. Förderung christl. Theologie. Jg. 3, H. 5.

[F.] Christentum und Naturwissenschaft. E. Beitr. z. Apologetik v. Lic. E[rnst] G[ustav] **Steude,** Seminaroberl. in Dresden. *Gütersloh: C. Bertelsmann 1895.* (191 S.) 1 Bd 8. [96. 1306

Christentum und Welt. 5 apologet. Vorträge u. Aufsätze. Von E[rnst] G[ust.] **Steude,** Lic. *Gütersloh: C. Bertelsmann 1901.* (78 S.) 8° [F.] [01. 4707

— empor d. Herzen! 26 Ansprachen bei monatl. Schulandachten. gr. 8. (48 S.) Gotha 898. E. F. Thienemann. n. 1. 20

Entwickelung und Offenbarung von Sem.Dir. Lic. [Ernst Gustav] **Steude**-Oschatz. Stuttgart: M. Kielmann 1905. (59 S.) 8° [F.]
= **Christentum** u. Zeitgeist. Ser. 1. H. 8. [06. 16031 11

— Gedanken üb. e. zeitgemäße Erteilung des Religionsunterrichts in der Volksschule. Vortrag auf der 28. Jahres-Versammlg. des Glauchauer Schulbezirks, am 10. VII. 1902. gr. 8. (17 S.) Glauchau 902. A. Peschke. n. — 30

—— Glauben und Wissen, Glaube und Leben, s. Zeitfragen des christlichen Volkslebens.

Hülfsbuch für den Religionsunterricht in den oberen Klassen der höheren Lehranstalten von Lic. E[rnst] G[ustav] **Steude.** *Gütersloh: C. Bertelsmann 1903.* (VII, 126 S.) 8° [F.] [03. 9554 6

— Jesus der Christ. Sechs apologet. Predigten. 8. (68 S.) Dresden 892. F. Naumann. n. — 60; kart. n. 1. —

— komm u. siehe es. Aufsätze u. Vorträge f. die Suchenden unter den Gebildeten. 8. (229 S.) Gütersloh 902. C. Bertelsmann. n. 2. —; geb. n. 2. 80

— Lebensworte. Betrachtungen f. Gebildete. 8. (VII, 92 S.) Leipzig 894. [Schwarz.] Kirchrode, G. Nebel. n. 1. 50; geb. n. 2. 25

— Lebensworte. Betrachtgn. f. Gebild. 2. (Titel-)Aufl. 8. (VII, 92 S.) Leipzig (894) 895. G. Strübig. n. 1. 50; geb. in Leinw. m. Goldschn. n. 2. 25

(B) — Lebensworte. 895. (KBL. 32.) Jetzt: Leipzig, A. König.

[F.] Böser Leumund. E. Erzählg f. d. Jugend v. E. G. **Steude.** *Gütersloh: C. Bertelsmann [1897].* (90 S.) 1 Bd 8.
= **Nieritz,** G.: Jugendbibliothek. No 98. [98. 1879

Steude, E. G., ein Problem der allgemeinen Religionswissenschaft u. ein Versuch seiner Lösung. gr. 8. (107 S.) Leipzig 881. J. Naumann. n. 2. —

Die christliche Religion und die Naturwissenschaft. Von Lic. [Ernst] Gustav **Steude.** Stuttgart: M. Kielmann 1905. (52 S.) 8° [F.]
= **Christentum** u. Zeitgeist. Ser. 1. H. 4. [06. 16027 11

— e. atheistische Streitschrift gegen das Christentum. Beleuchtet v. E. G. S. [Aus: „Beweis des Glaubens".] gr. 8. (36 S.) Gütersloh 894. C. Bertelsmann. n. — 40

[F.] Die Monistische Weltanschauung dargest. u. geprüft v. Lic. E[rnst] G[ustav] **Steude,** Seminaroberl. in Dresden. *Gütersloh: C. Bertelsmann 1898.* (98 S.) 1 Bd 8. [98. 4593

Steude, Moritz

Steude, M., d. Literatur d. Gas- u. Wasserfaches. Ein Verzeichnis v. Büchern u. Broschüren üb. Gasbeleuchtg. u. verw. Beleuchtungsarten, sow. f. Wasserversorgg., Entwässerg. u. verw. Gebiete. Auf Anregg. d. deutschen Vereins v. Gas- u. Wasserfachmännern gesammelt. gr. 8. (78 S.) München 896. R. Oldenbourg. n. 2. —

Steude, Moritz, aus Karlsruhe (Baden): Ueber Thiazol-Derivate aus Brombrenztraubensäuren und Bromacetessigester. [Auch in: Liebig's Annalen der Chemie u. Pharm., Bd 261, S. 22—47.] Uster-Zür. A. Diggelmann Dr. 1891. 40 S. 8°.
Zürich, Phil. Diss. [v. 20. Juli 1891].

Steudel, Anleitung z. Herstellung von Ufer-Bauten u. Ufer-Pflanzungen f. Nicht-Techniker. gr. 12. (2 B. u. 1 Steint.) Eßlingen 841, [Dannheimer'sche Buchh.] *

Steudel, Adolf

Steudel, Adph., das goldene ABC der Philosophie, d. i. die Einleitg. zu dem Werke „Philosophie im Umriss". Neu hrsg. u. m. Bemerkgn. versehen v. Max Schneidewin. gr. 8. (215 S.) Berlin 891. F. Stahn. n. 4. —

Steudel, Adph., kritischer Bericht üb. die Lehre der christlich-protestantischen Kirche, Aufruf zu Rechtfertigung od. gründlicher Reform dieser Kirchen-Lehre, u. Austritt aus dieser Kirche. Ein Nachtrag zur „Kritik dieser Religion". gr. 8. (28 S.) Stuttgart 883. (Bonz & Co.) n. — 90

Steudel, Adph., kritischer Bericht über die Lehre der christlich-protestantischen Kirche, Aufruf zu Rechtfertigung oder gründlicher Reform dieser Kirchen-Lehre, und Austritt aus dieser Kirche. Ein Nachtrag zur „Kritik der Religion". gr. 8. (28 S.) Stuttgart 885, (Bonz und Comp.) *

—— über Materie und Geist [zur Verständigung], nebst einem Anhang über den Darwinismus. gr. 8. (58 S.) (Ebendas.) 885. *

Steudel, Adph., Philosophie im Umriss. 1. Thl.: Theoretische Fragen. 1. und 2. Abthl. gr. 8. (XVIII, 426 S.) Stuttgart 871, Metzler's Verlag. *

Steudel, Adph., Philosophie. 1. u. 2. Thl. 1. Abth. gr. 8. Stuttgart 871—77. Bonz & Co. n. 21. —
I. Theoretische Fragen. (XVIII, 426 S.) n. 12. —
II. Kritik der Sittenlehre. (XI, 612 S.) n. 9. —

Steudel, Adph., Philosophie im Umriss. 2. Thl.: Practische Fragen. 1. Abthl.: Kritik der Sittenlehre. gr. 8. (XI, 612 S.) Stuttgart 876, Bonz und Comp. *
1. Thl. Ebendas. 1871. *ℳ 12.

Steudel, Adph., Philosophie im Umriss. 2. Thl.: Practische Fragen. 2. und 3. Abthl. gr. 8. Stuttgart, Bonz und Comp. *
Inhalt:
Abthl. 2. Kritik der Religion, insbesondere der christlichen. 2 Bücher. (XIX, 474; XII, 685 S.) 881. *ℳ 14.
» 3. Kritische Betrachtungen über die Rechtslehre. (XV, 436 S.) 884. *ℳ 7,20.
1. Thl. und 2. Thl. 1. Abthl. Ebendas. 1871,76. *ℳ 21.

— der Spiritismus vor dem Richterstuhl d. philosophischen Verstandes. gr. 8. (III, 80 S.) Ebend. 886. n. 1. 20

Steudel, Albert

Steudel, A., Alpenpanorama von Friedrichshafen. Chromolith. qu. schmal gr. Fol. Mit Verzeichnis der auf dem Panorama genannten Berge. 12. (6 S.) Ravensburg 888. Dorn. In Leinw.-Decke n.n. 1. 20

Steudel, A[lbert]. Alpenschau. Kurze Beschreibung von 150 Bergen, welche am nördlichen Bodensee-Ufer gesehen werden, nebst Panorama vom Standpunkt Friedrichshafen. 8. Ravensburg 1864.

Steudel, Alb., Alpenschau. Bergaussichten vom südl. Schwaben u. kurze Beschreibgn. v. 150 Bergen, welche am nördl. Bodensee-Ufer gesehen werden, nebst 2 Panoramen u. 3 Bergskizzen. (Lith. qu. gr. 4.) 2. verb. u. verm. Aufl. 8. (VII, 280 S.) Friedrichshafen 874. Lincke. n. 4. —; geb. n. 4. 30

(Steudel, [Albert]. Das Material der Steinwaffen aus den Bodenseepfahlbauten.) [A.] 8. ([Stuttgart] 1876.)

— über die Pfahlbauten. Vortrag geh. in der Jahresversammlg. d. Bodenseegeschichts-Vereins in Constanz vom 4. Septbr. 1871. Nebst e. (chromolith.) Pfahlbauten-Karte d Bodensees (in qu. Fol.) [Aus den Schriften d. Vereins f. Geschichte d. Bodensees u. seiner Umgebg.] hoch 4. (30 S.) Lindau 872. Stettner in Comm. n. 1. 20

Steudel, Albt, Welche wahrscheinliche Ausdehnung hatte der Bodensee in der vorgeschichtlichen Zeit? Wann ungefähr gestalteten sich seine jetzigen Ufer? Mit 2 Karten. . . . 1874. 8. . . . . (FBA.)

Steudel, E., die göttliche Sabbathordnung nach ihrem Ursprung, ihrer Entwicklung u. Vollendung. Unter besond. Berücksicht. der Sonntagsfrage v. bibl. Gesichtspunkten aus dargestellt. 8. (182 S.) Stuttgart 893. Buchh. der Evang. Gesellschaft. n. 1. —

Steudel, Elise, Erzählungen für junge Mädchen. Mit 6 (lith. u.) color. Bildern. Stuttgart 853. Schmidt u. Spring. 8. (2 Bl., 230 S.) 1 ℛ.

— Welt und Haus. Eine Erzählung für gebildete Frauen und Töchter. Aarau 858. Sauerländer. 8. (2 Bl., 410 S.) 1 ℛ. 18 ngr.

Steudel, Elise. Welt u. Haus. Eine Erzählung f. gebild. Frauen u. Töchter. Neue Ausg. In-8°. Aarau, Sauerländer. 1878.

Kann der Deutsche sich in den Tropen akklimatisieren? Von Dr. [Emil] **Steudel**, Oberstabsarzt. Nach einem in d. Deutschen Kolonialgesellsch. gehalt. Vortrage. Leipzig: J. A. Barth 1908. (22 S.) 8°
= Archiv f. Schiffs- u. Tropenhygiene. Bd 12, Beih. Nr 4. 108. 13363 7

Steudel, Emil [approb. Arzt aus Stuttgart]: Zur Kenntnis der Regeneration der quergestreiften Muskulatur . . . . Stuttgart, Druck v. A. Bonz' Erben, 1887; 24 S. 8°.
Tübingen, Med. Fak., Inaug.-Diss. v. 1887.

Steudel, Emil, zur Kenntnis der Regeneration der quergestreiften Muskulatur. Inaugural-Dissertation. gr. 8. (24 S.) Stuttgart 887. (Tübingen, Frz. Fues' Verlag.) *

Steudel, E., die perniciöse Malaria in Deutsch-Ostafrika. gr. 8. (79 S. m. 1 Curventaf.) Leipzig 894. F. C. W. Vogel. n. 2. —

Steudel, Ernst Gottlieb

Steudel, E. G., Altbau u. Neubau des Medicinal-Wesens in Würtemberg unter Berücksicht. der entsprechenden Zustände in andern Ländern u. der neuen Verbesserungs-Vorschläge, dargestellt f. Aerzte u. Nicht-Aerzte. gr. 8. (XII u. 135 S.) Eßlingen 849, Dannheimer. 3/4 ℛ

Steudel, E. G., Altbau und Neubau des Medicinal-Wesens in Württemberg unter Berücksicht. der entsprech. Zustände in andern Ländern und der neuen Verbesserungs-Vorschläge, dargestellt für Aerzte und Nicht-Aerzte. gr. 8. (XII und 135 S.) Eßlingen 849, [Weychardt.] —

Steudel, E[rnst Gtl.] u. G[hilf] D[aniel] Schumann: Bemerkungen, Vorschläge und Wünsche in Beziehung auf den Entwurf der Pharmacopoea Wurttembergica. Stuttgart: Steinkopf 1846.

Steudel, Ernst Theoph., Darstellung ein. Frieselfieber-Epidemie, welche in Eßlingen u. d. Umgegend zu Anfang d. J. 1831 herrschte, mit e. kurzen Beschreib. einiger ähnl. Epidemien in Würtemberg, e. Vergleichung ders. unt. einander, ihrem Verhältniß zu d. Scharlachfieber u. zu d. ostind. Cholera. gr. 8. (9 B.) Eßlingen 831, (Dannheimer'sche Buchh.) *

Steudel, (E., et Ch. F.,) Hochstetter, Enumeratio plantarum Germaniae Helvetiaeque indigenarum, seu Prodromus, quem synopsis plantarum Germ. Helv. edituri botanophilisque adjuvandum commendantes. 8 maj. Stuttgardiae 826, v. Cotta. Rthlr.

Nomenclator botanicus enumerans ordine alphabetico nomina atque synonyma...Auctore Ernesto Steudel. [1.2.] Stuttgartiae et Tubingae:Cotta 1821-24. 3 Bde 8°
[1,]Sectio [1.]2: Plantis phanerogamis. 1821.
[2:] Plantis cryptogamis. 1824.

STEUDEL, Ernst Gottl.: Nomenclator botanicus seu: Synonymia plantarum universalis, enumerans ordine alphabetico nomina atque synonyma tum generica tum specifica et a Linnaeo et a recentioribus de re botanica scriptoribus plantis phanerogamis imposita. - Stuttgartiae, Tubingae 1821. XVII, 900 S. - 2. Aufl. ebd. 1840 u. 1841. 2 Tl. 852 u. 810 S.

—— Nomenclator botan. seu synonymia plantar. universalis, enumerans ord. alphabet. nomina atque synonymia, tum generica tum specifica. Et a Linnaeo et a recentioribus de re botanica scriptoribus plantis phanerogamis imposita. (Tom. I.) (13 Sect.) Edit. II. ex novo elaborata et aucta. gr. Lex.-8. (104½ B.) Stuttgartiae et Tubingae 840, 41, libr. Cotta. Tom. II. Ibid. 1824. 3 Thlr.

Steudel, E. G., Synopsis plantarum Glumacearum. (X Fasc.) 2 Partes. 4. Stuttgartiae 854—55, Metzler'sche Buchh. Verlags-Conto. *

Inhalt:
Pars 1. Graminae. (VII und 475 S.)
2. Cypceraceae. (348 S.)

Steudel, E. G., über Wasser-Heilanstalten u. ihr Verhältniß zu den Mineralquellen u. Bädern. Eine wissenschaftl. Parallele f. Freunde der Hydriatik u. f. die Denkenden unter ihren Verächtern. — Nebst Ansichten u. Erfahrungen über Wasser-Heilmethode v. Hellmuth Steudel. gr. 8. (8 B., 1 Tab. u. 1 Ans. v. Wilhelmsbrunnen.) Eßlingen 842, Dannheimer.

Steudel, Fr.: Über die Nothwendigkeit der Einführung von Leibesübungen in unsere Mädchenschulen. Celle 1868. 16 S.

Steudel, Fr., gemeinfaßliche praktische Pilzkunde f. Schule u. Haus. Ausg. A. Mit e. Wandtafel in Farbendr., 62×73 cm, v. 22 den Text erläut., treu nach der Natur gemalten Illustr. gr. 8. (47 S.) Tübingen 894. Osiander. Mit Taf. in Mappe. n. 3.—; die Taf. m. Stäben n. 3.—; Ausg. B, Text m. 24 Taf. kart. n. 2. 50; Text ohne Taf. n. — 50

Steudel, Fr., gemeinfaßl. prakt. Pilzkunde f. Schule u. Haus. Ausg. B. M. 25 d. Text erläut., treu nach d. Natur gemalten Illustr. auf 17 Taf. in Zehn-Farbendr. 2., vollst. umgearb. u. verm. Aufl. gr. 8. (XI, 87 S.) Tübingen 895. Osiander's Verl. In Leinw. kart. n. 2. 50

Steudel, Fr., Turnreden. Stade 861. Steudel. 8. (10 S.) n. 2 ngr.

Steudel, Fr., Der Turn-Unterricht an den Gymnasien, Stade 1862, 8 S., Gr.-8°.

[F.] Meine Abrechnung mit der Württembergischen Landeskirche. In 3 Vortr. u. e. Einl. v. Friedrich Steudel ... *Stuttgart: R. Lutz 1896.* (122 S.) 1 Bd 8. [96. 7416

Steudel, Frdr., Arzt u. Schulbetrieb. Gutachten deutscher Ärzte. Gesammelt vom Elternbund f. Schulreform in Bremen. (IX, 90 S.) gr. 8. Leipzig 907. [Teutonia-Verlag.] Leipziger Verlags- u. Kommissionsbuchh. 1. —

Steudel, Friedrich (Hrsg.), s.a. Arzt und Schulbetrieb.

— d. neutestamentl. Auferstehungsberichte in synopt. Darstellg. Tabelle in gr. Fol. [Aus: „St., der relig. Jugendunterricht".] Nebst Erläutergn. qu. gr. 4. (1 S.) Heilbronn 896. Stuttgart, M. Kielmann. n. — 30

Steudel, Friedrich. Das Christusproblem und die Zukunft des Protestantismus. II + 46 S. 8. Leipzig und Zürich, Th. Schröter's Verlag ⟨Adolf Bürdeke⟩, 1909. [fr. 1. 25]
(Deutsche Wiedergeburt. Schriften zur nationalen Kultur. Hrg. von Ernst Wachler. Band 4.)

Wir Gelehrten vom Fach! Eine Streitschrift gegen Prof. D. v. Soden's Hat Jesus gelebt? von Fr[iedrich] Steudel, Pastor. Frankfurt a. M.: Neuer Frankf. Verl. 1910. 95 S. 8° [10. 12876

Steudel, Fr., Geschichte der christlichen Religion im Abriß. Für die Hand der Schüler bearb. gr. 8. (25 S.) Bremen 901. G. Winter. Kart. n. — 60

Steudel, Frdr., der religiöse Jugendunterricht. Auf Grund der neuesten wissenschaftl. Forschg. f. die Hand der Lehrer u. Schüler sämtl. evangel. Lehranstalten bearb. 1. Haupttl. 1. Hft. gr. 8. Heilbronn 895. M. Kielmann. n. 1. 25
Die geschichtliche Grundlage. 1. Hft. Die göttl. Offenbarg. im Alten Testament. (XI, 7 S.)

— d. religiöse Jugendunterricht. E. Hilfsmittel f. d. Hand d. Lehrer, auf Grund d. neuesten wissenschaftl. Forschg. bearb. 1. Haupttl. 2. Hft. gr. 8. Ebd. 896. n. 3. — (1. u. 2.: n. 4. 25)
Die geschichtl. Grundlage. 2. Hft.: Die christl. Verkündigg. im Neuen Testament. (VIII, 144 S. m. 1 Tab.)

— der religiöse Jugendunterricht. Als Hilfsbuch f. die Hand der Lehrer auf Grund der neuesten wissenschaftl. Forschung bearb. II. Haupttl.: Der systematische Aufbau. gr. 8. (XV, 338 S.) Stuttgart 900. M. Kielmann. n. 6. 50; (kplt. n. 10. 75)

Friedrich Steudel. Im Kampf um die Christusmythe. Eine Auseinandersetzung insbesond. mit J. Weiß, P. W. Schmiedel, A. Harnack, Chwolson. Jena: Diederichs 1910. 119 S. 8° [10. 15943

Steudel, Frdr., Konfirmations-Feier in der St. Remberti-Kirche zu Bremen, am Sonntag, den 29. III. 1903 geh. (23 S.) gr. 8. Bremen 903. (G. Winter.) n. — 30

— dasselbe, am 26. III. 1905. (16 S.) 8. Ebd. (905). n. — 30

— Konfirmationsrede, geh. am 20. III. 1904 in in der St. Remberti-Kirche. (15 S.) 8. Ebd. (904). n. — 30

Steudel, Frdr., Konfirmationsrede, geh. in der St. Rembertikirche am 17. III. 1907. (13 S.) 8. Bremen (907). (G. Winter.) — 30

— Lebensfreude. Religiöse Reden für Denkende u. Suchende. gr. 8. (III, 125 S.) Bremen 901. G. Winter. n. 2. —; geb. in Leinw. n. 3. —

— das Reich Gottes. Predigt, geh. Sonntag (Rogate) 17. V. 1903 in St. Remberti, Bremen. (8 S.) gr. 8. Ebd. (903). n. — 20

Steudel, Fr(iedrich): Die Religion im Lichte monistischer Weltanschauung. 2. Aufl. Berlin: Concordia [1908]. VI, 61 S. 8°
(Bremer Flugschriften. H. 1.)

— Die Religion im Lichte monistischer Weltanschauung. s. a. Flugschriften, Bremer, aus dem Geisteskampf der Gegenwart. 1. Heft.

— **Bremer Wanderbuch.** Ein Führer f. Fussgänger, Radfahrer u. Schlittschuhläufer. Beschreibung aller lohn. Ausflüge in Bremens nähere u. weitere Umgebg. Mit 30 Orientierungsplänen. 2., gänzlich umgearb. Aufl. (VIII, 280 S.) 8. Ebd. 905. Geb. in Leinw. n. 4. —

Steudel, Fr., Bremer Wanderbuch. Ein Führer f. Fussgänger, Radfahrer u. Schlittschuhläufer. Beschreibg. aller lohn. Ausflüge in Bremens nähere u. weitere Umgebg. Mit 31 Orientierungsplänen. 3., gänzlich umgearb. Aufl. (VIII, 315 S.) kl. 8. Bremen 910. G. Winter, Verl. Geb. in Leinw. 4. 50

Steudel, H., Eisenhütte, s.: Stillich, Osc.

Steudel, Heinrich: Zur Casuistik der erworbenen Zwerchfellsbrüchs . . . Kiel: Druck v. Carl Böckel 1889. 22 S., 1 Bl. 8°
Kiel, Med. Fak., Inaug.-Diss. v. 30. Aug. 1889

Steudel, Hellmuth, der Nihilismus in der Medizin. Medizinisch-hygiein. Streifzüge f. Denkende jeden Standes. Nach dem Tode d. Verf. hrsg. u. m. e. Vorwort versehen v. P. Niemeyer. 1. u. 2. Abdr. 8. (IV, 99 S.) Leipzig 887. Th. Grieben. n. 1. 25

Steudel, Hellmuth, die medizinische Praxis, ihre Illusionen und ihr Streben zur Gewißheit. Gedanken für eine Reform des Gesundheitswesens für Denkende jeden Standes. Stuttgart 853. Göpel. 8. (IV, 156 S.) 24 ngr

Steudel, Hellmuth, s. Steudel, E. G., über Wasser-Heilanstalten.

Steudel, Hellmuth, das Turnen als Schutz- und Heilmittel für körperliche Leiden, s. Frank, J. P., der einzig sichere Wegweiser zur Hülfe für alle Kranke.

Steudel, Hermann

Steudel, Herm., und Otto **Gärtner,** erster Bericht über das heilgymnastische Institut in Stuttgart. Stuttgart 856. Metzler gr. 8. (32 S.) n. 7½ ngr

Steudel, H., & O. **Gärtner:** Bericht über das Heilgymnastische Institut in Stuttgart. Stuttgart.
1—2. 1856—57.

Steudel, Hermann, Dr., Assist. am physiol. Inst.: ⟨**Aus d. physiol. Institut in Heidelberg.**⟩ Eine neue **Methode** zum Nachweis von Glukosamin und ihre Anwendung auf die Spaltungsprodukte der Mucine. *Strassburg: K. J. Trübner 1902.* (32 S.) 8°
Heidelberg, Med. Hab.-Schr. v. 1902

Steudel, Herm., Praktik der Heilgymnastik. Lex.-8. (VIII und 200 S.) Stuttgart 860, Metzler'sche Buchh. Verlags-Conto. *

Steudel, Hermann [app. Arzt aus Stade]: Aus d. Laboratorium d. pharmakognost. Sammlung in Kiel. Über die Wirkung des Strychninbromhydrat und anderer Salze . . . Kiel, Druck v. A. F. Jensen, 1895; 21 S., 1 Bl. 8.
Kiel, Med. Fak., Inaug.-Diss. v. [6. März] 1895

Steudel, Hugo, Verbesserung d. Steuer- u. Pfandwesens. Mit Rücksicht auf den Entwurf e. Gesetzes betr. die Besteuerg. d. Grundeigenthums, der Gefälle, Gebäude u. Gewerbe vom 7. Dez. 1868. gr. 8. (36 S.) Stuttgart 871. Metzler. n. — 80

Steudel, J. H., Predigt am Friedensfeste, 31. Dec. 1815. gr. 8. Hannov. 816. Hahn. 3 gr

Steudel, Johann Christian Friedrich

Steudel's, Dr. J. F., Todtenfeier, enth. die bei derselb. gehalt. Reden, nebst e. kurzen Lebensabriß d. Verstorbenen. 8. (.. B.) Tübingen 837, [Fues, Brlsh.]

— die Bedeutsamkeit, des evangel.-theolog. Seminars in Würtemberg u. die Frage über das Rathsame seiner Aufhebung oder Schmälerung. 8. Tübingen 827. Fues. (Kummer in Leipz.)

Steudel, Jh. Chr. Fr., üb. die Behandlung der Sprache der heil. Schrift, als einer Sprache des Geistes. gr. 8. Tübing. 822. Osiander. 7 gr

Steudel, Joh. Chrstn. Friedr., vorläufig zu Beherzigendes bei Würdigung d. Frage üb. d. histor. od. myth. Grundlage d. Lebens Jesu, wie d. canon. Evangelien dieses darstellen, vorgehalten aus d. Bewußtsein eines Gläubigen, der d. Supranaturalisten beigezählt wird, z. Beruhig. d. Gemüther. gr. 8. (5½ B.) Tübingen 835, [Fues, Brlsh.]
Aus: Tübing. Zeitschrift f. Theologie, besond. abgedruckt.

Steudel, Johann Christian Friedrich, s. Beispiele d. Guten.

— Beitrr. zur Kenntniß gewisser Vermittler des Friedens zwischen d. kathol. u. protestant. Kirche. Ein nöthiger Anh. zu: „Ueber Religionsvereinigung." 8. Stuttg. 817.

Steudel, Johann Christian Friedrich, s. Bengel, Jh. Albr.: Gnomon Novi Testamenti.

Steudel, Jh. Christ. Fr., kurzer Bescheid auf Dav. Friedr. Straußens Streitschriften H. 1. Aus d. Tübinger Zeitschrift für Theologie 1837, H. 2. besond. abgedr. gr. 8. Tübingen 837. Fues. ⅓ rß

— über die Bibel. Ein Unterricht, was sie ist, u. wie sie gelesen werden soll. 8. Stuttg. 812. Steinkopf. 4 gr

– s. Dichtungen aus d. Sagen d. Nordens.

– s. Flatt, Jh.: Vorlesungen üb. christl. Moral.

Steudel, J. C. F., über den Geist gewisser Friedens-Vermittler zwischen d. kathol. und protest. Kirche. gr. 8. Stuttgart, Metzler (in Comm.) 817.

—— die Glaubenslehre d. evangel.-protestant. Kirche, nach ihrer guten Begründung, mit Rücksicht auf d. Bedürfniß d. Zeit, kurz dargest. gr. 8. (35½ B.) Tübingen 834, Osiander.

—— Grundzüge einer Apologetik f. d. Christenthum. Auch als Anh. zu d. dogmat. Vorlesn. gr. 8. (5½ B.) Tübingen 830, Fues.

— üb. die Haltbarkeit des Glaubens an geschichtl. höhere Offenbarung Gottes, im Bezug auf neuere Angriffe dieses Glaubens, z. Beleuchtung d. Consequenz, des Sinnes, d. Möglichkeit u. Bedürfnisse desselben. 8. Stuttg. 814. Steinkopf.

— der Inbegriff christl. Lehre, faßl. dargestellt in zusammenhängenden Reimen, f. Confirmanden. 8. Stuttg. 811. Steinkopf. 2 gr

– s. Kinderfreund, Der christl.

– s. Leben, Aus dem, edler Frauen.

—— über d. neue Organisation d. Universität Tübingen. Gedanken zu deren Würdigung aus d. Gesichtspunkte d. Idee e. Universität. Mit Rücksicht auf d. Schrift: „Ueber d. neue Organisation d. Universſ. Tübingen. Von C. G. Wächter. 8. (3¼ B.) Tübingen 830, Fues.

– s. Pescheck, Chr. Ad.: Anleitung.

— Reden über Religion u. Christenthum, mit besond. Hinsicht auf die Bedürfnisse der Zeit. 8. Tüb. 820. Laupp. 1 ℛ 8 ℊ

— über Religionsvereinigung. gr. 8. Stuttgart 811. Metzler. 16 ℊ

— Ruf zu Jesu, zu dessen Bekenntniß u. Nachfolge. In einigen Vorträgen. gr. 8. Tübing. 821. Osiander. 6 ℊ

– s. Sittenlehre, Prakt., f. d. Jugend.

Steudel, F., de Messianis vaticiniis, quonam charactere distinguantur etc. Tubing. 1824. 4.

— üb. die Vereinigung beider evangel. Kirchen, namentlich in Würtemberg; e. Stimme gegen sie zu ihrer Förderung. gr. 8. Tübing. 822. Osiander. 6 ℊ

—— Vorlesungen üb. d. Theologie d. alt. Testam. Nach dess. Tode hrsg. v. Gust. Friedr. Oehler. gr. 8. (35¼ B.) Berlin 840, G. Reimer.

– s. Vorsehung und Menschenschicksale.

— neuere Vorträge über Religion u. Christenthum, zu Beleuchtung des segensvollen Einflusses des Christenthums auf die Bildung des jugendl. Gemüthes. gr. 8. Stuttg. 825. Steinkopf. 1 ℛ 12 ℊ

WARNUNGS-BEYSPIELE für Jünglinge u. Jungfrauen zur Vermeidung der Gefahren, welche auf dem Lebens-Wege ihrem geistigen u. leiblichen Wohle drohen. Stimmen der Erfahrung aus d. Lebens-Geschichte einzelner Menschen. Von dem Herausgeber der „Beyspiele des Guten etc." *(Joh. Chrn. Frdr. Steudel).* Stuttgart, bey Joh. Frdr. Steinkopf. 1829. Gr. 8⁰. (3 Mk. 50 Pfg. Frdr. Klüber, 1905.)
Anon.-Lex. IV. p. 375 (nach Kayser).

Vgl. Warnungsbeispiele für Jünglinge...

Steudel, Joh. Chrst. Friedr., welche Behandlung d. Dogmatik verlangt an uns die Rücksicht auf d. Anforderungen d. Kirche, wie sie in unsern Tagen laut werden? Eine Frage, bei Eröffnung d. Vorlesn., üb. d. Glaubenslehre d. evangel.-protestant. Kirche, beantwortet. 8. (3 B.) Tübingen 832, (Fues.)

— ein Wort der Bruderliebe an u. über die Gemeinschaften in Würtemberg, namentl. die Gemeinde in Kornthal, vorzügl. aus Anlaß des Schriftchens: Hoffmannische Tropfen gegen die Glaubensohnmacht ꝛc. (A. u. d. T.: Mahnungen in Bezug auf christl. Leben u. die Aeußerungen desselben in Würtemberg.) 8. Stuttg. 821. Steinkopf. 8 ℊ

– s. Zeitschrift, Tübinger, für Theologie.

Steudel, Johann Gottlieb

Steudel, Jh. Gtl., († d. 31. Jan. 1790.) s. J. Toaldo, Witterungslehre.

Steudel, Karl, s. Britania, Eine Zeitschrift.

Steudel, Karl: Über einen Fall von Sehnenluxation des Glutaeus maximus. Erlangen 1898: A. Vollrath. (48 S.) 8⁰
Erlangen, Med. Diss. v. 16. Dez. 1897

– s. Geschichte d. Entdeck. u. Niederlass.

Steudel, Karl, englisches Lesebuch f. solche, d. d. Gedichte gelesen und verstanden haben. 8. Gotha, Steudel. 805.
Vgl. Lesebuch, Engl., ...

– s. Weg zur Weisheit.

Steudel, (V[iktor]), Prof. Dr.: Ueber **Argon** und Helium. *(Tübingen 1900: O. Riecker.)* (36 S.) 4°
Reutlingen, k. RA, P 1900 (642)

Steudel, Wilh., s. Berge's, F., Schmetterlings-Buch.

STEUDEMANN, Albert (Altenburg): Altersbild und geburtshilfliche Komplikationen.- München: Kastner & Callwey 1908. 30 S.
12.6.1909 - Chr 1908/09,27; U 09.3409
Diss. Ingolst.-Landsh.-Mchn.

Steudemann, Hans, Medizinalpraktikant: Ein Paralytiker als Mörder. Freiburg i. B.: Speyer & Kaerner 1909. 34 S. 8°
Freiburg i. B., Med. Diss. v. 1909, Ref. Hoche
[Geb. 26. Nov. 82 Altenburg S.-A.; Wohnort: Neustrelitz; Staatsangeh.: Sachsen-Altenburg; Vorbildung: Gymn. Altenburg Reife O. 02; Studium: Phil. Tübingen 1, München 1, Med. München 2, Freiburg i. B. 8 S.; Coll. 7. Mai 09.] [U 09. 982

Steudemann, Heinrich, gepr. Rechtskand.: Erteilung und Widerruf einer Vollmacht nach dem B.G.B. Jena 1910: (Pierer, Altenburg). 74 S. 8°
Jena, Jur. Diss. v. 17. Aug. 1910, Ref. Danz
[Geb. 21. April 88 Altenburg S.-A.; Wohnort: Altenburg; Staatsangeh.: Sachsen-Altenburg; Vorbildung: Gymn. Altenburg Reife O. 06; Studium: Jena 4, München 1, Berlin 1 S.; Rig. 14. Juli 10.] [U 11. 2411

Steudemann, Hugo (Karl) (geb. Dresden 12. 5. 1860): Ueber *m*-Nitrophenylsenföl, *o*-Nitro-*p*-Tolylsenföl und α-*m*-Toluylensenföl. Ein Beitrag zur Kenntniss aromatischer Senföle. Berlin 1884. (39 S.) 8°
Berlin, Phil. Diss. v. 12. Apr. 1884

Steudemann, Max, Rechtskand.: Mündliche Nebenabreden zu einem gemäß § 566 B.G.B. schriftlich abgeschlossenen Mietvertrag. Leipzig: Wigand 1909. 47 S. 8°
Leipzig, Jur. Diss. v. 18. Dez. 1909
[Geb. 6. Dez. 85 Altenburg S.-A.; Wohnort: Altenburg; Staatsangeh.: Sachsen-Altenburg; Vorbildung: Gymn. Altenburg Reife O. 04; Studium: Phil. Freiburg i. B. 3, Jura Erlangen 2, München 2, Leipzig 2, Jena 1 S.; Rig. 18. Dez. 09.] [U 10. 2898

Steudener, A., Rede, gehalten am 3. Juli 1854 bei der Beerdigung des Herrn Grafen v. Zieten Exc. auf Wustrau. Anclam, Dietze in Comm. gr. 8. (8 S.) n. 2½ ngr.

Steudener, Arnold: Ueber Schillers Bedeutung für die heutige Bildung. Rede am Schillerfest den 10. November 1859. -- Roßleben, Progr, 1860.

Steudener, Arnold: Zur Beurtheilung von Ludwig Uhlands Dichtungen. 16 S. – Progr. Brandenburg G. 1852.

Steudener, Arnold, Gedichte. 16. (X, 162 S.) Berlin 873, Springer'sche Buchh. *

Steudener, Arnold, Gedichte. 16. (X, 162 S.) Berlin 873 Winckelmann & Söhne. n. 3. —

Steudener, Arn.: Briefliche Plaudereien über norddeutsche Natur und norddeutsche Dichter. 32 S.– Rossleben, Progr. 1871.

Steudener, Arnold, antiquarische Streifzüge. Halle 868. Buchh. d. Waisenh. 8. (IV, 100 S.) n. 10 ngr.

Steudener, Arnold. Das Symbol des Zweiges in einem antiken und modernen Gebrauche. 34 S.
Roßleben, Progr. 1857

Steudener, Friedrich

Steudener, Frdr., Beiträge zur Lehre v. der Knochenentwickelung u. dem Knochenwachsthume. [Aus: „Abhandlgn. der naturforsch. Ges. zu Halle."] gr. 4. (30 S. m. 4 Chromolith.) Halle 875. Schmidt. n. 6.—

Steudener, F[ridericus]. De lepra anaesthetica sive mutilante. Halis Saxonum 1867: Gebauer-Schwetschke. 33 S. 8°
Halle-Wittenberg, Med. Hab.-Schr. v. 7. Juni 1867
Deutsche Ausg. im Buchhandel u. d. T.: Beiträge zur Pathologie der Lepra mutilans. Erlangen: Enke 1867. 43 S., 3 Taf.

Steudener, Fridericus: Nonnulla de penitiore renum structura et physiologica et pathologica. Accedit tabula lithographica. Halis Saxonum (1864): Gebauer-Schwetschke. 38 S., 2 Taf. 8°
Halle-Wittenberg, Med. Diss. v. 11. Okt. 1864
Geb. Posen 14. 12. 1839. V.

— über pflanzliche Organismen als Krankheitserreger, s.: Sammlung klin. Vorträge.

Steudener, Frdr., Untersuchungen über den feineren Bau der Cestoden. Mit 4 (lith.) Taf. [Aus: „Abhandlungen d. naturf. Gesellsch. zu Halle".] gr. 4. (40 S.) Halle 877. Schmidt. n. 6. —

Steudener, Hermann *Adolf Ernst* ['(aus Rossleben)']: Albrecht I., Herzog von Sachsen '(1212—1260)' ... (Aus: Zeitschr. d. Harzver., XXVIII.) Halle a. d. S., Druck v. B. Angerstein, Wernigerode, 1894; 2 Bl., 116 S. 8.
Halle, Phil. Fak., Inaug.-Diss. v. [7. Jan.] 1895

Steudener, Herm. Die Handschriften und älteren Drucke der Klosterbibliothek. 13 S. **Progr.** *Rossleben* 1878.

Steudener, H. De Euripidis Phoenissis. 21 S. (R. E.)
Roßleben, Progr. 1849

Steudener, Herm.: Dissertatio de divinationis apud Herodotum ratione. 31 S. – Progr. Roßleben 1856.

Steudener: Übersetzungsproben. (Aus Curtius griech.Geschichte.) 10 S.– Rossleben, Progr. 1864.

Steudener, H. Vergiliana. Pr. 1873. 16 S. 4°. 2.—

Steuding, C. H. Beiträge zur Textkritik im Dialog des Tacitus. 18 S. **Progr.** *Wurzen* 1878.

Steuding, Hermann: Die Behandlung der deutschen Nationallitteratur in der Oberprima des Gymnasiums an den Hauptwerken Goethes erläutert. 1 (S. 1—49). **Progr.** Kgl. G. *Wurzen i. Sachs.* 1898 (570).

Steuding, Herm., die Behandlg. der deutschen Nationallitteratur in d. Oberprima d. Gymnasiums, an den Hauptwerken Goethes erläutert. 12. (161 S.) Leipzig 898. E. A. Seemann. n. — 80

— Denkmäler antiker Kunst. Für d. Gymnasium ausgew. u. in geschichtl. Folge erläut. qu. 4. (III, 22 S. m. 66 Taf.) Ebd. 896. Kart. n. 2. —

Steuding, H., Denkmäler antiker Kunst. Für das Gymnasium ausgewählt u. in geschichtl. Folge erläutert. 2. umgearb. Aufl. (70 u. 25 S. m. Abbildgn.) 19,5×28 cm. Leipzig 907. E. A. Seemann. Kart. 1.80

Steuding, Herm., Hilfsbuch für den deutschen Unterricht. Eine Beigabe zu jeder Schullitteraturgeschichte. (156 S.) gr. 8. Leipzig 903. Dürr'sche Buchh. Geb. n. 2.—

— s.: Lesebuch, deutsches, f. sächsische Gymnasien.

Steuding, Herm. Griechische u. römische Mythologie, s. Sammlung Göschen. 27.

Griechische und römische Mythologie von Dr. Hermann **Steuding**, Prof. 3., umgearb. Aufl. Leipzig: Göschen 1905. 146 S. 8° (Sammlung Göschen. 27.) [11. 14793 11

Steuding, Hermann: [Über Wesen und Bedeutung der gymnasialen Erziehung in der Gegenwart. Antrittsrede.] S. 2—6. 4. **Progr.** Kgl. Gymn. *Schneeberg* 1906 (681).

Steudner, Christian Gottlob (Greiffenberg) A. S. 1276/12
Dissertatio inauguralis medica, de palpitatione cordis. Präs. Friedrich Hoffmann.
Halle (Zahn) V. 1719. 29 S.

Gew.: Johann Anton Gf. von Schafgotsch.
W. v.: Präs. 33519

Steudner, Emil, ein Mitkämpfer der Buren üb. seine Erlebnisse im südafrikan. Kriege. 12. (47 S. m. Abb. u. Bildnis.) Warnsdorf (901). A. Opitz. n. —30

Steudner, Johann Gottfried (Bautzen) A. S. 57/10
Dissertatio inauguralis. Differentiae iuris communis et Lusatici in legitima atque dote, vom Lehens=Pflicht=Theil. Präs. Johann Peter Ludewig.
Halle (Zeitler) 19. IX. 1716. 37 S.

W. v.: Präs. 33521

Steudner, (Joan. Ern.) Rob. (geb. Greiffenberg in Schles. 13. 7. 1810): De fonticulo, adjecta morbi historia. Berolini (1839). (40 S.) 8°
Berlin, Med. Diss. v. 16. März 1839

Steuer [Sachliches OW]

Steuer und Geld. 8. (80 S.) Pest 860, (Emich.)

Steuer, die, vom Grunderwerbe. Erläuternde Anmerkgn. zu dem ministeriellen Muster f. Gemeinde- u. Kreis-Umsatzsteuer-Ordng. vom J. 1906. Von e. höheren Verwaltungsbeamten. (97 S.) 8. Frankenstein 908. H. Lonsky. nn 2.80

Zur Steuer der Wahrheit, Offenes Sendschreiben an den hochwürdigen Herrn Pfarrer Seb. Kneipp in Wörishofen. (Zum 4. October 1893.) 8. (8 S.) —.12
Freiwaldau: Blazek.

Zur **Steuer** der Wahrheit. Gedanken über d. innerpolit. Lage nach d. Zustandekommen d. Reichsfinanzreform. Von e. ostpreuß. Konservativen. Hrsg. v. Ostpreuß. Konservat. Verein. Königsberg i. Pr.: Ostpr. Dr. & Verlagsanst. 1909. 20 S. 8° A 12. 3028 10

Steuer [Verfasser]

Steuer: Die Lehre d. Hebräerbriefes vom Hohenpriesterthum Christi. Berlin 1865.
Schul-/Univ.-Schrift

Steuer, A., Die Braunkohlenbildung im Großherzogtum Hessen und benachbarten Gebieten. Halle a. S., 1907. 9 S.

Steuer, A., u. W. Sonne, Hydrologische Untersuchgn. v. Trink- u. Grundwasser. I. u. II. 8. Leipzig, F. Leineweber. n. 2. 20
I. Die Wasserverhältnisse in Rüsselsheim a. M. Von A. Steuer u. W. Sonne. (18 S. m. 1 eingedr. Plan.) 905. — 70
II. Gruppenwasserversorgungen in Rheinhessen. Von W. Sonne. (20 S. m. 4 Abbildgn.) 906. 1. 50
Sonderabdrucke aus: „Gesundheit".

Steuer, A., u. W. Sonne, hydrologische Untersuchgn. v. Trink- u. Grundwasser. III u. IV. Leipzig, F. Leineweber. 3. —
Steuer, A., Bodenwasser u. Diluvialablagerungen im hessischen Ried. (21 S. m. Fig.) 31,5×24 cm. 908. (IV.) 1. 50
— Die Grundwasserverhältnisse in Rheinhessen u. die Trinkwasserversorgung. (18 S. m. 1 eingedr. Skizze.) 3. 906. (III.) 1. 50
Sonderabdrucke aus: „Gesundheit".

Steuer, Ad. Jac. (Resp.): De vino ut medicina et veneno, s. Buechner, Andr. El. (Praes.)

Steuer, Adf., vorläuf. Bericht üb. die pelagische Thierwelt d. Rothen Meeres [Aus: „Sitzungsber. d. k. Akad. d. Wiss."] gr. 8. (18 S. m. 1 Karte.) Wien 897. (C. Gerold's Sohn.) n. — 60

STEUER, Adolf
Die Diaptomiden des Balkan, zugleich ein Beitrag zur Kenntnis des Diaptomus vulgaris Schmeil von Dr. Adolf Steuer. (Mit 2 Tafeln, 1 Kartenskizze und 3 Textfiguren.) (Aus den Sitzungsberichten der kaiserl. Akademie der Wissenschaften in Wien. Mathem.-naturw. Classe; Bd. CIX. Abth. I. März 1900.) Wien, 1900. In Comm. Gerold's Sohn. Gr.-8°. 21 S. K 1.10

Die Entomostraken der Plitvicer Seen und des Blata-Sees (Croatien) gesammelt von Dr. R. Sturany (1896). Von Dr. Adolf Steuer. Mit 3 Tafeln und 8 Textfiguren. (Annalen des k. k. naturhistorischen Hofmuseums. Separatabdruck aus Bd. XIII. Heft 2—3.) Wien. 1899. [In Comm.] Hölder. Lex.-8°. Paginirt: S. 160—188. fl. 2.20

Argentinische Jura-Ablagerungen. E. Beitr. z. Kenntniss d. Geologie u. Palaeontologie d. argentin. Anden. Von A. Steuer. M. 24 Taf., 1 Ktnsk. u. 7 Textfig. *Jena: G. Fischer 1897.* (96 S., 24 Taf. m. je 1 Erl.-Bl.) 4.
= Abhandlungen, Palaeontologische. N. F. Bd III. H. 3. [97. 4170]

— Adriatische Planktoncopepoden (mit 6 Textfiguren). S. 119. I. 1905 . . . . 1 25
Separatabdruck

Steuer Adolf, Dr.: Planktoncopepoden aus dem Hafen von Brindisi. (Ergebnisse einer von Dr. Ad. Steuer mit Unterstützung des k. k. Ministeriums für Kultus und Unterricht und des Vereines zur Förderung deutscher Kunst und Wissenschaft in Prag unternommenen Studienreise nach Ägypten. II.) (mit 6 Textfiguren). S. 119. I. '91 . . . .
Separatabdruck

Steuer, Adf., Plankton-Copepoden aus dem Hafen v. Brindisi, s. a. Ergebnisse e. v. Dr. Ad. Steuer unternommenen Studienreise nach Ägypten.

Planktonkunde. Von Dr. Adolf **Steuer**, Privatd., Innsbruck. Mit 365 Abb. u. 1 Taf. Leipzig & Berlin: Teubner 1910. XV, 723 S. 8°
(Naturwissenschaft u. Technik in Lehre u. Forschung. [4.]) [10. 2759]

— Planktonkunde, s. a. Naturwissenschaft u. Technik in Lehre u. Forschung.

Steuer Adolf, Dr.: Zoologische Ergebnisse. G. Die Sapphirinen des Mittelmeeres und der Adria, gesammelt während der fünf Expeditionen S. M. Schiff „Pola" 1890 bis 1894 (mit 4 Taf.). Siehe I. Abt. Berichte der Kommission für Erforschung des östlichen Mittelmeeres. I. Reihe
Separatabdruck

Biologisches Skizzenbuch für die Adria. Von Dr. Adolf **Steuer**, Privatd. Mit 80 Abb. Leipzig & Berlin: Teubner 1910. 82 S. 8° [10. 9326]

Steuer Al.: Die wesentlichsten Punkte unserer Seminarverfassung. 10. Troppau Ln.-B.-A. 874.
Progr.

Steuer, Albert

Steuer, Alb., Lehrbuch der Philosophie. Zum Gebrauche an höheren Lehranstalten u. zum Selbstunterrichte. 1. u. 2. Bd. gr. 8. Paderborn, F. Schöningh. 9. —
1. Logik u. Noetik. (XI, 368 S.) 907. 3. 80
2. Metaphysik. 1. Halbbd. Ontologie u. Naturphilosophie. (IX, 532 S.) 909. 5. 20

Steuer, Albert, Priester d. Erzdiöz. Gnesen-Posen: Die Philosophie des Justus Lipsius. ⟨T. 1.⟩ *Münster i. W. 1901: Aschendorff.* (48 S.) 8° [F.]
Münster, Phil. Diss. v. 1. Juni 1901

Steuer, Alexander: Doggerstudien. Beitrag zur Gliederung des Doggers im nordwestlichen Deutschland. *Jena 1897: A. Kämpfe.* (48 S.) 8°
Jena, Phil. Hab.-Schr. v. 1897

[Umschlagt.:] **Steuer,** *Wilibald* Alexander [aus Dresden]: Der Keupergraben von Balbronn ... [Sep.-Abdr.] Strassburg i/E., Strassb. Druckerei u. Verlagsanst., 1896; 81 S., 1 Kt. 8.
Strassburg, Math.-naturw. Fak., Inaug.-Diss. v. 1896

Steuer, Alfr., galizische Ghettogeschichten u. Bilder, s.: Bibliothek der Gesamt-Litteratur d. In- u. Auslandes.

Steuer, Alfr., s.: Neues aus der Märchenwelt.

Steuer, Alfr., s.: Neues aus dem Zauberlande.

Steuer, Alfr., d. häufigsten Ohrenkrankheiten im Bilde, s.: Bibliothek, medicin., f. prakt. Ärzte.

Steuer, Alois, Anleitg. z. Gebrauche d. Lesebuches in der Volksschule, s.: Zeynek, Gust. Ritter v.

Steuer, Alois: Lesebuch f. österr. allg. Volksschulen, s. Zeynek, Gust. Ritter von.

Steuer, Benno *(geb. Myslowitz 12. 1. 1852)*: Ein Beitrag zur Aetiologie der Epilepsie. Breslau 1878. (26 S.) 8° *[Im Buchhandel 1878 bei Koebner in Breslau.]*
Breslau, Med. Diss. v. 15. Jan. 1878

Steuer, Christian Friedrich, s. Stever, Christian Friedrich.

Was muß der gebildete Mann wissen? Von Erich **Steuer**. Berlin: H. Steinitz (1906). (153 S.) 8° [F.] [07. 3179]

Steuer, Erich, was muß die gebildete Frau wissen? (154 S.) 8. Berlin (907). H. Steinitz. 2. —

Steuer, Erich, wie finde ich den richtigen Ausdruck? Ein Hilfswörterbuch f. den schriftl. Ausdruck, die entsprech. Bezeichng. u. das geeignete Wort. (96 S.) 8. Berlin (904). H. Steinitz. n. 1. —

Steuer, Eugen, aus Neustadt a. d. Haardt: Zur Kenntnis der tertiären Pyrazole. *Jena 1903: G. Neuenhahn.* (38 S.) 8°
Jena, Phil. Diss. v. (31. Juli) 1903

Steuer, Friedrich, aus Frankfurt ⟨Oder⟩: Zur Kritik der Flugschriften über Wallensteins Tod. ⟨T. 1 u. 2.⟩ *(Berlin: Mayer & Müller 1904.)* (34 S.) 8°
Berlin, Phil. Diss. v. 12. März 1904

Steuer, Friedr., zur Kritik der Flugschriften üb. Wallensteins Tod. (88 S.) gr. 8. Prag 906. (J. G. Calve.) n. 1. 10
Sonderabdruck aus: „Mittlgn. d. Ver. f. Gesch. d. Deutschen in Böhmen".

Geschichte des Danziger Infanterie-Regiments Nr. 128, 1881 bis 1906. Auf Befehl d. Regts zsgest. von (Gottfried) **Steuer**, Oberlt. Mit Bildn. u. Abb. Berlin: E. S. Mittler & Sohn 1906. (150 S.) 8° [F.] [06. 19061]

Steuer, Jos., erstes Lesebuch f. kathol. Stadt- u. Landschulen. Mit Rücksicht auf den Schreibleseunterricht. 3. Aufl. 8. Breslau 842, Max u. Comp. 1/12 ℛ

Steuer, Jos., erstes Lesebuch für katholische Stadt- und Landschulen. Mit Rücksicht auf den Schreibleseunterricht. 8. und 9. Aufl. 1849—50. 3³/₄ Ngr., und 10. und 11. Aufl. 8. (IV und 156 S. mit eingedr. Holzschn.) Breslau 851(52,) Max und Comp. *

Steuer, Jos., erstes Lesebuch für katholische Stadt- und Landschulen. Mit Rücksicht auf den Schreibleseunterricht. 13. Aufl. 8. (IV und 156 S. mit 1 Stnt.) Breslau 855, Max und Comp. *

Steuer, Jos., erstes Lesebuch für katholische Stadt- und Landschulen. Mit Rücksicht auf den Schreibleseunterricht. 18. Aufl. 1865. und 19. Aufl. 8. (IV und 156 S. mit eingedr. Holzschn.) Breslau 867, Max und Comp. **

Steuer, Jos., erstes Lesebuch für katholische Stadt- und Landschulen. Mit Rücksicht auf den Schreibleseunterricht. 20. Aufl. 1869, und 21. Aufl. 8. (IV, 156 S. mit eingedr. Holzschn.) Breslau 872, Max und Comp. [Stuttgart, Heitz.] **

Steuer, Jos., erstes Lesebuch für katholische Stadt- und Landschulen. Mit Rücksicht auf den Schreibleseunterricht. 22. Aufl. 8. (IV, 156 S.) Stuttgart 875, Heitz. ** 30 Pf.; geb. **

Steuer, Jos., erstes Lesebuch für katholische Stadt- und Landschulen. Mit Rücksicht auf den Schreibleseunterricht. 23. nach der neuen Rechtschreibung bearb. Aufl. 8. (IV, 156 S.) Stuttgart 880, Heitz. ** —

— 12 Lese-Tafeln zum Gebrauch beim ersten Lese-Unterricht. gr. Fol. Breslau 844, Leuckart. n. 1/2 ℛ

— zwölf Lese-Tafeln zum Gebrauch beim ersten Lese-Unterricht. 2. Aufl. Breslau (856.) Leuckart. gr. Fol. n. 12 ngr.

— 12 Lesetafeln in Druck- u. Schreibschrift zum Gebrauch beim ersten Lese-Unterricht. 3. veränderte Aufl. Ebend. 869. Fol. In Umschlag. n. 20 ngr.

Steuer, Jos., 12 Lesetafeln in Druck- u. Schreibschrift zum Gebrauch beim ersten LeseUnterricht. 4. Aufl. Fol. Ebend. 873. n. 2. —

— die deutsche Sprache in der Volksschule. Oder: Theorie u. Praxis aus Orthographie, Grammatik u. Stil. 3 Hefte. Breslau 869. Lichtenauer. 8. [1. [Unterklasse.] (24 S.) n. 2 ngr. — 2. [Mittelklasse.] (46 S.) n. 3 ngr. — 3. [Oberklasse.] (IV, 140 S.) n. 6 ngr.] n. 11 ngr.

— die deutsche Sprache in der Volksschule. Oder: Theorie u. Praxis aus Orthographie, Grammatik u. Stil. 3 Hfte. gr. 8. Breslau 872. Morgenstern. n. 1. 10
1. [Unterklasse.] 3. unveränd. Aufl. (24 S.) n. — 20
2. [Mittelklasse.] 3. unveränd. Aufl. (46 S.) n. — 30
3. [Oberklasse.] 2. unveränd. Aufl. (IV, 140 S.) n. — 60

Steuer, K., drei Reden schulgeschichtl. Inhalts. Festgabe an d. königl. Lehrerseminar zu Löbau zur Jubelfeier f. 25jähr. Bestehens. gr. 8. (50 S.) Borna 898. (R. Noske.) n. — 75

Steuer, Karl Wilibald, s. Steuer, Wilibald.

Steuer, L. W., Beschreibung der Großherzogthümer Mecklenburg-Schwerin und Mecklenburg-Strelitz. 4. verb. Aufl. Für die Hand des Schülers umgearb. 8. (24 S. mit 1 lithogr. und color. Karte in qu. 4.) Schwerin 877, Schmiedekampf.
3. Aufl. vgl. Beschreibung.

Steuer, L. W., Beschreibung der Großherzogthümer Mecklenburg-Schwerin und Mecklenburg-Strelitz. Für die Hand des Schülers umgearb. 5. und 6. verb. Aufl. 8. (24 S. mit 1 chromolithogr. Karte.) Schwerin 879,82, Schmiedekampf. —

Steuer, L. W., Beschreibung der Großherzogtümer Mecklenburg-Schwerin und Mecklenburg-Strelitz. Für die Hand der Schüler umgearb. 7. verb. Aufl. 8. (24 S. mit 1 Karte.) Schwerin 886, Schmiedekampf. * —

Steuer, L. W. Beschreibg. d. Großherzogtümer Mecklenburg-Schwerin u. Mecklenburg-Strelitz. 8. Aufl. 8. (24 S. u. 1 Karte.) Schwerin i. M. 889, Stiller. * — 30

Steuer, L. W., Beschreibung der Großherzogtümer Mecklenburg-Schwerin u. Mecklenburg-Strelitz. 9., durchgeseh. Aufl. 8. (24 S. m. 1 farb. Karte.) Schwerin 893. Stiller. n. — 30

Steuer, L. W., Beschreibung der Großherzogtümer Mecklenburg-Schwerin u. Mecklenburg-Strelitz. 12. durchgeseh. u. erweit. Aufl. (24 S. m. 1 farb. Karte.) 8. Schwerin (906). Stiller. n. — 30

Steuer, L. W., erstes Lesebuch f. Stadt- u. Landschulen. 8. (IV, 76 S.) Schwerin 873. Schmale in Comm. n.n. — 30; geb. n.n. — 40

Steuer, Ludwig, Referendar in Schwerin: Die rechtliche Natur des Theaterbillets nach gemeinem und nach dem Rechte des bürgerlichen Gesetzbuches. *Schwerin i. M. 1899: L. Difflo.* (63 S.) 8° [J.]
Rostock, Jur. Diss. v. [27. Sept.] 1899

Steuer, Ludw., die rechtliche Natur des Theaterbillets nach gemeinem u. nach dem Rechte des bürgerl. Gesetzbuches. gr. 8. (63 S.) Berlin 902. Struppe & Winckler. n. 2. —

Steuer's, Max, musikalisches Conversations-Lexicon. Ein Handbuch der Tonkunst, hrsg. zum Gebrauche für Musiker u. Musikfreunde. 1. Thl. Die Lebensbeschreibungen aller berühmten Musiker, musikalischen Schriftsteller, Instrumentenbauer etc., nebst Angabe der einschlag. Literatur. 8. (IV, 196 S.) Berlin 881. Schlesinger'sche Buchh. (Lienau). 2. 50

Steuer, M., zur Musik. Geschichtliches, Aesthetisches u. Kritisches. (VIII, 167 S.) gr. 8. Leipzig 903. W. Senff. n. 2. 50

Steuer, Max, was muß man von der Musikgeschichte wissen? Allgemeinverständlich dargestellt. gr. 8. (120 S.) Berlin 900. H. Steinitz. n. 2. —

Steuer, Otto, a. Prag: Ueber schwefelhaltige Derivate des o-Toluchinolins. Freiburg i. Br.: Speyer & Kaerner 1907. (29 S.) 8°
Freiburg i. B., Phil. Fak., Ref. Gattermann, Diss. v. 1907
[Geb 11. Jan. 81 Prag; Wohnort: Mülhausen i. E.; Staatsangeh.: Oesterreich; Vorbildung: Gymn. Prag Reife M. 01; Studium: München 1, Heidelberg 3, Genf 1, Freiburg i. B. 5 S.; Rig. 26. Juli 07.]

Steuer, Paul, Flachmalereien. 130 Motive in streng modernem Stil zur dekorativen Ausmalg. sämtl. Räume des Hauses. (20 Taf. m. III S. Text.) Fol. Berlin (903). O. Baumgärtel. In Mappe n. 24. —

Steuer, Paul, Malereien f. Flächenschablone u. Pinseldruckmanier in modernem u. Biedermeier-Stil. (60 farb. Taf. m. 5 S. Text.) 34,5×26 cm. Berlin, O. Baumgärtel. In Mappe 42. —

Malereien für Flächenschablone und Pinseldruckmanier in modernem und Biedermeier-Stil. Von Paul **Steuer**. [1.] Berlin: O. Baumgärtel (1907). 4°
[07. 13200

Steuer, Philipp

Steuer, Ph., H. Simon, Th. Töplitz, über Kinder-Ferien-Kolonieen. Bericht über den ersten Versuch von Kinder-Ferien-Kolonieen zu Breslau im J. 1881. gr. 8. (33 S.) Breslau 882. Schletter. n. 1. —

Steuer, Philippus (geb. Breslau 20. 9. 1836): Nonnulla de mutationibus, quas alcohol in organismo efficit. Vratislaviae (1858). (21 S.) 8°

Breslau, Med. Diss. v. 3. Sept. 1858

Steuer, Theodor Ernst, s. Stever, Theodor Ernst.

Steuer, W., Aufgaben für das Kopfrechnen in der Volksschule, mit Facit versehen und fortlaufend begleitet von kurzen methodischen Erläuterungen zum Kopf- und schriftl. Rechnen. Unter Mitwirkung von F. Wulle bearb. 4 Hefte. 8. Strehlen 879, Gemeinhardt. [1.—3. Heft. (40; 44; 48 S.) à * 60 Pf.; 4. Heft. (71 S.) * ℳ 1.] *

Steuer, W., Aufgaben für das Kopfrechnen in der Volksschule, mit Facit versehen und fortlaufend begleitet von kurzen method. Erläuterungen zum Kopf- und schriftlichen Rechnen. Unter Mitwirkung von F. Wulle bearb. 4 Hefte. 2. Aufl. 8. (40; 44; 48; 71 S.) [Strehlen 880, Gemeinhardt'sche Buchh.] Breslau, Woywod.
1.—3. Heft à * 60 Pf.; 4. Heft * ℳ 1. *

—— Aufgaben für das schriftliche Rechnen in der Volksschule. Unter Mitwirkung des Ordinarius der Uebungsschule F. Wulle bearb. 6 Hefte. 2. Aufl. und Auszug aus Heft 5 und 6. 8. (à Heft 32 S.) Ebendas. 879. [1. Heft. 15 Pf.; 2.—6. Heft und Auszug aus Heft 5 und 6. à 18 Pf.]

—— dass. — Auflösungen. 6 Hefte. 2. Aufl. und zum Auszug aus Heft 5 und 6. 8. Ebendas. 879. [1. Heft. (12 S.); 2. Heft. (17 S.); 3. Heft. (11 S.); 4. Heft. (14 S.); 5. Heft. (8 S.); 6. Heft. (10 S.); Auszug aus Heft 5 und 6. (9 S.)] à Heft * 25 Pf. *

—— dass. — Ausg. B. 3 Hefte. 8. (à Heft 32 S.) Ebendas. 879. [1. Heft * 15 Pf.; 2. und 3. Heft à * 18 Pf.] *

Steuer, W., Aufgaben für das schriftliche Rechnen in der Volksschule. Unter Mitwirkung von F. Wulle bearb. 6 Hfte. (à 32 S.) Strehlen 882. Gemeinhardt. 1. 5
1. 9. Aufl. — 15. — 2. 9. Aufl. — 18. — 3. 7. Aufl. — 18. — 4. 6. Aufl. — 18. — 5. 4. Aufl. — 18. — 6. 2. Aufl. — 18

—— dass. — Ausg. B. 2. und 3. Heft: Für die Mittel- und Oberstufe der einklass. und Halbtagsschulen. 2. Aufl. 8. (à Heft 32 S.) Ebendas. 882. à Heft 18 Pf.

—— Aufgaben für das schriftliche Rechnen in der Volksschule. Unter Mitwirkung von F. Wulle bearb. 6 Hefte. 8. (à Heft 32 S.) Ebendas. 882—84. [1. Heft. 3.—15. Aufl. 15 Pf.; 2. Heft. 3.—15. Aufl. 18 Pf.; 3. Heft. 3.—11. Aufl. 18 Pf.; 4. Heft. 3.—10. Aufl. 18 Pf.; 5. Heft. 3.—5. Aufl. 18 Pf.; 6. Heft. 3. Aufl. 18 Pf.]

—— dass. — Auszug aus dem 5. und 6. Heft. 2. Aufl. 8. (32 S.) Ebendas. 884.

—— dass. — Auflösungen. 6 Hefte. 8. (12; 16; 11; 14; 8; 10 S.) Ebendas. 884. à Heft * 25 Pf. *

Steuer, W., Aufgaben für das schriftl. Rechnen in der Volksschule. Unter Mitwirkung v. F. Wulle bearb. 6 Hefte und Auszug. 8. (à Heft 32 S.) Breslau 885—89, Woywod. [1. Heft. 16.—27. Aufl. * 15 Pf.; 2. Heft. 16.—29. Aufl. * 18 Pf.; 3. Heft. 12.—20. Aufl. * 18 Pf.; 4. Heft. 11.—17. Aufl. * 18 Pf.; 5. Heft. 6.—10. Aufl. * 18 Pf.; 6. Heft. 4. und 5. Aufl. * 18 Pf.; Auszug aus dem 5. und 6. Heft. 1.—4. Aufl. * 18 Pf.] *

—— dass. — Auflösungen dazu für jedes Heft. Ebendas. à Heft *

Steuer, W., Aufgaben f. das schriftliche Rechnen in der Volksschule. Unter Mitwirkg. v. F. Wulle bearb. 1.—6. Hft. u. Auszug aus dem 5. u. 6. Hft. 8. (à 32 S.) Breslau 889. 890. Woywod. n. 1. 23
1. 28. Aufl. n. — 15. — 2. 30. Aufl. n. — 18. — 3. 21. Aufl. n. — 18. — 4. 19. Aufl. n. — 18. — 5. 10. Aufl. n. — 18. — 6. 5. Aufl. n. — 18. — Auszug. 3. Aufl. 886. n. — 18.
Auflösung zu jedem Heft à Hft. n. — 25.

—— die Decimalbrüche, ihr Wesen u. ihre Stellung im Rechenunterrichte. Ein Beitrag zur Lösg. e. hochwicht. Zeitfrage. gr. 8. (36 S.) Breslau 885. Woywod. — 75

Steuer, W. Die Decimalbrüche, ihr Wesen u. ihre Stellung im Rechenunterrichte. Ein Beitrag zur Lösung e. wicht. Zeitfrage. 2. verb. Aufl. gr. 8. (36 S.) Bresl. 889, Woywod. * — 50

—— Ist eine Vereinfachung des Rechen-Unterrichts geboten? Vortrag, gehalten auf der Provinzial-Lehrer-Versammlung zu Ratibor am 15. Mai 1883. gr. 8. (19 S.) Breslau 883, Priebatsch's Buchh. *
Aus: Schlesische Schulzeitung, besonders abgedruckt.

— ist e. Vereinfachung d. Rechenunterrichts geboten? Vortrag. 2., unveränd. Abdr. gr. 8. (15 S.) Ebd. 889. n. — 20

— Methodik d. Rechenunterrichts. gr. 8. (XI, 404 S. m. 1 Steintaf.) Strehlen 883. Gemeinhardt. n. 4. 50; geb. n. 5. 50

—— Methodik des Rechenunterrichts. 2. verb. Aufl. gr. 8. (XVI, 404 S. mit 1 Stnt.) Ebendas. 886. * geb. *

—— Methodik d. Rechenunterrichts. 4. unveränd. Aufl. gr. 8. (XIV, 416 S. m. 1 Taf.) Ebd. 891. * 4 50; geb. * 5 50

Steuer, W., Methodik d. Rechenunterrichts. 5., verb. Aufl. gr. 8. (XII, 412 S. m. 1 Taf.) Breslau 893. M. Woywod n. 4. 50; geb. n. 5. 25

Steuer, W., Methodik d. Rechenunterrichts. 7., verm. u. verb. Aufl. gr. 8. (XII, 728 S. m. 1 Tab.) Breslau 898. M. Woywod. n. 4. 50; geb. in Leinw. n. 5. 25

Steuer, W., Methodik des Rechenunterrichts nebst e. Abriß e. Unterrichtsganges in der Raumlehre. Ein Handbuch f. Seminaristen u. Seminaristinnen, Lehrer u. Lehrerinnen. 8., verm. u. verb. Aufl. (XIX, 469 S.) gr. 8. Breslau 903. M. Woywod. n. 4. 50; geb. in Leinw. n. 5. 25

Steuer, W., Methodik des Rechenunterrichts nebst e. Abriß e. Unterrichtsganges in der Raumlehre. Ein Handbuch f. Seminaristen u. Seminaristinnen, Lehrer u. Lehrerinnen. 9., verb. Aufl. (XI, 438 S. m. Fig., 1 Tab. u. 1 Stoffverteilungs-Plan.) gr. 8. Bielefeld 910. Velhagen & Klasing. 4.50; geb. in Leinw. 5. 25

Raumlehre für Volksschulen, enthaltend d. Ergebnisse d. Unterrichts u. Aufgaben. Von W. Steuer, Sem.Oberl. Breslau: M. Woywod 1904. (52 S.) 8° [J.]

— Raumlehre f. Volksschulen, enth. die Ergebnisse des Unterrichts u. Aufgaben. 2., verb. Aufl. (II, 54 S. m. Fig.) 8. Ebd. 910. Geb. — 55

—— Rechenaufgaben zur Invaliden- u. Alters-, Kranken- u. Unfallversicherung. 1.—3. Aufl. gr. 8. (7 S.) Ebd. 891,92. * * — 05

Rechenaufgaben zur Invaliditäts- und Alters-, Kranken- und Unfallversicherung. Von W. Steuer, Sem.Oberl. 37. Aufl. Breslau: M. Woywod 1901. (7 S.) 8° [illegible] 2

Steuer, W., Rechenaufgaben zur Invaliditäts- u. Alters-, Kranken- u. Unfallversicherung. Mit Berücksicht. des neuen „Invaliden-Versicherungs-Gesetzes" vom 13. VII. 1899. 41. u. 42. Aufl. gr. 8. (à 7 S.) Breslau 902. M. Woywod. n.n. — 05

Rechenaufgaben zur Invaliditäts- und Alters-, Kranken- und Unfallversicherung. Von W. Steuer, Sem.Oberl. Mit Berücks. d. neuen 'Invaliden-Versicherungs-Gesetzes' v. 13. Juli 1899. 45. Aufl. Breslau: M. Woywod 1904. (8 S.) 8° [Umschlagt. F.]

Rechenaufgaben zur Invaliditäts- und Alters-, Kranken- und Unfallversicherung. Von W. Steuer, Sem.Oberl. Mit Berücks. d. neuen 'Invaliden-Versicherungs-Gesetzes' v. 13. Juli 1899. 46. Aufl. Breslau: M. Woywod 1904. (8 S.) 8° [Umschlagt. F.] [05. 1186] 2

Rechenaufgaben zur Invaliditäts- u. Alters-, Kranken- u. Unfallversicherung. (Mit Berücks. d. neuen 'Invaliden-Versicherungsgesetzes' v. 13. Juli 1899.) Von W. Steuer, Sem.Oberl. 48. Aufl. Breslau: M. Woywod 1906. (8 S.) 8° [Umschlagt. F.] [07. 10398] 2

— Rechenaufgaben zur Invaliditäts- u. Alters-, Kranken- u. Unfallversicherung. Mit Berücksicht. des neuen „Invaliden-Versicherungs-Gesetzes" vom 13. VII. 1899. 49. Aufl. (8 S.) 8. Breslau 907. [M. Woywod.] Bielefeld, Velhagen & Klasing. nn — 05

Steuer, W.: Rechenbuch f. obere Klassen d. Knabenschulen. Als Fortsetzg. zu Hft. V d. „Rechenbuches" in der Ausg. in 6 Hftn. zu verwenden. gr. 8. (V, 102 S.) Ebd. 896. Kart. n. — 50; Auflösgn. (31 S.) n. — 40

— Rechenbuch f. obere Klassen der Mädchenschulen. gr. 8. (IV, 96 S.) Ebd. 893. Kart. n. — 60

— dasselbe f. obere Klassen d. Mädchenschulen. Als Fortsetzg. zu Hft. V d. Rechenbuches in d. Ausg. in 6 Hftn. zu verwenden. 2., verm. Aufl. gr. 8. (IV, 100 S. m. Fig.) Ebd. 898. Kart. n. — 50

Rechenbuch für obere Klassen der Mädchenschulen. Als Forts. zu H. v des 'Rechenbuches' in d. Ausg. in 6 Heften oder zu H. vi d. Ausg. in 7 Heften zu verwenden. Von W. Steuer, Sem.Oberl. 3. Aufl. *Breslau: M. Woywod 1902.* (101 S.) 8° [F.] [03 4374]

— dasselbe f. obere Klassen der Mädchenschulen. Als Fortsetzung zu Heft V des „Rechenbuches" in der Ausg. in 6 Heften od. zu Heft VI der Ausg. in 7 Heften zu verwenden. 4. Aufl. (IV, 102 S. m. Fig.) 8. Ebd. 906. Kart. n. — 50

— dasselbe f. obere Klassen der Mädchenschulen. Als Fortsetzg. zu Heft V des „Rechenbuches" in der Ausg. in 6 Heften od. zu Heft VI der Ausg. in 7 Heften zu verwenden. 5. Aufl. (IV, 102 S. m. Fig.) 8. Ebd. 908. Kart — 50

—— Rechenbuch für Landschulen. Im Einklang mit seiner „Methodik des Rechenunterrichts" bearb. 5 Hefte. gr. 8. Ebendas. 883,84. [1. Heft. 1. und 2. Aufl. (32 S.) * 15 Pf.; 2. Heft. 1.—4. unveränd. Aufl. (60 S.) * 20 Pf.; 3. und 4. Heft. 1.—5. unveränd. Aufl. (56; 60 S.) à * 20 Pf.; 5. Heft. 1.—3. unveränd. Aufl. (60 S.) * 20 Pf.] *

—— Rechenbuch für Landschulen. 5 Hefte. gr. 8. Ebendas. 885—89. [1. Heft. 3.—27. Aufl. (32 S.) * 15 Pf.; 2. Heft. 5.—36. Aufl. (60 S.) * 20 Pf.; 3. Heft. 6.—38. Aufl. (56 S.) * 20 Pf.; 4. Heft. Ausg. A. 6.—35. Aufl. (60 S.) * 20 Pf.; Ausg. B. 6.—28. Aufl. (60 S.) * 20 Pf.; 5. Heft. Ausg. A. und B. 4. Aufl. (60 S.) à Ausg. * 20 Pf.] *
Auflösungen zu Heft 5. Ausg. A. und B. à Ausg. *

—— Rechenbuch f. Landschulen. In 5 Heften. Im Einklang m. seiner „Methodik des Rechenunterrichts" bearb. 5. Heft. Ausg. A. u. B. gr. 8. Ebd. 890. [A. 26. Aufl. (60 S.) * — 20; B. 21. Aufl. (64 S.) 889. * — 30.] * — 50

—— dass. — Erläuterungen u. Auflösungen zu Heft 5. Ausg. A. u. B. gr. 8. (61; 54 S.) Ebd. 889. à Ausg. * — 40
1.—4. Heft, s. Rechenbuch f. Stadt- u. Landschulen.

Steuer, W., Rechenbuch für Stadt- und Landschulen. Im Einklang mit seiner „Methodik des Rechenunterrichts" bearb. 1.—3. Heft und 4. Heft. Ausg. A. und B. gr. 8. Breslau, Woywod. [1. Heft. 1.—27. Aufl. (32 S.) * 15 Pf.; 2. Heft. 1.—36. Aufl. (60 S.) * 20 Pf.; 3. Heft. 1.—39. Aufl. (56 S.) * 20 Pf.; 4. Heft. Ausg. A. 1.—35. Aufl. (60 S.) * 20 Pf.; Ausg. B. 1.—28. Aufl. (60 S.) * 20 Pf.] *

—— dass. — der Rechenunterricht im Zahlenkreise 1—20, zugleich Erläuterungen zu Heft 1 des Rechenbuches für Stadt- und Landschulen. 8. Ebendas. 889. *

—— dass. — der Rechenunterricht im Zahlenkreise 1—100, zugleich Erläuterungen zu Heft 2 des Rechenbuches für Stadt- und Landschulen. 8. Ebendas. 889. *

— dasselbe. Erläuterungen u. Auflösungen. Hft. 1—3 u. 4. Ausg. A u. B. gr. 8. Ebd. 889. à n. — 40
1. Auch u. d. T.: Der Rechen-Unterricht im Zahlenkreise 1—20 [1—5, 1—10, 1—20]. (32 S.) — 2. Auch u. d. T.: Der Rechen-Unterricht im Zahlenkreise 1—100 [1—50, 1—100]. (24 S.) — 3. (48 S.) — 4. A. (63 S.) — 4. B. (57 S.)

—— Rechenbuch für Stadt- u. Landschulen. Im Einklang m. seiner „Methodik d. Rechenunterrichts" bearb. 4 Hefte. gr. 8. Ebd. 890. [1. Heft. 29. Aufl. (32 S.) * — 15; 2. Heft. 38. Aufl. (60 S.) * — 20; 3. Heft. 41. Aufl. (56 S.) * — 20; 4. Heft. A. 36. Aufl. (60 S.) * — 20; 4. Heft. B. 28. Aufl. (60 S.) * — 20.] * — 95

— Rechenbuch. 2. u. 3. Hft. gr. 8. Ebd. 896. à n. — 20
2. 100. Aufl. D. ält. Reihe d. Hefte 140. Aufl. (60 S.)
3. 100. Aufl. D. ält. Reihe d. Hefte 129. Aufl. (56 S.)

— dasselbe. Ausg. in 7 Hftn. Auflösungen z. 5. u. 6. Hft. 2. Aufl. gr. 8. (31 u. 25 S.) Ebd. 896. à n. — 25

Rechenbuch für Volksschulen. Ausg. in 3 Heften. Im Einklang mit seiner 'Methodik d. Rechenunterrichts' bearb. von W. Steuer, Sem.-Oberl. Heft 1—3. 2. Aufl. *Breslau: M. Woywod 1900.* 3 Bde 8° [Umschlagt. F.] [00. 8367] 2

— Rechenbuch. Ausg. in 3 Hftn. Im Einklang m. seiner „Methodik des Rechenunterrichts" bearb. gr. 8. Ebd. 901. à n. — 20
1. I. Zahlenkreis 1—20 (1—5, 1—10, 1—20). II. Zahlenkreis 1—100 (1—50 u. 1—100). 3. Aufl. Der Gesamtausgaben 163. Aufl. (60 S. m. 1 Abbildg.)
2. I. Zahlenkreis 1—1000. Leichte Übgn. m. Brüchen. Ein- u. zweistellige Decimalbrüche. II. Unbegrenzter Zahlenkreis. Leichte Übgn. m. Brüchen. Ein- bis dreistell. Decimalbrüche. 3. Aufl. Der Gesamt-Ausgaben 199. Aufl. (61 S.)
3. I. Bruchrechnung. — II. Bürgerliche Rechnungsarten einschließlich der Arbeiterversicherungen. 3. Aufl. Der Gesamtausgaben 180. Aufl. (53 S.)

— dasselbe. Ausg. in 5 Hftn. Hft. 5 A. gr. 8. Ebd. 901. n. — 20
Die einfachen od. Grundrechngn. m. Brüchen, die Decimalbrüche m. eingeschlossen. Wiederholung der einfachen oder Grundrechngn. m. ganzen Zahlen. Aufgaben aus dem bürgerl. Leben, zu deren Ausrechng. zwei od. mehr Grundrechnungsarten erforderlich sind. 105. Aufl. Der Gesamtausgaben 122. Aufl. (63 S.)

— dasselbe. Ausg in 7 Hftn. 5.—7. Hft. gr. 8. Ebd. 901. à n. — 30
5. Die einfachen oder Grundrechngn. m. Brüchen, die Decimalbrüche m. eingeschlossen. (Abschluß der Bruchrechng.) Wiederholung der einfachen od. Grundrechngn. m. ganzen Zahlen. 101. Aufl. Der Gesamtausgaben 121. Aufl. (56 S.)
6. Wiederholg. u. weitere Übg. der einfachen od. Grundrechngn. mit ganzen u. gebrochenen Zahlen. Aufgaben aus dem bürgerl. Leben, zu deren Ausrechng. zwei od. mehr Grundrechngn. erforderlich sind. 34. Aufl. Der Gesamtausgaben 45. Aufl. (56 S.)
7. Aufgaben aus dem bürgerlichen Leben, zu deren Ausrechng. zwei od. mehr Grundrechnungsarten erforderlich sind. 14. Aufl. (72 S.)

— dasselbe. Ausg. in 6 Hftn. 5. u. 6. Hft. gr. 8. Ebd. à n. — 30
5. Die einfachen oder Grundrechnungen m. Brüchen, einschließlich der Decimalbrüche. (Abschluß der Bruchrechng.) Wiederholung der einfachen od. Grundrechngn. m. ganzen Zahlen. Aufgaben aus dem bürgerl. Leben, zu deren Ausrechng. zwei od. mehr Grundrechnungsarten erforderlich sind. 113. Aufl. Der Gesamtausgaben 131. Aufl. (64 S.) 902. n. — 30
6. Aufgaben aus dem bürgerlichen Leben, zu deren Ausrechng. zwei od. mehr Grundrechnungsarten erforderlich sind. 37. Aufl. Der Gesamtausgaben 43. Aufl. (72 S.) 902. n. — 30

Rechenbuch. Im Einklang mit seiner 'Methodik d. Rechenunterr.' bearb. von **W. Steuer**, Sem.Oberl. Ausg. in 5, 6 u. 7 H. H. 1–7. *Breslau: M. Woywod 1902.* 7 Bde 8° [Umschlagt. F.]

1. Zahlenkreis 1–20. 129. Aufl. Der Gesamtausgaben 178. Aufl.
2. Die einfachen oder Grundrechnungen mit ganzen Zahlen im Zahlenkreise 1–50 u. 1–100. Die gewöhnlichsten Brüche. Anfang d. Decimalbrüche. 166. Aufl. Der Gesamtausg. 219. Aufl.
3. Die einfachen . . . 1–1000. Leichte Übungen mit Brüchen. Ein- u. zweistellige Decimalbrüche. 155. Aufl. Der Gesamtausg. 192. Aufl.
4. Die einfachen . . . Zahlen im unbegrenzten Zahlenkreise. Leichte Übungen mit Brüchen. Ein- bis dreistellige Decimalbrüche. 135. Aufl. Der Gesamtausg. 165. Aufl.
5. Die einfachen oder Grundrechnungen mit Brüchen, einschliessl. d. Decimalbrüche. (Abschluß d. Bruchrechnung.) Wiederholung d. einfachen oder Grundrechnungen mit ganzen Zahlen . . . 115. Aufl. Der Gesamtausg. 133. Aufl.
6. Wiederholung u. weitere Übung d. einfachen oder Grundrechn. mit ganzen u. gebrochenen Zahlen. Aufgaben aus d. bürgerl. Leben, zu deren Ausrechnung zwei oder mehr Grundrechnungsarten erforderl. sind. 36. Aufl. Der Gesamtausg. 47. Aufl.
7. Aufgaben aus d. Bürgerl. Leben, zu deren Ausrechnung zwei oder mehr Grundrechnungsarten erforderl. sind. 14. Aufl. [03. 59-5

— Rechenbuch. Im Einklang m. seiner „Methodik des Rechenunterrichts“ bearb. Ausg. in 3 Heften. 8. Ebd. à n. — 20

1. I. Zahlenkreis 1—20 (1—5, 1—10, 1—20). II. Zahlenkreis 1—100 (1—50 u. 1—100.) 15. Aufl. Der Gesamtausgaben 213. Aufl. (60 S. m. 1 Abbildg.) 906.
2. I. Die Grundrechnungsarten m. ganzen Zahlen im Zahlenkreise 1—1000. Leichte Uebgn. m. Brüchen, ein- u. zweistell. Dezimal- od. Zehnerbrüche. II. Die Grundrechnungsarten m. ganzen Zahlen im unbegrenzten Zahlenkreise. Leichte Uebgn. m. Brüchen, ein- bis dreistell. Dezimal- od. Zehnerbrüche. 14. Aufl. Der Gesamtausgaben 255. Aufl. (64 S.) 906.
3. I. Bruchrechnung. II. Bürgerliche Rechnungsarten einschließlich der Arbeiterversicherungen. 9. Aufl. Der Gesamtausgaben 215. Aufl. (63 S.) 905.
4. Die Grundrechnungsarten m. ganzen Zahlen im unbegrenzten Zahlenkreise. Leichte Uebgn. m. Brüchen, ein- bis dreistellige Dezimal- od. Zehntelbrüche. 156. Aufl. Der Gesamtausgaben 186. Aufl. (60 S.) 906. n. — 20

4 B. Die Grundrechnungsarten m. ganzen Zahlen im unbegrenzten Zahlenkreise. Leichte Uebgn. m. Brüchen. Ein- bis dreistellige Dezimal- od. Zehntelbrüche. 157. Aufl. Der Gesamtausgaben 187. Aufl. (60 S.) 906. n. — 20

— dasselbe. Ausg. in 6 Heften. 5. u. 6. Heft. 8. Ebd. — 60

5. Die Grundrechnungsarten m. Brüchen, einschließl. der Dezimal- od. Zehntelbrüche. Wiederholung der Grundrechnungsarten m. ganzen Zahlen. Bürgerl. Rechnungsarten. 134. Aufl. Der Gesamtausgaben 153. Aufl. (64 S.) 906. n. — 30
6. Bürgerliche Rechnungsarten. 44. Aufl. Der Gesamtausgaben 55. Aufl. (74 S.) 906. n. — 30

— dasselbe. Ausg. in 7 Heften. 5.—7. Heft. 8. Ebd. — 90

5. Die Grundrechnungsarten m. Brüchen, einschließl. der Dezimal- od. Zehntelbrüche. Wiederholung der Grundrechnungsarten m. ganzen Zahlen. 135. Aufl. Der Gesamtausgaben 154. Aufl. (56 S.) 906. n. — 30
6. Wiederholung u. weitere Uebung der Grundrechnungsarten m. ganzen u. gebrochenen Zahlen. Bürgerliche Rechnungsarten. 45. Aufl. Der Gesamtausgaben 56. Aufl. (56 S.) 906. n. — 30
7. Bürgerl. Rechnungsarten. 17. Aufl. (72 S.) 905. n. — 30

— dasselbe. Ausg. in 5, 6 u. 7 Heften. 1.—4. Hft. u. Hft. 4B. 8. Ebd. n.n. — 95

1. Zahlenkreis 20 (1—5, 1—10, 1—20). 153. Aufl. Der Gesamtausgaben 214. Aufl. (32 S.) 906. n.n. — 15
2. Die Grundrechnungsarten m. ganzen Zahlen im Zahlenkreise 1—50 u. 1—100. Leichte Uebgn. m. Brüchen. 194. Aufl. Der Gesamtausgaben 256. Aufl. (60 S.) 906. n. — 20
3. Die Grundrechnungsarten m. ganzen Zahlen im Zahlenkreise 1—1000. Leichte Uebgn. m. Brüchen, ein- u. zweistell. Dezimal- od. Zehntelbrüche. 180. Aufl. Der Gesamtausgaben 222. Aufl. (56 S.) 906. n. — 20

Rechenbuch. (Neue) Ausgabe (von 1908) in 7 Heften: (nach Sachgebieten). Im Einklang mit seiner 'Methodik d. Rechenunterrichts' bearb. von W. **Steuer**, Sem.Oberl. H. 1–6. 7a; b. 1. Aufl. Breslau: M. Woywod 1908. 8 Bde 8° [Umschlagt. F.]

1. Der Gesamtausg. 231. Aufl.	2. Der Gesamtausg. 272. Aufl.
3. Der Gesamtausg. 230. Aufl.	4. Der Gesamtausg. 190. Aufl.
5. Der Gesamtausg. 165 Aufl.	6. Der Gesamtausg. 59. Aufl.
7a. Der Gesamtausg. 19. Aufl.	7b. Der Gesamtausg. 20. Aufl.

[08. 6088 2

— Rechenbuch. Im Einklang m. seiner „Methodik des Rechenunterrichts“ bearb. Ausg. in 3 Heften. Neue Ausg. v. 1908: Nach Sachgebieten. 8. Ebd. — 85

1. I. Zahlenkreis 1—20 (1—5, 1—10, 1—20). II. Zahlenkreis 1—100 (1—50 u. 1—100). 1. Aufl. Der Gesamtausgaben 236. Aufl. (64 S.) 908. — 25
2. I. Die Grundrechnungsarten m. ganzen Zahlen im Zahlenkreise 1—1000. Leichte Übgn. m. Brüchen, ein- u. zweistell. Dezimal- od. Zehntelbrüche. II. Die Grundrechnungsarten m. ganzen Zahlen im unbegrenzten Zahlenkreise. Leichte Übgn. m. Brüchen, ein- bis dreistell. Dezimal- od. Zehntelbrüche. 1. Aufl. Der Gesamtausgaben 278. Aufl. (68 S.) 908. — 30
3. Die Grundrechnungsarten m. Brüchen, einschließlich der Dezimal- od. Zehntelbrüche. Wiederholung der Grundrechnungsarten m. ganzen Zahlen. Zeit- u. Durchschnittsrechnung. Bürgerliche Rechnungsarten. 1. Aufl. Der Gesamtausgaben 238. Aufl. (68 S.) 908. — 30

— Ausg. in 6 Heften. V. u. VI. Heft. 8. Ebd. — 80

V. Die Grundrechnungsarten m. Brüchen, einschließlich d. Dezimal- od. Zehntelbrüche. Wiederholung der Grundrechnungsarten m. ganzen Zahlen. Zeit- u. Durchschnittsrechnung. Bürgerliche Rechnungsarten. Neue Ausg. v. 1908. 2 Aufl. Der Gesamtausgaben 170. Aufl. (76 S.) 909. — 40

VI. Bürgerliche Rechnungsarten. Neue Ausg. v. 1908: Nach Sachgebieten. 1. Aufl. Der Gesamtausgaben 60. Aufl. (80 S.) 908. — 40

Steuer, W., Rechenbuch. Im Einklang m. seiner „Methodik des Rechenunterrichts“ bearb. Ausg. in 5, 6 u. 7 Heften. Im Einklang m. seiner „Methodik des Rechenunterrichts“ bearb. Neue Ausg. v. 1908: Nach Sachgebieten. Heft I—VI u. VIIa. 8. Breslau 907. [M. Woywod.] Bielefeld, Velhagen & Klasing. 2. 10

I. Zahlenkreis 1—20 (1—5, 1—10, 1—20). 2. Aufl. Der Gesamtausgaben 239. Aufl. (32 S.) 909. — 15

II. Die Grundrechnungsarten m. ganzen Zahlen im Zahlenkreise 1—50 u. 1—100. Leichte Übgn. m. Brüchen. 3. Aufl. Der Gesamtausgaben 283. Aufl. (48 S.) 909. — 25

III. Die Grundrechnungsarten m. ganzen Zahlen im Zahlenkreise 1—1000. Leichte Übgn. m. Brüchen, ein- u. zweistell. Dezimal- od. Zehntelbrüche. 3. Aufl. Der Gesamtausgaben 246. Aufl. (52 S.) 909. — 25

IV. Die Grundrechnungsarten m. ganzen Zahlen im unbegrenzten Zahlenkreise. Leichte Übgn. m. Brüchen, ein- bis dreistell. Dezimal- od. Zehntelbrüche. 2. Aufl. Der Gesamtausgaben 199. Aufl. (56 S.) 909. — 30

V. Die Grundrechnungsarten m. Brüchen, einschließlich der Dezimal- oder Zehntelbrüche. Wiederholung der Grundrechnungsarten m. ganzen Zahlen. Zeit- u. Durchschnittsrechnung. 1. Aufl. Der Gesamtausgaben 165. Aufl. (56 S.) 908. — 35

VI. Wiederholung u. weitere Übung der Grundrechnungsarten m. ganzen u. gebrochenen Zahlen. Bürgerliche Rechnungsarten. 1. Aufl. Der Gesamtausgaben 59. Aufl. (60 S.) 908. — 40

VIIa. Bürgerliche Rechnungsarten. 1. Aufl. Der Gesamtausgaben 19. Aufl. (80 S.) 908. — 40

— dasselbe. Neue Ausg. v. 1908. Ausg. in 5 Heften. V. Heft. 8. Ebd. 909. — 30

Die Grundrechnungsarten m. Brüchen, einschließlich der Dezimal- od. Zehntelbrüche. Wiederholung der Grundrechnungsarten m. ganzen Zahlen. Zeit- u. Durchschnittsrechnung. Bürgerliche Rechnungsarten. 2. Aufl. Der Gesamtausgaben 171. Aufl. (68 S.)

— dasselbe. Ausg. in 7 Heften. Neue Ausg. v. 1908. V. u. VI. Heft. 8. Ebd. — 75

V. Die Grundrechnungsarten m. Brüchen, einschließlich d. Dezimal- od. Zehntelbrüche. Wiederholung der Grundrechnungsarten m. ganzen Zahlen. Zeit- u. Durchschnittsrechnung. 3. Aufl. Der Gesamtausgaben 175. Aufl. (56 S.) 909. — 35

VI. Wiederholung u. weitere Übung der Grundrechnungsarten m. ganzen u. gebrochenen Zahlen. Bürgerliche Rechnungsarten. 2. Aufl. Der Gesamtausgaben 63. Aufl. (60 S.) 909. — 40

— dasselbe. Neue Ausg. v. 1908. Heft VIIa f. Knabenschulen u. f. Schulen m. beiden Geschlechtern. Bürgerl. Rechnungsarten. 3. Aufl. Der Gesamtausgaben 23. Aufl. (80 S.) 8. Ebd. 909. — 40

—— **Rechenbuch** für Stadtschulen, zugleich für höhere Töchterschulen, Vorschulen und untere Klassen höherer Lehranstalten. Im Einklang mit seiner „Methodik des Rechenunterrichts“ bearb. 7 Hefte. gr. 8. Ebendas. 883,84. [1. Heft. 1.—3. unveränd. Aufl. (32 S.) * 15 Pf.; 2. Heft. 1.—3. unveränd. Aufl. (60 S.) * 20 Pf.; 3. und 4. Heft. 1.—4. unveränd. Aufl. (56; 60 S.) à * 20 Pf.; 5. Heft. 1. und 2. unveränd. Aufl. (56 S.) * 25 Pf.; 6. und 7. Heft. 1. und 2. unveränd. Aufl. (56; 64 S.) à * 30 Pf.] *

— Rechenbuch f. Stadtschulen, zugleich f. höhere Töchterschulen, Vorschulen u. untere Klassen höherer Lehranstalten. 7 Hfte. Im Einklang m. seiner „Methodik d. Rechenunterrichts" bearb. gr. 8. Breslau 884. 86. Woywod. n. 1. 65
1. 3. Aufl. (32 S.) n. — 15. — 2. 3. Aufl. (60 S.) n. — 20. — 3. 4. 4. Aufl. (56 u. 60 S.) à n. — 20. — 5. 3. Aufl. (56 S.) n. — 30. — 6. 7. 3. Aufl. (56 u. 64 S.) à n. — 30

— dasselbe. Auflösungen zum 5. u. 6. Hft. gr. 8. (28 u. 24 S.) Ebend. 887. à n. — 25

—— Rechenbuch für Stadtschulen, zugleich für höhere Töchterschulen, Vorschulen und untere Klassen höherer Lehranstalten. Im Einklang mit seiner „Methodik des Rechenunterrichts" bearb. 7 Hefte. gr. 8. Ebendas. 885—89. [1. Heft. 4.—27. Aufl. (32 S.) * 15 Pf.; 2. Heft. 4.—36. Aufl. (60 S.) * 20 Pf.; 3. Heft. 5.—39. Aufl. (56 S.) * 20 Pf.; 4. Heft. Ausg. A. 5.—35. Aufl. (60 S.) * 20 Pf.; Ausg. B. 5.—28. Aufl. (60 S.) * 20 Pf.; 5. Heft. 1.—24. Aufl. (56 S.) * 30 Pf.; 6. Heft. 1.—10. Aufl. (56 S.) * 30 Pf.; 7. Heft. 1.—6. Aufl. (64 S.) * 30 Pf.] *

—— dass. — Auflösungen zum 5., 6. und 7. Heft. à Heft *

—— Rechenbuch für Stadtschulen, zugleich f. höhere Töchterschulen, Vorschulen u. untere Klassen höherer Lehranstalten. Im Einklang m. seiner „Methodik des Rechenunterrichts" bearb. Ausg. in 6 Heften. 5. u. 6. Heft. gr. 8. Ebd. 890. [5. Heft. 28. Aufl. (56 S.); 6. Heft. 12. Aufl. (64 S.)] à Heft * — 30; * — 60
—— dass. — Erläuterungen u. Auflösungen. 5. u. 6. Heft. gr. 8. Ebd. 889. [5. Heft. (28 S.); 6. Heft. (24 S.)] à Heft * — 40; * — 80
—— dass. — Ausgabe in 7 Heften. 5.—7. Heft. gr. 8. Ebd. [5. Heft. 30. Aufl. (56 S.) 890; 6. Heft. 10. Aufl. (56 S.) 889; 7. Heft. 6. Aufl. (64 S.) 890.] à Heft * — 30; * — 90
1.—4. Heft, s. Rechenbuch f. Stadt- u. Landschulen.

—— eine Sammlung angewandter Aufgaben für das Kopfrechnen, nebst ausführl. Lehrgang für Kopf- und schriftl. Rechnen. 2 Hefte. Im Einklang mit der Methodik des Rechenunterrichts und dem Rechenbuch für Stadt- und Landschulen bearb. gr. 8. Ebendas. 885,88. [1. Heft. (62 S.); 2. verb. Aufl. (64 S.) *M 1.—.; 2. Heft. 1., und 2. verb. Aufl. (88 S.) *M 1.50.] *

— eine Sammlung angewandter Aufgaben f. d. Kopfrechnen, nebst ausführl. Lehrgang für Kopf- u. schriftl. Rechnen. 2 Hfte. Im Einklang m. der Methodik d. Rechenunterrichts u. dem Rechenbuch f. Stadt- u. Landschulen bearb. 3., verb. Aufl. gr. 8. Ebd. 889. n. 2. 50
1. (62 S.) n. 1. —. — 2. (IV, 87 S.) n. 1.50.

— eine Sammlung angewandter Aufgaben f. das Kopfrechnen, nebst ausführl. Lehrgang f. Kopf- u. schriftl. Rechnen. In 2 Hftn. Im Einklang m. der Methodik d. Rechenunterrichts u. dem Rechenbuch f. Stadt- u. Landschulen bearb. 4., verb. Aufl. gr. 8. Ebd. 892. n. 2.50
1. (89 S.) n. 1. —. — 2. (97 S.) n. 1. 50.

— e. Sammlung angew. Aufgaben f. das Kopfrechnen, nebst ausführl. Lehrgang für Kopf- u. schriftl. Rechnen. (In 2 Hftn.) Im Einklang m. d. Methodik d. Rechenunterrichts u. dem Rechenbuch f. Stadt- u. Landschulen bearb. gr. 8. Ebd. 896. n. 2. 50
1. 5., verb. Aufl. (89 S.) n. 1. —
2. 5., unveränd. Aufl. (97 S.) n. 1. 50

— eine Sammlung angewandter Aufgaben f. das Kopfrechnen, nebst ausführl. Lehrgang für Kopf- u. schriftl. Rechnen. (In 2 Hftn.) Im Einklang m. der Methodik des Rechenunterrichts u. den verschiedenen Ausgaben des „Rechenbuches" bearb. 6. verb. Aufl. gr. 8. Ebd. 901. n. 2.50
1. (71 S.) n. 1.—. — 2. (84 S. m. 5 Taf.) n. 1.50.

— Eine Sammlung angewandter Aufgaben f. das Kopfrechnen, nebst ausführl. Lehrgang f. Kopf- u. schriftl. Rechnen. (In 2 Heften.) Im Einklang m. der Methodik des Rechenunterrichts u. den verschiedenen Ausgaben des „Rechenbuches" bearb. 7., unveränd. Aufl. 1. Heft. (71 S.) Ebd. 907. 1. —

Stoffverteilungspläne für den Rechenunterricht in ein- bis achtklass. Schulen. Von W. **Steuer**, Sem.-Oberl. *Breslau: M. Woywod 1901.* (5 Tab.) 8° [F.] [01. 18848

Steuer, Wilhelm, aus Schwerin i. M.: Die altfranzösische 'Histoire de Joseph'. Kritischer Text mit einer Untersuchung üb. Quellen, Metrum u. Sprache d. Gedichts. *Erlangen 1902: F. Junge.* (59 S.) 8° ¶[Erschien vollst. 1903 in: Romanische Forschungen, Bd 14.]
Rostock, Phil. Diss. v. [2. März] 1901

Steuer, Wilh., die altfranzösische ,Histoire de Joseph'. Kritischer Text m. e. Untersuchg. üb. Quellen, Metrum u. Sprache des Gedichts. (186 S.) gr. 8. Erlangen 903. F. Junge. n. 4. 80

Steuer, Guil. (geb. Krzepice 1787): De Mercurii in morbis inflammatoriis agendi modo. Berolini (1819). (24 S.) 8°
Berlin, Med. Diss. v. 7. Jan. 1819

Steuer, (Karl) Wilibald

Steuer, Wilib., Ergänzungs-Vokabularium zum lateinischen Uebungsbuch v. Busch-Fries. 1. u. 2. Tl. gr. 8. Leipzig 904, K. W. Hiersemann. à n. — 40
1. Für Quinta. (29 S.) — 2. Für Quarta. (28 S.)

Steuer, (Carl) Wilibald [Bacc. theol., aus Dresden]: Die Gottes- und Logoslehre des Tatian mit ihren Berührungen in der griechischen Philosophie ... [Erschien vollst. 1893 bei Veit & C. in Leipzig.] Jena, G. Neuenhahn Univ.-Buchdr., 1892; 36 S. 8.
Jena, Phil. Fak., Inaug.-Diss. v. 1892

Die Gottes- und Logoslehre des Tatian mit ihren Berührungen in der griechischen Philosophie. Von Dr. phil. Wilibald **Steuer.** *Leipzig: In Comm. bei Veit & C.; (G. Neuenhahn Univ.-Buchdr. Jena) 1893.* [S. 1—36 erschien als Jenaer Diss.] (113 S.) 1 Bd 8. [94. 1133

Steuer, (Carolus) Guilibaldus [theol. stud.]: Martinus Lutherus quomodo impugnaverit potestatem papae inde ab anno 1517 usque ad annum 1520 explicatur. Oratio quam in memoriam confessionis Augustanae ex lege beneficii Lynckeriani d. XXX. m. Maii a. 1890 in aede Paulina habuit. . . . Ienae, apud F. Mauke, 1891; 2 Bl., 61 S. 8°

Steuerausgleichung, über, aus dem Standpunkte des Brandenburgischen Grundbesitzes. gr. 8. (32 S.) Berlin 849, Reimarus (jetzt: Ernst & Korn). n. 1/6 ßf

Steuerbelastung bayerischer Städte in den J. 1904 u. 1905. (16 S.) Lex. 8. München (907). (J. Lindauer. nn — 30)
Sonderabdruck aus: „Mittlgn. d. statist. Amtes der Stadt München".

Steuer-Bewilligung, über, von Besteuerung in Würtemberg, von rc. (Seutter v. Lötzen). 8. Tübing. 819. Osiander 8 gl (NB. Steht auch unter Besteuerung.)

Steuerdefinitivum, d. Bayerisch., mit histor. Rückblicken in kurzem Umrisse dargest., v. P. B. Als Vorläufer e. Handbuches d. Steuerverfass. im Königr. Bayern. gr. 8. (6 B.) München 827, Lentner.

Steuereinschätzung, die, f. mittlere u. kleine Landwirte. 8. (15 S.) Graudenz 892. J. Gaebel. n. — 20; als Anh. zu Palm, Lesebuch f. ländl. Fortbildungsschulen. n. — 10

Steuer-Erklärungs-Heft zu Abschriften d. Steuererklärgn. u. Vermögensanzeigen. Fol. (39 S.) Kattowitz 896. G. Siwinna. — 75

Steuer-Erklärungsheft zu Abschriften der Steuer-Erklärgn. u. Vermögensanzeigen. (44 S.) 4. Arnsberg (905). F. W. Becker. n. — 60

Steuerfassionen, Liliputanische. Vom Verfasser der Annehmlichkeiten in Wien. . . . Wien 1789. V: *Perinet, Joachim.* (EB)

Steuerfrage (Zur). gr. 8°. München, Stahl, 1877.

Die **Steuerfrage** und der städtische Grundbesitz. Verhandlungen d. 8. ordentl. Landesverbandstages d. Preuß. Landesverbandes städt. Haus- u. Grundbesitzer-Vereine. Spandau 1905. (Vorr.: Justizrat [Georg] Baumert.) Stettin: R. Graßmann [1905]. (114 S.) 8° [Umschlagt. J.]
= **Mitteilungen** d. Preuß. Landesverbandes städt. Haus- u. Grundbesitzer-Vereine. H. 21. [o6. 3731

Zur **Steuerfrage** in Oesterreich. (Abdruck a. d. „Vaterland" Nr. 263—273.) 8. (43 S.) (Wien.) Prag, Tempsky. 1862. 30 kr.

[**Steuerfragen**] Landwirtschaftliche Steuer- und Buchführungsfragen. Nach d. Verhandl. e. vom Landes-Ökonomie-Kollegium einberuf. Konferenz von Sachverständ. am 12. u. 13. Okt. 1910 zu Berlin. Berlin 1910. 8°

Steuerfreiheit, die, d. Branntweins zu gewerblichen, Heil- ꝛc. Zwecken. Zusammenstellung der auf Grund d. Reichsgesetzes vom 24. Juni 1887, die Besteuerg. d. Branntweins betr., hierüber erlassenen Vorschriften. gr. 8. (51 S.) München 887. E. Huber. n. — 60

Mecklenburgischen (Der) Ritterschaft Steuer-Freyheit, ingl. die Vorzüglichkeit des modi contribuendi, nach Hufen und Erben, nebst anderen Sachen, die Mecklenburgischen Lande angehend. fol. 1742.

Steuer-Geheim-Mappe zum Gebrauch f. 15 Jahre eingerichtet. Nebst e. Mustererklärg. m. Erläutergn. nach d. neuen Einkommensteuer-Gesetz (12 S.), m. 15 Steuererklärungs- u. 5 Vermögensanzeige-Formularen. (Je 4 resp. 3 S.) 36×22,5 cm. Bielefeld-Gadderbaum (908). W. Bertelsmann. 2. —

Steuer-Gesetz, das, der Vereinigten Staaten. Zur Erhebung der inneren Steuern, Stempelgebühren, Licenzen ꝛc. Die einzige vollständ. u. genau revid. Orig.-Uebersetzung mit einem leichtfaßl. u. genauen alphabet. Verzeichniß u. Inhaltsregister. Philadelphia 863. (Schäfer & Koradi.) gr. 8. (40 S.) 12 ngr.

Steuergesetz, Das Weimarische. Gedanken über die Berechnung des National Einkommens . . . Stuttg. 1822. V: *Herzog, von.* (MGT)

Steuergesetze, die bayerischen. Die Gesetze üb. d. direkten Steuern vom 9. VI. 1899. I. Einkommensteuergesetz. II. Gewerbsteuergesetz. III. Kapitalrentensteuergesetz. (Nürnberger Volksausg.) (156 S.) kl. 8. Nürnberg 907. R. Henkelmann. — 60

Steuergesetze, die, für das Königreich Bayern. Herausg von einem praktischen Beamten. Würzburg 863. Stahel 8. (2 Bl., 150 S.) n. 12 ngr.

Steuergesetze, die, für das Königr. Bayern. 2.—4. Lfg. 8. Würzburg 879, Stahel'sche Buchh.

Inhalt:

Lfg. 2. Die Erhebung einer Gebühr für das Halten von Hunden. Gesetz vom 2. Juni 1876. (S. 151—165.) 20 Pf.
„ 3. Die Besteuerung des Gewerbebetriebs im Umherziehen. Gesetz vom 10. März 1879. (S. 167—182.) 20 Pf.
„ 4. Vollzugs-Instruktion zu vorigem Gesetz. Bekanntmachung vom 16. März 1879. (S. 183—209.) 30 Pf.
1. Lfg. Ebendas. 1863. ℳ 1,20.

Steuergesetze, die, für das Königr. Bayern. 1. Abthl. 5. Lfg.: Abänderungen einiger Bestimmungen in dem Gesetze über die Einkommensteuer. Gesetz vom 25. Febr. 1880. 8. (4 S.) Würzburg 880, Stahel'sche Universitäts-Buchh.

Steuergesetze, die, f. das Königr. Bayern. I. Abth. 6. Lfg. 8. Würzburg 888. Stahel. — 10 (1—6.: n. 2. 15)
Abänderungen d. Gesetzes vom 2. Juni 1876 üb. die Erhebung e. Gebühr f. das Halten v. Hunden. Gesetz vom 31. Jan. 1888. (S. 165 a/b.)

—— dass. — 2. Abthl.: Das Gewerbsteuergesetz vom 19. Mai 1881, nebst alphabet. Tarif. 1.—4. Lfg. 8. Ebendas.

Inhalt:

Lfg. 1. (S. 1—146.) 881. ℳ 1.
„ 2. Vollzugsvorschriften. Bekanntmachung vom 9. Aug. 1881, nebst Beilagen und ausführl. Sachregister. (III, S. 147—197.) 881. 40 Pf.
„ 3. —— dass. — Die Behandlung der Ab- und Zugänge an der Gewerbsteuer. Bekanntmachung vom 27. Dezbr. 1881. (S. 199—206.) 882. 20 Pf.
„ 4. —— dass. — Die Anzeigen über den Gewerbebetrieb betreffend Ministerialbekanntmachung vom 27. Dezbr. 1881, nebst Beilagen. (S. 207—215.) 882. 25 Pf.

— dasselbe. 3. Abth. Die Einkommensteuer. Gesetz vom 19. Mai 1881. 1—3. Lfg. 8. Ebend. 881. 82. 1. 40
1. (29 S.) — 35
2. Vollzugsvorschriften. Bekanntmachung vom 29. Juli 1881, nebst Beilagen, Sachregister u. Steuerberechnungstabelle. (S. 32—122.) — 85
3. Die Einkommensteuer für das Königr. Bayern vom 19. Mai 1881. 3. Lfg. Vollzugsvorschriften [Forts.]. Die Behandlung der Ab- u. Zugänge, dann der Mehrungen u. Minderungen. Bekanntmachung vom 14. Dezbr. 1881. (S. 123—138.) — 20

Steuergesetze, die, für das Königr. Bayern. 4. Abthl.: Die Kapital-Rentensteuer. Gesetz vom 19. Mai 1881. 1.—3. Lfg. 8. Würzburg, Stahel'sche Universitäts-Buchh.

Inhalt:

Lfg. 1. (S. 1—15.) 881. 20 Pf.
„ 2. Vollzugsvorschriften vom 29. Juli 1881, nebst Berechnungstabelle, Sachregister ꝛc. (S. 17—48.) 881. 30 Pf.
„ 3. —— dass. — Die Behandlung der Ab- und Zugänge, dann der Mehrungen und Minderungen. Bekanntmachung vom 14. Dezbr. 1881. (S. 49—64.) 882. 20 Pf.

— dasselbe. 5. Abth. Die allgemeine Grund- u. Haussteuer. Gesetz vom $\frac{\text{15. Aug. 1828}}{\text{19. Mai 1881}}$. Nebst Ministerialbekanntmachung vom 10. Juni 1881. 1. u. 2. Lfg. 8. Ebend. 881. 82. 1. 10
1. (32 S.) — 35
2. Die allgemeine Grund- u. Haussteuer im Königr. Bayern. 2. Lfg. Vollzugsvorschriften. Ministerial-Bekanntmachungen vom 29. Jan. u. 4. Apr. 1882, nebst ausführl. Sachregister. (S. 33—105.) — 75

—— dass. — 6. Abthl. 1. Lfg.: Einige Abänderungen an den Gesetzen über die direkten Steuern für das Königr. Bayern. Königl. Deklaration vom 21. April 1884. 8. (2 S.) Ebendas. 884.

— dasselbe. Nebst dem 7. Gesetzartikel vom J. 1875 üb. die Grundsteuer-Regulirg. gr. 8. (7 u. 31 S.) Ebend. 884. n. 1. —

Steuergesetze vom J. 1875. 1. u. 2. Hft. gr. 8. (90 S.) Budapest 875. Ráth. n. 2. 30

Steuer-Gesetze vom 14. Juli 1893. a. Aufhebung direkter Staatssteuern. b. Ergänzungssteuergesetz. c. Kommunalabgabengesetz. (Ges. Samml. Nr. 21 v. 1893, S. 119—384.) 12. (98 S.) Berlin 893. R. v. Decker. — 75

— dasselbe, s.: Sammlung amtlicher Veröffentlichungen aus dem Reichs- u. Staatsanzeiger.

Steuergesetze, die neuen anhaltischen. Gesetz, betr. die Einführung einer Einkommensteuer und einer festen Grundsteuer vom 18. April 1886, nebst Ausführungsverordnung vom 20. Juli 1886. Die über das Besteuerungsrecht der Gemeinden erlassenen gesetzl. Bestimmungen vom 7. April 1887. Unter Berücksicht. früherer noch in Wirksamkeit bleibender Gesetze und mit Beifügung der Eintheilung des Herzogth. Anhalt in Einschätzungsbezirke bearb. 2. Aufl. 8. (VI, 95 S.) Cöthen 888, Schettler's Erben, Verlag. **

Steuergesetze, die neuen bayerischen: a) Einkommensteuergesetz, b) Kapitalrentengesetz, c) Gewerbesteuergesetz vom 14. VIII. 1910 nebst Einführungsgesetz. (96 S.) 16. Berlin (910). L. Schwarz & Co. 1. 10

Steuer- u. Zoll-Gesetze, die neuen deutschen. I. Gesetz, betr. den Zoll-Tarif des deutschen Zollgebietes u. den Ertrag der Zölle u. der Tabaksteuer, vom 15. Juli 1879. II. Gesetz, betr. die Besteuerung des Tabaks, vom 16. Juli 1879. III. Wechselstempel-Tarif nach dem Gesetz vom 4. Juni 1879. 8. (33 S.) Wismar 879. Hinstorff's Verl. — 30

Steuer-Gesetze, neueste, des Königreichs Württemberg. Handausgabe mit sämmtlichen Vollziehungsvorschriften und Erläuterungen, nebst Inhaltsübersichten und Sachregistern von Schwarz. 1. Abth. Gesetz, betreffend die Abgabe von Branntwein, vom 19. Septbr. 1852, mit sämmtl. Vollziehungsvorschriften und e. Verfügung in Betreff der Controlirung des Getränkeverkehrs und der Uebergangssteuern rc. Stuttgart 852. J. F. Steinkopf. gr. 16. (576 S. u. 6 Tab. in 4. u. Fol.) n. 1 ℛ. 15 ngr.

Steuer-Gesetze, neueste, des Königr. Württemberg. Handausg. mit sämmtlichen Vollziehungsvorschriften und Erläuterungen, nebst Inhaltsübersichten und Sachregistern von Schwarz. 1. Abthl. A. u. d. T.: Gesetz, betr. die Abgabe von Branntwein, vom 19. Septbr. 1852, mit sämmtlichen Vollziehungsvorschriften und einer Verfügung in Betreff der Controlirung des Getränkeverkehrs und der Uebergangssteuern rc. (576 S. mit 6 Tab. in 4. und qu. Fol.) Stuttgart 853, J. F. Steinkopf. Thlr. *

(F) Oesterreichische Steuergesetze. Sammlung der auf directe Steuern Bezug habenden Gesetze, Verordnungen und Judicate. 5., vermehrte Auflage. Wien. 1901. Manz. 8°. X, 897 S. K 8.—, geb. K 9.—

Steuergesetze, die österreichischen. 1. u. 2. Thl. 8. Prag 896. Höfer & Klouček. n 13. 20

1. Die Grund- u. Gebäudesteuer. M. Einbeziehg. d. Bestimmgn. über Grundsteuernachlässe bei Elementarschäden u. Steuerbefreign. bei Bauführgn. F. d. Bedürfnisse d. Studiums u. d. Anwendg. zusammengest. u. auf Grund der Entscheidgn. d. Centralbehörden u. Erkenntnisse d. Verwaltungsgerichtshofes erläut. (IX, 724 S.) n. 8. —
2. D. neuen Personalsteuern. (D. allgem. Erwerbsteuer, d. Erwerbsteuer d. zur öffentl. Rechnungslegg. verpflicht. Unternehmgn., d. Rentensteuer, d. Personaleinkommen- u. d. Besoldungssteuer.) M. Berücksicht. d. parlamentar. Verhandlgn. f. d. Bedürfnisse d. Studiums u. d. Anwendg. zusammengest. u. m. ausführl. Erläuterungen u. Beispielen vers. Ergänzt durch d. ält. in Rechtskraft geblieb. gesetzl. Bestimmgn. M. e. chronolog. u. alphabet. Materienregister. (VIII, 411 S.) n. 5. 20

Steuergesetze, die österreichischen. 1. Thl. Die Grund- u. Gebäudesteuer. Mit Einbeziehg. der Bestimmgn. üb. Grundsteuernachlässe bei Elementarschäden u. Steuerbefreign. bei Bauführgn. Prag 897.

— 2. Thl. Die neuen Personalsteuern. (Die allgemeine Erwerbsteuer, die Erwerbsteuer der zur öffentl. Rechnungslegg. verpflichteten Unternehmgn., die Rentensteuer, die Personaleinkommen- u. die Besoldungssteuer.) Mit Erläutergn. Prag 897.

Steuer- u. Stempel-Gesetze, preußische. Veranlagung und Einschätzung. Stempel-Tarif. Reklamationen. Hrsg. v. d. Red. d. Reichs-Gesetzbuches. gr. 8. (VI, 72 S.) Hamburg u. Berlin 886. Bruer & Co. geb. n. 1. 50

Steuer- u. Stempel-Gesetze, preußische. Veranlagung u. Einschätzung. Stempel-Tarif. Reklamationen. Hrsg. v. der Redact. d. Reichs-Gesetzbuches. gr. 8. (77 S.) [Hamb. u.] Berl. 891, Bruer u. Comp. cart. * 1 50

— die preußischen, u. zwar 1. das Gesetz, betr. die Einführg. e. Klassen- u. klassifizirten Einkommensteuer; 2. das Gesetz wegen Abänderg. d. Gesetzes betr. die Einführg. e. Klassen- u. klassifizirten Einkommensteuer; 3. das Gesetz, betr. die Aufhebg. der Mahl- u. Schlachtsteuer. gr. 16. (32 S.) Berlin 873. C. Heymann's Verl. n. — 40

— die preußischen, vom Juni/Juli 1893. Gesetz wegen Aufhebg. direkter Staatssteuern. Vom 14. Juli 1893. Ergänzungssteuergesetz. Vom 14. Juli 1893. Kommunalabgabengesetz. Vom 14. Juli 1893. Gesetz, betr. Aenderg. des Wahlverfahrens. Vom 29. Juni 1893. Beigabe zum Terminkalender f. Verwaltungs-Beamte pro 1894. gr. 16. (86 S.) Berlin 893. Frdr. Schulze's Verl. n. — 40

— die preußischen, vom Juni/Juli 1893. Gesetz wegen Aufhebg. direkter Staatssteuern. Vom 14. Juli 1893. — Gesetz, betr. Aenderg. d. Wahlverfahrens. Vom 29. Juni 1893. — Ergänzungssteuergesetz. Vom 14. Juli 1893. — Kommunalabgabengesetz. Vom 14. Juli 1893. Mit ausführl. Sachregister. 12. (119 S.) Breslau 893. J. U. Kern's Verl. n. — 50

—— die kgl. sächsischen. 1. Bdchn.: Das Einkommensteuergesetz vom 22. Decbr. 1874. Mit Inhaltsverzeichniß. 8. (39 S.) Leipzig 875, Roßberg'sche Buchh.

—— dass. — 1. Bdchn.: Das Einkommensteuergesetz vom 22. Decbr. 1874 nebst Ausführungsverordnung vom 8. März 1875. Mit Inhaltsverzeichniß und alphabet. Register. 1.—3. Aufl. 8. (VIII, 117 S.) Ebendas. 875. *

—— dass. — Das Einkommensteuergesetz mit dem Gesetz, die directen Steuern betr., vom 3. Juli 1878, dem Grundsteuergesetz und dem Gesetz für die Besteuerung des Gewerbebetriebs im Umherziehen. Mit Inhaltsverzeichniß und einer Hilfstaf. zur Berechnung der Einkommensteuersätze. 8. (VII, 73 S.) Ebendas. 878. *

Steuergesetze, die königl. sächs. Das Einkommensteuergesetz mit dem Gesetze, die directen Steuern betr., vom 3. Juli 1878, dem Grundsteuergesetz u. dem Gesetz für die Besteuerung des Gewerbebetriebs im Umherziehen. Mit Inhaltsverzeichniß u. einer Hilfstaf. zur Berechnung der Einkommensteuersätze. Nebst den dazu erlassenen Ausführungs-Verordnungen u. der Instruction zum Einkommensteuergesetz. Mit Inhaltsverzeichniß u. Sachregister. 8. (XII, 220 S.) Leipzig 879. Roßberg. n. 2. —

— dasselbe. 2., verm. Aufl. 8. (XVI, 248 S.) Ebend. 882. n. 2. 50

— die kgl. sächs. Das Einkommensteuergesetz m. dem Gesetz, die directen Steuern betr., vom 3. Juli 1878, dem Grundsteuergesetz u. dem Gesetz üb. die Besteuerg. des Gewerbebetriebs im Umherziehen. Mit Inhaltsverzeichniß u. e. Hilfstafel zur Berechng. der Einkommensteuersätze. 2. Aufl. 8. (VIII, 79 S.) Leipzig 889. Roßberg. n. — 60

— sämmtliche, welche in den Ländern der ungarischen Krone in Gültigkeit sind. 1—5. Hft. gr. 8. (79 S.) Budapest 878—81. Rath. n. 4. 60

1. (79 S.) n. 1. 20
2. Ueber Besteuerung des Zucker-, Kaffee- u. Bier-Consums. Mit Erläuterungen. (34 S.) n. — 80
3. 26. Gesetzartikel vom J. 1881 über die Modification einiger Bestimmungen der auf die Stempel u. Gebühren bezüglichen Gesetze u. Vorschriften. Mit Erläuterungen. (26 S.) n. — 80
4. 34. Gesetzartikel vom J. 1881 über die Manipulation der unmittelbar zu entrichtenden Gebühren. Mit Erläuterungen. (36 S.) n. 1. 20
5. 16. Gesetzartikel vom J. 1875 über die Stempelpflicht der bei der Budapester Waaren- u. Effektenbörse, sowie bei den Schiedsgerichten der Produkten- u. Getreidehallen in der Provinz vorkommenden Schriften u. Rechtsgeschäfte, u. der Urtheile dieser Gerichte. 25. Gesetzartikel vom J. 1875 über die Stempel, Gebühren u. Taxen. 23. Gesetzartikel vom J. 1879 über die Modifizirung der §§. 15 u. 16 des Gesetzartikels IX. vom J. 1873. (15 S.) n. — 60

—— sämmtliche, welche in den Ländern der ungarischen Krone in Gültigkeit sind. 1.— 8. Heft. gr. 8. Budapest, Ráth. *

Inhalt:

Heft 1. Haussteuer, Erwerbsteuer, Einkommensteuer, Capitalszinsen- und Rentensteuer, Eisenbahn- und Dampfschiffsteuer, Steuer der zur öffentl. Rechnungslegung verpflichteten Unternehmungen und Vereine, Jagd- und Jagdgewehrsteuer, für Dienstboten, Billards, Spiellocalitäten, Pferde und Wägen zu entrichtende Steuer, Bergwerksteuer. 2. mit den Gesetzartikeln von 1883, über die Besteuerung der Capitalsanlagen, über die Gebühren der Versicherungs- und ähnl. Verträge, über Steuerfreiheit der Taglöhner, und die Begünstigungen bei der Abtragung der Weinzehent-Ablösungs-Schuldigkeiten verm. Aufl. (111, 79, 15 S.) 883. *ℳ 1,20.

" 2. 4. Gesetzartikel vom J. 1881 über Besteuerung des Zucker-, Kaffee- und Bier-Konsums. (34 S.) 881. * 80 Pf.; 2. mit dem 5. Gesetzartikel vom J. 1883 über Aufhebung der Kaffee-Konsumsteuer und Abänderung der auf die Besteuerung des Zucker- und Bierkonsums bezügl. Bestimmungen des 4. Gesetzartikels vom J. 1881 verm. Aufl. Mit Erläuterungen. (34, 10 S.) 883. *ℳ 1.

" 3. 26. Gesetzartikel vom J. 1881 über die Modification einiger Bestimmungen der auf die Stempel und Gebühren bezüglichen Gesetze und Vorschriften. Mit Erläuterungen. (26 S.) 881. * 80 Pf.

" 4. 34. Gesetzartikel vom J. 1881 über die Manipulation der unmittelbar zu entrichtenden Gebühren. Mit Erläuterungen. (36 S.) 881. *ℳ 1.20.

" 5. 16. Gesetzartikel vom J. 1875 über die Stempelpflicht der bei der Budapester Waaren- und Effektenbörse, sowie bei den Schiedsgerichten der Produkten- und Getreidehallen in der Provinz vorkommenden Schriften und Rechtsgeschäfte, und der Urtheile dieser Gerichte. 25. Gesetzartikel vom J. 1875 über die Stempel, Gebühren und Taxen. 23. Gesetzartikel vom J. 1879 über die Modifizirung der §§. 15 und 16 des Gesetzartikels 9 vom J. 1873. (15 S.) 881. * 60 Pf.

" 6. 43. Gesetzartikel vom J. 1883 betreffend die Errichtung des Finanz-Verwaltungsgerichtes. Mit Erläuterungen, Anmerkungen und Parallelstellen. Aus dem Ungar. des Tibor Moder. 44. Gesetzartikel vom J. 1883 über die Manipulation der öffentlichen Steuern. Mit Erläuterungen, Anmerkungen und Parallelstellen. Aus dem Ungar. des Ludw. Gruber. (115 S.) 884. *ℳ 1,80.

" 7. 46. Gesetzartikel vom J. 1883 betreffend die Aenderung der Gesetze über Grundsteuer, Haussteuer, Kapitalszinsen- und Rentensteuer, sowie über die allgemeine Einkommen-Ergänzungssteuer. Mit Erläuterungen. (9 S.) 884. * 60 Pf.

" 8. 21. Gesetzartikel vom J. 1883 über das Jagdwesen und 23. Gesetzartikel vom J. 1883 über die Gewehr- und Jagdsteuer. Mit Erläuterungen. (17, 20 S.) 884. * 80 Pf.

Steuergesetze, sämmtliche, welche in den Ländern der ungarischen Krone in Gültigkeit sind rc.

Heft 9. Zucker- und Spiritus-Steuergesetze, 47. Gesetzartikel vom J. 1880 betreffend die Modifizirung des 23. Gesetzartikels vom J. 1878 über die Zuckersteuer. 23. und 24. Gesetzartikel von 1878 über die Zucker- und Branntweinsteuer. (8, VI, 72 S.) 884. *ℳ 1,60.

" 10. Gesetzartikel vom J. 1868 über Ausschreibung, Einzahlung, Sicherstellung und Einhebung der öffentlichen Steuern: Grund- und Haussteuer, Einkommen-, Personal- und Erwerbsteuer. Erläutert und ergänzt mit den Vorschriften, den für Siebenbürgen bestehenden Taxen und einschlägigen anderen Bemerkungen. (183 S.) 884. *ℳ 1.

" 11. 6.—9. Gesetzartikel vom J. 1873 über die Abänderungen der Haus-Einkommen-, Erwerbsteuer, der Stempel und Gebühren. (16 S.) 884. * 60 Pf.

" 12. Gesetze und Vorschriften über Stempel und Gebühren. Mit alphabet. Gebührentarif, Tabellen für die Verzugszinsen und vollständigem Sachregister. Mit dem Stempel- und dem Gebührengesetz vom J. 1873 ergänzt von C. W. Henning. 2. mit den Stempel- und Gebührengesetzen von 1875, 1879, 1881 verm. Aufl. (288, 15, 25, 36 S.) 884. *ℳ 7,20.

" 13. 12. Gesetzartikel vom J. 1884 über die Art der Erledigung der gegen die Ergebnisse der neuen Grundsteuer-Kataster-Elaborate erhobenen Reclamationen. Mit Erläuterungen, Anmerkungen und Parallelstellen. (7 S.) 884. * 40 Pf.

— die, nebst Vollzugsvorschriften rc. für das Königreich Bayern. Mit ausführl. Sachregistern hrsg. von einem prakt. Juristen. 8. (216, 138, 64 u. 105 S.) Würzburg: Stahel 1882.

Steuergesetzentwürfe, die preußischen, v. 1892, nebst Denkschrift u. Begründungen, s.: Verwaltungsarchiv.

Steuer-Gesetzgebung, die, des Großherzogthums Baden. Eine systematisch geordnete Sammlung der gegenwärtig geltenden Gesetze und Verordnungen über Steuern, Accise und Zölle. Handbuch für Staats- und Gemeindebeamten, Handelsleute, Gewerbtreibende, Kapitalisten und sonstige Steuerpflichtige. Mannheim 858. Bassermann. gr. 8. (VII, 452 S.) 1 $\mathscr{A}$. 15 ngr.

Die Steuergesetzgebung der deutschen Bundesstaaten über das Versicherungswesen. (Hrsg.: Prof. Dr. A[rwed] Emminghaus.) Dem 5. Internat. Kongreß f. Versicherungs-Wissensch. zu Berlin 1900 gewidmet. Berlin: E. S. Mittler & Sohn 1905. (119 S.) 8°
= Veröffentlichungen d. Deutschen Vereins f. Versicherungs-Wissensch. H. 6. [c5.10034

Steuer- und Zollgesetzgebung, die neueste, für Mecklenburg, nebst Zolltarif und alphabetischem Waarenverzeichniß zu demselben. Bearbeitung nach dem Regierungs-Blatte für das größere Publicum. 2. u. 3. verb. u. verm. Aufl. Wismar 863. Hinstorff. 8. (VI, 126 S.) n. 10 ngr.

Gegen die liberal-sozialdemokratische Steuerhetze. Berlin: Der Arbeiter 1909. 29 S. 8°
(Katholische Arbeiter-Bibliothek. H. 8.)

Die Steuerlast der preussischen Konsumgenossenschaften des Zentralverbandes Deutscher Konsumvereine. Hamburg: Zentralverband 1908. 7 S. 8° [10. 19.9 4

Steuerleistung, die nationale, u. der Landeshaushalt im Königr. Böhmen. Antwort auf die Erwäggn. des Prof. Dr. Freih. Wieser. Hrsg. auf Anregg. der „Národí rada česk á“. Uebers. v. Geo. Hoetzel. (114 S. m. 2 Tab.) gr. 8. Prag 905. (Bursík & Kohout.) n. 1. —

Die nationale Steuerleistung und der Landeshaushalt im Königreiche Böhmen. Antwort auf d. Erwägungen d. Prof. Dr. Frh. Wieser. Hrsg. auf Anregung d. 'Národni Rada česká.' Übers. von JUDr. Georg Hoetzel. (Vorr.: Dr. Ladislav Dvořák.) Prag: Selbstverl. d. 'Národni Rada česká' 1905. (113 S.) 8° [05. 10930

Steuermann, Der, oder Reise-Begebenheiten bei der ersten Fahrt des Gottfried Walter auf dem neuen Schiffe »Freundschaft«. Vom Verfasser des jungen Seefahrers. Nürnberg 1842. V: *Körber, Philipp.* (Heindl, Galerie I, 423) (Zeitschr. f. Büch. N. F. 15, 1923, S. 123)

Steuermann, der, od. Reise-Begebenheiten rc., s. Jugend-Bibliothek, unterhaltende rc., 2. Bd.

Steuermann, der nie genannte. Nähere Erklärgn. u. Ergänzgn. zu verschiedenen dunkeln Berichten üb. das Thun u. Treiben e. wohlbekannten Hamburger Seemannes. Nach authent. Quellen bearb v. ***. 8. (86 S.) Hamburg (899). Eckardt & Meßtorff. n. 1. —

Steuermann, der kleine. Neue Wochenschrift zur Belehrung und nützlichen Unterhaltung der Jugend, in deutscher und französ. Sprache. Mit schönen Kunstblättern. Hrsg. von einem Familienvater. 1852. A. u. d. T.: Le petit pilote. Nouveau journal hebdomadaire pour l'instruction et l'amusement utile de la jeunesse, en langues allemande et française. 1852. gr. 8. (160 S. mit 1 Stahlst.) Genf 854. (Chur, Hitz.) **

Steuermann, Ad. (alias A. Schuster), der Hundefreund. Ein Leitfaden f. die Aufzucht, Pflege u. Dressur des Hundes. Die Behandlg. der meist vorkommenden Krankheiten u. Beschreibg. v. Rassehunden. Nach vieljähr. Erfahrgn. allgemein verständlich bearb. 2., verb. Aufl. 12. (VIII, 127 S. m. 1 Abbildg.) Leipzig 893. H. Voigt. n. 1. 50

Die 1. Aufl. erschien u. d. Namen: A. Schuster.

Steuermann, Jacob. Synthese des 1-3-3'-Trioxyflavons. Diss. Phil. Bern ... von Jakob Steuermann... . 50 S. 8. Bern, W. Wälchli, 1901.

Steuern, üb. und Anlagen und deren prakt. Behandl. gr. 8. Leipz. Crusius (F. C. W. Vogel.) 785.

— über, u. Anlagen u. deren prakt. Behandlung, v. T. (K. B. Tresz). gr. 8. Leipz. 785. (W. Vogel). 5 $\mathscr{S}$

Direkte Steuern in Böhmen in den Jahren 1901 und 1904 und Zuschläge zu denselben für Zwecke der territorialen Selbstverwaltung. [Mitteilungen des statistischen Landesamtes des Königreiches Böhmen. Bd X. Heft 2.] Gr.-8°. (CXVI. 139 S.) † K 6.
Prag: Calve in Komm. 1909.

Steuern, Direkte und indirekte. Deutsche Zustände. Freiheit und Gleichheit. Augsburg 1849. V: *Pappenheim, Albert Graf.* (Ky)

Steuern, die directen. Zusammenstellung der Vorschriften zur Benützung f. die Steuerämter. (XII, 319 S.) gr. 8. Wien 903. (Hof- u. Staatsdruckerei.) n. 3. —

Steuern (Ueber die directen) im Grossherzogthum Baden. 8°. Karlsruhe, Müller, 1815.

Die direkten Steuern im Herzogtume Bukowina in den Jahren 1898 bis 1902 bearb. v. statist. Landesamte des Herzogt. Bukowina. Veröffentl. von Anton Zachar. Czernowitz: H. Pardini in Komm. 1904. (LXVIII, 189 S.) 4°
= Mitteilungen d. Statist. Landesamtes d. Herzogt. Bukowina. H. 10.

Steuern, die direkten u. indirekten, im Kurfürstenth. Sachsen. [Aus: „Oberlausitzer Dorf- u. Volkszeitg."] gr. 8. (20 S.) Neugersdorf 885. Teller & Roßberg. — 45

Steuern, die direkten und indirekten, im Kurfürstenthume Sachsen, von O. P. kl. 8. (20 S.) Neugersdorf 885, Teller und Roßberg. *

Steuern, die directen, in Oesterreich und ihre Reform. Mit einem abgesonderten Hefte statistischer Tabellen. Hrsg. vom k. k. Finanz-Ministerium. Fol. (X und 256 S. mit 1 Uebersichtskarte.) Wien 860, Hof- und Staatsdruckerei.

Steuern, die direkten, in Preußen, für den Gebrauch der Apotheker bearb. Einkommensteuergesetz, nebst Anleitg. zur Selbsteinschätzung. Ergänzungssteuer, Gewerbe- u. Betriebssteuer. Grund- u. Gebäudesteuern. Gemeindesteuern. 1. u. 2. Aufl. Hrsg. vom Deutschen Apotheker-Verein. gr. 8. (à 51 S.) Berlin 900. Selbstverlag des deutschen Apotheker-Vereins. n. 1. 60

Die direkten **Steuern** in Preußen für den Gebrauch der Apotheker bearbeitet. Einkommensteuergesetz, nebst Anleitung z. Selbsteinschätzung. Ergänzungssteuer. Gewerbe- u. Betriebssteuer. Grund- u. Gebäudesteuern. Gemeindesteuern. 3., neubearb. Aufl. Hrsg. v. Deutschen Apotheker-Verein. *Berlin: Selbstverl. d. Deutschen Apoth.-Ver. 1901.* (51 S.) 8° [F.] [04. 15287]

Steuern, die direkten, in Preussen f. den Gebrauch der Apotheker bearb. Einkommensteuergesetz, nebst Anleitg. zur Selbsteinschätzg. Ergänzungssteuer. Gewerbe- u. Betriebssteuer. Grund- u. Gebäudesteuern. Gemeindesteuern. Kreissteuern. 4., gänzlich umgearb. Aufl. Hrsg. vom deutschen Apotheker-Verein. (66 S.) 8. Berlin. Selbstverlag des deutschen Apotheker-Vereins. 1907 1. 60.

Steuern, die direkten, in Preußen, f. den Gebrauch d. Apotheker bearb. Einkommensteuer. Ergänzungssteuer. Gewerbe- u. Betriebssteuer. Grund- u. Gebäudesteuern. Gemeindesteuern. Kreissteuern. 5., gänzlich umgearb. Aufl. Hrsg. vom deutschen Apotheker-Verein. (62 S.) 8. Berlin 910. Selbstverlag des deutschen Apotheker-Vereins. 1. 60

Steuern, die preußischen direkten. Eine Zusammenstellung der wesentlichsten Bestimmungen. Zur Belehrung für Jedermann. I. II. u. IV. Von einem Steuerbeamten. Altona 867. Uflacker. 8. (18 S.) Jede Nr. n. 5 ngr.
I. Klassen- u. Einkommensteuer nebst Reklamations-Verfahren. (18 S.)
II. Gebäudesteuer. (11 S.)
IV. Gewerbesteuer. (10 S.)

Steuern, Die, in Schleswig-Holstein und das Preussische Steuersystem. Hamburg 1867. V: *Ravit, Joh. Chn.* (A)

— die, in Schleswig-Holstein u. das preußische Steuersystem. Hamburg 867. Nolte. gr. 8. (39 S.) n. 7½ ngr.

Steuernagel, s.: Assanierung, die, v. Cöln.

Methodische Anleitung zum hebräischen Sprachunterricht (im Anschluß an des Verf. hebr. Grammatik) von Prof. Lic. Dr. Carl **Steuernagel**. Berlin: Reuther & Reichard 1905. (47 S.) 8° [06. 39]

Steuernagel, Carl, das Deuteronomium übers. u. erklärt, s.: Handkommentar z. Alten Testament, I.

Allgemeine Einleitung in den Hexateuch von Lic. Dr. Carl **Steuernagel**, Privatd. in Halle a. S. *Göttingen: Vandenhoeck & Ruprecht 1900.* (S. 250–286.) 4°(8°)
= Handkommentar z. Alten Testament. Abt. 1, Bd 3, Th. 3. [00. 3187]

Steuernagel, Carl, die Einwanderung der israelit. Stämme in Kanaan. Historisch-krit. Untersuchgn. gr. 8. (VIII, 131 S.) Berlin 901. C. A. Schwetschke & Sohn. n. 3. 60

Die Entstehung des deuteronomischen Gesetzes kritisch u. biblisch-theologisch unters. v. Lic. theol. Dr. Carl **Steuernagel**, Privatd. an d. Univ. Halle. *Halle a. S.: J. Krause 1896.* (X, 190 S.) 1 Bd 8. [98. 199]

Die Entstehung des deuteronomischen Gesetzes krit. u. bibl.-theol. untersucht von Carl **Steuernagel**, Privatd., Halle. Neue Ausg. *Berlin: C. A. Schwetschke & Sohn 1901.* (X, 190 S.) 8° [04. 6415 II]

Hebräische Grammatik mit Paradigmen, Literatur, Übungsstücken u. Wörterverzeichnis von Lic. Dr. Carl **Steuernagel**, Privatd., Halle. *Berlin: Reuther & Reichard 1903.* (XII, 148, 120 S.) 8°
— Porta linguarum orientalium. 1.

Hebräische Grammatik mit Paradigmen, Literatur, Übungsstücken u. Wörterverzeichnis von Prof. Lic. Dr. Carl **Steuernagel**, Privatd., Halle. 2., vielfach verb. Aufl. Berlin: Reuther & Reichard 1905. (XII, 154, 142* S.) 8°
— Porta linguarum orientalium. P. 1. [06. 390]

Steuernagel, Carl: Hebräische Grammatik mit Paradigmen, Literatur, Übungsstücken und Wörterverzeichnis. 3. u. 4. verb. Aufl. Berlin: Reuther & Reichard 1909. X, 156, 139* S. 8°
(Porta linguarum orientalium. P. 1.)

— das Buch Josua, s.: Handkommentar zum Alten Testament. III. 2.

Steuernagel, Carl [cand. theol.]: Der Rahmen des Deuteronomiums. Litterarcrit. Untersuchg über seine Zusammensetzg u. Entstehg ... Halle a. S., Druck v. Wischan & Wettengel, 1894; VI, 64 S., 1 Bl. 8.
Leipzig, Phil. Fak., Inaug.-Diss. v. [14. Juli] 1894

Steuernagel, Carl, der Rahmen des Deuteronomiums. Litterarcritische Untersuchg. üb. seine Zusammensetzg. u. Entstehg. gr. 8. (VI, 64 S.) Halle 894. J. Krause. n. 1. —

— der Rahmen des Deuteronomiums. Litterar-krit. Untersuchg. gr. 8. (VI, 64 S.) Halle 894. Berlin, C. A. Schwetschke & Sohn. n. 1. —

— s.: Tell el-mutesellim.

Steuernagel, Carl, Übersetzung u. Erklärg. der Bücher Deuteronomium u. Josua u. allgem. Einleitung in den Hexateuch, s: Handkommentar zum Alten Testament. I. III. 3.

Steuernagel, Carl [Dr., cand. theol.]: Biblisch-theologische Untersuchung über die Entstehung des deuteronomischen Gesetzes. Tl 1 ... Halle a. S., *Druck v. F. Beck in Kahla,* 1895; 2 Bl., 58 S., 1 Bl. 8.
Halle, Theol. Fak., Inaug.-Diss. v. 20. Juli 1895

Steuernagel, C. (Red.), s. Zeitschrift des dt. Palästinavereins.

STEUERNAGEL, NIC. GOTHOFR., Memorabilia Statutorum Lubecensium et Hamburgensium axiomatico-harmonica, vorstellend die fürnehmste Merckwürdigkeiten des Lübeckischen Stadt-Rechts. Altona. 1731. 4.

Steuernagel, N. G., vornehmste Merkwürdigk. d. hamburg. und lubeck. Stadtrechts. 4. Altona, Hellmann. 731.

Steuernthal, Hugo, appr. Arzt a. Elberfeld: Periostale und endostale Knorpel- und Knochenneubildung bei Arthritis deformans. Elberfeld 1905: A. Martini & Grüttefien. (47 S.) 8°
Freiburg i. B., Med. Fak., Ref. Ziegler, Diss. v. 1905
[Geb. 12. Okt. 78 Barmen; Wohnort: Freiburg; Staatsangeh.: Preußen; Vorbildung: Gymn. Trarbach Reife O. 00; Studium: Bonn 2, Berlin 5, Freiburg 3 S.; Coll. 12. Febr. 05.]

Steuerordnung betreffend Erhebung einer Verbrauchssteuer von Fleisch und Fleischwaren im Gebiete der Stadt Hersfeld. Hersfeld: Dr. v. L. Funk [1898]. (14 S.),8°

Steuer-Ordnungen in d. Stadtgemeinde Bonn. gr. 8. (28 S.) Bonn 895. (P. Hauptmann.) n. — 25

[Kopft.:][F.]**Steuer- und Gebühren-Ordnungen** der Gemeinde Gross-Lichterfelde. *[Berlin: Dr. v.] R. Rohde (1895).* (16 S.) 1 Bl 8. [96. 370

Steuerpflichtige, der, in Elsaß-Lothringen. Sammlung der auf die Veranlagg. der Grund-, Personal- u. Mobiliar-, Thür- u. Fenster-, Hunde-Steuer bezügl. Gesetze, Verordngn., Staatsraths-Entscheidgn. rc. unter besond. Berücksicht. d. Reclamationswesens u. unter Beigabe von Schemas zu Reclamationen aller Art. gr. 8. (135 S.) Colmar 886. (Leipzig, Lang.) n. 3. —

Steuerpflichtige, der, in Elsaß-Lothringen. Sammlung der auf die Veranlagung der Grund-, Personal- und Mobiliar-, Thür- und Fenster-, Hunde-Steuer bezügl. Gesetze, Verordnungen, Staatsraths-Entscheidungen rc. unter besond. Berücksicht. des Reclamationswesens und unter Beigabe von Schemas zu Reclamationen aller Art. gr. 8. (135 S.) Colmar 886. (Metz, Lang.) *

Steuerpflichtigkeit (Ueber die) der Kuratgeistlichen in Baden. Von J. M. A. 8°. s. l. 1821.

Steuerpolitik, die, des Zentrums, s. a. Volksbibliothek, soziale.

Die Steuerpolitik des Zentrums. E. 25jähr. Kampf gegen d. wirtschaftl. Liberalismus. M.-Gladbach 1907. 8°.
(Soziale Volksbibliothek. Nr 21)

Steuerprogramm, das sozialdemokratische, s. a. Volksbibliothek, soziale.

Steuerprogramm (Das socialdemokratische). 8°. M.-Gladbach, Zentralstelle des Volksvereins f. d. kathol. Deutschland, 1907. (Sociale Volksbibliothek, Nr. 3.)

Steuerprogramm, D. sozialdemokratische. 11.—20. Taus. M. Gladbach 1908.

Steuerprojekte, die neuen, u. die Beschlüsse der Finanzkommission des Reichstages, s.: Veröffentlichungen des Vereins Berliner Kaufleute u. Industriellen. 3. Heft.

Steuerprozeß, der Bochumer. Verhandlungen der Strafkammer d. königl. Landgerichts zu Essen, am 1.—6., 8., 9., 11., 12. u. 19. Juni gegen die Redakteure der „Westfälischen Volkszeitung" in Bochum Chefredakteur Fusangel u. verantwortl. Redakteur Lunemann. Vollständige, rev. u. verm. Ausg. Nach stenograph. Aufzeichngn. gr. 8. (90 S.) Hagen i/W. 891. L. Wriesner (Literar. Bureau). — 60

— dasselbe u. seine sensationellen Enthüllungen. gr. 8. (32 S.) Dresden 891. Hartwig. — 20

STEUERRATH, Der, und sein President (!), oder Geschichte Erast u. Sophiens. Aus d. Französ. (v. Elias Kaspar Reinhard) Helmstädt 1777. 8°. (2 Mk., Titelbl. defekt, Jul. Neumann, Magdeb., 1907.)
Anon.-Lex. IV. p. 123 (nach Kayser).

Steuerrath, d., u. sein Präsident, od. Gesch. Erast u. Sophiens. 2 Thle. a. d. Frz. 8. Helmstädt, Kühnlin. (Fleckeisen.) 777.

Steuerreform, die. Kurzgefaßte Darstellg. der leit. Grundgedanken u. d. wesentl. Inhalts der Regierungsvorlage, betr. die directen Personalsteuern. 12. (XI, 159 S.) Wien 892. Manz. n. 1. —

Steuerreform, die, in Bayern. Zur Orientirung über die neuen Steuergesetzentwürfe. Von L. H. gr. 8. (51 S.) Nördlingen 880. Beck. n. 1. —

Steuerreform (Zur) in Preussen. 8°. Elberfeld 1860.

Steuerreform, die, in Preußen. Gemeinverständliche Darstellg. des Einkommen-, Erbschafts- u. Gewerbesteuer-Gesetzentwurfs u. der Motive. Nebst e. Uebersicht d. gesammten Steuerreformplans. gr. 8. (68 S.) Berlin 891. Puttkammer & Mühlbrecht. n. — 50

Steuer-Reform, die projektirte, in Mecklenburg. Eine Mittheilung aus den Verhandlungen des Bürger-Ausschusses zu Schwerin. gr. 8. (24 S.) Berlin (861)62, Springer's Verlag.

Steuer-Reform (Radicale). Eine Anregung. Möge dieselbe von den hohen und höchsten Factoren der Gesetzgebung auf beiden Seiten der Leitha eines Durchblickes und geneigter Erwägung gewürdigt werden. Von einem Freunde des Vaterlandes und der Menschheit. 8°. Wien, Comm. Ferd. Klemm, 1868. (67S)

Steuerreform im Großhergth. Sachsen-Weimar. Von e. Freunde d. Landes. gr. 8. (93 S.) Weimar 876. Böhlau. n. 1. 60

Steuerreform od. **Steuerhetze?** 14 Vorträge üb. die bayer. Steuerreform 1910. (50 S.) gr. 8. M. Gladbach, Volksvereins-Verlag. —. 50.
dasselbe. Volksausg. (50 S.) 8. Ebd. 1910. 10 Stück 2. 50.

Steuerreform, Die württembergische, 1895/99. Stuttgart 1900. V: *Gerhard, Oscar.* (Kat. d. ständ. Bibl. Stuttgart 1907. S. 372.)

Steuerreform, die württembergische, 1895/99. Ein Beitrag zur bevorsteh. Wahlkampagne, v. e. württemberg. Finanzbeamten. gr. 8. (30 S.) Stuttgart 900. J. B. Metzler. n. — 50

Steuerreform, die württembergische, u. die Sozialdemokratie. Hrsg. vom Landesvorstand der Sozialdemokraten Württembergs. (80 S.) 8. Stuttgart, J. H. W. Dietz Nachf. 1904 —. 50.

Steuerreform im Kanton Zürich, s.: Publikationen, wirtschaftliche, der Zürcher Handelskammer. 1. Hft.

Steuerreform. Zur Steuerreform im Kanton Zürich s. [Richard, Emil].

Anonym: „Die Steuer-Reform-Frage in Preussen. Als ein freies und wohlmeinendes Wort den preussischen Provinzial-Ständen gewidmet", Berlin 1845. — Vorh.: Com. Bibl. Hamburg.

Steuer-Reform-Frage, die, f. Preußen. Als ein freies u. wohlmeinendes Wort den preuß. Provinzial-Ständen gewidmet. gr. 8. (1 1/4 B.) Berlin 845, [Danz.]

Steuer-Reform-Frage, die, für Preußen. Als ein freies u. wohlmeinendes Wort den Preuß. Provinzial-Ständen gewidmet. gr. 8. Berlin 845, v. Puttkammer. 3 ngl

Die Steuerreformfrage für Preußen. Berlin, 1846.

Steuerregulierungsgeschäft nach allen seinen Theilen u. s. w. für die gesammten Erbländer. Wien 1790. H: *Kropatschek, Jos.* (Wrztg 1789, S. 3342) (WBL 13/263) (Fidei-Commis. Bibliothek Wien 2/523) (BiblPort)

STEUERREGULIERUNGSGESCHAEFT. Steuerregulierungsgeschäft nach allen seinem Theilen und Umfange, oder Instruktion für die bei dem Steuerwesen angestellte Beamte, enthaltend alle in Sachen vom Anfang bis auf gegenwärtige Zeit erflossene Generalverordnungen für gesammte k. k. Erblanden. Moßle, Wien 1790. 1 vol. 255 S.

Steuer-Reklamant, der. Buchführung, Steuererklärg., Reklamation. Praktische Anleitg. nebst Muster f. Buchführg., sowie zur selbständ. Anfertigg. der Steuererklärg. u. der Reklamation nach den Bestimmgn. d. Einkommensteuergesetzes in der neuesten Fassg. vom 19. VI. 1906. Ausg. A f. Kaufleute, Grundbesitzer, Private u. Gewerbetreibende jeder Art, welche der Deklarationspflicht unterliegen. (31 S. m. 1 Formular.) gr. 8. Duisburg (907). C. Lange. 1.75

— dasselbe. Ausg. B f. Arbeiter u. Angestellte, sowie f. Handwerker u. Gewerbetreibende ohne Buchführg. u. ohne Deklarationszwang. (15 S.) gr. 8. Ebd. (907). nn — 50

Steuer-Reklamant, der kundige. Eine Anleitung und Belehrung für alle Stände, zur vorschriftsmäß. und Erfolg versprechenden Abfassung von Reklamationen gegen die Klassen-, klassifizirte Einkommen-, Gewerbe-, Grund-, Gebäude- und Kommunalsteuer, mit 50 verschiedenen Reklamations-Formularen für den Groß- und Kleingewerbetrieb, Handwerkerstand, Grundbesitz aller Art, Hausbesitzer-, Bürger- und Arbeiterstand ꝛc., hrsg. von einem prakt. Verwaltungsbeamten. 1.—7. Aufl. 8. (III, 122 S.) [Neuwied 880—82, Heuser's Verlag.] Leipzig, G. Weigel. *

Steuer-Reklamant, der kundige. Eine Anleitg. f. alle Stände, zur vorschriftsmäß. u. Erfolg versprech. Abfassg. v. Reklamationen gegen die Klassen-, klassifizierte Einkommen-, Gewerbe-, Grund-, Gebäude- u. Kommunalsteuer, m. 50 Reklamations-Formularen u. den neuesten Gesetzesbestimmgn. v. 1. April 1883. 7. Aufl. 8. (VII, 122 S.) Leipzig 885. G. Weigel. cart. n. 1. 50

Steuer-Reklamant, der kundige, 8. und 9. Aufl., s. Ulm, E.

Praktischer **Steuerreklamant** und Ratgeber für steuerzahlende Bürger, nebst e. Anh. mit Mustereingaben aller Art ... Zum Gebr. f. 5 Jahre eingerichtet. Mülheim a. d. Ruhr: J. Bagel [1904]. (136 S.) 8° [F.] 06. 6649

Praktischer **Steuerreklamant** und Ratgeber für steuerzahlende Bürger nebst e. Anh. mit Mustereingaben aller Art ... usw. u. Notizen. Zum Gebr. f. 5 Jahre eingerichtet. 2. Aufl. Bearb. nach d. neuen Einkommensteuer-Gesetz v. 12. Juni 1906. Von e. Fachmann. Mülheim a. d. Ruhr: J. Bagel [1906]. (144 S.) 8° [F.] 06. 13698

— u. Ratgeber, praktischer, f. steuerzahlende Bürger, nebst e. Anh. m. Mustereingaben aller Art, Einkommens- u. Vermögensberechngn., sowie vielen Formularen f. Steuererklärgn., Reklamationen ꝛc. u. Notizen. Zum Gebrauch f. 5 Jahre eingerichtet. 2. Aufl. Bearb. nach dem neuen Einkommensteuer-Gesetz vom 19. VI. 1906. Von e. Fachmann. (144 S.) 8. Mülheim-Ruhr (907). J. Bagel. 1.—

Steuerrevision. Die St' oder Die Silberstrecke. Dialekt-Lustspiel in einem Akt. Verfasser unbekannt. Umgearbeitet und hrg. von [Benjamin] Zweifel-Weber, St. Gallen.... 2. Aufl. 26 S. 8. St. Gallen, Zweifel-Weber, 1904. fr. 1. —

Steuert, Ludwig

[F.] Das Buch vom gesunden und kranken Haustier. Leichtverständl. Ratgeber ... Aus d. Praxis f. d. Praxis bearb. v. L. **Steuert**, kgl. Prof. ... zu Weihenstephan. M. 298 Textabb. u. e. Anh. üb. Viehkauf u. Verkauf. *Berlin: P. Parey 1897.* (XIII, 465 S.) 1 Bd 8. 97. 3030

Steuert, L., das Buch vom gesunden u. kranken Haustier. Leichtverständlicher Ratgeber, Pferde, Rinder, Schafe, Schweine, Hunde u. Geflügel zu schützen u. zu heilen. Aus der Praxis f. die Praxis bearb. 2., neubearb. Aufl. Mit 289 Textabbildgn. u. e. Anh. üb. Viehkauf u. -Verkauf, Pflege der Ausstellungstiere, Viehtransport u. Versicherg. gr. 8. (XII, 436 S.) Berlin 900. P. Parey.
Geb. in Leinw. n. 5. —

— das Buch vom gesunden u. kranken Haustier. Leichtverständlicher Ratgeber, Pferde, Rinder, Schafe, Schweine, Hunde u. Geflügel zu schützen u. zu heilen. Aus der Praxis f. die Praxis bearb. 3., neubearb. Aufl. Mit 345 Textabbildgn. u. e. Anh. üb. Viehkauf u. Verkauf, Pflege der Ausstellungstiere, Viehtransport u. Versicherg. (XII, 467 S.) gr. 8. Ebd. 904. Geb. in Leinw. n. 5. —

Steuert, L., das Buch vom gesunden u. kranken Haustier. Leichtverständlicher Ratgeber, Pferde, Rinder, Schafe, Schweine, Hunde u. Geflügel zu schützen u. zu heilen. Aus der Praxis f. die Praxis bearb. 4., neubearb. Aufl. Mit 357 Textabb. u. e. Anh. üb. Viehkauf u. Verkauf, Pflege der Ausstellungstiere, Viehtransport u. Versicherg. (XII, 471 S.) gr. 8. Berlin 907. P. Parey.
Geb. in Leinw. 5. —

[F.] Geflügelpflege in Gesundheit und Krankheit. Prakt. Anleitg f. Hausfrauen. Bearb. v. L. **Steuert**, Kgl. Prof. ... in Weihenstephan. M. 13 Textabb. *Berlin: P. Parey 1897.* (31 S.) 1 Bd 8. 97. 6489

— Keine Seuchen im Dorfe mehr! oder: Wie man Viehseuchen verhüten und tilgen kann. Mit 50 Abb. Ebd. 99. Geb. M. 2.50

— keine Seuchen im Dorfe mehr! od. wie man Viehseuchen verhüten u. tilgen kann. gr. 8. (V, 148 S. m. 50 Abbildgn.) Ebd. 900. Kart. n. 2. 50

Keine Übervorteilungen im Viehhandel mehr! oder wie d. Landmann s. Vieh nach d. neuen BGB. kaufen u. verkaufen soll. Von Dr. L[udwig] **Steuert**, Prof. in Weihenstephan. Mit 65 Textabb. *Berlin: P. Parey 1900.* (VII, 166 S.) 8° [F.] 00. 6798

Steuert, Ludwig, aus Neukirch (Baden): Embryonale Metamorphosen der Knorpel- und Deckknochen des Rinderschädels. *Langensalza 1899: H. Beyer & Söhne.* (26 S.) 8°
Erlangen, Phil. Diss. v. 31. Mai 1897

Nachbars Pferdezucht. Prakt. Ratschläge f. mittl. u. kleinere Züchter. Von Dr. L[udwig] **Steuert**, Prof. in Weihenstephan. Mit 75 Textabb. *Berlin: P. Parey 1901.* (138 S.) 8° [F.] 01. 8565

[F.] Nachbars Rat in Viehnöten oder Wie d. Landmann erkranktes Vieh pflegen u. heilen soll. Langjähr. Erfahrgn, mitgeteilt v. Dr. L. **Steuert**, Prof. ... in Weihenstephan ... M. 62 Textabb. *Berlin: P. Parey 1899.* (3 Bl., 147 S.) 1 Bd 8. 98. 9680

— Nachbars Rat in Viehnöten od. Wie der Landmann erkranktes Vieh pflegen u. heilen soll. Langjährige Erfahrgn. 2. verm. Aufl. gr. 8. (V, 184 S. m. 77 Abbildgn.) Ebd. 902. Kart. n. 2. 50

— d. Rinderhaltung. Körperbau, Lebensvorgänge, Gesundheitspflege, Schläge, Beurteilungslehre, Züchtg., Mast, Zug- u. Milchnutzg. Handbuch f. Praktiker. gr. 8. (XX, 799 S. m. 728 Abb. u. 24 farb. Rassebild.) Ebd. 895. Geb. in Leinw. n. 16. —

— Nachbars Rinderzucht. Praktische Ratschläge f. Landwirte. gr. 8. (VII, 132 S. m. 59 Abbildgn.) Ebd. 901. Kart. n. 2. 50

Nachbars Schweinezucht. Prakt. Ratschläge von Dr. L[udwig] **Steuert**, Prof. in Weihenstephan. Mit 44 Textabb. *Berlin: P. Parey 1902.* (140 S.) 8° [F.] 03. 14789

Die Kgl. Bayerische Akademie Weihenstephan und ihre Vorgeschichte. Festschrift z. Jahrhundertfeier 1905. Von Prof. Dr. Ludwig **Steuert**. Mit 68 Textabb. Berlin: P. Parey 1905. (VIII, 352 S.) 8° [F.] 06. 9643

Zwierzę domowe w stanie zdrowym i chorym. Wskazówski ... Napisał L[udw.] Steuert. Prof. Przełożył z niemieckiego Dr. Mieczysław Pańkowski. Z 298 rycinami ... *Berlin: P. Parey (1899).* (XIV, 458 S.) 8°
[Das Haustier im gesunden u. kranken Zustande. Übers. a. d. Deutschen]

— dasselbe. Ins Poln. übers. v. Mieczysław Pańkowski. gr. 8. (XIV, 458 S.) Ebd. (900). Geb. in Leinw. n. 5. —

Steuertabelle, von einländ. Branntwein, nach d. Inhalte der Branntweinblasen. gr. Fol. Braunschw. 809. Vieweg. 8 gr.

Steuer-, Abgaben-, Agio-, Disconto- od. Rabatt-Tabellen von ½ pro Cent bis 25 pro Cent, u. von 1 Thlr bis 10,000 Thlr (v. J. C. Gädike). 4. Berl. 804. N. Aufl. 812. Gädike; (Henning in Greiz). 8 gr.

Steuer-, Abgaben-, Agio-, Disconto- oder Rabatt-Tabellen von ½ pro Cent bis 25 pro Cent ... Berlin 1812. V: *Gädicke, Johann Christian.* (MGT) (Hitzig) (NN) »1809« (Ky)

Steuertermin, der verunglückte, s.: Gabelsberger-Bibliothek.

Steuerunfug. Der St-U im Mutzenstaat. Ein tragikomischer Jux in 2 Gesprächen und 1 Nachspiel: „Der Klopfgeist". 4. *o. O.* [1850].

Steuerverfassung, Allgemeine, in der preussischen Monarchie und besondere Grundsteuer-Verfassungen in der preussischen Provinz Sachsen. Magdeb. 1828. V: *Klewitz, Ant. Wilh. Ritter von.* (Wa) (Ky) (schles)

Steuer-Verfassung, allgem., in d. preuß. Monarchie, u. besond. Grundsteuer-Verfassungen in d. preuß. Provinz Sachsen. (Von Klewitz.) gr. 8. (19 B.) Magdeburg 828, (Heinrichshofen.)

Anonym: „Ueber die kursächsische Steuerverfassung, aus Archivalnachrichten; ein Seltenstück zu Hungers Denkwürdigkeiten zur Finanzgeschichte von Sachsen." Leipzig 1800 (Weygand).

Steuerverfassung, über die Kursächsische ꝛc., (v. F. A. Eichhof); herausgg. v. B. G. Weinart. gr. 8. Leipz. 800. Weygand. 1 Thlr

Steuerverfassung, die, d. Königr. Sachsen, s.: Vorträge üb. Gesetzeskunde u. Verwaltung.

— üb. d., in Schlesien, s. neue Beyträge z. Beschr. von Schlesien 18.

Anonym: „Die Steuerverfassung, und besonders die ritterschaftliche Steuerfreyheit in Sachsen", o. O. 1805.

Berlins **Steuerverordnungen.** Gültig vom 1. April 1895 ab. Berlin: Siegismund 1895.

(Gegen die Steuerverweigerer.) An das Volk! Deckersche Geh. Ober-Hofbuchdruckerei. 2 Bl. 4.
Flugblatt. Berlin, 15. Nov. 1848.

Steuerverweigerung, die angebliche, in Kurhessen und der Proceß gegen die Mitglieder der aufgelösten Ständeversammlung. Beleuchtet auf den Grund der Landtagsprotocolle und anderer officieller Actenstücke. Braunschweig 853. Vieweg. gr. 8. (VII, 41 S.) 7½ ngr.

Steuerverweigerungs-Prozeß, der, gegen 42 Abgeordnete der Preuß. National-Versammlung verhandelt im Febr. 1850 vor dem Geschwornen-Gericht zu Berlin. [Mit d. Umschlagstitel: Der Prozeß der Steuerverweigerer.] 4. (54 S.) Berlin 850, Hempel. (Mylius.) ¼ Thlr

Steuervorlagen, die, des Reichstags. (Verhandlungen der XXXVII. Plenarversammlg. des deutschen Landwirtschaftsrats 1909.) (S. 209—275.) Lex. 8. Berlin 909. P. Parey. nn — 75
Sonderabdruck aus: „Archiv d. deut. Landwirtschaftsrats".

Steuervorrechte der Beamten in Breslau. Bearb. vom statist. Amt. 8°.
Aus: Breslauer Statistik. Bd 28, H. 1.

Steuerwald, ..., de sobrio religionis naturalis usu in public. christ. institut. etc. 4. Hannov. ... Hahn. 6 gr.

Steuerwald, Johann Hermann

— der kl. Katechismus Lutheri f. die Jugend u. einfältige Leute verfaßt. 8. Herzogenbusch 770.

Steuerwald, Jh. Herm., Leichenrede üb. den Tod seiner Frau. gr. 4. Frankf. a. M. 766. Andreä. 3 gr.

Steuerwald, Jh. Herm., Predigt am 19. März 1788 wegen der in den Niederlanden glückl. erfolgten Revolution. gr. 8. Weimar 788. Hoffmann. 5 gr.

— Predigten über den Kampf e. Christen wider die listigen Angriffe des Satans. gr. 8. Herzogenbusch 792.

Steuerwald, Wilhelm

Steuerwald, Wilh., Lehrbuch der englischen Aussprache, nebst Vokabular. Mit besond. Berücksicht. der Aussprache v. Eigennamen. Anh.: Redensarten, Gedichte, Abkürzgn. gr. 8. (XVI, 422 S.) München 883. Exped. d. k. Zentral-Schulbücher-Verlages. n. n. 3. —

— englisches Lesebuch f. höhere Lehranstalten. Mit erläut. Anmerkgn. u. Ausspracheberzeichng. der Eigennamen. gr. 8. (VIII, 452 S.) München 886. Stahl sen. geb. n. 3. 60

Steuerwald, Wilh., englisches Lesebuch für höhere Lehranstalten. Mit erläut. Anmerkgn. u. Aussprachebezeichng. der Eigennamen. 2. Aufl. gr. 8. (XII, 454 S.) München 890. E. Stahl sen. n. 3. 60; geb. n. n. 4. —

Steuerwald, Wilh., englisches Lesebuch f. höhere Lehranstalten. Mit Wörterbuch. 3. Aufl. (VIII, 390 S.) 8. Stuttgart 906. Muth. Geb. n. 3. 20

Steuerwald, Wilh., französisches Lesebuch f. höhere Lehranstalten. gr. 8. (XII, 608 S.) München 892. C. H. Bock. n. 3. —; geb. in Leinw. n. 3. 50

Steuerwald, Wilh., Lyrisches im Shakspere. gr. 8. (V, 161 S.) München 881. Th. Ackermann. n. 3. —

Steuerwald, Wilh., München im Lied. I. Gedichte aus dem „goldenen Buch" der Stadt München. II. Sonstige Gedichte üb. München u. Umgebg. Hrsg. v. St. (104 S. m. 6 Abb.) gr. 8. München 907. G. Franz' Verl. n. 2. —

— Prüfungs-Aufgaben aus der Haupt-Prüfung der Lehramtscandidaten f. neuere Sprachen in Bayern. Gesammelt u. hrsg. gr. 8. (132 S.) Stuttgart 894. J. Roth. n. 1. 80

— Übersetzung der Absolutorialaufgaben aus der französischen u. englischen Sprache an den humanistischen Gymnasien, Realgymnasien u. Realschulen Bayerns. 12. (136 S.) Ebd. 893. n. 1. 20; kart. n. 1. 40

Steuerwald, Wilh., Uebersetzg. der Absolutorialaufgaben aus der französ. u. engl. Sprache an den humanist. Gymnasien, Realgymnasien u. Realschulen Bayerns. 2., verm. Aufl. 8. (163 S.) Stuttgart 896. Muth. n. 1. 20

Steuerwald, Wilh., Übersetzung der Absolutorialaufgaben aus der französischen u. englischen Sprache an den humanistischen Gymnasien, Realgymnasien u. Realschulen Bayerns. 3. verm. Aufl. A. u. B. 8. Stuttgart 902. Muth. Geb. n. 2.50; in 1 Bd. n. 2. —
A. Französische Aufgaben. (127 S.) n. 1.50
B. Englische Aufgaben. (S. 129—200.) n. 1. —

— Uebersetzung der Absolutorialaufgaben aus der französischen u. englischen Sprache an den humanistischen Gymnasien, Realgymnasien u. Realschulen Bayerns. 3., verm. Aufl. (Neue Ausg. m. Nachtrag bis 1904.) (200 u. 15 S.) kl. 8. Ebd. 902. (905.) Kart. n. 2. —

Steuerwaldt, W., und C. Virgin, die mittelalterlichen Kunstschätze im Zittergewölbe der Schlosskirche zu Quedlinburg. Nebst mehreren äusseren und inneren Ansichten des vormaligen kaiserl. freien weltl. Stifts. (1. und 2. Lfg. à 8 Hefte.) hoch 4. (52 Stnt.) Quedlinburg 855—56, (Huch.) *

Steuerwesen, über das, s. Kameralist, 6s Hft.

Steuerwesen, das. Dresden 860. Schönfeld., Lex.-8. (30 S.) n. 10 ngr.

Steuerwesen, das, im Königr. Bayern nach den noch geltenden Gesetzen, Verordnungen und Erläuterungs-Rescripten nebst Anmerkungen und Citaten. 1. Bdchn. 1—4. Lfg. 8. (S. 1—378.) München 856, Franz. [I, 1. 5 Ngr.; I, 2. 6 Ngr.; I, 3. 8 Ngr.; I, 4. 12 Ngr.]

Steuerwesen, das, im Königreich Bayern nach dem neuesten Stande der Gesetzgebung. Eine Sammlung der auf Steuerwesen bezüglichen bayerischen Gesetze, Vollzugs-Verordnungen u. Instruktionen mit Anmerkungen, Verweisungen u. Register. [Aus: „Bayerns Gesetze u. Gesetzbücher".] 8. (VIII, 572 S.) Bamberg 882. Buchner. n. 7. —

Steuer- und Zollwesen, Das mecklenburgische. Wismar 1859. V: *Wiggers, Julius.* (Bachmann, Mecklenburg. Güstrow 1889. S. 324.)

Steuer- und Zollwesen, das Meklenburgische. (Abdr. aus der meklenburgischen Vaterlandskunde.) Wismar 859. Hinstorff. 8. (82 S.) n. 10 ngr.

Das Steuerwesen in Württemberg. M.Gladbach: Volksvereins-Verl. 1910. 31 S. 8°
(Staatsbürger-Bibliothek H. 8.) [10. 14333 5

Steuerwesen, das, in Württemberg, s. A. Staatsbürger-Bibliothek.

Steuerzahler, der perfekte. Erläuterungen u. Beispiele f. die Veranlagg. zur Einkommen-, Gewerbe-, Gebäude- u. Vermögenssteuer in Preußen. Neue (4.) Bearbeitg. auf Grund der maßgeb. Gesetze u. Verordngn. 12. (59 S.) Bad Homburg 894. G. Sauerbrei. — 50

Steuerzahler, der sächsische. Praktische Auskunft üb. Grundsteuer u. Einkommensteuer im Königr. Sachsen. gr. 8. (16 S.) Dresd. 892, Hönsch u. Tiesler. * — 25

— der sächsische. Neue Ausg. Praktische Auskunft üb. Grundsteuer u. Einkommensteuer im Königr. Sachsen, nebst neuer u. alter Einkommensteuer-Tabelle, sowie Formular zur Einkommensteuer-Reclamation. gr. 8. (16 S.) Dresden 894. Hönsch & Tiesler. n. — 25

Steuerzahler, der sächsische. Prakt. Auskunft üb. Grundsteuer u. Einkommensteuer im Königr. Sachsen, nebst Einkommensteuer-Tabelle, sow. Formular z. Einkommensteuer-Reclamation. 6., verb. Aufl. gr. 8. (16 S.) Dresden 897. Breslau, Hönsch & Tiesler. n. — 20

Steuerzahler, der sächsische. Praktische Auskunft üb. Grundsteuer u. Einkommensteuer im Königr. Sachsen, nebst Einkommensteuer-Tabelle, sowie Formular zur Einkommensteuer-Reclamation. 8. u. 9. Aufl. gr. 8. (à 16 S.) Dresden 898. E. H. Meyer. n. — 25

Steulmann, Osc. Hugo Rob. (geb. Glogau 22. 7. 1840): De injectione hypodermatica. Berolini (1865). (32 S.) 8°
Berlin, Med. Diss. v. 1. Aug. 1865

v. Steun, R., s. Archiv f. d. Praxis d. gesammt. im Großh. Oldenburg gelt. Rechts.

Steun, Wilh. v., graphische Düngetafel. Chromolithogr. Imp.-Fol. Prag 869, Reichenecker. [Leipzig, Hirschfeld.] In Umschlag. *

Steup, Friedrich Wilhelm

Steup, F. W., Anleitung z. leichteren Erlernung d. engl. Sprache, insbesond. z. Begründ. e. guten u. richtigen Aussprache d. Engl. gr. 8. (8 B.) Wesel 841, Klönne. *

Steup, F. W., Anleitung zur leichteren Erlernung der englischen Sprache, insbesondere zur Begründung einer guten und richtigen Aussprache des Englischen. 2. (Titel-)Aufl. 8. (123 S.) Wesel (841). [Bochum] 857. Hülsemann.

— Briefe zum Uebersetzen aus d. Deutschen ins Französische ic. 16 Heft. 8. Wesel 840. Prinz. 1/2 ₰

Steup, Fr. W., petits contes pour les enfants, s. Contes, petits.

Steup, F. W., petits contes pour les enfans, s. Schmid, Chrph. de.

Steup, Fr. Wilh., petits Contes pour les enfants par l'auteur des Oeufs de pâques. (C. de Schmid.) Mit Sprechübungen und Wortregister versehen. 7.—10. Aufl. 8. (IV, 127 S.) Liegnitz 868—75, Krumbhaar. *

Steup, Fr. Wilh., petits contes pour les enfants par l'auteur des Oeufs de Pâques. Mit Sprechübungen und Wortregister versehen. 11. und 12. unveränd. Aufl. 8. (135 S.) Liegnitz 876,78, Krumbhaar. *

Steup, Fr. W., petits contes pour les enfants par l'auteur des Oeufs de Pâques. Mit Sprechübungen und Wortregister versehen. 13.—15. unveränd. Aufl. 8. (135 S.) Liegnitz 881—84, Krumbhaar. *

Steup, Fr. W., petits contes pour les enfants par l'auteur des Oeufs de Pâques. Mit Sprechübungen und Wortregister versehen. 16. unveränd. Aufl. 8. (135 S.) Liegnitz 887, Krumbhaar.

Steup, Fr. W., petits contes pour les enfants par l'auteur des oeufs de pâques. Mit Sprechübgn. u. Wortregister. 18. unveränd. Aufl. 8. (135 S.) Liegnitz 892. H. Krumbhaar. n. 1. —

Steup, Fr. W., petits contes pour les enfants par l'auteur des oeufs de pâques. Mit Sprechübgn. u. Wortregister versehen. 20. Aufl. (137 S.) 8. Liegnitz 905. W. Krumbhaar. n. 1. —

— lectures instructives et amusantes à l'usage des écoles. Französiches Lesebuch f. mittlere Klassen höherer Lehranstalten. Mit Sprechübgn., Wort- u. Sacherklärgn. versehen. gr. 8. (VIII, 236 S.) Ebend. 873. n. 2. —

—— Lectures instructives et amusantes à l'usage des écoles. Französisches Lesebuch für mittlere Klassen höherer Lehranstalten. Mit Sprechübungen, Wort- und Sacherklärungen versehen. 2. Aufl. gr. 8. (VIII, 236 S.) Liegnitz 879, Krumbhaar. *

—— lectures instructives et amusantes à l'usage des écoles. Französ. Lesebuch für mittlere Klassen höherer Lehranstalten. Mit Sprechübungen, Wort- und Sacherklärungen. 3. Aufl. gr. 8. (VIII, 236 S.) Ebendas. 887. *

Steup, F. W., theoret.-pract. Lehrbuch d. engl. Sprache. gr. 8. (21 B.) Wesel 839, Klönne. Thlr.

—— Schule d. französ. Briefstyls. Samml. v. Familien- u. Geschäftsbriefen z. Uebersetzen a. d. Deutschen ins Französische, bearb. z. Gebr. in Schulen u. beim Privatunterr. gr. 12. (8¾ B.) Wesel 841, Prinz. (?) *

Steup, F. W., Schule des franz. Briefstil's. Sammlung von Familien- u. Geschäftsbriefen z. Uebersetzen aus d. Deutschen ins Französ. bearb. z. Gebr. in Schulen u. beim Privatunterr. 2. Aufl. 8. (10½ B.) Wesel 846, Klönne.

—— Schule des französischen Briefstil's. Sammlung von Familien- und Geschäftsbriefen zum Uebersetzen aus dem Deutschen in's Französ. bearb. 3. (Titel-)Aufl. 8. (IV und 165 S.) Wesel (846.) [Bochum] 857, Hülsemann.

Steup, F. W., Schule des französischen Briefstils. Sammlung von Familien- u. Geschäftsbriefen zum Uebersetzen aus dem Deutschen ins Französische, bearb. u. mit einem Wortregister versehen. 4. Aufl. Soest 862. Schulbuchhandlung. (Liegnitz, Krumbhaar.) 8. (IV, 182 S.) n. 15 ngr.

—— pleasing tales, a selection of anecdotes, stories, and narratives. Accentuirt und mit Sprechübungen und Wortregister versehen. 8. (XVI und 152 S.) Soest (861)62, Schulbuchh. Thlr. *

— pleasing tales, a selection of anecdotes and little stories. Accentuirt u. mit Sprechübungen u. Wortregister versehen. 2. Aufl. Liegnitz 869. Krumbhaar. 8. (XVI, 144 S.) n. 12 ngr.

— pleasing tales, a selection of anecdotes a. little stories. Accentuirt u. m. Sprechübgn. u. Wortregister versehen. 3. Aufl. 8. (XVIII, 144 S.) Ebend. 875.

Steup, Fr. W., pleasing tales, a selection of anecdotes and little stories. Accentuiert und mit Sprechübungen und Wortregister versehen. 4. Aufl. 8. (XVI, 148 S.) Liegnitz 888, Krumbhaar.

Steup, Julius

Steup, Jul., de Probis grammaticis. gr. 8. (IX, 206 S.) Jena 871. E. Frommann. n. 4. —

Steup, Jul., de Probis grammaticis. gr. 8. Jena 871. Leipzig, Reichardt Verlag. * 4 —

Stevp, Ivlivs (geb. am 26 Okt. 1847 in Leichlingen bei Köln): Qvaestiones Thucydideae ... Bonnae, form. C. Georgi (1868). 2 Bl., 51 S. 8. ¶ In Komm. bei Calvary & Co. in Berlin.

Bonn, Phil. Fak., Diss. v. 31 Juli 1868

Steup, Jul., Thukydideische Studien. 1. Heft. gr. 8. (VII, 92 S.) Freiburg i. Br. 881, Mohr. *

Steup, Jul., thukydideische Studien. 2. Hft. gr. 8. (VII, 100 S.) Freiburg i/Br. 886. Mohr. n. 4. —
(1. u. 2.: n. 6. 40)

Steup, P. C.

— Anleit. z. Erlernung der Rechenkunst u. Geometrie. 8. Marb. 808. Krieger. 1 ꝑ 4 gr

Steup, P. C., Anleit. zum Kopfrechnen, zum Gebr. f. Schulen. 8. Marb. 810. 2e A. 815. Krieger. 12 gr

Steup, Anleitung zum Kopfrechnen. 2te verm. Aufl. 8. Cassel u. Marb. Krieger. 815.

Steur, C., Juris romani partitiones, sec. ordinem Institutionum Justiniani ex interpretat. Aen. Vinnii, Heineccii, Roger, Fuldeni, Lorri et alior. J. C. desumptae. kl. qu. Fol. Brüssel 825. (Aachen, Mayer). 3 ꝑ

Steur, Ch., ethnographie des peuples de l'Europe avant Jésus-Christ ou essai sur les nomades de l'Asie, leurs migrations, leur origine, leurs idées religieuses, leurs caractères sociaux etc. Etude mise en rapport avec les moeurs des principales nations européennes de race greco-latine, germanique et slave. Tome 2. Fasc. 2. gr. 8. (S. 161—330.) Bruxelles 873. Muquardt. n. 5. —

Steur, Ignaz, s. Buttler, A.: Beschreib.

— s. Handbüchlein für Philosophen.

— s. Lallemant: Schriften.

— s. Pey: Das Naturgesetz.

Steur, Ign., († d. 9. April 1796.) kurzer Unterricht von d. Weihwasser. 8. Landsh. 789. Storno. 3 gr N. A. 8. Cöln 818. Imhof-Schwarz. 7 gr

Steur, Ign., kurzer Unterricht v. d. Weihwasser. 8. Landshut, Hagen. 792.

Franz Anton Steurer. Multiplikation zweiziffriger Zahlen mit Hülfe der Buchstabenrechnung. 45 S. Donaueschingen, P 1877

Steurer, Gotthard, praktische Anleitung zur militärischen Aufnahme nach dem Augenmasse zunächst für den Unterricht an Regiments-Schulen und zur Selbstbelehrung. gr. 8. (VIII und 76 S. mit 4 Stnt. in qu. Fol.) München 856(57), (Kaiser.) +

Steurer, G., bayer. Hauptm. Die k. bayerische Armee nach ihrer neuen Formation. gr. Fol. München **1864.**

Steurer, G. Bayerischer Militär-Kalender für das Jahr 1852. Mit 1 Krt. München 1852. 26 Bl. 4°

— Pläne zum Manövrier-Unterricht mit größeren Truppenkörpern. Erläutert durch beigefügten Text. München 1862. 14 Bl.

— Plane zum Taschenbuche des Waffen-Unterrichts der Königl. Bayer. Infanterie. München (856.) (Kaiser.) qu. Fol. (31 lith. Taf.) n. 20 ngr

—— Pläne zum Taschenbuche des Waffen-Unterrichts der königl. bayer. Infanterie. gr. 16. (31 Stnt. in qu. Fol.) München 857, (Kaiser.) +

Steurer, G. Pläne zu den Vorschriften für die Waffenübungen der bayer. Infanterie (v. J. 1850). T. 1–4. München 1851.

Steurer, G. Pläne u. Zeichnungen zum Taschenbuch des Waffenunterrichts der bayer. Infanterie. München 1850. 32 Bl.

Steurer, Herm., de Aristophanis carminibus lyricis. Diss. gr. 8. (54 S.) Strassburg 896. (Leipzig, Buchh. G. Fock.) n. 1. 20

Steurer Isidor: Das Conciliabulum v. Brixen und dessen unmittelbare Vorgänge 1080. 29. Brixen 1878.
Progr.

Steurer Is.: Entstehung und Ausbildung des Fürstenthums Brixen von der Mitte des 9. bis zur Mitte des 13. Jahrh. unter Bischof Egno v. Eppan (1240—1250.) 43. Brixen 83.
Progr.

Steurer Isidor: Die Rupertusfrage. (65). Brixen 95.
Progr.

Steurich, Emil

Steurich, E., Ernst Moritz Arndt, der deutsche Mann. s. a. Volksbücherei, Rügensche. 2. Heft.

Ernst Moritz Arndt, der deutsche Mann. Zur Erinnerung an s. 50. Todestag, 29. Jan. 1910. Von Pastor E[mil] Steurich. Bergen (Rügen): Baethge 1910. 32 S. 8°
(Rügensche Volksbücherei. H. 2.) [10. 17060

Steurich, E., Groß-Friedrichsburg, des großen Kurfürsten deutsche Kolonie in Westafrika, s.: Jugend- u. Volksbibliothek, deutsche.

Steurich, E., s.: Jugend- u. Volksbibliothek, deutsche.

— Johann Kunh, der erste brandenb.-preuß. Negerfürst, s.: Lohmeyer's, Jul., vaterländ. Jugendbücherei. 12.

— am Nonnenloch, s.: Jugend- u. Volksbibliothek, deutsche.

— Die Stralsunder, s.: Jugend- u. Volksbibliothek, deutsche

Sturmflut. Eine Erzählung aus Mönchguts Vergangenheit von E[mil] Steurich. Stuttgart: J. F. Steinkopf 1900. (133 S.) 8° [F.]
= Jugend- u. Volksbibliothek, Deutsche. No 177. [05. 6?? 9

— die Sturmfluten in der Ostsee, ihre Geschichte, Entstehung u. Erklärung, speziell die Sturmflut am 31. XII. 1904. Illustriert v. Willy Stöwer. (23 S.) kl. 8. Stettin A. Schuster. 1906. n. — 30

Steurich, E., wie e. Bauernjunge e. Edelmann u. General wurde (Henniges v. Treffenfeld), s.: Jugend- u. Volksbibliothek, deutsche. 194. Bdchn.

Steurlin, Friedrich Wilhelm (Schleusingen)
U. S. Erfurt 1711, 3

Dissertatio medica inauguralis, sistens aegrotum mendacem cum annexis thesibus theoreticis et practicis. Präs. Justus Vesti.
Erfurt (Grosch) 9. I. 1711. 16 Bl. 33523

Steurlin, Johann Samuel (Schleusingen) A. S. 1268/15

Dissertatio medica inauguralis de plurimorum hominum morte immatura. Präs. Michael Alberti.
Halle (Henckel) XI. 1717. 36 S.

W. v.: Jo. Samuel Esthetipoeus. 33524

Steurwald, Wilhelm Ludolph (Gifthorn) A. S. 283/25

Ex theologia symbolica dissertatio ad locum apologiae Aug. conf. de iustificatione ex operibus.
Präs. Jakob Wilhelm Feuerlin.
Göttingen (Schultz) 26. IV. 1741. 31 S.

Gew.: Gerlach Adolph von Münchhausen.
33526

Steus, Wilh., Gedichte. gr. 8. (20 B.) Bonn 841, (Habicht.) *

Steusloff, A., Sedimentärgeschiebe v. Neubrandenburg. [Aus: „Archiv d. Vereins der Freunde der Naturgeschichte in Meckl."] gr. 8. (19 S.) Güstrow 893. (Opitz & Co.) n. — 50

Steusloff, *Bernhard Die Jubelfeier des 350jährigen Bestehens des Friedrichsgymnasiums.* 4 (S. 14—19 der Schuln.).
Progr. Ev. Friedrichs-G. *Herford* 1891 (347).

Steusloff, Bernhardus (Carolus Ludovicus Felix) *(geb. Güstrow in Meckl. 14. I. 1836)*: Quibus de causis Alexandri Numenii περὶ τῶν τῆς διανοίας καὶ τῆς λέξεως σχημάτων liber, qui vulgo genuinus habetur, putandus sit spurius et quae epitomae ex deperdito Alexandri libro excerptae supersint, demonstratur. Vratislaviae (1861). (51 S.) 8° *(Teil einer Breslauer Preisarbeit)*
Breslau, Phil. Diss. v. 30. Nov. 1861

[Umschlagt.:] [F.] **Steusloff**, *Bernhard* [Dir. Prof. Dr.]: Eine lateinische Schulordnung des Rektors Froböse aus dem Jahre 1585 nebst Uebersetzung. *Herford, Buchdr. Gebr. Heidemann, 1894;* 3—5 S. 4.
Herford, ev. Friedrichs-G, OP 1894 (356)

Steusloff: Zeus und die Gottheit des Aeschylos. 38 S. Lissa, Progr. 1867

Steusloff, Konrad [aus Herford]: Ein Beitrag zur Resectio coxae unter bes. Berücks. d. Meisselresection ... Würzburg, Becker's Univ.-Buchdr., 1894; 27 S., 1 Bl. 8.
Würzburg, Med. Fak., Inaug.-Diss. v. 1894

Steusloff, Ulrich, Neubrandenburg: Torf- und Wiesenkalk-Ablagerungen im Rederang- und Moorsee-Becken. Ein Beitrag zur Geschichte der Müritz. Mit einer Karte. Güstrow 1905: C. Michaal. (64 S.) 8° ¶(Aus: Archiv d. Vereins d. Freunde d. Naturgesch. i. Meckl. Bd 59. 1905.)
Rostock, Phil. Fak., Ref. Geinitz, Diss. v. 24. Juli 1905
[Geb. 9. Aug. 83 Neubrandenburg; Wohnort: Rostock; Staatsangeh.: Preußen; Vorbildung: Gymn. Neubrandenburg Reife M. 01; Studium: Rostock 4, Berlin 1, Rostock 1 S.; Rig. 19. Juli 05.]

Stevanović, Svetolik, aus Belgrad, Serbien: [1.] Ueber einige Kupfererze u. [2.] Beiträge zur Kenntniß der Zirkongruppe. Mit 7 Fig. im Text. *Leipzig: W. Engelmann 1903.* (24 S.) 8° ¶(Aus: Zeitschr. f. Krystallogr. u. Mineral., Bd 37. H. 3.)
München, Phil. Diss. v. 1903

Steven, Chr., annotationes botanicae, siehe: Bulletin de la Société Impériale des naturalistes de Moscou. Tome XXI, 2. partie.

— observationes in Asperifolias taurico-caucasicas, siehe: Bulletin de la Société Imp. des naturalistes de Moscou. Tome XXIV, 1. partie.

— Xiphocoma et Gampsoceras, duo gen. e famil. Ranunculacearum, siehe: Bulletin de la Société Imp. des naturalistes de Moscou. Tome XXV, 1. partie.

Steven, D. J., wichtige Betrachtt. üb. den Tod, das Gericht, die Hölle u. den Himmel; aus dem Engl. nach der 5n Ausg. gr. 8. Hannov. 758. Schmidt. (Hahn). 4 gl

Steven, Pet., De deliriis. 32 pp. Gott. 4°. *Doering*, I, 167.
1782.

Steven, P., de deliriis. 4. Götting. 782. Brosc. 4 *gl*

Stevenhagen, Versuch d. Begriff d. Rechts zu bestimmen. 8. Leipz. Gräff.

Stevens, essay on the theory of music. Göttingen 1863. *62 s.*
Schul-/Univ.-Schrift

Stevens, Abel, Geschichte der bischöflichen Methodistenkirche in den Vereinigten Staaten von Nordamerika. Frei aus dem Engl. übers. von H. Liebhart. 1. Bd.: Die Gründung des amerikan. Methodismus. gr. 8. (424 S. mit 1 Stahlst.) Cincinnati und Chicago 867, Hitchcock und Walden. geb. *

Stevens, Abel. Gesch d bischöflichen Meth-Kirche in den VS v Na. Frei aus d Eng übers: H. Liebhart. 2v in 1. Cinci, 1867-72.

Stevens, Abel, der Methodismus: Seine Vergangenheit, Gegenwart u. Zukunft. Aus dem Engl. übers. Bremen 866. Verlag des Tractathauses. gr. 8. (XIV, 209 S.) n. 15 *ngr.*

Stevens, Alviso B, University of Michigan, Ann Arbor, Michigan, United States of America: Contribution to the Knowledge of Japanese Lac (Kiurushi). Ann Arbor 1906. 58 S. 8°. [27. VII. 05.]
Bern. Phil. Diss. 1905/1906.

Stevens, Ernest Hamilton, aus Brighton: Ueber **Schallgeschwindigkeit** in Luft bei gewöhnlicher und bei hoher Temperatur und in verschiedenen Dämpfen. *Heidelberg 1900: Ph. Wiese.* (72 S.) 8°
Heidelberg, Naturw.-math. Diss. v. 1900

Stevens, Frank, Ausflüge ins Ameisenreich. (147 S. m. 12 Abb. u. 2 Taf.) 8. Stuttgart (909). Franckh. Geb. in Leinw. 2.50; Volksausg. 1.60

— dasselbe, s.: Jugendschatz. 3. Bdchn.

— Die Reise ins Bienenland. 2. Aufl. (159 S. m. Abb. u. 1 farb. Taf.) 8. Stuttgart 907. Franckh. Kart. 2.50; geb. in Leinw. 3.—; Volksausg. 6. Aufl. 909. Geb. 1.60

— dasselbe, s.: Jugendschriften, hrsg. vom Lehrerhausvereine f. Oberösterreich.

Stevens, Henry P(otter), aus London: Ueber Tolyl- und Benzyl-**Derivate** des Furodiazols und Thiodiazols. *Heidelberg 1899: J. Hörning.* (38 S.) 8°
Heidelberg, Naturw.-math. Diss. v. 1899

Stevens, Hrolf Vaughan.

Materialien zur Kenntniss der wilden Stämme auf der Halbinsel Malâka. Berlin 1892. Ü: *Grünwedel, Albert & Eugen Sinogowitz.* (Berl)

Stevens, Hrolf Vaughan, u. Alb. **Grünwedel**, Materialien zur Kenntniss der wilden Stämme auf der Halbinsel Malâka, s. Veröffentlichungen aus dem königl. Museum f. Völkerkunde zu Berlin.

Stevens, J., de la construction des prisons cellulaires en Belgique. gr. 8. (47 S. m. 8 Steintaf.) Bruxelles 874. Muquardt. n. 4. --

Stevens, John, die Gefahr und Unsittlichkeit der männlichen Geburtshülfe und das Mittel dagegen. Leipzig 860. O. Wigand. gr. 8. (67 S.) 12 *ngr.*

v. Stevens, Marie Wilh., geb. Mercier, s. *Gellert*, Fables.

Stevens, R. W., praktisches Handbuch über Befrachtung und Stauung der Schiffe und ihrer Ladungen, Frachten, Charterpartien etc. Ein Handbuch für Kaufleute, Schiffsrheder, Schiffsmakler, Kapitaine etc., um die Ladung eines Schiffes am vortheilhaftesten u. sichersten zu stauen, mit der Zusammenstellung der meisten Frachtartikeln, deren Menge in Bezug auf Frachtberechnung, besondere Beobachtungen bei Conossementen u. Charterpartien etc. Aus dem Engl. bearb. von J. L. Stipperger. Hamburg 862. Salomon & Co. gr. 8. (218 S. u. Anh. 34 S.) n. 2 *rf* 12 *ngr.*

Stevens, R. W., über die Stauung der Schiffe und ihrer Ladungen, Frachten, Charterpartien etc. Ein Handbuch für Kaufleute, Schiffsrheder, Schiffsmakler, Kapitaine etc., um die Ladung eines Schiffes am vortheilhaftesten und sichersten zu stauen, mit der Zusammenstellung der meisten Frachtartikeln, deren Menge in Bezug auf Frachtberechnung, besondere Beobachtungen bei Conossementen und Charterpartien etc. Aus dem Engl. bearb. von J. L. Stipperger. 6 Lfgn. gr. 8. (218 S. und Anhang II und 34 S.) Hamburg 861. 62, Salomon und Comp. à Lfg. * 18 Ngr. *

Stevens, Robert

Stevens, R., Versuch üb. Havarien u. Assecuranz-Gegenstände, enthalt. e. Darstell. d. neuern engl. Rechts u. d. Praxis in Assecuranz- u. Havarie-Sachen. A. d. Engl. v. F. C. Schumacher. gr. 8. (13½ B.) Hamburg 829, (Hoffmann u. Campe.)

Stevens, Roderich, die Schiffbrüchigen auf der Suche nach den Seeräubern, s.: Volksbibliothek, deutsche.

Stevens, Schaverell, vermischte Anmerkk. e. gethanen 7jähr. Reise durch Frankreich, Italien, Deutschland u. Holland; aus d. Engl. v. J. P. Cassel. 8. Gotha 759. (Dieterich in Götting.) 6 *gl*

Stevens, Thomas, um die Erde auf dem Zweirad. Bearb. nach dem Engl. durch F. M. Schröter. Von San Francisco nach Teheran. 1.—3. Aufl. gr. 8. (510 S. mit dem chromolithogr. Portr. des Verf. und 105 Abbild. im Text.) Leipzig 887, Hirt und Sohn. geb. *

—— dass. — (2. Tl.): Von Teheran nach Jokohama. 1. und 2. Aufl. gr. 8. (464 S. mit Titelbild und 67 Abbild. im Text.) Ebendas. 888. geb. *

Stevens, Will, the History of the Scottish Church, Rotterdam. To which are subjoined, Notices of the other British Churches in the Netherlands; and a Brief View of the Dutch Ecclesiastical Establishment. Mit 1 Bildniss u. Titelvign. gr. 8. Edinburgh 833. (Leipzig, T. O. Weigel.) n. 5⅓ *rf*

Stevenson, Burton E., Fräulein Holladay, s.: Lutz' Kriminal- u. Detektiv-Romane.

— Seine Kreolin, s.: Lutz' Kriminal- u. Detektiv-Romane.

Stevenson, H. M., De M. Licinio Crasso Muciano. Gel. 1841. 44 S. 1.50

Stevenson, Joseph

Stevenson, J., Maria Stuart von der Ermordung Riccios bis zur Flucht nach England (1566—68). Aufzeichnungen ihres Sekretärs Claude Nau. Deutsch von H. Cardamus. Würzburg 1885. 8°. (75 Pfg. B. Seligsberg, Bayreuth, 1907.)

Stevenson, L., das Ende e. Diamanten, s.: Hillger's, Herm., Sammlung illustr. Kriminalromane.

— Ein merkwürdiger Klub, s.: Hillger's, Herm., Sammlung illustr. Kriminalromane.

Stevenson, R. J., Outlines of general Orthopaedia. gr. 8. (3¼ B.) Tübingen 840, [Fues, Vrlsh.]

Stevenson, Robert Alan Mowbray

Stevenson, R. A. M., Velazquez. Uebers. u. eingeleitet von Eberh. Frhr. von Bodenhausen. (VII, 166 S. m. Titelbild u. 23 Taf.) 8. München 904. F. Bruckmann. n. 4. —; geb. n. 5. —

Stevenson, Robert Louis

Stevenson, R. L., the black arrow, s.: Collection of British authors.

Stevenson, Rob. Louis. David Balfour od. die Seelenverkäufer, s. Moritz, Paul.

Stevenson, Robert Louis: The bottle imp, s. Collection of British authors.

— the bottle imp. — Baildon, H. B., R. L. Stevenson's life and work. Mit Wort- u. Sacherklärgn. sowie e. Kartenskizze hrsg. von Armin Kroder. (Koch's neusprachl. Schullektüre.) (VII, 76 S.) kl. 8. Nürnberg 905. C. Koch. Kart. u. geh. n. — 75

Catriona. A sequel to 'Kidnapped'. Being memoirs of the further adventures of David Balfour at home and abroad ... By Robert Louis **Stevenson**. Copyright ed. Leipzig: Tauchnitz 1893. 334 S. 8°
(Collection of British authors. Tauchnitz Ed. Vol. 2937.)

Vgl. Collection...

Stevenson, Robert Louis: Des Rajahs Diamant, s. Sammlung Franckh.

— and Lloyd **Osbourne**: The ebb-tide, s.: Library, the English, Vol. 186.

—— Der seltsame Fall d. Doctor Jekyll u. d. Hrn. Hyde. 8. (158 S.) Bresl. 889, Schottländer. * 2 —; geb. * 3 —

Der seltsame Fall des Doktor Jekyll und des Herrn Hyde [The strange case of Dr. Jekyll and Mr. Hyde]. Von Robert Louis **Stevenson**. 2. Aufl. Breslau: Schles. Verlagsanst. 1905. (164 S.) 8° [F.]
(Collektion Schottlaender.) [05. 15804

Stevenson, Rob. Louis, der seltsame Fall des Doktor Jekyll u. des Herrn Hyde. (Aus dem Engl.) 4. Taus. (164 S.) 8. Berlin 907. S. Schottlaender's schles. Verlags-Anstalt. 1.—; geb. 2. —

— dasselbe, s.: Bittus-Bücher. 1. Bd.

Stevenson, Rob. L., Prinz Florisel (Der Selbstmordklub), s.: Sammlung Franckh, Bd. 5.

—— A footnote to history, s. Collection of British authors.

— Dr. Jekyll and Mr. Hyde, and an inland voyage, s.: Collection of British authors.

Island night's Entertainments. Consisting of The beach of Falesá — The bottle imp — The isle of voices By Robert Louis **Stevenson**. Copyright ed. Leipzig: Tauchnitz 1893. 253 S. 8°
(Collection of British authors. Tauchnitz Ed. Vol. 2856.) [11. 7916

Vgl. Collection...

— The isle of voices, s. Collection of British authors.

— Kidnapped, s.: Collection of British authors.
— the master of Ballantrae, s.: Collection of British authors.

—— The merry men and other tales and fables; across the plains with other memories and essays, s. Collection of Brit. authors.

Stevenson, Rob. Louis, new Arabian Nights, s. Asher's Collection of English Authors.

Across the Plains, with other memories and essays. By Robert Louis **Stevenson**. Copyright ed. Leipzig: Tauchnitz 1892. 286 S. 8°
(Collection of British authors. Tauchnitz Ed. Vol. 2818.) [11. 7834

Vgl. Collection...

Stevenson, Rob. Lewis, Across the plains and an inland voyage. Für den Schulgebrauch hrsg. v. J. Ellinger. I. Tl.: Einleitung u. Text. II. Tl.: Anmerkungen u. Wörterverzeichnis. Mit 2 Karten. 8. (VIII, 214 S.) Leipzig 900. G. Freytag. Geb. in Leinw. u. geh. n. 1. 60

Robert Lewis **Stevenson. Across the plains and an inland voyage.** Für den Schulgebrauch herausgegeben von Prof. Dr. J. Ellinger. I. Theil: Einleitung und Text. II. Theil: Anmerkungen und Wörterverzeichnis. Mit 2 Karten. (Freytags Sammlung französischer und englischer Schriftsteller). Wien und Prag. 1900. Tempsky. 8°. VIII, 214 S. Geb. K 2.—

St. Ives being the adventures of a French prisoner in England. By Robert Louis **Stevenson**. Copyright ed. In 2 vols. Vol. 1. 2. *Leipzig: B. Tauchnitz 1898.* 2 Bde 8°
(Collection of Brit. Authors. Tauchnitz Ed. Vol. 3257. 3258.) [04. 6716 10

— St. Ives, being the adventures of a French prisoner in England, s.a. Collection of British authors.

— dasselbe, s.: Universal-Bibliothek.

— die Schatzinsel, s.: Welt, die, der Fahrten u. Abenteuer.

— die Schatzinsel. Erzählung. Fürs Deutsche bearb. v. L. L. Mit 8 Farbendr.-Bildern nach Aquarellen v. W. Zweigle. 1. u. 2. Aufl. gr. 8. (à 234 S.) Leipzig (899. 909.) O. Spamer. Geb. in Leinw. n. 3.

Die Schatzinsel [Treasure Island] von Robert Louis **Stevenson. Aus d.** Engl. übertr. von Sophie v. Harbou. Für Knaben u. Mädchen v. 12. Jahre an. Köln a. Rh.: H. & F. Schaffstein [1906]. (176 S.) 8°
= **Volksbücher**, Schaffsteins, f. d. Jugend. Bd 27.

— die Schatzinsel, s.a. Schaffstein's Volksbücher f. die Jugend.

— u. L. Osbourne, Schiffbruch, s.: Universal-Bibliothek.

In the South Seas. Being an account of experiences and observations in the Marquesas, Paumotus and Gilbert Islands in the course of two cruises, on the yacht 'Casco' (1888), and the schooner 'Equator' (1889). By Robert Louis **Stevenson**. Copyright ed. In 2 vol. Vol. 1. 2. Leipzig: Tauchnitz 1901. 8°
(Collection of British authors. Tauchnitz Ed. Vol. 3478/9.) [11. 8323

— In the South Seas, s.a. Collection of British authors.

Tales and fantasies. By Robert Louis **Stevenson**. Copyright ed. Leipzig: Tauchnitz 1905. 272 S. 8°
(Collection of British authors. Tauchnitz Ed. Vol. 3837.) [11. 8623

— Tales and fantasies, s.a. Collection of British authors.

—— Treasure Island, s. Collection of British Authors.

— Treasure island, hrsg. v. J. Ellinger, s.: Reformbibliothek, neusprachliche. 13. Bd.

Weir of Hermiston. An unfinished romance. By Robert Louis **Stevenson**. Leipzig: B. Tauchnitz 1896. (271 S.) 8°
(Collection of Brit. Authors. Tauchnitz Ed. Vol. 3146.) [05. 9669 10

— Weir of Hermiston, s.a. Collection of British authors.

— and Lloyd **Osbourne,** the wrecker, s.: Library, the English.

Stevenson, Robert Louis: Eight years of trouble in Samoa, s. Collection of British authors.

Stevenson, Thomas

Stevenson, die Illumination der Leuchtthürme. Eine Beschreibung des Holophotal-Systems, der azimuthal-verdicht. und anderer neuer Formen von Leuchtthurm-Apparaten. Nach der 2. Aufl. des engl. Orig. bearb. und durch einen Anhang über die Berechnung von Leuchtthurmhöhen und Leuchtthurm-Apparaten ergänzt von Chr. Nehls. gr. 8. (XV, 248 S. mit 16 lithogr. Taf.) Hannover 878, Rümpler. *

Stevenson, die Illumination der Leuchtthürme. Ergänzt von Chr. Nehls. gr. 8. Hannover 878. Leipzig, Baumgärtner's Buchh. * 8 —

Stevenson, Thom., die Illumination der Leuchtthürme. Eine Beschreibung des Holophotal-Systems, der azymuthal-verdicht. und anderer neuer Formen von Leuchtthurm-Apparaten. Nach der 2. Aufl. des engl. Originals bearb. und durch einen Anhang über die Berechnung von Leuchtthurmhöhen und Leuchtthurm-Apparaten ergänzt von Chr. Nehls. Neue wohlf. (Titel-)Ausg. gr. 8. (XV, 248 S. mit 16 lithogr. Taf.) [Leipzig (878)885, Baumgärtner's Buchh.] Dresden, Kühtmann. *

Stevenson, W., Abhandl. üb. den Nutzen d. Blasensteinpflaster beim Podagra; aus d. Engl. 8. Leipz. 783. Weygand. 4 gl

— s. K. Ch. Krause, Abhandl. von der Ableitung u. Revulsion der Säfte 2c.

Stevenson, W. B., Reisen in Arauco, Chile, Peru u. Columbia, s. neue Bibliothek d. Reisen, 42r Bd.

Stevenson, W. B.: Reisen in Arauco, Chile, Peru und Columbia in den Jahren 1804 bis 1823. Abth. 1. 2. Weimar 1826. 1 Bd. XII. 308; VI. 266 S. 8° [M 409

Stevens Point Post: 1892?—1899?

Independent weekly. For supplement, see Der Sonntagsgast. Circulation: 1895, 1000; 1899, 1075. Edited & published by Stephen von Szinnyey, 1892—94; by J. H. Gerlich, 1895—99.
Stevens Point, WI

Stever, Chr. Mch. Thdr., († d. 26. April 1816.) Predigten, nach seinem Tode hrsgg. v. Jh. Bhrd. Krey u. Karl Genzken. gr. 8. Rostock 320. (Stiller). 1 ß 8 gl

Stever, Christian Friedrich (Rostock) A. S. 1147/15

Dissertatio medica inauguralis de obsessione eademque spuria, Von Besessenen und vor besessen gehaltenen Menschen. Präs. Georg Detharding. Rec.
Rostock (Adler) 9. X. 1724. 52 Bl. 33530

Stever, Christian Friedrich (Rostock) A. S. 1417/9

Dissertatio medica inauguralis de obsessione eademque spuria, Von Besessenen und vor besessen gehaltenen Menschen. Präs. Georg Detharding. Rec.
Rostock (Adler) o. J. 52 Bl. 33531

Diss. 9. X. 1724.

Stever, Christian Friedrich (Rostock) A. S. 1278/5

Disputatio physiologica de subactione alimentorum in ventriculo, Von Verdäuung der Speisen.
Präs. Georg Christoph Detharding.
Rostock (Schwigerov) 24. IV. 1717. 38 S.

Gew.: Christian Michael Stever (Vater).

33529

Stever, Hans

Stever, kaiserliche deutsche Botschaft in Paris, ehemals Hôtel du Prince Eugène Beauharnais. (8 S. m. 12 Abbildgn. u. 5 Taf.) Fol. Berlin 903. W. Ernst & Sohn.
Sonderabdruck aus: „Ztschr. f. Bauwesen". **Kart. n. 4. —**

Stever, Hnr. Kurt, († d. 21. April 1827.) Gedichte. gr. 8. Götting. 813. Dietrich. 1 ß

— Ithuna, oder Lieder der Liebe. 8. Rostock 820. Stiller. 4 gl

— de summario romanor. judicio seu de stricti juris et bonae fidei actionibus commentatio. 8maj. Leipz. 822. Cnobloch. 6 gl

Stever, Hnr. Kurt, Mithridates. Ein Trspl. Nebst Briefen üb. alte u. neue Tragödie von Dr. Breithaupt. 8. Rostock 820. Stiller. 1 ß

— quatuor odae latinae. 8. Rostock 816. Stiller. 6 gl

— de servitutibus praediorum. Prs. I. et II. 8maj. Rostock 816, 17. Ed. II. 820. (Serig in Leipz.) 1 ß

— spec. eruditionis: An e jure Justinianeo patri incumbat onus alendi spurios. 8maj. Rostock 816. Stiller; (a. Serig in Leipz.) 8 gl

Stever, H. Cord.: Spec. erud. in quo pertractatur quaestio an e jure Justin. patri incumbat onus alendi spurios. *Rost.*, Stiller. (*Lpz.*, Serig.) 817. gr. 8. (8 Gr.)

Stever, Theodor Ernst (Rostock) A. S. 281/37

Dissertatio juridica inauguralis, de rationibus decidendi a benedictione sacerdotali petitis.
Präs. Ernst Johann Friedrich Mantzel.
Rostock (Adler) 4. XII. 1732. 24 S. 33533

Steverding, Wencesl., Lied der Liebe d. himml. Bräutigams u. seiner Braut. Ein relig. Gedicht. 2., umgearb. Aufl. gr. 12. (3 1/6 B. u. lith. Ttl.) Coesfeld 838, [Riese's Verl.]

Steverlys, J. P., Gespräche über Staat und Kirche, hrsg. von Sylvester Jordan. 8. (VIII und 270 S.) Frankfurt a. M. 848, [Meidinger Sohn und Comp.]

Stevermann's, selbstständige Chronik, s. Geschichtsquellen, die, des Bisthums Münster.

Steves, Fritz, Referendar am Landgericht Düsseldorf: Die Rechtsstellung des Hypothekengläubigers in Ansehung der Früchte des belasteten Grundstücks nach dem neuen Reichsrecht. Borna-Leipzig 1905: R. Noske. (IX, 88 S.) 8°
Leipzig, Jur. Fak., Diss. v. 29. Mai 1905
[Geb. 16. Nov. 80 Ratingen; Wohnort: Kaiserswerth a. Rhein; Staatsangeh.: Preußen; Vorbildung: Gymn. Düsseldorf Reife O. 01; Studium: München 1, Bonn 5 S.; Rig. 29. Juni 04.]

Steves, Heinrich: Fr. Hebbels Verhältnis zu den politischen und sozialen Fragen. Greifswald: Kunike 1909. 76 S. 8°
Greifswald, Phil. Diss. v. 5. Febr. 1909, Ref. Reifferscheid
[Geb. 21. Juli 82 Ratingen; Wohnort: Kaiserswerth; Staatsangeh.: Preußen; Vorbildung: Hohenzollern-Gymn. Düsseldorf Reife O. 04; Studium: Bonn 3, Berlin 3, Greifswald 2 S.; Rig. 5. Juni 08.] [U 09. 1569

Stevin, Simon: De Havenvinding (1599). *Berlin 1897.*
in: Rara magnetica 1269—1599
= **Neudrucke** v. Schriften u. Karten üb. Meteorologie u. Erdmagnetismus. No 10. [98. 2198

Stevin, S., s. a. Magnetica, rara.

Stévovitsch, J. N., Dictionnaire de poche français-serbe, contenant tous les mots de la langue usuelle. gr. 16. (VI, 406 S.) Belgrad 901. E. Eichstädt. Geb. in Leinw. n. 4.—

Stewart, Katie, s. Conversations- u. Reisebibliothek.

Stewart, A. W., Stereochemie. Deutsche Bearbeitg. v. Karl Löffler. (XVI, 479 S. m. 87 Fig.) gr. 8. Berlin 908. J. Springer. 12.—; geb. in Halbldr. n 14. 50

Stewart, Agnes M., Erzählungen über die 8 Seligkeiten, s. Jugend-Bibliothek in einer Auswahl englischer Jugendschriften.

Stewart, A. M., Erzählungen über die 7 Tugenden, siehe: Jugend-Bibliothek in einer Auswahl engl. Jugendschriften. VI. Bdchn.

Stewart, Agnes M., Erzählungen über die 7 Tugenden. 2. Aufl. 16. (176 S.) Regensburg 881. Manz. — 60

Stewart, Agnes M., Welt und Kloster, s. Bibliothek für die reifere christl. Jugend.

Stewart, Andrew [aus Washington, D. C. U. S. A.]: Ueber einige neue Synthesen von Diketochinazolinen und Monothiodiketochinazolinen ... Leipzig, Metzger & Wittig, 1895; 40 S., 1 Bl. 8.
Leipzig, Phil. Fak., Inaug.-Diss. v. [14. Juni] 1895

Stewart, Andrew D. im dunklen Afrika, s.: Urban's christliche Volksbücher.

Licht in der Finsternis. Abenteuer, Leiden, Erfolge u. Segnungen in d. Heidenmission. Von Andrew D. **Stewart**. Berecht. Übers. aus d. Engl. Striegau: Urban 1910. 309 S. 8° [10. 1830 2

Stewart, *Antony* Y. [aus Philadelphia]: Über aromatische Zuckerarten ... Würzburg, Becker's Univ.-Buchdr., 1893; 22 S. 8.
Würzburg, Phil. Fak., Inaug.-Diss. v. 1893

Stewart, Balfour, die Erhaltung der Energie, s.: Bibliothek, internationale wissenschaftliche. 9.

—— kurzes Lehrbuch der Physik. Nach der 8. Aufl. des Orig. bearb. von Rob. Schenk. 8. (XIX, 407 S. mit 146 in den Text eingedr. Holzst. und 1 farb. Spectraltaf.) Braunschweig 872, Vieweg und Sohn. *

Stewart, Balfour, Physik, s.: Elementarbücher, naturwissenschaftl., 2. Bdchn.

— Physik. Deutsche Ausg., besorgt v. E. Warburg. Mit (eingedr. Holzschn.-) Abbildgn. gr. 16. (XII, 148 S.) Straßburg 876. Trübner n. — 80

Stewart, Balfour, Physik. Deutsche Ausg., besorgt von E. Warburg. Mit (eingedr. Holzschn.-) Abbildungen. 2. Aufl. 8. (XII, 148 S.) Straßburg 877. Trübner. cart. n. — 80

Stewart, Balfour, Physik. Deutsche Ausg., besorgt von E. Warburg. 3. verb. und mit einem Anhang von Fragen und Aufgaben vers. Aufl. 12. (XII, 158 S. mit eingedr. Abbild.) Straßburg 883, Trübner. cart. *

Stewart, B., Physik. Deutsche Ausg., besorgt v. E. Warburg. Mit Abbildgn. u. e. Anh. v. Fragen u. Aufgaben. 4., verb. Aufl. 12. (XII, 165 S.) Straßburg 888. Trübner, Berl. cart. n. — 80

— u. H. Gee, praktische Physik f. Schulen u. jüngere Studierende. Autoris. Übersetzg. v. K. Noack. 1. Tl. Elektricität u. Magnetismus. Mit 123 in den Text gedr. Abbildgn. 8. (XII, 196 S.) Berlin 889. Springer. geb. n. 2. 60

Stewart, Caroline T., aus Memphis, Tennessee, U. S. A.: Grammatische Darstellung der Sprache des St. Pauler Glossars zu Lukas. *Berlin: Mayer & Müller 1901.* (XII, 44 S.) 8°
Berlin, Phil. Diss. v. 18. Febr. 1901

Stewart, D., Chrestomathie anglaise ou choix de morceaux gradués et destinés à être traduits d'anglais en français accompagnés de la solution des mots et des tournures les plus difficiles. 8. (308 S.) Genf 856, [Müller-Darier.]

Stewart, Dugald

Stewart, Dug., Anfangsgründe d. Philosophie üb. die menschl. Seele; aus d. Engl. v. S. G. Lange. 2 Thle. gr. 8. Berl. 793, 94. Maurers B. 1 ₰ 20 gl

Dugald **Stewart's** Anfangsgrr. d. Philosophie üb. d. menschl. Seele; a. d. Engl. übers. u. m. e. Vorr. vers. v. Sm. Gli. **Lange**. *Berl.*, Maurer. 794. 2 Thle. 8° 1 ₰ 20 gl

Stewart Dugalt, Hist. abrégée des Sciences métaphys., morales et politiques depuis la renaissance des lettres Traduite de l'anglois par J. A. Buchon. Vol. 1. gr. 8. Paris, Levrault. 820.

Stewart, J., Gemälde von Jamaica; aus d. Engl. gr. 8. Jena 824. Bran. 18 gl

Stewart, J. Shaw

— Das Evangelium in China, s.: Urban's christliche Volksbücher.

— Unter indischen Götzendienern, s.: Urban's christl. Volksbücher.

Stewart, J. Shaw, s.: „Ich erwachte!"

— Unter den Indianern, s.: Urban's christliche Volksbücher.

— Auf den Inseln der Südsee, s.: Urban's christliche Volksbücher.

Stewart, James. Abhandlung von den Grundsätzen der Münzwissenschaft; a. d. Engl. Tüb. 1761. Ü: *Schott, Christoph Friedrich.* (ML)

Stewart, J.: „An Inquiry into the Principles of Political Economy, being an Essay on the Science of Domestic Policy in Free Nations", 5 Vls., 1767. — Dasselbe, Basel 1796 (Thurneysen).

Stewart, (S.) J., Inquiry into the principles of political Economy. V. Vol. gr. 8. Bas. Thourneisen. (Flick.) (Tourneisen S. Paris.) (Levrault à Strasb.) 796. (à 1 Rthlr.)

Stewart, J.: „Untersuchung der Grundsätze von der Staatswirthschaft, als ein Versuch über die Wissenschaft von der innerlichen Politik bei freien Nationen; aus dem Englischen", 5 Bände, Tübingen 1769 bis 1772 (Cotta). — Vorh.: Preuß. Staatsbibliothek Berlin. — Eine andere Uebersetzung: Hamburg 1769 bis 1772, 3 Bände.

Stewart, J. Untersuchung der Grundsätze der Staatswirthschaft . . . A. d. Engl. Hamburg 1769—70. Ü: *Pauli, Joh. Ulr.* (CBH) Ü: *Lange, Sam. Glieb.* (AarK) »1769—72« Ü: *Schott, Christoph Friedrich.* (ML)

— Untersuchung der Grundsätze von der Staatswirthschaft; aus d. Französ. 5 Thle. gr. 8. Tüb. 769—79. v. Cotta. 4 ℳ 12 gℓ.

Stewart, John, Grundsätze d. engl. Stallwirthschaft, namentl. d. Stallung, Wartung, Fütterung u. Benutzung d. Pferde. Deutsch bearb. unt. Mitwirk. Fr. v. Seebach's, von E. v. A. 8. (36 B. u. 10 Stnt.) Weimar 839, Voigt.

—— Rath f. Pferdekäufer. Eine kurze u. genaue Abhandl. üb. d. Bau d. Pferdes, dess. Gesundheit u. Krankheit; nebst vielen Anweisn., die Krankheit vor d. Kaufe zu entdecken. A. d. Engl. n. d. 4. Aufl. übers. u. f. Deutschland bearb. v. Carl Hoyer. gr. 12. (8⅙ B. u. 3 Stnt.) Hannover 837, Helwingsche Hofbuchh.

Stewart J.: Rath f. Pferdekäufer. Eine kurze u. genaue Abhandlung üb. den Bau d. Pferdes, dessen Gesundheit u. Krankheit . . . Aus d. Engl. nach d. 4. Aufl. . . . bearb. v. C. Hoyer. Hann. 1837. 184 S. 3 Tvl.

Stewart, Purves, die Diagnose der Nervenkrankheiten. Nach der 2. Aufl. ins Deutsche übertr. v. Karl Hein. Mit e. Vorwort v. Eduard Müller. (VIII, 479 S. m. 208 Abb. u. 2 Taf.) gr. 8. Leipzig 910. F. C. W. Vogel. 10.—; geb. n 11.25

Stewart, Robert. Das Pferdebuch. Milwaukee, n. d.

Stewart, T. Mc. Cants, Handelsgesetze der Republik Liberia, s. a. Handelsgesetze, die, des Erdballs.

Commercial Laws of the republic Liberia. Handelsgesetze der Republik Liberia gesammelt u. hrsg. von Prof. T. Mc. Cants Stewart, übers. von Dr. Siegfried Goldschmidt, Rechtsanw. Berlin: v. Decker [1909]. 11, 11 S. 4°(8°)
(Die Handelsgesetze d. Erdballs. Ausg. D. Bd 6. [3.]) 109. 13016

Steyber, D. v., Anleitung z. Erlernung der französ. Sprache, nach der Hamilton'schen Methode. Nebst e. Anweisung z. Unterricht nach dieser Methode. 4 Abthlgn. 16. (26½ B.) Leipzig 846, Brockhaus u. Avenarius. 1 Thlr.

Steydn, Dr Ernst. Die Fabrication des Rübenzuckers. Ein Hilfs- und Handbuch für die Praxis und den Selbstunterricht, umfassend: Die Darstellung von Roh- und Consumzucker, Raffinade und Candis, die Verfahren zur Entzuckerung der Melasse, sowie die Verwerthung der Abfallsproducte der Zuckerfabrication. Unter besonderer Berücksichtigung der neuesten Fortschritte auf dem Gebiete der Zuckertechnik. Mit 90 Abbildungen. 8. (XIV, 320 S.) [Chemisch-technische Bibliothek. Bd. 204] Wien: Hartleben 1893. 2.75

Steydn, Dr. Ernst, Die Untersuchung des Zuckers und zuckerhaltigen Stoffe, sowie der Hilfsmaterialien der Zuckerindustrie. Dem neuesten Standpunkte der Wissenschaft entsprechend dargestellt. Mit 93 Abbildungen. 8. (XVI, 397 S.) [Chem.-techn. Bibliothek. Bd. 206) 3.30
Dasselbe. Geb. (nur fest) 3.75
Wien: Hartleben 1893.

Steyer, die Gebührentarife der deutschen Reichspost- und Telegraphenverwaltung für das Inland und Ausland und die damit zusammenhängenden Bestimmungen, nebst zwei, gegen 50,000 Ortsnamen von Post- und Telegraphenanstalten enthaltenden Verzeichnissen. 1.—3. Lfg. oder 1. Bd. 4. (VIII, 192; 312 S.) Freiberg 881, Mauckisch's Buchdruckerei. à Lfg. *ℳ 2. *
Nicht weiter erschienen.

Steyer, die Gebührentarife der deutschen Reichspost- u. Telegraphenverwaltung für das Inland u. Ausland u. die damit zusammenhängenden Bestimmungen, nebst 2, gegen 50,000 Ortsnamen von Post- u. Telegraphenanstalten enthaltenden Verzeichnissen. (In 6 Lfgn.) 1—3. Lfg. 4. Freiberg 881. Steyer's Selbstverlag. à n. 2. —
1. Gebührentarif für den Post- u. Telegraphenverkehr innerhalb Deutschlands u. zwischen Deutschland u. Oesterreich-Ungarn. (VIII, 191 S.)
2. u. 3. Verzeichniß der Post- u. Telegraphenorte Deutschlands u. Oesterreich-Ungarns. (312 S.)

Steyer, J. A., in obitum H. G. Reichardi lessus, quo cum virtutibus et meritis scripta simul demortui laudantur et recensentur. 8maj. Leipz. 802. (W. Vogel). 4 gℓ.

Steyer, Kr., f.: Elementarkurs der Mikrologie.

Steyer, Karl Ein Beitrag zur Behandlung der messianischen Weissagung im Unterrichte. 4 (11 S. = S. 3—13).
In: Festschrift z. Feier des 550j. Bestehens des G. *Stendal* 1888 (zu 238).
Progr.

Steyer, K., e. Beitrag zur Behandlung der messianischen Weissagung im Unterrichte, s. a. Festschrift zur Feier d. 550jähr. Bestehens d. Gymnasiums zu Stendal

Steyer, Karl, aus Reinholdshain: **Reizkrümmungen** bei Phycomyces nitens. *Pegau: H. Günther 1901.* (29 S.) 8°
Leipzig, Phil. Diss. v. [16. Okt.] 1901

Steyer, (Friedr. Aug.) Clemens, Eisenbahn-Kalender. Zusammenstellung der Fahrpläne aller europ. Eisenbahnen, so wie der bedeutendsten Dampf-Schiff-Verbindungen und der den deutschen Eisenbahnen sich anschliessenden Haupt-Postcourse nebst Skelettrouten nach und von den Hauptorten Deutschlands und der angrenzenden Länder, Angabe des Telegraphen-Reglements etc., den Vergleichungstabellen der verschiedenen Geldwährungen, einem Verzeichnisse der Extraposttaxen, der Wegemaasse etc., und pract. Belehrungen für Eisenbahn-Reisende. Mit einer (lithogr.) Eisenbahnkarte von Mittel-Europa (in Fol.) Unter Mitbenutzung officieller Quellen bearb. Nr. 1—4. Sommer-Ausg. 1855. gr. 16. (103 S.) Leipzig 855, Volckmar. *

—— dass. — Nr. 5. (Winter-Ausg. 1855/56.) gr. 16. (104 S.) Ebds. 855. *

—— dass. Nr. 6. 1. Ausg. Juni — Juli 1856. gr. 16. (VIII und 172 S. mit 1 lithogr. Karte in Fol.) Ebds. 856.

Steyer, (Frdr. Aug.) Clemens, Post-Karte [Projection nach de l'Isle] des Königl. Sächs. Postbezirkes, umfassend d. Königr. Sachsen u. d. Herzogthum Sachsen - Altenburg. 2 lith. u. color. Blatt in Imp. Fol. (Mit 1 Bl. Text in gr. Fol.) Dresden 852, Adler & Dietze. n. 1½ ℳ

Steyer, Curt, Oberl.: [Syr.]Ketâba de-babâta. [Aut.] Buch der Pupillen von Gregor Bar Hebräus. Nach 4 Hs. d. Königlichen Bibliothek zu Berlin hrsgeg. u. teilweise übers. Leipzig 1908: Pries. XIII, 38 S. 8°
Leipzig, Phil. Diss. v. 24. Dez. 1908, Ref. Fischer, Zimmern
[Geb. 2. April 76 Dresden; Wohnort: Chemnitz; Staatsangeh.: Sachsen; Vorbildung: Wettiner-Gymn. Dresden Reife O. 95; Studium: Leipzig 8 S.; Rig. 16. Juli 08.] [U 09. 3068

Steyer, Louis, Liedersammlung zum Gebrauch beim Schulturnunterricht vorzugsweise für Mädchen. Eine Auswahl ein-, zwei- und dreistimm. Melodien mit Angabe der dazu passenden Schrittweisen; unter Mitwirkung von H. Singer hrsg. 2. verm. und verb. Aufl. gr. 8. (IV, 100 S.) Leipzig 888, E. Stoll. cart. *

Die verschiedenen Gerbverfahren und Gerberei-Rezepte für die Loh-, Chrom- und Weißgerberei, das Neueste bietend aus d. Gegenwart u. f. d. Zukunft. Von Robert **Steyer**, Lederfabrikant. Berlin, Frankfurt a. M.: Kampffmeyerscher Zeitungsverlag 1904. (XV, 187 S.) 4°(8°) [05.13604

Steyerer, Anton. Leben u. Lehre Jesu Christi des Sohnes Gottes und Mariä nach den Evangelisten. Erfurt, 1742, 4°, 1 Teile.
Auch Regensburg 1745 und 1762; Wien 1774, 4°. Nach dem Jahre des Erscheinens wäre dieses Werk nach des Verf. Tode (1741) ausgegeben worden.
Vgl. S t e y r e r , Anton.

Steyermark, das Kronland, nach seiner neuesten polit. u. gerichtl. Eintheilung. Imp. Fol. Lith. u. color. Wien 850, Bermann. n. 1/3 ℔

Steyermark [Schlagwort]

Steyermark, s.: Alpen. — Hand- u. Reisekarten. 29. — Radfahrerkarten.

— s.:
Oesterreich-Ungarn. Schulz, R. A. — Oesterreich, Erzherzogth.

Steyermark, s. R e i c h e r t , Karl: Einst u. Jetzt.

S t e y e r m a r k — Das Herzogthum — Nach den Kindermannischen Special-Karten v. Innerösterreich entworfen von J. N. D i e w a l d. Nürnberg bey Homanns Erben 1807. 1 : 500,000. 1 Bl.

Steyermark — M a r s c h r o u t e n - Karte des Herzogth. — (1868). 432,000. 1 Bl.

— — 288,000. 4 Bl.

S t e y e r m a r k — Orographisch-Hydrographische Carte des Herzogthums — von Carl S c h m u t z, lithographirt von Eduard Hartwig. Gratz 1823. Gedruckt und zu finden bey Joseph Franz Kaiser. Mit einer gedruckten Erklärung. Ohne Maasstab. 1 Bl.

Steyermark. S c h u l z, R. A., General-Post- u. Strassen-Karte d. Herzogth. Steyermark. 1:400,000. Ausg. 1889. Kpfrst. Mit einfachem Colorit. qu. gr. Fol. Wien 889. Artaria & Co. In Carton. n. 2. —; m. vollem Colorit n. 3. —

Steyermarks Forstwesen-Verfassung, sammt e. Anweisung zur Holzfällung im Gedinge z. Behuf d. Bergwerke. 8. Grätz, Ferstl. 814.

Steyert, Gaston, Referendar in Straßburg i. E.: Der dingliche Vertrag im B.G.B. Straßburg i. E. 1905: C. & J. Gœller. (56 S.) 8°
Erlangen, Jur. Fak., Diss. v. 30. Dez. 1904
[Rig. 30. Dez. 04.]

Steyert, G., der dingliche Vertrag im B. G. B. (56 S.) gr. 8. Strassburg 905. (J. Singer.) n. 1. 50

Steyerthal, die Wasserheilanstalt Kleinen in Mecklenburg. Ihre Geschichte, Einrichtg. u. Umgebg. 8. (97 S. m. z. Tl. farb. Abbildgn., Plänen u. 1 Bildnis.) Wismar 900. Hinstorff's Verl. n. 1. 20

Steyerthal, unser Glaube der Sieg! Predigt, am Jahresfeste des braunschweig. Hauptvereins des Evang. Bundes 3. XI. 1909 zu St. Stephani in Helmstedt geh. (8 S.) 8. Wolfenbüttel 909. J. Zwißler. — 10

Steyerthal, Armin [prakt. Arzt aus Wickensen, Herzogth. Braunschweig]: Zur mikrochemischen Reaction des normalen menschlichen Fettgewebes . . . . Berlin, Buchdr. v. Gustav Schade (Otto Francke) (1888); 31 + 1 S. 8°
Berlin, Med. Fak., Inaug.-Diss. v. 28. Apr. 1888

Was ist Hysterie? Eine nosolog. Betrachtung von Dr. Armin **Steyerthal**, Arzt. Halle a. S.: C. Marhold 1908. (79 S.) 8°
= **Sammlung** zwangloser Abhandlungen aus d. Geb. d. Nerven- u. Geisteskrankheiten. Bd 8, H. 5. [08. 1611] 3

Steijn, de Wet u. die **Oranje-Freistaater.** Tagebuchblätter aus dem südafrikan. Kriege. gr. 8. (136 S.) Tübingen 902. H. Laupp. n. 1. 75

Steyn Parvé, Daniel Janus, dissertatio mathemat. inaug. de curvis funiculariis. gr. 4. (104 S. m. 1 lith. Taf.) Groningae 847. (Amersfoort, Tants.) n. 1 ℔ 14 ngl

Steynes, Hugo, appr. Arzt: Untersuchungen über Degenerationszeichen an 350 geisteskranken Frauen. Göttingen 1909: Hofer. 25 S. 8°
Göttingen, Med. Diss. v. 7. Mai 1909, Ref. Cramer
[Geb. 3. Jan. 80 Üdingen; Wohnort: Liebenburg; Staatsangeh.: Preußen: Vorbildung: Gymn. Düren Reife O. 99; Studium: Marburg 4, Berlin 4, Bonn 3 S.; Coll. 9. Dez. 08; Approb. 12. Jan. 06.] [U 09. 1326

Steyr [Sachliches OW]

Steyr in Ober-Oesterreich u. seine nächsten Umgebungen. Mit verschiedenen (lith.) Ansichten der Stadt u. Umgebung. gr. 16. (130 S.) Steyr 877. Sandböck in Comm. n. 2. —

Steyr [Schlagwort]

— s.: Touristonkarten.

Steyr. Janetschek, G., Orientirungsplan v. Steyr 1893. 1 : 11,500. 20,5×33 cm. Farbendr. Mit Text am Rande. Steyr 893. (Sandböck.) n. — 30

Steyr. Karte des politischen u. Schulbez. Steyr, umfassend die Gerichtsbezirke Kremsmünster, Steyr u. Weyer. 1 : 200,000. 39,5×36 cm. Farbdr. Steyr (906). K. Lintl. n. — 35

Steyr. Umgebungskarte v. Steyr. 1:75,000. Hrsg. v. k. k. militär-geograph. Institute in Wien m. Bezeichnung der markirten Wege. gr. Fol. Wien 887. (Lechner's Sort.) n. 2. 40

Steyr [Verfasser]

Steyr, statistischer Bericht über die wichtigsten demographischen Verhältnisse. Lex.-8. (10 S.) Wien 887, Gerold's Sohn. *
Aus: Städtebuch, österreichisches, besonders abgedruckt.

Steyr, Hans, e. **Praktikus.** Lustspiel in 1 Aufzuge. 8. (62 S.) Leipzig 885. Mutze. n. — 50

Steyr, Jeremias (Lissa) A. S. 752/29

Dissertatio juridica de jure principis circa despota.
Präs. Johann Joachim Schoepffer.
Rostock (Schwiegerow) 19. VIII. 1705. 34 S.

Gew.: Samuel Christoph von Lissenhaim (Grossonkel).
W. v.: Johann Fecht, Samuel Christoph von Lissenhaim.
33534

Steyregger, Sepp, die Peri. Roman. 1.—3. Taus. (294 S.) 8. Wien 903. [Oesterreich. Verlagsanstalt.] J. Deubler. 3. 60; geb. 4. 20

Steyregger, Sepp, aus dem Reiche Derschatta's. (Lachende Geschichten aus dem österr. Eisenbahnleben.) (IV, 63 S.) kl. 8. Passau 908. M. Waldbauer. 1. —

— der Substitut. Eine Eisenbahn-Katastrophe in 1 Akt. Umschlagzeichng. v. Frz. Hasenöhrl. (47 S.) 8. Linz (903). Wien, J. Deubler. 1. —

Steyrer, Anton, s.a. S t e y e r e r , Anton.

Steyrer, Ant., commentarii pro historia Alberti II. ducis Austriae. fol. Lips. Gleditsch. 725.

— Leben und Lehre Jesu Chr. d. Sohns Gottes und Mariä n. d. Evangelisten. 4. Dresden, Walther. 743.

Steyrer, Ant., Leben u. Lehre Jesu Christi des Sohnes Gottes u. Mariä, nach den Evangelisten. 4 Thle. 8. Regensb. 762. (Gerold in Wien). 1 ₰ 8 ℛ

Steyrer Anton und Seng Walter: Studien über den Desoxalather. S. 105. IIb. 599 . vgr. Separatabdruck

Steyrer, Anton., Vita et doctrina Jesu Christi secundum quattuor sanctos evangelistas. Regensburg. Bader, 1745. 4°.
Daselbst auch deutsch, 1762.

Steyrer, C., die Donaufahrt von Passau bis Budapest, s. Städtebilder und Landschaften aus aller Welt.

Steyrer, Frz., Geschichte d. Schwarzwälder Uhrmacherkunst, nebst e. Anh. von d. Uhrenhandel derselben. 8. Freiburg 796. Herder. 4 ℛ

Steyrer, Fridol.. († ...) analecta physica. 4. Salzb. 775.

Steyrer, Hermann (Nürnberg) A. S. 360/21

Exercitatio moralis de timore ac reverentia hominis erga deum. Präs. Magnus Daniel Omeis. Altdorf (Meyer) 28. IV. 1703. 16 S. 33535

Steyrer, J., Baukonstruktionslehre der Bogen u. Gewölbe, s.: Baugewerbe, das gesamte.

— Dachdeckungen, s.: Rathke, Paul.

Steyrer, Joh.: Die ursprüngliche Einheit des Vocalismus der Germanen auf Grund einer Vergleichung der bajuwarischen Mundart mit dem Englischen. (44 S.) – Wien, R. IV., Progr. 1887.

Steyrer, Joh., die ursprüngliche Einheit des Vocalismus der Germanen auf Grund einer Vergleichung der bajuwarischen Mundart mit dem Englischen. Lex.-8. (46 S.) Wien 887, (Hölder.) *

Steyrer, Joh., der Ursprung der Sprache der Arier. gr. 8. (V, 175 S.) Wien 891. (A. Hölder.) n. 5. 20

Der Ursprung und das Wachstum der Sprache indogermanischer Europäer. Von Johann Steyrer, Prof. Wien: A. Hölder 1905. (175 S.) 8° [05. 9116

Steyrer, J. Der Wortschatz und der Vocalismus der niederösterreichischen Mundart im Englischen. Wien, R. IV. Bez., 1886. 41 S. Progr.

— Der Wortschatz u. der Vocalismus der niederösterreichischen Mundart im Englischen. Progr. Lex.-8. (43 S.) Wien 886, (Bermann u. Altmann). * — 80

Steyrer, Jh. Ph., († 1790.) Handbuch der Apothekerkunst. 2 Bde. gr. 8. Grätz 787—89. Tusch. 1 ₰ — Dass. 4. 802. (Leipz., Wienbrack). 1 ₰

STEYRER, Carl (München): Tentamen de distributione geographica febrium intermittentium.- Monachii: Hübschmann 1843. 47 S.
30.12.1841 - Urk: F 65
Diss. Ingolst.-Landsh.-Mchn.

Steyrer, Clem., durch Irren zur Einsicht. Ein Sittenbild aus dem südbaierischen Volksleben unserer Tage. 2 Bde. Stuttgart 861. Gebr. Scheitlin. gr. 8. (VIII, 511 S.) 2 ₰

Steyrer, Phil. Jakob, s. A n m e r k u n g e n zum Freimüthigen.

Steyrer, Ph. Jak., († ...) Fasciculus mellifluar. precum. 12. Ulm 751. Wohler. 3 ℛ

Steyrer, Ph. Iac., favus mellis s. compend. Blossii meditation. 8. Ulm, Wohler. 742.

PISTABO (d. i. *Phil. Jac. Steyrer*), Frage, ob die heimliche Priesterehe bis zur Aufhebung des Cölibats gültig sey? Beantwortet. 2 Bde. Frankf. 1787. 8°. (1 Mk. 50 Pfg. A. Bielefeld, c. 1890.)
Vgl. P i s t a b o .

Steyrer, Ph. Jak., kurze Lebensbeschreib. d. sel. Bernhards v. Baden. 8. Freiburg 777.

Steyskal, K.: Einfluss der homerischen Poesie auf die gesammte Kultur Griechenlands. 12 S.–Znaim, Progr. 1853

Sthamer, Eduard, a. Hamburg: Erzbischof Johann II. von Mainz und die Absetzung König Wenzels. ⟨Kapitel I.⟩ Jena 1907: (J. A. Koch, Marburg.) (31 S.) 8° ¶(Wird später vollst. erscheinen.)
Jena, Phil. Fak., Ref. Cartellieri, Diss. v. 14. Juni 1907
[Geb. 26. Dez. 83 Hamburg; Wohnort: Jena; Staatsangeh.: Hamburg; Vorbildung: Gelehrtensch. d. Johanneums Reife O. 03; Studium: Jena 1, Leipzig 2, Würzburg 2, Leipzig 1, Jena 4 S.; Rig. 4. Mai 07.]

Sthamer, Eduard, Erzbischof Johann II. v. Mainz u. die Absetzung König Wenzels. (XII, 71 S.) 8. Jena 909. H. W. Schmidt. 1. 75

Sthamer, Hermann: Das deutsche Notverordnungsrecht. Hamburg 1909: Grefe & Tiedemann. 41 S. 8°
Heidelberg, Jur. Diss. v. 10. Febr. 1909, Ref. Jellinek
[Geb. 22. Nov. 82 Hamburg; Wohnort: Hamburg; Staatsangeh.: Hamburg; Vorbildung: Gymn. Burgsteinfurt Reife O. 03; Studium: Tübingen 1, Leipzig 1, München 3, Bonn 1, Jena 2 S.; Rig. 22. Okt. 08.] [U 09. 1919

Sthenander (Hrsg.), s. B e s l e r , Basilius: Hortus Eystettensis, 2. Aufl. 1713.

Sthenii, Barthol., Descriptio Vratislaviae, s. Kunisch, Jo. Th.

Stiasny E. Stickerei-Techniken für Schule u Praxis. (148 S 3 T) 4° Wien 1910

Stiasny, Edmund [aus Wien]: Untersuchungen über Nitroderivate des Hydrazo-, Azo- und Azoxybenzols. Zürich 1898. 43 S. 8°.
Zürich. Phil. Diss. II. S. 1898/99.

Stiasny, F. u. M., fertige Kleider, s.: Ausstellungs-Bericht, officieller.

Stiasny, Ferd. Die Spiritus-, Presshefen- u. Essig-Fabrikation, s. Reichenhaller, K.

Stiasny, Frz., Samml. e. Lieder f. d. Jugend bei Industrialarbeiten. Mit Melodien. 8. Prag 789.
Vgl. S t i a s s n y , Franz.

Stiasny, Joh., Adreßbuch des Königr. Böhmen, s. Adreßbuch.

Stiasny, J., Adressenbuch der k. k. Behörden, Aemter ꝛc. des Königreichs Böhmen, s. Adressenbuch.

Stiasny, Johann: A d r e s s e n b u c h der k. k. Behörden u. Aemter in Prag, dann Handlungen, Fabriken u. Gewerbe des Königreiches Böhmen. Prag: Merey 1862. (X, 718 S.) 8°

Stiasny, Johann, Adressenbuch der k. k. Behörden, Aemter, Handlungen, Fabriken u. Gewerbe des Königreichs Böhmen. (1863.) gr. 8. (LXVIII, 829 S.) Prag, Calve'sche Univ. Buchh. (Fr. Becke.) geb. 4 fl. 95 kr.

Stiasny, J., Adressenbuch der Handlungen, Fabriken und Gewerbe des Königr. Böhmen, s. Adressenbuch.

Stiasny, Joh., Adressenbuch der Handlungen, Fabriken und Gewerbe des Königreiches Böhmen für das Jahr 1861. gr. 8. (XVI. 721 S.) Prag, Merey. 4 fl 50 kr.

Stiasny, Johann, Adressenbuch der Handlungen, Fabriken u. Gewerbe des Königreichs Böhmen. 1864. gr. 8. (X. 683 S.) Prag, Calve'sche Univ.-B. (Fr. Becke.) netto baar geb. 4 fl. 70 kr.

Stiasny, Joh., Adressen-Buch der Handlungs-Gremien, Fabriken und Gewerbe des Königr. Böhmen, s. Adressen-Buch.

S t i a s n y Johann. — Adressenbuch der Handelsgremien, Fabriken und Gewerbe des Königreichs Böhmen für das Jahr 1853. 8. (616 S.) Prag, Gottl. Haase Söhne, 1853.

S t i a s n y, Johann — —. Adressen-Buch der Handlungs-Gremien, Fabriken und Gewerbe des Königreichs Böhmen für das Jahr 1854. 8. (XVI, 448 und 88 S. mit einem alphabetischen Namensverzeichnisse.) Prag. Druck von Gottlieb Haase Söhne.

S t i a s n y, Johann — Adressen-Buch der Handlungs-Gremien, Fabriken und Gewerbe des Königreichs Böhmen für das Jahr 1856. Von — —. Prag, 1856. Druck der k. k. Hofbuchdruckerei von Gottlieb Haase Söhne. (XV. 521 S 8.)

Stiasny, Johann. Adressen-Buch der Handlungs-Gremien, Fabriken u. Gewerbe des Königreichs Böhmen f. d. J. 1858. *Prag* 1858. *Gottl. Haase S.* XVI u. 537 S. 8°.

S t i a s n y, Joh. Prager Anzeiger oder Uebersicht aller in Prag befindlichen k. k. Behörden und Aemter, öffentliche und Privat-Anstalten ꝛc., wie auch das Verzeichniß der in Prag befindlichen Häuser, deren Besitzer ꝛc. 8. (XII u. 82 S.) Prag, Gottl. Haase Söhne 1853.

Stiasny, Joh., Verzeichniß der in der königlichen Hauptstadt Prag und ihren Vorstädten befindlichen Häuser und deren Besitzer, nebst Benennungen der Häuser, Gassen und Plätze, wie auch landtäflich-intabulirten Realitäten und deren Besitzer im Königreich Böhmen; nebst einer Uibersicht aller in Prag befindlichen k. k. Behörden und Aemter, öffentlicher und Privatanstalten ꝛc. Prag 856. (Merey.) gr. 8. (XVI, 184 S.) n. 20 ngr.

Stiasny, Karl

STIASNY, Dr. (prakt. Arzt in Wien), S y p h i l i s. H u m o r i s t i s c h - d i d a c t i s c h e s G e d i c h t. Wien 1851. Druck von A. Klopf senior u. Alex. Eurich. 8°. 1 Bl. u. 35 S. Rart (In Wien, Stadtbibl.: Secr. A 58; 2 Expll.)

Stiasny, Carl, Syphilis. Humoristisch-didactisches Gedicht. 2. verm. u. verb. Aufl. Leipzig 855. (Wien, Sallmayer u. Co.) 8. (VIII, 53 S.) 15 ngr.

Stiasny Ludwig, Računica za ponavljalne, oziroma za kmetijsko nadaljevalne šole. Wien 1910. K. k. Schulbücherverlag. Geb. K —.90.

Stiasny, (F. und) M., fertige Kleider, s. Ausstellungs-Bericht, officieller.

Stiassny, Eduard, s.: Chemiker-Zeitung, oesterreich.

Stiaßny Eduard: Über die Darstellung der Methylpropylessigsäure aus Azetessigester und Malonsäurediäthylester und die Löslichkeitsbestimmungen einiger Salze dieser Säure und der Triäthylessigsäure (mit 1 Taf.). S. 100. III. ... vgr.
Separatabdruck

STIASSNY Franz. Sammlung einiger Lieder f. d. Jugend bei Industrialarbeiten. Mit Melodien. Prag 1789.
Vgl. S t i a s n y , Franz.

Stiassny, Robert: Die K l e i n m e i s t e r und die italienische Kunst. Diss. Wien, Univ. 1888.
D: Die Graph. Künste XIII.

Stiassny, R., Hans Makart und seine bleibende Bedeutung, s. Sammlung kunstgewerblicher und kunsthistorischer Vorträge. 12

Altsalzburger Tafelbilder. Von Robert Stiassny. Mit 13 Taf. u. 21 Textill. *Wien: F. Tempsky; Leipzig: G. Freytag 1903.* (S. 49–86.) 2°(4°)
— Jahrbuch d. kunsthist. Sammlungen d. Allerhöchsten Kaiserhauses. Bd 24, H. 2. [03. 1473]

Stiassny, Rob., Hans Baldung Griens Wappenzeichngn. in Coburg. Ein Beitrag zur Biographie d. oberrhein. Meisters. [Aus: „Jahrb. d. k. k. herald. Gesellsch. Adler".] 2. Aufl. Lex.-8. (75 S. m. 16 Lichtdruck-Taf.) Wien 896. C. Gerold's Sohn. 12. —

Die Pfählung. Eine Form d. Todesstrafe. Kultur- u. Rechtshist. Studie von Dr. Sigmund Stiassny. *Wien: Manz 1903.* (72 S.) 8° [F.]

Stiassny, Sigmund: S c h m e r z l i n d e r u n g bei normalen Geburten. Leipzig: J. A. Barth 1910. 59 S. 8° [Umschlagt.]
(Sammlung klinischer Vorträge. N. F. Nr 590. 591.)

Stiastny, Ed. F., was fordert die freie Verfassung am meisten? Pro memoria über das rechte Bildungswesen u. seine Hauptshilfen als Anker des staatlichen Fortschritts, als das, was uns jetzt vorzüglich Noth thut u. als das ausgiebigste Mittel f. das Heil des Vaterlandes. März 1849. gr. 8. (130 S.) Prag 849, Credner & Kleinbub. n. 16 ngr.

Stiber, Karl Johann

Stiber, K. J. Handbuch des Militär-Geschäfts-Stils für Offiziere der k. k. Armee. Wien 1827. 250 S.

Stiber, (Carl Joh.) Handbuch des Militair-Geschäftsstyls f. Offiziere d. k. k. Armee, mit d. nöthigen Vorbegriffen üb. Geschäftsgang u. s. w. Nebst den vorzügl. Tabellen. gr. 8. Wien 827, Heubner.

Stiber, J. C., Handbuch des Militärgeschäfts-Styls f. Officiere der k. k. Armee, mit den nöthigen Vorbegriffen über Geschäftsgang u. Geschäftsführung, einer gedrängten Anleit. zum deutschen Style, u. der Abhandl. über Inhalt u. Form aller rc. Aufsätze, nebst den vorzügl. Tabellen. gr. 8. Wien 828. Heubner. 1 fl 16 kr

Stiber, Carl Joh., Handbuch d. Militär-Geschäfts-Styls f. Officiere d. k. k. Armee, mit d. nöth. Vorbegriffen üb. Geschäftsgang u. Geschäftsführung, ein. gedrängten Anleit. z. deutsch. Style, u. d. Abhandl. üb. Inhalt u. Form aller, sowohl in öffentl. Dienst- als Privat-Geschäften vorkomm. Aufsätze, nebst d. vorzügl. Tabellen. 2., verb. u. verm. Aufl. gr. 8. (20 B. u. 5¾ B. Tab.) Wien 835, [Heubner's Verl.] *

Stiber, Carl, Hauptmann des 59. Linien Infanterie Regiments. Paedagogik zum Gebrauch der k. k. Wiener-Neustädter Militär-Akademie nach den von dem gegenwärtigen Herrn Lokal-Director aufgestellten Grundsätzen zusammengetragen. (Lithographiert.) (Donation Liechtenstein.) 4. (Ohne Ort zirka 1835.)

Stibert, R., Galileo Galilei. Ein Trauerspiel in 5 Acten. 8. (VII, 105 S.) Berlin 901. G. H. Meyer. n. 2. —; geb. n. 3. —

R. Stibert. Gedichte. *Berlin: G. H. Meyer 1901.* (73 S.) 8° [F.] (01. 8391

(B) Stibert, R., Galileo Galilei. — Gedichte. 901. (KVL 32.) Jetzt: Berlin, F. Wunder.

Stibitz, Jos., Reigen. Erstes Büchlein Heimatskizzen aus deutsch-böhm. Geländen. (130 S.) kl. 8. Leipzig (904). F. Rothbarth. n.n. 1. 50

Stibitz, Konr., ein zum Normalenproblem der Ellipse gehöriger Satz u. dessen konstruktive Verwendung. (8 S.) gr. 8. Wien 906. (A. Hölder.) n. — 30
Sonderabdruck aus: „Sitzungsber. d. k. Akad. d. Wiss."

Stibitz, Wenzel, der Unterricht in der Heimatkunde m. besond. Rücksicht auf die Einführung in das Kartenverständnis. (73 S.) 8. Wien 906. F. Deuticke. n. 1. 25

Stibler, G., das Christgeschenk, s.: Schul- u. Vereinsbühne, christliche. Nr. 50.

Stiborius, die Kategorien der sinnlichen Perception. Eine philosophische Skizze. gr. 8. (145 S.) Leipzig 890. (Fock.) n. 2. —

Stibral, ein Vorschlag zur gleichförmigen, schnellen u. verläßlichen Grundbuchsführung bei den Bezirksgerichten. gr. 8. (10 S.) Wien 849, Sollinger's Wwe. n. 4 ngr

Stibral, ein Vorschlag zur gleichförmigen, schnellen und verläßlichen Grundbuchsführung bei den Bezirksgerichten. gr. 8. (10 S.) Wien 849, [Jamarski.] *

Stich, der, in's Wespennest od. der altkathol. Schwindel Abendunterhaltungen bei Licht in e. Schwarzwälder Casino. Von e. Vaterlandslosen. 8. (III, 138 S.) Mainz 872 Kupferberg. 1. 20

Stich, die Erblichkeit und Heilbarkeit der Tuberculose, s. Beiträge zur pathologischen Anatomie, experimentellen Pathologie und praktischen Medicin. Festschrift für F. A. v. Zenker.

Stich, Uebernachtungs- u. Unterkunfts-Räume f. d. Fahrpersonal. Vortrag, geh. b. X. internationalen medizin. Congress zu Berlin (Abteilg. f. Eisenbahn-Hygiene). 2. Aufl. gr. 8. (21 S.) Nürnberg 898. F. Weigel. n. — 40

Stich, A., das Preuss. Staats-Examen für Mediciner. gr. 8. (48 S.) Leipzig 847, O. Wigand. n. ⅛ ℛ

Stich, Adolph. (geb. Berlin 1823): De tussi quae nominatur Spinnehusten. Berolini (1845). (30 S.) 8°
Berlin, Med. Diss. v. 25. Sept. 1845

Stich, Alex., höchst merkwürdige Geburt u. Jugenderlebnisse des Dr. Eisele u. Baron Beisele. Nach den glaubwürdigsten Quellen vorgetragen. 8. (32 S.) Berlin 848, Sacco. $^1/_{12}$ ℛ

Stich, Aug., Thorenspiegel. Satyren. New-York 866. (Hamburg, Hoffmann & Campe.) 8. (IV, 203 S.) 1 ℛ

Stich, Carl, s. Stich, Karl.

Stich, Conrad, s. Stich, Konrad.

Stich, Fr(anc.) Guil. (geb. Wünneberg 30. 4. 1809): De operationum obstetriciarum indicationibus. Berolini (1834). (30 S.) 8°
Berlin, Med. Diss. v. 8. Nov. 1834

Stich, H., theoret.-prakt. Anleitung zum edlen Piquetspiele. gr. 12. Wien 824. Haas. 10 kr

Stich, Hans

Stich, Joh. Adnotationes criticae ad Marcum Antoninum. 38 S. 8. Progr. *Zweibrücken* 1881.

Stich, Hans (Bearb.), s. Aristoteles: Poetik.

Stich, Hans [Dr.]: Dio Chrysostomus. Drei Reden des Dio Chrysostomus zum ersten mal ins Deutsche übertragen und erläutert. Zweibrücken, Buchdr. v. A. Kranzbühler, 1890: 72 S. 8°
Zweibrücken, k. StA, P 1890

Stich, J., De Polybii dicendi genere. 1. Diss. 1880. 24 S.

Stich, Hans, aus der 350jährigen Geschichte des Gymnasiums zu Zweibrücken, s.: Zum 350jährigen Bestehen des Zweibrücker Gymnasiums.

Hultsch, F., Polybii historiae, rec. H. Stich. S. A. 1889. 6 S.

Stich, H., Lehrbuch der Geschichte f. die oberen Klassen der Mittelschulen. 1. u. 3. Tl. gr. 8. Bamberg, C. C. Buchner, Verl. Geb. in Leinw. n. 4. 65
1. Das Altertum. (VIII, 247 S.) 894. n. 2. 25
3. Die neuere Zeit. (X, 263 S.) 892. n. 2. 40

— u. M. Döberl, Lehrbuch d. Geschichte f. die oberen Klassen d. Gymnasien. 2. Tl. D. Mittelalter. Von D. gr. 8. (VI, 248 S.) Ebd. 896. Geb. in Leinw. n. 2. 35 (kplt.: n.n. 7. —)

— u. M. Doeberl, Lehrbuch der Geschichte f. die oberen Klassen der Gymnasien. 3 Tle. 8. Ebd. Geb. nn 7. —
I. Das Altertum. Verf. v. St. 5. Aufl. (VI, 248 S.) 908. Geb. nn 2. 25
II. Das Mittelalter. 4. verb. Aufl. Verf. v. D. (VIII, 232 S.) 909. Geb. nn 2. 35
III. Die Neuzeit. Verf. v. St. 4. Aufl. (XI, 272 S.) 909. Geb. 2. 40

Mark Aurel, der Philosoph auf dem römischen Kaiserthron. Von Dr. Hans Stich, Rektor zu Zweibrücken. Mit 7 Abb. u. 1 Übersichtskärtchen. *Gütersloh: C. Bertelsmann 1904.* (62 S.) 8° [F.]
— Gymnasial-Bibliothek. H. 38. (04. H 43

Nokrolog auf den K. Gymnasialrektor a. D. Georg Hahn und auf den K. Gymnasialprofessor a. D. Hugo Richter. — Von Dr. Hans Stich, G.-R. — Jahresbericht p. 35–36.
Progr. Zweibrücken, K. Gymn.

Nekrolog auf den K. Studienlehrer a. D. Phil. Ludwig Krafft. — Von Dr. Stich, G.-R. — Jahresbericht p. 38—39.
Progr. Zweibrücken, K. Gymn.

Nekrolog auf Dr. Emil Trutzer, G.-P. — Von Dr. Hans Stich, G.-R. — Jahresbericht p. 35.
Progr. Zweibrücken, K. Gymn.

Stich, Hans: Ein Schlußfest am Zweibrücker Gymnasium im achtzehnten Jahrhundert. Zweibrücken 1909: Kranzbühler. S. 81—95. 8°
Zweibrücken, k. G, in Festschr. z. 350j. Jubil., P 1909* [S 09. 459

Stich, H., Wiederholungsfragen aus d. Geschichte. Zur Vorbereitg. auf d. Absolutorialprüfg. gr. 8. (48 S.) Bamberg 897. C. C. Buchner, Verl. n.n. — 60

— Wiederholungsfragen aus der Geschichte. Zur Vorbereitg. auf die Absolutorialprüfg. 3. Aufl. (48 S.) 8. Bamberg 910. C. C. Buchner's Verl. — 60

Stich Ignaz: Ueber den Konvent zu Nizza und die Zusammenkunft in Aignesmortes.
1885 PN 403 Diss. Wien, Univ.

Stich, Jo. Gottlieb (Kirchhain/NL.) A. S. 1370/27

Baptisma vicarium Marcionitarum. Dissertatio historica. Präs. Jo. Gottfried Lechnert.
Wittenberg (Creusig) 3. X. 1716. 40 S.
33537

Stich, Carl, 105 Gesänge und Lieder für Kirche, Schule und Haus zu einer, zwei, drei und vier Singstimmen in eigenen und bekannten Weisen. In 3 Abthlgn. 1) Kirchlich-religiöse Lieder. 2) Lieder ernsten Inhalts. 3) Heitere Lieder. 16. (VIII und 167 S.) Regensburg 858. Manz. *
Jede Abtheilung ist auch besonders zu haben. 1. Abthl. * 4½ Ngr.; 2. und 3. Abthl. à * 2 Ngr.

Stich, Carl, Margaritana margaritifora. Jugendmäre der Flußperle Perola. Eine alte Geschichte. gr. 16. (33 S.) München 890. (P Zipperer.) — 75

Stich, Conrad [aus Leipzig]: Athmung der Pflanzen bei verminderter Sauerstoffspannung und bei Verletzungen. ... Marburg, Univ.-Buchdr. (R. Friedrich), 1890; 1 Bl., 57 S., 1 Bl. 8°
Leipzig, Phil. Fak., Inaug.-Diss. v. 11. Nov. 1890

Bakteriologie und Sterilisation im Apothekenbetrieb. Unter Mitw. von Dr. med. H[ans] Vörner hrsg. von Dr. C[onrad] Stich, Oberapotheker in Leipzig. Mit 29 Textfig. u. 2 Taf. *Berlin: J. Springer 1904.* (VIII, 83 S.) 8° [03. 16137

Stich, Konrad, Eine neue Methode zur Bestimmung des Luftstaubes und ihre Verwendung zur Prüfung eines neuen Wassersprengapparates, Braunschweig 1902, 12 S., 8°.

STICH, Leonhard (Inberg): De fistula lacrymali, eusque sanandi methodis.- Monachii: Hübschmann 1841. 26 S.
24.8.1839 - Urk: F 64
Diss. Ingolst.-Landsh.-Mchn.

Stich, Max Carl. Oberpfälzische Burg- u. Dorfgeschichten eines Liedlers. gr. 8. (VII, 130 S.) Münch. 892, [Liter. Institut v. Huttler]. Zipperer. * 2 —

Was der Inn rauscht. Ein Wander-Brevier in Versen von 'Maloja zur Donau' von Max Carl Stich, vorm. bayr. Lieut. *(München) 1892: (M. Huttler).* (158 S.) 8° [F.] [03. 4503

Stich, Max Carl, was der Inn rauscht. Ein Wanderbrevier in Versen von „Maloja zur Donau". 8. (158 S.) München 892. (P. Zipperer.) n. 2. —

Mit Genehmigung der med. Fak. der Albertus-Universität wird Mittwoch den 31. Mai 1905 ... Herr Dr. med. Rudolf **Stich**, Assist. an der chirurg. Klinik d. Univ. ... seine öffentliche Antrittsvorlesung „Ueber die Indicationen zur conservativen und operativen Therapie der Knochen- und Gelenktuberkulose" halten. Zu diesem Akte ladet ein der Dekan der med. Fak. [Hermann] Kuhnt. Königsberg i. Pr. (1905): O. Kümmel. (1 Bl.) 4°

Stich, R[udolf], cand. med.: Aneurysma der Arteria axillaris dextra, Hirnembolie, Nachblutung, Heilung. *München: J. F. Lehmann 1899.* (37 S.) 8°
Erlangen, Med. Diss. v. (7. Juli) 1899 (hs.: 1898)

Stich, Wolfg., über den religiösen Charakter der griech. Dichtung u. das Weltalter der Poesie. gr. 8. (94 S.) Bamberg 847, Züberlein in Comm. n. ½ ₰

Fest-Ode, Ihren Königl. Hoheiten dem Durchlauchtigsten Kronprinzen Maximilian und der Durchlauchtigsten Kronprinzessin Marie von Bayern in tiefester Ehrfurcht dargebracht von den Kgl. Std.-Anstalten zu Bamberg. — 1844. Bbg., Reindl. — 1 Bog. Fol. — 4 6zeilige Str. [v. Wolfg. Stich, Stdl.]
Progr. Bamberg

Stichaner, Josef von, s.a. Stichauer, Josef von.

Stichaner, J. v, Die röm. Denkmäler in Baiern. 1. u. 2. Abh. 1808. 56 S.

Stichaner, Jos. v., Geschichte der bayerischen Subsidien vom Jahre 1740 bis 1762. Festrede gelesen in der öffentl. Sitzung d. kgl. Akademie der Wissenschaften zu München, am 5. Aug. 1842. gr. 4. (6¾ B.) München, (Franz.)

Stichaner, Jos. v., Jahresbericht des histor. Vereins für Oberbayern, s. Jahresbericht.

v. Stichaner, Ritter (Frz.) Jos. (Wigand), s. Samml. röm. Denkmäler.

Stichart, Franz Otto

Stichart, Frz. Otto, Erasmus v. Rotterdam. Seine Stellung zur Kirche u. zu den kirchl. Bewegungen seiner Zeit. Leipzig 870. Brockhaus. gr. 8. (VIII, 398 S.) n. 1 ₰ 24 ngr.

Stichart, Frz. Otto, Galerie der Sächsischen Fürstinnen. Biographische Skizzen sämmtlicher Ahnfrauen des Königl. Hauses Sachsen. Quellengemäß dargestellt. Leipzig 857. C. F. Fleischer. 8. (VI, 531 S.) n. 2 ₰.

Stichart, Frz. Otto, Kirchenpforte oder Belehrung über die heiligen Tage, Orte und Gebräuche der Christen. 2., verm. u. verb. Aufl. Zwickau 859. Verlagsbuchhdlg. des Volksschriften-Vereins. 8. (141 S.) 7½ ngr.
Vgl. Stichert, Franz Otto.

—— Sachsens Klage und Trost, s. Sachsens Klage und Trost.

— die kirchliche Legende über die heiligen Apostel für Geistliche und Nichtgeistliche aller Confessionen vollständig aus den Quellen übersetzt u. dargestellt. Leipzig 861. Teubner. gr. 8. (VIII, 319 S.) 1 ₰ 7½ ngr.

Stichart, Frz. Otto, offener Protest gegen des römisch-katholischen Pfarrers, Hrn. Ed. Machatschek zu Chemnitz, Angriffe auf den Charakter des sel. Dr. M. Luther und die evangelisch-lutherische Kirche. gr. 8. (71 S.) Leipzig 862, C. F. Fleischer.

Stichart, Frz. Otto, das Königr. Sachsen und seine Fürsten. Ein geschichtlicher Abriß für Schule und Haus. Preisschrift. gr. 8. (VI und 313 S. mit 23 Bildnissen sächs. Fürsten in eingedr. Holzschn.) Leipzig 854, Hirschfeld. *

— sächsisches Vaterlandsbuch. Für Schule und Haus, zur Förderung vaterländischer Geschichts-, Landes-, Orts-, Volks- und Gewerbs-, sowie vaterländ. Gesetz- und Verwaltungskunde und vaterländ. Sinnes im Königreich Sachsen. Mit 1 von K. Krumbholtz entw. u. gez. (lith. u. color.) Karte vom Königreich Sachsen (in 4.). Dresden 855. Adler u. Dietze. gr. 8. (XII, 160 S.) n. 12 ngr.

— sächsische Vaterlandskunde. Geschichte, Geographie, Staatsverfassung und Staatsverwaltung des Königreichs Sachsen. Für den Schulgebrauch bearb. Mit 1 (lith. u. color.) Schulkarte vom Königreich Sachsen, von Karl Krumbholtz (in 4.). 1. u. 2. verb. Aufl. Dresden 864. Dietze. gr. 8. (32 S.) n. 4 ngr.

— sächsische Vaterlandskunde. Geschichte, Geographie, Staatsverfassung u. Staatsverwaltung des Königr. Sachsen. Für den Schulgebrauch bearb. 3. u. 4. verb. Aufl. Dresden 867,69. Dietze. Lex.-8. (32 S. mit 1 lith. u. color. Schulkarte vom Königr. Sachsen von Karl Krumbholtz in gr. 4.) n. 4 ngr.

—— sächsische Vaterlandskunde. Geschichte, Geographie, Staatsverfassung und Staatsverwaltung des Königr. Sachsen. Für den Schulgebrauch bearb. Mit einer (lithogr. und color.) Schulkarte vom Königr. Sachsen, von Karl Krumbholtz. 4. und 5. verb. Aufl. 1869,72. * 40 Pf., und 6. Aufl. Lex.-8. (32 S. mit 1 Stahlst.) Dresden 874, G. Dietze. *

— unser Wandel mit Gott. Ein Andachtsbuch für nach Gott fragende Christenherzen, die immer inniger mit ihm verbunden sein möchten. Frei nach Rich. Baxter bearb. Stuttgart 865. Belser's Verlag. 8. (280 S.) 18 ngr.

—— „Wie soll unser Kind heißen". Ein Familienbuch. Erklärung von mehr als 1000 männl. und weibl. Vor- oder Taufnamen nebst deren berühmtesten Trägern. 2. gänzlich umgearb. Ausg. von des Verf. vergriffenem „Namensbüchlein". 16. (158 S.) Dresden 874, Schulbuchh. [Leipzig, Jenne.] *

Stichart, Frz. Otto, „Wie soll unser Kind heißen". 2. Ausg. 16. Dresden 874. Leipzig, Leipner. *

Stichauer, Josef von, s.a. Stichaner, Josef von.

Stichauer, Dr. Jos. v. (k. Staatsrath etc.), Geschichte der *bayerischen Subsidien* vom J. 1740—1762. Festrede f. d. Feier des Ludwigstages, 25. Aug. 1842, geles. in d. öffentl. Sitzung d. k. Akad. d. Wiss. zu München. München 1842. 4°. 1 Bl., 51 S. Cart.

v. Stichauer, Jos., Geschichte der bayerischen Subsidien vom Jahre 1740 bis 1762. Festrede am Ludwigtage 1842, gelesen in der k. Akademie der W. zu München. gr. 4. München 842. (Franz.) n. 5/12 ℛ

— s. Jahresbericht des histor. Vereins von u. für Oberbayern.

Stichel, H[ans]: Brassolidae. Mit 46 Abb. Berlin: Friedländer 1909. XIV, 244 S. 4° (8°)
(Das Tierreich. Lfg 25.)

Heliconiidae bearb. von H[ans] Stichel in Hagen i. W. u. H[einrich] Riffarth in Berlin. Mit 50 Abb. Berlin: R. Friedländer & Sohn 1905. (XV, 290 S.) 4°(8°)
= Tierreich, Das. Lfg 22. [05. 14059

Nachtrag I zum Bücher-Verzeichnis der Bibliothek des Entomologischen Vereins zu Berlin, enthaltend Bestimmungen für die Benutzung der Bibliothek, Zugang und Abgang an Drucksachen seit dem Jahre 1884. Vollständiges Verzeichnis der in der Bibliothek befindlichen Periodica. Zusammengestellt von H. STICHEL, derzeit. Bibliothekar des Vereins. Berlin, im September 1902. Berlin. Carl Fromholz Buchdruckerei. 8°.

Stichel, Karl [aus Altenburg]: Beiträge zur Lexikographie des altprovenzalischen Verbums .... (Aus: Ausg. u. Abh. a. d. Geb. d. roman. Phil.) Marburg, Univ.-Buchdr. (R. Friedrich), 1888; 2 Bl. + 67 + 1 S. 8°
Marburg, Phil. Fak., Inaug.-Diss. v. [8. Aug.] 1888

Stichel, K., Beiträge zur Lexikographie d. altprovenzalischen Verbums, s.a. Ausgaben u. Abhandlungen auf dem Gebiete der romanischen Philologie.

Sticheleien der Reichsbremse. gr. Fol. 1 Bog. in Holzschn. Leipzig 849, Keil & Co. 1/6 ℛ

STICHELHEBER (ps.), Der Staatsstreich von Galgenhausen oder Geheimnisse der Familie Rammelkopf. Eine schnurrige Komödie. 1878.
Weller, Lex. Ps. p. 540.

Stichelmeier, F., Gedichte in Jenaer Volksmundart, s. Un in Jäne lebt sich's beene!

Gesundheitslehre für Frauen. In 8 Vorträgen von Dr. Roland Sticher. Mit 13 Abb. Leipzig: B. G. Teubner 1907. (128 S.) 8° [F.]
= Natur, Aus, u. Geisteswelt. Bdch. 171. [08. 1768

Sticher, Roland, Gesundheitslehre f. Frauen, s.a. Aus Natur u. Geisteswelt.

Sticher, Roland: Händesterilisation und Wochenbettsmorbidität. Ein Beitrag zur Aetiologie d. Puerperalinfection. Stuttgart 1901: Union. (51 S.) 8°
(Aus: Zeitschrift f. Geburtshülfe u. Gynäkol., Bd 45.)
Breslau, Med. Hab.-Schr. v. 1. Juli 1901

Sticher, *Richard Julius* Roland [pr. Arzt]: Aus d. Kgl. chirurg. Klinik d. Univ. Breslau. Über Thoracoplastik ... Breslau, Druck d. Bresl. Gen.-Buchdr., 1896; 72 S. 8.
Breslau, Med. Fak., Inaug.-Diss. v. 23. Dez. 1896

Stichert, August: Nikolaus II. von Werle. Erster Teil. Rostock. Druck v. Adlers Erben, 1891; 30 S. 4°
Rostock, G u. RG, OP 1891 (644)

Stichert, August: Nikolaus II. von Werle. Tl 2. (Forts. d. P-Beil. 1891.) Rostock, Druck v. Adlers Erben, 1893; 32 S. 4.
Rostock, G u. RG, OP 1893 (648)

Stichert, August: Nikolaus II. von Werle. Tl 3. '(Schluss.)' (Schluss d. P-Beil. 1891. 93.) Rostock, Druck v. Adlers Erben, 1896; 28 S. 4.
Rostock, Grosse Stadt-S (G, RG u. VS), OP 1896 (667)

Stichert, Franz Otto

Stichert, Frz. Otto, Chronik d. Stadt Werdau. 1. Hft. gr. 8. (4 B.) Reichenbach 841. (Leipzig, C. H. Reclam sen.) *

Stichert, Frz. Otto, Frauenspiegel rc., s. Frauenspiegel.

—— Handwörterbuch d. Synonymen d. deutschen Sprache, f. Volksschullehrer. 16. (35 B.) Grimma 841, Verlags-Comptoir. *

Stichert, Frz. Otto, synonymisches Handwörterbuch d. deutschen Sprache, od. kurzgefaßte alphabetisch geordnete Erklärung der scheinbar gleichbedeutenden sinnverwandten Wörter. Ein Hilfsbuch zunächst f. Volksschullehrer, sodann aber auch f. Jeden, der sprechend u. schreibend genau bezeichnend sich auszudrücken wünscht. 2. wohlf. (Titel-) Aufl. br. 8. (XXXVIII u. 358 S.) Grimma (841) 851, Verlags-Comptoir. n. 1/3 ℛ

—— Jubelchronik d. dritten kirchl. Säcularfeier d. Einführung d. Reformation in Sachsen, s. Jubelchronik.

—— Kirchenpforte, od. Belehrung üb. die heil. Tage, Orte u. Gebräuche der Christen. 8. (8 1/2 B.) Zwickau 846, Verein zur Verbreitung von Volksschriften. *
Vgl. Stichart, Franz Otto.

—— die Lehre vom Beistande d. heil. Geistes z. Besserung. Biblisch, histor. u. dogmat. entwickelt. gr. 8. (12 B.) Leipzig 835, Hartknoch.

—— Paulus Odontius aus Werdau, od. jesuitische Verfolgungswuth u. evangel. Glaubensmuth. Eine rührende Geschichte der Vorzeit. 12. (2⅓ B.) Leipzig 843, (C. H. Reclam sen.)

TRECHITIUS, F. O. (d. i. *F. O. Stichert*), Philosophie des A. B. C. Ein A. B. C.-Buch für Erwachsene. Grimma 1836. 8°. (5 Sgr. M. L. St. Goar, Frf. a. M., vor 1885.)
Weller, Lex. Ps. p. 571.

Stichert, Frz. Otto, de reditu Christi ad iudicium solenne de omni terrarum orbe ferendum. Commentatio exegetico-critica, ex decreto Nobiliss. Instituti de Ammoniani praemio legitimo ornata. 8maj. Lipsiae 841, Reclam sen. ⅜ ℞

—— kleine Synonymik f. Schüler, od. alphabet. geordnete Zusammenstell. u. Erklär. d. vorzüglichsten sinnverwandten deutschen Wörter. 16. (8¼ B.) Grimma 841, Verlags-Comptoir.
Aus: Dess., Handwörterbuch d. Synonymen rc., besond. abgedruckt.

—— kleine Synonymik für Schüler, oder alphabetisch geordnete Zusammenstellung und Erklärung der vorzüglichsten sinnverwandten deutschen Wörter. Ein Auszug aus dem synonym. Handwörterbuche. 2., wohlf. (Titel-)Aufl. br. 8. (III und 128 S.) Grimma 851. [Wurzen,]Verlags-Comptoir. *

—— Martin Luther's Tod. Eine ausführl. Darstellung der letzten Lebensumstände, des Endes u. Begräbnisses des großen Reformators, nebst den bei letzterem gehalt. Predigten u. Reden; als Gedächtnißschrift f. die 3. Säcularfeier von Luther's Tod d. 18. Febr. 1846. gr. 8. (12 B. u. 2 Abbild.) Annaberg 845, Rudolph u. Dieterici.

—— Wegweiser in das Gebiet d. latein. Sprache; Grammatik u. Uebungsbuch vereinigend u. geg. 2500 gleich von den ersten Sprachelementen beginnende Aufgaben z. Uebersetzen ins Deutsche u. ins Lateinische enth., f. höh. Bürgerschulen, unt. Gymnasialklassen, Seminarien u. den Privatunterr. hrsgegeben. gr. 8 (15 B.) Leipzig 839, C. H. Reclam sen.

Stichi Sp ... aro (kleinere Gedichte von Sp ...), s. Biblioteka russkaja.

Stichl, Anton, neuropathische Studien, s.: Gugl, Hugo.

Stichlberger, Max, Gestalten u. Bilder aus dem Tiroler Volksleben. Novellen u. Novelletten. 8. (380 S.) Stuttgart 882. Bonz & Co. n. 4. —; geb. n. 5. —

— zwischen Inn u. Etsch. Tiroler Novellen. 8. (288 S.) Ebend. 881. n. 2. — ; geb. n. 3. —

Stichlberger Robert: Zur Behandlung der latein. Stilistik in den untersten Classen des Gymnasiums. 24. Nikolsburg 892.
Progr.

Stichlberger R.: Οἷος, ὅσος, ἐφ' ᾧ mit dem Infinitiv. 15. Trebitsch 79.
Progr.

Stichler, Carl. Zur Vorgeschichte der Entdeckung Russlands zur See durch die Engländer im XVI. Jahrhundert.
Ausg. A: Separatabdruck aus der «Sonntagspost», Wochenbeigabe des «Landboten» und Tagblatt der Stadt Winterthur [Jahrg. 1904, N°. 49—52]. II + 15 S. gr.-8. [Winterthur, Geschwister Ziegler, 1905.]

Ausg. B: 26 S. 8. Zürich, Komm. Albert Müller, 1905.

Stichling, G. W., aus der Vogelperspektive. Humoristische Erzählgn. 12. (68 S.) Leipzig 889. Rust. — 75

Stichling, Gottfried Theodor

Ueber die Bedeutung der Freimaurerei in der Kulturgeschichte der Menschheit. Zur Säkularfeier des Grossherzogs Carl August in der Loge Amalia zu Weimar am 1. Sept. 1857. Von G[ottfr.] Th[eod.] **Stichling**. Weimar: Böhlau 1857. 16 S. 8⁰ [Umschlagtit.]

[Dasselbe.] Als Ms. f. Brr. [Weimar 1857: Hof-Buchdr.] 16 S. 8⁰
Abgedr. in: FZ. 12 (1858) S. 36—39, 45—47; T. 4 (1858—1859) S. 68—70, 75—77; HL. 8 (1875) S. 617—621; Normann, H.: Frm. Reden u. Toaste. 2 (1881) S. 49—63; 2. Aufl. 1883 S. 49—63.
Tt. 2200.

[Autogr.] Zum Beginn der Logenarbeit 18⁵⁸/₅₉, von G[ottfr.] Th[eod.] **Stichling**. [Weimar 1858.] 4 Bl. 4⁰ [Umschlagtit.]
Üb. den veredelnden Einfluss der Mrei auf das Leben. 446.

Herzog Bernhard von Sachsen-Weimar. Eine Gedächtnissrede in der Freimaurerloge Amalia zu Weimar gehalten von Gottfr. Theod. **Stichling**. Weimar: Böhlau 1863. 62 S. 8⁰ (Frmr-Analecten. 10.)
Recens: Bh. 6 (1863) S. 142; FZ. 17 (1863) S. 206—207 (R. Hahnemann).
Tt. 919. 23. 25.

— das Bundesgericht. Eine historische Betrachtung. Leipzig 862. Hirzel. gr. 8. (41 S.) 7½ ngr.

(Stichling, G. Th.), Deutschland eine Trias? Berlin, Veit u. Co. 24 S. 8⁰.

Aus drei und fünfzig Dienstjahren. Erinnerungen von Gottfr. Theod. **Stichling**. Weimar: Böhlau 1891. VI, 262 S. 8⁰
cf. Bh. 34 (1891) S. 274—276 (E. Zernin).
Ein Abschnitt „Der Freimaurerbund", S. 57 bis 59 handelt von Verfs Verhältnis zum Frmrbunde. 129.

Stichling, G. Th., das Einkommensteuer-System des Großherzogth. Sachsen-Weimar-Eisenach, aus den darüber erlass. Gesetzen, Regulativen u. Verordnungen zu leichterem Ueberblick dargestellt für Orts-Steuercommissionen, Steuervertheiler u. Steuerpflichtige. gr. 8. (6 B.) Weimar 844, Voigt. —

Stichling, G. Th., Ernst Christian August Freiherr von Gersdorff, Weimarischer Staatsminister. Nach seinem Leben und Wirken geschildert. Weimar 853. Böhlau. gr. 8. (75 S.) n. 10 ngr.

Des Meisters Gruss an die □ Amalia. [Unterz.:] [Gottfr. Theod.] **Stichling.** [Weimar] o. J. 1 Bl. 8° [Kopftit.]
Gedicht: „Wenn ich in deine Hallen trete, . . ." 3.

— die Mutter der Ernestiner. Ein Lebensbild von der Grenzscheide des 16. u. 17. Jahrhunderts. Mit 1 Bildniß (in Stahlst.). Weimar 860. Böhlau. gr. 8. (VII, 259 S.) n. 1 ₰ 7½ ngr.

Ludwig Preller. Eine Gedächtnissrede in der Freimaurerloge Amalia zu Weimar gehalten von Gottfr. Theod. **Stichling.** Weimar: Böhlau 1863. 26 S. 8°
Recens: Bh. 6 (1863) S. 142; FZ. 17 (1863) S. 207 (R. Hahnemann).
Tt. 970. 23. 25.

†**Stichling,** O. W. [Rich. Mahrenholtz], Molière und kein Ende. Ein Mahnwort an Deutschlands Molièristen. Nebst einem Anhang: „Molière in Deutschland". 8. (23 S.) [Berlin 887, Hettler.] Leipzig, Fock. *

Stichling, W., eine Stimme üb. die deutsche Reichsverfassung. gr. 8. (30 S.) Leipzig 848, H. Fritzsche. — 2. verb. Aufl. gr. 8. (30 S.) Ebd. 848. ⅛ ₰

Стихотворенія Естеллы. (Gedichte von Estella.) gr. 16. (56 S.) Leipzig 864, Fries. *

[Russ.] **Revoljucionnyja stichotvorenija** [Aleksandra Sergěeviča] Puškina, Lermontova i drugich. *Berlin: G. Štejnic 1903.* (62 S.) 8°
[Auf d. Umschl.:] Revolutionäre Gedichte von Puschkin, Lermontow u. anderen.
[Izvěstněјšaja russkaja biblioteka. Č. 39.]

[Russ.] *** Novyja revoljucionnyja **Stichotvorenija.** *Berlin: G. Štejnic (1904).* (45 S.) 8°
[Auf d. Umschl.:] Neue revolutionäre Gedichte ...
(Sobranie lučšich russkich proizvedenij. Č. 76.)

Stichproben. Ein historisch-politischer Beitrag zur Geschichte Tirols der letzten Jahre von i—i—i. Innsbruck [1909].
V: *Di Pauli, Johann Freiherr von.* (margr)

Stichproben. Ein historisch-polit. Beitrag zur Geschichte Tirols der letzten Jahre, von i—i—i. (109 S.) gr. 8. Innsbruck (909). Vereinsbuchh. u. Buchdruckerei. 1.20

Stichproben moderner Litteratur v. Eromita, s.: Hefte f. evangel. Weltanschauung u. christl. Erkenntnis. I, 2.

Stichproben, poetische. Von Schejtan-ul-Ali. 8. (VIII, (97 S.) Zürich 897. Verlags-Magazin. n. 1.—

Stichregulativ f. die sächsische Schiffchenstickerei. (12 S. m. Abb. u. 2 Taf.) 4. Plauen 904. (A. Lohmann.) — 30

Sticht, Johann Christoph

— Diss. biblica de colloqvio Dei cum Kaino ob sacrificium suum contemtum habitum gravius irascente ad illustrationem Gen. IIII. 7 habita. Altonæ 1766. 4. P. [Resp. Erdm. Mart. Godofr. Kohlreif].

— De colloqvio Dei cum Satano habita de probitate Jiobi ad illustr. Jiob. cap. 1. v. 6—12. Altonæ. 1767. 4. P. (Skoleprogr.).

— De colloquio serpentis cum Eva. Altonæ. 1756. 4. P. (Skoleprogr.).

— Commentatio de Gen. Cap. I comm. altera. Altonæ. 1751. 4. P. (Skoleprogr.).

[—] De commodis, quæ longe majori copia ex publicis qvam privatis scholis hauriuntur. Altonæ. 1743. 4. P. (Skoleprogr.).

— Disp. circularis theol. et biblica in qua ex dictis Gen. VI. 6, Luc. II. 14 itemque de fide in Christum disseritur. Altonæ. 1757. 4. P. (Skoleprogr).

Stichtius, Johann Christoph (Selb) 4°Thl. (XII, 16)/14

Dissertatio philologica de urbe Hanochia.
Präs. Johann Leonhard Reckenberger.
Jena (Fickelscherr) IX. 1727. 20 S. 33539

— Diss. biblica de Keri et Kethîbh vocabulis compositis ac divinæ dignitatis. Altonæ. 1760. 4. P. [Resp. Jo. Hadr. Bolten].

— Disp. biblica de lingvis ignitis s. caste ad expedite peregrinos sermones loqventibus ad illustr. Act. 2, 3. Altonæ. 1764. 4. P. (Skoleprogr.).

— Disp. biblica de oeconomo, cujus Lucas meminit cap. XVI. 1—9 viro probo. Altonæ. 1762. 4. P. (Skoleprogr.).

Sticht, J[o.] C[ph.], Diss. biblica de praeceptis minimis ex mente Pharisaeorum ad illustr. Matth. V. 19. Altonæ. 1758. 4. P. (Skoleprogr.).

— De psalmis המעלות præfatur. Altonæ. 1766. 4. P. (Skoleprogr.).

— Diss. philologica de Rabbinis in exponenda historia Jonæ errantibus. Altonæ. 1761. 4. P. (Skoleprogr.).

— De signo crucis *μνημονευτικῷ*. Altonæ. 1761. 4. P. (Skoleprogr.).

— Theses philologicæ-rabbinicæ. Altonæ. 1755. 4. P. (Skoleprogr.).

— Theses theologico-philologicæ. Altonæ. 1753. 4. P. (Skoleprogr.).

STICHT, J[O.] C[PH.], De genuino philologiæ in sacris studiis usu. U.St. [Altonæ]. 1741. 4. P. (Skoleprogr.).

— Commentatio historica philologica de viris principibus Scripturæ Sacræ lingvarum cognitione claris. Altonæ. 1749. 4. P. (Skoleprogr.).

Sticht, Robert

Sticht, Rob., Stand der Betriebe der Mount Lyell Mining and Railway Company Ltd. am Schlusse des J. 1905. (56 S. m. 13 Abbildgn.) Lex. 8. Halle 907. W. Knapp. 3. 60
Sonderabdr. a.: „Metallurgie; Ztschr. f. d. ges. Hüttenkde."

Sticht, Rob., über das Wesen des Pyrit-Schmelzverfahrens. (52 S.) Lex.-8. Halle 906. W. Knapp. n. 3. —
Sonderabdruck aus: „Metallurgie".

Stichtenoth, Albert

Stichtenoth, Alb., General-Register, s.: Nachrichten, astronomische.

— neue Reduction der v. W. Albers angestellten Beobachtgn. v. Kometen u. kl. Planeten, s.: Schur, W.

Stichtenoth, Albert: Untersuchung über die Bahn des Cometen 1822 IV. *Göttingen 1897: Dieterich.* (64 S.) 4°
Göttingen, Phil. Diss. v. [28. Nov.] 1897

Stichtenoth, Alb., Untersuchg. üb. d. Bahn d. Cometen 1822 IV. gr. 4. (VI, 64 S.) Leipzig 897. (W. Engelmann.) n. 4. —

F. A. Stichweh, Hannover-Limmer. Färberei u. chem. Waschanstalt. — Berlin: Eckstein [1910]. 19 S. 4° [Kopft.] (Dt. Industrie, dt. Kultur. 8, 9.)

Stichworte, aufgefaßt aus Grasers Schrift: „Ueber die vorgebliche Ausartung der Studirenden," glossirt v. ***. gr 8. Bamb. 826. Kunz. 4 Gr.

Stichworte, aufgefaßte, aus Grasers Schrift: „Ueber die vorgebliche Ausartung der Studierenden," glossirt von ***. gr. 8. 826. jetzt Dresch in Bamberg. 1/6 Thlr.

Stichwörterverzeichnis, alphabetisches, zum „Verzeichnis der deutschen Patentklassen, u. ihre Einteilung in Unterklassen u. Gruppen". Bearb. im kaiserl. Patentamte zu Berlin. Vorausl. (III, 106 S.) Lex. 8. Berlin 907. C. Heymann. 2.40; geb. in Leinw. 4. —

v. Sticinsky, A. Theil I: Das Gesetz über die Stempelsteuer vom 10. Juni 1900. Riga 1901.
- II: Instruction betreffend die Entrichtung der Stempelsteuer für Schriftstücke, Urkunden und Documente. Riga 1901.

Sticinsky, A. v., s.: Gesetz, das, üb. d. Stempelsteuer.

Jahres-Bericht des k. k. Obergymnasiums zu Brüx. Druck v. *Ferd. Ritt. v. Schönfeld's Wtw. & C.* in *Brüx*. 38 S., 4°.
INHALT. Kurze Uebersicht der Kryptogamen aus der nächsten Umgebung der Stadt Brüx. Von *Otto Sticka* (S. 1—24).

Stick-Album, kleines. 12 Taf. farb. Mustervorlagen f. Tapisserie-Arbeiten. gr. 8. (2 S. Text.) Berlin 883. Gebhardi. 2. 50

Stick-Album des „Berliner Modenblatt". Sammlung farbiger Musterblätter für Handarbeiten ... Berlin ... Verlag von Franz Ebhardt ... [1880].
3 Hefte. 2°.
I Kreuz-Stich: Umschlagtit., 1 Bl. m. 14 Holzschn.; 6 farb. Taf.
II Plattstich und Application: Umschlagtit., 1 Bl.; 6 farb. Taf.
III Phantasie-Arbeiten: Umschlagtit., 2 Bl. m. 2 Holzschn.; 6 farb. Taf.

Stick-Album, neuestes. Altdeutsches Leinensticken. gr. 16. (20 farb. Taf.) Lpz.-Reudnitz 889, Schmidt u. Römer. 5 Stück 1 —

— dasselbe. qu. gr. 16. (10 farb. Taf.) Ebd. 889. f. 10 Stück n. 1. —

— dasselbe. Buntes Canevassticken. gr. 16. (20 farb. Taf.) Ebd. 889. f. 5 Stück n. 1. 20

— dasselbe. 16. (12 farb. Taf.) Ebd. 889. f. 10 Stück n. 1. —

— dasselbe. Blaue Alphabete. qu. 16. (18 farb. Tab.) Ebd. 889. n. — 10

Stickblumen für Damen. qu. 4. Magdeb. 806. Heinrichshofen. 1 Thlr.

Stickbuch. Eine ausgewählte Samml. d. neuesten Muster in weißer Stickerei. Wohlf. Ausg. qu. 8. (13 Bl.) Rostock 839, Oeberg. *

Stick- und Zeichenbuch, Botanisches, für Damen. Leipzig 1805-8.
V: *Gerlach, Josephine Henriette geb. Sedelmayer.* (Ky)

Stick- u. Zeichenbuch, botan., für Damen, (von Jos. H. Gerlach). Mit 34 ill. u. 34 schwarz. Kpf. 3 Thle. gr. Fol. Leipz. 805—808. Gr. Fleischer. 10 Thlr. 8 Gr.

Stickbuch zur Bunt- u. Weißnäherei, in 9 Folioblättern. Ulm, Jak. Ebner. illum. 18 Gr. schwarz 12 Gr.

Stickbuch m. neuen **Dessein**s in 30 ill. Blätt. 4. Nürnberg, Schneider u. W.

— für Frauenzimmer. Mit 30 ill. Kpf. 4. Nürnb., Schneider u. W. 20 Gr.

Stick- u. Zeichnungsbuch, neues. 2 Thle. Mit 49 ill. Bl. 4. Nürnb., Schneider u. W. 1 Thlr.

Stick- und Zeichnungsbuch, neues, verschiedene neue Dessins enthaltend. 4. Nürnberg, Schneider u. W. 818.

— für angeh. Stickerinnen. Mit ill. u. schwarz. Kpf. 2 Hfte. 4. Bayr. 798, 99. Lübeck. 2 Thlr. 20 Gr.

Stick- u. Strickbuch z. Unterricht f. Anfänger. Wien, Steiner. 808.

Stickdorn, Walther, pr. Tierarzt: Beitrag zur Biologie des Rotlaufbacillus. Jena: Fischer 1909. 19 S. 8° ¶(Aus: Centralblatt f. Bakt. etc. Abt. 1, Bd 50.)
Gießen, Veterinär-Med. Diss. v. 6. April 1909, Ref. Olt
[Geb. 23. Aug. 83 Bünde; Wohnort: Fichtwerder; Staatsangeh.: Preußen; Vorbildung: Gymn. Landsberg a. d. W. Reife O. 03; Studium: Tierärztl. Hochschulen Berlin 4, München 1, Berlin 2 S.; Rig. 12. Febr. 09.] [U 09. 1181

Sticke, Georg. Henr. (geb. Dahlenwarsleben bei Magdeburg 27. 2. 1823):
De meningitide tuberculosa. Berolini (1856). (28 S.) 8°
Berlin, Med. Diss. v. 14. Okt. 1856

Stickel, Burkhard. Tagebuch seiner Kriegs- und anderer Verrichtungen auf dem europäischen Festlande, im Mittelmeere und in Afrika 1566—98. Hersg. von E. v. Kausler. (124) 8. Stuttgart 1868.

Stickel, Franz Ferd.: Die rechtlichen Ansprüche des Großherzogthums Hessen gegen das Herzogthum Nassau auf Uebernahme eines verhältnißmäßigen Theils Hessischer Schulden wegen der Nassauischen Erwerbung Hessischer Landestheile durch den Reichs-Deputations-Hauptschluß von 1803. Amtl. dargest. Darmstadt 1822.

Stickel, Frz. F., Beitr. zu den Lehren von d. Gewährleistung u. d. Rechtsbeständigkeit der Handlungen eines Zwischenherrschers. gr. 8. Gießen 826. Heyer. 6 gr

Stickel, Franz Ferdinand, s. L o c r é, J. G.: Geist des Gesetzbuches Napoleons.

Stickel, Johann Gustav

...Rectore academiae magnificentissimo... Carolo Alexandro ... prorectore ... Friderico Brockhaus ... ex decreto ordinis theologorum decanus Ricardus Adelbertus Lipsius ... viro summe venerabili Ioannni Gustavo Stickel ... summos in theologia honores d. IV. m. Iulii a. 1832 rite delatos post duodecim lustra feliciter peracta eodem die a. 1892 instaurato diplomate gratulatur ... Ienae, typ. Neuenhahni, 1892; 1 Bl. 2.

Stickel, Jh. Gust, s. Ali-ben Abi Taleb.

Stickel, J. G., et Bogenhard, C. F., de morali primaevorum Christianorum conditione. Neap. ad Oril. 1826. 8.

Stickel, Joh. Gust., de Ephesiis litteris linguae Semitarum vindicandis commentatio. Jena 860. Deistung. gr. 4. (18 S.) n. 8 ngr.

— das Etruskische durch Erklärung von Inschriften u. Namen als semitische Sprache erwiesen. Mit Holzschn. (im Text) u. 3 (lith.) Bild- u. Schrifttaf. (in Fol.) Leipzig 858. Engelmann. Lex.-8. (XVI, 296 S.) n. 4 ₰. 10 ngr.

Stickel, Joan. Gust., de gemma Abraxea nondum edita. gr. 4. (18 S.) Jenae 848, Cröker. 1/4 ₰

Stickel, Joh. Gust., Handbuch z. morgenländ. Münzkunde. 1. Hft. A. u. d. Ttl.: Das grossherzogl. orientalische Münzcabinet zu Jena beschrieben u. erläutert. 1. Hft. Omajjaden- u. Abbasiden-Münzen. gr. 4. (15 B. u. 1 Stnt.) Leipzig 845, Brockhaus. *

Stickel, Joh. Gust., Handbuch der morgenländischen Münzkunde. 2. Hft. A. u. dem T.: Das grossherzogl. orientalische Münzkabinet zu Jena beschrieben u. erläutert. 2. Hft. Aelteste muhammedan. Münzen bis zur Münzreform Abdulmelik's. Mit einer lith. Taf. Leipzig 870. Brockhaus. gr. 4. (V, 126 S.) n. 4 ₰

— das Buch Hiob, rhythmisch gegliedert u. übersetzt, mit exeget. u. krit. Bemerkungen. 8. (18¼ B.) Leipzig 842, Weidmann'sche Buchh.

Stickel, Joh. Gust., das Hohelied in seiner Einheit und dramatischen Gliederung, mit Uebersetzung und Beigaben. gr. 8. (III, 187 S.) Berlin 888, Reuther's Verlagsh. *

Stickel, Io. Gust., in Iobi locum celeberrimum c. XIX. 25—27. De Goële, Commentat. philolog.-histor.-crit. 8maj. (7¼ B.) Jenae 832, Croeker.

Stickel, Joh. Gust., de Dianae Persicae monumento Graechwyliano. Commentatio. Jenae 856, Deistung. gr. 4. (16 S. u. 1 lith. Taf.) n. 8 ngr.

Stickel, Johann Gustav: Die Grossherzogliche morgenländische M ü n z s a m m l u n g in Jena. Eine Uebersicht. Jena 1846.

— oratio, quam in memoriam Augustanae confessionis ex lege beneficii Lynkeriani habuit etc. 8maj. Neust. a. d. O. 827. Wagner. 6 gr

Stickel, Johann Gustav: P r o l u s i o ad interpretationem tertii capitis Habacuci Part. I. [Habilitationsschrift.] Ienae 1827.

— Prolusio ad interpretat. tertii capitis Habacuci Part. I. 8maj. (3¼ B.) Neostadii ad O. 827, Wagner.

— de vi, quam colloquium Lipsiense in hominum animis habuerit ad promovendam reformationem. Oratio. 8maj. Neust. a. d. O. 827. Wagner. 6 gr

Stickel, Carl, über Nitrobenzylchloride und Benzylenamidine. Diss. Tübingen 1886, Fues' Sort. 8°. 30 S.

Stickel, Carl, pharmaceut.-chem. Untersuchungen u. Darstellungsmethoden. gr. 8. (7½ B.) Leipzig 836, [Fost'sche Vrlsbuchh.]

Stickel in Jena, Karl, pharmaceutisch-chemische Untersuchungen und Darstellungsmethoden. Mitgetheilt für Aerzte, Apotheker u. Chemiker. gr. 8. Leipzig 836. Wuttig. 7/12 ₰

— üb. die Verdampfbarkeit u. d. Verhalten d. Quecksilbers gegen salziges Wasser u. organ. Stoffe. Gekr. Preisschr. 4. (.. B.) Jena 837, Bran'sche Buchh.

Stickel, Max, approb. Arzt: ⟨Aus d. Augen-Klinik zu Jena.⟩ Ueber doppelte Perforation des Augapfels durch Schussverletzung. *Jena 1901: A. Kämpfe.* (46 S.) 8°
Jena, Med. Diss. v. (10. Juli) 1901

Stickelberger, Eman., s.: Blätter, schweizerische, f. Ex Libris-Sammler.

Stickelberger, Emanuel. Das Exlibris ⟨Bibliothekzeichen⟩ in der Schweiz und in Deutschland. Ein Handbuch für Sammler und Freunde der Exlibris-Sitte. [Mit Illustrationen und 9 Tafeln.] 319 S. 8. Basel, Helbing & Lichtenhahn, 1904. [Subscr. fr. 12.50, im Buchh. 15.—]

Stickelberger, E[manuel]. Gutachten über die Konzessions-Gesuche für den Bau und Betrieb einer normalspurigen Eisenbahn a) von Münster nach Pieterlen und Dotzigen, b) von M' nach Grenchen und Büren, von E. St'.... Vom 5. April 1909. Anhang: Schreiben des Regierungsrates des Kantons Solothurn an das Eidgenössische Post- und Eisenbahn-Departement, E'-Abteilung, vom 22. April 1909. 43 S. 4. Solothurn, C. Gassmann, 1909.

Stickelberger, Emanuel. Schweizer Soldatenleben. Heitere Bilder von E' St'. 1. bis 3. Tausend. (Umschlagzeichnung von Emil Beurmann, Basel.) 80 S. 8. Biel, Ernst Kuhn, 1907. [fr. 1.—]

Stickelberger, Heinrich s. G e b u r t s t a g. Zum hundertsten G' Jeremias Gotthelfs. Zürich 1897.

Stickelberger, H[einrich]. Jeremias Gotthelf. Ansprache am Denkmal von Jeremias Gotthelf, gehalten ... an der oberaargauischen Mittellehrerversammlung in Lützelflüh am 8. Juni 1901. Separat-Abdruck aus der «Schweiz. Lehrerzeitung», Nr. 28, Jahrg. 1901. 8 S. 8. [Zürich, Art. Institut Orell Füssli.]

Stickelberger, Heinrich. Der Volksdichter Gottlieb Jakob Kuhn, 1775—1849. Mit dem Bildnis des Dichters, zwei Titelbildern von (F[ranz] N[iclaus]) König und (G[ottlieb]) Löhrer und einer Landschaft von (G[abriel]) Lory [3 Tafeln]. 95 S. 4. Bern, K. J. Wyss, 1909. [fr. 4.—]
Neujahrs-Blatt der Literarischen Gesellschaft Bern auf das Jahr 1910.

Die Kunstmittel in Conrad Ferdinand Meyers Novellen. Von Dr. Heinrich **Stickelberger**. Burgdorf 1897: P. Eggenweiler. (71 S.) 8°

Stickelberger, H. Die Kunstmittel in Conrad Ferdinand Meyers Novellen. Gr. in-8°. 72 S. Burgdorf, C. Langlois & Co. 1897. 1 25

Stickelberger, Heinr., Lautlehre der lebenden Mundart der Stadt Schaffhausen. Inaugural-Dissertation. gr. 8. (VII, 59 S.) Aarau 881. Sauerländer. n. 1. 60

(**Stickelberger**, H[einrich].) Zum Lied und zum Volksbuch von Herzog Ernst. ([Von] H. Stickelberger, Burgdorf i. d. Schweiz, dec. 1900. — Sonder-Abdruck [aus:] Zeitschrift für deutsches Altertum und deutsche Litteratur. Hrg. von Edward Schroeder und Gustav Roethe. Band 45.) S. 101—112. 8. (Berlin, Weidmann, 1901.)

— **Missbräuche** in der heutigen Schriftsprache. gr. 8. (60 S.) Burgdorf 882. (Langlois.) n. — 55

Stickelberger, H[einrich]. Schweizerdeutsch und Schriftdeutsch. Sonderabzug aus dem 1. Jahresbericht des Deutschschweizerischen Sprachvereins (1905). II + 24 S. 8. Bern, Gottfr. Iseli, 1905.

Flugschrift [Nr.] 1. [Hrg. vom Deutschschweizerischen Sprachverein.]

Stickelberger, H. Über die Sprache J. Gotthelfs. M. Portr. In-8°. 45 S. Zürich, E. Speidel. 1897.

Stickelberger, Heinr., üb. die Sprache Jeremias Gotthelfs, s. a. **Mitteilungen** d. Gesellschaft f. deutsche Sprache in Zürich, II.

Stickelberger, Ludwig

Stickelberger, L. und G. Frobenius. Über Gruppen von vertauschbaren Elementen. 1878. 4.

Stickelberger, Ludov. (geb. Buch im Kant. Schaffhausen [18. 5.] 1850): De problemate quodam ad duarum formarum bilinearium vel quadraticarum transformationem pertinente. Berolini (1874). (22 S.) 4° Berlin, Phil. Diss. v. 1. Apr. 1874

Stickelberger, Ludwig, Ueber reelle orthogonale Substitutionen. Zürich, Polyt. 1877. **Progr.**

Stickelberger, L. Zur Theorie der linearen Differentialgleichungen. Leipzig 1881.

Stickelbruck, Gfr., Gedichte. Crefeld 856. Gehrich u. Co. in Comm. 16. (326 S.) n. 20 ngr.

Sticker, der sorgfältige. Technische Winke v. A. B. 8. (16 S.) Wald (Appenz.) 890. (Zürich, Buchh. d. Schweiz. Grütlivereins.) n. — 25

Die Leibnizschen Begriffe der Perception und Apperception. Von Anton **Sticker**. Dr. d. Med. *Bonn: F. Cohen 1900.* (67 S.) 8°

Sticker, Ant., Bericht üb. die Thätigkeit der zur Erforschg. der Pest nach Indien entsandten Kommission, s.: **Gaffky.**

Sticker, Anton [aus Köln a. Rh.]: Über die Entwicklung und den Bau des Wollhaares beim Schafe, nebst einem Anhang über das Wollfett. Ein Beitrag zur vergleichenden Anatomie der Haut und ihrer Anhangsgebilde .... Berlin, Buchdr. v. Gebr. Unger (Th. Grimm) (1887): XIV S. + 1 Bl. + 23 + 1 S. + 1 Bl. u. 3 Taf. 8°. Berlin, Med. Fak., Inaug.-Diss. v. 25. Jun. 1887.

Sticker, Anton, über die Entwicklung und den Bau des Wollhaares beim Schafe, nebst einem Anhang über das Wollfett. Ein Beitrag zur vergleichenden Anatomie der Haut und ihrer Anhangsgebilde. Diss. Berlin 1887. Gr. 8°. 23 S. mit 3 Taf.

Sonder-Abdruck aus: Landwirthschaftliche Jahrbücher, hrsg. von H. Thiel, XVI. Band 4. Heft. Berlin 1887, Paul Parey.

Sticker, Ant., s.: **Jahresbericht üb. Veterinär-Medicin.**

— s.: **Karzinomlitteratur.**

— über den **Krebs** der Thiere, insbesondere üb. die Empfänglichkeit der verschiedenen Hausthierarten u. üb. die Unterschiede des Thier- u. Menschenkrebses. gr. 8. (VIII, 145 S.) Berlin 902. A. Hirschwald. n. 3. 60
Sonderabdruck aus: „Archiv f. klin. Chirurgie".

Sticker, Ant., die **Tuberculosefrage** in d. Fleischbeschaulehre. E. Beitrag zur befriedig. Lösg. e. wicht. sanitätspolizeil. u. volkswirthschaftl. Tagesfrage. Lex.-8. (12 S. m. 1 farb. Taf.) Köln 892. Verl. d. Archivs f. animal. Nahrungsmittelkunde. n. 1. 20

— Untersuchungen üb. die Lepra, s.: **Arbeiten** aus dem kaiserl. Gesundheitsamte. 16.

Sticker, Ant., s.: **Zentralblatt der Krebskrankheiten.**

Sticker, C. Th., s. Sticker, Karl Theodor.

Sticker, Georg

Sticker, Geo., **Abhandlungen** aus der Seuchengeschichte u. Seuchenlehre. I. Bd.: Die Pest. 1. u. 2. Tl. Lex. 8. Giessen, A. Töpelmann. à 30. —
1. Die Geschichte der Pest. Mit 1 Beilage u. 12 Karten. (VIII, 478 S.) 908.
2. Die Pest als Seuche u. als Plage. (VII, 542 S. m. 5 Abb.) 910.

Georg **Sticker**. Die Bedeutung der Geschichte der Epidemien für die heutige Epidemiologie. Ein Beitrag z. Beurteilung d. Reichsseuchengesetzes. Gießen: Töpelmann 1910. 44 S. 8°
(Zur histor. Biologie d. Krankheitserreger. H. 2.)

— **Die Bedeutung der Geschichte der Epidemien f. die heutige Epidemiologie,** s. a. **Zur historischen Biologie der Krankheitserreger.** 2. Heft.

Sticker, G., die **Bedeutung** des Mundspeichels in physiologischen u. pathologischen Zuständen. [Aus: „Deutsche Medizinal-Zeitung".] gr. 8. (144 S.) Berlin 889. Grosser. n. 2. —

Sticker, Geo., die **Behandlung** der Lungenschwindsüchtigen. gr. 8. (48 S.) Würzburg 893. Stahel. n. 1. —

Sticker, Georg (geb. am 18 Apr. 1860 in Köln): Aus d. anat. Institut zu Bonn. — Beschreibung eines Schädels mit veralteter traumatischer einseitiger Unterkiefer-Verrenkung. Ein Beitrag zur Lehre von den mechanischen Formveränderungen der Knochen ... Mit 3 Taf. Bonn, Univ.-Buchdr. v. C. Georgi 1884. 40 S., 1 Bl., 3 Taf. 4. Bonn, Med. Fak., Diss. v. 31 März 1884

Sticker, Georg (Hrsg.), s. Biologie. — Zur histor. Biol. d. Krankheitserreger.

Sticker, Geo., die **Entwicklung** der ärztlichen Kunst in der Behandlung der hitzigen Lungenentzündungen. gr. 8. (VI, 73 S.) Wien 902. A. Hölder. n. 2. —

Gesundheit und Erziehung von Georg **Sticker**, Prof. *Giessen: J. Ricker 1900.* (238 S.) 8° [J.]

— Gesundheit u. Erziehung. Eine Vorschule der Ehe. 2. verm. Aufl. gr. 8. (III, 275 S.) Gießen 903. J. Ricker Geb. n. 5. —

Der Keuchhusten. Der Bostock'sche Sommerkatarrh '(das sog. Heufieber)'. Von Dr. Georg **Sticker**, Privatdoc. an d. Univ. Giessen. *Wien: A. Hölder 1896.* (4 Bl., 142 S.) 8.
= Pathologie, Specielle, u. Therapie. Bd IV. Th. II. Abth. II. [96.5c;a

STICKER, Georg
Lungenblutungen, Anämie und Hyperämie der Lunge, Lungenödem, Schimmelpilzkrankheiten der Lunge. Von Dr. Georg Sticker. Wien. 1900. Hölder. Gr.-8°. VI, 192 S. K 5.20

— Lungenblutungen, **Anämie u. Hyperämie etc., s.:** Pathologie u. Therapie, **specielle. XIV. 2. IV.**

Sticker, G., Magensonde und Magenpumpe, s. Sonder-Abdrücke der Deutschen Medizinal-Zeitung.

Sticker, Geo., s.: **Mutter u. Kind.**

Über Naturheilkunst. 4 Reden von Georg **Sticker**, Prof., Bonn. Gießen: A. Töpelmann 1909. (139 S.) 8° [J.] [08. 17348

— Parasitologie u. Loimologie, s.: Zur historischen Biologie der Krankheitserreger. 1. Heft.

Sticker, G[eorg]. Die Pest. Mit 3 Figuren. (Separat-Abdruck aus: Handbuch der praktischen Medicin. Unter Redaktion von Dr. W[ilhelm] Ebstein ... und Dr. J[ulius] Schwalbe ... hrg. von W. Ebstein. [Band 5.]) 9 S. 8. (Stuttgart, Ferdinand Enke, [1901].)

— s.: Psychiatrie etc.

— s.: Volksseuchen.

— Wechselbeziehungen zwischen Speichel u. Magensaft, s.: Sammlung klinischer Vorträge.

Sticker, Karl Theodor

Sticker, C. Th., über die zum Trainiren erforderliche Condition des Pferdes, s. C. J. Apperley.

Sticker, K[arl] Th.: Die Lungenseuche des Rindviehes und die dagegen anzuwendende Impfung. Köln 1854. 21 S., 1 Taf.

Sticker, Karl Theodor (Hrsg.), s. Reform, Die, des Veterinärwesens ...

Sticker, C. Th.: Das Rennpferd, seine Erziehung u. Vorbereitung f. d. Rennbahn, s. Apperley, C. J.

Sticker, Leop. (geb. Krefeld 13. 11. 1808): De nervorum persectorum mutationibus deque irritabilitate musculorum. Berolini (1833). (29 S.) 8°
Berlin, Med. Diss. v. 19. Okt. 1833

Sticker, (Joan.) Martin. (Hubert.) (geb. Neuss 6. 6. 1827): De magnis mulieris prae ceteris animalibus in partu naturali difficultatibus. Berolini (1854). (32 S.) 8°
Berlin, Med. Diss. v. 25. Aug. 1854

Stickerbuch, kleines, für Damen. Mit 8 ill. Kpf. qu. Fol. Leipz. 804. Magaz. f. Ind. 1 ₰ 12 gr

Stickerei, Die, eine Fortsetzung über Kunst und Kunstanwendung. [Halle 1802.] V: *Kämmerer, Ernst.* (MGT)

Stickereien, moderne. **Eine Auswahl mod. Stickerei-Arbeiten in jeder Technik, sowie neuzeitl. Entwürfe hervorrag.** Künstler u. **Künstlerinnen. Im Anschluss an die Ausstellg. moderner Kunst-Stickereien in der grossherzogl. Centralstelle f. die Gewerbe zu Darmstadt,** Juli 1900, **hrsg. u. unseren kunstüb. Frauen gewidmet.** hoch 4. (**III, 58 S. m. Abbildgn. u. 6 farb. Taf.**) Darmstadt (901). **A. Koch. n. 4. 50**

Stickereien, moderne. Eine Auswahl moderner Stickerei-Arbeiten in jeder Technik, sowie neuzeitl. Entwürfe hervorrag. Künstler u. Künstlerinnen. Im Anschluss an die Ausstellg. moderner Kunst-Stickereien in der grossherzogl. Zentralstelle f. die Gewerbe zu Darmstadt, Juli 1900, hrsg. u. unseren kunstüb. Frauen gewidmet v. Alex. Koch. 2. unveränd. Aufl. (III, 58 S. m. Abbildgn. u. 6 farb. Taf.) hoch 4. Darmstadt (904). Verlagsanstalt A. Koch. Kart. n. 6. —

— dasselbe. II. Serie. (Eine Auswahl moderner Stickerei-Arbeiten in allen Techniken, sowie Stickerei-Entwürfe hervorrag. Künstler u. Künstlerinnen.) (80 S. m. z. Tl. farb. Abbildgn.) hoch 4. Ebd. (905). Geb. in Leinw. n. 6. —

Stickereien, moderne. Hrsg. v. Alex. Koch. III. Serie. (Eine Auswahl moderner Stickerei-Arbeiten in allen Techniken, sowie Stickerei-Entwürfe hervorragender Künstler u. Künstlerinnen.) (98 S. m. Abb. u. 1 farb. Taf.) Lex. 8. Darmstadt (908). Verlagsanstalt A. Koch. Geb. in Leinw. 6. 50
I. u. II. Ser. Ebd. 904. 05. à 6.—

Stickerei-Industrie: Die Stickerei-Industrie
① Offizielles Organ des Centralverbandes der Stickerei-Industrie der Ostschweiz und des Vorarlbergs (19. 9. 1885). Organ des Zentralverbandes der schweizerischen Maschinenstickerei (31. 12. 1938) ⑤ 19. 9. 1885—31. 12. 1938 ⑥ 4°, dann 2° (seit Januar 1886) ⑦ alle 14 Tage; Wochenblatt (ab Januar 1886); Monatsblatt (ab Januar 1895); alle 14 Tage (ab 1. 7. 1897); monatlich 2× (ab 1934); Monatsblatt (ab 1935) ⑧ St. Gallen: Th. Wirth & Cie. (19. 9. 1885—7. 7. 1894). Buchdruckerei Wirth AG (14. 7. 1894—29. 12. 1894); Flawil: A. Koppelstätter (12. 1. 1895—5. 6. 1897). Buchdruckerei Flawil AG (1. 7. 1897 — 29. 8. 1897); Buchs (SG): J. Kuhn (11. 9. 1897 — 23. 12. 1905). Buchdruckerei Buchs AG (6. 1. 1906—31. 12. 1938) ⑩ Zentralverband der schweiz. Handmaschinenstickerei ⑪ W. Senn-Barbieux. Dr. A. Saxer ⑬ BGSZ: 1046 —1047 ⑭ SG: Va; Be: L (beide unvollst.).

Stickerei-Skizzen, neuzeitliche. (25 Taf.) 33×25,5 cm. Plauen (909). C. F. Schulz & Co. In Mappe 30. —

Stickerei-Vorlagen, neue. 20 Taf. 46×33,5 cm. Ebd. (909). In Mappe 30. —

Stickerei-Zeitung. Früher Tapisserie- u. Stickerei-Zeitg. Zeitschrift zur Pflege künstler. Handarbeiten. Zentral-Organ f. Künstler, Fabrikanten u. Händler. Hrsg.: Alex. Koch. Red.: H. Lang-Danoli. 10. Jahrg. Oktbr. 1909—Septbr. 1910. 12 Hefte. (334 S. m. Abbildgn. u. 2 Taf.) Lex. 8. Darmstadt, Verlags-Anstalt A. Koch. 8.—; geb. 10. —
Vergl.: Tapisserie- u. Stickerei-Zeitung.

— u. **Spitzen-Revue.** Illustrierte Zeitschrift zur Pflege u. Förderg. künstler. Techniken. Zentral-Organ f. die Fabrikation u. den Handel v. Stickereien, Spitzen, Webereien, Tapisseriewaren u. Posamenten. Hrsg.: Alex. Koch. Red.: H. Lang-Danoli. 11. Jahrg. Oktbr. 1910—Septbr. 1911. 12 Hefte. (à cà. 36 S. m. Abbildgn.) Lex. 8. Ebd. 8. —

Stickerin, die, Journal für Stickerei in Seide und Baumwolle auf Stramin. 1r Jahrg. 1834, Nr. 1—3. à 2 Muster. gr. 4, Aachen 834. Kohnen. n. 1 ₰

Stickerin, die elegante. 3 Hfte. Braunschw. Spehr. 815. (à 1 Rthlr. 12 gr.)

Stickerin, die elegante, od. Pracht-Muster im neuesten Modegeschmack zum Sticken u. Weißnähen, nebst d. vollständ. Alphabet in latein. u. goth. Schrift, u. einer Anweis., wie e. Stickerin, ohne Zeichnen zu können, sich selbst jedes Muster ab- u. aufzeichnen u. fortführen kann. Ein Geschenk f. das schöne Geschlecht. qu. gr. 8. Meiß. 830. Goedsche. In Etuis. 16 gl

—— die elegante, od. Pracht-Muster im neuesten Modegeschmack zum Sticken u. Weissnähen, nebst d. vollständ. Alphabet in latein. u. goth. Schrift, u. e. Anweis., wie e. Stickerin, ohne Zeichnen zu können, sich selbst jedes Muster ab- u. aufzeichnen u. fortführen kann. qu. Lex.-8. (23 Bl. u. ¼ B. Text.) Meissen 830. [Leipzig, Rostosky u. Jackowitz.]

—die elegante, oder Muster im neuesten Modegeschmack zum Sticken u. Weißnähen. Ein Geschenk f. das schöne Geschlecht. A. u. d. T.: Samml. von Mustern zur weißen Stickerei ꝛc. Fol. (16 lith. Blätt.) Magdeb. 832. Rohrahn u. C. In Etuis. 15 gl (Ist eine wohlf. Ausg. der Samml. ꝛc., welche 1828 erschien.)

—die allzeit fertige, enthalt. 50 neue Muster ꝛc. Meißen 821 Goedsche. 14 gl

Stickerinn, d. junge, e. Taschenbuch f. Frauenzimmer im Sticken und Malen f. 1801. m. 29 K. u. 6 in Seide gestickt. Modelblatte. 1ste Abth. 12. Berlin, Maurer.
ohne d. Modelblatt.

— — derselb. 2te Abth. f. 1802. m. K. u. e. in Seide gest. Modelblatt. 12. Ebend.
ohne d. Modelblatt.

Stickerin, die kleine. 16. (12 Muster.) Berlin 846, Rieß. In Couv. 3 ngl

Stickerin, die kleine. Zwölf Taf. farb. Mustervorlagen für Tapisserie-Arbeiten. 12. (2 S. Text.) Berlin 882, Gebhardi.

Stickerin, die kleine. 12 Taf. farb. Mustervorlagen f. Tapisserie-Arbeiten. 12. (2 S. Text.) Berlin 883. Gebhardi. 1.25

Stickerin, die kleine. 12 Taf. farb. Mustervorlagen f. Tapisserie-Arbeiten. [Aus: „Die Arbeitsstube", kleine Ausg.] 1. Hft. 12. (12 Farbdr. m. 2 S. Text.) Leipzig 897. W. Vobach & Co. n. 1.—

—die kleine u. fleißige, oder: die Schule des Stickens in allen ihren Zweigen. Eine Anweis. zum Blondiren oder Stopfen zum Durchziehen mit Garn od. Schnürchen, u. zum Auszählen in Spitzengrund, so wie zum Sticken mit Plattstich ꝛc. ꝛc 2e reich verm. Ausg. Mit 63 leichten u. geschmackvollen Mustern zu allen Arten der Weißstickerei. qu. gr. 8. Dresden 832. Friese. In Etuis. 12 gl

STICKL, Anton: Die Krankheiten der Garnison Ingolstadt in den letzten dreissig Jahren.- München: Wolf 1887. 72 S.,3 Bl.
25.2.1887 - Chr 1886/87,12; Jv 1886/87,190
Diss. Ingolst.-Landsh.-Mchn.

Stickl, Anton, die Krankheiten der Garnison Ingolstadt in den letzten dreissig Jahren. Diss. München 1887, A. Buchholz. 8°. 72 S.

Stickl, Franz Xaver, s. Augustinus, Aur.: Jugendgeschichte.

Stickl, Frz. Xav., († d. 27. Mai 1814.) christl. Bet- u. Lesebüchlein. 8. Augsb. 790. Rieger.

– s. Gotthold, oder der christl. Leser.

—Handbüchlein für Kranke. 8. Münch. 790. Lentner. 6 gl

—der erleuchtete Hirt. (Nach des Verf. Tode herausgg. v. J. C. B.) 8. Münch. 815. Lentner. 5 gl

Stickl, Frz. Xav., Jugendfeinde, oder Pfarrer Frieden. 8. Münch. 797. Schulfond.

—der im Geiste u. in der Wahrheit betende Katholik. 8. Münch. 795. Schulfond.

—Lieder zur Erbauung, für Schulkinder u. Erwachsene. 8. Münch. 807. Schulfond.

—Maria, die Mutter unsers Herrn. 8. Münch. 798. Schulfond.

—Predigt vom Halten an Christus. 4. München 799. Lentner. 3 gl

– s. Schulgeschichten.

– s. Uhlenberg, Ksp.: Trostbuch.

—christl. Volkspredigten zu Indersdorf u. and. Orten gehalten. 8. Münch. 809. Lentner. 1 ℛ 4 gl

Stickl, Fr. X., christl. Volkspredigten zu Indersdorf gehalten, z. erbaul. Lesung f. d. Christenvolk herausg. 8. München, Lentner. 810. Rthlr.

STICKL, Johann Nepomuk (Seiboldsdorf): Die Bronchitis acuta der Kinder.- München: Wild 1851. 23 S.
24.7.1851 - Urk (Titel: De bronchitide acuta infantum.); F 67
Diss. Ingolst.-Landsh.-Mchn.

Stickler, F. (Hrsg.), s. Almanach aus Rom.

Stickler, Georg: Ein Fall von Nymphencarcinom. *Würzburg 1897: P. Scheiner.* (30 S.) 8°
Würzburg, Med. Diss. v. 1897

Stickler, Ludwig, Zahnarzt aus München: Ueber den microscopischen Bau der Faltenzähne von Eryops megacephalus Cope. Mit 15 Abb. *Stuttgart: E. Schweizerbart 1899.* (14 S.) 4°
Erlangen, Phil. Diss. v. 30. Nov. 1898

Stickler, Ludw., über den microscopischen Bau der Faltenzähne v. Eryops megacephalus Cope. gr. 4. (10 S. m. 1 Fig., 2 Taf. u. 2 Bl. Erklärgn.) Stuttgart 899. E. Schweizerbart. n. 8.—
Sonderabdruck aus: „Palaeontographica".

Stick- u. Zeichenmuster, auserles. neueste Pariser, Londoner u. Hamburger, e. interessant. u. nützl. Geschenk f. das schöne Geschlecht. 2 Hefte. Mit 8 Kpf. 4. Hamb. 810. (à 8 gl) 16 gl illum. (à 12 gl) 1 ℛ

—ein und achtzig, gezeichnet v. einem deutschen Mädchen. Fol. Ebend. 810.

Stickmuster etc. aus der Gewerbeschule f. Mädchen in Hamburg. Hrsg. v. dem Schulvorstande. Fol. (10 Steintaf.) Hamburg 872. Nestler & Melle. In Mappe. n. 6. —

Stickmuster, neu inventirte, nach modernen Geschmack gezeichnet, von G. A. M. 2 Hefte. 4. Hannov. 810, 811. Hahn. (à 12 gl) 1 ℛ

Stickmuster, neue elegante, f. junge Frauenzimmer. 1s u. 2s Heft. Nürnb. Zeh. 812. (1s 20 gr. 2s 18 gr.)
Auch unt. dem Titel:
Die elegante Stickerin.

Stick- u. Strickmuster, neue Leipziger. Zu künstl. Arbeiten in Seide-, Garn-, Wolle- u. Perlstickerei, gezeichnet von F. L. Lehmann. 2e Aufl. 2 Hfte. Leipz. 811. Zehl. (à 1 ß) 2 ß schwarz 1 ß

Stickmuster, neue, zu Sacktücher rc. von Wilhelmine. I.—VI. Heft. 16. (54 Blätter.) München 845, Mey und Widmayer. à n. 1/6 ß

Stickmuster, Pariser, im neuesten Geschmack, zu allen Sorten Stickereien, für das Jahr 1834. qu. gr. Fol. Leipzig, Hunger. 2 1/6 ß

Stickmuster, Pariser, im neuesten Geschmack, zu allen Sorten Stickereien, f. d. J. 1834. qu. gr. Fol. (13 lith. Bl., incl. 1 ill. u. 1 Bl. Text.) Leipzig, Magazin f. Industrie.

Stickmuster-Album. 12 Taf. farb. Muster-Vorlagen f. Tapisserie-Arbeiten. [Aus: „Die Arbeitsstube", große Ausg.] 1. Hft. gr. 8. (12 Farbdr. m. 2 S. Text.) Ebd. 897. n. 2. —

Lilly's **Stickmuster-Album** . . . Entworfen und gezeichnet in der Gewerbeschule für Mädchen in Hamburg. Verlag von Gustav Elkan, Harburg a/d. Elbe [1879]. [Umschlagtit.] 12 farb. Taf. 8°.

Stickmuster-Album, neues. 4 Sorten. qu. 16. (14 Chromolith.) Wesel 886. Dums. à — 10

Stickmusterbuch. Vorlagen zum Sticken u. Wäschezeichnen. (Große Ausg.) 1—4. Hft. qu. gr. 16. (à 16 Steintaf.) Leipzig 885. Heitmann. à — 15

— dasselbe. (Kleine Ausg.) 1—8. Hft. qu. gr. 16. (à 8 Steintaf.) Ebend. 885. à — 10

Stickmuster-Mappe, neue. Kleine Vorlagen in Farbendr. f. Tapisserie-Arbeiten. Mit Alphabeten. qu. gr. 8. (10 Taf.) Leipzig 888. Fock. — 75

Stickmuster-Sammlung im neuesten Geschmack, gezeichnet v. C. W. W. H. . . . . 1827 u. 1828. qu. gr. Fol. Mit 16 Steintaf. u. 1 Bog. Text. Hamb. 828. Hoffmann u. Campe. 2 ß 3 Sgr

Stickmuster-Sammlung, grosse. Auswahl der schönsten Muster aus Julie Petersen-Wagner's Stickmuster-Zeitg. Vorlagen f. Bunt- u. Weissstickerei. Muster f. Flachstickerei, zumeist m. genauer Anweisg. betreffs der mehrfarb. Ausführg. Enth. 80 Bog. m. 240 Mustern in Imp.-Fol., nebst Inhaltsverzeichnis u. Register. Fol. (8 S.) Leipzig 892. P. Hobbing. In Mappe. n. 6. —

Stickmuster-Zeitung s.: **Petersen-Wagner, Julie**

Stickoxydul, das [Azoticum oxygenatum, Lachgas]. Seine Herstellung, Anwendung u. Wirkung als Anästheticum. Hrsg. von C. Ash & Sons. gr. 8. (32 S. m. eingedr. Holzschn.) Berlin 877. (Bohne.) n. 1. —

Die **Stickstoffdüngung** in Form von schwefelsaurem Ammoniak und deren Erfolge. Bericht über die im J. 1909 mit schwefelsaurem Ammoniak durchgeführten Düngungsversuche m. e. Einl. über d. Bedeutung d. schwefelsauren Ammoniaks f. d. Landwirtschaft. Bochum 1910: (Stumpf). 64 S. 4°

Stickstunden, oder neuester Unterricht im Sticken. Mit 12 Kpf. Halle 808. Dietlein. 1 ß

Sticotti Piero: Quae ac qualis fuerit imperatorum Romanorum temporibus gymnasiarchia.
H. 1893 PN 809 **Diss.** Wien, Univ.

Stida, Michael Heinrich (Erfurt) A. S. 607/9

Disputatio inauguralis juridica de justitia ut fine jurisprudentiae.
Erfurt (Grosch) 15. V. 1714. 30 S. 33540

Stieb, s.: Jesus u. die Menschen seiner Zeit.

Stieb, Heinrich, aus Rüsselsheim a. M.: **Über das Plattenepithelcarcinom** der Bronchien. *Giessen 1900: v. Münchow.* (33 S.) 8°
Giessen, Med. Diss. v. 1900

Stieb, J., Licht- u. Schattenseiten der Gegenwart. gr. 8. (15 S.) Weimar 887. (Thelemann.) n. — 25

Stieb, Philipp, a. Rüsselsheim a. M.: **Ueber Geschwulstentwicklung in accessorischen und überzähligen Organen** an der Hand eines Falles von Sarcom in der Pankreasgegend. Würzburg 1904: C. J. Becker. (37 S.) 8°
Würzburg, Med. Fak., Ref. v. Rindfleisch, Diss. v. 21. Sept. 1904
[Geb. 7. Juni 80 Rüsselsheim; Wohnort: Rüsselsheim; Staatsangeh.: Hessen; Vorbildung: Gymn. Mainz Reife O. 99; Studium; Berlin 6, Marburg 1, Würzburg 2 S.; Coll. 20. Juli 04; Approb. 12. Mai 04.]

Stieb, Wilh., die Quartierleistung für die bewaffnete Macht im Frieden. 8. (43 S.) Metz 900. Deutsche Buchhandlg. n. — 60

Gott in der Natur. [Unterz.:] Stiebel. Tilsit o. J.: Reyländer & Sohn. 1 Bl. 8°. [Kopftit.]
„Was in uralten Büchern ist geschrieben" . . . 358 a.

Stiebel, Albert [aus Frankfurt am Main]: **Ueber Nitroderivate des Parachlorchinolins, des** Chinolins und **des Parachloranilins** . . . . **Freiburg i. B., Buchdr. v.** Chr. **Ströcker, 1888;** 46 S. + 1 Bl. 8°
Freiburg i. B., Phil. Fak., Inaug.-Diss. v. 1888

Stiebel, Alfred, Referendar in Berlin: **Welche Rechte kann** dem **Käufer** einer Sache die nachfolgende **Unmöglichkeit der Leistung des Verkäufers** gewähren? ⟨Nach B.G.B.⟩ *Berlin 1904: W. Pilz.* (203 S.) 8°
Freiburg i. B., Rechts- u. staatswiss. Diss. v. 1904

Stiebel (jun.), Friedr., allgemeine Störungen der Ernährung und des Blutes, s. **Handbuch der speciellen Pathologie und Therapie.**

Stiebel jun., **Friedr., über das Verhältniss** der Gekrösdrüsen **im kindlichen Alter u. ihre Beziehung zur Atrophie** im ersten **Lebensjahre. Mit 6 (lith.) Taf. Frankfurt a. M. 854. Literarische Anstalt. gr. 4. (19 S.)** 18 ngr

[F.] Des Boppeschänkelche. E. Zeitbild v. 1763 v. Dr. Fritz **Stiebel.** Nebst e. Prolog, gesprochen b. d. Aufführung in Frankf. . . . 1896. '(Den Bühnen gegenüb. als Ms. gedr.)' *Frankfurt a. M.: H. Keller 1896.* (20 S.) 1 Bd 8. [96. 6:58

Stiebel, Gustav [aus Schrimm '(Posen)']: **Über extragenitale Primäraffekte. Ihre Häufigkeit, Lokalisation, Aetiologie und Prognose nebst Beiträgen z. Casuistik ders.** . . . Würzburg, **Becker's Univ.-Buchdr.,** 1895; 70 S. 8.
Würzburg, Med. Fak., Inaug.-Diss. v. 1895

Stiebel, H., das Buch der Andacht, für evangel. Schulen, ein Handbuch f. Lehrer. 8. Elberf. 828. Büschler. 1 ß

Auktions-Katalog der Sammlungen des in Frankfurt a/M. verstorbenen Herrn Heinrich Eduard **Stiebel.** Exlibris, alter Buchschmuck, Druckerzeichen, Buntpapiere, Gelegenheitsdrucke . . Versteigerung . . . 1910 . . . durch C. G. Boerner in Leipzig. Leipzig: Boerner 1910. XVI, 272 S. 8° [10. 15066 2

Stiebel, S., kleine Beitr. zur Heilwissenschaft. 8. Frkf. a. M. 823. Hermann. 1 ß 8 Sgr

Stiebel, Sal. Fr.

— s. Donné, A., üb. d. phys. Erziehung d. Kinder.

Stiebel sen., S. F., die Gebietsgrenzen der Naturwissenschaften. Vortrag in d. öffentl. Sitzung d. Senkenbergischen Gesellschaft. An Carl Vogt und Rudolph Wagner. Frankfurt a. M. 855. Literarische Anstalt. 8. (16 S.) 3 *ngr.*

Stiebel, S. F., von dem rechten Gebrauche d. Arztes. Für Gesunde u. Kranke. 8. (8¾ B.) Frankfurt a. M. 840, Jügel.

Stiebel, S. F., die Grundformen d. Infusorien in d. Heilquellen, nebst allgem. Bemerkn. üb. d. Entwickelung ders. 1. Hft. Gallionella ferruginea. Conserva filiformis sulphurata. Ueber d. Keimpünktchen u. deren Bedeut. in d. organ. Entwickelungsgeschichte. gr. 4. (2¾ B. u. 1 Taf.) Frankfurt a. M. 841, Jügel. Thlr.

Stiebel, des alten Doctor, Jubeldissertation für Aerzte, Erzieher u. Kinderpfleger. Frankfurt a. M. 865. Sauerländer's Verlag. gr. 8. (VII, 101 S.) 15 *ngr.*

Stiebel, S. F., die singende und leuchtende Mosche. Eine Legende. gr. 8. (43 S.) Frankfurt a. M. 857, Hermann'sche Verlagsh.

Stiebel sen., Ricket's Rhachitis oder Rachitis, tabes pectorea, articuli duplicati, Zwiewuchs, englische Krankheit etc. Erlangen 863. Enke. gr. 8. (VIII, 71 S. u. 1 lith. Taf.) n. 15 *ngr.*

—— Soden u. seine Heilquellen. gr. 12. (5½ B. u. 1 Plan.) Frankfurt a. M. 840, Jügel.

Stiebel, S. F., Straf-Methoden sind keine Straf-Systeme. 2 Vorträge in d. gesetzgebenden Versammlung zu Frankfurt a. M. in d. Jahr. 1841 u. 1843 gehalt. gr. 8. (4½ B.) Frankfurt a. M. 846, Sauerländer's Verl.

—— klinische Vorträge im frankfurter Kinderkrankenhause. 1. Hft. gr. 8. (10½ B.) Frankfurt a. M. 846, Sauerländer, Verl. *

Stiebel, Samuel, appr. Arzt a. Langenschwarz ⟨Hessen-Nassau⟩: Beitrag zur Lehre vom Kropfherzen. München 1907: C. Wolf & Sohn. (67 S.) 8°

München, Med. Fak., Ref. Müller, Diss. v. 6. März 1907

[Geb. 15. Juni 79 Langenschwarz; Wohnort: Fulda; Staatsangeh.: Preußen; Vorbildung: Gymn. Fulda Reife O. 99; Studium: Berlin 2, Marburg 2, Leipzig 1, Berlin 5 S.; Coll. 6. März 07; Approb. 1. Mai 05.]

Stiebeler, Erdmann: Der Subjonctif in den verkürzten Sätzen des Französischen. Stettin, Druck v. Herrcke & Lebeling, *1895*; 3--24 S. 4.

Stettin, König-Wilhelms-G, OP 1895 (147)

Stiebeling, Fritz, das Recht der Anfechtung nach der Konkursordnung. Auf Grund der Rechtsprechg. des Reichsgerichts in Form e. Kommentars zu den §§ 29 bis 42 K.O. u. in Auszügen aus den Entscheidgn. dargestellt. (VI, 109 S.) 8. Berlin 908. F. Vahlen. Kart. 2.40

Das Recht der Anfechtung nach dem Reichsgesetz vom 21. Juli 1879 ⟨n. F.⟩. Auf Grund d. Rechtsprechung d. Reichsger. systemat. u. in Auszügen aus d. Entscheidungen dargest. von Fritz **Stiebeling**, Amtsrichter. Berlin: F. Vahlen 1907. (88 S.) 8° [F.] [07. 16048

Stiebeling, Georg C.

Stiebeling, Geo. C. Ein Beitr z Gesch der Internationale in NA. NY, 1874.

Stiebeling, Geo. C., Zwei Briefe an Herrn Friedrich Engels in London. 8°. s. l. s. a. (New York 1895.)

--Über d sogenannten Instinct des Huhns u d Ente. NY, 1872.

— Lesebuch für das Volk. Eine kurzgefasste und leichtverständliche Darstellung des Wichtigsten aus Naturlehre und Menschenkunde. 8°. New York, H. Nitzsche, 1882.

Stiebeling, Geo. C., Naturwissenschaft gegen Philosophie. Eine Widerlegg. der Hartmann'schen Lehre vom Unbewußten in der Leiblichkeit nebst e. kurzen Beleuchtg. der Darwin'schen Ansicht üb. den Instinct. gr. 8. (VIII, 151 S.) New-York 871. Schmidt. n. 3. —

— Das Problem der Durchschnitts-Profitrate. Kritik einer Kritik mit einem Nachtrag. gr. 8°. New York, Verlag der N. Y. Labor News Company (1893).

Stiebeling, Georg. Sozialismus und Darwinismus: Eine kritische Studie. New York: Schmidt, 1879. DLC

— Untersuchungen über die Raten des Mehrwerths und Profits mit Bezug auf die Lösung des Problems der Durchschnitts-Profitrate. gr. 8°. New York, Verlag der N. Y. Labor News Company, 1894.

— Das Wertgesetz und die Profitrate. Leichtfassliche Auseinandersetzung einiger wissenschaftlicher Fragen. Mit einem polemischen Vorworte. gr. 8°. New York, John Heinrich (1890).

Stiebeling, Carl Beiträge zum homerischen Gebrauch der tempora praeterita, insbesondere des Imperfektum. 4 (31 S.).
Progr. Rg. *Siegen* 1887 (352).

Stiebeling, Karl, a. Siegen i. Westfalen: Stilistische Untersuchungen über Gottfried von Strassburg und seine beiden Fortsetzer Ulrich von Türheim und Heinrich von Freiberg. Halle a. d. S. 1905: E. Karras. (VI, 79 S.) 8°

Leipzig, Phil. Fak., Ref. Sievers u. Köster, Diss. v. 12. Mai 1905

[Geb. 25. Apr. 80 Siegen i. W.; Wohnort: Siegen; Staatsangeh.: Preußen; Vorbildung: Realgymn. Siegen Reife O. 99; Studium: Gießen 5, Leipzig 6 S.; Rig. 13./14. Dez. 04.]

Stiebeling, Wilhelm, Medizinalprakt. a. Siegen in Westfalen: Aus der medizinischen Universitäts-Klinik. Zur Kenntnis der in der ersten Hälfte des Jahres 1905 in die Leipziger medizinische Klinik unter der Diagnose „Meningitis epidemica" eingelieferten Erkrankungen. Leipzig 1906: B. Georgi. (42 S.) 8°

Leipzig, Med. Fak., Ref. Curschmann, Diss. v. 24. Febr. 1906

[Geb. 2. Febr. 77 Siegen; Wohnort: Leipzig; Staatsangeh.: Preußen; Vorbildung: Gymn. Attendorn Reife O. 97; Studium: Marburg 3, Tübingen 1, Marburg 1, Leipzig 8 S.; Coll. 9. März 06; Approb. April 05.]

Der Prozeß Stieber-Tichy. Ein Bild aus der 10jährigen Reaktionsepoche im preußischen Staat. Amtlich enthüllt durch die vor dem Stadtgericht zu Berlin am 14., 15., 16. u. 18. Mai und vor dem Kammergericht am 20. November 1860 stattgehabten Kriminalverhandlungen und die Erläuterungen des Polizei-Direktors Dr. Stieber und des Staatsanwalts beim Stadtgericht Herrn Nörner. Altona, Verlags-Büreau (1861). 88 S. 8.

Das Alderhaus. Die Geschichte e. stillen Menschen. Von Ferdinand **Stieber.** Köln, Berlin, Leipzig, Paris: Ahn [1910]. 303 S. 8° [11. 1318

— Auferstehung zum Tode. Novellen. (V, 139 S.) 8. Wien 909. M. Braunschweig. 2.50

Bitt' für mich! 3 Akte von Ferdinand **Stieber**. Berlin: Wedekind & Co. 1906. (100 S.) 8° [F.] [06. 14589

— Das ewige Irren. Novelle. (166 S. m. 1 Abbild.) 8. Ebd. 910. 3. —

Nimbus. Roman von Ferdinand **Stieber**. Berlin, Eisenach, Leipzig: H. Hillger [1905]. (111 S.) 8° [F.]
= **Bücherschatz**, Kürschners. No 456. [05. 16530

— Nimbus, s. Kürschner's, Jos., Bücherschatz.

Ein Paar aus dem großen Gewimmel. In Geschichten festgehalten von Ferdinand **Stieber**. Berlin: Wedekind & Co. 1907. (140 S.) 8° [F.] 07. 10891

Stieber, Ferd., die Rindvieh-Zucht u. ihre Nützung. Mit 2 Kpfrtaf. (in 4.) 8. (231 S.) Brünn 848, Winiker. n. 28 ngl

Stieber, Ferd., die Rindvieh-Zucht und ihre Nützung. 8. (231 S.) Brünn 851, Winiker's Buchh. *

Stieber, Friedrich Karl Gustav

Christenthum und Maurerthum. Oder: Der Kampf der kirchlichen Reaktion gegen das religiöse Bewusstsein der Zeit und gegen den Freimaurerbund. Eine geschichtl. Studie. [Von Friedr. Karl Gust. Stieber.] Sondershausen: Eupel 1864. 90 S. 8°
Recens: Bh. 7 (1864) S. 382 (J. G. Findel); L. 23 (1864) S. 340–342.
Tt. 1799. 23. 26.

Stieber, Fr. C. G.: De bonorum emtione apud veteres Romanos. Pars I. *Lipsiae*, Serig. 827. 8maj. (9 Gr.)

Stieber, F. C. G., De bonorum emtione apud veteres Romanos I. 1827. VIII, 66 S.

Stieber, Friedr. Carl Gust., die wahre Gestalt der Planeten- u. Kometenbahnen. [Aus: Verhandlungen der K. Leop.-Carol. der Akad. der Naturforscher.] Dresden 861. (Jena, Fr. Frommann.) gr. 4. (35 S. mit 2 Steintaff. in gr. 4. u. qu. Fol.) n. 1 $\mathcal{B}$ 5 ngr.

Kirche und Loge. [Von Friedr. Karl Gust. Stieber.] o. O. [ca 1864?]
[L. 23 (1864) S. 340.]

Stieber, Friedrich Karl Gustav (Hrsg.), s. W e n c k , C. F. Ch.: Opuscula academica.

Stieber, G. F., historia theolog. dogmat. 8. Güstrow. 712.

— Lebensbeschreibung Magdalena Sybilla, verwittw. regier. Herzogin zu Mecklenburg. 4. Rostock, Bödner. 745.

— Vorspiel z. Historie und Reformation und Leben Lutheri. 8. Güstrow. 710.

Stieber, Georg Friedrich Stephan, s. B a r o n , Der alte englische.

Stieber, Georg Friedrich Stephan (Büchenbach über Roth) F, zv/40

Coniectanea et opiniones in nonnulla P. Ovidii, Iul. Obsequentis, et A. Persii loca.
Präs. Gottlieb Christoph Harles.
Erlangen (Ellrodt) (18.) II. 1786. 20 S.
33542

Stieber, Georg Stephan (Schwabach) Altd. Thl. 14/31

... Behemoth et Leviathan, elephas et balaena e Job. XL. XLI. Präs. Johann Wilhelm Baier.
Altdorf (Kohles) VI. 1708. 48 S. 33544

Stieber, Georg Stephan (Schwabach) Altd. Thl. 21/12

Christos ho tekton ek tou Markou kephal. hekt.
Präs. Christoph Sonntag.
Altdorf (Kohles) 20. IV. 1709. 12 S. 33545

Stieber, Georg Stephan (Schwabach) Altd. Thl. 20/26

Commentationum super moralitate legum ceremonialium et forensium deigma quartum.
Präs. Christoph Sonntag.
Altdorf (Kohles) 18. VIII. 1706. 24 S.

W. v.: Präs., Septimus August Decker, Johann Friedrich Sonntag, Andreas Weber, Georg Ulmer, Johann Friedrich Kiefhaber, Leonhard Friedrich Hornung, Johann Adolph Herold, Paulus Benivent.
33543

Stieber, Georg Stephan (Schwabach) A. S. 1362/46

De pice et sulphure inferni, aliisque huc attinentibus materiis ... Präs. Christoph Sonntag. Rec.
Altdorf (Kohles) 1716. 40 S.

Diss. 28. XI. 1708. 33546

Stieber, Gottfried, s. D e l i c i a e topogr.-geogr. Norimberg.

Stieber, Gf., († d. 18. Decbr. 1785.) histor. u. topograph. Nachr. von dem Fürstenth. Brandenburg-Onolzbach, aus zuverläss. archival. Dokumenten etc. gr. 8. Schwabach 761. Enderes. 1 ß 16 gl

— allgem. Register über die Biedermännischen genealog. Tabellen von der Reichs-Ritterschaft der sechs Orte Landes zu Franken, dann d. Ritterschaft im Voigtlande u. dem adelich. Patriziat zu Nürnberg. Fol. (Ansb.) 771.

Stieber, Jul., der Hausadministrator, s.: S e l i s a m , Ferd.

Stieber, M., der Anschauungsunterricht in Probelectionen, ausgearb. nach den Winckelmann'schen u. Pfeiffer'schen Bildern. 1. Hft.: Der Winter. gr. 8. (48 S.) Straßburg 882. Schmidt. n. — 60

Stieber, Mich., ein Neujahrsschießen am Kochersberge. Erzählg. 12. (38 S.) Straßburg 898. (C. A. Bomhoff.) — 30

Das österreichische Landrecht und die böhmischen Einwirkungen auf die Reformen König Ottokars in Österreich. Von Dr. Miloslav **Stieber**, Privat-Doz. in Prag. Innsbruck: Wagner 1905. (IX, 154 S.) 8°
— **Forschungen** z. inneren Geschichte Österreichs. H. 2. 05. 1443

Stieber, Paul, im Lande Amazonia. Burleske Operette in 1 Akt. Text u. Musik v. St. Op. 45. Vollständiges Text- u. Regiebuch. (31 S.) kl. 8. Leipzig (907). C. F. W. Siegel. — 60

Stieber, Paul, Familie Bock auf d. Maskenballe. Operette in 1 Aufzuge. Text u. Musik von St. Op. 13. Vollständiges Text- u. Regie-Buch. 12. (43 S.) Leipzig (901). C. F. W. Siegel. — 60

— die Dienstboten-Versammlung. Operette in 1 Akt. Text u. Musik v. St. Vollständiges Text- u. Regiebuch. 8. (26 S.) Ebd. (902). — 60

Stieber, Paul: M a n ißt ein Stück Apfeltorte. Operette in 1 Akt. Text u. Musik von –. Op. 35. Vollst. Text- u. Regiebuch. Leipzig: Siegel [1902]. 30 S. 8°

Stieber, Paul, man ißt e. Stück Apfeltorte. Operette in 1 Akt. Text u. Musik v. St. Op. 36. Vollst. Text- u. Regiebuch. (80 S.) kl. 8. Leipzig (904). C. F. W. Siegel. — 60

— die Fürstin Patschouli oder Friseure auf Reisen. Operette in 1 Akt. Text u. Musik v. St. Op. 28. Vollständiges Text- u. Regiebuch. (44 S.) 8. Ebd. (903). — 90

— sprechen Sie m. meiner Mama, s.: Glaser's, Conr., Theater-Bibliothek.

— Streik in der Kochschule od. Vorsicht beim Küssen? Operette in 1 Aufzuge. Text u. Musik v. St. Op. 10. Vollständiges Text- u. Regiebuch. 12. (45 S.) Ebd. (900). — 60

Stieber, Wilhelm (Joh. Karl Eduard)

Stieber, W., Beiträge zur Erleichterung des Gelingens der prakt. Polizei, s. Beiträge.

Stieber, des Geh. Reg.-R. Dr., Denkwürdigkeiten. Aus seinen hinterlassenen Papieren bearb. von Leop. Auerbach. gr. 8. (X, 310 S.) Berlin 883, Engelmann. *
—— dass. — (Volksausg.) gr. 8. (X, 310 S.) Ebendas. 884. *

Stieber, W., die Erfahrungen des Königlichen Polizei-Präsidii zu Berlin, betr. die Anwendung des Gesetzes vom 11. April 1854 über die Beschäftigung der Strafgefangenen mit Arbeiten in freier Luft. Mit einem Anhange, enthltd. sämmtl. amtliche Verordnungen und Instructionen, welche zur Erläuterung des Gesetzes vom 11. April 1854 erlassen sind. Berlin 856. Hayn. gr. 8. (39 S.) n. 5 ngr.

Stieber, Wilhelm. Die Gesetzgebung des preußischen Staats seit Einführung der constitutionellen Regierungsform nach den neuesten Beschlüssen der Kammern geregelt und zum Gebrauch für die Justiz- und Verwaltungsbeamten sowie für den Bürger und Geschäftsmann bearbeitet und zusammengestellt. Berlin, A. W. Hayn 1850. VI 195 S. 8.

— siehe a. Gesetzgebung, die, des Preußischen Staats seit Einführung der constitutionellen Regierungsform.

Stieber, Wilhelm: Die Communisten-Verschwörungen des 19. Jahrh., s. Wermuth.

Stieber, W., practisches Lehrbuch der Criminal-Polizei. Auf Grund eigener langjähriger Erfahrungen zur amtlichen Benutzung für Justiz- u. Polizeibeamte u. zur Warnung u. Belehrung für das Publikum bearb. Berlin 860. Hayn. gr. 8. (VI, 223 S.) 1 ℳ

PROSTITUTION, Die, in Berlin und ihre Opfer. Nach amtlichen Quellen u. Erfahrungen. In histor., sittlicher, medizinischer u. polizeilicher Beziehung beleuchtet (vom Kammergerichts-Assessor *Dr. Wilh. Joh. Carl Eduard Stieber*, geb. d. 3. Mai 1818 zu Merseburg, † am 29. Jan. 1882 zu Berlin als geheimer Regierungs-Rath). Berlin, A. Hofmann u. Comp., 1846. Gr. 8°. (Auch in Breslau, Kgl. u. Univ.-Bibl.)
3 Bll. u. 210 S. Vergriffen u. selten!
* — — Dasselbe. 2. unveränderte Aufl. Ibid. eod. a. Gr. 8°. (Auch in Dresden, Bibl. der Gehe-Stiftg.) (6 Mk. Anton Creutzer, Aachen, 1906.)
3 Bll. u. 210 S.

Stieber, W., der erste polit. Prozeß vor den Geschwornen Berlins, betreffend die Anklage des Ober-Staatsanwalts Sethe wider den Literaten Rob. Springer wegen Majestätsbeleidigung. Nach stenograph. Berichten dargestellt vom Vertheidiger des Angeklagten. Lex. 8. (20 S.) Berlin 849, Hofmann & Co. 3 ngr.

Stiebler Arthur: Wie spiegeln sich die Zeit und die öffentlichen Interessen in Logaus Epigrammen?
H. 1907 PN 2357 **Diss.** Wien. Univ.

Stiebner, Elias (Freiberg/Sa.) A. S. 141/30

De depectis. Präs. Johann Friedrich Weidler. Wittenberg (Gerdes) 29. III. 1732. 36 S.
33549

Stiobritz, Diss. de somniis. Hal. 4°. 1758

Stiebritz, A.: Allgemeines Adreßbuch von Gotha, s. Adreßbuch, Allgem., ...

Stiebritz, J. B., Einleit. in die hebräische Sprachlehre, für Schulen. gr. 8. Jena, (Schmid). 4 ℛ

Stiebritz, Johann Friedrich

— vermischte Abhandll., welche sich mit allerlei wichtigen Wahrheiten zur Aufnahme der Wissenschaften u. Befestigung d. Religion beschäftigen. 8. Halle 752. Renger. 10 ℛ

Stiebritz, J. F., an piscina Bethesdae calidis aquis annumerari queat? Hal. 1740. 4.

Stiebritz, Johann Friedrich.
Auszug aus Dreyhaupt's ausführlichen Beschreibung des Saalkreises . . . 2. Theil. Halle 1773. H: ***Seyfart, Johann Frdr.*** **(ML)**

Stiebritz, Jh. Fr., († d. 12. Dec. 1772.) Betrachtt. üb. einige Gegenstände der Schrift u. der Religion, nebst e. Anh. von d. Alter d. samaritan. Pentateuchs. gr. 8. Halle 769. (Hahn in Hannov.) 12 ℛ

— Beweis f. d. Wirklichk., e. Offenbarung wid. d. Naturalisten. 8. Halle, Renger. 746. -

Stiebritz, Johann Friedrich (Halle) A. S. 1370/24

Dissertatio secularis exgetico (!)-historica de charismatis et meritis b. d. Martini Lutheri, ad typum Pauli et Timothei ex 2. Tim. I, 7. 8. delineatis, et ex reformationis historia illutratis (!).
Präs. Joachim Lange.
Halle (Henckel) 27. VI. (1730). 32 S. 33551

Stiebritz, Johann Friedrich (Halle) **A. S. 1371/19**

Dissertatio secularis eaque inauguralis de naturalibus Lutheri reformatoris dotibus.
Präs. Johann Joachim Lange.
Halle (Henckel) VI. 1730. 58 S.

Gew.: Johann Peter von Ludewig, Johann Heinrich Michaelis, Johann Friedemann Schneider, Christian Benedikt Michaelis, Michael Alberti, Johann Joachim Lange.
W. v.: Präs., C. D. Angerstein, B. I. Bauer, I. F. Oessfeld, G. F. Selig. 33550

Stiebritz, Johann Friedrich [Praes.], s. Drescher, Johann Gottlieb: Vindicias loci Rom. IX, 5. adversus Wetstenium complectens.

— s. J. C. Dreyhaupt, Pagus Neletici.

— Erläut. d. Wolffschen Gedanken v. allen Dingen überhaupt. 8. Halle, Kümmel. 747. -

— Erläut. d. Wolffschen vernunft. Gedanken v. d. Kräften d. menschl. Verstandes od. Logik. 8. Halle, Hemmerde. (a. Kümmel.) 747. -

Stiebritz, Joh. Friedr., Erweiß der Ewigkeit der Höllen-Straffen, nebst einer Antwort Hrn. Mosheim entgegen gesetzte Ueberlegung. Halle 747. 8.

— erwies. Ewigkeit d. Höllenstrafen, nebst e. Antwort auf d. d. Abt Mosheim entgegengesetzten Ueberlegungen. 8. Halle, Renger. 747.

Stiebritz, Joh. Friedr. (Halle i. Sachsen)
Specimen academicum novam loci difficilimi 1 Cor. XV, 28 expositionem exhibens.
Giessae Oct. 1731: E. H. Lammers. 20 S. 4°
pro aperiendis collegiis

Stiebritz, Johann Friedrich [Praes.], s. Förster, Johann Christian: Notionem et demonstrationem doctrinae de mundo optimo interspersis insimul ejus vindiciis a recentissimis oppugnationibus.

— Wolfsche Gedanken v. Gott, dess. Eigensch. u. Werken, m. Anmerk. erläut. 8. Ebend. (Hemmerde u. Schw.) 745.

Stiebritz, Johann Friedrich [Praes.], s. Keyl, Samuel Benjamin: Difficillimum caput XI. epistolae Pauli ad Romanos explicatur.

Stiebritz, J. Fr. Kurtzgefaßte Nachricht von ... Herrn Christian Freyherrn von Wolff ... Leben und erfolgten sel. Ende. Halle, C. P. Francke, 1754. 4°. XXIV S. — In 1 bestoß. u. benutzten Pbd. d. Z. 110.—

— Philosophia Wolfiana contracta. II Tmi. logicam, ontologiam et cosmologiam generalem, pschologiam compl. c. praef. Ch. Wolf. 4. ibid. 745.

Stiebritz, Johann Friedrich [Praes.], s. Raupach, Benjamin: De insufficientia philosophiae moralis ad veram felicitatem ex doctrina eius de conscientia demonstrata.

Stiebritz, Johann Friedrich [Praes.], s. Salomo, Georg: Dissertatio philosophica eaque inauguralis qua, quid ratio de resurrectione corporum cognoscat, eruitur.

— gründl. mehrentheils neue Schrifterklärungen. 2 Thle. 8. Ebend. 744.

Stiebritz, Joh Frieder., Ser. princ. Fridericum reg. Bor. ... ex bello ... felic. finito longe gloriosissimum sistit Academia Frideric. Halae 1763. gr. fol.

Stiebriz, Joh. Friedr. [Präs.] u. Georg Konrad Hahn (Rosbach)
Sylloge secunda thesium philosophicarum.
Giessae 14. Mai 1732.

— auserles. Wahrheiten der Vernunft u. geoffenbarten Religion erklärt, erwiesen u. vertheidigt. 2 Thle. gr. 8. Halle 760—762. Renger. 1 ₰ 16 gr

Stiebritz, Johann Friedrich [Praes.], s. Weissig, Karl Wilhelm: De arca foederis ordinaria columnae nubis et ignis sede.

Stiebritz, Ludw., Alma. 1. u. 2. Aufl. Leipzig 853. Hinrichs. 16. (VI, 208 S.) 1 ₰. 15 ngr.

Stiebritz, Ludw., Frühling eines Sängerherzens. Gedichte. 16. (X u. 254 S.) Buchholz 851, Adler. n. 1 1/3 ₰; in Engl. Einb. m. Goldschn. 1 3/4 ₰

Stiebritz, Ludw., zur Geschichte der Predigt in der evangelischen Kirche von Mosheim bis auf die Gegenwart, mit besonderer Berücksichtigung der Zeit von Schleiermacher's Tode ab. Im Anschluß an das Werk von Chr. Gottl. Schmidt: Geschichte der Predigt von Luther bis Spener. 2 Abthlgn. gr. 8. Gotha, F. A. Perthes. [1. Abthl. (I—VIII, S. 1—304) 875. *M. 5.; 2. Abthl. (IX—XX, S. 305—721.) 876. *M. 7.] *

—— Gut Heil! Turnerlieder nach alten, lieben Weisen. 32. (24 S.) Buchholz 851, Adler.

Stiebritz, Ludw., allerlei Heimlichkeiten aus der Kinderstube. Bilder aus den ersten Lebensjahren. 16. (XIV und 309 S.) Weimar 866, Böhlau.

Stiebritz, Ludwig. *Allerlei Heimlichkeiten* aus der Kinderstube. Bilder aus den ersten Lebensjahren. 3. Aufl. Weimar, H. Böhlau, 1870. XIV S. 1 Bl. 309 S. 1 Bl. 12°. Bedruckter Or.-Karton. 12.—

—— das Stiftungsfest. Dichtung. (Composition für gemischten Chor ꝛc. von Jul. Otto.) (Text.) 8. (24 S.) Schleusingen 853, Glaser.

—— dass. — Ausg. für den Dirigenten und Declamator. 8. (30 S.) Ebds. 853.

Stieck, N. Ulr., De quinque prioribus encephali norvis. 94 pp. Gott. 8°. 1791.

Stieck, N. U., de quinque prioribus encephali nervis. 8maj. Götting. 791. (Brose). 5 gr

Stieda, Alex., Appendizitis u. Karzinom des Prozessus. (Aus der kgl. chirurg. Universitätsklinik zu Halle.) (4 S.) Lex. 8. Leipzig 910. B. Konegen. 1. —
Sonderabdr. aus: „Reichs-Medizinal-Anzeiger".

Stieda, Alexander, Dr., Assistenzarzt der Klinik: **Aus der Kgl. chirurgischen Universitätsklinik in Halle a. S.** ⟨Director: **Geh. Med.-Rath Professor Dr. v. Bramann.**⟩ **Die angeborenen Fisteln** der Unterlippe und ihre Entstehung. Mit 1 Taf. und 2 Fig. im Text. Berlin 1906: L. Schumacher. (32 S.) 8° ¶ (Aus: Archiv f. klin. Chirurgie Bd 79 H. 2.)
Halle, Med. Fak., Hab.-Schr. v. 1906

Stieda, Alexander: Aus dem Königlichen anatomischen Institut zu Königsberg i. Pr. No. 28. **Über Situs inversus partialis abdominis.** ⟨Linkslagerung des Dickdarmes, Rechtslagerung des Dünndarmes.⟩ M. 2 Taf. *Königsberg i. Pr. 1898: M. Liedtke.* (49 S. mit Taf.) 8°
Königsberg, Med. Diss. v. 22. Febr. 1898

Stieda, Alex., über Situs inversus partialis abdominis. (Linkslagerung des Dickdarmes, Rechtslagerg. des Dünndarmes.) Mit 2 Taf. Diss. gr. 8. (50 S.) Königsberg 898. (W. Koch.) n. 1. —

Stieda, Alfr., kasuistische Beiträge zur Pathologie d. IV. Gehirnventrikels. [Aus: „Beiträge z. wissenschaftl. Med., Th. Thierfelder gewidmet".] gr. 8. (19 S. m. 3 Abb.) Leipzig 895. A. Langkammer. n. — 90

Stieda, Alfred: Aus d. anatom. Institut zu Königsberg i. Pr. No. 3. Ueber die Kloake und das Receptaculum seminis der weiblichen Tritonen. ... Königsberg i. Pr., Druck v. M. Liedtke, 1891; 38 S. 1 Bl., 1 Taf. 8°
Königsberg, Med. Fak., Inaug.-Diss. v. 24. Jul. 1891

Stieda, Alfr., üb. die Kloake u. das Receptaculum seminis der weiblichen Tritonen. Diss. gr. 8. (36 S. m. 1 Taf.) Königsberg i/Pr. 891. (W. Koch.) n. — 80

Stieda, Christian Wilhelm, Medizinalpraktikant a. Berlin: Aus d. patholog. Institut zu Leipzig. Ueber eine ausgetragene Tubargravidität ⟨mit 1 Abb.⟩. Leipzig 1908: B. Georgi. (29 S.) 8°
Leipzig, Med. Fak., Ref. Marchand, Diss. v. 4. Aug. 1908
[Geb. 25. Juli 83 Berlin; Wohnort: Leipzig; Staatsangeh.: Sachsen; Vorbildung: Gymn. Eisenach Reife O. 03; Studium: Königsberg 2, Freiburg i. B. 1, Gießen 2, Leipzig 5 S.; Coll. 4. Aug. 08; Approb. 1. Juni 08.]

Stieda, Eugen von: Das ältere Bankwesen Livlands. Naumburg a. S. 1908: Lippert. 181 S. 8° ¶(Ersch. vollst. u. d. T.: Das Livländ. Bankwesen in Vergangenheit u. Gegenwart, als: Wirtschafts- u. Verwaltungsstudien m. bes. Berücks. Bayerns. 33.)
Würzburg, Jur. Diss. v. 7. Sept. 1908, Ref. G. v. Schanz
[Geb. 18. Febr. 80 Petersburg; Wohnort: Petersburg; Staatsangeh.: Rußland; Vorbildung: Gymn. Riga Reife Juni 99; Studium: Leipzig 1, Würzburg 5 S.; Rig. 3. Juni 08.] [U 09. 4090

Das Livländische Bankwesen in Vergangenheit und Gegenwart. Von Dr. Eugen v. **Stieda**. Leipzig: A. Deichert 1909. (XI, 485 S.) 8°
— **Wirtschafts**- u. Verwaltungs**studien** mit bes. Berücks. Bayerns. 33.
[08. 16928

Stieda, Eugen von: Kommunale Immobiliarkreditanstalten mit besonderer Beziehung auf Riga. Vortrag geh. 1909 in Riga. Als Ms gedr. Riga 1909: Häcker. S. 36–57. 8°
(Hefte d. Gesellschaft f. kommunale Sozialpolitik in Riga. No 12.)

Stieda, Hermann

Stieda, H., Ein Fall von hochgradiger Kehlkopftuberkulose beim Rinde. S.-A. Jena 92. Fischer.

Stieda, Hermann: Ueber das Verhalten der Hypophysis des Kaninchens nach Entfernung der Schilddrüse. . . . Königsberg i. Pr., Druck v. M. Liedtke, 1889; 34 S. + 2 Bl. 8°
Königsberg. Med. Fak., Inaug.-Diss. v. 24. Okt. 1888

Stieda, Herm., üb. das Verhalten der Hypophysis des Kaninchens nach Entfernung der Schilddrüse. Diss. gr. 8. (33 S.) Königsberg i/Pr. 889. (W. Koch.) n. — 80

Stieda, Ludwig

Stieda L.: Dimitrij Anutschin, Ueber einige Anomalien am menschlichen Schädel m. besond. Berücks. d. Vorkommens d. Anomalien bei verschiedenen Rassen. 1—3. U. St. [ca. 1880]. (14, 12, 6) S. (Særtr.). P.

—— Ueber die Anwendung d. Wahrscheinlichkeitsrechnung in der anthropologischen Statistik. 2. Aufl. gr. 8. (VI, 25 S. m. 4 Fig. im Text.) Braunschw. 892, Vieweg u. Sohn. * 1 20
Aus: Archiv f. Anthropologie, besonders abgedruckt.

Constantin Grewingks archäologische Arbeiten. Von L[udwig] **Stieda**. Königsberg i. Pr.: Ostpr. Dr. & Verlagsanst. 1908. (48 S.) 8°
Aus: Sitzungsberichte d. Altertumsgesellsch. Prussia. 1887 85. [08. 13184 10

Stieda, L., der VII. russische Archäologen-Congress in Jaroslawl 1887. [Aus: „Mittheilgn. d. Anthropolog. Gesellsch. in Wien".] gr. 4. (7 S.) Wien 889. (Hölder.) n. 1. 20

— die sibirisch-uralische Ausstellung f. Wissensch. u. Gewerbe in Jekaterinburg 1887. gr. 8. (34 S.) Königsberg i/Pr. 890. Koch. n. — 60

Stieda, Ludw., Karl Ernst v. Baer. Eine biographische Skizze. Mit einem Bildnisse Baer's (in Holzschn.). gr. 8. (XII, 301 S.) Braunschweig 878. Vieweg & Sohn. n. 7. —

Stieda, Ludwig: Karl Ernst von Baer. Eine biographische Skizze. 2. Ausg. — Braunschweig: Vieweg 1886. XII, 301 S., 1 Bildn. [1. Ausg. 1878.]

—— **s. Baer, Karl Ernst v., über die homerischen Lokalitäten in der Odyssee.**

— Bau und Entwicklung der Feder. S.-A. aus der Petersburger medizinischen Zeitschrift. 69.

Stieda, Ludw., üb. den Bau d. centralen Nervensystems der Amphibien u. Reptilien. [Aus: „Zeitschr. f. wiss. Zool."] gr. 8. (74 S. m. 3 Steintaf. in qu. gr. 4.) Leipzig 875. Engelmann. n. 4. —

Stieda, Ludw., die Bildung des Knochengewebes. Festschrift des Naturforschervereins zu Riga zur Feier des 50jähr. Bestehens der Gesellschaft prakt. Aerzte zu Riga am 15. Septbr. 1872. gr. 4. (45 S. mit 1 lithogr. Taf.) Leipzig 872, (Engelmann.) *

Mit Genehmigung der med. Fak. der Albertus-Universität wird Freitag den 4. März 1904 ... Herr Dr. med. Martin Gildemeister, Assist. am physiol. Inst. d. Univ. ... seine öffentliche Antrittsvorlesung 'Ueber die verdauende Tätigkeit des Magens' halten. Zu diesem Akte ladet ein der Dekan der med. Fak. L[udwig] **Stieda**. *Königsberg i. Pr. (1904): O. Kümmel.* (1 Bl.) 4°

— Gedächtnissrede auf Wilhelm Friedrich Schiefferdecker, geh. in der physikalisch-ökonom. Gesellschaft zu Königsberg i. Pr. am 5. Decbr. 1889. 8. (47 S.) Ebd. 889. n. 1. —

Stieda, Ludw., Geschichte der Entwickelung der Lehre v. den Nervenzellen u. Nervenfasern während des XIX. Jahrh. 1. Tl.: Von Sömmering bis Deiters. Imp.-4. (III, 118 S. m. 2 Taf. u. 2 Bl. Erklärgn.) Jena 899. O. Fischer. n.n. 10. —
Sonderabdruck aus: „Festschrift f. Carl v. Kupffer".

Stieda L.: Die physikalisch-oekonomische Gesellschaft zu Königsberg in Pr. 1700—1890. Königsb. in Pr. 1890. 49 S. 4°.

Grundriss der Anatomie des Menschen. Von Dr. Ludwig **Stieda**, Prof., Königsberg. 4. mit Berücks. d. neuen anatom. Nomenclatur bearb. Aufl. des Grundrisses d. Anatomie von A[dolf] Pansch. Mit 446 Holzschn. im Text u. 57 Abb. auf 10 Taf. *Hannover: Gebr. Jänecke 1900.* (IX, 573 S.) 8° [01. 195 11

Die Infibulation bei Griechen und Römern. Von Ludwig **Stieda**. Königsberg i. Pr. Mit 19 Textfig. *Wiesbaden: J. F. Bergmann 1902.* (78 S.) 8°
Aus Bonnet-Merkels Anatom. Hefte. H. 62 (Bd 19, H. 2).
= Stieda: Anatomisch-archäologische Studien. 3. [02. 8391 10

Stieda, Ludw., über das Rückenmark und einzelne Theile des Gehirns von Esox Lucius L. Mit 2 lith. Taf. Dorpat 861. (Leipzig, Engelmann,) gr. 4. (38 S.) Diss. n. 20 ngr.

— **Studien üb. den Amphioxus lanceolatus, s.: Mémoires de l'académie impériale des sciences de St. Pétersbourg.**

Anatomisch-archäologische Studien. Von Dr. L[udwig] **Stieda**, Prof., Königsberg. 1. Über d. ältesten bildl. Darstellungen d. Leber. Mit 5 Fig. 2. Anatomisches über alt-italische Weihgeschenke. (Donaria.) Mit 28 Abb. *Wiesbaden: J. F. Bergmann 1901.* (IV, 131 S.) 8°
Aus: Bonnet-Merkel, Anatomische Hefte. Bd 15/16. [01. 2604 10

Stieda, Ludw., **Studien über das centrale Nervensystem der Knochenfische. Mit 2 Taff.** (in Kpfrst. in 4.) Leipzig 868. Engelmann. gr. 8. (72 S.) n. 20 ngr.

— **Studien über das centrale Nervensystem der Vögel u. Säugethiere. Mit 3 (Kpfr.-)Taff. (in qu. 4.) Ebend. 868. gr. 8. (94 S.)** n. 27½ ngr.

— **Studien über das centrale Nervensystem der Wirbelthiere. Mit 4 (lith.) Taff. (in qu. 4.)** [Aus der Zeitschrift für wiss. Zoologie.] Ebend. 870. gr. 8. (III, 184 S.) n. 2 ₰

Wilhelm His zum 70. Geburtstag 9. Juli 1901. Der Embryologe Sebastian Graf v. Tredern u. s. Abhandlung über d. Hühnerei. Von Ludwig **Stieda**. Königsberg i. Pr. Hierzu 2 Taf. *Wiesbaden: J. F. Bergmann 1901.* (69 S.) 4°(8°) [01. 8566 10

— Untersuchungen über die Entwickelung der Glandula thymus, Glandula thyreoidea u. Glandula carotica. Mit 2 lith. Taf. gr. 4. (38 S.) Leipzig 881. Engelmann. n. 4. —

— **über den Ursprung der spinalartigen Hirn-Nerven.** [Aus: „Dorpater med. Zeitschrift".] gr. 8. (15 S.) Dorpat 873. Schnakenburg. n. — 40

Stieda, L.: Das Wrangell-Land. ([S.-A.] Neue Dörptsche Zeitung. 1877. No. 64—65.) Dorpat 1877. 14 S

Stieda, Wilhelm

Stieda, W. (Hrsg.), s. A b h a n d l u n g e n , volkswirtschaftliche und wirtschaftsgeschichtliche.

Die Anfänge der Porzellanfabrikation auf dem Thüringerwalde. Volkswirtschaftl.-hist. Studien von Dr. Wilhelm **Stieda**, Prof. in Leipzig. Mit 24 Fig. *Jena: G. Fischer 1902.* (VIII, 425 S.) 8° [F.]
= Beiträge z. Wirtschaftsgeschichte Thüringens. Bd 1. [02. 6979 7

Der paritätische Arbeitsnachweis in Leipzig. (Verf.: Wilhelm **Stieda**.) Hrsg. v. Ver. f. Arbeitsnachweis in Leipzig. *(Leipzig:) 1903.* (60 S.) 8° [F.] [04. 9675 2

Stieda, Prof. Dr. Wilh.,
— Der Befähigungsnachweis. (Aus: Schmoller's Jhrb., Jhrg. 19_1, 1895.) gr. 8°. Leipzig, Duncker und Humblot, 1895. (V, 104 S.)

Stieda, Wilh., die Eheschliessungen in Elsass-Lothringen in den Jahren 1872—1876, s.: Mittheilungen, statistische, über Elsass-Lothringen.

—— zur Entstehung des deutschen Zunftwesens. gr. 8. (VI, 133 S.) Jena 877, [Dufft.] Fischer. *

— Zur Entstehung des deutschen Zunftwesens. (Aus: Jahrb. f. Nat.-Oekon. u. Statist., Bd. 27, 1876.) gr. 8°. Jena, Duff., 1877.

Stieda, Wilh., die Entwickelung des Buch-Gewerbes in Dorpat, } s. Publikationen des Börsen-Vereins der deutschen Buchhändler.

Stieda, Wilh., s.: Festgaben f. Wilhelm Lexis.

Wilhelm **Stieda**: Zur sächsischen Gelehrtengeschichte. Leipzig: Teubner 1910. S. 27–59. 8° [Umschlagt.]
(Berichte über d. Verhandlungen d. Kgl. Sächs. Gesellsch. d. Wiss. Philol.-hist. Kl. Bd 62, H. 3.) [11. 11317

Stieda, Wilhelm: Zur G e s c h i c h t e d. Buchhandels in Riga, s. P u b l i k a t i o n e n d. Börsen-Vereins d. dt. Buchhändler.

Stieda, Wilh. Das Gewerbegericht. gr. 8. (VIII, 214 S.) Lpz. 890, Duncker u. Humblot. * 4 80

Stieda, Wilhelm: Thüringische Glashütten in der Vergangenheit. Diss. Leipzig 1910

Stieda, Wilh., hansisch-venetianische Handelsbeziehungen im 15. Jahrh. Festschrift der Landes-Universität Rostock zur 2. Säcularfeier der Universität Halle a/S. Lex.-8. (IX, 191 S.) Rostock 894. (Stiller.) n. 5. —

Stieda, Wilhelm: Das H a u s i e r g e w e r b e in Deutschland. Vortr., geh. in d. Gehe-Stiftg zu Dresden ... 1898. Dresden: v. Zahn & Jacusch 1899. (53 S.) 8°
=[Vorträge, Staatswiss., u. Jahrb. d. Gehe-Stiftung zu Dresden. H. 18.]

— Ilmenau u. Stützerbach, e. Erinnerg. an d. Goethe-Zeit. gr. 8. (97 S. m. 1 Taf.) Leipzig 902. Berlin, H. Seemann Nachf. n. 2. —

Die keramische Industrie in Bayern während des XVIII. Jahrhunderts. Von Wilhelm **Stieda**. Leipzig: B. G. Teubner 1906. (VI, 256 S.) 4°(8°)
— Abhandlungen d. K. Sächsischen Gesellsch. d. Wiss. Phil.-hist. Kl. Bd 24, No 4. [06. 8191 3

Stieda, Wilh., Ein Landesgewerbeamt für das Königreich Sachsen. 8°. Leipzig, A. Deichert, 1907. (32 S.)

— die Lebensfähigkeit des deutschen Handwerks. Rede zur Feier d. 28. II. 1897. gr. 8. (31 S.) Rostock 897. (Stiller.) n. 1. —

Die Universität Leipzig in ihrem tausendsten Semester. Von Dr. Wilhelm **Stieda**, Prof. Leipzig: Hirzel 1900. XI, 169 S. 8° [09. 10330

Stieda, Wilh., Litteratur, heutige Zustände und Entstehung der deutschen Hausindustrie. Nach den vorliegenden gedruckten Quellen. Ist: Die deutsche Hausindustrie Bd. 1. Leipzig 1889. 8.
A. u. d. T.: Schriften d. Ver. f. Socialpolitik. 39. . . . . (BRG.; D.)

—— Litteratur, heutige Zustände u. Entstehung der deutschen Hausindustrie, s. Schriften d. Vereins f. Socialpolitik.

— Nationalökonomik des Handels u. Gewerbfleißes, s.: Roscher, Wilh., System der Volkswirthschaft. III.

Die Nationalökonomie als Universitätswissenschaft von Wilhelm **Stieda**. Leipzig: B. G. Teubner 1906. (XII, 407 S.) 4°
— Abhandlungen d. K. Sächs. Gesellschaft d. Wiss. Philol.-hist. Kl. Bd 25, No 2. [07. 3879 9

— Die Porzellanfabrik zu Volkstedt im 18. Jahrh. (X, 204 S. m. 8 Bildn.) 8. Leipzig 910. S. Hirzel. 6. —

— über die Quellen der Handelsstatistik im Mittelalter (58 S.) gr. 4. Berlin 903. (G. Reimer.) n. 2. 50
Sonderabdr. a.: „Abhandlgn. d. preuss. Akad. d. Wiss., Anh."

— s.: Schragen d. Gilden u. Aemter d. Stadt Riga.

— Das volkswirtschaftliche Seminar an der Universität Leipzig. (55 S.) 8. Leipzig 909. (B. Liebisch.) 1. —

Das volkswirtschaftliche Seminar an der Universität Leipzig. Von Wilhelm **Stieda**, Prof. Leipzig 1900: O. Wigand. 55 S. 8° [09. 10331

Stieda, W., das Sexualverhältniss der Geborenen, s.: Mittheilungen, statistische, aus Elsass-Lothringen.

Stieda, Prof. Dr. Wilh., Socialpolitik. Grundriss zur Vorlesung. (Als Mscr. gedr.) gr. 8°. Rostock, Stiller in Komm., 1893. (28 S.)

— die gewerbliche Thätigkeit in der Stadt Dorpat. Ergebnisse der Gewerbezählung vom 28. Novbr. 1878. gr. 4. (IV, 57 S.) Dorpat 879. (Berlin, Puttkammer & Mühlbrecht.) n. 2. —

— Topographie des polit. Bezirkes Sternberg in Mähren, m. bes. Berücksicht. der Ortsgeschichte u. Statistik nach amtl. u. autoris. Quellen bearb. gr. 8. (VIII, 143 S.) Ebd. 898. n.n. 1. 25

Stieda: V e r f a h r e n bei Enqueten üb. sociale Verhältnisse, s. E m b d e n , G.

— das Verfahren bei Enquêten über sociale Verhältnisse, s.: Schriften des Vereins für Socialpolitik.

Stieda, W., Revaler Zollbücher und -Quittungen des 14. Jahrh., s. Geschichtsquellen, hansische.

—— Zunfthändel im 16. Jahrhundert, s. Taschenbuch, historisches.

Stiedenroth, Ernst

— nova Spinozismi delineatio. 8. Götting. 817.

Stiedenroth, Er., Psychologie zur Erklär. der Seelenerscheinungen. 2 Thle. gr. 8. Berl. 824—25. Dümmler. 2 ℛ 12 gℓ

E. Stiedenroth's Theorie d. Wissens, m. besondrer Rücksicht auf Skepticismus u. d. Lehren v. e. unmittelb. Gewissheit. *Gött.*, Röwer. 819. 8° 16gℓ

Stiedler, Matth., († ...) Frage: Ob einem Obern besser anstehe der Name Moyses od. Elias? 4. Augsb. 773. Wolff. 1 gℓ

Stief, Das Kundmannische Geschlecht und Ehrengedächtniss. Brieg 1733. fol.

Stief, Christian, s. Stieff, Christian.

Stief, (P.) Eduard: Über den Zusammenhang der Quellen des sogenannten Summarium Heinrici.
Phil. Diss., Prag 1896/97.

Stief, J. E., histor. und phys. Betrachtung üb. d. Wirkung d. in e. Pulverthurm zu Breslau 1749. eingedrung. Blitzstrahls. 4. Breslau, 28. G. Korn. 749.

Stief (Stieff), Karl Benjamin

Stief, Karl Benj., Kurze Betrachtung der Frage: Ob milde Stiftungen dem Staate nutzbar sind oder es werden können. 4°. Breslau 1763.

— Betrachtt. üb. den f. Deutschland verdienstvollen Namen Friedrich aus d. Preuß.-Brandenburg. Hause. 4. Bresl. 779.

— Ehrengedächtniß, od. vollständ. Lebensbeschreib. Dr. Joh. Fr. Burg's. 4. Bresl. 761. Pietsch. 6 gℓ

Stief, Karl Benj., kurze Erörterung d. Frage: Ob man mit milden Stiftungen nach Veränderung d. Zeiten u. nach Aussterben d. Familien der Stifter willkührl. umgehen dürfe? 4. Bresl. 774.

Stieff. Frage: in wie fern kann die Errichtung der Wohlthätigkeits-Anstalten für den Staat nützlich werden? *Breslau.* 1768

— Leben Andr. Dudith, od. Versuch e. Geschichte von dessen Leben u. Glaubensmeinungen. 4. Bresl. 756. Meyer. 8 gℓ

— Piastus, e cive oppidano vel agricola Cruswicensi Princeps Poloniae creatus, drama germanico-poëticum; cujus dramatis Progr. una cum synopsi prodiit. Fol. Breslau 772.

— Samml. der Jubelschriften zum Andenken d. 50jähr. Jubelfestes Joh. Fr. Burg's, den 29. März 1763. Nebst e. histor. Vorbericht ꝛc. 4. Bresl. 764.

— Samml. der Jubelschriften, welche bei d. Feier des 200jähr. Andenkens d. Stiftung u. Einweihung des Elisabeth.-Gymnasiums zu Breslau d. 20. Jan. 1762 verfertigt u. vorgetragen worden. 4. Bresl. 762.

— Sinngedichte. 4. Bresl. 779.

Die Jesuiten unserer Kolonien. Von Pfarrer Viktor Stief. Offenburg, Baden: Modernismus (1908). (126 S.) 8° [F.] [illegible]

Stief, Vikt., die Jesuiten unserer Kolonien. (V, 126 S.) 8. Offenburg (908). Berlin, H. Bermühler. 2.—

Stief, Wilh., Geschichte der Stadt Sternberg in Mähren v. ihrem Ursprunge bis z. Gegenwart. gr. 8. (VIII, 88 S. m. 5 Abb.) Sternberg 894. F. Pialek's Söhne. n. 2.50

Stiefel, Adolf, über die Entwicklung von Carcinomen in accessorischen Mammadrüsen. Diss. Würzburg 1886, Stahelsche Univ.-Buchh. 8°. 29 S.

Stiefel, Arthur Ludwig

Stiefel, Art. Ludw., die Nachahmung italienischer Dramen bei einigen Vorläufern Molières. I. D'Ouville. (S. 189—265.) gr. 8. Berlin, Chemnitz-Erfenschlag, W. Gronau. n. 1.40
Sonderabdruck aus: „Ztsch. d. franz. Sprache u. Litt."

Stiefel. Unbekannte italienische Quellen Jean de Rotrou's, s. Zeitschrift f. französische Sprache u. Litteratur.

Stiefel, A. L., s.: Hans Sachs-Forschungen.

Stiefel, C., die Erd- u. Mondsbahn durch e. einfache, noch nirgends v. dies. Construction existir. Maschine ganz anschaul. dargest., vermittelst welcher sämmtl. an deys. Himmelskörpern vorkomm. Erscheinungen auf d. Deutlichste erklärt werden können. — Text zu dieser Maschine. 2., sehr verm. u. verb. Aufl. 8. (14¼ B.) Hall 837, Haspel'sche Buchh. *
Die Maschine hierzu * 4 Thlr.

Stiefel, C., die Erd- u. Mondbahn durch eine einfache, noch nirgends von dieser Construction existirende Maschine dargestellt ꝛc. 2., verm. u. verb. Aufl. 8. (14¼ B.) Schw. Hall 843, Haspel'sche Buchh. *
Mit der Maschine *

—— das Planetensystem, durch ein Drahtgerippe, Breitebahn genannt, dargestellt, wodurch die interessantesten Erscheinungen an den 11 Planeten u. 4 Cometen, namentlich die schiefe Lage ihrer Bahnen, die gefährliche Stellung mehrerer Cometen, die Bewegung der Sonne ꝛc. auf's Deutlichste veranschaulicht werden können. 8. (2⅝ B.) Schw. Hall 844, Haspel'sche Bh. *
Mit der Maschine *

—— faßlicher Unterricht in d. Obstbaumzucht z. Gebr. f. Jedermann, besond. f. d. Schuljugend. gr. 8. (3⅛ B. u. 1 Stnt.) Hall 840, Haspel'sche Buchh.

Stiefel, C., fassl. Unterricht in d. Obstbaumzucht z. Gebrauche f. Jedermann, besond. f. d. Schuljugend. Mit 1 lith. Taf. gr. 8. Hall, 1840. 2. Aufl. 1843. (Stuttgart, Fischhaber.) — 5

—— faßlicher Unterricht in der Obstbaumzucht, zum Gebrauche f. Jedermann, besonders für die Schuljugend. 2., verm. u. verb. Aufl. 8. (4 B. u. 1 Stnt.) Schw. Hall 843, Haspel'sche Bh. *

Stiefel, Edwin. Grossstadtleben und Kindererziehung. (Vortrag.) 30 S. 8. Zürich und Winterthur, Komm. der Buchh. der Evangelischen Gesellschaft, 1910. [fr. —.50]

STIEFEL, H. C.

Die Dampfwäscherei, ihre Einrichtung und Betrieb. Enthaltend Beschreibung der dabei benützten Maschinen, Waschprocesse und Chemikalien, nebst Anleitung zur Herstellung von Bleichflüssigkeiten, Waschpulver und Seifen, Stärkeglanzpräparaten u. s. w. von Dr. H. C. Stiefel. Mit 28 Abbildungen. [Chem.-techn. Bibliothek, Bd. 237.] Wien. Pest. Leipzig, 1900. Hartleben. 8°. VII, 155 S. fl. 1.20, geb. fl. 1.65

Stiefel, H. C., die lichtempfindlichen Papiere der Photographie. Ein Leitfaden f. Berufs- u. Amateur-Photographen. 8. (VIII, 179 S. m. 21 Abb.) Wien 895. A. Hartleben. n. 3. —; geb. n. 3. 80

Stiefel, H. C: Die lichtempfindlichen Papiere der Photographie. Wien, Pest und Leipzig 1895 (Chem.-techn. Bibliothek, Bd 218)

Stiefel, H. C.: Das Raffiniren des Weinsteines und die Darstellung der Weinsteinsäure. Mit Angabe der Prüfungsmethoden der Rohweinsteine auf ihren Handelswerth. Für Großindustrielle sowie für Weinbauer bearb. Mit 8 Abb. Wien, Pest, Leipzig: Hartleben 1894. 96 S. (Chemisch-technische Bibliothek. Bd 214.) -- 107*.UB Brünn

Stiefel, Heinrich. Pragmatische Geschichte der schweizerischen Eidgenossenschaft. Ein Lehr- und Handbuch für den Unterricht und das Selbstudium. (1. [einzige] Hälfte.) 8. Zürich & Glarus 1858.

[Stiefel, Heinrich.] Dr. Ludwig Snells (1785–1854) Leben und Wirken. Ein Beitrag zur Geschichte der regenerirten Schweiz, bearb. nach den von dem Verstorbenen hinterlassenen Papieren und Schriften von einem jüngern Freunde desselben. 8. Zürich 1858.

Stiefel, Heinr., die Universalgeschichte als Entwicklungs- u. Erziehungsgeschichte der Menschheit übersichtlich dargestellt. 1. Thl.: Die Geschichte des Alterthums bis zur Völkerwanderung. gr. 8. (VIII u. 379 S.) Zürich 851, Höhr. n. 1⅔ ℛ

Stiefel, Johann Esaias (Schmalkalden) A. S. 39/8

Disquisitio iuris clientelaris utrum feuda censualia praesumenda sint feminea.
Präs. Johann Andreas Hoffmann.
Marburg (Müller) 13.III.1756. 80 S. 33552

Stiefel, Jul[ius]: Über Jeremias Gotthelf's 'Erzählungen und Bilder aus der Schweiz'. [Zür. Zürcher u. Furrer Dr. 1887]. 23 S. 4°.
Programm der Kantonsschule in Zürich 1888.

Stiefel, J., über Jeremias Gotthelf's „Erzählungen u. Bilder aus d. Schweiz", s. Festschrift d. Kantonsschule in Zürich etc.

Gedankenentwicklung des unter Platons Namen erhaltenen Dialogs „Charmides". — Von Julius Stiefel, G.-P. — 1908, Bayreuth, Lorenz Ellwanger. — P. 3—22.
Progr. Bayreuth, K. Gymnasium

Stiefel, Julius. [von Russikon, Kt. Zürich]: Die deutsche Lyrik des achtzehnten Jahrhunderts. Aesthetische Studien. Erster Theil. [Erschien vollständig bei O. Wigand, Leipz. 1871. X. 280 S.]. Zür. Zürcher u. Furrer Dr. 1870. 2 Bl., 238 S., 1 Bl. 8°.
[Zürich, Phil. Diss. v. 16. Juli 1870].

Stiefel, Jul., die deutsche Lyrik d. achtzehnten Jahrhunderts. Aesthetische Studien. 8. (X, 280 S.) Leipzig 871. O. Wigand. 3. 60

(St[iefel], J[ulius].) Henriette von Muralt-Hirzel (1812–1880). Als Familien-Manuskript gedruckt. [Mit Porträt-Tafel.] 8. (Zürich 1883.)

Stiefel, Julius. Poesie und Schule. Vortrag von Dr. Julius Stiefel, gehalten an der zürcherischen Schulsynode vom 9. Juli 1902. 36 S. 8. Zürich, Albert Müller, 1902. [fr. —. 80]

Stiefel, Julius. Reden und Vorträge. IV + 172 S. 8. Zürich, Albert Müller, 1904. [fr. 2. 50]

Stiefel, J., und H. Pestalozzi. Weihereden bei der Bestattungsfeier von *Dr. Gottfried Keller*, gehalten am 18. Juli 1890. Nachgeschrieben u. hrsg. vom Stenograph. Bureau in Zürich. Mit Portr. In-8°. 8 S. Zürich, Verlag des Stenograph. Bureau. 1890. — 20

Stiefel, Ludw., die Duisburger Stadtrechnung von 1417, s. Beiträge zur Geschichte der Stadt Duisburg.

Stiefel, Maria, Somnambüle aus Obernberg, wunderbare u. merkwürdige Prophezeihungen auf die Zukunft der J. 1848—1856. 2. Aufl. 16. (15 S.) Colmar 848. (Schw. Hall, Haspel.) 1¼ ngr

Stiefel, Marie, & Rau, Olaf. Das Dorf in Bild und Wort von M' St' [Zürich] & O' Rau (**Umschlag:* Das D'. Farbige Steinzeichnungen von M' St', mit Versen von O' R'). 36 S. quer-fol. Nürnberg, Theo. Stroefer, [1906]. [geb. M. 3.—]
Die 18 farbigen Bilder von M' St' allein, ohne Text, auf Pappe. [geb. *oder* in Leporelloform M. 3.—]

Stiefel, Marie, das Dorf in Bildern. (18 farb. S. ohne Text auf Pappe.) qu. gr. 8. Nürnberg (906). Th. Stroefer. Geb. 3. —; in Leporelloform 3. —

Um ein Paar Stiefelchen. Lustspiel in 2 Aufz. Neuwied: Strüder 1893. (67 S.) 8° [F.] [07. 6770]

Die Stiefeletten der Comtesse Max. *(Berlin: Berl. Roman-Verl. [1903].)* (48 S.) 8° [Umschlagt. F.]
— Geschichten, Intime. 3. [04 9570]

Stiefelhagen, A[lbert], Berlin: Dispersion flüssiger Trichloride und Tetrachloride für ultraviolette Strahlen. Berlin 1905: C. Hause. (32 S.) 8°
Rostock, Phil. Fak., Ref. Wachsmuth, Diss. v. 6. Juni 1905
[Geb. 18. Mai 72 Engelskirchen, Rheinpr.; Wohnort: Berlin; Staatsangeh.: Preußen; Vorbildung: Gymn. Siegburg Reife O. 94; Studium: Bonn 4, Berlin 7 S.; Rig. 20. März 05.]

Stiefelhagen, Ferdinand

Stiefelhagen, Apollonica Pr. 1851. 13 S. 4°.

Stiefelhagen, Ferd., Geschichte des Volkes Israel, zugleich mit den Umrissen der Geschichte des klassischen Alterthums. Köln 854. Schwann. gr. 8. (2 Bl., 207 S.) 12½ ngr.

Stiefelhagen, Ferd., Kirchengeschichte in Lebensbildern. Für Schule u. Familie bearb. 2 Bdchn. Freiburg im Br. 860. Herder. gr. 8. Jedes Bdchn. n. 15 ngr.
Inhalt: 1. Bdchn.: Lebensbilder aus der Kirchengeschichte der alten u. mittleren Zeit. (XII, 232 S.) — 2. Bdchn.: Lebensbilder aus der Kirchengeschichte der neueren Zeit. (VI, 258 S.)

Stiefelhagen, Ferd., Kirchengeschichte in Lebensbildern. Für Schule u. Familie dargestellt. 2., verb. u. verm. Aufl. Freiburg, i. Br. 869. Herder. gr. 8. (VII, 596 S.) 1 ℛ 24 ngr.

Stiefelhagen, Ferd., Kirchengeschichte in Lebensbildern. Für Schule u. Familie dargestellt. 3., verb. u. verm. Aufl. gr. 8. (IX, 616 S.) Freiburg i/B. 898. Herder. n. 5. —

Stiefelhagen, Ferdinandvs (geb. 1822 in Marialinden Rgbz. Köln): De oracvlo Apollinis Delphico ... Bonnae, form. F. P. Lechneri 1848. 2 Bl., 42 S., 1 Bl. 8.
Bonn, Phil. Fak., Diss. v. 3 Juni 1848

Stiefelhagen, Ferdin., Theologie des Heidentums. Die Wissenschaft von den alten Religionen u. der vergleichenden Mythologie nebst neuen Untersuchungen über das Heidentum u. dessen näheres Verhältnis zum Christentum. Ein Versuch zur Verständigung. Regensburg, Manz (jetzt Verlagsanst.), 1858, Lex.-8°, VIII, 627 S., 8,80 Mk.

Stiefelhagen, Hans

Stiefelhagen, die Einrichtungen des Kraftwerkes u. Maschinenbaulaboratoriums I der grossherzogl. techn. Hochschule Darmstadt, s.: Watzinger, Ad.

Stiefelhagen, Peter

Stiefelhagen, P., ein Pädagoge im Kriege. Erinnerungen aus den J. 1866 u. 1870/71. Mit dem Kriegsbild des Verf. (VII, 123 S.) 8. Straßburg 906. L. Beust.
n. 2. —: geb. n. 2. 40

Stiefelknechts-Galopp, Hallescher: Herr Schmidt, Herr Schmidt! Wir haben eine Bitt', Auf Freiersfüssen kommen wir, Man sagt es sind viel Töchter hier. — Ja ja, ja ja, ich bin der Herr Papa, Ein Dutzend Mädchen hab' ich nur, Von jedem Jahrgang eine Spur. — Einblattdruck mit den Noten und einem grossen und zwölf kleineren colorierten Medaillonbildern, B. Dörbeck fec. In Commission bei Julius Kuhr in Berlin. 59:43 cm. (12 Mk. E. Frensdorff, 1906.)
Sehr interessantes und seltenes Blatt!

STIEFELKNECHTS-Galopp-Walzer, Berliner. Herr Schmidt mit seinen Töchtern im Elisium (bekanntes Altberliner Tanzlokal). Text: 15 Verse. Altcolor. Blatt in Folio. (14 Mk., schönes, tadellos erhaltenes Blatt mit vollem Rande, Oskar Rauthe, Berlin, 1908.)

Stiefelmayer, C., Präzisionsmeßwerkzeugfabrik: Eßlingen a. N. 1894

Stiefelputzer, die, od. der Wahlkampf. Eine lust. Geschichte, in welcher gezeigt wird, wie Wahlen gemacht werden. Von G. Colonus. Mit 31 (eingedr. Holzschn.-)Abbildgn. v. Ludw. Burger. gr. 8. (31 S.) Lahr 876. Schauenburg.
n. — 50

Stiefelton's, Lord, wunderbare Reiseabenteuer u. Erlebnisse hrsg. von Habakuk Besenstiel, Kammerdiener Seiner Herrlichkeit. Mit vielen Illustr. (in Holzschn.) Leipzig 869. Minde. gr. 8. (54 S.) 5 ngr.

Stiefenhofer, D., Lieder aus Schwaben. 16. (VIII, 238 S.) Stuttgart 877, Greiner'sche Verlagsh. *
geb. mit Goldschn. *

Stiefenhofer, Dionys, Stadtkaplan b. St. Moriz: Die Geschichte der Kirchweihe vom 1.—7. Jahrhundert. München: Lentner 1909. IV, 48 S. 8° ¶ (Ersch. vollst. als: Veröffentlichungen aus d. Kirchenhist. Seminar München. Reihe 3, Nr 8.)
München, Theol. Diss. v. 22. Juni 1907, Ref. Andr. Schmid
(Nur in beschränkter Anzahl für den Austausch)
[Geb. 25. Febr. 81 Irsee; Wohnort: Augsburg; Staatsangeh.: Bayern; Vorbildung: Gymn. Dillingen a. D. Reife Juli 01; Studium: Phil. Dillingen Lyz. 2, Theol. München 6 S.; Rig. 22. Juni 07.] [U 10. 3428

Stiefenhofer, Dionys: Die Geschichte der Kirchweihe vom 1.–7. Jahrhundert. München: Leutner 1909. VIII, 141 S. 8°
(Veröffentlichungen aus d. kirchenhist. Seminar; München. Reihe 3. Nr 8.)

Stiefenhofer, Rosine, gesammelte Blätter. Gedichte. gr. 16. (79 S.) Paderborn 890. F. Schöningh. n. 1. —;
geb. n. 2. 20

Der letzte Graf von Linzgau. Ein dramat. Versuch in 5 Akten von Rosine **Stiefenhofer**. Stuttgart: Strecker & Moser (1892). (89 S.) 8° [F.] [*sd. 1906*

— Das Schloß am Rhein od. Bilder aus e. Familienleben. Novelle. 8. (72 S.) Ebd. 892. * — 60

Was wir wünschen. Briefe e. Gemeinschaftsmannes an einen Pfarrer. (Verf.: Heinrich **Stiefernberg**.) Hrsg. von Ernst Modersohn, Pastor. Neumünster: Ihloff [1909]. 60 S. 8°
(Kirche u. Gemeinschaft. H. 5.) [11. 1397 B

Stieff, Ant. Augustissimis manibus Leopoldi I. panegyricus. 4. Graecii 1705.

Stieff (Stief), Christian

† — — Uber die in Bresslau Von . . . Herrn Grafen von Schafgotsch . . . angestellte Und von dem Hohen Adel Zur Faschings-Lust en Masque gehaltene Bauren-Hochzeit, Derselben Hohe . . . Gäste Und dabey durch das Loosz zugetheilten Bedienungen Wurden Folgende Gedancken Schertz-Weise eröffnet. (Deutsches Gedicht von *Christian Stieff*. O. O. 6 Bll. Fol.
von größter Seltenheit!

Stief, Chr., historia iubilaeorum scholasticorum in gymnasio Vratislaviensi Elisabethano publ. celebr. 8. Breslau. 737.

Uber die in Bresslau Von dem Hohen Adel Faschings-Weise Angestellte Hochzeit, Vornehme Gäste Und dabey Ausgetheilte Bedienungen Wurden Folgende Gedancken Schertz-Weise eröffnet. (Deutsches Gedicht von *Christian Stieff*. O. O. (1724). 6 Bll. Folio.

Schlesisches Historisches Labyrinth oder kurtzgefasste Sammlung von hundert Historien allerhand denckwürdiger Nahmen, Oerter, Personen, Gebräuche, Solennitäten und Begebenheiten in Schlesien (von *Christian Stieff*). Breslau und Leipzig 1737. 8°. (Auch in Breslau, Stadtbibl.)
Cultur- u. sittengeschichtliche Fundgrube. — Anon.-Lex. III. p. 1 (nach d. Allg. Dtsch. Biogr., Nentwig, Partsch u. Cat. Schnitzer).

* **ROBINSON**, Schlesischer: Oder Frantz Anton Wentzels v. C** (d. i. Czettritz) eines schlesischen Edelmanns Denckwürdiges Leben, seltsame Unglücks-Fälle und ausgestandene Abentheuer, Aus übersendeten glaubwürdigen Nachrichten, so wol zur Belustigung des Lesers, als Unterricht Adelicher Jugend in Druck gegeben. (Vf.: *Christian Stieff*.) Mit 10 curiosen Kupfertafeln. Erster Teil. Breßlau und Leipzig, bey Ernst Christian Brachvogeln, Buchh. Anno 1723. Anderer und letzter Theil (mit etwas veränd. Titel). Ebd. 1724. 8°. (Auch in Breslau, Stadtbibl., u. in Warmbrunn.) (30 Mk., schönes Exempl. Wilh. Jacobsohn & Co., Breslau: 1908; 30 Mk., gutes cplts. Expl., Bernh. Liebisch, Lpz., 1906; 33 Mk., etwas stockfl., Max Perl's Berliner Oct.-Auction 1907, no. 721.)
I. Teil 382 bez. S. Vorbericht 12 S. ohne Bez. II. Teil 392 bez. S. Vorbericht 4 S. ohne Bez.
Seltenes und gesuchtes Silesiacum, welches viele interessante Schilderungen und Beobachtungen zur Kulturgeschichte am Ausgange des 17. Jahrh. enthält; u. a. auch üb. Leipziger u. Heidelberger Studentenleben, Belagerung Wiens durch die Türken etc.
Thomas, J. G., Handbuch d. Literaturgesch. v. Schlesien. Hirschb. 1824. gr. 8°. S. 112 (ohne Ortsangabe).

Stieff, Ferdinand Christian (Breslau) A. S. 7/29

Meditationes de servitute necessaria.
Präs. Johann Florens Rivinus.
Leipzig (Langenheim) 6. V. 1734. 34 S.

Gew.: Stadt Breslau.
W. v.: Präs.
33553

Stieff, Gottfried (Breslau) A. S. 627/14

De pari causa Von Gleich=geltender Sache.
Präs. Peter Müller.
Jena (Ehrich) 1713. 64 S.

Diss. 1. VII. 1687. 33555

Stieff, Henriette, Blumenkranz. Eine Sammlung ernster Erzählungen f. d. reifere Jugend. br. 8. Berlin 840. Gropius. 1 Thlr.

Stieff, Henriette, das Feenreich. Neue Mährchen u. Sagen für Kinder von 7—12 Jahren. Mit 6 (lith. u.) color. Bildern. 8. (143 S.) Berlin 847, Winckelmann & Söhne. 18 ngr.

Stieff, Henriette, Glaube, Liebe, Hoffnung. Drei christliche Erzählungen für die reifere weibliche Jugend. Mit 4 (lith.) Bildern. Stuttgart (855.) Ed. Hallberger. gr. 8. (191 S.) 1 Thlr.
Neue Titelausg. von der Verf. „Jüdin, Heidin, Christin rc." Ebend. 852.

— die Hausgenossen. Eine Erzählung f. Jung u. Alt. [Abgedr. aus der Jugend-Bibliothek von Gust. Nieritz.] 8. (172 S.) Berlin 850, Simion (jetzt: Leipzig, Voigt & Günther). 1/3 Thlr. (siehe auch: Jugend-Bibliothek von Nieritz. 11. Jahrg. 5. Bdchn. — Neue Ausg. 65. Bdchn.)

— die Hausgenossen. Eine Erzählung für Jung und Alt. 8. (172 S.) Berlin 851. [Leipzig, Voigt und Günther.]

— Johann oder durch Nacht zum Licht, siehe u. Jugend-Bibliothek, hrsg. von Nieritz. 13. Jahrg. 6. Bdchn.

— Johanna, oder: Durch Nacht zum Licht. Eine Erzählung für die reifere Jugend. Abdr. aus der Jugend-Bibliothek von Gust. Nieritz. Leipzig 853. Simion. (Voigt u. Günther.) 8. (136 S.) 10 ngr.

— Jüdin, Christin, Heidin. Drei Erzählungen für Frauen u. Jungfrauen. Mit 4 (lith.) Bildern. gr. 8. (191 S.) Stuttgart 852, Ed. Hallberger. 3/4 Thlr.

Stieff, Henriette, die Nachbarskinder. br. 8. (235 S. mit 8 ill. Stnt.) Glogau 857, Flemming's Verlag.

STIEFF, HENR. *Wie Flora's Kinder Namen bekommen.* Ein Mährchenkranz, der sinnigen Jugend gewunden von Henriette Stieff, Verfasserin des Blumenkranzes . . . Mit 6 colorirten Bildern [= handkolor. Federlithogr. v. TH. HOSEMANN]. Berlin, Winckelmann und Söhne [1852]. 2 Bl. 198 S. 1 Bl. 8°. Halbleinenbd. d. Z. 28.—
Brllobr. 10. Rüm. 1004. ★ Originalausgabe. 7 orig. Blumenmärchen. Selten! — Leicht fleckig, Name a. d. Rückseite des Titelbildes.

Stieff, J. Fr., s. Auswahl von Erzählungen, Beschreibungen, Schilderungen rc.

Johann Ernst Stieff

De Morbis ex somno. Lipsiae (1743:) Langenheim. 45 S. 8°

Leipzig, Med. Diss. v. 3. Mai 1743

Stieff, Karl Benjamin, s. Stief, Karl Benjamin.

Stieff, Ludwig *Anton Ehrenfried* P. Corneilles, seiner Vorgänger und Zeitgenossen Stellung zu Aristoteles und den drei Einheiten, und Corneille als Theoretiker bis zum Erscheinen seiner drei Discours im Jahre 1660. I. Teil. 4 (S. 3—39).
Progr. Rg. z. heilig. Geist *Breslau* 1893 (214).

Stieff, Ludwig, Prof.: **Verzeichnis** der Abiturienten von der ersten Prüfung ⟨8. März 1855⟩ bis Ostern 1899. *Breslau (1899): Grass, Barth & Co.* (S. 197—206.) 8°
Breslau, RG zum heiligen Geist, Festschrift 1899**

Stieff, Ludwig, Prof.: Chronologisches **Verzeichnis** der Direktoren und Lehrer der Anstalt von Ostern 1849 bis Ostern 1899. *Breslau (1899): Grass, Barth & Co.* (S. 179—195.) 8°
Breslau, RG zum heiligen Geist, Festschr. 1899**

Stieffel, Philipp

Stieffel, Ph., Begründung einer wahrhaften Methode des mathemat. Unterrichts im Allgemeinen, mit besond. Beziehung auf Realschulen. gr. 8. Heidelb. 825. Oßwald. 8 gGr.

Stieffel, Ph., Jahrbuch d. Witterungs- u. Himmelskunde f. Deutschland im J. 1840. gr. 8. (13½ B. u. 2 lith. Tab.) Karlsruhe, Müller'sche Hofbuchh.

— Lehrbuch d. Naturgeschichte f. d. Schulunterricht u. Selbstgebrauch. 2. Aufl. gr. 8. (19 B.) Heidelberg 838, C. F. Winter.

— Naturgeschichte f. den Schulunterricht u. Selbstgebrauch. gr. 8. Heidelb. 826. Winter. 18 gGr.

Stieffel, Ph., der Uhrenregulator nebst einem Sextanten, oder das allein sichere Mittel, jede Uhr auf die Minute richtig zu stellen. 2. Aufl. Mit Titelkupfer. 8. Lörrach 841, Gutsch. Mit 1 Kistchen n. 2⅛ Thlr.

Stieffel, Ph., der Uhren-Regulator nebst einem Sextanten oder das allein sichere Mittel, jede Uhr auf die Minute richtig zu stellen. 2., verb. u. verm. Aufl. 8. (10⅞ B., 1 Stnt. u. Holzschn. u. ein hölzerner Sextant in Kasten.) Lörrach 845, Gutsch. *

Stieffel, Ph., Witterungskunde. Mit Rücksicht auf vermuthliche Witterung überhaupt u. des Jahres 1842 insbesondere. gr. 8. (14 B. u. 4 Tab.) Karlsruhe 842, Müller'sche Hofbuchh. Thlr.

— s. Zeus. Ein Monatsblatt.

Stieffelius, Wilhelm

Stieffelius, W., Cours complet de lecture française, arrangé pour servir de Syllabaire etc. Lehrbuch der französ. Aussprache in ihrem ganzen Umfange; eingerichtet zum Lesenlernen; nebst den ersten Elementen d. Grammatik u. französ. Uebungs-Stücken. Ein Schulbuch f. Anfänger jedes Alters. 8. Berl. 831. Plahn. 8 gGr.

Stieffelius, G., Cours complet de lecture française, arrangé pour servir de Syllabaire etc. — Lehrbuch d. franz. Aussprache in ihrem ganzen Umfange; eingerichtet zum Lesen Lernen; nebst d. ersten Elementen d. Grammatik u. franz. Uebersetzungs-Stücken. Ein Schulb. f. Anfänger jedes Alters. 8. (11 B.) Berlin 831, [Schultze.]

Stieffelius, Guil., Cours complet de lecture française, arrangé pour servir de Syllabaire etc. A. u. d. T.: Lehrbuch der Franz. Aussprache in ihrem ganzen Umfange, einger. zum Lesen Lernen; nebst d. Elementen d. Grammatik u. Franz. Uebersetz.-Stücken. 2e umgearb. Aufl. 8. Berlin 838. Schultze. 5/12 Thlr.

Stieffelius, W., Cours complet de lecture française, arrangé pour servir de syllabaire etc. 3. édit. revue et augm. — A. u. d. T.: Lehrbuch der französ. Aussprache in ihrem ganzen Umfange, eingerichtet zum Lesen Lernen; nebst den Elementen d. Grammatik u. Französ. Uebersetzungs-Stücken. Ein Schulbuch für jedes Alter. 3. verm. Aufl. 8. Berlin 841, Schultze. 5/12 Thlr. — 4. verm. Aufl. A. u. d. T.: Cours complet de lecture française, arrangé pour servir de syllabaire etc. 4. édit., revue et augm. 8. Ebend. 845. 5/12 Thlr.

Stieffelius, W., Lehrbuch der französ. Aussprache in ihrem ganzen Umfange, eingerichtet zum Lesen-Lernen; nebst den Elementen der Grammatik u. französischen Uebersetzungs-Stücken. Schul- u. Hülfsbuch für Lehrer u. Lernende. 5. Aufl. A. u. d. T.: Cours complet de lecture Française, arrangé pour servir de syllabaire, avec les premiers éléments de grammaire et des morceaux de lecture. 5. édition. 8. (XII u. 227 S.) Berlin 848, (Leipzig) Herm. Schultze. 5/12 Thlr.

— la meilleure école de Conversation française, ou 52 Dialogues familiers, tirés de divers auteurs dramatiques; suivis d'une Comédie de Picard, et de deux proverbes de Th. Leclerq, avec l'Allemand en regard. gr. in-8. Berlin 836. C. F. Plahn. 7/12 ℛ

—— la meilleure école de conversation franç., ou 52 dialogues familiers, tirés de divers auteurs dramatiq.; suivis d'une comédie de Picard, et de deux proverbes de Th. Leclercq, av. l'Allemand en regard. gr. in-8. (17 B.) Berlin 836, [Herm. Schultze.]

Stieffelius, W., la meilleure école de conversation française ou un dialogue par semaine, avec une comédie de Picard et deux proverbes de Th. Leclerq, avec l'allemand en regard. Nouv. édition. Leipzig 854. H. Schultze. 8. (VIII, 296 S.) 18 ngr.

—— Manuel de lecture franç., ou les prosateurs des trois derniers siècles de la littérat. franç., av. explications. 8. (36 B.) Berlin 841, Herm. Schultze.

Stieffelius, W., recueil de poésies Françaises, avec explications; ou les poëtes des trois derniers siècles de la littérature Française; faisant suit au manuel de lecture. Nouvelle édition. 8. (XIV u. 434 S.) Leipzig 850, Herm. Schultze. n. 1 ℛ

— vollständiger Schulbedarf aus der Franz. Grammatik. — A. u. d. T.: Nouvelle Grammaire méthodique, ou exercices de Grammaire française en 30 leçons, avec un cours de thèmes et de versions. 2me édit. 8. le même 833. 2/3 ℛ — 3me édit. 838. 3/4 ℛ

—— nouvelle grammaire méthodique, ou exercices de grammaire franç. en trente leçons etc. 4. edit., revue etc. — A. u. d. T.: Vollständ. Schulbedarf aus d. franz. Grammatik als Fortſ. d. vocabulaire systématique. 8. (.. B.) Berlin 840, Jonas, Vrlgh.

—— vollständiger Schulbedarf aus der französischen Grammatik, als Fortsetzung des Vocabulaire systématique. 7. Aufl. A. u. d. T.: Nouvelle grammaire méthodique ou exercices de grammaire française en 30 leçons, avec un cours de thèmes et de versions; ouvrage approuvé par le conseil royal de l'instruction publique. 7. Edition, revue et corrigée avec soin. 8. (XV und 464 S.) Berlin 851(52,) Jonas' Vrlgsh.

— vollständiger Schulbedarf aus der Französischen Grammatik, als Fortsetzung des Vocabulaire systématique, enthltd.: die Entwickelung der Redetheile nebst erklärenden Uebungen; kurzgefaßte Regeln der Syntax, nebst erklärenden Beispielen; Deutsche und Französische Uebungssätze zum Uebersetzen ꝛc. 9. Aufl. A. u. d. T.: Nouvelle grammaire méthodique ou exercices de grammaire française en trente leçons, avec un cours de thèmes et de versions. Entièrement revue et augmentée d'exercices sur les verbes-modèles. Berlin 856. Jonas' Verlhdlg. 8. (XV, 480 S.) n. 20 ngr.

Stieffelius, G., Nouvelle grammaire méthotique, ou exercices de grammaire française en trente leçons, avec un cours de thèmes et de versions; ouvrage approuvé par le conseil royal de l'instruction publique. 11e édit., revue avec beaucoup de soin et considérablement augmentée. 8. Berlin 869, Bernhardi. *

—— Vocabulaire systématique franç.-allemand; suivi de gallicismes, germanismes, proverbes et de quelques entretiens familière. A l'usage des écoles. 3. édit. 8. (13 B.) Berlin 833, [Jonas's Vrlsh.]

—— Vocabulaire systématiq. franç.-allemand; suivi de Gallicismes, de Germanismes, de Proverbes et de quelques entretiens familiers. A l'usage des écoles, et devant servir de livre préparatoire et complementaire à la grammaire méthodique. 4. édit., augmentée et corr. 8. (14 B.) Berlin 839, Jonas, Vrlsh.

— Vocabulaire systematique françois-allemand; suivi de gallicismes, de germanismes, de proverbes et de quelques entretiens familiers. A l'usage des écoles etc. 5. édit., augm. et corr. 8. Berlin 844, Jonas. 5/12 ℛ

— vocabulaire systématique Français-Allemand; suivi de gallicismes, de germanismes, de proverbes et de quelques entretiens familiers. A l'usage des écoles, et devant servir de livre préparatoire et complémentaire à la grammaire méthodique etc. 6. édition. gr. 12. (XII u. 227 S.) Ebd. 849. — 7. édition, entièrement revue. 8. (XII u. 227 S.) Ebd. 852. 5/12 ℛ

—— Vocabulaire systématique français-allemand; suivi de gallicismes, de germanismes, de proverbes et de quelques entretiens familiers. A l'usage des écoles, et devant servir de livre préparatoire et complémentaire à la grammaire méthodique. 8. Édition, revue avec soin. gr. 8. (XII und 227 S.) Berlin 856, Jonas' Verlag. *

Stieffelius, W., Vocabulaire systématique français-allemand; suivi de gallicismes, de germanismes, de proverbes et de quelques entretiens familiers. A l'usage des écoles et devant servir de livre préparatoire et complémentaire à la grammaire méthodique. 10. édit. revue avec soin. Berlin 868. Jonas' Verlag. 8. (XII, 27 S.) n. 10 ngr.

Stieffelius, W., vocabulaire systématique francais allemand; suivi de gallicismes, de germanismes, de proverbes et de quelques entretiens familiers. A l'usage des écoles, et devant servir de livre préparatoire et complémentaire à la grammaire méthodique, ouvrages approuvés par le conseil royal de l'instruction publique. 12. éd. revue avec soin. gr. 8. (XII, 227 S.) Berlin 874. Bernhardi. n. 1. 20

Stieffelius, W., vocabulaire systématique français-allemand; suivi de gallicismes, de germanismes, de proverbes et de quelques entretiens familiers. A l'usage des écoles, et devant servir de livre préparatoire et complémentaire à la grammaire méthodique. 13. éd., revue avec soin. gr. 8. (VIII, 224 S.) Berlin 878. Bernhardi. n. 1. 20

STIEFFIUS, Sigism. Wilh., Lust-Gärtl von curieusen Geschichten. Nordhausen 1700. 8⁰. 4 Bogen.
Bibl. Ludovici (bibliop.) nominalis curiosa. Vitemb. 1705. — Selten!

Stiefkind, das, od. Marietta, d. verstoß. Grafentochter. 100 Hfte. gr. 8. (2400 S. m. 100 Vollbild.) Berlin 898. Verlagshaus f. Volkslitteratur u. Kunst. à Hft. — 10; auch in 20 Bdn. à — 50

Stief-Kinder, die, der Neuzeit. gr. 8. (15 S.) Görlitz 874. Remer in Comm. n. — 25

Stief-Kinder, die, der Neuzeit. gr. 8. (15 S.) Görlitz 874. (Römer.) *

Stiefkinder der Sozialpolitik. Bilder aus d. Berufsleben der Krankenpflegerinnen. — München: Reinhardt 1910. 39 S. 8⁰

STIEFMAMA, Die strenge. (190*.) Privatdruck. (Mk. 2—.) (2 Kr. 40 H. W. Schindler, Pressburg, 1910.)

Stiefmutter, die, v. Margareta, s.: Enßlin's Roman- u. Novellenschatz.

Stiefmutter, die, oder widrige Schicksale der Gräfin Fanny von Schwerin und des Ritters von York in England, eine rührende und unterhaltende Geschichte, 8. Leipz. 793. Weygand. 1 Rtl. 10 gl.

STIEFMUTTER, Die, oder widrige Schicksale der Gräfin Fanny von Schwerin und des Ritters von York in England. Eine rührende und unterhaltende Geschichte. Leipzig 1793. 8⁰.
Wildmoser's (München) Leihbibl.-Kat. no. 7799. — Selten!

Stiefmutter, Die, oder Edwin und Theodora. Eine Erzählung. Leipzig 1826. V: *Haugwitz, Luise Gräfin von.* (EE)

Stiefmutter, die böse, u. andere Balladen, s.: Volksbibliothek, deutsche.

STIEFMUTTER, Die böse, in der seltenen Geschichte des Herrn von Knubenat. Gedruckt 1768. 8.
Bibl. J. J. Schwabii II. p. 325. — Selten!

Stiefmutter, die ehrsüchtige, a. d. Engl. des Rowes. Lfp. 8. F. u. L. Hertel. 773.

Stiefmutter, die liebreiche. Lstspl. (v. Ign. Cornova). 8. Prag 786. Schönfeld. 6 gr (Löffler in Manh.) 8 gr

Stiefmutter, unsere. (Mit Titelbild.) Bevorwortet v. Textor. 12. (IV, 123 S.) Halle 895. R. Mühlmann's Verl. Geb. in Leinw. n. 2.20; geh. 1.80

Stiefmütterchen, von Karl Müchler. 8. Berlin, Achenwall. 817.

Stiefschwestern, die, eine Geschichte vom Verf. des Mammuth, aus dem Engl. (des D. J. Thompson) übersetzt von M. Wichmann, 3 Theile, 8. Liegnitz 793. Siegert. 2 Rthl.

Stiefsöhne, die,. Schsp. v. Seidel. 8. Lpz. Fleischer. 789.

Stiefsöhne, Die beiden, von der Verf. der Maria Müller. Altona 1810. V: *Ahlefeld, Charlotte Sophie Luise Wilhelmine von geb. von Seebach.* (Ky) (MGT) (Collin, Anonymer. Kiobenh. 1869.) (LS)

Stiefsöhne, die, von der Verfass. der Maria Müller (Charlotte v. Ahlefeld). 8. Altona 810. Hammerich. 1 ₰ 8 gr

Stieftius, Chr., de urnis in Silesia Lignic. atque Pilgramsdorf. Cum figg. Vratisl. et Lips. 704. 4.

Stiefvater, Leop., Beitrag zur Geschichte des Buchdrucks und Buchhandels in Steiermark. 8. (53 S.) Wien 887, Verlag der Oesterreich. Buchhändler-Correspondenz. *

Stiege, Egbert, Mentone u. sein Klima. Nach eigenen Beobachtungen. Nebst einer kurzen Abhandluug zur Geologie Mentone's von H. Alex. Pagenstecher. Berlin 868. A. Hirschwald. gr. 8. (III, 90 S.) n. 20 ngr.

Stiege,(Car.) Egbertus (Gregor. Waldem.) (geb. Falkenburg in Pomm. 21. 9. 1834): De tussi convulsiva. Berolini (1859). (31 S.) 8°
Berlin, Med. Diss. v. 6. Aug. 1859

Stiegel, Reinhold, aus Leipzig: Ein Beitrag zur Kenntnis der tautomeren Formen des Methenbisacetylacetons. *Leipzig 1901: J. Klinkhardt.* (30 S.) 8°
Leipzig, Phil. Diss. v. [2. März] 1901

STIEGELE, Alfons (Ravensburg): Ein Fall von primärem Carcinom des Ductus choledochus.- München: Kastner & Lossen 1896. 35 S.
27.7.1896 - Chr 1896/97,19; Jv 1896/97,240
Diss. Ingolst.-Landsh.-Mchn.

Die Homöopathie in ihrer Stellung zur Schulmedicin und den Naturwissenschaften im 150. Geburtsjahr Hahnemann's. Vortrag, geh. 1905 von Dr. A[lfons] **Stiegele**. Leipzig: Steinmetz (1905). 24 S. 8° [Umschlagt.] [11. 11764 11

Stiegele, A., s.: Volksarzt, der.

Stiegele, Julius Eugen

— das Gerichtsverfassungsgesetz für das Deutsche Reich vom 27. Jan. 1877, nebst Einführungsgesetz. Hand-Ausg. mit Erläuterungen auf Grund der amtlichen Materialien. Mit einem Anhang, betreffend die Gerichtsbarkeit nach § 108 der Reichsgewerbeordnung. gr. 8. (VI, 140 S.) Ebend. 877. n. 1.80

Stiegele, J. E., das Gerichtskostengesetz für das Deutsche Reich vom 18. Juni 1878 nebst den Gebührenordnungen für Gerichtsvollzieher, Zeugen u. Sachverständige vom 24. u. 30. Juni 1878. Hand-Ausg. mit Erläuterungen auf Grund der amtlichen Materialien. Mit 3 tabellarischen Uebersichten über die Gebühren im Civil-, Straf- u. Konkursverfahren. gr. 8. (VIII, 102 S.) Stuttgart 879. Kohlhammer. n. 1. —

—— die württembergischen Gesetze I. zur Ausführung des Reichs-Gerichtsverfassungsgesetzes vom 24. Jan. 1879, II. betr. die Entscheidung von Kompetenzkonflikten vom 25. Aug. 1879, nebst den hiezu ergangenen k. Verordnungen und Ministerialverfügungen. Handausg. mit Erläuterungen auf Grund der amtl. Materialien. Mit einem Suppl. zur Handausg. des Reichs-Gerichtsverfassungsgesetzes, enth. das Gesetz über die Kosulargerichtsbarkeit vom 10. Juli 1879 2c. 2c. gr. 8. (VIII, 112 S.) Stuttgart 879, Kohlhammer. *

— die württembergischen Gesetze I. zur Ausführung der Reichs-Strafprozeßordnung vom 4. März 1879, II. betreffend Aenderungen des Landespolizeistrafgesetzes vom 27. Dezbr. 1871 u. das Verfahren bei Erlassung polizeilicher Strafverfügungen vom 12. Aug. 1879, III. betreffend das Verfahren der Verwaltungsbehörden bei Zuwiderhandlungen gegen die Zoll- u. Steuergesetze vom 25. Aug. 1879, nebst den hiezu ergangenen königl. Verordnungen u. Ministerialverfügungen. Handausg. mit Erläuterungen auf Grund der amtlichen Materialien. Mit einem Suppl., enthaltend Formulare 2c. zur Reichs-Strafprozeßordnung. 8. (XI, 195 S.) Ebend. 879. n. 2. —

— das Kassen- u. Rechnungswesen bei den württembergischen Gerichten, die Behandlung der Sporteln u. Gerichtsgebühren, der Untersuchungskosten u. der Depositen, vom 20/26. Septbr. 1879. Nach Verfügungen des königl. württembergischen Justizministeriums. Suppl. zur Handausg. des Reichs-Gerichtskostengesetzes. 8. (24 S.) Ebend. 879. n. — 15

—— s. Pezold, Herm., die deutsche Strafrechtspraxis.

Stiegele, Jul. Eug.: Das Reichsgesetz über die Beurkundung des Personenstandes und die Eheschließung vom 6. Febr. 1875 nebst dem württembergischen Einf.-Ges. erl. auf Grund der amtl. Materialien und des fortbestehenden Rechts. [Nebst] Suppl. Stuttgart 1875. 76.

Stiegele, Jul. Eug., das Reichsgesetz üb. die Beurkundung d. Personenstandes u. die Eheschließung vom 6. Febr. 1875 nebst dem württemberg. Einführungsgesetze, erläutert auf Grund der amtl. Materialien u. d. forbesteh. Rechts. Mit e. Anh., enth. die einschläg. sonst. Gesetze, Verordngn. 2c. gr. 8. (400 S.) Stuttgart 876. Kohlhammer. n. 5. —

—— Supplement zu dem Reichsgesetze über die Beurkundung des Personenstandes und die Eheschließung vom 6. Febr. 1875. gr. 8. (52 S.) Ebendas. 876. *

— die Strafprozeßordnung für das Deutsche Reich vom 1. Febr. 1877, nebst Einführungsgesetz. Hand-Ausg. mit Erläuterungen auf Grund der amtlichen Materialien. Nebst einem Auszug aus dem deutschen Gerichtsverfassungsgesetze betreffend die sachliche Zuständigkeit der Strafgerichte, die Oeffentlichkeit u. die Sitzungspolizei. gr. 8. (XX, 416 S.) Ebend. 879. n. 3. —

[Stiegele, Paul.] Gedenkblätter aus dem Leben u. schriftlichen Nachlasse des Domkapitulars Paul Stiegele. Von B. Rieg. 2.—5. Bd. gr. 8. Rottenburg, W. Bader. n. 16. 60; geb. in Leinw. n.n. 21. —
2. Fastenpredigten. 1. u. 2. Aufl. (VIII, 370 S.) 904. 905. n. 3. 60; geb. n.n. 4. 60
3. Ausgewählte Predigten. 1. u. 2. Aufl. (VI, 498 S.) 905. 906. n. 4. 80; geb. n.n. 6. —
4. Exerzitienvorträge. 1. u. 2. Aufl. (VIII, 423 S.) 905. 907. n. 4. 20; geb. in Leinw. n.n. 5. 30
5. Reden u. Skizzen vermischten Inhalts. (VIII, 396 S.) 906. n. 4. —; geb. n.n. 5. 10
Der 1. Bd. ist noch nicht erschienen.

[Stiegele, Paul.] Gedenkblätter aus dem Leben u. schriftl. Nachlasse des Domkapitulars Paul Stiegele. Von B. Rieg. 2. u. 3. Bd. gr. 8. Rottenburg, W. Bader. 8.40; geb. n 10.60
2. Fastenpredigten. 3. Aufl. (VIII, 370 S.) 907. 3.60; geb. n 4.60
3. Ausgewählte Predigten. 3. Aufl. (VI, 498 S.) 909. 4.—; erh. Pr. 4.80; geb. n 6. —

Stiegele, Paul, Klosterbilder aus Italien. 8. (246 S.) Stuttgart 881, Deutsches Volksblatt. *
geb. *

Stiegele, Paul. Klosterbilder aus Italien. 2. verm. Aufl. 8. (VIII, 276 S.) Stuttg. 892, Verlag d. „Deutschen Volksblatt". * 2 —

Stiegele, Paul, Klosterbilder aus Italien. Reiseerinnerungen. 3., verm. Aufl. 8. (VI, 322 S.) Stuttgart 893. Deutsches Volksblatt, A.-G. Geb. in Leinw. m. Goldschn. n. 3. —

(G) Stiegele, Paul, Klosterbilder aus Italien. 893. (KBL 28.) Jetzt: Rottenburg, W. Bader.

Stiegele, Paul, der Lourdespilger, s.: Nimm u. lies.

— Predigt bei der Feier d. 25jähr. Priesterjubiläums im Mutterhause d. barmherz. Schwestern d. hl. Vincenz v. Paul in Untermarchthal. Geh. am 8. Aug. 1895. gr. 8. (15 S.) Rottenburg 895. W. Bader. n. — 20

Stiegele, Paul, Predigt üb. die Wirkungen der hl. Kommunion. Geh. bei dem eucharist. Kongreß in Gmünd am 8. VIII. 1899. 12. (15 S.) Schwäb. Gmünd (900). B. Kraus. n. — 10

— ein Sprung in die Welt. Ernst u. Scherz aus e. Badereise, s.: Nimm u. lies.

Stiegeler, Hans, aus Bebenhausen: **Ueber Anlagerung** von Halogenwasserstoff an ungesättigte Carbonsäuren. *Heidelberg 1903: K. Rößler.* (51 S.) 8°
Heidelberg, Naturw.-math. Diss. v. 1903

VERLAUMDUNG, Eigenliebe und Spottsucht, die drey Geisseln der menschlichen Gesellschaft .... (von *K. B. von Stiegelheim*). O. O. 1802.
Anon.-Lex. IV. p. 291 (nach Meusel). — Rar!

Altamira. Ein Kunsttempel d. Urmenschen. Von Ad(olf) **Stiegelmann.** Mit zahlr. Fig. Godesberg bei Bonn: Naturwiss. Verl. 1910. 16 S. 8°
(Naturwissenschaftliche Zeitfragen. H. 10.) [11. 4339

Stiegelmann, Ad., Altamira, s. a. Zeitfragen, naturwissenschaftliche. 10. Heft.

Das religiöse Leben der Hindus von Ad. **Stiegelmann.** Stuttgart: M. Kielmann 1905. (41 S.) 8° [F.]
= **Christentum** u. Zeitgeist. Ser. 1. H. 6. [08. 16249 II

[Stiegelmann, Adolf.] Was braucht Indien? Eigenes und Entlehntes in neuer Beleuchtung. Beitrag zur Mission. « Pro justificatione ». [Von] Philhind. 2. Ausg. IV + 24 S. 8. Ascona ⟨Schweiz⟩, C. v. Schmidtz (Elsäss. Druck. vorm. G. Fischbach, Strassburg), 1904. M. —. 50 = fr. —. 65

Stiegelmann, Armand, aus Strassburg: Über die p-Bromdiazobenzolsäure. — Über das p-Bromphenylhydroxylamin. — Zur Kenntnis von Alphylnitrosokörpern. Strassbg i. E. Ch. Müh & Cie Dr. 1896. 132 S. 8°.
Zürich. Phil. Diss. [v. 29. Jan. 1897].

BRIEFE des Barons von Stiegenrode an seinen Freund von Rückersdorf. Düsseldorf 1788. 8°. Rar!

Stieger, Friedrich, aus Helmstedt: **Untersuchungen** über die Syntax in dem angelsächsischen Gedicht vom 'Jüngsten Gericht'. *Rostock 1902: C. Hinstorff.* (130 S.) 8°
Rostock, Phil. Diss. v. [31. Mai] 1902

Stieger, Frdr., **Untersuchungen über die Syntax in dem angelsächsischen Gedicht vom „Jüngsten Gericht".** Diss. gr. 8. (130 S.) Rostock 902. (H. Warkentien.) n. 2. —

Die Hauptteile des landwirtschaftlichen Betriebsaufwandes. Vortrag geh. 1904 in Berlin ... von Dr. G[eorg] **Stieger,** Geschäftsführer. *Berlin 1904: Hausenstein & Vogler.* (30 S.) 8° [F.]

Stieger, Geo., zur **Landarbeiterfrage.** Beobachtgn. u. Gedanken aus d. Praxis. [Aus: „Festschr. z. Feier d. 25jähr. Bestehens d. staatswissenschaftl. Seminars zu Halle a. S."] gr. 8. (57 S.) Jena 898. G. Fischer. n. 1. 60

Die Landwirtschaft in den Nord-Zentralstaaten von Nordamerika. Beobachtungen über Betriebswesen u. Farmerleben. Reisebericht von Dr. G[eorg] **Stieger**-Berlin. Mit 25 Abb. Berlin: Deutsche Landwirtsch.-Gesellsch. 1905. (70 S.) 8° [F.]
= **Arbeiten** d. Deutschen Landwirtschafts-Gesellschaft. H. 104. 05. 9418

Stieger, die Stellung der Landwirtschaft in der deutschen Volkswirtschaft („Industriestaat u. Agrarstaat".) gr. 8. (38 S.) Stuttgart 903. E. Ulmer. n. 1. —
Sonderabdruck aus: „Fühling's landw. Zeitung".

Stieger, Georg [aus Bevensen (Hannover)]: Studien zur Monographie der Heidschnucke. Beitrag zur Rassenkunde der landwirthschaftlichen Haustiere .... Halle a. S., Druck d. Buchdr. d. Waisenhauses, 1888; 2 Bl. + 37 + 1 S. u. 1 Tab. 8°
Halle, Phil. Fak., Inaug.-Diss. v. 18. Apr. 1888

Stieger, Georg, Studien zur Monographie der Heidschnucke. Beitrag zur Rassenkunde der landwirthschaftlichen Hausthiere. Diss. Halle 1888, Lippertsche Buchh. 8°. 37 S. mit einer Tabelle.

Stieger, Carl, der Gesangverein auf dem Lande, 14 leichte Lieder f. Männerstimmen hrsg. qu. 4. (2½ B.) Halberstadt 846, Helm. *

Stieger, Carl, der Gesangverein auf dem Lande, 36 Lieder für Männerstimmen. qu. 4. (41 lith. S.) Neuhaldensleben 848, Eyraud. ⅙ ℛ

Stieger, Carl, Nachrichten über das Dorf Hötensleben im Kreise Neuhaldensleben (Regierungsbezirk Magdeburg). gr. 16. (60 S.) Halle 864, Hendel.

Stieger, Oswald: Das Stilleben ein Baustein zur künstlerischen Erziehung der Jugend. 38 S. 8. Landes-Oberrealschule *Graz* 1905.
Progr.

Stieger, W., **Anleitung** zur Quark-Bereitung u. zur Handkäse-Fabrikation. gr. 8. (27 S. m. 17 Abbildgn.) Leipzig 901. M. Heinsius Nachf. n. 1. —

Stieger, W . Die Hygiene der Milch. Hygienische Gewinnung, Behandlung und Aufbewahrung von Milch, Milchprodukten und anderen Nahrungsmitteln, sowie das Wissenswerteste bei der Gewinnung und Prüfung der Milch. Mit 15 Tafeln und 113 Abbildungen im Text. VIII + 256 S. 8. Leipzig, M. Heinsius Nachfolger, 1902. [M. 4. —]

Stiegha(h)n, Wilhelm

Stieghahn, W., Addreßcalender f. Erfurt u. d. Erfurter Gebiet. 8. Erfurt. (Vollmer in Hamb.) 795.

Stieghan, Wlh., († d. 27. April 1798.) neues Hand= u. Addreßbuch f. den Erfurter u. Eichsfelder Staat auf das J. 1797. 8. Erfurt (797.) (Herold jun. in Hamb.) 12 gr

— neuer Taschenkalender f. Geschäftsmänner u. Reisende im Erfurter Gebiet auf das J. 1795. 12. Erfurt 795.

Stiegleder, Friedrich (Eisleben) A. S. 741/29a

Dissertatio iuridica an in contractibus rerum fungibilium ex tempore morae praestanda sit aestimatio maxima ? Präs. Johann Heinrich Berger.
Wittenberg (Meyer) 1. XII. 1703. 24 Bl.

Gew.: Jo. Christoph von Ponikau. 33556

Stiegleder, Karl Andreas (Sangerhausen) A. S. 566/62

Dissertatio inaugurale (!) juridica de testamento tempore pestis privilegiato, Vom Privilegio eines zu Pest=Zeiten errichteten Testaments.
Präs. Kaspar David Ziegler. Rec.
Wittenberg 1742. 56 S.

Diss. 24. VIII. 1682. 33559

Stiegler, der Mörder Georg Michael, von Külsheim auf dem Schaffot. Ansbach (856.) Gummi. gr. 8. (8 S.) n. 2 ngr.

Stiegler, s.: Erörterungen zur Reichsversicherungsordnung.

Stiegler, Alfred, Hagenau i. Els.: Über im Phenylrest substituierte Phenylmethyl-3-pyrazolone. Rostock 1907: C. Boldt. (101 S.) 8°
Rostock, Phil. Fak., Ref. Michaelis, Diss. v. 18. Sept. 1907
[Geb. 5. Juli 77 Hagenau i. E.; Wohnort: Rostock; Staatsangeh.: Elsaß-Lothringen; Vorbildung: Gymn. Hagenau bis Obersekunda O. 93; Studium: Straßburg 1, Techn. Hochsch. Karlsruhe 2, Univ. Rostock 7 S.; Rig. 16. Sept. 07.]

Stiegler, Ant., der Rebschnitt u. d. wichtigsten Erziehungsarten m. bes. Berücksicht. veredelter Reben. M. 42 färb. Abb. (11 Taf.) qu. gr. Fol. (2 Bl. Text.) Marburg 898. (Graz, Leykam.) In Mappe n.n. 5. —

Stiegler, August: Der Turngenosse, e. Buch z. Unterhaltung u. Belehrung f. erwachsene Turner, m. Abb., Ernstthal im Schönburgschen, 1850, 204 S. 8°

Stiegler, Geo., deutsche Weltausstellung zu Berlin. Ein Beitrag zur Klärg. dieser nationalen Angelegenheit. gr. 8. (48 S.) Berlin 892. H. Steinitz' Verl. n. 1. —

STIEGLER, Hans (Langenzenn): Ueber die Arbeitsunfähigkeit nach Resectionen.- München: Ernst 1889. 25 S.
31.5.1889 - Chr 1888/89,20; Jv 1888/89,221
Diss. Ingolst.-Landsh.-Mchn.

Stiegler, Heinrich [Dr. jur. Rechtspraktikant]: Zur Lehre vom durchstrichenen Accepte ... Erlangen, *Druck v. C. Brügel & Sohn in Ansbach,* 1896; 33 S. 8.
Erlangen, Jur. Fak., Inaug.-Diss. v. 1896

Stiegler, J. E. A., s. Casti, G., die redenden Thiere.

Stiegler, J. E. A., Chorâle zu d. 50jähr. Jubelfeyer d. evangel. Pfarrers 2c. Max. Fr. Scheibler in Montjoie, am 3. Sept. 1836. gr. 8. (¾ B.) Aachen 837. (Leipzig, Schreck.)*

—— 192 Epigramme u. Madrigale, zehn Gesellschaftslieder u. achtzig Denksprüche. 8. (6¾ B. incl. 1 Musikbeil.) Kreuznach 838, (Kehr.)

— vier Gedichte. Der Winter des Lebens, — die Schöpfung, — die heiligen Berge, — Erwiederung auf Schiller's Götter Griechenlands. 12. Aachen 834. Roschütz u. Comp. 1/8 ₰

—— Selbstmord aus Mysticismus. Ein Gedicht. Geschrieben zu Montjoie im Juli 1832. Mit Genehmig. d. Hrn. Verf. hrsg. zum Nutzen d. Armen v. M. F. Scheibler. 2., mit einigen Zusätzen u. e. Vorr. d. Hrsgeb. verm. Aufl. gr. 8. (½ B.) Aachen 833, [Roschütz u. Comp.]

— Selbstmord aus Mysticismus. Ein Gedicht. Geschrieben zu Montjoie im Juli 1832. Herausg. von M. F. Scheibler. 2e mit einigen Zusätzen u. einer Vorrede des Herausg. verm. Aufl. gr. 8. Aachen 833. Rossel. 1/8 ₰ — 3e mit einer erläut. Anmerk. des Verf. verm. Aufl. 8. Ebd. 837. Roschütz u. C. 1/8 ₰

—— Selbstmord u. Mysticismus. Ein Gedicht. Nebst e. Vorr. v. M. F. Scheibler. 3., mit e. erläut. Anmerk. d. Verf. verm. Aufl. 8. (1½ B.) Aachen 837, [Cöln,] Roschütz u. Comp.

—— drei Visionairinnen. 1. Friederike Hause, die Seherin v. Prevorst. 2. Mlle. De Bellère de Tronchay appelée communement Soeur Louise, e. Nonne d. 17. Jahrh. 3. Maria Rübel, die Hellseherin in Langenberg, Auszüge u. Bemerkn. Nebst e. Anh. 8. (4¼ B.) Kreuznach 837, Kehr.

Stiegler, Leo

Stiegler [Unterprimaner]: Dem neunzigjährigen Feldherrn. (Gedicht z. Geburtstagsfeier d. Gen.-Feldmarsch. Grf. v. Moltke.) Hagenau, F. Gilardone'sche Buchdr., *1891;* S. 20; 4°
Hagenau, G u. R, MP 1891 (505)

STIEGLER, Leonhard (Ertingen): Ueber die tuberkulöse Mastdarmfistel.- München: Fleischmann Würzburg 1889. 15,1 S.
15.7.1889 - Chr 1889/90,26; Jv 1889/90,231
Diss. Ingolst.-Landsh.-Mchn.

Stiegler, Maria Albert [cand. iur.]: Dispensation und Dispensationswesen in ihrer geschichtlichen Entwickelung bis zum IX. Jahrhundert ... Mainz, F. Kirchheim, 1897; IV, 74 S., 1 Bl. 8.
Strassburg, Rechts- u. staatswiss. Fak., Inaug.-Diss. v. 1897

Stiegler, Maria Alb., Dispensation, Dispensationswesen u. Dispensationsrecht im Kirchenrecht. Geschichtlich dargestellt. 1. Bd. gr. 8. (VI, 375 S.) Mainz 901. F. Kirchheim. n. 7. —

Stiegler, Rich., das Färben u. Waschen der Schmuckfedern u. Strohgeflechte, nebst e. Anh. üb. Filzhut- u. Filzstumpenfärberei. Anleitung zur Färberei f. das Putzfach, unter Berücksicht. der neuesten Verfahren zur Färberei m. Anilin=Farbstoffen. Mit 3 Musterkarten, enth. 20 Farben in Federn u. 8 Farben in Strohgeflechten. gr. 8. (VII, 31 S.) Weimar 886. B. F. Voigt. 2. —

Stiegling, Johann Tobias (Rüdenhausen) A. S. 1118/29

Dissertatio inauguralis medica de modo agendi medicamentorum anodynorum. Präs. Matthias Georg Pfann.
Erlangen (Becker) IV. 1749. 26 S.

Gew.: Johann Friedrich Gf. zu Castell. 33561

Stieglitz, Charlotte. Ein Denkmal. Berlin 1835. V: *Mundt, Theodor.* (Prölß, Joh., Das junge Deutschland. Stuttg. 1892.)

Stieglitz, Charlotte, ein Denkmal. 4. (39¾ B., lith. Bildniß u. verz. Ttl.) Berlin 835, Veit u. Comp. Thlr.

(Stieglitz,) neue Erfahrungen u. Entdeckungen im Gebiete des Electromagnetismus, s. Erfahrungen.

Stieglitz, Alb. v., der juristische Vorbereitungsdienst. Eine Studie üb. die zweckentsprech. Beschäftigg. der jüngeren Juristen. gr. 8. (42 S.) Berlin 886. Puttkammer & Mühlbrecht. n. 1. —

Stieglitz, Christian Ludwig

Stieglitz, Chr. Ldw., Archäologie der Baukunst d. Griechen u. Römer. 1r u. 2r Thl. in 2 Abtheill. Mit 51 Kpftaf. gr. 8. Weimar 801. Ind.-Compt. 6 ℛ 12 𝒢

— von altdeutscher Baukunst. 4. Mit 34 Kpft. in Fol. Leipz. 820. (Barth). 20 ℛ

Von altdeutscher Baukunst. Durch C[hristian] L[udw.] Stieglitz. Mit 1 Titelkpfr. [Nebst Beil.] Leipzig: Fleischer 1820. VIII, 247 S. 4⁰
[Beil.] 34 Kpfrtaf. 2⁰
Kl. 2749. Handelt S. 177—191 von den Verbrüderungen der Baumstr u. Steinmetzen, der angebl. Verbindung der Tempelherren mit den Baulogen u. der templerischen Einmischung in dieselben. 281.

Die Baukunst der Alten. Ein Handbuch für Freunde der Kunst. Nebst einem architekton. Wörterbuche. Von C[hristian] L[udw.] Stieglitz. Mit 11 Kupfertaf. Leipzig: Breitkopf u. Härtel 1796. 255 S. 8⁰ 3.

Stieglitz, Chrst. Ludw., die Baukunst d. Mittelalters in Sachsen u. d. preuss. Provinz Sachsen, s. Denkmale.

Beiträge zur Geschichte der Ausbildung der Baukunst. Von C[hristian] L[udw.] Stieglitz d. Aelt. Nebst erl. Beil. u. 25 Steindr. Th. 1. 2. Leipzig: Schaarschmidt 1834. 8⁰
1. X, 206 S. 10 Taf.; 2. 201 S. 15 Taf.
Kl. 2753. 431.

Stieglitz, d. Aelt., Chrstn. Ludw., Beiträge zur Geschichte d. Ausbildung d. Baukunst. Nebst erläut. Beiln. 2 Thle. gr. 8. (26⅛ B. u. 25 Stnt. ½ gr. Fol.) Leipzig 834, [Günz.]

Stieglitz, Christian Ludwig, s. Bericht an die Mitglieder der dt. Gesellschaft ... v. J. 1829–1833.

—— Bericht üb. vaterländ. Sprache u. Alterthümer, s. Bericht v. J. 1829—34 an d. Mitglieder d. deutschen Gesellschaft rc.

—— Catalogus numor. veter. Graecorum, quos ad artis historiam illustrandam colligebat olim et notis suis illustrabat. 8maj. (4 B.) Lipsiae 837, Hartknoch. *

Stieglitz, Christian Ludwig (Leipzig) A. S. 166/14

De caussis cur in Germania ius feudale Germanicum neglectum et ius feudale Longobardicum receptum sit. Leipzig (Klaubarth) 22. VII. 1784. 43 S.
33569

— collectio numorum graecorum romanorumque ad artis historiam illustr. instructa. 8maj. Leipz. 809. Tauchnitz. 4 𝒢

Stieglitz, (d. Jüng.,) Chrstn. Ludw., geschichtl. Darstellung d. Eigenthumsverhältnisse an Wald u. Jagd in Deutschland, von d. ältesten Zeiten bis zur Ausbildung d. Landeshoheit. Ein Versuch. gr. 8. (20¼ B.) Leipzig 832, Brockhaus.

STIEGLITZ, Christian Ludwig: Geschichtliche Darstellung der Eigenthumsverhältnisse an Wald und Jagd in Deutschland von den ältesten Zeiten bis zur Ausbildung der Landeshoheit. Ein Versuch. - Leipzig 1832. 309 S.

Stieglitz, C. L., Denkmale der Baukunst des Mittelalters in Sachsen, s. Denkmale.

—— Distributio numorum familiar. romanarum ad typos accommodata. 4. (15¼ B.) Lipsiae 830, Vogel.

Stieglitz, Chr. Ludw., Encyclopädie der bürgerl. Baukunst, in welcher alle Fächer dieser Kunst in alphabet. Ordnung behandelt sind. Leipzig 1792—98. 5 Bde. Text 8⁰. 5 Hefte Atlas q. Form.

Bd. 1:	A – D	mit Heft von	16	Kupfertafeln.
„ 2:	E – J	„ „ „	24	„
„ 3:	K – M	„ „ „	25	„
„ 4:	N – Sche	„ „ „	29	„
„ 5:	Schi – Z	„ „ „	24	„

— Encyklopädie d. bürgerlichen Baukunst, in welch. alle Fächer derselb. nach alphab. Ordn. abgehand., f. Handb. für Baumeister, Staats- und Landwirthe, m. 118 K. 5 Bde. gr. 8. Leipzig, Fritsch. 792 — 98. (I. 2 Rthlr. 16 gr. II. 5 Rthlr. 8 gr. III. 3 Rthlr. 16 gr. IV. 4 Rthlr. V. 3 Rthlr. 8 gr.)

— Encyklopädie der bürgerl. Baukunst, in welcher alle Fächer derselben nach alphabet. Ordnung abgehandelt, ein Handbuch für Baumeister, Staats- u. Landwirthe. 5 Bde. Mit 118 Kpf. gr. 8. Leipz. 792—98. (Hahn). 17 ℛ

Erzählungen
— — aus den Ritterszeiten. Nebst einigen kleinen Liedern (von *Christian Ludw. Stieglitz*). Mit Musik (2 Bll. in lang qu.-Fol.). Weißenfels u. Leipzig, bey Friedr. Severin. 1887. 8⁰. (Expl. in Dresden.) Zahm.
In Versen. Tit. u. 110 S. Lat. Lett. Selten!

Stieglitz, Chr. Ldw., s. Erzählungen aus d. Ritterzeiten.

Stieglitz, Christian Ludwig [Praes.], s. Falcner, Joh. Friedrich: De jure imperantium in jus quaesitum subditorum.

Stieglitz, Christian Ludwig (Leipzig) A. S. 28/6

De fide historica recte aestimanda disputatio. Präs. Johann August Ernesti. Leipzig (Langenheim) 6. IV. 1746. 52 S.

Gew.: Jakob Born. 33565

Stieglitz, Christian Ludwig (Leipzig) A. S. 95/15

Dissertatio iuridica de forma ac definitione communis Saxonum manus. Präs. Johann Gottfried Bauer. Leipzig (Breitkopf) 14. IV. 1746. 74 S.

W. v.: Präs. 33566

— üb. d. Gebrauch d. Grotesken und Arabesken, s. Gebrauch.

— Gemälde von Gärten, im neuern Geschmack dargestellt. Mit 28 Kpf. gr. 8. Leipz. 795. 2e Ausg. 804. Voß. 3 ℛ 8 𝒢

Stieglitz C. L.: Gemählde v. Gärten im neuern Geschmack. Leipz. 1798. 132 S. 28 Tvl.

Stieglitz, Chr. Ludw., Gemälde v. Gärten, im neuern Geschmack dargestellt. Mit 28 Kpf. gr. 8. Leipzig, 1798. 2. Aufl. 1804. Voss.

Geschichte der Baukunst der Alten. Von Christian Ludw. Stieglitz. Leipzig: Dyk 1792. XXXII, 477 S. 8°
3.

Geschichte der Baukunst vom frühesten Alterthume bis in die neuern Zeiten von C[hristian] L[udw.] Stieglitz. In drei Abth. Nürnberg: Campe 1827. VIII, 470 S. 8°
Vertritt die Theorie des Ursprunges der Frmrei aus der Brüderschaft der Steinmetzen. 193.

— Geschichte der Baukunst vom frühesten Alterthume bis in die neueren Zeiten. In drei Abthll. Neue umgearb. Ausg. gr. 8. Nürnberg 837. Campe. 3 ₰

Stieglitz, C. L., Geschichte der Baukunst vom frühesten Alterthum bis in die neueren Zeiten. In 3 Abthlgn. 2. (Titel-) Ausg. Nürnberg (837.) 857. Lotzbeck. gr. 8. (X, 564 S.) 1 ₰. 15 ngr.

Geschichte der Loge Minerva zu den drei Palmen im Or. Leipzig [von Christian Ludw. Stieglitz dem Ältern. Mit Anmerk.] und Beschreibung ihrer Secularfeier [!] am 20. März 5841 [hrsg. von Aug. Ludw. Mothes. Nebst] Nachtr. 1—3. Leipzig [1841]—1876: Vogel, [Nachtr. 1—3:] Leiner. 89 S. 8°
Nachtr. 1—3 [u. d. Tit.:] Geschichtl. Rückblick . . . Ms. f. Brr.
1. 5841—5851. [Unterz.: Alex.] v. Keller. 23 S. 1851.
2. 5851—5861. [Unterz.:] F[riedr.] Schuster. 14 S. 1861.
3. 5861—5876. [Unterz.:] Carl Klotz. 21 S. 1876.
[Umschlagtit.:] Säcularfeier der Loge Minerva zu den drei Palmen im Or. zu Leipzig. 5841.
Auszug in: A. 10 (1842—1843) S. 120—130.
Abdr. von S. 1—28 in: FZ. 13 (1859) S. 246 bis 248, 276—279, 372—375, 391.
Recens: Archiv f. Frmrei. 1, 4 (1842) S. 90—94. cf. Mh. 1 (1842) S. 104—107 (R. R. Fischer); f. Nachtr. 1: L. 13 (1854) S. 369—371.
Kl. 3022, Tt. 557.

Stieglitz, Christian Ludwig [Praes.], s. Hoffmann, Christian Gottlieb: De jure succedendi agnatorum in feudum alienatum vivo alienatore imprimis j. Sax.

Jachin und Boas, zwei Säulen im Dom zu Würzburg. Vom Br [Christian Ludw.] Stieglitz. (Nebst einer Steindruckplatte.) [Altenburg: Literatur-Comptoir] 1824. 14 S. 8°
Aus: AZ. 1824 S. 1—14. Abgedr. in: Bbl. 11 (1897) S. 99—105; Z. 27 (1897) S. 27—30. 215.

STIEGLITZ, Christianus Ludovicus: De iure venationem exercendi in Germania usque ad seculum XVI. obtinente. - Lipsiae 1828. 56 S. - Diss.

Stieglitz, Christian Ludwig (Leipzig) A.S.95/11

Dissertatio inauguralis de iuribus et actionibus feudi titulo concessis.
Leipzig (Langenheim) 13.VII.1747. 56 S.

Gew.: Heinrich Gf. von Brühl. 33567

Über die Kirche der heiligen Kunigunde zu Rochlitz und die Steinmetz-Hütte daselbst. In der Deutschen Gesellschaft zu Leipzig vorgetragen von C[hristian] L[udw.] Stieglitz. Mit 3 Steindr. Leipzig: Barth 1829. IV, 80 S. 3 Taf. 8°
Kl. 2751. 23.

— über die Malerfarben der Griechen u. Römer. gr. 8. Leipz. 817. Tauchnit. 4 ℊℊ

Stieglitz, Christian Ludwig (Leipzig) A.S. 608/42

De damnata memoria. Präs. Christoph Friedrich Wolle.
Leipzig (Langenheim) 19.IX.1776. 37 S.

Gew.: Johann August Ernst zu Kahnsdorf.
W.v.: Präs. 33568

Des Freimaurers Pflichten. [Verf. von Christian Ludw. Stieglitz. Altenburg 1842.] 2 Bl. 8° [Kopftit.]

[Dasselbe.] Ebendas. [ca 1860.] 2 Bl. 8°

[Dasselbe.] Ebendas. o. J. 4 Bl. 8° [Umschlagtit.]

[Dasselbe.] [Leipzig] o. J.: [Leiner]. 4 Bl. 8°
Abgedr. in: Zd. 6 (1842) S. 33—35.
Tt. 1726. In 6 Paragraphen. Von der Loge Minerva zu den drei Palmen in Leipzig als leitende Grundsätze anerkannt.

— Plans et Dessins tirés de la belle architecture en 115 planches avec l'explication. IX livrais. Roy.-Fol. Leipz. 801. Voss. 40 ₰

Stieglitz, (d. Jüng.) Chr. Ludw.: Das Recht des Hochstifts Meissen u. d. Collegiatstifts Wurzen auf ungehindertes Fortbestehen in ihrer gegenwärt. Verfassung. Eine staatsrechtl. Erörter. *Leipz.*, Brockhaus. 834. gr. 8. (8 Gr.)

Die Sage vom Doctor Faust. Von Dr. Christian Ludwig Stieglitz d. Aelt. ... 8°. (Aus Raumer's Hist. Taschenb. 1834. V.)

Stieglitz, Christian Ludwig: Spicilegium quarundam rerum naturalium subterranearum Lipsiae collectarum. Editum Anno 1769. Lipsiae. 4°

Stieglitz, Chr. Ldw., archäolog. Unterhaltungen. 1e u. 2e Abtheil. Mit 9 Kpf. gr. 8. Leipz. 820. (Barth). 2 ₰ 12 ℊℊ

Stieglitz, Christian Ludwig von: Ueber den ältesten Ursprung des durchlauchtigsten Hauses zu Sachsen. Dresden. 1847. 8⁰

v. Stieglitz, C. L., über den ältesten Ursprung des durchlauchtigsten Hauses zu Sachsen. gr. 8. (VI u. 58 S. m. 1 Tab. in gr. 4.) Dresden 848, Meinhold & Söhne. 1/3 ℛ

— Versuch einer Einrichtung antiker Münzsammll., zur Erläuter. d. Geschichte der Kunst d. Alterthums. gr. 8. Leipz. 809. Tauchnitz. 1 ℛ 8 𝒩

Stieglitz, Christian Ludwig, s. Versuch üb. den Geschmack in der Baukunst.

— die Wartburg, s. Taschenbuch f. 1802.

Stieglitz, d. Wartburg, e. histor. beschreib. Gedicht, m. 5 K. 12. Leipz. Wolf. 802.

Stieglitz, C. L. Zeichnungen aus der schönen Baukunst oder Darstellung idealischer u. ausgeführter Gebäude auf 115 Tfln. Mit einer Abhandlung uber die Schonheit in der Baukunst. Leipzig 1804. Fol. — 2. Aufl. 1805. Fol. (1. Aufl. unvollst.)

— Zeichnungen aus d. schönen Baukunst, oder Darstell. ausgeführter u. idealischer Gebäude mit ihren Grund- u. Aufrissen. Nebst e. Abhandl. üb. das Schöne der Baukunst. 2e A. Mit 115 Kpft. gr. Fol. Leipz. 805. Voß.

Stieglitz, H. v., das Wesen u. die Vorzüge d. Depositen- u. Check-Verkehrs. gr. 8. (24 S.) Berlin 884. C. Duncker. n. — 50

Stieglitz, Hans, Heimatkunde. Zur Anregg. u. Benützg. in der Volksschule. (VII, 68 S. m. Fig.) 8. Kempten 906. J. Kösel, n. 1. —; geb. n. 1. 20

Stieglitz, Hans, Heimatkunde. Zur Anregg. u. Benutzg. in der Volksschule. 2. Aufl. (VIII, 72 S. m. Fig.) 8. Kempten 907. J. Kösel. 1.—; kart. 1. 20

Der Lehrer auf der Heimatscholle. Von Hans **Stieglitz**. Mit 7 Abb. München & Berlin: Oldenbourg 1909. XI, 203 S. 8° [illegible]

— Ein Steig in die Blütengärten der Kultur. (Lesen, Lehrer-Bücher.) (74 S.) 8. München 907. M. Kellerer. Kart. 1. 20

Stieglitz, Heinrich

Stieglitz, Heinr., Bergesgrüße aus d. salzburger, tiroler u. bayrischen Gebirge. 8. (21½ B.) München 839, Fleischmann.

Stieglitz, Hnr., Ein Besuch auf Montenegro, s. Reisen u. Länderbeschreibungen, 21. Liefg.

Stieglitz, H., Bilder des Orients, s. Meyer's Volksbücher.

Stieglitz, Hnr., Bilder des Orients. (Gedichte u. eine Tragödie in 5 Acten.) 3 Bde. gr. 12. Leipz. 831, 32. Cnobloch. 3 ℛ 4 𝒩

Stieglitz, Heinr., Bilder des Orients. 4 Bde. gr. 12. Leipzig, Cnobloch. [1., 2. (18 B.) 831. 1 Thlr. 16 Gr., 3., 4. (28½ B.) 832., 33. à 1 Thlr. 12 Gr.]

Stieglitz, Heinr., Briefe an seine Braut Charlotte. In einer Auswahl aus dem Nachlasse des Dichters herausg. von Louis Curtze. 2 Thle. Leipzig 859. Brockhaus. gr. 8. (XIV, 916 S.) n. 4 ℛ

— und F. Jacobs, kurzer Briefwechsel, s. Briefwechsel.

(Stieglitz, Heinrich), Deutschland, Österreich, Italien. Ein Zuruf an das deutsche Parlament. Venedig, Mai 1848. 20 S. 8⁰.

—— Dionysosfest. Lyr. Tragödie. gr. 12. (5 B.) Berlin 836, Veit u. Comp.

Stieglitz, Henr. (Guil. Augustus) (geb. Arolsen 22. 2. 1802): De M. Pacuvii Duloreste. Berolini (1826). (IV, 72 S.) 8°
Berlin, Phil. Diss. v. 22. Juli 1826

— de M. Pacuvii Duloreste. 8maj. Leipz. 826. Cnobloch. 16 𝒩

Stieglitz, Heinr., s. Einheits-Katechismus, der römische.

Stieglitz, Heinr., Erinnerungen an Charlotte. Aus Tagebuchblättern und sonst. Handschriften der Verstorbenen ausgewählt und hrsg. von Louis Curtze. 8. (VI und 163 S.) Marburg 863, Elwert'sche Universitäts-Buchh.

Stieglitz, Heinr., († d. 24. Aug. 1849), Erinnerungen an Rom u. den Kirchenstaat im ersten Jahre seiner Verjüngung. gr. 12. (X u. 348 S.) Leipzig 848, Brockhaus. 1½ ℛ

Stieglitz, Heinr., Evangelien-Erklärung f. die katholische Volksschule. 2., verb. Aufl. (VIII, 333 S.) 8. Kempten 908. J. Kösel. 2.40; geb. in Leinw. 3. —

—— Mozarts Gedächtnißfeier. Gedicht. gr. 8. (1¾ B.) München 837, Franz.

— u. Hnr. Grobe, Gedichte; hrsgg. zum Besten der Griechen. 2 Abtheill. gr. 8. Leipz. 823. Mittler. 1 ℛ 12 𝒩

—— Gruß an Berlin. Ein Zukunftstraum. gr. 8. (12 B.) Leipzig 838, Brockhaus.

Stieglitz, Heinr., Istrien u. Dalmatien, s. Reisen u. Länderbeschreibungen, 29. Lfg.

— ausgeführte Katechesen üb. die Gebote Gottes f. das 6. Schulj. 2., umgearb. Aufl. (IV, 238 S.) 8. Kempten 904. J. Kösel. n. 1. 80; geb. in Leinw. n. 2. 40

Stieglitz, Heinr., ausgeführte Katechesen üb. die katholische Glaubenslehre f. das 6. Schulj. 8. (VI, 332 S.) Kempten 902. J. Kösel. n. 2. 40; geb. in Leinw. n. 3. —

— dasselbe üb. die katholische Glaubenslehre. (Für das 6. Schulj.) 4., umgearb. Aufl. (XII, 344 S.) 8. Ebd. 906. n. 2. 40; geb. in Leinw. n. 3. —

— Ausgeführte Katechesen üb. die kathol. Glaubenslehre. 5., verb. Aufl. (XI, 352 S.) 8. Ebd. 908. 2.40; geb. in Leinw. 3. —

— dasselbe üb. die kathol. Gnadenlehre. 2 Tle. 8. Ebd. 4.60; geb. in Leinw. 5. 80
1. (VIII, 271 S.) 907. 2.20; geb. 2. 60
2. Beicht- u. Kommunion-Unterricht. 3., verb. Aufl. (VIII, 328 S.) 908. 2.40; geb. 3. —

Stieglitz, Heinr., ausgeführte Katechesen üb. Kirchengebote, Sünde, Buße für das 4. Schulj. 2., umgearb. Aufl. (IV, 328 S.) 8. Kempten 906. J. Kösel. n. 2. 40; geb. in Leinw. n. 3. —

— dasselbe üb. die katholische Sittenlehre. 3., umgearb. Aufl. (VI, 422 S.) 8. Ebd. 906. n. 3. —; geb. in Leinw. n. 3. 60

— dasselbe üb. die katholische Sittenlehre. 4., verb. Aufl. (VI, 428 S.) 8. Ebd. 908. 3.—; geb. in Leinw. 3.60

— Lebensabriß Paride Zajotti's, s. Zajotti, P.

— Reuemotive f. die Kinderbeicht. 2., verb. Aufl. (VIII, 110 S.) 8. Ebd. 905. n. 1.—; geb. in Leinw. n. 1.50

— u. Jos. Krug, Schulbibel. (Das alte Testament.) Bilderschmuck nach Jos. v. Führich v. Hans Volkert. (XII, 208 u. Geleitwort 7 S.) 8. Ebd. 909. Geb. —75

— — dasselbe. Bilderschmuck nach Jos. v. Führich u. anderen Meistern. 2., unveränd. Aufl. (XII, 208 u. Geleitwort 7 S.) 8. Ebd. 909. Geb. —75

Stieglitz, Heinrich. Eine Selbstbiographie. Vollendet u. mit Anmerkungen herausg. von L. Curtze. Gotha 865. F. A. Perthes. 12. (VII, 524 S.) n. 1 ℛℳ 18 ngr.

— die Sonntags-Evangelien, erklärt f. die katholische Volks-Schule. (VII, 335 S.) 8. Ebd. 905. n. 2.40; geb. in Leinw. n. 3.—

—— Stimmen der Zeit in Liedern. 1. Aufl. (4 B.) 832., 2., veränd. u. verm. A. (6 B.) gr. 12. Leipzig 834, Brockhaus. n

Die erste Aufl. erschien anonym mit dem Zusatz: Lieder eines Deutschen hinter dem Worte „Zeit."

Stieglitz, (Israel) Johann

Stieglitz, Joh., üb. d. Homöopathie. gr. 8. (14¼ B.) Hannover 835, Hahnsche Hof-Buchh.

— üb. den thier. Magnetismus. 8. Hannov. 812. Hahn. 2 ℛ 8 gr.

Stieglitz, üb. den thierischen Magnetismus. 8. Hannov. Gebr. Hahn. 814.

— Dass. im Auszuge, s. C. W. Hufeland.

— commentatio de morbis venereis larvatis. 8. Gött. 789.

Stieglitz, (Israel) Johann: Pathologische Untersuchungen. Bd 1 - 2, gbd.

Hannover: Hahn 1832

Stieglitz, Israel, Versuch e. Prüfung u. Verbesser. der jetzt gewöhnl. Behandlungsart des Scharlachfiebers. 8. Hannov. 806. Hahn. 1 ℛ

Stieglitz, (Israel) Johann: Versuch einer Prüfung und Verbesserung der jetzt gewöhnlichen Behandlungsart des Scharlachfiebers. 321 S., gbd.

Hannover: Hahn 1807

Stieglitz, I(srael Johann): Ueber den Zusammensein der Aerzte am Krankenbett, und über die Verhältnisse unter sich überhaupt. 207 S., gbd.

Hannover: Hahn 1798

Stieglitz, Johs., über das Zusammensein der Aerzte am Krankenbette u. über ihr Verhältniss unter sich überhaupt. Nach Abänderung schwerverständlicher Sätze u. Ausdrücke, auch hie u. da abgekürzt, für die ärztlichen Vereine Deutschlands neu hrsg. von Ludw. Rohden-Lippspringe. gr. 8. (88 S.) Leipzig 878. Kloz. n. — 60

Stieglitz (Stiegliz, Stigliz), Johann Konrad

Stiegliz, Johann Konrad (Leipzig) A. S. 188/14

Disputatio inauguralis iuridica, de eo, quod uxores in praeiudicium maritorum facere possunt, von dem, was die Weiber zum Nachteil ihrer Männer thun können. Rec.
Leipzig (Langenheim) 1742. 60 S.

Diss. 10. XII. 1711. 33573

— fontes juris civilis Romani secund. ordinem Pandectarum collecti et commentariis illustrati. Spec. I. Ad Tit. de Justitia et Jure. Smaj. Leipz. 756. (W. Vogel). 8 gr.

Stieglitz, Jh. Konr., (+ d. 1. Febr. 1795.) exercitatio de formula antiqua rei testamentariae Romanae. 8. Rom 752.

Stigliz, Jo. Konrad (Naumburg) A. S. 146/21

Dissertatio inauguralis iuridica de necessitate patris conditionem filiabus quaerendi ad leg. XVIIII. D. de rit. nupt.
Halle (Gebauer) 26. IX. 1757. 18 S. 33593

— Diss. de necessitate patris conditionem filiabus quaerendi ad L. 19. D. de rit. nupt. 4. Halle 767.

Stiegliz, Johann Konrad [Praes.], s. Verdion, Otto Bernhard: De eo quod mariti in praeiudicium uxorum facere possunt.

Stieglitz, Julius [aus New York]: Ueber die Kondensation der Säureamide und analoger Körper durch Abspaltung von Ammoniak oder dessen Derivaten. . . . Berlin, A. W. Schade's Buchdr. (L. Schade), 1889; 2 Bl. + 46 S. + 1 Bl. 8°
Berlin, Phil. Fak., Inaug.-Diss. v. 14. Dez. 1889

Stieglitz, Karl Ludwig (Leipzig) A. S. 95/9

Dissertatio inauguralis de fideicommissis familiae ab iis, quorum interest, sublatis ad decis. elect. noviss. X.
Leipzig (Breitkopf) 27. I. 1752. 36 S.

Gew.: Johann Gottfried Bauer. 33571

Stieglitz, Karl Ludwig (Leipzig) A. S. 131/25

Dissertatio iuris ecclesiastici protestantium publici de iure conventionali sacrorum dirigendorum.
Präs. Justus Karl Wiesenhauer.
Leipzig (Breitkopf) 26. IX. 1748. 44 S.
33570

Stieglitz, Leopold [aus New-York]: Eine experimentelle Untersuchung über Bleivergiftung m. bes. Berücks. d. Verändergn am Nervensystem ... M. e. lithogr. Taf. (Aus: Arch. f. Psychiatrie etc. Bd. XXIV.) Berlin, gedr. bei L. Schumacher, 1892; 1 Bl., 82 S., 1 Taf. 8.
Heidelberg, Med. Fak., Inaug.-Diss. v. [31. Juli] 1891

Stieglitz, Marcus, aus Zabno Galizien: Die zerstreuten Baraitas der beiden Talmude zur Mischna Berachot. Frankfurt am Main. 1908. X + 31 S. 8°. [31. X. 07.]
Bern. Phil. Diss. 1908/09.

Stieglitz, Marcus. Die zerstreuten Baraitas der beiden Talmude zur Mischna Berachot. Diss. Phil. Bern ... von Markus St'.... X + 31 S. 8. Frankfurt am Main, Louis Golde, 1908.

Stieglitz, Olga: Die sprachlichen Hilfsmittel für Verständnis und Wiedergabe von Tonwerken. Eine ästhetische Untersuchung. Stuttgart 1906. VI + 72 S. 8°. [10. X. 05.]
Bern. Phil. Diss. 1905/1906.

Stieglitz, Olga. Die Sprachlichen Hilfsmittel für Verständnis und Wiedergabe von Tonwerken. Eine ästhetische Untersuchung. Diss. Phil. Bern. VI + 72 S. gr.-8. Stuttgart, Union Deutsche Verlagsgesellschaft, 1906.

Stieglitz, Otto [app. Arzt aus Ulm]: Ueber die Ovariotomie in der Schwangerschaft. . . . Erlangen, Druck d. Univ.-Buchdr. v. Junge & Sohn, 1889; 28 S. 8°
Erlangen, Med. Fak., Inaug.-Diss. v. 1889

Stieglitz, Theodor

Stieglitz, Th.: Historisch-geographische Bemerkungen zum 1. Buche der Commentarien de b. G. 21 S. 8°. – Prachatitz RG., Progr. 1872.

Stieglitz, Thr., Grundsätze der historischen Entwicklung, aus den übereinstimmenden Principien der Philosophie A. Schopenhauer's u. der naturwissenschaftlichen Empirie abgeleitet. gr. 8. (VII, 117 S.) Wien 881. F. Beck. n. 2. —

Stieglitz Th.: Pl. Ideen in der Metaphysik A. Schopenhauer's, 16. Prachatitz. 77.
Progr.

Stieglitz Th.: Paralogismen in Hegels Philosophie der Geschichte. 14. Prachatitz 78.
Progr.

Stieglitz, Thdr., üb. d. Ursprung d. Sittlichen u. d. Formen s. Erscheing. gr. 8. (X, 130 S.) Wien 894. (F. Beck.) n. 3. —

Stieglitz, W., die Konkursordnung für das Deutsche Reich, nebst dem Einführungsgesetze u. dem württembergischen Ausführungsgesetze, erläutert. Lex.-8. (XXXIX, 779 S.) Freiburg i/Br. 879. Mohr. n. 15. —

Stieglitz. W., die Konkursordnung f. das Deutsche Reich, nebst dem Einführungsgesetze u. dem württemberg. Ausführungsgesetze. Neue unveränd. (Titel-)Ausg. gr. 8. (XXXIX, 779 S.) Freiburg i/Br. 887. J. C. B. Mohr.

Stieglitz, W., de tractu intestinali annotationes physico-medicae. 8maj. Marb. 819. Krieger. 2 gl

Stieglitz, Wanda v., Erinnerungs-Blätter aus meiner Jubiläums-Wallfahrt nach Rom. 8. (136 S. m. Titelbild.) Wiesbaden 901. (G. Quiel.) n. 2. —; geb. in Leinw. n. 2. 50

Stieglitz-Mannichswalde, Louis v., die Einführg. der Kartoffel in Europa seit 300 Jahren. Vortrag. gr. 8. (31 S.) Dresden 885. G. Schönfeld's Verl. n. — 60

Stiegliz, Christoph Ludwig (Leipzig) 4°Thl. X, 8a/4

Dissertatio philologica de koinoniai cum Christo et daemoniis, ad 1. Epist. ad Corinth. cap. X.
Präs. Gottfried Olearius.
Leipzig 5. VI. 1706. 42 S. 33572

Stiegliz, Johann Konrad, s. S t i e g l i t z , Johann Konrad.

Stiehl, Geschichte des Pommerschen Fuß-Artillerie-Regiments Nr. 2 u. Schleswigschen Fuß-Artillerie-Bataillons Nr. 9. Auf dienstliche Veranlassung bearb. Mit 6 Plänen u. Skizzen in Steindr. gr. 8. (VI, 124 S.) Berlin 880. Mittler & Sohn. n. 4. —

Stiehl, Carl, s. S t i e h l , Karl.

Stiehl, Emma

Stiehl, E., eine Mutterpflicht. Beitrag zur sexuellen Pädagogik. 8. (46 S.) Leipzig 902. Berlin, H. Seemann Nachf. n. — 50

Stiehl [Emma]: Die Not unehelicher Mütter. Vortr., geh. auf d. 20. Konferenz des dt. Sittlichkeitsvereins in Posen 1910. — Plötzensee: Dt. Sittlichkeitsverein; Leipzig: Wallmann [o. J. um 1910]. 20 S. 8°
Aus: Frauenblätter.

Die Not der unehelichen Mütter. Vortrag, gehalten auf der XX. Konferenz des Deutschen Sittlichkeitsvereins in Posen 1910 von E. STIEHL, Lehrerin in Stettin. Sonderabdruck aus „Frauenblätter", Zeitschrift für die Interessen der Frau auf sozialem und sittlichem Gebiet. Herausgegeben von P. Lic. BOHN, Generalsekretär des Deutschen Sittlichkeitsvereins Plötzensee. Verlag: Geschäftsstelle des Deutschen Sittlichkeitsvereins Plötzensee. Für den Buchhandel durch H. G. Wallmann, Leipzig. kl. 8°.

Stiehl, (A. W.) Friedrich

Stiehl, Friedr., Aktenstücke zur Geschichte und zum Verständniß der drei Preußischen Regulative vom 1., 2. und 3. Octbr. 1854. Mit erläuternden Bemerkungen herausg. Berlin 855. Hertz. 8. (96 S.) n. 10 ngr.

Stiehl, F., Aktenstücke zur Geschichte und zum Verständniß der drei preuß. Regulative, s. Aktenstücke.

Stiehl, F., der vaterländische Geschichtsunterricht in unsern Elementarschulen. 2. Abdruck. gr. 12. (2⅛ B.) Koblenz 842, Bädeker.

(Stiehl. A. W. F.): Die Gesetzgebung auf dem Geb. des Unterrichtswesens in Preußen. Vom Jahre 1817 bis 1868. Actenstücke mit Erl. Berlin 1869.

— die drei Preußischen Regulative vom 1., 2. u. 3. Octbr. 1854 über Einrichtung des evangel. Seminar-, Präparanden- und Elementarschul-Unterrichts. Im amtlichen Auftrage zusammengestellt und zum Drucke befördert rc. 1—5. Aufl. Berlin 854 u. 55. Hertz. 8. (76 S.) 7½ ngr.

Stiehl, (Friedr.): Die drei preußischen Regulative vom 1., 2., 3. Oktober 1854 über die Einrichtung des evangelischen Seminar-, Präparanden- und Elementarschul-Unterrichts. 4. Aufl. Berlin, Hertz 1855. 76 S. 8.

Stiehl, F., die drei preußischen Regulative vom 1., 2. u. 3. Octbr. 1854 üb. Einrichtung d. evangel. Seminar-, Präparanden- u. Elementarschul-Unterrichts. Im amtl. Auftrage zusammengestellt u. zum Drucke befördert. 10. Aufl. gr. 8. (76 S.) Berlin 872. Hertz. — 75

—— die drei preuß. Regulative rc., s. Regulative.

— meine Stellung zu den drei preußischen Regulativen vom 1., 2. u. 3. Octbr. 1854. Eine Flugschrift. hoch 4. (50 S.) Ebend. 872. n. 1. —

Stiehl, Frdr., die Weiterentwickelung der drei Preußischen Regulative vom 1., 2. und 3. Octbr. 1854. Abdruck der betreffenden Ministerial-Erlasse aus dem Centralblatt für die gesammte Unterrichts-Verwaltung in Preußen. Mit einem Vorwort. Berlin 861. Hertz. gr. 8. (60 S.) n. 5 ngr.

Stiehl, Heinr., leichte Präludien f. die Orgel. Op. 70. gr. 8. (8 S.) Lüneburg 873. Herold & Wahlstab. n. 1. 20

Stiehl, Jh. Andr., († 1780.) Versuch e. wissenschaftl. Wappenkunde, wie auch e. wappenkundigen Wörterbuchs, im Ausz. f. die Jugend. gr. 8. Frankf. a. M. 757. Andreä. 8 *gl*

Stiehl, Karl

Stiehl, Carl (Hrsg.), s. B u x t e h u d e , Dietrich: Instrumentalwerke.

Stiehl, Carl. Zur Geschichte der Instrumentalmusik in Lübeck. Lübeck 1885.

— Zur Geschichte des Kirchenchors und der Kirchenmusik in Lübeck. (Musikal. Chronik, Beilage zu Kastner's Wiener Musikal. Zeitung, Wien 1886.)

Geschichte des Theaters in Lübeck von Prof. C(arl) **Stiehl**. Lübeck: Gebr. Borchers 1902. (244 S.) 8° [F.] [06. 6666 B

Stiehl, Carl [Prof., Gesangl.]: Katalog der Musik-Sammlung auf der Stadtbibliothek zu Lübeck. Lübeck, Druck v. Gebr. Borchers, 1893; 1—59 S. 4.
Lübeck, Katharineum, OP 1893 (740)

Stiehl, Carl, Katalog der Musik-Sammlung auf der Stadtbibliothek zu Lübeck. gr. 4. (60 S.) Lübeck 893. (Lübcke & Hartmann.) n. 1. —

Stiehl, Carl. Musikgeschichte der Stadt Lübeck, nebst e. Anh.: Geschichte der Musik im Fürstenth. Lübeck. gr. 8. (116, IV S.) Lübeck 891, Lübcke u. Hartmann. * 2 —; geb. * 2 60

— Die Organisten an der St. Marienkirche und die Abendmusiken zu Lübeck. Leipzig 1886.

Stiehl, Carl, Lübeckisches Tonkünstlerlexikon. 8. (III, 19 S.) Leipzig 887, M. Hesse's Verlag. *

Stiehl, Leo, die Augenkrankheiten, s. **Hausbibliothek**, medicinische.

Beweise, dass die Afrikanischen Bauherrn sich auf Kenntnisse der Alterthümer, besonders der Einweihungen legen. [Von M. C. F. **Stiehl.**] Als Forts. der entdeckten Trümmer der Bauherrn Loge. Constantinopel. [Berlin: Schöne] 1790. 51 S. 8°

°[Dasselbe.] 2. Ausg. 1794. 51 S. 8°
Abgedr. in: D. entdeckte Orden d. Afrikanischen Bauherren-Loge. 1806 Anh.
Kl. 1908.

Stiehl, Mag. Chr. Fr., s. 1) **Kriegslieder**, pädagog. 2) **Lieder der schwed. Heerschaaren.** 3) **Reisen der Meyerk. Zöglinge.** 4) **Titanen.** 5) **Wolken, geladene.**

TITANEN, Die. (Heroisch-komisches Gedicht von M. *Chr. Fr. Stiehl*, Fürstl. Nassau-Usingenscher Hofrat in Frankf. a. M.) Mit Titelkupfer v. B e r n d t. Franckfurt a. M. 1790. Kl. 8°. XX. u. 141 S., 1 Bl. Druckf. Selten! (12 Mk. Jos. Baer & Co., Frkfrt. a. M., 1912.)

Stiehl, Otto

Stiehl, O., der **B a c k s t e i n b a u** roman. Zeit besond. in Oberitalien u. Norddeutschland. E. technisch-krit. Untersuchg. Mit 27 Taf. (in Lichtdr.) nach Orig.-Aufnahmen u. 113 Textfig. gr. Fol. (VII, 94 S.) Leipzig 898. Baumgärtner. In Mappe n. 36. —

Stiehl, Otto, moderne Backsteinbauten. 2. Bd. der „Ausgeführten Backsteinbauten der Gegenwart". (In 10 Lfgn.) 1.—3. Lfg. (30 Taf. m. IV S. Text.) Fol. Berlin (903—906). E. Wasmuth. In Mappe à 10. —

Stiehl, Otto, moderne **B a c k s t e i n b a u t e n.** II. Bd. d. „Ausgeführten Backsteinbauten der Gegenwart". 4.—6. Lfg. (à 10 Taf.) 48×32,5 cm. Berlin (907.09). E. Wasmuth. à Lfg. 10. —

— mittelalterliche Baukunst u. Gegenwart. Festrede, geh. im Architekten-Verein zu Berlin zum Schinkelfest am 13. III. 1903. Nebst Jahresberichte des Architekten-Vereins zu Berlin, erstattet vom Vorsitzenden Eduard Beer am 13. III. 1903. (31 S.) gr. 8. Berlin 903. W. Ernst & Sohn. n. 1. —

Mittelalterliche Baukunst und Gegenwart. Festrede geh. zu Berlin ... 1903 von Otto **Stiehl**, Stadtbauinsp. Berlin: W. Ernst & Sohn 1903. (S. 10 40.) 8°
— Architekten-Verein zu Berlin. **Jahresbericht**. 1903. [07. 17199

Stiehl, Otto, die mustergiltigen Kirchenbauten des Mittelalters in Deutschland, s.: **Schaefer**, Carl.

Kunst oder Kunstgeschichte? Wiederherstellung oder Zerfall d. Heidelberger Schlosses? Von O[tto] **Stiehl**. Berlin: Gose & Tetzlaff [1904]. (16 S.) 8° [Umschlagt.] [04. 4970

Das deutsche Rathaus im Mittelalter in seiner Entwickelung geschildert von O[tto] **Stiehl**, Stadtbauinsp. Mit 187 Abb. Leipzig: E. A. Seemann 1905. (VI, 167 S.) 4° [F.] [05. 10931

— die Sammlung u. Erhaltung alter Bürgerhäuser. Denkschrift, im Auftrage des vom 6. Tag f. Denkmalpflege eingesetzten Ausschusses bearb. (20 S. m. 21 Abbildgn.) gr. 8. Berlin 905. W. Ernst & Sohn. n. 1. —

Stiehl O. die Sammlung u Erhaltung alter Bürgerhäuser. (6 S) 4° Berlin (1908)

— **Studienentwürfe**, vor allem im Backsteinbau, aus dem Unterricht an der techn. Hochschule Berlin. (40 Bl. m. V S. Text.) 39,5×30 cm. Berlin (908). Schuster & Bufleb. In Mappe 18. —

— Der Wohnbau d. Mittelalters (2. Aufl. des Essenwein'schen Werkes), s.: H a n d b u c h der Architektur. II, 2.

Stiehl, Paul, s. **E t w a s** üb. Freimaurerei.

Etwas über Freimaurerei. [Von Paul Stiehl.] Leipzig: Stiehl [1905]. 16 S. 8°

[Dasselbe.] 2. Aufl. Ebendas. 1906. 16 S. 8°

[Dasselbe.] 3. Aufl. Ebendas. 1907. 16 S. 8°

[Dasselbe.] 4. Aufl. Ebendas. 1907. 16 S. 8°

°[Dasselbe.] 5. Aufl. Ebendas. 1908. 16 S. 8°
[S. 16 (1909) S. 39.]
Recens: H. 16 (1905) Nr 45; O. 30 (1905) S. 278—279; ArSt. 2 (1905) S. 389; Al. 32 (1906) S. 9.
cf. L. 28 (1905) S. 200 (P. Fischer); Z. 36 (1905—1906) S. 232 (H. Glücksmann); BstF. 15 (1906) S. 12 (A. Feld); Bk. 25 (1906) No 87 (M. Corens); f. 3. Aufl.: SL. 27 (1907) S. 7; f. 5. Aufl.: S. 16 (1909) S. 39 (F. Rackhorst).
Wesen d. Frmrei, ihre Ziele u. Mittel.

Etwas über Freimaurerei. [Von Paul Stiehl.] 6. Aufl. Leipzig: Stiehl [1909]. 16 S. 8°.

Stiehl, Wilhelm, aus Grimma (Sachsen): Zur Kenntnis des Pinols. Leipz. Sellmann & Henne Dr. 1897. 68 S. 8°.
Zürich Phil. Diss. [v. 5. Juni 1897].

STIEHLE, Ludwig Adolph (Augsburg): Kurze Darstellung der exanthematischen Augen-Entzündungen.- Augsburg 1840. 24 S.
21.8.1840 - Urk: P 65
Diss.Ingolst.-Landsh.-Mchn.

Stiehle, R[obertus]: *De Graecorum Nostis. 51 S. 2°
Halle-Wittenberg, Phil. Diss. v. 16. Mai 1850
Geb. [Erfurt 24. 10. 1820]

Stiehler, A., Tierkrankheitslehre f. Schüler landwirtschaftlicher Schulen. (159 S. m. 46 Abb.) 8. Leipzig 910. H. Voigt. Geb. in Leinw. nn 1.80

Stiehler, Arthur (Osw.)

Stiehler, Arth. Osw. Das Lied als Gefühlsausdruck, zunächst im Volksgesange betrachtet. gr. 8. (IV, 112 S.) Altenb. 890, H. A. Pierer. * 1 60

Stiehler, Arth., Pfarrer Reinhardt. Tragödie in 3 Aufzgn. 8. (94 S.) Stuttgart 895. Friedr. Stahl. n. 2. —

[S.] Das Ifflandische Rührstück, e. Beitrag z. Gesch. d. dramat. Technik. Von Arthur Stiehler, Dr. phil. *Hamburg & Leipzig: L. Voss 1898.* (IX, 157 S.) 1 Bd 8.
= Forschungen, Theatergeschichtliche. [No] 16. [98. 9188]

Stiehler, Arthur: Die Verwendung der Rührmotive und die Erregung der Rührung durch den Aufbau der Handlung im Ifflandischen Rührstücke. Ein Beitrag zur Geschichte der dramatischen Technik. *Heidelberg 1898: C. Pfeffer.* (39 S.) 8° ¶ (Erscheint vollständig u. d. T.: Das Ifflandische Rührstück.)
Heidelberg, Phil. Diss. v. [7. Febr.] 1898

Stiehler, Aug., Predigt bei der 7. Jahresversammlung des Landesvereins der Gustav-Adolph-Stiftung für das Fürstenth. Reuß Jüngere Linie den 24. Aug. 1857 in der Kirche zu Tanna gehalten. Nebst der Altarrede von Frz. Ed. Schorch. gr. 8. (16 S.) Schleiz 857, (Hübscher.) *

Stiehler, August Wilhelm

Ueber die Bedeutung des Evangelii Johannis des Apostels für die Johannis-Maurerei. Eine Brudergabe zum Johannis-Feste 1847. an die geliebten Br der sehr ehrw.·. St. Johannis-Loge zu den 3 Hammern zu Halberstadt vom Br.·. Aug. Wilh. **Stiehler.** Als Ms. f. Brr Frmr. Halberstadt: Helm in Comm. [1847]. 23 S. 8°
FZ. 2 (1848) S. 384 gibt an: Leipzig: Weinedel in Comm. 1848. 23. 281.

Stiehler, A. W. Beiträge zur Kenntniss der vorweltlichen Flora des Kreidegebirges im Harze. Wernigerode 1857. 4.

Stiehler, Aug. Wilh., über die Bildung der Steinkohle nach Lindley u. Hutton, mit Rücks. auf andere darüber aufgestellte Ansichten. gr. 8. (4¾ B.) Braunschweig 843, Leibrock.

Stiehler, A. W. Die Bromeliaceen der Vorwelt. Quedlinburg. 1860. 8.

STIEHLER, Ueber die Entstehung der Organismen auf der Erde im Allgemeinen und die des Menschen insbesondere. Vorgetragen im wissenschaftlichen Verein zu Wernigerode am 18. December 1844. Halberstadt. s. a. Druck von Carl Heinrich Friedrich Dölle. 8°.

Stiehler, A. W. Die Flora im Quadersandstein des Langenberges bei Quedlinburg. 1857.

Der Geist der ächten Freimaurerei vor und nach dem Jahre 1717 ein wesentlich christlicher. Urkundlich nachgewiesen und mit Genehmigung des Hochw. Bundes-Directorii der Grossen National-Mutterloge zu den drei Weltkugeln [in Berlin] hrsg. von Aug. Wilh. Stiehler. Wernigerode 1855: Angerstein. 32 S. 8°
Recens: FZ. 11 (1857) S. 309—312 (W. Keller).
Tt. 1799 a. 23.

Stiehler, August Wilhelm: Palaeoxyris carbonaria. 1850.

Stiehler, Aug. Wilh., die Politik und das Verhalten Frankreichs und Rußlands gegen Deutschland vor und nach dem J. 1815. Zur Würdigung der Bedeutung des österreichisch-italien. Frage für Deutschland. Eine mahnende Stimme an die Deutschen. 8. (IX und 37 S.) Leipzig 859, Gräbner.

Stiehler, A. W. Palaeophytologiae statum recentem exponit A. W. St. I. Monocotyledoneae in statu fossili. 1862. 4.

Stiehler, Aug. Wilh., Synopsis der Pflanzenkunde der Vorwelt. 1. Abth. A. u. d. T.: Synopsis der gamopetalen angiospermen Dicotyledonen der Vorwelt. Quedlinburg 861. Basse. gr. 8. (XVI, 196 S.) 1 ₰ 20 ngr

AUGUST WILHELM STIEHLER, Die Vorwelt als Kunststoff-Quelle für Damen. Vortrag am Stiftungsfeste des wissenschaftlichen Vereins zu Wernigerode, am 8. November 1854, gehalten und zum Besten der durch Hochwasser Beschädigten in Schlesien, sowie der Nothleidenden im sächsischen Erzgebirge und im Voigtlande herausgegeben. Mit 110 Abbildungen auf VII Tafeln. Ausgabe zum Besten der Schlesier. 1855. Eigenthum und Selbstverlag des Verfassers. Druck und Lithographie von B. Angerstein in Wernigerode. 4°.

Stiehler, Aug. Wilh., die Vorwelt als Kunststoff-Quelle für Damen. Vortrag am Stiftungsfeste des wissenschaftl. Vereins zu Wernigerode am 8. Novbr. 1854 gehalten etc. Mit 110 Abbildgn. auf 7 (lith.) Taf. Wernigerode 855. (Leipzig, Köhler.) gr. 4. (4 Bl.) nn. 17½ ngr

Stiehler, Bernh., Schule der Geometrie, s.: Jahn, Wilh.

Stiehler, Ernst Otto

Stiehler, Ernst, **Auswahl französischer Gedichte f. höhere Lehranstalten. 8. (XII, 140 S.) Altenburg 893. H. A. Pierer. Kart. n.n. 1. 75**

Stiehler, Ernst, Lehrbuch der französ. Sprache, s.: Boerner, Otto.

Stiehler, Ernst O., zur Methodik d. neusprachlichen Unterrichts. Zugleich e. Einführung in das Studium unserer Reformschriften. Nebst e. ausführl. Quellenverzeichnisse. gr. 8. (VI, 58 S.) Marburg i/H. 891. Elwert's Verl. n. 1. 20

Stiehler, *Ernst Otto*: Streifzüge auf dem Gebiete der neusprachlichen Reformbewegung . . . (= Progr. d. Realgymn. zu Döbeln v. 1890; 4°) Erlangen, k. b. Hof- u. Univ.-Buchdr. v. F. Junge, 1890; 72 S. 8°
Erlangen, Phil. Fak., Inaug.-Diss. v. 1890

Stiehler, *Ernst Otto*: Streifzüge auf dem Gebiete der neusprachlichen Reformbewegung. Döbeln, Druck v. J. W. Thallwitz, 1890; 1 Bl., XXIX S. 4°
Döbeln, k. RG u. Landwirtschafts-S, OP 1890

—— Streifzüge auf dem Gebiete der neusprachlichen Reformbewegung. gr. 8. (72 S.) * 1 40
Marburg: Elwert 1891.

Stiehler, O., Das neue sächsische Bergschadenrecht. Vortrag, gehalten vor der Schutzgemeinschaft gegen Bergschäden (e. V.) in Zwickau, vermehrt durch Anmerkungen. Zwickau, 1910 21 S

Stiehler, **G., Neuland — Kraftbildendes Zeichnen. Reformideen f. e. Zeichenunterricht auf physiolog. u. psycholog. Grundlage. (VIII, 128 S. m. 13 Taf.) gr. 8. Leipzig 906. Dürr'sche Buchh. n. 3. 50**

Stiehler, **Gust., das Kaufmannsgericht. Taschenhandbuch f. Mitglieder e. solchen u. Jeden, den es angeht, enth. Text u. Erläutergn. des Kaufmannsgerichts-Gesetzes u. der darin angezogenen Bestimmgn. des Gewerbegerichts-Gesetzes u. das Wissenswerte dazu aus dem Handels-, bürgerl. u. Krankenversicherungs-Recht. (VI, 128 S.) 8. Halle 905 Buchh. des Waisenhauses. Kart. n. 1. 50**

Stiehler, H., das Erzgebirge, — u. A. **Häntzschel**, Dresden, Dresdens Umgebungen u. die sächs. Schweiz, } s.: Grieben's Reise-Bibliothek.

Stiehler, **H., Kloster u. Ort Georgenthal. Ein Streifzug durch die einzelnen Zeiten. 2 Tle. gr. 8. Gotha, E. Glaeser. à n. 2. —; geb. à n. 2. 50**
1. Das Kloster von seiner Gründg. bis zu seinem Untergang. (VII, 83 S.) 891.
2. Der Ort samt seiner Umgebg. von seinem ersten Anfang bis zu seinem gegenwärt. Ausbau. (III, 112 S.) 893.

Stiehler, H., zur **Heimatskunde**. Das Königr. Sachsen, s. Keck, H., vaterl. Lesebuch.

Stiehler, **H., kurzgefaßter Lehrgang** f. die Anschauungsübungen, s.: **Handbibliothek, pädagogische**.

Stiehler, Heinrich (L.)

Stiehler, H. L., des Vetters Abendgeschichten. Allen guten Kindern gewidmet. Gesammelte Erzählungen. Mit 6 (lith. u.) color. Bildern. Leipzig 862. Klinkhardt. 8. (2 Bl., 131 S.) 15 *ngr.*

Stiehler, H., kleiner Briefsteller für den Schulgebrauch u. zum Selbstunterrichte. I. u. II. Dresden 870. Meinhold & Söhne. 8. (V, 189 u. IV, 110 S.) geb. à 12 *ngr.*

Stiehler, Heinr., Simon Dach. Sein Leben u. s. ausgewählten Dichtgn. fürs deutsche Volk. gr. 8. (166 S. m. 1 Bildn.) Königsberg 896. Hartung. n. 1. 50

Stiehler, **H. L., Zum Feierabende. Blumen- u. Fruchtstücke für die reifere Jugend. Mit Beiträgen von Ackermann, A. Berthelt, G. Bosse, Ottilie Dellier** **ꝛc.** 1. u. 2. Bd. Mit 8 lith. (u. color.) Bildern. Dresden (856.) Meinhold. gr. 16. (VIII, 176; IV, 194 S.) Jeder Bd. 1 ₰.

Stiehler, H. L., Zum Feierabende, s. Album.

Stiehler, **H., der Dichter Johann Fischart u. insbesondere sein „Glückhaft Schiff", das Hohelied v. Manneskraft u. Mannestreu. Mit Einleitg. u. Bemerkgn. Eine Jubelgabe zum 6. deutschen Turnfest. 2. Aufl. 8. (77 S.) Dresden 885. Lehmann'sche Buchdr. — 60**

Stiehler, Heinr., **Goethes Leben u. Wirken. (Eine Biographie.) 8. (57 S.) Berlin (902). A. Weichert. 1. —**
Sonderabdruck aus: „Goethes Werke".

— Schillers **Leben u. Wirken.** (Eine Biographie.) 8. (66 S.) Ebd. (902). 1. —
Sonderabdruck aus: „Schillers sämtl. Werke".

— Paradiesgarten, s. Süs, G.

Stiehler, H., Großvaters Plauderstunden. Ein Strauß von Märchen, Erzählungen, Versen, Charaden u. unterhaltenden Uebungen. Weihnachtsgabe für die Jugend. Dresden (857.) Meinhold. (2 Bl., 110 S. m. Holzschn. im Text u. 4 color. Lithogr.) 18 *ngr.*

Stiehler, H., **Großvaters Plauderstunden.** Ein Strauß von Märchen, Erzählungen, Versen, Charaden und unterhaltenden Uebungen. Weihnachtsgabe für die Jugend.
2. Aufl. gr. 8. (120 S. mit eingedr. Holzschn. und 8 lithogr. und ill. Bildern.) Dresden 861, Meinhold und Söhne.

Stiehler, H. L., **Großvaters Plauderstunden.** Ein Strauß von Märchen, Erzählungen, Versen, Charaden und unterhaltenden Uebungen. Weihnachtsgabe für die Jugend. 3. Aufl. gr. 8. (120 S. mit 8 lithogr. und ill. Bildern.) Dresden 862, Meinhold und Söhne. cart.

STIEHLER, H. L. *Deutsche Sterne.* Bilder zur Belebung vaterländischen Sinnes deutscher Jugend vorgeführt von H. L. Stiehler. Erster Band [= Alles Erschienene]. Mit 6 farbigen Bildern nach Originalzeichnungen von BERNHARD SCHMELZER. Dresden, Meinhold & Söhne [1861]. 3 Bl. 250 S. Kl.-8°. Verzierter Or.-Pappbd. (Rücken erneuert). 14.—
R. 2211. ★ 1. Ausgabe dieser ansprechenden Biographien Haydns, Beethovens, Mozarts, Goethes, Hans Sachsens, Dürers, Cranachs, der Mutter Aja, der Königin Luise u. v. a. — Fast fleckenlos.

— Thiergeschichten aus alter und neuer Welt. Eine Weihnachts- u. Geburtstagsgabe. Mit 6 lith. (u. color.) Bildern. Ebend. 859. 8. (VIII, 243 S.) 24 *ngr.*

Stiehler, H. L., der **Weihnachtsbaum**. Ausgewählte Erzählungen für die reifere Jugend. Dresden 865. Meinhold & Söhne. 8. (III, 112 S. mit 4 chromolith. Bildern nach Orig.-Zeichnungen von Ernst Strauß.) cart. 12 *ngr.*

[Ant. u. F.] Anathema sit oder Er sei verflucht! Hrsg. v. Lehrer Joh.ˢ **Stiehler**, Radebeul-Dresden . . . *(Radebeul): Selbstv.; (Dr. v. Kupky & Dietze) 1897.* (23 S.) 1 Bd 8. [97. 3154

Stiehler, Johs., **Anathema sit** od. Er sei verflucht! gr. 8. (24 S.) Radebeul 897. (Dresden, H. Morchel.) n. — 50

Stiehler, Johann Ernst Gottlob (Leipzig) A. S. 166/28

Dissertatio inauguralis de praeceptis quae dantur a iudice eorumque differentia.
Präs. Friedrich Gottlieb Zoller.
Leipzig (Langenheim) 5. V. 1774. 26 S.
33576

Stiehler, Johann Ernst Gottlob (Leipzig) A. S. 575/99

Dissertatio iuris civilis de transactione super relictis in testamento tabulis non inspectis.
Präs. Christian Heinrich Breuning.
Leipzig (Langenheim) 23. III. 1768. 27 S.

Gew.: Jakob Heinrich Born.
W.v.: Präs. 33575

Stiehler, Julius Robert: Das Telegramm..., s. Alvensleben, Udo v.

Stiehler, Leonhard Gottlieb, s. Archiv merkwürd. Actenstücke...

– s. Einfluß, Über den, der Geburt e. Prinzen.

Stiehler, Leonh. Gottl., juist. Handbuch f. Richter und Advokaten, oder Darstell. streit. Rechtsfragen nach d. Entscheid. d. königl. sächs. Landescolleg. gesammt. und bearb. gr. 8. Leipz. Baumgärtner. 797.

Stiehler, Lh. Gli.: Prakt. Handb. f. Richter u. Advocaten, od. Darstell. streit. Rechtsfragen u. deren Beantwort. nach d. Entscheidd. d. kurf. Sächs. Landescollegien gesamm. u. bearb. *Leipzig*, Baumgärtner. 797. 8. (20 Gr.)

— Diss. inaug. de varia poenarum civilium ad puniendi fines relatione. 4. Wittenb. 790.

Stiehler, Rich., zur Schulgesundheitspflege. Vortrag, gehalten am 4. Septbr. 1883 in der Hauptlehrerkonferenz des Schulbezirks Annaberg. 8. (16 S.) Annaberg 883, Graser. *

Stiehler, Vict., Diphtherie. Zur Beachtung für Ärzte und zur Aufklärung und Beruhigung für Laien. gr. 8. (48 S.) Freiberg 887, Craz und Gerlach. *

Stiehr, Gustav, aus Dambeck (Meckl.): Ueber das Verhalten der Wurzelhärchen gegen Lösungen. Mit 8 Text-Fig. *Kiel 1903: H. Fiencke.* (113 S.) 8°
Kiel, Phil. Diss. v. [30. Mai] 1903

Stiehr, Karl Friedrich

—— Anleitung z. prakt. Anwend. d. Unterrichtsmethode v. Jacotot, sowohl beim Lesenlehren als bei and. Unterrichtsfächern, Schreiben, Rechtschreib., Sprachunterr., Zifferrechnen, Mathematik, Geographie, Geschichte, Musik u. Zeichnen. Ein seiner naturgemäßen Einfachheit wegen allen Jugendfreunden sehr zu empfehl. Unterrichtsgang. 8. (7¼ B.) Berlin 836, Heymann.

Stiehr, Carl Friedr., Anleitung zum Geschäftsstyl f. Handwerks- u. Sonntags-, Elementar-, Land- u. Armenschulen, in 290 Beispielen aus d. Kindes- u. prakt. Leben d. Land- u. Handwerksmannes. 8. (8 B.) Quedlinburg 836, Basse.

Stiehr, (Elementar-Lehrer) C. Fr., Belehr. üb. die erforderl. Materialien zur Ausübung der Schreibekunst, als: Federposen, Federmesser, Federschnitt u. Federverbesserung, Papier, Dinte u. Radirmittel, nebst 1 Steindrtaf. Eine nützl. Schrift f. Lehrer, Schüler rc. 8. Sagan 831. 2e Aufl. 832. (Berl., Gropius). 4 gl.

Stiehr, Karl Fr., Elementar-Geographie, oder erster Kursus alles geographischen Unterrichts in Stadt- u. Landschulen; zugleich aber auch als unentbehrl. Minimum der Erdbeschreibung in den ärmsten Landschulen, mit besond. Berücksichtigung der Provinz Schlesien bearbeitet. (36 Werkchen.) 8. Glogau 834. Heymann in Berlin. 1¼ gl

—— Katechismus d. Naturgeschichte nach G. H. v. Schubert's Lehrbuch. Ein Blättlein aus d. großen schönen Buche d. Natur, gegeben in d. Hand d. Kinder deutscher Volksschulen, in der Stadt und auf dem Lande. gr. 12. (5 B.) Glogau 837, Prausnitz.

— 466 einzeilige deutsche Sprüchwörter biblischen Inhalts, als Stoff zum Vorschreiben in Schulen. Nach den Anfangsbuchstaben alphabetisch geordnet. (46 Werkchen.) gr. 12. Glogau 835. Flemming. 1½ gl

— Unterricht f. Erwachsene u. Kinder, Bürger u. Landmann in der Obst-Baum-Zucht, u. namentl. den verschied. Veredlungsarten, nebst 3 Steindrucktaf. Ein f. den Schulunterricht bearb. Gegenstand, u. allen Grundherrschaften u. Schulvorständen, welche die Obstbaumzucht befördern, zur Vertheilung in ihre Schulen u. unter ihre Unterthanen übergeben. 8. Sorau u. Bunzlau 832. Julien. 6 gl

—— kleiner deutscher Volks-Briefsteller. Od. Anleit. z. Briefstyl f. Handwerks- u. Sonntags-, Elementar- u. Landschulen, in 263 Beispielen a. d. Kindes- u. prakt. Leben d. Land- u. Handwerksmannes. 8. (7⅛ B. u. 1 Abbild.) Quedlinburg 836, Basse.

Stiel, Andr., e. Fall v. Labyrinthentzündung bei Lues hereditaria tarda. [Aus: „Monatsschr. f. Ohrenheilkde.] gr. 8. (2 S.) Berlin 895. O. Coblentz. n. 1. —

Stiel, Andreas [aus Eschweiler (Rheinland)]: Aus d. med. Klinik zu Bonn. Poliomyelitis anterior acuta oder Neuritis multiplex acuta bei einem Erwachsenen? ... Bonn, Hauptmann'sche Buchdr., *1890*; 30 S., 1 Bl. 8°
Bonn, Med. Fak., Inaug.-Diss. v. [23. Dez.] 1890

Stiel, Paul, Referendar in Berlin: Die Piraterie. Beiträge zum internationalen Seerecht. Berlin 1905: E. Ebering. (46 S.) 8° ¶(Ersch. vollst. u. d. T.: „Der Tatbestand der Piraterie nach geltendem Völkerrecht unter vergleichender Berücksichtigung der Landesgesetzgebungen" in den Staats- und völkerrechtlichen Abhandlungen, Leipzig: Duncker & Humblot.)
Berlin, Jur. Fak., Ref. v. Martitz, Diss. v. 4. Aug. 1905
[Geb. 22. Okt. 82 Siegburg; Heimatsort: Siegburg; Staatsangeh.: Preußen; Vorbildung: Gymn. Dillenburg Reife O. 01; Studium: Berlin 6 S.; Rig. 14. Febr. 05.]

Der Tatbestand der Piraterie nach geltendem Völkerrecht unter vergleich. Berücks. d. Landesgesetzgebungen. Von Paul Stiel. Leipzig: Duncker & Humblot 1905. (XIII, 117 S.) 8°
= Abhandlungen, Staats- u. völkerrechtl. Bd 4, H. 4. [05. 13047]

Stiel, Wilh., die Aussichten des technischen Berufs, s. d. Schrifte des Bundes der technisch-industriellen Beamten.

Die Aussichten des technischen Berufs. Eine Warnung vor d. techn. Studium. (Ein Wort z. Aufklärung. Im Auftr. d. Bundes d. techn.-industr. Beamten verf.) von Dipl.-Ingen. Wilh. Stiel. 5. Aufl. Berlin: K. Sohlich 1906. (15 S.) 8° [Umschlagt. J.]
= Schriften d. Bundes d. industr. Beamten. No 2. [06. 13773]

Stiel, W., Die Gewinnbeteiligung der Arbeit. Ihre soziale Bedeutg. u. Durchführbarkeit. (VIII, 114 S.) Lex.-8. Dresden, O. V. Böhmert. 2. —
1905.

Stielberg L.: Der vollkommene Schweinehirt, od. die Art Schweine zu erziehen, zu mästen, u. vor Krankheiten zu bewahren. Halle u. Leipz. 1790. 23 S. P.

Stieldorf, Peter, a. Köln a. Rh.: Beiträge zur Kenntnis des Natriumhydrosulfits. Heidelberg 1907: K. Rössler. (33 S.) 8°
Heidelberg, Naturw.-math. Fak., Ref. Curtius, Diss. v. 30. Sept. 1907
[Geb. 15. Mai 79 Cöln; Wohnort: Cöln; Staatsangeh.: Preußen; Vorbildung: Kaiser-Wilhelm-Gymn. Cöln Reife O. 99; Studium: Bonn 5, Heidelberg 4, Techn. Hochsch. Aachen 3, München 2 S.; Rig. 30. Juli 07.]

Stieler, Adolf: Atlante scolastico. 47 tavole. Gotha: Perthes 1876.
Dass. 25 tavole. Ebda. 1876.

—— Atlas général. 34 cartes. Ebendas. 876. à Bl. * 20 Pf. * 5 —
geb. *ℳ 6,40.; mit gebroch. Karten * 6 —
—— dass. — 20 cartes. Ebendas. 876. à Bl. 20 Pf. * 3 —
geb. *ℳ 4,40.; mit gebroch. Karten * 4 —

Stieler, Adolf, kleiner Atlas d. Deutschen Bundes-Staaten (den ganzen Preuss. Staat inbegriffen) f. Schulen u. zum häusl. Gebr. 1. Abthl. Preuss. Staat u. Anhalt (9 ill. Karten, Kpfrst.) Roy.-4. Gotha (834), J. Perthes.

Stieler, Ado., kleiner Atlas d. Deutschen Bundes-Staaten (den ganz. preuss. Staat inbegriffen) f. Schulen u. zum häusl. Gebrauch. 2. Abthl. Roy.-4. (20 ill. Kart.) Gotha 838, J. Perthes.
1. Abthl. Ebendas. 1834. 18 Gr. — Einzelne Karten à 2 Gr.

Stieler, Adf., († d. 13. März 1836), kleiner Atlas der Deutschen Bundes-Staaten für Schulen u. zum häusl. Gebrauch. 4. Aufl. qu. Imp. 4. (29 in Kupfer gest. u. color. Karten.) Gotha 852, J. Perthes. n. $1^2/_3$ ℛ

Stieler's kleiner Atlas der deutschen Bundes-Staaten und der nicht zum deutschen Bundesgebiet gehörigen preuss. und österreich. Provinzen. 5. Aufl. Verb. u. verm. durch Herm. Berghaus u. C. Vogel. Gotha 857. J. Perthes. qu. Fol. (29 in Kpfr. gest. u. color. Bl.) n. 1 ℛ. 20 ngr.

Stieler's kleiner Atlas der deutschen Bundes-Staaten und der nicht zum deutschen Bundesgebiet gehörigen preussischen und österreichischen Provinzen. 6. Aufl. Verb. u. verm. durch Herm. Berghaus u. C. Vogel. 29 illum. Karten in Kpfrst. Gotha 860. J. Perthes. qu. Fol. n. 1 ℛ 20 ngr.

Stieler's, (Adolf), kleiner Atlas der deutschen Bundes-Staaten und der nicht zum deutschen Bundesgebiet gehörigen preussischen und österreichischen Provinzen. 5. Aufl. 1857. und 6. Aufl. Verb. und verm. durch Herm. Berghaus und C. Vogel. qu. Fol. (29 Bl. in Kpfrst. und ill.) Gotha 861, J. Perthes. *

—— Kleiner Atlas der Deutschen Staaten und der Österr.-Ungar. Monarchie. 6. (7?) Aufl., verb. u. verm. von Herm. Berghaus u. C. Vogel. Gotha 1872. 4. . . (Br. Mus.)

—— iskolai Átlásza, magyarnyelvre fordította Gönczy Pál. Ebendas. 876. à Bl. * 20 Pf. * 4 60
geb. *ℳ 5,80.; mit gebroch. Karten * 5 60

Stieler, Adolf, s. Bär, J. C.: Das Herzogthum Gotha.

Stieler, [Adolf]. Die Berge der Schweiz hydrographisch geordnet mit Angabe bekannter Höhen. Als Kommentar zur Karte der Schweiz in Stielers Hand-Atlas. 2. Aufl. 4. [Gotha] 1823.

(——) die Berge d. Schweiz hydrograph. geord., mit Angabe bekannter Hoehen. Als Commentar zur Karte d. Schweiz in dess. „Hand-Atlas." 3., verb. Aufl. gr. 4. ($2^1/_4$ B.) Gotha 829, J. Perthes.

— siehe: Deutschland.

Stieler, Adf., Deutschland, Königr. der Niederlande, Königr. Belgien und die Schweiz mit den angrenzenden Ländern. 25 Karten. Revid. 1875. 1 : 740,000. Gotha, J. Perthes. * 18 —
In Mappe *ℳ 22.; aufgezogen in Futteral * 30 —
aufgez. mit Stäben *ℳ 34.; lackirt * 37 40

Stieler, Ad., Hand-Atlas üb. alle Theile der Erde nach dem neuesten Zustande, u. üb. das Weltgebäude. 50 Karten in 4 Lieferr. (Nebst e. geograph. Texte, gemeinschaftl. mit C. G. Reichard bearb. in 4.) Gotha 817—22. Perthes. N. Aufl. (in 54 Kart. in gr. Fol. u. 1 Plan v. Cadiz in 4. Nebst 1 Hft. Vorbemerkk. u. Erläuterr. in gr. 4.) Ebd. 825. 13 ℛ 12 ℊ 1e—6e Supplement-Liefer. 824—32. Ebd. 9 ℛ Neue Ausg. in 75 Bl. (1e—4e Liefer. u. 1e—6e Supplement-Liefer. Mit Erläuterr. in 4.) Ebd. 831, 832. 18 ℛ 12 ℊ Cart. 19 ℛ Derselbe (nach neuem Plan in 63 Blättern) mit C. G. Reichard, H. Hübbe, F. v. Stülpnagel, H. Berghaus u. J. C. Bär. 1e u. 2e Liefer. à 10 Karten. Fol. Ebd. 832. Subscr.-Pr. 4 ℛ

Stieler, Adolf, Hand-Atlas. Ausgabe in 90 col. Karten in Kupferstich. Gotha, J. Perthes. [Die erste Ausgabe in 75 Blatt Gotha 1817—23, die letzte 1892.] (à Bl. 80—100 Pf.)

Stieler, (A.,) u. Reichard, Hand-Atlas über alle Theile der Erde. (54 Chart. in gr.-Fol. u. 1 Pl. v. Cadiz in 4. Nebst 1 Heft Vorbemerkk. u. Erläut. in gr. 4.) Gotha 824, Perthes. Rthlr.

— Auswahl aus d. Handatlas, in 31 Karten. Fol. Ebd. 830. 6 ℛ

(—— ders. u. d. T.:) Hand-Atlas üb. alle Theile d. Erde nach d. neuesten Zustande u. üb. d. Weltgebäude. Hrsg. v. Ad. Stieler, bearb. v. dems., so wie v. C. G. Reichard, H. Hübbe, F. v. Stülpnagel, H. Berghaus u. J. C. Bär. (Nach neuem Plan in 63 Bl. (grösstenth. ill. Karten, Kpfrst.) 6 Lfgn (od. 7 Abthln.) Fol. (Der dazu gehörige Text u. d. T.:) Bericht üb. Stieler's Hand-Atlas. Nebst ausführl. Erläuterungen einzelner Karten dess. (Für d. Besitzer der in dem Zeitraum v. 1817—1834 erschien. Ausgaben.) gr. 4. (19 B.) Gotha 832—34, J. Perthes.

— Hand-Atlas über alle Theile der Erde rc. Vollständige Ausg. in 77 Blättern. VII—IXe Supplement-Lfrg. oder 2e—4e Lfrg. neuer Bearbeitungen. gr. Fol. Ebd. 835. u. 839. 8e n. $1^1/_4$ ℛ 9e $1^1/_3$ ℛ

- Auswahl von 31 Karten aus d. Hand-Atlas. Fol. Ebd. 837. n. 6 ℛ

— dass. 1e—4e Lfrg. mit 1r—9r Supplement-Lfrg. 81 Karten, nebst Bericht über d. Atlas u. Erläuterungen zu den einzelnen Karten in 1 Hefte in gr. 4. Vollst. Ausg. Ebd. 839. n. $16^5/_6$ ℛ
— dass. Ausg. in 63 Bl. (Mit römischer Bezifferung.) Nebst Bericht. Ebd. 837. n. $12^1/_2$ ℛ cart. n. 13 ℛ

—— Hand-Atlas üb. alle Theile d. Erde u. üb. das Weltgebäude. I—IV. Lfg. mit I—IX. Suppl.-Lfg. 83 ill. Karten, nebst Bericht üb. d. Atlas u. Erläutergn. zu d. einzelnen Karten in 1 Hft. gr. 4. (17 B.) Vollständ. Ausg. gr. Fol. Gotha 839—41, J. Perthes. *
Einzelne Karten à 6 Gr.

Stieler, A., Handatlas über alle Theile der Erde etc. Zur vollständ. Ausg. in 83 Blätt. V—VIII. Lfg. neuer Bearbeitung, od. X—XIII. Supplem.-Lfg. qu. Fol. (24 in Kpfr. gest. Karten wovon 23 ill. u. $2^3/_4$ B. Text in 4.) Gotha 841—46, Just. Perthes. [V. u. VI. u. VIII. L. à * 1 Thlr. 10 Ngr., VII. L. * 25 Ngr.] *
1—4. Lfg. Ebds. 1839—41. * 16 Thlr. 20 Ngr.

—— Handatlas über alle Theile der Erde nach dem neuesten Zustande u. über das Weltgebäude. Herausg. u. bearb. von Demselben, sowie von C. G. Reichard, H. Hübbe, F. v. Stülpnagel, H. Berghaus u. J. C. Bär. Neue wohlfeile Ausgabe in 83 Blätt. nebst Bericht u. Erläuterungen. 9 Lfgn. Fol. (13 B. Text.) Ebds. 846. *

— Hand-Atlas über alle Theile der Erde. Neue wohlf. Ausg. X—XII. Lfg. Nachtrag. A. u. d. T.: Karte von Deutschland, dem Königr. der Niederlande, dem Königr. Belgien, der Schweiz etc. Neue Aufl. 3 Lfgn. Fol. (25 in Kpfr. gest. u. color. Bl. u. 1 Bl. Text.) Ebd. 847. 48. (1: n. 1 ℛ 2: n. $1^2/_3$ ℛ 3: n. $1^5/_6$ ℛ) n. $4^1/_2$ ℛ In Engl. Einb. n. $5^5/_6$ ℛ

Stieler's, Ad., Handatlas über alle Theile der Erde. Zur vollständ. Ausg. in 83 Blätt. IX—XI. Lfg. neuer Bearbeitungen, oder XIV—XVI. Supplem.-Lfg. Fol. (1 schw., 19 ill. Karten in Kpfrst. und 5 Bl. Text in 4.) Gotha 847—50, J. Perthes. *
1—8. Lfg. Ebendas. 1839—46. * 21 Thlr. 15 Ngr.

—— dass. — Neue Ausg. in 83 ill. Karten in Kpfrst. nebst Bericht und Erläuterungen. 1—4. Lfg. gr. Fol. (37 Karten.) Ebds. 852. *

—— Hand-Atlas über alle Theile der Erde nach dem neuesten Zustande und über das Weltgebäude. Bearb. von Demselben so wie von F. v. Stülpnagel, H. Berghaus und J. C. Bär. (Neue Ausg. in 83 ill. Karten in Kpfrst. nebst Bericht und Erläuterungen, IV und 30 S. in Fol.) 5—9. Lfg. gr. Fol. (48 Karten.) Gotha 853—54, J. Perthes. à Lfg. * 1 Thlr. 15 Ngr. *
1—4. Lfg. Ebendas. 1852. * 5 Thlr. 15 Ngr.

—— dass. — 10—12. Lfg. (Nachtrag.): Karte von Deutschland, dem Königr. der Niederlande, dem Königr. Belgien, der Schweiz und den angränz. Ländern. In 25 (in Kpfr. gest. und ill.) Blatt. (Neue Aufl.) gr. Fol. (1 Bl. Text.) Ebds. 854. *

— — (Schul-Ausg.) Auswahl von 31 (in Kpfr. gest. u. color.) Karten. 853. — Neue Ausg. 856. — Neue Ausg. Ebend. 858. (Mit 7 S. Text.) Fol. n. 4 ℛ. 15 ngr.

—— dass. — (Schul-Ausg.) Auswahl von 31 (in Kpfr. gest. und ill.) Karten. Fol. (8 S. Text.) Ebds. 854(56.) *

— Hand-Atlas über alle Theile der Erde. Zur vollständ. Ausg. in 83 Karten. Neue Bearbeitungen aus dem Jahre 1854. 8 color. Karten in Kpfrst. Ebend. 854. gr. Fol. (Mit 2 S. Text.) n. 1 ℛ. 10 ngr.

—— dass. — Neue Bearbeitungen aus dem J. 1855. 9 ill. Karten in Kpfrst. gr. Fol. (2 S. Text in Fol.) Ebds. 855. *

— — Ergänzungen. Der Oesterreichische Kaiserstaat. 1. Die zum Deutschen Bunde gehörenden Kronländer. 8 color. Karten in Kpfrst. Ebend. 855. qu. Fol. n. 3 ℛ. 15 ngr.

Hand-Atlas — Stieler's — über alle Theile der Erde und über das Weltgebäude. Vollständige Ausgabe. 1855. 83 Karten, nebst Bericht über den Atlas und Erläuterungen zu den einzelnen Karten.

Stieler, Adf., Hand-Atlas über alle Theile der Erde etc. Mittlere Ausg. 63 (in Kpfr. gest. und ill.) Karten, nebst (IV und 30 S.) Bericht über den Atlas und Erläuterungen zu den einzelnen Karten. gr. Fol. Gotha 854(56,) J. Perthes. Thlr. *

— Hand-Atlas über alle Theile der Erde nach dem neuesten Zustande und über das Weltgebäude. Bearb. von Demselben, so wie von F. v. Stülpnagel, Heinr. Berghaus, Herm. Berghaus u. A. Petermann. (Vollständige Ausg. 1856.) 83 (in Kpfr. gest. u. col.) Karten nebst Bericht über den Atlas etc. (IV, 34 S. in Fol.) Gotha, J. Perthes. gr. Fol. n. 13 ℛ.

— — Ergänzungen. Die Europäisch-Russischen Grenzländer in 10 color. Karten in Kpfrst. Ebend. 856. qu. gr. Fol. n. 2 ℛ. 15 ngr.; einzelne Bl. à n. 7½ ngr.

—— dass. — Bearb. von Demselben, so wie von F. v. Stülpnagel, Heinr. Berghaus, Herm. Berghaus und Aug. Petermann. (Vollständige Ausg. 1857.) 83 (in Kpfr. gest. und ill.) Karten, nebst Bericht über den Atlas und Erläuterungen zu den einzelnen Karten. (IV und 34 S. in Fol.) Ebds. 856. *

— — Ergänzungen. Der Preussische Staat in 11 color. Karten in Kupferstich. 856. n. 2 ℛ. 22½ ngr. — 2. Aufl. Ebend. 858. qu. gr. Fol. n. 3 ℛ.; einzelne Bl. à n. 7½ ngr.

—— dass. — Neue Bearbeitungen aus dem J. 1856 zur vollständ. Ausg. in 83 Karten, 5 ill. Karten in Kpfrst. qu. gr. Fol. (3 S. Text in Fol.) Gotha 857, J. Perthes. Thlr. *

—— dass. — Schul-Ausg. Auswahl von 31 (in Kpfr. gest. und ill.) Karten. (Neue Ausg.) Fol. (7 S. Text.) Gotha 857, J. Perthes. cart. * 4 Thlr. 15 Ngr.; geb. *

— — Neue Bearbeitungen aus dem Jahre 1857. 3 color. Karten in Kpfrst. Ebend. 857. gr. Fol. (Mit 4 S. Text.) n. 15 ngr.

—— dass. — Neue Bearbeitungen aus dem J. 1857. 3 ill. Karten in Kpfrst. qu. gr. Fol. (4 S. Text in Fol.) Ebendas. 858. *

—— dass. — Neue Bearbeitungen aus dem J. 1858. 5 ill. Karten in Kpfrst. qu. gr. Fol. (2 S. Text in Fol.) Ebendas. 859. *

—— dass. — Neue Bearbeitungen aus dem J. 1859. 5 ill. Karten in Kpfrst. gr. Fol. (4 S. Text in Fol.) Ebendas. 860. *

—— dass. — Neue Bearbeitungen aus dem J. 1860. 3 ill. Karten in Kpfrst. gr. Fol. (2 S. Text in Fol.) Ebendas. 861. *

—— Hand-Atlas über alle Theile der Erde nach dem neuesten Zustande und über das Weltgebäude. Bearb. vom Verf., sowie von F. v. Stülpnagel, Heinr. Berghaus, Herm. Berghaus und Aug. Petermann. [Vollständige Ausg. 1861. 83 Karten (in Kpfrst. und ill.), nebst Bericht über den Atlas und Erläuterungen zu den einzelnen Karten (28 S. in Fol.)] gr. Fol. Gotha 861, J. Perthes. *
geb. * 13 Thlr. 20 Ngr.; in Leder geb. *

— — Neue Bearbeitungen aus den Jahren 1861 und 1862. 5 color. Karten in Kpfrst. Ebend. 863. Fol. (Mit 2 S. Text.) n. 25 ngr.

— — Neue Bearbeitungen aus dem Jahre 1863. 11 color. Karten in Kpfrst. Ebend. 864. Fol. n. 1 ℛ 25 ngr.

— — Ergänzungen. (In 10 Liefgn.) Ebend. 863, 64. Fol. (33 color. Karten in Kpfrst.) n. 5 ℛ

Stieler's, Adf., Hand-Atlas über alle Theile der Erde nach dem neuesten Zustande und über das Weltgebäude. Bearb. von demselben, so wie von F. v. Stülpnagel, Herm. Berghaus und Aug. Petermann. Neue Ausg. 28 Lfgn. gr. Fol. (83 ill. Karten in Kpfrst. und 14 S. Text in Fol.) Gotha 862—64, J. Perthes. *

— — Auswahl von 31 Karten. (Neue Ausg.) Ebend. 864. Fol. Mit (4 S.) Text. n. 4 ℛ 15 ngr.

—— dass. — Ergänzungen dazu. 10 Lfgn. gr. Fol. (33 ill. Karten in Kpfrst.) Ebendas. 863—65. *

Stieler's, Adf., Handatlas über alle Theile der Erde u. über das Weltgebäude. Hersg. von H. Berghaus u. A. Petermann. Neue Ausg. 28 Liefgn. Gotha 866—68. J. Perthes. gr. Fol. (84 color. Karten in Kpfrst. mit Text.) n. 14 ℛ; geb. n. 15 ℛ; geb. in Halbjuchten n. 16 ℛ 10 ngr.; Einzelne Blatt n. 6 ngr.; Mittlere Ausg. in 63 Karten. cart. n. 11 ℛ; Auswahl von 31 Karten. (Schul-Ausg.) n. 5 ℛ; geb. n. 5 ℛ 20 ngr.

Stieler, Adolf, Hand-Atlas über alle Theile der Erde und über das Weltgebäude. Jubel-Ausgabe 1867.
Gotha, J. Perthes

—— dass. — Ergänzungen dazu. gr. Fol. (32 ill. Karten in Kpfrst. und 2 S. Text.) Ebendas. 867. *
Einzelne Blatt *

— — Neue Bearbeitungen aus dem J. 1867. 8 color. Karten in Kpfrst. Ebend. 868. qu. Fol. n. 1 ℛ 18 ngr.

Stieler, Adolf: Handatlas. 10. Aufl. Vollständige Ausgabe in 84 Karten. Gotha. 1869. Fol.

— — Neue Bearbeitungen aus dem J. 1868. 6 color. Karten in Kpfrst. Ebend. 869. qu. Fol. n. 1 ₰ 6 ngr.

Stieler, Ad., Handatlas über alle Theile der Erde u. über das Weltgebäude. Vollständige Ausgabe in 84 Karten. Gotha (Perthes) 1871. Fol.

Stieler's, Ad., Hand-Atlas über alle Theile der Erde und über das Weltgebäude. Neu bearb. von Aug. Petermann, Herm. Berghaus und Carl Vogel. 90 Karten in 30 Lfgn. Fol. (à Lfg. 3 Bl.) Gotha 871--75, Perthes.
à Lfg. *M 1,50. * 51 —
geb. *M 55.; in Halbjuchten mit gebrochenen Karten. * 59 —
—— dass. — Mittlere Ausg. in 63 Karten. Fol. Ebendas. 875.
geb. * 38 —
—— dass. — Auswahl in 31 Karten. (Schul-Ausg.) Fol. Ebendas. 875. *M 18.; geb. * 20 —

— dasselbe. Ergänzungsheft. Karte der Alpen in 8 Bl. in Kpfrst. u. color. 1. Lfg. gr. Fol. (3 Bl.) Ebend. 871. Subscr.-Preis: n. 3. —; Einzel-Preis: n. 3. 75

— dasselbe. 2. Ergänzungsheft. gr. Fol. (3 Bl.) Ebend. 872. Subscr. n. 3. —; Einzelpr. n. 3. 75

— dasselbe. 3. Ergänzungsheft. Karte der Alpen. gr. Fol. (2 Bl.) Ebend. 872. Subscrip.-Pr. n. 2. —; Ladenpr. n. 2. 50

-- dasselbe. 4. u. 5. Ergänzungshft. Specialkarte v. Australien v. A. Petermann. 1. u. 2. Lfg. gr. Fol. (6 Bl. in Kpfrst. u. color.) Ebend. 875. Subscr.-Pr. à n. 1. 60; Ladenpr. à n. 2. 40

— dasselbe. Neue Bearbeitgn. aus dem J. 1875. 1. u. 2. Abth. à 10 color. Karten in Kpfrst. (in qu. gr. Fol.) Ebend. 875. à n. 8. —
Nr. 18. a—e. 14. b—e., 42. c. 43. b, 44. b. (2 Bl.) 45. b. à n. — 80
Nr. 47 a—f. à n. 1. —

Stieler's, Adf., Hand-Atlas über alle Theile der Erde. Neu bearb. von Aug. Petermann, Herm. Berghaus und Carl Vogel. Neue Ausg. 95 color. Karten in Kpfrst. (In 32 Lfgn.) 1.—10. Lfg. (à 3 Bl.) qu. gr. Fol. Gotha 879, J. Perthes. à Lfg. *M 1,80. * 18 —

Stieler's, Adf., Hand-Atlas über alle Theile der Erde. Neu bearb. von Aug. Petermann, Herm. Berghaus u. Carl Vogel. Neue Ausg. 1879. 95 color. Karten in Kpfrst. in 32 Lfgn. qu. gr. Fol. Gotha 879. 81. J. Perthes. n. 57. —; geb. n. 65. —
1—31. (à 3 Bl.) à 1. 80. — 32. (2 Bl.) n. 1. 20

Stieler's, Adf., Hand-Atlas über alle Theile der Erde. Neu bearb. von Aug. Petermann, H. Berghaus und Carl Vogel. Neue Ausg. 95 color. Karten in Kpfrst. 11.—32. (Schluss-)Lfg. qu. gr. Fol. Gotha 880—82. J. Perthes.
11.—31. Lfg. (à 3 Bl.) à *M 1,80.; 32. Lfg. (2 Bl.) * 1 20
compl. *M 57.; geb. * 65 —
1.—10. Lfg. Ebendas. 1879. à *M 1,80.
—— dass. — 1.—3. Ergänzungsheft: Aug. Petermann, Karte des Mittelmeeres. 8 color. Karten in Kpfrst. 1 : 3,500,000. 3 Lfgn. qu. gr. Fol. Ebendas. 880,81.
1. und 2. Heft à *M 2,40.; 3. Heft *M 1,60. * 6 40
—— dass. — Neue Bearbeitungen aus den J. 1879 bis 1881 [29 Neustiche]. 2 Abthlgn. Kpfrst. qu. gr. Fol. Ebendas. 881. [1. Abthl. 16 color. Karten. *M 12,80.; 2. Abthl. 13 color. Karten. *M 10,40.] * 23 20

— dasselbe. 1—3. Ergänzungsheft. Fol. Ebend. 880—82. n. 6. 40
Aug. Petermann, Karte des Mittelmeeres. 8 color. Karten in Kpfrst. 1 : 3,500,000.

— dasselbe. Neue Bearbeitungen aus den Jahren 1879 bis 1881 [29 Neustiche]. qu. gr. Fol. Ebend. 881. 82. n. 23. 20

Stieler's, Adf., Hand-Atlas über alle Theile der Erde. Neu bearb. von Aug. Petermann, Herm. Berghaus u. Carl Vogel. Ausg. in 33 Karten (Kpfrst. u. color.) Ausg. 1882. Fol. Gotha 882. J. Perthes. n. 18. —; geb. n. 20. —

Stieler's Hand-Atlas. Neue Lieferungs-Ausg. 95 Karten in Kpfrdr. und Handkolorit, hrsg. von Herm. Berghaus, Carl Vogel und Herm. Habenicht. (In 32 Lfgn.) 1.—18. Lfg. Fol. (à Lfg. 3 Karten.) Gotha 888,89, J. Perthes.
à Lfg. *M 1.60. * 28 80
—— dass. — Ausg. in 33 Karten (Kpfrst. und color.). Ausg. 1888—88. Fol. Ebendas. *M 18.—.; geb. * 20 —

Stieler's Hand-Atlas. 95 Karten in Kpfrdr. u. Handcolorit, hrsg. v. Herm. Berghaus, Carl Vogel u. Herm. Habenicht. Neue Ausg. 19.—32. (Schluss-)Lfg. Fol. (à Lfg. 3 Karten.) Gotha 890,91, J. Perthes. à Lfg. * 1 60
1.—18. Lfg. Ebd. 1888,89. à * 1 60. — Compl. * 51 20; geb. in Hlbldr. (plano) ** 56 —. — Namensverzeichnis dazu, s. im Alphabet der Büchertitel.

—— dass. — 24 Neustiche in Kpfrst. u. Handcolorit. 8 Lfgn. Fol. (à Lfg. 3 Bl.) Ebd. 890,91. à Lfg. * 1 60; * 12 80

—— dass. — Ausg. in 44 Karten. Kpfrst. u. color. 33,5×40,5 cm. Ebd. 891. * 22 —; geb. in Hlbfrz. m. gebroch. Karten ** 25 —

(Adolf) **Stielers** Hand-Atlas. 100 Karten in Kupferstich mit 102 Nebenkarten. Hrsg. von Justus Perthes' Geogr. Anst. in Gotha. 9., von Grund aus neubearb. u. neugestochene Aufl. [Nebst] Alphab. Namenverzeichnis. Gotha: J. Perthes 1905. (100 Karten, 237 S.) 2° 05. 12053

Stieler's Hand-Atlas. Namensverzeichnis, enth. 200000 alphabetisch geordnete, im Atlas vorkomm. Namen m. Hinweis, wo dieselben auf den Karten zu finden sind. Fol. (198 S.) Gotha 891, J. Perthes. * 5 80

Stieler's, (Adolf), Hand-Atlas über alle Theile der Erde nach dem neuesten Zustande und über das Weltgebäude. Bearb. von Fr. v. Stülpnagel, Heinr. Berghaus, Herm. Berghaus und Aug. Petermann. Ergänzungen, s.a. Grenzländer, die europäisch-russischen. — Staat, der preussische.

— Karte von Deutschland, dem Königr. d. Niederlande u. der Schweiz, mit d. angränz. Ländern bis Paris, Lyon, Turin, Mailand, Venedig, Ofen, Königsberg, in 25 Bl. Gezeichnet von demselben, d. Prem.-Lieut. v. Stülpnagel u. J. C. Bär. (Nebst Bemerkk. in kl. 4.) Gotha 829. J. Perthes. Subscr.-Pr. 9 ₰ 8 gr.

Stieler, Karte von Deutschland, dem Königreich der Niederlande, dem Königreich Belgien u. der Schweiz mit den angränzenden Ländern bis Paris, Lyon, Turin, Mailand, Venedig, Ofen, Königsberg. 25 Bl., entw. u. herausg. Gezeichnet von demselben, von Stülpnagel u. J. C. Bär. M. 1 : 800000. III Liefrgn. (oder IV Abthlgn). (½ B. Bemerkgn.) Gotha. J. Perthes. 1829—34. gr. Fol. . . . . (BC.)

— Karte von Deutschland, dem Königr. der Niederlande, d. Königr. Belgien u. der Schweiz mit den angränz. Ländern bis Paris, Lyon, Turin, Mailand, Venedig, Ofen, Königsberg, in 25 Blättern, entworfen u. herausg., von Ad. Stieler, gez. von Dems., dem Prem.-Lieut. von Stülpnagel und J. C. Bär. 3te Lfrg. in 2 Abthll. (In Kupferstich u. sauber illum.) gr. Fol. Ebd. 834--36. Subscr.-Pr. n. 3⅓ ₰ — Für die ganze Karte n 9⅓ ₰

Stieler, Adlf, Karte von Deutschland, dem Kgr. der Niederlande . . . [wie Ausg. 1829—34.] (M. 740000.) Gotha 1836—40. (Br. Mus.)

—— Karte von Deutschland, dem Königreich der Niederlande, dem Königreich Belgien, der Schweiz und den angrenzenden Ländern bis Paris, Lyon, Turin etc. Maasstab 1 : 740,000. Neue Ausg. 8 Lfgn. Imp.-Fol. (25 ill. Blätter in Kpfrst.) Gotha 867, J. Perthes. * 5 Thlr.; in Mappe * Aufgezogen in Futteral, 8. * 9 Thlr.; aufgezogen mit Rollen * Einzelne Blatt * 7½ Ngr.; aufgezogen *

Stieler's. Ad., Karte von Deutschland, dem Königreich der Niederlande, dem Königreich Belgien, der Schweiz und den angrenzenden Ländern bis Paris, Lyon, Turin etc. 25 kolor. Blätter in Kupfrst. M. 1 : 740000. Gotha, J. Perthes, 1867; 1868. 5 Karten. Imp.-Fol. . . . . (Br. Mus.; RPA.)

Stieler's, Ad., Karte des Deutschen Reichs und der Nachbarländer. 1 : 740,000. 25 color. Bl. in Kpfrst. Neue Aufl. 1876. [Revid. und ergänzt von Herm. Berghaus.] 5 Lfgn. qu. gr. Fol. Gotha, J. Perthes. à Lfg. * ℳ 3,60. * 18 —
In Calico-Mappe * ℳ 22.; aufgezogen in Futteral (8.) * 20 —

Stieler, Adf, Karte von Deutschland nach dem Reichsschlusse vom 27. April 1803 mit den bis zum Sept. 1804 erfolgten Veränderungen. Kolor. Gotha. J. Perthes. 1805. gr. Fol. (1/3 Rthl.)

Stieler's, Adf., Karte von Elsass-Lothringen. 1 : 925,000. Fol. Gotha 872, J. Perthes. * — 20

Stieler, A. Charte der Batavischen Repuplik nach ihrer neuesten constitutionellen Eintheilung vom 17. October 1801. Weimar 1804. 1 Bl. c. K. v.

Stieler, Adolf, Schlesien, Kgr. Sachsen und nördliches Böhmen. M. 1:740000. Gotha, J. Perthes, 1866. Chromolith. gr. qu.-Fol.

— kleiner Schul-Atlas der neuesten Erdbeschreibung, in 7 Karten. Zunächst für die Schulen der Herzogthümer Schleswig, Holstein u. Lauenburg. qu. gr. 4. Altona 837. Aue. Kpfrstich u. illum. n. 7/12 Rthl (Vgl. Schul-Atlas.)

—— kleiner Schul-Atlas d. neuesten Erdbeschreibung, vorzügl. f. d. Schulen d. Grossh. Hessen u. d. Hrzgth. Nassau. Orig.-Ausg. gr. 4. (9 ill. Karten.) Gotha 880, J. Perthes.

—— Schul-Atlas über alle Theile der Erde, s. a. Schul-Atlas.

— kleiner Schulatlas über alle Theile d. Erde. 7e Aufl. qu. Fol. (20 Charten u. 1 Bog. Text.) Gotha, Perthes. 1 Rthl. 4 gr., illum.

— Supplement dazu 6 Charten. Ebd.

(——) Schul-Atlas üb. alle Theile d. Erde nach d. neuesten Zustande. Nach dess. Hand-Atlas verkleinert. 11—13., verb. Aufl. (à 26 Karten, Kpfrst. u. ill.) qu. Fol. Gotha 832—34, J. Perthes.

—— Schul-Atlas üb. alle Theile d. Erde nach d. neuesten Zustande. Nach dess. Hand-Atlas verkleinert. 14—20., verb. u. verm. Aufl. (à 26 u. 27 Kart., Kpfrst. u. ill.) 834—41. à 1 Thlr. 12 Gr. 21. Aufl. (27 Kart., wovon 25 ill.) qu. gr. 4. Gotha 841, J. Perthes. *

—— Schulatlas über alle Theile der Erde nach dem neuesten Zustande u. über das Weltgebäude. Nach dem Handatlas verkleinert. 21—26. Aufl. 842—46 u. 27., verb. u. verm. Aufl. qu. gr. 4. (27 Bl.) Gotha 847, Just. Perthes. à *
Einzelne Karten * 2 Ngr.

— Schul-Atlas der neuesten Erdkunde. 27 illum. Karten in Kupfertaf. 26. Aufl. gr. 4. Ebend. 846. n. 1 1/6 Rthl (einzelne Karten 1 1/2 ngr)

—— Schul-Atlas über alle Theile der Erde und über das Weltgebäude. 40.—56. Aufl., verb. und verm. von Herm. Berghaus. 32 Karten. Fol. Ebendas. 868—76.
à Karte * 20 Pf. * 4 —
geb. * ℳ 5,40.; mit gebrochenen Karten * 5 —
Ausg. für das Königr. Bayern in 34 Karten, und für die Oesterreich. Monarchie in 39 Karten, zu gleichen Preisen.

—— dass. — Ausg. für die Oesterreichische Monarchie, 45 Karten. 56. Aufl. Ebendas. 876. * 5 —
geb. * ℳ 6,40.; mit gebroch. Karten * 6 —

—— Schul-Atlas über alle Theile der Erde und über das Weltgebäude. 42.—48. Aufl., verb. und verm. von Herm. Berghaus. qu. Fol. (32 ill. Karten in Kpfrst.) Gotha 862—68, J. Perthes. * 1 Thlr. 10 Ngr.; geb. in qu. 4. *
geb. in qu. Fol. *
Einzelne Blatt *

— Schul-Atlas über alle Theile der Erde u. über das Weltgebäude. 45—48. Aufl., verb. u. verm. von Herm. Berghaus. Ebend. 865—68. qu. Fol. (32 color. Karten in Kpfrst.) n. 1 Rthl 10 ngr;
geb. in qu. 4. n. 1 Rthl 20 ngr;
geb. in qu. Fol. n. 1 Rthl 22½ ngr;
Einzelne Blatt n. 2 ngr

Stieler, Adolf: Schul-Atlas über alle Theile der Erde und über das Weltgebäude. Dreiundfunfzigste Auflage, verbessert und vermehrt von Herm. Berghaus. Gotha 1873.

—— Schul-Atlas über alle Theile der Erde und über das Weltgebäude. 32 color. Karten in Kpfrst. 57.—59. Aufl., verb. und verm. von Herm. Berghaus. qu. gr. 4. Ebendas. 877. * 4 —
geb. in Calico mit gebr. Karten * 5 —
geb. in Calico mit ungebr. Karten * 5 40
Ausg. für das Königreich Bayern in 34 Karten und für die österreich.-ungar. Monarchie in 37 Karten zu gleichen Preisen.
—— dass. — Ausg. für die österreichisch-ungar. Monarchie. 43 color. Karten in Kpfrst. 57. und 58. Aufl. qu. gr. 4. Ebendas. 877,79. * 5 —
geb. in Calico mit gebr. Karten * 6 —
geb. in Calico mit ungebr. Karten * 6 40

— dasselbe. 58. Aufl., verb. u. verm. von Herm. Berghaus. Ausg. für die österreichisch-ungarische Monarchie in 37 color. Karten in Kpfrst. qu. gr. 4. Ebend. 881. n. 4. —; Ausg. in 43 Karten n. 5. —

– Schul-Atlas. 60. und 61. Aufl. Vollständig neu bearb. von Herm. Berghaus. gr. 4. (33 color. Karten in Kpfrst. mit 3 S. Text.) Ebendas. 880,82. In Lex.-8. cart. * 4 —

—— Schul-Atlas. 62.—67. Aufl. Vollständig neu bearb. von Herm. Berghaus. gr. 4. (33 color. Karten in Kpfrst. mit 3 S. Text.) Ebendas. 883—88. cart. in Lex.-8. * 4 —
geb. in Calicot * 5 —
Von Stieler's Schul-Atlas sind folgende fremdsprachliche Ausgaben (ebendas.) erschienen: Atlante scolastico. 33 tav. * ℳ 5.—. — —— dass. — Scelta di 25 tav. * ℳ 3.— — Atlas général. 37 cartes. geb. * ℳ 6.—. — Stieler's Iskola i Átlásza. 28 Karten. * ℳ 4.60.; geb. * ℳ 5.60. und * ℳ 5.80.

Stieler's Schulatlas. 69. Auflage. Vollständig neu bearbeitet von Dr. Hermann Berghaus. Ausgabe für die österreichisch-ungarische Monarchie. Gotha 1890. Justus Perthes. (Min.-Erl. 5. Mai 1890. Z. 7756.) Cartonnirt 3.—, in Leinen gebunden 3.60

Stieler's Schulatlas. 70. Auflage. Vollständig neu bearbeitet von Dr. Hermann Berghaus. Ausgabe für die österreichisch-ungarische Monarchie. Gotha 1891. Justus Perthes. (Min.-Erl. 8. Juli 1891. Z. 13460.) Cartonnirt 3. , in Leinen gebunden 3.60

Stieler's Schulatlas. 71. Auflage, vollständig neu bearbeitet von Dr. Hermann Berghaus. Ausgabe für die österreichisch-ungarische Monarchie. Gotha 1892. Justus Perthes.

Stieler's Schulatlas. Vollständig bearbeitet von Dr Hermann Berghaus. 72. Auflage. Ausgabe für die österreichisch-ungarische Monarchie. Gotha 1893. Justus Perthes. (Min.-Erl. v. 23. Juni 1893, Z. 12584.) Cartonnirt 3.—, in Leinwand gebunden 3.60

—Schulatlas der alten Welt. Nach Mannert, Ukert, Reichard, Kruse, Wilhelm u. A. bearb. 12 illum. Karten. qu. Fol. Gotha ... 2e Aufl. 824. 7e A. 832. J. Perthes. 1 ℔

— Schul-Atlas d. alten Welt. Nach Mannert, Ukert, Reichard, Kruse, Wilhelm u. A. bearb. 6. u. 7. Aufl. (à 12 gest. u. ill. Karten.) 830., 8. A. (13 ill. u. 1 schw. Karte, Kpfrst.) qu. Fol. Gotha 834, J. Perthes.
Jede Karte einzeln, à 2 Gr.

— Skol-Atlas ofver alla jordens delar enligt dess nuvarande tillstånd samt öfver verldsbyggnaden. I förminskad scala efter dess större Hand-Atlas. 27., Orig.-upplagan, innehall. (31 Kartor.) Roy.-4. Gotha 847, J. Perthes. *

— Taschen-Atlas über alle Theile der Erde, s. Taschen-Atlas.

—geograph. Uebersicht der Sachsen-Ernestinischen, Schwarzburgischen, Reussischen u. anlieg. Lande. Als Kommentar der Karte von Thüringen. 13 Bl. mit 1 K. gr. 4. Gotha 826. Perthes. 16 gl.

— Geograph. Uebersicht, d. Sachsen-Ernestin. Schwarzburg., Reuss. u. angrdnz. Lande. Ein Commentar z. Karte von Thüringen. Mit Kupf. Gotha 827, Perthes.

Stieler, Ad., Uebersichtskarte der Mitteleuropäischen Staaten, nebst zwey Scalen über Grösse und Einwohnerzahl aller europäischen Staaten. Mit 2 statistisch-geographischen Tabellen. Gotha 1819. gr. Fol. Perthes.

Stieler, C. H., praes. Ge. Chr. Detharding, De chorea St. Viti. 40 pp. Rost. 4°. 1760

Stieler, Carl, s. Stieler, Karl.

Stieler, Caspar von, s. Stieler, Kaspar von.

Stieler, Dora, Gedichte. 1. u. 2. Aufl. 12. (à VII, 155 S.) Stuttgart 901. 902. A. Bonz & Co. Geb. in Leinw. n. 3.—

Stieler, Dora, neue Gedichte. (VIII, 146 S.) kl. 8. Stuttgart 907. A. Bonz & Co. Geb. in Leinw. n. 3.—

Nussen. Gedichte in oberbayr. Mundart von Dora Stieler. Stuttgart: A. Bonz & Co. 1906. (X, 102 S.) 8° [F.] [05. 11816

Stieler, Eug. v., die kgl. Akademie der bildend. Künste zu München. I. Tl. 1808—1858. Festschrift zur Hundertjahrfeier. (VIII, 148 u. XXXIV S. m. Abbild. u. 4 Taf.) 36×26,5 cm. München 909. F. Bruckmann. Geb. in Leinw. 18.—

Stieler, Eusebius Ernst (Erfurt) U. S. Erfurt 1750/3

Dissertatio juridica inauguralis, qua quaestio excutitur: an liceat obsignare in alieno territorio res hereditarias.
Erfurt (Hering) 22. XII. 1750. 52 S.

Gew.: Anselm Franz Ernst Fhr. von Warsberg. 33577

Stieler, Georg Kaspar (Erfurt) A. S. 809/1

Dissertatio practica de legitima principiorum j. n. applicatione. Präs. Jo. Sylvester Weingärtner.
Erfurt (Funck) 25. I. 1720. 36 S.

Gew.: Stadt Erfurt. 33578

STIELER, Guido (München): De typho. (Titel nach der Urkunde) 18.7.1868 – Urk; F 72; Chr 1868/69,13
Diss.Ingolst.-Landsh.-Mchn.

Stieler, Heinrich David (Dessau) A. S. 847/15

Dissertatio inauguralis de chinina ab iniquis iudiciis vindicata. Präs. Johann Gottfried Berger.
Wittenberg (Gerdes) XII. 1711. 44 S. 33579

Stieler, H. D., De varietate ingeniorum. 38 pp. Vitemb. 4°. 1710

Stieler, Hermann Nikolaus (Sömmerda) A. S. 761/27

Dissertatio inauguralis juridica de testamentis conjugum reciprocis eorumque revocatione.
Präs. Johann Philipp Streit.
Erfurt (Grosch) 13. V. 1713. 16 Bl. 33580

Stieler, Johann Christoph

Stieler, J. C., leichte und vollständ. Anweisung z. Erlernung d. richt. Lesens und Buchstabirens. 8. Rudolstadt, Hofbuchh. 803.

Stieler, Jh. Cph., orthograph. Methodenbuch, od. einzig mögl. Weg d. Orthographie d. deutschen Sprache durch Regeln im kurzen zu lernen rc. 2 Bde. 8. Rudolst. 806, 812. Hofbuchhandl. 2 ℔

Stieler, Johann Kaspar von (Erfurt) A. S. 127/20

Dissertatio inauguralis de clerico, per abusum officii pastoralis, leges imperii atque tranquillitatem publicam violante, ejusque coercitione.
Präs. Tobias Jakob Reinharth.
Erfurt (Grosch) 30. III. 1724. 94 S. 33581

Stieler, Josef

Stieler, J., Lebensbilder deutscher Männer u. Frauen. Mit (Holzschn.-)Bildern v. Ludw. Richter, Wold. Friedrich, Eug. Klimsch rc. 8. (451 S.) Glogau 884. Flemming. geb. n. 5.—

[F.] Lebensbilder deutscher Männer und Frauen v. J. Stieler. M. Bild. v. Ludw. Richter ... 2. Aufl. *Glogau: C. Flemming 1896.* (346 S., 1 Portr.) 1 Bd 8. [97. 1972

Stieler, J., Lebensbilder deutscher Männer u. Frauen. Mit Bild. v. Ludw. Richter, Wold. Friedrich, Eug. Kliemsch rc. 2. Aufl. gr. 8. (346 S.) Glogau 897. C. Flemming. Geb. n. 4.50

Lebensbilder deutscher Männer und Frauen von J[osef] Stieler. Mit Bild. von Ludwig Richter ... 3. Aufl. In neuer Rechtschreibung. Berlin: Jugendhort [1906]. (354 S.) 8° [F.] [07. 7198 11

Stieler, J., Lebensbilder deutscher Männer u. Frauen. Mit Bildern v. Ludw. Richter, Woldem. Friedrich, Eug. Kliemsch u. a. 3. Aufl. In neuer Rechtschreibg. (354 S.) gr. 8. Berlin (906). (Schreiter.) Geb. in Leinw. 5.—

Stieler, Jos., u. F. Dürck, die Schönheiten-Galerie in der kgl. Residenz zu München. Nach dem Leben gemalt im Auftrage König Ludwigs I. v. Bayern. Aufnahmen nach den Originalen. gr. 8. (38 Photogr. m. 2 Bl. Text.) München (895). F. Hanfstaengl. Geb. in Leinw. m. Goldschn. 30.—

Stieler, Jos., Schönheiten-Sammlung, s. Schönheiten-Sammlung.

Stieler, J., deutsche Tonmeister. Biographische Erzählungen u. Charakterbilder. Der musikalischen Jugend gewidmet. Mit 45 (eingedr.) Holzschn. nach Orig.-Zeichnungen von Hugo Bürkner, W. Claudius, Wold. Friedrich, C. Offterdinger u. Paul Thumann. Lex.-8. (VI, 256 S.) Leipzig 878. A. Dürr. geb. n. 6. —

Stieler, Karl, in die Berg', s.: Kauffmann, Hugo.

Stieler, Karl, Bergbleamln. Gedichte in oberbair. Mundart. München 865. Braun & Schneider. gr. 8. (VIII, 132 S. mit eingedr. Holzschn.) cart. 1 ₰

Stieler, Karl, Bergbleameln. Gedichte in oberbayer. Mundart. 2.—4. Aufl. gr. 8. (VIII, 144 S. mit eingedr. Holzschn.) München 876—881, Braun und Schneider. cart.

Stieler, Karl, aus deutschen Bergen, s.: Schmid, H.

Karl Stieler. Bilder aus Bayern. Ausgewählte Schriften. Volksausg. Mit e. Vorw. u. Anm. von Dr. A[loys] Dreyer. Stuttgart: A. Bonz & Co. 1908. (X, 428 S.) 8° [F.] [08. 15659]

—— s. Bilder aus Elsaß-Lothringen.

— auf der Birsch, s.: Bausinger, Frz. v.

Stieler, Karl, drei Buschen. Weil's mi freut! Habt's a Schneid!? Um Sunnawend'. Gedichte in oberbair. Mundart. Mit Illustr. v. Hugo Engl. gr. 8. (XX, 386 S.) Stuttgart 886. Bonz & Co. geb. m. Goldschn. n. 12. —

—— von Dahoam, s.: Defregger, F.

Stieler, Karl Von Dahoam. Dichtungen. In Bildern v. Frz. Defregger. 3. Aufl. 4. (51 S. m. 25 Photogr.) Münch. 889, Hanfstängl. geb. m. Goldschn. 24 —

— v. Dahoam. Dichtungen. In Bildern v. Frz. Defregger. 4. Aufl. gr. 4. (27 S. m. 24 Lichtdr.) München 890. Frz. Hanfstaengl, Kunstverl., A.-G. Geb. m. Goldschn. n. 20. —

Gesammelte Dichtungen (hochdeutsch) von Karl Stieler. Mit e. Titelbild von C. Liebich u. e. biogr. Einl. von A[loys] Dreyer. Stuttgart: A. Bonz & Co. 1908. (389 S.) 8° [F.] [07. 15669]

—— durch Krieg zum Frieden. Stimmungsbilder aus den J. 1870—1871. Mit einem Vorwort von Friedr. Ratzel. 8. (VII, 270 S.) Stuttgart 886, Bonz und Comp. * geb. *

— durch Krieg zum Frieden. Stimmungsbilder aus den J. 1870—71. Mit e. Vorwort v. Frdr. Ratzel. 2. Aufl. 8. (VII, 270 S.) Ebd. 895. n. 4. —; geb. in Leinw. n. 5. —

—— aus Fremde und Heimat. Vermischte Aufsätze. 8. (III, 420 S.) Stuttgart 886, Bonz und Comp. * geb. *

Stieler, Karl, aus Fremde u. Heimat. Vermischte Aufsätze. 2. Aufl. 8. (III, 359 S.) Stuttgart 900. A. Bonz & Co. n. 5. 40; geb. in Leinw. n. 6. 80

Stieler, Karl Gebetbuch f. katholische Christen zum Gebrauche f. Haus, Schule u. Kirche. 24. (III, 175 S. m. 1 Stahlst.) Bregenz 891, J. N. Teutsch. geb. ** — 50

Stieler, Karl, Gebetbuch f. kathol. Christen z. Gebrauche f. Haus, Schule u. Kirche. 2., verm. u. verb. Aufl. 16. (IV, 179 S. m. Vignetten u. 1 Stahlst.) Bregenz 894. J. N. Teutsch. Geb. in Leinw. n.n. — 50

Stieler, Karl, gesammelte Gedichte in oberbayerischer Mundart. Mit e. Titelbild (v. C. Liebich). (386 S.) 8. Stuttgart 907. A. Bonz & Co. n. 5. —; geb. in Leinw. n. 6. —

Stieler, Karl, Habt's a Schneid? Neue Gedichte in oberbairischer Mundart. 1. und 2. unveränd. Aufl. gr. 8. (VIII, 117 S.) Stuttgart 876, Meyer und Zeller. cart. * geb. *

Stieler, Karl, Habt's a Schneid!? Neue Gedichte in oberbair. Mundart. 3. und 4. durchges. Aufl. gr. 8. (VIII, 117 S.) Stuttgart 881,83, Bonz und Comp. cart. * geb. *

—— habt's a Schneid!? Neue Gedichte in oberbair. Mundart. 5.—7. durchgeseh. Aufl. 8. (VIII, 117 S.) Ebendas. 885—88. cart. * ℳ 3.—.; geb. *

— habt's a Schneid?! Neue Gedichte in oberbair. Mundart. 9., durchgeseh. Aufl. Mit Illustr. v. Hugo Engl. 8. (VIII, 128 S.) Ebd. 895. Kart. n. 3. —; geb. in Leinw. n. 4. —

— habt's a Schneid!? Neue Gedichte in oberbair. Mundart. 11. durchgeseh. Aufl. Mit Illustr. von Hugo Engl. 8. (VIII, 128 S.) Ebd. (902). Kart. n. 3. —; geb. in Leinw. n. 4. —

— Habt's a Schneid!? Neue Gedichte in oberbair. Mundart. 12. durchgeseh. Aufl. Mit Illustr. von Hugo Engl. (VIII, 128 S.) 8. Ebd. (906). Kart. n. 3. —; geb. in Leinw. n. 4. —

Stieler, Karl, Hochland-Lieder. 8. (XI, 204 S.) Stuttgart 879, Meyer und Zeller. * ℳ 3,60.; geb. *

Stieler, Karl, Hochlands-Lieder. 2. und 3. Aufl. 8. (XI, 204 S.) Stuttgart 880,84, Bonz und Comp. * geb. *

—— Hochlands-Lieder. 4. und 5. Aufl. 8. (XI, 204 S.) Ebendas. 886,88. * ℳ 3.60.; geb. *

— Hochlands-Lieder. 5. u. 6. Aufl. 8. (XI, 204 S.) Stuttgart 888. 890. Bonz & Co. n. 3. 60; geb. n. 5. —

— Hochlands-Lieder. 7. Aufl. 8. (XI, 204 S.) Stuttgart 893. A. Bonz & Co. n. 3. 60; geb. in Leinw. n. 5. —

Stieler, Karl, Hochland-Lieder. 8. Aufl. 8. (XI, 204 S.) Stuttgart 896. A. Bonz & Co. n. 3. 60; geb. in Leinw. n. 5. —

— Hochlands-Lieder. 9. u. 10. Aufl. 8. (à XI, 204 S.) Ebd. 899. n. 3. 60; geb. in Leinw. n. 5. —

— Hochlands-Lieder. 11. Aufl. (XI, 204 S.) 8. Ebd. 905. n. 3. 60; geb. in Leinw. n. 5. —

Hochlandslieder von Karl Stieler. 12. Aufl. Stuttgart: Bonz 1910. XII, 204 S. 8° [A 12. 10171]

—— neue Hochlands-Lieder. 1. und 2. Aufl. 8. (VIII, 176 S.) Ebendas. 881,83. * geb. *

—— neue Hochlands-Lieder. 3. Aufl. 8. (VIII, 176 S.) Ebendas. 887. *M 3.60.; geb. *

—— Neue Hochlands-Lieder. 4. Aufl. gr. 8. (VIII, 176 S.) Ebd. 892. * 3 60; geb. * 5 —

— neue Hochlands-Lieder. 5. Aufl. 8. (VIII, 176 S.) Ebd. 897. n. 3. 60; geb. in Leinw. n. 5. —

— neue Hochlands-Lieder. 6. Aufl. (VIII, 176 S.) 8. Ebd. (902). n. 3. 60; geb. in Leinw. n. 5. —

—— a Hochzeit in die Berg'. Dichtungen in oberbayer. Mundart zu Hugo Kauffmann's Zeichnungen. 8. (28 Bl. Text mit 25 Lichtdr.-Taf.) Ebendas. 882. geb. mit Goldschn. *

— a Hochzeit in die Berg'. Dichtungen in oberbayer. Mundart zu Hugo Kauffmann's Zeichngn. 2. Aufl. 8. (25 Lichtdr.-Taf. m. 25 Bl. Text.) Ebend. 884. geb. m. Goldschn. n. 8. 50

—— a Hochzeit in die Berg'. Dichtungen in oberbayer. Mundart zu Hugo Kauffmann's Zeichnungen. 3. Aufl. 8. (25 Lichtdr.-Taf. mit 25 Bl. Text.) Ebendas. 887. geb. *

—— aus der Hütten, s.a. Defregger, F.

—— Aus der Hütten. Dichtgn. In Bildern v. Frz. Defregger. 3. Aufl. 4. (25 S. m. 24 Lichtdr.) Münch. 890, Hanfstängl. geb. m. Goldschn. 20 —

— s.: Italien.

—— Kulturbilder aus Baiern. Mit einem Vorwort von Karl Thdr. Heigel. 8. (IX, 272 S.) Ebendas. 885. * geb. *

— Kulturbilder aus Baiern. Mit e. Vorwort v. Karl Thdr. Heigel. 2. Aufl. 8. (IX, 272 S.) Stuttgart 893. A. Bonz & Co. n. 4. 80; geb. in Leinw. n. 6. —

— lusti' u. ledi', s.: Kauffmann, Hugo.

— Natur- u. Lebensbilder aus den Alpen. Mit e. Vorwort v. M. Haushofer. gr. 8. (IX, 397 S.) Ebend. 886. n. 5. 40; geb. n. 6. 80

—— Natur- u. Lebensbilder aus den Alpen. Mit e. Vorwort v. M. Haushofer. 2. Aufl. gr. 8. (VIII, 399 S.) Stuttg. 890, Bonz u. Comp. * 5 40; geb. * 6 80

—— s. Pausinger, Frz. v., Waidmann's Erinnerungen.

— Reisebilder aus vergangener Zeit. 8. (VII, 48 S.) Ebd. 889. geb. n. 2. —

—— Reisebilder aus vergangener Zeit. 8. (VII, 48 S.) Ebd. 890. geb. * 2 —

—— die Rheinfahrt, s.a. Vaterland, unser, in Wort und Bild.

Stieler, Carl s. Rheinfahrt. Stuttgart [1875–1876].

Stieler, Karl, H. Wachenhusen, F. W. Hackländer. Rheinfahrt. Von den Quellen des Rheins bis zum Meere. Schilderungen von Karl Stieler, H. Wachenhusen, F. W. Hackländer. Stuttgart, A. Kröner o. J. [um 1885].
VII + 359 S. m. zahlr. Abb.; 60 Taf. 2°.

—— in der Sommerfrisch', s.a. Kauffmann, Hugo.

—— In der Sommerfrisch'. Gedichte in oberbayer. Mundart m. Federzeichngn. v. Hugo Kauffmann. 2. Aufl. gr. 8. (22 Bl. Text m. 19 Lichtdr.-Taf.) Ebd. 890. geb. m. Goldschn. * 8 50

—— um Sunnawend'. Neue Gedichte in oberbair. Mundart. 1. und 2. unveränd. Aufl. gr. 8. (XII, 148 S.) Stuttg.: Meyer u. Zeller 1878 u. 1879.

— um Sunnawend! Neue Gedichte in oberbair. Mundart. 3., unveränd. Aufl. 8. (XII, 148 S.) Ebend. 882. cart. n. 3. —; geb. n. 4. —

—— um Sunnawend'. Neue Gedichte in oberbair. Mundart. 4. und 5. unveränd. Aufl. gr. 8. (XII, 148 S. mit Bild.) Ebendas. 885,87. cart. *M 3.—.; geb. *

—— Um Sunnawend'. Neue Gedichte in oberbayer. Mundart. 6. Aufl. gr. 8. (XII, 148 S.) Ebd. 890. cart. 3 —; geb. 4 —

— um Sunnawend'. Neue Gedichte in oberbair. Mundart. 7., durchgeseh. Aufl. M. Illustr. von Hugo Engl. 8. (X, 169 S.) Ebd. 896. Kart. n. 3. —; geb. in Leinw. n. 4. —

— Um Sunnawend. Neue Gedichte in oberbayer. Mundart. 9. Aufl. Mit Illustr. v. Hugo Engl. (X, 169 S.) 8. Ebd. (910). Geb. 3.—; geb. in Leinw. 4.—

—— s. Wanderungen im bayerischen Gebirge und Salzkammergut.

— Wanderzeit. Ein Liederbuch. 12. (IX, 94 S.) Ebend. 882. geb. m. Goldschn. n. 4. —

—— Wanderzeit. Ein Liederbuch. 2. Aufl. 12. (IX, 94 S.) Ebendas. 888. geb. mit Goldschn. *

— Wanderzeit. Ein Liederbuch. 3. Aufl. 12. (IX, 94 S.) Stuttgart 893. A. Bonz & Co. Geb. in Leinw. m. Goldschn. n. 4. —

— Wanderzeit. E. Liederbuch. 4. Aufl. 12. (IX, 94 S.) Ebd. 899. Geb. in Leinw. m. Goldschn. n. 4. —

— Wanderzeit. Ein Liederbuch. 5. Aufl. (IX, 94 S.) 12. Ebd. 904. Geb. in Leinw. m. Goldschn. n. 4. —

Stieler, Karl, Weil's mi' freut! Neue Gedichte in oberbairischer Mundart. Stuttgart, Meyer & Zeller, 1876. (Frdr. Vogel.) 8°. Ppb. , gebr.
XX—181 S. „Herrn u. Frau Doctor Hermann Meier in Bremen freundschaftlich zugeeignet."

— weil's mi' freut! Neue Gedichte in oberbair. Mundart. 2. Aufl. 8. (XX, 181 S.) Stuttgart 876. Meyer & Zeller. n. 3. —

—— Weil's mi' freut! Neue Gedichte in oberbair. Mundart. 1.—3. durchgeseh. Aufl. 8. (XX, 131 S.) Ebendas. 877. cart. *M 3.; geb. *

—— Weil's mi' freut! Neue Gedichte in oberbair. Mundart. 4. durchges. und verm. Aufl. 8. (XXII, 130 S.) Stuttgart 880, Meyer und Zeller. cart. *M 3.; geb. *

— weil's mi' freut! Neue Gedichte in oberbair. Mundart. 5., durchgeseh. Aufl. 8. (XX, 131 S.) Ebend. 882. cart. n. 3. —; geb. n. 4. —

—— weil's mi' freut! Neue Gedichte in oberbair. Mundart. 6.—8. durchgeseh. Aufl. 8. (XXII, 130 S.) Ebendas. 885—87. cart. *ℳ 3.—.; geb. *

— weil's mi' freut! Neue Gedichte in oberbair. Mundart. 7. Aufl. 8. (XXII, 130 S.) Ebend. 886. cart. n. 3. —; geb. n. 4. —

—— Weil's mi freut'. Neue Gedichte in oberbair. Mundart. 9. u. 10. Aufl. gr. 8. (XXII, 130 S.) Ebd. 890,92. cart. * 3 geb. * 4 —

— weil's mi' freut! Neue Gedichte in oberbair. Mundart. 11., durchgeseh. Aufl. Mit Illustr. v. Hugo Engl. 8. (XXII, 144 S.) Ebd. 896. Kart. n. 3. —; geb. in Leinw. n. 4. —

— weil's mi' freut! Neue Gedichte in oberbair. Mundart. 13. durchgeseh. Aufl. Mit Illustr. v. Hugo Engl. 8. (XXII, 144 S.) Ebd. (902). Kart. n. 3. —; geb. in Leinw. n. 4. —

— weil's mi' freut! Neue Gedichte in oberbair. Mundart. 14. durchgeseh. Aufl. Mit Illustr. v. Hugo Engl. (XXII, 144 S.) 8. Ebd. (906). Kart. n. 3. —; geb. in Leinw. n. 4. —

Stieler, Karl, gesammelte Werke. (Deckenzeichnung v. Curt Liebich.) 3 Bde. (386, 389 u. X, 428 S.) 8. Stuttgart (908). A. Bonz & Co. Geb. in Leinw. 16. —

—— ein Winter-Idyll. 1.—7. Aufl. 8. (47 S. mit Lichtdr.-Portr. des Verf.) Ebendas. 885 - 88. geb. mit Goldschn. *

—— Ein Winter-Idyll. 8.—13. Aufl. 12. (47 S. m. Portr. in Lichtdr.) Ebd. 888—92. geb. m. Goldschn. * 4 —

— ein Winter-Idyll. 11.—17. Aufl. 12. (47 S. m. Bildnis.) Ebd. 891—895. Geb. in Leinw. m. Goldschn. n. 4. —

— ein Winter-Idyll. 23. Aufl. 12. (47 S. m. Bildn.) Ebd. 898. Geb. in Leinw. m. Goldschn. n. 4. —

— ein Winter-Idyll. 25.—30. Aufl. 12. (à 47 S. m. Bildnis.) Ebd. 899—902. Geb. in Leinw. m. Goldschn. n. 4 —

Stieler, Karl, ein Winter-Idyll. 31.—36. Aufl. (47 S. m. Bildnis.) kl. 8. Stuttgart 902—905. A. Bonz & Co. Geb. m. Leinw. m. Goldschn. n. 4. —

— Ein Winter-Idyll. 37.—42. Aufl. (47 S. m. Bildnis.) kl. 8. Ebd. 906—10. Geb. in Leinw. m. Goldschn. 4. —

Stieler, Kaspar von

* **FILIDOR** der Dorfferer (d. i. *Caspar Stieler*, 1632 bis 1707, „der Spate" in der Fruchtbr. Gesellsch.), Die geharnschte (so!) Venus oder Liebes-Lieder im Kriege gedichtet, mit neuen Gesang-Weisen zu singen und zu spielen gesezzet, von —. Hamburg, bey Michael Pfeiffern. In Verlegung Christian Guht, Buchhändlers im Tuhm. Im Jahre 1660. (Nebst Kupfertitel.) 12°. 15 Bogen.

Mit Noten im Text. Aeusserst selten! (20 Mk. Baer & Co., Frf. a. M., vor 1885; 50 Mk. Jacques Rosenthal, c. 1903.) Vgl. Köster, Der Dichter der geharnischten Venus. Marburg 1897. 8°. S. 77sq. — Das „siebende Zehend" ist dem Priapus gewidmet.

— — Dasselbe, hrsg. von Th. Raehse. Halle, Niemeyer, 1888. Kl. 8°. XVIII. 154 S.

Neudrucke deutscher Litteraturwerke des XVI. u. XVII. Jh. Nr. 74—75.

Neu-entsprungene Wasser-Quelle, vor Gottesergebene und Geistlich-durstige Seelen, Worinnen zu finden Vorbereit-Zeit-Arbeit-Leid-Freud-Streit- und Ewigkeit Gebte (!).. Auch aufs neue übersehen und vermehret, Nebst einem vollständigen Evangelischen Gesang-Büchlein, aufgeräumet von dem Spahten ... Nürnberg, Zufinden bey Joh. Hofmanns sel. Wittib und Engelbert Streck, 17o7.

[F.] A greana Jaga. '(Der grüne Jäger.)' Genrebild m. Gesang in 1 Aufz. (Fortsetzg v. 'Ein blauer Teufel') v. **Max Stieler**. *München: Rubinverl. [1898].* (23 S.) 1 Bd 8.
(Brakl's Rubinverlag.) [98. 11095

Stieler, Max, e. blauer Teufel, od. „Altbayer u. Picarde", s.: Bloch's, Ludw., Militär-Festmappe.

Stieler, Robert

Stieler, Rob., Album f. Landschafts-Malerei, s.: Rau, W.

— Illustrationen zu Franz Schubert's vorzüglichsten Liedern. 1. Hft. Hoch 4. (6 Bl. in Farbendr.) Leipzig 872. Arnoldische Buchh. n. 4. 50

Stieler, R., aus Schwaben, s. a. Paulus, E.

Aus dem Schwabenland. Malerische Ansichten in Landschaft u. Architectur. Orig.-Zeichnungen v. *Rob. Stieler*. Text (in Versen) v. *Ed. Paulus*. In feinstem Tondruck ausgeführt. Stuttgart, Paul Neff, o. J. (1878). Orig.-Pracht-Lwdb.
Frontisp., 1 Bl., 31 Bll. Ansichten, 31 Bll. Text (je 4 Stroph.). — Stärkstes Velinp. Schöne Ausstattung.

Stieler v. Heydekampf, das V. Armee-Corps im Kriege gegen Frankreich 1870—71. Nach den Tagebüchern u. Gefechtsberichten der Truppen dargestellt. Mit 5 (lith.) Karten (in gr. 8. u. 4.) Weißenburg, Wörth, Sedan, Valenton u. Petit Bicêtre m. eingezeichneten Truppenstellgn. in den verschiedenen Momenten d. Gefechts. gr. 8. (V, 243 S.) Berlin 872. Mittler & Sohn. n. 5. —

Stielorff, F. Greg, s. **Epistola** Rabbi Samuelis etc.

Stieltjes, T. J., Denkschrift über einen Kanal zur Verbindung der Nordsee mit der Ostsee. Haag 866. (Rotterdam, Baedeker.) gr. 8. (IV, 99 S. mit 4 lithogr. Blatt Karten u. Plänen in qu. gr. Fol.) n. 1 ℳ

Stiemann, F. Bemerkungen aus der Mathematik und mathematischen Geographie. 20 S. . . . .
Guben, Progr. 1849

Stiemcke, G[eorg]: Der Erbverzicht nach dem Bürgerlichen Gesetzbuch. Greifswald 1904: J. Abel. (56 S.) 8° [F.]
Greifswald, Jur. Fak., Ref. Frommhold, Diss. v. 29. Okt. 1904
[Geb. 18. Nov. 81 Altstadt Pyritz; Wohnort: Altstadt Pyritz; Staatsangeh.: Preußen; Vorbildung: Gymn. Pyritz Reife O. 00; Studium: München 1, Berlin 1, Freiburg i. B. 1, Greifswald 3 S.; Rig. 16. Juni 03.]

Stiemer, G. F., die Cholera. Ihre Aetiologie und Pathogenese, ihre Prophylaxe und Therapie basirt auf den veränderlichen Ozongehalt der Luft und dessen Einfluss auf die Athmung. gr. 8. (XIV und 418 S.) Königsberg 858, Gebr. Borntraeger. *

Stiemer, H., über die Bedeutung der Torf-Industrie und die Massen-Fabrikation nach dem patentirten System: Mecke und Sander im Großherzogth. Oldenburg. Dargestellt und erläutert. 4. (18 S. mit 1 Stnt.) Riga 881, Fluthwedel und Comp. *
Aus: Mittheilungen der Kurländischen ökonomischen Gesellschaft zu Mitau, besonders abgedruckt.

— vier Fragen die Privat-Forsten in den baltischen Provinzen betr., beantwortet. gr. 8. (39 S.) Ebend. 880. n. 1. 50

Stiemer, H., der Torf u. dessen Massenproduction nach dem zeitigen Stande der Wissenschaft u. Technik. Nach früher gehaltenen Vorträgen neu bearb. Mit Abbildgn. gr. 8. (IX, 70 S.) Halle 883. Hendel. n. 1. —

—— Wie sind unsere Moore nutzbar zu machen? 2 Abthlgn. gr. 8. Ebendas. 880. *
Inhalt:
Abthl. 1. Als brennende Frage: Technische Ausnutzung des Torfes zu Brennmaterial. (16 S.) * 60 Pf.
» 2. Als hochwichtige Frage: Die Ausnutzung durch Land- und Forstwirthschaft. (21 S.) * 90 Pf.

Ein Wort an lutherische Lehrer. Wie erziehen wir die Kinder zur Bekenntnistreue? Referat auf d. 10. luth. Schulkonferenz von Johannes Stiemke, Lehrer in Berlin. *Elberfeld: Luther. Bücherver. [1903].* (28 S.) 8° [F.]
— Saatkörner aus d. Evang.-Luth. Kirche. No 11. [03. 1418]

Stiene, Alb. De Heracleotarum Ponticorum republica et rebus gestis. Monasterii 1870.

Stiene, A., De Heracleotarum Ponticorum republica et rebus gestis. Diss. 1870. 49 S. 1.50

Stiepan, Louise, s.: Wandtafeln, Wiener, f. d. Unterricht in weibl. Handarbeiten.

Stiepan Otto: Der Zeichenunterricht an Lehrerbildungsanstalten. 11. Wien LBA. 01.
Progr.

Stiepan, Otto, der Zeichenunterricht in den ersten fünf Schuljahren. Mit 11 lith., teilweise farb. Taf. (7 S.) gr. 8. Wien 904. A. Pichler's Wwe. & Sohn. n. 1. 50

Stiepani Martin: Luzon. Geologie und Ethnographie. II. 1906 PN 2173 Diss. Wien, Univ.

Stiepel, Heinr., das Buch d. Andacht f. evangel. Schulen, e. Handbuch f. Lehrer. 8. (22½ B.) Elberfeld 828, Büschler.

Stiepel, H., Zahl u. Raum, od. neues Tafelrechnenbuch f. Volksschulen. Mit Fig. 8. Münster 834. Wundermann. ¼ ℛ

Stiepel, Karl *Julius* [aus Lennep]: Über die Einwirkung von Ammoniakbasen auf Dichloroxalsäuredimethylester und Halborthooxalsäuremethylester ... Bonn, Univ.-Buchdr. v. C. Georgi, 1895; 45 S., 1 Bl. 8.
Bonn, Phil. Fak., Inaug.-Diss. v. 7. Febr. 1895

Stiepel, C., die Grundzüge der allgem. Chemie u. die Technik der Untersuchung der Rohmaterialien u. der Betriebskontrolle in der Seifenindustrie. (XII, 237 S. m. 58 Abb.) gr. 8. Augsburg 907. Verlag f. chem. Industrie. Geb. in Leinw. 7. —

Stiepel, R.: A general survey of the English novelists of the last century. Lennep. 1867.
Schul-/Univ.-Schrift

Stiepel. Der englische Unterricht. Lennep, H. B., 1871. 21 S. 4. Progr.

Stiepen, v., Erfahrungen und Gedanken über das Betteln. 8°. Landshut, Weber in München, 1817.

— Folgen d. Großmuth gegen Frankreich u. Rath der Klugheit für die Zukunft. 8. Münch. 818. Weber. 2 ℊ

— Frankreich, Elsaß u. Lothringen verlieren? u. wer soll es bekommen? 8. Münch. 815. Weber. 2 ℊ

— 3 patriot. Gedanken üb. die Grundlage d. Friedens, als Anh. z. verunglückten Weltbeglücker. 8. Münch. 814. Weber. 2 ℊ

— Deutschlands Größe im 19. Jahrh. 8. Münch. 814. Weber. 2 ℊ

— polit. Prophezeih. üb. die Kriege des 19. Jahrh. 8. Münch. 816. Weber. 3 ℊ

Stier, d. goldne, v. Ludwig von Seldiger, m. K. 2 Bde. 8. Berlin, Maurer. 805—10.

Stier, Der weisse. Aus dem Syrischen. [A. d. Franz.] Memphis. [Berlin] 1774. V: *Voltaire, François Marie Arouet de.* (wr)

— d. weiße, a. d. Syrischen übers. 8. Memphis, Voß. 774.

Stier, Altarrede bei der Bestattung des Prof. Herrn Dr. Wilh. Rein in Eisenach gehalten am 26. April 1865. Eisenach 865. (Baerecke.) gr. 8. (7 S.) n. 2 ngr.

Stier, Gemeindeordnung f. d. Großherzogth. Sachsen-Weimar-Eisenach v. 17. Apr. 1895, nebst Ausführungs-Verordng. v. 18. Apr. 1895. M. Einleitg., Sachregister u. Anmerkgn. 16. (212 S.) Weimar 895. H. Böhlau's Nachf. Kart. n n. 1. 20

Stier, A., Lederstrumpf, s.: Cooper, J. F.

— der Pfadfinder, s.: Cooper, J. F.

Stier, Adelh., s.: Für unsere Kleinen.

Stier, Adelheid, Gedichte. 12. (X, 160 S.) Stuttgart 900. J. G. Cotta Nachf. Geb. in Leinw. m. Goldschn. n. 3. —

Stier, Adelh., Jesus v. Nazareth. Bilder aus den Evangelien. Mit 4 Titelbildern nach Zeichngn. v. A. Zick. (VII, 131 S.) gr. 8. Leipzig 905. Jacobi & Zwillet.
Geb. in Leinw. m. Goldschn. n. 5. —

— s.: Kaulbach, Herm., Bilderbuch.

Jena von Adolf Stier. Berlin: Wedekind & Co. 1908. (211 S.) 8° [F.]
= Hochschulen, Die deutschen. Bd 2. [08. 16529

O jerum — — —. Heitere Erinnerungen e. alten Jenenser Studenten. Von Adolf Stier. Gotha: F. A. Perthes 1907. 150 S. 8° A 12. 11876

Stier, (Fridericus Guilielmus) Adolphus (*geb. Friesack in d. Mark 11. 11. 1823*): De sarcocele, ejusque per castrationem sanatione. Vratislaviae (1848). (29 S.) 8°
Breslau, Med. Diss. v. 15. Dez. 1848

Stier, Alfons, aus Würzburg: Zur Kenntnis der Verteilung der Spaltöffnungen bei Würzburger Muschelkalkpflanzen. *Würzburg 1904: Memminger.* (91 S.) 8°
Würzburg, Phil. Diss. v. 1904

Stier, Alfr., Schiller, s.: Volksabende. 24. Heft.

L. van Beethoven. Sonaten f. Pianoforte u. Violine. Op. 12, 23, 24, 30, 47 u. 96. Erl. von Ernst Stier. *Leipzig: H. Seemann Nachf. [1904].* (15 S.) 8° [F.]
= Musikführer, Der. No 289. [04. 19548

Stier, Ernst, Gerichtsass.: Ein Beitrag zu der rechtlichen Charakterisierung der Maßnahmen des § 890 C.P.O. Daressalam 1909: Deutsch-Ostafrik. Zeitung. 35 S. 8°
Leipzig, Jur. Diss. v. 24. April 1909
[Geb. 6. Dez. 78 Kassel; Wohnort: Daressalam; Staatsangeh.: Preußen; Vorbildung: Wilhelms-Gymn. Kassel Reife M. 97; Studium: Halle 2, Bonn 5 S.; Rig. 30. Nov. 06.] [U 09. 1698

Stier, Ernst, unter Prinz Friedrich Karl: Erlebnisse eines Musketiers vom X. Armeekorps im Feldzuge 1870/71. 2., umgearb. Aufl. 8. (III, 226 S. m. 1 Karte.) München 891. Beck. n. 2. —; cart. n. 2. 50

— Unter Prinz Friedrich Karl. Erlebnisse e. Musketiers v. X. Armeekorps im Feldzuge 1870/71. 3., umgearb. Aufl. (III, 241 S.) 8. München 908. C. H. Beck. 2.—; kart. 2.50

Stier, Ernst, Führer durch die Stadt Braunschweig u. deren Umgebung. Mit (farb.) Stadtplan, dem Zuschauerraum des herzogl. Hoftheaters u. vielen Abb. 3. verb. u. verm. Aufl. (164 S.) 8. Braunschweig 908. A. Limbach. Kart. 1.—

Stier, Ernst, Stoffe für den deutschen Sprachunterricht in den Unter- u. Mittelklassen höherer Lehranstalten. 1. u. 2. Abth. gr. 8. Braunschweig 881. Bruhn. n. 1. 60
1. [Sexta u. Quinta.] (63 S.) n. — 60
2. [Quarta u. Tertia.] (104 S.) n. 1. —

Stier, Ernst, Stoffe f. den deutschen Sprachunterricht in den Unter- u. Mittelklassen höherer Lehranstalten. 2 Abtlgn. 2., verb. Aufl. 8. Braunschweig 893. Appelhans & Pfenningstorff. Kart. n. 1. 60
1. Sexta u. Quinta. (VIII, 75 S.) n. — 60
2. Quarta u. Tertia. (IV, 112 S.) n. 1. —

Stier, Ernst, Stoffe f. den deutschen Sprachunterricht in den Unter- u. Mittelklassen höherer Lehranstalten. 2 Abtlgn. 3. verb. Aufl. gr. 8. Braunschweig 903. E. Appelhans & Co. Kart. n. 1. 60
1. (Sexta u. Quinta.) (VIII, 78 S.) n. — 60
2. (Quarta u. Tertia.) (IV, 116 S.) n. 1. —

Stier, Ewald

Stier, Ew., Abschiedspredigt üb. Römer 8, Vers 28, geh. in der Schloß- u. Stadtkirche zu St. Marien in Dessau am 1. VI. 1902. gr. 8. (9 S.) Dessau (902). (A. Haarth.) n. — 40

— **Eben-Ezer.** Festpredigt, geh. beim Feldgottesdienste zur Feier des 10jähr. Stiftungs-Festes des anhalt. Krieger-Verbandes auf dem Kasernenhofe zu Dessau am 27. Mai 1894. gr. 8. (7 S.) Dessau 894. R. Kahle. n. — 10

Fahnenflucht und unerlaubte Entfernung. Eine psycholog., psychiatr. u. militärrechtl. Studie. Von Ewald Stier, Oberarzt. Halle a. S.: C. Marhold 1905. (110 S.) 8°
= Grenzfragen, Juristisch-psychiatrische. Bd 2, H. 3/5. [05. 5662

Stier, *Hermann Otto* Ewald [aus Neu-Ruppin]: Ueber einen neuen Fall von Alkaptonurie ... Berlin, Druck v. E. Ebering, *1897;* 31 S. 8.
Berlin, Med. Fak., Inaug.-Diss. v. 13. Juli 1897

Stier, Ewald, unsere Festabende, s.: Schriften d. Frauenhülfe. 9.

Stier, E.: Über Geisteskrankheit im Heere. (S.-A.) Berlin 1902.

— ich kann nicht zusehen des Knaben Sterben, s.: Pfennigsdorf, O.

— der Mensch lebt nicht v. Brot allein, s.: Pfennigsdorf, O.

Der Militärdienst der geistig Minderwertigen und die Hilfsschulen. Von Dr. Ewald Stier, Stabsarzt. Langensalza: H. Beyer & Söhne 1907. (22 S.) 8°
= Beiträge z. Kinderforschung u. Heilerziehung. H. 42. [07. 13331

Stier, Ewald. Text-Register zu den Predigten bedeutender Kanzelredner. gr. 4. (III, 76 S.) Berl. 892, Nauck. * 1 50; geb. * 2 —

[F.] Text-Register zu den Predigten bedeutender Kanzelredner hrsg. v. Ew[ald] Stier, Diakonus ... zu Dessau, u. H. Chr. Schwarzkopf, Pastor ... zu Nienburg a./S. 2. verm. u. durchges. Aufl. *Berlin: G. Nauk 1897.* (2 Bl., 84 S.) 1 Bd 4. [97. 1533

Die akute Trunkenheit und ihre strafrechtliche Begutachtung mit besond. Berücks. d. militär. Verhältnisse. Von Dr. Ewald Stier, Stabsarzt. Mit 1 Taf. u. 1 Kurve. Jena: G. Fischer 1907. (VI, 153 S.) 8° [07. 19640

Stier, Ewald, über Verhütung u. Behandlung v. Geisteskrankheiten in der Armee. gr. 8. (43 S.) Hamburg 902. Gebr. Lüdeking. n. 1. —

Stier, Ew., d. Verkirchlichung d. inn. Mission, s.: Allotria, ernste.

Stier, Ew., wo ist dein Bruder Abel?, s.: Pfennigsdorf, O.

Stier, Ewald Rudolf, s. Stier, Rudolf.

Stier, Ferdinand [pr. Arzt aus Allersdorf]: Untersuchungen über die Verbiegungen der Nasenscheidewand, angestellt an d. Schädelsammlg d. anatom. Instituts zu Rostock ... Rostock, C. Boldt'sche Hof-Buchdr., 1895; 30 S., 1 Bl. 8.
Rostock, Med. Fak., Inaug.-Diss. v. [13. Aug.] 1895

Stier, Fr., Rede bei der Grundsteinlegung des Carl-August-Denkmals in Weimar am 3. Septbr. 1857 gehalten. Weimar 857. Böhlau. 8. (9 S.) n. 2 ngr.

Stier, Fr., die Waffen, mit denen der Gustav-Adolph-Verein streitet. Predigt bei der gottesdienstl. Versammlung des Haupt-vereins der Gustav-Adolph-Stiftung im Großherzogth. S.-W.-E. am 22. Aug. 1854 in Weimar über 2. Cor. 10, 4. 5. gehalten. gr. 8. (16 S.) Weimar 854, (Kühn.)

Stier, Friedrich (Hrsg.), s. Stier, Rudolf: Gesammeltes aus der Zerstreuung. – Die Reden des Herrn Jesu. 3. Aufl.

Stier, G., kurzgefasste hebräische Grammatik für Gymnasien. gr. 8. (X, 122 S.) Leipzig 881. Teubner. n. 1. 80

— kurzgefasste hebräische Grammatik f. Gymnasien. 2., durchweg geprüfte Aufl. gr. 8. (VIII, 128 S.) Halle a/S. 893. E. Strien. n. 2. —

Stier, G., Kommentar zu Ilias I–III. 1886. 62 S. —.80

Stier, G.: Neapel von S. Martino aus gesehen. Eine Beigabe zu G. F. Bolte's Panorama von Neapel. Mit einem lithographischen Plane. Berlin 1854. 16 S. 8°. [F 6634

— hebräisches Uebungs- u. Lesebuch. Mit hebr. u. deutschem Wortregister. gr. 8. (VI, 154 S.) Leipzig 880. Teubner. n. 2. —

Stier, G., hebräisches Übungs- und Lesebuch. Mit hebr. und deutschem Wortregister. 2. mehrfach erweit. Aufl. gr. 8. (VIII, 172 S.) Leipzig 888, Teubner. *

—— hebräisches Vocabularium zum Schulgebrauch. Mit Hinweisungen auf die Lehr- und Lesebücher von Nagelsbach, Rödiger, Seffer und Brückner zusammengestellt. 1., oder grammatisch-geordneter Thl. 1. und 2. Abthl.: Grammatisches Verzeichniss der Nomina. gr. 8. (150 S.) Leipzig 857. 58, Teubner. à Abthl. 6 Ngr.

—— dass. — 2., oder sachlich geordneter Thl. Mit einem Anhang Neutestamentl. Wörter und Namen. gr. 8. (VI und 78 S.) Ebendas. 859. -

— hebräisches Vocabularium. Mit Hinweisgn. auf die Lehr- u. Lesebücher v. Nägelsbach, Rödiger, Seffer u. Brückner zusammengestellt. 1. u 2. Theil. gr. 8. Leipzig 871. Teubner. 2. 25

1. Grammatisch geordneter Theil. 1. Abth.: Verzeichniss der Verba. 2. Abth.: Verzeichniss der Nomina. 2. mehrfach verkürzte Aufl. (136 S.)
2. Sachlich geordneter Theil. Mit e. Anh.: Neutestamentliches, Aramäisches u. Rabbinisches enth. 2. theils ergänzte theils verkürzte Aufl. (79 S.)

Stier, Georg

Stier, G, s. Camerini, Eug., l'Eco italiano.

Stier, Geo., Causeris françaises. E. Hilfsmittel zur Erlerng. d. französ. Umgangssprache. Für sämtl. höh. Lehranst., Fortbildungsschulen, Pensionate, sow. z. Selbststudium. 12. (XVII, 253 S.) Berlin 898. L. Zolki. n. 2. —; geb. n. 2. 50

Stier, Geo., Causeries françaises. Ein Hilfsmittel zur Erlerng. der französ. Umgangssprache. Für sämtl. höh. Lehranstalten, Fortbildungsschulen, Pensionate, sowie zum Selbststudium. 2., durchgeseh. u. verm. Aufl. 8. (XXXI, 256 S.) Cöthen 901. O. Schulze Verl. Geb. in Leinw. n. 2. 80

Stier, Geo., Causeries françaises. Ein Hilfsmittel zur Erlerng. der französ. Umgangssprache. Für höhere Lehranstalten, Fortbildungsschulen, Pensionate, sowie zum Selbststudium. 5., durchgeseh. u. verm. Aufl. (XII, 307 S.) 8. Cöthen 906. O. Schulze Verl. Geb. n. 3. —

Stier, Geo., causeries françaises. Ein Hilfsmittel zur Erlerng. der französ. Umgangssprache. Für höhere Lehranstalten, Fortbildungsschulen, Pensionate, sowie zum Selbststudium. 7., verb. Aufl. (XII, 821 S.) 8. Cöthen 910. O. Schulze Verl. Geb. 3. —

— Petites causeries françaises. Ein Hilfsmittel zur Erlerng. der französ. Umgangssprache. Für die höh. Knaben- u. Mädchenschulen. 8. (VIII, 104 S.) Ebd. 903. Geb. in Leinw. n. 1. 25

— Petites causeries françaises. Ein Hilfsmittel zur Erlerng. der französ. Umgangssprache. Für die höheren Knaben- u. Mädchenschulen. 3., durchgeseh. Aufl. (VIII, 140 S.) kl. 8. Ebd. 906. Geb. n. 1. 25

— Petites causeries françaises. Ein Hilfsmittel zur Erlerng. der französ. Umgangssprache. 7. Aufl. (VIII, 140 S.) kl. 8. Ebd. 911. Geb. 1. 30

— Le collegien français. Lehrbuch der französ. Sprache f. höhere Lehranstalten. 1. u. 2. Tl. (XV, 270 S. u. XV, 268 S. m. Abb.) 8. Bielefeld 906. Velhagen & Klasing. Geb. à n. 2. 60

Stier, Geo., Konjugations-Tafeln der französischen Verben. Ein Ergänzungsheft zu jeder französ. Grammatik. gr. 4. (VII, 75 S.) Berlin 887, Asher und Comp. cart. *

— deutsch-französische Konversationsschule. École de conversation allemande. Méthode d'enseignement pratique d'après un plan entièrement nouveau. 8. (XXVI, 282 S.) Paris 897. H. Welter. n. 2. 40; geb. n. 3. —

— Lehrbuch der französischen Sprache f. Fortbildungsschulen, Seminare rc. gr. 8. (XVIII, 224 S.) Ebd. 900. n. 2. 50; geb. in Leinw. n. 2. 70

— Lehrbuch der französ. Sprache f. höh. Mädchenschulen. Nach d. Bestimmgn. d. kgl. preuß. Unterrichts-Ministeriums v. 31. Mai 1894 bearb. 5 Tle. 8. Leipzig, F. A. Brockhaus. Kart. n. 8. 50

1. Unterrichtsstoff f. d. 6. Klasse. (XX, 120 S.) 895. Kart. n. 1. 50
2. Unterrichtsstoff f. d. 5. Klasse. (VIII, 136 S.) 895. Kart. n. 1. 50
3. Unterrichtsstoff f. d. 4. Klasse. (VII, 120 S.) 896. Kart. n. 1. 50
4. Unterrichtsstoff f. d. 3. Klasse. (VII, 112 S.) 896. Kart. n. 1. 50
5. Syntax. Unterrichtsstoff f. d. 2. u. 1. Klasse. (XVI, 356 S.) 897. Kart. n. 2. 50

— Lehrbuch der französischen Sprache f. höhere Mädchenschulen. Nach den Bestimmgn. des königl. preuß. Unterrichts-Ministeriums vom 31. V. 1894 bearb. 1. Tl. Unterrichtsstoff f. die 6. u. 5. Klasse. (XXI, 188 S.) 8. Leipzig 905. F. A. Brockhaus. Kart. n. 1. 80

Stier, Georg: A Paris. Ein unentbehrl. Hilfsb. f. Deutsche, welche nach Paris reisen. Berlin: L. Zolki 1899. (VIII, 72 S.) 8°

— A Paris. Ein unentbehrl. Hilfsbuch f. Deutsche, welche nach Paris reisen. Enth. alle nöt. Aufklärgn. über die Pariser Sitten u. Gebräuche, nebst d. französ. Wendgn., welche f. den Reisenden unentbehrlich sind. 2., durchgeseh. Aufl. 8. (78 S.) Ebd. 901. n. 1. —

Stier, Geo., französische Sprechschule. Ein Hülfsbuch zur Einführung in die französische Conversation. Für den Schul- u. Privatgebrauch. 8. (XII, 334 S.) Leipzig 878. Brockhaus. n. 2. 20; cart. n. 2. 50

—— französische Sprechschule. Ein Hilfsbuch zur Einführung in die französ. Konversation. Für den Schul- und Privatgebrauch hrsg. 2. durchgeseh. und verm. Aufl. 8. (XII, 350 S.) Leipzig 885, Brockhaus. *ℳ 2.20.; cart. *

Stier, Geo. Französische Sprechschule. Ein Hilfsbuch zur Einführg. in die französ. Konversation. Für den Schul- u. Privatgebrauch hrsg. 3. durchgeseh. u. verm. Aufl. gr. 8. (XV, 368 S.) Lpz. 891, Brockhaus. * 2 40; cart. * 2 70

— französische Sprechschule. E. Hilfsbuch zur Einführung in d. französ. Konversation. Für d. Schul- u. Privatgebrauch hrsg. 4. Aufl. 8. (XV, 368 S.) Leipzig 896. F. A. Brockhaus. n. 2. 40; kart. n. 2. 70

— französische Sprechschule. Ein Hilfsbuch zur Einführg. in die französ. Konversation. Für den Schul- u. Privatgebrauch hrsg. 6. Aufl. (XV, 370 S.) 8. Ebd. 905. n. 2. 40; kart. n. 2. 70

— französische Syntax. M. Berücksicht. d. ält. Sprache. gr. 8. (VIII, 475 S.) Wolfenbüttel 896. J. Zwißler. n. 6.—

[F.] Französische Syntax. M. Berücks. d. älteren Sprache. Von Georg Stier. *Wolfenbüttel: J. Zwissler (1897).* (VIII, 475 S.) 1 Bd 8. [97. 805

— kleine Syntax der französischen Sprache f. den Schul- u. Privatgebrauch. (XII, 135 S.) 8. Cöthen 904. O. Schulze Verl. Geb. in Leinw. n. 1. 70

— Little English talks. Ein Hilfsmittel zur Erlerng. der engl. Umgangssprache. Für die höheren Knaben- u. Mädchenschulen. 2., durchgeseh. Aufl. (VIII, 114 S.) kl. 8. Ebd. 906. Geb. n. 1. 80

— Little English talks. Ein Hilfsmittel zur Erlernung der engl. Umgangssprache. 5. Aufl. (VIII, 114 S.) kl. 8. Ebd. 911. Geb. 1. 30

— Uebungsbuch zum Uebersetzen aus dem Deutschen in das Französische. (IV, 216 S.) 8. Ebd. 906. Geb. n. 2. 10

Englisch-Deutsches Vokabular für die höheren Lehranstalten. Nach d. neuen Lehrpl. von 1901 bearb. von Georg Stier. Mit 1 Pl. von London. *Bielefeld & Leipzig: Velhagen & Klasing 1903.* (XIV, 150 S.) 8° [F.] [03.

— französisch-deutsches Vokabular. Zum Gebrauch für die mittlern Klassen der höhern Lehranstalten. Nach den neuen Lehrplänen v. 1901 bearb. Mit 1 Plan v. Paris. 12. (XVI, 120 S.) Ebd. 902. Geb. in Leinw. n. 1. 20

— französisch-deutsches Vokabular. Zum Gebrauch f. die mittleren Klassen der höhern Lehranstalten. Nach den neuen Lehrplänen v. 1901 bearb. Mit 1 Plan v. Paris. 2. durchgeseh. u. verm. Aufl. (XVIII, 134 S.) kl. 8. Bielefeld 904. Velhagen & Klasing. Geb. in Leinw. n. 1. 50

—— französische Vorschule. Ein Hülfsmittel für den ersten französ. Unterricht. 12. (32 S.) Berlin 880, [Geelhaar's Buchh.] Münnich. cart. *

Stier, G., Wörterbuch, s.: Camerini, Eugenio, l'echo italiana.

Stier, Georg Th.

Der Eisen- und Metallarbeiter in der beruflichen Ausbildung von Gg. Th. Stier sen. 1. 2. Hannover: Jänecke [1910]. 8°
(Bibliothek d. gesamten Technik. Bde 141. 142.) [11. 11751 7

Stier sen., Gg. Th., der Eisen- u. Metallarbeiter in der beruflichen Ausbildung, s.: Bibliothek der gesamten Technik.

Lehrgänge und Arbeitsproben für die werktätige Ausbildung der Lehrlinge ... im eisen- und metalltechnischen Praktikum ... von Gg. Th. Stier sen. Mit 206 Abb. Hannover: Jänecke 1908. XII, 224 S. 8°
(Stier: Der Lehrling im eisen- u. metalltechn. Praktikum. Erg.-Bd.)
(Bibliothek d. gesamten Technik. Bd 104.) [09. 11441 7

— Lehrgänge u. Arbeitsproben f. die werktätige Ausbildung der Lehrlinge u. f. Gesellenprüfungen im eisen- u. metalltechnischen Praktikum, s.: Bibliothek der gesamten Technik.

Der Lehrling im eisen- und metalltechnischen Praktikum ... von Gg. Th. Stier sen. Mit 109 Abb. Hannover: M. Jänecke 1907. (202 S.) 8°
= Bibliothek d. gesamten Technik. Bd 51. [08. 11048 7

Der Lehrling im eisen- und metalltechnischen Praktikum ... von Gg. Th. Stier sen. Mit 109 Abb. [Nebst] Erg.-Bd: Lehrgänge u. Arbeitsproben f. d. werktätige Ausbildung d. Lehrlinge ... Hannover: Jänecke 1907–08. 8°
(Bibliothek d. gesamten Technik. Bd 51. 104.) [09. 11440 7

Stier sen., Geo. Th., der praktische Werkmann. Hand-, Hilfs- u. Lehrbuch f. Schlosser, Mechaniker, Werkzeugmacher, Maschinenbauer, Schmiede, alle Metallarbeiter usw., Fabrikbeamte u. -Arbeiter aller Art, vom Lehrling bis zum Betriebsleiter, m. besond. Berücksicht. der Lehrlingsausbildg. u. zum Selbstunterricht. Mit 108 Abbildgn. u. 49 Tabellen. Verf. nach 45jähr. Tätigkeit. 20 Hefte. (VII, 637 S.) Lex.-8. Leipzig 905. 906. M. Schäfer. 10. —; geb. 11. —

Stier, (Heinrich Christoph) Gottlieb

Stier: Über die Abgrenzung der Mundarten im Kurkreise. 20 S. und Karte. -- Wittenberg, Progr. 1862.

Stier, G. Auswahl einiger Schulreden. 25 S. [I. Antrittsrede, den 21. April 1868. II. Am Sedantage 1873. III. Schulschluss und Aulaweihe, den 25. März 1874. IV. Zu Kaisers Geburtstag, den 22. März 1876. V. Zum landesherrlichen Geburtstage, 29. April 1879.] Progr. *Zerbst* 1882.

Stier, H. C. G.: Vlämischer Bericht über Vasco da Gama's zweite Reise 1502—1503. Herausgegeben, übersetzt und erläutert. Vierte Ausgabe des „Vlämischen Tagebuches". Braunschweig 1887. 42 S. 8°. IA 1699

Stier, G., Corpusculum inscriptionum Vitebergensium. Die lateinischen Inschriften Wittenbergs darunter Luthers 95 Sätze. Lateinisch u. deutsch mit einem Anhange deutscher Inschriften. Wittenberg 860. Herrosé. 8. (XV, 168 S.) n. 16 ngr.

Stier, G., corpusculum inscriptionum Vitebergensium. Die latein. Inschriften Wittenbergs, darunter Luthers 95 Sätze. Lateinisch u. deutsch, m. e. Anh. deutscher Inschriften. 2. Gedächtnis-Ausg., durch die Melanchthon-Inschriften verm. 8. (XII, 164 S.) Wittenberg 883. Herrosé Verl. n. — 75

Stier, G., Denkwürdigkeiten Wittenbergs in geschichtlicher Anordnung. Vortrag. gr. 8. (32 S.) Dessau 894. R. Kahle. n. — 40

Stier, H. (C. G.), Ehrengedächtnis des Grafen Niclas Zriny von Sigeth. Ein Vortrag über Zrinys Heldentod 7. Septbr. 1566 und dessen dichter. Verherlichung. Beigegeben sind die deutsche Chronik von 1568, das gleichzeit. Volkslied, und Stücke aus Niclas Zrinys des jüngern Zriniade. 16. (LVI und 163 S.) Colberg 866, Post'sche Buchh.

— u. H. **Stier**, griechisches Elementarbuch enthaltend Formenlehre u. Vocabularium, Lesebuch u. Uebungsstücke nebst Wörterbuch. Im Anschluss an G. Curtius' Schulgrammatik zusammengestellt. Ebend. 870. gr. 8. (VIII, 207 S.) n. 18 *ngr.*

— u. H. **Stier**, griechisches Elementarbuch enthaltend I. Formenlehre u. Vocabularium. II. Lesebuch u. Uebungsstücke nebst Wörterbuch. Im Anschluss an G. Curtius Schulgrammatik zusammengestellt. 2. Aufl. gr. 8. (XV, 211 S.) Wittenberg 871. Kölling. n. 1. 80

— dasselbe. 3. Aufl. Begleitet v. e. griech. u. e. deutschen Wortregister. gr. 8. (XIV, 234 S.) Ebend. 875. n. 2. 40

—— griechisches Elementarbuch, enthaltend Vokabular, Lesebuch mit Übungsstoff und doppeltes Wortregister. Im Anschlusse an G. Stier's Formenlehre, sowie an die Grammatiken von G. Curtius und E. Koch zusammengestellt. 4. umgearb. Aufl. des griech. Elementarbuchs von G. Stier und H. Stier 2. Tls. gr. 8. (XII, 210 S.) Leipzig 883, Teubner. *

Stier, G., Elemente lateinischer Prosodik nebst Abriss der Declination. Proben e. Vorschule latein Dichtg. 4. (24 S.) Zerbst 874. (Luppe.) n. — 50

Stier, Gottl.: D. Martini Lutheri una, M. Philippi Melanthonis duae epistolae ineditae, nunc primum publici juris factae. (Gratulationsschrift an die Universität Jena.) 10 S.– Wittenberg, Progr. 1859.

— albanesische Farbennamen, s.: Zur Begrüssung der XXXVII. Versammlung deutscher Philologen u. Schulmänner in Dessau.

Stier, G., kurzgefaßte griechische Formenlehre. Mit e. Anh. üb. die homer. Formen. 4. vervollständ. Aufl. d. griech. Elementarbuchs v. G. u. H. Stier, 1. Tls. gr. 8. (VIII, 142 S.) Leipzig 883. Teubner. n. 1. 20

Stier, *Gottl.* [Dir.] und Krause, *K.* [Prof. Dr.]: Francisceum Servestanum Anhaltinum principi juventutis conjugique modo nuptae celsissimis salutem dicit deditissimam. Zerbst, Druck v. O. Schnee, 1890; S. 34; 4°
Zerbst, herz. Francisceum, OP 1890

— das anhaltische (askanische) Fürstenhaus. Nach Rud. Stier's Stammtafeln auszugsweise zusammengestellt. 2., ergänzte Aufl. Tabelle. 43,5×62 cm. Zerbst 891. F. Gast. n. 1. —

Stier: Geschichte und Beschreibung der Stadt Pompeji. 22 S. mit Abbildungen.– Progr. Wittenberg 1853.

Stier, G., Geschichte und Beschreibung der Stadt Pompeji. Aus dem diesjähr. Osterprogramm des hies. Gymnasiums als 2. Ausg. abgedr. gr. 8. (45 S. mit lithogr. Plan in gr. Fol.) Wittenberg 853, [Herrosé.] *

Stier, G., Geschichte und Beschreibung der Stadt Pompeji. Aus dem diesjährigen Osterprogramm des hiesigen Gymnasiums als 2. Ausg. besonders abgedruckt. Wittenberg 853. Kölling. gr. 8. (45 S. u. 1 lith. Plan in Fol.) n. 15 *ngr.*

Stier, *Gottl.* Zur Geschichte der letzten fünfzig Jahre. (Umschlagtitel: Schulnachrichten, im ersten Abschnitte ein Verzeichnis der Primaner seit 1836 enthaltend.) 4 (16 S.).
Progr. Francisceum *Zerbst* 1887 (633).

Stier, Gottlieb: Aus der Geschichte des Colberger Lyceums. Colberg 1867. 18 S. 4°
Schul-/Univ.-Schrift

Stier, Teof., Gramatica della lingua Tedesca si per chi vuole impararla senza maestro che ad uso delle scuole. gr. 8. (VIII u. 164 S. m. 1 lith. Taf. in 4.) Lipsia 852, Teubner. 1 *ß*

Stier, G., Grundriss des herzogl. Francisceums und Pädagogiums zu Zerbst. Mit Beschreibung der Anstaltsgebäude und deren Alterthümer. 2. vervollständ. Ausg. 8. (12 S. mit 1 Stnt.) Zerbst 878, Luppe's Hofbuchh. *

Stier, Gottl. [Dir.]: Heligolanda salve. (Gedicht.) Zerbst, Druck v. O. Schnee, 1891; S. XV; 4°
Zerbst, herz. Francisceum, OP 1891 (676)

— Horatiana, s. a. Zur Begrüssung der XXXVII. Versammlung deutscher Philologen und Schulmänner in Dessau.

Stier, G., Horatiana. Gel. 1884. 20 S. 4°.

—— Inscriptiones Vitebergae latinae. Die latein. Inschriften Wittenbergs. Zusammengestellt und übersetzt. 1. Abthl.: Die metrischen Inschriften. 1. Ausg. (X und 99 S.) 1853. * 10 Ngr. und 2., bericht. Ausg. gr. 16. (X und 100 S.) Wittenberg 856, [Herrosé.] *

— inscriptiones Vitebergae latinae. Die metrisch abgefaßten lateinischen Inschriften Wittenbergs. Zusammengestellt u. übersetzt. 1. Abth. 853. — 2. bericht. Ausg. Wittenberg 856. Mehr. 16. (X, 100 S.) n. 10 *ngr.*

— griechisches Lesebuch f. das 2. Unterrichtsjahr. Mit Zeitwörtertabellen u. Wörterverzeichnissen sowie e. Anh. deutscher Uebungsstücke. gr. 8. (VIII, 215 S.) Wittenberg 873. Kölling. n. 2. —

Stier, G., griechisches Lesebuch für das zweite Unterrichtsjahr. gr. 8. Wittenberg 873. Leipzig, Teubner. * 2 —

Stier, G., s.: Lieder u. Gedichte, 36 Ungarische.

Stier, G., Material für den Unterricht im Altdeutschen auf Gymnasien u. Realschulen. Mit einem Anh. über Orthographie. 2., umgearb. Aufl. der „Materialien für den deutschen Unterricht in Secunda." Colberg 865. Post'sche Buchh. gr. 8. (V, 38 S.) n. 6 *ngr.*

—— Material für den Unterricht im Altdeutschen auf höheren Lehranstalten. Mit einem Anh. über Orthographie. 3. mehrfach bericht. Aufl. gr. 8. (VI, 60 S.) Colberg 868, Post'sche Buchh. [Leipzig, Teubner.]

—— Material für den mittelhochdeutschen Unterricht auf höheren Lehranstalten. Enth.: Geschichtlich-geograph. Einleitung, Formenlehre, Wörterbuch; Anhang über neuhochdeutsche Orthographie. 4. teils verkürzte, teils erweiterte Aufl. gr. 8. (VIII, 109 S.) Leipzig 876, Teubner.

Stier: Materialien für den deutschen Unterricht in Secunda. 24 S.– Colberg, Progr. 1863.

—— Materialien für den deutschen Unterricht in Secunda. gr. 4. (24 S.) Colberg 863, (Post'sche Buchh.) * *

Stier, Theoph., de numero et Achivorum Trojam obsidentium et Trojanorum ipsorum dissertatiuncula. 4. (8 S.) Zerbst 872. (Luppe.) n. — 20

—— lateinische Prosodik und Metrik. Zunächst für mittlere Klassen zusammengestellt. Auszug aus Teil I und II der Vorschule latein. Dichtung des näml. Verf. gr. 8. (III, 28 S.) [Zerbst 878, Luppe's Hofbuchh.] Berlin, Weidmann'sche Buchh. *

—— und Fr. **Wentrup**, acht Reden aus dem Schulleben. gr. 8. (VI, 80 S.) Colberg 868, Post'sche Buchh. *

—— die Schlosskirche zu Wittenberg. Uebersicht ihrer Geschichte bis auf die Gegenwart. Zur Säcularerinnerung an die beiden J. 1560 und 1760 zusammengestellt und im Auftrage des Vereines für Heimathkunde des Kurkreises hrsg. gr. 8. (VIII und 64 S. mit 5 eingedr. Holzschn. und 7 Kpfrn.) Wittenberg 860, Zimmermann'sche Buchh. *
Ohne Kpfr. *

— die Schlosskirche zu Wittenberg. Uebersicht ihrer Geschichte bis auf die Gegenwart. Zur Säcularerinnerg. an die beiden Jahre 1560 u. 1760 zusammengestellt u. im Auftrage d. Vereins f. Heimatkunde d. Kurkreises hrsg. Mit 5 Holzschn. 2. von 1860 bis jetzt fortgeführte Ausg. gr. 8. (68 S.) Wittenberg 873. Zimmermann. n. 1. 20

— Schulreden u. Vorträge aus der Zeit seit 1862. Teils zur Erinnerg., teils als Proben dargeboten. Neue bedeutend verm. Ausg. gr. 8. (IV, 202 S.) Dessau 894. R. Kahle. n. 2. —; geb. n. 3. —

Schulreden und Vorträge aus der Zeit seit 1862. Teils z. Erinnerg, teils alsProben dargeb. v. Schulrat G[ottlieb] **Stier**, Gymnasialdir. a. D. 2. verm. Aufl. *Dessau & Leipzig: R. Kahle [1896!]*. (1 Bl., 202 S.) 1 Bd 8. (96. 3459

Stier, G., Schulreden u. Vorträge aus der Zeit seit 1862. Teils zur Erinnerg., teils als Proben dargeboten. 2., verm. [Titel-] Aufl. gr. 8. (202 S.) Dessau (894) 896. Anhalt. Verlagsanstalt. n. 2. 40

— Schulreden u. Vorträge aus d. Zeit seit 1862. 2. Aufl. gr. 8. (202 S) Dessau 896. Berlin, Gerdes & Hödel. n. 2. 40

Stier, Theoph., seria mixta jocis. Carmina XXXVII graeca, latina, theotisca, composuit, composita recognovit ediditque Th. St. Accedunt aliorum carmina vel graece vel latine reddita. gr. 8. (64 S.) Zerbst 884. Zeidler. n. 1. 25

Stier, Gottl. [Hrsg.]
s. **Sickel**, Wilhelm: Liste der Primaner von 1803 bis 1836.

— u. F. **Stier**, Dr. Ewald Rudolf Stier. Versuch einer Darstellung seines Lebens u. Wirkens. 2 Hälften. Wittenberg 867,68. Kölling. br. 8. n. 2 ℛ 15 ngr.; geb. n. 3 ℛ
1. Hälfte. Die Zeit von 1800—1825 umfassend. (VIII, 356 S. mit 1 photogr. Brustbilde.) n. 1 ℛ 5 ngr.
2. Hälfte. Die Zeit von 1825 an umfassend. (VI, 472 S.) n. 1 ℛ 10 ngr.

— — 2. wohlfeile (Titel-)Ausg. Ebend. 871. br. 8. (VIII, 356 S. u. VI, 472 S.) n. 1 ℛ 20 ngr.; geb. n. 2 ℛ 5 ngr.

Stier, (H. C.) Gottlieb: Vlämisches Tagebuch über Vasco da Gama's 2. Reise 1502–1503. (Herausgegeben, übersetzt und erläutert.) Braunschweig 1880.

—— Vorschule lateinischer Dichtung. Für den Gymnasialunterricht zusammengestellt. 1. und 2. Teil: I. Elemente der Prosodik nebst Formenlehre. II. Elemente der Metrik. 2. umgearb. und vervollständ. Ausg. gr. 8. (X, 80 S.) [Zerbst 878, Luppe's Hofbuchh.] Berlin, Weidmann'sche Buchh. *

— Wittenberg im Mittelalter. Uebersicht der Geschichte der Stadt von ihrem Ursprunge bis zum Tode Friedrichs des Weisen. Ein Beitrag zur Heimathskunde. Nebst einem Verzeichnisse der Denkmäler aus reformatorischer Zeit. Wittenberg 855. Zimmermann. gr. 8. (2 Bl., III, 80 S.) n. 8 ngr.

Stier, Gustav

Stier, Gust., Grundlage der prakt. Baukunst, } s. a. Grundlage.

Stier, Gust., Grundlage der praktischen Baukunst. 4. Thl. 2. Folge der Nachträge zu den Vorlege-Blättern für Maurer und Zimmerleute. A. u. d. T.: Vorlegeblätter für Bauhandwerker insbesondere für Maurer u. Zimmerleute. In 32 in Kpfr. gest. Taf. mit (10 S.) Erläuterungen. 2. Aufl. Berlin 862. Ernst & Korn. Fol. n. 4 ℛ 15 ngr.

Stier, Gust., Vorlegeblätter für Bauhandwerker insbesondere für Maurer und Zimmerleute. 1—3. Heft. Imp.-Fol. (24 Bl. in Kpfrst. und 50 S. Text in gr. 4.) Berlin 851, Ernst und Korn. à Heft * 3 Thlr. *

Stier, Gust., Vorlegeblätter f. Bauhandwerker insbesondere f. Maurer u. Zimmerleute. 3 Hfte. Imp.-Fol. (24 Kupfertaf. u. 50 S. Text in gr. 4.) Berlin 851. 52, Ernst & Korn. (à n. 3 ℛ) n. 9 ℛ

Stier, Gust., Vorlegeblätter für Bauhandwerker insbesondere für Maurer und Zimmerleute. 4. (letztes) Heft. Berlin 853. Ernst u. Korn. Imp.-Fol. (19 S. Text in 4. und 8 Kpfrtaf.) n. 3 ℛ.

Stier, Gust., Vorlegeblätter für Maurer u. Zimmerleute, s. a. Grundlage d. prakt. Baukunst.

Stier, Gustav. Vorlege-Blätter für Maurer und Zimmerleute. Nachträge entworfen von Gustav Stier. Herausgegeben von der Königlichen technischen Deputation für Gewerbe. 1 Bd. Text. 1 Bd. Kupfer. Berlin 1841. Fol.

Stier, H.: Griechisches Elementarbuch, s. Stier, Gottlieb.

Stier, H., Erläuterungen, Betrachtungen und Parallelen zu Platons Kriton. Pr. 1 84 S. 4°.

Stier, H., der Grat zu Eberstein. Gedicht von Ludw. Uhland. Berlin 867. Beelitz. qu. Fol. (9 Steintaff. in Tondr.) n. 1 ℛ 5 ngr.

Stier, H. Graf Heinrich v. Plauen, Hochmeister des deutschen Ordens. (28) 8. Chemnitz 1874.

Stier, H., Lectionarium, s. Bolz, B.

—— und A. **Sammler**, Rechenhefte für die Unterklassen der Realschulen und Gymnasien und die entsprechenden Klassen höherer Bürgerschulen. 4 Hefte. gr. 8. Chemnitz, Focke. *
Inhalt:
Heft 1. Die vier Species mit unbenannten Zahlen. Eine Aufgabensammlung für Kopf- und Tafelrechnen nebst den nothwendigsten Erläuterungen. (54 S.) 873. * 75 Pf.
" 2. Die vier Species mit benannten Zahlen. Eine Aufgabensammlung für Kopf- und Tafelrechnen nebst den nothwendigsten Erläuterungen. (69 S.) 873. * M 1.
" 3. Die Rechnung mit gemeinen Brüchen. Eine Aufgabensammlung für Kopf- und Tafelrechnen nebst den nothwendigsten Erläuterungen. (49 S.) 873. * 75 Pf.
" 4. Die Decimalbruchrechnung. Eine Aufgabensammlung für Kopf- und Tafelrechnen nebst den nothwendigsten Erläuterungen. (VII, 80 S.) 872. * M 1.

Stier, H., Rechenhefte für die Unterklassen der Realschulen und Gymnasien und die entsprechenden Klassen höherer Bürgerschulen. 2. Aufl. 4 Hefte. gr. 8. Chemnitz 880,81, Bülz.
Inhalt:
Heft 1. Die vier Species mit unbenannten Zahlen. (39 S.) 60 Pf.
" 2. Die vier Species mit benannten Zahlen. (48 S.) 75 Pf.
" 3. Die gemeinen Brüche. (44 S.) 75 Pf.
" 4. Die Decimalbrüche. (II, 63 S.) 90 Pf.

—— dass. — Auflösungen zum 1. und 3. Heft. gr. 8. (23 S.) Ebendas. 880. **

—— dass. — Auflösungen zum 2. und 4. Heft. gr. 8. (20 S.) Ebendas. 881. **
Die Auflösungen werden nur an Lehrer abgegeben.
1. Aufl. 3 Hefte. Chemnitz, Focke. *M 2,50.

Stier, H., Rechenhefte f. die Unter- u. Mittelklassen der Realschulen u. Gymnasien und die entsprechenden Klassen höherer Bürgerschulen. 5 Hfte. gr. 8. Chemnitz 883. 84. Bülz. n. 4. 60
1. 3. Aufl. (40 S.) n. — 60. — 2. 3. Aufl. (51 S.) n. — 80. — 3. 3. Aufl. (50 S.) n. — 80. — 4. 3. Aufl. (63 S.) n. — 90. — 5. (IV, 102 S.) n. 1. 50.

—— Rechenhefte für die Unter- und Mittelklassen der Realschulen und Gymnasien und die entsprechenden Klassen höherer Bürgerschulen. 5 Hefte. gr. 8. Ebendas. 884. [1. Heft. 3. Aufl. (40 S.) * 60 Pf.; 2. Heft. 3. Aufl. (51 S.) * 80 Pf.; 3. Heft. 3. Aufl. (50 S.) * 80 Pf.; 4. Heft. 3. Aufl. (63 S.) * 90 Pf.; 5. Heft. (IV, 102 S.) *M 1,50.] *

Stier, H. Rechenhefte f. die Unter- u. Mittelklassen der Realschulen u. Gymnasien. 1.—4. Heft 4. Aufl., u. 5. Heft 2. Aufl. gr. 8. Chemnitz, Bülz. [1. Heft. (40 S.) 891. * — 60; 2. u. 3. Heft. (51; 50 S.) 891. à * — 80; 4. Heft. (II, 63 S.) 891. * — 90; 5. Heft. (IV, 102 S.) 892. * 1 50.] * 4 60

Stier, H., Rechenhefte f. d. Unter- u. Mittelklassen d. Realschulen u. Gymnasien. 2.—4. Hft. 5. Aufl. gr. 8. Chemnitz, M. Bülz. 2. 50
2. (II, 51 S.) 896. n. — 80. — 3. (II, 50 S.) 896. n. — 80.
4. Die Dezimalbrüche. (II, 65 S.) 898. n. — 90.

Stier, H., Rechenhefte für die Unter- u. Mittelklassen der Realschulen u. Gymnasien. 5. u. 6. Hft. 3. Aufl. gr. 8. Chemnitz (901). Leipzig, C. B. Richter. à n. 1. —
5. Einfache u. zusammengesetzte Regeldetri. (II, 52 S.)
6. Zins-, Prozent- u. Diskontrechnung. (70 S.)

Stier, H., Rechenhefte für die Unter- u. Mittelklassen der Realschulen u. Gymnasien. 1.—3. Heft. 6. Aufl. gr. 8. Chemnitz (903). Leipzig, M. Hesse's Verl. n. 2. 20
1. Die vier Spezies m. unbenannten Zahlen. (45 S.) n. — 60
2. Die vier Spezies m. benannten Zahlen. (57 S.) n. — 80
3. Die gemeinen Brüche. (52 S.) n. — 80

Stier, H., De scriptore prioris adversus Aristogitonem orationis, quae Demosthenis esse fertur. Diss. 1884. 37 S. 2.—

Bertrichs Heilfaktoren. Eine Brunnenstudie von Dr. Heinrich **Stier**, Badearzt. *Marburg: O. Ehrhardt 1903.* (16 S.) 8° [illegible]

Stier, Heinrich, appr. Arzt aus Neuses am Berg: **Die Tuberkulose der Mamma und der axillaren Lymphdrüsen in ihren Beziehungen zu den Geschwülsten der Mamma.** *Würzburg 1902: A. Borst.* (28 S.) 8°
Würzburg, Med. Diss. v. 1902

Stier, Heinrich Christoph Gottlieb, s. Stier, Gottlieb.

Stier, Hermann

Stier, Herm. Orests Entsühnung im antiken Drama und bei Goethe. 26 S. **Progr.** *Wernigerode* 1881.

Stier, Hermann, Direktor Prof.: **Aus der Praxis des griechischen Unterrichts in Prima: Die Übersetzung ins Griechische.** Belgard 1907: G. Klemp. (19 S.) 4°
Belgard, st. G P 1907 (167)

Stier, Herm., Schulandachten. gr. 8. (III, 140 S.) Berlin 899. Reuther & Reichard. n. 1. 60

Stier, Hermann: Themata und Dispositionen zu deutschen Aufsätzen für Gymnasialprima. 24 S. 4.
Progr Städt. Gymn. *Belgard a. P.* 1905 (158).

[F.] **Stier,** Hermann [Dir.]: Themata und Dispositionen zu deutschen Aufsätzen aus Homer, Sophokles, Thucydides, Plato und Demosthenes. Belgard, Druck v. G. Klemp, *1896;* 24 S. 4.
Belgard, st. G, P 1896 (133)

[F.] **Stier,** Hermann [Dir. Prof.]: Vorlagen zum Übersetzen ins Lateinische im Anschluss an Cicero nebst einigen Stücken zu Livius, Cäsar und Sallust. Belgard, Druck v. G. Klemp, *1894;* 23 S. 4.
Belgard, st. G, P 1894 (130)

Stier, Hubert

Stier, Hub., die Liebfrauenkirche zu Arnstadt. Studien üb. die baul. Entwicklg. derselben. gr. 8. (31 S. m. 1 Holzschntaf.) Arnstadt 882. Frotscher. n. 1. 25

Stier, Hub., **aus meinem Skizzenbuch. Architekton. Reisestudien aus Frankreich. 10 Lfgn. Fol. (à Lfg. 6 Lichtdr.-Taf.) Stuttgart 885—89, Wittwer's Verlag. à Lfg. * compl. in Mappe ***

Stier, Hubert (Hrsg.), s. Stier, Wilhelm: Architekton. Erfindungen.

Stier, Hub., **romanische Studien.** Nach orig. Ausführgn. u. Aufnahmen, sow. nach Entwürfen d. Studier. der techn. Hochschule zu Hannover hrsg. Imp.-Fol. (24 lith. Taf.) Leipzig 895. E. A. Seemann. In Mappe n. 16. —

Stier, (Ern. Frid.) Hugo (geb. Potsdam 13. 6. 1842): De Bionis et Moschi epitaphiis. Berolini (1864). (40 S.) 8°
Berlin. Phil. Diss. v. 10. Aug. 1864

Stier, Hugo, Dr.: Der **Schauplatz** der Ilias. *Magdeburg 1899: E. Baensch jun.* (21 S.) 4°
Magdeburg, (st.) König Wilhelms-G, OP 1899 (251)

Stier, J., der rote Freibeuter, s.: Cooper, J. F.

Wider den sabbatarischen Adventismus. Mit besond. Beziehung z. Sabbats- u. Sonntagsfrage. Von Lic. Dr. Johannes **Stier**. Elberfeld: Luth. Bücherverein 1907. (77 S.) 8° [F.] [illegible]

Stier, J[ohann]: Festschrift der evangelischen Kirchengemeinde zu Reichenbach in Schlesien. Zum 100j. Jubiläum ihres Gotteshauses 1898 dargebracht. (Reichenbach: Ev. Gemeinde-Kirchenrath 1898.) 154 S. 8°

Stier, Johs., Gedanken üb. christliche Religion. Eine Abweisg. Fr. Naumanns. (84 S.) gr. 8. Leipzig 905. Dieterich. n. 1. 60

Stier, Joh[annes], Dr. phil., aus Berlin: **Der specielle Gottesbegriff Tertullians.** *Göttingen 1899: E. A. Huth.* (66 S.) 8° [F.] ¶ [Erschien vollst. 1899 bei Vandenhoeck & Ruprecht in Göttingen u. d. T.: Die Gottes- u. Logos-Lehre Tertullians.]
Rostock, Theol. Diss. v. [2. Febr.] 1899

Stier, Johs., die Gottes- u. Logos-Lehre Tertullians. gr. 8. (103 S.) Göttingen 899. Vandenhoeck & Ruprecht. n. 2. 40

Stier, Johann (Schwäb. -Hall) A. S. 741/1

Dissertatio inauguralis mathematico-juridica, de jure et controversiis limitum.
Basel (Genath) VIII. 1704. 28 Bl., 1 Taf.

Gew.: Stadt Schwäb. -Hall. 33582

Stier, Johannes *August* [aus Berlin]: Das Unbewusste bei Lotze ... Berlin, Buchdr. Gebr. Grunert, 1897; 72 S., 1 Bl. 8.
Erlangen, Phil. Fak., Inaug.-Diss. v. 18. Dez. 1896

[F.] Die Ehre in der Bibel. E. religionswissenschaftl. Studie v. Dr. Josef **Stier,** Rabbiner ... zu Berlin. *Berlin: A. Katz 1897.* (3 Bl., 56 S.) 1 Bd 8.
[98. 1969

Stier, Jos., Festschrift zur Einweihung des neuen Tempels zu Steinamanger. Geschichte dieses Tempelbaues. Ein Beitrag zur Zeitgeschichte. gr. 8. (VIII, 40 S.) Steinamanger 880. (Wien, Lippe.) *

Stier, Jos., Festschrift zur Einweihung des neuen Tempels zu Steinamanger. Geschichte dieses Tempelbaues. Ein Beitrag zur Zeitgeschichte. gr. 8. (VIII, 40 S.) Steinamanger 880. (Wien, D. Löwy.) n. 1. —

—— Priester und Propheten, ihr Wirken und gegenseitiges Verhältniss. 1. Thl. gr. 8. (III, 130 S.) Wien 884, [Löwy.] Lippe. *

Theismus und Naturforschung in ihrem Verhältnis zur Teleologie von J[osef] **Stier,** Rabbiner in Berlin. *Frankfurt a. M.: J. Kauffmann 1896.* (VI, 79 S.) 8°
[01. 306 9

Stier, K., s.: Lesebuch f. ländl. Fortbildungsschulen.

— Lesebuch f. ländl. Fortbildungsschulen, s.: **Polack,** Frdr.

Stier, Karl, approb. Arzt aus Quedlinburg: **Die Entwickelung der Amputationsmethoden in den letzten 25 Jahren.** *Halle a. S. 1904: C. A. Kaemmerer & Co.* (42 S.) 8°
Halle, Med. Diss. v. 11. Juni 1904

Stier, Ludwig Friedrich Wilhelm

Stier, Ludw. Friedr. Wilh., die wahre Bekenntnißtreue in der evangelischen Kirche. Antwort auf das Sendschreiben des Hrn. Superint. Oberpfr. Dr. Joh. Gfried. Gabler über Bekenntniß und Bekenntnißtreue in der evangelisch-luther. Kirche. (Im Anh. die im Weimarischen Kirchen- und Schulblatte 1861 abgedr. Rede.) gr. 8. (56 S.) Weimar 862, Böhlau.

Stier, Ludw. Frdr. Wilh., **die bevorstehende Umgestaltung der evangel.-protestant. Kirche. Ein Beitrag zur Verständigung über ihre Nothwendigkeit u. die Art u. Weise ihrer Ausführg.** 2 Hfte. gr. 8. 1. Hft.: Die Nothwendigkeit der Umgestaltung. (X u. 53 S.) 2. Hft.: Die Art u. Weise der Umgestaltung. Neustadt a. O. 849, Wagner. (1 : 9 *ngl* 2 : 18 *ngl*) 27 *ngl*

Stier, Ludw. Fr. W., evangel. Zeugnisse für das Reich Gottes. Stimme aus der Mitte eines Prediger-Vereins im Großherzogth. Sachs.-Weimar. gr. 8. (2 B.) Jena 846, Frommann.

Stier, Martin

Stier, Mart., Erklärung von Luthers Katechismus in unteren u. mittleren Gymnasialklassen. Ein Versuch. Berlin 866. E. Beck. gr. 8. (XVIII, 157 S.) n. 22½ *ngr.*

Stier, Mart., Erklärung v. Luther's Katechismus in unteren u. mittleren Gymnasialklassen. 2. Aufl. gr. 8. (XIV, 158 S.) Halle 873. Buchh. d. Waisenh. n. 1. 50

— Grundriß der biblischen Geschichte Alten u. Neuen Testaments für Gymnasien. Neu-Ruppin. 867. Oehmigke u. Riemschneider'sche Buchh. 8. (VIII, 32 S.) cart.
n. 5 *ngr.*

— **Heilsgeschichte d. Alten u. Neuen Testaments. Mit besond. Rücksicht auf den Gymnasialunterricht dargestellt. 1. Thl.: Heilsgeschichte d. Alten Testaments. gr. 8.** (IV, (400 S.) **Ebend.** 872. **n. 5. —**

Stier, M., **Lehrbuch f. den** evangelischen Religionsunterricht in d. oberen Gymnasialklassen. gr. 8. (VIII, 299 S.) Neu-Ruppin 889. **Petrenz.** n. 2. 50

Stier: Die h. Schrift in ihrer Entstehung, Bedeutung und Wirkung. 23 S.–Neu-Ruppin, Progr. 1866.

Stier, **Martin** Über die Trachinierinnen des Sophocles. 28 S.
Progr. ***Neuruppin*** 1876

Stier, Max, a. Gotha: Chapman's „All Fools" mit besonderer Berücksichtigung seiner Quellen. Halle a. S. 1904: C. A. Kaemmerer & Co. (95 S.) 8°
Halle, Phil. Fak., Ref. Wagner, Diss. v. 13. Okt. 1904
[Geb. 6. Dez. 81 Gotha; Wohnort: Halle; Staatsangeh.: Preußen; Vorbildung: Gymn. Quedlinburg Reife O. 01; Studium: Freiburg i. B. 1, Berlin 1, München 1, Cambridge 1, Halle 3 S.; Rig. 29. Juli 04.]

Stier, P., der **Postscheckkonto-Inhaber.** Gemeinverständl. Darstellg. des Post-Überweisungs- u. Scheckverkehrs m. den Haftpflichtbestimmgn. für die Postverwaltung u. ausführl. Sachverzeichnis. (VIII, 95 S.) 8. Straßburg 910. L. Beust. 1. 20

— **dasselbe.** Nachtrag: Der Postgiroverkehr zwischen Deutschland, Österreich, Ungarn u. der Schweiz, sowie einige andere Vorschriften des Post-Überweisungs- u. Scheckverkehrs. (20 S.) Ebd. 910. nn — 25

— **Reichsbeamtengesetz** vom 31. III. 1873 in der Fassung des Gesetzes vom 17. V. 1907 u. Beamtenhinterbliebenengesetz vom 17. V. 1907, nebst einigen anderen hierhergehörigen gesetzlichen usw. Bestimmungen. Mit Einleitung u. ausführl. Sachverzeichnisse. (95 S.) kl. 8. Straßburg 908. Frankfurt a/M., H. Ehrentraut.
1.—; erm. Pr. — 40

Stier, R., Hand-Fibel, s.: Schulz, Otto.

— s.: Schnorr v. Carolsfeld's biblische Bilder.

[F.] Das pädagogische Seminar und die Johann-Friedrichs-Schule in Jena unter Professor Volkmar Stoy. E. Festgabe zu d. am 31. Mai in Jena stattfindenden Feier d. Enthüllg d. Stoy-Denkmals dargebr. v. R. **Stier,** Stadt- u. Kreis-Schulinsp. in Berlin. *Berlin: L. Oehmigke 1898.* (24 S.) 1 Bd 8.
[98. 8666

Stier, R., Stammtafeln des Askanischen Fürstenhauses. qu. Fol. (III, 16 S.) Zerbst 878. Zeidler. n. 1. 50

Stier, Robert

Stier, Rob., Antrittspredigt gehalten in Jena am 5. Sonntag p. Epiph. 1867 über 2. Corinther 3, 17. Jena 867. Doebereiner. gr. 8. (16 S.) n. 2½ *ngr.*

Stier, R., Predigt gehalten am allgemeinen Bettage aus Anlaß des Krieges den 31. Juli 1870 in der Stadtkirche zu Jena. gr. 8. (16 S.) Jena 870, Doebereiner.

Stier, Rudolf (Vgl. F r a u s t a d t , Rudolf von)

Stier, Rud., das heilige Abendmahl. Exegetisch-dogmat. Abhandlung im Sinne der Union. gr. 8. (105 S.) Barmen 854(55,) Langewiesche.
Aus dem 6. Thl. der „Reden des Herrn Jesu", besonders abgedruckt.

Stier, Rud., Altes u. Neues in deutscher Bibel. Od. Vergleichung d. Bibelverdeutschung M. Luthers mit ihrer Berichtigung durch J. F. v. Meyer. Als Hülfsmittel d. Urtheils dargereicht. Lex.-8. (8 B.) Basel 828, Schneider. 11 Gr., Blnp.

Stier, (R.,) Andeutungen für gläubiges Schriftverständniß im Ganzen u. Einzelnen. 1e Sammlung. gr. 8. Königsb. 824, Unzer. 1 Rthl. 16 gr. Fein P.

— dass. 2e Samml. A. u. d. T.: Beitrr. z. bibl. Theologie. gr. 8. Leipzig 827, Hartmann.

Stier, Rud., Andeutungen f. gläubiges Schriftverständniß im Ganzen u. Einzelnen. 3. u. 4. Samml. — A. u. d. T.: Die Reden d. Apostel, nach Ordn. u. Zusammenhang ausgelegt. 1. u. 2. Thl. gr. 8. Leipzig, Lehnhold. à 2 Thlr. Thlr.
Thl. 1. Kap. 1—13 der Apostelgeschichte. (25 B.) 829.
„ 2. „ 14—28 der Apostelgeschichte. (33 1/2 B.) 830.
1. Samml. Königsberg, Unzer. 1824. 1 Thlr. 16 Gr ; — 2 Samml. Leipzig, Lehnhold. 1827. 2 Thlr.

Stier, Rud., offene Anklage d. neueren bergischen Gesangbuchs vor allen christl. Gemeinden, die es noch kirchl. gebrauchen. gr. 8. (6 1/2 B.) Barmen 841, Langewiesche.

— Antrittspredigt, gehalten am 22. Sonntage nach Trinitatis 1838 in Wichlinghausen. Nebst Einführungsrede des Superint. Snethlage. 8. Barmen, Steinhaus. n. 1/12 ℛ

Stier, Rud., Aphorismen zum Gruß an die Streitenden. gr. 8. (28 S.) Magdeburg 847, Falckenberg & Co. n. 1/6 ℛ

—— die Apokryphen. Vertheidigung ihres althergebrachten Anschlusses an die Bibel. gr. 8. (148 S.) Braunschweig 853, Schwetschke und Sohn. *

—— Auch ein Bekenntniß aus der unirten Kirche. gr. 8. (21 S.) Berlin 848, Besser'sche Sortimentsb. *

— auch ein Bekenntniß aus der unirten Kirche. gr. 8. (21 S.) Berlin 848, Hertz. n. 1/6 ℛ

Stier, Rud., der deutschen Bibel Berichtigung. Mit Bezug auf die von Herrn Pred. C. Mönckeberg herausgegebenen Vorschläge zur Revision derselben. Bielefeld 861. Velhagen & Klasing. gr. 8. (120 S.) 6 ngr.

Stier, Rud., s.: Bibel, die.

Stier, Rud., der Brief an die Epheser als Lehre von der Gemeinde für die Gemeinde ausgelegt. (Auszug aus dem größeren Kommentar für auch nichtgelehrten, weiteren Leserkreis.) gr. 8. (IV und 427 S.) Berlin 859, Hertz. Thlr. *

Stier, Rud., der Brief an die Hebräer. In 36 Betrachtungen ausgelegt. 2 Thle. gr. 8. (24 u. 28 B.) Halle 842, Schwetschke u. Sohn. à * 1 Thlr. 20 Ngr. *

Stier, Rud., der Brief an die Hebräer. In 36 Betrachtungen ausgelegt. 2 Thle. 2., neu bearb. Aufl. gr. 8. (XII und 785 S.) Braunschweig 862, Schwetschke und Sohn. *

—— der Brief Jakobi in 32 Betrachtungen ausgelegt. gr. 8. (21 B.) Barmen 845, Langewiesche.

— der Brief Jakobi. In 32 Betrachtungen ausgelegt. 2., verb. u. verm. Aufl. Barmen 860. Langewiesche's Verlag. gr. 8. (324 S.) 1 ℛ 7 1/2 ngr.

—— der Brief Judä, des Bruders des Herrn. Als prophet. Mahnung allen Gläubigen unsrer Zeit, die sich bewahren wollen, ausgelegt. gr. 8. (126 S.) Berlin 850, Besser'sche Sortimentsb. *

—— darf Luthers deutsche Bibel unberichtiget bleiben? Eine Erwiederung auf Heinr. Schott's Aeußerungen in seiner Gesch. d. deutschen Bibelübersetz. M. Luthers. 8. (5 1/2 B.) Halle 836, Schwetschke u. Sohn.

—— daß u. wozu auch wir auch an den biblischen Heiligen Tadel finden dürfen u. sollen. Predigt über Hiob 14, 14—15 am 19. Sonntage nach Trinitatis 1845. gr. 8. (1 B.) Barmen 845, Langewiesche.

Stier, Rud., Epistelpredigten f. d. christl. Volk. Ein vollständ. Jahrgang, besond. z. Vorlesen in Landkirchen eingerichtet. gr. 4. (66 B.) Halle 837, Schwetschke u. Sohn. Thlr. *

—— Epistel-Predigten für das christliche Volk. Ein vollständiger Jahrgang, auch zur kirchl. Vorlesung eingerichtet. 2., verb. Aufl. gr. 4. (VIII und 1000 S.) Braunschweig 854—55, Schwetschke und Sohn.

—— Evangelien-Predigten für das christliche Volk. Ein vollständiger Jahrgang, auch zur kirchl. Vorlesung eingerichtet. 1—4. Lfg. gr. 4. (VIII und 1340 S.) Braunschweig 853—54, Schwetschke und Sohn. à Lfg. * 20 Ngr. *

—— Evangelien-Predigten für das christliche Volk. Ein vollständ. Jahrgang auch zur kirchl. Vorlesung eingerichtet. 2., verb. und verkürzte Aufl. In 2 Hälften. Lex.-8. (X und 866 S.) Braunschweig 861. 62, Schwetschke und Sohn. à Hälfte * 1 Thlr. 10 Ngr. *

— die zehn Gebote im Katechismus. Protest u. Aufruf gegen eine Stimme in der Evangel. Kirchenzeitung. Barmen 858. Langewiesche. gr. 8. (29 S.) 5 ngr.

— christl. Gedichte. 8. Basel 825. Neukirch. 1 ℛ

—— Gedichte, christliche u. biblische. Neue Sammlung u. Bearbeitung. gr. 8. (18 1/2 B.) Barmen 845, Langewiesche.

— die Gemeinde in Christo Jesu. Auslegung des Briefes an die Epheser. 1. Hälfte u. 2. Hälfte 2 Abthlgn. gr. 8. (548 u. 509 S.) Ebd. 848. 49. (1 : 2 3/4 ℛ II, 1: 7/8 ℛ II, 2 : 1 3/8 ℛ) 5 ℛ

—— die Gemeinde in Christo Jesu. Auslegung des Briefes an die Epheser. 2 Hälften. gr. 8. Berlin, Besser'sche Sortimentsb. [1. (548 S.) 848. 2 Thlr. 22 1/2 Ngr., 2. (509 S.) 851. 2 Thlr. 7 1/2 Ngr.]

Stier, Rud., Gesammeltes aus der Zerstreuung. Eine Anzahl früher in verschied. kirchl. Zeitschriften bereits erschien. vermischter theolog. Aufsätze u. Recensionen. Nach einer von dem sel. Verf. selbst noch getroff. Auswahl aufs Neue hersg. von Friedr. Stier. Braunschweig 865. Schwetschke & Sohn. gr. 8. (XVI, 251 S.) 1 ℛ 6 ngr.

— s. Gesangbuch, evangel., für Schulen.

—— die Gesangbuchsnoth. Eine Kritik unsrer modernen Gesangbücher, mit besond. Rücksicht auf d. preuß. Provinz Sachsen. gr. 8. (20 1/4 B. u. 2 Tab.) Leipzig 838, Karl Tauchnitz.

—— kurzer Grundriß e. bibl. Keryktik, od. e. Anweis., durch d. Wort Gottes sich zur Predigtkunst zu bilden. Mit besond. Bezieh. auf Mission u. Kanzel. Den Einverstandenen zur weit. Entwicklung vorgelegt. gr. 8. (16 B.) Halle 830, Kümmel.

Stier, Rud., Grundriß einer biblischen Keryktik, oder einer Anweisung, durch das Wort Gottes sich zur Predigtkunst zu bilden. Mit besond. Beziehung auf Mission u. Kirche. Zunächst f. im Glauben an Gottes Wort Einverstandene. 2., berichtigte u. verm. Aufl. gr. 8. (16 B.) Halle 844, [Knapp.] Thlr.

— Grundriß einer biblischen Keryktik, oder einer Anweisung, durch das Wort Gottes sich zur Predigtkunst zu bilden. Mit besond. Beziehung auf Mission und Kirche. Zunächst für im Glauben an Gottes Wort Einverstandene. 2. berichtigte u. sehr verm. Aufl. gr. 8. Halle 844, C. A. Kümmel. 1 Thlr.

— Hülfsbüchlein d. Lehrers zu meinem Katechismus f. d. Konfirmanden-Unterricht. Nebst Probe e. verbess. Luth. Katechismus. 8. (14 B.) Berlin 838, L. Oehmigke.

— Hülfsbüchlein des Lehrers zu meinem Katechismus für den Konfirmanden-Unterricht. 2., verb. Aufl. Nebst einer Probe eines verb. Lutherischen Katechismus. 8. (222 S.) Berlin 846, L. Oehmigke.

Stier, Rud., Jesaias, Nicht Pseudo-Jesaias. Auslegung seiner Weissagung Kap. 40—66. Nebst Einleitung wider die Pseudo-Kritik. gr. 8. (CIV und 904 S.) Barmen 851, Langewiesche. Thlr. *

— Luthers Katechismus als Grundlage des Konfirmanden-Unterrichts im Zusammenhange erklärt. 8. Berl. 832. L. Oehmigke. 5 Sgr.

— Luthers Katechismus als Grundlage des Konfirmanden-Unterrichts im Zusammenhang erklärt. 6. Aufl. Berlin 855. L. Oehmigke. 8. (141 S.) 6 ngr.

— s. a. Luther's Katechismus als Grundlage d. Konfirmanden-Unterrichts.

— Luthers kleiner Katechismus in zeitgemäßer Veränderung. 8. (1 B.) Berlin 846, Ludw. Oehmigke, Brlgsh.

— Dr. Stahl's Buch: „die lutherische Kirche und die Union." Ein kritisches Referat. gr. 8. (29 S.) Berlin 859, Wiegandt und Grieben. *

Aus: Deutsche Zeitschrift für christliche Wissenschaft und christliches Leben, besonders abgedruckt.

— die Korintherbriefe als Vorbild apostol. Amtsführung. In d. barmer Predigerkonferenz vorgetragen. gr. 8. (1½ B.) Elberfeld 841, Hassel.

Neunzig Krokodileier und sieben Nebenblätter. Hrsg. von Rudolf von Fraustadt [d.i. Ewald Rudolf Stier]. Lfg. 1.2.
Berlin: Neue Berlinische Buchh. 1819. XIV.110 S. 8°

* **FRAUSTADT**, Rudolph v. (d. i. *Rudolph Stier* aus Fraustadt in Posen), Neunzig Krokodileier und sieben Nebenblätter in vier Lieferungen. (Aphorismen.) Berlin, Petri, 1819. Kl. 8⁰. (In Berlin: Ag 8386.) (3 Mk. Jos. Baer & Co., 1894.)

— neu geordnetes Lehrgebäude d. hebräischen Sprache. Nach d. Grundgesetzen d. Sprachentwickelung als durchgäng. Hinweisung auf e. allgem. Sprachlehre dargestellt. 1. u. 2. Thl. Die Laut- u. Wortlehre. gr. 8. (32¼ B. u. 3 B. Tab.) Leipzig 833, Dyk.

Stier, Rud., neu geordnetes Lehrgebäude d. hebräischen Sprache. Nach Grundgesetzen d. Sprachentwicklg., als durchgängige Hinweisung auf eine allgem. Sprachlehre dargestellt. 1 u. 2. Thl. Die Laut- u. Wortlehre. A. u. d. T.: Formenlehre der hebräischen Sprache. Systematisch u. sprachphilosophisch m. durchgängiger Beispielsammlung als Grundlage einer vorbehaltenen Satzlehre geordnet. Neu ausgegeben. gr. 8. (XVI u. 508 S. m. 3 Tab. in gr. Fol.) Berlin (833) 849, Hertz. n. 1½ Thlr.

— Leitfaden zum Konfirmanden-Unterricht nach Luthers Katechismus. Einfachster Auszug aus dem vollständigeren Werke. 8. (68 S.) Berlin 851, L. Oehmigke. ⅙ Thlr.

— Leitfaden zum Konfirmanden-Unterricht nach Luthers Katechismus. Einfachster Auszug aus dem vollständ. Werke. 2. Aufl. Berlin 865. Oehmigke's Verlag. gr. 8. (80 S.) n. 5 ngr.

— — („Vf. der Krokodileier"), Mähren und Träume. Ebd. 1820. 8⁰. 311 S. (1 Mk. 50 Pfg. R. Bertling, 1888.)

— Missionspredigt aus dem hohenpriesterlichen Gebete des Herrn, gehalten am Jahresfeste des evangel. Missions-Vereins zu Leipzig am 30. Juli 1856. Leipzig 856. K. Tauchnitz in Comm. gr. 8. (18 S.) 3 ngr.

— verdiente Parodie des jüngsten Fünfundneunzigers. Antwort auf die von F. Seiler wider die Union herausgegebenen Thesen. Halle 858. Schmidt. 8. (24 S.) 3 ngr.

— die Politik der Weisheit in den Worten Agur's u. Lemuel's Sprüchwörter Kap. 30 u. 31. Zeitgemäße Schriftauslegung f. Jedermann mit einem Anh. f. Gelehrte. gr. 8. (147 S.) Barmen 850, Langewiesche. n. 16 ngr.

Stier, Rud., s. a. Polyglotten-Bibel.

— und K. G. W. Theile, Polyglotten-Bibel zum praktischen Handgebrauch. Die heilige Schrift Alten u. Neuen Testaments in übersichtlicher Nebeneinanderstellung des Urtextes, der Septuaginta, Vulgata u. Luther-Uebersetzung, sowie der wichtigsten Varianten der vornehmsten deutschen Uebersetzungen. 3. [des Neuen Testaments 4.] sorgfältig revid. u. verb. Aufl. Bielefeld 862—64. Velhagen & Klasing. Lex.-8. (1—3. Bd. Altes Test.: XLII, 4272 S.; 4. Bd. Neues T.: XCVI, 1060 S.) n. 10 Thlr.

Stier, Rud., und K. G. W. Theile, Polyglotten-Bibel zum prakt. Handgebrauch. Die heil. Schrift Alten und Neuen Testaments in übersichtl. Nebeneinanderstellung des Urtextes, der Septuaginta, Vulgata und Luther-Uebersetzung, sowie der wichtigsten Varianten der vornehmsten deutschen Uebersetzungen. 3. [des Neuen Testaments 4.], sorgfältig revid. und verb. Aufl. 4 Bde. in 20 Lfgn. Lex.-8. Bielefeld 863,64, Velhagen und Klasing. à Lfg. * 15 Ngr. *
geb. *

Inhalt:
Bd. 1. Die fünf Bücher Mosis. (X und 1013 S.) * 2 Thlr. 15 Ngr.
" 2. Abthl. 1. Die historischen Bücher des alten Testaments (Josua, Richter, Samuelis, Könige). (VI und 877 S.) * 2 Thlr. 15 Ngr.
" 2. Abthl. 2. Die prophetischen Bücher des Alten Testaments (Propheten mit Ausschluß Daniels). (XII und 1048 S.) * 3 Thlr. 5 Ngr.
" 3. Abthl. 1. Die poetischen Bücher des Alten Testaments (Psalter, Sprüchwörter, Hiob, Hoheslied, Ruth, Klagelieder, Prediger). (VIII und 734 S.) * 2 Thlr. 15 Ngr.
" 3. Abthl. 2. Die vermischten Schriften des Alten Testaments (Daniel, Esra, Nehemia, Esther, Chronika). (VIII und 598 S.) * 1 Thlr. 15 Ngr.
" 4. Das Neue Testament. (XIV und 1060 S.) Collatio textus graeci editionis polyglottae cum Novo Testamento sinaitico. Appendix editionis Novi Testamenti polyglottae. (IV und 96 S.) * 2 Thlr. 20 Ngr.

Daraus einzeln abgedruckt:
Evangelium St. Matthäi. 15 Ngr.
Evangelium St. Johannis. 15 Ngr.
Brief St. Pauli an die Römer. 7½ Ngr.

Stier, Rud., Predigt wider das Beichtgeld. Lex.-8. Barmen 839. Steinhaus. 1/12 Thlr.

— Predigt f. d. Mäßigkeitsvereine. gr. 12. (1 B.) Barmen 839, Steinhaus.

— zwanzig bibl. Predigten, gehalt. an verschied. Orten. gr. 8. (20½ B.) Kempten 832, Dannheimer.

— Privat-Agende, d. i.: allerlei Formulare und Vorrath für das geistliche Amt. Gleichgesinnten Amtsbrüdern für Nachahmung oder Gebrauch dargeboten. 1. Aufl. (VIII und 369 S.) 1851. und 2., durchgeseh. und verm. Aufl. gr. 8. (VIII und 364 S.) Berlin 852, Besser'sche Sortimentsb.

—— Privat-Agende, d. i.: allerlei Formular und Vorrath für das geistliche Amt. Gleichgesinnten Amtsbrüdern für Nachahmung oder Gebrauch dargeboten. 3., unveränd. Aufl. gr. 8. (XII und 364 S.) Berlin 854, Hertz.

—— Privat-Agende, d. i. allerlei Formular und Vorrath für das geistl. Amt. Gleichgesinnten Amtsbrüdern für Nachahmung oder Gebrauch dargeboten. 4., verb. und verm. Aufl. gr. 8. (XI und 376 S.) Berlin 857, Hertz.

— Privat-Agende, das ist: allerlei Formular und Vorrath für das geistliche Amt. Gleichgesinnten Amtsbrüdern für Nachahmung oder Gebrauch dargeboten. 5., durch einen zweiten Anhang verm. Aufl. Berlin 863. Hertz. gr. 8. (XI, 388 S. u. 1 Tab. in Fol.) 1 ℛ 21 ngr.

— Privat-Agende, das ist: allerlei Formular u. Vorrath für das geistl. Amt. Gleichgesinnten Amtsbrüdern für Nachahmung oder Gebrauch dargeboten. 6. Aufl. Berlin 869. Hertz. gr. 8. (XII, 396 S.) 1 ℛ 24 ngr.

— Privat-Agende, das ist: allerlei Formular u. Vorrath f. das geistl. Amt. Gleichgesinnten Amtsbrüdern f. Nachahmg. od. Gebrauch dargeboten. 7. Aufl. gr. 8. (XII, 395 S.) Berlin 875. Hertz. 6. —

Stier, Rud., Privat-Agende d. i. allerlei Formular u. Vorrat f. das geistliche Amt. Gleichgesinnten Amtsbrüdern f. Nachahmung od. Gebrauch dargeboten. 8. Aufl., rev., ergänzt u. bevorwortet v. Gev. Rietschel. gr. 8. (XVI, 413 S.) Berlin 886. Hertz. n. 6. —

— Privat-Agende, d. i. allerlei Formular u. Vorrat f. das geistliche Amt. Gleichgesinnten Amtsbrüdern f. Nachahmg. od. Gebrauch dargeboten. 9., veränd. u. ergänzte Aufl. v. Gev. Rietschel. gr. 8. (XVI, 405 S.) Berlin 893. Besser. n. 6. —; geb. n. 7. —

—— siebzig ausgewählte Psalmen, nach Ordn. u. Zusammenhang ausgelegt. 1. Hälfte, welche auch d. messian. Psalmen enthält. gr. 8. (28 B.) Halle 834, Schwetschke u. Sohn.

—— siebzig ausgewählte Psalmen, nach Ordnung u. Zusammenhang ausgelegt. 2. Hälfte, welche die Lehr-, Buß-, Klag- u. Dankpsalmen enthält. gr. 8. (24 B.) Halle 836, Schwetschke u. Sohn.

1. Hälfte. Ebendas. 1834. 1 Thlr. 18 Gr.

— erneuerte Rechenschaft über das evangelische Gesangbuch oder neu bearb. Sammlung alter u. neuer Lieder zum kirchlichen Gebrauch. 8. (48 S.) Braunschweig 852, Schwetschke & Sohn. 3 ngr.

— die Reden der Apostel, nach Ordnung und Zusammenhang für gläubiges Verständniß ausgelegt. 2 Thle. 2. neu bearb. Aufl. Leipzig 861. Wöller. gr. 8. (XXIII, 670 S.) 2 ℛ 20 ngr.

— die Reden der Engel in heiliger Schrift. Ausgelegt u. betrachtet. Barmen 861. Langewiesche's Verlag. gr. 8. (IV, 320 S.) 1 ℛ 10 ngr.

— die Reden des Herrn Jesu. Andeutungen für gläubiges Verständniß derselben. 1. Thl. — A. u. d. T.: Die Reden des Herrn Jesu, insonderheit nach Matthäus. 1. Thl. Die ersten Worte des Herrn nach allen Evangelisten und Matth. Kap. 4 bis 11 enthaltend. gr. 8. Barmen 843, Langewiesche. Subscr.-Pr. n. $1\frac{5}{6}$ ℛ — 2. Thl. A. u. d. T.: Die Reden des Herrn Jesu insonderheit nach Matthäus. 2. Thl. Matth. Kap. 12—25 enthaltend. gr. 8. Ebend. 844. n. $2\frac{1}{6}$ ℛ — 3. Thl. A. u. d. T.: Die Reden des Herrn Jesu insonderheit nach Marcus u. Lukas. gr. 8. Ebend. 844. n. $1\frac{3}{4}$ ℛ 1. u. 2. apart Ladenpr. $4\frac{1}{2}$ ℛ

Stier, Rud., die Reden des Herrn Jesu. 4. Thl. A. u. d. T.: Die Reden des Herrn Jesu, insonderheit nach Johannes. 1. Thl. Joh. Kap. 3—10 enthaltend. gr. 8. Barmen 846, Langewiesche. Subscr.-Pr. n. 2 ℛ 7 ngr.

— die Reden des Herrn Jesu. Andeutungen für gläubiges Verständniß derselben. 5. Thl. A. u. d. T.: Die Reden des Herrn Jesu insonderheit nach Johannes. 2. Thl. Joh. Kap. 11—17 enth. gr. 8. (VI u. 551 S.) Barmen 847, Langewiesche. — 6. Thl. 3 Lfgn. A. u. d. T.: Die letzten Reden des Herrn Jesu, des Leidenden, Sterbenden u. Auferstandenen, nach den vier Evangelisten. 3 Lfgn. gr. 8. (XII u. 1054 S.) Ebd. 848. V: n. $1\frac{11}{12}$ ℛ VI, 1: n. 1 ℛ 4 ngr. 2 u. 3: n. 2 ℛ 9 ngr. (6 Bde. n. $13\frac{1}{3}$ ℛ)

— dies. 2. rev. u. verm. Aufl. 1—3. Thl. gr. 8. 1. Thl. A. u. d. T.: Die Reden des Herrn Jesu insonderheit nach Matthäus ausgelegt. 2. rev. u. verm. Aufl. 1. Thl.: Die ersten Worte des Herrn nach allen Evangelisten u. Matth. Kap. 4 bis 11 enthaltend. (XXIV u. 448 S.) 2. Thl. A. u. d. T.: Die Reden des Herrn Jesu insonderheit nach Matthäus ausgelegt. 2. rev. u. verm. Aufl.. 2. Thl.: Matth. Kap. 12 bis 25 enthaltend. (VIII u. 544 S. m. 1 Stahlst.) 3. Thl. A. u. d. T.: Die Reden des Herrn Jesu insonderheit nach Marcus u. Lucas. 2. rev. u. verm. Aufl. (XXXII u. 407 S.) Ebd. 851—53. (1: n. $1\frac{5}{6}$ ℛ 2: n. $2\frac{1}{6}$ ℛ 3: n. $1\frac{3}{4}$ ℛ) n. $5\frac{3}{4}$ ℛ

— die Reden des Herrn Jesu. Andeutungen für gläubiges Verständniß derselben. 2. revid. u. verm. Aufl. 4—7. Thl. Barmen 853—55. Langewiesche. gr. 8. n. 7 ℛ 18 ngr.

4. Thl.: Die Reden des Herrn Jesu insonderheit nach Johannes. Ausgelegt etc. 1. Thl. Johannes Kap. 3 bis 10 enthltd. 853. (XXVIII, 531 S.) n. 2 ℛ 7 ngr.

5. Thl.: — — 2. Thl. Johannes Kap. 11 bis 17 enthltd. 854. (VII, 467 S.) n. 1 ℛ $27\frac{1}{2}$ ngr.

6. Thl.: Die letzten Reden des Herrn Jesu, des Leidenden, Sterbenden und Auferstandenen, nach den vier Evangelisten. (Mit Ausschluß von Johannes Kap. 13—17.)

1. Thl. Die Reden des Leidenden und Sterbenden. 855. (XXIII, 500 S.) n. 2 ℛ

7. Thl.: — — 2. Thl. Die Reden des Auferstandenen. 855. (XV, 352 S.) n. 1 ℛ $13\frac{1}{2}$ ngr.

—— die Reden des Herrn Jesu. Andeutungen für gläubig. Verständniß derselben. 3. Aufl., auf's neue durchgesehen und mit Zusätzen aus dem Nachlasse des Verf. vermehrt von seinem Sohne Friedr. Stier. Nebst einer Charakteristik des sel. Verf. von Carl Imman. Nitzsch. 1.—3. Thl. gr. 8. Barmen, Langewiesche's Verlag. [1. Thl. (XXVII und 473 S.) 865. * 1 Thlr. 25 Ngr., 2. Thl. (VI und 568 S.) 866. * 2 Thlr. 5 Ngr., 3. Thl. (VI und 460 S.) 867. * 1 Thlr. $22\frac{1}{2}$ Ngr.] *

—— die Reden des Herrn Jesu. Andeutungen für gläubiges Verständniß derselben. 3. Aufl., aufs neue durchgeseh. und mit Zusätzen aus dem Nachlasse des Verf. verm. von seinem Sohne Friedr. Stier. Nebst einer Charakteristik des sel. Verf. von Nitzsch. 4.—7. Thl. gr. 8. Barmen [Leipzig], Langewiesche's Verlag. *

Inhalt:

Thl. 4. Die Reden des Herrn Jesus nach Johannes. 1. Thl.: Johannes Kap. 3—10 enth. (VIII, 566 S.) 870. * ℳ 6,70.

" 5. —— dass. — 2. Thl.: Die Reden nach Johannes Kap. 11 bis 17. (VI, 468 S.) 873. * ℳ 5,75.

" 6. Die letzten Reden des Leidenden und Sterbenden, nach den vier Evangelisten. 1. Thl. (XXIV, 518 S.) 869. * ℳ 6.

" 7. Die letzten Reden des Herrn Jesu, des Leidenden, Sterbenden und Auferstandenen, nach den vier Evangelisten. [Mit Ausschluß von Joh. Kap. 13—17.] 2. Thl.: Die Reden des Auferstandenen. (XV, 358 S.) 874. * ℳ 4,35.

1.—3. Thl. Ebendas. 1865—67. * ℳ 17,25.

— die Reden des Herrn Jesu. Andeutungen für gläubig. Verständniß derselben. 3. Aufl., auf's neue durchgesehen u. mit Zusätzen aus dem Nachlasse des Verf. vermehrt von seinem Sohne Friedr. Stier. Nebst einer Charakteristik des sel. Verf. von Carl Imman. Nitzsch. 1—4. u. 6. Thl. Barmen, Langewiesche's Verlag. gr. 8. [1. Thl. (XXVII, 473 S.) 865. n. 1 ℛ 25 ngr., 2. Thl. (VI, 568 S.) 866. n. 2 ℛ 5 ngr., 3. Thl. (VI, 460 S.) 867. n. 1 ℛ $22\frac{1}{2}$ ngr., 4. Thl. (VIII, 566 S.) 870. n. 2 ℛ 7 ngr., 6. Thl. (XXIV, 518 S.) 870. n. 2 ℛ] n. 9 ℛ $29\frac{1}{2}$ ngr.

Stier, Rud., die Reden des Herrn Jesu vom Himmel her. Ausgelegt und betrachtet. Ein selbstständiges Buch, zugleich ein Supplement zu dem größeren Werke, „die Reden des Herrn Jesu" ꝛc. Barmen 858. Langewiesche. gr. 8. (2 Bl., 223 S.) 28 ngr.

—— die Reden des Herrn Jesu vom Himmel her. Ein selbstständiges Buch, zugleich ein Supplement zu dem größeren Werke „die Reden des Herrn Jesu" wie auch zu „die Worte des Worts." gr. 8. (IV und 228 S.) Barmen 859, Langewiesche's Verlagsh

— die Reden des Herrn Jesu vom Himmel her. 2., mit einigen Zusätzen aus dem Nachlasse des Verf. verm. Aufl. Ebend. 868. gr. 8. (217 S.) n. 28 ngr.

— Spruchbüchlein. Eine Auswahl abgedruckt. Bibelsprüche zum Auswendiglernen, nach dessen Katechismus. .. Barmen ... Steinhaus. pr. Dutzend 7½ ngr

— Taufe und Kindertaufe. Exegetisch-dogmatische Abhandlung, im Auszug besonders abgedruckt aus dem 7. Thl. der 2. Aufl. der „Reden des Herrn Jesu". Barmen 855. Langewiesche. gr. 8. (67 S.) 7½ ngr.

—— unlutherische Thesen. Deutlich für Jedermann. Gestellt und gesammelt. gr. 8. (53 S.) Braunschweig 854, Schwetschke und Sohn. *

—— Todtenfest-Predigt am 25. Sonntage nach Trin. über Lucä 9, 59. 60. in der Andreaskirche zu Eisleben gehalten. 8. (23 S.) Eisleben 861, Reichardt.

—— die Union und das geistliche Amt. Ein Vereins-Vortrag nebst nachträglichem Vorwort. gr. 8. (39 S.) Bielefeld 858, Velhagen und Klasing. *

—— Veränderungen oder nicht im Kirchenliede? 120 Thesen. gr. 8. (47 S.) Braunschweig 854, Schwetschke und Sohn. *

—— Vertheidigung meiner Thesen über Veränderungen im Kirchenliede gegen Hrn. Herm. Scholz. gr. 8. (47 S.) Braunschweig 855, Schwetschke und Sohn. *

—— Vertheidigung der unlutherischen Thesen. gr. 8. (50 S.) Braunschweig 855, Schwetschke und Sohn. *

—— und A. Tholuck, Weckstimmen f. d. evangel. Missionswerk. Enthalt. 2 Berichte, welche d. Geschichte d. evangel. Missionswerks u. sein. neuesten Zustand darstellen, v. Stier, u. e. Missions-Predigt v. Tholuck. gr. 8. (3¼ B.) Halle 834, (Anton.)

—— der Weise ein König. Die salomon. Sprüche nach der Sammlung der Männer Hiskia. Für Schule und Leben jetziger Zeit ausgelegt. gr. 8. (306 S.) Barmen 849, Langewiesche. *

—— die Weisheit Salomonis in Hiskias-Tagen. Ein Büchlein für Alle, die gern Könige werden und nicht Narren bleiben wollen. Populäre Schriftauslegung. gr. 8. (149 S.) Barmen 849, Langewiesche.

— letztes Wort über die Apokryphen in Bezug auf Lic. Keerl's neueste Gegenschrift. Braunschweig 855. Schwetschke. gr. 8. (28 S.) 3 ngr.

—— ein nöthiges Wort an meine bisherige Gemeinde wegen d. ungewissen Zukunft. Pred. gr. 8. (1 B.) Halle 838, Schwetschke u. Sohn.

—— die Worte des Worts. Ein zunächst für Nichttheologen bestimmter Auszug aus des Verf. größerem Werk: „Die Reden des Herrn Jesu." Jetzt chronologisch nach allen vier Evangelien geordnet. 1—4. Lfg. Lex.-8. (1. Thl. VII und 512 S. und 2. Thl. S. 1—100.) Barmen 855(56,) Langewiesche. à Lfg. * 15 Ngr. *

—— die Worte des Worts. Ein zunächst für Nichttheologen bestimmter Auszug aus dem größeren Werk: „Die Reden des Herrn Jesu." Jetzt chronolog. nach allen vier Evangelien geordnet. 5—12. Lfg. gr. 8. (2. Bd. X und S. 161—850, 3. Bd. VII und 614 S.) Barmen 857—59, Langewiesche's Verlagsh. [5—11. Lfg. à * 15 Ngr., 12. Lfg. * 22½ Ngr.] *
1—4. Lfg. Ebendas. 1855. 56. * 2 Thlr.

Stier, S. Experimentelle Untersuchungen über das Verhalten der quergestreiften Muskeln nach Läsionen des Nervensystems. Mit 2 Abbild. In-8°. 52 S. Bern. These. 1897.

Stier (früher **Zacharias**), *Paul Theodor:* Analyse und Kritik der Berkeleyschen Erkenntnistheorie und Metaphysik ... Leipzig, G. Fock, 1893; 2 Bl., 92 S. 8.
Leipzig, Phil. Fak., Inaug.-Diss. v. [3. Juni] 1893

Stier, Wilhelm

Stier, Wilh., hesperische Blätter. Nachgelassene Schriften. Berlin 857. Ernst u. Korn. gr. 8. (VIII, 313 S.) n. 1 ℛ︀. 10 ngr.

Stier, Wilh., architektonische Erfindungen. Herzg. von Hub. Stier. 1. Heft: Entwurf zu dem laurentischen Landsitze des Plinius. Berlin 867. Stier. gr. 8. (XIX, 42 S. mit Atlas von 7 Kpfrtaff. in Imp.-Fol.) n. 5 ℛ︀ 20 ngr.

Stier, Wilhelm, Deutsches Netzballspiel, Rastatt 1908, 7 S., 16°.

Stier, Willy, prakt. Arzt a. Wernigerode a. H.: Über die in der Universitäts-Augenklinik zu Halle a. S. während der letzten sieben Jahre beobachteten perforirenden Augenverletzungen. Halle a. S. 1908: C. A. Kaemmerer & Co. (30 S.) 8°
Halle, Med. Fak., Ref. Schmidt-Rimpler, Diss. v. 6. Aug. 1908
[Geb. 10. Febr. 77 Wernigerode a. H.; Wohnort: Oschersleben; Staatsangeh.: Preußen; Vorbildung: Gymn. Wernigerode Reife O. 96; Studium: Freiburg i. B. 1, Leipzig 3, Kiel 1, Leipzig 7 S.; Coll. 31. Juli 08; Approb. 10. Aug. 03.]

Stier-Somlo, Fritz (Hrsg.), s. Abhandlungen a.d. Staats-, Verwaltungs- u. Völerrecht.

Die Aerztefrage und der Staat. Von Prof. Dr. [Fritz] Stier-Somlo. Frankfurt a. M.: Schnapper 1910. 40 S. 8°

Der Aufsichtsrat der Aktiengesellschaft. Reformfragen u. Bedenken von Prof. Dr. [Fritz] Stier-Somlo in Bonn. Leipzig: A. Deichert 1905. (80 S.) 8° 05. 8471

— die Ausbildung der höheren Verwaltungsbeamten. Grundsätzliche Erörtergn. Mit dem Gesetze über die Befähigg. zum höh. Verwaltungsdienste vom 10. VIII. 1906. (V, 83 S.) Lex.-8. Berlin 906. R. v. Decker. n. 2. 50

Die Einwirkung des bürgerlichen Rechts auf das preußisch-deutsche Verwaltungsrecht. Von Dr. Fritz Stier-Somlo. (Lfg 1.) [Mehr nicht erschienen.] Berlin: J. Guttentag 1900. (XVI, 210 S.) 8° [F.] 06. 3407

— Die neueste Entwicklung des deutschen Gewerbe- u. Arbeiterschutzrechtes. (VI, 114 S.) gr. 8. Nürnberg 910. U. E. Sebald. 2. 50

— s.: Erbschaftsabgabe, die, u. die Reichsfinanzreform.

— Das freie Ermessen in Rechtsprechung u. Verwaltung, s.: Abhandlungen, staatsrechtl., Festgabe f. Paul Laband.

Stier-Somlo, Fritz [Kammerger.-Ref.]: Zur Geschichte und rechtlichen Natur der Rentengüter ... Göttingen, Druck d. Dieterich'schen Univ.-Buchdr., 1896; 79 S. 8.
Göttingen, Jur. Fak., Inaug.-Diss. v. [14. Juli] 1896

Zur Geschichte und rechtlichen Natur der Rentengüter. Von Dr. jur. Fritz Stier-Somlo. *Berlin: Puttkammer & Mühlbrecht 1896.* (79 S.) 1 Bd 8. [96. 6046

— s.: Jahrbuch des Verwaltungsrechts.

[F.] Fritz Stier-Somlo. Grosse Kinder. Novellen. *Berlin: Märkische Buchh. 1898.* (2 Bl., 157 S.) 1 Bd 8. [98. 8924

Kommentar zum Gesetz über die Allgemeine Landesverwaltung vom 30. Juli 1883. Mit d. Gesetze betr. d. Verfassung d. Verwaltungsgerichte u. das Verwaltungsstreitverfahren. Von Dr. Fritz Stier-Somlo, Privatd., Bonn. *Berlin: A. W. Hayn's Erben 1902.* (XIII, 601 S.) 8° [F.]
= Sammlung, Hayn'sche, verwaltungsrechtl. Gesetze. Bd 1. [02. 2562

Unser Mietrechtsverhältnis und seine Reform. Von Dr. Fritz Stier-Somlo, Privatd., Bonn. *Göttingen: Vandenhoeck & Ruprecht 1902.* (39 S.) 8° [F.]
= Wohnungsfrage, Die, u. d. Reich. H. 4. [01. 10673

[F.] Die Pflicht des Eigenthümers zur Erhaltung seines Eigenthums in polizeigemässem Zustande. Von Dr. jur. Fritz Stier-Somlo. Vom 'Verwaltgsarchiv' gekrönte Preisarb. *Berlin: C. Heymanns 1898.* (2 Bl., 83 S.) 1 Bd 8. [98. 5180

Politik. Von Dr. Fritz Stier-Somlo, Univ.-Prof. in Bonn. Leipzig: Quelle & Meyer 1907. (166 S.) 8° [F.]
= Wissenschaft u. Bildung. 4. [07. 5252

Recht der Arbeiterversicherung. Grundriss zu Vorlesungen u. z. Selbststudium. Von Dr. Fritz Stier-Somlo, Univ.Prof. Bonn: Röhrscheid & Ebbecke 1906. (92 S.) 8° [06. 6667 B

— s.: Rechtseinheit, die.

Stier-Somlo, Zur Reform der preussischen Staatsverwaltung. (71 S.) 8. Berlin, F. Vahlen. 1909. 1. 20.

— s.: Reformblatt für Arbeiter-Versicherung.

— Dringende Reformpunkte der deutschen Arbeiterversicherung, s. Sammlung von Vorträgen u. Aufsätzen über soziale Reformfragen. I, 2.

— Reichsvereinsgesetz vom 19. IV. 1908, s. a. Sammlung von Handkommentaren deutscher Reichsgesetze.

Stier-Somlo, (Fritz): Reichsvereinsgesetz vom 19. April 1908. Systemat. Kommentar. Stuttgart und Leipzig: D. Verlagsanstalt 1909.

— Die Reichsversicherungsordnung. Besprochen. (83 S.) 8. Frankfurt a/M. 909. Dr. E. Schnapper. 1.—
Sonderabdruck aus: „Zentralblatt d. Reichsversicherg."

— **Sammlung preußischer Gesetze staats- u. verwaltungsrechtlichen Inhalts. Textausg. m. Sachregister u. Literaturnachweisgn. (XVI, 881 S.) kl. 8. München 906. C. H. Beck.** Geb. in Leinw. n. 4.—

— Sammlung in der Praxis oft angewandter Verwaltungs-Gesetze u. Verwaltungs-Verordnungen f. Preußen. In 1 Bde., unter Berücksicht. aller bisher. Aenderungen nach dem nunmehr gült. Texte zusammengestellt u. hrsg. 1.—3. Lfg. (IV, IV u. S. 1—320.) gr. 8. München 909.10. J. Schweitzer Verl. 2.—

Stier-Somlo, F., Der verwaltungsrechtliche Schutz des Bürger- u. Einwohnerrechts in Preussen. Auf Grund des Gemeinderechts u. des Zuständigkeitsgesetzes untersucht. (IV, 192 S.) gr. 8. Berlin, C. Heymann. 1904.

Deutsche Sozialgesetzgebung. Geschichtl. Grundlagen u. Krankenversicherungsrecht. Von Prof. Dr. F[ritz] Stier-Somlo in Bonn. Jena: G. Fischer 1906. (X, 407 S.) 4°(8°) [06. 976

— Der Staat als Kunstwerk u. die Wirklichkeit. (17 S.) gr. 8. Leipzig 908. Leipziger Verlags- u. Kommissionsbuchh. —40
Sonderabdruck aus: „Deutscher Frühling".

Stier-Somlo, Der Staat als Kunstwerk u. die Wirklichkeit. [Aus: „Deut. Frühling".] (17 S.) gr. 8. Leipzig, Verlag Deutsche Zukunft. 1908. —. 40.

— Preussisches Staatsrecht. 1. u. 2. Tl. (140 u. 166 S.) kl. 8. **Leipzig**, G. J. Göschen. 1906. Geb. in Leinw. 1. 60.
Sammlung Göschen No. 298. 299.

— **preußisches Staatsrecht, s. a. Sammlung Göschen.**

— **aus der Tiefe. Gedichte. 12. (45 S.) Berlin 899. J. Sassenbach. 1.—**

— die Volksüberzeugung als Rechtsquelle. Vortrag, geh. am 13. XII. 1899 in der internationalen Vereinigg. f. vergleich. Rechtswissenschaft u. Volkswirtschaftslehre zu Berlin. gr. 8. (40 S.) Berlin 900. K. Hoffmann. n. 1.—

— s.: Zentralblatt der Reichsversicherung.

Stierba, J., über Rauch-Verbrennung bei Zimmer-Heizöfen. Prag 854. Mercy. gr. 8. (23 S. u. 1 lith. Taf. in Fol.) 9 ngr.

Stieren, Adolph., de Ptolemaei Gnostici ad Floram epistola. Pars I. De authentia epistolae. Comment. histor.-critica. Accedit textus epist. annot. crit. instr. 8maj. (4 1/2 B.) Jenae 843, Hochhausen. *

Stieren, Ad., de Irenaei adversus Haereses operis fontibus, indole, doctrina et dignitate. Comment. histor.-crit., praem. reg. ornata. 4maj. (8 1/2 B.) Gottingae 836, Vandenhoeck et Ruprecht.

Stieren, Adph., die jüngst errungene deutsche Freiheit. Predigt gehalten am Sonnt. Cantate zu Jena. gr. 8. (20 S.) Jena 848, Bran. 3 ngr.

Stieren, Eduard

Stieren, Ed., chemische Fabrik. Ein auf 33jähr. durchaus eigene Erfahrungen gestütztes prakt. Handbuch zur fabrikmäss. Darstellung chem. Präparate. Mit einer Vorrede von G. C. Wittstein. München 865. Grubert. gr. 8. (VI, 621 S. mit 97 in den Text eingedr. Holzschn.) n. 4 Thlr

Stieren, Fritz (Red.), s. Wochenschrift, Deutsche zahnärztliche.

Stieren, M[ax]: Beiträge zur Behandlung des stereometrischen Unterrichts an der Realschule. 34 S. 8.
Progr. Städt. Realschule *Königsberg i. Pr.* 1901 (21).

Stiergefecht. qu. gr. 4. (14 S. m. farb. Bildern.) Fürth 894. (Leipzig, W. Opetz.) n. 1.—

Stiergefecht, e., in Madrid, s.: Projections-Vorträge.

Stierizett, Wenzel, was blaste den Kravlinett. Komisches Intermezzo mit deutsch-böhmischem Dialekt. Wien [1890]. V: *Bartl, Hans.* (EB)

Stierle, G[ottlob], Justizreferendär in Stuttgart: Die Haftung für Tiere im bürgerlichen Gesetzbuch. Stuttgart 1904: Vereins-Buchdruckerei. (116 S.) 8°
Tübingen, Jur. Fak., Ref. Rietschel, Diss. v. 4. Aug. 1904
[Geb. 22. Dez. 77 Stuttgart; Wohnort: Stuttgart; Staatsangeh.: Württemberg; Vorbildung: Karlsgymn. Stuttgart Reife M. 96; Studium: Tübingen 5, Leipzig 2 S.; Anrechnung der Justizdienstprüfung.]

Stierle, G., die Haftung f. Tiere im bürgerlichen Gesetzbuch. (114 S.) gr. 8. Stuttgart 904. Holland & Josenhans. n. 2. 40

Stierle-Holzmeister, J., gesamm. humorist. Novellen, Erzählungen u. Gedichte. 3 Bde. gr. 16. (46 B.) Wien 844, Klang. * 2

Stierlein, Emmanuel Johann (Ansbach) A. S. 300/1

Observationes variae in articulum X. Augustanae confessionis de s. coena. Präs. Jakob Wilhelm Feuerlin. In: Feuerlin: Disputationes ... de observationibus variis et selectis in singulos articulos Augustanae confessionis. Göttingen (Hager) (1742) S. 73-80. 33583

Stierli, Adolphe. De l'influence des «Pensées sur l'Education» ⟨1693⟩ de John Locke sur l'«Emile» ⟨1762⟩ de J.-J. Rousseau, dans le domaine de l'éducation intellectuelle. Diss. Phil. Berne. 95 p. 8. Zürich, Gebr. Leemann & Co., 1910.

Stierli, G. L. Das Bundesgesetz üb. Schuldbetreibung u. Konkurs vom 11. April 1889 in Verbindung m. dem Einführungsgesetz f. den Kanton Aargau vom 17. März 1891, f. den prakt. Gebrauch erläutert. 1. Thl.: Schuldbetreibung, Arrest, Miethe u. Pacht, Uebergangsbestimmgn., Gebührentarif, das aarg. Einführungsgesetz, Verzeichniß der aarg. Betreibungskreise u. Dekret d. Großen Rathes üb. die v. den Betreibungs- u. Konkursbeamten zu leist. Sicherheit. gr. 8. (IX, 34 S.) Aarau 892, Sauerländer. cart. * 2 40

Stierli, G. L., Zucht-Polizei-Gesetz u. peinliches Straf-Gesetz f. den Kanton Aargau. In Verbindg.: mit dem Ergänzungsgesetz betr. die Strafrechtspflege vom 7. Juli 1886, m. dem Gesetz üb. Abänderg. d. peinl. Strafgesetzes vom 19. Febr. 1868, u. m. dem Dekret zur Ausführung d. Art. 65 der Bundesverfassg. betr. die Todesstrafe, vom 13. Wintermonat 1876. 8. (75 S.) Aarau 887. Sauerländer. cart. n. 1. —

Stierlin u. Schmeltzer. Topograph. Karte der (10) Kreise d. Reg.-Bez. Münster, entworfen nach der Grundsteuer-Kataster-vermessg. u. andern Materialien, sowie nach eigenen Bestimmgn. 1 : 80,000. Ergänzt durch E. Palnke. Lithogr. u. color. Fol. Ebd. 892. à Bl. * 2 50
In neuen Ausgaben sind erschienen: Ahaus. 1893. — Borken 1891. — Coesfeld. 1890. — Lüdinghausen. 1890. — Recklinghausen. 1890. — Steinfurt. 1891. — Tecklenburg. 1892.

Stierlin, ..., Tabellen zur genauen Vergleichung der metrischen mit den neuen preußischen, u. der neuen preuß. mit den metr. Längen-, Flächen- u. Körper-Maaßen. 4. Cöln 820. Du-Mont-Schauberg. 10 Gr

Stierlin, A. G., Hülfstafeln u. Beiträge zur neueren Hygrometrie. Lex.-8. (12½ B. u. 1 Kpfrt.) Köln 834, Bachem.

Loreley. Rheinische Sage in 4 Teilen nach d. Geibelschen Dichtung bearb. u. in Musik gesetzt von Adolf Stierlin. *(Münster i./W. [1902]: 'Der Westfale'.)* (52 S.) 8° [J.] (eg. ins 6

Stierlin, Carl, s. Stierlin, Karl.

Stierlin, Conrad, s. Stierlin, Konrad.

Stierlin, Eduard. Ueber die medizinischen Folgezustände der Katastrophe von Courrières ⟨10. März 06⟩, unter eingehender Berücksichtigung der ursächlichen Momente mit vergleichenden Beobachtungen über die Katastrophe von Hamm ⟨12. Nov. 08⟩ und die Erdbeben von Valparaiso ⟨16. Aug. 06⟩ und Süditalien ⟨28. Dez. 08⟩. [Mit Figuren.] (Erweiterter Sonder-Abdruck aus der Monatsschrift für Psychiatrie und Neurologie Bd. 25.) XXX + 188 S. 8. Berlin, S. Karger, 1909. [M. 6. —]

Stierlin, Eduard. Über psycho-neuropathische Folgezustände bei den Überlebenden der Katastrophe von Courrières am 10. März 1906. Diss. Med. Univ. Zürich. [Mit Figuren. Sep.-Abdr. aus der Monatsschrift für Psychiatrie und Neurologie, Bd. 25.] *Kopftitel:* Aus dem gerichtlich-medizinischen Institut der Universität Zürich.... IV + 139 S. 8. Basel, Friedrich Reinhardt, 1909.

Stierlin, Emanuel

Stierlin, E., histor. Almanach f. die schweizer. Jugend f. 1829 u. 1830. Mit 12 Kpf. Bern, Jenni. 1 fl

Stierlin, E. (Hrsg.), s. Almanach, Historischer, für die schweizerische Jugend.

Stierlin, E. (Hrsg.), s. Anshelm, Valerius: Berner Chronik.

[Stierlin, Emanuel.] Der Bauernkrieg 1653. Mit einer Abbildung [Tafel, und Vignetten]. Njbl. Bern 1850. 4. Bern.

[Stierlin, Emanuel.] Die Belagerung der Stadt Bern, durch Rudolf von Habsburg.... [Mit Vignetten und 1 Tafel.] Njbl. Bern 1816. 4. Bern 1816.

[Stierlin, Emanuel.] Die Belagerung von Landeron im Jahr 1324. [Mit Vignetten und 1 Tafel.] Njbl. Bern 1820. 4. Bern 1820.

[Stierlin, Emanuel.] Die Berner am Laubeckstalden, im Jahr 1346. [Mit Vignetten und 1 Tafel.] Njbl. Bern 1823. 4. Bern 1823.

[Stierlin, Emanuel.] Die Berner erobern Nydau, im Jahr 1388. [Mit Vignetten und 1 Tafel.] Njbl. Bern 1828. 4. Bern 1828.

— Beschreib. der Münsterkirche zu Bern. Mit 1 Abbild. gr. 4. Bern, Jenni. 5 Gr — Dass. französ. 6 Gr

[Stierlin, Emanuel.] Der grosse Brand zu Bern, im Jahr 1405. [Mit Vignetten und 1 Tafel.] Njbl. Bern 1829. 4. Bern 1829.

Stierlin, E[manuel]. Schweizerischer Ehrenspiegel. Edle Züge aus der Geschichte der Väter, mit moralischen Bemerkungen, zum Gebrauch für Landschulen. 8. Bern.
[1. Aufl.] 1813. — 2. Aufl. 1828.

(Stierlin, [Emanuel].) Die Erbauung der Stadt Bern im Jahr 1191. [Mit Vignetten und 1 Tafel.] Njbl. Bern 1814. 4. Bern 1814.

Stierlin, E[manuel]. Die Erbauung der Brücke bey dem untern Thore zu Bern. [Mit Vignetten und 1 Tafel.] Njbl. Bern 1815. 4. Bern.

[Stierlin, Emanuel.] Die Erbauung des Münsters zu Bern, 1421. [Mit Vignetten und 1 Tafel.] Njbl. Bern 1833. 4. Bern 1833.

[Stierlin, Emanuel.] Die Eroberung des Aargau's im Jahr 1415. [Mit Vignetten und 1 Tafel.] Njbl. Bern 1831. 4. Bern 1831.

[Stierlin, Emanuel.] Die Eroberung der Waat 1536. Mit einer Abbildung [Tafel, und Vignetten]. Njbl. Bern 1846. 4. Bern 1846.

[Stierlin, Emanuel.] Berns steigender Flor während des achtzehnten Jahrhunderts. Mit einer Abbildung [Tafel, und Vignetten]. Njbl. Bern 1854. 4. Bern.

[Stierlin, Emanuel.] Der Freyherr (Peter) von Rinkenberg wird gefangen. 1381. [Mit Vignetten und 1 Tafel.] Njbl. Bern 1825. 4. Bern 1825.

(——) kurze Geschichte d. Kirchenverbesserung zu Bern, s. Geschichte.

[Stierlin, Emanuel.] Kurze Geschichte der Kirchenverbesserung zu Bern. Auf das Reformationsfest im Jahr 1828. [Mit 6 Tafeln.] 8. Bern.
Ausg. A. 1827 — *Ausg. B.* 1828.

(——) der schweizerische Geschichtsforscher, s. Geschichtsforscher.

[Stierlin, Emanuel.] Am Grabe des Herrn Alt-Schultheissen N(iklaus) F(riedrich) von Mülinen, 18. Januar 1833. 8. Bern 1833.

[Stierlin, Emanuel.] Kaiser Heinrich VII zu Bern, im Jahr 1310. [Mit Vignetten und 1 Tafel.] Njbl. Bern 1819. 4. Bern 1819.

[Stierlin, Emanuel.] Die Jetzergeschichte zu Bern, 1507. Mit einer Abbildung [Tafel, und Vignetten]. Njbl. Bern 1843. 4. Bern 1843.

—— histor. Kalender f. d. schweiz. Jugend. 1—8. Jahrg. 1821—28. 16. (à ... u. 6 Kpfr.) Bern, [Jenni, Sohn.] à

[Stierlin, Emanuel.] Der Kampf bei Tirano 1620. Mit einer Abbildung [Tafel, und Vignetten]. Njbl. Bern 1849. 4. Bern.

[Stierlin, Emanuel.] Die Kirchenverbesserung zu Bern 1528. Mit einer Abbildung [Tafel, und Vignetten]. Njbl. Bern 1845. 4. Bern 1845.

[Stierlin, Emanuel.] Der Krieg zwischen Bern und Wallis, im Jahr 1418. [Mit Vignetten und 1 Tafel.] Njbl. Bern 1832. 4. Bern 1832.

[Stierlin, Emanuel.] Erneuerter Krieg mit Savoy, 1589. Mit einer Abbildung [Tafel, und Vignetten]. Njbl. Bern 1848. 4. Bern 1848.

[Stierlin, Emanuel.] Die Burgundischen Kriege (1474–1477). [2 Hefte.] Njbl. Bern 1840 *u.* 1841. 4. Bern 1840–1841.
[Heft 1.] Mit [Vignetten und] einer Kupfertafel zur Belagerung des Schlosses Granson.
[Heft 2.] (Fortsetzung.) Mit [Vignetten und] einer K': Auszug der Eidgenossen aus der Stadt Bern zur Murtenschlacht.

[Stierlin, Emanuel.] Die Italienischen Kriege, 1511 bis 1525. Mit einer Abbildung [Tafel, und Vignetten]. Njbl. Bern 1844. 4. Bern 1844.

[Stierlin, Emanuel.] Die Landschaft Hasli kommt an Bern. [Mit Vignetten und 1 Tafel.] Njbl. Bern 1821. 4. Bern 1821.

—die merkwürd. Männer u. Begebenheiten aus d. Geschichte, von Anfang der Welt bis 1815. Ein Büchlein z. Schulunterricht. 8. Bern 815. Jenni. 3 gr

—— Bernische Neujahrstücke, s. Neujahrstücke.

Stierlin, E., Bernische Neujahrsstücke. 16—20s Heft. Jedes Mit 1 Kpfr. Bern, Jenni S. à 7 gr —J. 1837 u. 1838. à 5/12 ßf

[Stierlin, Emanuel.] Die Pest zu Bern 1439. [Mit Vignetten und 1 Tafel.] Njbl. Bern 1835. 4. Bern 1835.

[Stierlin, Emanuel.] Die Rückkehr des Schultheissen (Johann) von Bubenberg im Jahr 1362. [Mit Vignetten und 1 Tafel.] Njbl. Bern 1824. 4. Bern 1824.

[Stierlin, Emanuel.] Die Schlacht zu Fraubrunnen, im Jahr 1375. [Mit 1 Vignette und 1 Tafel.] Njbl. Bern 1826. 4. Bern 1826.

[Stierlin, Emanuel.] Die Schlacht im Jammerthal, im Jahr 1298. [Mit Vignetten und 1 Tafel.] Njbl. Bern 1818. 4. Bern 1818.

[Stierlin, Emanuel.] Die Schlacht bei St. Jakob an der Birs, 1444. [Mit Vignetten und 1 Tafel.] Njbl. Bern 1837. 4. Bern 1837.

[Stierlin, Emanuel.] Die Schlacht in der Schosshalde, im Jahr 1289. [Mit Vignetten und 1 Tafel.] Njbl. Bern 1817. 4. Bern 1817.

[Stierlin, Emanuel.] Der Schwabenkrieg, 1499. Mit einer Abbildung [Tafel, und Vignetten]. Njbl. Bern 1842. 4. Bern 1842.

[Stierlin, Emanuel.] Die Stadt Burgdorf kömmt an die Berner, im Jahr 1384. [Mit Vignetten und 1 Tafel.] Njbl. Bern 1827. 4 Bern 1827.

[Stierlin, Emanuel.] Der Twingherren-Streit, 1470. [Mit Vignetten und 1 Tafel.] Njbl. Bern 1839. 4. Bern 1839.

[Stierlin, Emanuel.] Der Ueberfall der Stadt Bruck, 1444. [Mit Vignetten und 1 Tafel.] Njbl. Bern 1836. 4. Bern 1836.

[Stierlin, Emanuel.] Der Untergang des alten Freistaates Bern 1798. Mit einer Abbildung [Tafel, und Vignetten]. Njbl. Bern 1855. 4. Bern.

[Stierlin, Emanuel.] Die Verschwörung zu Bern 1749. Mit einer Abbildung [Tafel, und Vignetten]. Njbl. Bern 1853. 4. Bern.

[Stierlin, Emanuel.] Der erste Vilmergerkrieg 1656. Mit einer Abbildung [Tafel, und Vignetten]. Njbl. Bern 1851. 4. Bern.

[Stierlin, Emanuel.] Der zweite Vilmergerkrieg 1712. Mit einer Abbildung [Tafel, und Vignetten]. Njbl. Bern 1852. 4. Bern.

[Stierlin, Emanuel.] Die Zeiten nach der Eroberung der Waat, 1536 bis 1567. Mit einer Abbildung [Tafel, und Vignetten]. Njbl. Bern 1847. 4. Bern 1847.

[Stierlin, Emanuel.] Die Zeiten des Laupen-Krieges. 1340. [Mit Vignetten und 1 Tafel.] Njbl. Bern 1822. 4. Bern 1822.

[Stierlin, Emanuel.] Die Zeiten nach der Schlacht bei St. Jakob. 1444 bis 1463. [Mit Vignetten und 1 Tafel.] Njbl. Bern 1838. 4. Bern 1838.

[Stierlin, Emanuel.] Die Zerstörung der Burg Oltingen, im Jahr 1410. [Mit Vignetten und 1 Tafel.] Njbl. Bern 1830. 4. Bern 1830.

[Stierlin, Emanuel.] Erster Zug der Berner nach Italien im Jahr 1425. [Mit Vignetten und 1 Tafel.] Njbl. Bern 1834. 4. Bern 1834.

Stierlin, Georg Friedrich (Stuttgart) A. S. 273/50

Disputatio juridica de actione condictitia.
Präs. Johann Georg Fichtner.
Altdorf (Kohles) V. 1709. 19 S.

Gew.: Johann Adam Geuder, Christoph Andreas Harsdoerffer.
W. v.: Christoph Sonntag, Präs., Johann Moritz Hoffmann, Johann Michael Sonntag, Karl Moritz Hoffmann, C. G. Schmidt, J. G. Sonntag. 33585

Stierlin, Georg Friedrich (Stuttgart) A. S. 845/24

Collegii disputatorii quo institutionum imperialium paraphrasis paratitlaris ... committitur exercitium primum continens lib. IV. tit. I. II. III. IV. et V.
Präs. Felix Spitz.
Altdorf (Meyer) (22.) VIII. 1708. S. 615 - 652.
33584

Stierlin, Gustav: B e i t r a g zur Insektenfauna von Epirus. 1860?

Stierlin, G. (Dr.) Beiträge zur Kenntniss der Käfer-Fauna des Kantons Wallis u. der Dichotrachelus-Arten, siehe: Mittheilungen der schweizerischen entomol. Gesellschaft V. 10.

Stierlin, Guilelmus Gustavus ⟨geb. am 2 Nov. 1821 in Schaffhausen⟩: De chlorosi ... Bonnae, litt. F. P. Lechneri 1845. 3 Bl., 39 S., 1 Bl. 8.
Bonn, Med. Fak., Diss. v. 3 Mai 1845

S t i e r l i n, G[ustav], und G a u t a r d, V[ictor] de. Fauna coleopterorum helvetica. Die Käfer-Fauna der Schweiz. Bearb. von Dr. G. St'... und V. v. G'.... [SA.] 4. [Zürich 1869–1871.]

S t i e r l i n, Gustav. Coleoptera Helvetiae. Bearb. von Dr. G' St'.... (2 Theile.) – *A. u. d. T.:* Fauna coleopterorum helvetica. Die Käfer-Fauna der Schweiz nach der analytischen Methode bearb. von Dr. G. St'. 2 Theile. [Beilage zu: Mittheilungen der schweizerischen entomologischen Gesellschaft.] 8. Schaffhausen 1886 (*resp.* 1898)-1900.

Fauna coleopterorum helvetica. Die Käfer-Fauna der Schweiz nach d. analyt. Methode bearb. von Dr. G(u s t a v) **Stierlin**. Th. 1. 2. *Schaffhausen 1898 - 1900: Bolli & Böcherer.* 2 Bde 8°
1. 1900. 2. 1898. [01. 1578

Stierlin, Gust., Fauna coleopterorum helvetica. Die Käfer-Fauna der Schweiz, nach der analyt. Methode bearb. 1. u. 2. Thl. gr. 8. Schaffhausen. (Bern, H. Körber.) n. 22. —
1. (XII, 667 S.) 900. n. 8.—. — 2. (XII, 662 S.) 900. n. 14.—.

S t i e r l i n, Gustav *s.* H e e r. Oswald H'. Lebensbild eines schweizerischen Naturforschers. [Band 2.] Zürich 1887.

Stierlin, G., Käferbuch, s.: Calwer, C. G.

Stierlin, Gust., s.: Mitteilungen d. schweizer. entomolog. Gesellschaft.

S t i e r l i n, Gustav. [Erster und] Zweiter Nachtrag zur Fauna coleopterorum helvetica. (N. Denkschr. Schweizer. Ges. für Naturwiss. Band 28.) 4. (Zürich 1883.)

Stierlin, Gust., zweiter Nachtrag zur Fauna coleopterorum helvetica. gr. 4. (98 S.) Basel 883, (Georg.) **
Aus: Neue Denkschriften der allgemeinen schweizer. Gesellschaft für die gesammten Naturwissenschaften, besonders abgedruckt.

Stierlin, G., Revision der europäischen Otiorhynchus-Arten, s. Zeitschrift, Berliner entomologische.

Stierlin, Hans, aus Schaffhausen: Einige physikalische Eigenschaften des gegossenen Quarzes. [Mit 6 Figuren im Text.] Zürich 1907. 41 S. und eine Tabelle. 8°. S.-A. aus der Vierteljahrsschrift der Naturf. Gesellschaft Zürich. Jahrg. 52. 1907. [24. X. 07.]
Zürich. Phil. Diss. II. S. 1907/08.

Stierlin, Immanuel Johannes (Ansbach)
U. S. Göttingen 1743/3

Dissertatio historica apologetica de religione Friderici II. imperatoris.
Präs. Johann Georg Christoph Schnizlin.
Göttingen (Hager) 8. IV. 1743. 15 S.
33586

Stierlin, Johann Christoph (Urach) A. S. 367/1

Disputatio I. de foro illustrium imperio Romano-Germanico immediate subjectorum.
Präs. Gabriel Schweder.
In: Schweder: Disputationes varii, ex civilis ... juris prudentia selecti, argumenti. Esslingen (Maentler) 1731. S. 1 - 60.

Diss. Tübingen IV. 1681. 33589

Stierlin, Carl, Apotheker aus Gerhausen ⟨Württemb.⟩: **Beiträge zur Kenntnis des 2.6-Dichlorparaphenylendiamin's und des meta-ana-Dichlorparaamidochinolin's.** *Freiburg i. B. 1900: H. Epstein.* (58 S.) 8°
Freiburg i. B., Phil. Diss. v. 1900

S t i e r l i n, Conrad. Ueber den plötzlichen Tod bei Arteriosklerose der Kranzarterien des Herzens. Diss. Med. Univ. Zürich. *Kopftitel:* **Aus der medizinischen Klinik der Universität Zürich. Direktor: Herr Prof. Dr. Hermann Eichhorst. 29 S. 8. Zürich, Aschmann & Scheller, 1902.**

[S t i e r l i n, Leonhard.] Biographie von (Luigi) Cherubini (1760–1842). [Mit 1 Porträt-Tafel.] Njbl. AMusikges. Zürich 1851. 4. Zürich.

[S t i e r l i n, Leonhard.] Biographie von Gaetano Donizetti (1797–1848). [Mit 1 Porträt-Tafel.] Njbl. AMusikges. Zürich 1852. 4. Zürich.

[S t i e r l i n, Leonhard.] Biographie von K(arl) H(einrich) Graun (1701–1759). [Mit 1 Porträt-Tafel.] Njbl. AMusikges. Zürich 1850. 4. Zürich.

[S t i e r l i n, Leonhard.] Biographie von Adolf (1699–1783) und Faustina (geb. 1700) Hasse. [Mit 1 Porträt-Tafel.] Njbl. AMusikges. Zürich 1853. 4. Zürich.

[S t i e r l i n, Leonhard.] Biographie von Johann Adam Hiller (1728–1804). [Mit 1 Porträt-Tafel.] Njbl. AMusikges. Zürich 1848. 4. Zürich.

[S t i e r l i n, Leonhard.] Biographie von Felix Mendelssohn-Bartholdy (1809–1847). [Mit 1 Porträt-Tafel.] Njbl. AMusikges. Zürich 1849. 4. Zürich.

[S t i e r l i n, Leonhard.] Biographie von Giovanni Pierluigi da Palestrina (1524–1594). [Mit 1 Porträt-Tafel.] Njbl. AMusikges. Zürich 1854. 4. Zürich.

[S t i e r l i n, Leonhard.] Joseph und Anton Gersbach (1787–1830 *u.* 1803–1848). [Mit 1 Porträt-Tafel.] Njbl. AMusikges. Zürich 1864. 4. Zürich.

[S t i e r l i n, Leonhard.] Die Glocke. Mit besonderer Rücksicht auf das Kirchengeläute im Kanton Zürich. [Mit 1 Tafel.] Njbl. AMusikges. Zürich 1858. 4. Zürich.

[S t i e r l i n, Leonhard.] Christoph Wilibald Gluck (1714–1787). [Mit 1 Porträt-Tafel.] Njbl. AMusikges. Zürich 1865. 4. Zürich.

S t [i e r l i n], L[eonhard]. Das Kirchengeläute der Stadt Zürich, nebst Vorschlägen zur Verbesserung desselben. Auf Veranlassung der Kirchenpflege Grossmünster dem Druck übergeben. 8. Zürich 1865.

[Stierlin, Leonhard.] Die frühern Musikgesellschaften in Zürich bis auf ihre Vereinigung zu der gegenwärtigen. [Mit 1 Porträt-Tafel.] Njbl. AMusiges. Zürich 1856. 4. Zürich.

[Stierlin, Leonhard.] Die Neujahrstücke der frühern Musikgesellschaften bis 1812, mit biographischen Notizen über die zürcherischen Komponisten (Johannes) Schmidli (1722–1772) und (Heinrich) Egli (1742–1810). [Mit 1 Porträt-Tafel.] Njbl. AMusikges. Zürich 1857. 4. Zürich.

[Stierlin, Leonhard.] Die Orgel. [2 Theile. *je* Mit 1 Porträt-Tafel.] Njbl. AMusikges. Zürich 1859 *u.* 1860. 4. Zürich.
[Theil 1.] Mit Notizen über Abt (Georg Joseph) Vogler (1749–1814).
[Theil 2.] Als Fortsetzung: ihre verschiedenen Stimmen; ihre Surrogate, ihre Behandlung und Anwendung...; mit eingefügten historischen Notizen über die namhaftern Orgelwerke des In- und Auslandes. 4. Zürich.

[Stierlin, Leonhard.] (Dr.) Louis Spohr (1784–1859). 2 Abtheilungen. [*je* Mit 1 Porträt-Tafel.] Njbl. AMusikges. Zürich 1862 *u.* 1863. 4. Zürich.

Stierlin, Ludwig. Der Staat Kentucky und die Stadt Louisville mit besonderer Berücksichtigung des deutschen Elementes. Louisville: Anzeiger, 1873. UC UK

Stierlin, R., das Bier, seine Verfälschungen und die Mittel, solche nachzuweisen. gr. 8. (130 S. mit 4 Lichtdr.-Taf.) Bern 878, [Magron.] Haller. (* M. 4.)

Stierlin, R., das Bier, seine Verfälschungen u. die Mittel, solche nachzuweisen. gr. 8. (130 S. m. 4 Lichtdr.-Taf.) Bern 878. Zürich, Meyer & Zeller. n. 1. 50

— über Weinfälschung u. Weinfärbung mit besonderer Rücksicht auf das Fuchsin u. üb. die Mittel, solche nachzuweisen. gr. 8. (80 S.) Ebend. 877. n. 1. 50

Stierlin, Reinhold, appr. Arzt: Über diffuse Oesophagusektasie bei wahrscheinlich angeborener Cardiastenose. Leipzig: Hirzel 1909. S. 19—38. 8° ¶(Aus: Arbeiten auf d. Gebiete d. pathol. Anatomie u. Bakteriol. aus d. pathol.-anatom. Inst. zu Tübingen. Bd 7.)
Tübingen, Med. Diss. v. 5. Mai 1909, Ref. v. Baumgarten
[Geb. 10. Juni 83 Oelbronn; Wohnort: Schw.-Gmünd; Staatsangeh.: Württemberg; Vorbildung: Karls-Gymn. Stuttgart Reife Sommer 02; Studium: Tübingen 5, Straßburg 1, Tübingen 4 S.; Coll. 22. Juli 08; Approb. 31. Dez. 08.]
[U 09. 3943

Stierlin, Richard [aus Schaffhausen. (Schweiz)]: Zur Kenntniss der „Benzile". Ueber einige Derivate des Benzoylessigesters.... Göttingen, Druck d. Dieterich'schen Univ.-Buchdr. (W. Fr. Kästner), 1889; 38 S. + 1 Bl. 8°
Göttingen, Phil. Fak., Inaug.-Diss. v. 3. Mai 1889

Stierlin, Rich. Zur Kenntniss der „Benzile". Ueber einige Derivate d. Benzoylessigesters. Diss. gr. 8. (38 S.) Gött. 889, (Vandenhoeck u. Ruprecht). * 1 —

Stierlin, Rob., Alpen-Ansicht vom Gurten bei Bern. Fol. Bern 868, Huber und Comp. In Carton *

Stierlin, Robert, dipl. Chemiker aus Schaffhausen: Beiträge zur Bestimmung des Schwefels in Kiesen, Blenden und Abbränden. Zürich 1905. 70 S. 8°.
[8. XI. 05.]
Zürich. Phil. Diss. II. S. 1905/1906.

Stierlin, R[obert]. Erfahrungen mit der Bottini'schen Operation bei Prostatahypertrophie. Von Dr. R. St', Spitaldirektor in Winterthur. Separat-Abdruck aus: Beiträge zur klinischen Chirurgie.... Band 49.... II S. + S. 136—160. 8. Tübingen, H. Laupp, 1906.

Stierlin, Wilhelm Gustav, s. Stierlin, Gustav.

Stierling, G. S., Gedichte. Lübeck 857. Dittmer. 16. (263 S.) n. 1 ₰. 6 ngr.

Stierling, G. S., Gedichte. 2. (Titel-)Ausg. 16. (263 S.) Lübeck (857)62, Dittmer'sche Buchh.

Stierling, Gisbert Swartendyck

Stierling, G. Swardendjik, Annalen des Seebades bei Travemünde im Sommer 1815. 1s Hft. 8. Lübeck 817. Niemann. (Aeschenfeld). 10 ℊ

Stierling, Gisbert Swartendyck, s. Gesundheits-Zeitung.

Ideen über die Indication, Wirkung und den richtigen Gebrauch der Seebäder, nebst angehängten historisch-topographischen Notizen über die Seebadeanstalt bei Travemünde. Von G[isbert] Swartendyck Stierling. Lübeck: Michelsen 1815. 138 S. 8°

Stierling, G. Swardendjik, Ideen üb. die Indication, Wirkung u. richtigen Gebrauch der Seebäder. Nebst histor.-topograph. Notizen üb. die Seebade-Anstalt zu Travemünde. 8. Hamb. 816.

— die Parzen, oder gemeinnützige Blätter zur Beförderung der Aufklärung, der Gesundheit und des Frohsinns. gr. 8. Hamburg, Herold: 818.
Vgl. Parzen, Die,...

Stierling, H., die Sebalduskirche in Nürnberg. Ein kurzer Führer. Mit vielen Abbildgn. (auf 4 Taf.) u. e. Grundriss. (16 S.) 19,5×11 cm. Stuttgart 909. W. Seifert. — 40

Stierling, Hubert, a. Hamburg: Studien zu Mechthild von Magdeburg. Nürnberg: Fehrle & Sippel in Komm. 1907. (105 S.) 8°
Göttingen, Phil. Fak., Ref. Schröder, Diss. v. 5. März 1908
[Geb. 8. Juli 82 Hamburg; Wohnort: Hamburg; Staatsangeh.: Hamburg; Vorbildung: Gymn. Lübeck Reife O. 01; Studium: Göttingen 2, Freiburg i. B. 1, Berlin 2, Leipzig 2, Göttingen 5 S.; Rig. 19. Juli 07.]

Deutsche Volkslieder 'von rosen ein krentzelein'. Hrsg. von Hubert **Stierling.** *Düsseldorf & Leipzig: K. R. Langewiesche [1904].* (232 S.) 8° = Worte, Lebende, u. Werke. Bd 5.

Stiermann, And. Ant., bibliotheca Suevo - Gothica. 4. Stockholm, Lossius. 734.

Stiernemann, s. *Principes* de l'art de la guerre.

Stjerngranat, G. G. H., Militär-Statistik. Preussen. I. Afdeln. 8. Stockholm 840. Fritze et Bagge. n. 1⅚ ₰

Stiernstedt, Baron A. V., description des monnaies de cuivre et des méreaux Suédois. gr. 8. (IV, 263 S.) Stockholm 871. 72. Klemming's Antiq. n. 12. —

Stjernsvärd, Ritter G. M. v., Anleitung zur Erhaltung der Milch und Verfertigung der Butter und des Käses. Regeln zum Gebrauche des Turbin- oder Centrifugal-Butterfasses und des selbstabrahmenden Milch-Apparats. gr. 8. (40 S.) Hamburg 857. (Altona, Wendeborn'sche Buchh.)
Ist auch in dänischer Sprache zu gleichem Preise erschienen.

Stierstorfer, Karl, was fordern wir von der Haussteuer-Revision u. was bietet uns die Regierung? gr. 8. (32 S.) München 902. O. Th. Scholl. n. — 40

Stierstorfer, Pet., Grundzüge der Theorie u. des Baues der Dampfturbinen m. Berücksicht. der Rotationsdampfmaschinen. Mit 89 Fig. u. 16 Tab. (VIII, 152 S.) gr. 8. Leipzig 904. O. Leiner. n.n. 4. 75; geb. in Leinw. n. 5. 50

Stierstorfer, Pet., Patentgesetze u. Patenterwerbg. in den Kulturstaaten. (Umschlag: D. R. P. No!) 8. (VIII, 171 S.) Leipzig 898. F. Fleischer, Verl. n. 1. —

Projektierung elektrischer Licht- und Kraftübertragungsanlagen mit Beiträgen hervorrag. Fachmänner von Peter **Stierstorfer**. Mit 216 Zeichn. u. 14 Taf. Potsdam: A. Stein 1905. (V, 289 S.) 8° [o8. 348

Stierwaldt, Richard, Referendar: Das Nachindossament des präjudizierten Wechsels. Borna-Leipzig 1910: Noske. VII, 50 S. 8°

Leipzig, Jur. Diss. v. 3. Juni 1910

[Geb. 16. Juni 84 Berlin; Wohnort: Leipzig; Staatsangeh.: Preußen u. Sachsen; Vorbildung: König-Albert-Gymn. Leipzig Reife O. 03; Studium: Edinburgh 1, Leipzig 1, München 1, Leipzig 4 S.; Rig. 2. Febr. 07.] [U 10. 2899

Stietenroth, Walter, Tierarzt in Malente-Gremsmühlen: Aus d. chirurg. Klinik d. Kgl. Tierärztl. Hochschule zu Berlin. Vorstand: Prof. Dr. Eberlein. Das Lenicet, ein neues Tonerdeacetat und seine Anwendung in der Tierheilkunde. Stuttgart 1908: Union. (25 S.) 8° ¶(Aus: Monatshefte f. prakt. Tierheilkunde Bd 19.)

Gießen, Veterinär-Med. Koll., Ref. Pfeiffer, Diss. v. 10. April 1908

[Geb. 23. Juni 79 Ebergötzen, Kr. Göttingen; Wohnort: Malente-Gremsmühlen; Staatsangeh.: Preußen; Vorbildung: Gymn. Holzminden Reife M. 00; Studium: Hannover 8 S.; Rig. 8. Nov. 07.]

Stietzel, Fritz: Ueber die Darstellung von γ-Pikolylalkin, γ-Pipekolylalkin und Chinuclidin. Anhang: Ueber organische Siliciumverbindungen. Breslau 1908: H. Fleischmann. (53 S.) 8°

Breslau, Phil. Fak., Ref. Ladenburg, Diss. v. 25. Jan. 1908

[Geb. 6. Jan. 83 Bremen; Wohnort: Lübben; Staatsangeh.: Preußen; Vorbildung: Gymn. Osterode (Ostpr.) Reife O. 01; Studium: Kiel 1, Jena 7, Breslau 5 S.; Rig. 18. Dez. 07.]

Stietzel, Walter, Magdeburgensis: De synecdocha eiusque in Martialis epigrammatis usu. Borna 1907: R. Noske. (80 S.) 8°

Jena, Phil. Fak., Ref. Goetz, Diss. v. 23. Nov. 1907

[Geb. 17. März 72 Magdeburg; Wohnort: Duderstadt; Staatsangeh.: Preußen; Vorbildung: Gymn. Magdeburg Reife O. 92; Studium: Jena 7, Halle 4 S.; Rig. 13. Juli 07.]

Stieve, Alois

Stieve, A., das Feldpolizeistrafgesetz für Elsaß-Lothringen vom 9. VII. 1888. Erläutert v. St. (XIV, 100 S.) kl. 8. Straßburg 907. K. J. Trübner. Kart. 1. 60

Stieve, Aloys, Referendar zu Zabern i. Elsass: Der Gegenstand des Bereicherungsanspruchs nach dem Bürgerlichen Gesetzbuche. *Strassburg: K. J. Trübner 1899.* (118 S.) 8°
Strassburg, Rechts- u. staatswiss. Diss. v. 1898

— Das Gesetz betr. die Ausführung des bürgerlichen Gesetzbuchs in Elsaß-Lothringen, s.: Molitor, Hugo.

Stieve, Felix, Abhandlungen, Vorträge u. Reden. gr. 8. (XII, 420 S. m. Bildnis.) Leipzig 900. Duncker & Humblot. n. 8. 40; geb. n. 10. 40
(Hrsg.: Hans v. Zwiedineck.)

Stieve, Felix: Von der Abreise Erzherzog Leopolds nach Österreich . . . s. Abreise

Stieve, Fel. Der oberösterreichische Bauernaufstand d. J. 1526. 2 Bde. gr. 8. Münch. 891, Rieger. [1. Bd. (XXIV, 343 S.) * 8 —; 2. Bd. (III, 319 S.) * 12 —.] * 20 —

Stieve, Fel., der oberösterreichische Bauernaufstand des J. 1626. 2. Aufl. Mit e. Geleitwort v. Jul. Strnadt u. e. Nachruf v. Alfr. Altmann. 2 Bde. (XXXVIII, 348 u. 326 S.) gr. 8. Linz 904. 905. Zentraldruckerei vorm. E. Mareis. n. 12. —
Erschien auch in 20 Lfgn. à — 60.

— s.: Briefe u. Akten zur Geschichte des 30jähr. Krieges.

Stieve, Fel., Wittelsbacher Briefe aus den J. 1590 bis 1610. 1.—3. Abtl. gr. 4. München, (Franz' Verlag.) [1. Abtl. (114 S.) 885. ** *M* 3.40.; 2. Abtl. (104 S.) 887. ** *M* 3.20.; 3. Abtl. (120 S.) 888. ** *M* 3.60.] **
Aus: Abhandlungen der k. bayer. Akademie der Wissenschaften, besonders abgedruckt.

Stieve, F., Wittelsbacher Briefe aus den J. 1590 bis 1610. Mitgeteilt v. F. S. 2.—4. Abtlg. [Aus: „Abhandlgn. d. k. bayer. Akad. d. Wiss.“] gr. 4. München 887. 888. (Franz' Verl.) n.n. 11. — (1—4.: n.n. 14. 40)
2. (104 S.) n. 3. 20. — 3. (120 S.) n. 3. 60. — 4. (140 S.) n. 4. 20.

—— Wittelsbacher Briefe aus den J. 1590 bis 1610. Mitgeteilt v. F. S. 4. u. 5. Abtl. gr. 4. Münch., (Franz' Verlag). [4. Abtl. (140 S.) 889. ** 4 20; 5. Abtl. (129 S.) 891. ** 4 —.] ** 8 20
Aus: Abhandlgn. d. k. bayer. Akad. d. Wissensch., besonders abgedruckt. 1.—3. Abtl. Ebd. 1885—88. ** 10 20.

— Wittelsbacher Briefe aus den J. 1590 bis 1610. V.—VII. Abtlg. [Aus: „Abhandlgn. d. k. b. Akad. d. Wiss.“] gr. 4. München, (G. Franz' Verl.). n.n. 12. 70 (I—VII.: n.n. 27. 10)
V. (129 S.) 891. n.n. 4. —. — VI. (152 S.) 892. n.n. 4. 50. — VII. (140 S.) 893. n.n. 4. 20.

— Wittelsbacher Briefe aus den J. 1590 bis 1610. VIII. Abtlg. gr. 4. (88 S.) München 900. (G. Franz' Verl.) n.n. 3. 30
Sonderabdruck aus: „Abhandlgn. d. k. bayer. Akad. d. Wiss.“

— dasselbe, s.: Abhandlungen der historischen Classe der königl. bayerischen Akademie der Wissenschaften.

Stieve, Felix (Stephanus) *(geb. Münster in Westf. 9. 3. 1845)*: De Francisco Lamberto Avenionensi. Vratislaviae (1867). (27 S.) 8°
Breslau, Phil. Diss. v. 25. Mai 1867

Stieve. Zur Geschichte des Finanzwesens und der Staatswirthschaft in Baiern unter den Herzogen Wilhelm V. und Maximilian I. Sitzungsberichte der Kgl. Akad. d. Wiss. zu München. Sitzung v. 8. Jan. 1881.

Stieve, Fel., zur Geschichte der Herzogin Jakobe von Jülich. Mit Nachträgen u. 27 archival. Beilagen. [Aus: „Zeitschrift des Bergischen Geschichts-Ver.“ Bd. XIII.] gr. 8. (197 S.) Bonn 878. A. Marcus. n. 3. —

— der Kalenderstreit des 16. Jahrh. in Deutschland. [Aus: „Abhandlgn. d. k. b. Akad. d. Wiss.“] gr. 4. (98 S.) München 880. Franz in Comm. n.n. 3. —

Stieve, Fel., die Reichsstadt Kaufbeuren u. die baierische Restaurations-Politik. Ein Beitrag zur Vorgeschichte des dreißigjähr. Krieges. München 870. Rieger. gr. 8. (102 S.) n. 20 *ngr.*

— Churfürst Maximilian I. von Bayern. Festrede, zur Vorfeier des Allerh. Geburts- u. Namensfestes Sr. Maj. des Königs Ludwig II. geh. in der öffentl. Sitzg. der k. b. Akademie der Wissenschaften zu München am 29. Juli 1882. gr. 4. (34 S.) Ebend. 882. n.n. 1. —

Stieve, F., die Politik Baierns 1591—1607, s.: Briefe u. Acten zur Geschichte d. 30jährigen Krieges in den Zeiten d. vorwaltenden Einflusses der Wittelsbacher.

Stieve, Fel., das kirchliche Polizeiregiment in Bayern unter Maximilian I. 1595—1651. gr. 8. (III, 75 S.) München 876. Rieger. n. 1. 20

— Waldsteins Uebertritt zum Katholizismus. Aus den „Sitzungsberichten der philosophisch-philologischen und der historischen Classe der königl. bayer. Akademie der Wissenschaften.“ 1897. II. Bd. 1. Heft. 8. München 1897.

— der Ursprung d. dreißigjährigen Krieges 1607—1619. 1. Buch. Der Kampf um Donauwörth im Zusammenhange der Reichsgeschichte dargestellt. gr. 8. (XV, 636 S.) Ebend. 875. n. 12. —

— die Verhandlungen über die Nachfolge Kaiser Rudolfs II. in den Jahren 1581—1602. [Aus: „Abhandlgn. d. k. b. Akad.“] gr. 4. (160 S.) München 880. Franz in Comm. n.n. 4. 80

Stieve, Fel., v. Reichstag 1608 bis zur Gründung der Liga, s.: Briefe u. Acten zur Geschichte d. 30jähr. Krieges.

Stieve, Fel., von den Rüstungen Herzog Maximilians von Bayern bis zum Aufbruch der Passauer, bearb. von Karl Mayr, s.: Briefe u. Akten zur Geschichte d. 30jährigen Krieges. 8. Bd.

— über die ältesten halbjährigen Zeitungen od. Messrelationen u. insbesondere über deren Begründer Frhrn. Michael v. Aitzing. [Aus: „Abhandlgn. d. k. b. Akad. d. Wiss.“] gr. 4. (89 S.) Ebend. 881. n.n. 3. —

Stieve, Friedrich

Stieve, Frdr., Ezzelino v. Romano. Eine Biographie. (V, 133 S.) gr. 8. Leipzig 909. Quelle & Meyer. 4.50

Stieve, Friedrich: Ezzelino von Romano bis zu seinem Bündnis mit Friedrich II. Leipzig: Quelle & Meyer 1909. 30 S. 8° ¶(Ersch. vollst. u. d. T.: Ezzelino v. Romano. Eine Biogr. ebd.)
Heidelberg, Phil. Diss. v. 29. April 1909, Ref. Hampe
[Geb. 14. Okt. 84 München; Wohnort: München; Staatsangeh.: Bayern; Vorbildung: Wilhelms-Gymn. München Reife M. 04; Studium: München 1, Heidelberg 1, Leipzig 1, Heidelberg 5 S.; Rig. 16. Nov. 08.] [U 09. 2026

— Gedichte. (46 S.) gr. 8. Leipzig 908. Haupt & Hammon. Geb. in Leinw. 3.—; in Samtldr. 7. 50

— Kampf unserm Jahrhundert! (68 S.) 8. Ebd. 909. 1. 20

— Ein Königswerden. Dramatisches Gedicht in 5 Akten. (102 S.) 8. Ebd. 909. 1.80; geb. 2. 50

— Von erster Liebe. Novellen. (163 S.) 8. Ebd. 910. 2.50; geb. 3. 50

Stieve, F. De ludis scenicis priscorum Rom. 26 S. Recklinghausen, Progr. 1834

Stieve über die Ruthardt'sche Methode. 30 S. Münster, Progr. 1844

Stieve. Ueber die Ruthardt'sche Methode. Münster, G., 1845. 24 S. 4. Progr.

Stieve, Frid. (geb. Münster in Westf. 1804): De rei scenicae apud Romanos origine. Berolini 1828. (VI, 90 S.) 8°
Berlin, Phil. Diss. v. 31. Dez. 1828)

Stieve, Frider., de rei scenicae apud Romanos origine dissertat. 8maj. (6½ B.) Berolini 828, Nauck.

Stieve, Friedr., über das Studium der alten Klassiker auf Gymnasien. Recklinghausen 1836. Abhandlung zum 5. Jahresbericht des kgl. Gymn.

Stieve, Gottfried

Stievens, Gottfr.: Europ. Hofceremoniel u. s. w. Leipz. 714. 8. Aufl. II. Leipz. 723. 8.

Dagsburg. Germanist. Studien im Elsaß. Von Richard Stieve. Bd 1. 2. Metz: Selbstverl.; (N. Houpert in Comm.) 1903. 2 Bde 8° [F.]
[1.] Die Dagsburger Markgenossenschaft, eine gemeine alamannische Mark.
2. Die Markgenossenschaften im Gebiet d. ehemal. Grafschaft Lützelstein u. in d. Rheinebene d. Nordgau.
Anh.: Das Westrich, fälschlich Deutschlothringen genannt. Vortrag. [03. 14347 6

Stieve, Rich., zum künftigen deutschen Strafprozeß. Schöffen in Elsaß-Lothringen? Ein jurist. Gutachten auf histor. Grundlage. gr. 8. (31 S. mit 1 Tab. in qu. 4.) Freiburg i. Br. 876, Herder'sche Verlagsh.

Stieve, Rich., Vogesen-Führer durch Elsass-Lothringen. 2 Thle. gr. 16. Strassburg [Lahr] 873, Schauenburg. *
Inhalt:
Thl. 1. Unter-Elsass. (XIX, S. 1—164 mit 3 chromolithogr. Karten in 4. und Fol. und 1 chromolithogr. Plan von Strassburg in 4.) *ℳ 2.
» 2. Ober-Elsass. (S. 165—276 mit 1 chromolithogr. Karte und den chromolithogr. Plänen von Mühlhausen und Colmar in 4.) *ℳ 1,60.

Wilhelmina. Entwurf eines Bürgerl. Gesetzbuchs f. d. Deutsche Reich. Von Richard Stieve. Straßburg i. E.: Selbstverl. 1896. (XXIII, 243 S.) 8° [F.]
[Umschlagt.:] Wilhelmina. Das Deutsche Reichsrecht … [03. 14348 6

Stieve, Richard: Dagobert Sigismund Reichsgraf von Wurmser, kais. Feldmarschall (Marschall „Vorwärts“) geb. zu Strassburg 7. Mai 1724, gest. gest. zu Wien, 21. August 1797. Ein Elsässer Lebens- und Charakterbild aus dem 18. Jahrhundert. Sonderabdruck aus dem: „Jahrbuch für Geschichte. Sprache und Literatur Elsass-Lothringens.“ (Strassburg 1903.) 8°

Zabern im Elsass oder Elsass-Zabern. Gesch. d. Stadt seit Julius Cäsar bis zu Bismarcks Tod. Von Richard Stieve. Kaiserl. Landger.R. a. D. Zabern: A. Fuchs 1900. (259 S.) 4°(8°)
= Bausteine z. Elsass-Lothr. Geschichts- u. Landeskunde. H. 6. [00. 7549

Stiewe, Heinrich, Referendar: Ein Beitrag zur Schadensersatzlehre. Ist der Beklagte ohne Rücksicht auf ein ihm zur Last fallendes Verschulden dem Kläger schadensersatzpflichtig, wenn er gegenüber einem für vorläufig vollstreckbar erklärten Urteile, gegen das er Berufung eingelegt hat, die einstweilige Einstellung der Zwangsvollstreckung erwirkt, die Berufung nachträglich zurückgewiesen wird, und dem Kläger durch die Einstellung der Zwangsvollstreckung ein Schaden erwachsen ist? Borna-Leipzig 1908: Noske. VIII, 50 S. 8°
Leipzig, Jur. Diss. v. 23. Nov. 1908
[Geb. 7. Nov. 80 Entrup b. Nieheim; Wohnort: Paderborn; Staatsangeh.: Preußen; Vorbildung: Gymn. Paderborn Reife O. 02; Studium: Freiburg i. B. 1, München 1, Kiel 1, Berlin 1, Münster 2 S.; Rig. 5. Aug. 05.] [U 09. 2099

Stifel, Michael. 16. Jh.
s. Styfel. [09. 15822

Stifel, Mich., von der christförmigen Lehre Luthers e. überauß schön künstl. Lied, hrsg. von Wilh. Lucke, s.: Flugschriften aus den ersten Jahren der Reformation.

Stiff, A. Stickmuster für kirchl. Linnenzeug im Styl des XII.—XIII. Jahrhunderts gezeichnet von A. Stiff … Marienwerth bei Maastricht, Holland. Im Selbstverlag d. Verf. [1884].
Tit., 4 S., 25 Taf. in farb. Lithogr. 2°.

Stiff, A., Stickmuster f. kirchl. Linnenzeug im Styl d. XII—XIII. Jahrh. qu. Fol. (25 autogr. Taf. m. 4 S. deutschem u. französ. Text.) Marienwerth bei Maastricht 884. (Aachen, Barth.) In Mappe. n. 8. —

Stiffler, Albert. Beitrag zur Begriffsbestimmung und Beurteilung des politischen Verbrechens im Auslieferungsrecht, unter Berücksichtigung des schweizerischen Rechts und der bundesgerichtlichen Praxis. Diss. Jur. Bern. II + VIII + 82 S. 8. Chur, Manatschal Ebner & Cie., 1909.

Stiffler, Anton. Das Receptum Cauponum und die Haftpflicht der Gastwirte «ex recepto», in besonderer Berücksichtigung des schweizer. Obligationen-Rechts und des bürgerlichen Gesetzbuches des deutschen Reiches. Hrg. von Dr. jur. A' St' aus Davos. [Diss. Jur. Leipzig.] 103 S. 8. Chur, Komm. F. Schuler (Buchdr. Sprecher & Valer), [1903]. [fr. 2. —]

Stiffler, Nikolaus, bacc. iur., Davos ⟨Schweiz⟩: Die Kommanditgesellschaft auf Grundlage des Schweizerischen Obligationenrechts. Leipzig: O. Wigand 1907. (81 S.) 8° Leipzig, Jur. Fak., Diss. v. 17. Juni 1907
[Geb. 31. Jan. 83 Davos (Schweiz); Wohnort: Davos; Staatsangeh.: Schweiz; Vorbildung: Gymn. Chur Reife Juli 02; Studium: München 1, Leipzig 6 S.; Rig. 1. März 06.]

Stifft, A. v., drei Bücher vom Geiste. Roman. Wien 863. Typograf.-literar.-artist. Anstalt. 8. (360 S.) 1 ℛ 15 ngr.

Stifft, A. v., **Culturstudien.** Kunst- u. Reisebriefe aus der Schweiz u. Deutschland. 2 Bde. Berlin 865. Janke. 8. (460 S.) 2 ℛ 7½ ngr.

— modernes Leiden. Roman. 2 Bde. Leipzig 867 Kollmann. 8. (895 S.) 5 ℛ

—— Von Nord und Süd. Kunst- und Reisebriefe. 8. (323 S.) Leipzig 863, Grunow. *

Stifft, A. v., Renaissance und Romantik. 8. (III, 252; III, 250 S.) Leipzig 869, Kollmann. *

Stifft, A., dramatische Schriften. 1--3. Bd. (Den Bühnen gegenüber Mscr.) gr. 8. Wien 861, Sommer. (F. Klemm.)

Inhalt:
Bd. 1. Künstlerin und Bajadere. (148 S.) * 20 Ngr.
» 2. Ein deutsches Schauspiel. (102 S.) * 15 Ngr.
» 3. Die Marquise. (144 S.) * 20 Ngr.

—— Im Sturme des Lebens. Roman. 2 Bde. 8. (III und 795 S.) Wien 864, Schönewerk. [Troppau, Kolck.]

Stifft, Andreas Josef Frh. von

v. Stifft, Frhrr. Ritter Andr. Jos., prakt. Heilmittellehre. 2 Bde. gr. 8. Wien 790 u. 91. Kaiserer. (Köhler in Leipz.) 3 ℛ 2 gr (a. Karl Haas in Wien). 3 ℛ

Stifft, Andreas Joseph Freiherr von: Praktische Heilmittellehre. Bd 1 - 2, gbd.

Wien: Kaiserer 1791 - 1792

Stifft, A. J. v., medicinische Jahrbücher etc., s. Jahrbücher.

(Stifft, Andreas Joseph Freiherr von): Plan zu einer gleichmässigen auf allen Universitäten der österreichischen Monarchie zu beobachtenden Studienordnung in Bezug auf Arzneykunde, Wundarzneykunst und Pharmacie.
14 S. bezw.11 S., gbd.

(Wien: 1804)

Stifft, Chr. Ernst, geognost. Beschreibung d. Herzogth. Nassau, in besond. Bezieh. auf d. Mineralquellen dies. Landes. M. 1 petrograph. Karte u. 1 Niveauprofil d. vorzügl. Mineralquellen (gr. Fol.). gr. 8. (39 B. u. 3 Tab.) Wiesbaden 831, Schellenberg.

Stifft, Chr. Er., Versuch einer Anleit. zu der Aufbereitung d. Erze. Mit 10 Kpft. gr. 8. Marb. 817. Krieger. 2 ℛ 8 gr

Stifft, Chr. E.: „Versuch einer Anleitung zu der Aufbereitung der Erze", Marburg und Cassel 1818. — Vorh.: Preuß. Oberbergamt Dortmund — E. f. 33.

Stifft, Ch. E., Versuch einer Anleitung zu der Aufbereitung der Erze. Mit Kupf. gr. 8. Marburg, Krieger. 819.

STIFFT, Heinrich (Weilbach): Beitrag zur Kenntnis der doppelseitigen Lähmung der Glottiserweiterer.- Frankfurt a.M.: Kumpf & Reis (1880). 2 Bl.,56 S.
30.7.1880 - Urk (Titel: De paralysi glottidis dilatatorum bilaterali.); Chr 1880/81,14
Diss.Ingolst.-Landsh.-Mchn.

Stifft, [H.], die Mineral-Quellen zu Bad Weilbach. gr. 8. (32 S.) Wiesbaden 887, Bergmann. *
Aus: Die Heilquellen des Taunus, besonders abgedruckt.

Stifft, H., die physiologische u. therapeutische Wirkung d. Schwefelwasserstoffgases. Nach Beobachtgn. an der kalten Schwefelquelle zu Weilbach. gr. 8. (VI, 164 S.) Berlin 886. Hirschwald. n. 3.—

Stifler, Max

Stifler, M., üb. Badebehandlung bei Frauen-Krankheiten. gr. 8. (37 S.) Frankfurt a/M. 886. Alt. n. 1. 20

STIFLER, Maximilian (Passau): De tympani relaxatione. (Titel nach der Urkunde)
27.7.1872 - Urk; Chr 1871/72,21
Diss. Ingolst.-Landsh.-Mchn.

Stifler, Max, Bad Steben f. Kurgäste u. Ärzte. Mit 1 (farb.) Touren-Karte, 1 geognost. Profil u. 10 Ansichten. 8. (98 S.) Hof 892. R. Lion. Geb. in Leinw. n. 1. 50

Stifler, Max, Bad Steben f. Kurgäste u. Aerzte. M. 1 Touren-Karte, 1 geognost. Profil, 3 Kurven-Taf. u. 13 Ansichten. 2. Aufl. 8. (103 S.) Hof 897. R. Lion. n. 1. 20; geb. n. 1. 50

Stifler, Max, Bad Steben f. Kurgäste u. Aerzte. Mit Genehmigg. des Verf. neu hrsg. von Fritz Hammer. Mit 1 Touren-Karte, 1 geogn. Profil u. 14 Ansichten. 4. Aufl. (74 S.) 8. Hof 906. R. Lion. n. 1. —

Stifler, Max, Bad Steben f. Kurgäste u. Ärzte. 5. Aufl., durchgeseh. u. ergänzt v. Willy Scheibe. Mit 1 Touren-Karte, 1 geognost. Profil und 13 Vollbildern. (72 S.) kl. 8. Hof 909. R. Lion. 1.—

Stift [Sachliches OW]

Stift, das. Nordische Photographien. 3 Thle. Leipzig 860—62. Dörffling & Franke. 8. (769 S.) 4 ℛ

Stift Heil! Stenographische Monatsschrift. (Gabelsberger). Jg. 1-27. Joachimsthal: Hirschberg 1897-1923/24. 8°
Hrsg. v. F. J. Hirschberg.

Stift, das, des heil. Johannes d. Täufers in Monza, s.a. Gruber, B.

Stift, das, des heiligen Johannes des Täufers in Monza. (Ein Beitrag zur Geschichte Theudelindas von Bayern, u. d. Kunstbildung ihrer Zeit. (Von Bernh. Gruber.) Mit 11 Lithograph. gr. 4. Regensburg 840. (Pustet.) n. 5/6 ℛ

Stift, Das, des heil. Johannes des Täufers in Monza . . . Regensb. 1840. V: *Grueber, Bernhard.* (EngG) »*Gruber*« (Ky)

Das Israelitische **Stift** zu Königsberg i. Pr. Zur Einweihungsfeier d. Erweiterungs-Baues d. Stiftsgebäudes am 11. Sept. 1898. Königsberg i. Pr. (1898): J. Jacoby. (29 S.) 8° [F.] [05 13197 10

Das Israelitische **Stift** zu Königsberg i. Pr. Mitteilungen aus s. Geschichte u. Bericht über die anläßl. s. 50jähr. Bestehens am 30. Nov. 1902 veranst. Jubelfeier. (Königsberg i. Pr. 1903: J. Jacoby.) (58 S.) 8° [F.] [05 14817 10

Stift. Das Stift und das Schullehrer-Seminar zu Kreuzlingen. Njbl. 1838 s. [Pupikofer, Johann Adam].

DAS SENKENBERGISCHE STIFT. Frankfurt am Main 1817, gedruckt bei Johann Friedrich Wenner. 8°.

Stift [Verfasser]

Stift, Andreas Joseph von

s.: Stifft, Andreas Joseph Freiherr von

STIFT, Anton

Die Krankheiten und thierischen Feinde der Zuckerrübe. Nach den neueren Erfahrungen der Wissenschaft und der Praxis bearbeitet von Anton Stift. Mit 24 farbigen lithographischen Tafeln. Wien. 1900. Frick. Gr.-8°. IX, 208 S. K 12.—

Stift, Ant., die Krankheiten der Zuckerrübe. Nach den Erfahrgn. der Wissenschaft u. Praxis bearb. gr. 8. (VIII, 115 S. m. 16 farb. lith. Taf.) Wien 900. (W. Frick.) 6.—

Leitfaden für Zuckerfabriks-Chemiker. Von Anton **Stift**. Mit 44 Textabbildungen. Wien. 1900. Frick. Gr.-8°. X, 168 S. K 5.—

Stift, A., sind die Abwässer der landwirthschaftlichen Industriezweige geeignet, die öffentlichen Wasserläufe in e. die Allgemeinheit schädigenden Weise zu verunreinigen, u. wenn ja, in welcher Art wäre dies zu beseitigen? [Aus: „Zeitschr. f. Zuckerindustrie u. Landwirthschaft".] (Internationaler land- u. forstwirthschaftl. Congress zu Wien 1890, Hft. 99.) gr. 8. (7 S.) Wien 890. (W. Frick.) n. 1.—

Stift, Ant., u. Wilh. Gredinger, der Zuckerrübenbau u. d. Fabrikation d. Rübenzuckers. Nach d. neuesten Erfahrungen der Wissenschaft u. der Praxis bearb. (VIII, 667 S. m. 273 Abbildgn.) gr. 8. Wien 910. A. Hartleben. Geb. in Halbfrz. 20.—

Stifter, Adalbert. Ein Bild des Dichters, s. Weitbrecht, J.

Stifter, Adalbert. Von K. Pröll, s. Sammlung gemeinnütz. Vorträge.

Adalbert **Stifter**. 1. Rede bei d. Enthüllung d. Stifterdenkmals in Oberplan am 26. Aug. 1906. Von August Sauer. 2. Adalbert Stifter als Erzieher. Vortr. v. Johann Weyde. Prag ('07). (Sammlg gemeinnütz. Vortr. 346/47.)

Adalbert **Stifter.** [Sammlung gemeinnütziger Vorträge. Nr. 346—347.] 8°. (Pag. 90—120.) † K —.40
Prag: J.G.Calve 1907.

Stifter, Adalbert, als Schulmann. Festgabe zur Enthüllg. des Adalbert Stifter-Denkmales in Linz am 24. V. 1902. gr. 8. (78 S. m. 1 Taf.) Linz (902). (B. Fink.) n. 1.—

Stifter, Die, Elchingens am 6. März 1791 ... von den Elchingischen Musen besungen. Günzburg 1791. V: *Mittich, Romanus.* (MGT)

Stifter, Ludw., s.: Im Lenz geknickt.

Stifter, Adalbert

Stifter's, Adalbert, Biographie, s.: Markus, J. K.

Stifter, Adalbert, s. Klassiker, moderne.

— **Abdias**, s.: Erzähler, unsere. 29. Buch.

— dasselbe, s.: Hesse's, Max, Volksbücherei.

— dasselbe, s.: Universal-Bibliothek.

— dasselbe, s.: Volksbibliothek des Lahrer hinkenden Boten.

Stifter, Adalb., Abdias. 16. (162 S. mit 1 Stahlst.) Pesth 853, Heckenast's Verlag.

Stifter, Adalb., Abdias. Pest 866. Heckenast's Verlag. gr. 4. (76 S. mit Illustr. nach Zeichnungen von J. M. Kaiser in eingedr. Holzschn.) cart. 1 ℳ 15 ℳ

Stifter, Adb. Abdias. Min.-Ausg. gr. 16. (151 S.) Lpz. 889, Amelang. geb. m. Goldschn. * 2 —

Stifter, Adalbert: Abdias. Der Condor. 2 Erzählungen. Mit Einl. von Dr. Carl Müller-Rastatt u. e. Bildn. d. Verf. Halle a. d. S.: O. Hendel (1899). (VI, 106 S.) 8°
= Bibliothek d. Gesamtlitteratur d. In- u. Auslandes. No 1264/1265.

— dasselbe. Der Condor, s.a. Bibliothek der Gesamtlitt.

— **dasselbe.** Mit Illustr. nach Zeichngn. v. J. M. Kaiser. gr. 4. (76 S.) Geb. in Leinw. 1.50
Leipzig: Amelang 1899.

(F) **Abdias.** Von Adalbert **Stifter.** [Allgemeine National-Bibliothek. Nr. 223—224.] Wien. [1899.] Daberkow. 8°. 114 S. fl. —.20

— dasselbe, s.a. National-Bibliothek, allgemeine.

— **Abdias.** 12. (153 S.) Leipzig (902). C. F. Amelang. Kart. n. 1.—

Abdias. Erzählung von Adalbert **Stifter**. Taschenausg. mit großer Schrift. Breslau: F. Goerlich [1904]. (107 S.) 8° [F.]
(Franz Webers Hausbibliothek.) [05. 13198 2

Abdias. Erzählung von Adalbert **Stifter**. Taschenausg. mit großer Schrift. Breslau: F. Goerlich [1905]. (109 S.) 8° [F.]
= **Hausbibliothek**, Franz Webers. No [93-95]. [07. 8147

— dasselbe, s.a. Weber's, Frz., Hausbibliothek.

Abdias. Der Condor. 2 Erzählungen von Adalbert **Stifter**. Mit Einl. von Dr. Carl Müller-Rastatt u. 1 Bildn. d. Verf. Halle a. S.: O. Hendel [1908]. (VI, 106 S.) 8° [F.]
(Otto Hendel's Reisebibliothek. Ser. 1. No 18.) [08. 16886 3

— dasselbe. Der Condor, s.a. Hendel's, Otto, Reisebibliothek.

— **Bergkrystall**, s.: Reuter's Bibliothek f. Gabelsberger-Stenographen.

— dasselbe, s.: Meyer's Volksbücher.

— dasselbe. Brigitta, s.: Universal-Bibliothek.

— dasselbe. Brigitta, s.: Volksbibliothek des Lahrer hinkenden Boten.

(F) Bergkrystal. Erzählung aus „Bunte Steine" von Adalbert Stifter. 1. bis 4. Tausend. Linz. 1900. In Comm. Mareis. 16°. 88 S. mit 1 Tafel. Geb. fl. —.50

— Bergkrystall, s.a. Jugendschriften. Hrsg. vom oberösterreich. Lehrervereine. 5.

(F) Bunte Steine. Bergkrystall. Von Adalbert Stifter. [Allgemeine National-Bibliothek. Nr. 288. 289.] Wien. [1900.] Daberkow. 8°. 64 S. K —.40

Stifter, Adb., Bergkrystall, s.a. National-Bibliothek, allgem.

Stifter, Adalb., Bergkristall. Erzählung. Taschenausg. m. großer Schrift. (60 S.) kl. 8. Breslau (904). F. Goerlich. n. — 20

Bergkristall. Erzählung von Adalbert Stifter. Taschenausg. mit großer Schrift. Breslau: F. Goerlich [1905]. (60 S.) 8° [F.]
— Hausbibliothek, Franz Webers. No [61–62].

(F) Stifter, A., Bergkristall. [Gerlachs Jugendbücherei Nr. 17.] 8°. (77 S.) geb. K 1.80
Wien: Fromme 1906.

— dasselbe, s.a. Gerlach's Jugendbücherei. 17.

Bergkristall. Katzensilber. 2 Erzählungen von Adalbert Stifter. Mit 4 Abb. von Karl Fahringer. Stuttgart, Berlin, Leipzig: Union [1907]. (130 S.) 8° [F.]
= Universal-Bibliothek f. d. Jugend. 442/443. [08. 2944

— dasselbe s.a. Universal-Bibliothek für die Jugend.

Stifter, Adalbert. Bergkristall. [Erzählung. Mit illustriertem Titel.] IV + 48 S. 8. Basel, Verein für Verbreitung guter Schriften, April 1909. fr. —. 10
Verein für Verbreitung guter Schriften. Basel, Nr. 81.

Bergkrystall. Von Adalbert Stifter. [Stenogr.] Berlin: Steffenhagen [1909]. 64 S. 8°
(Auf Hohenpfaden neuerer Literatur. Bd 1.) A 12. 9433

(F) Bunte Steine. Bergmilch. Von Adalbert Stifter. [Allgemeine National-Bibliothek. Nr. 240.] Wien. [1900.] Daberkow. 8°. 36 S. K —.20

— Bergmilch, s.a. National-Bibliothek, allg.

Bergmilch. Erzählung von Adalbert Stifter. Taschenausg. mit großer Schrift. Breslau: F. Goerlich [1904]. (35 S.) 8° [F.]
(Franz Webers Hausbibliothek.) [05. 15000 2

— dasselbe, s.a. Weber's, Frz., Hausbibliothek.

Bergmilch. Erzählung von Adalbert Stifter. Taschenausg. mit großer Schrift. Breslau: F. Goerlich [1905]. (35 S.) 8° [F.]
= Hausbibliothek, Franz Webers. No 6. [07. 8718

(F) Bilder aus Wien. Aussicht und Betrachtung von der Spitze des St. Stephansthurmes. — Ein Gang durch die Katakomben — Der Prater. — Der Tandelmarkt. Von Adalbert Stifter. [Allgemeine National-Bibliothek. Nr. 225–226.] Wien. [1899.] Daberkow. 8°. 82 S. fl. —.20

Vgl. National-Bibliothek, Allg.

Stifter's, Adalb., Briefe, hrsg. von Johs. Aprent. 3 Bde. 8. (LXXI, 244; 370; 347 S., mit Portr. in Stahlst.) Pest 869, Heckenast's Verlag.

[Stifter, Adalb.] — Aus Adalbert Stifters Briefen. (Hrsg. v. K. Dieterich.) (XI, 145 S.) kl. 8. Leipzig 906. C. F. Amelang. Kart. n. 1. —

— Brigitta, s.: Verein f. Verbreitung guter Schriften, Zürich.

— dasselbe, s.: Meyer's Volksbücher.

— dasselbe, s.: Reuter's Bibliothek f. Gabelsberger-Stenographen.

— Brigitta, s.: Volksschriften, Münchener.

Stifter, Adb., Brigitta. gr. 16. (121 S.) Leipzig 893. C. F. Amelang. Geb. n. 2. —

Brigitta. Novelle von Adalbert Stifter. *Berlin: Bong & Co. [1899].* (S. 361–428.) 8° [F.]
— Meister-Novellen d. XIX. Jahrh. Bd 2, (5.)
(Illustr. Klassikerbibl. Beigabe zu Zur Guten Stunde.) [01. 9842

Stifter, Adalbert: Brigitta. Der Waldsteig. Mit e. Einl. von Dr. Karl Müller-Rastatt u. d. Bilde d. Verf. Halle a. d. S.: O. Hendel (1899). (VI, 109 S.) 8°
= Bibliothek d. Gesamtlitteratur d. In- u. Auslandes. No 1280. 1281.

— dasselbe. Der Waldsteig, s.a. Bibliothek der Gesamtlitt.

(F) Brigitta. Von Adalbert Stifter. [Allgemeine National-Bibliothek. Nr. 248—249.] Wien. [1900.] Daberkow. 8°. 70 S. K —.20

— dasselbe, s.a. National-Bibliothek, allgem.

Brigitta. Novelle von Adalbert Stifter. Nach d. ursprüngl. Textausg. *Hamm i. W.: Breer & Thiemann 1901.* (69 S.) 8° [F.]
= Bibliothek, Kleine. No 61. [02. 2617

— Brigitta. (121 S.) 12. Leipzig (903). C. F. Amelang. Kart. n. 1. —

Stifter, A., Brigitta. Erzählung. [Grüne Bibliothek. Nr. 2.] 8°. (127 S.) K —.20
Wien: Weiss 1903.

— dasselbe, s.a. Bibliothek, grüne.

— Erzählungen. [Gesammelt und dem Nachlasse entnommen.] Hrsg. von Johs. Aprent. 2 Bde.
Pest: Heckenast 1869.
Bd. 1. Prokopus. — Die drei Schmiede ihres Schicksals. — Der Waldbrunnen. — Nachkommenschaften. — Ein Gang durch die Katakomben. — Aus dem bairischen Walde. (V, 313 S. mit 1 Stahlst.)
„ 2. Der Waldgänger. — Der fromme Spruch. — Der Kuß von Sentze. — Zuversicht. — Zwei Witwen. — Die Barmherzigkeit. — Zwei Parallelen. — Gedichte. (320 S. mit 1 Stahlst.)

— Erzählungen. Gesammelt u. dem Nachlasse entnommen. Hrsg. v. Johs. Aprent. 4. Aufl. 8. (V, 428 S.) Leipzig 894. C. F. Amelang. Geb. in Leinw. 6. —

— Erzählungen. Gesammelt u. d. Nachlaß entnommen. Hrsg. v. Johs. Aprent. 5. Aufl. 8. (V, 428 S.) Leipzig 897. C. F. Amelang. Geb. in Leinw. n. 3. —

— Erzählungen. Gesammelt u. dem Nachlasse entnommen. Hrsg. v. Johs. Aprent. 8. Aufl. 8. (V, 428 S.) Leipzig (902). C. F. Amelang. Geb. in Leinw. n. 3. —

— Erzählungen. Gesammelt u. dem Nachlasse entnommen. Hrsg. Ostern 1869 v. Johs. Aprent. Billige Volksausg. (351 S.) 8. Osnabrück 903. B. Wehberg. 1. 50

Stifter, Adalbert: Feldblumen, s. National-Bibliothek, Allegemeine.

— Feldblumen, s.: Universal-Bibliothek.

— dasselbe, s.: Volksbibliothek des Lahrer hinkenden Boten.

Stifter, A., Feldblumen. [Volksbücherei Nr. 18/19.] 8°. (151 S.) Graz: Styria 1903. K —.40

— dasselbe, s.a. Volksbücherei. Nr. 18. 19.

— Feldblumen. (Min.-Ausg.) (128 S.) kl. 8. Leipzig 904. C. F. Amelang. Kart. n. 1. —

— Feldblumen. (128 S.) kl. 8. Leipzig (909). C. F. Amelang. Kart. 1.—; Volksbücherei-Ausg. (909). Geb. — 50

— Ein Gang durch die Katakomben Wiens. Der Prater in Wien, s.: Reuter's Bibliothek für Gabelsbergersche Stenographen.

— Geschichten aus der Wienerstadt, s.: Schaffstein's Volksbücher. (Grillparzer, Frz.)

— Granit, s.: Jugendschriften, hrsg. vom Lehrerhausverein f. Oberösterreich. 17. Bd.

— dasselbe. Kalkstein. Bergmilch, s.: Jugendschriften. Hrsg. vom Verlag der Jugendblätter. 4. Bd.

— Granit. Die grüne Fichtau, s.: Lesebibliothek, österreichische, Gabelsberger. 4. Bdchn.

— dasselbe, s.: Reuter's Bibliothek f. Gabelsberger-Stenographen.

(F) Bunte Steine: Granit. Von Adalbert Stifter. [Allgemeine Nationalbibliothek Nr. 219.] Wien. [1899.] Daberkow. 8°. 54 S. fl. —.10

— dasselbe, s.a. National-Bibliothek, allgem.

(F) Bunte Steine: Granit. Von Adalbert Stifter. Wien. [1901.] Daberkow. 8°. 78 S. Geb. K 2.50

— Granit. Eine Erz. (Vorr.: Erich Liesegang.) 2. Aufl. Wiesbaden '03. 47 S. (Wiesbadener Volksbücher. 22.)

— Granit, s.a. Volksbücher, Wiesbadener.

— der Hagestolz, s.: Universal-Bibliothek.

— Der Hagestolz, s.: Volksbibliothek des Lahrer hinkenden Boten.

Stifter, Adalb., der Hagestolz. 16. (189 S. m. 1 Stahlst.) Pesth 852, Heckenast. Leipzig, G. Wigand. n. 24 ngr; in Engl. Einb. m. Goldschn. n. 1 Rthlr

—— Der Hagestolz. Min.-Ausg. gr. 16. (192 S.) Ebd. 889. geb. m. Goldschn.

— der Hagestolz. 2. Aufl. 16. (192 S.) Leipzig 896. C. F. Amelang. Geb. in Halbleinw. m. Goldschn. n. 2. — ; ermäß. Pr. kart. n. 1. —; geb. n. 1. 20

— der Hagestolz. (192 S.) 12. Leipzig (903). C. F. Amelang. Kart. n. 1. —

— d. Haidedorf, s.: Reuter's Bibliothek f. Gabelsberger-Stenographen.

— dasselbe, s.: Bücherei, allgemeine, Nr. 3.

(F) Das Heidedorf. Von Adalbert Stifter. [Allgemeine Nationalbibliothek Nr 218.] Wien. [1899.] Daberkow. 8°. 38 S. fl. —.10

— das Heidedorf, s.a. National-Bibliothek, allgem.

Das Heidedorf. Novelle von Adalbert Stifter. Taschenausg. mit großer Schrift. Breslau: F. Goerlich [1904]. (36 S.) 8° [F.] (Franz Webers Hausbibliothek.) [04. 1901 2

Das Heidedorf. Novelle von Adalbert Stifter. Taschenausg. mit großer Schrift. Breslau: F. Goerlich [1905]. (36 S.) 8° [F.] = Hausbibliothek, Franz Webers. No 24. [07. 8985

-- dasselbe, s.a. Weber's, Frz., Hausbibliothek.

Stifter, A., Das Heidedorf. Bergkristall. [Österr. Lesebibliothek Gabelsberger. Herausg. von Josef Jahne. 1. Bd.] 8°. (96 S.) Wien: Manz 1909.

— Das Heidedorf. Bergkristall, s.a. Lesebibliothek, österreichische, Gabelsberger. 1. Bdchn.

(F) Stifter. A., Das Heidedorf und andere Erzählungen. [Pichlers Jugendbücherei. Bd. 30.] 8°. (107 S.) geb. K 1.– Wien: Pichler 1907.

— dasselbe u. andere Erzählungen, s.a. Pichler's Jugendbücherei.

—— Heidedorf u. Weihnachtsabend. Mit 9 Holzschn. nach Zeichngn. v. J. M. Kaiser. Min.-Ausg. gr. 16. (144 S.) Lpz.: Amelang 1889. geb. m. Goldschn. * 2 —

— Heidedorf u. Weihnachtsabend. Mit 9 Holzschn. nach Zeichngn. v. J. M. Kaiser. 2. Aufl. gr. 16. (144 S.) Ebd. 893. Geb. n. 2. —

— Heidedorf u. Weihnachtsabend. 12. (134 S.) Leipzig (902). C. F. Amelang. Kart. n. 1. —

— dasselbe u. Weihnachtsabend. (Min.-Ausg.) (134 S.) kl. 8. Leipzig (904). C. F. Amelang. Kart. n. 1. —

Stifter, Adalbert. Ueber den geschnitzten Hochaltar in der Kirche zu Kefermarkt. 8. (20 S.) Linz, Joh. Wimmer. (Auf Kosten des Museum Franc. Carol.) 1853.

— der Hochwald, s.: National-Bibliothek, allgem.

— dasselbe, s.: Bücherei, allgemeine. 26.

— dasselbe, s.: Hesse's, Max, Volksbücherei.

— dasselbe, s.: Reclam's Novellen-Bibliothek.

— dasselbe, s.: Reuter's Bibliothek f. Gabelsberger Stenographen.

— dasselbe, s.: Universal-Bibliothek.

— dasselbe, s.: Volksbibliothek des Lahrer hinkenden Boten.

—— der Hochwald. 16. (174 S. mit 1 Stahlst.) Pesth 852, Heckenast's Verlag. *

Stifter, Adalb., der Hochwald. Pest 868. Heckenast's Verlag. gr. 4. (81 S. mit Illustr. in Holzschn. nach Zeichnungen von J. M. Kaiser.) cart. 1 ₰ 15 ngr.

Stifter, Adb., der Hochwald. 8. (107 S. mit Titel in Holzschn. und 1 Holzschntaf.) [Preßburg 877, Heckenast Nachf.] Leipzig, Amelang's Verlag. *

Stifter, Adb., der Hochwald. 2. Aufl. 8. (112 S. mit 1 Holzschntaf.) Leipzig 882, Amelang's Verlag. geb. *
—— dass. — Mit (eingedr. Holzschn.-)Illustr. nach Zeichnungen von J. M. Kaiser. 2. Aufl. gr. 4. (81 S.) Ebendas. 882. geb.
—— dass. — 3. Aufl. 16. (174 S.) Ebendas. 881. geb. mit Goldschn.

— der Hochwald. 5. Aufl. 12. (174 S.) Leipzig (893). C. F. Amelang. Geb. in Halbleinw. m. Goldschn. n. 2

dasselbe. (Neudr.) gr. 16. (171 S.) Ebd 897.

— dasselbe. Mit Illustr. nach Zeichngn. v. J. M. Kaiser. 3. Aufl. gr. 4. (75 S.) Ebd. (899). Geb. in Leinw. 1. 50

[F.] Der Hochwald. Das Heidedorf. Erzählgn v. Adalbert Stifter. M. Einleitg v. Dr. Carl Müller-Rastatt u. e. Bildn. d. Vfs. *Halle a. S.: O. Hendel [1899].* (VI S., 1 Bl., 115 S., 1 Portr.) 1 Bd 8.
= Bibliothek d. Gesamtlitteratur d. In- u. Auslandes. No 1227. 1228.
99. 2730

— dasselbe. Das Haidedorf, s.a. Bibliothek der Gesamtlitt.

— dasselbe. gr. 16. (174 S.) Ebd. (900). Geb. in Ldr. n. 1.20

— dasselbe. 12. (196 S.) Leipzig (900). [O. Gracklauer.] Schulze & Co. Geb. in Ldr. m. Goldschn. n. 5.—

Stifter, A., Der Hochwald. Das Heidedorf. 2 Erzählungen. Volksbücherei Nr. 7.8.] 8°. (182 S.)
Graz: Styria 1902.

— dasselbe, s.a. Volksbücherei. 7. 8.

— der Hochwald. 12. (174 S.) Kart. n. 1.—
Lpz.: Amelang 1902.

Stifter, A., Der Hochwald. Das Heidedorf. Zwei Erzählungen. [Volksbücherei. Bd. 5 und 6.] 8°. (141, 151 S.) geb K 1.30
Graz: Styria 1903.

Der Hochwald. Erzählung von Adalbert **Stifter**. Mit Biogr. u. Bildn. d. Dichters. Taschenausg. mit großer Schrift. Breslau: F. Goerlich [1904]. (116 S.) 8° [F.]
(Franz Webers Hausbibliothek.) 05. 13203 2

— der Hochwald. (Min.-Ausg.) (174 S.) kl. 8. Kart. n. 1.—
Lpz.: Amelang 1904.

Der Hochwald. Erzählung von Adalbert **Stifter**. Mit Biogr. u. Bildn. d. Dichters. Taschenausg. mit großer Schrift. Breslau: F. Goerlich [1905]. (116 S.) 8° [F.]
= **Hausbibliothek**, Franz Webers. No 21–23. 07. 8924

— dasselbe, s.a. Weber's, Frz., Hausbibliothek.

Der Hochwald. Das Haidedorf. Erzählungen von Adalbert **Stifter**. Mit Einl. von Dr. Carl Müller-Rastatt u. 1 Bildn. d. Verf. Halle a. S.: O. Hendel [1908]. (VI, 115 S.) 8° [F.]
(Otto Hendel's Reisebibliothek. Ser. 1. No 17.) 08. 16885 3

— dasselbe. Das Haidedorf, s.a. Hendel's, Otto, Reisebibliothek.

— Der Hochwald. Volksbücherei-Ausg. (139 S.) kl. 8. Leipzig (909). C. F. Amelang. Kart. —50; geb. in Leinw. 1.—; in Ldr. 2.—

(F) **Stifter, A.**, Der Hochwald. Herausgegeben von Dr. J. Weyde. [Neuere Dichter für die studierende Jugend.] 8°. (128 S.) geb. K —.90
Wien: Eberle & Co. 1910.

— dasselbe. Mit e. Einführg. v. Joh. Weyde, s.a. Dichter, neuere, f. die studierende Jugend.

— Kalkstein. Das Heidedorf, s.: Jugendschriften. Hrsg. vom Lehrerhausvereine f. Oberösterreich.

(F) Bunte Steine: Kalkstein. Von Adalbert Stifter. [Allgemeine Nationalbibliothek Nr. 220—221.] Wien. [1899.] Daberkow. 8°. 76 S. fl. —.20

— Kalkstein, s.a. National-Bibliothek, allgem.

Kalkstein. Erzählung von Adalbert **Stifter**. Taschenausg. mit großer Schrift. Breslau: F. Goerlich [1904]. (74 S.) 8° [F.]
(Franz Webers Hausbibliothek.) 05. 13203 2

— dasselbe, s.a. Weber's, Frz., Hausbibliothek.

Kalkstein. Erzählung von Adalbert **Stifter**. Taschenausg. mit großer Schrift. Breslau: F. Goerlich [1905]. (74 S.) 8° [F.]
= **Hausbibliothek**, Franz Webers. No 40–41. 07. 8930

(F) Bunte Steine: Katzensilber. Von Adalbert Stifter. [Allgemeine National-Bibliothek. Nr. 244—245.] Wien. [1900.] Daberkow. 8°. 78 S. K —.20

— dasselbe, s.a. National-Bibliothek, allgem.

Stifter, A., Katzensilber. Erzählung aus „Bunte Steine". (Jugendschriften. Hrsg. vom Lehrerhausverein für Oberösterreich. Der ganzen Sammlung 10. Bd.) 8°. (101 S.) † Geb. K 1.—
Linz: Mareis 1902.

— Katzensilber, s.a. Jugendschriften, hrsg. vom Lehrerhausverein f. Oberösterreich 10.

Katzensilber. Erzählung von Adalbert **Stifter**. Taschenausg. mit großer Schrift. Breslau: F. Goerlich [1904]. (76 S.) 8° [F.]
(Franz Webers Hausbibliothek.) 05. 13204 2

— dasselbe, s.a. Weber's, Frz., Hausbibliothek.

Katzensilber. Erzählung von Adalbert **Stifter**. Taschenausg. mit großer Schrift. Breslau: F. Goerlich [1905]. (76 S.) 8° [F.]
= **Hausbibliothek**, Franz Webers. No 59–60. 07. 8938

— d. Condor, s.: National-Bibliothek, allgem.

der Kondor, s.: Reuter's Bibliothek f. Gabelsberger-Stenographen.

— der Kondor. — Brigitta. Novellen. Taschenausg. m. großer Schrift. (82 S.) kl. 8. Breslau (904). F. Goerlich. n. — 80

— dasselbe, s.a. Weber's, Frz., Hausbibliothek.

Der Kondor. Brigitta. Novellen (2 Erzählungen) von Adalbert St..er. Taschenausg. mit großer Schrift. Breslau: F. Goerlich [1905]. (82 S.) 8° [F.]
— Hausbibliothek, Franz Webers. No 38–39.

Stifter, A., Der Kuss von Sentze. [Allg. National-Bibliothek. Nr. 311.] 8°. (36 S.) K —.20
Wien: Daberkow 1902.
Vgl. Nationalbibliothek, Allgem. Nr. 311.

— und J. Aprent, Lesebuch zur Förderung humaner Bildung in Realschulen und andern zu weiterer Bildung vorbereitenden Mittelschulen. Pest 854. Heckenast. gr. 8. (VIII, 360 S.) n. 20 ngr.

— u. J. Aprent, Lesebuch zur Förderung humaner Bildung in Realschulen u. in anderen zur weiteren Bildung vorbereitenden Mittelschulen. 2. Aufl. Pest 863. Heckenast's Verl. 8. (VIII, 360 S.) n. 16 ngr.

Stifter, A.: Lesebuch zur Förderung humanerer Bildung, s.a. Aprent, Johannes

(F) Die Mappe meines Urgrossvaters. Von Adalbert Stifter. [Allgemeine Nationalbibliothek Nr. 213—217.] Wien. [1899.] Daberkow. 8°. 242 S. fl. —.60

— die Mappe meines Urgroßvaters, s.a. National-Bibliothek, allgem.

— die Mappe meines Urgroßvaters. (205 S.) kl. 8. Leipzig 905. C. F. Amelang. Kart. n. 1.—

(F) Stifter, A., Die Mappe meines Urgroßvaters. [Volksbücherei Nr. 148/151.] 8°. (278 S.) K —.80
Graz: Styria 1906.

— dasselbe, s.a. Volksbücherei.

— dasselbe, s.: Hesse's, Max, Volksbücherei.

— dasselbe, s.: Reuter's Bibliothek f. Gabelsberger-Stenographen.

Stifter, Adalbert: Nachkommenschaften, s. Nationalbibliothek, Allgem.

— der Nachsommer. Eine Erzählung. 3 Bde. Pesth 857. Heckenast. 8. (2 Bl., 483; 2 Bl., 420; 2 Bl., 444 S. u. 3 Titel in Stahlst.) 6 ₰.

— der Nachsommer. Eine Erzählung. 3 Bde. 2. Aufl. 8. (1347 S. mit 3 Stahlst.) Pest 865, Heckenast's Verlag.

— der Nachsommer. Eine Erzählung. 3. Aufl. Mit dem Bildniß des Verf. (in Stahlst.) u. 3 Stahlst.-Vignetten. gr. 8. (VIII, 543 S.) Ebend. 877. n. 6. —

Stifter, Adb., der Nachsommer. E. Erzählg. 4. Aufl. 8. (VI, 458 S.) Leipzig 897. C. F. Amelang. n. 4. —; geb. n. 5. —

— der Nachsommer. Eine Erzählung. 5. Aufl. 8. (IV, 458 S.) Leipzig 902. C. F. Amelang. Geb. in Leinw. n. 3.—

— die Narrenburg, s.: Entlin's Roman- u. Novellenschatz.

— dasselbe, s.: Hesse's, Max, Volksbücherei.

Stifter, Adalbert: Die Narrenburg, s. National-Bibliothek, Allgemeine.

— dasselbe, s.: Universal-Bibliothek.

— Die Narrenburg, s.: Volksbibliothek des Lahrer hinkenden Boten.

— die Narrenburg. 16. (182 S. mit 1 Stahlst.) Pesth 855, Heckenast's Verlag.

Stifter, Adalbert: Die Narrenburg. Leipzig, 1856. Gedr. von Breitkopf und Härtel in Leipzig. Pesth, Verlag von Gustav Heckenast. (182 S. 8°.)

— Die Narrenburg. Min.-Ausg. gr. 16. (170 S.)
Lpz.: Amelang 1889. geb. m. Goldschn. * 2 —

Stifter, Adalbert: Die Narrenburg. Die drei Schmiede ihres Schicksals. Mit e. Einl. von Dr. Karl Müller-Rastatt u. d. Bilde d. Verf. Halle a. d. S.: O. Hendel (1899). (VI, 122 S.) 8°
= Bibliothek d. Gesamtlitteratur d. In- u. Auslandes. No 1278–1279.

— dasselbe. Die drei Schmiede ihres Schicksals, s.a. Bibliothek der Gesamtlitteratur.

— die Narrenburg. 12. (170 S.) Ebd. (902). Kart. n. 1.—

(F) Stifter, A., Die Narrenburg. [Volksbücherei Nr. 146/147.] 8°. (145 S.) K —.40
Graz: Styria 1906.

— dasselbe, s.a. Volksbücherei.

— Prokopus. Die drei Schmiede ihres Schicksals, s.: Hesse's, Max, Volksbücherei.

(F) Stifter, A., Prokopus. [Allg. National-Bibliothek. Nr. 309—310.] 8°. (76 S.) K —.20
Wien: Daberkow 1902.
Vgl. Nationalbibliothek, Allgem. Nr. 309/310.

— die drei Schmiede ihres Schicksals, s.: National-Bibliothek, allg.

— die drei Schmiede ihres Schicksals, s.: Volksbücher, Wiesbadener.

— vermischte Schriften. Hrsg. von Johs. Aprent. 2 Bde. br. 8. Pest: Heckenast 1870.

Inhalt:
Bd. 1. Die Mappe meines Urgroßvaters. (Bruchstücke aus dem unvollendet gebliebenen Werke.) Ueber Kunst im Allgemeinen. Dramatische Dichtung und Darstellung. Kirchliche Bauwerke. Gemälde. Die Poesie und ihre Wirkungen. (V, 327 S.)
" 2. Aus dem alten Wien. — Winterbriefe aus Kirchschlag. — Die Schule und die Schulbildung. — Kleine Aufsätze verschiedenen Inhalts. (V, 328 S.)

— zwei Schwestern. 12. (170 S.) Leipzig 902. C. F. Amelang. Kart. n. 1.—

(F) Das alte Siegel. Von Adalbert Stifter. [Allgemeine Nationalbibliothek Nr. 246—247.] Wien. [1900.] Daberkow. 8°. 70 S. K —.20

— das alte Siegel, s. a. National=Bibliothek, allgem.

— dasselbe, s.: Reuter's Bibliothek f. Gabelsberger=Stenographen.

(F) Stifter, A., Der fromme Spruch. [Allg. National-Bibliothek. Nr. 313—314.] 8°. (90 S.) K —.20
Wien: Daberkow 1902.

— der fromme Spruch, s. a. National=Bibliothek. allg.

— Bunte Steine, s.: Jugend= u. Volksbücherei, (illustrierte).

— dasselbe. Granit, Kalkstein, Bergkristall, Katzensilber, s.: Bücher, die, der deutschen Jugend.

— dasselbe, s.: Hesse's, Max, Volksbücherei.

— bunte Steine. Ein Festgeschenk. 2 Bde. Pesth 853. Heckenast. 8. (4 Bl., 268; 3 Bl., 264 S. u. 2 Titelbl. in Stahlst.) n. 3 Thlr. 10 ngr.

—— Bunte Steine. Ein Festgeschenk. 8. (264 S.) Pest 863, Heckenast's Verlag. geb.

—— bunte Steine. Ein Festgeschenk. 3. Aufl. gr. 8. Ebendas. 869.
geb. mit Goldschn. *
Inhalt:
Vorwort. Einleitung. — Granit. — Kalkstein. — Turmalin. — Bergkrystall. — Katzensilber. — Bergmilch. (XXI, 336 S. mit eingedr. Holzschn. und 12 Holzschntaf.)

—— dass. — 4. Aufl. 8. (342 S. mit 1 Titelbl. in Stahlst.) Ebendas. 870.

Stifter, Adb., bunte Steine. Ein Festgeschenk. 5. Aufl. 8. (342 S. m. Titel in Stahlst.) Preßburg 876. Heckenast. 3. —

Stifter, Adb., bunte Steine. Ein Festgeschenk. 5. Aufl. 8. (342 S. mit Titel in Stahlst.) [Preßburg 878, Heckenast Nachf.] Leipzig, Amelang's Verlag. ℳ 3.; geb. *

—— bunte Steine. Ein Festgeschenk. 6. und 7. Aufl. 8. (XVI, 238 S.) Ebendas. 881,84. ℳ 3.; geb.

—— bunte Steine. Ein Festgeschenk. 8. Aufl. 8. (XVI, 238 S.) Ebendas. 887. geb.

—— Bunte Steine. Ein Festgeschenk. 9. Aufl. 8. (XVI, 238 S.) Ebd. 892. geb. 4 —

— bunte Steine. E. Festgeschenk. 10. Aufl. 8. (XVI, 238 S.) Ebd. 897. Geb. in Leinw. n. 2. 50

— dasselbe. 12. (XVI, 261 S.) Berlin (899). [Bibliograph. Anstalt, M. Warschauer.] A. Weichert. Geb. in Leinw. 1. 50

Stifter, Adalbert: Bunte Steine. 6 Erzählungen. Mit Einl. von Dr. Karl Müller-Rastatt u. e. Bildn. d. Verf. Halle a. d. S.: O. Hendel (1899). (VI, 263 S.) 8°
= Bibliothek d. Gesamtlitteratur d. In- u. Auslandes. No 1232—1235.

— dasselbe, s. a. Bibliothek der Gesamtlitteratur.

— dasselbe. Billige Volksausg. gr. 8. (III, 331 S.) Osnabrück 899. B. Wehberg. n. 1. 50; geb. in Leinw. n. 2. —

(F) Bunte Steine. Fünf Erzählungen von Adalbert Stifter. Bearbeitet von Helene Stökl. Mit 1 Titelbild. [Ambros' Bücherei 22.] Wien. [1901.] Pichler's W. & S. 8°. 82 S. Geb. K —.80

— dasselbe, bearb. v. Helene Stökl, s. a. Bücherei f. d. Jugend.

— bunte Steine. Ein Festgeschenk. 14. Aufl. 8. (XIV 238 S.) Leipzig 902. C. F. Amelang. Geb. in Leinw. n. 2. 50

Bunte Steine. Erzählungen von Adalbert Stifter. T. 1. 2. Berlin: Deutsche Bücherei [1904]. 2 Bde 8° [F.]
1. Granit. Kalkstein. Turmalin. 2. Bergkrystall. Katzensilber. Bergmilch.
= Bücherei, Deutsche. Bd 16. 17. [05. 2507]

— dasselbe u. Erzählungen. Hrsg. v. Rud. Fürst. 2 Tle. in 1 Bd. 12. (256 u. 340 S.) Leipzig 899. M. Hesse. Geb. in Leinw. n. 1. 50

Adalbert Stifter. Eine Selbstcharakteristik des Menschen und Künstlers. Ausgew. u. eingeleitet von Paul Joseph Harmuth. Mit 1 Portr. u. d. Faks. e. Briefes. München & Leipzig: Piper [1905]. XLVI, 260 S. 8°
(Die Fruchtschale. Bd 5.) [11. 4855]

— eine Selbstcharakteristik des Menschen u. Künstlers, s. a. Fruchtschale, die. 5. Bd.

Stifter, Adalb., Studien. 2 Bde. 1. u. 2. Aufl. gr. 12. (à 30⅔ B. 2 Stahlst.) Pesth 844, 47, Heckenast. (Leipzig, Geo. Wigand.) à Aufl. *

—— dass. 3. u. 4. Bd. gr. 12. (33 B. u. 2 Stahlst.) Ebds. 847. *

— Studien. 3—6. Bd. gr. 12. (3: 378 S. 4: 401 S. 5: 348 S. 6: 380 S. Mit gest. Titeln.) Ebd. 847. 50. — 2. Aufl. 1—4. Bd. (1: 329 S. 2: 384 S. 3: 382 S. 4: 405 S. Mit gest. Titeln.) Ebd. 847. 48. — 3. Aufl. 1—4 Bd. 8. Ebd. 851. à Bd. n. 2 Thlr. (6 Bde. n. 12 Thlr.)

—— dass. — 1—4. Bd. 3. Aufl. 8. (XXI und 1493 S. mit 5 Stahlst.) Ebds. 850. *

— Studien. 4. u. 5. Aufl. Stereot.=Ausg. in 3 Bdn. Mit dem Bildniß des Verf. (in Stahlst.). Pest 855 u. 57. Heckenast. 8. (XIII, 347; 3 Bl., 380; 2 Bl., 351 S.) 3 Thlr.

—— Studien. 6. Aufl. 2 Bde. gr. 8. (XIV und 1027 S. mit dem Bildniß des Verf. in Stahlst. und 8 Stahlstichvignetten nach Zeichnungen von P. J. N. Geiger.) Pest 864, Heckenast's Verlag. *

— Studien. 7. Ster.=Ausg. 3 Bde. Ebend. 867. 8. (XVI, 1078 S. mit dem Bildniß des Verf. in Stahlst.) 3 Thlr.

—— Studien. 3. Bd. [Den nachgelassenen Werken entnommen.] gr. 8. Ebendas. 878. ℳ 6.; geb. *
Inhalt:
Der Waldgänger. — Die drei Schmiede ihres Schicksals. — Der Waldbrunnen. — Nachkommenschaften. — Prokopus. — Der Kuß von Sentze. — Der fromme Spruch. — Zuversicht. — Zwei Witwen. — Aus dem bairischen Walde. — Ein Gang durch die Katakomben. (V, 412 S. mit 4 Stahlst.-Vignetten.)
1. und 2. Bd. 6. Aufl. Ebendas. 1864. *ℳ 12.; geb. *ℳ 16.

— dasselbe. Ster.=Ausg. in 3 Bdn. Mit dem Bildniß d. Verf. (in Stahlst.) 8. (XIII, 347: 380 u. 349 S. m. 2 Stahlst.) Ebend. 876. 9. —

—— Studien. Ster.=Ausg. in 3 Bdn. Mit dem Bildniß des Verf. (in Stahlst.). 8. (XIII, 347; 380; 349 S.) Ebendas. 878. ℳ 9.; geb. *

Stifter, Adb., Studien. 8. Aufl. Neue Ausg. in 2 Bdn. 8. (VII, 468 u. III, 486 S.) Leipzig 882. Amelang. geb. 12. —

— Studien. 11. Aufl. 2 Bde. gr. 8. (XXXI, 468; III, 486 S.) Ebd. 890. 9 —; geb. 12 —

— Studien. 12. Aufl. 2 Bde. gr. 8. (XXXI, 468 u. III, 486 S.) Ebd. 893. Geb. in Leinw. 12. —

— dasselbe. Illustr. Ausg. in 3 Bdn. M. Abb. v. Frz. Hein u. Fr. Kallmorgen. gr. 8. (VII, 327; III, 357 u. III, 330 S.) Geb. in Leinw. à Bd. n. 5. —
Erschien auch in 24 Lfgn. à n. — 50.
Leipzig: Amelang 1895/96.

— Studien. 13. u. 14. Aufl. 2 Bde. 8. (VII, 468 u. III, 486 S.) Ebd. 896. 97. Geb. in Leinw. n. 6. —

— Studien. 4 Bde. 12. (XXX, 233; V, 255; V, 283 u. V, 219 S.) Berlin (899). [Bibliograph. Anstalt, M. Warschauer.] A. Weichert. In 2 Leinw.-Bdn. 3. —

— dasselbe. 2 Bde. gr. 16. (IV, 396 u. III, 354 S.) Leipzig (899). W. Fiedler. Geb. in Damast m. Goldschn. 4. —

Stifter, Adb., Studien. Hrsg. v. Rud. Fürst. 4 Bde. 12. (226, 266, 286 u. 224 S.) Leipzig 899. M. Hesse. In 2 Leinw.-Bdn. n. 3. —

— dasselbe. Billige Volksausg. 2 Bde. gr. 8. (VIII, 620 u. III, 645 S. m. Bildnis.) Osnabrück 899. B. Wehberg. n. 3. —; geb. in Leinw. n. 4. —

— dasselbe. Mit Illustr. v. Frz. Heim u. Fr. Kallmorgen. 3 Bde. 2. Aufl. gr. 8. (VII, 327; III, 357 u. III, 330 S.) Ebd. 899. 900. Geb. in Leinw. à n. 3. 50

— dasselbe. 16. u. 17. Aufl. 2 Bde. 8. (à VII, 468 u. III, 486 S.) Leipzig 899. 901. C. F. Amelang. Geb. in Halbfrz. n. 6. —

— Studien. 2 Bde. Neue Taschenausg. Mit e. Einleitg. v. Johs. Schlaf. (XVI, 687 u. 701 S.) kl. 8. Leipzig (904). Insel-Verlag. Geb. in Leinw. n. 7. 50; in Ldr. 10. —; erm. Pr. n. 6. — bzw. n. 8. —

— dasselbe. Jubiläumsausg. 2 Bde. (III, 583 u. III, 608 S.) 8. Leipzig 905. C. F. Amelang. Geb. in Leinw. n. 6. —; einzelne Bde. geh. à 2. —

— dasselbe. Mit Illustr. v. Frz. Hein u. Fr. Kallmorgen. I. u. II. Bd. 8. Geb. in Leinw. à 3. 50
1. 3. Aufl. (VI, 327 S.) — II. 2. Aufl. (III, 357 S.)
Leipzig: Amelang 1905.

— dasselbe. Billige Volksausg. (Umschlag: 2. Aufl.) 2 Bde. (VIII, 620 u. III, 645 S. m. Bildnis.) 8. Osnabrück 905. B. Wehberg. n. 3. —

(F) Adalbert Stifter. „Studien" und „Bunte Steine". Auswahl. Für den Schulgebrauch herausgegeben von Dr. Karl Fuchs. Mit einem Kärtchen im Texte. (Freytags Schulausgaben und Hilfsbücher für den deutschen Unterricht.) Wien und Prag. 1899. Tempsky. 8°. 199 S. Geb. fl. —.50

— dasselbe u. 'Bunte Steine'. Auswahl. Für den Schulgebrauch hrsg. v. Karl Fuchs. Mit 1 Kärtchen im Texte. 12. (200 S.) Wien 899. F. Tempsky. — Leipzig, G. Freytag. Kart. n. 1. —

— der beschriebene Tännling, s.: Reuter's Bibliothek f. Gabelsberger Stenographen.

(F) Bunte Steine: Turmalin. Von Adalbert Stifter. [Allgemeine Nationalbibliothek Nr. 222.] Wien. 1899. Daberkow. 8°. 50 S.
Vgl. Nationalbibl., Allgem. Nr. 222.

— der Waldbrunnen. Nachkommenschaften, s.: Hesse's, Max, Volksbücherei.

— der Waldbrunnen, } s.: National-Bibliothek, allg.

— aus dem bairischen Walde, s.: Reuter's Bibliothek f. Gabelsberger-Stenographen.

(F) Stifter, A., Aus dem bairischen Walde. [Allg. National-Bibliothek Nr. 298.] 8°. (36 S.)
Wien: Daberkow 1902.
Vgl. Nationalbibliothek, Allgem. Nr. 298.

Waldesgründe und sonnige Höhen. Adalbert Stifter. Ausgew. u. eingeleitet von Beda Prilipp. Warendorf: Schnell [1910]. 197 S. 8° (Bücher d. Freude. [4.]) [11. 6119

— der Waldgänger. Der fromme Spruch. Der Kuß v. Sentze, s.: Hesse's, Max, Volksbücherei.

(F) Stifter, A., Der Waldgänger. [Allg. National-Bibliothek Nr. 295—297.] 8°. (114 S.)
Wien: Daberkow 1902.

— der Waldgänger, } s. a. National-Bibliothek, allg.

— der Waldsteg, s.: Reuter's Bibliothek f. Gabelsberger-Stenographen.

— dasselbe. Der beschriebene Tännling, s.: Hesse's, Max, Volksbücherei.

— dasselbe, s.: Volksbücher, Wiesbadener.

Stifter, Adalbert. Der Waldsteig. Studie. 67 S. 8. Zürich, Jacques Bollmann, November 1902. fr. —.15
Verein für Verbreitung guter Schriften. (Zürich) No. 48. 1902.

— der Waldsteig. Novelle. Taschenausg. m. großer Schrift. (72 S.) kl. 8. Breslau (904) F. Goerlich. n. — 20

— dasselbe, s. a. Weber's, Frz., Hausbibliothek.

Der Waldsteig. Novelle (Erzählung) von Adalbert Stifter. Taschenausg. mit großer Schrift. Breslau: F. Goerlich [1905]. (72 S.) 8° [F.]
= Hausbibliothek, Franz Webers. No 42-43. [07. 8931

Der Waldsteig. Erzählung v. Adalbert Stifter in Vereinfachter deutscher Stenogr. Einigungssystem Stolze-Schrey. Berlin: F. Schrey 1907. (80 S.) 8° [F. Text stenogr.] [08. 6393

— Der Waldsteig. Orig.-Ausg. (92 S.) kl. 8. Leipzig 910. C. F. Amelang. Geb. in Leinw. 1. —; auf Dünndr.-Pap., geb. in Ldr. 2. —; Volksbücherei-Ausg. Geb. — 50

Stifter, Adalb., der Weihnachtsabend. Mit Illustr. (Holzschn.) nach Zeichngn. von J. M. Kaiser. (Abdr. der Erzählung „Bergkrystall" aus dem Werke: „Bunte Steine.") Ebend. 864. gr. 4. (67 S.) 1 ₰ 15 ngr.

— der Weihnachtsabend. Mit Illustr. nach Zeichnungen von J. M. Kaiser. 2. Aufl. 4. (57 S.) Ebendas. 884. geb.

— d. Weihnachtsabend. M. Illustr. nach Zeichngn. v. J. M. Kaiser. 2. Aufl. 4. (57 S.) Ebd. 895. Kart. n. 2. —

— der Weihnachtsabend. Mit Illustr. nach Zeichngn. v. J. M. Kaiser. 2. Aufl. gr. 4. (57 S.) Leipzig (899). C. F. Amelang. Geb. in Leinw. 1. 50

— Werke. Mit e. Biographie des Dichters hrsg. v. Otto Stoeßl. Auswahl in 7 Bdn. 12. (XXX, 233; VII, 255; V, 283; V, 219; V, 211; V, 220 u. XVI, 251 S. m. Bildnis.) Berlin (899). [Bibliograph. Anstalt M. Warschauer.] A. Weichert. In 2 Leinw.-Bdn. 4. —

(Adalbert) **Stifters** Werke. Auswahl in 6 T. Hrsg. m. Einl. u. Anm. vers. von Gustav Wilhelm. Berlin, Leipzig, Wien, Stuttgart: Bong [1910]. 8°

1. Studien. Bd 1 u. 2. Mit e. Lebensbild vers. 2. Studien. Bd 3 u. 4. 3. Studien. Bd 5 u. 6. 4. Bunte Steine. 5. Erzählungen. 6. Bilder u. Skizzen. Schriften über Literatur, Politik u. Kunst.

(Goldene Klassiker-Bibliothek.) 11. 4398

Stifter's, Adalb., Werke, s. a. Klassiker-Bibliothek, goldene.

Stifter's, Adb., ausgewählte Werke. Volks-Ausg. Mit einer Einleitung „Ein Bild des Dichters" von Imman. Weitbrecht. 4 Bde. 8. (XXIX, 468; 486; XVI, 238; VII, 428 S.) Leipzig 887, Amelang's Verlag. *ℳ 14.—.; geb. *

Die Ausgabe erfolgte in 28 Lfgn. à 50 Pf.

Stifter's, Adb., ausgewählte Werke. Volks-Ausg. in 3 Bdn. 8. (IX, 468; V, 486 u. XVI, 238, 428 S.) Leipzig 897. C. F. Amelang. 7. 50; geb. in Halbfrz. n. 10. —

— ausgewählte Werke in 3 Bdn. Mit dem Bildnis des Dichters in Stahlst. gr. 8. (VII, 468; V, 486 u. XIV, 428 S.) Leipzig 898. C. F. Amelang. Geb. in Halbleinw. n. 8. —; in Halbfrz. n. 10. —

— dasselbe in 6 Bdn. Hrsg. v. Rud. Fürst. Mit Stifters Portr., e. Gedichte in Fksm., e. Abbildung des Stifter-Denkmals u. Stifters Biographie. 12. (LV, 226, 266, 286, 224, 256 u. 340 S.) Leipzig 899. M. Hesse. Geb. in 2 Leinw.-Bdn. n. 4. —; in 2 Halbfrz.-Bdn. n. 6. —; in 2 Liebhaberhalbfrz.-Bdn. m. Goldschn. n. 8. —

— dasselbe. Mit biograph. Einleitung v. Rud. Kleinecke. 4 Bde. 12. Leipzig 899. Ph. Reclam jun. 3. —; in 2 Leinw.-Bdn. n. 4. —

1. Bunte Steine. (271 S. m. Bildnis.) — 2. Erzählungen. (360 S.) — 3. 4. Studien. 2 Bde. (463 u. 472 S.)

(F) Adalbert Stifter's Ausgewählte Werke. Volksausgabe in einem Bande mit einer Schilderung über des Dichters Lebensgang von Rudolf Holzer. Linz. 1899. Mareis. Gr.-8°. XXII, 1008 S. fl. 2.—

Adalbert **Stifters** Ausgewählte Werke. Mit Biogr. u. Bildnis d. Dichters. Taschenausg. mit großer Schrift. Breslau: F. Goerlich [1904]. (Getr. Pag.) 8° [F.]

[Sondert. 1.] Das Heidedorf ... [2.] Der Waldsteig ... [3.] Der Kondor ... [4.] Abdias ... [5.] Bergkristall ... [6.] Bergmilch ... [7.] Kalkstein ... [8.] Katzensilber ... 05. 15603 2

— ausgewählte Werke. Mit Biographie u. Bildnis des Dichters. Taschenausg. m. großer Schrift. (116, 36, 72, 82, 109, 60, 35, 74 u. 76 S.) kl. 8. Breslau (904). F. Goerlich. n. 2. —; geb. in Leinw. n. 3. —

Adalbert **Stifters** ausgewählte Werke in 6 Bden. Hrsg. von Rudolf Fürst. Mit Stifters Bildn., e. Gedichte in Facs., e. Abb. d. Stifterdenkmals u. Stifters Biographie. Bd 1–6. Leipzig: M. Hesse [1905]. 6 Bde 8° [F.]

1. Biographie. Studien 1: Der Kondor. Feldblumen. Das Heidedorf. Der Hochwald.
2. Studien 2: Die Narrenburg. Die Mappe meines Urgroßvaters.
3. Studien 3: Abdias. Das alte Siegel. Brigitta. Der Hagestolz.
4. Studien 4: Der Waldsteig. Zwei Schwestern. Der beschriebene Tännling.
5. Bunte Steine: Granit. Kalkstein. Turmalin. Bergkrystall. Katzensilber. Bergmilch.
6. Erzählungen: Prokopus. Die 3 Schmiede ihres Schicksals. Der Waldbrunnen. Nachkommenschaften. Der Waldgänger. Der fromme Spruch. Der Kuß von Sentze.

06. 293 2

(F) **Stifter, A.,** Ausgewählte Werke. I. Bd. Das Heidedorf. Der Hochwald. [Deutsch-österr. Klassikerbibliothek. 7. Bd.] 8°. (XVII, 176 S.)
Teschen: Prochaska 1909.

(F) **Adalbert Stifter,** Ausgewählte Werke. Herausg. von Dr. O. Rommel. II. Bd. [Deutsch-österr. Klassikerbibliothek, 11. Bd. 8°. (228 S.) Ebda. 1909. geb. K 1.—

— Ausgewählte Werke, s. a. Klassiker-Bibliothek, deutsch-österr.

(F) **Stifter, A.,** Sämtliche Werke. 1. Bd. Studien. [Bibliothek deutscher Schriftsteller aus Böhmen. Bd. 11.] 8°. (LXXVII, 414 S. mit 8 Tafeln)
Prag: Calve 1904.

Adalbert **Stifters** Sämmtliche Werke. Hrsg. von August Sauer. Bd 1. *Prag: J. G. Calve 1904.* 8° [F.]
= Bibliothek Deutscher Schriftsteller aus Böhmen. Bd 11.

(F) **Stifter, A.,** Sämtliche Werke. II. Band. [Bibliothek deutscher Schriftsteller aus Böhmen. 21. Bd.] Gr.-8°. (LXXIII, 373 S. u. 2 Tafeln) K 5.—
Prag: Calve 1909.

(F) **Stifter, A.,** Sämtliche Werke. V. Band. 1. Hälfte. [Bibliothek deutscher Schriftsteller aus Böhmen. 25. Bd.] Gr.-8°. (XCV, 392 S. u. 4 Tafeln) Ebda. 1909 K 5.—

(F) **Adalbert Stifter's** sämmtliche Werke. 14. Bd. Vermischte Schriften. I. Abth. [Bibliothek Deutscher Schriftsteller aus Böhmen. Bd. 12.] 8°. (LXXXV, 402 S.) K 5.—, geb. K 6.60
Prag: Calve 1902.

Stifter's, Adb., sämmtliche Werke, s. a. Bibliothek deutscher Schriftsteller aus Böhmen.

Stifter, Adalbert: Aus dem alten Wien. 12 Studien. Hrsg. von Otto Erich Deutsch. Leipzig: Insel-Verl. 1909. 323 S. 8°

— Aus dem alten Wien. Aus dem bayrischen Walde. Studien u. Skizzen. (176 S.) kl. 8. Leipzig (910). Hesse & Becker Verl. In Pappbd. 1. —

— Witiko. Eine Erzählung. 3 Bde. 8. (IX und 1169 S. mit 3 Stahlst.) Pest 865,67, Heckenast's Verlag. à Bd. 1 Thlr. 18 Ngr.

Stiftern, Den Brüdern, der Loge zu den drei Pfeilen in Nürnberg am Stiftungsfeste der Loge den 18. März 1809 geweiht von ihren Söhnen und Brrn. Joh. Merkel, Paul Carl v. Welser, Carl Jac. Wilh. v. Scheurl, Joh. Siegm. Carl v. Geuder, Paul Gottlieb Merkel. [Nürnberg 1809.] H: *Witschel* (?). (wolfstieg I, 611)

Stiftern, den sehr ehrw., der ger. u. vollk. Loge z. d. 3 Pfeilen im Or. Nürnberg geweiht. Druck v. Milbradt. (ca. 1820.) 4. 2 Bl. — Fehlt bei Kloss.

Stiftertempel, Badens, oder alphabet. geordnete Sammlung aller kathol.-evangel. u. israelitischen Stiftungen, die vom Anfang der großh. Bad. Regierung bis Ende Juli 1834 mit landesherrl. Genehmigung bekannt gemacht wurden, nebst Vorrede, Einleitung, Zusammenstellungen u. Tabellen über das gesammte Stiftungswesen in diesem Zeitraume. 8. Freiburg 835. Wagner. 5/8 ℛ︎ß

Stiftmessen-Buch, Tabula renovationis SS. Sacramenti u. Gottesdienst-Ordng. f. die Pfarr-Kirche zu ... gr. 4. (83 S.) Wien (901). (St. Norbertus.) Geb. in Leinw. n. 1.50

Stiftsbibliothek, Die, zu Admont. Zur Belehrung und Erinnerung für die Besucher derselben. Brünn 1897. V: *Wichner, Jacob.* (Minerva, hsg. v. Trübner. XIII, 8.)

Stiftshütte, die. In 12 (chromolith.) Bildern m. erläut. Texte (auf der Rückseite). 8. Strassburg 879. Schultz & Co. In Umschlag. n. 2. —

Stiftshütte, die. Ein Schatten der wahren „besseren Opfer". Eine Handleitg. f. das königl. Priesterthum. (152 S. m. Abbildgn.) 8. Allegheny 899. (Elberfeld, Wachtturm Bibel- u. Tractat-Gesellschaft.) n. — 40

Stiftshütte, die, in der Wüste. Ein Vorbild der wahren Hütte Gottes. (Die Ernte-Sichel. 3. Jahrg. Nr. 6—8.) 8. (101 S. m. Abbildgn.) Allegheny, Pa. 892. (Stuttgart, J. F. Steinkopf.) n. — 80

Die **Stiftshütte** in der Wüste. Elberfeld: R. Brockhaus [1905]. (1 Bl.) quer-gr. 2° [06. 4164

Die **Stiftskirche** zu Hersfeld. Hrsg. vom Touristenklub Hersfeld. *Hersfeld (1899): E. Hoehl.* (10 S.) 8° [F.] [00. 6800 4

Stiftung, Die, des Klosters Allerheiligen ... O. O. u. J. V: *Hurter, Friedrich.* (Th)

Stiftung, Die, einer freiwilligen Armenpflege für die Stadt Zürich. Zürich 1877. V: *Finsler, Georg.* (Cat. d. Stadtbibl. Zürich. Zürich 1864—97.)

1. Stiftung der Herzogin Dorothe Christine. 2. Das Schnack'sche Legat. 4 (S. 24—27). **Progr.** Kgl. G. *Ploen* 1894 (285).

Stiftung, Die, des Schulthess-schen Familien-Unterstützungs-Fonds ... Zürich 1844. V: *Schulthess-Rosenberger, Robert.* (Cat. d. Stadtbibl. Zürich. Zürich 1864—97.)

Stiftung, Die Henslersche, für junge Aerzte in den Herzogthümern Schleswig und Holstein. Kiel 1863. V: *Behn, Wilhelm Frdr. Georg.* (A)

Stiftung, die Hensler'sche, für junge Aerzte der Herzogthümer Schleswig und Holstein. Von der Administration derselben. Kiel 863. Homann. 4. (21 S.) 9 *ngr.*

Stiftung zur Hülfe aus der Noth für Brüder der Loge zu den drei Seraphim. Berlin 1868: Hoffschläger. 4 Bl. 8° [Umschlagtit.]
Enth. die Statuten der Stiftung. 365.

Stiftung. Die St' der Basler-Hochschule 1460. (Njbl.) *s.* [Hagenbach, Carl Rudolf].

Stiftung, die Jügel'sche, u. die Gründung akademischer Lehranstalten in Frankfurt a. M. Von Academicus. gr. 8. (15 S.) Frankfurt a/M. 903. Gebr. Knauer. n. — 50

Stiftung. Die St' des Klosters Kappel und das Geschlecht der Freiherrn von Eschenbach. [Njbl.] *s.* Escher, Heinrich *I.* Die Stiftung .... *Ausg. B.*

Die **Stiftung** der 5 □ [in Hamburg] zur Unterstützung hülfsbedürftiger Kinder und der Cholera-Nothstand. [Hamburg 1892.] 1 Bl. 8° [Kopftit.]
Aufforderung, durch die Cholera vaterlos gewordene Kinder zur Anmeldung zu bringen. 193.

Stiftung der fünf vereinigten Hamburger Logen zur Unterstützung hülfsbedürftiger Kinder. [Hamburg] o. J. 1 Bl. 8° [Kopftit.]
Enth. die Instruktionen für die Bbr Vormünder. 157.

Stiftung der vereinigten fünf Hamburger Logen zur Unterstützung hülfsbedürftiger Kinder. Handbuch. [Hamburg o. J.: Rademacher.] 7 S. 26 Bl. 8°
Enth. die Satzungen u. Geschäftsordnung, Instruktion für die Brr Pfleger, Formulare für Berichte u. Abrechnungen u. a. m. 25a. 193.

Stiftung, die, des Mäßigkeit-Vereins in Kirchheim. Eine Erzähl. 8. (1 B.) Oldenburg 841, Schulzesche Buchh.

Stiftung für gute Töchter zu S. u. Z. gr. 8. Stendal 782. Franzen u. Gr. 1 ß

Hülfe unter den drei Cedern Libanons. **Stiftung** zur Unterstützung nachgelassener und bedürftiger Wittwen und Waisen verstorbener Brüder der Freimaurerloge Libanon zu den drei Cedern im O. v. Erlangen. Erlangen 1843: Junge. 1843. 8 S. 8° [Umschlagtit.]
Bericht üb. die Stiftung. 157.

Stiftungen, die, August Hermann Francke's in Halle. Festschrift zur zweiten Säcularfeier seines Geburtstages herausg. von dem Directorium der Francke'schen Stiftungen. Halle 863. Buchhdlg. des Waisenhauses. gr. 8. (VI, 296 S., 7 Stahlst., 2 Holzschntaf. u. 1 lith. Plan in Fol.) n. 1 ℛ︎ß 15 *ngr.*

— die Franckeschen, zu Halle a. S. in ihrer gegenwärtigen Gestalt. 12. (32 S. m. 24 Abb. u. 1 Plan.) Halle 901. Buchh. des Waisenhauses. n.n. — 25

Die Franckeschen **Stiftungen** zu Halle a. S. in ihrer gegenwärtigen Gestalt. Mit 28 Abb. u. 1 Übersichtsplan. 2. Aufl. *Halle a. S.: Waisenhaus 1903.* (32 S.) 8° [03. 13051 3

Stiftungen, die Franckeschen, zu Halle a. S. in ihrer gegenwärtigen Gestalt. 3. Aufl. Mit 30 Textabbildgn. u. e. Uebersichtsplan. Hrsg. v. der Buchhandlg. des Waisenhauses. (32 S.) 8. Halle 906. Buchh. des Waisenhauses. n.n. — 25

Die Franckeschen **Stiftungen** zu Halle a. S. in ihrer gegenwärtigen Gestalt. Mit 30 Textabb. u. 1 Übersichtsplan. 4. Aufl. Halle a. S.: Waisenhaus 1907. (32 S.) 8° [Umschlagt.] [06. 25610

Stiftungen, die Franckeschen, zu Halle a. d. S. in ihrer gegenwärtigen Gestalt. 5. Aufl. Mit 30 Textabbildgn. u. 1 Übersichtsplan. Hrsg. v. der Buchhandlg. des Waisenhauses. (32 S.) 8. Halle 910. Buchh. des Waisenhauses. nn — 25

Stiftungen, Die Francke-schen, in ihrem Ursprung, Fortgang und gegenwärtigem Zustande . . . Halle 1819. V: *Knapp, Georg Christian* & *August Heinrich Niemeyer.* (EngG) (Ky)

Die **Stiftungen** der Freimaurerloge „Zur Wahrheit u. Freundschaft" im Or. Fürth. Fürth 1900: Schröder. 32 S. 8°

Enth. Vorschläge für Satzungen der verschiedenen Stiftungen. 193.

Stiftungen, über die kirchlichen. u. ihre künftige Verwaltung im Umfange des Großherzogth. Baden. gr. 8. (16 S.) Freiburg im Br. 849, Herder. n. 1/8 ₰

Stiftungen, die öffentlichen, im Königreich Bayern nach dem Stande am Schlusse der J. 1894 u. 1895. gr. 4. (40 S.) München 899. (J. Lindauer.) n. 1. —
Sonderabdruck aus: „Zeitschr. d. k. bayer. statist. Bureau".

Stiftungen, Die öffentlichen milden, und ihr Verhältniss zur Stadtgemeinde. Frankfurt. Frankfurt a. M. 1881. V: *Holthof, Ludwig.* (StBFrankf I, 59)

Stiftungen (der städtischen katholischen Realschule zu Beuthen O.-S.: 1. Stipendien-Stiftung des Bürgervereins. 2. Stadtrat Wohlfahrt-Stipendien-Stiftung. 3. Ignatz Hakuba'sches Legat). *Beuthen O.-S. (1899): Th. Kirsch.* (S. 17—18.) 4°
Beuthen O.-S., st. kath. R, P 1899 (230a)

Stiftungen (der städtischen katholischen Realschule zu Beuthen O.-S. im J. 1900: 1. Stadtrat Hugo Przikling-Stipendienstiftung. 2. Stadtrat Ferdinand Schaal-Stiftung. 3. Commerzienrat Hermann Zerkowski-Stiftung). *Beuthen O.-S. (1900): Th. Kirsch.* (S. 19—20.) 4°
Beuthen O.-S., st. kath. R i. Entw., P 1900 (233)

Stiftungen, Thüringens geistliche, s. Thüringens ꝛc.

Stiftungen, die v. dem Magistrate zu Görlitz verwalteten milden. Hrsg. v. dem Magistrate der Stadt Görlitz. gr. 8. (58 S.) Görlitz 874. Koblitz. n.n. — 75

Stiftungen, die, v. dem Magistrate zu Görlitz verwalteten milden. Hrsg. v. dem Magistrate der Stadt Görlitz. (2. Aufl.) gr. 8. (82 S.) Görlitz 891. (P. W. Sattig.) n.n. 1. —

Stiftungen, Anstalten und Vereine, Die wohlthätigen, in Chur. [Zürich 1876.] V: *Herold, Leonh.* (Cat. d. Stadtbibl. Zürich. Zürich 1864—97.)

77. Neujahrsblatt. Herg. von der „Hülfsgesellschaft in Zürich. Zürich, Druck von F. Schulthess. 4. „Die wohlthätigen Stiftungen, Anstalten und Vereine in Chur." (Von Pf. Herold?) 35 Stn. Mit 1 Kupfer.
1876.

Stiftungen-Buch, das, d. Cistercienser-Klosters Zwetl, siehe: Fontes rerum Austriacarum.

Stiftungs-Articuln von der sogenannten Oeconomie-Cassa auf den Gold-Hause 2. Junii 1749. O. O. V: *Albrecht, Joh. Dan.* (Bruun, Bibl. Danica II, 654.)

Stiftungs-Bibel, große. 40 Lfgn. Imp.-4. (138¼ B. grobe Schrift, 40 Stahlst. u. 1 Karte von Palästina.) Hildburghausen 845, Bibliograph. Institut. (Leipzig, Gebhardt u. Reisland.) à L. * 12 Ngr. *

Stiftungs-Bibel, große. (In 40 Liefg.) 1.—30. Liefg. Mit 30 Stahlst. Imp.-4. Hildburghausen 845, Bibliograph. Institut. (Leipzig, Weygand'sche Buchh.) à n. 12 ngl

[**Stiftungsbrief** des Eklektischen Freimaurerbundes. Bearb. von Joh. Karl Brönner. Unterz.:] Simon Friedr. Küstner jun., Christian Wilh. Rotberg. [Dat.:] Frankfurt, Wezlar [!] 1783. 2 Bl. 2°

Franz. Übers. [von Jak. Mauvillon]. [Dat.:] Frankfurt, Wezlar [!] 1783. 2 Bl. 8°

Deutsche Fassung abgedr. in: Servati, E.: Bruchstücke z. Gesch. d. deutsch. Frmrey. 1787 S. 494—507; Neues alphab. Verzeichn. stehender u. nicht mehr stehender Frmrlogen. 1790 S. 144—154; Zd. 6 (1842) S. 143—148; Kloss, G.: Annalen d. L. z. Einigkeit. 1842 S. 168—172; Mh. 4 (1845) S. 273—285; Reorganisations-Akte d. Ekl. Frmrbundes. 1883 S. 228—232; Ebertz, W.: Gesch. d. O. Wetzlar. 1893 S. 31—37; Liersch, A.: D. Frmrei in Neuwied. 1899 S. 52—59.
Franz. Fassung abgedr. in: Dubreuil, J. P.: Histoire d. fr. maç. 2 (1838) S. 6—16.
Übers. der franz. Fassung in: Ephemeriden. 1785 S. 82—91; Archiv f. Frmr u. Rosenkreuzer. 2 (1785) S. 1—11; Rose, Chr.: Freye Bemerkungen. 1787 S. 210—235.
cf. Schröder, F. L.: Materialien z. Gesch. d. Frmrey seit d. Wiederherst. d. gr. L. in London. 4 (o. J.) S. 12—17.
Kl. 2925, 2926.

Stiftungsbrief eines unter dem Namen Palmsonntagsstiftung in Frankfurt am Main zu gründenden Unterstützungs-fond für talentvolle arme deutsche Knaben und Jünglinge jedes Glaubensbekenntnisses, zugleich Codicill zu dem bei dem Königlich Bayerischen Notariat zu Rothenburg an der Tauber deponirten Testament des Stifters vom 23. April 1868. [Frankfurt a. M. 1868]: Naumann. 8 S. 2° [Umschlagtit.]

Stiftungsbriefe des Neisser Gymnasiums, an dem 229jährigen Stiftungsfeste desselben den 4. Novbr. 1853 herausg. von Aug. Kastner. Neisse 853. Hennings in Comm. gr. 8. (10 S.) n. 2 ngr.

Stiftungs-Buch des Klosters St. Bernhard etc., s. Fontes rerum Austriscarum.

Stiftungsfeier, erste, u. Bericht des Hauptvereins zur Beförderung einer würdigen Sonntagsfeier über den Zeitraum v. J. 1841 bis 1844. gr. 8. (1½ B.) Berlin 845, (J. A. Wohlgemuth, Berl.)

Zur 25jähr. Stiftungsfeier des Siegburger Turnvereins, Siegburg 1887, 18 S., 8°.

ZUR FUNFZIGJÄHRIGEN STIFTUNGSFEIER der Gesellschaft Naturforschender Freunde in Berlin am 9ten Julius 1823. Berlin. s. a. 8°.

Stiftungsfeier, Von der, der Antiquarischen Gesellschaft in Zürich, am 13. Mai 1882. In-8°, 26 S. Zürich, Druck von Fr. Bürkli.1882.

Stiftungsfeier, die, des Jülichscher Hülfs-Missions-Bibel- u. Traktat-Vereins. Gefeiert am 11. Dez. 1833 in d. evangel. Kirche zu Odenkirchen. gr. 8. (2½ B.) M. Gladbach 834. (Elberfeld, J. W. Schmachtenberg.)

Stiftungsfeier, Die hundertjährige, des k. bayer. Chevaulegers-Regiments Fürst von Thurn und Taxis am 21. Januar 1847. München 1847. V: *Madroux, Ludw. v.* (Hirsch)

Stiftungsfeier der mecklenburgischen Landwirthschafts Gesellschaft. Rostock 1823. V: *Karsten, F. Fr.* (Bachmann, Mecklenburg. Güstrow 1889. S. 255.)

Das am 20. Febr. 1887 abgehaltene hundertjährige **Stiftungsfest** der St. Johannisloge Carl zu den drei Adlern im Or. Erfurt. Erfurt [1887]: Conrad. 40 S. 8°

Bericht. S. 3--18: Rückblick auf die Gesch. der Loge von E. Dittrich, Festrede von Grundig üb. die Worte: Freiheit, Recht u. Licht u. Liebe, der Kern des Mrstrebens. 23.

38. STIFTUNGSFEST des Vereins für die Geschichte Berlins 1902. (20 Tafeln. Berlin 1902. Druck von Paul Schahl.) qu. 4°.

Loge Apollo. 78. **Stiftungs-Fest** 18. März 1883. Fest-Arbeit. [Leipzig 1883: Engelhardt.] 4 Bl. 8° [Umschlagtit.]

2 Gesänge ohne Noten. 1. „Seid uns gegrüsst, . . .“ 2. „Wie lieblich . . .“ 3.

Loge Apollo. 78. **Stiftungs-Fest** 15. März 1883. Fest-Tafel, [Leipzig 1883: Engelhardt.] 4 Bl. 8° [Umschlagtit.]

3 Liedertexte, davon 1 von Th. Walther, 1 von K. Seidel.

Stiftungsfest 1874. [Gera 1874.] 3 Bl. 8° [Kopftit.]

7 Gesänge ohne Noten von R. Fischer. 157.

□ zu den 3 Verbündeten im Or.·. Düsseldorf. 80. **Stiftungs-Fest** 7. Febr. 1886. [Düsseldorf 1886: Dietz]. 15 S. 8° [Umschlagtit.]

Enth. die bei dieser Gelegenheit gehaltene Ansprache von Bausch u. die Festrede von Th. Groll: Gelegenheitsworte. 23.

Stiftungsfest, zum, der Loge Apollo. Leipzig ca. 1865. 8. 2 Bl.
Zwei Lieder von Walther und Pilz.

Loge Apollo. **Stiftungs-Fest** 1872. [Leipzig 1872: Polz.] 2 Bl. 8° [Kopftit.]

5 Lieder ohne Noten, davon 1 von O. Marbach, 1 von M. Zille. 3.

Stiftungs-Fest der Loge Apollo am 16. Febr. 1902. Tafel-Loge. [Leipzig 1902: Gröber.] 4 Bl. 8° [Umschlagtit.]

5 Lieder ohne Noten von E. Anschütz, L. Erdmann, Th. Winkler, F. S. Lucius u. a. 283.

Stiftungs-Fest der Loge Apollo am 14. Febr. 1904. Tafel-Loge. [Leipzig 1904: Vogel.] 4 Bl. 8° [Umschlagtit.]

5 Lieder ohne Noten von E. Anschütz, L. Erdmann, Th. Winkler, F. S. Lucius u. a. 283.

Stiftungs-Fest der Loge Balduin zur Linde am 5. Maerz 1871. »Singt dem Herrn ein neues Lied . . .« Von M. Leipzig 1871. V: *Marbach, Oswald.* (TT 2523) (wolfstieg I, 583)

Stiftungsfest der Loge Balduin zur Linde. Leipzig, am 2. März 1890. [Leipzig 1890: Naumann.] 4 Bl. 8° [Umschlagtit.]

6 Tafellieder ohne Noten. 157.

Stiftungsfest, des Hamburger Bildungs-Vereins drittes. Gefeiert am 5. März 1848. gr. 8. (24 S.) Hamburg 848, Meißner & Schirges. 1/12 ₰

33 jähriges Stiftungsfest der Erwin-Loge No. 121 a. f. & a. m. am Freitag Abend, den 21 sten April 1883, in der Liederkranz-Halle. [St. Louis 1883.] 2 Bl. 8° [Umschlagtit.]
Tt. 2609. Programm, Lied ohne Noten („Den Schwestern") u. Grundsätze der F.·.M.·.: „Verehre den grossen Baumeister der Welt" etc. 439.

81. Stiftungsfest der Loge Apollo in Leipzig 26. April 1886. Tafel-Loge. [Leipzig 1886: Leiner.] 4 Bl. 8° [Umschlagtit.]
4 Lieder ohne Noten von A. Mahlmann, E. Walther, O. Marbach u. M. Zille. 283.

Quartett „Felsenfest". Gestiftet am 25. Jan. 1905 unter der Patenschaft von Christian Blohm. Erstes Stiftungsfest am Donnerstag, 25. Jan. 1906. [Hamburg 1906: J. H. Meyer.] 2 Bl. 8° [Umschlagtit.]
Enth. 3 Lieder ohne Noten. 3.

Stiftungsfest, erstes, des Vagabund. Gefeiert am 23. Novbr. 1867. 16. (56 S.) Paris 868, (Haar und Steinert.)

Loge Apollo. 75. Stiftungs-Fest 28. März 1880. Fest-Loge. [Leipzig 1880: Gröber.] 4 Bl. 8° [Umschlagtit.]
Programm u. 2 Lieder ohne Noten. 283.

Das 25jährige Stiftungs-Fest der Militairischen Gesellschaft. (Als Manuscript gedruckt.) (Mit 2 Karten.) Berlin 1868. Gedr. bei Julius Sittenfeld. 8°.

Stiftungsfest, das 25jährige, des evangelisch-protestantischen Predigerseminars zu Heidelberg. Erinnerungsblätter an die Festfeier des 3. Juni 1863. Karlsruhe 863. (Heidelberg, Weiß.) gr. 8. (55 S.) n. 7½ ngr.

Das 25jährige Stiftungsfest des Kronstädter Sächsischen Turnvereins, Kronstadt 1887, 31 S., 8°.

Zum 25jährigen Stiftungsfest des Männerturnvereins „Warner" 1886 Berlin, 32 S., 8°.

Deutscher Press Club [Milw]. 25-jhr Stiftungsfest ... 1882-1907. Milw, 1907.

Newark [NJ] Turnverein. 25 jhr Stiftungsfest ... Newark, 1903.

25. Stiftungsfest des Kirchener Turnvereins E. V., verbunden mit dem 13. Gauturnfest (Siegerland-Turngau Nr. VIIIa D. T.) 20.—21. 6. 1908 in Kirchen a. d. Sieg, m. Abb., 114 S., Kl.-8°.

Badischer Untersts-Verein. 25. Stiftungsfest ... 24. Juli 1907. Phila, 1907.

Stiftungsfest, Das fünfzigjährige, des Corps Masovia am 13., 14., 15., 16. und 17. Juni 1880. Königsberg i. Pr. 1880. V: *Heinrich, Carl A.* (Erman & Horn, Bibliogr. d. dtsch. Univ. 2. Leipz. u. Berl. 1904.)

Das 50jährige Stiftungsfest des Allgemeinen städtischen Turnvereins zu Iserlohn, 17 S., 8°.

Zum 5 0 . **Stiftungsfest** des Damenchores des Harmonie Gesangvereins, Phila., 28. April 1907. Phila., 1907.

Zum 50jährigen Stiftungsfest des Kaiser Franz-Garde-Grenadier-Regiments No. 2. Berlin den 14. Oktober 1864. (56) 8. Berlin 1864. 0,30.

1841–91. 5 0 j ä h r i g e s **Stiftungsfest** der German Young Men's Assoc. am 11. Mai 1891. Buffalo 1891.

Fünfzigjähriges Stiftungsfest der Johannisloge „Die Vereinigten Freunde an der Nahe" im Or.·. Kreuznach gefeiert am 22. März 1908. Kreuznach 1908: Harrach. 26 S. 8° [Umschlagtit.]
cf. S. 15 (1908) S. 66 (F. Rackhorst). Bericht. Festzeichnung von W. Kühler: Üb. neuzeitliche Logenbestrebungen.

50. Stiftungsfest der Turnerschaft des Vereins „Vorwärts", Bremen, 1897, 40 S., 8°.

50jähr Stiftungsfest des Männerturnvereins Winsen a. L. 20. 5. 1900. Winsen 1900. 8°.
(Angeb.): Rückbl. a. d. Gründung u. d. Wirken d. M. T. V. Winsen a. L.

Stiftungsfest, der Georgia Augusta, der sehr ehrwürd. u. sehr berühmten Hochschule zu Göttingen, erstes hundertjähr. glänzendes, geschildert in ein. satyr. Gedichte v. drei Gesängen durch Christianus Juvenalis. 4. (4 B.) Hildesheim 838. (Hildburghausen, Kesselring'sche Hofbuchh.)

Stiftungsfest [der Loge Gudrun]. Montag, 9. Nov. 1903. Festtafelloge. [Hamburg: 1903 Drexel.] 6 Bl. 8° [Umschlagtit.]
3 gemeinschaftliche Lieder u. 2 Quartette ohne Noten. 193.

Stiftungsfest, 181. [der Loge Balduin zur Linde] 1907. Zur Arbeit. [›Am Altar der Wahrheit hebt himmelwärts . . .‹] [Leipzig 1907.] V: *Linge, Albert & Emil Paul.* (wolfstieg I, 585)

165 jähriges Stiftungsfest der Loge St. Georg zur grünenden Fichte Sonnabend, den 26. Sept. 1908 im Or. Hamburg. Hamburg [1908]: Rademacher. 8 S. 8°
Programm u. 5 Liedertexte. 193.

125jähriges **Stiftungsfest** der Loge Ferdinande Caroline im Or. Hamburg Donnerstag, den 21. Nov. 1901. [Hamburg 1901: Rademacher.] 4 Bl. 8⁰ [Umschlagtit.]
Programm, 2 Gesangstexte, Verzeichn. der M. v. St. der Loge.

125. **Stiftungsfest** der Loge Amalia im Or. Weimar 27. Okt. 1889. [Weimar 1889: Wagner.] 2 Bl. 8⁰ [Kopftit.]
Programm u. 2 Liedertexte. 193.

Das 150jährige **Stiftungsfest** der Loge „Zum Goldenen Hirsch" im Or. Oldenburg. [Oldenburg 1902.] 23 S. 8⁰ [Kopftit.]
Aus: HZC. 36 (1902—1903) S. 123—145.
Bericht; Festvortrag von E. Mahlstedt: Rückblick auf die Gesch. der Loge. 25 a. 65.

150jähriges **Stiftungsfest** der Grossloge „Zur Sonne" am 3. Mai 1891. [Bayreuth 1891.] 1 Bl. 8⁰ [Kopftit.]
Programm u. 3 Liedertexte. 3.

Zum 100jähr. Stiftungsfest der Loge Joseph zur Einigkeit in Nürnberg am 30. Juni 1861. 8. 15 S.
Mit Festprogramm. Sechs Lieder von Arnold, eins von Witschel.

Loge „Selene zu den drei Türmen" im Or. Lüneburg. 100jähriges **Stiftungsfest** am Sonntag, den 8. Mai 1910. 8 Bl. [Umschlagtit.] 8⁰.
Enth. Abbild. der Loge, Lieder etc. 358.

102. **Stiftungs-Fest** der Loge zur Harmonie Or. Chemnitz am 16. Mai 1901. [Chemnitz 1901.] 1 Bl. 8⁰ [Kopftit.]
Gebet ohne Noten: „Gott, du bist gross, . . ." 358.

Stiftungsfest und fünfundsiebenzigjähriges Jubiläum der St. Johannis-Freimaurer-Loge „Ernst zum Compass" in Gotha. Sonntag, den 30. Jan. 1881. [Gotha 1881: Engelhard-Reyher.] 2 Bl. 8⁰ [Umschlagtit.]
Festprogramm. 3.

Das **Stiftungsfest** der Kaiser-Wilhelms-Universität Strassburg am 1. Mai 1897. ([Enth. auch:] **Preisbericht.**) Strassburg, Univ.-Buchdr. v. J. H. E. Heitz, 1897; 1 Bl., 56 S., 1 Bl. 8.

Stiftungsfest der □ zur Harmonie 9. Mai 1872. [Chemnitz 1872: Pickenhahn.] 2 Bl. 8⁰ [Kopftit.]
3 Lieder ohne Noten. 3.

Stiftungsfest der Loge zur Harmonie 1874. Bei der Tafel. [Chemnitz 1874.] 2 Bl. 8⁰ [Kopftit.]
3 Lieder ohne Noten, darunter 1 von F. S. Lucius, 1 von H. Waldow. 358.

Stiftungsfest der Loge zur Harmonie im Or. Chemnitz den 25. Mai 1876. 8. 2 Bl. — Fünf Lieder.

Stiftungsfest der Loge zur Harmonie im Or. Chemnitz den 22. Mai 1884. [Chemnitz 1884]: Geidel. 2 Bl. 8⁰ [Umschlagtit.]
Lied von M. Pfalz, Kantate (Text u. Melodie von J. G. Pröhl). Ohne Noten. 3.

Stiftungsfest der Loge zur Harmonie im Or. Chemnitz den 7. Mai 1891. [Chemnitz 1891]: Geidel. 2 Bl. 8⁰ [Umschlagtit.]
Ein Lied von A. M. Pfalz u. eine von J. G. Pröhl komp. Kantate ohne Noten. 157.

Stiftungsfest, das, d. Lumpacivagabundus od. der böse Geist als Ahnherr. Schauerlich romant. Komödie in 1 Akt. Vom großen Unbekannten. 8. (22 S.) Berlin 887. Liebel. n. 1. —

NEUNZEHNTES STIFTUNGSFEST des Vereins für die Geschichte Berlins, am 28. Januar 1883. (Berlin. Gedr. in d. K. Hofbuchdr. von E. S. Mittler & Sohn.) 4⁰.*)

Johannis-Loge „Roland". **Stiftungsfest** am Montag, dem 7. Dez. 1908 Hamburg. [Hamburg 1908]: J. H. Meyer. 4 Bl. 8⁰ [Umschlagstit.]
Programm u. 5 Liedertexte. 3.

60. Stiftungsfest. Werningerode [!] 1906. A(kademischer) V(erein) Hütte. (Charlottenburg 1906: Buchdr. Gutenberg.) 106 S. 4⁰
[Umschlagt.:] Akadem. Verein Hütte. Festschrift zum 60. Stiftungsfest.

87. **Stiftungsfest** der Loge Apollo in Leipzig Sonntag, den 28. Febr. 1892. Tafel-Loge. [Leipzig 1892.] 4 Bl. 8⁰ [Umschlagtit.]
5 Lieder ohne Noten von E. Walther, A. Mahlmann, O. Marbach u. a. 283.

XXXVII. Stiftungsfest des hohen Harbni-Ordens, den 18. März 1887 (im kl. Saale des Hotels zu den 4 Jahreszeiten). O. O. (München 1887.) 8⁰. Cart.

STIFTUNGSFEST des Vereins für die Geschichte Berlins am 28. Januar 1880. s. l. & a. 4⁰.

—— das, des literarisch-geselligen Vereins zu Oldenburg am 29. Novbr. 1871. Ein Gedenkblatt für die Theilnehmer. gr. 8. (36 S.) Oldenburg 872, Schulze'sche Buchh. *

STIFTUNGSFEST des literarisch-geselligen Vereins am 13. November 1872. Oldenburg (1872.) Schulzesche Hof-Buchdruckerei. 8⁰.

Stiftungsfest des Freimaurer-Vereins „Waldesfriede am Reinhardsbrunn" zu Friedrichroda verbunden mit der nachträglichen Feier des Geburtstages Sr. Hoheit des Herzogs Ernst II. von Sachsen-Coburg und Gotha am 26. Aug. 1888. [Friedrichroda 1888.] 4 Bl. 4⁰
[Umschlagtit.:] Heil unserm Herzog, Heil! Zu Höchst dessen 70. Geburtstag am 21. Juni 1888 verbunden mit dem nachträglich gefeierten Stiftungsfest des Freimaurer-Vereins „Waldesfriede am Reinhardsbrunn" zu Friedrichroda am 26. Aug. 1888.
5 Liedertexte.

Stiftungs- und **Weihefest** der Loge Archimedes zum ewigen Bunde in Gera am 13. Jan. 1889. [Gera 1889.] 2 Bl. 8⁰ [Kopftit.]
6 Lieder ohne Noten. 430.

(1882–1892.) Das 10jährige **Stiftungsfest** des Runden Tisches im 'Weihenstephan' zu Berlin am 9. Dez. 1892. (Berlin 1892: Moriz & Kummer.) 18 S. 8° [Umschlagt.] [10. 1106]

1896–1906. Verband deutscher Post- u. Telegraphen-Assistenten. Bezirkstag 6. Mai 1906. 10jähriges **Stiftungsfest** des Bezirksvereins Stettin. Stettin: L. Pasenow (1906). (16 S.) 8° [Umschlagt.] [07. 7330 9

Zum 50jähr. Stiftungsfeste der Corporation der Kaufmannschaft zu Danzig, den 25. April 1872. — Danzig: Groening (1872). 32 S. 8⁰

Zum 50. Stiftungsfeste des Akademischen Turnvereins zu Berlin, gegr. 17. 7. 1860, Chronik d. Vereinsj. 41—50 u. Altherrenliste, Berlin 1910, 42 S., 8°.

Zum **Stiftungsfeste** der Loge zur Säule an den Vogesen O. Mühlhausen im Elsass am 7. Mai 1882. [Mühlhausen i. E. 1882: Münch.] 2 Bl. 8⁰. [Umschlagt.] 21.

Zum 27jährigen Stiftungsfeste des Theologischen Studenten-Vereins zu Leipzig. Am 18. Februar 1873. Inhalt: 1. Vorläufiges Programm des Stiftungsfestes. 2. Verzeichniss sämmtlicher Mitglieder des Vereins. 3. Kurze Notizen aus der Geschichte des Vereins. Leipzig. Druck von C. G. Naumann. 8⁰.

Stiftungsfeste, am 70., der Loge Balduin z. Linde am 25. Maerz 1846. Leipzig, Druck v. Andrä. gr. 8. 6 Bl. — Fünf Lieder.

Zum 40. Stiftungsfeste des Akademischen Turn-Vereins zu Berlin. 1860–1900. (Hrsg.: Hugo Fromholz u. Eduard Scotti.) *Berlin 1900: Denter & Nicolas.* (35 S.) 4° [F.] [00. 13043

Zum 40. Stiftungsfeste der Vorturnerschaft des Kölner Turnvereins (gegr. 1843) 25. 5. 1910, 32 S., 8°.

Gemeinsame **Stiftungsfest-Feier** der Logen Absalom und Ferdinand zum Felsen am Sonnabend, den 6. Dec. 1902. [Hamburg 1902: Rademacher.] 16 S. 8⁰ [Umschlagtit.:] Tafel-Loge am 6. Dez. 1902.
6 Lieder ohne Noten. 25a.

Der 75. **Stiftungstag** der Loge „Zum Frankfurter Adler". [Frankfurt a. M. 1908: Mahlau & Waldschmidt.] 35 S. 8⁰ [Kopftit.]
Aus: Bh. 51 (1908) S. 9—13, 19—22, 27—29. Festbericht; Festrede von K. Cahn. 193.

Stiftungs-Urkunde der Adolf Menzel-Stiftung. Berlin 1886. 4⁰.

[*Kopft.*] Stiftungs-Urkunde der Universität Bonn am Rhein [Köln], (1818). *Am Ende:* So gegeben Aachen, d. 18 Okt. 1818. '(gez.)' Friedrich Wilhelm. C. Fürst v. Hardenberg. Altenstein. 4 S. 2. ¶ Mehrfach wieder abgedr., so im Jahrb. d. Preuss. Rhein-Univ. I 1821 S. 4 ff. u. bei Koch, Preuss. Univ. I 1839 S. 174 ff.

Stiftungsurkunde [der C. Bach-Stiftung]. S. 7—9. 4.
Realschule mit Progymn. *Stollberg i. Erzgeb.* 1903 (655).
Progr.

Stiftungsurkunde der Stipendien-Stiftung „Conradinum - Technische Hochschule" (betr. Stipendien für Vollstudierende der Techn. Hochschule zu Danzig. Unterz.: Danzig, 11. 11. 1905. Adolf Unruh. 1910.)

Stiftungs-Urkunde für die Ernst-August-Stiftung der Loge Friedrich zum weissen Pferde [in Hannover]. [Dat.:] Hannover 1857. 7 S. 8⁰ [Umschlagtit.] 215.

Stiftungsurkunde *der Erzpriester Franz Hein-Stiftung.* 4 (S. 46—47). Kgl. G. *Neustadt Ob.-Schl.* 1898
Progr.

Stiftungsurkunde der **Eggers**'schen Familienstiftung zu Halberstadt a. H. Stade. 1890. 8⁰.

Stiftungsurkunde für die *Jubiläumsstiftung der Höh. Bürgerschule.* Schwetzingen, Buchdr. R. Küenzlen, 1895; 5—6 S. 4.
Schwetzingen, grossh. HB, MP 1895**

[**Stiftungsurkunde** der **Pachaly-Stiftung** am Städtischen Realgymnasium zu Freiberg.] *Freiberg 1898: Gerlach.* (S. 46.) 4° [F.]
Freiberg, st. RG, OP 1898 (579)

Stiftungsurkunde für die **Paul-Gerhardt-Stiftung** ehemaliger **Grimmenser** (vom 23. Sept. 1900, dem Tage d. Jubelfeier d. 350jähr. Bestehens der Anstalt). *Grimma 1901: F. Bode.* (S. 23—24.) 4°
Grimma, Fürsten- u. Landes-S, OP 1901 (585)

Stiftungsurkunde *und Satzungen der* Klotzsch-Stiftung *am Realgymnasium zu Borna.* Borna, Druck v. R. Noske, 1896; 46—47 S. 4.
Borna, st. RG, OP 1896 (560)

Stiftungsurkunde *und Satzungen der Louisenstiftung am Kgl. Gymnasium zu Plauen i. V.* Plauen i. V., gedr. bei M. Wieprecht, 1896; 41—43 S. 4.
Plauen i. V., k. G, OP 1896 (554)

Stiftungsurkunde *und Satzungen des Reisestipendiums am Gymnasium in Zittau.* Zittau, Druck v. R. Menzel, 1897; S. 51. 4.
Zittau, G, OP 1897 (567)

Stiftungsurkunde der „Schleestiftung früherer Schüler". Altona, Druck v. P. Meyer, *1897;* S. 28. 4.
Altona, RG u. R, OP 1897 (297)

[**Stiftungsurkunde** und **Statut** der **Waldmann-Stiftung** des königl. kathol. Gymnasiums zu Heiligenstadt.] *Heiligenstadt 1899: F. W. Cordier.* (S. 35—36.) 4°
Heiligenstadt, k. kath. G, P 1899 (248)

Stiftungs-Urkunde des Steinheim-Stipendiums. — Verwaltungs-Statut des Steinheim-Stipendiums. Altona, Druck v. P. Meyer, *1897;* 28—29 S. 4.
Altona, RG u. R, OP 1897 (297)

Stiftungsurkunde für die Stiftung 1907 des Königin Carola-Gymnasiums zu Leipzig. S. 6. 4.
Progr. Königin Carola-Gymn. (2. Staatsgymn.) *Leipzig* 1908 (713).

Stiftungsurkunde [der „Oberlehrer Wesselschen Stiftung" der Friedrich-Wilhelms-Schule zu Eschwege vom Juni 1896]. S. 43. 4.
Friedrich-Wilhelms-Schule (Realschule mit Progymn.) *Eschwege* Progr. 1901 (421).

Stiftungsurkunde des von den städtischen Kollegien *zur Jubiläumsfeier der Anstalt* gestifteten Stipendiums. Altona, Druck v. P. Meyer, *1897;* 27—28 S. 4.
Altona, RG u. R, OP 1897 (297)

Stiftungsurkunde (des **Nusterschen Stipendiums** am Gymnasium Albertinum zu Freiberg). *Freiberg 1901: Gerlach.* (S. 8—9.) 4°
Freiberg, G Albertinum, OP 1901 (584)

[F.] **Stiftungs-Urkunde** *der Walter-Ernst-Stiftung am Falk-Realgymnasium in Berlin.* ([Unterzeichnet:] Elsa Ernst-Cochoy.) Berlin, Druck v. C. H. Müller, 1895; S. 16. 4.
Berlin, Falk-RG, P 1895 (95)

Stiftungsurkunden, die, der Stadt Neuwied. Abgedruckt nach einer beglaubigten Pergamentabschrift im städtischen Archive. Herausg. zur 200jährigen Jubelfeier der Stadt Neuwied am 26. Aug. 1853. Neuwied 853. v. d. Beeck. gr. 8. (19 S.) n. 5 ngr.

Richtes Stig, Des, oder der Richtstig Landrechts sammt Cautela und Proms, nebst einem Stücke von Zehnten, Mühlen und Höfen nach göttinger Handschriften und älteren Drucken herausg. von Frdr. Wilh. Unger. Göttingen 1847. gr. 8.

Stigeler, Helene: Die stofflichen Elemente der Lyrik des Freiherrn Joseph von Eichendorff. Bern 1910. 91 S. 8°. [29. VI. 09.]
Bern. Phil. Diss. 1909/10.

Stigeler, Helene. Die stofflichen Elemente der Lyrik des Freiherrn Joseph von Eichendorff. Diss. Phil. Bern. 91 S. 8. Bern, Gustav Grunau, 1910.

Stigell, Hermann [aus Mainz, pract. Arzt]: Ueber Blendung der Netzhaut. Strassburg, Druck von Ed. Hubert & E. Haberer, 1883. 8. 40 S.

Stigell, Herm., üb. Blendung d. Netzhaut. gr. 8. (40 S.) Strassburg 883. (Wiesbaden, Bergmann.) n.n. 1. 20

Stigell, Jos.

Stigell. Shakespeare und die tragische Kunst der Griechen. Mainz. G.. 1863. 24 S. 4. Progr.

Stigell, Jos., englische Stilübungen für höhere Bildungsanstalten. Mainz 868. Faber. gr. 8. (VIII, 152 S.) n. 14 ngr.

Stigell, Jos., englische Stilübungen für höhere Bildungsanstalten. 2., verb. Aufl. gr. 8. (VII, 151 S.) Leipzig 879. Lesimple. n. 1. 40

Stigelmayr, Max Steph., Beschwerde an die hohe Kammer der Abgeordneten zur bayr. Ständeversammlung im J. 1847 wegen Verletzung des § 8. Titel IV. der bayr. Verfassung. (Entziehung des ordentl. Richters und Schmälerg. des Eigenthums durch einen inkompetenten Richter vermittels Gewalt.) gr. 8. (28 S.) München 847, (Finsterlin.)

—— die bürgerliche und staatsbürgerliche Gleichstellung der Israeliten mit den übrigen Staats-Bürgern vom Standpunkte der Menschlichkeit, des Staates und der christl. Kirche aus beleuchtet. gr. 8. (XIV und 61 S.) München 847, (Finsterlin.) *

Stigelmayr, Max Steph. (Pfarrer zu Thanning), die bürgerl. u. staatsbürgerl. *Gleichstellung der Israeliten* mit den übrigen Staats-Bürgern vom Standpunkte der Menschlichkeit, des Staates u. der christl. Kirche aus beleuchtet. München, Verlag d. Verf., 1847. 8°. Cart.
61 S. — Warme Fürsprache f. d. Juden-Emancipation.

Stigelmayr, Max Steph., Vortrag über den Entwurf der Satzungen des Hagelversicherungs-Vereins f. d. Königr. Bayern. Mit 3 Beilagen. gr. 8. (6½ B.) München 844, (Fleischmann.)

Stiger, Jh., prakt. Bemerkk. üb. die Impfung u. d. Nutzen d. Kuhpocken; mit e. Vorr. v. Jos. Schöller. 8. Grätz 807.

Stiger, Josef Leopold

Stiger, Jos. Leop. Amerika in Trauer. In-16°, 30 S. Zürich 1879, Genossenschafts-Buchdr. — 30

Stiger, Jos. Leop., die amerikanischen Frauen. Abwehr gegen einen Angriff in der Augsburger „Allgemeinen Zeitung". 8. (24 S.) Zürich 877. Verlags-Magazin in Comm. — 40

Stiger, Jos. Leop., Hurrah für die Union! Eine Widerlegung der Vertheidigung der Südstaaten von James Williams. Zürich 864. (Schabelitz.) 8. (32 S. u. 1 lith. Taf.) n. 5 ngr.

Stiger, Joseph Leopold. Zehn Jahre in Amerika. 1. [einziger] Theil: Abschied vom Vaterland. 8. Zürich 1863.

—— Ist die Auswanderung nach den Vereinigten Staaten Nordamerikas unter den jetzigen Verhältnissen anzurathen? 8. (56 S. mit 2 Stnt.) Zürich 864, (Schabelitz'sche Buchh.) *

—— Nieder mit der Sklaverei! Eine Beleuchtung des Pamphlets der zweite Unabhängigkeitskrieg in Amerika von E. M. Hudson. 8. (32 S. mit 1 Stnt.) Zürich 864, (Schabelitz'sche Buchh.) *

—— die Nord- und Südländer der Vereinigten Staaten Amerikas. 8. (48 S. mit 1 Stnt.) Zürich 864, (Schabelitz'sche Buchh.) *

— zur amerikanischen Präsidentenwahl vom 7. Novbr. 1876. Eine Beleuchtung der süddeutschen Korrespondenz in Nr. 338 der „Augsburger Allgemeinen Zeitung". Dem Volke des amerikanischen Westens gewidmet. gr. 8. (128 S.) Zürich 877. Schmidt. n. 1. 80

—— die Rechtfertigung der Nordstaaten in dem jetzigen Kampfe mit den Südstaaten der amerikanischen Union. 8. (72 S. mit 1 Stahlst.) Zürich 863, (Schabelitz'sche Buchh.) *

Stiger, Joseph Leopold. Die Rechtfertigung der Nordstaaten in dem jetzigen Kampfe mit den Südstaaten der amerikanischen Union. [Mit 1 Porträt-Tafel.] 8. Zürich 1863 (° *Umschlag: 1864*).

— die Reform des Spitalwesens. Den edlen Frauen Frankfurts gewidmet. Frankfurt a. M. 863. (Boselli.) gr. 8. (8 S.) 1½ ngr.

Stigler, Johann Georg

Stigler, Jh. Geo., († d. 24. Febr. 1761.) Abhandl. von den baier. Maaßen. 4. Münch. 760. Duyle.

— Abhandl. von d. Visirkunst. 4. Münch. 760.

— Anleit. zu den mathemat. Wissenschaften. Mit 23 Kpf. 4. Münch. 757.

Stigler, Johann Nepomuk

Stigler, Joh. Nep., Die Psychologie des hl. Gregor von Nyssa. Systematisch dargestellt. Regensburg, Pustet, 1857, gr. 8°, VIII, 136 S., 1,50 Mk.

Recenss. (Wiener) Kath. Littztg 1858, Nr. 1. (Linzer) Theol.-pr. Quartalschr. 1858, S. 178–80.

Stigler, Johann Stephan

Anleitung zur Markscheidekunst, oder unterirdischen Geometrie, worinnen die Praxis mit der Theorie verbunden, zum Nutzen und Gebrauche aller Liebhaber dieser Wissenschaft, hauptsächlich aber seiner Zuhörer. Verfasset von *Johann Stephan Stigler*, der Mathematik Professor in dem Churbaierischen löbl. Cadettenkorps. München, gr. 8. 7 Bl. Titel, Zuschr. Vorr. 79 Seiten, 4 Kpft. 1767.

Stigler, J. S., Anleit. zur Markscheidung, od. unterirdische Geometrie. Mit Kpf. gr. 8. Augsb. 767. v. Jenisch u. St.

Stigler, J. S., Anleit. z. Markscheidekunst od. unterird. Geometrie, m. K. gr. 8. Augsb. Stage. 767.

— historische, geographische u. tactische Sätze u. Aufgaben, welche die Cadetts der churbaierischen Kriegsschule in einer öffentlichen Prüfung zu erläutern, u. zu beantworten sich erbiethen. München 1775. 24 Bl.

Mathematische Sätze, welche in der churbaierisch militairischen Akademie unter Anleitung Stephan Stiglers, Professorn der Mathematik alda die Cadeten vom Corps ꝛc. ꝛc., von Regimentern ꝛc. ꝛc., in einer öffentlichen Prüfung nach ordentlicher Lehrart zu beantworten sich anerbiethen. Mit 1 Kpf. München 1770. 44 S.

— Sätze, welche in dem Churbajerisch. löbl. Cadeten Corps unter Anleitung Stephan Stiglers, allda Professors der Mathemathik folgende Corps-Cadeten in einer öffentlichen Prüfung zu beantworten sich anerbiethen. München 1773. 19 Bl.

Stigler, Karl, die Oberrealschule u. die Zulassung ihrer Absolventen zur Universität. (22 S.) gr. 8. Wien 905. Lehmann & Wentzel. n. — 50

Stigler, Kurt, Rechtsprakt.: Die Zusammenlegung von Aktien und ihre Voraussetzungen. Augsburg 1909: Lampart. VI, 72 S. 8°

Erlangen, Jur. Diss. v. 17. Febr. 1909, Ref. Sehling

[Geb. 15. Mai 84 Augsburg; Wohnort: Augsburg; Staatsangeh.: Bayern; Vorbildung: Gymn. Augsburg Reife 04; Studium: München 2, Berlin 1, Kiel 1, Erlangen 2, Augsburg Lyzeum 2 S.; Rig. 19. Jan. 09.] [U 09. 740

Stigler, Robert

Stigler, R., über das Flimmern der Kinematographen. (S. 224—232.) gr. 8. Bonn 908. M. Hager. — 60
Sonderabdruck aus: „Archiv f. d. ges. Physiol."

ŠTIGLIĆ, Martinus: De irregularitate in genere et de irregularitate ex defectu natalium in specie. — (1865) 110 S. 4° (Handschr.) Diss. 231
Diss. Wien, Univ.

Stigling, Johann Philipp (Schweinfurt), A. S. 1160/9

Dissertatio inauguralis medica, de variolis.
Präs. Johann Andreas Fischer.
Erfurt (Grosch) 5. VII. 1720. 20 S. 33591

Stiglitz, Chr. Fr., Cultura facultatis cognoscitivae seu logica. 8. maj. Lips. Fritsch. 747.

— — idem liber. 8. Lips. Crusius. (Vogel.) 747.

Stiglitz, Jh. Henr., s. **Stieglitz.**

Stigliz, Christian Ludwig, s. S t i e g l i t z , Christian Ludwig.

Stiglleithner, J o s e f. Die Fischzucht im Alpenlande. Klgft., v. Kleinmayr, 1905. 19 S.

Stiglmayer Dr. Hans: Zum Geschichtsunterricht in den Oberklassen. 50. Eger R. 05.
Progr.

Stiglmayer Johann: Papst Liberius.
1899 PN 1207 **Diss.** Wien, Univ.

Stiglmayer, Hans: Akad. Verein deutscher Historiker in Wien. Papst L i b e r i u s . Ein Beitrag z. Gesch. d. Arianismus. Wien: Selbstverlag 1906. (VIII, 82 S.) 8°

S t i g l m a y r, Josef Das Aufkommen der Pseudo-Dionysischen Schriften und ihr Eindringen in die christliche Literatur bis zum Lateranconcil 649. Ein zweiter Beitrag zur Dionysios-Frage. 8 (S. 3—96).

Progr. Öffentl. Privatg. an der Stella matutina *Feldkirch* 1895.
Vgl. des Verf. Der Neuplatoniker Proklos als Vorlage des sog. Dionysios Areopagita in der Lehre vom Übel in: Histor. Jahrbuch XVI (1895).

Stiglmayr, Jos., S. J., Festschrift zur Feier des 50jährigen Jubiläums des Pensionates U. L. F. Stella Matutina in Feldkirch 1856. 1906. (31 S. m. 8 Taf.) Lex.-8. Feldkirch 906. (F. Unterberger.) n.n. 1. 30

Stiglmayr, Jos., e. alte Regensburger Handschrift des sogenannten Homerus latinus, s. Studien, Prager, aus dem Gebiete der classischen Alterthumswissenschaft.

Stiglmayr, J., Eine alte Regensburger Handschrift des sogen. Homerus Latinus. 1894. 55 S. u. 2 Taf. 1

STIGLOHER, Marcellus (Diözese München-Freising): Die Errichtung der päpstlichen Nuntiatur in München und der Emser Congress. Eine historisch-kirchenrechtliche Abhandlung.- Regensburg: Manz 1867. VIII,332 S.
21.7.1866 - Urk (Titel: De congressu in Balneis Asisiae 1786 habito.); F 44
Diss. Ingolst.-Landsh.-Mchn.

Stigloher, Marcellus, Geschichte der k. Real-Schule Freising. Zum Gedenkfeste d. 50jähr. Bestehens der Anstalt chronologisch geordnet. gr. 8. (62 S.) Freising 883. (Datterer.) n. 1. 50

Stigloher, Marcellus, s.: Jahresbericht d. histor. Vereins v. Oberbayern.

— Georg Westermayer, erzb. geistl. Rat, Kämmerer u. Pfarrer in Feldkirchen. E. biograph. Skizze. [Aus: „56. u. 57. Jahresbericht d. histor. Vereins v. Oberbayern".] gr. 8. (15 S.) München 895. (G. Franz' Verl.) n. — 40

Stigmatisirten, die, des 19. Jahrh.: Anna Katharina Emmerich, Maria v. Mörl, Domenica Lazzari, Juliana Weiskircher, Josepha Kümi, Bertina Bouquillon, Bernarda vom Kreuze, Maria Rosa Andriani, Maria Cherubina Clara vom heil. Franziskus, Louise Lateau, Helena v. Bolawatta, Margaretha Bays u. Esperanza v. Jesu. Nach authent. Quellen hrsg. von einem Curatpriester. Mit dem Bildnisse der Maria v. Mörl (in Stahlst.). 8. (152 S.) Regensburg 877. Manz. 1. 80

Stigson, Stig (Alfhild Agrell), aus dem Norden. Erlebnisse erzählt. 8. (260 S.) Leipzig (902). Berlin, H. Seemann Nachf. n. 3. —; geb. n. 4. —

Jahresbericht des k. k. Obergymnasiums zu Brüx für das Schuljahr 1857. Brüx, Druck von Ferd. Ritter v. Schönfelds Witwe und Kompag. (37 S. 4.)
Enthält: Kurze Uebersicht der Phanerogamen aus der nächsten Umgebung der Stadt Brüx, vom Gymnasiallehrer Otto **Stika**.

Labai gražios dainos. Surinko K. **Stiklelis**. Tilžėje 1907: v. Mauderode. 39 S. 8°
[Sehr schöne Volkslieder.] [10. 15343 10

K. **Stiklelis**. Lietuva tėvynė mano. Tilžėje: v. Mauderode 1907. 16 S. 8°
[Litauen mein Vaterland. Gedichte.] [10. 10893

Pasninkai Lietuvoje. Parengė K. **St[i]kl[eli]s**. Tilžėje: Mikolainis 1908. 16 S. 8°
[Die Fasten in Litauen.] [10. 13388 10

Pinigai, jų atsiradimas, išsiplėtimas ir dabartinis stovis. Pagal Z. Kaminski'o rašinį surašė K. **Stiklelis**. Tilžėje: v. Mauderode 1909. 31 S. 8°
[Das Geld, seine Erfindung, Entwickelung u. gegenwärtiger Stand.] [10. 10894

Linksmi žiedeliai. Surankiojo K. **St[i]kl[ėli]s**. Tilžėje: Mauderode 1907. 32 S. 8°
[Lachende Blüten. Gesammelt von K. St.] [10. 6838 10

Stil, der, in d. bildenden Künsten u. Gewerben. Hrsg. v. Geo. Hirth. I. Serie: D. schöne Mensch in d. Kunst aller Zeiten. 16 Lfgn. gr. 4. (Altertum, bearb. v. Heinr. Bulle, 192 Taf. m. 70 S. illustr. Text.) München 898. G. Hirth. à Lfg. n. 1. — (I. Serie kplt. in Mappe: n. 18. —; geb. in Halbfrz. n. 25. —)

Stil, der, in den bildenden Künsten u. Gewerben. Hrsg.: Geo. Hirth. I. Serie: Der schöne Mensch in d. Kunst aller Zeiten. 19.—51. Lfg. gr. 4. München 899—902. G. Hirth. à n. 1. —
19—35. II. Bd. Mittelalter und Renaissance, bearb. v. Art. Weese. (240 Taf. m. 54 u. VII S. Text.) (II. Bd. kplt. in Mappe n. 18.—; in Leinw.-Mappe n. 19.50; geb. in Halbfrz. n. 25.—)
36—51. III. Bd. Neuzeit, bearb. v. Herb. Hirth u. Ernst Bassermann-Jordan. (192 Taf. m. XII u. 60 S. Text.) (3. Bd. kplt. in Mappe n. 18. —; in Leinw.-Mappe n. 19. 50; geb. in Halbfrz. n. 25. —)

Stil, der, in den bildenden Künsten u. Gewerben aller Zeiten. Hrsg. v. Geo. Hirth. I. Serie. Der schöne Mensch in der Kunst aller Zeiten. I. Bd. (In 20 Lfgn.) 1. u. 2. Lfg. 31×24 cm. München (910). G. Hirth. à 1. 20
1. Der schöne Mensch im Altertum. Eine Geschichte des Körperideals bei Aegyptern, Orientalen u. Griechen. Von Heinr. Bulle. 300 Taf. m. erläut. Text. 2. ganz neu bearb. u. stark verm. Aufl. (In 20 Lfgn.) 1. u. 2. Lfg. (32 Taf. m. V S. u. Sp. 1—46 illustr. Text.)

Vom Militärischen **Stil**. Von W. v. U. *Berlin: E. S. Mittler & Sohn 1899.* (53 S.) 8° [F.] [01. 3701 11

Vom Militärischen **Stil**. Von W. v. U. 2. Aufl. *Berlin: E. S. Mittler & Sohn 1900.* (53 S.) 8° [F.] [01. 3348

Stil, militärischer, u. militärisches Rechnungswesen. Leitfaden f. den Verwaltungsunterricht in der Kapitulantenschule. Gesammelte Erfahrgn. aus der Praxis in der Kapitulantenschule d. 1. Bad. Leib-Dragoner-Regiments Nr. 20. gr. 8. (III, 39 S.) Mannheim 885. Nemnich. cart. n. 1. —

Stilarten, die, der Spitze in verschiedener Auffassung u. neuer Combination. (18 Taf. m. 1 Bl. Text.) 33×47 cm. Plauen (908). C. F. Schulz & Co. In Mappe 32.—

Stilch, F. A., Demokratie und Sozialismus. Eine Vorlesung im demokrat. Verein zu Breslau. 8. (19 S.) Breslau 848, [Aland.] Thlr.

Stilch, F. A., Demokratie u. Sozialismus. Eine Vorlesung im demokrat. Verein zu Breslau. 8. (19 S.) Breslau 848, Schulz & Co. 2 ngr

Stilch, F. A., die schlechte Zeit, oder Geld, Speculation u. Arbeit. Einige Betrachtungen über die Leiden der Gegenwart u. ihre Abhilfe. 12. (1 B.) Breslau 844, Schulz n. Comp. *

Stiles, Charles Wardell [aus Hartford, Conn., U. S. A.]: Bau und Entwicklungsgeschichte von Pentastomum proboscideum Rud. et Pentastomum subcylindricum Dies. . . . (Aus: „Zeitschr. f. wiss. Zool." Bd. LII.) Leipzig, W. Engelmann, 1891; 75 S., 1 Bl., 2 Taf. 8°
Leipzig, Phil. Fak., Inaug.-Diss. v. 16. Mai, 1891

Stilgebauer, Edward, der goldene Baum. Ein Buch vom Leben. 1.—3. Taus. (III, 202 S.) 8. Frankfurt a/M. (909). Kesselring. 3.—; geb. 3. 80

Stilgebauer, Edward, Bildner der Jugend. Roman. (Die Lügner des Lebens.) 1.—20. Taus. (463 S.) 8. Berlin (908). R. Bong. 4.—; geb. in Leinw. 5. —

— Die blaue Blume, s.: Bibliothek, bunte, zeitgenössischer Schriftsteller.

— Der Börsenkönig. Roman. (Die Lügner des Lebens.) 1.—10., 11.—20. u. 21.—30. Taus. (411 S.) 8. Berlin (907). R. Bong. 4.—; geb. 5. —

Stilgebauer, Edward, Grimmelshausens Dietwald u. Amelinde. Ein Beitrag zur Litteratur-Geschichte des 17. Jahrh. gr. 8. (54 S.) Gera 893. (G. Lenßsch.) n. 1. 20

— Der Eroberer. Roman. (Die Lügner des Lebens.) 1.—10. Taus. (IV, 576 S.) 8. Mainz (909). J. Diemer. 4.—; geb. in Leinw. n 5. —

— Frühlicht. Soziale Studien u. Träume. 1. u. 2. Aufl. 12. (VII, 123 S. m. Bildn.) Erfurt 896. Bonn, E. Moos. n. 2. —; geb. m. Goldschn. n. 3. —

Geschichte des Minnesangs. Von Dr. Edward **Stilgebauer**, Privatd. and. Univ. Lausanne. *Weimar: E. Felber 1898.* (3 Bl., 298 S.) 1 Bd 8. [98. 6696

Stilgebauer, Edward, aus freudelosem Hause. Novelle. 1. u. 2. Taus. (185 S.) kl. 8. Stuttgart 906. A. Bonz & Co. n. 3. —; geb. in Leinw. n. 4. —

Stilgebauer, Edward, Herodes. Historischer Roman. 8. (200 S.) Leipzig 891. [H. Hucke.] Gera, G. Lenßsch. n. 4. —

Klassischer Humor der Weltliteratur. Ausgewählt u. eingeleitet von Dr. Edward **Stilgebauer**. (In 14 Lfgen.) *Berlin, Leipzig, Wien, Stuttgart: Bong & Co. [1902–03].* (VIII, 448 S.) 8° [F.]
(Ill. Klassiker-Bibl. Beigabe von: 'Zur guten Stunde'. Jg. 16. 1902/3.) [03. 13052

— klassischer Humor der Weltliteratur. Ausgewählt u. eingeleitet. (VIII, 448 S. m. Abbildgn.) gr. 8. Berlin (903). Deutsches Verlagshaus Bong & Co.
Geb. in Leinw. 4. — (Ladenpr. aufgehoben.)

Stilgebauer, Ed., das Jahr. Ein lyr. Gedicht in 5 Teilen m. e. Prologe u. Epiloge. gr. 8. (24 S.) Frankfurt a/M. 885. Mahlau & Waldschmidt. n. 1. —

— Götz Krafft. Die Geschichte e. Jugend. 4 Tle. 8. Berlin, R. Bong. à. 4. —; geb. in Leinw. à 5. —
I. Mit tausend Masten. 1.—10. Taus. (VIII, 416 S.) (904.)
II. Im Strom der Welt. 1.—30. Taus. (446 S.) (904.)
III. Im engen Kreis. 1.—25. Taus. (367 S.) (905.)
IV. Des Lebens Krone. 1.—35. Taus. (432 S.) (905.)

Götz Krafft. Die Geschichte e. Jugend. Von Edward **Stilgebauer**. (1–4.) Berlin: R. Bong (19[04–]05). 4 Bde 8°
(1. Mit tausend Masten.) 11. bis 20. Taus. [1904.]
(2. Im Strom d. Welt.) 1. bis 30. Taus. [1904.]
(3. Im engen Kreis.) 26. bis 35. Taus. (1905.)
(4. Schlußbd. Des Lebens Krone.) 1. bis 35. Taus. (1905.) [06. 196

Leben. Tragikomödie in 3 Akten. Von Edward **Stilgebauer**. *München: Rubinverl. [1901.]* (90 S.) 8° [F.]
(Rubin-Bibliothek.) [01. 4334

— Das Liebesnest. Roman. (Die Lügner des Lebens.) 1.—25. Taus. (422 S.) 8. Berlin (908). R. Bong. 4.—; geb. in Leinw. 5. —

Stilgebauer, Edward, Thomas Lindner. Komödie in 3 Akten. 16. (98 S.) München 899. Rubinverlag. n. 2. —

Die Lügner des Lebens. Der Börsenkönig. Roman von Edward **Stilgebauer**. 1. bis 10. Taus. Berlin: R. Bong (1907). (411 S.) 8° [07. 11446

Die Lügner des Lebens. Der Börsenkönig. Roman von Edward **Stilgebauer**. 11. bis 20. (auf d. Umschl.: 1.–10.) Taus. Berlin: R. Bong (1907). (411 S.) 8° [F.] [07. 13780

Stilgebauer, Edward: Die Lügner des Lebens. (1.) Berlin, Leipzig-Wien, Stuttgart: Bong [1908] 8°

— Menschenschicksal. Der Novellen neue Folge. 8. (VII, 175 S.) München 894. Dr. E. Albert & Co., Sep.-Cto. n. 2. —

Neidhart. Romant. Ritterschauspiel in 5 Aufz. von Edward **Stilgebauer**. Berlin: R. Bong (1906). (108 S.) 8° [06. 4773

— Neidhart v. Reuenthal, s.: Bibliothek der Gesamtlitteratur.

Neidhart von Reuenthal. Der Roman e. Minnesängers. Von Edward **Stilgebauer**. Mit e. Vorw. d. Verf. u. 1 Abb. Halle a. S.: O. Hendel [1908]. (VIII, 191 S.) 8° [F.]
(Otto Hendel's Reisebibliothek. Ser. 1. No 19.) [08. 10857 3

— Neidhart v. Reuenthal, s. Hendel's, Otto, Reisebibliothek.

[F.] Das Opfer. Sozialer Roman v. Edward **Stilgebauer**. *Zurich. Erfurt. Leipzig: E. Moos 1896.* (3 Bl., 187 S.) 1 Bd 8.

— d. Opfer. Sozialer Roman. 2. Aufl. 12. (187 S.) Ebd. 896. n. 3. —; geb. n. 4. 50

Saulus von Tarsus. Eine Tragödie d. Erkenntnis von Edward **Stilgebauer**. (Berlin [1901]: H. S. Hermann.) (90 S.) 8° [F.]

Der neue Staat. Schausp. in 3 Aufz. Von Edward **Stilgebauer**. *München: Rubinverl. [1901].* (80 S.) 8° [F.]
(Rubin-Bibliothek.) [01. 4348

— Die neue Stadt. (Die Lügner des Lebens.) Roman. (384 S.) 8. Dresden (910). C. Reissner. 4.—; geb. 5. —

— vom Wege. Sechs Novellen. 8. (161 S.) Leipzig 892. [H. Hucke.] Gera, G. Leutzsch. [n. 3. —] n. 2. —

Stilistik. Leitfaden f. den Unterricht in schriftl. Arbeiten an höheren Lehranstalten. Von e. Lehrer. gr. 16. (IV, 45 S.) Luzern 893. Gebr. Räber. Kart. n. – 35

Stiliko; Trspl. in 5 A. 8. Salzb. 759. Mayr. 4 K

Stilke, F., Rinold u. Tuiskomar. Erzählg. aus d. Vaterlandes Vorzeit. D. deutschen Jugend reif. Alters gewidm. M. 10 Vollbild. v. Johs. Gehrts u. a. u. vielen Abb. im Text. 2., unveränd. Aufl. gr. 8. (144 S.) Leipzig 898. F. Hirt & Sohn. 2. 25; geb. in Leinw. 3. —

Stilke, Frdr. W., die da siegen! 3 dramat. Essays üb. Völkernot u. Herrenpflicht. (VII, IV, 46; IV, 34 u. 31 S.) 8. Hamburg 908. Deutschlands Großloge II. 2. 50
Hieraus einzeln:
Der Alchimist. Ein Spiel in 2 Akten. (IV, 46 S.) 1. —
Der Drache v. Pataliputra. Schauspiel in 1 Akt. (IV, 34 S.) 1. —
Inkognito. Lustspiel in 1 Akt. (31 S.) 1. —

Stilke, Hermine, 44 Aquarellen in Chromolithogr. In 11 Lfgn. 2. verb. Abdr. Imp.-4. Leipzig 871, Arnoldische Buchh. à Lfg. **ℳ* 6. (**ℳ* 67,50.) *
Enthält die Illustrationen aus „Blumen der Liebe", „Christliche Feste", „Hauslaub". „Im Frühling", „Immortellen" in einzelnen Blättern. Gebunden erschienen dieselben u. d. T.:
Stilke-Album.

Stilke, H., Bibelworte in Blumenschmuck, s.: Reichenbach, M. v.

Stilke, Hermine, Blumen der Liebe. Lyrische Dichtungen. Mit 10 chromolith. Illustr. Leipzig 868. Arnoldische Buchh. Imp.-4. (9 Blatt Text mit 10 Chromolith. u. 9 Steintaff. in Tondr.) In engl. Einb. mit Goldschn. n. 14 Thlr;
in Leder geb. mit Goldschn. n. 16 Thlr

Stilke, Hermine, die christlichen Feste. Mit poetischem Text von Gerok, Kauffer, Rückert, Spitta. gr. 4. (7 Chromolithogr. und 28 S. Text.) Leipzig 866, Arnoldische Buchh.
geb. mit Goldschn. *
In Leder geb. mit Goldschn. *

Stilke, Hermine, die christlichen Feste. Mit poet. Text von Gerok, Kauffer, Rückert, Spitta. 2. Aufl. 1868. **ℳ* 27.; 3. Aufl. 1875. **ℳ* 30.; 4. Aufl. gr. 4. (8 Chromolithogr. mit 32 S. Text.) Leipzig 878, Arnoldische Buchh.
geb. mit Goldschn. *

— im Frühling. Lenzlieder von verschiedenen Dichtern in Orig.-Compositionen von Abt, Hiller, Jansen, Kücken, Reinecke, Taubert, Tottmann. Mit 9 (chromolith. Illustr. Ebend. 869. Fol. (V, 50 S.) In engl. Einb. mit Goldschn. n. 12 Thlr;
in Leder geb. mit Goldschn. n. 15 Thlr

— im Frühling. Lenzlieder deutscher Dichter m. 8 Aquarellen. 2. Ausg. Fol. (20 S.) Ebend. 875. geb. m. Goldschn. n. 30. —

— Haus-Chronik. Gedenkbuch für Familien. Mit einleit. u. poet. Text von K. Hofmann v. Nauborn u. 12 (lith.) Illustr., in Buntdr. ausgeführt von J. G. Bach in Leipzig. Ebend. 865. gr. 4. (112 S. mit 12 Blatt zum Einlegen von Photogr.) geb. mit Goldschn. n. 10 Thlr;
In Leder geb. mit Goldschn. n. 13 Thlr 10 ngr

— **Hauslaub.** Lieder u. Bilder für's Haus. In Farbendr. ausgeführt von J. G. Bach in Leipzig. Ebend. 867. gr. 4. (35 S. mit 10 chromolith. Illustr.) geb. mit Goldschn. n. 11 ℛ 10 ngr; In Leder geb. mit Goldschn. n. 13 ℛ 20 ngr.

Stilke, Hermine, das Jahr in Blüthen und Blättern. Mit Orig.-Gedichten von Eman. Geibel u. Gust. zu Putlitz. Berlin 864. Wagner. gr. 4. (12 Lithogr. in Farbendr. u. 14 Bl. Text) 15 ℛ; geb. n. 19 ℛ

— das **Jahr** in Blüthen u. Blättern. Mit Orig.-Gedichten von Eman. Geibel u. Gust. zu Putlitz. 2. Aufl. Berlin 865. Wagner. gr. 4. (12 Chromolith. u. 14 Blatt Text mit chromolith. Titel.) geb. mit Goldschn. 15 ℛ; In Chagrin-Leder geb. n. 19 ℛ

— **Immortellen** aus einer Kaisergruft. Dichtungen des hochsel. Kaisers Maximilian von Mexiko. Mit Illustr. Leipzig 868. Arnoldische Buchh. Fol. (9 Blatt u. 7 Chromolith.) In engl. Einb. mit Goldschn. in Mappe. n. 12 ℛ

—— s. a. Land, deutsches, und deutsche Lieder.

Stilke, Hermine, deutsches Land und deutsche Lieder. Ausgewählte Dichtungen mit Illustr. 3. Aufl. Vollständig neu bearb. 15 Chromolithogr., gezeichnet von G. Theuerkauf. gr. 4. (XII, 124 S.) Leipzig 880, Gebr. Senf. geb. mit Goldschn. *

— deutsches **Land** u. deutsche Lieder. Ausgewählte Dichtgn. m. Illustr. 8. Aufl. Neue Ausg. Mit 15 Chromolith., gezeichnet v. G. Theuerkauf. (In 15 Lfgn.) 1. Lfg. hoch 4. (XII, 24 S.) Leipzig 886. Reinboth. n. 1. —

—— eine **Reise** in Bildern. Mit Benutzung von Photogr. entworfen. gr. Fol. (15 Bl. Text mit 18 chromolithogr. Illustr. ausgeführt von Loeillot, Steinbock, Korn ꝛc.) Berlin 866, Wagner. In Mappe 14 Thlr.; geb. * geb. mit reicher Vergoldung *

Stilke-Album. Eine Auswahl von 35 der vorzüglichsten Chromolith. nach Aquarellen von Hermine Stilke. Leipzig 869. Arnoldische Buchh. Fol. (Mit photograph. Portr.) In engl. Einb. mit Goldschn. n. 20 ℛ; in Leder geb. mit Goldschn. n. 24 ℛ

—— **Stilke-Album.** Eine Auswahl von 44 der vorzüglichsten Chromolithogr. nach Aquarellen. Neue um 8 Blätter verm. Ausg. Mit dem (photogr.) Bildniss und einer Biographie der Künstlerin. Imp.-4. (3 S.) Leipzig 871, Arnoldische Buchh. geb. mit Goldschn. * geb. in Saffian mit Goldschn. *

— **Stilke-Album.** Eine Auswahl v. 44 der vorzüglichsten Chromolith. nach Aquarellen. Neue, um 8 Blätter verm. Ausg. Mit dem (phot.) Bildniss u. e. Biographie der Künstlerin. Imp.-4. (3 S.) Ebend. 874. geb. m. Goldschn. n. 75. —; in Saffian m. Goldschn. n. 84. —

—— **Tagebuch.** 4. (406 S. mit 13 chromolithogr. Illustr.) Ebendas. 870. geb. mit Goldschn. (*ℳ 18.) * geb. in Leder mit Goldschn. *

—— Tagebuch. Blätter der Erinnerung. Mit 12 Aquarell-Illustr. und (chromolithogr.) Titelbild von J. Kostka. 2.—4. Aufl. 4. (404 S.) Leipzig 872—80, Arnoldische Buchh. geb. mit Goldschn. *

— **Tagebuch.** Blätter der Erinnerung. Mit 12 Aquarell-Illustr. u. (chromolith.) Titelbild von J. Kostka. 4. Aufl. 4. (404 S.) Leipzig 881. Arnold. geb. m. Goldschn. n. 20. —

Stilke, Hermine, Tagebuch. Blätter der Erinnerung. Mit 12 Aquarell-Illustr., in der Blumenmalerei neu ausgeführt von E. Leistner-Beckendorff, u. Titelbild von J. Kostka. 6. Aufl. Lex.-8. (400 S.) Leipzig 889. [Zehl.] Haberland. geb. in Leinw. m. Goldschn. n. 16. —; in Ldr. n. 20. —

Stilke, Hermine, Tagebuch. Blätter der Erinnerg. Mit 12 Chromolith. nach Aquarellen von St., in Blumenmalerei neu ausgeführt v. E. Leistner-Beckendorff u. e. Titelbild v. J. Kostka. 7. Aufl. 4. (404 S.) Leipzig 899. [E. Haberland.] Berlin, R. Voegels. Geb. in Leinw. m. Goldschn. n. 12. —

Stilke, Karl Gotthold Fr. Ludwig

Stilke, Karl Gotthold. Fr. Ldw., Gesänge f. Freunde der öffentl. u. häusl. Gottesverehrung. Als Anhang zum Berliner Gesangbuche. 8. Stolberg 813.

Still! ein Lustspiel in einem Aufzuge. Braunschweig 1769. V: *Topp, Johann Friedrich Julius.* (Ky) (ML)

Still! Lstspl. in 1 A. (von Jh. Fr. Jul. Topp). 8. Braunschw. 769. Schulbuchh. 2 gr

Still, Henriette, kleines Kochbuch f. bürgerl. Haushaltungen. 8. (106 S.) Halle 847. Weißenfels, Sueß in Comm. 1/4 ℛ

Stillbachs Leben; e. Zauberroman, (v. Jh. Mor. Schwager). 16 Bochen. 8. Leipz. 781. Weygand. 1 ℛ

Stillbauer, Joh., General-Register, s.: Katholik, der.

— Joseph Klein, erster Generalvicar des Erzbisth. München-Freising, e. Bekenner aus dem Anfang unseres Jahrhunderts, s.: Broschüren, Frankfurter zeitgemäße.

Stillbauer, J. Das Volksschulwesen in Deutschland während der drei ersten Decennien d. 19. Jahrh., s. Broschüren, Frankf. zeitgemäße. XII, 5.

Stillcke, Fr., der Geschäfts- u. Rechtsverkehr des Handwerkers, s.: Gehrig, H.

Stillcke, Fr., **Lehrbuch** f. den Ornament-Zeichenunterricht in gewerblichen Fortbildungs- u. Gewerbeschulen. Eine Anleitg. zum Gebrauche des Lehrganges im freihänd. Ornamentzeichnen. I. Tl. Das geometr. Ornament. Mit 106 Abbildgn. im Text, 8 zum Tl. farb. Fig.-Taf. u. 12 verkleinerten Nachbildgn. der Erklärungstaf. des Lehrganges. (VIII, 135 S.) 8. Hannover 905. F. Scherrer. Kart. nn 3. 25

Stillcke F, Lehrgang im freihändigen Ornamentzeichnen f. gewerbl. Lehranstalten. I. (50 T) 4° m. Text (27 S 12 T) 8° II. (43 T) fol m. Text (37 S 12 T) 8° Hannover 1900

— **Lehrgang** im freihändigen Ornamentzeichnen f. gewerbliche Fortbildungs- u. Gewerbeschulen. 3., verm. u. verb. Aufl. 1. Tl.: Das geometr. Ornament. 12 Erklärungstaf., je 96,5×64,5 cm., u. 40 [43] Vorlagen [davon 1 - 20 doppelt]. Je 33,5×42 cm. Ebd. (905). In Mappe bar nn 15. —; Aufzug der Erklärungstaf. nnn 7. 50

— Lese- u. Lehrbuch f. ländlich-gewerbliche Fortbildungsschulen, s.: Gehrig, Herm.

— **Lesebuch** f. Vorklassen u. Unterklassen gewerblicher Fortbildungsschulen. (XV, 258 S.) 8. Lissa (908). [O. Eulitz.] Breslau, F. Goerlich. Kart. 1. 80

— zur Methodik des Maschinenschreibens. Prakt. Ratschläge. (89 S.) 8. Leipzig 904. C. E. Poeschel. Kart. n. 1. —

— über den Ornamentzeichenunterricht in der gewerblichen Fortbildungsschule. (IV, 81 S.) gr. 8. Wittenberg 905. R. Herrosé. n. 1. 20

— Uebungsheft f. den Unterricht im Maschinenschreiben. (II, 38 S. m. Fig.) Lex.-8. Leipzig 904. C. E. Poeschel. n. — 75

Stille [Sachliches OW]

Stille dem Herrn! Unverwelkliche Blumen aus Gottes Wort u. Terstegons geistl. Blumengürtlein. 16. (12 S. m. farb. Illustr.) Lahr 889. Kaufmann. n. — 40

DIE DREYSSIGJÄHRIGE STILLE. – Frankfurt & Leipzig [Lumscher 1764]. 96 S.

Die dreißigjährige Stille unseres Herrn und Heilandes Jesu Christi auf Erden; nebst zwei kleineren Abhandlungen: Evangelischer Wegweiser zu einer ganzen Bekehrung, und Beschreibung eines einfältigen Herzens; von M. Friedrich Christoph Steinhofer. Neue Aufl. – Stuttgart: Evang. Bücherstiftung (1856). 96 S.

- Neue Aufl. 2. Abdr. – Stuttgart: Evang. Bücherstiftung (1861). 96 S.

- Neue Aufl. 3. Abdr. – Stuttgart 1876.

– Nebst zwei kleineren Abhandlungen .... Neue Aufl. 4. Abdr. – Stuttgart: Evang. Gesellschaft 1895. 94 S.

– nebst zwei kleineren Abhandlungen .... 5. Aufl. – Stuttgart: Evang. Gesellschaft 1905. 94 S.

Stille, e., im Lande. Eine Erinnerg. aus meiner Jugendzeit. Von der Verf. d. kleinen Matthis, Krummschnäbelchen zc. 8. (13 S.) Straßburg 872. (Barmen, Klein.) n. — 30

Stille Wasser sind tief. Schsp. v. Schröder. 8. Berl. Rottmann. 786.

Stille [Verfasser]

Instrumenten-Catalog von Albert Stille, Stockholm, Fabrik f. chirurg. Instrumente ... [Nebst] Preisliste. Stockholm 1901: Central-Tryckeriet. 1 Bd 4°, 1 Bd 8° [08. 330 4

Stille, Bernhard

Stille, Bernh., über die Einwirkung von Isobutyljodid auf Anhydrobenzdiamidobenzol. Inaugural-Dissertation. gr. 8. (22 S.) Göttingen 881. (Vandenhoeck & Ruprecht.) n. — 60

Stille, C. B., getreuer Wegweiser d. Jugend bei ihren Stylübungen, e. fragende Anweis. z. eigenen Verfertigung schriftl. Aufsätze, mit 100 Vorlegeblättern. 8. Leipz. 809. (W. Rauck).

Stille, C. B., getreuer Wegweiser d. Jugend b. ihr. Stylübungen, e. fragende Anleit. z. eig. Verfert. schriftl. Aufsätze, m. 100 Vorlegeblättern. 8. Leipz. Sommer. 809.

Stille, Carl, s. Stille, Karl.

Stille, Caroline, s. Stille, Karoline.

Stille Chr. L. de, Les campagnes du roi avec des reflexions sur les causes des événemens. (Schlesische Kriege.) Partie 1. 2. (Berlin) 1762. 8.

(de Stille, Chr. L.) Les campagnes du roi. [1742–1745.] 2 p. 8. Berlin 1762. — 2 v. 8. Hanovre 1762. 2,50. — (228.) 8. Amsterdam 1763.

— Die Feldzüge des Königs, nebst Betrachtungen über die Ursachen der vorgefallenen Begebenheiten. Aus dem Französ. Theil 1—2. (Berlin) 1762. 8.

(v. Stille, Chr. L.) Feldzüge des Königs Friedrichs II. von Preussen. A. d. Frz. 2 Bd. 8. Hannover 1762. 1,00. — 8. Amsterdam 1764.

Stille, Elisabeth, Klippen. Nach Mittheilungen eines Freundes wiedergegeben. Leipzig 857. Kollmann. 8. (2 Bl., 377 S.) 1 ₰. 15 ngr.

Stille. F: Breitdreschmaschinen und Schrotmühlen. Lengerich i. W. (1897?)

Stille, Gustav

Alkohol und Lebensdauer von San.R. Dr. [Gustav] Stille, Stade. Hamburg: Deutschlands Großloge II des I.O.G.T. 1907. (8 S.) 8° [Umschlagt. F.] Aus: Medizin. Klinik. 1907, No 34. [08. 16115 8

Stille, G., die Bevölkerungsfrage in ihrer Beziehung zu den socialen Verhältnissen. Vom medicin. Standpunkt aus betrachtet. 1. u. 2. Aufl. gr. 8. (IV, 56 S.) Berlin 879. F. Luckhardt. n. 1. 20

Stille, die Bevölkerungsfrage in alter u. neuer Zeit. [Aus: „Frauenarzt".] gr. 8. (67 S.) Nouwied 889. Heuser's Verl. n. 2. —

Stille, Gust., die Bevölkerungsfrage in alter u. neuer Zeit. 2. unveränd. [Titel-]Aufl. gr. 8. (67 S.) Leipzig [889]. (900). O. Borggold. n. 2. —

— Zur Ernährungslehre. (28 S.) gr. 8. München 908. Verlag der ärztl. Rundschau. p — 75

Stille, G., s.: Jahrbuch, antisemitisches.

Stille, Gust. Der Kampf gegen das Judenthum. 1. u. 2. unveränd. Aufl. gr. 8. (XI, 255 S.) Lpz. 891, Uhl. * 3 —; geb. * 4 —
Vgl.: Kampf, der, gegen das Judenthum.

Stille, Gust., der Kampf gegen das Judenthum. 1.–4. unveränd. Aufl. gr. 8. (XI, 255 S.) Leipzig 891. G. Uhl. n. 3. —; geb. in Leinw. n. 4. —

— dasselbe. 5. Aufl. Billige Volksausg. gr. 8. (VIII, 285 S.) Leipzig 893. [G. Uhl.] Herm. Beyer. n. 1. 20

Stille, Gust., der Kampf gegen d. Judenthum. 6. Aufl. Bill. Volksausg. gr. 8. (VIII, 285 S.) Leipzig 898. Berlin, Deutsch-nationale Buchhandlung u. Verlagsanstalt. 1. 20

Ut Landdokters Leben. Von G. Stille. Glückstadt: M. Hansen [1908]. (206 S.) 8° [F.] [08. 3679 9

— Marie. (131 S.) kl. 8. Stade 908. F. Schaumburg. 1.50; geb. 2. —

Nahberskinner van G[ustav] Stille. Glückstadt: Hansen [1910]. 305 S. 8° [10. 10932 9

Stille, G., der Neo-Malthusianismus, das Heilmittel des Pauperismus. gr. 8. (VI, 82 S.) Berlin 880, F. Luckhardt. *

— die deutsche Schule in Gefahr. (4. bis 5. [Umschlag-] Tausd.) gr. 8. (63 S.) Berlin 899. W. Giese. — 80

Ut'n Sietlann'. Landdokters Belewnisse von G[ustav] Stille. Glückstadt: M. Hansen [1906]. (186 S.) 8° [F.] [06. 16005

Stille, G., unsere Währungsfrage. Vortrag. 8. (24 S.) Osnabrück 886. Wehberg. — 30

— deutsche Ziele u. Aufgaben. gr. 8. (III, 149 S.) Leipzig 898. F. Luckhardt. n. 2. 40

— deutsche Ziele u. Aufgaben. 2. [Titel=]Aufl. gr. 8. (V, 149 S.) Leipzig [898]. 901. F. Luckhardt. n. 2. 40

Stille (Hans), Der geologische Bau der Ravensbergischen Lande. Vortr., geh. zu Bielefeld a. d. gemeinsamen Versamml. d. Naturhist. Vereins d. preuss. Rheinl. und Westf. u. der Naturhist. Gesellsch. zu Hannover am 17. Mai 1910. Hierzu 5 Fig. i. T. [Hannover] (1910). S. 227-245.
Aus: 3. Jahresber. d. Niedersächs. geol. Ver. zu Hannover. 1910.

Stille, Hans, s.: Charakterbilder, geologische.

Stille (Hans), Exkursion zwischen Detmold und den Externsteinen am 19. Mai 1910. Hierzu 1 Taf. u. 4 Textfig.
Aus: 3. Jahresber. d. Niedersächs. Geol. Ver. zu Hannover, (Geol. Abt. d. Naturhist. Gesellsch. zu Hannover.) 1910.

Stille, Hans, aus Hannover: Der Gebirgsbau des Teutoburger Waldes zwischen Altenbeken und Detmold. (Hierzu Taf. I—III.) *Berlin 1900: A. W. Schade.* (42 S.) 4°(8°) ¶(Aus: Jahrb. d. Kgl. Preuss. geol. Landesanst. u. Bergakad. 1899.)
Göttingen, Phil. Diss. v. [9. Apr.] 1900

Stille, Hans, der Gebirgsbau des Teutoburger Waldes zwischen Altenboken u. Detmold. Diss. Lex.-8. (42 S. m. 3 farb. Taf.) Berlin 900. (Göttingen, Vandenhoeck & Ruprecht.) n. 1. 15
Sonderabdr. aus: „Jahrb. d. kgl. preuss. geolog. Landesanst."

Die Kalischätze der Provinz Hannover. Von Prof. Dr. [Hans] Stille-Hannover. Hierzu: Kt. Hannover: Landwirtschaftskammer 1910. 13 S. 8°
(Arbeiten d. Landwirtschaftskammer f. d. Prov. Hannover. H. 29.) 11. 7383

— Die Kalischätze der Prov. Hannover, s. a. Arbeiten der Landwirtschaftskammer f. die Prov. Hannover. Heft 29.

, Die mitteldeutsche Rahmenfaltung. Vortr., geh. zu Göttingen im Niedersächsischen geol. Verein 1910. Hierzu Taf. 5 u. 3 Fig. i. T. o. O. u. J. S. 142-170.
Aus: 3. Jahresber. d. Niedersächs. geol. Ver. zu Hannover. 1910.

— Zur Stratigraphie der deutschen Lettenkohlengruppe. (S. 145—166 m. 1 Fig. u. 1 Tab.) Lex. 8. Berlin (N. 4, Invalidenstr. 44) 908. Vertriebsstelle der kgl. geol. Landesanstalt. nn — 75
Sonderabdr. a.: „Jahrb. d. kgl. preuss. geol. Landesanst."

Geologisch-hydrologische Verhältnisse im Ursprungsgebiete der Paderquellen zu Paderborn. Von Dr. Hans Stille in Berlin. Mit Taf. 1—6 u. 3 Abb. *Berlin: Kgl. Geol. Landesanst. 1903.* (129 S.) 4°(8°)
—Abhandlungen d. K. Preuß. geol. Landesanstalt. N.F. H. 38

Stille, Jakob [Pseud.], s.a. Glatz, Jakob [wirkl. Name].

Stille, Jak., (Jak. Glatz,) Erzählungsbuch, od. kleine Bibliothek f. Kinder. 4 Bdchn. Mit 1 Kpf. 8. Leipz. 802. 3, 4. Leo. 12 gr. N. A. 8. Altona 817. Hammerich.

— Fabeln u. Erzähll. f. die Jugend. Mit 12 Holzschn. 8. Wien 809. Ant. Doll. 8 gr. 2e A. 812. (Leipz., Gr. Fleischer). 6 gr. 3e A. Wien 817. Doll. 12 gr.

Stille, Jak., Fabeln u. Erzählungen f. die Jugend, mit 12 Holzschn. 8. Leipz. Gerh. Fleischer. 811.

— Gratulationsbüchlein f. die Jugend. Enthalt. Glückwünsche, Anreden, Condolenzbriefe ꝛc. 12. Leipz. 811. N. A. 814. Gr. Fleischer. 12 gr. 3e A. 12. Wien 817. Ant. Doll.

— Ida, od. Worte der Belehr. u. Ermunter. einer redlichen Mutter an ihre Tochter. Mit 1 Kpf. 8. Leipz. u. Wien 813. 2e A. 8. Wien 816. Ant. Doll; (a. Gr. Fleischer in Lpz.) 12 gr.

— Selmar, od. Worte der Belehr. u. Ermunterr. eines redlichen Vaters an seinen Sohn. Mit 1 Kpf. 12. Wien 810. 2e A. 816. Ant. Doll. (Leipz., Gr. Fleischer). 12 gr.

— Selmar, od. Worte d. Belehrung u. Ermunterung ein. redl. Vaters an seinen Sohn. Mit 1 Kupf. 8. Ebendas. 813.

Stille, Karl, (Herm. Eph. Gf. Demme,) Abendstunden im Familienkreise gebildeter u. guter Menschen. 2 Thle. 8. Riga 792, 93. 8. Gotha 804, 5. Becker. 2 Thlr.

Stille, K. (Hrsg.), s.a. Abendstunden im Familienkreise gebildeter u. guter Menschen.

Stille, Karl, Abendstunden, s.a. Demme.

— Beyträge z. reineren Gottesverehr. 8. Riga. (Hartknoch in Leipz. 792.
Vgl. Beiträge...

— Erzählungen. 2 Thle. Mit 1 Kpf. 8. Riga 792, 93. (1r Thl. N. A. 797.) (Hartknoch in Leipz.) 1 Thlr. 21 gr.

Stille, Carl, Erzählungen, 2 Theile mit 1 Kupf. zweyte verbesserte Aufl. 8. Riga, 797. Hartknoch. 1 Rthl. 27 sgl.

Die neuen Vielfachumschalter nach dem Zentral-Batterie-System. Vert. von C. **Stille,** Telegrapheninsp., Berlin. Liegnitz: H. Krumbhaar 1907. (45 S.) 8° 07. 13670

Stille, C., die neuen Vielfachumschalter nach dem Zentral-Batterie-System. 3. unveränd. Aufl. 5.—7. Taus. (47 S. m. Abbildgn.) Lex. 8. Liegnitz 907. H. Krumbhaar. — 80

Stille, Karoline [Pseud.]
s.a. Thiesen, Charlotte [Wirkl. Name]

†Stille, Caroline, (Charlotte Thiesen,) Abendunterhaltungen. gr. 12. (13½ B.) Bremen 832, Schünemann.

Stille, Karoline, (Karol. Thiesen), Abendunterhaltungen. (Ungleiche Liebe. — Das Geheimniß. — Fiorchen. — Die Verwaiste. — Glenrowan.) gr. 12. Bremen 832, Schünemann. 1 Thlr. 12 gr.

——, Alfred Campbell od. Reisen ꝛc., s. Campbell.

Stille, Karoline, (Karol. Thiesen,) Erzähll. f. die weibl. Jugend. Mit e. Vorw. v. Therese Huber, geb. Heyne. 2 Thle. Mit 2 Kpf. 8. Leipz. 825. Rein. 1 Thlr. 16 gr. 3r u. 4r Thl. od. neue Erzählungen. 1r u. 2r Bd. Mit 2 Kpf. 8. Ebd. 830. 1 Thlr. 16 gr.

Stille, (C.,) kl. Erzähll., mit e. Vorwort v. Th. Huber. 8. Nürnb. 822, Eichhorn.

— dass. s. Taschenbibl. in wissenschaftl. Werken.

—— moral. Erzählungen ꝛc., s. Edgeworth, Mar.

Stille, Johanna I., Königin von Neapel, Gräfin von Provence; ihre Schicksale und ihre Umgebungen. 2 Bde. Bremen 1830. 8°.
R. Zinke's Dresd. März-Auct. 1906. no. 403: Mindestgebot Mk. 1,30.
S. auch über diese berüchtigte Messaline: Interessante Anekdoten, Charakterzüge und merkwürdige Begebenheiten aus dem Leben berühmter und berüchtigter Personen. Leipzig 1805—6. II. 8°. (2 Mk. Isaak St. Goar, Frf. a. M., 1909.)

——, Johanna die Erste ꝛc., s.a. Johanna ꝛc.

—— Kränze d. Auslandes etc., s. Kränze etc.

——, Maria Leszinska, Gemahlin Ludwig XV., u. ihre Umgebung vor u. nach ihrer Erhebung auf d. franz. Thron. Ein biograph. Versuch. Nebst einigen Erzähln. aus früherer Zeit. 8. (16½ B.) Hamburg 829, Herold.

Stille, Caroline, (Anna Charlotte Thießen) Tagebuch einer jungen Brasilianerin, oder Bertha's Besuch bei ihrem Oheim in England; für die Jugend. Mit 7 illum. Kpfr. gr. 12. Hamburg 834. Nestler u. Melle. 1⅓ ß

† Stille, Caroline, (Anna Charlotte Thiesen,) Weihnachts-Kränze, od. Erzähln. f. d. Jugend. 8. (17 B. u. Titlbild.) Leipzig 837, Rein'sche Buchh.

Stille, Ludwig, Ueber einen neuen galvanischen Apparat. Inaugural-Dissertation. 8°. 57 S. Göttingen, Rente. 1864. M. 1.—

Stille, Sigismund

Stille, Sieg., (Fr. Ldw. Pelstorf,) die Fahrt nach d. Ugley üb. Hamburg, Kiel, Plön rc. 8. Hamb. 820. Perthes u. B. 20 gl

Stille, Werner, über eine Bestimmungsart von Arbeitsleistungen chemischer Verwandtschaftskräfte. Inaugural-Dissertation. Göttingen 865. Deuerlich'sche Buchh. gr. 8. (32 S.) n. 5 ngr.

Stille, Werner, aus Ihlienworth (Prov. Hann.): (1.) Ueber die Substitution von Sauerstoff durch Fluor in Jodo- und Jodosoverbindungen. (2.) Ueber die Anlagerung von Krystallfluorwasserstoff an Salze von Sulfonsäuren sowie an Oxalate und Ammoniumtartrat. *Leipzig 1903: (E. Pols.)* (22 S.) 8°
München, Phil. Diss. v. 1902

Stille, Werner A.

Stille, Werner, gegen den Alkohol. 5 Aufsätze. 1. u. 2. Aufl. (25 S.) gr. 8. Leipzig (906). Deutscher Kampf-Verlag. n. — 30
Sonderabdruck aus: „Deut. Kampf".

Stille, Werner A., das Evangelium der Arbeit. 5 populäre Aufsätze. (22 S.) gr. 8. Leipzig (908). Kleinzschachwitz, „Deutscher Kampf"-Verlag. — 30

— Die Überernährung als Krankheitsursache. 4 Aufsätze. 1. u. 2. Aufl. (24 S.) gr. 8. Ebd. (907). — 30
Sonderabdruck aus: „Deutscher Kampf".

Die ewigen Wahrheiten im Lichte der heutigen Wissenschaft. Eine erkenntnisstheoret. Studie in leichtverständl. Form von Werner A. Stille, Dr. phil. *Berlin: R. Friedländer & Sohn 1901.* (VI, 91 S.) 8° [cl. 6077

Stille, W[ilhelm], Dir. Prof. Dr.: Kleine Beiträge zur Schwarzburgischen Geschichte: Arnstadt zur Zeit des siebenjährigen Krieges. Arnstadt 1905: Bußjaeger. (S. 3—16.) 4° [F.]
Arnstadt, fürstl. R OP 1905 (863)

Stille, W.: Bericht über die 50jährige Jubelfeier der Fürstlichen Realschule zu Arnstadt am 10. und 11. November 1907. Arnstadt 1908: Bußjaeger. S. 21—40. 4°
Arnstadt, fürstl. R OP 1908 (936) [S 08. 469

—: [Bericht über die anläßlich des 50jährigen Bestehens der Anstalt erfolgte Stiftung.] S. 3—6. 4. Fürstl. Realschule *Arnstadt* 1909 (965). Progr.

Stille, *Wilhelm* Zur Geschichte der religiösen Duldung unter den Hohenzollern. 4 (S. 3—21). Progr. Rsch. *Sondershausen* 1889 (681).

Stille, Wilh., historia legionum auxiliorumque inde ab excessu divi Augusti usque ad Vespasiani tempora. Dissertatio. gr. 4. (162 S.) Kiel 877. Lipsius & Tischer. n. 5. —

Stille, (Wilhelm), Prof. Dr.: Der deutsch-französische Krieg von 1870/71 in fremder Beleuchtung. *Sondershausen 1899: F. A. Eupel.* (S. 3—28.) 4° [F.]
Sondershausen, fürstl. R, OP 1899 (707)

Stille, W[ilhelm]: [Worte bei der Übernahme des Direktorats.] S. 6—8. 4. Progr. Fürst. Realschule *Arnstadt* 1903 (821).

Still-Leben. Bilder aus dem Leben e. Landgeistlichen. 8. (10½ B.) Nürnberg 840, Korn'sche Buchh.

Still-Leben. Bilder aus dem Leben eines Landgeistlichen. 3. Aufl. Unveränd. Abdr. der 2. Aufl. 8. (X, 164 S.) Nürnberg 879. v. Ebner. 1. 50; geb. m. Goldschn. n. 3. —

Still-Leben. Bilder aus dem Leben e. Landgeistlichen. 3. Aufl. Neue Ausg. Mit der Lebensgeschichte u. dem Bildniß d. Verf. (Joh. Karl Heller.) 8. (XII, 164 S.) Nürnberg 886. Sebald. n. 1. —

Stillleben, Ein. Novelle. [Leipz. 1848.] V: *Bacheracht, Therese von geb. von Struve.* (schr)

Stillleben, ein Berliner. Berlin 869. (E. Beck.) 8. (24 S.) n. 1 ngr.

Stilleben eines Maurers. Freiberg 1861. V: *Ettmüller, Gustav.* (wolfstieg I, 815)

Stillleben der Vorstadt, s.: Schillings-Bücher. Nr. 25.

STILLLEBEN, Friedr. (ps.), Gemälde. Oldenburg, Schulze, 1803. 8°.
Heinsius, B.-Lex.; Weller, Lex. Ps. p. 541.

Stillleben-Farbendruck-Wandkalender, 1882, 80 kr.
Prag: Ign. Fuchs.

„Stillleben" Farbendruck-Wandkalender pro 1883. 80 kr.
— Derselbe auch böhmisch 80 kr. Ebda.

Stilleben-Malbuch m. Künstlerkarten. (8 [4 farb.] perforierte Bl.) 19×30 cm. Nürnberg (908). Th. Stroefer. 1.—

Stillehre, Allgemeine, für Gymnasien ... Salzburg 1863. V: *Zimmermann, Johann.* (Hr)

Stillehre, allgemeine, für Gymnasien. Mit vielen Beispielen von bewährten Autoren. Salzburg 863. (Mayrische Buchh.) gr. 8. (154 S.) n.u. 15 ngr.

Stillenau, G. C. Leben eines herrlichen Bildes etc. in der hohen Person des Herrn Franz Anton Grafen von Spork. 4. s. l. 1720.

Stillenfried, Const., Litera A. d. ungepflückten Alten, od. Etwas f. alle Menschen. 8. Breslau. 726. Rthlr.

— curieuse, histor. und geograph. Merckwürdigkeiten Deutschlands. 8. Ebend. 726.

Stiller. Entwurf einer Kunst-Akademie. 6 Blatt nebst Erläuterungsbericht. 1875. Fol.

Stiller, Predigt nach Eröffnung der schlesischen Provinzial-Synode, geh. am Sonntage Septuagesimä 1875 in der Elisabeth-Kirche zu Breslau. gr. 8. (15 S.) Breslau 875. Max & Co. — 30

Stiller, Arth., der Elektroinstallateur. Ein Hand- u. Lehrbuch f. die Installation v. elektr. Starkstromanlagen. Mit e. Einleitg. Die Elektrizität u. ihre Anwendung in der Industrie v. Fr. Liebetanz, u. e. Anh. Die Installation v. Schwachstromanlagen v. Karl Sturm. 2 Bde. nebst e. Modellatlas. (4 Phantome in Mappe, 34×24 cm.) 2. verm. Aufl. Ausg. 1909. (CLX, 422 u. VII u. S. 423—1175 m. 1109 Fig.) gr. 8. Leipzig 906. J. J. Arnd. Geb. in Leinw. 28. —

Stiller, Berthold

Stiller, B., praktische Bemerkungen üb. Herzkrankheiten. s.: Klinik, Wiener.

Stiller, Berth., kritische Glossen e. Klinikers zur Radiologie des Magens. (28 S.) Lex. 8. Berlin 910. S. Karger. 1. 20
Sonderabdruck aus: „Archiv f. Verdauungskrankh."

— Die asthenische Konstitutionskrankheit. (Asthenia universalis congenita. Morbus asthenicus.) (VII, 228 S.) Lex. 8. Stuttgart 907. F. Enke. 8. —

Stiller, Berthold, die nervösen Magenkrankheiten. gr. 8. (VI, 202 S.) Stuttgart 884. Enke. n. 6. —

Stiller, C., deutsches u. englisches Alphabet. gr. 4. (1 Steintaf.) Wolfenbüttel 876. Zwißler. n. — 8

Stiller, C., Bier ist kein Gift! zum Trost f. alle Biertrinker. 2. Aufl. 12. (1 B.) Wolfenbüttel 845, Holle'sche Buchh.

—— Schreibschule der deutschen und englischen Schrift mit besond. Berücksicht. der Linienhefte. 4. und 5. Aufl. qu. 4. (12 Stnt.) Ebendas. 875,76.
—— dass. — Ausg. für höhere Bildungsanstalten. qu. 4. (16 Stnt.) Ebendas. 877. *

—— Schulvorschriften. 6 Hefte. 4. Ebendas. 876. *
compl. cart. *

Inhalt:
Heft 1. 2. 5. Deutsche Schrift. [1. und 2. Heft. (à 8 Stnt.) à * 30 Pf.; 5. Heft. (12 Stnt.) * 50 Pf.
" 3. 4. 6. Englische Schrift. [3. und 4. Heft. (à 8 Stnt.) à * 30 Pf.; 6. Heft. (12 Stnt.) * 50 Pf.

— Schulvorschriften. 3—6. Heft. 4. Ebend. 877. n. 1. 60
3. u. 4. Englische Schrift. (à 8 Steintaf.) à n. — 30
5. Deutsche Schrift. (12 Steintaf.) n. — 50
6. Englische Schrift. (12 Steintaf.) n. — 50

Stiller, Erdm., Fabel-Lust. Ein Geschenk f. gute Kinder v. 5—10 Jahren, in 52 Gedächtniß-Uebungen. gr. 8. (6³/₄ B. u. 52 Stnt.) Liegnitz 836, Kronecker.

Stiller, Erdm., Holzäpfel u. Stachelbeeren. Lieder f. Lehrer u. Lehrerfreunde. 16. (VIII u. 119 S.) Glogau 848, Flemming. 9 ngr

Stiller, Erich, Festpsalmen zur häuslichen und öffentlichen Erbauung. Dinkelsbühl 854. Walthr. gr. 8. (96 S.) 9 ngr

Stiller, Erich, Festpsalmen zur häuslichen u. öffentlichen Erbauung. 2. Cyklus. gr. 8. (IV, 70 S.) Erlangen 873. Deichert. — 90

Stiller, Erich, Gott mein Trost. Evangelisches Gebetbuch für die Sonn-, Fest- u. Wochentage, für Beichte u. Communion, für besondere Lebensverhältnisse u. Kranke. Eine Sammlung evangelischer Kerngebete. Hamburg 863. Kittler. 16. (IV, 198 S.) 15 ngr

Stiller, Erich, Grundzüge d. Geschichte u. d. Unterscheidungslehren d. evangel.-protestant. u. röm.-kathol. Kirche. 1. Aufl. 840., u. 2., verb. u. verm. Aufl. gr. 8. (à 1¹/₄ B.) Nördlingen 841, Beck'sche Buchh. à -

Stiller, Erich, Grundzüge der Geschichte und der Unterscheidungslehren der evangelisch-protestant. und römisch-kathol. Kirche. 2. verb. u. verm. Aufl. gr. 8. Nördlingen 841, Beck'sche Buchh. 2 ngr — 2. verb. u. verm. Aufl. 2. unveränd. Abdruck. gr. 8. Ebend. 842. 1³/₄ ngr — 3. verm. u. verb. Aufl. 8. Ebend. 843. 2 ngr

Stiller, Erich, Grundzüge der Geschichte u. Unterscheidungslehren d. evangelisch-protestant. u. römisch-kathol. Kirche. 5. Aufl. 4. unveränd. Abdr. 16. (35 S.) Hamburg 852, Kittler. 1 ngr

—— dass. — 13. und 14. Aufl. (1. und 2. Ster.-Aufl.) 16. (30 S.) Ebds. 854. (56). *

Stiller, Erich, Grundzüge der Geschichte und der Unterscheidungslehren der evangelisch-protestant. und römisch-kathol. Kirche. 15—17. Aufl. (3—5. Ster.-Aufl.) 16. (30 S.) Hamburg 857—61, Kittler. *

Stiller, Erich, Grundzüge der Geschichte u. der Unterscheidungslehren der evangelisch-protestantischen u. römisch-katholischen Kirche. 19. Aufl. (7. Ster.-Aufl.) Hamburg 867. Kittler. 16. (30 S.) n. 1 ngr

— Grundzüge der Geschichte u. der Unterscheidungslehren der evangelisch-protestantischen u. der römisch-katholischen Kirche. 21. Aufl. 16. (30 S.) Hamburg 873. Kittler. n. — 10

Stiller, Ehrich, Grundzüge der Geschichte u. der Unterscheidungslehren der evangelisch-protestantischen u. römisch-katholischen Kirche. 22. Aufl. 16. (30 S.) Hamburg 879. Kittler's Verl. n. — 10

Stiller, Erich, Grundzüge der Geschichte u. der Unterscheidungslehren der evangelisch-protestantischen u. römisch-katholischen Kirche. 23. Aufl. 12. (30 S.) Hamburg 883. Kittler's Verl. n. — 10

Stiller, Erich, Grundzüge der Geschichte und der Unterscheidungslehren der evangelisch-protestantischen und römisch-katholischen Kirche. 24. Aufl. 12. (30 S.) Hamburg 887, Kittler's Verlag. *

Stiller, Erich. Grundzüge der Geschichte u. der Unterscheidungslehren der evangelisch-protestantischen u. römisch-katholischen Kirche. 25. Aufl. 12. (30 S.) Hamb. 891, Kittler's Verlag. ** — 10

Stiller, Erich, Grundzüge der Geschichte u. der Unterscheidungslehren der evangel.-protestant. u. römisch-kathol. Kirche. 26. Aufl. gr. 16. (30 S.) Leipzig 898. R. Kittler n.n. — 10

—— leading points in the history of the evangelical protestant church and discriminating features in the doctrines of the evangelical protestant and roman catholic churches. Translated from the 5th Edition. 16. (35 S.) Hamburg 857, Kittler. *

— 25 Psalmen zur Vorlesung in Betstunden u. zur häusl. Erbauung bearb. gr. 8. (120 S.) Nördlingen 852, Beck in Comm. 12 ngr

—— 25 Psalmen zur Vorlesung in Betstunden und zur häusl. Erbauung bearb. 2. Lfg. (Psalm 26—50.) gr. 8. (136 S.) Dinkelsbühl 853(60). (Nördlingen, Beck'sche Buchh.) *

—— dass. — 3. und 4. Lfg. (Psalm 51—75. und 76—100.) gr. 8. Ebendas. 858. 60. [3. Lfg. (189 S.) 4. (148 S.) à Lfg. * 12 Ngr.] *

—— dass. — 5. und 6. (Schluß-)Lfg. (Psalm 100—125 und 126—150.) gr. 8. Ebendas. 861. [5. Lfg. (140 S.) 6. (136 S.) à Lfg. * 12 Ngr.] *
1. Lfg. Ebendas. 1852. * 12 Ngr.

—— die Psalmen als Erbauungsbuch bearb. 3., durchgeseh. und verm. Aufl. 1. und 2. Lfg. 1.—50. Psalm. gr. 8. (IV und 251 S.) Nördlingen 862, Beck'sche Buchh. *

—— Seelenarznei für Kranke und Sterbende. 12. (V und 90 S.) Nördlingen 859, Beck'sche Buchh.

— kurzgefaßter Unterricht in der Landwirthschaft f. Volksschulen bearb. 8. (50 S.) Ebd. 852. 2 Ngr

Stiller, Felix, Bürgermeister der Stadt Crossen ⟨Oder⟩: Das ältere Berliner Armenwesen bis zur Einführung der Selbstverwaltung im Jahre 1820. Altenburg 1908: Pierer. (32 S.) 8° [F.] ¶ (Erscheint vollst. u. d. T.: „Das Armenwesen d. Stadt Berlin.“)
Heidelberg, Phil. Fak., Ref. Rathgen, Diss. v. 3. Juli 1908
[Geb. 22. Sept. 74 Berlin; Wohnort: Crossen; Staatsangeh.: Preußen; Vorbildung: Realgymn. Berlin Reife O. 95; Studium: Berlin 15 S.; Rig. 24. Juli 07.]

Stiller, Ferdinand

Stiller, Ferd., Afrika. Ein interess. Lesebuch nach Lichtenstein, Mungo Park rc. II Bde. m. K.
Auch unt. dem Titel:
Lichtenstein's Reisen durch das Innere von Afrika. Seitenstück z. Humboldt's Reisen durch Südamerika. II Bde. m. illum. K. 8. Hamb. Vollmer. 812—13. (Ir 1 Rthlr. 8 gr. IIr 2 Rthlr.)

Stiller, Fd., Afrika, s. Lichtenstein, Reisen.

Stiller, Ferdinand s. A l l m a n a c h, Schleswig-holsteinischer gemeinnütziger.

Stiller, Ferdinand s. A l l m a n a c h, Schleswig-holsteinischer historischer.

— neuester merkantil. Briefsteller, od. prakt. Anweis. f. junge Kaufleute, sich zu geschickten vollkomm. Correspondenten auszubilden. Nebst Bemerkk. üb. die geograph. u. histor. Bildung junger Kaufleute. 8. Meißen 830. Goedsche. 22 gr

Stiller, Ferd., neuester merkantil. Briefsteller, od. prakt. Anweisung f. junge Kaufleute, sich zu geschickten u. vollkomm. Correspondenten auszubilden. Nebst Bemerkn. üb. d. geograph. u. histor. Bildung junger Kaufleute. 8. (24 B.) Meißen 830. [Leipzig, Rostosky u. Jackowitz.]

Stiller, Ferd., Oestreichs Entstehung, dessen Größen u. Ueberf. s. gegenwärt. Lage und Verhältnisse nebst e. histor. Entwickel. d. Aufstandes in Tyrol rc. gr. 8. Hamb. Bernhardt. (Hoffmann.) 809.

— das Ganze der Erziehung u. des Unterrichts f. Erzieher u. Schulmänner. Nach A. H. Niemeyer's Grundsätzen bearbeit. Ir u. 2r Thl. 8. Meißen 825. Goedsche. 1 ℛ 8 gr 3r Thl. A. u. d. T.: Abhandll. üb. wichtige Gegenstände d. Erziehung. 8. Ebd. 831. 1 ℛ 12 gr

Stiller, Ferd., das Ganze d. Erziehung u. d. Unterrichts f. Eltern, Erzieher u. Schulmänner. Nach A. H. Niemeyers Grundsätzen bearb. 3. (letzt.) Thl. — A. u. d. T.: Abhandln. üb. wichtige Gegenstände d. Erziehung, nebst e. Geschichte d. Erzieh. 8. (26 B.) Meißen 831. [Leipzig, Rostosky u. Jackowitz.] Thlr.
1. u. 2. Thl. Ebendas. 1825. 1 Thlr. 8 Gr.

— topograph. Handlexicon des französ. Reichs. 8. Hamb. 811 Bernhard. (Leipz., Rein). 1 ℛ 4 gr (Aue in Altona). 1 ℛ

Stiller, Fd., die Janitscharen. (Aus d. 4n Hefte d. Pallas). 8 Altona 827. (Leipz., Rein). 4 ℛ

Stiller, Ferdinand: P a l l a s, s. P a l l a s.

— die Türken, verschied. Merkwürdigkk. ihres Staats u. ihrer Regierung, nebst einigen geograph. u. histor. Notizen üb. d. Kriegsschauplatz zwischen Rußland u. der Pforte. 8. 828. (Rein in Leipz.) 8 gr Altona: Aue.

— Oesterreichs polit. Verhältniß vor u. nach dem Frieden (von Wien) v. 14. Oct. 1809. gr. 8. Hamb. 809. Bernhardt. 12 gr

— Verhältnisse Rußlands u. Persiens, seit der Regierung d. Czaaren Iwan Wasiljewitsch bis z. Ausbruche d. gegenwärt Krieges. (Aus d. 5n Hefte d. Pallas). 8. Altona 827. (Leipz. Rein). 8 gr

— Versuch e. Geschichte Griechenlands, von Eroberung desselben durch die Römer bis z. J. 1820. 8. Altona 827. (Leipz. Rein). 12 gr

— Versuch e. Geschichte Griechenlands rc.
Verlag von Aue in Altona.

— neues Wunderbuch, od. Auswahl des Außerordentlichen u Merkwürdigen aus d. Natur, Welt u. Menschenleben zur Belehr. u. Unterhaltung f. Gebildete. 2 Thle. 8. Meißen 830 Goedsche. 1 ℛ 10 gr Mit 10 lith. Abbildd. 831. Ebd. 1 ℛ 16 gr

—— neues Wunderbuch, od. Auswahl des Außerordentlichen u. Merkwürdigen aus Natur, Welt u. Menschenleben, zur Belehr. u. Unterhalt. f. Gebildete. 2 Thle. 8. (30 B. u. 10 lith Abbild.) Meißen 831. [Leipzig, Rostosky u. Jackowitz.]

Stiller, G.

SKIAGRAPHIEN d e r M e n s c h h e i t. (Enth. den stellenweise freien Roman „E w a l d u n d J u l i e“ in 16 Abschnitten.) Von *G. S.* (d. i. *Stiller*).
Quid dignum tanto feret hic promissor hiatu?
Rostock und Leipzig, in der Koppenschen Buchhandlung. 1786. 8⁰. (In Zürich, Stadtbibl.)
Sehr selten! Tit., 2 Bll. Vorber. (unterz. *G. S.*), 306 S. Theils in Briefen, theils in Dialogform abgefaßt. Eingestreut G e d i c h t e und A b h a n d l u n g e n, z. B. R a r e R e l i q u i e n e i n e r H i s t o r i a a u s d e n M a n u s c r i p t e n e i n e s B ä n k e l s ä n g e r s, nebst seinen (!) Prolog. (14 vier- und sechszeilige Strophen derben Inhalts, S. 94—96); R o m a n z e (pikante Reimerei im Volkston in 31 vierzeil. Str., S. 135—140, beginnend:

Im edlen schönen Sachsenland
Gab's einst ein liebes Mädel,
Sie hatte himmlischen Verstand
Ihr Name war auch Kädel.

Kahrmina auf die Hochzäit Feuer des Herren Pahron Köhr, und der Frehlen Pahron Eße von Selmberg (7 vierzeil. Str. im Dialekt, S. 268—69); über das schöne Geschlecht (S. 297—304). — Anon.-Lex. IV. p. 89 (nach d. Cat. d. genannten Bibl.)

Stiller, Georg Gustav

Stiller, Geo. Gust., Charaden, Aufgaben u. Räthsel d. gesellschaftl. Leben gewidmet. 1e Samml. 8. Brieg. (Bresl.) (800) W. G. Korn; (auch Heymann in Glogau). 12 gr (Vergl Charaden rc.)

— Denksprüche der Vorzeit, travestirt. 16 Bdchen. 8. Bunzlau (Breslau) 800. Gehr. 5 gr

— neues vollständ. Verzeichniß der ritterschaftl. Güter d. Großherzogthums Mecklenburg Schwerin u. Strelitz, in ihren jetzigen steuerpflichtigen u. statist. Verhältnissen, so wie d. Städte u. Domanial-Aemter, mit alphabet. Registern. gr. 4. Rostock 819. Stiller. 1 ℛ 8 gr Hbg. Pr. 16 gr

Stiller, H., Festrede zum 38. Stiftungsfeste des Männerturnvereins in Minden, 12. 11. 1898, 10°.

Stiller, H., Leitfaden f. das geometrische Körperdarstellen an gewerblichen Fortbildungsschulen. 5 lith. Taf. m. Text. qu. 4. (10 S.) Düsseldorf 889. A. Bagel. cart. — 60

Stiller, H., Leitfaden f. das geometrische Körperdarstellen an gewerblichen Fortbildungsschulen. Mit 5 lith. Taf. 2. Aufl. qu. 4. (10 S. m. 3 Fig.) Düsseldorf 894. A. Bagel. Kart. — 60

— u. J. **Kleesattel,** Leitfaden f. das Zirkelzeichnen an gewerblichen Fortbildungsschulen. 1. Abtlg. 4 lith. Taf. m. Text. qu. 4. (18 S.) Ebd. 888. cart. — 60

—— u. J. Kleesattel. Leitfaden f. das Zirkelzeichnen an gewerblichen Fortbildungsschulen. 2. Aufl. qu. 4. (18 S. m. 4 lithogr. Taf.) Ebd. 891. cart. * — 60

— u. J. **Kleesattel,** Leitfaden f. das Zirkelzeichnen an gewerblichen Fortbildungsschulen. Mit 4 lith. Taf. 3. Aufl. qu. 4. (18 S.) Ebd. 894. Kart. — 60

Stiller, Heinrich

Stiller, H., das Karussel-Reiten m. genauer Erklärung aller Figuren u. sämtliche Commandos. 8. (VIII, 179 S. m. 81 Holzschn. u. 1 Kunstbeilage.) Stuttgart 889. Schickhardt & Ebner. n. 5. 50; geb. n. 6. —

Stiller, Heinr. Das Karussel-Reiten, s. Bibliothek f. Pferdeliebhaber.

Stiller, Heinrich Theodor

Stiller, Hnr. Thdr., neues sehr vermehrtes ABC-, Buchstabier- u. Lesebuch. 4e Aufl. 8. Prenzlau 820. Ragoczy 4 gr. Mit 1 Hülfstafel 5 gr.

Stiller, H. Th., neues ABC-, Buchstabier- u. Lesebuch, verm. u. verb. v. Knape. 6e A. 8. Prenzlau 835. Kalbersberg. n. 1/12 ß

— Bemerkk. üb. die Schrift von L. Pflaum: Bitte an die gesammte protestant. Geistlichkeit in Deutschland. gr. 8. Ansb. 817. Gassert. 8 gr.

— homiletisch-liturg. Blätter. In Bdes 1s Hft. 8. Erlang. 800. Heyder. 12 gr.

— Festfragen, od. vollständige ausgearb. Katechisationen auf alle hohe Festtage des ganzen Jahres. Ein Hülfsbuch für vielbeschäftigte Prediger. 1e Lieferg. 8. Ansbach 811. Gassert. 6 gr.

St(iller), H. T. An die Franken und ihre Repräsentanten in Deutschland von einem freien deutschen Biedermanne. Deutschland 1793. 8 Bl. 8°. Br. 6.—

Auserlesene Freymaurer-Lieder. [Hrsg. von Heinr. Theod. Stiller.] Rostock: Stiller 1798. 154 S. 8°

[Dasselbe.] 2. verm. u. verb. Aufl. Ebendas. 1804. 173 S. 8°
Kl. 1613. Ohne Notenangabe.

[Andere Ausg. u. d. Tit.:]
Auserlesene Freymaurer-Lieder zum Gebrauch der g. v. und v. ☐ zur Wahrheit im Or. zu Prenzlau. [Hrsg. von Heinr. Theod. Stiller.] Rostock: Stiller 1798. 154 S. 8°
Ohne Noten.

— Homilien. 1s Heft, die Gleichnißrede vom verlornen Sohne. 6 gr. 2s Heft, der Brief Pauli an d. Philemon. 6 gr. gr. 8. Ansbach 826. Gassert. 12 gr.

Stiller, Heinrich Theodor, s. Kriegslieder des preuß. Heeres.

— die letzten Lebensstunden Jesu, od. religiöse Unterrhaltt. über d. 27. Kap. Matth. 8. Ansb. 810. 2e A. 814. Gassert. 8 gr.

— die letzten Lebenstage Jesu, od. religiöse Unterhaltungen üb. das 27. Kap. Matth. Neue verbess. Auflage. gr. 8. Ebend. 814.

Stiller, Heinr. Theod., Predigtbuch z. häusl. Erbauung. 4 Thle. gr. 8. Ansbach, Gassert. 813—15. (à 1 Rthlr.) Rthlr.

— Predigtbuch zur häusl. Erbauung. 2r Theil 1r bis 4r Band. gr. 8. Ansbach, Gassert. 817 — 821.
Auch unter dem Titel:
Betrachtungen über die Sonn- und Festtags-Episteln des ganzen Jahres. 1r bis 4r Band.

— Predigtbuch zur häusl. Erbauung. 2r Thl. 4r Bd. A. u. d. T.: Betrachtt. üb. d. Sonn- u. Festtags-Episteln des ganz. J. 4r Bd. gr. 8. Ansp. 823, Gassert. 12 gr. 1r Bd. 4 Thle 813—15. 4 Rthl. — 2r Bd. 1r—3r Thl. mit d. Nebentitel „Betrachtt. ꝛc." 817—19.

Stiller, Heinr. Theod., Predigtbuch zur häusl. Erbauung. 4 Bde. 2., verm. u. verb. Aufl. gr. 8. (51½ B.) Ansbach 830, Gassert.

— Predigten z. Gedächtniß auf weil. Sr. Maj. Maximil. Joseph, König v. Baiern; gehalten in d. Hof- u. Stadtpfarrkirche zu München am 16., 23. u. 26. Oct. 1825. nebst d. Personalien Sr. Maj. d. Königs. gr. 8. Sulzb. 825. v. Seidel. 6 gr.

— Rede, gehalten am 3. Aug. 1801, als d. Geburtstage d. Königs v. Preußen, Friedrich Wilhelm III. 8. Prenzlau 801.

— Rede am 15. Febr., als am Vorabende des Festes d. 25jähr. Regierungsfeier Sr. Majest. d. Königs v. Baiern, u. L. F. Schmidt, Predigt am 16. Febr. üb. diese Feier. gr. 8. Münch. 824. Fleischmann.

– s. Reden bei Taufen, Trauungen ...

— Reformationspredigt. gr. 8. Ansb. 821. Gassert. 3 gr.

– s. Stapf, J. B.: Repertorium sämmtl. Predigtsammlungen.

— üb. das Verhalten der Herrschaften gegen das Gesinde. 8. Rostock 792.

— Winke f. Feld- u. Lazareth-Prediger. 8. Halle 794. Dost. (Herold jun. in Hamb.) 7 gr.

— Winke f. Feld- und Lazareth-Prediger. 8. Halle, Dost. (Vollmer in Hamb.) 794.

Stiller, Hermann

Stiller, H., s. Ergebnisse, die, der Ausgrabungen zu Pergamon.

Stiller. Die Ergebnisse d. Ausgrabungen... s. Conze

Das Traianeum (von Pergamon) v. Hermann **Stiller.** M. e. Beitr. v. Otto Raschdorff. M. XXXXII Abb. im Text u. 1 Atlas v. XXXIV Taf. (Text. Taf.) *Berlin: W. Spemann 1895.* 1 Bd 4. 1 Bd gr. 2. (Text.) (4 Bl., 70 S., 1 Bl.) (Taf.) (4 Bl., 34 Taf.)
— Alterthümer v. Pergamon. Bd v. [Abt.] 2. (Kgl. Museen zu Berlin.)

Stiller, Karl Christoph

Deutsche Bücherkunde der Freimaurerei und der damit in wirklicher oder vorgeblicher Beziehung stehenden Geheimen Verbindungen, Orden und Secten. Allen Ger. u. Vollk. St. Johannis-Logen Deutschlands gewidmet von Karl Christoph Stiller. Rostock u. Schwerin: Selbstverl. 1830. XVI, 192 S. 8°
Recens: Kalender f. d. Prov.-L. v. Mecklenburg. 8 (1831) S. 134—150; A. 6 (1832) S. 212—215. Kl. 10, Tt. 54. Nur deutsche Schriften in 1052 Nummern, alphab. geordnet mit systemat. Inhaltsübersicht. 23. 25.

Stiller, Karl Christoph, s. Freimaurerlieder, Rostock.

Stiller, Karl Christoph (Red.), s. Taschenbuch, Neues, f. Freymaurer.

Stiller, Karl Cph., vaterländ. Unterhaltungsblatt f. gebildete Stände. 2 Hfte. 4. Rostock 820. Stiller. (à 18 gr.) 1 ℔ 12 gr.

Vortrag zur Feyer des zehnten Dec. des Geburtstags unsers Allergnädigsten Landesvaters Sr. Königl. Hoheit des Allerdurchlauchtigsten Gross-Herzogs von Mecklenburg-Schwerin Friedrich Franz, gehalten in der □ zum Tempel der Wahrheit in Rostock von K[arl] C[hristoph] St[iller] den 13ten Dember [!] 1815. Rostock [1815]: Adler. 13 S. 8° [Umschlagtit.]

Stiller, Max, a. Lodz (Russ.-Polen): Zur Kenntnis der Grignard'schen Reaktion. Freiburg i. Br. 1905: K. Henn. (32 S.) 8°
Freiburg i. B., Phil. Fak., Ref. Gattermann, Diss. v. 1905
[Geb. 8. Febr. 76 Lodz; Wohnort: Freiburg i. B.; Staatsangeh.: Rußland; Vorbildung: Gymn. Lodz Reife 96; Studium: Warschau 8, Freiburg i. B. 5 S.; Rig. 23. Juni 05.]

Stiller, Oswald: Bücherverzeichnis der Schülerbücherei des Königl. Auguste Viktoria-Gymnasiums zu Posen. Posen 1908: Merzbach. 163 S. 8°
Posen, k. Auguste Viktoria-G P 1908 (222) [S 08. 470

Stiller, Otto: Goethes Entwürfe zum Faust. Berlin, R. Gaertner, 1891; 48 S. 4°
Berlin, G z. grauen Kloster, OP 1891 (62)

Stiller, Otto, Fragen aus dem Gebiete der vaterländischen Literatur, s.: Bohm, H.

Stiller, O., Leitfaden zur Repetition der deutschen Litteraturgeschichte für höhere Mädchenschulen u. Seminarien. 4 Semester. 8. Berlin, Oehmigke's Verl. n. 3. —
1. Von den Anfängen der Litteratur bis zum Ausgang d. Mittelalters. (IV, 60 S.) 887. n. — 60
2. Von Luther bis Lessing. (IV, 94 S.) 888. n. — 80
3. Herder. Schiller. Goethe. (IV, 80 S.) 889. n. — 80
4. Die Litteratur d. 19. Jahrh. (IV, 91 S.) 890. n. — 80

Stiller, Otto, Leitfaden zur Wiederholung der deutschen Litteraturgeschichte f. höh. Lehranstalten u. zum Selbstunterricht. 2. Aufl. 4 Hfte. 8. Berlin 899. L. Oehmigke's Verlag. n. 3. —
1. Von den Anfängen d. Litteratur bis zum Ausgang d. Mittelalters. (63 S.) n. — 60
2. Von Luther bis Lessing (94 S.) n. — 80
3. Herder, Schiller, Goethe. (84 S.) n. — 80
4. Die Litteratur des 19. Jahrh. (IV, 91 S.) n. — 80

— **Leitfaden zur Wiederholung der deutschen Literaturgeschichte f. höhere Lehranstalten u. zum Selbstunterricht. 3. Semester: Herder, Schiller, Goethe. 3. Aufl. (85 S.) 8. Berlin 904. L. Oehmigke's Verl. n. — 80**

Leitfaden zur Wiederholung der deutschen Literaturgeschichte f. höh. Lehranstalten u. z. Selbstunterr. Von Dr. Otto **Stiller,** Prof. in Berlin. 3. Aufl. Semester 1. Berlin: L. Oehmigke 1905. 8° [3.]

— **dasselbe. Ergänzungsheft: Die neue Zeit von 1848 bis zur Gegenwart. (49 S.) 8. Ebd. 905. n. — 60**

— lateinisches Lesebuch, s.: Gedike.

Stiller, Otto, de Castoris libris chronicis. Dissertatio inauguralis historica. gr. 8. (48 S.) Berlin 878. (Mayer & Müller.) n. 1. —

Stiller, Otto: J. J. Volkmann, eine Quelle für Goethes Italienische Reise. Mit e. Wiedergabe von Guercinos 'Petronilla'. Berlin: Weidmann 1908. 15 S. 8°(4°)
Berlin, G z. grauen Kloster OP 1908 (63) [S 08. 471

— **Webderfunn'n. De Hex v. Moitiu, s.: Hesse's, Max, Volksbücherei.**

Adolf Stern und seine dichterischen Werke. Eine Studie von Richard **Stiller.** *Dresden & Leipzig: C. A. Koch 1901.* (45 S.) 8°

Stiller, *Richard Herrmann* [pr. Arzt]: Über die Unterbindung der zuführenden Schilddrüsenschlagadern zur Heilung des Kropfes.... Breslau, Druck v. O. Gutsmann, *1891;* 2 Bl., 84 S., 1 Bl. 8°
Breslau, Med. Fak., Inaug.-Diss. v. 5. Aug. 1891

Stiller, R. H., üb. die Unterbindung der zuführenden Schilddrüsenschlagadern zur Heilung d. Kropfes. Diss. gr. 8. (34 S.) Breslau 891. (L. Köhler.) n. 1. —

Stiller, Walther: Der Verein für Handlungs-Commis von 1858 (Kaufmännischer Verein) in Hamburg. Seine Geschichte u. s. Tätigkeit auf d. Gebiete kaufmänn. Standesfragen. Ein Beitr. z. Geschichte d. Privatbeamtenbewegung. Jena: Fischer 1910. VIII, 45 S. 8° ¶ (Vollst. als: Abhandlungen d. staatswiss. Sem. zu Jena. Bd 9, H. 1.)
Jena, Phil. Diss. v. 15. Dez. 1910, Ref. Pierstorff
[Geb. 18. Jan. 86 Hamburg; Wohnort: Hamburg; Staatsangeh.: Hamburg; Vorbildung: Oberrealsch. auf d. Uhlenhorst Hamburg Reife O. 06; Studium: Tübingen 1, Leipzig 2, Berlin 1, Jena 5 S.; Rig. 30. Juli 10.] [U 11. 2516

Der Verein für Handlungs-Commis von 1858. Kaufmänn. Verein in Hamburg. Seine Geschichte u. s. Tätigkeit auf d. Gebiete kaufmänn. Standesfragen. Ein Beitrag z. Geschichte d. Privatbeamtenbewegung. Von Dr. Walther **Stiller.** Jena: Fischer 1910. VIII, 290 S. 8°
(Abhandlungen d. Staatswiss. Seminars zu Jena. Bd 9, H. 1.)

Stiller Ozean [Schlagwort]

Stiller Ozean, deutsche Besitzungen, s.: Kolonialkarten.

Stiller Ocean, s.: Seekarten.

Stiller Ocean. Atlas des Stillen Ozeans. 31 Karten, die physikal. Verhältnisse u. die Verkehrsstrassen darst., m. e. erläut. Einleitg. u. als Beilage z. Segelhandb. f. den Stillen Ozean. Hrsg. v. der Direktion d. deutschen Seewarte. qu. Fol. (14 S.) Hamburg 896. L. Friederichsen & Co. Kart. n. 25. —

— Text dazu, s. Segelhandbuch.

Stillfried (-Ratènic), Eduard Frh. von

Stillfried-Ratènic, Ed. Frhr. v., Thomas de Mahy, Marquis de Favras und seine Gemahlin. Ein Beitrag zur Geschichte der französ. Revolution aus den J. 1789 und 1790. Von deren Enkel. Mit dem Bildnisse des Marquis de Favras (in Heliogravure). gr. 8. (VI, 207 S.) Wien 881, Braumüller. *

Stillfried-Ratènic, Ed. Frhr. v., Thomas de Mahy, Marquis de Favras und seine Gemahlin. gr. 8. Wien 881. Leipzig, Greßner und Schramm. *

Stillfried, Ed. Frhr. v., Trennung der Kirche vom Staate. gr. 8. (27 S.) Freiburg i. Br. 874. Herder. n. — 40

Stillfried, Eugenie, die Tochter Jephthah's. Ein biblisches Gedicht. (Buch der Richter, Kap. 10 u. 11.) Stuttgart 858. Gebr. Scheitlin. 16. (100 S.) 12 ngr.

Stillfried, Felix [d. i. Adolf Brandt]

De unverhoffte Arwschaft. Erzählung von Felix **Stillfried**. Stuttgart & Leipzig: Deutsche Verl.-Anst. 1898. (267 S.) 8° [F.] [06. 15006

Stillfried, Fel., biweg' lang. Ok en Struß Läunschen un Rimels. 8. (172 S.) Rostock 895. W. Werther. n. 2. —; geb. n. 2. 80

Biweg'lang. Ok en Struss Läuschen un Rimels von Felix Stillfried [d. i. Adolf **Brandt**]. 2. Aufl. Rostock: H. Koch 1901. (169 S.) 8° [F.] [07. 5107 9

Stillfried, Fel. (Adolf Brandt), Dürten Blanck. Erzählung in niederdeutscher Mundart. 2., neu bearb. Aufl. Die 1. Aufl. erschien 1890 u. d. T.: Ut Sloß un Kathen. (185 S.) 8. Leipzig (903). O. Lenz n. 3. —; geb. n. 4. —

— Hack un Plück. Geschichten. 8. (302 S.) Rostock: H.Koch 1901. geb. n. 3. 80

Stillfried, Felix, de Wilhelmshäger Kösterlüd. 8. (350 S.) Rostock 887, Koch.

— dass. — 2. Thl. 8. (257 S.) Ebendas. 888.

[F.] De Wilhelmshäger Klösterlüd'. Von Felix Stillfried (d. i. Adolf **Brandt**). 2., neu bearb. Aufl. Bd 1. 2. *Wismar: Hinstorff 1892* (auf d. Umschl. *1893*). 2 Bde 8.
1. (2 Bl., 330 S.) 2. (1 Bl., 290 S.) [98. 3335

[F.] In Lust un Leed. Plattdeutsche Gedichte. Nebst Nachdichtgn zu Horaz u. Scenen aus Homer. Von Felix Stillfried. '(Adolf **Brandt**.)' *Wismar: Hinstorff 1896* (a. d. Umschl.: *1897*). (XI, 159 S.) 1 Bd 8. [97. 180

Stillfried, Felix. Ut Sloß un Kathen. Erzählung in niederdeutscher Mundart. 8. (264 S.) Lpz. 890, Liebeskind. * 3 —; geb. ** 3 75

Stillfried (-Rattonitz), Heinrich (Graf)

Stillfried-Rattonitz, Heinr. v., Beiträge zu einem Gestütbuch von Trakehnen. Berlin 859. v. Decker. Lex.-8. (XXXIV, 92 S.) 1 ₰

Stillfried, Heinr., Berichtigungen u. Ergänzungen für die Beiträge zu einem Gestütbuch zu Trakehnen. Berlin 866. v. Decker. Lex.-8. (IV, 14 S.) n. 10 ngr.

Stillfried, Heinr. Graf, Leben u. Kunstleistungen des Malers u. Kupferstechers Georg Phillipp Rugendas u. seiner Nachkommen. Lex.-8. (XVIII, 184 S. m. Portr. in Lichtdr.) Berlin 879. C. Heymann's Verl. n. 6. —

Stillfried, H. Graf, 3. Nachtrag zu G. A. W. Thienemann's Leben u. Wirken d. Joh. Elias Ridinger, s.: **Thienemann, G. A. W.**

Stillfried, Heinr., 100 Strophen à la Klapphorn! Gesammelt. 1.—5. Aufl. 8. (40 S.) Görlitz 884. (Leipzig, Stauffer.) *

Stillfried, Heinr., 100 Strophen à la Klapphorn! Gesammelt. 6.—9. Aufl. 8. (40 S.) Görlitz 885. (Leipzig, Stauffer.) *
Vergriffen.

Stillfried, Heinr., Stumpfsinn-Verse, gesammelt. (48 S.) kl. 8. Boppard (910). O. Maisel. — 50

Stillfried, Rüdiger Frh. von

— Bemerkk. üb. die Wechselwirtschaft, aus Erfahr. u. Beobachtt. gesammelt; nebst e. Anh. üb. die neuen Ackergeräthe u. Maschinen v. J. H. C. Bley. Mit Kpf. 4. Prag 813. Calve. 1 ₰

Stillfried, Rüdiger Frh. v., Mittheilungen üb. d. Vorkommen, d. Beschaffenheit, besond. Eigenschaften, u. d. Gebr. od. d. nützl. Verwendung d. Graphits (Plumbago). Mit e. Anh. üb. d. Entstehen u. d. Erfolg d. Ausfuhr d. Graphits seit d. J. 1827 a. d. österreich. Kaiserstaaten nach England. 8. (6 B.) Prag 830, (Enders.)

Stillfried (-Rattonitz, später: Graf Stillfried-Alcántara), Rudolf (Maria Bernh.) von

Stillfried (-Rattonitz), Rud. v., Alterthümer u. Kunstdenkmale d. Erlauchten Hauses Hohenzollern. 1—3. Hft. Imp.-Fol. (17 B., 8 farb. u. 9 schw. Stnt., nebst 13 Vign.) Stuttgart 831—41. (Berlin, Gropius'sche Buchh.) *

v. Stillfried, Frhr. Rud., Alterthümer und Kunstdenkmale des Erlauchten Hauses Hohenzollern. 1s Hft. (Mit 3 schwarzen u. 2 color. Steint.) Imp.-Fol. Stuttgart 838. Cotta. n. 3⅓ ₰

v. Stillfried (-Rattonitz), Rud. (Mar. Bernh.) Frhr., Alterthümer u. Kunstdenkmale des Erlauchten Hauses Hohenzollern. 2.—4. Heft. (Mit 18 Steintaf., wovon 6 farbig gedruckt sind.) Imp.-Fol. (Mit 9 Vign.) Berlin 841, 43. (Gropius.) 13 ₰ (1.—4. n. 16⅓ ₰)

Stillfried, (Rattonitz) Rud. (Maria Bernh.) v., Alterthümer und Kunstdenkmale des erlauchten Hauses Hohenzollern. 5. Heft. Imp.-Fol. (6 Stnt. in Tondr., wovon 3 lithochrom., und 13 S. Text.) Berlin 852, Ernst und Korn. *
1—4. Heft. [Ebendas.] 1831—43. * 16 Thlr. 10 Ngr.

Stillfried, Rudolf Graf. Alterthümer und Kunstdenkmale des erlauchten Hauses Hohenzollern. Herausgegeben von [Bd. II: Graf] Rudolf Stillfried. Neue Folge ... Berlin, Ernst & Korn ... 1859—1867.
2 Bde. gr 2°.
I 1859: 5 Bl., 46 Bl. Text m. 26 Holzschn. u. 2 Kupferst.; 34 Taf.
II 1867: 4 Bl., 43 Bl. Text m. 19 Holzschn.; 39 Taf.
Erste Folge in fünf Heften 1831—1852. Enthält annähernd 100 Hohenzollernbildnisse. Die Taf. meist farb.

Stillfried, R. Graf. Die Attribute des neuen deutschen Reiches. Abgebildet, beschrieben und erläutert von R. Graf Stillfried ... Berlin, Alexander Duncker ... 1872.
29 S.; 16 Taf. in Lithogr. 4°.

Stillfried-Alcantara, Rud. Graf, die Attribute des neuen deutschen Reichs. Abgebildet, beschrieben und erläutert. 2. Aufl. 4. (29 S. mit 16 lithogr. Taf. Abbild.) Berlin 874, A. Duncker. *

Stillfried-Alcántara, R. Graf, die **Attribute** des neuen deutschen Reiches. Abgebildet, beschrieben u. erläutert. 3. Aufl. Mit 14 Taf. Abbildungen. (Holzschn. u. Lichtdr.) 4. (29 S.) Berlin 882. A. Duncker. n. 4. 50

—— **Beiträge zur Geschichte des schlesischen Adels. 1. Heft: Stammtafel und Beiträge zur älteren Geschichte der Grafen Schaffgotsch. Imp.-4. (64 S. mit 2 Tab. in qu. Fol. und Imp.-Fol., nebst 2 lithogr. Abbild. und 2 Ahnentaf.) Berlin 860, Decker'sche geheime Ober-Hofbuchdruckerei.**

—— Beiträge zur Geschichte des schlesischen Adels. 2. Heft: Auszüge aus dem ältesten Glätzer Amtsbuche und der Adel des Glätzer Landes. Imp.-4. (VIII und 156 S.) Berlin 864, v. Decker'sche geheime Ober-Hofbuchdruckerei. *
1. Heft. Ebendas. 1860. * 1 Thlr. 15 Ngr.

Stillfried, R[udolf] Graf & S. Haenle. Das Buch vom Schwanenorden. Ein Beitrag zu den Hohenzollerischen Forschungen . . . Berlin, W. Moeser Hofbuchhandlung 1881.
Tit., 1 Bl., VIII S., 1 Bl., 238 S., 2 Bl.; 1 Tabelle; 40 Taf. 2°.

Freiherr von **Stillfried, R.,** und **Maercker, T.** Hohenzollerische Forschungen. Theil I. Berlin 1847. 4°.

Friedrich der Große, König von Preußen. Ein Bild s. Lebens u. s. Zeit von Dr. [Rudolf] Graf **Stillfried**-Alcántara u. Prof. Dr. B[ernhard] Kugler. Mit 9 Ill. Leipzig: F. A. Berger [1907]. (120 S.) 8° [F.] [07. 10378]

Friedrich Wilhelm III, König von Preußen. Ein Bild s. Lebens u. s. Zeit mit besond. Berücks. d. Befreiungskriege von Dr. [Rudolf] Graf **Stillfried**-Alcántara u. Prof. Dr. B[ernhard] Kugler. Mit 8 Ill. Leipzig: F. A. Berger [1907]. (122 S.) 8° [F.] [07. 10400]

— **Friedrich Wilhelm der Dritte, König v. Preußen u. seine durchlauchtigsten Söhne König Friedrich Wilhelm der Vierte u. Kaiser u. König Wilhelm. 3 Lebensskizzen. Nebst e. Stammtaf. u. 4 (photolith.) Kunstbeilagen. gr. 4. (106 S.) Ebend. 874. n. 6. —**

——, **Friedrich Wilhelm III., König v. Preußen, das Wappen seines Reiches, u. d. Stammburg seiner Väter. Eine kurzgef. biograph.-genealog.-histor. Darstellung** 2c. 2. Aufl. gr. 4. (5¾ B. u. 3 Abbild.) Berlin 835, (Gropius'sche Buchh.) *

Friedrich Wilhelm, der Große Kurfürst. Ein Bild s. Lebens u. s. Zeit von Dr. [Rudolf] Graf **Stillfried**-Alcántara u. Prof. Dr. B[ernhard] Kugler. Mit 8 Ill. Leipzig: F. A. Berger [1907]. (87 S.) 8° [F.] [07. 10399]

—— **genealog. Geschichte der Burggrafen von Nürnberg. I. Hft. — A. u. d. Ttl.: Die Burggrafen von Nürnberg im XII. Jahrhundert. gr. Lex.-8. (2¾ B. u. 1 lith. Ans.) Görlitz 843, Heinze u. Comp.** *

—— die ältesten **Grabstätten** des Hauses Hohenzollern. gr. 8. (16 S. mit vielen Abbild. auf 12 photolithogr. Taf.) Ebendas. 874. *
Aus: Mittheilungen des Vereins für Geschichte und Alterthum, besonders abgedruckt.

—— **s. Grünenberg, des Conrad, Ritters und Burgers zu Costenz, Wappenpuch.**

Stillfried, R[udolf Graf]. Kloster Heilsbronn. Ein Beitrag zu den Hohenzollerischen Forschungen . . . Berlin, Carl Heymann's Verlag 1877.
XX S., 1 Bl., 398 S., 5 Bl. m. 58 Holzschn., 1 Tabelle; 2 Taf. in Kupferst., 90 Taf. 4°.
Von den Taf. zeigen 17 Hohenzollernbildnisse.

— **Hohenzollern.** Beschreibung u. Geschichte der Burg nebst Forschgn. üb. den Urstamm der Grafen v. Zollern. Mit 27 Abbildgn. (in eingedr. Holzschn. u. auf 6 Holzschntaf. in gr. 8. u. qu. 4.) gr. 8. (VII, 71 S.) Nürnberg 871. Soldan. n. 2. 50

— u. Bernh. **Kugler,** die Hohenzollern u. das deutsche Vaterland. Illustrirt von den ersten deutschen Künstlern. (28 Lfgn.) Fol. (VIII, 416 S. m. eingedr. Holzschn. u. Holzschntaf.) München 881. 82. Verlags-Anstalt für Kunst u. Wissenschaft. à n. 2. —; cplt. geb. n. 70. —; Fürsten-Ausg. à Lfg. n. 10. —

—— und Bernh. **Kugler,** die Hohenzollern und das deutsche Vaterland. Illustrirt von G. Bleibtreu, G. Camphausen, P. Grot Johann 2c. 28 Lfgn. 1. und 2. Aufl. Fol. (XII, VIII, 416 S. mit eingedr. Holzschn., Holzschntaf., Facs. und genealog. Tab.) München 881—83, [Bruckmann's Verlag.] Verlagsanstalt für Kunst und Wissenschaft. à Lfg. *
compl. geb. *
Fürsten-Ausg. à Lfg. * *M* 10. *
geb. **

Stillfried-Alcántara, R. Graf, und Bernh. Kugler, die Hohenzollern und das deutsche Vaterland. Illustriert von den ersten deutschen Künstlern. 3. Aufl. Wohlf. Prachtausg. 32 Hefte. gr. 4. (VIII, 375 S.) München 884, Verlagsanstalt für Kunst und Wissenschaft. à Heft * compl. geb. *

Stillfried-Alcántara, R. Graf, u. Bernh. Kugler, die Hohenzollern u. das deutsche Vaterland. Illustrirt v. den ersten deutschen Künstlern. 4. Aufl. Wohlf. Prachtausg. 32 Hfte. hoch 4. (375 S. m. eingedr. Holzschn. u. Holzschntaf.) München 886. Verlagsanstalt f. Kunst u. Wissenschaft. à n. — 50 (cplt. geb.: n. 20. —)

Stillfried-Alcántara, R. Graf, u. Bernh. **Kugler,** die **Hohenzollern** u. d. Deutsche Vaterland. Illustr. v. G. Bleibtreu, W. Camphausen, P. Grotjohann u. v. A. 5. Aufl., nach neuesten Forschgn. verändert, neu hrsg. u. bis auf d. Gegenwart ergänzt v. Bernh. Kugler. gr. 4. (VIII, 383 S.) Leipzig 896. F. A. Berger.
Geb. in Leinw. m. Goldschn. n. 12. 50
Erschien auch in 18 Lfgn. à n. — 50.

Stillfried-Alcántara, R. Graf, u. Bernh. **Kugler,** die Hohenzollern u. das Deutsche Vaterland. Illustr. v. G. Bleibtreu, W. Camphausen, P. Grotjohann u. v. A. 6. Aufl., bis auf die Gegenwart ergänzt v. Hans F. Helmolt. gr. 4. (VIII, 384 S. m. 1 Stammtaf.) Leipzig (901). F. A. Berger. Geb. in Leinw. n. 7. 50

— — **Die Hohenzollern u. das Deutsche Vaterland.** Illustriert v. G. Bleibtreu, W. Camphausen, P. Grotjohann u. v. A. 7. Aufl., bis auf die Gegenwart ergänzt v. Hans F. Helmolt. (VI, 387 S. m. 1 Stammtaf.) 32,5 ×23,5 cm. Ebd. (907). Geb. in Leinw. (urspr. Pr. 8. —)

[Stillfried-Alcántara, Graf v.]. Die Kroenung Ihrer Majestaeten des Koenigs Wilhelm und der Koenigin Augusta von Preussen zu Koenigsberg am 18. October 1861. Berlin MDCCCLXVIII [1868]. Verlag der Koeniglichen Geheimen Ober-Hofbuchdruckerei (R. v. Decker)
Tit., 7 Bl., 174 S., 10 Bl., 84 S. m. 22 Abb. in Holzschn. u. 4 Lithogr.; 15 Taf., davon 14 in Lithogr. gr 2°

[—]. Die Krönung Ihrer Majestäten des Königs Wilhelm und der Königin Augusta von Preußen zu Königsberg am 18. October 1861. Berlin 1873, Verlag der Königlichen Geheimen Ober-Hofbuchdruckerei (R. v. Decker)
XIII S., 1 Bl., 232 S. m. 5 Holzschn.; 12 Taf. 4°.
Text-Ausgabe des vorigen Werkes ohne Abbildungen und Beilagen. Die beigefügten 12 Taf. stellen den Krönungszug dar.

— **die Krönung Ihrer Majestäten d. Königs Wilhelm u. der Königin Augusta v. Preußen zu Königsberg am 18. Octbr. 1861. Imp.-Fol. (XIV, 174 S. m. eingedr. Holzschn., 16 Steintaf. in Tondr. u. 1 Photogr. nebst Beilagen 84 S.) Berlin 872. v. Decker. geb. n.n. 750. —**

— **dasselbe. Mit der Abbildg. d. Krönungszuges auf 12 Blättern in photograph. Pressendruck. gr. Fol. (XIII, 232 S.) Ebend. 874. n. 21. —**

Stillfried, Rudolph Frh. v. Preussens Monarchen. Sieben nach den besten Original-Gemaelden lithographirte Bilder nebst historischer Einleitung. Herausgegeben von Rudolph Freiherrn von Stillfried-Rattonitz . . . Berlin, Gropius'sche Buch- und Kunsthandlung (Carl Reimarus) 1847.
Tit., 2 Bl.; 7 Taf. in Lithogr. gr 2°.

Stillfried, Rud. Graf v., s.: Monumenta Zollerana.

Stillfried, Rud. Graf Alcántara, s. Mücke, H., S. Mainrad.

Stillfried, R., Geschichtl. Nachrichten vom Geschlechte Stillfried v. Rattonitz. Als Manuscript gedruckt. Berlin 1858. fol.

— Geschichtl. Nachrichten vom Geschlecht Stillfried von Rattonitz. 2 Bde. Mit Abbildgn. und geneal. Tfln. Berlin 1869—70. 4. Nicht im Handel.

—— Regesten zur älteren Geschichte der Grafen Mettich Freiherrn v. Tschetschau nebst einer ausführl. Stammtaf. gr. 4. (79 S. mit 1 Tab. in qu. gr. Fol.) (Ebendas.) 870. *
Aus: Geschichte des Geschlechtes Stillfried v. Rattonitz, besonders abgedruckt. — A. u. d. T.: Beiträge zur Geschichte des deutschen Adels. 3. Heft.

Die Ritter des Königlich Preussischen Hohen Ordens vom Schwarzen Adler und ihre Wappen. (1701–1901.) (Nach d. Stande vom 1. Jan. 1901.) (Verf.: [Rudolf] Graf Stillfried[-Alcántara].) (3. Ausg. Hrsg.: [Georg] Graf Kanitz.) *Berlin: W. Moeser 1901.* (86 S., 89 Taf.) 4°(2°) [♂] (01. 3638

(Stillfried, Frh. v.): Der Schwanenorden, sein Ursprung, Zweck und seine Geschichte. Halle 1844.

—— der Schwanenorden, sein Ursprung u. Zweck, seine Geschichte u. seine Alterthümer. 2. Ausg. gr. 4. (7 B., 7 Stnt. u. 5 Taf. in Farbendruck.) Halle 845, Graeger. *

Stillfried, R. B. v., Die Burg Schweinhaus und ihre Besitzer. Hirschberg 1833. 8. Nicht im Handel.

Stillfried, Rudolph, Graf von. Die älteren Siegel und das Wappen der Grafen von Zollern, sowie der zollern'schen Burggrafen zu Nürnberg. (Sonderabdruck aus dem Urkundenbuch der Monumenta Zollerana. Berlin 1881. Fol.

von Stillfried-Rattonitz, Rud. (Maria Bernhard) Stammbuch der löblichen Rittergesellschaft Unserer lieben Frau auf dem Berge bei Alt-Brandenburg oder Denkmale des Schwanenordens. Berlin, 1842 4°.

—— Stammtafel des Gesammthauses Hohenzollern nach authent. Quellen zusammengestellt. Imp.-Fol. (5 Blatt.) Ebendas. 869.

—— Stammtafel des Gesammthauses Hohenzollern. Nach authent. Quellen zusammengestellt. Imp.-Fol. (6 Bl. mit eingedr. Wappen.) Berlin 879. (Mitscher und Röstell.) *

Stillfried, R. G. Die Titel und Wappen des Preußischen Königshauses. Historisch erläutert von R. G. Stillfried ... Berlin, Carl Heymann's Verlag 1875. Tit., 1 Bl., 50 S., 1 Tabelle m. 19 Holzschn., 5 Taf. 4°.

Stillfried-Rattonitz, Mortimer Graf von, Referendar in Neurode (Schlesien): Die sogenannte provisorische Gesetzgebung insbesondere nach Massgabe des Art. 63 der preuss. Verfassungsurkunde. Borna-Leipzig 1908: R. Noske. (X, 96 S.) 8° [♂.]
Breslau, Jur. Fak., Ref. Brie-Dahn, Diss. v. 2. März 1908
[Geb. 31. Mai 82 Breslau; Wohnort: Neurode i. Schl.; Staatsangeh.: Preußen; Vorbildung: Gymn. Patschkau, Neustadt (O.-S.) Reife M. 03; Studium: München 2, Genf 1, Freiburg i. B. 2, Breslau 1 S.; Rig. 1. Aug. 07.]

Stillfriede, Die, und die Stadt Neurode. Berlin 1879. V: *Stillfried, Rud.* (Nent)

Stillger, Alexander: * Hartmanns von der Aue sprachliche und metrische entwicklung. 80 S. 2°
Halle-Wittenberg, Phil. Diss. v. 20. Febr. 1874
Geb. [Powarschen (Kr. Preuss.-Eylau) 13. 3. 1845]

Stillich, Oskar

Stillich, Osk., die englische Agrarkrisis, ihre Ausdehnung, Ursachen u. Heilmittel. Nach der Enquête der „Royal Commission on Agriculture" bearb. gr. 8. (VIII, 149 S.) Jena 899. G. Fischer. n. 3. 60

Stillich, Osk., d. Arbeit d. Kühe. Untersuchgn. über d. Einfluß d. Arbeit auf Menge u. Zusammensetzung der Milch, sow. üb. d. prakt. Grundlagen d. Kuharbeit. gr. 8. (62 S. m. 2 graph. Darstellgn.) Leipzig 896. H. Voigt. n. 2. 50

— dasselbe. 2. [Titel-]Aufl. gr. 8. (62 S. m. 2 graph. Darstellgn.) Ebd. (896) 899. n. 1. 50

— d. Bedeutung d. Kalkes f. d. Landwirtschaft. Erörterg. d. Grundlagen e. ration. Kalkanwendg. im Lichte d. Wissenschaft u. Praxis. gr. 8. (38 S.) Leipzig 895. C. F. Tiefenbach. n. — 60

Stillich, Osk., die Börse u. ihre Geschäfte. (Umschlag: Geld, Bank, Börse.) 2. Aufl. (XIV, 355 S.) gr. 8. Berlin 909. K. Curtius. 4.80; geb. 5. 80

[♂.] Stillich, *Ernst Gotthold* Oskar [aus Metschlau]: Über den Einfluss der Arbeit der Kühe auf Menge und Zusammensetzung der Milch ... Leipzig, H. Voigt, 1896; 62 S., 1 Bl., 2 Taf. 8.
Leipzig, Phil. Fak., Inaug.-Diss. v. [1. Aug.] 1896

— u. H. Steudel, Eisenhütte. Eine Monographie. Mit 62 Abb. meist nach Aufnahmen v. Max Steckel. (158 S.) gr. 8. Ebd. (908). Kart. 4. —

Eisen- und Stahl-Industrie. Von Oskar Stillich. (Inh.: 1. Der Hoerder Bergwerks- u. Hüttenverein. 2. Die Ilseder Hütte u. das Peiner Walzwerk. 3. Die Dortmunder Union. 4. ‚Phönix', Akt.-Ges. f. Bergbau u. Hüttenbetrieb. 5. Die Vereinigte Königs- u. Laurahütte.) — Berlin: Siemenroth 1904. XII, 238 S. 8° (Stillich: Nationalökon. Forschungen a. d. Geb. d. großindustr. Unternehmung. 1.)

Stillich, O., Die Entstehung eines Riesenvermögens [Geschichte und Beschreibung der A. Riebeck'schen Montanwerke, A.-G. auf Braunkohlenbergbau in Halle a. S.]. München. 1906. 13 S.

Die wissenschaftliche Erforschung grossindustrieller Unternehmungen. Von Dr. Oscar Stillich. Berlin: Heymann 1910. 21 S. 8°
(Volkswirtschaftliche Streitfragen. Reihe 1, H. 6)
(Schriften des Deutschen Volkswirtschaftlichen Verbandes. Bd 3, H. 6.) (10. 7684

Stillich, Osk., national-ökonomische Forschungen auf dem Gebiete der grossindustriellen Unternehmung. I. Bd. Eisen- u. Stahlindustrie. (XII, 238 S.) gr. 8. Berlin 904. [F. Siemenroth] Leipzig, Roth & Schunke. n. 6. —; geb. in Leinw. n. 7. —

— dasselbe. II. Bd. Steinkohlenindustrie. (VII, 357 S.) gr. 8. Leipzig 906. Roth & Schunke. n. 8.—; geb. in Leinw. 9. —

— Geld, Bank, Börse. Die Börse u. ihre Geschäfte. Geld- u. Bankwesen. (Die Börse. XIV, 355 S. u. Geld- u. Bankwesen 266 S.) gr. 8. Berlin 909. 08. K. Curtius. In 2 Bde. geb. 10.—; auch in 14 Lfgn. à — 65

— Geld- u. Bankwesen. Ein Lehr- u. Lesebuch. (263 S.) 8. Berlin 907. K. Curtius. Geb. in Leinw. n. 4. 20

Geld- und Bankwesen. Ein Lehr- u. Lesebuch von Dr. Oskar Stillich. Doz. in Berlin. 2. Taus. Berlin: K. Curtius 1907. (267 S.) 8° [♂.] (07. 2670

— Geld- u. Bankwesen. Ein Lehr- u. Lesebuch. 2. Aufl. (266 S.) gr. 8. Ebd. 908. Geb. in Leinw. 4. 20

— Der gesamte Geschäftsverkehr des Publikums m. Banken u. Bankiers. Ein prakt. Ratgeber. (80 S.) 8. Berlin 909. H. Th. Hoffmann. 2. —

— u. Arth. Gerke, Kohlenbergwerk. Eine Monographie. Mit 56 Abb. nach Aufnahmen v. Max Steckel. (141 S.) gr. 8. Leipzig (908). R. Voigtländer. Kart. 4. —

— Die Lage der weiblichen Dienstboten in Berlin. gr. 8°. Berlin, Akad. Verlag f. soc. Wissensch., 1901.

Die Lage der weiblichen Dienstboten in Berlin. Von Dr. Oscar Stillich. Doc. in Berlin. *Berlin, Bern: J. Edelheim 1902.* (443 S.) 8° [F.] (01. 1080

— die Lage der weiblichen Dienstboten in Berlin. gr. 8. (448 S.) Berlin 902. Leipzig, R. Lipinski. n. 5. —; geb. in Halbfrz. n. 7. 50

— Die politischen Parteien in Deutschland. (In 5 Bdn.) I. Bd. Die Konservativen. Eine wissenschaftl. Darlegg. ihrer Grundsätze u. ihrer geschichtl. Entwickelg. (XIV, 264 S.) gr. 8. Leipzig 908. Dr. W. Klinkhardt. 5.—; geb. 6.—; Subskr.-Pr. 4.—; geb. 5. —

Roheisensyndikat und Halbzeugverband. Krit. u. systemat. Bearb. d. Ergebnisse d. Eisenkartell-Enquete von Oscar Stillich, Doz. in Berlin. *Berlin: W. Baensch 1901.* (40 S.) 8° [F.]
= Bibliothek f. Politik u. Volkswirtschaft. H. 16. (04 5490

— s.: Schriften des sozialwissensch. Vereins in Berlin.

Stillich, Oskar: Die Spielwaren-Hausindustrie des Meininger Oberlandes. Jena: G. Fischer 1899. (VII, 100 S.) 8°

Steinkohlenindustrie. Von Oskar Stillich. (Inh.: 1. Bergwerksgesellschaft Hibenia. 2. Gelsenkirchner Bergwerks-A.-G. 3. Kölner Bergwerksverein. 4. Bergwerks-A.-G. Konsolidation. 5. Bergwerksgesellschaft Dahlbusch. 6. Königsborn, A.G. für Bergbau, Salinen- u. Solbadbetrieb.) — Leipzig: Jäh & Schunke 1906. VI, 357 S. 8° (Stillich. Nat.-Ökon. Forsch. a. d. Geb. d. großindustr. Unternehmung. 2.)

— die Stickstoff- u. Gründüngungsfrage. gr. 8. (VI, 52 S.) Leipzig 897. H. Voigt. n. 1. —

— s.: Volks-Hochschulblätter.

Stillich O. Zweck und Bedeutung der Sozialwissenschaften. (15 S) (Kultur und Fortschritt 210) Gautzsch 1908

— Zweck u. Bedeutung der Sozialwissenschaften, s. a. Kultur u. Fortschritt.

Stillich, Otto, aus Metschlau: Ueber die Einwirkung von Formaldehyd auf p-Nitranilin in saurer Lösung. *Berlin (1902): E. Ebering.* (28 S.) 8°
Berlin, Phil. Diss. v. 22. Dez. 1902

Stilliger, Johann, vgl. Stillinger, Johann.

Stilliger, Jh., Unterricht zur doppelten Buchhaltung. gr. 4. ... 785. Mit e. neuen Titelbl. Libau 793. (Rein in Leipz.) 1 ₰ 8 gr.

Stilling, Benedict, Gedächtnissrede auf denselben, s.: Kussmaul.

Stilling, Bened., die rationelle Behandlung der Harnröhren-Stricturen. Auf der Basis einer pragmat. Geschichte der inneren Urethrotomie unter Berücksicht. der anderen hauptsächlichsten Behandlungs-Methoden nach eigenen Erfahrungen und neuen anatom., physiolog. und patholog. Untersuchungen dargestellt. In 3 Abthlgn. Lex.-8. Cassel, Kay. [1. Abthl. (VIII, S. 1—408, mit 3 Stnt. Abbildungen in gr. qu. 4.) 870. *ℳ 9.; 2. Abthl. (S. 409—991.) 870. *ℳ 12.; 3. Abthl. (LV, S. 992—1044 mit 13 lithogr. Taf. Abbildungen in qu. Fol. und Register 167 S.) 872. *ℳ 9.] *

Stilling, B., Beiträge zur Natur- und Heilkunde. 1. Heft. A. u. d. T.: Anatomische u. mikroskopische Untersuchungen über den feineren Bau der Nerven-Primitivfaser u. der Nervenzelle. Mit 2 Taf. lith., zum Theil illum. Abbildgn. Frankfurt a. M. 856. Literarische Anstalt. gr. 4. (XI, 152 S.) n. 2 ₰.

Stilling, B., die Bildung u. Metamorphose d. Blutpfropfes od. Thrombus in verletzt. Blutgefässen. A. e. grossen Reihe v. Versuchen an Thieren abgeleit. — A. u. d. T.: Die natürl. Processe bei d. Heilung durchschlung. Blutgefässe, mit besond. Rücksicht auf d. Thrombus. gr. 8. (20 B. u. 2 Tab. gr. Fol.) Eisenach 834, Baerecke.

— ein Blatt zur neuesten Geschichte der Heilung der Harnröhren-Verengerungen mittelst der inneren Urethrotomie. Mit 1 (lith.) Taf. Abbildgn. (in Fol.). Göttingen 856. Wigand. gr. 4. (24 S.) n. 12 ngr.

Stilling, Bened., die Extra-Peritonäal-Methode der Ovariotomie. gr. 8. (VIII und 204 S.) Berlin 866, G. Reimer.

Stilling, B(enedikt): Die Gefässdurchschlingung. Eine neue Methode Blutungen aus grösseren Gefässen zu stillen. Abth.1: Monographie der Operation. 152 S., gbd., Abb.

Marburg: Elwert 1834

JB 3.424

Stilling, Benedikt, s. Mallan, John: Prakt. Bemerkungen üb. d. Krankheiten der Zähne.

Stilling, B(enedikt) (Übers.):

s.: Mallan, John (Edward): Hülfreicher Zahnarzt, eine deutliche und praktische Belehrung, die Zähne bis ins hohe Alter gesund und schön zu erhalten. (Treatise on the structure and diseases of the teeth. Dt.) Eisenach u.Wien: 1840

JB 4.384

Stilling, B(enedikt): Ueber die Medulla oblongata. 72 S., gbd., 7 Taf.

Erlangen: Enke 1843
(Stilling, B.: Untersuchungen über den Bau des Nervensystems von B.Stilling und J(oseph) Wallach. Heft 2)

JB 6.275/2

— die künstl. Pupillenbildung in d. Sclerotica. Nebst e. Anh. üb. d. Verpflanzung d. Hornhaut, Keratoplastik. Nach eigenen Versuchen. gr. 8. (10 B. u. 1 Kpfrt.) Marburg 833, Elwert.

Stilling, B., Rede zur Eröffnung der 51. Versammlung deutscher Naturforscher u. Aerzte in Cassel am 11. Septbr. 1878. 8. (16S.) Kassel 878. Hühn. n. — 40

— Untersuchungen über den Bau des kleinen Gehirns des Menschen. 1. u. 2. Heft. Cassel, Krieger'-Buchh. 4. n. 36 ₰

1. Heft. Untersuchungen über den Bau des Züngelchens u. seiner Hemisphären-Theile. (XIII, 194 S. nebst 1 Atlas mit 9 Taff. Abbild. in Fol. nach der Natur photogr. von Friedr. Roux jun.) 864. n. 20 ₰
2. Heft. Untersuchungen über den Bau des Centralläppchens u. der Flügel. (VI, 115 S. nebst 1 Atlas mit 5 Taff. Abbild. in Fol., nach der Natur photogr. von Fr. Roux jun., sowie 1 Wandtaf. in Imp.-Fol., nach der Natur lith. von G. Honig.) 867. n. 16 ₰

— Untersuchungen über den Bau des kleinen Gehirns des Menschen. [Billige Ausg.] 2 Abthlgn. 4. (XIII, 295; V, 116 S. mit 15 Stnt. in gr. Fol. und Imp.-Fol. in Mappe.) Ebendas. 870. *

Stilling, Bened., Untersuchungen üb. den Bau d. kleinen Gehirns d. Menschen. [Billige Ausg] 2 Abthlgn. 4. (XIII, 295 u. V, 116 S. m. 15 Steintaf. in gr. Fol. u. Imp.-Fol. in Mappe.) Ebend. 871. n. 1. 60

Stilling, B(enedikt): Untersuchungen über den Bau des Nervensystems von B.Stilling und J(oseph) Wallach.

Leipzig: Wigand 1842
Erlangen: Enke 1843
H.1: Stilling, B.: Untersuchungen über die Textur des Rückenmarks von B.Stilling und J.Wallach. Leipzig: 1842
H.2: Stilling, B.: Ueber die Medulla oblongata. Erlangen: 1843

JB 6.275

Stilling, Bened., Untersuchungen über den Bau u. die Verrichtungen des Gehirns. I. Untersuchungen über den Bau des Hirnknotens oder der Varoli'schen Brücke A. u. d. Tl.: Disquisitiones de structura et functionibus cerebri. I. Disquisitiones de structura protuberantiae annularis sive pontis Varolii. qu. Imp.-Fol. (49½ B. m. 20 Stnt. u. 2 Umrisstaf.) Jena 846, Mauke. *

Stilling, Benedict, Untersuchungen über den Bau u. die Verrichtungen des Gehirns. I. Ueber den Bau d. Hirnknotens od. der Varolischen Brücke. Mit 20 Taf. Abbild. u. 3 Umrisstaf. A. u. d. T.: Disquisitiones de structura et functionibus cerebri. I. De structura protuberantiae annularis sive pontis Varolii. qu. gr. Fol. (X u. 184 S.) Jena 847, Mauke. Subscr.-Pr. n. 14 ℛ; Ladenpr. n. 18 ℛ

Stilling, Bened., Untersuchungen über die Functionen des Rückenmarks u. der Nerven. gr. 8. (20½ B. u. 1 Bl. mit Abbildgn.) Leipzig 842, Otto Wigand. Thlr.

Stilling, Benedict, neue Untersuchungen über den Bau des kleinen Gehirns des Menschen. Untersuchungen über den Bau des Bergs und der vorderen Oberlappen, sowie über die Organisation der centralen weissen Marksubstanz des Cerebellum und ihrer grauen Kerne und über die centralen Ursprungsstätten und Bahnen der Kleinhirn-Schenkel, nämlich der Binde-Arme, Brücken-Arme und der strickförm. Körper. Mit Atlas. 5 Lfgn. gr. 4. (XVIII, LXXVIII, 360 S. und Atlas 25 Stnt. in Fol.) Kassel 878, Fischer. *

—— neue Untersuchungen über den Bau des Rückenmarks. (In 3 Lfgn.) 1. Lfg. gr. 4. (S. 1—136 mit 9 Stnt. in Imp.-Fol. und Erklärungen dazu S. I—XL.) Frankfurt a. M. 856, Literarische Anstalt. *

Stilling, B., neue Untersuchungen über den Bau des Rückenmarks. Hierzu ein Atlas mikroskopisch-anatom. Abbildungen von 30 Stnt., nebst 1 grossen (lithogr.) Wandtafel. 2—5. Lfg. gr. 4. (XX und S. 137—1192 mit eingedr. Holzschn., 22 Stnt. in Imp.-Fol. und Erklärungen dazu S. XLI—CVIII.) Kassel 857—59, (Hotop.) [2. 3. und 5. Lfg. à * 6 Thlr., 4. Lfg. * 4 Thlr. und Wandtafel * 2 Thlr.] Thlr. *
1. Lfg. Frankfurt a. M. 1856, Literarische Anstalt. * 6 Thlr.

Stilling, B., physiolog., patholog. u. medicin.-pract. Untersuchungen üb. d. Spinal-Irritation. Lex.-8. (35 B. u. 4 Holzschn.) Leipzig 840, Otto Wigand.

Stilling, B(enedikt): Untersuchungen über die Textur des Rückenmarks von B.Stilling und J(oseph) Wallach. 52 S., gbd., 1 Taf.

Leipzig: Wigand 1842
(Stilling, B.: Untersuchungen über den Bau des Nervensystems von B.Stilling und J.Wallach. Heft 1)

JB 6.275/1

—— zur innern Urethrotomie. Beiträge zur Geschichte dieser Operation und der zu ihr erfund. Instrumente sowie zur Ehrenrettung Stafford's. gr. 8. (VIII und 61 S. mit 1 Stnt. in gr. Fol.) Berlin 866, G. Reimer.

Stilling, B., Wandtafel zur Erläuterung des Rückenmarks-Baues, die Querdurchschnittsfläche des ganzen Rückenmarks in 50facher Linienvergrösserung darstellend, für anatom. und andere Hörsäle. Lithogr. Imp.-Fol. Mit Text. (8 S. in gr. 4.) Kassel 857, (Hotop.) *

Stilling, B., was soll man thun um sich gegen die Cholera zu schützen? Einige Worte an seine Mitbürger. 1. und 2. Aufl. gr. 8. (57 S.) Cassel 850, Hotop.

Stilling, E., göttliche Liebe. Biblische Texte u. geistl. Lieder f. jeden Tag d. Monats, ausgewählt. Illustr. v. Fr. Hines. 4. (32 S.) München 889. Stroefer. geb. n. 3. —

Stilling, Erwin, a. Straßburg i. E.: Über die Abtötung der Schweinepestbazillen durch chemisch indifferente Körper. Immunisierungsversuche. Straßburg i. E. 1907: C. Müh & Cie. (24 S.) 8°

Straßburg, Med. Fak., Ref. Forster, Diss. v. 22. Febr. 1907

[Geb. 25. Okt. 82 Straßburg i. E.; Wohnort: Straßburg; Staatsangeh.: Elsaß-Lothringen; Vorbildung: Protest. Gymn. Straßburg Reife Juli 00; Studium: Straßburg 3, Berlin 1, Heidelberg 1, Straßburg 5 S.; Coll. 24. Dez. 06; Approb. 24. Jan. 06.]

Stilling, H., Der Schlüssel zum Heimweh. 264 S. Marb. 8°. 1796

Stilling, Heinrich

Stilling, Heinr., einige Beobachtungen zur Anatomie u. Pathologie des Lupus. Inaugural-Dissertation. gr. 8. (22 S.) Leipzig 877. (Göttingen, Vandenhoeck & Ruprecht.) n. — 60

Stilling, H., petites contributions à la pathologie du système nerveux, s.: Cérenville, E. de.

Stilling, Jakob

Stilling, J. Anilin-Farbstoffe als Antiseptica u. ihre Anwendung in der Praxis. 1. Mittheilg. 1. u. 2. Aufl. gr. 8. (25 S.) Strassb. i. E. 890, Trübner, Verlag. * 1 —
—— dass. — 2. Mittheilg. gr. 8. (110 S.) Ebd. 890. * 2 80

Stilling, Jakob: Beitrag zur Histologie der Niere. Marburg 1865. 20 S. u. 1 Tafel.
Schul-/Univ.-Schrift

Stilling, J., Beiträge zur Lehre von den Farbenempfindungen, s. Monatsblätter, klinische, für Augenheilkunde.

Stilling, J., über Farbensinn u. Farbenblindheit. Rede, geh. auf der 51. Versammlung deutscher Naturforscher u. Aerzte. gr. 8. (34 S.) Berlin 878. Th. Fischer. n. — 50

Stilling, J., über Farbensinn und Farbenblindheit. gr. 8. Kassel 878. Leipzig, G. Thieme. * — 50

Stilling, J., Grundzüge d. Augenheilkunde. M. 1 Farbentaf. u. 118 Fig. in Holzschn. gr. 8. (III, 368 S.) Wien 897. Urban & Schwarzenberg. n. 10. —; geb. n. 12. —

Stilling, J., über die Heilung der Verengerungen der Thraenenwege mittelst der innern Incision. Ein neues Operationsverfahren. Mit 1 (lith.) Taf. Abbildungen. Cassel 868. Krieger. gr. 8. (V, 25 S.) n. 10 ngr.

Die Kurzsichtigkeit, ihre Entstehung und Bedeutung. Von Dr. J[akob] **Stilling**, Prof. in Straßburg. Mit 4 Abb. *Berlin: Reuther & Reichard 1903.* (75 S.) 8°
= Sammlung von Abhandlungen aus d. Geb. d. pädag. Psychologie u. Physiologie. Bd 6, H. 3.

— die Prüfung des Farbensinnes beim Eisenbahn- u. Marine-Personal. Mit 3 (chromolith.) Taf. 1. u. 2. Aufl. gr. 4. (7 S.) Ebend. 877. n. 2. 50

—— dass. — Neue Folge. 1. und 2. Lfg. gr. 4. Ebendas. *
Inhalt:
Lfg. 1. Tafeln zur Bestimmung der Roth-Grünblindheit. (11 S. mit 6 Chromolithogr.) 878. *ℳ 5.
» 2. Tafeln zur Bestimmung der herabgesetzten Farbenempfindlichkeit für Roth-Grün, sowie zur Entdeckung der Simulation der Farbenblindheit. (5 S. mit 4 Chromolithogr.) 879. *ℳ 4.

Psychologie der Gesichtsvorstellung nach Kant's Theorie der Erfahrung von Dr. J[akob] **Stilling**, Prof., Strassburg. *Berlin, Wien: Urban & Schwarzenberg 1901.* (IV, 164 S.) 8° [geb. 10

Stilling, J., des rapports de l'accomodation avec la convergence et de l'origine du strabisme, s. Reymond, C.

—— Schädelbau und Kurzsichtigkeit. Eine anthropolog. Untersuchung. gr. 8. (VII, 126 S. mit 3 Taf.) Wiesbaden 888, Bergmann. *

Stilling, J., über das Sehen der Farbenblinden. gr. 8. (III, 91 S. mit 4 Doppel-Taf. in Oeldr. [in qu. Fol.].) [Kassel, 880, Fischer.] Leipzig, G. Thieme. (**ℳ 60.) *

— Tafeln zur Bestimmung der Blau-Gelbblindheit. Ergänzung zu dem früheren Werk des Verf.: Die Prüfung des Farbensinnes etc. gr. 4. (3 Chromolith.) Ebend. 878. n. 2. —

— pseudo-isochromatische Tafeln für die Prüfung des Farbensinnes. Mit 8 (chromolith.) Taf. gr. 4. (8 S.) Ebend. 883. n. 8. —

—— Pseudo-isochromatische Tafeln f. die Prüfung d. Farbensinnes. 3., [der ganzen Folge 9.] verm. u. verb. Aufl. gr. 4. (9 S. m. 9 farb. Taf.) Lpz. 889, G. Thieme. * 8 —

— Pseudo-isochromatische Tafeln f. die Prüfung des Farbensinnes. 10. Ausg. gr. 4. (10 farb. Taf. m. 8 S. Text.) Leipzig 900 G. Thieme. n. 10. —

Stilling, J., Pseudo-isochromatische Tafeln zur Prüfg. des Farbensinnes. 13. verm. u. verb. Aufl. (15 Doppeltaf. m. 12 S. Text.) gr. 8. Leipzig 910. G. Thieme. Geb. in Leinw. 10. —

— Untersuchungen üb. die Entstehung der Kurzsichtigkeit. Mit 71 Fig. im Text u. 17 lith. Taf. gr. 8. (VII, 216 S.) Wiesbaden 887. Bergmann. n. 10. 60

Stilling, Joan, Vita S. Stephani Regis Hungariae. Fol. Ofen 767. Typ. Soc. 2 ₰ 8 ℛ

Stilling, Johann Heinrich, s.a. Jung-Stilling

Stilling, Hnr., s. F. W. Krug, poet. Erstlinge.

Stilling's, Heinr., Jugend, s.: Collection Spemann.

Stillings, Heinrich, Jugend, eine wahrhafte Geschichte, m. K. 8. Berlin, 779. Rottmann. 15 sgl.

— Jugend, Jünglingsjahre u. Wanderschaft. Eine wahrhafte Geschichte, v. ihm selbst erzählt. 1. bis 5. Taus. (Hamburgische Hausbibliothek. Hrsg. im Auftrage der Gesellschaft hamburg. Kunstfreunde usw.) (VIII, 270 S.) Hamburg 904. A. Janssen. Geb. in Leinw. n. 1. —

— Jünglings-Jahre, eine wahrhafte Geschichte, mit 1 Kupf. 8. Daselbst, 778. Derselbe. 15 sgl.

Stilling, Heinr., Lebensbeschreibung, v. J. H. Jung. 1r Thl. od. Jugend. 8. Berlin, Decker. (Rottmann.) 806.

— — 2r Thl. od. Jünglingsjahre. 8. Ebend. 806.

— — 3r Thl. od. Wanderschaft. 8. Ebend. 806.

— — 4r Thl. od. häusliches Leben. 8. Ebend. 789.

— — 5r Thl. od. Lehrjahre. 8. Ebend. 804. Schreibpap. alle 5 Thle. m. Kpfrn.

— Lebens-Geschichte. Anhang, s. Sendschreiben, geprüfter Christen an Jung-Stilling.

Stilling, Joh. Heinr., Schatzkästlein. Neue durchgeseh. Ausg. (85 S.) kl. 8. Ascona (905). C. v. Schmidtz. — 60

—— Scenen aus d. Geisterreiche. 2 Bde. 4. Aufl. 8. (47¼ B.) Frankfurt a. M. 830, Boselli.

Theobald oder Die Schwärmer. Eine wahre Geschichte von [Joh.] Heinr. [Jung, gen.] **Stilling**. Th. 1. 2. Leipzig: Weygand 1784—1785. 8°

°[Dasselbe.] Th. 1. 2. Ebendas. 1797. 8°

——, Theobald, od. die Schwärmer. Eine wahre Geschichte. 2 Bde. 3., verb. Aufl. 8. (32 B.) Leipzig 828, [Weygand'sche Brlsbuchh. L. Gebhardt.]
Vgl. Jung gen. Stilling

[Dasselbe.] Th. 1. 2. Stuttgart: Scheible 1837. 671 S. 8°
(Joh. Heinr. Jung's, gen. Stilling sämmtl. Schriften. Stuttgart: 1835—1839. 6.)
TB. 45. Auf S. 803 ff der Ausg. von 1837 werden auch die Frmr erwähnt.

— Wanderschaften, eine wahrhafte Geschichte mit Kupfern, 8. Daselbst, 789. Derselbe. 15 sgl.

Stilling, W., der Zusammenhang d. Seele mit d. Geisterwelt; populär dargest. u. belegt mit e. Samml. merkwürd. Ahnungen u. Träume; mit sehr interessanten Beispielen d. Fernsehens u. d. zweiten Gesichts, u. mit Erscheinungen d. Magnetismus u. d. Geisterwelt. gr. 12. (13½ B.) Ludwigsburg 834, Imle u. Krauß.

Stilling, W., das geheimnißvolle Jenseits, oder der Zusammenhang der Seele mit der Geisterwelt. Bewiesen durch e. Sammlung äußerst merkwürdiger, beglaubigter Geistererscheinungen, Ahnungen und Träume, sehr interessanter Beispiele des Fernsehens, des zweiten Gesichts und des Magnetismus. 2e Aufl. 16. Schwäb. Hall 839. Haspel. ⅞ ₰ — 2e Aufl. 8. Ebd. 840. ⅞ ₰

Stilling, W., das geheimnißvolle Jenseits oder der Zusammenhang der Seele mit der Geisterwelt. Bewiesen durch eine Sammlung äußerst merkwürdiger, beglaubigter Geistererscheinungen, Ahnungen und Träume, sehr interessanter Beispiele des Fernsehens, des zweiten Gesichts, und des Magnetismus. 3. Aufl. gr. 16. (XIV und 288 S.) Schwäbisch Hall 851, Haspel'sche Buchh. *

Stilling, W., das geheimnißvolle Jenseits oder der Zusammenhang der Seele mit der Geisterwelt. Bewiesen durch eine Sammlung äußerst merkwürdiger, beglaubigter Geistererscheinungen, Ahnungen und Träume, sehr interessanter Beispiele des Fernsehens ꝛc. 4. Aufl. 16. (XVI und 286 S.) Stuttgart (861)62, Fischhaber. *

Stilling, W., das geheimnißvolle Jenseits oder der Zusammenhang der Seele mit der Geisterwelt. Bewiesen durch eine Sammlung äußerst merkwürdiger, beglaubigter Geistererscheinungen, Ahnungen u. Träume, sehr interessanter Beispiele des Fernsehens ꝛc. 4. Aufl. 862. (XVI, 286 S.) — 5. Aufl. 863. — 6. Aufl. Stuttgart 864. Fischhaber. 16. (334 S.) n. 20 ngr

Stilling, W., das geheimnißvolle Jenseits oder der Zusammenhang der Seele mit der Geisterwelt. Bewiesen durch eine Sammlung äußerst merkwürdiger, beglaubigter Geistererscheinungen, Ahnungen und Träume ꝛc. 5. und 6. Aufl. 16. (334 S.) Stuttgart 864, Fischhaber. *

Stilling der Zweite [Pseud.], s.a. Vogel, Johann Ludwig Andreas

Stilling der Zweite, (Jh. Ldw. Andr. Vogel,) die Liebe auf Erden; mein Wunsch u. meine Hoffnung. Mit 1 Kpf. 8. Gotha. 819. Hennings. 1 ß

Stillinger, Johann, vgl. Stilliger, Johann.

Stillinger, J.: „Unterricht zur doppelten Buchhaltung", Libau 1793 (Friedrich).

Stillingfleet, Edward

Stillingsfleet, Ed., 12 gelehrte geistliche Reden. 8. Lpz. Deer. 725.

Stillingfleet, Edward. Kleinere geistreiche Schriften, welche bestehen sowohl in einigen auserlesenen . . . Predigten als auch in etlichen gründlichen Widerlegungen der Socinianer . . . a. d. Engl. . . . Leipzig 1732. Ü: *Engelmann, Heinrich Wilhelm.* (ML)

— kleinere geistreiche Schriften, m. e. Vorrede v. J. W. Schütz, a. d. Engl. 2 Thle. 4. Ebendas. (J. C. W. Vogel.) 732.

Stillings-Bote: Der schweizerische Stillings-Bote
① Als Fortsetzung des Stillings-Boten (2. Gang 1808, dann wieder fallen gelassen) ② Der alt-christliche Schweizer-Bote (1808, ab 2. Gang) ⑤ 1808 (1.—3. Gang) und 1814 (4. Gang) ⑥ 8° ⑧ Basel, vielleicht 1814 Zofingen ⑩ Schweighausersche Buchhandlung Basel und zu finden beim Herausgeber S. Ringier-Burkhardt, Zofingen ⑫ religiös; gegen Zschokkes «Schweizer-Boten» ⑬ BGSZ: 941, p. 959 (ohne Datumsangabe) ⑭ Be: L; Zo: S (Der alt-christliche Schweizer-Bote) ⑮ Nr. 2 enthält den Brief, datiert aus Karlsruhe (31. 5. 1808) von Heinrich Jung, genannt Stilling, mit der Aufforderung, den Titel des Blattes in «alt-christlichen Schweizer-Boten» zu ändern.

Gedanken, Urtheile und Meinungen über verschiedene wichtige Gegenstände alter und neuer menschlicher Bedürfnisse, für moralisch denkende Leser entworfen von St[illke]. [Bremen 1795.]
Enth. auch Ansichten üb. das Geheimnis der Frmrei.
[Taschenbuch f. Frmr. 1803 S. 224.]

Stillkrauth, Friedrich

Stillkrauth, Fr., u. Geo. *Baumgärtner*, Beschreibung der Festlichkeiten bei der Feier des 50jähr. Jubiläums der erfolgten Uebernahme der Stadt u. des ehemal. Fürstenthums Bayreuth von der Krone Bayern, am 30. Juni 1860 u. ff. Tage. (Bayreuth) 1860. Druck von H. Höreth. 8°. Cart.
44 S. — Die Uebergabe Bayreuth's an die Krone Bayern erfolgte am 30. Juni 1810 durch den französ. General Compans an den k. b. Commissär, wirkl. geh. Rath Frhrn. v. Rechberg-Rothenlöwen.

STILLKRAUTH, Karl (Burglengenfeld): Erkrankungen des Gehörorgans bei chronischen Nephrititen.- (München:) 1895. 19 S.
26.7.1894 - Chr 1894/95,20; Jv 1894/95,209 (Prom.-Datum: 1895)
Diss. Ingolst.-Landsh.-Mchn.

Still-Leben, s. Stilleben.

Stillmark, Friedrich

Stillmark, Frdr., Beiträge zur Kenntnis der altlivländischen Bauerrechte. Provinzialrechtliche Studie. [Aus: „Dorpater jurist. Studien".] gr. 8. (68 S.) Jurjew (Dorpat) 893. (E. J. Karow.) n. 1. 20

Stillmark, Frdr., aus dem Rechtsleben Chinas. Vortrag. (51 S.) 8. Reval 907. F. Kluge. 1. —

Stillmark, Hermann

Stillmark, Herm., über Ricin, ein giftiges Ferment aus den Samen von Ricinus comm. L. und einigen anderen Euphorbiaceen. Inaugural-Dissertation. gr. 8. (123 S.) Dorpat 888, (Karow.) *

[F.] Erinnerungen eines Livländischen Jägers v. M. Stillmark. *(Riga 9)* *Jurjew '(Dorpat)': Schnakenburg 1896.* (162 S.) 1 Bd 8. [97. 1628

Das in der Marter Glorrreich-ſigende Stillſchweigen **S. Joannis von Nepomuck.** In einer offentlichen Comoedi etc. vorgeſtellet in dem Churfürſtl. Markt Töltz a. 1751. Gedr. zu Cloſter Tegernſee. In 4o.

Stillständer, Die bisherigen, der Stadt- und Kirchgemeinde zum grossen Münster an ihre . . . Mitbürger . . . 29. Mai 1800. [Zürich.] V: *Schulthess, Joh. Gg.* (Cat. d. Stadtbibl. Zürich. Zürich 1864—97.)

Stilltäus, E., der Herr meine Liebe und mein Verlangen. Katholisches Andachtsbuch. 18. Köln (842), Welter. 5/12 ß

Stillvergnügt, Hans, s. Schul-Humor.

Stillwasser, Peregrin [Pseud.], s. Zitte, Augustin

Stillwell, s.: Mater Stillwell.

Stilp, Karl: Beiträge zur Kenntnis metallorganischer Verbindungen besonders aromatischer Bismuthine. Rostock 1910: Hinstorff. 52 S. 8°
Rostock, Phil. Diss. v. 5. Aug. 1910, Ref. Michaelis
[Geb. 5. Sept. 84 Darmstadt; Wohnort: Rostock; Staatsangeh.: Hessen; Vorbildung: Realgymn. Darmstadt Reife O. 04; Studium: Darmstadt Techn. Hochsch. 5, Straßburg 4, Rostock 3 S.; Rig. 27. Juli 10.] [U 11. 4177

Stilpo und seine Kinder. Ein Trauerspiel in fünf Akten. Basel 1780. V: *Klinger, Friedrich Maximil. von.* (MGT) (Wr) (Mn) (GGr) (BrMm) (Cat. d. Stadtbibl. Zürich. Zürich 1864—97.)

Stilpo u. seine Kinder. Trspl. (von F. M. Klinger). 8. Basel 780. Haas u. Sohn, (a. Neukirch). 9 K

Stilpo u. seine Kinder. Trsp. 8. Basel, Haas d. Sohn. (a. Flick.) 780.

Stilpon oder über die Wahl eines Oberzunftmeisters von Megara. Eine Unterredung. Frankfurt u. Leipzig 1775. V: *Wieland, Chph Martin.* (GGr)

Stilübungs-Aufgaben, leicht ausführbare, in 4 Stufen nach Form u. Inhalt vom Leichteren zum Schwereren fortschreitende. Hrsg. v. e. Vereine v. Lehrern. 8. (56 S.) Elberfeld 873. (Leipzig, Siegismund & Volkening.) n. —40

Stimel, K., u. L. Kies, kleiner Warnungsspiegel, s.: Kies, Ludw.

Stimme, die. Centralblatt f. Stimm- u. Tonbildg., Gesangunterricht u. Stimmhygiene. Unter Mitwirkg. v. Albrecht, Avellis, Barth u. a. Hrsg. v. Theod. S. Flatau, Karl Gast u. Alois Gusinde. 1. Jahrg. Oktbr. 1906—Septbr. 1907. 12 Hefte. (à ca 32 S.) gr. 8. Berlin, Trowitzsch & Sohn. n. 5.—

Stimme, die. Centralblatt f. Stimm- u. Tonbildg., Gesangunterricht u. Stimmhygiene. Unter Mitwirkg. v. Albrecht, Ast, Autenrieth u. a. Hrsg. v. Theod. S. Flatau, Karl Gast u. Alois Gusinde. Red.: Karl Gast. 2.—5. Jahrg. Oktbr. 1907—Septbr. 1911. à 12 Hefte. (à ca. 32 S.) gr. 8. Berlin, Trowitzsch & Sohn. 2.—4. Jahrg. à 5.—; 5. Jahrg. 6.—

Stimme eines Abgeordneten in Betreff der Einsegnung gemischter Ehen in Würtemberg. gr. 8. (2½ B.) Stuttgart 842, Metzler'sche Buchh.

—— eine, für Abschaffung der Todesstrafe u. der körperlichen Züchtigung. Hervorgerufen durch den Entwurf zum neuen Strafgesetz-Buche für die preuß. Staaten. 8. (1 B.) Danzig 843, Homann.

Stimme aus Abyssinien. Familienbriefe eines Missionars. Hrsg. von einem Priester der Erzdiöcese Köln zum Besten der Mission in Abyssinien. 2., verm. Aufl. gr. 8. (V, 51 S. m. 1 Holzschntaf.) Bonn 879. Hauptmann. n. — 80

— allgem., des Volks, in Hinsicht auf Regierung, Bürgerglück u. Menschenwohl, (v. Er. H. Simon), 8. Heilbr. 790. Claß 12 gr. A. u. d. T.: Von der Allgewalt u. d. Einflusse der öffentl. Meinung rc. 8. Germ. 796, u. Gedanken üb. die Angelegenheiten Deutschlands. 8. Heilbr. 794. Claß. 12 gr.

Vgl. Stimmung, Allgem., ...

Stimme, Allgemeine, des Volks in Hinsicht auf Regierung, Bürgerglück . . . Cöln [Heilbronn] 1796. V: *Simon, Ernst Heinr.* (Wr) »1790« (Ky)

— allgem., d. Volks, s. Allgewalt.

Stimme, eine, aus der Alpina an ihre Werkgenossen über Indifferentismus und Toleranz. O. O. (1870). 8. 12 S. — Abgedr. Bauh. 1870, S. 340.

Stimme eines Arktikers über Fichte und sein Verfahren gegen die Kantianer . . . Königsberg 1798. V: *Jäsche, Glieb Benj.* (MGT) Dagegen: (ADB 13, 730) »1799« (Ky) Vgl. Stimme eines Kritikers...

— e. Arktikers üb. Fichte u. f. Verfahren gegen d. Kantianer rc. 8. Königsb. Nicolovius. 799.

Stimme eines Arktikers üb. Fichte u. sein Verfahren gegen die Kantianer. (v. G. B. Jäsche). 8. Königsb. 799. (Schumann in Leipz.) 12 gr.

Stimme, eine, aus der russischen Armee. (In russ. Sprache.) Berlin 869. Stuhr. gr. 8. (66 S.) n. 15 ngr.

Stimme, e., aus der russischen Armee. Enthüllungen. (In russ. Sprache.) 8. (66 S.) Berlin 902. J. Rädo. n. 2.—

Stimme, eine, des Auslandes, über religiöse Freiheit. Urtheil des französ. Rechtsgelehrten und Historikers Ed. Laboulaye über Bunsen's „die Zeichen der Zeit" und deren Bekämpfer Stahl. Deutsch bearb. von Leop. Aug. Warnkönig. 8. (XI und 130 S.) Leipzig 857, Brockhaus. *

Stimme, e., d. Auslandes, üb. e. deutsche Taubstummenanstalt. gr. 8. (31 S.) Frankfurt a/M. 887. Bechhold. n. — 40

Stimme eines alten Luzerner Bauers an seine Mitlandleute für die Aufnahme der Jesuiten. 8. (Luzern 1844.)

Stimme aus Bayern an d. Berliner Protestanten. Die neuesten Vorfälle, bezüglich der Behandlung von dem Hochw. Hrn. Erzb. v. Cöln, Freih. Droste zu Vischering, aus d. Standpunkte d. Kirchen- u. Staatsrechtes, betrachtet v. einem Zuhörer d. verstorbenen Hermes, aber keinem Anhänger seiner Lehre. *Regensb.*, Reitmayr. 1837. 8. (3 Gr.)

Stimme der Belehrung und Ermunterung an seine lieben Mitbürger. Eine politisch-religiöse Rede Vor der Ablegung des Bürgereides. Von einem Volkslehrer im Kanton Säntis an seine Gemeindsgenossen, gehalten den 26. August. 1798. 8. St. Gallen.

Eine **Stimme** aus Belgien über den päbstlichen [!] Stuhl und seine Diener hinsichtlich der hermesianischen Lehre, der Cöllner Angelegenheit und der Freimaurer. Aus d. Franz. Leipzig: Rein 1838. 55 S. 8°
Veranl. durch ein Fastenmandat des Bischofs von Lüttich, in welchem auch die Frmrei als ein „Irrtum des Feindes des Heiles" bezeichnet wird. 430

Stimme eines schweizerischen Bischofes über die unbefleckte Empfängniss der hl. Jungfrau und Gottesmutter Maria . . . Solothurn 1855. V: *Preux, Pierre Joseph de.* (BSchwLk V, 10 e)

Stimme eines schweizerischen Bischofes über die unbefleckte Empfängniß der heiligen Jungfrau und Gottesmutter Maria oder: Denkschrift des Hochw. Bischofs von Sitten über die Erbsündlosigkeit der seligsten Jungfrau. Aus dem Latein. Solothurn 855. Scherer. gr. 8. (1 Bl., 30 S.) n. 4 ngr

—— eine, aus Böhmen über die neuesten industriellen u. merkantilischen Verhältnisse dieses Landes. 8. (13 B.) Leipzig 846, Phil. Reclam jun.

Stimme, Die, der Bürger Oesterreichs bey ihrem freywilligen Opfer von J. P. Wien 1793. V: *Perinet, Joachim.* (Gilhofer 103/1999) (Oesterreichischer Merkur. Wien 1793. S. 117) (BiblPort)

Stimme, Eine, aus dem Bureau ... Wien 1860. V: *Felkl, Carl.* (EB)

—— eine, aus dem Bureau. gr. 8. (48 S.) Wien 860, (Typographisch-literarisch-artistische Anstalt.)

Stimme, Die, der Cholera einer Stadt Gottes an die Menschenwelt . . . Winterthur 1837. V: *Irminger, Balth. Hnr.* (Cat. d. Stadtbibl. Zürich. Zürich 1864—97.)

— die, des Christen im Tempel des Herrn, als Text zu dem unter diesem Titel erschienenen vollständigen Volksgesangbuch. 8. Augsburg 833. Schlosser. 1½ ℛ — Mit Melodien 835. 1 ℛ 1½ ℛ

—— aus Danzig üb. d. Cholera. Zur Beruhigung aller die sie fürchten. gr. 8. (1¼ B.) Danzig 831, Gerhard.

Stimme eines ehrlichen Deutschen aus dem Volke. Leipzig 859. Friese. gr. 8. (16 S.) 3 ngr.

— eines Deutschen, üb. die dermal. Empörungen u. Unruhen in- u. außerhalb des deutschen Reichs. 4. Nürnb. 790. Raw. 6 ℛ

Stimme, Die, des Deutschen an den Ungarn im Wintermonat 1796. Presburg 1796. V: *Bernákovits von Olovacz, Jos.* (GGr)

Stimme, Die aus den Gräbern durchdringende, derer vor zweyhundert und hundertfünfzig Jahren verstorbenen wahren und ächten Preussen . . . Mitau 1774. V: *Geret, Samuel Luther von.* (ML) (Ky) (BrMm) (MGT)

— d. aus d. Gräbern durchdringende, d. vor 200 und 150 Jahren verstorb. wahren und ächten Preußen. gr. 8. Mietau, Hinz. (Sommer in Leipz.) 774.

Stimme, Eine ehrbare, aus dem Publico . . . über das Misverständniss zwischen Basedow und Doct. Winkler. Altona 1764. V: *Traugott, Chn.* (Bruun, Bibl. Danica III, 983.)

— der Ehre u. Pflicht an Deutschlands Bewohner. 8. Frankf. a. M. 794. Gebhardt u. K. 4 ℛ

Stimme einer Emanzipirten. 16. (15 S.) Arnsberg 849, Grote. 4 ngr

— aus England über den politischen Zustand Preußens. Aus der Edinburgh Review (Februarheft 1846) deutsch von A. Kretzschmar. kl. 8. Grimma 846. Verl.-Compt. ¼ ℛ

Stimme, Die, Europa's im letzten Jahre des 18. Jahrhunderts . . . [Marburg] 1800. V: *Münchhausen, Carl Ludwig August Heino (Carl Clodwig August Hovm) Freih. von.* (NN) (MGT) (Ky) (Stri) (Sauer, Säculardichtungen. Berlin 1901. S. 555.)

— Europas, die, im letzten Jahre des 18n Jahrhund., von e. Bürger Deutschlands (K. L. A. v. Münchhausen). 8. (Marb.) 800. (Krieger). 4 ℛ

—— eine, aus Frankreich z. Beleucht. d. Schrift d. 2c. Herm. Reuchlin: „Das Christenthum in Frankreich innerhalb u. außerhalb d. Kirche" 8. (2¼ B.) Darmstadt 838, Leske.
Aus: Theolog. Literaturbl., besond. abgedruckt.

Stimme: Die freie Stimme
(1) Zeitung für das Volk, erscheinend wöchentlich (5) 1886 (6) 2° (7) Wochenblatt (8) St-Imier: P. Kien & Bonanomi (9) BGSZ: 973.

Stimme, freie, aus der Gemeinde über den Gesangbuchsentwurf. 8. (16 S.) Clausthal 880, (Grosse.) *

—— freimütbige, e. protestant. Geistlichen d. Auslandes üb. d. Entwurf e. baier. Landeskatechismus. 8. (2 B.) Hildburghausen 831, Kesselring.

Stimme zweyer Freunde in den Hütten Kedar. 2. . . . Aufl. Greitz 1766. H: *Berner, Johann Benjamin.* (ML)

Stimme, Freymüthige, eines Lehrers an seine von ihm scheidenden Jünglinge. . . . Leipzig 1789. V: *Wallroth, Friedrich Heinrich Anton.* (MGT) »1790« (Ky)

— freundschaftliche, eines Lehrers an seine von ihm scheidenden Zöglinge, (v. Fr. H. A. Wallroth). 8. Leipz. 790. Heitel. 4 ℛ

Eine Stimme des Friedens. Oder Betrachtungen über die von Seiten der Könige von Grossbritannien und Preussen ergangenen Einladung zu einem Congresse, nebst einem Vorschlage zum Frieden, von einer unpartheyischen Feder in sechs Briefen entworfen. Aus dem Französischen. Amsterdam 1760. (40 Seiten.) 4°

—— die, Friedrich's d. Gr. im 19. Jahrh.; e. vollständ. u. systemat. geord. Zusammenstellung seiner Ideen üb. Politik, Staats- u. Kriegskunst, Religion, Moral, Geschichte, Literatur, üb. sich selbst u. seine Zeit. Aus seinen sämmtl. Werken, wie sonstigen schriftl. u. auch denkwürdigsten mündl. Aeußerungen, hrsg. u. mit e. Charakteristik sein. philosoph. Geistes begl. v. (F. K. J.) Schütz. 5 Thle. gr. 16. (78½ B. u. F's. Bildn.) Braunschweig 828, Vieweg.

— die, Friedrichs d. Großen im 19n Jahrhund.; eine vollständige systemat. geordnete Zusammenstellung seiner Ideen üb. Politik, Staats- u. Kriegskunst, Religion u. Moral, Geschichte, Literatur, üb. sich selbst u. seine Zeit. Aus seinen sämmtl. Werken 2c. hrsgg. v. Prof. Dr. Schütz. 5 Thle. Mit Friedrichs Bildn. gr. 16. Braunschw. 828—30. Vieweg. 2 ℛ 16 gr.

—— über die preuß. allgem. Gewerbe-Ordnung v. 17. Jan. 1845 aus einer mit Innungen versehenen Provinzial-Stadt. gr. 8. (1⅙ B.) Merseburg 845, [Garcke.] *

— über die Preuß. Allgem. Gewerbe-Ordnung vom 17. Januar 1845 aus einer mit Innungen versehenen Provinzial-Stadt. gr. 8. Merseburg 845, Nulandt. u. ⅙ ℛ

— gewichtige, zur Schulfrage, s.: Volksaufklärung.

—— aus dem Grabe eines darin Erwachten. Als Aufforderung zur allgem. Einführung von Leichenhäusern oder anderen das Lebendigbegrabenwerden verhütenden Anstalten. Von dem Rothenburger Einsiedler. gr. 8. (1 B.) Sondershausen 844, (Eupel.) *

— die, der Grossen. 1.—4. Bd. kl. 8. Berlin, Concordia. Kart. à 1.60
Friedrich der Grosse. Hrsg. v. Otto Krack. (104 S.) (907.) (1. Bd.)
Luise, Königin, hrsg. v. Otto Krack. (94 S.) 907. (2. Bd.)
Napoleon I., hrsg. v. Otto Krack. (110 S.) 907. (3. Bd.)
Voltaire. Hrsg. v. Walt. Schulte vom Brühl. (145 S.) (908.) (4. Bd.)

Stimme, gutachtliche, e. kathol. Geistlichen in Baiern üb. die am 15. Nov. 1831 vorgefall. Bischofswahl zu Fulda. gr. 8. (4¼ B.) Marburg 832, (Elwert.) Thlr.

—— aus Hamburg, od.: Randglossen u. Berichtigungen zu Adolph Beurmann's: hamburg. Skizzen, in dess. Skizzen aus d. Hansestädten. Nebst e. Anh. üb. einige moderne literar. u. andere Tendenzen. 8. (9¼ B.) Hamburg 836, Berendsohn.

—— aus Hamburg zur Beruhigung. Die Cholera morbus auf Isle de France. — Dem Arzte werth, dem Publikum zur höchsten Beruhigung! Allen Südländern zur größten Wohlthat. 8. (1 B.) Leipzig 831, Wienbrack.

Stimme eines Hanseaten an die für Europas Ruhe . . . verbundenen Mächte. . . . O. O. 1813. V: *Beneke, Ferdinand.* (SCHR)

Stimme, Herolds, zu Goethes Faust, ersten und zweiten Theils, mit besonderer Beziehung auf die Schlussscene des ersten Theils . . . Leipzig 1831. V: *Göschel, Carl Friedrich.* (Engel, Bibl. Faustiana. 2. Aufl. Oldenb. 1885.) (EE) (BrMm)

Die **Stimme** des Herrn. Sammlung d. beliebtesten Gebete f. kath. Christen. 2. Aufl. *Dülmen: A. Laumann (1902).* (328 S.) 8° [F.] 103. 4873

Stimme, die, des Herrn zum Herzen der Gläubigen. Betrachtungen und Gebete über die wichtigsten Heilswahrheiten. Aus dem Italien. übers. von Jos. Stark. Neue, mit Meßgebeten verm. Aufl. 12. (IV und 140 S.) Augsburg 864, Doll'sche Buchh.

Stimme, Die, des Hirtens an seine Heerde bey Gelegenheit des itzigen Krieges. Iglau 1794. V: *Grün, Joh. Milo.* (Hdschr. Mitth. von Gustav Gugitz, Wien) (BiblPort)

—— eine, aus d. J. 1830 üb. d. kurhess. Verfassungswerk. gr. 8. (6½ B.) Marburg 834, (Garthe.)

— eine, von Jenseits des Grabes. Des seligen Joh. Capistranus, eines Bernhardiner Mönches in Schlesien, in seinem eigenen Grabe den 8. Novbr. a. 1405 gethane merkwürdige Prophezeihungen für die Jahre 1864 u. 1865. Aus dem Latein. übers. Erfurt 864. Körner'sche Buchhdlg. gr. 8. (6 S.) 1 ngr.

— Jesu, die, von seinem Kreuze an das Herz des Sünders, der da säumt, sich zu bekehren; und des Sünders der in die Sünde zurückfällt. Aus d. Italien. 18. Wien 840. Mechitaristen-Congreg.-Buchh. 1/8 ngr.

Johannis-Predigers aus der Wüsten **Stimme** auf Johannis-Fest des 1792sten Krist-Jahrs. [Hamburg 1792.] 2 Bl. 8⁰ [Kopftit.]
Gedicht in Alt-Hamburger Plattdeutsch. 193.

— eine, aus Kärnten üb. die durch den beantragten Schutzzoll der vaterländ. Eisen-Industrie drohenden Gefahren. gr. 8. (32 S.) Gratz 851, Hesse. n. 4 ngr.

Stimme: Katholische Stimme aus den Waldstätten
① Organ für Besprechung religiöser Tagesfragen ⑤ 22. 4. 1870—30. 12. 1870 ⑥ 4° ⑦ Wochenblatt ⑧ Luzern: Meyersche Buchdruckerei ⑩ Meyersche Buchdruckerei ⑪ Gründer und erste Redaktoren: Stadtpfarrer Niklaus Schürch, die Prof. J. A. Suppiger und Helfenstein, Eduard Herzog, später 1. Bischof der christkatholischen Kirche der Schweiz ⑫ Stellung gegen das vatikanische Konzil ⑬ BGSZ: 1028, 1032; Gilg Otto: Christkatholizismus in Luzern, p. 89 ff. ⑭ Lu: Z; Be: L ⑮ Gilg schreibt «Katholische Stimmen».

—— aus den Kerkern der Inquisition oder Prophezeiung des ganzen 19. Jahrh. von Anselmo v. B...., dem Mönche mit dem hellen Blick. Aus dem Italien. br. 8. (15 S.) Löbau 848, (Breyer.)

— eine, aus d. evang. Kirche in Betreff des Pred. Uhlich, veranlaßt durch dessen Schrift: Weitere Mittheilungen in Sachen d. Pred. Uhlich in Magdeburg. gr. 8. (24 S.) Magdeburg 847, Falckenberg & Co. n. 2 ngr.

Stimme. Die St' der Kirche in der Jesuitenfrage. 8. (Luzern 1844.)

—— eine, aus d. kathol. Kirche Preußens in Sachen d. Erzbischofs Clemens August v. Köln. gr. 8. (4¼ B.) Posen 838. (Berlin, A. Hirschwald.) *

— eine, vom Concil über die persönliche Unfehlbarkeit des Papstes. Aus dem Latein. der neapolitan. Ausg. Münster 870. Russell. gr. 8. (25 S.) 6 ngr.

Stimme, Die, eines Kosmopoliten, oder Gedanken, Reflexionen . . . über interessante Wahrheiten der Christlichen Religion . . . Magd. 1789. V: *Wilker, Johann Matthias.* (ML)

— eines Kosmopoliten, od. Gedanken, Reflexionen u. Betrachtt. üb. interessante Wahrheiten d. Religion. 8. Magdeb. 790. Creuz. 4 gr.

— die, eines Kosmopoliten, an die deutsche Nation u. an den Congreß zu Rastadt. 8. Leipz. 798. Sommer. 10 gr.

Stimme einer Kranken am Siechen-Teich . . . [Berlin?] 1760. H: *Müller, Burchard Georg.* (BrMm)

Stimme eines Kritikers über Fichte . . . Königsberg 1799. V: *Jäsche, Glieb Benj.* (NN)
Vgl. Stimme eines Arktikers...

Stimme: Die Stimme von der Limmat
③ Der Unerschrockene Freiämter ④ Badener-Zeitung ⑤ 2. 4. 1842—24. 12. 1852 ⑥ 4° ⑦ wöchentlich 2× (1842/43, 45—52): Wochenblatt (1844) ⑧ Baden: Josef Huwyler (Huwiler) ⑩ Josef Huwyler ⑪ Nepomuk Schleuniger, Xaver Wiederkehr ⑫ katholisch-konservativ ⑬ BGSZ: 413, 941; Haberbosch: Badener Zeitungen (1950) ⑭ Zh: Z (6. 7. 1844—1852); Lu: Z (1842, 1844); Be: L (1842—1847) ⑮ Die Zeitung nennt sich im Text auch «Limmatstimme». Von der «Schweiz. Dorfzeitung» wird sie auch als «Limmatbote» und «Krähe von der Limmat» bezeichnet.

Luther's **Stimme** über die Concilien. gr. 8. (32 S.) Wien, Perles. 1870

Stimme, Luthers, in den Wirren unserer Zeit. [Ca. 1848.] V: *Schwerdt, Heinrich.* (Heindl, Gallerie 2, 460) (Zeitschr. f. Büch. N. F. 15, 1923, S. 123)

Eine mahnende Stimme des deutschen Vaterlandes an seine Bewohner. Augsburg, Rieger 1831. 14 S. 8.

—— eine mahnende, d. deutschen Vaterlandes an seine Bewohner. 2. Aufl. gr. 8. (1 B.) Augsburg 831, M. Rieger.

Stimme, die mahnende, des deutschen Vaterlandes an seine Bewohner. 2e Aufl. 8. Augsburg 833. M. Rieger. 1/12 ℛ

Die *Stimme der öffentlichen Meinung* über Max Joseph, Kurfürsten von Baiern. Eine Skize (sic). O. O. 1800. 12°. 8 Bll. Hfrzb.

—— eine, aus der Mitte der Theologie Studirenden über die sächs. Ministerialerlasse vom 17. u. 19. Juli 1845. 8. (1⅝ B.) Grimma 845, Verlags-Comptoir. *

Stimme, Die, der Natur, a. d. Franz. Frankf. u. Leipz. 1765. Ü: *Seyfart, Johann Friedrich.* (ML) (Ky)

— der Natur; aus d. Französ. (v. J. Fr. Seyfert II.) 8. Frkf. u. Leipz. 765.

STIMME, Die, der Natur, oder Geschichte der Marquisin von ***. Aus d. Französ. 5 Thle. Halle 1765. 8°. 1 Alph. 13 Bogen.
Cat. Meissner II.; Mayer's Bibl. Nürnb. 1832. p. 112.

Stimme, Die, der Natur oder die schöne Lüge. Lustspiel in einem A. Nach Armand. Wien 1775. V: *Brahm, Moritz von.* (GGr)

Stimme, die, d. Natur. Drama. 8. Frankf. u. Leipz. 797. (Eingen, Jülicher). 3 ℊ

STIMME, Die, der Natur und des Herzens. Eine wahre und für gegenwärtige Zeiten besonders merkwürdige Familien-Geschichte aus dem siebzehnten Jahrhunderte. Zärtlichen u. empfindsamen Seelen gewidmet. 2 Bde. Wien, 1799. Gedruckt und im Verlage bey Ludw. Mausberger k. k. priv. Buchdrucker. 8°. 375 + 224 S.
Nach einem französ. Originale. Zahm. — Fehlt in Kayser's Romanen-Verz. 1827 u. 1836.

— eine, aus Norden an Oesterreichs Freunde. Berlin 854. F. Schneider. gr. 8. (29 S.) n. 5 ngr.

—— eine, der Nordslaven Ungarns über Oesterreich nach der Schlacht bei Königgrätz. gr. 8. (46 S.) Wien 866, Gorischek's Universitäts-Buchh. *

— eine, für das Notariat im Königreich Bayern diesseits des Rheins. Nördlingen 869. (Beck.) gr. 8. (41 S.) 6 ngr.

Stimme, oberhirtl., im apostol. Geiste zur Abwendung d. verderbl. Seuche d. Cholera-Krankheit, besond. d. kirchl. angeordn. Gebete in Süd-Deutschland. gr. 8. (½ B.) Bamberg 831, [Literar.-artist. Institut.]

— oberhirtliche, im apostol. Geiste zur Abwendung der verderbl. Seuche der Cholera-Krankheit, besond. die kirchlich angeordn. Gebete in Süd-Deutschland. gr. 8. Bamb. 831. Drausnick. 1¼ ℊ

Eine Stimme aus Oesterreich. Von einem Freunde der Wahrheit. Wien, J. F. Greß, 1851. 51 S. 8°.

Stimme, e., aus Oesterreich üb. die neueste Rechtspflege u. Gesetzgebung v. e. prakt. Juristen. gr. 8. (26 S.) München 872. Franz. n. — 40

Stimme Teutscher Patrioten für Sachsen und dessen König. Leipzig u. Gera 1814. 2. Aufl. 1815. 3. Aufl. 1815. V: *Bischoff, Johann Nicolaus.* (MGT) (Ky)

— deutscher Patrioten, f. Sachsen u. dessen König, (v. J. N. Bischof). 8. Gera 814. 2e u. 3e A. 815. Heinsius. 8 ℊ

— die, der Pflicht, an die Lehrer der deutschen Volksschulen. 8. Frankf. 815. Eichenberg. 3 ℊ

—— eines Polen über die gegenwärtigen inneren Verhältnisse Oesterreichs. Von S. M. Lex.-8. (40 S.) Wien 865, Mechitharisten-Congregations-Buchh.

Stimme (Eine) über das deutsche Postwesen, mit besond. Berücksichtigung der Portoermässigungsfrage, von J. W. K. 16°. Leipzig, Binder, 1843. (Bamberg.)

—— eine, über das deutsche Postwesen, mit besond. Berücksichtig. der Portoermäßigungsfrage, von J. W. K. 16. (2 B.) Leipzig 843, [Senf.]

—— eine, e. Predigers in d. Wüste. 8. (8 B.) Basel 831, (Spittler.)

Stimme, die, e. Predigers in der Wüste v. *,*. gr. 8. (59 S.) Berlin 893. Bibliograph. Bureau. n. 1. —

— eines Predigers aus d. Wüste üb. d. Anfang d. 19n Jahrh. gr. 8. Nürnb. 799. (v. Ebner). 1 ℊ

Stimme, Die, eines Predigers in der Wüste über die allgemeine Handelssperre. . . . O. O. 1810. V: *Erb, Georg Christoph Elias.* (Ky) (MGT)

—— eine, wider d. Preßunfug. gr. 8. (1½ B.) Zerbst 830, Kummer.

Stimme aus Preußen. Leipzig, Brockhaus 1831. 60 S. 8.
Vgl. Stimmen aus Preußen.

— auch eine, aus Preußen über die jetzige Zeit, Verfassungswesen, Landstände u. Polnische Angelegenheiten. 8. Berlin 833. Hirschwald. n. ¼ ℛ

Stimme, eine — über die, in der Schulangelegenheit erlassenen, Programme der Schulcomité's von Schemnitz und Neusohl. Von einem Freunde der guten Sache. *Neusohl* 1858. Druck von *Phil. Machold.* 21 S. 8°.

—— eine, f. Protestanten von e. Katholiken, als Volksbelehr. wider d. bekannte, Aufsehen machende Eberhard'sche Predigt üb. gemischte Ehen. 2. Aufl. gr. 8. (1 B.) München 840. (Augsburg, Jaquet's Brlsbuchh.)

Stimme, e., aus dem Publikum üb. die Auslegung u. Handhabung d. Reichs=Rayon=Gesetzes zur Beurtheilung d. Entschädigungs=Verfahrens u. der Entschädigungs=Berechtigung der Besitzer f. ihre innerhalb der Rayons der Festung Straßburg i. E. gelegenen Fabrik=Etablissements, Wirthschaftshöfe, Wohnbauten, Baustellen, Acker=, Garten= u. Wiesen=Grundstücke, Kunst= u. Handels=Gärtnereien, sowie Lehm=, Kies= u. Sandgruben. Febr. 1883. gr. 8. (85 S.) Straßburg 883. (Schultz & Co.) n.n. 1. 60

Stimme, Eine, an das Publikum über Gottes Seyn und Wesen ... Leipzig 1799. V: *Gruber, Johann Gottfried.* (MGT) (Ky) (OL) »aus dem Publikum« (EB)

— eine, an das Publikum, üb. Gottes Seyn u. Wesen, als Beantwort. von Fichte's Appellation, (von J. Gf. Gruber). 8. Leipz. 799. Schiegg. 12 gr

— die, der Religion in der Zeit großer Wassernoth. Drei Predigten von Geistlichen d. Residenz Darmstadt. 8. Darmst. 825. Leske. 8 gr

STIMME, Die, im Rosenthal. Eine Sage der Vorzeit. 2 Thle. Mit Titelkpfrn. Leipzig, J. G. Graffé, 1801. 8°.
Kayser p. 120 hat „1802".

Stimme, die, im Rosenthale; e. Sage der Vorzeit. 2 Thle. 8. Leipz. (Weißenf.) 802. Graffé. 2 Thlr

—— die rufende, od. Anweisung zu e. gottsel. Lebenswandel, u. zu e. glücksel. Tode. Ein christkathol. Gebet-, Haus- u. Erbauungsb. f. Familien u. jed. kathol. Christen etc. 1. u. 2. Aufl. (à 20 B.) 838. à ½ Thlr., 3., verm. u. verb. Aufl. 8. (26 B.) Augsburg 839. (Regensburg, Manz.)
Hat mit: Himmlischer Posaunen-Schall, gleichen Inhalt.

Stimme, Die von den Zinnen des Kölner Doms rufende, oder ernstes Wort an alle Herme- und Nichthermesianer. Neuss 1845. V: *Kloth, Johann Georg.* (Th)

—— die von den Zinnen des kölner Domes rufende. Oder: Ein ernstes Wort an alle Herme- u. Nichthermesianer. Zur Erinnerung an die Feier vom 4. Sept. 1842. gr. 8. (2 B.) Neuß 845, Hüsgen?

Stimme, die, eines Rufenden in der Wüste, oder was soll man von den Irrungen zwischen Pius VII. und von Wessenberg denken? gr. 8. München, Fleischmann. 819. -

—— die, des Rufenden in d. Wüste an d. Großen d. kleinen Welttheiles, üb. die von Menschen aufgeregten Stürme u. Ungewitter uns. Zeit. 8. (2 B.) Straubing 831, (Schorner.)

—— eine, des Rufenden in d. Wüsten: Bereitet den Weg d. Herrn. Als Beleuchtung der von d. Decan u. Pfarrer Götz hrsg. Schrift: Zur Vertheidigung d. kathol. Kirche geg. d. k. preuß. Religion. Von e. Laien d. unirten evangel. Kirche in Preußen. gr. 8. (7 B.) Berlin 840, (G. W. F. Müller's Verl.)*

—— eine russische, über Gewissensfreiheit. 1. Aufl. 1871, und 2. verb. Aufl. gr. 8. (14 S.) Eisenach 872, Baerecke.

— eine, aus Sachsen üb. die Zollfrage von B. v. G. gr. 8. (28 S.) Meißen 852, Goedsche. n. ⅙ Thlr

— eines conservativen Sachverständigen für die bestehenden Gewerbrechte d. Hannoverschen Städte u. Zünfte. Als Erläuterung zu der neu entworfenen Gewerbeordnung (von G. Zimmermann). gr. 8. (76 S.) Hannover 847, Schlüter. ⅓ Thlr

Stimme eines conservativen Sachverständigen für die bestehenden Gewerbrechte ... Hannover 1847. V: *Zimmermann, Gust.* (Stam)

—— während u. am Schluß d. Versamml. zu Hambach im Mai 1832. Allen Deutschen zur Beherzigung. gr. 8. (1¼ B.) Mannheim, Schwan u. Götz.

Stimme, Eine, aus Schweden über den Krieg zwischen Deutschland und Frankreich. Berlin 1871. V: *Hazelius, Joh. Aug.* (Cat. d. Stadtbibl. Zürich. Zürich 1864—97.)

Stimme eines Schweizers für und über die Bundesreform. O. O. 1847. V: *Bluntschli, Johann Caspar.* (ADB 47, 34)

Stimme aus Sion über die Angelegenheiten der Zeit und des Landes. SA. 8. Luzern 1840.

— eines Staatsbürgers in d. Rechtssache des v. Berlepsch. gr. 8 Helmst. 797. Fleckeisen. 10 gr

Stimme, eine, aus Süddeutschland, diesseits der Mainlinie. Als Mahnruf an Preußen. Von einem Süddeutschen. Heidelberg 867. C. Winter's Universitäts-Buchh. 8. (30 S.) n. 4 ngr

Stimme wider die Theaterlust ... Berlin 1824. V: *Tholuck, Aug.* (Winer)

— eine, wider die Theaterlust, nebst d. Zeugnissen Speners u. A. H. Franke. 8. Berl. 824. Logier. 3 gr

Stimme des Tirolers. Bozen 1848. V: *Weller.* (Margr)

—— eine, aus Ungarn. gr. 8. (5¼ B.) Hamburg 832, Hoffmann u. Campe.

— eine, aus und über Ungarn. Gelegenheitsschrift von einem Deutsch-Ungar. Leipzig 861. Kollmann. 8. (24 S.) n. 3½ ngr

Die Stimme von Union, Northumberland, und Centre Counties Advertiser: 1822 -
Weekly.
New Berlin, PA

Stimme, Die, des Unsichtbaren, oder Geschichte Franzeskos, Enkel des unglücklichen Don Sebastian ... Braunschweig 1822. V: *Brancalio, Joh. Ernst.* (MGT) (Ky)

— die, des Unsichtbaren, od. Geschichte Franzesko's, Enkel des unglückl. Don Sebastian, Königs v. Portugal, vom Verf. des wandernden Gerippes (Brancaglio). 3 Bde. 8. Braunschw. 822. Meyer. 3 Thlr 12 gr

—— treuer Unterthanen Sr. Maj. d. Königs v. Preußen, veranlaßt durch d. Flugschrift: „Vier Fragen, beantw. von e. Ostpreußen." gr. 8. (2 B.) Marienwerder 841, Baumann.

Stimme treuer Unterthanen Sr. Majestät des Königs von Preußen, veranlaßt durch die Flugschrift: „Vier Fragen, beantwortet von einem Ostpreußen. 2. Aufl." Marienwerder, A. Baumann 1841. 31 S. 8.

—— eine, im kurhessischen **Verfassungsstreit**. gr. 12. (22 S.) Marburg 861, Elwert'sche Universitäts-Buchh.

—— eine, aus d. **Vergangenheit** an uns. Zeit, od. Mart. Luther's Beantwortung d. Frage: „Obs recht sei, in d. Häusern od. Winkeln zu predigen?" nebst e. Auslegung ders. aus d. Anfange d. vorigen Jahrh. 8. (1 B.) Magdeburg 841, Creutz'sche Buchh.

Stimme des gesunden Verstandes an den Verfasser der Bemerkungen über Wiederherstellung der landständischen Verfassung in Württemberg. Von einem wür-tembergischen Landmann. O. O. 1815. V nicht: *Varnbüler*, *Carl Freih.* (Kat. d. ständ. Bibl. Stuttg. 1907. S. 257.)

— d., d. Volks; od. d. Zerstörung d. Bastille. Trsp. v. Buri. 8. Thal Ehrenbreitstein, Gehra. 791.

Die Stimme des Volks: Aug. 19, 1820–?
Weekly. Title varies: DIE STIMME DES VOLKS UND LANCASTER CORRESPONDENT. Edited & published by Jacob Schnee.
Lancaster, PA

Stimme des Volks: 1825? –? Greensburg, PA

— die, des Volks. Organ der Arbeiter. 1. Jahrg. 1848. April —Decbr. 39 Nrn. gr. 4. (B.) Leipzig, Lemer. n. 1 ß Einzelne Nrn. à n. 1 ngl

Stimme des Volkes: 1854–?
The first German newspaper published in Memphis was called DIE STIMME DES VOLKS. It was a weekly, edited by August Rattmann and first appeared in Apr. 1854.
Memphis, TN

Die Stimme des Volkes: 1857 New Berlin, PA

— eine, aus dem **Volke**. Berlin 859. G. Reimer. gr. 8. (36 S.) n. 5 ngr.

Stimme des Volkes. 1860–? Carlinville, IL

Stimme des Volks: 1860?–? Chicago, IL
Socialistic weekly. Edited & published by Joseph Weydemeyer.

— eine, aus dem **Volke** über den Aufstand in Braunschweig im Jahr 1830. 8. Magdeburg 843, Rubach'sche B. (Fabricius u. Sch.) 1/4 ß

— des Volks zur Beförder. der von Loen vorgetragenen einzig wahren Religion. 8. Frankf. a. M. 753. Bronner. 8 ℛ

Die Stimme des Volks, und Allgemeiner Bekanntmacher: Jan.? 1831–1858?
Democratic weekly. Merged with SCHUYLKILL DEMOKRAT (Pottsville, Pa.). Edited & published by H. Toute & A. Dohrmann [in 1838]; by Charles Frailey [in 1852].
Orwigsburg, PA

Stimme, Eine, aus dem deutschen Volke über die Verfassung der Vereinigten Staaten Deutschlands. Darmstadt 1848. V: *Fischer*, *Georg.* (EB)

— aus dem Volke wider die Apokryphenstürmer Dr. u. Prof. Ebrard u. Genossen, v. e. Freunde d. Reiches Gottes. gr. 12. (24 S.) Solingen 852, Pfeiffer. 1 1/2 ngl

Stimme, Die, des Volks an Friedrich Wilhelm II. Berlin [Mannheim] 1786. V: *Bingner*, *Hnr. Dan.* (WR) (KY) V: *Gottschling*, *Paul Rudolph.* (MGT) (OL) (Kläbe, Neuest. Gel. Dresden. Leipzig 1796.)

— des Volks an seinen König Friedrich Wilhelm II. Vorgetragen von e. Brennen (H. D. Bingner). 8. Manh. 786. Löffler. 1 1/2 ℛ

Stimme des Volkes und Montgomery County Press: Oct. 28, 1873–1878?
Weekly.
Landsdale, PA

— die, des preußischen **Volkes in Rheinland** und Westphalen seit dem 27. Mai 1863. Frankfurt a. M. 863. Boselli. Lex.-8. (51 S.) 6 ngr.

— des **Volkes**, über den Streit um den Bischof Dräseke. Gewidmet dem ungekannten u. doch überall bekannten, dem tief geschmähten und doch hochgeehrten, dem hart bekämpften und doch ritterlich siegenden Hrn. G. v. C. 8. Leipzig 841, Wöller. 1/8 ß

Die **Stimme** eines „deutschen Volkslehrers" über Joh. Ronge. Nebst einigen Worten zur Zeit. Von einem kath. Lehrer im Reg.-Bez. Koblenz. Koblenz, Reiff, 1845, 12°, 25 Pf.

— auch eine, über Volksmündigkeit. 8. Leipz. 819. Hartmann. 2 ℛ

Stimme, Die, der Wahrheit. 1799. V: *Weissegger*, *Jos. Maria.* (Polizeiarchiv 1799, Nr. 631) (BIBLPORT)

Stimme der Wahrheit: 1852? Milwaukee, WI
Edited & published by Gustav Adolph Rösler von Oels.

Stimme der Wahrheit: 1875–1918
Catholic weekly. Subscription price was $ 2.00 annually. E. Andries, owner. H. A. J. Andries was the editor. Karl Neugart was the local editor.
Cleveland, OH

Die Stimme der Wahrheit: Jan. 1875–1923?
Roman Catholic weekly. An edition also printed for Cleveland, Ohio, 1882?–1923. Circulation: 1880, 3550, 1895, 4650 [for Cleveland], and 5000 [for Detroit]; 1910, 6000 [for Cleveland], and 8000 [for Detroit]. Edited by Johann B. Müller, 1875–92?, by H. A. J. Andries, 1893?–1923. Published by Müller & G. Andries, 1875–86?; by E. Andries, 1887–1923.
Detroit, MI

Stimme der Wahrheit: 1879–? Battle Creek, MI
Bi-monthly. Edited by A. Kunz.

— die, der **Wahrheit**. Jahrbuch f. wissenschaftl. Zionismus. 1. Jahrg. Unter Mitwirkg. v. Autoritäten aller Konfessionen hrsg. v. Lazar Schön. (V, 406 S. m. Abbildgn. u. 13 Taf.) Lex.-8. Würzburg 905. Berlin, L. Lamm. 6.—; kart. 7.50; Luxusausg. 10—

Stimme der Wahrheit zu den Landtagswahlen in Preußen. Halle a. S. 1862. V: *Schlüsser*, *von*, *Gen.-Lieut.* (RUSSELL XVI, II, 1, 78)

Die **Stimme** der Wahrheit und des Rechts veranlasst durch den gegenwärtigen Federkrieg in Hamburg. Leipzig. 1816. 8°

—— der **Wahrheit** in d. Streitsache zwischen d. k. Regierung u. d. Erzbischofe Clemens August v. Cöln, ausgespr. von e. röm.-kathol. Pfarrer. gr. 8. (2 B.) Potsdam 838, Horvath'sche Buchh.

Vgl. Stimmen der Wahrheit...

Stimme. Die St' aus dem Walde für die Freunde des Vaterlandes seines Glücks und seiner Freyheit .... 8. *o. O.* Im August 1831.

Stimme eines Wanderers im Thale Josaphat. Leipzig 1783. 2. mit 2 Reden u. 2 Kpfr. verm. Aufl. Leipz. 1784. — Zusätze f. d. Besitzer der 1. Aufl. Mit 2 Kpfr. in 4°. Leipzig 1794. V: *Henning, Friedrich.* (wolfstieg I, 72)

Stimme, Die, eines Wanderers im Thale Josaphat. Leipz. 1793—94. V: *Henning, Frdr.* (MGT) »2. Aufl. Leipzig 1794.« (Ky) (Tt)

— eines Wanderers im Thale Josaphat; (v. Fr. Henning). Mit 1 Kpf. 8. Leipz. N. A. 794. (Wienbrack). 2 ₰ 16 gr — Zusätze dazu f. die Besitzer der ersten Ausg. 8. Ebd. 792—94. 2 ₰

STIMME, Die warnende, des Verhängnisses, oder des Vaters Sünde des Sohnes Fluch. Ein Räuber-Roman der neuern Zeit. Ulm, 1826. Ebner. 8°.
2 Bll., 250 S. u. 1 Bl. Bücher-Anzeige. Theilweise frei u. anstößig.

Stimme, Warnende, an alle christliche Völker. O. O. 1793. V: *Botzheim, Frdr. Ludw. von.* (MGT)

Stimme, Die, der Warnung. Hamburg [1840?]. Ü: *Stevenson, Robert.* (BrMm)

—— die, der Warnung. 8. Aufl. [Ster.-Ausg.] 8. (12 S.) Barmen 869, (Buchh. der evangel. Gesellschaft.) *

— die, der Warnung. 3. Aufl. (Ster.-Ausg.) Barmen 869. Klein. 8. (12 S.) n. 2 ngr

— die, der Warnung. 8. (14 S.) Barmen 880. Wiemann. — 12

Stimme der Warnung bey dem Gerücht von geheimen Verbindungen im Preussischen Staate. Berlin 1815. V: *Körner, Christian Gottfried.* (stadtbiblberlin XII, S. 171) (Streisand, Kat. 24)

Stimme der Warnung bey dem Gerücht von geheimen politischen Verbindungen im preussischen Staate. Berlin: Nicolai 1815. 12 S. 8° [Umschlagtit.] 25.

—— aus d. kleinen kathol. Kirchen-Gemeinde Weimar-Jena unter d. Geißel d. General-Superint. Dr. Röhr, an alle Hörer u. Leser d. Predigt dess. am Reformationsfeste 1838. 3. Aufl. 8. (2 B.) Erfurt 839. [Leipzig, Hartung.]

— aus der kleinen kathol. Kirchen-Gemeinde Weimar — Jena unter der Geißel des Oberpfarrers an der protestant. Stadt-Kirche zu Weimar General-Superint. Dr. Röhr, an alle Hörer u. Leser d. Predigt desselben am Reformationsfeste 1838. 3e Aufl. 8. Erfurt 839. Hilsenberg. 1/6 ₰

— dass. I. 4e Aufl. II. Ueber die Erklärung an den Stimmführer der kleinen kathol. Kirchen-Gemeinde Weimar — Jena von J. Fr. Röhr. 8. Ebd. 839. 5e Aufl. 840. n. 1/6 ₰

Eine Stimme Frankfurter Weinhändler gegen die vorgeschlagene Herabsetzung des Zolles für ausländische Weine. Frankfurt a. M. 1848. 14 S. -- 25*

—— eine, aus Württemberg in der neuenburger Frage. gr. 8. (14 S.) Stuttgart 856, Schweizerbart'sche Verlagsh.

Stimme eines Wirtenbergers über das Prinzip der französischen Brandschazungs Repartition. [Stuttg.] Sept. 1796. V: *Rümelin, Joh. Chn Frdr.* (Kat. d. ständ. Bibl. Stuttg. 1907. S. 380.)

Stimme, Die, in der Wüste. Wien [1788]. V: *Rautenstrauch, Johann.* (MGT) (Fiker)

Stimme, Die, aus der Wüste. O. O. u. J. [1809]. V: *Schleifer, Matth. Leop.* Vgl. Arnold-Wagner, Achtzehnhundertneun. Wien 1909, S. 360 f. (DARP)

[Lithogr.] Die **Stimme** aus der Wüste. Ein Ruf des M.·. v.·. St.·. an seine Brüder. Zum Johannesfest [!] 5832 in der g.·. u.·. v.·. St.·. Joh.·. □.·. zur Freymüthigkeit am Rhein im Or.·. v.·. Frankenthal. [Frankenthal 1832.] 3 Bl. 8° [Umschlagtit.]
Gedicht: „Die Stimme aus der Wüste schallt . . .“ 368.

—— des Zeitgeistes an d. teutsche Nation am neuen J. 1831. 8. (¾ B.) Leipzig, (Glück.)

— die, des Zeitgeistes an das deutsche Volk. gr. 8. Mainz 818. Kupferberg. 15 gr

Stimme aus Zion . . . Königsberg 1842. V: *Lengerke, Cäsar.* (EE)

—— aus Zion. (Gedicht.) Lex.-8. (¼ B.) Königsberg 842, Theile.

Stimme aus Zion : 1886—? Buffalo, NY
Monthly. Edited & published by J. F. H. Dieckmann.

Stimme ein. Zuschauers üb. d. Goth. Erbfolgestreit. *Leipzig*, Reclam. 825. 8. (6 Gr.)

Stimmel, A. F. Untersuchungen über die Bevölkerung, Geburts- und Sterblichkeitsverhältnisse von Stuttgart. Tübingen 1834.

Stimmel, Aug., gehet ein durch d. enge Pforte! Matth. 7. v. 13. Eine Predigt. gr. 8. Berlin 836. (Martius.) 1/8 ₰

Stimmel, Aug., Gehet ein durch die enge Pforte! Matth. 7, v. 13. Eine Predigt, den XX. Sonntag nach Trinitatis 1836, am Tage nach dem frohbegrüßten höchsten Geburtsfeste Sr. Königl. Hoheit des Kronprinzen, Friedrich Wilhelm gehalten und zum Besten des Vereins zur Erziehung sittlich verwahrloseter Kinder herausgegeben. gr. 8. 836. Halle, Coldiß'sche Buchh. 1/2 ₰

Stimmel, Aug., Lucifer od. Hesperus? Ein Wort d. Ernstes u. d. Liebe an zwei Verkläger uns. evangel. Kirche, den Dekan Laurent. Franke u. Geo. Jos. Götz. gr. 8. (12 B.) Landsberg a. d. W. 840, Volger u. Klein. *

Stimmel, Fr., die Heil-Anstalt für Nerven- und Gemüths-Kranke, Kennenburg bei Eßlingen, Königreich Württemberg. Ihre zu erstrebende Aufgabe und ihre Leistungen in den verflossenen ersten acht Jahren ihres Bestehens. Eßlingen 854. (Weychardt.) gr. 8. (40 S.) n. 7 ngr.

Stimmel, Friedrich, appr. Arzt: Ueber Mastitis luetica im Sekundärstadium. Leipzig 1907: B. Georgi. (21 S.) 8°
Leipzig, Med. Fak., Ref. Hoffmann, Diss. v. 13. Juli 1907
[Geb. 30. Okt. 80 Leipzig; Wohnort: Leipzig; Staatsangeh.: Sachsen; Vorbildung: Kgl. Gymn. Leipzig Reife O. 00; Studium: Tübingen 2, Freiburg i. B. 1, Leipzig 7 S.; Coll. 26. Juli 07; Approb. 31. Okt. 06.]

Stimmel, Karl, ein kritischer Beitrag zur Entwickelung des landwirtschaftlichen Unterrichtswesens in Hessen. gr. 8. (29 S.) Darmstadt 888, Selbstverlag des Verfassers.

Stimmel, Karl, method. Grundriss d. allgem. Viehzuchtlehre. Ein Beitrag zur Methodik d. Unterrichts an landwirtschaftl. Lehranst. gr. 8. (VIII, 45 S.) Darmstadt 895. G. Otto's Hofbuchdr. 1.50

—— Grundzüge der landwirtschaftlichen Kulturvorarbeiten. Die Melioration im weiteren Sinne. Die Urbarmachung und Kultur der Moore. Die Einhegung. Die Ent- und Bewässerung. Die zeitgemäße Regelung der Planlage unserer Grundstücke. Zum Gebrauche der Schüler von Landwirtschaftsschulen und der prakt. Landwirte entworfen. gr. 8. (VIII, 134 S.) Stuttgart 888, Ulmer. *

Stimmel, Karl, Grundzüge des allgemeinen landwirthschaftlichen Pflanzenbaues. Abgerundete Dictate als Grundlage für den Unterricht an der landwirthschaftl. Winterschule zu Darmstadt. 1. und 2. Heft. gr. 8. Darmstadt 884, (Bergsträßer.) à Heft * ℳ 1,20. *
Inhalt:
Heft 1. Die Lebensvorgänge in den landwirthschaftlichen Kulturpflanzen. (67 S.)
" 2. Die Ackererde und das Klima. (78 S.)

—— Grundzüge des allgemeinen landwirtschaftlichen Pflanzenbaues. Abgerundete Diktate als Grundlage für den Unterricht an der landwirtschaftl. Winterschule zu Darmstadt. III.: Die Bearbeitung des Bodens. Die Düngung. Die Saat. gr. 8. (131 S.) Darmstadt 885, (Bergsträßer.) *
1. und 2. Heft. (Ebendas.) 1884. à * ℳ 1.20.

Stimmelmayr, Anton: Ueber die Darstellung und Untersuchung von regulinischem Wolframmetall. 1909. 41 S. 8°
München, Dr.-Ing.-Diss. v. 22. 2. 1909

Stimmen aus dem deutschen Alpenverein. Section Küstenland. 8. (8 S.) Triest 874. Literar.-artist. Anstalt. — 30

Stimmen aus Amerika. Gesammelt u. hrsg. zu Nutz u. Frommen f. Auswanderungslustige v. C. E. Richter. 1. Hft. gr. 8. (5½ B.) Zwickau 833, Richter.

Stimmen der Andacht, Lieder u. Festgesänge auf das 3e Jubiläum d. Bernischen Reformation. 12. Bern 828. Jenni. 10 gl.

Stimmen aus der Arbeit. Mitteilungen d. Prov.-Abt. Schlesien d. Deutschen Vereins f. ländl. Wohlfahrts- u. Heimatpflege hrsg. v. Geschäftsführer Landrat [Hans Joachim] v. Brockhusen-Grünberg. Jg. 1, Nr 1. Grünberg: Löbner 1910. 8° (10. 1639) 2

Stimmen des Auslandes über deutsche Heeres-Einrichtungen. Berlin 1872. H: *Kortkampf, Friedrich.* (EB)

— des Auslandes üb. deutsche Heeres-Einrichtung und Kriegsführung. 1—3. Hft. gr. 8. Berlin 871. 72. Kortkampf. à n. 1. —
1. Aus den Bemerkgn. Napoleon III. üb. die Armee-Organisation d. norddeutschen Bundes. (44 S.)
2. Die militär. Berichte d. Baron v. Stoffel, nebst dessen Brief üb. die französ. Zustände. Aus der Broschüre: „Die Ursachen der Kapitulation v. Sedan." Urtheil d. russ. Generals v. Annenkoff. (S. 45—90.)
3. (VIII u. S. 91—198.)

Stimmen des Auslandes über die Zukunft der Rechtswissenschaft hrsg. von Prof. Rudolf Leonhard. Breslau: M. & H. Marcus 1906. (112 S.) 8°
= Studien z. Erläuterung d. bürgerl. Rechts. H. 17. (04. 3617) 6

Stimmen aus dem Auslande über sociale Zustände. I. II. III. gr. 8. (11⅞ B.) Freiberg 846, Engelhardt. à
Inhalt:
I. Macaulay, Betrachtungen üb. die Geschichte der Päpste.
II. Bourbon üb. den gesellschaftl. Zustand.
III. Channing, W. E., Vorlesungen üb. die Hebung der arbeitenden Classe der Staatsbürger.

—— der alten Dichter Ausonius u. Venantius Fortunatus von der Mosel, aus dem Lat. übers. von Carl Geo. Neumann. 32. (93 S.) Trier 846, Troschel.

Stimmen aus Baden über den preußisch-französischen Handelsvertrag. Heidelberg 862. Emmerling. (Weiß.) gr. 8. (28 S.) n. 4 ngr.

Begrüssende **Stimmen** bei der Aufnahme zum Ehrenmitglied des Durchlauchtigsten Hochw. Bruders des souveränen Fürsten Carl v. Isenburg, in die ger. und vollk. St. Johannes ▭ Wilhelmine Caroline im Or. Hanau am 23sten Aug. 5812. Von seinen treuverbundenen Isenburger Ordensbrüdern. [Hanau 1812.] 2 Bl. 8° [Umschlagtit.]
Kl. 1808. 3 Gedichte.

Stimmen vom Berge. Monatsschrift f. die studier. Jugend. Red.: P. Anheier. 12. u. 13. Jahrg. 1905 u. 1906. à 12 Nrn. (à Jahrg. 176 S. m. Abbildgn.) Lex.-8. Mainz, Druckerei Lehrlingshaus. à Jahrg. 1.50; geb. 2.50

— vom Berge. Illustrierte Halbmonatsschrift f. die studier. Jugend. Red. v. Joh. Sartorius u. K. Faustmann. 14.—17. Jahrg. 1907—1910. à 24 Nrn. (à ca. 16 S.) 8. Mainz, Druckerei Lehrlingshaus.
14.—16. Jahrg. à 1.50; 17. Jahrg. 1.30

— aus Bethanien. Ein Beitrag z. Ausbau der Kirche Christi. 16 u. 23 Quartal-Heft. (No. 1—26. ½ Bog.) gr. 4. Dinkelsbühl 832. Walther. (Leipz., Central-Compt.) 20 gl.

Stimmen, Bündner, s. Bündner-Stimmen.

—— berühmter Christen über den damaszener Blutprozeß. Als Anlage zu der Schrift: „Damascia," v. L. H. Loewenstein. 8. (3 B.) Frankfurt a. M. 843, (Hermann'sche Buchh.) *

Stimmen des freien Christentums aus der Schweiz. 1. Bdchn.: Erbauliches. (Ausgewählt u. zusammengestellt von *W. Kambli* jun.). In-8⁰. VI, 184 S. Zürich, A. Frick. 1893 1 50

Stimmen des freien Christentums aus der Schweiz. 2. Bändchen: Belehrendes. Gr. in-8⁰. V, 211 S. Zürich, A. Frick. 1895. Gebd. 1 50

— des freien Christentums aus der Schweiz. 1. Bdchn.: Erbauliches. 2. Aufl. gr. 8. (VI, 184 S.) Zürich (900). (A. Frick.) Auslieferung f. Deutschland: Ev. Verlag in Heidelberg. Geb. n. 1. 20

— einige christl., erbauliche, älterer u. neuerer Zeit in Rede u. Liedern. gr. 8. Halle 824. Curt. (Laue in Berl.) 4 gr

—— aus Dänemark über die schleswigschen Verhältnisse. Eine Sammlung von Aufsätzen aus dem dänischen Wochenblatte. Hrsg. von J. F. Schouw. gr. 8. ($9^1/_4$ B.) Kopenhagen 843, Gyldendal'sche Buchh.

Stimmen aus Dänemark über den bevorstehenden Waffenstillstand. Frankfurt am Main. 1848. 8⁰

Stimmen, deutsche. Halbmonatsschrift f. vaterländ. Politik u. Volkswirtschaft. Hrsg.: W. Johannes. Red.: R. Breithaupt. 3. Jahrg. 2. Sem. Okt. 1901 — März 1902. 12 Nrn. gr. 8. (Nr. 13. 40 S.) Berlin, W. Baensch. Vierteljährlich 2. 50; einzelne Nrn. —. 50.

— deutsche. Halbmonatsschrift f. vaterländ. Politik und Volkswirtschaft. Hrsg. v. Hieber, W. Johannes, u. C. A. Patzig. Red.: Erich Bierbaum. 4. Jahrg. April 1902 — März 1903. 24 Nrn. gr. 8. (à ca. 2—$2^1/_2$ Bog.) Berlin, W. Baensch. n. 10. —; geb. n. 11. 60

— deutsche. Halbmonatsschrift f. vaterländ. Politik u. Volkswirtschaft. Hrsg. v. Hieber, W. Johannes u. C. A. Patzig. Red.: L. Koester. 5. Jahrg. April 1903 bis März 1904. 24 Nrn. (à ca. 32 S.) gr. 8. Berlin, Verlag d. deutschen Stimmen. n. 10. —

— dasselbe. Wochenblatt f. die nationalliberale Partei. Hrsg.: C. A. Patzig. Red.: J. Winter. 6.—8. Jahrg. April 1904—März 1907. à 52 Nrn. (à ca. 8 S.) Fol. Ebd. à Jahrg. n. 6. —

— deutsche, aus dem Elsaß. gr. 16. (XXXV, 68 S.) Berlin 871. Dümmler's Verl. n. 1. —

Stimmen aus Deutschland für Schleswig-Holstein. Von einem Norddeutschen. gr. 8. (48 S.) Lübeck 850, v. Rohden. n. $^1/_6$ ℳ

Stimmen aus dem deutschen Dichterwalde. Ein Musenalmanach für das deutsche Haus, hrsg. v. Alfr. Heinze u. Paul Heinze. 2. Aufl. 12. (269 S. m. 1 Lichtdr.-Portr.) Dresden-Striesen 883. Heinze. geb. m. Goldschn. n. 4. —

Stimmen über den Domänenverkauf zur Beherzigung unbefangener Staatsbürger besonders im Lauenburgischen gesammelt von einem dänischen Unterthan. Kopenhagen 856. Gyldendal. gr. 8. (47 S.) 9 ngr.

Drei Stimmen über Findel's „Geschichte der Freimaurerei". [Leipzig 1871: Bär & Hermann.] 8 S. 8⁰ [Kopftit.]
Enth. die Urteile von H. Künzel, den „Deutschen Blättern" 1871 Nr 6 u. dem Freemasons' Magazine üb. die 3. Aufl. von Findels Gesch. 21.

— 3 öffentl., gegen die Angriffe des Pastors Binterim auf den Commentar des Prof. Grutz. Nebst 3 Beilagen. gr. 8. Bonn 825. Marcus. 8 gr

Stimmen, evangelische. Predigtsammlung auf alle Sonn- u. Festtage. In Verbind. mit mehr. ev. mennonitischen Predigern hrsg. v. Johs. Molenaar. 1. Hft. gr. 8. ($6^1/_8$ B.) Leipzig 844, Carl Tauchnitz. Thlr. *

Stimmen der Ewigkeit . . . Bresl. 1778. V: *Gerhard, David Gottfried.* (Kat. d. Druckschr. üb. Breslau. Breslau 1903. S. 17.)

—— aus Frankreich üb. Polen. (Gedichte. Deutsch u. Franz.) 16. (2 B.) Leipzig 831, Glück.

Stimmen: Freie Stimmen
⑮ Die von BGSZ 12. p. 97 für die Jahre 1849/50 und von BGSZ 52. p. 21 für 1850 erwähnte Zeitung ist sicher identisch mit der Zeitung «Freie Stimmen im Bezirke Zürich», die sich ab 1847 nur noch «Freie Stimmen» nannte.

Stimmen, Freie. Organ der deutschen Partei in Kärnten. Klgft., Bertschinger, Leon, v. Kleinmayr, 1870—1873. Folio. 4 Jgg.

Stimmen, Freie. Villach. Muhr; Klgft., Bertschinger, Leon, Gutenberghaus, 1881—. Quart u. Folio.

— freie, aus d. Gehilfenschaft d. Buch-, Kunst- u. Musikalienhandels. Hrsg.: Hugo Heller. 1. Jahrg. Mai 1896—Apr. 1897. 10 Nrn. (à ca. 4 S.) hoch 4. Wien, Administration (Wiener Volksbuchh.). Postfrei n.n.n. 2.—

— freie, aus Oesterreich-Ungarn. 1. Bd. gr. 8. Leipzig, B. Elischer Nachf. n. 1. —
Offene Briefe an Se. kaiserl. u. königl. Hoheit Erzherzog Franz Ferdinand, den Thronfolger Oesterreich-Ungarns. Von Bresnitz v. Sydacoff. (VIII, 51 S.) (905.)

Stimmen, freie, aus Österreich-Ungarn. gr. 8. Leipzig, B. Elischer Nachf. 1907. 2. Bd. Bresnitz v. Sydacoff, Die Irredenta — die Achillesferse des Dreibundes. Enthüllungen üb. die irredentist. Propaganda. (52 S.) 1. —.

Freie Stimmen aus dem Reiche Gottes: 1878?—1890?
Semi monthly, 1878—81; weekly, 1882—90. Organ of Congregational Church. Place of publication varies: Omaha, Nebr., 1878—80; Crete, Nebr., 1881. Circulation: 1885, 1100. Edited & published by the Rev. Theodor Falk, 1878—79; by the Rev. L. G. Hilmer, 1880—90?.
Chicago, IL

Stimmen: Freie Stimmen vom Uto
① Obligatorisches Publikationsmittel von Außersihl (seit Ende April 1879) ④ Zürcher Volksblatt ⑤ Probenummern 24. u. 31. 12. 1878; 4. 1. 1879—13. 11. 1880 ⑥ 2° (Formatvergrößerung: 21. 2. 1880) ⑦ wöchentlich 1× ⑧ Zürich-Außersihl: Fritschi-Zinggeler ⑩ der Drucker ⑪ der Drucker ⑫ fortschrittlich ⑭ Zh: Z.

Stimmen: Freie Stimmen über das aargauische Verfassungswesen
⑤ 19. 2. 1831—14. 5. 1831 (23 Nummern) ⑥ 8°, 4° ⑧ Aarau: J. J. Christen ⑩ J. J. Christen ⑪ Rudolf Rauchenstein ⑬ Aa: K; Zh: Z; Be: L ⑮ Sie wurden auch als Gratisbeilage der «Aargauer Zeitung» (I) beigegeben.

— freie, für das Volk. Die freie Schule im freien Staat. Stuttgart 863. (Freiburg im Br., Herder.) gr. 8. (15 S.) 1 ngr.

Stimmen: Freie Stimmen im Bezirke Zürich
② Freie Stimmen aus dem Bezirke Zürich (23. 4. 1845—31. 3. 1847). Freie Stimmen (7. 4. 1847—26. 12. 1855) ③ Neumünster-Blatt (wahrscheinlich ist mit dem in der Probe-Nummer genannten Neumünster-Blatt dasjenige von Leonhard Widmer gemeint) ⑤ 28. 12. 1842 (Probe-Nummer)—26. 12. 1855 ⑥ 4° ⑦ Wochenblatt ⑧ Zürich: Joh. Fr. Heß (bis 29. 3. 1848). Mahler & Weber (5. 4. 1848—31. 12. 1851). H. Mahler (ab 7. 1. 1852) ⑩ wahrscheinlich die Drucker ⑫ radikal ⑬ BGSZ: 128, 1111 ⑭ Zh: Z; Be: L (unvollständig).

—— der Freiheit. 1. Sammlung. 8. (VIII und 286 S.) Königsberg 865, Hübner und Matz. 24 Ngr.; geb.

Stimmen der Freiheit. Ein Erbauungsbuch für denkende Mitglieder aller Confessionen. 1. Sammlung.
Neue (Titel-)Ausg. Königsberg 869. Hübner & Matz. gr. 8. (VII, 286 S.) 24 ngr.; geb. n. 1 ℳ

— — 2. Sammlung. Ebend. 869. gr. 8. (X, 208 S.) 20 ngr.

— der Freiheit. Blüthenlese d. hervorragendsten Schöpfgn. unserer Arbeiter- u. Volksdichter. (In 50 Hftn.) 1. Hft. gr. 8. (S. 1—16 m. 1 Bildnis.) Nürnberg (äußere Bayreutherstr. 1) (899). Verlag des litterar. Bureaus Nürnberg. — 10
2. Aufl., s.: Belßwanger, Konr.

Stimmen, Freundliche, an Kinderherzen. Heft 102 bis 110. In-8⁰. Je 16 S. Zürich, Art. Institut Orell Füssli. 1892. à — 25

Stimmen, freundliche, an Kinderherzen f. d. 9—12 Altersjahr. Heft 131—135. In-8⁰. 16 S. Zürich, Art. Inst. Orell Füssli Verlag. 1892. — 25

— freundliche, an Kinderherzen. Hrsg unter Mitwirkg. e. Kommission des schweiz. Lehrervereins. 183.—186. u. 191.—196. Hft 8. (à 20 S. m. Abbildgn.) Zürich (901. 902). Art. Institut Orell Füßli. à n. — 20
183—186. Für das 7. bis 10. Altersjahr.
191—196. Für das 10. bis 14. Altersjahr.

Stimmen. Freundliche Stimmen an Kinderherzen. Hrg. unter Mitwirkung einer Kommission des Schweiz. Lehrervereins. [Illustriert mit schwarzen Bildern.] *4 Hefte. je* 20 S. 8. Zürich, Art. Institut Orell Füssli, [1903]. [*je* fr. —. 25, für Lehrer fr. —. 10]
Heft No. 187 *u.* 188: Für das 7. bis 10. Altersjahr.
Heft No. 197 *u.* 198: Für das 10. bis 14. Altersjahr.
Ausg. mit farbigen Bildern: je fr. —. 85, für Lehrer fr. —. 20

Stimmen. Freundliche St' an Kinderherzen. [Illustriert mit schwarzen Bildern.] *4 Hefte. je* 20 S. 8. Zürich, Orell Füssli, [1904]. [*je* fr. —. 25, für Lehrer —. 10]
Heft No. 189 *u.* 190: Für das 7. bis 10. Altersjahr.
Heft No. 199 *u.* 200: Für das 10. bis 14. Altersjahr.

Stimmen. Freundliche St' an Kinderherzen. [Illustriert mit schwarzen Bildern.] *4 Hefte. je* 20 S. 8. Zürich, Orell Füssli, [1905]. [*je* fr. —. 25, für Lehrer —. 10]
Heft Nr. 201 *u.* 202. Für das 7. bis 10. Altersjahr.
Heft Nr. 211 *u.* 212. Für das 10. bis 14. Altersjahr.

Stimmen. Freundliche St' an Kinderherzen. [Illustriert mit schwarzen Bildern.] *4 Hefte. je* 20 S. 8. Zürich, Orell Füssli, [1906]. [*je* fr. —. 25, für Lehrer —. 10]
Heft Nr. 203 *u.* 204. Für das 7. bis 10. Altersjahr.
Heft Nr. 213 *u.* 214. Für das 10. bis 14. Altersjahr.

Stimmen. Freundliche St' an Kinderherzen. [Illustriert mit schwarzen Bildern.] *8 Hefte. je* 20 S. 8. Zürich, Orell Füssli, [1907—1908]. [*je* fr. —. 25, für Lehrer —. 10]
Heft Nr. 205 *u.* 206. Für das 7. bis 10. Altersjahr. [1907.]
Heft Nr. 207 *u.* 208. Für das 7. bis 10. (**Nr. 207:* 7. bis 8.) A'. [1908.]
Heft Nr. 215 *u.* 216. Für das 10. bis 14. A'. [1907.]
Heft Nr. 217 *u.* 218. Für das 10. bis 14. A'. [1908.]

Stimmen. Freundliche St' an Kinderherzen. [Illustriert mit schwarzen Bildern.] *4 Hefte. je* 20 S. 8. Zürich, Orell Füssli, [1909]. [*je* fr. —. 25, für Lehrer —. 10]
Heft Nr. 209 *u.* 210. Für das 7. bis 10. Altersjahr.
Heft Nr. 219 *u.* 220. Für das 10. bis 14. A'.

Stimmen. Freundliche St' an Kinderherzen. [Illustriert.] *6 Hefte. je* 20 S. 8. Zürich, Orell Füssli, [1910]. [*je* fr. —. 25, für Lehrer —. 10]
Heft Nr. 170 *u.* 221 *u.* 222. Für das 7. bis 10. Altersjahr.
Heft Nr. 180 *u.* 231 *u.* 232. Für das 10. bis 14. A'.

— freundliche, an Kinder-Herzen, in Liedern u. Geschichten. Gesammelt von einem Jugendfreunde. 1—14. Hft. gr. 16. (à 2 B. m. Holzschn.) Zürich 843—47, Orell, Füßli u. Comp. à * 2½ Ngr.

— dass. 2. Aufl. 1—10. Hft. gr. 16. (à 2 B. mit eingedr. Holzschn.) Ebds. 847. à

— freundliche, an Kinderherzen in Liedern und Geschichten. Gesammelt von einem Jugendfreunde. 2. Aufl. 11—14. (letztes) Heft. 16. (à 32 S. mit eingedr. Holzschn.) Zürich 849, Orell, Füßli und Comp. à Heft 3 Ngr.
1—10. Heft. Ebendas. 1847. 1 Thlr.

— aus der Gegenwart. Gedichte. 2. Aufl. 12. (2⅔ B.) Eisenberg 845, Schöne'sche Buchh.

— der Gegenwart. Monatsschrift f. moderne Litteratur u. Kritik. Hrsg. v. Max Beyer u. Mart. Boelitz. Jahrg. 1900/01. Oktbr. 1900—März 1901. 6 Nrn. gr. 8. (à ca. 24 S.) Eberswalde, S. Dyck. n. 2. —
Vergl.: Jung-Deutschland.

— dasselbe. Jahrg. 1901/02. April 1901—März 1902. 12 Nrn. gr. 8. (à ca. 82 S.) Ebd. n. 6. —

Stimmen der Gegenwart. Monatsschrift f. moderne Litteratur u. Kritik. Begründet v. Max Beyer. Hrsg. v. Eug. van Dyck. Red.: Jul. Philipp u. Hugo Philipp. 3. Bd. 1. Halbj. Jan.—Juni 1902. 6 Nrn. gr. 8. (171 S.) Eberswalde Berlin (NO. 18, Gr. Frankfurter Str. 74), Arkadien-Verlag. n. 3. —

— dasselbe. Hrsg. v. Jul. Philipp, Schriftleiter vom Septbr. ab: Carl Wilhelm. 3. Bd. 2. Halbj. Juli—Dezbr. 1902. 6 Nrn. gr. 8. (à ca. 24 S.) Berlin (NO. 18, Gr. Frankfurter Str. 74), Arkadien-Verlag. 3. —

— aus Gräbern. (Religiöse Gedichte v. Graf Chr. v. Bernstorff.) 1. Aufl. (2 B.) 828., 2., verm. A. (2⅓ B.) gr. 12. Berlin 832, Duncker u. Humblot. à
Vgl. Freundes-Gräber.

Stimmen aus Gräbern. . . . 2. Aufl. Berlin 1832. V: *Bernstorf, Chn Graf von.* (Th) (schmal) H: *Theremin, Ludwig Frdr. Frz.* (EE) (zu)

— aus Gräbern. Aussprüche berühmter Männer über Religion u. Christenthum. Eine Neujahrsgabe f. 1846. 16. (3 B.) Breslau 845, Verlags-Comptoir.

— der Heiligen. Dresden 864. Janssen in Comm. 16. (190 S.) n. 7½ ngr.

— aus dem Heiligthum. (Als Manuscript gedruckt.) 8. (4 B.) Berlin 846, (J. A. Wohlgemuth. Verl.)

— aus dem Heiligthum der christlichen Mystik und Theosophie. Für Freunde des innern Lebens und der tiefern Er-

kenntniß der göttlichen Dinge gesammelt und hrsg. von Jul. Hamberger. 2 Thle. gr. 8. (XVII und 733 S.) Stuttgart 856(57,) J. F. Steinkopf. Thlr.

Stimmen der Heimat v. Bischofszeller Zeitung.

Heitere Stimmen aus dem Kreise der Loge „Modestia cum libertate" in Zürich. Zur Erinnerung an ihr Schwesternfest vom 31. Mai 1874. Zürich [1874]: Schiller & Co. 11 S. 8⁰ [Umschlagtit.]
Enth. eine humoristische Szene in 1 Auftritt (in schweizer Mundart): „Ä politischi Kaffivisite". 140.

Stimmen aus dem Herzen eines Preussen. Aufgezeichnet am Fusse des Brockens ... Wernigerode 1831. V: *Stiehler, August Wilhelm.* (Kesslin, Nachrichten 1856, S. 211) (Zeitschr. f. Büch. N. F. 15, 1923, S. 123)

— aus e. modernen Hölle. Erlebnisse d. Hrn. Paul Besser in d. französ. Fremdenlegion. (Algerien u. Tonkin 1885—1890.) Bearb. v. El Desconocido. 8. (VIII, 157 S.) Dresden 898. Expedition d. „Kamerad". 1. 50

Stimmen, Die, des neuesten Jahrhunderts für Bibel und Christenthum ... Grimma 1844. H: *Voigtländer, Johann Friedrich.* (ZU) »1834« (NN)

—— die, des neuesten Jahrhunderts für Bibel u. Christenthum, gesammelt von einem greisen Pilger. gr. 8. (14 5/8 B.) Grimma 844, Verlags-Comptoir.

Stimmen aus drey Jahrhunderten über Luther und sein Werk. Dresd. 1817. V: *Lindau, Wilhelm Adolph.* (MGT) (KY) (BrMm) »1818« (NN)

— aus drei Jahrhunderten üb. Luther u. sein Werk. (v. W. A. Lindau). Mit 1 Kpf. gr. 8. Dresd. 817. Arnold. 21 gl.

— aus den ersten christlichen Jahrhunderten für das Lesen der heiligen Schrift. 12. (19 S.) Gernsbach 882. Christl. Colportage-Verein. n. — 5

Stimmen aus Inneröſterreich. Beiträge zur Durchführung der nationalen, religiösen und polit. Gleichberechtigung. Hrsg. und redig. von Andreas Einſpieler. 8 Hefte. gr. 8. (à ca. 90 S.) Klagenfurt 861, Leon's Buchh.

— aus Inneröſterreich. Beiträge zur Durchführung der nationalen, religiösen u. politischen Gleichberechtigung. Hersgbr. u. verantwortl. Redact.: Andr. Einſpieler. 8 Hefte (à 6 Bgn.). Klagenfurt 862. Leon's Buchh. gr. 8. n. 3 ℛ 10 ngr.

— vom Berge Karmel. Monatschrift f. das kathol. Volk. Hrsg. v. Fr. Serapion a S. Andrea Corſini. 1.—4. Jahrg. Octbr. 1891—Septbr. 1895. à 12 Hfte. (2 Bog.) gr. 8. Graz, (U. Moser). à Jahrg. n. 2. —

—vom Berge Karmel. Monatsſchrift f. d. kathol. Volk. Hrsg. v. Fr. Serapion a S. Andrea Corſini. 5.—8. Jahrg. Octbr. 1895—Septbr. 1899. à 12 Hfte. (à ca. 2 Bog.) gr. 8. Graz (U. Moser). à Jahrg. n. 2. —
Der 7. u. 8. Jahrg. waren von Eugenius a S. Joseph redigiert.

— vom Berge Karmel. Monatsſchrift f. das kathol. Volk. Hrsg. v. Eugenius a. S. Joseph. 9.—11. Jahrg. Octbr. 1899—Septbr. 1902. à 12 Hfte. gr. 8. (à ca. 32 S. m. Abbildgn.) Graz (U. Moser). à Jahrg. n. 2. —

— dasselbe. Gegründet v. P. Serapion u. S. Andrea Corſini. Mit den Beilagen: Teresia-Blätter u. Josefsheim-Annalen. 12. Jahrg. Oktbr. 1902—September 1903. 12 Hfte. gr. 8. (à ca. 24 S.) Augsburg, F. J. Riepenhausen. n. 2. —

— vom Berge Karmel. Marianische Monatsſchrift. Gegründet v. Serapion u. S. Andrea Corſini. 13. Jahrg. Oktbr. 1903—Sept. 1904. 12 Hefte. (à ca. 24 S.) gr. 8. Augsburg (Müllerſtr. 18), Verlag der Stimmen v. Berge Karmel. n.n. 2. 50
Fortsetzg., s.: Maria vom guten Rat.

— katholische, ein Archiv des Interessantesten und Vorzüglichsten aus dem kirchlichen Leben und aus der kirchlichen Literatur. 1r Jahrg. 1839. Juli — Decbr. 6 Hefte. à 9 Numm. Mit Titelvign. gr. 4. Regensburg 839. Manz. n. 1 1/3 ℛ — 2r Jahrg. 1840. 12 Hefte. gr. 4. Ebd., Montag u. Weiß'sche Verlagsbuchh. (Clesca.) n. 2 2/3 ℛ

—— katholische, ein Archiv d. Interessantesten u. Vorzüglichſten aus d. kirchl. Leben u. aus d. kirchl. Literatur. Hrsg. v. Geo, Jos. Götz. 1. Jahrg. 1839. Juli—Dec. 6 Hfte. 2—4. Jahrg. 1840—42. à 12 Hfte. gr. 4. Regensburg 839, Manz. [1 Jahrg. * 1 1/3 Thlr., 2—4. à J. * 2 2/3 Thlr.] *

—— katholische, ein Archiv d. Interessantesten u. Vorzüglichsten aus dem kirchl. Leben u. aus der kirchl. Literatur. Hrsg. v. Geo. Jos. Götz. 5. Jahrg. 1843. 12 Hfte. gr. 4. Regensburg, Manz. *
1—4. Jahrg. 1839—42. Ebendas. * 9 Thlr. 10 Ngr.

— dass. Neue Folge. 1.—3. Jahrg. 1844—46. Der ganzen Reihenfolge 6.—8. Jahrg. 12 Hefte. gr. 4. Ebend. à n. 3 1/2 ℛ

— katholische. Ein Archiv des Interessantesten u. Vorzüglichsten aus dem kirchl. Leben u. aus der kirchl. Literatur. Begründet von Geo. Jos. Götz. Fortges. v. e. Vereine v. Katholiken. N. F. 4. Jahrg. (Der ganzen Reihenfolge 9. Jahrg.) 1847. 156 Nrn. gr. 4. (1/2 B.) od. 12 Hfte. Regensburg, Manz. n. 3 1/2 ℛ

Stimmen, katholische, gegen die Trierische Ausstellung im Jahr 1844. (Von dem suspend. kathol. Pfarrer Licht.) 4. Aufl. 8. Frankfurt a/M. 845, Körner. 1 3/4 nℛ

— katholische, aus Oesterreich. 1—20. Heft. Wien 868. Sartori. gr. 8. 2 ℛ 20 ngr.
1. Zeitgemäße Betrachtungen. Vortrag, gehalten im Wiener gesell. Vereine (Ressource) von Graf Blome. 2. Aufl. (24 S.) 3 ngr.
2. Die sociale Gefahr der Arbeiterfrage u. die Möglichkeit deren Abwendung. (41 S.) 5 ngr.
3. Die katholischen Stimmen des österreichischen Herrenhauses. Reden gehalten in der Ehegesetz-Debatte am 19., 20. u. 21. März 1868 von Graf Rechberg, Graf Blome, Cardinal Rauscher ꝛc. (VI, 115 S.) 10 ngr.
4. Die katholischen Stimmen des österreichischen Herrenhauses. Reden gehalten in der Schulgesetz-Debatte am 30. März 1868 von Graf Blome, Fürst Windischgrätz, Fürst Sanguszko ꝛc. (55 S.) 5 ngr.
5. Die Priesterverfolgungen in Tirol von 1806 bis 1809. Von Alb. Jäger. 2. Aufl. (36 S.) 5 ngr.
6. Johs. Ronge in Wien oder der sogen. Teutsch-Katholicismus von Alban Stolz. Beleuchtet von J. M. Häusle. 4. Aufl. (32 S.) 2 ngr.
7. Ronge u. Forsiner in Wien! oder der neue Kometstern mit seinem Schweif von Alban Stolz. 4. Aufl. (17 S.) 2 ngr.
8. Bischof Dr. Feßler von St. Pölten u. die neue Aera. Erste bischöfliche Stimme über die konfessionellen Gesetze. 2. Aufl. (14 S.) 2 ngr.
9. Minister Dr. Giskra u. der Seckauer Klerus. (16 S.) 2 ngr.
10. Minister Dr. Giskra u. der oberösterreichische Klerus. 2. Aufl. (48 S.) 4 ngr.
11. Die Lohnbedienten der öffentlichen Meinung. Ein Beitrag zur Geschichte der kirchenfeindlichen Journalistik von A. Wiesinger. 2. Aufl. (60 S.) 6 ngr.
12. Die katholische Ehe u. Schule u. die Gesetze vom 25. Mai 1868. Hirtenschreiben des Kardinal Fürst-Erzbischofs von Wien. 3. Aufl. (VI, 46 S.) 4 ngr.
13. Der Bischof von Linz u. der Bischof von St. Pölten u. die neue Aera. (40 S.) 4 ngr.

14. Die Kirchenfürsten von Görz u. Laibach u. die neue Aera. (40 S.) 4 ngr.
15. Die Kirchenfürsten von Böhmen, Mähren u. Schlesien u. die neue Aera. (60 S.) 4 ngr.
16. Die Kirchenfürsten von Salzburg, Seckau, Gurk u. Lavant u. die neue Aera. 2. Aufl. (74 S.) 6 ngr.
17. Ordensstand u. Klöster. Zur Aufklärung. (39 S.) 4 ngr.
18. Die tiroler Kirchenfürsten u. die neue Aera. 2. Aufl. (36 S.) 2 ngr.
19. 20. Die Schule in ihren Beziehungen zur Kirche, zum Sta… zur Freiheit. 4. Aufl. (56 S.) 6 ngr.

—— katholische, aus der Schweiz. 1.—4. und 8.—10. Heft. 8. Zürich [Würzburg]. Woerl. *

Inhalt:

Heft 1. Die päpstliche Encyclica vom Dezbr. 1864 und das Mischehegesetz in der Schweiz. 2. verm. Aufl. (81 S.) 868. 50 Pf.
" 2. Rathgeber für Katholiken im Umgang mit Protestanten. Hrsg. vom Vorstand des Schweizer. Pius-Vereins. [2. verb. Aufl.] (134 S.) 868. 67 Pf.
" 3. Die Klöster in der neuen Verfassung des Kantons Thurgau. (32 S.) 868. 30 Pf.
Heft 4. Die christliche Ehe und die Civil-Ehe. Ansprache der schweizer. Bischöfe an die Geistl. und die Gläubigen ihrer Diözesen. (21 S.) 869. * 20 Pf.
" 8. „Du sollst den Sonntag heiligen." Hirtenbrief des Bischof Casp. Mermillod auf die heil. Fastenzeit 1869. Aus dem Französ. von Thom. Stocker. (48 S.) 869. * 40 Pf.
" 9. Die Restauration des Kirchengesangs und der Kirchenmusik durch das künftige allgemeine Concilium. (95 S.) 869. * 50 Pf.
" 10. Die Autorität eines allgemeinen Conciliums und die Aufgabe des nächsten. Hirtenbrief des Bischof Dr. Carl Joh. Greith. (23 S.) 869. * 30 Pf.

Stimmen, Katholische, aus dem Waldstätten, s. Stimme, Kath., ...

Stimmen aus der Kirche: 1879?—? Newark, NJ
Monthly.

— aus der Kirche üb. Abendmahlsgemeinschaft m. Fremdgläubigen nebst e. prakt. Anhang. Besorgt v. Abth. II der Gesellschaft für innere Mission nach dem Sinn der luther. Kirche. [Nr. 9.] 8. (48 S.) Nördlingen 852, Beck. 1/24 ℛ

—— aus d. kathol. Kirche Deutschlands. 1—3. Hft. gr. 8. (à ca. 5 B.) Neustadt a. d. O. 831, 32, Wagner. à

—— aus der katholischen Kirche über die Kirchenfragen der Gegenwart. 1. Bd. 6 Hefte und 2. Bd. 8 Hefte. 8. München 870, Oldenbourg. 1. Bd. (*ℳ 5,50.) *
2. Bd. (*ℳ 5,75.) *

Inhalt:

Bd. 1. 1. Heft. Huber, Johs., das Papstthum und der Staat. Wider den Anti-Janus. (III, 86 S.) (*ℳ 1,20.) * 60 Pf. — 2. Heft. Döllinger, J. v., einige Worte über die Unfehlbarkeitsadresse und die neue Geschäftsordnung des Concils und ihre theolog. Bedeutung. Zwei Gutachten. (30 S.) (* 50 Pf.) * 25 Pf. — 3. Heft. Hötzl, Petrus, Ist Döllinger Häretiker? 3. Aufl. (26 S.) (* 50 Pf.) * 25 Pf. — 4. Heft. Schmitz, Clemens, Ist der Papst persönlich unfehlbar? Aus Deutschlands und des P. Deharbe Katechismen beantwortet. (142 S.) (*ℳ 1,80.) * 90 Pf. — 5. Heft. Huber Johs., die Freiheiten der französischen Kirche. (36 S.) (* 50 Pf.) * 25 Pf. — 6. Heft. Liano, H. St. A. v., das große kirchliche Gebrechen unserer Zeit. (V, 106 S.) (*ℳ 1.) * 50 Pf.
Bd. 2. 1. Heft. Wie es auf dem Concil zugeht. (VI, (S. 1—280.) (*ℳ 3.) *ℳ 1,20. — 2. Heft. Friedrich, Joh., das päpstlich gewährleistete Recht der deutschen Nation, nicht an die päpstliche Unfehlbarkeit zu glauben. (S. 281—324.) (* 75 Pf.) * 40 Pf. — 3. Heft. Reinkens, Jos. Hub., über die päpstliche Unfehlbarkeit. Einige Reflexionen. (IX, S. 325—486.) (*ℳ 2.) *ℳ 1.

—— aus u. zu der streitenden Kirche. Evangel. Monatsschrift zur Besprechung kirchl. Zeitfragen. Hrsg. v. E. F. Ball u. G. D. Müller. 1. u. 2. Jahrg. 1846 u. 1847. à 12 Hfte. gr. 8. Barmen, Steinhaus. à 3.

Stimmen aus und zu der streitenden Kirche. Evangel. Monatsschrift zu Besprechung kirchlicher Zeitfragen. Hrsg. von E. F. Ball und G. D. Müller. 3. Jahrg. 1848. 12 Hefte. (à ca. 2 Bog.) gr. 8. Barmen, Steinhaus. Thlr.
1. und 2. Jahrg. 1846 und 1847. Ebendas. à Jahrg. 1 Thlr.

Stimmen aus der Kirche üb. die Wiederkunft des Herrn. Wichtige Zeugnisse f. den Tag des Herrn v. Luther, Melanchton u. anderen Vätern u. Lehrern der Kirche, hrsg. von K. v. M. gr. 8. (61 S.) Basel 893. A. Geering. n. 1. —

— aus d. Kirche üb. d. Wiederkunft d. HErrn. Wicht. Zeugnisse f. d. Tag d. HErrn v. Luther, Melanchthon u. and. Vätern u. Lehrern d. Kirche, hrsg. von K. v. M. 2. Thl. gr. 8. (120 S.) Basel 895. A. Geering. n. 1. 50 (1. u. 2.: n. 2. 50)

— der Kirche in den gegenwärtig bedrängten Zeiten. Kanzel-Reden auf das ganze Jahr m. Berücksichtigung der Zeitbedürfnisse. Bearb. v. mehreren kathol. Geistlichen. 2 Hälften. gr. 8. (IV u. 536 S.) Ulm 849, Fr. Ebner. (à 28 ngr) 1 ℛ 26 ngr

—— der Kirche in den gegenwärtig bedrängten Zeiten. Kanzel-Reden auf das ganze Jahr mit Berücksicht. der Zeitbedürfnisse. Bearb. von mehreren kathol. Geistlichen. gr. 8. (IV und 536 S.) Ulm 850, Fr. Ebner.

Stimmen aus den Kirchenvätern zur kirchlichen Zeitfrage. Zusammengestellt von einem Laien der Erzdiöcese Köln. Köln, Boisserée, 1870, gr. 8°, 20 S., 50 Pf.

Der Herausgeber dieser „Stimmen", als welchen Hülskamp, Litt. Handw. 1870, S. 137, den Kölner Appellationsgerichtsrat Freih. v. Thimus vermutet, stellt ohne alles Raisonnement eine Reihe aus dem Kontexte gerissener Väterstellen im Originaltext u. in deutscher Übers. zusammen, welche gegen das Infallibilitätsdogma zeugen sollen. Vgl. Ökum. Konzil Heft 10, S. 87.

— üb. das Konkordat für die Wiederorganisirung d. Bisthums Basel; gesammelt u. dem großen Rathe gewidmet von einigen Bürgern des Kantons Aargau. 4. Zürich 828. Geßner. 3 gl.

—— über d. Konkordat für d. Wiederorganisirung d. Bisthums Basel, gesammelt u. dem großen Rathe gewid. v. einigen Bürgern d. Kantons Aargau. 4. (3 B.) Zürich 828, [Siegfried.]

Stimmen der Kranken am Siechteiche; eine Sammlung geistlicher Lieder und Gesänge ... O. O. 1759—60. H: *Müller, Burchard Georg.* (ML) (Ky) (OL) (MGT)

Kritische Stimmen über das „Liebeskonzil". O. O. u. J. 8°.

STIMMEN AUS DEM AGRARISCHEN LAGER. Aufsätze und Reden gesammelt vom Bund der Landwirthe.

Heft I. Inhalt des I. Heftes: Grundsätze einer vernunftgemässen Getreidepreispolitik mit einer graphischen Darstellung. Von GUSTAV RUHLAND. — Zur Kritik des Entwurfes eines Bürgerlichen Gesetzbuchs. Von G. RUHLAND und N. KROIDL. I. Wem verdanken wir den Entwurf des Bürgerlichen Gesetzbuchs? II. Ueber den Beruf unserer Zeit zur Kodifikation des bürgerlichen Rechts. III. Kommission oder Einzelgesetzgeber. IV. Der Zweck im Familien- und Erbrecht. V. Das Vermögen, ein anvertrautes Gut. Berlin 1896. Wilhelm Issleib. 8°.

STIMMEN AUS DEM AGRARISCHEN LAGER.
Herausgegeben vom Bund der Landwirthe.

Heft II. Zur Aufhebung der Blanko-Termingeschäfte in Getreide. Ein wissenschaftliches Gutachten von GUSTAV RUHLAND. Inhalt des II. Heftes: I. Einleitung. II. Statistische Materialien. III. Aus der Geschichte des Getreidehandels in Deutschland. IV. Von den Blanko-Termingeschäften. V. Der Blanko-Terminhandel nach täglichen Börsenberichten in Europa und Amerika. VI. Der Blanko-Terminhandel und das Großkapital. VII. Wie der Blanko-Terminhandel den Interessen der Landwirthschaft dient. VIII. Wie der Blanko-Terminhandel den Interessen von Industrie und Handel dient. IX. Der Blanko-Terminhandel und die Vertreter der Wissenschaft. X. Die Aufhebung des Blanko-Terminhandels und die Reorganisation der Börse. — Schlusswort. ib. 1896. —

(Heft III.) ib. 1896. — A. u. d. T.: Zwei Reden über das Börsenreformgesetz, gehalten in der Sitzung der Landwirthschaftskammer für Brandenburg am 13. März 1896 von GRAF ARNIM-Mellenau und ROESICKE-Görsdorf. ib. 1896. —

Heft IV. Inhalt des Heftes: I. Kornhäuser und Kleinbahnen von EDMUND KLAPPER. II. Zur Umgestaltung des deutschen Schlachtvieh-Marktverkehrs von EDMUND KLAPPER. (Mit Tafeln.) ib. 1896. —

Heft V. Zur Ausführung des § 50 Abs. 3 des Börsengesetzes vom 22. Juni 1896, betreffend die Aufhebung der Börsentermingeschäfte in Getreide und Mühlenfabrikaten von GUSTAV RUHLAND. Inhalt des V. Heftes: Vorwort. I. Das Effectivgeschäft auf Zeit und das Börsentermingeschäft nach dem Allgemeinen Deutschen Handelsgesetzbuch. II. Materialien aus der Geschichte des Kampfes gegen des (!) Börsentermingeschäft. III. Zur Kritik der Definitionen und Materialien. IV. Die Definition des Börsentermingeschäftes. V. Zur Ausführung des § 50 Abs. 3 des Börsengesetzes. ib. 1896. —

Heft VI. Die Versuche zur Beseitigung des Börsengesetzes. ib. (1901.) Verlag der Verkaufsstelle des Bundes der Landwirte.
Herausgegeben vom Bund der Landwirte.
(Heft VII.) Die Ergebnisse der Bank-Enquete nach agrarischer Auffassung von G. RUHLAND. ib. 1909. Buchdruckerei der „Deutschen Tageszeitung", Druckerei und Verlag, Aktiengesellschaft.

Ist nicht weiter erschienen.

Stimmen aus dem agrarischen Lager. Aufsätze u. Reden, gesammelt v. Bund d. Landwirthe. I.—V. Hft. gr. 8. Berlin 896. W. Issleib. n. 5. 50
I. Grundsätze e. vernunftgemässen Getreidepreispolitik m. e. graph. Darstellg. Von Gust. Ruhland. — Zur Kritik d. Entwurfes e. bürgerl. Gesetzbuchs. Von G. Ruhland u. N. Kroidl. (II, 36 S.) n. 1. —
II. Zur Aufhebg. d. Blanko-Termingeschäfte in Getreide. E. wissenschaftl. Gutachten v. Gust. Ruhland. (92 S.) n. 1. 50
III. Zwei Reden üb. d. Börsenreformgesetz, geh. in d. Sitzg. d. Landwirthschaftskammer f. Brandenburg am 13. März 1896 v. Graf Arnim-Mellenau u. Roesicke-Görsdorf. (43 S.) n. 1. —
IV. I. Kornhäuser u. Kleinbahnen v. Edm. Klapper. II. Zur Umgestaltg. (Neugestaltung) d. deutschen Schlachtvieh-Marktverkehrs v. Edm. Klapper. (41 S. m. 3 graph. Darstellgn.) n. 1. —
V. Zur Ausführg. d. § 50, Abs. 3 d. Börsengesetzes v. 22. Juni 1896 betr. d. Aufhebg. d. Börsentermingeschäfte in Getreide- u. Mühlenfabrikaten v. Gust. Ruhland. (III, 18 S.) n. 1. —

Stimmen aus dem agrarischen Lager. Hrsg. vom Bund der Landwirte. 7. Heft. 8. Berlin 909. Puttkammer & Mühlbrecht. — 20
7. Die Ergebnisse der Bank-Enquete nach agrarischer Auffassung. Von G. Ruhland. (16 S.)

Stimmen aus dem agrarischen Lager. Hrsg. v. Stef. Richter. 1. u. 2. Hft. gr. 16. Prag 900. (J. G. Calve.) n. 1.80
1. Agrarbewegung, unsere, u. der Bund der deutschen Landwirte Böhmens. (267 S.) n. 1. 20
2. Das zoll- u. handelspolitische Agrarprogramm der österreichischen Centralstelle zur Wahrung der land- u. forstwirtschaftlichen Interessen beim Abschlusse v. Handelsverträgen. Von Alfr. Simitsch, Reichsritter v. Hohenblum. [Aus: „Der deutsche Landwirt".] (68 S.) n. — 60

Stimmen aus der Landschaft des Kantons Bern. [2 Hefte.] 8. [Bern 1831.]

Stimmen, Die, des christlichen Lebens im Liede: Hymnen und Hymnendichter vieler Länder und Zeitalter . . . Basel 1868. H: *Bundle-Charles*, *Bessy*. (Zuwachsverz. d. Bibl. in Zürich 1898 ff., 6.)

— die, des christl. Lebens ꝛc., s. a. Schriften, ausgewählte, von der Verf. der Familie Schönberg-Cotta.

—— aus der Berliner Lehrerwelt. Eine Zeitschrift in zwanglosen Heften, redig. von R. Schobert. 3 Hefte. gr. 8. Berlin, Geelhaar. [1. Heft. (22 S.) 869. * 25 Pf.; 2. Heft. (S. 25—74.) 869. * 50 Pf.; 3. Heft. (48 S.) 870. * 50 Pf.] *

— der Liebe, s. a. Traeger, Alb.

—— der Liebe. Gesammelt von Alb. Traeger. gr. 4. (VIII und 199 S. mit 18 lithogr. und ill. Illustr. und 27 eingedr. Holzschn. nach Zeichnungen von L. Hofmann.) Leipzig 861, C. F. Winter'sche Verlagsh. * 7 Thlr. 20 Ngr.; geb. *

Stimmen der Liebe. Stimmungsbilder m. Perlen deutscher Lieder. 12. (12 S.) Leipzig 888. Baldamus, Sep.-Cto. cart. m. Goldschn. n. 1. —

— über das Mai-Avancement der Militärärzte 1875. [Aus: „Militaerzeitg."] gr. 8. (81 S.) Wien 875. (Seidel & Sohn.) n. 1. 20

—— aus Maria-Laach. Katholische Monatschrift. 1. Bd. 6 Hefte. gr. 8. (à Heft ca. 96 S.) Freiburg i. Br. 869, Herder'sche Verlagsh. à Heft 90 Pf. *

— aus Maria-Laach. Katholische Monatschrift. 1. Bd. 6 Hfte. gr. 8. (1. Hft. 94 S.) Freiburg i. B. 871. Herder. à Hft. — 90

—— dass. — Jahrg. 1872—1874. à Jahrg. 12 Hefte. gr. 8. (à Heft 92—104 S.) Ebendas. à Heft 90 Pf.; à Jahrg. *

—— aus Maria-Laach. Katholische Blätter. Jahrg. 1875—1879 oder 8.—17. Bd. à 10 Hefte. gr. 8. (VIII, 1208; VIII, 1196; VIII, 1190; VIII, 1112; VIII, 1132 S.) Freiburg i. Br., Herder'sche Verlagsh. à Bd. *
à Jahrg. *

— aus Maria-Laach. Katholische Blätter. Jahrg. 1880—1884. à Jahrg. 10 Hefte. gr. 8. (à Heft ca. 120 S.) Freiburg i. Br., Herder'sche Verlagsh. à Jahrg. *

—— aus Maria-Laach. Kathol. Blätter. Jahrg. 1885—1888. à Jahrg. in 2 Bdn. oder 10 Heften. gr. 8. (568, 580; 580, 595; 584, 551; 584, 551 S.) Freiburg i. Br., Herder'sche Verlagsh. à Jahrg. *

— dasselbe. Register. Die Encyklika Papst Pius IX. vom 8. Dec. 1864 [Syllabus]. Das ökumen. Concil. Bd. I—XXV der Zeitschrift. Bd. I—VI [Hft. 1—24] der Ergänzungshefte. gr. 8. (IV, 112 u. 338 S.) Ebend. 886. n. 6. —

—— dass. — Neue Folge, s. Concil, das ökumenische.

Stimmen aus Maria-Laach. Katholische Blätter. Jahrg. 1889—1892 [od. 36.—43. Bd.]. à Jahrg. 2 Bde. od. 10 Hefte. gr. 8. (IV, 608, IV, 578; IV, 608, IV, 566; IV, 614, IV, 600; VII, 592, VIII, 580 S.) Freib. i. Br., Herder. à Bd. * 5 40; à Jahrg. * 10 80

— aus Maria-Laach. Katholische Blätter. Jahrg. 1891—1895. à 10 Hfte. gr. 8. (à Hft. ca. 124 S.) Freiburg i/B., Herder. à Jahrg. n. 10. 80

— aus Maria-Laach. Katholische Blätter. Jahrg. 1896—1899. à 10 Hfte. (à ca. 7 Bog.) gr. 8. Freiburg i/B., Herder. à Jahrg. n. 10. 80
Kann auch halbjährlich bezogen werden.

— dasselbe. 2. Register. Bd. XXVI—L der Zeitschrift. Bd. VII—XVII (Hft. 25—68) der Ergänzungshefte. gr. 8. (IV, 464 S.) Ebd. 899. n. 7. —; geb. n. n. 8. —

— aus Maria-Laach. Katholische Blätter. 58.—63. Bd. Jahrg. 1900—1902. à 10 Hfte. gr. 8. (VIII, 588; VIII, 600; XII, 600; VIII, 568; VIII, 604 u. VIII, 584 S.) Freiburg i/B., Herder. à Bd. n. 5. 40

— aus Maria-Laach. Katholische Blätter. 64.—71. Bd. Jahrg. 1903—1906. à 10 Hefte. (VIII, 600; VIII, 596; XII, 594; VIII, 592; XII, 592; VIII, 592; VIII, 592 u. XII, 588 S.) gr. 8. Freiburg i/B., Herder. à Bd. n. 5. 40

— aus Maria-Laach. Katholische Blätter. 72.—79. Bd. Jahrg. 1907—1910. à 10 Hefte. (XII, 588; XII, 592; XII, 588; XII, 588; XII, 592; XII, 600; XII, 588 u. XII, 588 S.) gr. 8. Freiburg i/B., Herder.
72.—77. Bd. à 5.40; 78. u. 79. Bd. à 6. —

— dasselbe. Ergänzungshefte. 1.—40. Heft = 1.—X. Bd. à 4 Hefte gr. 8. Ebd.

Inhalt:

Heft 1. Pesch, T., die moderne Wissenschaft betrachtet in ihrer Grundfeste. Philosophische Darlegung für weitere Kreise. (IV, 108 S.) 876. *M 1,40.
= 2. Baumgartner, A., Lessings religiöser Entwicklungsgang. Ein Beitrag zur Geschichte des „modernen Gedankens". (IV, 168 S.) 877. *M 2.
= 3. Pesch, T., die Haltlosigkeit der „modernen Wissenschaft". Eine Kritik der Kant'schen Vernunftkritik für weitere Kreise. (IV, 131 S.) 877. *M 1.70.
= 4. Hummelauer, F. v., der biblische Schöpfungsbericht. Ein exegetischer Versuch. (IV, 151 S.) 877. *M 1,90.
= 5. Baumgartner, A., Longfellow's Dichtungen. Ein literarisches Zeitbild aus dem Geistesleben Nordamerika's. (IV, 176 S.) 877. *M 2,25.
= 6. Knabenbauer, J., das Zeugniß des Menschengeschlechtes für die Unsterblichkeit der Seele. (IV, 164 S.) 878. *M 2.
= 7. Kreiten, W., Voltaire. Ein Beitrag zur Entstehungsgeschichte des Liberalismus. 1. Hälfte. (1694—1750.) (IV, S. 1—172) 878. *M 2,20.
= 8. —— dass. — 2. Hälfte. (1750—1778.) (IV, S. 173—384.) 878. *M 2,75.
= 9. Schneemann, G., die Entstehung der thomistisch-molinistischen Controverse. Dogmengeschichtliche Studie. (IV, 160 S.) 879. *M 2.
= 10. Baumgarten, A., Goethe's Jugend. Eine Culturstudie. (IV, 154 S.) 879. *M 2.

Heft 11. 12. Rieß, Florian, das Geburtsjahr Christi. Ein chronologischer Versuch mit einem Synchronismus über die Fülle der Zeiten und 12 mathematischen Beilagen. (IV, 267 S.) 880. *M 3.
= 13. 14. Schneemann, G., weitere Entwickelung der thomistisch-molinistischen Controverse. Dogmengeschichtliche Studie. Mit den autographen Aufzeichnungen Paul V. über die Schlußsitzung der Congregatio de auxiliis, in Lichtdr. (IV, 230 S.) 880. *M 3,20.
= 15. Cathrein, V., die englische Verfassung. Eine rechtsgeschichtliche Skizze. (IV, 123 S.) 881. *M 1,60.

Heft 16. Pesch, T., das Weltphänomen. Eine erkenntnißtheoretische Studie zur Säcularfeier von Kants Kritik der reinen Vernunft. (VIII, 137 S.) 881. *M 1,80.
= 17. Ehrle, F., Beiträge zur Geschichte und Reform der Armenpflege. (VIII, 133 S.) 881. *M 1,80.
= 18. Epping, J., der Kreislauf im Kosmos. (IV, 103 S.) 882. *M 1,40.
= 19. 20. Baumgartner, A., Göthe's Lehr- und Wanderjahre in Weimar und Italien (1775—1790). (VIII, 376 S.) 882. *M 4,80.
= 21. Cathrein, V., die Aufgaben der Staatsgewalt und ihre Grenzen. Eine staatsrechtliche Abhandlung. (IV, 147 S.) 882. *M 1,90.
= 22. Dressel, L., der belebte und der unbelebte Stoff nach den neuesten Forschungsergebnissen. (VIII, 204 S.) 883. *M 2,60.
= 23. 24. Beissel, St., die Baugeschichte der Kirche des heil. Victor zu Xanten. Nach den Originalrechnungen und andern handschriftlichen Quellen dargestellt. (XII, 232 S. mit vielen Abbild.) 883. *M 3.
= 25. Plenkers, W., der Däne Niels Stensen. Ein Lebensbild nach den Zeugnissen der Mit- und Nachwelt. Mit dem Portr. Stensens. 1. Hälfte: Stensen als Gelehrter und Convertit. (VIII, 112 S.) 884. *M 1,50.
= 26. —— dass. — 2. Hälfte: Stensen als Priester und Bischof. (IV, 96 S.) 884. *M 1,25.
= 27. Beissel, St., Geldwerth und Arbeitslohn im Mittelalter. Eine culturgeschichtliche Studie im Anschluß an die Baurechnung der Kirche des heil. Victor zu Xanten. (VIII, 190 S. mit 1 Illustr. und vielen statist. Tab.) 884. *M 2,50.
= 28. Dreves, G. M., ein Wort zur Gesangbuch-Frage. Zugleich Prolegomena zu einem Büchlein geistlicher Volkslieder. (IV, 136 S.) 884. *M 1,70.

29. Cathrein, V., die Sittenlehre d. Darwinismus. (X, 146 S.) 885. n. 2. —
30. 31. Gietmann, G., die Göttliche Komödie u. ihr Dichter Dante Alighieri. (III, 152; III, 154 S.) 885. n. 4. —
32. Pesch, Chr., der Gottesbegriff in den heidnischen Religionen d. Alterthums. (X, 144 S.) 885. n. 1. 90
33. 34. Baumgartner, A., Goethe u. Schiller. Weimars Glanzperiode. (VIII, 393 S.) 886. n. 5. —
35. 36. — der Alte von Weimar. Goethe's Leben u. Werke v. 1808—1832. (VIII, 296 S.) 886. n. 3. 80
37. Beissel, St., Geschichte der Ausstattung der Kirche d. heil. Victor zu Xanten. (VI, 148 S.) 887. n. 2. —
38. Spillmann, J., die englischen Martyrer unter Heinrich VIII. (VII, 171 S.) 887. n. 2. 25
39. 40. — die englischen Martyrer unter Elisabeth bis 1583. (XIV, 319 S.) 887. n. 4. 20

—— dass. — 41.—44. Heft, oder 11. Bd. gr. 8. (IV, 608 S.) Ebendas. 888. *

Inhalt:

Heft 41. 42. Pesch, Chr., der Gottesbegriff in den heidnischen Religionen der Neuzeit. Eine Studie zur vergleichenden Religionswissenschaft. (VIII, 112; III, 140 S.) *M 3.30.
= 43. Nostiz-Rieneck, Rob. v., das Problem der Cultur. (III, 166 S.) *M 2.—.
= 44. Epping, J., Astronomisches aus Babylon, oder das Wissen der Chaldäer über den gestirnten Himmel. Unter Mitwirkung von J. N. Straßmaier. Mit Copien der einschläg. Keilschrifttafeln und andern Beilagen. (IV, 190 S. mit 7 S. autogr. Text.) *M 4.—.

44. Epping, J., Astronomisches aus Babylon. Unter Mitwirkg. von J. N. Straßmaier. (IV, 190 S. m. 7 S. autogr. Text.) 889. n. 4. —

—— dass. — 45.—56. Ergänzungsheft [od. 12.—14. Ergänzungsbd.]. gr. 8. Ebd. * 23 70

45. Gruber, Herm. August Comte, der Begründer d. Positivismus. Sein Leben u. seine Lehre. (VII, 144 S. u. 3 Tab.) 889. * 2 —. [Vgl. Nr. 52.]
46. Zimmermann, Athanasius. Die Universitäten Englands im 16. Jahrh. (VII, 138 S.) 889. * 1 80.
47. Beissel, Steph. Die Verehrung der Heiligen u. ihrer Reliquien in Deutschland bis zum Beginne d. 13. Jahrh. (VIII, 148 S.) 890. * 2 —. [Vgl. Nr. 54.]
48. Zimmermann, Athanasius. Maria die Katholische. Eine Skizze ihres Lebens u. ihrer Regierung. (VIII, 162 S.) 890. * 2 20.
49. Pesch, Chrn. Gott u. Götter. Eine Studie zur vergleich. Religionswissenschaft. (VII, 128 S.) 890. * 1 70.
50. Dahlmann, Jos. Die Sprachkunde u. die Missionen. Ein Beitrag zur Charakteristik d. ält. kath. Missionsthätigkeit. 1500—1800. (XI, 128 S.) 891. * 1 70.
51. Pesch, Heinr. Die Wohlthätigkeitsanstalten der christlichen Barmherzigkeit in Wien. (VIII, 142 S. m. 1 Titelbild.) 891. * 1 90.
52. Gruber, Herm. Der Positivismus vom Tode August Comte's bis auf unsere Tage [1857—1891]. (VII, 194 S.) 891. * 2 60. [Vgl. Nr. 45.]
53. Duhr, Bernh. Pombal. Sein Charakter u. seine Politik nach den Berichten der kaiserl. Gesandten im geheimen Staatsarchiv zu Wien. Ein Beitrag zur Geschichte d. Absolutismus. (IV, 182 S.) 891. * 2 30.
54. Beissel, Steph. Die Verehrung der Heiligen u. ihrer Reliquien in Deutschland während der 2. Hälfte d. Mittelalters. (VIII, 143 S.) 892. * 1 90. [Vgl. Nr. 47.]
55. Fell, Geo. Die Unsterblichkeit der menschlichen Seele, philosophisch beleuchtet. (III, 136 S.) 892. * 1 70.
56. Zimmermann, Athanasius. Englands „öffentliche Schulen" von der Reformation bis zur Gegenwart. Ein Beitrag zur Culturgeschichte. (VIII, 139 S.) 892. * 1 90.

— dasselbe. Ergänzungshft. 57—62. gr. 8. Ebd.

57. Entstehung u. erste Entwicklung der Katechismen d. sel. Petrus Canisius aus der Gesellschaft Jesu. Geschichtlich dargelegt v. Otto Braunsberger. (XII, 187 S.) 893. n. 2. 50
58. Aurelius Ambrosius, „der Vater des Kirchengesanges". Eine hymnolog. Studie. Von Guido Maria Dreves. (VII, 146 S. m. 1 Lichtdr.) 893. n. 2. —
59. Des Richard Löwenherz deutsche Gefangenschaft (1192—1194). Von Karl Alois Kneller. (III, 128 S.) 893. n. 1. 60
60. Der Karmeliter Paulus Heliä, Vorkämpfer der katholischen Kirche gegen die sogenannte Reformation in Dänemark. Von Ludw. Schmitt. (XI, 172 S.) 893. n. 2. 30
61. Der Einfluß der Religion auf das Leben beim ausgehenden Mittelalter, besonders in Dänemark. Von Wilh. Schmitz. (160 S.) 894. n. 2. 20
62. Das Râmâyana u. die Râma-Literatur der Inder. Eine literaturgeschichtl. Skizze v. Alex. Baumgartner. (XI, 170 S.) 894. n. 2. 30

— dasselbe. Ergänzungshefte. 63—73. gr. 8. Ebd. n. 22. —

63. Die Glaubwürdigkeit uns. Evangelien. Ein Beitrag zur Apologetik v. Heinr. Boese, S. J. (V, 140 S.) 895. n. 1. 80
64. Die inn. Schönheit d. Christenthums. Von Emil Lingens, S. J. (IX, 154 S.) 895. n. 2. —
65. Das kathol. Ordenswesen. Von L. v. Hammerstein, S. J. (VII, 168 S.) 896. n. 2. —
66. D. Verehrg. U. L. Frau in Deutschland während d. Mittelalters. Von Steph. Beissel, S. J. (VII, 154 S.) 896. n. 2. —
67. Der Kölner Theologe Nikolaus Stagefyr u. d. Franziskaner Nikolaus Herborn. Von Ludw. Schmitt, S. J. (VII, 184 S.) 896. n. 2. 40
68. D. Universitäten in d. Verein. Staaten Amerikas. E. Beitrag zur Culturgeschichte. Von Athanas. Zimmermann, S. J. (IX, 116 S.) 896. n. 1. 60
69. Instinct u. Intelligenz im Thierreich. E. krit. Beitrag zur modernen Thierpsychologie. Von Erich Wasmann, S. J. (VIII, 94 S.) 897. n. 1. 30
70. Vergleich. Studien üb. d. Seelenleben d. Ameisen u. d. höhern Thiere. Von Erich Wasmann, S. J. (VII, 122 S.) 897. n. 1. 60
71. D. priesterl. Gewänder d. Abendlandes nach ihrer geschichtl. Entwicklg. Von Jos. Braun, S. J. M. 30 in d. Text gedr. Abb. (VI, 180 S.) 897. n. 2. 50
72. Nicolaus Copernicus, d. Altmeister d. neueren Astronomie. E. Lebens- u. Culturbild. Von Adf. Müller, S. J. (VII, 159 S.) 898. n. 2. —
73. D. pontificalen Gewänder d. Abendlandes nach ihrer geschichtl. Entwicklg. Von Jos. Braun, S. J. M. 27 in d. Text gedr. Abb. u. 1 Taf. (VII, 191 S.) 898. n. 2. 80

— dasselbe. Ergänzungshefte. Nr. 74—82. gr. 8. Ebd n. 21. 30

74. Deutsche Jesuitenmissionäre des 17. u. 18. Jahrh. Ein Beitrag zur Missionsgeschichte u. zur deutschen Biographie. Von Ant. Huonder, S. J. (IV, 230 S.) 899. n. 3. 20
75. Religion u. Moral od. Gibt es e. Moral ohne Gott? Eine Untersuchg. des Verhältnisses der Moral zur Religion. Von Vict. Cathrein, S. J. (V, 142 S.) 900. n. 1. 90
76. Theologische Zeitfragen. Von Chrn. Pesch, S. J. (V, 167 S.) 900. n. 2. 20
77. Die neueren Forschungen üb. die Anfänge des Episkopats. Von Stanisl. v. Dunin-Borkowski, S. J. (VIII, 187 S.) 900. n. 2. 40
78. Der Idealismus der indischen Religionsphilosophie im Zeitalter der Opfermystik. Von Jos. Dahlmann, S. J. (VI, 140 S.) 901. n. 1. 80
79. Rückblick auf das katholische Ordenswesen im 19. Jahrh. Von Otto Braunsberger, S. J. (VIII, 228 S.) 901. n. 3. —
80. Theologische Zeitfragen. Von Chrn. Pesch, S. J. 2. Folge. (III, 138 S.) 901. n. 1. 80; (1 u. 2 n. 4.—)
81. Die Entdeckungen der Normannen in Amerika. Unter besond. Berücksicht. der kartograph. Darstellgn. Von Jos. Fischer, S. J. Mit 1 Titelbild, 10 Kartenbeilagen u. mehreren Skizzen. (XII, 126 S.) 902. n. 2. 80
82. Die Aachenfahrt. Verehrung der Aachener Heiligtümer seit den Tagen Karls des Großen bis in unsere Zeit. Von Steph. Beissel, S. J. (XVII, 160 S.) 902. n. 2. 20

— dasselbe. Ergänzungshefte. Nr. 83—94. gr. 8. Ebd. n. 29. —
Beissel, Steph., S. J., Geschichte der Evangelienbücher in der ersten Hälfte des Mittelalters. Mit 91 Bildern. (XI, 365 S.) 906. (Nr. 92. 93.) n. 6. 50
Beßmer, Jul., S. J., die Grundlagen der Seelenstörungen. (VIII, 192 S.) 906. (Nr. 94.) n. 2. 80
— Störungen im Seelenleben. (XI, 172 S.) 904. (Nr. 87.) n. 2. 50
Blötzer, Jos., S. J., die Katholikenemanzipation in Großbritannien u. Irland. Ein Beitrag zur Geschichte religiöser Toleranz. (XIII, 293 S.) 905. (Nr. 88. 89.) n. 4. —
Kneller, Karl Alois, S. J., das Christentum u. die Vertreter der neueren Naturwissenschaft. Ein Beitrag zur Kulturgeschichte des 19. Jahrh. (VII, 266 S.) 903. (Nr. 84. 85.) n. 3. 40
Krose, H. A., S. J., der Selbstmord im 19. Jahrh. nach seiner Verteilung auf Staaten u. Verwaltungsbezirke. Mit 1 Karte (111 S.) 906. (Nr. 90.) n. 2. 20
— die Ursachen der Selbstmordhäufigkeit. (VIII, 169 S.) 906. (Nr. 91.) n. 3. —
Müller, Adf., S. J., Johann Keppler, der Gesetzgeber der neueren Astronomie. Ein Lebensbild. (VIII, 186 S.) 903. (Nr. 83.) n. 2. 40
Reichmann, Matthias, S. J., der Zweck heiligt die Mittel. Ein Beitrag zur Geschichte der christl. Sittenlehre. (VII, 160 S.) (Nr. 86.) n. 2. 20

— dasselbe. Ergänzungshefte. Nr. 95—105. gr. 8. Ebd. 36. 80
Beissel, Steph., S. J., Entstehung der Perikopen des römischen Meßbuches. Zur Geschichte der Evangelienbücher in der ersten Hälfte des Mittelalters. (VII, 220 S.) 907. (Heft 96.) 4. —
Braun, Jos., S. J., die belgischen Jesuitenkirchen. Ein Beitrag zur Geschichte des Kampfes zwischen Gotik u. Renaissance. Mit 73 Abbildgn. (XII, 208 S.) 907. (Heft 95.) 4. —
— Die Kirchenbauten der deutschen Jesuiten. Ein Beitrag zur Kultur- u. Kunstgeschichte des 17. u. 18. Jahrh. 1. Tl.: Die Kirchen der ungeteilten rhein. u. der niederrhein. Ordensprovinz. Mit 13 Taf. u. 22 Abb. im Text. (III, XII, 276 S.) 908. (Heft 99. 100.) 4. 80
— dasselbe des 16., 17. u. 18. Jahrh. 2. (Schluß-)Tl.: Die Kirchen der oberdeutschen u. der oberrhein. Ordensprovinz. Mit 18 Taf. u. 31 Abb. im Text. (XII, 390 S.) 909. (Heft 103. 104.) 7. 60
Kneller, Karl Alois, S. J., Geschichte der Kreuzwegandacht von den Anfängen bis zur völligen Ausbildung. (IX, 216 S.) 908. (Heft 98.) 3. 50
Krose, H. A., S. J., katholische Missionsstatistik. Mit e. Darstellg. des gegenwärt. Standes der kathol. Heidenmission. (VIII, 129 S.) 908. (Heft 97.) 2. 40
Müller, Adf., S. J., der Galilei-Prozeß (1632—1633), nach Ursprung, Verlauf u. Folgen dargestellt. (VIII, 205 S.) 909. (Heft 102.) 3. 60
— Galileo Galilei u. das kopernikanische Weltsystem. (XII, 184 S. m. 1 Bildnis.) 909. (Heft 101.) 3. 40
Stockmann, Alois, S. J., Thomas Moore, der irische Freiheitssänger. Biographisch-literarische Studie. (IX, 167 S.) 910. (Heft 105.) 3. -

— Mariazeller. Marianische Monatsschrift. Zugleich Organ der Mariazeller Vereine Oesterreichs. Red.: Jos. C. Heidenreich. 1. u. 2. Jahrg. Mai 1900—April 1902. à 12 Hfte. gr. 8. (1. Jahrg. 212 S.) Wien, C. Hassenberger. à Jahrg. n. 2. 40

Stimmen aus den Missionen. Zeitschrift f. d. Mitglieder u. Freunde d. Missionsvereinigung kath. Frauen u. Jungfrauen. Red. Frl. C. Schynse. Jg. 1. o. O.: Missionsver. kath. Frauen u. Jungfrauen 1903; (Fulda: Actiendr.). 4°

— aus den Missionen. Zeitschrift f. die Mitglieder u. Freunde der Missionsvereinigung kathol. Frauen u. Jungfrauen. 6.—8. Jahrg. Oktbr. 1908—Septbr. 1911. à 8 Nrn. (à ca. 12 S. m. Abb.) 31×23,5 cm. Fulda, (Fuldaer Actiendruckerei). à Jahrg. 1. 40

—— aus dem Morgenlande, oder deutsch-morgenländische Frucht- und Blumenlese. Eine Sammlung von unbekannten, oder noch ungedruckten Schriftstücken morgenländischer Autoren; ausgezogen, übers., erläut. und hrsg. von C. R. S. Peiper. gr. 8. (XVIII und 469 S. mit 1 Stnt.) Hirschberg 850. (Leipzig, Brockhaus.) *

— nachzügelnde, a. d. großen Haufen üb. die sogenannte „Krisis“ des Gustav-Adolph-Vereins u. über das Wesen der prot. Kirche. Von e. prakt. Juristen. gr. 8. (62 S.) Frankfurt a. M. 847, Oehler. 1/4 ₰

Stimmen, Neue, aus Frankreich über Politik. Leipzig 1847. H: *Weller, Emil*[?]. (EB)

— neue, aus Frankreich über Politik u. soziales Leben. Mit Beiträgen v. Lammenais, L. Blanc, Cormenin, Constant, Dezamy u. A. 8. (89 S.) Leipzig 847, Weller. — II. (Thl.) A. u. d. T.: Französische Skizzen d. neuesten Zeit. 8. (110 S.) Ebd. 847. (à 12 ngl) 24 ngl — 2 Thle. (in 1 Bde.) Gesammt-(Titel-)Ausg. 8. (IV u. 199 S.) (Ebd. 847. 48) 850. n. 2/3 ₰

—— neue, aus Frankreich über Politik und soziales Leben. 2 Thle. (in 1 Bd.) 1. Ausg. 1847—48. 24 Ngr. und Gesammt-(Titel-)Ausg. 8. (IV und 199 S.) Leipzig 850, Weller. *

Stimmen, neueste, aus England üb. d. jetzigen Zustand d. Zucht edler Pferde daselbst, deutsch mit Anmerkn. hrsg. v. R. v. Veltheim u. C. v. Hochstetter. gr. 8. (24 B. u. 14 Stnt.) Berlin 837. [Hamburg, Engel.]

— neueste, aus England über den jetzigen Zustand der Zucht edler Pferde daselbst, deutsch mit Anmerkk. herausg. vom Grafen R. von Veltheim und Stallmeister C. von Hochstetter. Mit 14 lithogr. Tafeln mit 1 Blatt Text: Atlas ꝛc. gr. 8. Berlin 837. Leipzig. Leich. 4 1/2 ₰

Neueste *Stimmen* aus England üb. den jetzigen Zustand d. Zucht edler Pferde daselbst. Deutsch m. Anmerk. herausg. v. R. v. Veltheim u. C. v. Hochstetter. Berl. 1837. (374) S.
(10 overs. og orig. Stykker af forskellige Forf.).
— — Atlas. S. St. o. A. 14 Tvl. Tv.-Fol.

Neueste Stimmen aus England über den jetzigen Zustand der Zucht edler Pferde daselbst deutsch mit Anm. hrsg. von Grafen R[oettger] v. Veltheim u. C. v. Hochstetter. Mit 14 lithogr. Taf. [in bes. Atlas]. Berlin, Leipzig 1837. 319 S.

— aus Nordschleswig. Lose Blätter zur Vertretg. deutscher Friedensarbeit in der Nordmark. Hrsg. im Auftrage des Vereins f. deutsche Friedensarbeit in d. Nordmark: Johs. Schmidt. Jahrg. 1910/11. 4 Hefte. (à ca. 48 S.) 8. Hanau 910. Clauß & Feddersen. 3. —

— nothwendige 4, zu der in Witt's Blättern für kathol. Kirchenmusik 1867 Nr. 9 enthaltenen „Missa de martyribus.“ Regensburg 867. Pustet. hoch 4. (16 S.) 4 ngr

Stimmen über die Notwendigkeit der Sonntagsruhe. Gesammelt u. hrsg. vom Deutschnat. Handlungsgehilfen-Verband. Hamburg 1906: (Hanseat. Dr.- u. Verl.-Anst.). (15 S.) 8° [Umschlagt. J.] [07. 13810 10

Stimmen, öffentliche, edeldenkender Deutschen aus dem Großherzogth. Posen. gr. 4. (16 S.) Berlin 848, (Stargardt.) **

— öffentliche, üb. die Badensche Territorialfrage seit Erscheinung der Aktenstücke. 2 Hfte. gr. 8. Münch. 818. Lentner. 9 gl

— offentliche, über die Badensche Territorialfrage seit Erscheinung der Aktenstücke. 2 Hefte. gr. 8. München, Lentner. 819.

Stimmen. Oeffentliche St' & Urtheile über Dr. Kasimir Pfyffer's Lebenserinnerungen gegenüber der anonymen Schmähschrift: betitelt: Etwelche Bemerkungen ... über Die jüngste Broschüre ... des Herrn Dr. C. Pfyffer. Hrg. von einem Freunde des Geschmähten. 8. Luzern 1867.

— zur Orientirung der Katholiken in Kirche und Staat. 2 Bde. Wien 863. Mechitharisten-Congreg.-Buchhdlg. 8. (860 S.) n. 2 ₰

—— aus Oesterreich. 1.—7. Heft. gr. 8. Wien, Hartleben's Verlag. à Heft * 20 Pf. *

Inhalt:

Heft 1. Katechismus über das Reclamations-Verfahren bei der Grundsteuer-Regulirung. Eine Belehrung für die Grundbesitzer in Oesterreich, welche reclamiren wollen. 1. und 2. Aufl. (26 S.) 881.
- 2. Unsere heutige Volksschule. (31 S.) 881.
- 3. Ueber die Freitheilbarkeit der Bauerngründe. (32 S.) 881.
- 4. Unsere Preßzustände. (30 S.) 881.
- 5. Die Länderbank und der Pariser Krach. (32 S.) 882.
- 6. Was bringen uns die neuen Steuervorlagen des Ministeriums Taaffe? (40 S.) 883.
- 7. Die Gebührengesetz-Novelle und die Schulgesetz-Novelle. (32 S.) 883.

—— aus Oesterreich. Zur Lehr' u. Wehr'. I—VI. 8. Wien. Warnsdorf, A. Opitz. n. 1.45

I. Der Darwinismus. E. Vortrag v. Arminius. (24 S.) 895. n. — 20
II. Hinweg m. d. volksfeindl. Presse! Ein zeitgem. Mahnruf an d. christl. Volk. (32 S.) 895. n. — 20
III. D. Wesen u. d. weltgeschichtl. Bedeutg. d. Germanenthums. Von Rich. Kralik. (32 S.) 895. n. — 20
IV. Glaube u. Wissenschaft. Von Justus Fidelis. (16 S.) 896. n.n. — 10
V. Bauernnoth, die. Darstellg. ihrer Ursachen u. d. Mittel zu ihrer Beseitigg., m. d. Entwurfe e. Programmes. (106 S.) 896. n. — 50
VI. Aus d. Geheimnissen d. Exportgeschäftes in Oesterreich-Ungarn. Von W. Fröhlich. (86 S.) 897. n. — 25

—— pädagogische. Neue Folge des Kärntnischen Schulblattes. „Organ und Eigenthum des kärtnischen Landes-Lehrervereins". Redact.: Alois Fürpaß. 1.—4. Jahrg. Der ganzen Reihe 14.—17. Jahrg. 1881—1884. à Jahrg. 24 Nrn. (Bog.) 8. Klagenfurt, Administration. à Jahrg. **

—— politische, aus Böhmen. Ein Jahrbuch, hrsg. von einem Kreis polit. Schriftsteller. 1869. gr. 8. (1. Heft 32 S.) Prag, (Reinitzer und Popitz.) *

— polnische. I. Ausrotten? Aus Anlass der in der „Gegenwart" 1885 Nr. 1, 2 u. 6 veröffentlichten Aufsätze v. E. v. Hartmann. gr. 8. (85 S.) Zürich 886. Verlags-Magazin. n. — 50

Stimmen der Presse über Aufführungen des neuen dramatischen Oratoriums 'Quo vadis?' von Felix Nowowiejski, op. 30. Fulda: Maier [1910]. 16 S. 4° [10. 17,69

Stimmen der Presse zur Gynaecologia Helvetica, Jahrg. 1.—6. Begründet und hrg. von Dr Oskar Beuttner, ... Genf = Comptes rendus de la Presse sur les 6 premières années de la G' H'. Fondée et publiée par le Docteur Oscar B', ... Genève. II + 16 S. gr.-8. [Genf, Kündig, 1907.]

—— der Presse über die wissenschaftliche Thätigkeit in den physiologischen Instituten. Recensionen der „Folterkammer der Wissenschaft" von Ernst v. Weber. gr. 8. (13 S.) Leipzig 879, [H. Voigt.] Friedr. Schneider. *

— der Presse über zwei Vorträge v. Rudolf Falb [Weltentstehung, Weltuntergang, Erdbeben u. Einfluss des Mondes auf das Wetter]. Geh. im Winter 1876/77 in Deutschland, in der Schweiz u. in Oesterreich. 8. (482 S.) Graz 877. (Forstlo.) n. 6. 60

Anonym: „Stimmen aus Preussen", Leipzig 1831. — Vorh.: Preuß. Staatsbibliothek Berlin.

Vgl. Stimme aus Preußen.

—— aus Preußen an Preußen. Fünf Gespräche. 8. (5 B.) Heidelberg 841, C. F. Winter. * -

Stimmen aus Preußen an Preußen. Fünf Gespräche. Heidelberg 1841. 75 S. 8.

— aus Preußen an Preußen. Fünf Gespräche. 8. Heidelberg 842, C. F. Winter. n. 5/12 ₰

— protestantische, üb. das Jesuitengesetz, s.: Flugschriften, katholische, zur Wehr u. Lehr'.

Protestantische Stimmen über das Infallibilitätsdogma in der kathol. Kirche. Eine Erörterung der Frage: Dürfen Protestanten das Dogma von der päpstlichen Infallibilität als eine Neuerung in der Kirche bezeichnen? Berlin, Verlag der „Germania". 1878, 8°, 16 S., 30 Pf.

Eine etwas dürftige Zusammenstellung von Aussprüchen aus ältern u. neuern protest. Autoren über d. päpstl. Unf.

Stimmen zur Reform des Religions-Unterrichtes, gesammelt u. hrsg. von Dr. W[ilhelm] Rein, Prof., Jena. H. 1. Langensalza: H. Beyer & Söhne 1904. 8°
= Magazin, Pädagogisches. H. 237. [06. 1007

—— aus dem Reiche Gottes. Eine auserlesene Sammlung alter u. neuer evangel. Kernlieder mit beigefügten, 4stimmig gesetzten, f. Gesang, Clavier u. Orgelspiel eingerichteten Choralmelodien. Hrsg. v. Conr. Kocher. Mit e. Vorw. v. Alb. Knapp. 2., wohlf. Ausg. 1—3. Lfg. 8. (46½ B.) Stuttgart 846, Hallbergersche Vrlgsh. à

— aus d. Reiche Gottes, s. C. Kocher.

— aus den Reihen der Cavallerie. [Mit 6 (eingebr.) Holzschn.] Lex.-8. (II, 82 S.) Berlin 876. Militaria. n. 2. 40

Stimmen der Religion an die besten unter den Menschen. München 1777. V: *Behrisch, Heinrich Wolfgang.* (Behrisch, Die Wiener Autoren. 1784.)

— der Religion an die Besten unter d. Menschen. 8. Frankf. 779. (W. Rauck in Leipz.) 9 ₰

— aus Rom. Von den Benediktinern in St. Paul. Schaffhausen 860. Hurter. gr. 8. (VIII, 560 S.) 2 ₰ 6 ₰

Stimmen, St. Galler, s. St. Galler-Stimmen.

Stimmen am St. Johannisfeste bei der Tafelloge den 24. Juni 1818 in der □ z[um] g[oldnen] Apfel im Or. Dresden. [Dresden 1818.] 8 Bl. 4° [Umschlagtit.]
6 Lieder ohne Noten. 193.

Sechs **Stimmen** über geheime Gesellschaften und Freimaurerei. I. Joh. Stuve. II. E[rnst] M[or.] Arndt. III. Adolph Frh. v. Knigge. IV. Heinr. Steffens. V. Joh. Fr[iedr.] Meyer. VI. I[gnaz] A[urel.] Fessler. Nebst einem avis aux lecteurs. Solothurn: Typograph. Gesellsch., Leipzig: Herbig in Comm. 1824. 116 S. 8°
Recens: AZ. 1825 S. 117—118.
cf. LCBl. 1824 Nr 269, 270.
Kl. 636. Sehr selten. Aus d. Werken d. verschiedenen Verf. abgedr. D. Abhandl. 1—5 dringen auf Aufhebung d. geh. Gesellsch., namentlich d. Frmrei, Fessler will nur d. Gebrechen d. Frmrei gehoben wissen.

Stimmen schweizerischer Staatsmänner zur Verhältniswahl. Volksabstimmung vom 23. Oktober 1910 über den Nationalratsproporz. Hrg. vom Schweiz. Aktionscomité für den Nat'. 91 S. 8. [Wülflingen, Heinrich Müller-Schoch.] [fr. —. 20]

Stimmen zur Tabak-Fabrikat-Steuer. Halle 1878.

– tausend, wahrer Religion gegen die Kirche. Wahrsprüche deutscher Denker und Schriftsteller. Gotha 860. Stollberg. 16. (XI, 140 S.) 15 ngr.

Stimmen d. Trostes am Grabe e. Kindes. Briefe hervorrag. deutscher Theologen uns. Jahrh. Mit Vorwort v. Fr. Zehle. 8. (IV, 100 S.) Stuttgart 897. Buchh. der Evang. Gesellschaft. Kart. n. 1. —

—— aus Ungarn, angeregt durch den bevorstehenden Landtag. Mit besond. Rücksicht auf die jüngst erschienene Schrift: „Oesterreich u. dessen Zukunft." 8. (6 B.) Erlangen 843, Palm'sche Vrlgsbuchh.

—— aus dem Volke. Ein ländl. Gedicht in allemann. Mundart, üb. Volkssouverainität, Preßfreiheit &c. gr. 16. (1 B.) Basel 832, Schneider.

Stimmen aus dem Volke. Ein ländliches Gedicht in allemanischer Mundart über Volkssouverainität, Pressfreyheit u. s. w. ([Von] J J Sch in T .) 2. Aufl. 8. Basel 1832.

—— aus dem Volke über den berliner Protest vom 1. August 1845. Hrsg. v. e. evangel. Protestanten. gr. 8. (2¼ B.) Berlin 845, Ed. Krause, Vrlgsb.

—— des russ. Volks in Liedern. Gesammelt u. übers. v. P. v. Goetze. 8. (15¼ B., 3 Stndr. u. 2¼ B. Musikbeil.) Stuttgart 828, Cotta.

Stimmen aus dem Volksverein. Zwanglos erscheinende Hefte. Hrg. von Dr. A[lphons] Hättenschwiller. Heft 1. 2. Aufl. u. Heft 2 u. 3. 8. Altdorf (*Heft 3: Luzern), Verlag des Schweizer. Vereins für gute Volkslektüre, 1910[—1911].

s. Hättenschwiller, A[lphons].

—— vollgiltige, aus d. gelehrten Stande üb. d. Rechtsverhältnisse d. Schullehrer-Standes zu Kirche u. Staat u. üb. d. Wichtigkeit d. Schule u. was ders. Noth thut, nach d. Grundsätzen d. Humanität u. d. Bedürfnissen uns. Zeit; zur Beherzigung f. d. hohen Regierungen &c. 2 Bde. gr. 8. Ulm, (Stettin.) [1. (16½ B.) 830. 12 Gr., 2. (11 B.) 832. 10 Gr.]

—— dass. 2 Bde. 2. Ausg. gr. 8. (27¼ B.) Heilbronn 835, Drechsler.

— der Wahrheit f. Christen u. solche, die es zu werden wünschen. 8. Halle 825. (Waisenhaus-B.) 6 gr.

—— der Wahrheit über das Dasein Gottes. Beherzigenswerthe Worte gegen den Unglauben unserer Zeit. gr. 8. (16 S.) Stuttgart 879. (Leipzig, Matthes.) *

—— evangelischer Wahrheit, aus der Brüdergemeinde. Auswahl aus Zinzendorfs u. Albertinis Schriften v. Aug. Gebauer. 8. (18⅜ B.) Stuttgart 846, Cast'sche Buchh. *

– der Wahrheit gegen Irrthum und Lüge. I—VI. Freiburg im Br. 861, 62. Herder. gr. 8. Jede Nr. n. 2 ngr.

I. Hirtenbrief des Bischofs von Poitiers über die Anschuldigungen gegen den Papst und die französische Geistlichkeit in der Broschüre: „Frankreich, Rom u. Italien, von A. Laguerouniere." (31 S.)

II. Rede des Abgeordneten Hennessy über die italienische Frage, gehalten in dem Unterhause des englischen Parlaments den 4. März 1861. (31 S.)

III. Schreiben des Erzbischofs von Tours an den französischen Cult-Minister über ein Circular des Justiz-Ministers an die General-Procuratoren, die Strafgesetze gegen Geistliche betreffend. — Verhandlungen in der preußischen Kammer der Abgeordneten, die Stellung der Kirche zum Staat betreffend. [Aus dem Mainzer Journal.] (19 S.)

IV. Joh. Fr. Böhmer über die deutsche Nationalversammlung von 1848–49 u. die preußische Hegemonie. — Rückblick auf das Jahr 1849. (19 S.)

V. Aus der 13. Generalversammlung der katholischen Vereine Deutschlands. (35 S.)

VI. Spanien, die italienische Frage und die Revolution. Eine Rede des Abgeordneten Don Antonio Aparisi y Guijarro in dem Congresse der spanischen Cortes. (19 S.)

—— der Wahrheit im Gebiete der Mäßigkeit. Nr. 1—8. 8. (à ca. 1 B.) Berlin 840—42, [J. A. Wohlgemuth.] à

Stimmen d. Wahrh. in d. Streitsache zwischen d. Königl. Regier. u. d. Hochw. Hrn. Erzb. Clem. Aug. u. s. w. v. Cöln, ausgesprochen v. einem röm.-kathol. Pfarrer. *Potsdam*, Horvath. 838. gr. 8. (6 Gr.)

Vgl. Stimme der Wahrheit...

— der Wanderer nach Zion, od. Gesänge für kleinere u. größere religiöse Vereine. 8. Basel 826. Schneider. 4 gr.

— warnende u. mahnende, od. Nachträge zu der Schrift: Die Zukunft. Aussprüche geistvoller u. gelehrter Männer üb. die Zukunft. Zusammengestellt u. hrsg. zur Warng. u. Beherzigg. in unserer ernsten Zeit. 8. (124 S.) Regensburg 877. Manz. 1. —

—— christl. Weisheit. Betrachtungen üb. Gott u. göttl. Dinge. Ein Andachtsb. f. gereiftere Christen beiderlei Geschlechts. 1. Aufl. (20¼ B.) 829. 1 Thlr. 3 Gr., 2., wohlf. Ausg. (20 B.) 8. Nürnberg 830, Stein.

Stimmen der Weisheit an Geweihte, s. a. Brandes.

— der Weisheit an Geweihte. 8. Lübeck 813. (Leipz., Rein). 18 gr

— der Weisheit aus älterer und neuerer Zeit im Gebiete und zur Würdigung der Landwirthschaft. Aeußerungen berühmter Zeitgenossen, Dichtungen, öffentliche landwirthschaftliche Denkmale, geschichtliche Urkunden und Notizen. Darmstadt 854. Jonghaus. gr. 8. (VI, 196 S.) n. 24 ngr.

— aus dem Weiterleben außer Zeit u. ohne Ort. Geschrieben u. hrsg. v. Freunden f. Freunde. 8. (VIII, 55 S.) Leipzig 902. O. Mutze. n. —80

Stimmen aus der andern Welt oder augenscheinlicher Beweis unserer Fortdauer nach des Leibes Tod. Zum Andenken an meinen verstorbenen Bruder Adolph Edmund W. Herausg. von seiner Schwester L. F. W. Reutlingen 859. (Stuttgart, Fischhaber.) gr. 8. (24 S.) n. 5 ngr.

— aus dem Werrathale. Eine Zeitschrift f. freimüthige Besprechung der vaterländ. Angelegenheiten des Herzogth. S. Meiningen. Jahrg. 1849. 104 Nrn. 4. (½ B.) Hildburghausen. (Kesselring.) n. 1 Thlr 18 ngr

—— die, aus der Wüste. Ein Missionsblatt in Wort und Bild. Hrsg. von H. A. Friedel. 1. Jahrg. Mai 1859 bis April 1860. 12 Nrn. (Bog. mit eingedr. Holzschn.) gr. Fol. New-York 859 (Philadelphia, Schäfer und Koradi.) *

Stimmen der Zeit. Lieder eines Deutschen. Leipzig 1832 [1833]. V: *Stieglitz, Heinrich.* (BrVV) (GGr)

— der Zeit. Lieder eines Deutschen. gr. 12. Leipz. 832. Brockhaus. 10 gr.

—— der Zeit, s. a. Stieglitz, H.

Stimmen der Zeit. Monatsschrift für Politik und Literatur. Hrsg. von Adph. Kolatschek. Jahrg. 1858. Octbr. bis Decbr. 3 Hefte. Lex.-8. (1. Heft 128 S.) Gotha, Expedition Thlr. *

—— dass. — Jahrg. 1859. 12 Hefte. Lex.-8. (à Heft 136 S.) Ebendas. *

—— dass. — Jahrg. 1860. 12 Hefte. Lex.-8. (à Heft 108 S.) Gotha. [Leipzig, Voigt und Günther.] *

—— dass. — Wochenschrift für Politik und Literatur. Hrsg. von Adph. Kolatschek. Redig. von C. L. Hüttner. Jahrg. 1861. 52 Nrn. (à ca. 2½ Bog.) Lex.-8. Leipzig, C. F. Winter'sche Verlagsh. *

—— der Zeit. Wochenschrift für Politik und Literatur. Hrsg. von Adph. Kolatschek. Jahrg. 1862. 1. Semester. 26 Nrn. (à ca. 2½ Bog.) Lex.-8. Wien, Typographisch-literarisch-artistische Anstalt. *

Stimmen der Zeit für bürgerliche und kirchliche Freiheit . . . I. u. 2. Gabe. Neustadt a. d. O. 1831—32. V: *Kind*, *Carl Theodor*. (zu)

—— der Zeit für bürgerl. u. kirchl. Freiheit, geg. Absolutismus u. Demagogismus in Staat u. Kirche. Mit besond. Beziehung auf Deutschland. (Von Theod. Kind.) 1. u. 2. Gabe. 8. (16 B.) Neustadt a. d. O. 831, 32, Wagner. ü

Stimmen der Zeit über die gegenwärtige materielle und geistige Noth. Ulm 1852. V: *Bausch*, *N.* (Tübz 3, 17)

— aus Zion, in erbaul. Liedern, od. Stargardter Gesangbuch. 12. Kopenh. 775. Proft. 8 ß

— aus Zion, od. erbaul. Lieder z. Verherrlichung Gottes u. Erbauung. 2 Thle. 12. Stargardt 806. (Cöslin, Hendeß). 12 ß

—— aus Zion. Sammlung von Epistel-Predigten auf alle Sonn- und Festtage des Kirchenjahres, nebst mehreren Casualreden und Predigten für Aposteltage, von Pastoren der evangelisch-luther. Kirche in Preußen. 2 Bde. und Anh. gr. 4. Schneidemühl 852, Eichstädt. [1. (283 S.) 853., 2. (217 S. und Anh. 73 S.) 854.] *

— aus Zion. Sammlung von Epistel-Predigten für die Sonn- und Festtage des Kirchenjahres. Von Pastoren der evang.-luther. Kirche. 1. Thl. 2. Hälfte u. 2. Thl. Schneidemühl 854. Eichstädt. gr. 4. (1. Thl.: S. 145—283; 2. Thl.: 217 S. u. Anh. 73 S.) n. 1 $. 15 ngr.

Inhalt. 1. Thl.: Wintersemester. Advent bis Pfingsten. — 2. Thl.: Sommersemester. Trinitatisfest bis zum 27. Sonnt. nach Trin. Nebst e. Anhange ꝛc.

— aus Zion oder: Erbauliche Lieder zur Verherrlichung Gottes u. Erbauung vieler Seelen hersg. 2 Thle. Wernigerode 867. (Nordhausen, Förstemann's Verl.) 8. (XX, 572 S.) n. 20 ngr.

—— zwei, über den Entwurf einer neuen Ordnung für die evangel. Kirche von Württemberg. 8. (35 S.) Stuttgart 847, Metzlersche Buchh.

— zwei, über den Entwurf einer neuen Ordnung f. die evangel. Kirche v. Württemberg. 8. (35 S.) Stuttgart 849, Metzler.

—— zwei, üb. Leichen-Hallen, zur Würdigung f. Menschen-Freunde. gr. 8. (3 B.) Elberfeld 840, (Hassel.)

Stimmen. Zwei St' über das Sendschreiben des wohlgesinnten Oberländers. 8. Zürich 1840.

Stimmenhefte des vierstimmigen Kirchenmelodienbuchs zum Gesangbuch der evangelisch-luther. Kirche in Bayern, mit untergelegten Texten. (Von Johs. Zahn.) 1. Heft, 60 Melodien enthaltend. 8. (56 S.) Erlangen 858, Bläsing. *

In 4 Ausgaben für: Sopran. — Alt. — Tenor. — Baß.

Stimmer, Tobias. Neue künstliche Figuren Biblischer Historien, grüntlich von Tobia Stimmer gerissen: Und zu Gotsförchtiger ergetzung andächtiger hertzen mit artigen Reimen begriffen durch J. F. G. M. Zu Basel bei Thoma Gwarin. Anno MDLXXVI. In 8°, VIII u. 170 S., mit vielen Holzschnitten. Neu verlegt von Georg Hirth in München und Leipzig. 1881.

*** Liebhaber-Bibliothek alter Illustratoren, VI. Bändchen.

Stimmer's, T., Bibel, s. a. Liebhaber-Bibliothek alter Illustratoren.

Stimmer, Tobias. Tobias Stimmers Straßburger Freischießen vom Jahre 1576. Nach dem Original-Holzschnitt der kais. Universitäts- und Landesbibliothek zu Straßburg in Lichtdruck-Facsimile mit erklärendem Text herausgegeben von August Schricker. Lichtdruck von J. Krämer in Kehl. Straßburg, Verlag von Karl J. Trübner . . . 1880.
20 S.; 1 Taf. gr 2°.

Stimmer, Tobias. Comedia. Ein nüw schimpff spil von zweien jungen Eeleute wie sey sich in fürfallender reiss beiderseitz verhalte gestellt durch T. S. V. S. M.: Anno 1580 de 22 t decemb. Mit 18 Federzeichn. *Stimmer*'s zum ersten Mal hrsg. von *J. Oeri*. In-4°. XXVI, 2 u. 58 S. Frauenfeld, J. Huber's Verlag. 1891 5 —

Stimmer, Tobias. Die Lebensalter des Menschen ... s. a. Beham, Hans Sebald. Die Planeten....

Stimmer, Tob., s. a. Lebensalter, die, des Menschen.

Stimm- u. Sprachhygieue in der Schule. Hrsg. v. Otto Godtfring. (81 S. m. 2 Tab.) gr. 8. Kiel 898. (R. Cordes). nn 3. —

Stimming, Albert

Stimming, Alb., Bertran de Born, sein Leben u. seine Werke. Mit Anmerkungen u. Glossar hrsg. gr. 8. (VII, 369 S.) Halle 879. Niemeyer. n. 10. —

Stimming, Alb., s. Bibliothek, romanische. VIII: Bertran v. Born.

Stimming, Alb., der anglonormannische Boeve de Haumtone, s.: Bibliotheca normannica. VII.

Stimming, Alb., über den provenzalischen Girart v. Rossillon. Ein Beitrag zur Entwickelungsgeschichte der Volksepen. gr. 8. (399 S.) Halle 888, Niemeyer. *

Stimming, Alb., der Troubadour Jaufre Rudel, sein Leben u. seine Werke. gr. 8. (VI, 71 S.) Kiel 873. Schwers. n. 2. 40

—— der Troubadour Jaufre Rudel, sein Leben und seine Werke. (Neue Titel-Ausg.) gr. 8. (VIII, 71 S.) [Berlin 886.] Leipzig, Hettler. *

Stimming, Albert. Die altfranzösischen Motette der Bamberger Handschrift, nebst einem Anhang, enthaltend altfranzösische Motette aus anderen deutschen Handschriften. [Gesellschaft für romanische Literatur. Bd. 13]. Dresden 1906.

Stimming, Alb., s.a.Motette, die altfranzösischen, der Bamberger Handschrift.

Stimming, A. François Villon. Diss. Göttingen 1869. 61 S.

Stimming, Gust., vorgeschichtliche Alterthümer aus der Mark Brandenburg, s.: Voss, Alb.

Stimming, Manfred: Die Wahlkapitulationen der Erzbischöfe und Kurfürsten von Mainz. ⟨1233—1788⟩. T. 1. Göttingen 1909: Huth. 51 S. 8° ¶(Ersch. vollst. b. Vandenhoeck & Ruprecht, Göttingen.)

Göttingen, Phil. Diss. v. 28. Jan. 1909, Ref. Lehmann

[Geb. 20. Juni 85 Kiel; Wohnort: Göttingen; Staatsangeh.: Preußen; Vorbildung: Gymn. Göttingen Reife O. 04; Studium: Heidelberg 1, München 1, Göttingen 6 S.; Rig. 5. Aug. 08.] [U 09. 1406

Stimming, Manfr., die Wahlkapitulationen der Erzbischöfe u. Kurfürsten v. Mainz (1233—1788). (VI, 152 S.) gr. 8. Göttingen 909. Vandenhoeck & Ruprecht. 4. —

Stimming & Venzlaff: Abbildungen von Pferdegeschirrbeschlägen. Ausgabe A. B. Berlin 1904

Stimmrecht (Das allgemeine). (Sociale Fragen u. Antworten, Heft 6.) 8°. Bremen, s. a.

Stimmrecht, das allgemeine. (Fragen u Antwort. Soziale 6) Bremen 1879

Stimmrecht (Das allgemeine) und die soziale Frage. Ein Mahnruf an die constitutionellen Gewalten zu Gunsten der staatsbürgerlichen Heloten. gr. 8°. Wien, Klemm, 1868. (V, 1335)

Stimmung, Allgemeine, des Volks in Hinsicht auf Regierung, Bürgerglück und Menschenwohl. Cöln 1796. V: *Simon, Ernst Heinrich.* (MGT)
Vgl. Stimme, Allgem., . . .

Stimmung des Herzens zur Andacht u. Gottesverehrung. Ein Gebetb. f. Andacht liebende Katholiken, die gewöhnl. Andachtsübungen enth., von e. Weltgeistlichen. 8. (16¾ B. u. Titlbild.) Luzern 838. (Augsburg, Kollmann.) *

Stimmung u. Verstimmung im Reichsland. Von e. deutschgesinnten Elsässer. gr. 8. (18 S.) Basel 887. [Detloff.] Reich. n. — 50

Ein **Stimmungsbild** aus der Großstadt u. andere lustige Geschichten. Mit 27 Ill. von F. Albert, C. Hall, J. Kuhn-Regnier, Otto Lagemann, Hans Leiter. Berlin: G. E. Nagel [1903]. (62 S.) 8° [F.]
= **Bibliothek,** Nagel's, illustrierter Humoresken. 9. [06. 5479

Stimmungsbild, e., aus der Großstadt u. andere lustige Geschichten, s. Nagel's Bibliothek illustr. Humoresken. IX.

Stimmungsbilder aus dem Buchhandel. (Von Pet. Hobbing.) 8. (110 S.) Leipzig 894. P. Hobbing. Geb. 1. 50

Stimmungsbilder aus der Heide. 50 Ill. 8 Kunstbeil. Literar. Beiträge. Hamburg & Goslar: Nordwestdeutscher Kunstverl. [1910]. 48 S. 4°
(Heide, Marsch u. Moor in Bild u. Wort. 1.) [10. 13726 9

Stimmungsbilder aus der Jugendzeit. 12. (12 farb. S. m. eingedr. Text.) Leipzig 890. Baldamus, Sep.-Cto. cart. m. Goldschn. n. — 90

— v. Norderney. (48 S.) 8. Norderney (909). H. Hofmann. Kart. 1. —

Stimmungsbilder aus dem Vermächtniss einer alten Frau. Von der Verfasserin der »Memoiren einer Idealistin«. Leipzig 1879. V: *Rivalier Freiin von Meysenburg, Amalia Malvida Wilhelmine Tamina.* (EB)

Stimmungsbilder aus dem Vermächtniß einer alten Frau. Von der Verf. der „Memoiren einer Idealistin". 8. (218 S.) Leipzig 879, [Reißner und Ganz.] Reißner. *

Stimmungsbilder. Von der Verf. der „Memoiren einer Idealistin". 2. verm. Aufl. 8. (III, 234 S.) Leipzig 884, Reißner. *M 3.; geb. *

Stimpfl, Josef

Stimpfl, J., die Pflege der Kinderpsychologie in Nordamerika. Vortrag, geh. zu Nürnberg, während der XIV. Hauptversammlg. des bayer Volksschullehrervereins in der freien Vereinigg. f. philosoph. Pädagogik. gr. 8. (24 S. m. Abbildgn.) Nürnberg 899. F. Korn. n. — 30
Sonderabdruck aus: „Blätter f. d. Schulpraxis".

Stimpfl, J., Physiologie u. Pädagogik, s.: Sammlung pädagogischer Vorträge.

Stimpfl, Jos., Psychologie der Kindheit, s.: Tracy, Frederick.

Stimpfl, J., Untersuchungen üb. d. Kindheit, s.: Sully, James.

— Der Wert der Kinderpsychologie f. den Lehrer, s.: Beiträge zur Lehrerbildung u. Lehrerfortbildung. 18. Heft.

Siller, Frank (tr). Ethik der Volksherrschaft in Amerika. Von F. J Stimson. N. p., 1887.

Stina. Eine Lebensgeschichte. Aus dem Schwed. ins Deutsche übertr. v. F. E. 12. (72 S.) Stuttgart 888. Buchhandlg. der Evang. Gesellschaft. cart. n. — 40

Stinde, Conradine, s. Stinde, Konradine.

Stinde, Julius

—— s. a. †Valmy, Alfr. de.

Stinde, Julius. *Alltagsmärchen.* Noveletten(!). 2 Bändchen in 1. Hamburg, J. F. Richter, 1873. Kl.-8°. Goldgepr. viol. Orlwd. Goldschnitt. 9.—
★ 1. Ausg. Kein eigentliches Jugendbuch. Hübsche Erzählungen.

Stinde, Jul., Alltagsmärchen. Noveletten. 2 Bdchn. 2. Aufl. 8. (VIII, 134; III, 166 S.) Hamburg 874. Richter. *

Stinde, J., l'art de fumer. L'usage du tabac et son influence sur la santé. Étude de science naturelle et d'hygiène. 8. (24 S.) Dresden 889. Hönsch & Tiesler.

—— Blicke durch das Mikroskop. Blätter und Skizzen aus der kleinen Welt. 1. Halbbd. in 6 Lfgn. Lex.-8. (VIII, 208 S. mit eingedr. Holzschn. und 12 Photogr.) Ebendas. 868,69. à Lfg. *M 1,50. *

Bowlen-Weisheiten von Julius Stinde. Berlin: Weinkenner 1904. (16 S.) 8° [F.]

Stinde, Julius (Ernst Wilhelm)
Pienchens Brautfahrt. Geschichte mit wenig Handlung und viel Beiwerk.
Berlin: Freund & Jeckel 1891. 190 S. 8°

— Pienchens Brautfahrt. Eine Geschichte m. wenig Handlg. u. viel Beiwerk. (16. Aufl.) [Neue durchgeseh. Ausg.] gr. 8. (VII, 190 S.) Ebd. 892. n. 3. —

Stinde, Jul., die Familie Buchholz. Aus dem Leben der Hauptstadt. 1. und 2. Aufl. (216 S.) 1884; 3.—10. Aufl. gr. 8. (VIII, 210 S.) Berlin 884, Freund und Jeckel. * geb. *

Stinde, J., die Familie Buchholz. Aus dem Leben der Hauptstadt. 11.—66. Aufl. gr. 8. (VIII, 210 S.) Berlin 884—88, Freund und Jeckel. *ℳ 3.—.; geb. *

—— der Familie Buchholz 2. Thl.: Aus dem Leben der Hauptstadt. 1.—51. Aufl. gr. 8. (V, 185 S.) Ebendas. 885—89. *ℳ 3.—.; geb. *

—— der Familie Buchholz 3. [letzter] Thl.: Frau Wilhelmine. Aus dem Leben der Hauptstadt. 1.—35. Aufl. gr. 8. (V, 202 S.) Ebendas. 886. *ℳ 3.—.; geb. *

Stinde, Jul., die Familie Buchholz. 3 Thle. gr. 8. Berlin, Freund & Jeckel. n. 10. —; geb. à n. 4. 50
1. Aus dem Leben der Hauptstadt. 14. Aufl. (VIII, 210 S.) 885. n. 3. —; geb. n. 4. 50
2. Aus dem Leben der Hauptstadt. 20. Aufl. (V, 185 S.) 885. n. 3. —; geb. n. 4. 50
3. Frau Wilhelmine. Aus dem Leben der Hauptstadt. (V. 202 S.) 886. n. 4. —; geb. n. 4. 50

Stinde, Julius (Ernst Wilhelm)
Frau Wilhelmine. Aus dem Leben der Hauptstadt.
Berlin: Freund & Jeckel 1887. 202 S. 8°

Stinde, Jul., die Familie Buchholz. Aus d. Leben d. Hauptstadt. 4 Thle. gr. 8. Berlin, Freund & Jeckel. à n. 4. —; geb. in Leinw. à n. 4. 50
1. 80. Aufl. (IV, 210 S.) 893.
2. (Neuer Abdr.) (III, 186 S.) 892.
3. Frau Wilhelmine. 42. Aufl. (V, 202 S.) 894.
4. Wilhelmine Buchholz' Memoiren. 12. Aufl. (VII, 232 S.) 895.

Stinde, Julius: Die Familie Buchholz. (Th. 1.) Aus dem Leben der Hauptstadt. 81. Aufl. Berlin. 1895. 8°
Dass. Th. 2. 60. Aufl. ebd. 1895. 8°

Stinde, Jul., der Familie Buchholz 4. Thl. Wilhelmine Buchholz' Memoiren. Aus dem Leben der Hauptstadt. 2. Aufl. gr. 8. (VII, 232 S.) Berlin 895. Freund & Jeckel. n. 3. —

Stinde, Julius: Der Familie Buchholz. Th. 4: Wilhelmine Buchholz' Memoiren. Aus dem Leben der Hauptstadt. 10. Aufl. Berlin. 1895. 8°

Stinde, Jul., die Familie Buchholz. Aus dem Leben der Hauptstadt. 2 Tle. gr. 8. Berlin, G. Grote. à n. 3. —; geb. à n. 4. 50
1. 84. Aufl. (IV, 210 S.) 898. — 2. 61. Aufl. (V, 186 S.) 900.

— der Familie Buchholz 3. Thl. Frau Wilhelmine. Aus dem Leben der Hauptstadt. 44. Aufl. gr. 8. (V, 202 S.) Ebd. 901. n. 3. —; geb. n. 4. 50

Stinde, Jul., die Familie Buchholz. Aus dem Leben der Hauptstadt. 4 Tle. 8. Berlin, G. Grote. à n. 3. —; geb. in Leinw. à n. 4. 50
I. 86. u. 87. Aufl. (IV, 210 S.) 902. 905.
II. 62. u. 63. Aufl. (III, 186 S.) 902. 905.
III. Frau Wilhelmine. 45. Aufl. (V, 202 S.) 905.
IV. Wilhelmine Buchholz' Memoiren. 17. Aufl. (VII, 232 S.) 903.

— Der Familie Buchholz 2. Tl. Aus dem Leben d. Hauptstadt. 64. Aufl. (V, 186 S.) gr. 8. Ebd. 908. 3.—; geb. 4. 50

Stinde, Jul., die Familie Buchholz. Aus dem Leben der Hauptstadt. 89. Aufl. (VI, 210 S.) gr. 8. Berlin 910. G. Grote. 3.—; geb. 4. 50

[J.] Hôtel Buchholz. Ausstellgs-Erlebnisse der Frau Wilhelmine Buchholz. Hrsg. v. Julius Stinde. *Berlin: Freund & Jeckel 1897.* (4 Bl., 222 S.) 1 Bd 8. [97. 3767

Hôtel Buchholz. Ausstellungs-Erlebn. d. Frau Wilhelmine Buchholz. Hrsg. von Julius Stinde. 20. Aufl. *Berlin: Freund & Jeckel 1897.* (222 S.) 8° [ou. 3957 11

Stinde, J., Frau Buchholz im Orient. 1.—26. Aufl. gr. 8. (VIII, 238 S.) Berlin 888, Freund und Jeckel. *ℳ 3.—.; geb. *

— Frau Buchholz im Orient. 32. Aufl. gr. 8. (VIII, 258 S. m. 1 Textskizze.) Ebd. 893. n. 4. —; geb. in Leinw. n. 4. 50

— Frau Buchholz im Orient. 35. Aufl. (VII, 238 S. m. 1 Karte.) gr. 8. Ebd. 906. n. 3. —; geb. n. 4. 50

Stinde, Jul., bei Buchholzen's. Ein Familienereignis in 1 Aufzuge. 8. (53 S.) Berlin 900. G. Grote. n. — 60

—— Buchholzen's in Italien. Reise-Abenteuer von Wilhelmine Buchholz. (VIII, 166 S.) 1883; 2. und 3. verm. Aufl. 8. (176 S.) Ebendas. 884. *

—— dass. — 4.—9. verm. Aufl. gr. 8. (XVI, 168 S.) Ebendas. 884. *ℳ 3.; geb. *

—— Buchholzens in Italien. Reise-Abenteuer von Wilhelmine Buchholz. 10.—50. Aufl. gr. 8. (XVI, 168 S.) Berlin 885—89, Freund und Jeckel. *ℳ 3.—.; geb. *

Stinde, (Dr.) Julius, Buchholzens in Italien. Reise-Abenteuer von (Frau) Wilhelmine Buchholz. Hrsg. von —. 18. Aufl. Berlin, Freund & Jeckel, 1885. Gr. 8°. Eleg. roth. Hlwb.
XVI—168 S., 4 Bll. Press-Stimmen. Zuerst gedr. 1881.

— Buchholzens in Italien. Reise-Abenteuer v. Wilhelmine Buchholz. (Neuer Abdr.) gr. 8. (XVI, 168 S. m. 1 Textskizze.) Ebd. 893. n. 4. —; geb. in Leinw. n. 4. 50

— Buchholzens in Italien. Reise-Abenteuer v. Wilhelmine Buchholz. 58. Aufl. gr. 8. (XVI, 168 S. m. 1 eingedr. Karte.) Ebd. 900. n. 3. —; geb. n. 4. 50

— Buchholzens in Italien. Reise-Abenteuer v. Wilhelmine Buchholz. 59. Aufl. (XVI, 168 S.) gr. 8. Ebd. 904. n. 3. —; geb. n. 4. 50

—— the Buchholzes in Italy. Travelling adventures of Wilhelmine Buchholz. Translated from the 37th edit. of the original by Harriet F. Powell. Authorized translation. 8. (X, 167 S.) Hamburg 887, [J. F. Richter.] Verlagsanstalt und Druckerei. *ℳ 4.—.; geb. *

—— the Buchholz family: Sketches of Berlin life. Translated, from the 49th edit. of the German original, by L. Dora Schmitz. [Authorized translation.] 8. (V, 251 S.) Hamburg 885, [J. F. Richter.] Verlagsanstalt und Druckerei. *ℳ 4.—.; geb. *

Stinde, Jul., die Familie Carstens, s.: Theater, deutsches. 41.

[Stinde, Julius:] Das D e k a m e r o n e der Verkannten. Mit Portraits u. Ill. Berlin. 1881. 8⁰

Emma, das geheimnißvolle Hausmädchen oder Der Sieg der Tugend über die Schönheit. Parodist. Kolportage-Roman von Julius Stinde. Berlin: C. Freund 1904. (VIII, 224 S.) 8° [F.] 05. 6790

— Emma das geheimnißvolle Hausmädchen. od. Der Sieg der Tugend üb. die Schönheit. Parodistischer Kolportage-Roman. (Umschlag: 9. Taus.) (VIII, 224 S. m. Abbildgn.) 8. Berlin 904. C. Freund. 3. —; geb. 4. —

Stinde, Julius: Norddeutsche E r z ä h l e r, s. J e n s e n, Wilhelm

— u. G. Engels, ihre Familie, s.: Bloch's, E., Volks-Theater.

— die Flaschenbrüder, s.: Volksbücher, Wiesbadener.

Geschichten von Drüben. Aus d. Amerikan. Leben gesammelt von Richard E. Ward [d. i. Julius Stinde]. Berlin: Freund & Jeckel 1893. 168 S. 8°

Stinde, Jul. Humoresken. 8. (V, 218 S.) Berl. 892, Freund u. Jeckel. * 3 —

— Humoresken. 11. Taus. 8. (V, 216 S.) Ebd. 901. n. 3. —; geb. n. 4. —

— kurzer Katechismus der mikroskopischen Untersuchungen des Schweine- u. Menschenfleisches auf Trichinen. Mit besonderer Berücksichtigung aller Derjenigen, welche sich mit einem Mikroskope noch nicht beschäftigt haben, als Schullehrer, Thierärzte, Landwirthe ꝛc. Ebend. 865. 8. (13 S.) n. 3 ngr.

Stinde, Jul., kurzer Katechismus der mikroskopischen Untersuchungen des Schweine- und Menschenfleisches auf Trichinen. Mit besond. Berücksichtigung aller Derjenigen, welche sich mit einem Mikroskope noch nicht beschäftigt haben, als Schullehrer, Thierärzte, Landbesitzer ꝛc. 8. (13 S.) Hamburg 866, J. F. Richter. *

— ut'n Knick. Plattdeutsches. 8. (VIII, 260 S.) Ebd. 894. n. 3. —

Tante Konstanze. Norddeutsche Novellen von Julius Stinde. *Berlin: Freund & Jeckel 1900.* (274 S.) 8° [F.] 00. 9564

— Tante Konstanze. Norddeutsche Novellen. 9. Aufl. 8. (V, 274 S.) Berlin 900. [Freund & Jeckel.] G. Grote. n. 3. —

Quidam [d. i. Julius Stinde]: Berliner K u n s t k r i t i k mit Randglossen. Berlin. 1884. 8⁰

— Hamburger Leiden, s.: Theater, deutsches. 31.

— der Liedermacher. Ein Roman aus Neu-Berlin. 8. (VII, 276 S.) Ebd. 893. n. 3. —

Stinde, Julius: Der L i e d e r m a c h e r. Ein Roman aus Neu-Berlin. 6. Aufl. Berlin. 1893. 8⁰

— Tante Lotte, s.: Theater, deutsches.

— Tante Lotte. Plattdeutsches Lustspiel in 1 Aufzuge. 2. Aufl. (20 S.) kl. 8. Hamburg (910). G. Kramer Verl. — 75

Stinde, Julius

Martinhagen. Geschichte. Abseits der Heerstraße. Berlin 1893.

In: Erzähler, Norddeutsche.

Stinde, Julius: M a r t i n h a g e n. Eine Gesch. abseits d. Heerstrasse. (Mit 30 Federzeichn. von Rich. Knötel.) Berlin: Freund & Jeckel 1900. (168 S.) 8⁰

— Meistersingermotive. Eine Studie über Richard Wagner's „Meistersinger". gr. 16. (71 S.) Hamburg 873. Richter. n. 1. —

— die Nachtigal aus dem Bäckergang, s.: Theater, deutsches.

[F.] Die Opfer der Wissenschaft oder Die Folgen der angewandten Naturphilosophie. Nach d. Bekenntnissen d. Herrn Alfred de Valmy. Mitgetheilt v. Julius Stinde. 3. verm. Aufl. m. Ill. v. F. Skarbina u. R. Knötel. *Berlin: Freund & Jeckel 1898.* (4 Bl., 158 S.) 1 Bd 8. 99. 1788

Vgl. V a l m y, Alfred de.

— die Perlenschnur. Erzählung. Neue Ausg. 16. (96 S.) Berlin 895. Freund & Jeckel. Geb. in Damast m. Goldschn. n. 1. —

— die Perlenschnur u. Anderes. 1.—3. Aufl. 8. (VII, 138 S.) Berlin 887. Freund & Jeckel. n. 2. —

Stinde, Julius: Die P e r l e n s c h n u r und Andreas. Berlin 1888. 8⁰

— naturwissenschaftliche Plaudereien. gr. 8. (III, 153 S.) Hamburg 873. Richter. n. 2. 40

Stinde, Jul., das Rauchen. Seine Nachtheile u. deren Vermeidung. Eine naturwissenschaftlich-diätet. Skizze. 8. (24 S.) Berlin 881. Stuhr. n. — 50

— das Rauchen. Seine Ausübung und sein Einfluss auf das Wohlbefinden. Eine naturwissenschaftlich-diätet. Studie. 2. verm. Aufl. 8. (24 S.) [Berlin 887, Stuhr'sche Buchh.] Dresden, Hönsch und Tiesler. *

Französ. und engl. Ausg. zu gleichem Preise.

— smoking, its influence on the health. An hygienic sketch. 8. (24 S.) Ebd. 889. n. 1. —

Zigeunerkönigs Sohn und andere Noveletten von Julius Stinde. Berlin, Leipzig: Hillger [1910]. 111 S. 8°
(Kürschners Bücherschatz. Nr 720.) 10. 7419

— Zigeunerkönigs Sohn u. andere Novellen, s. a. Kürschner's Bücherschatz.

— das Torfmoor. Naturalistisches Familiendrama in 1 Aufzuge (Aufführung verboten). Mit literar. Beiträgen v. Einar Drillquist: Verfassers Verhör, e. Interview. — Ola Bagge-Olsen: Die eth. Bedeutg. d. Torfmoors. — Rasmussine Tosse, stud. rer. nat.: Die Frauengestalten d. Torfmoors. — Mads Dosmer: Fr. Nietzsche's Philosophie u. das Torfmoor. — Gumme Griis: Die Bühne d. Torfmoors u. a. 8. (58 S.) Ebd. 893. n. 1. —

— Heinz Treulieb u. allerlei Anderes. Mit e. Einleitg. v. Marx Möller. (V, 248 S. m. Bildnis.) 8. Berlin 906. C. Freund. n. 3. —

— Waldnovellen. gr. 8. (168 S.) Berlin 881. Freund & Jeckel. n. 2. —

— Waldnovellen. 2. Aufl. 8. (152 S.) Ebend. 885. n. 2. —; geb. n. 3. —

—— Waldnovellen. 2.—10. Aufl. 8. (152 S.) Berlin 886—89, Freund und Jeckel. *M 2.—.; geb. *

—— die Wandertruppe oder das Dekamerone der Verkannten. Parodist. Theaterskizzen. Illustr. von Osc. Wagner. 2.—9. verm. Aufl. 8. (V, 135 S.) Ebendas. 886—88. * geb. *

—— aus der Werkstatt der Natur! Streifzüge durch Feld und Flur, Haushalt und Natur. 3 Bde. 8. (V, 96; 103; IV, 152 S.) Leipzig 880, [L. Senf.] Gebr. Senf. à Bd. * geb. in 1 Bd. *

—— aus der geheimen Werkstatt der Natur! Streifzüge durch Feld und Flur, Haushalt, Wissenschaft und Leben. 1. Bdchn. 2. Aufl. 8. (VI, 98 S.) [Leipzig 888, Reinboth.] Dresden, Hönsch und Tiesler. *

—— Aus der geheimen Werkstatt der Natur! Streifzüge durch Feld u. Flur, Haushalt, Wissenschaft u. Leben. 2. u. 3. Bdchn. 2. Aufl. 8. Dresd. 889, Hönsch u. Tiesler. [2. Bdchn. (V, 105 S.) * 1 —; 3. Bdchn. (174 S.) * 1 50.] * 2 50
1. Bdchn. Ebd. 1888. * 1 —; compl. geb. in 1 Bd. * 4 50.

Das Geld. Novelle von Conradine **Stinde**. (Berlin: F. Schulze [1905].) (16 S.) 8° [Umschlagt. Text stenogr.]
= Zehnpfennigbücher, Schulzes. No 39. [c: 7398

Stinde, Conradine, das Geld, s. a. Schulze's Zehnpfennigbücher.

[F.] Glücksklee. Erzählgn f. junge Mädchen. Von Conradine **Stinde**. (Vorr.: Frida Schanz.) *Kiel: H. Eckardt 1897.* (1 Bl., 127 S.) 1 Bd 8. [98. 200

Stinde, Conradine, die Stütze der Hausfrau. Ein Handbuch f. junge Mädchen. 8. (IV, 279 S.) Bielefeld 900. Velhagen & Klasing. Geb. in Leinw. n. 5. 50

Stindt, Heinrich. Zur Darstellung und Kenntnis des roten Kohlenwasserstoffes Dibiphenylenäthen. (Bern) München, 1895.

Stindt, H. Zur Darstellung u. Kenntnis des roten Kohlenwasserstoffes Diphenylenäthen. In-8°. 32 S. Bern. These. 1896

Stine, E. [Autorname] = Stein, Frl. Emilie.
s. Heidenstam, Verner von.

Stiner, Gottlieb: Bestimmung der Art eines durch fünf Punkte definierten Kegelschnittes. 1895.

Stiner, G[ottlieb]. Ueber Durchschnittskurven von Flächen zweiten Grades: Einige typische Formen der Kurven mit unpaaren Aesten. Mit 6 Tafeln. Beilage zum Programm des Technikums des Kantons Zürich in Winterthur für das Schuljahr 1902/1903. 16 S. 4. Winterthur, Geschwister Ziegler, 1902.

Stiner, Gottlieb: Ueber Curven vom Geschlecht Null. Uster-Zür. A. Diggelmann Dr. 1890. 52 S. 8°
Zürich, Phil. Diss. [v. 14. Juli 1890].

Stiner, Gottlieb: Zwei involutorische Transformationen mit Anwendungen. 1895.

Stingeder, Frz., Gottes Antwort auf die brennendste aller Lebensfragen. Dargestellt in 6 Fastenpredigten üb. das Geheimnis unserer Auserwählung im Lichte des Kreuzes. (VIII, 102 S.) 8. Linz 905. Preßverein. n. 1. 30

— Gottes Antwort auf die brennendste aller Lebensfragen. Dargestellt in 6 Fastenpredigten üb. das Geheimnis unserer Auserwählg. im Lichte des Kreuzes. 2. Aufl. (4. u. 5. Taus.) (VIII, 97 S.) gr. 8. Ebd. 910. 1. 30

Stingeder, Frz., das Gesetz der zwei Tafeln. Predigten üb. die zehn Gebote Gottes. (210 S.) gr. 8. Linz 907. Preßverein. 1. 85

Stingeder, Frz., die brennendste aller Lebensfragen beantwortet in 6 Fastenpredigten üb. das Geheimnis unserer Auserwählung im Lichte des Kreuzes. gr. 8. (82 S.) Linz-Urfahr 903. Verlag des kathol. Preßvereines. n. — 90

— die brennendste aller Lebensfragen beantwortet in 6 Fastenpredigten über das Geheimnis unserer Auserwählung im Lichte des Kreuzes. 3. Aufl. (82 S.) 8. Ebd. 905. n. — 90

— Die brennendste aller Lebensfragen beantwortet in 6 Fastenpredigten üb. d. Geheimnis unserer Auserwählg. im Lichte des Kreuzes. 5. Aufl. (84 S.) gr. 8. Ebd. 909. — 90

— ein unglückseliger Tausch od. Warum e. denk. Katholik nicht protestant. wird, s.: Volksbroschüre, kathol. 11.

— Wo steht unsere heutige Predigt? Eine homilet. Zeitfrage. (VII, 204 S.) Lex. 8. Ebd. 910.

— die Zeitung auf der Kanzel. Ein praktisch-homilet. Fingerzeig zur Verwertung der Zeitungslektüre f. die Predigt. 1. u. 2. Taus. (XI, 97 S.) 8. Ebd. 904. n. 1. 10

Stingel. Württembergs Königshaus. Die geschichtl. Entwicklg. desselben vom Ursprung bis auf die Gegenwart. 2. verb. Aufl. gr. 8. (VIII, 86 S. m. 17 Lichtdr.-Taf.) Stuttg. 890, Metzler's Sort. * 2 50; ohne Tafeln * 1 —

Stingelin, Eman., die Grundwahrheiten des Christenthums mit besond. Rücksicht auf die kirchl. Feste. gr. 8. (XII, 646 S.) Berlin 886, G. Reimer. *

Stingelin, Fritz, aus Basel: Beiträge zur Kenntnis der Diazosäuren. Basel F. Bürgin Dr. 1896. 45 S., 2 Tab. 8°.
Zürich. Phil. Diss. [v. 23. Sept. 1897].

Stingelin, Th[eodor]. Bemerkungen über die Fauna des Neuenburgersees. Hierzu Tafel 17. Extrait de la Revue suisse de zoologie, t(ome) 9, (Fascicule 3,) 1901. S. 315—323 + *Tafel-Erklärung* 1 S. 8. (Genève, W. Kündig & fils, 1901.)

Stingelin, Theodor. Cladoceren aus Paraguay. Zweiter Beitrag zur Kenntnis südamerikanischer Entomostraken, von Dr. Th' St' ⟨Olten-Schweiz⟩. (Mit 7 Figuren im Text.) Extrait des Annales de Biologie lacustre ⟨Tome 1er, 1906⟩. II + 12 S. 8. Bruxelles, F. Vanbuggenhoudt, 1906.,
1. Beitrag s. St', Th'. Entomostraken....

Stingelin, Theodor. Die Cladoceren der Umgebung von Basel. Diss. Phil. Basel. [Mit 4 Tafeln.] SA. 8. Genf 1895.

Stingelin, T. Die Cladoceren der Umgeb. von Basel. Mit 3 Tab. u. 8 Tfln. In-8°. 274 S. Basel. These. 1896.

Stingelin, Theodor. Entomostraken, gesammelt von Dr. G[ottfried] Hagmann im Mündungsgebiet des Amazonas. Bearb. von Dr. Th' St' in Olten ⟨Schweiz⟩. Mit 1 Tafel und 1 Kärtchen im Text. Abdruck aus den Zoologischen Jahrbüchern. Abtheilung für Systematik, Geographie und Biologie der Thiere.... Band 20. Heft 6. 1904. II S. + S. 575—590. 8. Jena, Gustav Fischer, 1904.

Stingelin, Theodor. Ueber ein im Museum zu Olten aufgestelltes Kranium von Elephas primigenius Blumenbach. Mit 2 Tafeln [nebst Tafelerklärungen und 1 Textfigur]. II + 10 S. 4. Zürich, Zürcher & Furrer, 1902. [fr. 5. —]
Abhandlungen der schweizerischen paläontologischen Gesellschaft. Vol. 29. 1902. (Basel und Genf, Georg & Cie. ... [N2] 5.)

Stingelin, Thdr., über e. im Museum zu Olten aufgestelltes Kranium v. Elephas primigenius Blumenbach. (10 S. m. 2 Taf.) gr. 4. Zürich 902. (Basel, Georg & Co.) n.n. 4. —
Sonderabdruck aus: „Abhandlgn. d. schweiz. paläontolog. Gesellsch".

Stingelin, Th[eodor]. Die Schmarotzertiere der schweizer. Fische. [SA.] 8. [Pfäffikon 1896.]

Stingelin, Th[eodor]. Unser heutiges Wissen über die Systematik und die geographische Verbreitung der Cladoceren. Extrait des Comptes rendus du 6e Congrès intern(ational) de Zoologie. Session de Berne 1904. II S. + S. 533—541. 8. [Genève, W. Kündig & fils,] 25 mai 1905.

Stinghe, N. H. [geb. in Kronstadt '(Siebenb.)']: Beiträge zum Nachweis des Quecksilbers in chemisch-forensischen Fällen ... Erlangen, k. b. Hof- u. Univ.-Buchdr. v. F. Junge, 1892; 29 S. 8.
Erlangen, Phil. Fak., Inaug.-Diss. v. 1892

Stinghe, St(erie), aus Kronstadt ⟨Siebenb.⟩: Die Schkejer oder Trokaren in Kronstadt. *Leipzig: J. A. Barth 1900.* (85 S.) 8° ¶ (Aus: Jahresbericht 8 d. Instituts f. Rumän. Sprache zu Leipzig.)
Leipzig, Phil. Diss. v. [19. Mai] 1900

Stingl, Eduard

Stingl, Ed., Bestimmungen des bayerischen Staates über die Verwaltung des katholischen Pfarramtes diesseits des Rheines, gesammelt. gr. 8. (XIV, 1187 S.) München 879. Lindauer. n. 15. —

Stingl, Ed. Bestimmungen d. bayerischen Staates üb. die Verwaltg. d. kathol. Pfarramtes diesseits d. Rheines. 2. verb. u. verm. Aufl. 2 Bde. gr. 8. (XVIII, 1260 S.) Münch. 890, Lindauer. * 16 —

Stingl, Eduard, Handbuch des bayerischen Volksschulrechts, s.: Englmann, Joh. Ant.

— das diesrheinische Heimatrecht (Art. 1—28 des bayerischen Gesetzes vom 16. IV. 1868/30. VI. 1899 üb. Heimat, Verehelichung u. Aufenthalt) mit Erläuterungen. (40 S.) 8. München 903. J. Lindauer. n. — 60

Stingl's, (Eduard), Pfarrverwaltung. I. Tl. gr. 8. München 908. J. Lindauer. 5.—; geb. 6. —
Kommentar zum bayerischen Gesetz üb. die öffentliche Armen- u. Krankenpflege u. zu den einschlägigen Reichsversicherungsgesetzen. 3. Aufl. Von Bened. Werthmüller. (355 S.)

Stingl Georg und Sponner Karl, Naturgeschichte für Bürgerschulen. I. Teil. Mit 99 Abbildungen im Text und 8 Tafeln. Bearbeitet nach den neuen Lehrplänen für Bürgerschulen vom 15. Juli 1907. Wien 1908. Verlag von A. Pichlers Witwe und Sohn. Geb. K 1.80.

Stingl Georg und Sponner Karl, Naturgeschichte für Bürgerschulen. II. Teil. Mit 129 Abbildungen im Text und 6 Tafeln. Bearbeitet nach den neuen Lehrplänen für Bürgerschulen vom 15. Juli 1907. Wien 1909. A. Pichlers Witwe & Sohn. Geb. K 1.80.

Stingl, Geo., u. Karl **Sponner,** Naturgeschichte für Bürgerschulen. 1.—3. Tl. Bearb. nach d. neuen Lehrplänen f. Bürgerschulen v. 15. VII. 1907. gr. 8. Wien, A. Pichler's Wwe. & Sohn. Geb. à 1. 80
1. Im wesentlichen unveränd. Abdr. der 1. Aufl. (150 S. m. 99 Abb. u. 8 [7 farb.] Taf. 910.
2. Im wesentlichen unveränd. Abdr. der 1. Aufl. (III, 151 S. m. 129 Abb. u. 8 farb. Taf.) 910.
3. (IV, 166 S. m. 255 Abb. u. 8 farb. Taf.) 910.

Stingl, Hans, Verdeutschungs-Merke für das Elternhaus. 8. (IV, 75 S.) Krems 888, Oesterreicher. cart. *

Stingl, Hans, Verdeutschungsmerke f. Gemeinden. 12. (34 S.) Krems 892. F. Oesterreicher. n. — 40

Stingl, Joh., Apparate der chemischen Grossindustrie, s. Ausstellungs-Bericht, officieller.

Stingl Johann: Gesteinsanalysen. 2. Teil. S. 63. II. 38 . . . . — 30
1. Teil siehe Bauer Alexander.
Separatabdruck

— **Gesteinanalysen.** II. [Aus: „Sitzungsber. d. k. Akad. d. Wiss."] Lex.-8. (4 S.) Wien 871. (Gerold's Sohn.) — 15 (I. II.: — 45)

Stingl J.: Über die chem. Industrie. 7. Bielitz St.-G.-Sch. 80. Progr.

und Morawski Th. Zur Kenntnis der Sojabohne. S. 93. II. 68 . . . . vgr.
Separatabdruck

-- die Wiener Weltausstellung 1873, s.: Bauer, A.

Stingl, Ludw., kathol. Eherecht, s.: Englmann, Joh. Ant.

Stinner, August

Stinner, A. Animadversiones ad nonnullos Livii locos (lib. XXII.) 30 S. . . . .
Glatz, Progr. 1833

Stinner, A. Die Heilquelle Aponus, besond. in den früheren Jahrh. 22 S.
Oppeln, Progr. 1841

(A. STINNER), Epistola ad Eduardum Humbertum, qui est Regi Borussorum in rerum publicarum administratione a consiliis interioribus, ... Oppolio discedentem Τῶν ἐνθάδε Φιλομαθῶν nomine data extr. m. Mart. a. MDCCCLXXXI. Oppolii, typis F. Weilshaeuseri. 8°.

Stinner, Aug. De Latini sermonis in copulandis sententiis breviloquentiae quodam genere. 24 S.
Oppeln, Progr. 1845

Stinner, Augustus *(geb. Kreidelwitz bei Glogau 10. 3. 1803)*: Ciceronis de Cn. Pompejo Magno judicia, ab illo epistolis praecipue commissa, examini subjecta. Vratislaviae (1830). (VII, 68 S.) 8° *[Teil einer Breslauer gekr. Preisschr. — Verf. erlebte die Diplomerneuerung 1880 als Gymn.-Dir. in Oppeln]*
Breslau, Phil. Diss. v. 20. März 1830

Stinner, A. Grammaticae Zumptianae loci aliquot pertractati. (Zusätze zur synt. ornata.) 23 S. . . . . . .
Breslau, k., Progr. 1840

Stinner, Aug.: Rede zu der Geburtstagsfeier Sr. Majestät des Königs und der damit verbundenen Einweihung des neuen Gymnasial-Klassen-Hauses. 6 S. u. Lithogr. – Oppeln, Progr. 1860.

Stinner, A. Aequales de Cn. Pompejo M. scriptores in disceptationem vocati. Part I. Cicero. 32 S. . . .
Breslau, k., Progr. 1837

Stinner, Aug. De eo, quo Cicero in epistolis usus est, sermone. Pars I. De verborum delectu. 15 S.
Oppeln, Progr. 1849

Stinner, Aug.: De eo, quo Cicero in epistolis usus est, sermone P. II. De vocabulorum consecutione. 16 S. – Oppeln, Progr. 1854.

— — P. III. De vocabulorum consecutione. Pr. 1864. 21 S. 4°.

Stinner, Aug., de eo, quo Cicero in epistolis usus est, sermone. 8. (72 S.) Oppeln 878. Franck. n. 2. —

Stinnes, Gustav, Gerichtsreferendar a. Mülheim-Ruhr: Gründe für die Bevorzugung der Gesellschaft mit beschränkter Haftung vor der Aktiengesellschaft. Berlin 1905: W. Pilz. (VIII, 31 S.) 8°
Leipzig, Jur. Fak., Diss. v. 4. März 1905
[Geb. 12. März 78 Mülheim a. d. R.; Wohnort: Mülheim; Staatsangeh.: Preußen; Vorbildung: Gymn. Mülheim Reife Juli 97; Studium: Berlin 3, Freiburg i. B. 1, Bonn 2 S.; Rig. 3. Juli 01.]

Stinnesbeck, Johannes, Medizinalprakt. d. Klinik: Aus d. Univ.-Frauenklinik zu Kiel. Zur Bestimmung der menschlichen Schwangerschaftsdauer. Aschaffenburg 1909: Werbrun. 31 S. 8°
Kiel, Med. Diss. v. 15. Nov. 1909, Ref. Pfannenstiel
[Geb. 8. Febr. 85 Winkhausen; Wohnort: Kiel; Staatsangeh.: Preußen; Vorbildung: Gymn. Münstereifel Reife O. 03; Studium: Bonn 2, Kiel 4, München 1, Berlin 1, Kiel 2 S.; Coll. 18. Dez. 08; Approb. 1. Aug. 09.] [U 10. 2479

Stinstra, Johan. Warnung vor dem Fanatismus; a. d. Franz. u. Holländ. übers. Berlin 1752. Ü: *Noltenius.* H (Vorrede): *Sack, Aug. Frdr. Wilhelm.* (StAt I, 343)

Stinstra, J., Warnung v. d. Fanatismus, nebst e. Einleit. d. Gesch. d. Herrnhuter. 8. Berlin, Nicolai. 752.

Stintzing und Niemann, Die Familien, in Altona . . . Hamburg 1904. H: *Reincke, Julius.* (Berl)

Stintzing, Johann Wilhelm

Stintzing, J. W., Beiträge zur Nosologie, Pathologie u. Physiologie an asiat. Cholera Leidender. gr. 8. (10½ B.) Altona 833, Aue. Thlr.

Stintzing, Roderich, Beitrag zur Anwendung des Arseniks bei chronischen Lungenleiden, insbesondere bei der Lungentuberkulose. Lex.-8. (29 S.) München 883, Rieger'sche Universitäts-Buchh. *
Aus: Festschrift dem ärztlichen Verein München zur Feier seines 50jähr. Jubiläums gewidmet, besonders abgedruckt.

— klinische Beobachtungen aus der II. medicinischen Klinik des Hrn. v. Ziemssen [Winter-Semester 1880/81]. gr. 8. (127 S.) München 884. J. A. Finsterlin. n. 3. —

Georg Tanners Briefe an Bonifacius und Basilius Amerbach 1554—1567. Ein Beitrag zur Geschichte der Novellen-Editionen. Zur Säcularfeier des Geburtstages Friedrich Carl von Savigny's [am 21 Febr. 1879] im Auftrage der juristischen Facultät der Rheinischen Friedrich-Wilhelms-Universität zu Bonn hrsg. und erläutert von Dr. R[oderich] v. **Stintzing** ... ord. Prof., d. Z. Decan. Bonn, Univ.-Buchdr. v. C. Georgi 1879. 71 S. 8. ¶ Erschien zugleich selbständig bei Marcus in Bonn.

Stintzing, R. v., Hugo Donellus in Altdorf. Erlangen 869. Besold. gr. 8. (VI, 73 S.) n. 15 ngr.

— die Elektro-Medicin in der internationalen Elektricitäts-Ausstellung zu München im J. 1882. Nebst einem Anhang über die Verwendung der elektr. Beleuchtung bei anatom., mikroskop. und spektroskop. Arbeiten von C. v. Voit. gr. 4. (37 S. mit 24 Fig. und 1 Taf.) München 883, Autotypie-Verlag. *
Aus: Officieller Bericht der internationalen Elektricitäts-Ausstellung im königl. Glaspalaste zu München, besonders abgedruckt.

Stintzing, Rober., Geschichte der populären Literatur des römisch-kanonischen Rechts in Deutschland am Ende des 15. u. im Anfang des 16. Jahrh. Leipzig 867. Hirzel. gr. 8. (LII, 563 S.) n. 3 ₰ 20 ngr.

Geschichte der deutschen Rechtswissenschaft von R[oderich] **Stintzing** (Abth. 3: von Ernst Landsberg). Abth. 1–3. München & Leipzig (3: München & Berlin): Oldenbourg 1880–1910. 8°
1. 1880. 2. 1884. 3, Halbbd 1, Text [nebst] Noten. 1898. Halbbd 2, Text [nebst] Noten. 1910.
(Geschichte der Wissenschaften in Deutschland. Neuere Zeit. Bd 18.) A 12. 3784

Stintzing, R., Geschichte der deutschen Rechtswissenschaft, s. a. Geschichte der Wissenschaften in Deutschland.

Stintzing, R., Geschichte der deutschen Rechtswissenschaft, Fortsetzg., s. a. Landsberg, Ernst.

Stintzing, (Roder.), s.: Handbuch d. gesamten Therapie.

Stintzing, R., s.: Handbuch der Therapie innerer Krankheiten.

Stintzing, R., s.: Handbuch der speciellen Therapie innerer Krankheiten.

Stintzing, Roderich, Referendar: Heimatschutz durch Eingriff in den Rechtskreis Privater nach dem Rechte deutscher Bundesstaaten. Jena 1910: Frommann. 107 S. 8°
Jena, Jur. Diss. v. 25. Sept. 1910, Ref. Rosenthal
[Geb. 7. Nov. 85 München; Wohnort: Jena; Staatsangeh.: Sachsen-Weimar; Vorbildung: Landessch. Pforta Reife O. 03; Studium: Oxford 1, Heidelberg 3, Jena 1, Leipzig 3, München 1, Jena 2 S.; Rig. 14. Juli 10.] [U 11. 2412

Stintzing, Rober., die deutsche Hochschule in ihrem Verhältnisse zu der allgemeinen Bildung unserer Zeit. Rede am 4. Novbr. 1864 gehalten. gr. 8. (32 S.) Erlangen 864, Deichert. *

— das Sprichwort „Juristen böse Christen" in seinen geschichtlichen Bedeutungen. Rede, geh. beim Antritt d. Rectorates der Universität Bonn am 18. Octbr. 1875. gr. 8. (32 S.) Ebend. 875. n. — 75

Stintzing, R. v., Macht u. Recht. Rede zur Feier des Geburtstages Sr. Maj. d. Kaisers u. Königs geh. in der Aula der Universität Bonn. gr. 8. (37 S.) Bonn 876. A. Marcus. n. — 75

— über Nervendehnung. Eine experimentelle u. klinische Studie. Mit 3 (lith.) Taf. gr. 8. (V, 172 S.) Leipzig 883. F. C. W. Vogel. n. 5. 60

— Friedrich Carl von Savigny. Ein Beitrag zu seiner Würdigung. (Abgedr. aus den Preußischen Jahrbüchern.) Berlin 862. G. Reimer. gr. 8. (2 Bl., 59 S.) n. 10 ngr.

— Schlaf u. Schlaflosigkeit. Vortrag, geh. in d. öffentl. Versammlung d. kgl. Akademie gemeinnütz. Wissenschaften zu Erfurt am 11. XI. 1896. [Aus: „Jahrbb. d. kgl. Akad. gemeinnütz. Wiss. zu Erfurt".] gr. 8. (22 S.) Erfurt 898. C. Villaret. n. — 50

— üb. Tuberculin, Wirkungen in diagnostischer u. therapeutischer Beziehung. [Aus: „Münchener medicin. Wochenschr."] gr. 8. (47 S.) München 891. J. F. Lehmann's Verl. n. 1. —

Stintzing, Roderich (geb. am 12 Febr. 1854 in Heidelberg): Untersuchungen über die Mechanik der physiologischen Kohlensäurebildung ... Bonn, Univ.-Buchdr. v. C. Georgi 1878. 2 Bl., 39 S., 1 Bl., 1 Taf. 8. ¶ Sonderabdr. aus Pflügers Arch. f. d. ges. Physiol. XVIII 1878 S. 388 ff.

Bonn, Med. Fak., Diss. v. 21 Dez. 1878

Stintzing, R., über das Verhältniß der Legis actio sacramento zu dem Verfahren durch Sponsio praejudicialis. Rechtsgeschichtliche Abhandlung. Heidelberg 853. Akadem. Anstalt für Literatur u. Kunst. gr. 8. (X, 74 S.) 12 ngr

Stintzing, R., über das Verhältniß der Legis actio sacramento zu dem Verfahren durch Sponsio praejudicialis. Rechtsgeschichtliche Abhandlung. gr. 8. (X und 74 S.) Heidelberg 853, [C. Groos.]

— Wendungen u. Wandlungen der deutschen Rechtswissenschaft. Rede zur Säcularfeier des Geburtstages Friedrich Carl von Savigny's am 21. Febr. 1879 geh. in der Aula der Universität Bonn. gr. 8. (34 S.) Ebend. 879. n. — 75

Stintzing, R., das Wesen von bona fides u. titulus in der röm. Usucapionslehre. Historisch-dogmat. Versuch. gr. 8. (VIII u. 125 S.) Heidelberg 852, Akadem. Anstalt f. Literatur u. Kunst. n. 2/3 ℛ

—— das Wesen von bona fides und titulus in der röm. Usucapionslehre. Historisch-dogmat. Versuch. gr. 8. (VIII und 125 S.) Heidelberg 852, [C. Groos.] *

Stintzing, R., Ulrich Zasius. Ein Beitrag zur Geschichte der Rechtswissenschaft im Zeitalter der Reformation. Mit urkundl. Beilagen. gr. 8 (XX und 387 S.) Basel 857, [Bahnmaier's Verlag.]

Stintzing, R., Ulrich Zasius. Ein Beitrag zur Geschichte der Rechtswissenschaft im Zeitalter der Reformation. Mit urkundlichen Beilagen. Basel 857. Schweighauser'sche Sortbdlg. gr. 8. (XX, 387 S.) 2 ℛ.

Stintzing, Roderich von s.
Zasius, Johann Ulrich. Academiae Friburgensi... epistolas Joannis Udalrici Zasii... d. d. Academia Basiliensis. Basileae 1857.

Beiträge zur römischen Rechtsgeschichte. 1. Zur Gesch. d. condictio u. d. actio certae creditae pecuniae. 2. Ueber das possidere pro possessore. Von Dr. **Wolfgang Stintzing**. Privatd. in Leipzig. *Jena: G. Fischer 1901.* (128 S.) 8° [F.] [01. 2249

Stintzing, Wolfg. Der Besitz. Eine rechtswissenschaftl. Abhandlung. 1. Thl.: Der Sach-Besitz. 1. Buch: Wesen desselben. gr. 8. (151 S.) Münch. 889, Th. Ackermann's Verlag. 3 —

Stintzing, Wolfg., der Besitz. E. rechtswissenschaftl. Abhandlg. 1. Thl.: Der Sach-Besitz. 2. Buch. A. gr. 8. München 895. Th. Ackermann. n. 1. 20
(1 u. 2, A.: n. 4. 20)
Das Recht des (Sach-) Besitzes. A. Bedeutung der naturalis possessio. (66 S.)

Stintzing, Wolfg., zur Besitzlehre. Kritische Streifzüge. gr. 8. (143 S.) München 892. Th. Ackermann's Verl. n. 3. —

Findet Vorteilsanrechnung beim Schadensersatzanspruch statt? (Zur sog. compensatio lucri cum damno.) Von Dr. Wolfgang **Stintzing**, Prof. in Leipzig. Leipzig: A. Deichert 1905. (85 S.) 8° [05. 6041

Stintzing, Wolfg., über die Mancipatio. (47 S.) 8. Leipzig 904. A. Deichert Nachf. n. 1. —

Nexum mancipiumque und mancipatio von Dr. W[olfgang] **Stintzing**, Prof. in Leipzig. Leipzig: B. Liebisch in Komm. 1907. (54 S.) 8° [07. 11771

[F.] **Stintzing**, Wolfgang [Dr. jur.]: Nondum est ex empto actio. E. Untersuchg d. Lehre v. d. exceptio non adimpleti contractus ... München, Th. Ackermann, 1893; 1 Bl., 125 S., 1 Bl. 8.
Leipzig, Jur. Fak., Hab.-Schr. v. 1893

— die Vorverpflichtung im Gebiet der Schuldverhältnisse. 1. Heft. (V, 81 S.) gr. 8. Jena 903. G. Fischer. n. 2. 60

Stiny, Josef

Stiny, Jos., die Berasung u. Bebuschung des Ödlandes im Gebirge als wichtige Ergänzung getroffener technischer Massnahmen u. f. sich betrachtet. Mit 13 Orig.-Bildern nach Aufnahmen des Verf. auf 4 Taf. u. 4 Abbildgn. im Texte. (156 u. XIV S.) gr. 8. Graz 908. (P. Cieslar.) 7. —

STINY, Josef: Die Muren. — 1909. 109, III, 16 Bl. Diss. Graz, Univ.

Stiny, J., die Muren. Versuch e. Monographie m. besond. Berücksicht. der Verhältnisse in den Tiroler Alpen. (VIII, 139 S. m. 33 Abb. u. 1 Taf.) gr. 8. Innsbruck 910. Wagner. 2. 50

Stip, Gerhart Chryno Herman, Beleuchtung der Gesangbuchsbesserung, insbesondere aus dem Gesichtspunkte des Cultus. 2 Abthlgn. gr. 8. (38½ B. u. Musikbeilage v. Sigm. Neukomm. 5¾ B.) Hamburg 842, Friedr. Perthes. *

Stip, G. Ch. H., Jesus gehört den Sündern an! Eine Pred. gr. 8. (1¼ B.) Emden 838, Rakebrand.

Stip, Gerh. Chryno Herm., Kirchenfried und Kirchenlied. (Anhang: Die Sänger im unverfälschten Liedersegen.) gr. 8. (V und 77 S.) Hannover 853, Rümpler.

— das evangelische Kirchenlied und die confessionelle Brandfackel. Ablehnung an Herrn Stier, Doctor der Theologie, Superintend. u. Oberpfr. Neubrandenburg 854. Brünslow. gr. 8. (65 S.) 10 ngr

— das Kleinod der evangelischen Religionsfreiheit: Erhalt uns, HERR, bei deinem Wort. Jubelschrift zur 300jähr. Feier des Religionsfriedens. Mit Musikeinlage von C. Dreher u. mit Titelkpfr. Leipzig 855. Teubner. gr. 8. (XV, 336 S.) n. 2 ℛ.

Stip, G. Ch. H., Liederschule der singenden Kirche für Eltern und Lehrer. 8. (VIII und 66 S.) Berlin 858, Schlawitz. *

—— Liedersegen für unsere Kinder in der Heimat und in der Fremde mit Singweisen hrsg. 8. (IX und 354 S.) Berlin 858, Schlawitz. *

Stip, G. Ch. H., unverfälschter Liedersegen, s. Liedersegen.

—— hymnologische Reisebriefe an einen Freund des protestant. Kirchenliedes. 1—3. Heft. gr. 8. Berlin, Gebauersche Buchh. [1. (VI und 172 S.) 851. 24 Ngr., 2. (VI und 334 S.) 1 Thlr. 15 Ngr., 3. (IV und 156 S.) 852. 24 Ngr.]

—— hymnologische Reisebriefe an einen Freund des protestantischen Kirchenliedes. 2. Bd. 1. Heft. A. u. d. T.: Beiträge zur Hymnologie. Für Lehrer beider Confessionen in Kirchen und höheren Schulen. 1. Heft. gr. 8. (X und 154 S.) Hannover 853, Rümpler. *
1. Bd. Berlin 1852, Gebauersche Buchh. 3 Thlr. 3 Ngr.

Stipanski, Hans, Referendar: Konkurrenz der Kontraktsklage mit der Deliktsklage. *Greifswald 1901: J. Abel.* (52 S.) 8° [F.]
Greifswald, Jur. Diss. v. [19. Dez.] 1901

Franz Heinrich Stipansky

Franc(iscus) Henricus Stipansky: De Ptyalismo. Berolini (1826:) Brüschcke. 32 S. 8°
Berlin, Med. Diss. v. 28. Nov. 1826

Stipendien, die, an d. deutschen technischen Hochschulen. Ein Handbuch f. Studierende. Nach amtl. Quellen zusammengest. gr. 8. (III, 57 S.) Leipzig-Reudnitz 897. A. Hoffmann. n. 1. —

Stipendien. Wie bewirbt man sich um Stipendien? Nützliches Handbuch f. Studierende. Enth.: Vollständiges Verzeichnis der Stipendien an allen deutschen Universitäten u. Anleitg. f. Bewerbungsschreiben aller Art. Nebst allem Wissenswerten üb. das student. Leben in Deutschland, Österreich, der Schweiz, Rußland u. Frankreich. Nach amtl. Quellen bearb. u. hrsg. 5., verm. Aufl. gr. 8. (XXII, 275 S.) Leipzig 892. G. Fock. n. 3. 60

— die, an den deutschen Universitäten. Ein Handbuch f. Studierende. M. e. Anh.: D. student. Leben in Deutschland, Oesterreich, der Schweiz, Rußland u. Frankreich, nebst e. Anleitg. u. Formularen zu Bewerbungsschreiben aller Art. Nach amtl. Quellen bearb. u. hrsg. v. e. Universitäts-Beamten. 6. Aufl. v.: „Wie bewirbt man sich um Stipendien". gr. 8. (XXII, 275 S.) Leipzig 895. G. Fock, Verl. n. 2. —

Evangelisch-theologische Facultät 1901. **Stipendien** und andere Vergünstigungen für Studirende der evangelischen Theologie in Bonn. (Bonn 1901: C. Georgi.) (2 Bl.) 8° [Kopft.]

Stipendien für die Provinz Westpreußen. Auszug aus dem Protokoll über die Sitzung des 29. Westpreuß. Provinzial-Landtages am 2. 3. 1905 (betr. Stiftung eines Stipendiums für einen der Prov. Westpreußen angehörigen Studierenden der Technischen Hochschule in Danzig. Unterz.: Danzig, 11. 3. 1905. Der Landeshauptmann der Provinz Westpreußen.) 1910.

Stipendien-Lexicon, Allgemeines und möglichst vollständiges. Leipzig 1805. V: *Schulze, Joh. Daniel.* (ErschDL)

Stipendien-Ordnung der Universität zu Rostock. Rostock 1909: Adler. 27 S. 8°

Stipendienwesen, das, an der Kaiser-Wilhelms-Universität. Nach amtl. Quellen zusammengestellt. (27 S.) 8. Strassburg 907. J. Singer. — 50

Stipendium, Das Ehlersche, in Coldenbüttel. [Schleswig 1823.] V: *Peters, Hartwig.* (LS)

Stippe, Johann Jakob (Iserlohn) A. S. 1/15

Dissertatio inauguralis juris gentium, de templariorum equitum ordine sublato.
Präs. Christian Thomasius.
Halle (Salfeld) 1. VIII. 1705. 64 S. 33598

Stippe, Johann Jakob U. S. Halle 1752/9

Tractatio iuridica de templariorum equitum ordine sublato, Von Ausrottung des Ordens der Tempel-Herren. Präs. Christian Thomasius.
Halle (Hilliger) 1752. 64 S.

Der Name des Resp. ist nicht genannt. 33599

Stippl, [Irrtümlich für Stippel] Jakob Die Herren von Landstein. 8 (18 S., 1 Taf.). K. k. Staats-Oberg. *Eger* (*Böhmen*) 1894. **Progr.**

Stippel, *Jakob*: Katalog der Lehrerbibliothek des Staatsgymnasiums in Eger. I. Theil. Zusammengestellt von J. St. 8 (32 S.). II. Theil. 8 (S. 33—64). **Progr.** K. k. Staats-Oberg. *Eger (Böhmen)* 1899. 1900.

Stippel, J[akob]: Katalog der Lehrerbibliothek des Staatsgymnasiums in Eger. III. Theil. S. 65—103. 8. **Progr.** K. k. Staats-Obergymn. *Eger* (*Böhmen*) 1901.

—, Landstein vom Jahre 1381—1433. (Fortsetzung zu dem Aufsatze: „Die Herren von Landstein".) 8 (19 S.). **Progr.** K. k. Staats-Oberg. *Eger* (*Böhmen*) 1895.

Stippel, Jakob: Landstein vom Jahre 1433 bis auf die Gegenwart. (Schlufs.) 8 (28 S.). **Progr.** K. k. Staats-Oberg. *Eger (Böhmen)* 1896.

—— Zur antistrophischen Responsion der anapästischen Hypermetra bei Aischylos. XXIX S. 8. **Progr.** *Eger* 1878.

—— Zur antistrophischen Responsion der anapästischen Hypermetra bei Sophokles und Euripides. XXIX S. 8. *Eger* 1879. **Progr.**

Stipper, Daniel (Leipzig) A. S. 147/34

De eo, quod iustum est circa ministrorum ecclesiae substitutos.
Leipzig (Schede) 27. VII. 1724. 38 S.

Gew.: Johann August Hoelzel. 33600

Stipper, Johann Daniel (Leipzig) A. S. 133/14

Dissertatio juridica qua omnem actionem confessoriam ex servitute, negatoriam vero ex libertate esse defendet ... Präs. Ferdinand August Hommel.
Leipzig (Titius) 3. VIII. 1721. 26 S. 33602

Stipper, Jo. Daniel (Leipzig) A. S. 1330/20

Meditationes philosophicae de eo, in quo bruta animalia hominibus antecellunt.
Präs. Johann Benjamin Konhard.
Leipzig (Titius) 26. III. 1718. 28 S.

W. v.: Präs. 33601

Stipperger, P. Roland, Lieder, religiös-moral. Inhalts, mit andern vermehrt, herausgg. 8. Augsb. 822. Wolf. 8 g.

Stipperger, Rol., religiös-moral. Lieder. Verm. u. mit e. Anh. v. Meß- u. Vesperandacht hrsg. v. e. kathol. Geistlichen. 2. Aufl. 8. (9¼ B.) Landshut 833. [Regensburg, Manz.]

Stippl, Jakob, s. Stippel, Jakob.

Stippler, Johann (Hrsg.), s. a. Beschreibung d. Brixener Pilgerzuges nach Rom 1888.

Stippler, J., Beschreibung d. Brixener Pilgerzuges nach Rom 1888. Unter Mitwirkg. mehrerer Pilger hrsg. Mit Portr. Sr. Heiligkeit Papst Leo XIII. u. 16 Illustr. 12. (IV, 254 S.) Brixen 890. Weger. n. 2. 70

STIPRIAAN LUISCIUS, ABRAHAM VAN.
Abhandlung zur Beantwortung der Frage welches sind die Ursachen der Fäulniss in vegetabilischen und thierischen Substanzen. Aus dem Holländischen übersetzt von J. L. Döring. Marburg, 1800. 8vo.

van Stippiaan, Abr. Luiscius, Abhandl. z. Beantwort. der Frage: Welches sind die Ursachen der Fäulniß in vegetabil. u. thier. Substanzen? ꝛc.; aus d. Holländ. v. G. J. L. Döring. Mit 1 Kpf. 8. Marb. 800. Krieger. 12 gr

—observationes chemicae de quibusdam salibus essential. vegetabil. 8maj. Düsseldorf 789. (Dänzer). 8 gr

Stipsics, Al. Em., Archaeologiae Rituum Graecorum Enchiridion. 8maj. Pesth. 808. Eggenberger. 19 gr

Stipsics, **Ferd. K.**, **Idealis Institutorum facultatis medic. Pestionsis adumbratio.** 8. maj. Pest, Eggenberger, 791. Rthlr.

S(tipsicz), J(os.), B(aron), k. k. Hauptmann, Zur bevorstehenden Reorganisation d. österr. Feld-Artillerie. gr. 8. (29 S.) Budapest, C. Grill. 50 kr. 1883.

Stipsicz, Joseph Freyherr von: Vorschrift über die Leitung und Ausübung des Impf-Geschäftes bey der kaiserl.königl.Armee und der Militär-Gränz-Bevölkerung. Wien: 1824

s.: Bellegarde, Heinrich Graf von

JB 3.738

Stirbes, Dr., s. Alex. v. Humboldt, Ansichten der Pflanzengeographie.

Stirbt der Fuchs so gilt der Balg. Ein ländliches Gemählde in einem Aufzuge zu einem Nachspiele. Wien 1770. V: *Müller* (= *Schröter*), *Joh. Hch. Fch.* (Vgl. GGr V/312, Nr. 19/14) (BiblPort)

Stires, Jeannot, a. ⟨Gut Utjani⟩ Shalanty in Rußland: Ueber die fractura radii typica. Ein Beitrag zur Therapie. Königsberg i. Pr. (1905): L. Beerwald. (32 S.) 8°
Königsberg, Med. Fak., Ref. Garrè, Diss. v. 1. Aug. 1905
[Geb. 16. Juli 79 Shalanty (Gut Utjani); Wohnort: Libau; Staatsangeh.: Rußland; Vorbildung: Libau, M. 99; Studium: Königsberg 6, Straßburg 2 S., Königsberg i. Pr.; Coll. 27. Juli 05; Rig. 26. Juli 05.]

Stirius, Franz: Die Sprache Thomas Murners. I. Theil. Lautlehre. . . . Halle a. S., k. B. Hofbuchdr. v. Gebr. Reichel in Augsburg, 1891. 40 S., 1 Bl. 8°
Halle, Phil. Fak., Inaug.-Diss. v. [13. Jul.] 1891

Stirling, E., a cheap excursion, s.: Theatre, the modern English comic. Serie IV. Vol. 8.

— the theacher taught, s.: Theatre, the modern English comic. Serie IV. Vol. 6.

Stirling, J., Monograph on the geology and mining features of Silver Valley, Herberton, North Queensland, Australia. 2 T. Frankfurt a. M., 1904. 57 S. mit Abb. u. Taf.

Stirling, M. C., a truo man, s.: Collection of british authors.

Stirling, **William**, das Klosterleben Kaiser Karls des Fünften. Aus dem Engl. von M. B. Lindau. gr. 8. (XV und 319 S.) Dresden 853, Kuntze. *

—— dass. — Aus dem Engl. Von A. Kaiser. 8. (XXX und 335 S.) Leipzig 853, T. O. Weigel.

Stirling, **William**, das Klosterleben Kaiser Karls V. Aus dem Engl. von M. B. Lindau. 2., bericht. und verm. Aufl., unter Zugrundelegung der 3. Aufl. des engl. Orig. gr. 8. (IX und 349 S. mit 1 Tab. in qu. 4.) Dresden 858, Kuntze. *

— Velazquez und seine Werke. (Aus dem Engl. übers. von E. W.) Berlin 856. Schindler. 8. (XVI, 224 S.) n. 1 Thlr.

Stirling-Clarke, J., das Pferd und die Amazone. Anleitung zur Reitkunst für Damen. Aus dem Französ. Leipzig 862. Gerhard. 8. (188 S.) n. 25 ngr.

Stirm, A., der Futterbau, s.: Zeeb, H.

Stirm, Alfred, aus Stuttgart: Über die Kondensation aromatischer Aldehyde mit α-Ketonsäuren. Stuttgart 1906. 36 + 2 S. 8°. [30. XI. 05.]
Basel. Phil. Diss. 1905/1906.

Stirm, Alfred. Ueber die Kondensation aromatischer Aldehyde mit α-Ketonsäuren. Diss. Phil. Basel. 37 S. 8. Stuttgart, W. Kohlhammer, 1906.

Stirm, C. H., **Apologie d. Christenthums, in Briefen f. gebild. Leser. Eine gekr. Preisschr. 2 Abthln.** gr. 8. (45½ B.) Stuttgart 836, Belser'sche Buchh.

Stirm, C. H., Apologie des Christenthums in Briefen für gebildete Leser. Eine gekrönte Preisschrift. 2. verb. u. verm. Aufl. Stuttgart 856. Schweizerbart. gr. 8. (XVI, 543 S.) n. 2 Thlr. 12 ngr.

—— üb. eine verbess. synopt. Bearbeitung d. Leidens-Geschichte f. d. vaterländ. evangel. Kirche. gr. 8. (4½ B.) Stuttgart 841, Belser'sche Buchh.
Auszug aus: Studien d. evangel. Geistlichkeit Württembergs, XIII. Bd. 1. Hft.

— s. Palmer: Revision d. neuen Gesangbuchs.

Stirm, C. H., **Predigt am Sonntag Sexagesimä 1846 z. 300. jährig. Gedächtniß des Todestages Dr. Mart. Luthers in der Hofkirche zu Stuttgart gehalt.** gr. 8. (1 B.) **Stuttgart 846, Belsersche Buchh.**

Stirm, C. H., zwölf Predigten. gr. 8. (12 B.) Stuttgart 829, [Beck u. Fränkel.]

Stirm, C. H., zwölf Predigten. gr. 8. Stuttg. 829. Löflund u. S. 12 gr

— s. Studien d. evangel. Geistlichkeit Würtembergs.

Stirm, K. H. v., das Volksschulwesen in Württemberg. [Aus: „Pädagog. Encyclopädie."] gr. 8. (71 S.) Gotha 873. Besser. n. 1. 60

Stirm, Karl, aus Stuttgart: Über das Δ6 Menthen 2on. *Berlin (1901): G. Schade.* (53 S.) 8°
Berlin, Phil. Diss. v. 27. Juli 1901

Stirn, Anna, geb. Rivière, Haide-Blumen. Gedichte. 1. Aufl. (98 S.) 1873. *M. 2., und 2. verm. Aufl. gr. 16. (V, 130 S.) Kassel 875, Hühn. *M. 2,25.; geb. *

Stirn, Anna, geb. Rivière, Haideblumen. Gedichte. Mit einem Vorwort von Elise Polko. 3., verm. Aufl. 16. (VIII, 180 S.) Kassel 879. Hühn. n. 3. —; geb. n. 4. —

Stirn-Rivière, Anna, Helldunkel. E. Sammlg. vermischter Gedichte, Sprüche u. Aphorismen. 12. (X, 210 S.) Cassel 898. E. Hühn.
Geb. in Leinw. m. Goldschn. n. 3. —

Stirner, biblische Ansprache, s.: Bericht üb. die 30. allgem. Pastoralkonferenz evang.-luth. Geistlicher Bayerns.

Stirner, E., Herr, Du hast Worte des ewigen Lebens! Predigt üb. Ev. Joh. 6, 66—69, geh. am Bibelfeste zu Nürnberg in der St. Aegidienkirche am 15. Juni 1887. 1. u. 2. Aufl. gr. 8. (15 S.) Nürnberg 887. Raw. n. —20

Stirner, Ernst, Das Museum in Eger. 12. (24 S.) Pilsen: Maasch 1892. —.24

Stirner, Ernst. Das Museum in Linz. 12. (24 S.) Pilsen 892, Maasch's Sort. * — 40

Stirner, Max., s. Schellwien, Rob.

Stirner, Max, der Einzige u. sein Eigenthum. gr. 8. (3l B.) Leipzig 845, Otto Wigand.

Stirner, Max, der Einzige u. sein Eigenthum. 2. Aufl. 8. (379 S.) Leipzig 882. O. Wigand. n. 4. —

Der Einzige und sein Eigentum. Von Max **Stirner** (Kaspar Schmidt). (Hrsg.: Paul Lauterbach.) Leipzig: Reclam (1893). 429 S. 8° (Universal-Bibliothek. Nr 3057/3060.) [10. 1148]

Stirner, Max, (Kasp. Schmidt), der Einzige u. sein Eigenthum, s. Universal-Bibliothek.

Stirner, Max (Kasp. Schmidt), der Einzige u. sein Eigentum. 3. Aufl. gr. 8. (379 S.) Leipzig 901. O. Wigand. n. 4. —

Stirner, Max (Kaspar Schmidt). Geschichte der Reaction. Band 1. Die Vorläufer der Reaction. Band 2. Die moderne Reaction. Berlin, Allg. deutsche Verlags-Anstalt 1852. VIII 309, X 338 S. 8.

— s. National-Oekonomen, die.

Max **Stirner's** Kleinere Schriften und seine Entgegnungen auf die Kritik seines Werkes: 'Der Einzige und sein Eigenthum'. Aus d. Jahren 1842—1847. Hrsg. v. John Henry Mackay, Vf. v.: 'Max Stirner. Sein Leben u. s. Werk.' *Berlin: Schuster & Loeffler 1898.* (4 Bl., 185 S.) 1 Bd 8. [98. 4313]

Stirner-Brevier. Die Stärke des Einsamen. Max Stirner's Individualismus u. Egoismus m. seinen eigenen Worten wiedergegeben. Auswahl u. Einleitg. v. Anselm Ruest. 2. Aufl. (VII, 284 S.) kl. 8. Berlin (906). H. Seemann Nachf. 1.—; geb. 2.—; erh. Pr. 2.—; geb. 3. —

Stirnimann, Fritz. Tuberkulose im ersten Lebensjahre. Diss. Med. Univ. Zürich. (Sonderabdruck aus Jahrbuch für Kinderheilkunde. N. F. Band 61.) *Kopftitel:* Aus dem Kinderspital Zürich. 23 S. 8. Berlin, S. Karger, 1905.

Stirnimann, [Vincenz]. Das Starkstromgesetz. Referat für den Städtetag in Bern, 28. September 1901. 10 S. 4. (Bern, W. Wälchli, 1901.)

Stirnimann, V., die Trinkwasser-Versorgung der Stadt Luzern. Ein geschichtl. Rückblick. gr. 8. (III, 119 S. m. 12 Taf. u. 3 Plänen.) Luzern 902. (A. Gebhardt.) n.n. 3.50

Stirnimann, V[incenz]. Die Trinkwasser-Versorgung der Stadt Luzern. Ein geschichtlicher Rückblick (am Schlusse des 25. Betriebsjahres der Hochdruck-Wasserversorgung). [Mit 4 Plänen und 14 Tafeln.] IV + 130 S. 8. Luzern, H. Keller, 1902. [fr. 5. —]

Stirnus, A(ugust): Beiträge zur Kenntnis der ungesättigten Verbindungen: Über die Einwirkung von freiem Hydroxylamin auf ungesättigte Säuren und deren Ester. Eine neue, allgemein gültige Methode zur Darstellung von β-Aminosäuren. Cöthen 1909: Preuß. 99 S. 8°
Greifswald, Phil. Diss. v. 7. Aug. 1909, Ref. Auwers
[Geb. 14. Juni 84 Magdeburg; Wohnort: Magdeburg; Staatsangeh.: Preußen; Vorbildung: Dom-Gymn. Magdeburg Reife O. 04; Studium: Rostock 1, Leipzig 3, Greifswald 5 S.; Rig. 2. März 09.] [U 09. 1570

Stirnweiß, Franz

Stirnweiß, F., Leitfaden der Staatskunde f. den Militäranwärterunterricht in Bayern. (86 S.) kl. 8. Neuburg a/D. (910). Landger.-Ob.-Sekretär Stirnweiß. Geb. nn 1. 20

Stirnweiß, Frz., Portowesen, Behandlung der Telegramme u. der telephonischen Ferngespräche bei den bayerischen Justizbehörden, f. den Dienstgebrauch bearb. (44 S.) kl. 8. Deggendorf 906. Amtsger.-Sekr. Stirnweiß. n. — 80

Stirpium, novarum, decades. Edit. a Museo Caesar. Palat. Vindobonensi. I. Smaj. (6 B.) Vindobonae 839, libr. univ. Beck.

Stirtz, Hans: Die subjektive Seite der Notwehr ... Bonn, Univ.-Buchdr. v. C. Georgi, 1897; 44 S. 8.
Erlangen, Jur. Fak., Inaug.-Diss. v. 1897

(**Stisser**:) Freymüth. u. bescheid. Erinnerr. wid. Hrn. Dr. *Kahle* Abhandl. v. d. Balance Europens; in e. Sendschr. an e. Gelehrten v. Adel vorgetr. *Leipz.* 745. 8.
Fortsetz. d. freymüth. u. bescheid. Erinnerr. u. s. w. *Leipz.* 746. 8.

Stisser, C. U., factische Resultate der Antheilswirthschaft des Hrn. Amtsr. Albert auf dessen eigenthüml. Gütern Ladeburg, Schwarzberg u. Beblitz, in d. Wirthschafts-Jahr Trinitatis 1824 bis 25. gr. 8. Magdeb. 825. Creutz. 4 gr.

Stisser, Christian Friedrich

Stisser, C. F., de Barnaba ac Paulo, Lystrensium Diis. Sediu. 1741. 4.

STISSER, Christian Friedrich („Königl. Professor am akademischen Gymnasio zu Stettin"), Die Frage, Ob ein Philosophe nach Schönheit und Geld heirathen (!) dürfe? in einem Sendschreiben, ... untersucht und erörtert (bei Gelegenheit einer zu Halle 12. Mai 1744 vollzogenen Hochzeit). STETTIN, Gedruckt bey Joh. Frid. Spiegeln, Königl. Regierungs- und Gymnasii Buchdrucker. (1744.) 4⁰. (In Berlin: Bibl. Diez: 4⁰ 2643, no. 15, oder Np 5, no. 10.)
20 S. incl. Titel, auf dessen Rückseite der Text beginnt.

Friederich der grösste König im Krieg und im Frieden: in einer Rede, welche wegen des von Seiner Königlichen Majestät in Preussen, unserm allergnädigsten König und Landesherrn, mit der Königin von Ungarn und Böhmen, Majestät geschlossenen höchstglorwürdigen Friedens, in dem grössern Hörsaal des Königl. akademischen Gymnasii zu Stettin, den 20. Jul. 1742 vor einer zahlreichen Versammlung hoher und vornehmer Zuhörer gehalten worden, in allerunterthänigster Demut und Treue bewundert von Christian Friderich Stisser, Königl. Professor der Historie und der griechischen Sprache. Stettin, gedruckt bey Joh. Frid. Spiegeln, Königl. Regierungs- und Gymnasii-Buchdrucker.

Friederich des Grossen neun und vierzigster Geburtstag am 24sten des Jenners 1760 im Namen des Königl. akademischen Gymnasii zu Stettin in allerdemütigster Ehrfurcht besungen von M. Christian Friederich Stisser, Königl. Professor der Historie, der Beredsamkeit und der Dichtkunst, des Collegii Professorum Senior, des akademischen Gymnasii diesjährigen Rector, und der Königl. Gesellschaften der Wissenschaften und der freyen Künste zu Königsberg in Preussen und zu Greifswald, wie auch der Herzoglichen zu Jena Mitglied. Stettin, gedruckt bey des Königl. Preussischen Pommerschen Regierungs- und Gymnasii-Buchdruckers, seel. Johann Friederich Spiegels Wittwe. fol.

Stisser Christian Friedrich (Halle) Diss. Halle 1799/2

De donationis natura ac indole secundum jus Romanum.
Präs. Johann Heinrich Otto Koenig.
Halle (Gebauer) 28. V. 1799. 32 S.

Gew.: Christian Gossler. 33614

Von der tadelhaften und billigen Verehrung der Fürsten liefert seine Gedanken; und ladet zu einer teutschen Rede, welche er zur allerunterthänigsten und gerechtesten Verehrung Seiner Königlichen Majestät in Preussen, unsers allergnädigsten Königs und Herrn, bei Gelegenheit des von Allerhöchstderoselben mit der Königin von Ungarn und Böhmen Majestät durch göttlichen wundervollen Beistand geschlossenen glorwürdigsten Friedens, im grössern Hörsaal des Königl. akademischen Gymnasii zu Stettin den 20. Jul. 1742 Nachmittags um 3 Uhr in allergetreuester Demut halten wird, alle hohe und mächtige Beschützer, alle geneigte Beförderer, alle geehrteste Gönner und Freunde der Wissenschaften, der freien Künste und besonders unsers Musensitzes, auch die wehrtesten Studiosos unsers Gymnasii, unterthänig, gehorsamst, ergebenst und freundschaftlich ein — M. Christian Friderich Stisser, Königl. Professor der Historie und griechischen Sprache. Stettin, gedruckt bei Johann Friderich Spiegeln, Königl. Regierungs- und Gymnasii-Buchdrucker.

Stisser, Christian Friedr., Die wichtigen Vortheile, welche dem durchlauchtigsten Ertzhause Oesterreich durch die aufrichtige Freundschaft des Königlichen Churhauses Preussen und Brandenburg seit länger als dreihundert Jahren ausgewirkt worden, . . . Rede zur Feier des Dresdner Friedens. 2. Febr. 1746. Stettin. 4. (22 Seit.)

Stisser, Christ. Fried., Wie wenig es möglich sei, dass bei dauerhafter Behauptung des dermaligen Oesterreichischen Besitzstandes in Bayerschen Ländern, die gesetzmässige Verfassung des deutschen Reichs und die Gerechtsame seiner Stände gesichert bleiben. (Progr.) Stettin 1778. 4.

Zu einer im grossen Hörsaal des Königlichen akademischen Gymnasii am 22. October 1756 Nachmittag um 3 Uhr feierlich zu haltenden Redehandlung, durch welche er, bey Gelegenheit des von Seiner Majestät, unserem allertheuersten Monarchen, in höchster Person, über das ungleich stärkere Heer der Oesterreicher am 1ten October 1756 bey Lowositz in Böhmen glorreich erfochtenen Sieges, den Ueberwinder bei Lowositz, in einem deutschen poetischen Vortrage verehren, nächstdem aber unter seiner Anführung ein Beifalls würdiger Bürger unsers Musensitzes, Joachim Friederich Titius, aus Anclam, in einer ungebundenen Rede den neuerfochtenen Sieg unsers Monarchen als einen Beweis seiner gerechten Sache erheben wird, bittet sich die gnädige und gütige Gegenwart aller hohen Beschützer und Beförderer guter Bemühungen, besonders der Hochverordneten Herren Curatoren unsers Stifts und Gymnasii, aller Gönner und Freunde der schönen Wissenschaften unterthänig, gehorsamst und ergebenst aus M. Christian Friederich Stisser, Königlicher Professor der Historie, Beredsamkeit und Dichtkunst, auch der deutschen Gesellschaften zu Königsberg, Greifswald und Jena Mitglied. Stettin, gedruckt bei Hermann Gottfried Effenbart, Königlich Preussischen Pommerschen Regierungs- auch Kriegs- und Domainenkammerbuchdrucker.

Stisser, Friedrich Ulrich (Quedlinburg) A. S. 765/24

Dissertatio juris criminalis de crimine lenocinii.
Präs. Ephraim Gerhard.
Jena (Müller) III. 1711. 39 S.

Gew.: Joachim Christoph Fhr. von Wendhausen.
W. v.: Präs. 33616

Stisser, Friedrich Ulrich: „Einleitung zur Landwirthschaft der Teutschen, nach dem Oeconomie-, Polizey- und Cammerwesen eingerichtet, auch mit einer historischen Nachricht versehen". Jena und Leipzig 1735 (Verlegts Johann Rud. Cröker); neue Ausgaben herausgegeben von Georg Heinrich Zincke, Leipzig 1746 und Jena 1768. — Vorh.: 1. Ausgabe, UB Marburg — XII C 37; UB Greifswald — Ka 122; Ausgabe 1746: Preußische Staatsbibliothek Berlin — Ov 2110.

—— Einleitung zur Land-Wirthschaft und Policey der Teutschen, zum Unterricht in Oeconomie-, Policey- und Cammer-Wesen eingerichtet, nunmehro aber von neuem übersehen . . . von G. H. Zincken. Jena u. Leipzig 1746. 8. . . . . (BHO.; B.)

— Einleit. zur Landwirthschaft u. Polizei der Teutschen z. Unterricht in Oekonomie-, Polizei- u. Kameralw. sen eingerichtet. 8. Jena 768. Cröker. 14 gl

STISSER, Friedrich Ulrich: Entwurf eines Kollegii über das Forst- und Jagdwesen. - Jena 1735

STISSER, Friederich Ulrich: Forst- und Jagd-Historie der Teutschen. - Jena 1737. 560 S., 153 S. Anh. - Dass. ebd. 1738. 560 S., 153 S. Anh. - 2. verm., verb. u. m. e. bes. Vorrede v. Heinrich Gottlieb Francken vers. Aufl. Leipzig 1754. 80 S., 560 S., 137 S. Anh.

Stisser, Friedrich Ulrich: „Forst- und Jagdhistorie der Deutschen", Jena 1737. Vermehrt, verbessert und mit einer besonderen Vorrede „von den Vorzügen und besondern Rechten der Jäger überhaupt, den Kurkölnischen und Herzoglich-Wirtembergischen Jagd-Orden, wie auch der freien Pürsch zu Memmingen in Schwaben insonderheit", von Heinrich Gottlieb Francke, Leipzig 1754.

Stisser, Fr. Ulr., († ...) Forst- u. Jagdhistorie d. Deutschen, verbess. u. verm. v. Hnr. Gli. Francke. 8. Lepz. 754. Klaubarth. 18 gl

Stisser, Friedrich Ulrich: „Programma in welchem er mit hochgeneigter Approbation einer Hochlöbl. philosophischen Facultät allhier den S. Tit. hierselbst studierenden Herren einige Collegia über die Oeconomie- Policey- und Cammerwissenschaft eröfnet, und zugleich wider Gabriel Naudaeum behauptet, dass man die Oeconomie wie andere Wissenschaften ordentlich vortragen könne, auch anbei den Nutzen und die Nothwendigkeit dieses Studii vor die Herren Studiosos aller Facultäten darthut", Jena 1734 (gedruckt bey Peter Fickelscherm, Fürstl. Sächs. Hof-Buchdruck.). — Vorh.: UB Marburg. — Signatur Mscr. 366.

Stisser, J. C., kurzer Unterricht f. Wehmütter. 8. Leipz. 750. Junius. 4 gl

Johann Andreas Stisser

Joh[annis] Andreae Stisseri [Stisser]: De variis Erroribus, chemiae ignorantia in medicina commissis dissertatio epistolaris... Helmestadii 1700: Hammius. 32 S. 8°

Stisser, Johann Christian (Wendelstein/Sa.)
A. S. 1116/2

Dissertatio solennis de tympanite.
Präs. Johann Gottfried Berger.
Wittenberg (Goderitsch) 24. IV. 1700. 34 S.
33620

Stisser, Karl, u. Johs. Meyer, Soziales aus Bibel u. Kirchengeschichte. 2 Vorträge, geh. auf dem 2. sozialen Ausbildungskursus. (47 S.) gr. 8. Hannover 907. H. Feesche.
Sonderabdruck aus: „Soziales Handbuch". - 50

Stisser, Theodor

Ueber die Katharsis des Aristoteles. (Eine Erg. u. Verteidigung meiner beiden Schriften über d. Katharsis.) (Verf.: Th. **Stisser.**) Norden 1907: D. Soltau. (16 S.) 8° [Umschlagt. F.] 1908. 13660 7

Stisser, Theod. Über die Katharsis in der Poetik des Aristoteles. 23 S. Progr. *Norden* 1884

Stisser, Theodor [Dr.]: Nochmals die Katharsis in Aristoteles' Poetik. Norden, Druck v. D. Soltau, 1889; S. 1—18; 4°
Norden, k. Ulrichs-G, OP 1889 (301)

Stisser, Th.: Quid judicandum sit de F. Ritschelii in Aeschyli Septem contra Thebas septem nuntii sermones et regis responsa aequabiliter dimensa esse existimantis. 33 S. – Aurich, Progr. 1872.

Stisser, Wolfgang Melchior

— Drama sacrum, od. 112 Predigten üb. d. Buch Hiob. 4. Ebend. 704.

Stisser, Wolfg. Melch., Iesus patiens, in 57 Passions-predigten. 4. Leipz. Junius. (Knobloch.) 704.

Stitz, Anton Ueber das Gerundium im allgemeinen und seine Verwendung bei Sallust. 8 (S. 3—24). Progr. Ober-G. *Krems* 1889.

Stitz, Ant. Die Metapher bei Tacitus. 32, 28 SS. 8. G. *Krems* 1883. 1884. Progr.

Stitz, A., Die Metapher bei Tacitus. Pr. 1884. 14 S.

Stitz, Anton: Professor Alois Pichler, [gestorben am 21. Oktober 1905]. S. 58—59. 8. Progr. K. k. Maximilians-Gymn. *Wien* 1906.

Stitz, Anton: *Regierungsrath Johann Ptaschnik, gestorben am 23. September 1898. — Schulrath Prof. Karl Stejskal, gestorben am 4. März 1898. — Dr. Blasius Knauer, gestorben am 21. Juni 1898. — Prof. Anton Podrabsky, gestorben am 17. April 1899.* 8 (S. 47—49). Progr. K. k. Maximilians-G. *Wien* 1899.

Stitz, Anton: Rede aus Anlaß des sechzigjährigen Regierungsjubiläums Sr. Majestät des Kaisers Franz Josef I., gehalten am 2. Dezember 1908. S. 3—9. 8. K. k. Maximilians-Gymn. *Wien* 1909. Progr.

Stitz, *Anton* ΣΠΟΝΔΑΙ. 8 (S. 20—22). Progr. K. k. Staatsg. im II. Bezirke *Wien* 1893.
Aus den poetischen Fluchblättern, welche der „XLII. Versammlung deutscher Philologen und Schulmänner in Wien" gewidmet wurden.

Stitzenberger, Ernst, s. Stizenberger, Ernst.

Stitzenberger Joh.: Das Motiv des Gegensatzes in den Jugenddramen Schillers. (18). Teplitz-Schönau 896. Progr.

Stitzer, Hugo Carolus: De menstruatione vicaria. Halis (1860): Orphanotropheum. 30 S. 8°
Halle-Wittenberg, Med. Diss. v. 15. Sept. 1860
Geb. Bedra bei Merseburg 26. 4. 1837. V.

Stitzl, Jul., die Jesuiten in Leipzig, oder Professor Flasche's Katastrophe. Ein Jammer-, Trauer- u. Lustspiel mit e. Prologe, 1 Akte, 6 Auftritten, 3 Scenen u. in zierlichen Reimen. 8. Augsburg 833. Kollmann. 1/8 ß

Stivarius, S. F. W., Briefe üb. d. Mythologie d. Griechen u. Römer, mit d. vorzügl. Darstellungen ihrer Dichter, f. Jünglinge u. Mädchen. 8. (29¼ B.) Lemgo 829, Meyer.

Stiver, Abt, Taktik, od. vorzügl. u. weise Art, das Gebiet e. Lehre zu verbreiten u. sich wider Gegner zu vertheidigen; aus d. Holländ. übers. v. Gundram v. Hohleisen. 8. Karlsr. 791. (Braun). 9 g

Stiver, Taktik, od. Art d. Gebiet e. Lehre zu verbreiten 2c. a. d. Holl. 8. Carlsruhe, Macklot. (Gebhardt und K. in Frankf.) 791.

Stiwel, Mich. Xav., Anthologie oder Blätter für Verstand u. Herz. (1—3. Quart.) 8. (à 6 B.) Augsburg 842, (v. Jenisch u. Stage'sche Buchh.) à 7½ Ngr.

Stiwel, Mich. Xav., Anthologie oder Blätter für Verstand u. Herz. (1.—3. Quartal.) 8. Augsburg 842, 43, v. Jenisch u. Stage'sche Buchh. à n. ¼ ß

Stiwel, M. Xav., Gesetz üb. d. Ergänzung d. stehenden Heeres im Königr. Bayern, nebst e. vollständ. Index, e. Geschäfts-Kalender 2c.; für d. K. Militär- u. Conscriptions-Behörden zum Dienstgebrauche entworfen. gr. 8. (21 B.) Augsburg 831, (Kollmann.)

—— vollständ. Index zum Gesetz üb. d. Ergänzung d. stehenden Heeres, nebst e. Abdrucke d. Gesetzes selbst, sammt Inhalts-Anzeige, e. Geschäfts-Calender, u. mehr. einschlägl. Bestimmungen u. Uebersichten. Mit allerhöchst. Bewilligung. gr. 8. (21 B.) Augsburg 829. (München, Fleischmann.)

— Vollständiger Index zum Gesetz über die Ergänzung des stehenden Heeres nebst einem Abdruck des Gesetzes selbst, samt Inh.-Anz., 1 Geschäfts-Kalender u. mehr. einschläg. Bestim. u. übersichten. Augsburg 1829. 334 S.

— vollständ. Samml. d. Novellen zum k. baier. Conscriptions-Gesetz u. anderer auf die Militärpflichtigkeit Bezug habenden Verordnn. in 2 Abtheill. 8. Augsb. 821. Kranzfelder. 2 ß (a. Finsterlin in Münch.) 2 ß 16 g

Stiwel, M. X. Vollständige Sammlung der Novellen zum Konskriptionsgesetz u. anderer auf die Militärpflichtigkeit Bezug habenden Verordnungen. Bd 1. 2. Augsburg 1821. 1827.
Bd 1. Jhrg. 1812—1822. Bd 2. Jhrg. 1822—1827.

—— Vorschriften zur Anwend. u. Vollziehung d. Gesetzes üb. d. Ergänzung d. stehenden Heeres, mit Formularen, Register u. e. Geschäfts-Kalender, dann e. besond. Auswahl v. Geschäfts-Tabellen, Uebersichten u. Formularen, welche f. d. K. Militär- u. Conscript.-Behörden zum Dienstgebrauche mit Exemplificationen u. Bemerkn. entworf. u. gesammelt worden sind. gr. 8. (22 B.) Augsburg 831. (München, Fleischmann.)

— Vorschriften zur Anwendung u. Vollziehung des Gesetzes über die Ergänzung des stehenden Heeres. Augsburg 1831. 268 S.

Stiwel, Mich. Xav., Vorschriften z. Anwendung u. Vollziehung d. Gesetzes üb. d. Ergänz. d. stehenden Heeres 2c. 2. Ausg. gr. 8. (22½ B.) Augsburg 841, v. Jenisch u. Stage'sche Buchh.

STIX, A. (ps.?), Familiengeschichte der Herren von Schiller. Ein Roman in Kapiteln ohne Ueberschrift. 2 Bde. Mit 2 Titelvignetten. Berlin 1788. 8°. 418 u. 526 S. (3 Mk., Frdr. Klüber, München, 1907.)
Nicht in Weller's Lex. Ps. — Selten!

Stix, Alex., Theorie u. Praxis d. Freihandzeichnens, analytisch-synthet. Methode. Für Schul- u. Selbstunterricht bearb. 1. Tl. das Zeichnen geradlin., ebener Gebilde. Mit 24 Taf. in 4. u. eingedr. Holzschn. 4., vollständig umgearb. Aufl. der „Vorschule d. Zeichnens". gr. 8. (VIII, 96 S.) Leipzig 885. Urban. n. 1. 50; die 24 Taf. n. — 80

Stix Alfred: Die Plastik der Dombauhütte in Prag um die Wende des 14. und 15. Jahrhunderts.
D: Jahrbuch d. Zentralkomm. 11, 1908.
1908 PN 2502 Diss. Wien, Univ.

Stix, Edmund, Regierungrath; das Bauwesen in Bosnien und der Herzegowina von Beginn der Occupation durch die österr.-ung. Monarchie bis in das Jahr 1887. Eine technisch-statistische Studie, nach ämtlichen Quellen zusammengestellt vom Baudepartement der Landesregierung. Herausgegeben von d. Landesregierung für Bosnien und die Herzegowina. Mit Karten und 30 Tabellen. 4. (134 S. Text.) Wien; Hölder. In Comm. 1887.

Stix, E., s. Bauwesen, das, in Bosnien u. der Hercegovina.

Stix, Hans Raymund [Assistenzarzt an d. Localirrenanst. zu Bamberg]: Ueber einen Fall von Tachycardie durch Vaguslähmung ... (Aus: Münchener Med. Wochenschr., 1893.) München, J. F. Lehmann, 1893; 1 Bl., 16 S. 8.
Erlangen, Med. Fak., Inaug.-Diss. v. 26. Juli 1893

Stix, Heinr. S., Christus od. Buddha? In Parallelstellen aus dem Neuen Testament u. den heiligen Schriften Indiens dargelegt. Deutsch v. Ludw. Kreichauf. gr. 8. (26 S.) Leipzig 900. L. Kreichauf. n. — 80

Stix, Johannes Gebrauch des Infinitivs mit Artikel bei Demosthenes. 34 S. **Progr.** *Rottweil* 1881.

Stix, J. [Prof.]: Zum Sprachgebrauch des hl. Hilarius von Poitiers in seiner Schrift de trinitate. Rottweil, M. Rothschild's Buchdruckerei [sic!], 1891; 2 Bl., S. 1—48, 1 Bl. 4°
Rottweil, k. G, P 1891 (584)

Stix, Klemens

— Anfangsgr. d. Mathematik od. d. gemeine Rechenkunst, Algebra u. Meßkunst 1r-3r Th. 8. Frankf. (Mohr u. Z. in Heidelberg.) 805-10. (I. II. gemeine Rechenk. 2 Thle. à 20 gr. III. Algebra 1r Th. 1 Rthlr. 12 gr.)

— Auszug d. Sprachlehre in tabell. Uebersicht, f. Anfänger der deutschen u. französischen Nation. gr. 8. Ebendas. 815.

Stix, Klem., die Blicklehre, od. Kennzeichen das Innere des Menschen aus dem Auge zu erforschen. 8. Frankf. a. M. 812. Gebhardt u. K. 8 gr.

— die Geschützkunst nach d. Unterricht des löbl. k. k. österreich. Bombardiercorps. 8. Frankf. a. M. 816. Gebhardt u. K. 1 Rthlr. 8 gr.

Stix, K. Die Geschützkunst. Mit Taf. Frankfurt a. M. 1816. 319 S.

Stix, Klemens Franz — In Brüssel, oder: Eine Höllennacht. Ein Schwank in einem Akte von — —. (Am 26. Jänner 1856 zum ersten Male mit großem Beifalle im k. k. privil. Theater an der Wien dargestellt.) Als Manuskript gedruckt. Druck von U. Klopf sen. und Alex. Eurich in Wien. (23 S. 8.) Diesem beigebunden ist: Er ist unsichtbar. Burleske mit Gesang in einem Akte von Klemens Franz Stix. Die Grundidee nach einer Operette. Als Manuskript gedruckt. (20 S. 8.)

Stix, C. F. — Er will nicht sterben. Dramatischer Scherz in einem Akt von — —. Zum ersten Male im k. k. priv. Josefstädter-Theater in Wien am 1. Februar 1857 mit großem Beifalle aufgeführt, Wien, 1857. Gedr. bei A. Pichlers Witwe & Sohn. (16 S. 8.)

Stix, C. F., Er will nicht sterben,
— Nur nicht reden!
— Redoute und Narrenhaus,
— Ueberall Diebe,
} s. Theater-Repertoir, Wiener.

Stix, C. F., Vergnügungszügler, s. Theater-Repertoir, Wiener.

Stix, Leop., kurze Betrachtungen für jeden Tag des Jahres nebst einem Anhang von Festbetrachtungen. Vorzüglich zum Gebrauche für Ordensgeistliche und Klosterfrauen. Regensburg 856. Manz. 8. (760 S.) n. 1 Rthlr. 8 ngr.

Stix, Leop.. kurze Betrachtungen f. jeden Tag d. Jahres, nebst e. Anh. v. Festbetrachtgn. Vorzüglich zum Gebrauche f. Ordensgeistliche u. Klosterfrauen. 2. sorgfältig durchgeseh. Aufl. 8. (XVI, 828 S.) Regensbnrg 871. Manz. n. 3. 80

Stix, Leop., C. Ss. R., kurze Betrachtungen f. jeden Tag des Jahres, nebst e. Anh. v. Festbetrachtgn. Vorzüglich zum Gebrauche f. Ordensgeistliche u. Klosterfrauen. 3., sorgfältig durchgeseh. Aufl. (IV, 663 S.) 8. Regensburg 905. Verlagsanstalt vorm. G. J. Manz. n. 3. —; geb. in Leinw. n. 4. —

Stix, M. Begriff von Zeit und Zeitformen. Wien, R. in Gumpendorf, 1856. 8 S. **Progr.**

Stix, M. E., Handbuch der populären Arznei-Wissenschaft f. die gebildeten Stände in d. nördl. Provinzen Rußlands 2c. gr. 8. Leipz. 803. (Rein). 20 gr.

Stix, Mathias

Stix, M., 33 Entretiens servant de premières leçons de français pour les jeunes demoiselles des écoles élémentaires. Vol. 1. A. s. l. t.: 33 Unterredungen zum ersten Unterrichte in der französischen Sprache. Ein Seitenbüchlein zur Fibel und zum ersten Sprach- und Lesebuch 2c. 1. Bdchn. 8. (VIII und 164 S.) Wien 856, (Seidel.) Thlr. **

Stix, Mathias —. Italienisch-deutsches Sprachbuch für Realschulen, Gymnasien und Privatunterricht, vergleichend dargestellt von — —. Wien. 1855. Druck von Karl Ueberreuter. Auf Kosten des Verfassers. (XVI, 328 S. gr. 8) geh.

Stix, Math., ganz neuer Stufengang beim Unterrichte in d. italien. Sprache, od. Elementar-Sprachlehre für Kinder und Erwachsene, welche diese Sprache auf eine leichte und angenehme Art in kurzer Zeit erlernen wollen. gr. 8. Wien 836. Braumüller u. Seidel. n. 1 1/6 Rthlr.

Stix, Math., gleichzeitiger Unterricht in der deutschen und französ. Sprache für Gymnasien, Bürgerschulen, Lehr- und Erziehungsanstalten und Privatunterricht. Nach Dr. Karl Ferd. Becker's Sprachsysteme, und zunächst nach R. J. Wurst's Sprachdenklehre bearb. (1. und 2. Cursus.) gr. 8. Wien, (Lechner's Universitäts-Buchh.) [1. (XIII und 144 S.) 2. (254 S.) 849. à * 20 Ngr.] *

—— gleichzeitiger Unterricht in der deutschen und italienischen Sprache für Gymnasien, Realschulen, Lehr- und Erziehanstalten und Privatunterricht. Nach Dr. Carl Ferd. Becker's Sprachsysteme und zunächst nach R. F. Wurst's Sprachdenklehre bearb. gr. 8. (XV und 286 S.) Wien 851, (Lechner's Universitäts-Buchh.) *

Stizenberger, Ernst, die Alectorienarten u. ihre geographische Verbreitung. [Aus: „Annalen d. k. k. naturhistor. Hofmuseums".] Lex.-8. (18 S.) Wien 892. A. Hölder. n. — 80

—— Dr. Ludw. Rabenhorst's Algen Sachsens resp. Mitteleuropa's Decade I — C. Systematisch geordnet (mit Zugrundelegung eines neuen Systems.) gr. 8. (41 S.) Dresden 860, (am Ende.)

Stizenberger, Ernst, kritische Bemerkungen über die Lecideaceen mit nadelförmigen Sporen. gr. 4. (76 S. mit 2 Taf. in Kpfrst.) Dresden 863. (Jena, Fr. Frommann.) *
Aus: Verhandlungen der k. Leop.-Carol. deutschen Akademie der Naturforscher, besonders abgedruckt.

—— Characeae Europeae, s. Braun, A.

Stizenberger, Ernst, die Characeen Europa's, s.: Braun, A.

Stizenberger, Ernst. Grundlinien einer Geschichte der Tonkunst im Lande Baden. Mannheim 1883.

Stizenberger, Ernst, über die zu Heilzwecken dienenden Injections- u. Saugapparate und deren Anwendung. Für Aerzte u. Studirende bearb. Stuttgart 856. Ebner u. Seubert. 8. (VIII, 114 S. m. Holzschn. im Text.) 15 ngr.

Stizenberger, Ernst, Lichenaea Africana. Fasc. 1. gr. 8. (144 S.) St. Gallen 890. A. & J. Köppel. n. 3. —

— lichenaea africana. [Aus: „Jahresber. d. St. Gallischen naturwissenschaftl. Gesellschaft".] Fasc. II. (Finis.) gr. 8. (S. 145—280.) St. Gallen 891. (A. & J. Köppel.) n. 3. — (kplt.: n. 6. —)

— lichenes helvetici eorumque stationes et distributio. Fasc. I. [Aus: „Jahresbericht der St. Gall. naturwiss. Gesellsch."] gr. 8. (268 S.) St. Gallen 882. Köppel. n. 4. —

Stizenberger, Ernst, Lichenes helvetici eorumque stationes et distributio. 2 fasc. gr. 8. St. Gallen, (Köppel.) [Fasc. 1. (S. 1—268.) 883. *ℳ 4.; fasc. 2. (XXIII, S. 269—377.) 883. *ℳ 2,50.] *
Aus: Jahresbericht der St. Gallischen naturwissenschaftlichen Gesellschaft, besonders abgedruckt.

—— über die steinbewohnenden Opegrapha-Arten. gr. 4. (39 S. mit 2 Taf. in Kpfrst.) Dresden 865. (Jena, Fr. Frommann.) *
Aus: Verhandlungen der k. Leop.-Carol. deutschen Akademie der Naturforscher, besonders abgedruckt.

Stizenberger, Ernst, Uebersicht der Versteinerungen des Grossherzogth. Baden. (Der medizin. Facultät der Universität Freiburg zur Erlangung der Doctorwürde in der gesammten Heilkunde vorgelegt.) gr. 8. (144 S.) Freiburg im Br. 851, Diernfellner. *

Stizenberger E.: Verzeichniss d. v. Th. v. Heuglin auf Nowaja Semlja gesammelten Lichenen. 1872.

Stoa. Zeitschrift f. d. Interessen d. Höheren Töchterschulen. Hrsg. v. F. Hermes. Bd 1. 2. [Mehr nicht ersch.] — Berlin: Guttentag 1868. 69. 8°

Stoa. Zeitschrift für die Interessen höherer Töchterschulen. Im Verein mit deutschen Amtsgenossen herSg. von F. Hermes. 1. u. 2. Bd. 6 Hefte (à 4—5 Bgn.). Mit Steintaff. Berlin 868,69. Guttentag. gr. 8. Jeder Bd. n. 2 ℛ

Stobart, H., Egyptian antiquities collected on a voyage made in Upper Egypt in the years 1854 and 1855. Berlin 855. (F. Schneider.) gr. Fol. (5 lith. Taf. in Farbendr.) n. 3 ℛ.

Stobäus, Friedr., gemeinnütziges Rezept-Archiv, oder: 800 entschleierte Geheimnisse. Die Frucht einer langjährigen Erfahrung u. vielfach erprobter Mittel, welche im Haushalt sowohl, als auch in allen Künsten u. Gewerben, sowie auch dem Landmanne oder Oekonomen in jeder Beziehung ein treuer Rathgeber sind. gr. 8. (13½ B.) Dinkelsbühl 845, Walthr'sche Buchh.

Stobäus, Georg von Palmburg

Stobaei, Geo., epistolae ad diversos. 4. Vien. Wappler. (Beck.) 758.

Stobaeus, Johann Friedrich (Enheim) Altd. Thl. 19/33

Schedia parallelographica, juxta seriem perocharum evangelicarum, dom. III. et IV. post Epiphan. ... congesta. Präs. Christoph Sonntag. Altdorf (Kohles) 21. II. 1714. 54 S. 33626

Stobaeus, Johannes

Stobaei, Joa., anthologium, recensuerunt Curt Wachsmuth et Otto Hense. Vol. I et II. Libri duo priores, qui inscribi solent eclogae physicae et ethicae, rec. Curt Wachsmuth. gr. 8. Berlin 884. Weidmann. n. 18. —
I. Librum primum continens. (XL, 502 S.) n. 11. —
II. Librum alterum continens. (332 S.) n. 7. —

Stobaei, Ioa., anthologium, recensuerunt Curt. Wachsmuth et Otto Hense. Vol. III., anthologii librum III. ab Ottone Hense editum continens. E. s. t.: Anthologii libri II posteriores. Vol. I. gr. 8. (LXXX, 769 S.) Berlin 894. Weidmann. n. 20. — (I—III.: n. 38. —)

Stobaei, Ioa., anthologium, recensuirunt Curt. Wachsmuth et Otto Hense. Vol. IV. Anthologii libri IV partem posteriorem ab Ottone Hense editam continens. E. s. t.: Anthologii libri II posteriores. Vol. II. (XV, 675 S.) 8. Berlin 909. Weidmann. 20. —

— eclogarum physicarum et ethicarum lib. II. Ad Codd. Mss. fidem suppleti et castigati, annot. et vers. latina instructi ab A. H. L. Heeren. II Voll. in IV Ptes. 8maj. Götting. 791—801. Vandenhöck u. R. 4 ℛ 6 𝒢

— *Eclogarum physicar.* et *ethicar. libri duo priores.* Gr. et lat. Ad codd. fidem emend. et c. notis edid. Heeren. Götting. 792-801. 4 Tom. 8. 5 rthlr. 12 gr.

Stobaei, Joannis, eclogarum physicarum et ethicarum libri duo. Accedit Hieroclis commentarius in aurea carmina Pythagoreorum. Ad mss. codd. recensuit Thomas Gaisford. II tomi. gr. 8. (XVI u. 1113 S.) Oxonii 850. (Lipsiae, T. O. Weigel.) n. 8⅓ ℛ

Stobaei, Joannis, eclogarum physicarum et ethicarum libri duo. Recensuit Aug. Meineke. Tom. I. 8. (XV und 368 S.) Leipzig 860, Teubner.
Vlnp.

Stobaei, Joa., eclogarum physicarum et ethicarum libri duo. Recensuit Aug. Meinecke. Tom. II. 8. (CCXIV und 151 S.) Leipzig 864, Teubner. 1 Thlr.; Velinp.
Tom. I. Ebendas. 1860. 1 Thlr.; Velinp. 1 Thlr. 15 Ngr.

Stobaei, Jh., Florilegium ad Mss. fidem emend. et supplevit Th. Gaisford. Editio auct. Vol. I—IV. 8maj. Leipz. 823, 24. Kühn. 10 ℛ Schrbp. 14 ℛ

Stobaei, Io., Florilegium. Ad optimor. libror. fid. editum. III Vol. Edit. stereot. 16. (82¾ B.) Lipsiae 838, Car. Tauchnitz. 1 Thlr. 10 Gr., f. Pap.

Stobaei, Joan., florilegium recognovit Aug. Meineke. Vol. I—III. 8. (CXXI und 1030 S.) Lipsiae 855, Teubner. à Vol. 22½ Ngr.
Vlnp. à Vol. 1 Thlr.

—— florilegium recognovit Aug. Meineke. Vol. IV. (Schluss.) 8. (LXXXIV und 327 S.) Leipzig 857, Teubner. — Vlnp.
Vol. I—III. Ebendas. 1855. 2 Thlr. 7½ Ngr., Vlnp. 3 Thlr.

Stobaei, Joannis, florilegium recogn. Aug. Meineke. 4 voll. Lipsiae 855—57. Teubner. 8. (I.: XLII, 358 S.; II.: XXXVI, 408 S.; III.: XLIII, 264 S.; IV.: LXXXIV, 327 S.) Jeder Bd. 22½ ngr.; Velinp. 1 ℛ.

— **florilegium.** Ad optimorum librorum fidem editum. Ed. ster. Nova impressio. 3 voll. 16. (361, 408 u. 548 S.) Leipzig 893. O. Holtze's Nachf. 7. —

— Sermones sive Eclogarum L. III et IV. Graece ad codd. fidem emend. N. Schow. Lips. 797. Pars. I: 2 rthl. 12 gr. Ist noch unvollendet.

— sermones (gr.) E. Mss. Codd. emendatos et auctos edid. N. Schow. P. I. (Serm. 1—27.) 8maj. Leipz. 797. Weidmann. 2 ℔ 12 gℓ

Stobaeus, Kil.

Stobaei, Kil., opuscula in quibus petrefactorum, numismatum et antiquitatum historia illustratur. II Tom. c. fig. 4. Danzig 752. Knoch. 1 ℔ 16 gℓ

Stobaeus, Opera, in quibus petrefactorum, numismatum et antiquitatum historia illustratur. Dantisci 1753. 4.

STOBAEUS, Oskar (Regensburg): Über die neueren Behandlungsweisen des Trachoms.- Regensburg: Mans 1886. 27 S.
12.11.1886 - Chr 1886/87,11; Jv 1886/87,183
Diss. Ingolst.-Landsh.-Mchn.

Stobaeus, Osk., über die neueren Behandlungsweisen des Trachoms. [Aus der königl. Universitäts-Augenklinik zu München.] Inaugural-Dissertation. gr. 8. (27 S.) Regensburg 886. (Wiesbaden, Bergmann.) **

Stobbe: Beerenobst-Weinbereitung in Praxis. Anleitung zur Fabrikation im Haushalt. Insterburg. (Paa Omsl.: Leipz.). 1895. 19 S. P.

Stobbe. Der Cid. Tragödie von Corneille. Uebersetzt. Danzig, Johannisschule, 1859. 32 S. 4. Progr.

Stobbe. Esther, Tragödie aus der heiligen Schrift von Racine, übersetzt. Danzig, Johannissch., 1865. Progr.

Stobbe, A., Blätter der Erinnerung. Gedichte, Braunschweig gewidmet. 8. (IV, 84 S.) Braunschweig 888. Bruhn's Verl. n. 1. —

Die Marienburg. Poet. Bilder aus Sage u. Geschichte von A. **Stobbe**. Marienburg Wpr. [1908]: H. Stamm. (54 S.) 8° [F.] 08. 2926 10

Stobbe, Aug., Festspiel zur 75jährigen Jubelfeier der Errichtung des herzogl. Braunschweigischen Infanterie-Regiments Nr. 92, dargestellt im Theater zu Metz am 24. April 1884. Ausg. A. 1. und 2. Aufl. 8. (56 S.) Braunschweig 884, Goeritz und zu Putlitz. geh. mit Goldschn.
Ausg. B. 2. und 3. Aufl.

Stobbe, Johann [aus Tiegenhof]: Über einige Derivate der Isophenylcrotonsäure. . . . Leipzig-Reudnitz, Druck v. Max Hoffmann, 1889; 25 + 1 S. 8°
Leipzig, Phil. Fak., Inaug.-Diss. v. 3. Aug. 1889

Stobbe, Hans [Dr.]: Eine neue Synthese ungesättigter zweibasischer Säuren aus Ketonen und Bernsteinsäureester . . . Leipzig-R., Druck v. O. Schmidt, 1894; 70 S. 8.
Leipzig, Phil. Fak., Hab.-Schr. v. 30. Juli 1894

Adreßbuch für die Städte Neusalz a. O., Freystadt i. Schl., Beuthen Bez. Liegnitz, Neustädtel und Deutsch-Wartenberg. Abgeschlossen: 28. 2. 1904. Hrsg. von Curt **Stobbe**, Red., [&] Josef Flaschel, Polizeiwachtmeister. *Neusalz a. O.: Selbstverl. 1904.* (VIII, 160, 71 S.) 8° [F.]

Stobbe, L., die Buchführung d. bäuerlichen Grundbesitzers. Fol. (384 S.) **Graudenz 892. (J. Gaebel.) Geb. n. 6. —**

Stobbe, d. Rentengutsgründung in Schemlau. Ein Beitrag zur Rentengutsgesetzgebg. aus d. Praxis. gr. 8. (64 S.) Graudenz 894. G. Röthe. n. 1. —

Stobbe, Die Rentengutsgründung in Schemlau. Ein Beitrag zur Rentengutsgesetzgebung aus der Praxis. gr. 8°. Graudenz, G. Röthe, 1895.

Stobbe, Otto, Rede üb. ihn, s.: Friedberg, E.

Stobbe, Otto, Wilhelm Eduard Albrecht. [Aus: „Im neuen Reich."] gr. 8. (33 S.) Leipzig 876. Hirzel. — 75

Stobbe, Otto, Beiträge zur Geschichte des deutschen Rechts. gr. 8. (III und 187 S.) Braunschweig 865, Schwetschke und Sohn.

Stobbe, Otto, Hermann Conring, der Begründer der deutschen Rechtsgeschichte. Rede beim Antritt des Rectorats der Universität Breslau am 15. Octbr. 1869 gehalten. Berlin 870. Hertz. gr. 8. (44 S.) 7½ ngr.

Stobbe, Otto, zur Geschichte des älteren deutschen Konkursprozesses. Als Einleitung in das heut. Recht. gr. 8. (IV, 116 S.) Berlin 888, Hertz. *

Stobbe, O.: Geschichte der deutschen Rechtsquellen. Abth. 1. 2. Braunschweig 1860. 64.
(Geschichte des deutschen Rechts hrsg. von Beseler u. a. Bd 1.)

Stobbe, O., Geschichte der deutschen Rechtsquellen, s. Geschichte des deutschen Rechts.

— zur Geschichte des deutschen Vertragsrechts. Drei Abhandlungen. Leipzig 855. Hirzel. gr. 8. (XI, 308 S.) 1 ℔. 15 ngr.

Stobbe, O.: Handbuch des Deutschen Privatrechts. Berlin.
Bd 1. Einleitung und 1. Buch, von den Rechtsverhältnissen überhaupt. 1871.
„ 2, Abth. 1. Buch 2. Sachenrecht. Der Besitz u. das Immobiliarsachenrecht. 1875.
„ 2. Das Recht bes. Güterarten. Das Mobiliarsachenrecht. 1876.
„ 3. Urheberrecht u. Forderungsrecht. 1878.
„ 4. Familienrecht. 1. u. 2. Aufl. 1884.
„ 5. Erbrecht. 1. u. 2. Aufl. 1885.

— **Handbuch des deutschen Privatrechts.** 1. u. 2. Bd. gr. 8. (VIII, 494 u. XII, 645 S.) Berlin 871—75. Hertz. n. 20. 60

—— Handbuch des deutschen Privatrechts. 1. Bd. und 2. Bd. 1. Abthl. gr. 8. Ebendas. [1. Bd. (VIII, 494 S.) 871. *ℳ 8.; 2. Bd. 1. Abthl. (VIII, 360 S.) 875. *ℳ 7.] *

—— Handbuch des deutschen Privatrechts. 2. Bd. 2. Abthl. und 3. Bd. gr. 8. Berlin, Hertz. [2. Bd. 2. Abthl. (IV, S. 360—645.) 876. *ℳ 5,60.; 3. Bd. (VIII, 435 S.) 878. *ℳ 8.] *
1. Bd. und 2. Bd. 1. Abthl. Ebendas. 1871,75. *ℳ 15.

Stobbe, Otto, Handbuch des deutschen Privatrechts. 5 Bde. gr. 8. Berlin, Hertz. [1. Bd. 2. Aufl. (XI, 608 S.) 882. *ℳ 11.; 2. Bd. 2. Aufl. (X, 711 S.) 883. *ℳ 13,60.; 3. Bd. 2. Aufl. (XII, 448 S.) 885. *ℳ 8.; 4. Bd. 1. und 2. Aufl. (VII, 548 S.) 884. *ℳ 10.; 5. Bd. 1. und 2. Aufl. (X, 430 S.) 885. *ℳ 8.] *

Stobbe, Otto, Handbuch des deutschen Privatrechts. 1. Bd. 3. Aufl. gr. 8. (XIII, 702 S.) Berlin 893. Besser. n. 12. —; geb. in Halbfrz. n.n. 13. 50

Stobbe, Otto. Handbuch des deutschen Privatrechts. 3. Aufl. Berlin 1893. H: *Schulz, Carl.* (Berl)

Stobbe, Otto, Handbuch des deutschen Privatrechts. 3. Aufl. Neu bearb. v. H. O. Lehmann. 2. Bd. 2 Halbbde. u. 3. Bd. gr. 8. Berlin, Besser. n. 32. —; geb. in Halbfrz. n.n. 36. 50 (1.—3.: n. 44. —; geb. n.n. 50. —)

2. 1. Grundlegg. — Besitzrecht. — Eigenthum. — Dingl. Aneignungsrechte. Mit e. tabellar. Uebersicht d. deutschen Grundbuchrechte. (X, 621 S.) 896. n. 11. —; geb. n.n. 12.50
2. 2. Dienstbarkeiten. — Reallasten. — Pfandrecht. — Lehnrecht u. s. w. (VIII, 558 S.) 897. n. 10. —; geb. in Halbfrz. n.n. 11.50
3. Urheberrecht. — Forderungsrecht. Mit 1 Tabelle: Systemat. Uebersicht d. Obligationen. (VIII, 570 S.) 898. n. 11. —; geb. in Halbfrz. n.n. 12.50

Stobbe, Otto, Handbuch des deutschen Privatrechts. 4. Bd. 3. Aufl. Bearb. v. H. O. Lehmann. Familienrecht. gr. 8. (VIII, 664 S.) Berlin 900. [Besser.] J. G. Cotta Nachf., Zweigniederlassg. n. 12. —; geb in Halbfrz. n.n. 13. 50
Bd. 1—3 jetzt. Ebd. 883—888. n. 44. —; geb. n.n. 50. —.

—— die Juden in Deutschland während des Mittelalters in politischer, socialer und rechtlicher Beziehung. gr. 8. (XI und 312 S.) Braunschweig 866, Schwetschke und Sohn. *

Stobbe,(J. E.) Otto, de lege romana Utinensi. Dissertatio inauguralis. 8maj. (78 S.) Regiomonti 853, (Gräfe und Unzer.) *

Stobbe, O., Reurecht und Vertragsschluss nach älterem deutschen Recht. Th. 1. 2. Progr. Leipzig 1876. 8. . . . . (BKG.)

Stobbe Otto, Dr.: *Summa Curiae Regis.* Ein Formelbuch aus der Zeit König Rudolfs I. und Albrechts I. Aus einer Erlanger Handschrift des XIV. Jahrhunderts. Ar. 14. 306 vgr. Separatabdruck

Stobbe, Richard: Indicationen und Gefahren der künstlichen Lösung und Entfernung der Placenta. ⟨Mit statistischen Beiträgen.⟩ Halle (1869): Plötz. 36 S. 8°
Halle-Wittenberg, Med. Diss. v. 18. Dez. 1869
Geb. Rogallicken (Ostpr.) 20. 2. 1847. V.

Stobbe S.: Die Unterhaltung junger Obstpflanzungen. U. St. 1905. 6 S. Fig. 4°.
(Landwirtschaftskammer f. die Provinz Pommern. Ausschuss f. Obstbau, Gartenkulturen u. Korbweidenzucht. Flugblatt O. Nr. 106. Illustrierte 3. Aufl. August 1905).

Stobbe, Ulrike

Stobbe, U., Lehrbuch für den Handarbeit-Unterricht. Mit 12 (lith.) Taf. gr. 8. (IV, 84 S.) Leipzig 882. Hoffmann & Ohnstein. n. 3. —; geb. n. 3. 50

Stobbe, Ulrike, Leitfaden der weiblichen Handarbeiten. Anweisungen, Regeln u. Vorlagen zur Anfertig. verschiedenster Arten der Häkelei, Strickerei, Tapisserie-, Näh- u. Flickarbeiten, Stopferei, Stickerei, moderner Luxusarbeiten u. schulgemäßer Wäschegegenstände, sowie: Kurze Erklärgn. über die zu Handarbeiten verwendeten Materialien u. Werkzeuge. 8 Hefte. 8. Leipzig, Hoffmann & Ohnstein. n.n. 3.65; in 1 Bd. n. 3. 40; geb. in Leinw. n. 4. —

1. Das Häkeln. Mit 45 Illustr. u. 1 Taf. (40 S.) (903.) — 45
2. Das Stricken. Mit 26 in den Text gedr. Illustr. (S. 41—72.) (903.) n.n. — 35
3. Kreuzstich u. Tapisseriestiche. Mit 45 in den Text gedr. Illustr. (S. 73—108.) (903.) n. — 40
4. Nähen u. Zierstiche. Mit 26 Illustr. u. 1 Taf. (S. 109—148.) (903.) n. — 45
5. Ausbessern, Stopfen, Flicken. Mit 22 Illustr. (S. 149—180.) (903.) n.n. — 35
6. Das Sticken. Mit 101 in den Text gedr. Illustr. (S. 181 bis 220.) (903.) n.n. — 45
7. Knüpfarbeiten. Mit 145 in den Text gedr. Illustr. (S. 221 bis 292.) (903.) n. — 60
8. Zuschneiden der Wäschegegenstände. Mit 12 Illustr. u. 4 Taf. (VIII u. S. 293—340.) (903.) n. — 60

—— Regelverzeichnis für den Handarbeitunterricht. Für den Gebrauch in Schulen entworfen. gr. 8. (IV, 24 S. mit 10 lithogr. Taf. in gr. 4.) Ebendas. 882. cart. *
Ausg. ohne Taf.

Stobbe, U., Regelverzeichnis f. den Handarbeitunterricht. Für den Gebrauch in Schulen entworfen. 2. Aufl. Mit 10 Taf. gr. 8. (VIII, 24 S.) Leipzig 886. Hoffmann & Ohnstein. cart. n. — 80

Stobbe, U., Regelverzeichnis f. d. Handarbeitsunterricht. F. d. Gebrauch in Schulen entworfen. 3., verm. u. verb. Aufl. gr. 8. (64 S. m. 5 Taf.) Leipzig 897. Hoffmann & Ohnstein. Kart. n. — 80

Stobbe, U., s.: Vorbereitungen u. Entwürfe aus dem gesamten Unterrichtsgebiete der deutschen Volksschule.

Chronik der Stadtgemeinde Schlawe i. Pom. unter Benutzung d. handschriftl. Urkunden u. Akten zusgest. von August **Stoebbe**, Bürgermeister. Der Stadtgemeinde Schlawe gewidmet 1897. *Schlawe: H. Moldenhauer & Sohn 1898.* (316 S.) 8° [F.] (ot. 4792)

Stobe, Will., toxicologische Karte. Eine Uebersicht der Zufälle, Behandl. u. der Entdeckungsart der verschied. Gifte, sowohl mineralischer u. vegetabilischer, als animalischer, nach d. neuesten Versuchen u. Beobacht. Aus d. Engl. mit e. Zusätzen. 2 Bl. in Royal-Fol. Weimar 821. Ind.-Compt. 9 gl

Stöbe, Paul, Chorschule f. höhere Lehranst. (Gymnasien, Realgymnasien u. Realschulen). 1. Tl.: Sexta. Ausg. f. d. Königr. Sachsen. gr. 8. (100 S.) Zittau 898. A. Graun. Geb. in Leinw. n. 1. 25

— zur Geschichte d. Kirchenorgeln in Halberstadt. M. mehreren Holzschn. u. Autotyp. nach photograph. Orig.-Aufnahmen. [Aus: „Zeitschr. f. Instrumentenbau".] gr. 4. (20 S.) Leipzig 896. P. de Witt. — 60

Stöbe, P., u. G. Tannert, Recht u. Brauch im kirchenmusikal. Amte. Auf Grund amtl. Materials u. anerkannter liturg. Darleggn. f. die Kantoren, Organisten u. Kirchenschullehrer der evangel.-luther. Landeskirche im Königreich Sachsen zusammengestellt u. hrsg. (X, 166 S.) Lex. 8. Zittau 908. Leipzig, Fritzsche & Schmidt. nn 3. 50; erm. Pr. 3. —

— s.: Zeitschrift f. d. musikal. Unterricht an d. deutschen Lehranstalten.

Stoebener, Ludwig

Stoebener, L., Brosemann vom Krieger-Verein, — Einer v. der Spritze, — ein verkanntes Genie, — Jochen, der Offiziersbursche, — der schöne Krause, — Schusterjungen-Leiden, s.: Sammlung v. Soloscenen.

Stoebener, Ludw., Schnurren. Aufführungs- u. Gesellschafts-Scherze f. fidele Kreise. Gesammelt u. hrsg. I. Bdchn. 3., verm. Aufl., u. II. Bdchn. 8. (à 100 S.) Mühlhausen i/Th. 898. G. Danner. à n. 1. —

Stoebener, Ludwig: Schnurren. Aufführgs- u. Gesellschafts-Scherze f. Fidele Kreise. 4. Aufl. Bdch. 1. Mühlhausen i. Th.: G. Danner [1898]. 8°

Stoebener, Ludw., Schnurren. Aufführungs- u. Gesellschafts-Scherze für fidele Kreise. Gesammelt u. hrsg. 3. Bdchn. (96 S.) kl. 8. Mühlhausen i/Th. (902). G. Danner. n. 1. —

Stober, Frdr., Chronologie des Lebens u. der Briefe des Paulus. Mit Anmerkgn. üb. Verlauf u. gegenwärt. Stand der Paulus-Forschg. Zur Orientierg. u. f. Studienzwecke dargestellt. (24 S.) gr. 8. Heidelberg 901. C. Winter, Verl. n. — 50

Mythologie. Die Religionen d. Kulturvölker d. Altertums. Babylonier. Assyrer. Ägypter. Perser. Griechen. Römer. Germanen. Mit 43 Ill. Von Friedrich **Stober**, Pfarrer. Berlin, Leipzig: H. Hillger [1907]. (96 S.) 8° [F.]
— **Volksbücher**, Hillgers illustrierte. Bd 80. [07. 16731

— Mythologie, s. a. Hillger's, Herm., illustr. Volksbücher.

Stober, Friedrich. Scheffel als Freund der Berge. Dargestellt im Rahmen eines Lebens- und Charakterbildes. Mit vielen Abbildungen [und 1 Tafel]. Sonderabdruck aus dem Scheffeljahrbuch (1910). II + 84 S. 8. Wien, Verlag des Deutschen und österreichischen Scheffelbundes; Für den Buchh.: Ed. Bayers Nachf., Wien-Leipzig. 1909. [M. 1. 50]

Was versteht der Katholik und was der Protestant unter 'Kirche'? Die römische Grundlehre gemeinverständl. dargest. u. evang. beleuchtet. Von Friedrich **Stober**, Pfarrer. Leipzig: C. Braun in Komm. 1905. (27 S.) 8° [F.]
= **Flugschriften** d. Evang. Bundes. 231. [05. 7030

Stöber, A. D'Gschichte vom millhüser un basler Sprichwort „D'r Fürsteberger v'rgesse" in Rime brocht. In-8°, 80 S. Mit'm Portrait vom Verfasser un fünf Illustratione von Math. Kohler. Mülhausen, Petry. 1882.

Stöber, Adolf: Alsa-Bilder, s. Stöber, August.

Stöber, Adf., Epheukranz auf das Grabmal einer Heimgegangenen. Lieder aus dem Trauerjahre. 1. und 2. Abdr. 8. (69 S.) Mülhausen i. E. 884, Petry. *
geb. *

Stöber, Ad., einfache Fragen e. elsäßischen Volksfreundes. gr. 8. (14 S.) Mülhausen 872. Detloff. — 30

Stöber, Ado., Gedichte. 12. (12¼ B.) Hannover 845, Hahn'sche Hofbuchh. In Leinw. geb. mit Goldschn. Thlr. *

Stöber, Adf., Gedichte. 2. Aufl. 12. (XV, 231 S. m. Bildnis.) Straßburg i/E. 898. J. H. E. Heitz. Geb. in Leinw. n. 3. 50

Stöber, Adf., Ist die Kindertaufe schrift- und rechtmäßig? In Gesprächen und einem Sendschreiben beantwortet. Basel 864. Bahnmaier. gr. 8. (IV, 192 S.) 18 ngr.

Stöber, Adph., Predigten über die sieben Sendschreiben des Herrn an sieben Gemeinden in Asien, u. über Offenb. Joh. 7, 9—17, gehalten. gr. 8. (126 S.) Mülhausen im Elsaß 848. (Frankfurt a. M., Völcker.) n. 14 ngr.

Stöber, Adf., Preis der Gotteskindschaft. Sechs Betrachtungen über das 8. Kapitel des Römerbriefs. gr. 8. (72 S.) Mülhausen i/Els. 879. (Petry.) n. — 80

— simples questions d'un ami du peuple alsacien. gr. 8. (14 S.) Mülhausen 872. Detloff. — 30

Stöber, Adph., Reformatorenbilder. Sechzehn Gedichte. Basel 857. Bahnmaier. 16. (2 Bl., 52 S.) n. 6 ngr.

Stöber, Adf., Reisebilder aus der Schweiz in Gedichten. 16. (128 S.) St. Gallen 850, Scheitlin & Zollikofer. 12 ngr. In Engl. Einb. n. 16 ngr.; m. Goldschn. n. ⅔ Thlr.

— neue Reisebilder aus der Schweiz. St. Gallen 857. Scheitlin u. Zollikofer. 16. (IV, 139 S.) 12 ngr.

Stöber, Adolf. Margaretha Spörlin (1800–[1882]), Verfasserin der elsässischen Lebensbilder. Eine biographisch-literarische Skizze. Sehr erweiterter Abdruck aus dem Elsässischen Evangelischen Sonntagsblatt. Mit einem Anhang aus M. Spörlin's Nachlass. 8. Mülhausen i. E. 1882.

—— Margaretha Spörlin, Verfasserin der elsäss. Lebensbilder. Eine biographisch-literar. Skizze. Mit einem Anhang aus M. Spörlins Nachlaß. gr. 8. (24 S.) Ebendas. 883. *
Aus: Elsässer evangelisches Wochenblatt, besonders abgedruckt.

Stöber, August

— u. Adolph, Alsa-Bilder. Vaterländ. Sagen und Geschichten. (Gedichte.) 12. Straßburg 836. Dannbach. ...

Stöber, Aug., Alsatia, s. Alsatia.

Stoeber, August: Neue Alsatia. Beiträge zur Landeskunde, Geschichte, Sitte und Rechtskunde des Elsaß. Ausgewählt aus 50 Jahren literarischer Thätigkeit des Verfassers 1834—1884. Zugleich Schlußband der „Alsatia". — Mühlhausen: Petry 1885. II, 306 S.
Anfang u. d. T.: Alsatia. Neue Beiträge . . .

Stoeber, Aug., curiosités de voyages en Alsace, tirées d'auteurs français, allemands, suisses et anglais depuis le 16. jusqu'au 19. siècle et annotées. gr. 8. (XII, 377 S.) Colmar 874. Barth. n. 4. —

Stöber, Aug., Drei-Aehren im Ober-Elsaß. Gedichte. Neue (2.) verm. Aufl. gr. 16. (VIII, 88 S.) Straßburg 877. Schultz & Co. n. 1. 50

Stöber, Aug., Gedichte. gr. 8. (S B.) Straßburg 842. (Heidelberg, C. F. Winter.) *

— Gedichte. Neue durchgeseh. u. verm. Aufl. gr. 8. (XII, 257 S.) Basel 873. Detlof. geb. m. Goldschn. n. 5. 40

—— Geschichte der schönen Literatur der Deutschen. Ein Abriß zum Gebrauch in Gymnasien u. hohen Bürgerschulen. gr. 8. (13¾ B.) Straßburg 843, Schuler. (Heidelberg, C. F. Winter.) *

—— zur Geschichte des Volks-Aberglaubens im Anfange des 16. Jahrh. Aus der Emeis von Joh. Geiler von Kaisersberg hrsg. 2. Ausg. gr. 8. (92 S.) Basel 875, Schweighauserische Verlagsh. *
1. Ausg. Ebendas. 1856. *M 2,40.

Stöber, Aug., der Hünerhübel, ein gallisches Hügelgrab bei Rixheim. Der Weiler Ell, das gallo-römische Helelus. In verm. u. verb. Bearbeitung herausg. Mülhausen 859. (Basel, Bahnmaier.) 8. (75 S.) n. 9 ngr.

August Stöber, Der Klapperstein nebst ähnlichen Strafarten für mündliche u. thätliche Beleidigungen u. die Bestrafung des Fluchens u. Gotteslästerns im Elsass, Strassburg 1876.

Stöber, Aug., der Kochersberg, ein landschaftliches Bild aus dem Unter-Elsaß. Mülhausen 857. (Basel, Bahnmaier.) 16. (66 S.) n. 7 ngr.

—— der Dichter Lenz u. Friedericke von Sesenheim. Aus Briefen u. gleichzeitigen Quellen; nebst Gedichten u. Anderm von Lenz u. Göthe. 8. (7¾ B. m. Titlbld. u. Facsim.) Basel 842, Schweighauser'sche Buchh.

Stöber, Aug., Deutsche Lesestücke zur Bildung des Geistes und Herzens der Jugend, m. franz. Worterklärungen, zum Uebersetzen, hrsg. Vom Oberstudienrath der Universität, als Lehrbuch für den deutschen Unterricht in den Sekundar-Schulen Frankreichs angenommen. 2 Abthlgn. gr. 8. 1. Abth. für die Elementarklassen. (IV u. 226 S.) 2. Abth. für die mittlern Klassen. (278 S.) Mühlhausen im Elsaß 852. (Frankfurt a. M., Völcker.) (1 : 2/3 ₰ 2 : 3/4 ₰) 1 5/12 ₰

— s. Michelet, J., die Jesuiten. —

—— u. Friedr. Otte, elsässische Neujahrsblätter, s. Neujahrsblätter.

— s.: Neujahrs-Stollen.

—— Chr. Fr. Pfeffel, der Historiker und Diplomat. Blätter zu dessen Erinnerung hrsg. gr. 8. (64 S.) Mülhausen 859. (Basel, Bahnmaier's Verlagsb.) *

Stoeber, Aug., Recherches biographiques et littéraires sur les étudiants Mulhousiens immatriculés à l'université de Bâle de 1460 à 1805, pouvant servir aussi de complément au livre d'or de la bourgeoisie, Bürgerbuch de Mulhouse. 2e édit. revue et augmentée. gr. 8. (64 S. mit 1 Kpfrst.) Mülhausen i. E. 880, (Bufleb.) *

Stoeber, Aug., Recherches sur le droit d'asile de Mulhouse au XVIme siècle. Nouvelle édit. revue et augmentée. gr. 8. (70 S.) Mülhausen i. E. 884, Petry. *

– petite revue d'ex-libris alsaciens. Avec un facsimile de l'ex-libris de C. Wolfhardt, dit Lycosthènes, de Rouffach [1518—1561]. 8. (43 S.) Mülhausen i/Els. 881. (Detloff.) n.n. 1. 40

— Johann Gottfried Röderer von Straßburg und seine Freunde. Biographische Mittheilgn. nebst Briefen an ihn v. Goethe, Kayser, Schlosser ꝛc. 2. Aufl. Mit e. Nachtrag v. Briefen an Röderer u. Lenz, sowie mit Aufsätzen d. Letzteren vermehrt. gr. 8. (VII, 200 S.) Colmar 874. Barth. n. 3. —; Nachtrag apart (VIII, 50 S.) n. 1. 20

— die Sagen d. Elsasses, zum ersten Male getreu nach der Volksüberlieferung, den Chroniken u. andern gedruckten u. handschriftlichen Quellen gesammelt u. erläutert. Mit e. (lith.) Sagenkarte v. J. Ringel (in gr. Fol.) 3 Abthlgn. gr. 8. (XXIV u. 522 S.) St. Gallen 851. 52, Scheitlin & Zollikofer. (1 u. 2 : 1 ₰ 2 ngr 3 : 22 ngr) 1 ₰ 24 ngr

—— die Sagen des Elsasses, zum ersten Male getreu nach der Volksüberlieferung, den Chroniken und andern gedruckten und handschriftl. Quellen, gesammelt und erläutert. 2. (Titel-)Ausg. gr. 8. (XXIII und 522 S. mit 1 lithogr. Sagenkarte von J. Ringel in gr. Fol.) St. Gallen (852)58, Scheitlin und Zollikofer.

Stöber, Aug., die Sagen d. Elsasses, getreu nach der Volksüberlieferg., den Chroniken u. andern gedruckten u. handschriftl. Quellen gesammelt. Neue Ausg., besorgt v. Curt Mündel. (In 2 Tln.) 1. Tl.: Die Sagen des Ober-Elsasses. gr. 8. (XV, 151 S.) Straßburg i/E. 892. J. H. E. Heitz. n. 2. 50

Stöber, Aug., die Sagen d. Elsasses, getreu nach der Volksüberlieferg., d. Chroniken u. anderen gedruckten u. handschriftl. Quellen, ges. v. S. Neue Ausg., besorgt v. Curt Mündel. 2. Tl.: Die Sagen des Unter-Elsasses. gr. 8. (XIII, 394 S.) Straßburg 896. J. H. E. Heitz. n. 7. — (kplt.: n. 9. 50)

Stöber, Aug., oberrhein. Sagen u. Volkslieder. 1. u. 2. Hft. gr. 8. (8 B. u. 2 Kpfrt.) Straßburg 840. (Heidelberg, C. F. Winter.) *

Stöber, Aug., oberrheinische Sagen u. Volkslieder. 3.—6. Heft. Mit Stahlst. gr. 8. Heidelberg 841, C. F. Winter. à 1/3 ₰ (1.—6. 2 ₰)

—— oberrheinisches Sagenbuch. gr. 8. (38 3/4 B. u. 24 Stahlst.) Straßburg 842. (Heidelberg, C. F. Winter.) *

—— der Aktuar Salzmann, Goethe's Freund und Tischgenosse in Straßburg. Eine Lebens-Skizze, nebst Briefen von Goethe, Lenz, L. Wagner, Michaelis, Hufeland u. A., zwei ungedruckten Briefen von Goethe an Ch. M. Engelhardt und einem Aufsatze über Werther und Lotte, aus Jeremias Meyer's literar. Nachlasse. gr. 8. (138 S.) Frankfurt a. M. 855, Völcker. *

Stoeber, Aug., s.: Schiller-Reden.

— Elsässisches Volksbüchlein, s. Volksbüchlein, Elsässisches.

—— elsässisches Volksbüchlein. — Kinder- u. Volksliedchen, Spielreime, Sprüche u. Mährchen. gr. 8. (7 1/2 B.) Straßburg 842. (Heidelberg, C. F. Winter.)

Elsässisches Volksbüchlein. Kinderwelt und Volksleben in Liedern, Sprüchen, Räthseln, Spielen, Märchen . . . , hrsg. von August Stöber. 2., stark verm. Aufl. — Mühlhausen: Rißler 1859. IV, 202 S. [1. Aufl. Straßburg 1842.]

Stöber, Aug., Jörg Wickram, Volksschriftsteller u. Stifter der Colmarer Meistersängerschule im XVI. Jahrhundert u. dessen vorzüglichste Schriften, dargestellt von —. 2. verm. u. verb. Aufl. Mülhausen, Rissler, 1866. 8°. 4 Bll. u. 57 SS.

—— einige Worte an die Freunde elsässischer Geschichte und Literatur über die 10 ersten Bände der Alsatia 1850—1874. Systematisches Gesammtregister derselben nebst Auszügen aus einigen Beurtheilungen und Inhalts-Verzeichniß des Bandes 1875—1876. gr. 8. (24 S.) Colmar 876, Barth. *

Stoeber, August: Aus alten Zeiten. Allerlei über Land und Leute im Elsaß. Zum Theil aus handschriftlichen Quellen ges. — 2., verm. Bearb. — Mühlhausen 1872: Rißler. 246 S. [1. Aufl. n. erm.]

Stöber, Carl, s. Stöber, Karl.

Stoeber, E., die römischen Grundsteuervermessungen. Nach dem lateinischen Texte des Gromat. Codex, insbesondere des Hyginus, Frontinus u. Nipsus. Mit einem Vorwort von C. M. v. Bauernfeind. gr. 8. (IV, 149 S.) München 877. Th. Ackermann. n. 4. —

Stöber, Eduard [Rechtspraktikant in Regensburg]: Rechtliche Stellung des Commis interessé ... Regensburg, Druck v. J. Reitmayr, 1896; 18 S. 8.
Erlangen, Jur. Fak., Inaug.-Diss. v. Aug. 1896

Stöber, (Daniel) Ehrenfried (vgl. Vetter Daniel)

Stöber, Chrstn., Blätter, dem Andenken Pfeffels gewidmet. 8. Straßb. 809. König. 6 gr

Stöber, Ehrenfried, s. Chateaubriand: Atala.

Daniel od. der Strafzburger. Lustspiel mit Gesängen, zum Theil in elsäßischer Mundart. Von Ehrenfried Stöber. 2te Aufl. Strasb. 1825. 8o. *Mit 1 Steindruck.*

– s. Eduard.

— Festlichkeiten, dem General Foy zu Ehren, während seines Aufenthalts in Straßburg. 8. Basel 811. ... Auch französisch.

Stoeber, D. E. Der General Foy im Elsass. 8. Strassburg 1826.

— lyrische Gedichte. 8. Straßb. 811. Treuttel u. W. 20 gr 2e Aufl. unt. d. T.: Gedichte. Mit 2 Kpf. 8. Basel 815. (Neukirch). 16 gr

— Gedichte, m. 2 K. 8. Basel. Flick. 815.

— Gedichte. 3e Aufl. 8. Stuttg. 821. v. Cotta. 1 ₰

Gedichte und kleine prosaische Aufsätze in Elsasser Mundart v. Ehrenfried Stöber. Strasb. 1829. 8o.

Steinthäler Gedichte von Ehrenfried Stoeber. Strasb. 1836. 8o.

— kurze Gesch. u. Charakteristik der schönen Literatur d. Deutschen. gr. 8. Paris 826. Levrault. 2 ₰

Stöber, Ehrenfr., s. **Harro-Harring,** Mémoires sur la Pologne.

Stöber, Ehrenfried, s. I s m a r , Fedor: Poet. u. pros. Allerlei.

— Straßburgs Jubelfeier der Reformation; e. Gedicht mit histor. Anmerkk. 8. Straßb. 1e, 2e u. 3e A. 817.

— biograph. Notiz üb. Oberlin. 8. Straßb. 807.

— s. P i c a r d : Abentheuer Aug. Minards.

Stöber, Ehrenfried, s. Raynouard, d. Templer.

— der bußfertige u. begnadigte Sünder, od. Communionbuch. 8. Straßb. 784. Treuttel u. W. 6 gr

— s. T a s c h e n b u c h , Alsatisches.

Stöber, D.E.: Vie d'Oberlin, s. B e r n a r d , F.

S t o e b e r , Else. (Etienne Bonnot de) Condillac als Pädagoge. Diss. Phil. I. Univ. Zürich. 88 S. 8. Zürich-Selnau, Gebr. Leemann & Co., 1909.

Stöber, Franz

— — Galerie mythologique. Mythologische Galerie in Kupfer gestochen von Fr. S t ö b e r, mit Erklärungen in deutscher, französischer und englischer Sprache von J o s t. Mit 60 schöngestochenen Kpfrtafeln. Ebd. 1837. Gr. 4⁰. (8 Rthl.) (2 Rthl. Heberle, Cöln, 1871; jetzt theurer!)
8 Bll., 99 S. (incl. Index). Einleitung.

Stöber, F., mythologische Gallerie, s. Gallerie, mythologische.

— — M y t h o l o g i s c h e G a l l e r i e. Gestoch. von Franz S t ö b e r. (40 Th. freie und üppige Stahlstiche nach Zeichnungen v. J o h. E n d e r, K. R u ß, L o d e r, S c h e d y, R o d l.) Mit Einleitung u. Erklärgn. (Text deutsch, frz. u. engl.) Berlin, Fr. Kortkampf, o. J. (18**). Gr. 4⁰. Grüner goldgepr. Orig.-Ldrbd.

Stöber, *Franz* [aus Westfalen]: Mittheilungen über den Kalkspath von Elsass-Lothringen ...: Strassburg, Strassb. Druckerei u. Verlagsanst., 1892; 2 Bl., 62 S., 4 Taf. 8.
Strassburg, Math.-naturw. Fak., Inaug.-Diss. v. 1892

Mittheilungen über den Kalkspath von Elsass-Lothringen. Von F. **Stöber.** M. 4 lith. Taf. *Strassburg: Strassb. Dr. u. Verlagsanst. 1892.* (2 Bl., 56 S., 4 Taf., 3 Erl.-Bl.) 4.(8.)
= **Abhandlungen** z. geolog. Specialkarte v. Elsass-Lothr. Bd V. H. 1.
[98. 11674

W i e n e r M o d e n. 32 Blatt col. Kupfertaf. P. v. St. del. Fr. S t ö b e r sc. Wien 1822. 13:21 cm. (26 Mk. Paul Graupe, Berlin, 1910.)

S t ö b e r, F r a n z, D e r M y t h o s a l t e r D i c h t e r i n b i l d l i c h e n D a r s t e l l u n g e n. Mit Titelkpfr. und 60 Kupfertafeln. Wien, Gräffer, 1815. 4⁰. (36 Kr., sehr schönes Expl., Halm & Goldmann, 1904; 24 Kr., Ldrbd. mit Goldschn., Gilhofer & Ranschburg, 1909.)

Stöber, Fritz, Dämmerstrahlen. Ein Dichtbuch. Mit e. Vorwort v. Pet. Hille. gr. 8. (181 S. m. Abbildgn.) Berlin 900. Herm. Walther. n. 3.—; geb. n. 4. 25

Stöber, Fritz, mein Haideland. Bilder aus d. westf. Haide. (91 S.) 8. Berlin (909). Concordia. 2.—

Stöber, Fritz, zur Kritik der Vita S. Johannis Reomaënsis. Eine kirchengeschichtl. Studie. Lex.-8. (82 S.) Wien 885. (Gerold's Sohn.) n.n. 1. 30

Stöber, Fritz, zur Kritik der Vita S. Johannis Reomaënsis. Eine kirchengeschichtl. Studie. Lex.-8. (82 S.) Wien 885, (Tempsky.) **

—— Quellenstudien zum laurentianischen Schisma [498—514]. Lex.-8. (81 S.) (Ebendas.) 886. *
Vorstehende zwei Schriften sind aus: Sitzungsberichte der k. Akademie der Wissenschaften, besonders abgedruckt.

Stöber Friedrich: Der Kirchenschriftsteller Salvianus von Massilia.
1882 PN 278 Diss. Wien, Univ.

Stöber, Gottlieb

Rede gehalten in der e.·. ☐ zur wahren Bruderliebe, (Strassburger Or.) bey der Einweihung des B.·. Strauss, durch Gottlieb Stöber, den 21. Okt. 1825.
[Strassburg 1825.] 23 S. 8⁰
Üb. d. Zwecke d. Mrei u. deren beglückendes Wirken. 155.

Stoeber, G(ustav) K(arl) Willi, aus Würzburg: Über basische Metallverbindungen der β-Ketonsäureester. *Würzburg: F. Scheiner 1900.* (49 S.) 8°
Würzburg, Phil. Diss. v. 1900

Stöber, H., deutsche und brandenburgisch-preußische Geschichte, s. Wolf, A.

Stöber, H., Liederbuch für Volksschulen. Ausg. A, enthaltend 58 Lieder, welche von der königl. Regierung zu Düsseldorf durch Verfügung vom 13. April 1887 zur Einübung in allen Volksschulen ihres Bezirks bestimmt sind, sowie eine kurze Anweisung zur Erteilung des Gesangunterrichts in der Volksschule und dem nötigsten Stoff zu reinen Tonübungen. 1. und 2. Aufl. 8. (IV, 71 S.) Dortmund 888, W. Crüwell's Verlag. geb. **

—— dass. — Ausg. B, enthaltend 100 Lieder, 58 von der königl. Regierung zu Düsseldorf durch Verfügung vom 13. April 1887 zur Einübung in allen Volksschulen ihres Bezirks bestimmte und 42 freigewählte, sowie eine kurze Anweisung zur Erteilung des Gesangunterrichts in der Volksschule und den nötigsten Stoff zu reinen Tonübungen. 8. (IV, 103 S.) Ebendas. 888. geb. **

Stöber, H., Liederbuch für Volksschulen. Ausg. A, enth. 58 Lieder, welche v. der kgl. Regierg. zu Düsseldorf durch Verfügg. vom 13. April 1887 zur Einübung in allen Volksschulen ihres Bezirks bestimmt sind, sowie e. kurze Anweisg. zur Erteilg. d. Gesangunterrichts in der Volksschule u. den nötigsten Stoff zu reinen Tonübgn. 3. Aufl. 8. (IV, 71 S.) Dortmund 890. Crüwell's Verl. geb. n.n. — 30

Stoeber, Hans: Über ausgedehnte H e i l u n g s v o r g ä n g e bei einem Fall von vorgeschrittener Lungen- und Darm-Tuberkulose. Würzburg 1904: A. Borst. (26 S.) 8⁰
Würzburg, Med. Diss. v. 1904

Die Feste Marienburg bei Würzburg. Von Heinrich **Stöber**, Hauptm. München: Lindauer 1910. S. 205–301. 8°
(Darstellungen aus d. bayer. Kriegs- u. Heeresgeschichte. H. 19, [3.]) . In. 51 2

Stöber, J., s. Ovid's Verwundlungen.

Stöber, Johannes, Ref. in Dortmund: Begriff und Rechtsfolgen der Redlichkeit und der Unredlichkeit bei dem Empfange einer ungerechtfertigten Bereicherung nach dem Rechte des BGB. Borna-Leipzig 1906: R. Noske. (X, 52 S.) 8°
Leipzig, Jur. Fak., Diss. v. 22. Juni 1906
(Geb. 19. Febr. 82 Dortmund; Wohnort: Dortmund; Staatsangeh.: Preußen; Vorbildung: Städt. Gymn. Dortmund Reife O. 01; Studium: Halle 3, Bonn 3 S.; Rig. 3. März 05.]

Stöber, Jos. (Mitarb.), s. Hauptgötter, Die, der Fabel.

Stöber, Jos., s. Kupfersammlung d. vorzügl. deutschen class. Dichter.

Stöber, Karl, aus dem **Altmühlthale**. Ernste u. heitere Erzählgn. Aus dessen sämtl. Schriften f. die Jugend ausgewählt u. hrsg. v. **Pet. Diehl**. 8. (VIII, 217 S. m. 8 Abbildgn.) Gütersloh 901. **C. Bertelsmann**. n. 2. 40; geb. in Leinw. n. 3. —

Stöber, Karl, Dürrenstein, nebst weit. Erzählungen, s.: Jugend- u. Volksbibliothek, deutsche.

— das Elmthäli, s.: Erzählungen, christl. 12.

Stöber, Karl, **das Elmthäli**. Eine Erzählung für Jung u. Alt zu Stadt u. Land. Besond. Abdruck aus den Jugendblättern III. (Mit 1 Holzschn.) gr. 16. Stuttgart 842, J. F. Steinkopf. 1/4 ℔

Stöber, Carl, **das Elmthäli**. Eine Erzählung f. Jung u. Alt zu Stadt u. Land. 1. Aufl. 16. (6½ B.) 842. u. 2. Aufl. 12. (3½ B. u. Ttlbld.) Stuttgart 847, J. F. Steinkopf. à

Stöber, Karl, das **Elmthäli**. Eine Erzählung für Jung und Alt zu Stadt und Land. Abdr. aus den Jugendblättern. 3. Aufl. Stuttgart 858. J. F. Steinkopf. 8. (83 S.) 7½ ngr.

— dasselbe. Der Schneider v. Gastein. Nebst weiteren Erzählgn. Neue illustr. Ausg. m. 4 Farbendr.-Bildern. 12. (144 S.) Konstanz (900). C. Hirsch. Geb. — 75

Stöber, Carl. Das Elmthäli. Nebst weiteren Erzählungen. Von Karl Stöber. (Ausgew[ählte] Erzählungen. Neue Gesamtausgabe.... Bändchen 5.) 8. vermehrte (*Umschlag:* 7.) Aufl. Mit Bildern [wovon 3 Tafeln]. 160 S. 8. Stuttgart, J. F. Steinkopf, 1902. (cart. M. —.75)

(Deutsche Jugend und Volksbibliothek. [Bändchen] 35.)

Stöber, Karl, das Elmthäli, s. a. Jugend- u. Volksbibliothek, deutsche. 35. Bdchn.

Stöber, Karl, **Erzählungen**. Gesammtausg. 1. Bd. gr. 12. (12½ B. u. 4 Stnt.) Dresden 841, Naumann.

—— **Erzählungen**. Gesammtausgabe mit Zeichnungen nach Ludw. Richter d. j. 2. u. 3. Bd. br. 8. (à 18½ B. u. 5 Stnt.) Dresden 842, 43, Naumann. à

—— dass. Gesammtausgabe mit Zeichnungen v. Ludw. Richter. 2. Aufl. 1. Bd. (3 Hfte.) gr. 8. (19 B. u. 6 Kpfr.) Ebds. 846.

—— Erzählungen. Gesammt-Ausg. 1. und 2. Bd. 3. Aufl. und 4. Bd. 2. Aufl. Mit 16 Bildern von Ludw. Richter und A. Karst (in Stahlst.) 8. Leipzig und Dresden 861. 62, Naumann. [1. Bd. (VII und 287 S.) 2. (III und 291 S.) 4. (374 S.) à Bd. 1 Thlr.]

—— **Erzählungen**. Volksausg. 12 Bdchn. gr. 16. Leipzig, J. Naumann. à Bdchn. 75 Pf. *

Inhalt:

Bdchn. 1. Der Schneider von Gastein und andere Erzählungen. (III, 112 S. mit 1 Titelbilde von L. Richter in Stahlst.) 870.
" 2. Wessen Licht brennt länger und andere Erzählungen. (III, 112 S. mit 1 Titelbilde von L. Richter in Stahlst.) 870.
" 3. Die Schlüsseljungfrau und andere Erzählungen. (III, 112 S. mit 1 Titelbilde von L. Richter in Stahlst.) 870.
" 4. Die Freistätte und andere Erzählungen. (III, 112 S. mit 1 Titelbilde von L. Richter in Stahlst.) 870.
" 5. Das blaue Wasser oder das Branntweintrinken und seine Folgen und andere Erzählungen. (III, 111 S. mit 1 Titelbilde von L. Richter in Stahlst.) 870.
" 6. Der wunderbare Plüsch und andere Erzählungen. (III, 112 S. mit 1 Titelbilde von L. Richter in Stahlst.) 870.
" 7. Andrea und andere Erzählungen. (III, 111 S. mit 1 Titelbilde von L. Richter in Stahlst.) 871.
" 8. Der Stricker und andere Erzählungen. (III, 112 S. mit 1 Titelbilde von L. Richter in Stahlst.) 871.
" 9. Der Tag im Graben und andere Erzählungen. (III, 112 S. mit 1 Titelbilde von L. Richter in Stahlst.) 871.
" 10. Die äußerste Hütte und andere Erzählungen. (III, 112 S. mit 1 Titelbilde von L. Richter in Stahlst.) 871.
" 11. 12. Sabina, die Bleicherin, das Buch der Armen. (238 S. mit 1 Titelbilde von K. Karst.) 871.

—— dass. — Gesammt-Ausg. 2 Bde. 4. Aufl. gr. 8. (VI, 483; IV, 528 S., mit 22 Bildern in Stahlst. von Ludw. Richter und A. Karst.) Ebendas. 876. *ℳ 10.; geb. **

Stöber, Carl, ausgewählte Erzählungen. Der Gesammt-Ausg. entnommen. 2 Bdchn. Mit Bildern von Ludw. Richter. 8. Dresden, Naumann. [1. (IV und 186 S. mit 2 Stnt.) 854., 2. (III und 195 S. mit 2 Stnt.) 856. à Bdchn. * 10 Ngr.] *

—— **ausgewählte Erzählungen. 3. Bdchn. A. u. d. T.: Sabina die Bleicherin. Das Buch der Armen. Wohlfeile (Titel-) Ausg. 8. (229 S. mit 1 Titelbilde in Kpfrst.) Leipzig und Dresden (853)59, Naumann.** *
1. und 2. Bdchn. Ebendas. 1856. * 20 Ngr.

Ausgewählte Erzählungen von Karl **Stöber**. In Schreyscher Stenographie hrsg. von Dr. J. Schmidt. Bdch. 1. [einz.] *Berlin: F. Schrey 1896.* (16 S.) 8° [Text stenogr.] [... 1568

— ausgew. **Erzählungen**. 1.—12. Bdchn. 12. (Mit Bildern.) Stuttgart, J. F. Steinkopf. Kart. à Bdchn. — 75
1. Geschichten des Pfarrers Siebentisch. Nebst weit. Erzählgn. 4. Aufl. m. d. Lebensabriß d. Verf. v. s. Sohne W. Stöber. (158 S.) 896.
2. Geschichten v. d. Altmühl. Nebst weit. Erzählgn. 4., verm. Aufl. (158 S.) 896.
3. Der Mühlarzt. Nebst weiteren Erzählgn. 4., verm. Aufl. (157 S.) 896.
4. Möhren. Nebst weit. Erzählgn. 4., verm. Aufl. (157 S.) 896.
5. Das Elmthäli. Nebst weiteren Erzählgn. 7., verm. Aufl. (160 S.) 896.
6. Der Schneider v. Gastein. 6. Aufl. Andrea. Nebst weit. Erzählgn. (158 S.) 896.
7. Sabina, die Bleicherin. Das Buch d. Armen. 23 Erzählgn. M. Bild. v. A. Karst u. R. Yelin. Neue Aufl. (166 S.) 896.
8. Dürrenstein. Nebst weit. Erzählgn. M. Bild. v. L. Richter u. R. Yelin. Neue Aufl. (160 S.) 896.
9. Der Tag im Graben. Nebst weit. Erzählgn. M. Bild. v. L. Richter u. R. Yelin. Neue Aufl. (159 S.) 897.
10. Die Kilche. Nebst weit. Erzählgn. M. Bild. v. L. Richter u. R. Yelin. Neue Aufl. (159 S.) 897.
11. Gertraud. Nebst 8 weit. Erzählgn. (160 S. m. Abb.) 898.
12. Der gute Wald. Nebst 13 weiteren Erzählgn. (160 S. m. Abb.) 898.

— **ausgewählte Erzählungen. 4. Bdchn.** kl. 8. **Stuttgart, J. F. Steinkopf. Kart. n. — 75**
Möhren. Nebst weiteren Erzählgn. 5. Aufl. (157 S. m. 3 Vollbildern.) 905.

Stöber's, Karl, ausgew. **Erzählungen**. 8. u. 9. Bdchn. kl. 8. Stuttgart, J. F. Steinkopf. Kart. à — 75
8. Dürrenstein. Nebst weiteren Erzählgn. Mit Bildern v. L. Richter u. R. Yelin. Neue Aufl. (160 S.) 907.
9. Der Tag im Graben. Nebst weiteren Erzählgn. Mit Bildern v. L. Richter u. R. Yelin. Neue Aufl. (159 S.) 907.

— ausgewählte Erzählungen. Geschichten f. alt u. jung. Neue Ster.-Ausg. 8. (96 S. m. 4 Farbdr.) Reutlingen (901). Enßlin & Laiblin. Geb. — 50

— dasselbe. — Ideler, Lucie, neue Märchen. Neue Ster.-Ausg. 8. (96 u. 96 S. m. 8 Farbdr.) Ebd. (901). Geb. 1.50

— dasselbe. Geschichten f. alt u. jung. Neue Ster.-Ausg. (96 S.) kl. 8. Reutlingen (904). Enßlin & Laiblin. Kart. — 80; mit Ideler, neue Märchen oder Nonnen, Gottes Auge wacht in 1 Bd. m. 8 Farbdr., geb. je 1.50

Stöber, Karl: Kleine Erzählungen. F. d. Jugend ausgew. u. bearb. v. B. Schlegel. M. 2 Abb. v. E. Limmer. Stuttgart, Berlin, Leipzig: Union [1898]. (52 S.) 8°
= Universal-Bibliothek f. d. Jugend. [No] 368.

— kleine Erzählungen, s. a. Universal-Bibliothek f. d. Jugend.

— kleine Erzählungen für Kinder. Der Gesammtausg. entnommen. Mit (5 lith.) Bildern. 18. (72 S.) Dresden 847, Naumann. n. 1/6 ℳ

—— und O. Glaubrecht, sieben Erzählungen, s. Glaubrecht, O.

—— zwei Erzählungen: Die Schlüsseljungfrau u. d. wunderbare Plüsch. Eine Probe d. 2. Bdes. d. Erzählungen. gr. 8. (4 B.) Dresden 841, Naumann.

Johann Jac. Fabricius. Erzählung von Karl Stöber. *Barmen: Wupperthaler Traktat-Ges. [1903].* (S. 29–40.) 8° [F.]
— Tannenzweige. H. 18, [2.] [04. 1380]

— am Feierabend, s.: Beispiele des Guten.

— s.: Gefunden.

— Gertraud, s.: Jugend- u. Volksbibliothek, deutsche.

Stöber, Karl, Geschichten von der Altmühl. } s. Jugend- und Volksbibliothek, deutsche.

— Geschichten v. der Altmühl. Nebst weiteren Erzählgn. Neue illustr. Ausg. m. 4 Farbendr.-Bildern. (144 S.) 8. Konstanz (903). Zürich, Christl. Buch- u. Kunstverlag C. Hirsch. Geb. n. — 75

—— Geschichten u. Erzählungen. br. 8. (10 B.) Dresden 846, Naumann.

— Geschichten d. Pfarrers Siebentisch. } s.: Jugend- u. Volksbibliothek, deutsche.

— Geschichten des Pfarrers Siebentisch. — Der Krücken-Mattes. Neue illustr. Ausg. m. 4 Farbendr.-Bildern. (143 S.) kl. 8. Konstanz (904). Zürich, Christl. Buch- u. Kunstverlag C. Hirsch. Geb. n. — 75

—— Geschichten zum mündlichen Vorerzählen und schriftlichen Nacherzählen in Schule und Haus. 8. (IV und 117 S.) Ludwigsburg 859, (Balmer und Riehm.) *

— Geschichten zum mündlichen Vorerzählen u. schriftlichen Nacherzählen in Schule u. Haus zugerichtet. 2. Aufl. 16. (IV, 116 S.) Basel 871. Riehm. geb. n. — 60

Stöber, Karl, zweites Hundert Geschichten zum mündlichen Vorerzählen und schriftlichen Nacherzählen in Schule und Haus zugerichtet. Glogau 861. Flemming. 16. (3 Bl., 112 S.) 6 ngr.

— 2 Hundert Geschichten zum mündlichen Vorerzählen u. schriftlichen Nacherzählen in Schule u. Haus. 2. Aufl. gr. 16. (VIII, 119 S.) Glogau 877. Flemming. cart. — 60

— Gutweil, s.: Beispiele des Guten in Erzählungen u. Lebensbildern.

— Handwerk hat e. gold. Boden. Der Heidenbote. Die Wanderschaft. D. Steinthor, s.: Erzählungen, christl.

— s.: Hebel's, J. P., ausgew. Erzählungen des rheinländischen Hausfreundes.

— der Heidenbote, s.: Schriften, kleine, Nr. 43.

— s.: Hirte, der gute.

—— Kalendergeschichten für alles Volk u. alle Zeit. Mit (eingedr.) Bildern. 8. (9½ B. u. Titlbld.) Stuttgart 846, (47,) J. F. Steinkopf. *

— Der Krücken-Mattes. Eine Dorfgeschichte. — Malnitz. — Die Tischreden. Für Jugend u. Volk erzählt. (64 S.) kl. 8. Konstanz (910). Christl. Buch- u. Kunstverlag C. Hirsch. Geb. — 25

—— die Küche. Erzählungen. gr. 16. (72 S. mit eingedr. Holzschn. nach Zeichnungen von Alb. Venus.) Dresden 870, Naumann. geb. *

— die Küche, nebst weit. Erzählgn., } s.: Jugend- u. Volksbibliothek, deutsche.

—— der Kuchenmichel, eine Erzählung. Der Gesammtausg. der Erzählungen entnommen. 18. (82 und 4 Stnt.) Dresden 847, Naumann. *

—— Lieder u. Erzählungen f. d. reif. Jugend. 12. (4 B.) Nürnberg 837, Raw'sche Buchh.

— der Marsch nach Dänemark u. was Einer unterwegs gehört. Nebst e. Anhang. Alte u. neue Erzählungen f. das christliche Volk. 8. (IV u. 176 S.) Stuttgart 852, J. F. Steinkopf. 12 ngr

— Möhren. Nebst weiteren Erzählungen, s.: Jugend- u. Volksbibliothek, deutsche. 27.

—— Möhren. Nebst anderen Geschichten. Alte und neue Erzählungen für das christl. Volk. 8. (III und 112 S.) Stuttgart 852, J. F. Steinkopf.

—— der Mühlarzt, s. Jugend- und Volksbibliothek, deutsche.

—— der Mühlarzt. Nebst anderen Geschichten. Alte und neue Erzählungen für das christl. Volk. 8. (III und 125 S.) Stuttgart 852, J. F. Steinkopf.

Stöber, Karl: Sabina, ... s. Jugend- u. Volksbibliothek, Deutsche.

— Sabina die Bleicherin. Das Buch der Armen. Dresden 853. Naumann. 8. (229 S.) 18 ngr.

— Sabina, die Bleicherin. Das Buch der Armen. 23 Erzählungen. Neue illustr. Ausg. m. 4 Farbendr.-Bildern. (144 S.) 8. Konstanz (903). Zürich, Christl. Buch- u. Kunstverlag C. Hirsch. Geb. n. — 75

—— die Schild-Abnahme. Eine Erzähl., nach ein. Lebenslaufe bearb. 16. ($5\frac{1}{2}$ B.) Basel 840, Schneider.

— die Schild-Abnahme. Eine Erzählung. Nach einem Lebenslaufe bearb. 2. Aufl. Stuttgart 859. J. F. Steinkopf. 8. (64 S.) n. 5 ngr.

—— der Schneider von Gastein. Kleinere Erzählungen, } s. Jugend- und Volks-Bibliothek, deutsche.

Stöber, Karl, der Schneider von Gastein, s.: Volks-Bibliothek, allgem.

—— der Schneider von Gastein. Erzählung. 8. (5 B.) Stuttgart 844, J. F. Steinkopf.
Aus: Jugendblätter. Monatsschrift rc., besond. abgedruckt.

— der Schneider v. Gastein. Eine Erzählung. 2. Aufl. [Abdr. aus den Jugendblättern IV.] gr. 12. (81 S.) Ebd. 850. n. $^1/_6$ ß

— der Schneider von Gastein. Eine Erzählung. Abdruck aus den Jugendblättern. 3. Aufl. Stuttgart 858. J. F. Steinkopf. 8. (63 S.) n. 5 ngr.

— der Schneider v. Gastein u. andere Erzählungen. Mit e. Titelbilde (in Stahlst.) v. L. Richter. 2. Aufl. gr. 16. (112 S.) Leipzig 876. J. Naumann. n. — 75

— Schuld u. Strafe. Das Sonntagskind. Dergleichen gilt hier nicht, s.: Erzählungen, christl. 13.

— die barmherzigen Steine. Frankfurt a. M. 862. Heyder & Zimmer. 8. (IV, 126 S.) n. $12\frac{1}{2}$ ngr.

Stöber, Carl, der Erzähler aus dem Altmühlthale. Altes und Neues. Sammelausg. 8. (VIII und 413 S.) Stuttgart 851, J. F. Steinkopf.

— der Stricker. D. Kaiserkrönung. D. Schiffswurm, s.: Erzählungen, christliche, Nr. 11. 12.

— d. Tag im Graben, nebst weit. Erzählgn., s.: Jugend- u. Volksbibliothek, deutsche.

Stöber, Karl: Der gute Wald, s. Jugend- u. Volksbibliothek, Deutsche.

— Waldblumen. Erzählungen für Jung u. Alt. Illustrirt von Rud. Geißler. Glogau 860. Flemming. gr. 16. (147 S. u. 7 Lithogr.) 27 ngr.

Die kurze Wanderschaft. Erzählung von Karl Stöber. *Barmen: Wupperthaler Traktat-Ges. [1903].* (S. 29–36.) 8° [F.]
= Tannenzweige. H, 19, (2.) [04. 1584

— das blaue Wasser od. d. Branntweintrinken u. s. Folgen. Wie man sich auf e. Insel einrichten u. verhalten soll, s.: Erzählungen, christliche, Nr. 5.

—— das blaue Wasser oder das Branntwein-Trinken u. seine Folgen. Eine Erzählung. 8. ($2\frac{1}{4}$ B.) Dresden 843, Naumann.

— d. Wege d. Herrn sind eitel Güte, s.: Glaubrecht, O.

— Winterabende. Erzählungen für Jung und Alt. Mit 6 (lith.) Illustr. Glogau 858. Flemming. 16. (2 Bl., 144 S.) 25 ngr.

Stoeber, Max, Regeln üb. d. Satzzeichen, verb. m. Aufgaben. Für Lehranst. u. z. Selbstunterricht zusammengest. gr. 8. (IV, 44 S.) Cöthen 894. P. Dünnhaupt.

Stöber, Paul: Aus d. Univ.-Poliklin. f. Ohren-, Hals- u. Nasenkranke in Bonn. Über Fremdkörper im Ohr. Bonn: Eisele 1909. 48 S. 8°
Bonn, Med. Diss. v. 5. März 1910, Ref. Walb
[Geb. 2. April 83 Dortmund; Wohnort: Düsseldorf; Staatsangeh.: Preußen; Vorbildung: Gymn. Dortmund Reife M. 03; Studium: Bonn 5, Marburg 1, Berlin 2, Bonn 2 S.; Coll. 9. Okt. 09; Approb. 15. Febr. 10.] [U 10. 337

Stoeber, Paul [Rechtsanwalt in Mülhausen i. E.]: Die parlamentarische Immunität des Landesausschusses für Elsass-Lothringen. Ein Beitrag zur Frage nach dem Begriffe des Reichslandes und des nichtsouveränen Staates .... (Sep.-Abdr. aus dem Archiv für öffentliches Recht Band I. Heft 4. 1886.) Freiburg i./B., Verl. v. J. C. B. Mohr (Paul Siebeck) (1886); 66 S. 8°.
Strassburg, Rechts- u. Staatsw. Fak., Inaug.-Diss. v. 1886.

Stöber, Victor, Manuel pratique d'Ophthalmologie, ou traité des maladies des yeux. Mit 3 Kpfrtaf., wovon 2 ill. gr. in-8. Paris et Strasbourg 834 Levrault. $3\frac{1}{2}$ ß

Stöber, Wilh.

Stöber, W., Altes und Neues aus den Altmühlbergen, } s. Jugend- und Volksbibliothek, deutsche.

Stöber, Wilh., Dorfgeschichten v. der Altmühl, s.: Jugend- u. Volksbibliothek.

Stöber, W., aus einem Fürstenleben, s.: Volks- u. Jugendschriften, deutsche.

Stöber, W., Glück aus Leid,
— der Heimathlose, } s.: Volks- u. Jugendschriften, deutsche.

Stöber, W., ein Held im Kirchenrock (Pfarrer Veit v. Berg), s.: Jugend- u. Volksbibliothek. deutsche.

Stöber, Wilh., das christliche Kirchenjahr. Predigten üb. die Sonn- u. Festtags-Evangelien d. ganzen Kirchenjahres, unter Red. v. W. St. u. unter Mitwirkg. v. Kanzelrednern der meisten evangel. Landeskirchen Deutschlands hrsg. 5. Ster.-Aufl. 16 Lfgn. Lex.-8. (IV, 530 S.) Regensburg 893. J. G. Bößenecker. à n. — 50

Stöber, Wilh., Scherz und Ernst, s. Jugend- und Volksbibliothek, deutsche.

Stöber, Wilh.: Schuld u. Gnade, s. Volks- u. Jugendschriften, Deutsche.

Stöber, W.,
—— die Schweden vor Ingolstadt, } s. Volks- und Jugendschriften, deutsche.

Stöberl, Otto, approb. Arzt aus Münchsdorf i. Bayern: Über Impf-Carcinose. *Tübingen 1902: (J. Fuller, München).* (22 S.) 8°
Tübingen, Med. Diss. v. 1902

Stobitzer, H., bestrafte Eitelkeit, s. Familien-Bibliothek.

Stobitzer, H., e. romantische Frau, s.: Reiselectüre.

Stobitzer, H., Funken unter der Asche, s.: Bloch's, E., Theater-Correspondenz.

Stobitzer, H., sein Geheimmittel, s.: Bloch's, E., Theater-Correspondenz.

Stobitzer, Heinr., d. Barbaren, s.: Universal-Biblioth.

— ihre Ideale. Lustsp. in 3 Aufzgn. 2. Aufl. gr. 8. (71 S.) München (898). Rubinverlag. n. 1. —

Liselotte. Lustspiel in 4 Aufz. von Heinrich **Stobitzer**. Leipzig: Reclam (1910). 79 S. 8°
(Universal-Bibliothek. 5108.) [10. 11570

Stobitzer, Heinr., Liselotte, s.a. Universal-Bibliothek.

Stobitzer, H., der Sterngucker, s. Universal-Bibliothek Nr. 1689.

— d. Tugendheld, s.: Universal-Bibliothek.

— Weltstadtfieber. Schwank in 3 Aufzgn. 16. (112 S.) München (898). Rubinverlag. n. 2. —

Stobitzer, Hugo, „Salve Luitpolde!" Eine lyrisch-ep. Dichtg. in 24 Gesängen. Eine schlichte Fest- u. Erinnerungsgabe zum 80. Wiegenfeste Sr. königl. Hoh. des Prinzen Luitpold v. Bayern, 12. III. 1901. 8. (III, 152 S.) München 901. (M. Kellerer.) Geb. in Leinw. n. 4. —

Stobrawa, Art., der Gutsinspektor. Schauspiel in 4 Aufzügen. (82 S.) 8. Breslau (Gerbergasse 12/13) 904. H. Zimmer & Co. n. 2. —

Die neuen Besoldungs-Tafeln für die preußischen Beamten. Pensions-Gesetz u. Gesetz, betr. Fürsorge f. d. Witwen u. Waisen d. unmittelbaren Staatsbeamten ... Hrsg. von [Max] **Stöbsand**, Reg. Sekr., [& Wilhelm] Reinert, Reg. Sekr. Berlin: Selbstverl. [1908]. (59 S.) 8° [08. 18448

[J.] Lychen U.-M. und Umgebung. [Vf.: **Stobwasser**, Oberpfarrer.] *(Lychen 1898.)* (1 Bl., 24 S.) 1 Bd 8. [98. 7430

Stobwasser, A., die Advents-Feier im Kinder-Gottesdienste mit einer Erzählung von F. W. Krummacher. Gedächtnißgabe mit e. Anhang kleiner wahrer Geschichten. 12. (80 S. m. eingedr. Holzschn.) Berlin 848, J. A. Wohlgemuth in Comm. n. 1/3 ß

Stobwasser, A., Ismael, der Edelknabe. Eine wahre Geschichte. 8. (1 1/2 B.) Berlin 846, (Grobe.) *

Stobwasser, C. H., die merkwürdigsten Begebenheiten aus d. Lebensgesch. v. Joh. Heinr. Stobwasser. Seinen Freunden zum Andenken, u. zum Besten d. Kranken-Casse d. Stobwasserschen Fabrik. gr. 8. (4 1/2 B. u. J. H. S's. Bildn.) Braunschweig 830, Vieweg.

Stobwasser, C. H., Joh. H. Stobwasser's Lebensgeschichte, s.a. Schillings-Bücher rc.

Stobwasser, C. H., Johann Heinrich Stobwassers Lebensgeschichte. 12. (68 S.) Hamburg 855, Agentur des Rauhen Hauses.

Stobwasser, J. M. Das Verbum lare. (Eine 3. Reihe dunkler Wörter.) Lexikalisches. Progr. gr. 8. (20 S.) Prag 892, Tempsky. — Lpz., Freytag. * — 60

Stobwasser, Carl, die Hasenscharten auf der Göttinger chirurgischen Klinik vom Octbr. 1875 bis zum Juli 1882. Inaugural-Dissertation. gr. 8. (14 S.) Leipzig 883, (Göttingen, Vandenhoeck und Ruprecht's Verlag.) *

Stobwasser & Co., s.: Musterbuch der Berliner Lampen- u. Broncewaaren-Fabrik.

Stoc, M. Ueber den verderblichen Einfluß des Luxus auf das endliche Schicksal Athens. 6 S.
Posen, M., Progr. 1835

Stoc, M. Allg. Erziehungs- u Unterr.-Grundsätze des Gymn. zu P. 9 S.
Progr. Posen 1827

Stoch, J. F. W., Lebensbilder, oder: Wohin führt die Anwendung der religiösen Grundsätze der sogenannten protestant. Freunde? 16. (13 3/8 B.) Königsberg 846, (Windolff u. Striese.)

Stoch, (?) J. F. W., Lebensbilder, od.: Wohin führt die Anwendung der religiösen Grundsätze der sogenannten protestant. Freunde? 16. Königsberg 846, (Windolff u. Str.) 1/2 ß — dass. vergl. Stosch, J. F. W.

Stoechiophonie oder vereinfachte Sprache. A. d. Franz. ... Solothurn 1861. V: *Parrat, H. J. F.* (KatDMG)

Stock, der, im Eisen. Phantast. Ballet in einem Vorspiele und 4 Acten (8 Bildern) nach der alten Wiener Sage componirt von Pasqu. Borré. Musik von Frz. Doppler. Für die k. k. Hofoper in Wien. 8. (10 S. erklärender Text.) Wien 885, Künast. **

ERZIEHER „Stock" und „Rute". Nach eigenem Erleben erzählt von einer achtzehnjährigen jungen Dame. Mit Illustr. Budapest, Schneider, o. J. (c. 1907). 8°. 83 pp. (Mk. 2—.) (2 Mk. 50 Pfg. Adolf Weigel, 1908.)

Stock's Erzählung v. Peter Paasch. 64. (11 S.) Carlsruhe 875. (Barmen, Klein.) — 9

Stock's illustrirte Punktir- und Wahrsagekunst oder die Wissenschaft, seine eigene und die Zukunft Anderer in der untrüglichsten Weise zu errathen. Ein heiterer und ernster Zukunftsspiegel für Jung und Alt. Mit einem Anhang von allerlei scherzhaften Unterhaltungen. 8. (84 S.) Wien 883, [Winkler.] Daberkow.

Stock's Rechenschule. **Franckf.** 8. 1700.

Stock's großes illustrirtes persisch-egyptisches Traum-Buch nach den ältesten, bisher gänzlich unbekannten chaldäischen, persischen und egyptischen, von einem berühmten Magier herrührenden Handschriften. Mit beigefügten größerem Anhang. 6. verm. und verb. Aufl. 8. (192 S. mit eingedr. Holzschn.) Wien 879, Stock. *

Stock's großes illustrirtes persisch-egyptisches Traum-Buch, nach den ältesten, bisher gänzlich unbekannten chaldäischen, pers. u. egypt. von einem berühmten Magier herrühr. Handschriften. 7., verm. u. verb. Aufl. 8. (VIII, 184 S. m. eingedr. Holzschn.) Wien 882. Winkler. 1. —; kleine Ausg. (96 S. m. eingedr. Holzschn.) — 50

Stock's großes illustrirtes persisch-egyptisches Traum-Buch, enthaltend die bewährtesten Traum-Auslegungen, nebst erfahrungsgemäß Gewinn bringenden Lotterie-Nummern. Nach den ältesten, bisher gänzlich unbekannten chald., pers. und egypt. Handschriften von einem berühmten Magier. 8. verm. und verb. Aufl. 8. (VIII, 184 S.) Wien 885, [Winkler.] Daberkow. *M 1.—.; geb. *

Stock's großes illustrirtes persisch-egyptisches Traum-Buch, enth. die bewährtesten Traum-Auslegn., nebst erfahrungsgemäß Gewinn bring. Lotterie-Nummern. Mit 90 Illustr., bestehend in 540 Traumbildern. 9., verb. Aufl., verm. m. sämmtl. Lottoziehgn. der letzten 5 Jahre. 8. (192 S.) Wien 889. Daberkow. 1. —; cart. 1. 30

Stock's großes illustriertes persisch-egyptisches Traum-Buch, enth. die bewährtesten Traum-Ausleggn., nebst erfahrungsgemäß Gewinn bring. Lotterie-Nummern. Nach den ältesten, bisher gänzlich unbekannten chaldäischen, pers. u. egypt., v. e. berühmten Magier herrühr. Handschriften. Nebst e. Einleitg., die Zahl u. ihre Bedeutg., e. Symbolik d. Traumes u. beigefügtem größeren Anhange in 14 Abtheilgn., enth. die besten Lottospiel-Methoden, nach denen Jedermann sein Glück machen u. sich vor Verlust schützen kann. Mit 90 Illustr., bestehend in 340 Traumbildern. 10., vielfach verb. Aufl., verm. m. sämmtl. Lottoziehgn. der letzten 5 Jahre. 8. (200 S.) Wien 892. C. Daberkow. n. 1. —; kart. n. 1. 30

Stock's großes illustr. persisch-egyptisches Traum-Buch, enth. die bewährtesten Traum-Ausleggn., nebst erfahrungsgemäßen Gewinn bring. Lotterie-Nummern. Nach d. ältesten, bisher gänzl. unbekannten chaldäischen, pers. u. egypt., v. e. berühmten Magier herrühr. Handschriften. Nebst e. Einleitg., die Zahl u. ihre Bedeutg., e. Symbolik d. Traumes u. beigef. größ. Anhange in 14 Abtheilgn., enth. die besten Lottospiel-Methoden, nach denen Jedermann sein Glück machen u. sich vor Verlust schützen kann. M. 90 Illustr., bestehend in 540 Traumbildern. 11., vielfach verb. Aufl., verm. m. sämmtlichen Lottoziehgn. d. letzten 5 Jahre. 8. (200 S.) Wien 895. C. Daberkow. n. 1. —; kart. n. 1. 30

(F) Stocks großes illustriertes Persisch-Egyptisches Traumbuch, enthaltend die bewährtesten Traum-Auslegungen, nebst erfahrungsgemäss Gewinn bringenden Lotterie-Nummern. Nach den ältesten, bisher gänzlich unbekannten chaldäischen, persischen und egyptischen, von einem berühmten Magier herrührenden Handschriften. Nebst einer Einleitung, die Zahl und ihre Bedeutung, einer Symbolik des Traumes und beigefügtem größeren Anhangen in 14 Abtheilungen, enthaltend die besten Lottospiel-Methoden, nach denen Jedermann sein Glück machen und sich vor Verlust schützen kann. Mit 90 Illusrationen, bestehend aus 540 Traumbildern. 12. vielfach verbesserte Auflage, vermehrt mit sämmtlichen Lottoziehungen der letzten fünf Jahre. Wien. Leipzig und New-York. 1899. Daberkow. Gr.-8°. 200 S. fl. —.50

Stock's, großes illustr. persisch-egypt. Traum-Buch, enth. die bewährtesten Traum-Ausleggn. nebst erfahrungsgemäß Gewinn bring. Lotterie-Nummern. Nebst e. Einleitg., die Zahl u. ihre Bedeutg., e. Symbolik des Traumes u. beigefügtem größeren Anhang in 14 Abthlgn., enth. die besten Lottospiel-Methoden, nach denen Jedermann sein Glück machen u. sich vor Verlust schützen kann. Mit 90 Illustr., bestehend in 540 Traumbildern. 14., vielfach verb. Aufl., verm. m. sämmtl. Lottoziehgn. der letzten 5 Jahre. (197 S.) 8. Wien (905). Th. Daberkow. 1. —; kart. 1. 30

Stock's kleines illustrirtes persisch-egyptisches Traum-Buch. Mit erfahrungsgemäß gewinnbring. Lotterie-Nummern. Im Anh.: Träume, in 90 Bildern u. 540 Darstellgn. ausgelegt. 3., verm. (Titel-)Aufl. 8. (IV, 92 S.) Wien 890. Daberkow. n. — 50

— kleines illustr. persisch-egyptisches Traum-Buch nach d. ältesten, bisher gänzl. unbekannten, v. e. ber. Magier herrühr. Handschriften. M. erfahrungsgem. gewinnbring. Lotterie-Nummern u. Einleitg.: Die Zahl u. ihre Bedeutg. Im Anh.: Träume in 90 Bildern u. 540 Darstellgn. ausgelegt. 4., vielfach verm. Aufl. 8. (96 S.) Ebd. 895. n. — 50

— kleines illustr. persisch-egyptisches Traum-Buch nach den ältesten, bisher gänzlich unbekannten chaldäischen, persischen u. egyptischen, v. e. berühmten Magier herrührenden Handschriften. Mit erfahrungsgemäß gewinnbring. Lotterie-Nummern u. e. Einleitg.: Die Zahl u. ihre Bedeutg. Im Anh.: Träume in 90 Bildern u. 540 ausgelegt. 5., vielfach verm. Aufl. (112 S.) 8. Ebd. (905). — 50

Stock, A: Die chemischen Mittel zur vollständigen Beseitigung der Kesselsteine nebst dem Gang der Analysis und deren Resultate. Guben 1880

Stock, A: Mein Studium der Kesselsteinbildung und deren vollständige Lösung durch wissenschaftlich richtige Analyse und Behandlung der verschiedenen Kessel-Incrustirungen. Guben 1879

Stock, A., Vortrag, geh. auf der VII. General-Versammlg. d. Vereins zur Erhaltg. der evang. Volksschule in Düsseldorf am 12. März 1884. gr. 8. (23 S.) Langenberg 884. Joost. n. — 30

Stock, Alfr., u. Arth. Stähler, Praktikum der quantitativen anorgan. Analyse. (VIII, 152 S. m. 37 Fig.) 8. Berlin 909. J. Springer. Geb. in Leinw. 4. —

Stock, Alfred, aus Danzig: [I.] Ueber eine quantitative Trennung des Arsens vom Antimon. [II.] Monobromakroleïn und Tribrompropionaldehyd. [III.] Ueber einige Bromnitrosokohlenwasserstoffe und ihre Umwandlung in Pseudonitrole. *Berlin 1899: A. W. Schade.* (30 S.) 8°
Berlin, Phil. Diss. v. 10. Mai 1899

Stock, Alwin. Zins-Tabelle zu $3^{1}/_{3}$%. 4. (87 S.) Hagen i. W. 889, (Butz). * 3 —

Stock, Andreas (Pegau) A. S. 1365/9

Dissertatio inauguralis, de eo, quod iustum est circa arbores, Vom Recht der Bäume.
Präs. Christian Wildvogel. Rec.
Jena (Heller) 1737. 31 S.

Diss. VIII. 1691.
W. v.: Peter Müller, Jo. Philipp Slevogt, Tobias Sutorius, Johann Jakob Müller. 33630

Stock, Arthur: Die Freilassungen im Zeitalter der Volksrechte. Halle 1881: Karras. 47 S. 8°
Halle-Wittenberg, Jur. Diss. v. 27. Mai 1881
Geb. [Lauban 30. 9. 1857]

Stock, August

Stock, A., Abschiedspredigt, geh. am Trinitatissonntag, 22. V. 1910, in der St. Katharinenkirche zu Braunschweig. (8 S.) 8. Braunschweig 910. J. Neumeyer. — 30

— Arbeiten u. nicht müde werden! 4 Predigten üb. die Unkirchlichkeit unserer Gemeinden, geh. in der St. Katharinenkirche zu Braunschweig am 16. u. 30. VIII. u. am 13. u. 20. IX. 1908. (38 S.) 8. Ebd. 908. 1. —

Stock, A., die Beichte nach evangelischer Auffassung. Ein Wort üb. die Seelsorge evangel. Christen an einander. Predigt, geh. am 16. VI. 1901 zu St. Katharinen in Braunschweig üb. Jakobusbrief 5, 16: Bekenne einer dem andern seine Sünden u. betet f. einander, daß ihr gesund werdet. gr. 8. (12 S.) Braunschweig 901. J. Neumeyer. n. — 20

Stock, A., brauchen wir e. neues Gesangbuch? Ein Wort an d. evang. Gemeinden d. braunschweig. Landeskirche. 8. (29 S.) Braunschweig 898. J. Neumeyer. n. — 40

— Die Entwickelung der Gemeindepflege v. St. Katharinen zu Braunschweig in den ersten 25 Jahren, v. 1885—1910. Ein Gedenkblatt f. die Katharinen-Gemeinde. 23 S.) 8. Ebd. 910. — 20

— „Fest u. treu!" Konfirmationsrede, geh. am Weißen Sonntag (26. IV.) 1908 in der St. Katharinenkirche zu Braunschweig üb. Hebr. 10, 39. (10 S.) 8. Ebd. 908. — 20

Stock, A., „Geh deinem Gott nicht aus dem Wege, wenn er dir begegnet!“ Konfirmationsrede, geh. am weißen Sonntag (19. IV.) 1903 in der St. Katharinenkirche zu Braunschweig üb. Amos 4, 12: Schicke dich u. begegne deinem Gott. (8 S.) gr. 8. Braunschweig 903. J. Neumeyer. n. — 20

Stock, August [aus Hanau]: Zur Kenntniss der Auramine. Leipzig, J. A. Barth, 1893; 15 S. 8.
Giessen, Phil. Fak., Inaug.-Diss. v. 1893

— kommt, laßt uns den Heiland suchen! Predigt, geh. am 7. IX. 1902 zu St. Katharinen in Braunschweig üb. Matthäus 12, 20: Das zerstoßene Rohr wird er nicht zerbrechen, u. den glimm. Docht wird er nicht auslöschen. gr. 8. (8 S.) Ebd. 902. n. — 20

— Confirmationsrede, geh. am weißen Sonntag (6. IV. 1902) in der St. Katharinenkirche zu Braunschweig, üb. Sprüche 2, 7: Der Herr läßt es den Aufrichtigen gelingen. gr. 8. (8 S.) Ebd. 902. n.n. — 25

— Predigt, geh. im Festgottesdienst des hannoverschen Hauptvereins des Evangelischen Bundes am 17. VI. 1906 in der Marienkirche zu Osnabrück. (10 S.) 8. Braunschweig 906. J. Neumeyer. n. — 20

— Predigt, geh. bei der General-Versammlung des braunschweigischen Hauptvereins des evangelischen Bundes in der Stiftskirche zu Gandersheim am 29. X. 1903. (11 S.) gr. 8. Gandersheim (903). (Braunschweig, J. Neumeyer.) n. — 15

— s.: Predigten, evangelische, s. Taubstumme.

Stock '(Kruse)', Bernhard [aus Bissendorf b. Osnabr.]: Sechzig Fälle von „Septischem Abort“ '(behandelt in d. Kgl. Univ.-Frauenklinik 1894-1897)' ... Berlin, Druck v. E. Ebering, *1897;* 58 S., 2 Bl. 8.
Berlin, Med. Fak., Inaug.-Diss. v. 20. Juli 1897

Stock, C., de duratione potestatis apud Judaeos, reis capitis infligendi poenas. Jen. 1703. 4.

Stock, Ch. L., Grundzüge der Verfassung des Gesellenwesens der deutschen Handwerker in alter u. neuer Zeit. Ein Beitrag zur Sittengeschichte. gr. 8. (7½ B.) Magdeburg 844, Creutz'sche Bh.

Stock, Christian

Stock, Chr., Clavis N. et V. Testamenti; cui acced. breve Dictionarium Chaldeo-talmudico-rabbinicum, c. Jh. Fr. Fischer. 8maj. Leipz. 752, 53. Weidmann. 7 ℔ — Clavis Nov. Testament. separatim venditur. 3 ℔ 12 gl.

Stockii, C., Clavis N. T. sive Lexicon graecum. Ed. 5. cura J. F. Fischeri. Lips. 752. 8. 3 rthlr. 12 gr.

— Clavis linguae sanctae Novi Testamenti etc. c. I. F. Fischer. 8. maj. ibid. 752. duae Claves.

Stock, Chr., Clavis linguae sanctae Veteris Testamenti vocabulorum significationes generales et speciales ordine concinne exhibens, tam tironum etc. cui acced. breve Dictionarium Chaldeo-talmudico rabbinicum, c. I. F. Fischer. 8. maj. Lips. Weidmann. 753.

— fundamenta biblica theologiae positivae Baierianae. 8. Ien. Bielke. 711.

— institutiones homileticae. 8. Ien. Bielke. 721.

— interpres graecus Novi Testamenti. 8. Celle 757. 12 gl.

— literator graecus linguae graecae instit. tradens. 8. Ien. Bielke. 738.

Stock, Christian. Homiletisches Real-Lexicon . . . Jena 1733. 3. Aufl. 1741. H: *Müller, Adam Leberecht.* (ML)

— homilet. Reallexicon, oder reicher Vorrath zu geistl. u. weltlichen Beredsamkeit. 4. Jena. 741.

Stock's, Chrn., homiletisches Real-Lexikon, oder reicher Vorrath zur geist- u. weltlichen Beredtsamkeit, in sich enthltd. der Sachen kurzen Entwurf, die nöthigen Beweise u. Bewegungsgründe, die auserlesensten Gleichnisse ꝛc. Nebst einer Vorrede Herrn Joh. Geo. Walchs. Neu abgedr. u. mit beigefügter Uebersetzung der latein. u. griech. Citate verm. 11 Liefgn. St. Louis Mo. 867,68. (Leipzig, J. Naumann.) gr. 4. (1059 S.) n. 5 ℔ 15 ngr.

Stock's, Chrn., homiletisches Real-Lexikon, oder reicher Vorrath zur geist- und weltlichen Beredsamkeit, in sich enthaltend der Sachen kurzen Entwurf, die nöth. Beweise und Bewegungsgründe, die auserlesensten Gleichnisse, schöne Historien, geschickte Exempel, vortreffl. Sinnbilder und nachdenkl. Zeugnisse, sowohl Lehrer der Kirchen älterer, neuerer und neuester Zeit, als auch heidn. und anderer Profan-Scribenten, deren sich ein Prediger und Redner bei Ausarbeitung einer erbaul. Predigt oder sonst geschickten Rede bedienen kann. Nebst einer Vorrede von Joh. Geo. Walchs. Neu abgedr. und mit beigefügter Uebersetzung der latein. und griech. Citate verm. 11 Lfgn. hoch 4. (IV, 1059 S.) St. Louis, Mo. 884, Volkening. à Lfg. ℳ 1,50.

— nov. Testamentum observationibus exegeticis et philologicis illustratum. 8. ibid. 731.

Stock, Christoph (Barby) A. S. 605/44

Dissertatio iuridica de simulatis contractibus, Germanis: Von denen bey vielen zur Mode gewordenen jedoch widerrechtlichen Contracten.
Präs. Georg Adam Struve. Rec.
Jena (Heller) 1748. 76 S.

Diss. 1. VII. 1667. 33632

Stock, Eduardus: De tetano ejusque curationi curare adhibito. Halis Saxonum (1865): Gebauer-Schwetschke. 30 S. 8°
Halle-Wittenberg. Med. Diss. v. 29. Nov. 1865
Geb. Sandersleben (Anhalt) 5. 2. 1840. V.

[S.] Das Leben Jesu. 52 Lektionen z. Vorbereitg f. Lehrer an Schulen u. Sonntagsschulen v. Eug. Stock. M. e. Vorw. v. Pastor S[am.] Keller. Autoris. Übs. *Düsseldorf: C. Schaffnit 1896.* (317, II S.) 1 Bd 8. (98. 1970

Stock, Eug., das Leben Jesu. 52 Lektionen zur Vorbereitg. f. Lehrer an Schulen u. Sonntagsschulen. M. e. Vorwort v. S. Keller. Autor. Uebersetzung. gr. 8. (317 u. II S.) Düsseldorf 897. C. Schaffnit. n. 4. —; geb. n. 4. 60
Erschien auch in 10 Hftn. à n. — 40.

Stock, Fr. Karl, Kronen-, Stamm- u. Wurzelpflege. E. Beitrag zur Behandlg. d. ält. Obstbäume. In Verbindg. m. Geo. Höhn bearb. gr. 8. (VIII, 42 S. m. 23 Abb.) Wiesbaden 898. R. Bechtold & Co. n. — 75

Stock Franz: Über aesthetische Bildung als Aufgabe der Gymnasien. 17. Bregenz. 897.
Progr.

Stock, Frz., Entwürfe zu Privathäusern in Façaden, Grundrissen, Durchschnitten u. Details. 1—4. Liefg. Berlin 862, 63. Th. Grieben. Fol. Jedes Heft (à 6 lith. Bl. u. 1 Bl. Text in 8.). n. 1 ℳ

Stock, Frz., Entwürfe zu Privathäusern in Façaden, Grundrissen, Durchschnitten und Details. 6 Lfgn. Fol. (à Lfg. 6 Stnt. mit Text.) Berlin 862,63. [Leipzig, Scholtze.] à Lfg. * 1 Thlr. *
Bildet zugleich 7.—12. Heft von Fricke, Wohngebäude für Stadt und Land.

Stock, Frz., Entwürfe zu Privat-Häusern in Façaden, Grundrissen, Durchschnitten u. Details. Mit Beiträgen v. H. Kämmerling, A. Fricke, W. Schuffenhauer u. A. 2. Aufl. 6 Hfte. Fol. (à 6 Steintaf.) Leipzig 873. Scholtze. à n. 2. 40

Stock Franz: Aulus Vitellius. Eine biogr. Skizze. 26. Bregenz 01.

—— und A. Fricke, Vorlagen für Architecten, s. Fricke, A.

Stock, F[riedrich]. Morat. By Dr. F. Stock. With an Appendix on the Geology of the District and the Lake-Dwellings by E[dwin] J. Miles. With 26 Illustrations by G[ustave] Roux [6 Plates] and one Map [*i. e.* 3 Maps, two of which in the text]. (Illustrated Europe. Nº 101. 102.) 8. Zurich ([18]89).

Stock, F., Morat, s. Europe, illustrated.

[Stock, Friedrich.] Morat. Traduit de l'allemand par Louis Gauthey. Avec 26 Illustrations par G[ustave] Roux et une carte. (L'Europe illustrée. Nº 167. 168.) 8. Zürich ([18]92).

Stock, F[riedrich]. Murten. Mit 26 Illustrationen von G[ustave] Roux [wovon 6 Tafeln] und einer Karte. (Europäische Wanderbilder. Nº 103. 104.) 8. Zürich ([18]85).

Stock, F., Murten, s. Wanderbilder, europäische.

Stock, Friedrich, aus Berlin: Aus d. n. mediz. Klinik d. Charité zu Berlin. Dir.: Geh.-Rat Prof. Dr. Gerhardt. Über die cerebralen und bulbären Symptome bei Tabes und Lues. *Würzburg 1898: Becker.* (86 S.) 8°
Würzburg, Med. Diss. v. 1898

Stock, Friedrich Johann A. S. 732/31

Dissertatio juridica inauguralis de probatione filiationis in qua simul de suppositione partus Von Bey= oder hingelegten Kindern.
Jena (Werther) 1702. 56 S.

Diss. posth.
Gew.: Stadtverwaltung Halberstadt.
W. v.: Nikolaus Meyer, Albert Pott, Christoph Johann Lindt, Johann Heinrich Koch, Johann Melchior Goez, S. H. Lucanus, Johann Heinrich Schmalian, A. J. Meuschen, Augustin Heinrich Meschmann, Friedrich August Ritzenberg, Johann Tobias Beyer. 33633

Stock, G., was schulden wir als Christen unsern Kindern? (39 S.) kl. 8. Neumünster (905). Vereinsbuchh., G. Ihloff & Co. n. — 30

Stock, (*Carl Bernhart*) Georg [aus Dresden]: Ein Beitrag zur Kenntniss der Proteinkrystalle ... Breslau, Druck v. R. Nischkowsky, 1892; 28 S., 1 Bl. 8.
Tübingen, Naturw. Fak., Inaug.-Diss. v. 1892

Stock, Georg Nikolaus (Nürnberg) A. S. 1160/20

Dissertatio academica sistens historiae anatomicae specimen secundum. Präs. Jo. Heinrich Schulze.
Altdorf (Kohles) 15. II. 1723. 32 S.

Gew.: Wolfgang Jakob Nüzel, Christoph Fürer.
W. v.: Johann Jakob Baier, Präs. 33634

Stock, Georg Nikolaus (Nürnberg) A. S. 1310/30

Dissertatio inauguralis de temperantia medicorum.
Altdorf (Meyer) II. 1725. 24 S.

W. v.: Johann Jakob Baier, Johann Jakob Iantke, Jo. Heinrich Schulze. 33635

Stock, Georg Wilhelm (Braunfels) A. S. 44/17

Dissertatio inauguralis de iure et officio summorum imperii tribunalium circa interpretationem legum imperii. Präs. Johann Stephan Pütter.
Göttingen (Hager) 14. X. 1758. 68 S.
33636

Stock, H. Tillemannus, De doloribus ventriculi. 29 pp. Helmst. 4°. 1724

Stock, Hermann: Die Phonetik des „Roman de Troie" und der „Chronique des ducs de Normandie". (Separat-Abdruck aus den Romanischen Studien, herausgegeben von Eduard Boehmer.) Strassburg: Karl J. Trübner 1878. (50 S.) 8⁰

Stock, J. F., Ornamente z. pract. Gebr. f. Stuben-Maler, nebst erklär. Text. 1. u. 2. Hft. Roy.-Fol. (à 5 lith. Blätt.) Berlin 835, Winckelmann u. Söhne. à

Stock, J. Georg

Handbuch für Freimaurer oder Hieroglyphischer Ermahner. Enthaltend: die Erklärungen aller Sinnbilder in den Graden als Lehrling, Geselle, Meister-Maurer, Mark-Meister etc. den Verordnungen gemäss geordnet und aus dem Engl. ins Deutsche übers. und hrsg. von J. Geo[rg] Stock. 2. Aufl. Philadelphia: Schäfer & Koradi 1856. 196 S. 3 Holzschnitttaf. 8⁰
1. Aufl. Washington 1852.
[L. 20 (1861) S. 349.]

Stock, Johannes [aus Radeberg]: Die Basaltgesteine des Löbauer Berges .... (Aus: Mineralog. u. petrograph. Mittheilungen. IX. Bd.) Wien, Alfred Hölder, k. k. Hof- u. Univ.-Buchh., 1888; 1 Bl. + S. 423—469 + 1 Bl. u. 1 Taf. 8°
Leipzig, Phil. Fak., Inaug.-Diss. v. 16. Jun. 1888

Stock, Joh. Ad., kurzgef. Frankfurter Chronik v. 1742-45. 8. Frankf. 745.

Stock, Johann Christian

Stock, Jo. Chr., resp. Rauch, De adfectu hypochondriaco. Jen. 4°.
1754

Stock, Joh. Christ., Diss. de cadaveribus sanguisugis. Jen. 732. 4.

Stock, Jo. Chr., resp. Ge. Leop. **Weyland,** De consuetudine. 31 pp. Jen. 4°. 1740

Stockius, Jo. Chr., resp. Chr. Fr. **Gerding,** De dolore capitis per novem annorum spatium refractario, salivationis mercurialis beneficio perfecte remoto. 41. Jen. 4°. 1758

Stock, Ioh. Chr., exercitationes physicae. 4. Ienae, Cuno. 755.

Stock, Johann Christian [Praes.], s. Haag, Johann Wolfgang: De emendatione temperamentorum.

Stock, Johann Christian [Praes.], s. Harrsch, Albert Jacob: De ictero colicae juncto.

Stock, Johann Christian [Praes.], s. Hartlieb gen. Walsporn, Johann Friedrich: De homine dei conditoris teste.

Stock, Jo. Chr., Pr. de ideis et judiciis, ex sensationibus et imaginationibus in se spectatis originem trahentibus. Jen. 4°.
1739

Stock, Johann Christian [Praes.], s. Krauss, Jo. Christoph Adam: De abusu diaphoreticorum sudoriferorum et bezoardicorum.

Stock, J. C., Progr. nonnullas de idiosyncrasia meditationes sistens. Jen. 4°.
1747

Stock, Johann Christian [Praes.], s. Noebling, Johann Wilhelm: De partibus hominis essentialibus prima de anima rationali.

Ioannes Christianus Stockius [Stock]: Prolusio de famoso unguento ophthalmico Anglico. Ienae (1758:) Marggraf. 8 S. 8°

[Einladungsschrift zur Dr. med.- Promotion von Christlieb Lebrecht Alberti. Jena, 25. März 1758.]

Mager, J. A. praes. Stock,J.C.: De cerevisiae salubritate suspecta. 44. 4°. Jenae. 1756.

Johannes Christianus Stockius [Stock]: De tuenda Sanitate in meditationum laboribus. Prolusio 4. 6.7. 9.-11. 14-16. Jenae (1750 - 53:) Marggraf. 8°

Prolusio 4: (1750.)
[Einladungsschrift zur Dr. med.-Promotion von Johann Benjamin Ross, Jena, 6. Mai 1750.]

Prolusio 6: (1751.)
[Einladungsschrift zur Dr. med.-Promotion von Christian Adam Gondela, Jena, 28. Aug. 1751.]

Prolusio 7: (1751.)
[Einladungsschrift zur Dr. med.-Promotion von Joachim Francke, *1726, Jena, 10. Sept. 1751.]

Prolusio 9: (1751.)
[Einladungsschrift zur Dr. med.-Promotion von Philipp Jakob Hoffmann, Jena, 23. Okt. 1751.]

Prolusio 10: (1751.)
[Einladungsschrift zur Dr. med.-Promotion von Philipp Bernhard Pettmann, Jena, 20. Okt. 1751.]

Prolusio 11: (1751.)
[Einladungsschrift zur Dr. med.-Promotion von Johann Friedrich Kessel, Jena, 6. Nov. 1751.]

Prolusio 14: (1751.)
[Einladungsschrift zur Dr. med.-Promotion von Friedrich Erhard Loeber, Jena, 17. Nov. 1751.]

Prolusio 15: (1753.)
[Einladungsschrift zur Dr. med.-Promotion von Pál Lanvi, Jena, 9. Mai 1753.]

Prolusio 16: (1753.)
[Einladungsschrift zur Dr. med.-Promotion von Johann Bernhard Gottschalk Becker, Jena, 12. Mai 1753.]

Io[annes] Christianus Stockius [Stock]: De Sterilitate. [Resp.:] Georgius Philippus Schreck. Ienae (1752:) Marggraf. 24 S. 8°

Jena, Med. Diss. v. 4. Okt. 1752

Jo. Chr. Stock de sudore sanguineo Christi disp. I. et II. Jenae 1756. 4.

Stock, Johann Christian [Praes.], s. Themel, Johann Christian: Dissertationum philosophicarum de partibus hominis essentialibus secunda de corpore humano.

Stock, Johann Christian [Praes.], s. Waltsgott, Johann Ferdinand: Reliqua de fulgure tonitru ac fulmine.

Ioan[nes] Christian[us] Fridericus Stock: Variae de musculis Meditationes. Ienae (1758:) Marggraf. 28 S. 8°

Jena, Med. Diss. v. 31. Juli 1758

Stock, Johann Matthias (Hanau) A. S. 741/33

Disputatio inauguralis juridica de transactione, ob enormem laesionem non rescindenda.
Präs. Christian Wildvogel.
Jena (Müller) 23. XII. 1704. 24 S. 33637

Stock, Johann Wilhelm

Stock, Jh. Wlh., u. M. Burucker, Nachr. von herauszugebenden opt. Zeichnungen u. der dazu gehörigen Siegel. 4. Nürnberg 761.

Stock, K.

Stock, Bilder aus der Naturlehre in Verbindung mit der mathematischen Geographie. Ein Buch für die Schule u. zum Selbstunterricht für Erwachsene. Langensalza 864. Verlags-Comptoir. 8. (VIII, 92 S.) 7½ ngr.

Stock, Bilder aus der Naturlehre in Verbindung mit der mathematischen Geographie. Ein Buch für die Schule u. zum Selbstunterricht für Erwachsene. 2. Aufl. Langensalza 870. Verl.-Comptoir. 8. (88 S.) 7½ ngr.

Stock, K., Bilder aus der Naturlehre in Verbindung mit der mathematischen Geographie. Ein Buch für die Schule und zum Selbstunterricht für Erwachsene. 3. und 4. Aufl. 8. (94 S.) Langensalza 875,78, Beyer und Söhne.

Stock, Karl Chr. Heinrich

— Beschreib. e. feierl. Actus, welcher am zweiten Abend d. dritten Jubelfestes d. Reformation in d. Stadtschule zu Stolberg im Erzgebirge gehalten wurde. 8. (Schneeberg) 817.

Stock, Karl Chr. Hnr., (+ d. 12. Nov. 1820.) Specimina poetica in lucem prodita. Prs. I. 8maj. Schneeberg 816. (Chemnitz, Starke). 4 gr

Stock, Karl Chr. Heinrich, s. Tyrtaeus: Kriegslieder.

Stock, Kaspar Fr.

Stock, Ksp. Fr., Kanzelreden. 4. Sorau 751. Hebold. 4 gr

Stock, Max: [Bericht über die Feier der Eröffnung der Anstalt.] S. 8—10. 4. Realgymn. i. E. *Schmargendorf* 1909 (139). Progr.

Stock, Max, Assistenzarzt der medizinischen Universitätspoliklinik zu Kiel: Aus der medizinischen Universitäts-Poliklinik zu Kiel. Ueber einen Fall von Stillscher Krankheit bei einem zweijährigen Knaben. Voorde bei Kiel 1904: O. Krohn. (34 S.) 8°
Kiel, Med. Fak., Ref. Quincke, Diss. v. 12. Okt. 1904
[Geb. 5. Juni 79 Liegnitz; Wohnort: Liegnitz; Staatsangeh.: Preußen; Vorbildung: Gymn. Liegnitz Reife O. 99; Studium: Kiel 1, Marburg 1, Leipzig 1, Kiel 1, Breslau 2, Kiel 4 S.; Coll. 26. Aug. 04; Approb. 8. Apr. 04.]

Stock, Max., de Vitruvii sermone. De formis enuntiatorum temporalium. Dissertatio inauguralis philologica. gr. 8. (40 S.) Berlin 888, (Rich. Heinrich.) *

Stock, Norb., O. Cap., s. a.: Norbert, Bruder.

Stock, Norbert, drei Blumen aus dem Kapuziner-Garten. Eine kleine Gabe zum Priesterjubiläum Leo XIII. 12. (VIII, 125 S. mit 1 Bild.) Innsbruck 888, Vereins-Buchhandlung und Buchdr. *

— s.: Comployer, Alb., Sonn- u. Festtags-Predigten.

Stock, Norbert, (Norbertus a Bulsano), der Selige Diego v. Cadiz, Priester d. Kapuziner-Ordens. (Selig gesprochen am 10. Apr. 1894.) Mit dem Bildnisse des Seligen, gezeichnet v. Vigil. 1. u. 2. Aufl. gr. 16. (VI, 97; VII, 96 S.) Brixen 894. A. Weger. n. -- 40
Dass. 3. Aufl. Ebda. 1895.

Stock, Norb., O. C., Festpredigt bei d. Säcularfeier d. Tiroler Herz-Jesu-Bundes im J. 1896, geh. im Dom zu Brixen. gr. 8. (16 S.) Brixen 896. A. Weger. n. - 20

—— und Fr. Ser. Tischler, Hausbuch für die Mitglieder des 3. Ordens des hl. Vaters Franziskus. 2 Thle. in 26 Heften. gr. 8. (782; 908 S. mit 52 eingedr. Holzschn. und 3 Titel-Bildern in Farbendr.) Salzburg 887—89, Mittermüller. à Heft * 40 Pf. *
geb. in 2 Bde. **

— u. Frz. Seraph. Tischler, Hausbuch f. d. Mitglieder d. III. Ordens d. hl. Vaters Franziskus. (2. [Umschlag-] Ausg.) 26 Hfte. gr. 8. (908 S. m. Abb.) Salzburg (889) 896. M. Mittermüller. à Hft. n. -- 40

Stock, Norb., O. Cap., Leben u. Tod der zwei Martyrer B. B. P. Agatangelus u. Cassian, Missionäre des Kapuziner-Ordens. Selig gesprochen von Papst Pius X. am 1. 1. 1905. 1. u. 2. Aufl. (130 S. m. Titelbild.) kl. 8. Innsbruck 905. Vereinsbuchh. & Buchdr. n. — 60

Stock, Norbert, Leben u. Wirken des heil. Lorenz v. Brindisi aus dem Kapuziner-Orden. 8. (239 S. m. 1 Taf.) Brixen 882. Weger. n. 1. 60

— Legende d. lieben Heiligen u. Seligen aus d. 3. Orden d. hl. Vaters Franziskus. gr. 8. (782 S. m. Abb.) Regensburg 897. F. Pustet. n. 2. 80;
geb. in Halbldr. n. 3. 50

— Legenden u. Lieder v. Bruder Norbert (P. St.). 12. (176 S.) Brixen 895. A. Weger. n. 1. 60

(F) P. Marcus von Aviano Priester und Missionär aus dem Kapuzinerorden. Ein Schutzgeist an Oesterreichs Kaiserthrone. Zur 200jährigen Säcularfeier seines Todes († 1699). Von P. Norbert Stock, Ord. Capuc. Mit Erlaubnis des f. b. Ordinariates und der Ordensobern. Mit sieben Bildnissen. Brixen. 1899. Weger. 8°. XV, 468 S. fl. 1.60

Stock, Norb., O. Cap., Predigten. 1.—4. Bdchn. 8. Brixen, A. Weger. à 1. 20
1. Dogmatische Marienpredigten, hrsg. v. Thom. Villanova Gerster, O. Cap. (III, 127 S.) 908.
2. Das Tugendleben Mariä, hrsg. v. Thom. Villanova Gerster, O. Cap. (121 S.) 908.
3. Mariens Schmerzen u. Freuden. Hrsg. v. Thom. Villanova Gerster, O. Cap. (136 S.) 909.
4. Die Feste Mariens, hrsg. v. Thom. Villanova Gerster, O. Cap. (IV, 116 S.) 910.

Stock, Norbert, (Norbortus a Bulsano), der Tag bei Spinges (2. Apr. 1797) in der Geschichte, in weihevoller Erinnerung u. im Kranze vaterländischer Dichtung. 2., verm. Aufl. gr. 8. (84 S. m. 2 Bildern.) Brixen 892. (Bozen, F. X. Promperger.) n. — 80

— das Zentrum der Weltgeschichte. Eine Abhandlung, Christen u. Antichristen gewidmet. (III, 124 S.) 8. Innsbruck 905. F. Rauch. n. 1. —

Stock, Oscar: Ueber Urethrotomia interna. *Bonn 1898: A. Henry.* (47 S.) 8°
Bonn, Med. Diss. v. [12. März] 1898

Stock, Ottilie, Abendstunden. Unterhaltungsbuch für Mädchen von 11 bis 14 Jahren zur Veredlung des Herzens u. zur Belehrung. Mit 7 (lith. u.) color. Bildern. 8. (111 S.) Berlin 851, Winckelmann & Söhne. 7/12 ℛ

Stock, Otto, Descartes' Grundlegung der Philosophie. Inaugural-Dissertation. gr. 8. (65 S.) Greifswald 888. (Leipzig, Fock.) *

Stock, Otto *Emil* Kantianismus und Kriticismus. I. Das Problem der Kritik der reinen Vernunft. 4 (22 S.).
Progr. Städt. Rprg. *Stargard i. Po.* 1890.

Stock, Otto. Kantianismus u. Kriticismus. I. Das Problem der Kritik der reinen Vernunft. 4. (22 S.) Stargard 890. (Lpz., Fock.) * 1 —

Lebenszweck und Lebensauffassung. Von Dr. Otto **Stock**, Privatdoz. . . . a. d. Un. Greifswald. *Greifswald: J. Abel 1897.* (IV S., 1 Bl., 177 S.) 1 Bd 8. [97. 3637 Gr

Friedrich Nietzsche, der Philosoph und der Prophet. Von Dr. Otto **Stock**, Priv.-Doz., Greifswald. *Braunschweig: G. Westermann 1901.* (62 S.) 8° [F.]
Aus: Westermanns Ill. Deutsche Monatshefte. Jan. u. Febr. 1901. [01. 5304 G

Stock, Paul [aus Wallhausen (Prov. Sachsen)]: Ueber adenoide Vegetationen im Nasenracheuraum. . . . Würzburg, Druck d. Bonitas-Bauer'schen Buchdr., 1889; 24 S. 8°
Würzburg, Med. Fak., Inaug.-Diss. v. 1889

Stock, Phil. Geheimnisse, oder freimüthige Gedanken von der Freyheit des Menschen. 62 S. Frkf. u. Lpz. 8°.
1742

Stock, R., der Acquisiteur. Ein Hülfsbuch für den äußeren Betrieb der Lebensversicherung. 1.—3. Aufl. 8. (98 S.) Breslau 874, (Maruschke und Berendt.) *

Stock, R. Neue Grundsätze für den Betrieb der Viehversicherung. 2. Auflage. Breslau 1865.

Stock, Robert [aus Dessau]: Zur Kenntniss der Isonitrosoverbindungen. . . . München, k. Hof- u. Univ.-Buchdr. Dr. C. Wolf & Sohn, 1889; 41 S. 8°
Erlangen, Phil. Fak., Inaug.-Diss. v. 1889

Stock, Theod., die Buchstaben in Bildern, mit gleichzeitiger Andeutung der durch die Buchstaben bezeichneten Laute; oder: Anleitung, die Kinder auf eine ebenso naturgemäße als schnell fördernde Weise zur Kenntniß der Sprachlaute zu führen. gr. 4. (38 ill. Stnt. u. 1 B. Text.) Solingen 845, Pfeiffer. *

Was die Trebuser Gutsakten von Anno 1813 erzählen. Von Theodor **Stock**, Pastor. Niesky: P. Jenke 1902. (49 S.) 8° [F.] 106. 3786 2

Stock, Wilh. (geb. Wesel 27. 1. 1855): Ueber die Einwirkung einiger Amide auf den thierischen Organismus, mit besonderer Berücksichtigung des Trichlorbuttersäureamids. Berlin (1879). (31 S.) 8°
Berlin, Med. Diss. v. 22. Nov. 1879

Stock, Wilhelm Johannes: Das Delikt der Plünderung. Borna-Leipzig 1910: Noske. VIII, 54 S. 8°
Heidelberg, Jur. Diss. v. 15. Febr. 1910, Ref. v. Lilienthal
[Geb. 3. Jan. 82 Sangerhausen; Wohnort: Heidelberg; Staatsangeh.: Preußen; Vorbildung: Gymn. Sangerhausen Reife O. 00; Studium: Lausanne 2, Freiburg i. B. 1, München 1, Berlin 1, Heidelberg 2 S.; Rig. 10. Dez. 09.] [U 10. 2027

Stock, Wolfgang

Stock, Anleitung zur mikroskopischen Untersuchung des Auges, s.: Greef, Rich.

Stock, Wolfg., ein Fall v. periodisch recidivierender Oculomotoriuslähmung. Diss. gr. 8. (19 S.) Tübingen 898. F. Pietzcker. n.n. — 70

Stock, W., Tuberkulose als Ätiologie der chronischen Entzündungen d. Auges u. seiner Adnexe, besonders d. chronischen Uveitis. (Experimentelle, pathologisch-anatom., klin. u. therapeut. Beiträge.) (III, 103 S. m. 14 Fig. u. 2 [1 farb.] Taf.) Lex. 8. Leipzig 907. W. Engelmann. 3. —
Sonderabdr. a.: „Graefe's Archiv f. Ophthalmol."

Stock, Wolfgang, Dr., Assistenzarzt an d. Augenklinik: Experimentelle Untersuchungen über Lokalisation endogener Schädlichkeiten besonders infektiöser Natur im Auge, zugleich Ein Beitrag zur Frage der Entstehung endogener Iritis und Chorioiditis, sowie der sympathischen Ophthalmie. *Stuttgart: F. Enke 1903.* (48 S.) 8°
Freiburg i. B., Med. Hab.-Schr. v. 1903

Stöck. Wider den Priester Stöck u. die Jesuiten. Gedanken üb. die gerichtl. Verhandlg. vor der Strafkammer in Trier gegen den kathol. Priester Stöck wegen Entführg. e. evangel. Kindes. 2., verm. Aufl. gr. 8. (32 S.) Leipzig 893. Buchh. d. Evang. Bundes v. C. Braun. n. — 20

— dasselbe, s.: Flugschriften d. Evangelischen Bundes.

Stöck, Ant., Martha zu den Füßen Jesu. Fromme Lesgn. f. christl. Dienstboten auf alle Sonn- u. Festtage des Jahres. 16. (600 S. m. farb. Titelbild.) Donauwörth 894. L. Auer. Geb. in Leinw. n. 1. 50

Stöck, Ant., Martha zu d. Füßen Jesu. Fromme Lesgn. f. christl. Dienstboten auf alle Sonn- u. Festtage des Jahres. 4. Aufl. 16. (600 S. m. 1 Farbendr.) Donauwörth. 896. L. Auer. Geb. in Leinw. n. 1. 50; m. Goldschn. n. 2. 50; in Ldr. m. Goldschn. n.n. 3. 20

Stöck, Ant., Martha zu den Füßen Jesu. Fromme Lesgn. f. christl. Dienstboten auf alle Sonn- u. Festtage d. Jahres. 10. Aufl. (600 S. m. 1 Farbdr.) 16. Donauwörth (905). L. Auer. Geb. in Leinw. n. 1. 50; m. Goldschn. n. 2. 80

Stöck, Ant., Martha zu den Füßen Jesu. Fromme Lesgn. f. christl. Jungfrauen, besonders f. Dienstboten u. Arbeiterinnen auf alle Sonn- u. Festtage d. Jahres. 12. Aufl. (600 S. m. 1 Farbdr.) 16. Donauwörth (910). L. Auer. Geb. in Leinw. 1. 50

Stöck, A., die Wallfahrt nach Trier zum heiligen Rock d. Herrn. Ein Büchlein zur Belehrg. u. Erbaug. f. die frommen Pilger. 16. (126 S. m. Abbildgn. u. Plan v. Trier.) Dülmen i/W. 891. A. Laumann. n. — 35

Stöck, Josef [aus Trier]: Aus d. pharmakolog. Institut zu Bonn. Zur Experimentalkritik der Wanscher'schen Narkosenmaske . . . Bonn, Buchdr. J. Bach Wwe, 1894; 39 S. 8.
Bonn, Med. Fak., Inaug.-Diss. v. [4. Aug.] 1894

Stockach [Schlagwort]

Stockach. s.: Deutschland. Kürschner-Peip.

(Stockalper, E[rnest], [und] Nicole, [Gabriel].) Die Düdingen-Plaffeyen-Bahn. (Vergleichende Studie über die Wahl des Trace, ... Baukosten, ... Betrieb... . [Von] E. Stockalper ... [und] A. Nicole, Ing.) II + 23 S. 8. Freiburg, Buchdr. und Buchh. des Werkes vom hl. Paulus, 1902.

(Stockalper, E[rnest], [et] Nicole, [Gabriel].) Étude d'un chemin de fer de Guin à Planfayon. (Étude comparative du choix du tracé, ... Dépenses de construction, ... Exploitation... . [Par] E. Stockalper ... [et] A. Nicole, ingén.) II + 24 p. 8. Fribourg, Impr. de l'Œuvre de Saint-Paul, 1902.

Stockalper, E., rapport sur le groupe 16 de l'exposition nationale suisse à Zürich 1883: Produits bruts. gr. 8. (22 S. m. 2 Tab.) Zürich 884. Orell Füssli & Co. Verl. n. 1. —

STOCKALPER, Theodor Frh. von (Brig): De camphora. (Titel nach der Urkunde)
17.7.1838 - Urk; F 64
Diss. Ingolst.-Landsh.-Mchn.

Stockalper von Thurm, Familie. Denkschrift über den Zweck der Stiftung und die Proprietätsfrage der Klöster zu Brig. Sitten 1848.

Stockalper von Thurm, K. Actenmässige Darstellung der Ereignisse im Kanton Wallis seit den letzten 50 Jahren. Sitten 1843.

Stockar *s. auch* Stokar.

Stockar, Hans, aus Zürich: Über den Entzug der väterlichen Gewalt im römischen Recht. Eine Widerlegung d. herrschenden Lehre. *Zürich 1902: Schultheß & Co.* (68 S.) 8°
Rostock, Jur. Diss. v. [24. Dez.] 1902

Stockar, Hans. Über den Entzug der väterlichen Gewalt im römischen Recht. Eine Widerlegung der herrschenden Lehre. [Diss. Jur. Rostock.] II S. + S. 7—68. 8. Zürich, Schulthess & Co., 1903. [fr. 1. 80]

Stockar, Hans. Heimfahrt von Jerusalem Hans Stockar's von Schaffhausen... im Jahr... 1519. und Tagebuch von 1520 bis 1529. mit einem erklärenden Wortregister..., nebst zehen Briefen des Hauptmanns Ulrich Harder von 1524 und 1525, und Auszügen aus den heiligen Leben von 1475 ([hrg. von Johann Heinrich] Maurer-Constant). [Mit 2 Tafeln.] 8. Schaffhausen 1839.

Stockar, Hans, Heimfahrt von Jerusalem u. Tagebuch v. 1520—1529, mit ein. erklär. Wortregister u. Anmerkn., nebst zehen Briefen d. Hauptmanns Ulrich Harder v. 1524 u. 1525, u. Auszügen aus d. heil. Leben v. 1475. (Hrsg. v. Maurer-Constant.) gr. 8. (16¼ B. u. 2 Stnt.) Schaffhausen 839, Hurter.*

Stockar, Conrad. Das schweizerische Begnadigungsrecht hauptsächlich vom staats- und strafprozessrechtlichen Standpunkt aus dargestellt. Eine Studie auf Grund der gegenwärtig in der Schweiz geltenden Rechte. XII + 131 S. 8. Zürich. Schulthess & Co., 1901. [fr. 2. 40]

Stockar, Conrad, von Zürich: Die Lehre von der Tödtung nach dem Züricher Richtebriefe. Zür. Orell Füssli Cie Dr. 1865. 51 S. 8°. Zürich, Jur. Diss. v. 24. März 1865.

Stockar von Neuforn, A. F.

Stockar, A. F. von Neuforn, die Auflage. 8. Nürnberg, Riegel und Wießner. 819.

Stockar v. Neuforn, A. F. Vollständiges Handbuch der Finanzwissenschaft. 2 Thle. (1. u. 2. Bd., 1. Abth.) gr. 8°. Heilbronn, Class, 1807, 1808.

Stokar v. Neuforn, Handb. d. Finanzwiss. 2 Bde. Rothenb. 807. (12. —)

Stockar v. Neuforn, A. F.: „Vollständiges Handbuch der Finanzwissenschaft", 2 Bände, Rothenburg ob der Tauber 1808. — Vorh.: Com. Bibl. Hamburg.

Stockar, A. F., vollständ. Handbuch d. Finanzwissenschaft. 2 Thle. gr. 8. Heilbronn, Claß. 809.

Stockar von Neuforn, Georg (Schaffhausen) A. S. 35/21

Dissertatio iuridica, de iure imperantium in rusticos refractarios, homagium in primis denegantes. Präs. Johann Wilhelm Waldschmidt, Rec. Jena (Heller) 1750. 68 S.

Diss. Marburg 31. VIII. 1726. 33639

Stockar von Neuforn, Johann Konrad

Stockar a Neuforn, Jh. Konr., Diss. inaug. med. de usu cantharidum interno. 4. Götting. 781. Dieterich. 2 gl.

Stockbauer, Jakob

Stockbauer, J., s.: Abbildungen von Mustereinbänden aus der Blüthezeit der Buchbinderkunst.

Stockbauer, J., aus dem Nürnberger Gewerbeleben der letzten 100 Jahre. Festrede, geh. bei der 100jähr. Jubiläumsfeier d. Nürnberger Gewerbvereins am 10. Juli 1892. gr. 4. (12 S. m. 3 Abbildgn. u. 1 Fksm.) Nürnberg 892. (Verlagsanstalt d. Bayer. Gewerbemuseums [C. Schrag].) n. — 60

— nürnbergisches Handwerksrecht des XVI. Jahrh. Schilderungen aus dem Nürnberger Gewerbeleben, nach archival. Documenten bearb. Hrsg. vom bayr. Gewerbemuseum in Nürnberg. hoch 4. (VI, 59 S. m. Kopfleisten, Initialen u. Schlussvignetten.) Nürnberg 879. Korn. n. 4. —

Stockbauer, J., die Holzschnitzerei u. damit zusammenhängende Arbeiten. Handbuch f. Bildschnitzer u. Galanterieschreiner. Mit 30 Abbildgn. gr. 8. (VI, 136 S.) Leipzig 887. Quandt & Händel. n. 3. 60

Stockbauer, J., der christliche Kirchenbau in den ersten 6 Jahrhunderten. Mit 5 (lith.) Taf. gr. 8. (V, 115 S.) Regensburg 874. Manz. n. 3. —

Stockbauer, J., die Kunst im Hause, s. Sammlung kunstgewerblicher und kunsthistorischer Vorträge.

Stockbauer, J. Die Kunst im Hause. (Sammlung kunstgewerblicher und kunsthistorischer Vorträge. No. 1.) Leipzig 1881. 8°.

— die Kunstbestrebungen am bayer. Hofe unter Herzog Albert V. u. seinem Nachfolger Wilhelm V., s. Quellenschriften f. Kunstgeschichte u. Kunsttechnik d. Mittelalters u. der Renaissance.

Stockbauer, J. Die Kunstbestrebungen am Bayerischen Hofe unter Herzog Albert V. und seinem Nachfolger Wilhelm V. (Quellenschriften für Kunstgeschichte und Kunsttechnik des Mittelalters und der Renaissance, herausgegeben von R. Eitelberger von Edelberg. VIII.) Wien 1872. 8°.

Stockbauer J, die Kunstbestrebungen am bayerischen Hofe unter Herzog Albert V und Wilhelm V. (Quellenschriften für Kunstgeschichte 8) Wien 1874

—— Kunstgeschichte des Kreuzes. Die bildliche Darstellung des Erlösungstodes Christi im Monogramm, Kreuz und Crucifix. Mit erläut. (eingedr.) Holzschn. und einer Vorrede von J. A. Messmer. gr. 8. (XIV, 336 S.) Schaffhausen 870, Hurter'sche Buchh. [Regensburg, Manz.] *

— ausgewählte Kunstwerke aus dem Schatze der Reichen Capelle in der königl. Residenz zu München, s. Enzler, L.

—— ausgewählte Kunstwerke aus dem Schatze der Reichen Capelle in der königl. Residenz zu München, s. Zettler, Fr. X.

— s.: Metallgefässe, altindische, aus der Sammlung d. bayerischen Gewerbemuseums.

— der Metall-Schmuck in der Mustersammlung d. bayrischen Gewerbemuseums zu Nürnberg. 67 Abbildgn. m. 21 Detailzeichngn. auf 16 Kupferdrucktaf. u. 30 Holzschn. im Text. Mit Einleitg. u. Erklärg. der Abbildgn. Hrsg. vom bayr. Gewerbemuseum. hoch 4. (38 S.) Nürnberg 887. Verlagsanstalt d. Bayr. Gewerbemuseums (C. Schrag). n. 10. 50

Stockbauer J und H Otto, die antiken Thongefässe in ihrer Bedeutung für die moderne Gefässindustrie. (32 Bl 30 T) fol Nürnberg 1876

—— und Heinr. Otto, die antiken Thongefässe in ihrer Bedeutung für die moderne Gefässindustrie, mit Unterstützung des k. b. Staatsministeriums für Kirchen- und Schulangelegenheiten hrsg. vom bayr. Gewerbemuseum in Nürnberg. 5 Hefte. Fol. (30 Chromolithogr. mit 33 Bl. Text.) Nürnberg 877,78, Korn'sche Buchh. à Heft * ℳ 4,50. *

Stockbridge, Horace Edward, üb. die analytischen Bestimmungen d. Zuckers der Rübe, mittelst älterer u. e. neu construirten Apparates. gr. 8. (40 S. m. 1 Steintaf.) Göttingen 884. (Vandenhoeck & Ruprecht.) n. 1. 20

Stockbridge Union: April 10, 1873--1874. Stockbridge, WI Weekly. Edited by Friedrich A. Biffmann.

Stöckel, die Grundbuchberichtigungen nach Ersuchen der Auseinandersetzungs-Behörden. gr 8. (IV, 51 S.) Berlin 886. H. W. Müller. n. 1. 50

Stöckel: Rückblick auf die 25jährige Wirksamkeit der ländlichen Wirtschaftsvereine zu Insterburg. Insterburg 1897.

Stöckel, Assistenzrath ..., s. Versuch üb. d. Zustand des schles. Landmanns.

Stöckel, Alb., Antrittspredigt üb. Ev. Joh. II, 1—11, in der Kirche zu Schönefeld geh. Dom. II. p. Epiphaniä 1893. gr. 8. (9 S.) Leipzig-Neustadt 893. O. Regel. — 30

Stöckel, Alb., v. der erzieherischen Bedeutung der Musik unter besond. Berücksicht. der Gedanken u. Aussprüche Luthers üb. Musik. Lex.-8. (37 S.) Plauen i/V. 883. Kell. n. — 80

Stöckel, Alb., Ratschläge für junge Wandersleute. Ein Büchlein für Konfirmanden und Neukonfirmierte. 12. (V, 50 S.) Meerane 887, Back. geb. *

Stoeckel, C. M., d. v. Offizieren u. Mannschaften der Kavallerie auf Chargen- u. Dienstpferden ostpreuß. Abstammg. bis zum 1. Juli 1894 ausgeführten Dauerritte. Nach amtl. Material zusammengestellt. [Aus: „Georgine".] gr. 8. (69 S.) Insterburg 894. (F. Roddewig.) n. 2. —

— — H. 2 ff., s. Dauerritte ...

Stoeckel, C. M., Errichtung, Organisation u. Betrieb der Molkerei-Genossenschaften. gr. 8. (VIII, 118 S.) Bremen 880. Heinsius. n. 2. 40

Stoeckel, C. M., die königl. preussische Gestüt-Verwaltung u. die preuss. Landespferdezucht. Lex.-8. (V, 155 S. m. 1 Lichtdr.) Berlin 890. Parey. cart. n. 4. —

Stöckel, C. M.: Über Molkereigenossenschaften, s. Heusner: Über d. Versorgung der Städte mit Milch.

Stoeckel, C. M., Deutschlands Pferde im J. 1890. Bericht üb. die 1. allgemeine deutsche Pferde-Ausstellg. in Berlin vom 12. bis 22. Juni 1890, im Auftrage d. königl. preuss. Ministeriums f. Landwirtschaft, Domänen u. Forsten erstattet. gr. 4. (XI, 590 S. m. 15 Pferde-Bildnissen u. Ausstellungsplan. Berlin 891. P. Parey. n. 20. —

— Reiseskizzen. gr. 8. (66 S.) Ebd. 889. Parey. n. 1. 50

—— Die Vollblutzucht im kgl. preußischen Hauptgestüt Gradițz. Ein Rückblick auf die Leistgn. dieser Zucht im ersten Vierteljahrhundert ihres Bestehens. gr. 8. (65 S.) Ebd. 891. cart. * 2 50

Stöckel, Christian Gottlob

Stöckel, Chr. Gottlob: Abhandlung von einem uralten Briefe der Schöppen zu Halle von 1235, mittelst dessen dieselben ... der Stadt Neumarkt ihr Stadt-Recht mitgetheilet, u. auf welches 1250 die Stadt Brieg ... ausgesetzet worden. Breßlau 1771.

— Abhandl. von e. uralten Schöppenbrief für die Stadt Halle von 1235, mittelst dessen dieselben auf Verlangen d. schles. Herzogs Heinrich d. Bärtigen der Stadt Neumarkt ihr Stadtrecht mitgetheilt ꝛc. 8. Bresl. 777. W. G. Korn, 3 ℛ

STOCKELS, Christian Gottlob (geb. 23. Mai 1722 zu Leobschütz, † 1774 als Syndikus der Stadt Brieg), Stadtsecretärs zu Brieg und der deutschen Gesellschaft zu Frankfurt an der Oder Mitglieds (,) Gedichte. Mit Titelkpfr. u. Vignette. Breßlau, verlegts Daniel Pietsch, Buchhändler. 1748. 8°. 2 Bll., 122 u. 184 S. (In Göttingen: P. 3915.) (5 Mk., gleichzeit. Hfrzbd., Bernh. Liebisch, Lpz., 1908.)

Stoeckel, Christian Gottlob (Münsterberg i. Schl.) A. S. 569/53

Ius adcrescendi. Dissertatio periodica.
Präs. Johann Gottlieb von Hackeman.
Frankfurt/O. (Alexius) 26. IX. 1744. 24 S.

Gew.: Johann Chrysostomus von Blochman, Gottfried Legner.
W. v.: C. G. von Lieres (Opp.), Karl Friedrich Meisner (Opp.), August Johann Jacobi (Opp.), Johann Otto Uhde (Opp.). 33675

Stöckel, Chr. Glo., († im Sept. 1774.) Ode am Geburtstage des Königs. 4. Bresl. 761. Pietsch. 5 ℛ

— — Oden. Breslau 1761. 4°.
Goedeke III, 375, 112, 3. — Rarl

Der Schlaf des Königs auf der Wahlstatt bey Sorr. Eine Episode zum befreyten Schlesien. Erstes Stück von Christian Gottlob Stöckel, des Raths, und Stadt-Syndico zu Brieg. Brieg, gedruckt mit Trampischen Schriften. 1756. 4. 16 S. (Spruchgedicht.)

— Zweytes Stück. Breslau, in D. Pietschens Verlag 1757. 4. 23 S. (Spruchgedicht.)

Stöckel, Elisabeth, s.a. Stöckl, Elisabeth.

Stöckel, Elisabeth, die bürgerl. Küche, od. neuestes österr. Kochbuch f. Bürgerfamilien aus d. gebildeteren Mittelclasse. Eine, auf eigene Erfahr. gegründ., vollständ. Anweis., alle Arten Speisen nach d. neuesten Geschmacke u. d. einfachsten Methode auf d. wenigst kostspiel. Weise zu bereiten. Mit Beigabe v. 200 Speisezetteln f. Wochen- u. Festtage. Eine schätzbare Gabe f. junge Hausfrauen u. Mädchen, welche sich dazu bilden wollen. gr. 12. (14 B.) Wien 833, Sollinger.

Stöckel, Elisabeth, die burgerliche Küche, oder neuestes österreich. Kochbuch für Bürgerfamilien aus der gebildeteren Mittelklasse. 6. stark verm. u. verb. Aufl. 8. Wien 844, Sollinger. 3/4 ℛ — 7. verm. Aufl. gr. 8. Ebend. 846. 3/4 ℛ

Stöckel, Elisabeth, die bürgerliche Küche, od. neuestes österreich. Kochbuch für Bürgerfamilien aus der gebildeteren Mittelklasse. Eine auf eigene Erfahrung gegründete, vollständige Anweisg., alle Arten Speisen nach dem neuesten Geschmacke und auf die wenigst kostspielige Weise zu bereiten. Mit Beigabe von 200 Speisezetteln. 8. stark verm. u. verb. Aufl. 8. (592 S.) Wien 850, Sollinger's Wwe. 3/c ℛ

Stöckel, Elisabeth, die bürgerliche Küche, oder neuestes österreich. Kochbuch für Bürgerfamilien aus der gebildeteren Mittelklasse. Eine auf eigene Erfahrung gegründete, vollständ. Anweisung, alle Arten Speisen nach dem neuesten Geschmacke und auf die wenigst kostspielige Weise zu bereiten. Mit Beigabe von 200 Speisezetteln. 8., verm. und verb. Aufl. 8. (592 S.) Wien 850, [Zamarski.]

Stöckel, Elisabeth — Die bürgerliche Küche. Neuestes österreichisches Kochbuch für Stadt und Land. Eilfte verbesserte, mit einem »Früchtenbüchlein« und einem Anhange: »Die wirthliche Hausfrau« vermehrte Auflage von — —. 1te Lieferung. Druck und Verlag von L. C. Zamarski in Wien, 1856. (144 S. 8.)

—— die bürgerliche Küche, oder neuestes österreich. Kochbuch für Haushaltungen, welche einen schmackhaften Tisch lieben. Eine auf eigene Erfahrung gegründete, vollständige Anweisung, alle Arten Speisen nach dem neuesten Geschmacke und auf die wenigst kostspielige Weise zu bereiten. Mit einem Anhange: Speisen ohne Gewürze, Essig und Wein auf die schmackhafteste Weise zu bereiten, sowie einer Anleitung zum Einsieden, Trocknen, Dunstsieden, Frischbewahren der Früchte, zum Einlegen derselben in Essig, Branntwein 2c. und einem nützl. Allerlei für die Wirthschaft und das Haus. Eine schätzbare Gabe für Hausfrauen und Mädchen. 13. Aufl. 1860. und 14., stark verm. und verb. Aufl. gr. 8. (XXIV und 464 S.) Wien 861, Typographisch-literarisch-artistische Anstalt. 20 Ngr.; cart.

Stöckel's, Elisab., österreichisches Universal-Kochbuch f. die bürgerliche Küche. Vollständig neu bearb. v. Emilie Kieslinger. Mit 10 chromo-lithograph. Taf. u. vielen Textillustr. 25. Jubiläums-Aufl. gr. 8. (IV, 852 S.) Wien (901. 902.) Th. Daberkow. Geb. in Leinw. n. 6. —

Stöckel's, Elisab., österreich. Universal-Kochbuch f. die bürgerliche Küche. Aeltestes Wiener Kochbuch. Vollst. neu bearb. von Emilie Kieslinger. 26. (neueste) Aufl. (X, 852 S. m. Abbildgn. u. 10 farb. Taf.) gr. 8. Wien (906). Th. Daberkow. Geb. in Leinw. n. 5. —

Stoeckel, Gottfried (Breslau) A. S. 1362/17

Exercitatio philologica. Phrasis ... i. e. medici non resurgent ex Es. XXVI, 14. et Psal. LXXXVIII, 11. Präs. Johann Christoph Ortlob. Leipzig (Titius) 24. IV. 1704. 24 S. 33676

Stöckel, Heinrich Fr. August

— gründl. Anweis. mit Oelfarbe weiß anzustreichen, welche sich nicht verändern wird, die weiße Farbe zu schleifen u. mit einem weißen Lack zu lackiren. Nebst e. weißen u. blauen Farbe zu Oelmalerei 2c. 8. Leipz. 823. Central-Compt. 1 ₰ 12 gr.

Stöckel, Hnr. Fr. Aug., gründl. Anweis. d. Bernstein aufzulösen u. damit zu lackiren. 8. Nürnb. 798. Stein. 5 gr.

— gründl. Anweis. üb. das Kupferabziehen auf Holz u. Glas in d. größten Geschwindigkeit u. solche zu lackiren. 8. Schleitz 823. (Leipz., Centr.-Compt.) 1 ₰

— gründl. Anweis. z. Lederlackirung. 8. Greiz (Nürnb.) 804. Stein. 6 gr. A. u. d. T.: gründl. Anweis. alle Arten Leder zu lackiren. 8. Münch. 819. Lindauer. 6 gr.

Stöckel HFA, gründl. Anweisung zu aller Arten Lederlackierung. München 1819

— prakt. Anweis., die feinsten Oelfarben u. engl. Lackfirnisse auf die beste Art zu bereiten. 8 Jena ... 3e A. 808. 4e A. 812.

Stöckel, H. F. A., Bau-, Kunst- und Möbelschreiner, s. Schauplatz, neuer, der Künste und Handwerke.

Stöckel HF, der Bau-, Kunst- und Möbelschreiner. Mit Atlas. 4. 6. 7. und 10. Auflage. (Schauplatz der Künste und Handwerke 5) Weimar 1861-93

Stöckel's, H. F. A., Bau-, Kunst- u. Möbelschreiner. 8. gänzlich umgearb. u. verb. Aufl. v. Aug. Graef u. Max Graef. Mit e. Atlas, enth. 36 (lith. Fol.-)Taf. gr. 8. (XII, 262 S.) Weimar 885. B. F. Voigt. 10. 50

Stöckel's, H. F. A., Bau-, Kunst- u. Möbelschreiner. Ein Ratgeber u. Rezeptbuch üb. alles Nützliche u. Wissenswerte in der Tischlerkunst. 9., teilweise umgearb. u. verb. Aufl. v. A. Graef u. M. Graef. Mit e. Atlas v. 36 Taf. u. 22 in den Text eingedr. Abbildgn. gr. 8. (XII, 267 S.) Weimar 888. B. F. Voigt. 10. 50

Stöckel's, H. F. A., Bau-, Kunst- u. Möbelschreiner. Ein Ratgeber u. Rezeptbuch üb. alles Nützliche u. Wissenswerte in der Tischlerkunst. Lehrbuch üb. Architektur, Bau- u. Möbelstile 2c. 10., theilweis umgearb. u. verb. Aufl. v. Aug. Graef u. Max Graef. Mit e. Atlas v. 36 Taf. u. 20 in den Text eingedr. Abbildgn.) gr. 8. (XII, 266 S.) Weimar 893. B. F. Voigt. 10. 50

— neuestes prakt. Handbuch d. Tischlerkunst. Mit 6 lithogr. Taf. 8. Münch. 826. Lindauer. 16 gr.

— prakt. Handbuch f. Künstler, Lackierliebhaber u. Oelfarbenanstreicher. 1r Thl. gr. 8. Nürnb. 798. 2e umgearb. Aufl. 799. u. 2r Thl. 805. 5e A. 817, 20. Stein. (à 1 ₰) 2 ₰ 3r—8r Thl. (5r—8r Thl. A. u. d. T.: Neues prakt. Handbuch 2c. 1r—4r Thl.) Mit 69 Steindr. u. Kpft. gr. 8. Münch. 819—828. Lindauer. 6 ₰ 20 gr. 7r Thl. A. u. d. T.: Samml. größtentheils neuer Erfahrr. u. Belehrr. in der Tischlerkunst 2c. Mit 6 Kpft. 827. N. A. 829. 20 gr. 8r Thl. A. u. d. T.: Allgem. nützl. Haus- u. Kunstbuch 2c. zum Gebr. f. Haus- u. Landwirthe 2c. Mit 9 Kpft. 828. 1 ₰

Stöckel, H. F. A., prakt. Handbuch f. Künstler, Lackirliebhaber u. Oelfarbenanstreicher. 1r. 4te mit e. Anhang verm. Aufl. gr. 8. Nürnb. Stein. 812.

— — dasselbe 3r 4r Th. Mit Steindtaf. gr. 8. München, Lindauer. 819 u. 820. (3r Th. 20 Gr. 4r Thl. 1 Rthlr. 12 Gr.)

— prakt. Handbuch f. Künstler, Lackierliebhaber, Vergolder u. Anstreicher aller Oelfarben, dieselben unverändert zu erhalten; 5r—6r Theil. — A. u. d. T.: neues prakt. Handbuch 2c. 1r u. 2r Theil. Mit Kupfrt. gr. 8. Münch. 822 — 27, Lindauer. 5r Thl. 1 Rthl. 12 gr. 6r Thl. 1 Rthl. 4 gr.

Stöckel, H. F. A., prakt. Handbuch f. Künstler, Lackirliebhaber, Vergolder u. Anstreicher aller Oelfarben, dieselben unveränd. zu erhalten. Nebst vielen nützl. neuen Erfahrn. f. Haus- u. Landwirthe. 8. Thl. — A. u. d. T.: Neues prakt. Handbuch 2c. 4. Thl. gr. 8. (17 B. u. 9 Kpfrt.) München 828, Lindauer.
1. u. 2. Thl. 5. Aufl. Nürnberg, Stein. 1817. 1 Thlr.; — 3—7. Thl. München, Lindauer. 1819—27. 5 Thlr. 20 Gr.

—— allgem. nützl. Haus- u. Kunstbuch, zum Gebr. f. Haus- u. Landwirthe, Professionisten, Künstler u. Kunstliebhaber. gr. 8. (17 B. u. 9 Kpfrt.) München 828, Lindauer.
Hat gleichen Inhalt mit dess. „prakt. Handbuch," 8. Thl.

Stöckel H. F. A.: Allgemeines nützliches Haus- u. Kunstbuch z. Gebrauch f. Haus- u. Landwirthe, Professionisten, Künstler u. Kunstliebhaber. Münch. 1828. 254 S. 9 Tvl.

— neuestes gemeinnütz. Kunstbuch, od. prakt. Anweis. zu allen Arbeiten mit Gold, Platina, Silber, Kupfer, Messing, Blei, Eisen, Stahl u. Quecksilber; Vergoldung 2c. Alle Beitzen auf Holz, Elfenbein u. Knochen. Gemeinschaftl. mit mehrern Künstlern prakt. bearb. 8. Münch. 826. Lindauer. 1 ₰

Stöckel, H. F. A., Kunst-Cabinet. Enthalt. folg. Anweisungen: einen unveränderlichen weißen lackirten Anstrich; Kupferstiche auf Holz u. Glas abzuziehen; neue Vergoldung ohne Pollment; Schrift und andere Verzierungen schnell zu vergolden; eine blaue ultramarinähnliche Farbe zur Oelmalerei; Papiertapeten zu lackiren. 8. Quedlinburg 813, Basse. 1/3 ₰

— die Malerkunst in ihrem ganzen Umfange. 8. Münch. 825. Lindauer. 20 kr

— Sammlung nützl. Erfindungen, m. 10 K. 8. Ebend. 802.

(Dieselb. einz. unt. folg. Titel: 1) Beschr. ein. neuen Mange, welche sich leicht und beständig vorwärts dreht. 6 gr. 2) Beschr. ein. neuen Mechanismus, welcher an e. Mange u. aller Art angebracht werden kann. 4 gr. 3) Beschreib. einer ganz bequem. Bettstätte für jed. Kranken bes. Podagristen. 6 gr. 4) Beschr. zweyer Schreibtischmaschinen, durch welche sich die Klappe leicht vor u. rückwärts bewegt. 4 gr. 5) Anweis. e. Parquet ohne Schrauben zu verfertigen. 6 gr. 6) Anweis. f. Liebh. d. Uhrenbaues zur Verfert. e. Maschine. 6 gr. 7) Beschr. e. neuen Schlichthobels u. einig. Instrum. z. Aufnehm. d. Ovals, Winkels, d. Ecken u. Schregen, nebst d. Vortheilen des Zirkels. 6 gr. 8) Beschr. e. Maschine Tabak leicht u. in Menge zu schneid. 6 gr. 9) Erfind. e. neuen Abziehzeugs z. Verfert. u. Vermehr. d. feinst. Liqueurs 6 gr. 10) Beschr. eine Thüre z. rechts u. links auf u. zu zumachen. 6 gr.)

— Sammlung größtenth. neuer Erfahrn. u. Belehrungen in d. Tischlerkunst, Lackirkunst, Vergoldung, im Anstreichen u. Poliren, in d. Bereitung d. Beitzen, Firnisse, Oelfarben ꝛc., welche durchgängig aus d. besten Quellen geschöpft u. durch wiederholte Versuche erprobt gefunden worden sind. Nebst e. Anh., enthalt.: Beschreib. u. Abbild. e. neu erfund. Mange od. Wäschrolle. Neue Ausg. gr. 8. (12 B. u. 6 Kpfr.) München 829, Lindauer.

Stöckel, H. F. A., der Schreiner. Ein Ratgeber f. Bau-, Kunst- u. Möbeltischler, m. e. Anh., üb. die f. Tischler in Frage komm. Werkzeuge u. Holzbearbeitungsmaschinen. 11. neu bearb. u. verb. Aufl. von Aug. Graef u. Max Graef. Mit e. Atlas v. 86 Taf. (in gr. 4.) u. 21 Textabb. gr. 8. (XI, 316 S.) Leipzig 900. B. F. Voigt. 10.50

Stöckel's, H. F. A., Tischlerkunst, s. a. Schauplatz, neuer, der Künste und Handwerke. 5. Bd.

— die Tischlerkunst in ihrem ganzen Umfange. Mit 18 Taf. 8. Ilmenau 823. Voigt. 1 ƒ 12 kr

Stöckel, Hermann

Stöckel, Herm., s.: Abriß d. deutschen Grammatik.

Stöckel, Herm., s.: Abriß der deutschen Sprachlehre.

— s.: Abriß der deutschen Verslehre u. Poetik.

— u. Aug. **Ullrich**, Geschichtliche Dichtungen in deutscher, englischer u. französischer Sprache. Zusammengestellt u. m. Anmerkgn. u. Worterklärgn. versehen. (VIII, 367 S.) gr. 8. Nürnberg 904. F. Korn. Geb. in Leinw. n. 3. 50

Stöckel, Hermann „Fest-Rede zum 700 jährigen Regierungs-Jubiläum des Hauses Wittelsbach gefeiert von der kgl. Kreis-Realschule München", pg. 3—23. 8°. J. Kraemer.
München, Progr. 1879/80

Stöckel, Herm. Geschichte d. Mittelalters u. der Neuzeit vom ersten Auftreten der Germanen bis zur Errichtg. d. deutschen Reiches. Zum Gebrauch an höheren Unterrichtsanstalten wie zur Selbstbelehrg. gr. 8. (XII, 520 S.) Münch. 889, Franz' Verlag. * 4 —; geb. * * 4 60

Stöckel, Herm., Geschichte des Mittelalters u. der Neuzeit vom ersten Auftreten der Germanen bis zum Ende des 19. Jahrh. Zum Gebrauch an höheren Lehranstalten wie zur Selbstbelehrg. 2., verb. u. verm. Aufl. gr. 8. (XI, 549 S.) München 900. G. Franz' Verl. n. 4.50; Einbd. n.n.n. — 50

— Geschichte des Mittelalters u. der Neuzeit vom ersten Auftreten der Germanen bis zur Gegenwart. 3., verb. u. verm. Aufl. (XV, 740 S. m. Titelbild.) gr. 8. München 905. G. Franz' Verl. Geb. in Leinw. n. 6. —

— dasselbe. 3., verb. u. verm. Aufl. 2., um e. Nachschlageverzeichnis erweit. Abdr. (XV, 764 S. m. Titelbild.) gr. 8. Ebd. 906. n. 5. 20; geb. in Leinw. n. 6. —; in Halbfrz. n. 7. 60

— Geschichte des Mittelalters u. der Neuzeit vom ersten Auftreten der Germanen bis zur Gegenwart. 4. neu durchgeseh. Aufl., besorgt v. Adalb. Schöttl. (XVI, 776 S. m. 1 Abb.) gr. 8. München 910. G. Franz' Verl. Geb. in Leinw. 7. —

— Geschichte des deutschen Schrifttums, s.: Lehmann's Vol'sgochschule. 3. Bdchn.

— vaterländ. Geschichtsbilder, s.: Engleder, F.

— u. Aug. **Ullrich**, Lehrbuch der Geschichte f. höh. Mädchenschulen u. verwandte Anstalten. II. u. III. Bd. gr. 8. München, G. Franz' Verl. Geb. in Leinw n.n. 3. 90
II. Geschichte des Mittelalters. Mit e. Anh.: Abriß der bayer. Geschichte bis zum Ausgang des Mittelalters. (VIII, 13x S.) 901. n.n. 1. 70
III. Geschichte der Neuzeit. Mit e. Anh.: Abriß der bayer. Geschichte seit Ausgang des Mittelalters. (VIII, 200 S.) 902. n.n. 2. 20
Bd. I erscheint später.

— — Lehrbuch der Geschichte f. höhere Mädchenschulen u. verwandte Anstalten. 1. Bd.: Geschichte des Altertums. (VIII, 125 S.) 8. München 902. G. Franz' Verl. Geb. n.n. 1. 70

— Lehrbuch der Geschichte f. Mittelschulen. 3 Bde. gr. 8. Ebd. 889. * 3 60
1. Geschichte d. Altertums. (VII, 144 S.) * 1 —.
2. Geschichte d. Mittelalters. (VIII, 142 S.) * 1 —.
3. Geschichte der Neuzeit. (VIII, 244 S.) * 1 60.

Stöckel, Herm., Lehrbuch der Geschichte f. Mittelschulen. 3 Bde. 3., neu durchgeseh. Aufl. gr. 8. München 894. G. Franz' Verl. n. 3. 60; Einbde. à n.n.n. — 30
1. Geschichte d. Altertums. (VII, 104 S.) n. 1. —
2. Geschichte d. Mittelalters. (VIII, 140 S.) n. 1. —
3. Geschichte der Neuzeit. (VIII, 202 S.) n. 1. 60

— Lehrbuch d. Geschichte f. Mittelschulen. 3 Bde. 5., neu durchgeseh. Aufl. gr. 8. München, G. Franz' Verl. n.n. 4. 70
I. Geschichte d. Altertums. (VII, 156 S. m. eingedr. Kartenskizzen.) 898. geb. n.n. 1. 50
II. Geschichte d. Mittelalters. (VIII, 146 S.) 897. geb. n.n. 1. 30
III. Geschichte d. Neuzeit. (VIII, 211 S.) 898. geb. n.n. 1. 90

— Lehrbuch der Geschichte f. Mittelschulen. 2. Bd.: Geschichte des Mittelalters. 6. neu durchgesch. Aufl. gr. 8. (VIII, 152 S.) München (900). G. Franz' Verl. n. 1. 20; Einbd. n.n.n. — 30

— Altdeutsches Lesebuch. Zur Benützg. an höh. Lehranstalten wie zum Selbstgebrauch hrsg. (XII, 264 u. Wörterverzeichnis zu d. mittelhochdeutschen Texten 37 S.) gr. 8. Bamberg 905. C. C. Buchner's Verl. Geb. u. geh. 3. —

— Lesebuch der Geschichte f. Mittelschulen. I. Bd.: Geschichte des Altertums. Ausg. A: f. 6 klass. Anstalten. 7., neu durchgeseh. Aufl. (VII, 114 S.) 8. München 906. G. Franz' Verl. Geb. n.n. 1. 40

Stöckel, s. Lesebuch f. höhere Lehranstalten.

— Literaturgeschichtliches Lesebuch. Zur Benützg. an höh. Lehranstalten wie zum Selbstgebrauch hrsg. I. Bd.: Die Jahrhunderte des Übergangs zwischen der ersten u. zweiten Blütezeit. (XII, 140 S.) gr. 8. Ebd. 909. Geb. 1.50

— s.: Lesebuch, literarhistorisches.

— deutsche Literaturgeschichte, s.: Brunner, Aug.

Stöckel, Hermann Dr. „Otto von Botenlauben". Neue Untersuchung und Ausgabe seiner Dichtungen. pg. 1—68 und 1 Bl. 8°. Jos. Krämer. München, Progr. 1883/84

— deutsche Sprachlehre auf geschichtlicher Grundlage, zum Gebrauch an höheren Lehranstalten wie zum Selbstunterricht verf. (XV, 252 S.) gr. 8. Bamberg 908. C. C. Buchner's Verl. 3.60; geb. 4. —

— s.: Uebungsaufgaben zum Abriß der deutschen Sprachlehre.

[F.] Die deutschen Volksfeste. E. Beitr. z. Reform derselben. Vom Zentralausschuss z. Förderg d. Jugend- u. Volksspiele in Deutschland preisgekr. Abhandlg v. Dr. Hermann Stöckel u. Eduard Walther, o. Lehrern an d. K. Luitpold-Kreisrealsch. München ... *München: Th. Ackermann 1896.* (2 Bl., 37 S.) 1 Bd 8. [96. 2145

— s.: Zeitschrift, bayerische, f. Realschulwesen.

Stoeckel, J. M., s.: Teppich-Erzeugung im Orient.

Stöckel, Jh. Matth., prakt. Lehre, od. Anweis. üb. den Uhrenbau in seinem ganzen Umfange, nach welcher ein jeder Liebhaber die besten u. richtigsten Uhren aller Art selbst auf eine leichte u. faßl. Art verfertigen kann. Mit 16 Steintaf. 8. Münch. 820. J. Lindauer. 18 gr.

Stöckel, P., ein Blick auf das Separationsverfahren im Großherzogth. Sachsen-Weimar. gr. 8. (31 S.) Weimar 867. (Kühn.) *

Stöckel, P.: Ueber die Integration der Hamilton-Jacobi'schen Differentialgleichung mittelst Separation der Variabeln. 1891. 8°
Habil-schr. Halle

Atlas der gynäkologischen Cystoskopie von Prof. Dr. W[alter] Stoeckel, Marburg. Mit 14 Taf. Berlin: A. Hirschwald 1908. (33 S.) 4° [08. 3680

Stoeckel, Walter, Dr. med., Oberarzt an d. Univ.-Frauenklinik zu Bonn a. Rh.: Die Cystoskopie in ihrer Bedeutung für den Gynäkologen. ⟨T. 1 u. 2.⟩ *Leipzig 1903: Breitkopf & Härtel.* (IV, 199 S.) 8°
Erlangen, Med. Hab.-Schr. v. 1903

Stoeckel, Walt., die Cystoskopie des Gynäkologen. (X, 321 S. m. Abbildgn. u. 9 farb. Taf.) gr. 8. Leipzig 904. [Breitkopf & Härtel.] J. A. Barth. n. 8. —; geb. n. 9. 50

Stoeckel, Walter: Cystoskopie des Gynäkologen. 2. Aufl. 1910 s. Stoeckel: Lehrbuch d. gynäkol. Cystoskopie ... [10. 5575

Stoeckel, Walter [pr. Arzt]: Dreissig Fälle von vaginaler Totalexstirpation des Uterus aus der kgl. Universitäts-Frauenklinik zu Königsberg i. Pr. ... Königsberg i. Pr., Druck v. M. Liedtke, 1896; 2 Bl., 59 S., 2 Bl. 8.
Königsberg, Med. Fak., Inaug.-Diss. v. 24. Febr. 1896

Stoeckel, Walt., 30 Fälle v. vaginaler Totalexstirpation d. Uterus aus d. kgl. Universitäts-Frauenklinik zu Königsberg i. Pr. Diss. gr. 8. (58 S.) Königsberg 896. (W. Koch.) n. 1. —

Lehrbuch der gynäkologischen Cystoskopie und Urethroskopie. Von Prof. Dr. W[alter] Stoeckel in Marburg. 2, völlig neubearb. Aufl. d. 'Cystoskopie des Gynäkologen'. Mit 25 Taf. u. 107 Textfig. Berlin: Hirschwald 1910. XI, 288 S. 4°(8°) [10. 5574

Ureterfisteln und Ureterverletzungen von Dr. W[alther] Stöckel, Assist. d. Klinik. ⟨Aus d. Bonner Frauenklinik.⟩ *Leipzig: Breitkopf & Härtel 1900.* (150 S.) 4°(8°) [00. 10370

(B) — Ureterfisteln. 900. (KBL 32.) Jetzt: Leipzig, J. A. Barth.

— s.: Zeitschrift f. gynäkologische Urologie.

Stockem, Lorenz: Studien über die Abscheidung der wichtigeren Alkali- und Erdalkalimetalle aus ihren geschmolzenen Haloidsalzen. 1903. 16 S. 4° ¶ Erw. in: Metallurgie. Jg. 1. 1904.
Aachen, Dr.-Ing.-Diss. v. 30. 6. 1903

Stocken, Lectionsgang für den Unterricht im Stoß- und Hiebfechten als Anhalt für den Lehrer. 8. (13 S.) Berlin 867, Schroeder's Verlag.

Stocken: Lektionsgang für den Unterricht im Stoß- und Hiebfechten als Anhalt für den Lehrer. Berlin 1867. 13 S. Sonderdr. aus: Stocken, Übungs-Tabellen f. d. syst. Betrieb d. Gymnastik. 4. Aufl. um 1868.

Stocken: Übungs-Tabellen für den systematischen Betrieb der Gymnastik und des Bajonetfechtens bei der Infanterie. (Militair-Gymnastik.) 2. Aufl. Berlin 1862. 64 S.

— — 3. Aufl. 1864. 64 S.
— — 4. Aufl. 1867. 77 S.
— — 5. Aufl. 1867. 77 S.
— — 6. Aufl. 1869. 93 S.
— — 7. Aufl. 1870. 102 S.
— — 8. Aufl. 1872. 102 S.
— — 9. Aufl. 1872. 102 S.
— — 10. Aufl. 1875. 98 S.

— Uebungs-Tabellen für den systematischen Betrieb der Gymnastik und des Bajonetfechtens bei der Infanterie. Nebst einem kurzen Lectionsgange für den Unterricht im Stoß- und Hiebfechten. 2. und 3. Aufl. 1862,64. * 5 Ngr. und 4. und 5. Aufl. 8. (77 S.) Berlin 867, Schroeder's Verlag. *

Stocken, Uebungs-Tabellen für den systematischen Betrieb der Militär-Gymnastik. Nebst einem Lectionsgange für den Unterricht im Bajonetfechten, Stoßfechten und Hiebfechten. 6.—10, mehrfach verb. Aufl. 8. (94 S.) Berlin 869—75, Schröder. *

Stocken, Uebungs-Tabellen für den systematischen Betrieb der Militär-Gymnastik. 10. Aufl. Berlin 875, Mittler und Sohn. * — 60

Stocken. Die K. Zentral-Turn-Anstalt zu Berlin. Unter Benutzung des dem Mil. Woch. 1861 als Beih. beigefügten Aufsatzes des Majors Rothstein neu bearbeitet. Berlin 1869. 30 S.

Stockenbeck, Engelbrecht, Maria, d. in Mannskleidern weit bereisten Frauenzimmers als Schneidergesell G. J. Eickstedt merkwürdige Begebenheiten, a. d. Dän. 8. Copenhag. Faber. 785.

Stöckenheim, E. W. v., Herzog Karl u. die braunschweigische Revolution. Vaterländische Erzählung. 12. (95 S.) Hannover 881. Leop. Weigel. 1. 25

Stoeckenius, Oskar und Krüger, Otto: Einführung in die Chemie. 8 (1 Bl., 62 S.).
Progr. Städt. Ober-Rsch. *Charlottenburg* 1898

Stockenius, O., u. O. Krüger, Einführung in die Chemie. (IV, 64 S. m. 57 Fig.) 8. Leipzig 906. Renger. Kart. n. 1. —

(Stocker, Johann Jakob St' von Schaffhausen.) Njbl s. [Hirzel, Salomon]

Stocker: Über das Studium der Naturgeschichte. 8 S. – Feldkirch, Progr. 1853.

Stocker, Abraham. Vor vierzig Jahren. Geschichtliches über die Entstehung des Sonderbundes und dessen Beziehungen zum Auslande. In-8°, 97 S. Luzern, Druck u. Verlag der Bucher'schen Buchdruckerei. 1887. 1 20

Stocker, Abr., was die alten Eidgenossen in kirchlichen Dingen gedacht u. gethan haben. Ein Vortrag. 8. (68 S.) Luzern 884. Gebhardt. n. — 50

Stocker, Alfred, med. pract. von [Büron. Kt.] Luzern: Aus der mediz. Klinik des Herrn Prof. Eichhorst in Zürich. Ein Beitrag zur Pathologie des Oesophaguscarcinoms mit besonderer Berücksichtigung seines Durchbruchs in die Trachea und die grossen Bronchien. Zür. Zürcher u. Furrer Dr. 1892. 68 S. 8°.
Zürich, Med. Diss. [v. 4. März 1892].

Stocker, August: Über Johannes de Cermenate. Ein Beitr. z. Kritik e. Quelle f. d. Geschichte Heinrich VII. u. Italiens im 14. Jh. ... Bühl, Druck d. Aktienges. Konkordia, 1891; 51 S. 8.
Heidelberg, Phil. Fak., Inaug.-Diss. v. [4. Juli] 1891

Stocker, Bernhard

Stocker, Bhrd., († d. 10. Nov. 1806.) diplomat. Erklärung altdeutscher Wörter vom XII. bis in d. XVII. Jahrhund. Donauwörth 798. Singer. 16 gr

Stocker, Bernhard, s. Kirchenkalender aller Heiligen.

— Vocabularium Latinitatis antiquioris et medii aevi diplmaticum. 8. Nördling. 805. Beck. 6 gr

Stocker, C. W. F. L., Chronik der Familie von Gemmingen und ihrer Besitzungen. 2 Thle. Heidelberg 1865—70.

Stocker, C. W. F. L., Chronik v. Walldorf. Mit den Bildnissen v. J. A. Sambuga u. J. J. Astor, sowie e. Ansicht d. Astorhauses. gr. 8. (III, 42 S.) Bruchsal 888. (Heidelberg, Koester.) n. 2. —

Stocker, C. W. F. L., die theologische Fakultät an der großherzogl. badischen Universität Heidelberg von 1386—1886. Eine Jubiläumsgabe zum 5. Centenarium. gr. 8. (III, 44 S.) Heilbronn 886. (Heidelberg, Koester.) n. 1. —

Stocker, C. W. F. L.: Familien-Chronik der Freiherren von Gemmingen. Mit 3 lith. Taf. Heilbronn: Selbstverlag 1895.

Stocker, E., Einige Betrachtungen über Weiterbildung der Mädchen. Aarau, städt. Schulen 1878. Progr.

Stocker, Ferdinand Joseph. Fontigraphia. Oder Brunnen-Beschreibung des uralten Wild- und Heyl-Baads zu Müllacken bei Obern-Walsee, unweit des Marktes Aschach, im Ertz-Hertzogthum Oesterreich ob der Enns liegend: Auf ein neues in Kürtze beschrieben von — —. Cum Licentia Superiorum, Et Approbatione Caesareo-Regia Commissionis Sanitatis in Austria supra Onesum, Anno 1756 Zweite nach dem Original gleichlautende Auflage. 8. (56 S.) Linz, Druck von J. Huemers Witwe. 1854.

Stocker, Fr. J., Darstellung der historischen Entwickelung des ehelichen Güterrechts im Kanton Bern (alten Theils) von der Lex Burgundionum bis zur Berner Handveste. Inaug.-Diss. 8. (94 S.) Aarau 887. (Wirz-Christen.) n. 1. —

Stocker, Franz August

Stocker, F. A. Arlesheim. Dorf, Schloss, Stift u. Anlagen. Mit 2 Abbildungen. Gr. in-8°, 44 S. Aarau, Sauerländer. 1886.
*** Sep.-Abdr. aus: „Vom Jura z. Schwarzwald".

Stocker, Franz August (Hrsg.), s. Arx, Adrian v.: Sämmtliche Schriften.

— Major Davel, s. a. Bibliothek vaterländischer Schauspiele. 13.

Stocker, F[ranz] A[ugust]. Major Davel. Historisch-romantisches Drama in fünf Aufzügen. <Nach dem Französischen der HH. O[scar] Hürt-Binet und E[usèbe] H[enri] Gaullieur.> 2. Aufl. ([Mit] Historische[r] Einleitung.) 150 S. 8. Aarau, H. R. Sauerländer & Co., 1904. (fr. 1. —)
(Bibliothek vaterländischer Schauspiele. 13.)

Schröter, Carl; Stocker, Franz August: Festalbum zur 400jährigen Jubiläumsfeier der Gründung der Schützengesellschaft Rheinfelden 1860. Frick, 1861. 2324

Stocker, F. A., der Geist des Erschlagenen, s. Familien-Bibliothek.

Stocker, F. A. Die christ-katholische Gemeinde in Basel. In-12°, 32 S. Basel, Schweighauserische Buchdruckerei. 1881.

Stocker, F. A., Gemma v. Arth, s. Bibliothek vaterländischer Schauspiele.

Stocker, F. A., Gemma v. Arth., s.: Bornhauser, Thom.

Stocker, F[ranz] A[ugust]. Karl Friedrich Landolt von Aarau (geb. 1827). Ein Lebensbild. <Als Manuskript gedruckt.> [Mit Porträt-Tafel.] 8. Basel 1887.

Stocker, F. A., — Tante Louise, s.: Familien-Bibliothek.

Stocker, F. A. Mumpf, der Geburtsort der französischen Tragödin Rachel. In-8°, 7 S. Basel, Schweighauserische Buchdruckerei. 1880.
*** Separat-Abdruck aus der: „Gegenwart". Januar 1879.

— die Nonne von Säckingen, s. Familien-Bibliothek.

Stocker, F. A., zwei Reformatoren. Historisches Trauerspiel in 5 Aufzügen u. 9 Bildern. 8. (138 S.) Bern 891. K. J. Wyß. n. 1. 80

— die Salpeterer. Historische Erzählg. aus dem südöstl. Schwarzwalde. 8. (IV, 249 S.) Waldshut 892. H. Zimmermann. n. 2. —; geb. n. 2. 50

Stocker, F. A., die Schlacht bei Sempach, s. Bibliothek vaterländischer Schauspiele.

Stocker, F. A., **Basler Stadtbilder. Alte Häuser u. Geschlechter.** Mit 4 Bildern in Lichtdr. u. 8 Textillustr. gr. 8. (VIII, 351 S.) Basel 890. Georg. n. 5. 20; geb. n. 6. —

Stocker, F. A. Das neue Stadttheater zu Basel. In-24⁰, 24 S. Basel, Vereinsbuchdruckerei. 1879.

Stocker, F. A., — der Vagabund, } s.: Bibliothek vaterländischer Schauspiele.

Stocker, F. A. Das Volkstheater in der Schweiz. In-8⁰. 67 S. Zürich, Druck von E. Herzog. 1890. Nicht im Buchhandel.
*** Sonder-Abdr. aus der „Schweizer. Zeitschrift für Gemeinnützigkeit."

— das Volkstheater in der Schweiz. 3., verm. Aufl. gr. 8. (IV, 180 S.) Aarau 892. H. R. Sauerländer & Co. n. 2. 80

Stocker, F. A., siehe: *Vom Jura zum Schwarzwald.*

Stocker, Friedrich. Ein seltener Fall von Thrombosirung der vordern basalen Hirnsinus, im Anschluss an orbitale Thrombophlebitis. Von Dr. med. F' St'... in Luzern. Mit einer Abbildung im Texte und einer color. Tafel I. (Separat-Abdruck aus dem Archiv für Augenheilkunde.... Band 44, Ergänzungsheft.) II S. + S. 105—146. 8. (Wiesbaden, J. F. Bergmann, [1901].)

Stocker, Friedrich. Professor Dr. Ernst Pflüger. [Nekrolog.] Separat-Abdruck aus dem «Luzerner Tagblatt» [Jahrg. 53, 1903, Nr. 229 u. 230, Oktober 2 u. 4]. 12 S. 8. Luzern, H. Keller, 1903.

Stocker, Friedrich. Die Schularztfrage auf Grund bisheriger Erfahrungen. [Mit Figuren.] (Separat-Abdruck aus dem Jahrbuch der schweiz. Gesellschaft für Schulgesundheitspflege, Jahrg. 6, 1905, Teil 2.) II S. + S. 140—208. 8. Zürich, Zürcher & Furrer, 1905.

Stocker, Heinrich, Rechtsprakt. a. Bad Reichenhall: Verfassungsänderung nach deutschen Staatsrecht. München 1905: Kastner & Callwey. (84 S.) 8° [J.]
Würzburg, Jur. Fak., Ref. Piloty, Diss. v. 3. Jan. 1906
[Geb. 1. Juni 81 Reichenhall; Wohnort: München; Staatsangeh.: Bayern; Vorbildung: Maximilians-Gymn. München Reife Juli 00; Studium: Berlin 2, München 6 S.; Rig. 6. Juni 05.]

Stocker, Jac[ob]. Leichenrede bei der feierlichen Beerdigung des Hochw. Hrn. Mauriz Fassbind,... Ehrenkaplan in Biberegg, gehalten... zu Rothenthurm den 9. Januar 1869 von... Jak. St'.... Mit einigen erläuternden Anmerkungen. 8. Einsiedeln 1869.

(Stocker, J[ohann].) Der luzernerische Theil des Vierwaldstättersees. Seine Grenzen und die Rechte des Staates, der Gemeinden, Korporationen und Privaten an demselben. Bericht des staatswirthschaftlichen Departements des Kts. Luzern an den h. Regierungsrath desselben. 8. Luzern 1868.

Stocker, Jos., naturgeschichtliche Anschauungslehre. Für die k. k. österreich. Unter-Gymnasien bearb. 2. Abthl. A. u. d. T.: Botanische Anschauungslehre. gr. 8. (102 S.) Innsbruck 857, Wagner'sche Universitäts-Buchh.
3. Abthl. Mineralogische Anschauungslehre. Ebendas. 1856. * 8 Ngr.
Die 1. Abthl. erscheint später.

Stocker, Joseph —. Naturgeschichtliche Anschauungslehre. Für die k. k. österreichischen Untergymnasien, bearbeitet von — —. 3. Abtheilung. Mineralogische Anschauungslehre. Für die k. k. österreichischen Unter-Gymnasien, bearbeitet von — —. Mit 16 in den Text gedruckten Figuren. 8. (X, 80 S.) Innsbruck. Druck und Verlag der Wagner'schen Buchhandlung. 1854.

Stocker, Jos., naturgeschichtliche Anschauungslehre. Für die k. k. österreich. Unter-Gymnasien bearb. 3. Abthl.: Mineralogische Anschauungslehre. 2., unveränd. Aufl. gr. 8. (79 S. mit 16 in den Text gedr. Fig. in Holzschn.) Innsbruck 856, Wagner'sche Buchh. Thlr. *

—— Storia naturale intuitiva ad uso degli i. r. ginnasii inferiori austriaci. Prima traduzione italiana del Michele Girolamo Marini. Parte III. — Mineralogia intuitiva ad uso degli i. r. ginnasii inferiori austriaci. Con 16 figure impresse nel testo. gr. 8. (79 S.) Innsbruck 857, Wagner'sche Universitäts-Buchh. *

Stocker, Joseph Anton. Die Fahnenweihe und der Wehrmann im Dienste des Vaterlandes. Anrede an die Militärmannschaft bei der Fahn' zu Horw. Gehalten den 29. Brachmonat 1847. Von Josef A' St'.... 8. Luzern 1847.

Stocker, K. Joh. Georg Müller, Doctor der Theologie, Professor zu Schaffhausen, Bruder Johannes v. Müller's und Herzensfreund Herder's. Ein Lebensbild. Aus Stocker's Nachlass hrsgbn. vom histor.-antiquar. Verein d. Kantons Schaffhausen. Mit Portraits. Gr. in-8⁰, 400 S. Basel, Spittler. 1893. 5 50

Stocker, Leodegar, Aufsteig zum Berge Karmel, s.: Johannes vom Kreuz.

Stocker, P. Leodegar, Aufsteig zum Berge Karmel oder der Weg zur vollkommenen Vereinigung der Seele mit Gott. Schriften des hl. Johannes vom Kreuz. 8. (XV, 575 S.) 1.30
Graz: Styria 1890.

Stocker, Lor., thermographia Badensis. 4. Augsb. Wolf. 721.

Stocker, M., die Verbindung von Industrie und Landwirthschaft. 32 S. 8. Zürich, Druck v. J. Herzog. 1877.

Stocker, Max: Alliteration bei Aschylus. Straubing 1902: C. Attenkofer. (63 S.) 8⁰
München, Phil. Diss. v. 1902

(Stocker, M[ax, und] Loeffler, F[riedrich].) Eisenbahnprojekt Schaffhausen-Donaueschingen. ⟨Randenbahn.⟩ ([Bauprojekt und] Rentabilitäts-Berechnung. [Mit] Beilage I: Berechnung der Baukosten. 1905 Juli 7.) 15 + 6 S. fol. [Schaffhausen, H. Meier & Cie.]

Stocker, Richard. Des Hegausängers Abschied von der Heimath. Gedicht von Paul Cornel. In Musik gesetzt für eine Singstimme mit Pianofortebegleitung. von R' St'. [Mit illustr. Titel.] (II + 2 S.) 4. Basel, Max Pohl-Wohnlich, (1904). [fr. 1. 50]

Stocker, Richard. O Alpenfirn, o Bodensee. Gedicht von Otto Dessart. In Musik gesetzt für eine Singstimme mit Pianofortebegleitung von R' St'. [Mit illustr. Titel.] [II + 2 S.] 4. Basel, Max Pohl-Wohnlich, (1904). [fr. 1. 50]

Stocker, Siegfried. z. Zeit Oberassistenzarzt an der Zürcher Gebäranstalt [von Büron, Kt. Luzern]: Ueber den Beckenausgang. Zür. Zürcher u. Furrer Dr. 1878. 65 S. 8°.
Zürich. Med. Diss [v. 17. Febr. 1879].

Stocker, Siegfried, med. pract. von Römerswil (Luzern) Aus der medizinischen Klinik der Universität Zürich Direktor: Prof. Dr. H. Eichhorst. Ueber Erysipel Nach Beobachtungen der medizinischen Klinik in Zürich Luzern 1904. 90 S. 8°. [22. XII. 04.]
Zürich. Med. Diss. 1904/1905.

Stocker, Thom., die ersten Läugner der Gottheit Jesu. Predigt, gehalten am Ostersonntag, 27. März 1864 in der Hofkirche zu Luzern. Luzern, (Gebr. Räber.) gr. 8. (17 S.) 3 ngr.

Stocker, Thomas. Predigt, am jährlichen Gedächtnisstage der Schlacht auf dem Gubel gehalten am 23. Weinmonaths 1843. [Mit 1 Vignette.] 8. Lucern 1843.

Stocker, Wilhelm

W. Stocker. Beitrag zur Geschichte der Leibeigenschaft in Russland. 64 S. Karlsruhe, P 1875

Stocker, Wilh., deutsches Lesebuch zum Gebrauche für die unteren und mittleren Klassen der Gymnasien und Realgymnasien der höheren Bürgerschulen und der höheren Töchterschulen. Für die unteren Klassen 1.—3. Stufe. gr. 8. Mannheim [Straßburg] 870, Schneider. [1. Stufe. (XVI, 147 S.) *M 1.; geb. *M 1,20.; 2. Stufe. (VIII, 199 S.) *M 1,40.; geb. *M 1,60.; 3. Stufe. (VII, 226 S.) *M 1,40.; geb. *M 1,60.] *M 3,80.; geb. *

Stocker, Wilh., deutsches Lesebuch zum Gebrauche f. die unteren u. mittleren Klassen der Gymnasien u. Realgymnasien, der höheren Bürgerschulen u. der höheren Töchterschulen. [4. u. 5. Stufe d. gesammten Lesebuches (f. die mittleren Klassen.)] gr. 8. (VIII, 376 S.) Straßburg 872. Schneider. n. 2. 40

Stocker, Wilh., deutsches Lesebuch zum Gebrauche für die unteren und mittleren Klassen der Gymnasien und Realgymnasien, der höheren Bürgerschulen und der höheren Töchterschulen. 1. und 2. Stufe. 2. verm. und verb. Aufl. gr. 8. Straßburg, Schneider. *
Inhalt:
Stufe 1. Für die unteren Klassen. (XV, 179 S.) 877. *M 1.
" 2. —— dass. — (VII, 242 S.) 878. *M 1,40.

Stocker, Wilh., deutsches Lesebuch für die unteren und mittleren Klassen der Gymnasien und Realgymnasien, der höheren Bürgerschulen und der höheren Töchterschulen. 3. Stufe. 2. verm. und verb. Aufl. 8. (230 S.) Mannheim 881, Schneider. cart. *
1. und 2. Stufe. Ebendas. 1877,78. *M 2,40.

Stocker, Wilhelm: Die Realschule als eine Pflegestätte der allgemeinen menschlichen Bildung. Mannheim. 1867.
Schul-/Univ.-Schrift

Stocker, Wilhelm: *Rückblick auf die Entwicklung der Anstalt bei Gelegenheit ihres fünfundzwanzigjährigen Bestehens.* 4 (S. 4—6). **Progr.** Oberrsch. *Pforzheim* 1899

Stocker, *Wilhelm* Die Verwertung des Nibelungenliedes im deutschen Unterricht unserer Mittelschulen. Ein Beitrag zur nationalen Erziehungsfrage. 4 (S. 3—28). Rg. *Karlsruhe* 1887 (zu 578).
In: „Festschrift z. 300jähr. Jubil. des Gymnasiums Karlsruhe."
Progr.

Stöcker [Sachliches OW]

Stocker, Adolf. Erinnerungsblätter, hrsg. v. Ernst Bunke. (218 S. m. 8 Taf.) 8. Berlin 909. Vaterländ. Verlags- u. Kunstanstalt. 1.—; geb. in Leinw. 1. 50

Adolf Stöcker und die Angriffe seiner Gegner im Lichte der Wahrheit. Von e. Nichtpolitiker. *Berlin: M. Warneck 1901.* (63 S.) 8° [F.] [01. 4730

—— In Darmstadt. Stenographischer Bericht üb. die Versammlg. d. deutschen Volksvereins Abtl. Darmstadt im städt. Saalbau am 23. Juni 1891. 1.—3. Aufl. gr. 8. (17 S.) Darmst. 891, Waitz. ** — 25

Stöcker, der falsche und der wahre. Von einem Mitgliede des deutschen Reichstags. 1. und 2. Aufl. 8. (31 S.) Leipzig 885, Böhme Nachf. *

Stöcker, Hofprediger, u. der Hof. 1.—3. Tausend. gr. 8. (56 S.) Berlin 889. Eckstein Nachf. n. — 75

—— in Leipzig. Große Versammlung in der Albert-Halle [Krystall-Palast] am 19. Febr. 1889. 8. (7 S.) Lpz. 889, H. Beyer. — 05

— in Leipzig. Große Versammlung in der Albert-Halle [Krystall-Palast] am 19. Febr. 1889. 8. (7 S.) Leipzig 889. Th. Fritsch. — 5

Stöcker [Verfasser]

Stöcker, A.

Stöcker, die Arzneimittel der Apotheken, s.: Schmidt.

Stoecker, A., die häusl. Krankenpflege. 6 Vorträge. (VIII, 112 S.) 12. Karlsruhe 903. J. Lang. Geb. n. 1. 25

Stoecker, A., Bad Wildungen und seine Mineralquellen in ihren physikalisch-chemischen Eigenschaften, ihrer physiolog. Wirkungs- und therapeut. Anwendungsweise bei Krankheiten des Bluts, des Nervensystems etc., sowie besonders in ihrer Beziehung zu den Krankheiten des Harnsystems dargestellt. gr. 8. (VI und 77 S.) Erlangen 866, Enke's Verlag. *

Stöcker, Bad Wildungen und seine Mineralquellen mit besond. Berücksicht. ihrer Heilkräfte bei den Krankheiten der Harnorgane. 7. nachges. Aufl. gr. 8. (35 S. mit 1 Holzschntaf.) Bad Wildungen 883. (Berlin, Hirschwald.) *
2.—6. Aufl. erschienen im Selbstverlage des Verfassers.
—— dass. — 8. Aufl. 8. (36 S. mit 1 Stnt.) Arolsen 884, (Speyer'sche Buchh.) *

Stöcker [A.], Bad Wildungen und seine Mineralquellen mit besond. Berücksicht. ihrer Heilkräfte bei den Krankheiten der Harnorgane. Neu bearb. von Marc. 9. Aufl. gr. 8. (40 S.) Bad Wildungen 886. Arolsen, (Speyer.) *

— Bad Wildungen u. seine Mineralquellen m. besond. Berücksicht. ihrer Heilkräfte bei den Krankheiten der Harnorgane. Neu bearb. v. Marc. 11. Aufl. gr. 8. (40 S. m. 1 Abbildg.) Bad Wildungen 890. (Arolsen, Speyer.) n. — 50

Stöcker, Bad Wildungen und seine Mineralquellen, mit besonderer Berücksichtigung ihrer Heilkräfte bei den Krankheiten der Harnorgane. 12. Aufl. Neu bearbeitet von Marc. Mit Karte von Wildungen. Bad Wildungen 1896. 8.

Stöcker, Bad Wildungen u. s. Mineralquellen m. bes. Berücksicht. ihrer Heilkräfte bei d. Krankheiten d. Harnorgane. Neu bearb. v. Marc. 13., erweit. u. verb. Aufl. gr. 8. (46 S. m. 6 Abb.) Bad Wildungen 897. (Arolsen, H. L. Schroeter.) n. — 50

Stoecker, A., Wildungen et ses eaux minérales. Aperçu de leur efficacité et de leurs vertus curatives dans les maladies des voies urinaires. Revu et augmenté par Maro. 9. éd. gr. 8. (40 S. m. Abbildgn.) Arolsen 887. Speyer. n. — 60

Stöcker, Adolf
Vgl.: Cassel, P., Ahasverus. — Perls, A. — Pestalozzi, J. — Strack, Herm. L.

— Vide: Kambli, C. W.: Der Hofprediger Stöcker.

— — Mehring, F.: Herr Hofprediger Stöcker.

Stöcker, Adf., Abendpredigt zum Schlusse des Congresses für Innere Mission, geh. am 25. Septbr. 1879 in der Stiftskirche zu Stuttgart. 8. (16 S.) Stuttgart 879. Dietz. n. — 20

Die Aenderung der bisherigen Konfirmationspraxis. Aus d. Verhandlungen d. 5. Hauptversamml. d. freien kirchl.-sozialen Konferenz zu Erfurt 1900. Referat von Ad[olf] Stöcker, Hofpred. a. D., mit Diskussion, Pressstimmen u. e. Bildnis d. Referenten. *Berlin: Berl. Stadtmiss. 1900.* (47 S.) 8° [F.]
= Hofto d. freien kirchlich-sozialen Konferenz. H. 8.

Stöcker, Adf., Ansprache auf der diesjährigen Pastoral-Conferenz üb. 2. Cor. 5, 11. gr. 8. (14 S.) Berlin 876. Wiegandt & Grieben. — 25

Stöcker, Adolf (Hrsg.), s. Arbeit d. freien kirchlich-sozialen Konferenz.

Stöcker, Adf., Arm u. Reich. Vortrag, geh. im Münster zu Basel am 18. März 1891. [Aus: „Christl. Volksbote".] 8. (16 S.) Basel 891. A. Geering. n. — 10

Stöcker, Adf., den Armen wird das Evangelium gepredigt. Ein Jahrgang Volkspredigten üb. die Evangelien d. Kirchenjahres. 1.—3. Aufl. gr. 8. (VIII, 447 S.) Berlin 887—890. Buchhandlg. d. Berliner Stadtmission. n. 3. —; geb. n. 4. —; m. Goldschn. n. 4. 50
— dasselbe. [Billige Volks-Ausg.] gr. 8. (448 S.) Ebd. 888. n. 1. —; geb. n. 1. 50

— den Armen wird das Evangelium gepredigt. Ein Jahrgang Volkspredigten üb. die Evangelien des Kirchenjahres. 6. Aufl. gr. 8. (VIII, 447 S.) Berlin 900. Vaterländ. Verlags- u. Kunstanstalt. Geb. in Leinw. n. 4. —

—— aus Gnaden selig und stark in der Liebe. (Lucas 7, 36—50.) 16. (16 S.) Ebendas. 884. 50 Exemplare *

Stöcker, A., Bericht üb. die sonntägliche Predigt-Vertheilung in dem Kirchenj. 1883/84. 8. (19 S.) Berlin 885. Buchh. der Berliner Stadtmission. — 20

— beständig in der Apostel Lehre. Ein Jahrgang Volkspredigten üb. die Episteln der Eisenacher Perikopenreihe. gr. 8. (VIII, 400 S.) Ebd. (901). n. 3. —; geb. n. 4. —

Stöcker, Adf., die Bewegungen der Gegenwart im Lichte der christlichen Weltanschauung, s. Sammlung von Vorträgen.

—— die Bibel und die sociale Frage. Vortrag im Evangel. Arbeiterverein zu Nürnberg, am 22. Septbr. 1879 gehalten. 1. und 2. Aufl. gr. 8. (17 S.) Nürnberg 879, Raw'sche Buchh. *

—— die Bibel und die sociale Frage. Vortrag, im evang. Arbeiterverein zu Nürnberg am 22. Septbr. 1879 gehalten. 3.—6. Aufl. gr. 8. (16 S.) Nürnberg 880,81, Raw'sche Buchh. * —

—— die Bibel und die sociale Frage. Vortrag gehalten im Evangel. Arbeiterverein zu Nürnberg am 22. Septbr. 1879. 7.—16. Aufl. 8. (16 S.) Nürnberg 881—89, Raw'sche Buchh. *

Stöcker, Adf., die Bibel u. die sociale Frage. Vortrag, im evangel. Arbeiterverein zu Nürnberg geh. 17. Aufl. gr. 8. (16 S.) Nürnberg 891. J. Ph. Raw. n. — 20

—— Christlich-Sozial. Reden u. Aufsätze. 2. Aufl. gr. 8. (LX, 496 S.) Berl. 890, Buchh. der Berliner Stadtmission. * 3 — geb. * 4 —; Feinere Ausg. * 5 —; geb. ** 6 —

[F.] Christlich-Sozial. Reden u. Aufsätze v. Adolf Stöcker. 2. Aufl. Lfg 1—14. *Berlin: Buchh. d. Berl. Stadtmiss. [1896].* 8. [97. 8118

—— Eins ist noth. Ein Jahrgang Volkspredigten über freie Texte. 1.—3. Aufl. gr. 8. (VIII, 418 S.) Berlin 885, Buchh. der Berliner Stadtmission. M 3.—; geb. * geb. mit Goldschn. *

—— Eins ist noth. Ein Jahrgang Volkspredigten üb. freie Texte. 4. Aufl. gr. 8. (VIII, 434 S.) Ebd. 889. * 3 — geb. * 4 —; m. Goldschn. * 4 50

— Eins ist not. Ein Jahrg. Volkspredigten üb. freie Texte. 6. Aufl. gr. 8. (VIII, 434 S.) Ebd. 898. n. 3. —; geb. n.n. 4. —

— das Evangelium e. Gotteskraft. Ein Jahrgang Volkspredigten üb. die Evangelien der neuen Perikopen. gr. 8. (VIII, 406 S.) Ebd. (900). n. 3. —; geb. n. 4. —

Stöcker, Adf., Festpredigt zur Eröffnung der 10. kirchl.-soz. Konferenz, geh. in der Johanniskirche zu Hagen i. Westf. (12 S.) 8. Hagen (904). O. Rippel. — 10

— d. christlich-sociale Frage, s.: Schriften, Wiener evang.

Ueber Frauenarbeit. Referat von Hofpred. a. D. [Adolf] Stöcker, u. Diskussion. Aus d. Verhandlungen d. Frauenkursus d. freien kirchl.-soz. Konferenz zu Berlin 1899. *Berlin: Berl. Stadtmiss. 1899.* (S. 40–63.) 8° [F.]
= Hofto d. freien kirchl.-sozialen Konferenz. H. 6, [2.] [00. 7304

— die Frauenfrage, s.: Nathusius, M. v.

—— der religiöse Geist in Volk und Heer während des französischen Krieges. Ein Vortrag. gr. 8. (62 S.) Berlin 876, Wiegandt und Grieben. *

Zur Gemeinschaftspflege und kirchlich-sozialen Arbeit. Predigten u. Reden von Hofprediger a. D. [Adolf] Stoecker geh. in Kornthal u. Stuttgart 1899. *Berlin: Berl. Stadtmiss. 1899.* (36 S.) 8° [F.] [00. 7317

— s.: Glaubensbekenntnis, das apostolische.

An der Grenze zweier Jahrhunderte. Von Hofpred. a. D. [Adolf] Stoecker. *Berlin: Berl. Stadtmiss. 1900.* (31 S.) 8° [F.] [00. 7318

—— zur Handwerkerfrage. Ein Vortrag, gehalten zu Breslau Ende März 1880. gr. 8. (20 S.) Breslau 880, Max und Comp. *

Stoecker, Adolf: Heranziehung der Frauen an die Kirchliche Arbeit, s. Bernstorff, Klara

— dreizehn Jahre Hofprediger u. Politiker. 5. u. 6. Aufl. gr. 8. (VIII, 53 S.) Berlin 895. Buchh. d. Berliner Stadtmission. n. — 50

[F.] Dreizehn Jahre Hofprediger und Politiker v. Adolf Stöcker. 7. Aufl. *Berlin: Berl. Stadtmission 1895.* (VIII, 53 S.) 1 Bd 8. (97. 708

— Jesus Christus gestern, heute u. derselbe in Ewigkeit. Predigt über Ev. St. Joh. 14,6 am 2. Sonntage nach Trinitatis den 10. Juni 1877 nach der Bestreitung des apostol. Glaubensbekenntnisses in der Hof- u. Domkirche geh. gr. 8. (14 S.) Berlin 877. Wiegandt & Grieben. — 25

Stöcker, Adolf, Das moderne Judenthum in Deutschland, besonders in Berlin. 2 Reden. Berlin 1879. 8.
—. — 2. durchges. Aufl. — 5. Aufl. Berlin 1880. 8. . . . . (D.)

— das moderne Judenthum in Deutschland, besonders in Berlin. Zwei Reden, in der christlich-socialen Arbeiterpartei gehalten. 1.—5. Aufl. gr. 8. (40 S.) Berlin 880, Wiegandt und Grieben. *

Stöcker, Ad., Kann ein Christ Sozialdemokrat, kann ein Sozialdemokrat Christ sein? Aus den Verhandlungen der 6. Hauptversammlung der freien kirchlich-sozialen Konferenz zu Stuttgart am 28.—31. Mai 1901. gr. 8°. Berlin, Buchh. d. Berliner Stadtmission, 1901. (Hefte der freien kirchlich-socialen Konferenz, Heft 19.) (46 S.)

— die Kirche u. die Frauenfrage. Vortrag, geh. in der öffentl. Hauptversammlg. des Landesvereins für innere Mission am 31. X. 1906 zu Schwerin in M. (29 S.) gr. 8. Wismar 907. H. Bartholdi. n. — 60

— s.: Kirchenzeitung, deutsche evangelische.

— Die sociale Lage u. Frage. Vortrag, geh. in Villingen, am 10. Oktbr. 1890. 8. (24 S.) Gernsbach 890, Christl. Colportage-Verein. — .20

— unsere soziale Lage. Rede im Kreisverbande Evang. Arbeitervereine zu Rheydt am 5. Apr. 1892. Nach stenogr. Aufnahme v. A. Heynen. gr. 8. (16 S.) M.-Gladbach 892. (Hannover u. Celle, Schulbuchh.) — 20

Stöcker, Adf., das Leben Jesu in täglichen Andachten. (V, 468 u. 6 S. m. Titelbild.) gr. 8. Berlin (903). Vaterländ. Verlags- u. Kunstanstalt. Geb. in Leinw. n. 5. —; m. Goldschn. n. 6. —

— dasselbe. (Volksausg.) (V, IV, 468 u. 6 S.) 8. Ebd. (906). Geb. in Leinw. n. 2. —

Stöcker, Adolf: Das Leben Jesu in täglichen Andachten. Berlin: Ver. f. Berliner Stadtmission [1908]. IV, 468 S. 8°

Stoecker, Adf., das Leben Jesu in täglichen Andachten. (2. Aufl.) (VII, 460 S.) 8. Berlin (909). Vaterländische Verlags- u. Kunstanstalt. Geb. in Leinw. 2.—; in Dermatoid 3. —

Die Leitung der Kirche. Ein Weckruf von Adolf Stöcker, Hofpred. a. D. *Siegen: Westdeutsche Verlagsanst. [1899].* (45 S.) 8° [F.] (00. 7319

— die Leitung der Kirche. Ein Weckruf. 8. (45 S.) Siegen (901). M. Liebscher. n. — 50

— Innere Mission und sociale Frage. (Bibliothek f. innere Mission, 5. Heft.) gr.-8°. Leipzig 1891.

— innere Mission u. soziale Frage, s. a. Bibliothek f. innere Mission.

— die Mission ein Stück deutscher Mission. Missions-Predigt über Evang. Matthäi 28, 18—20, gehalten am 28. Septbr. 1881 in der St. Katharinen-Kirche zu Frankfurt a. M. gr. 8. (14 S.) [Frankfurt a. M. 881, Schriften-Niederlage des Evang. Vereins.] Kalw und Stuttgart, Vereinsbuchhandlung. *

— die sozialen und kirchlichen Notstände in großen Städten. Vortrag gehalten in Stuttgart, den 12. April 1888. 8. (26 S.) Stuttgart 888, J. F. Steinkopf. *

— o Land, höre des Herrn Wort! Ein Jahrgang Volkspredigten über die Episteln des Kirchenjahres. 1. und 2. Aufl. (VIII, 448 S.) 886; 3. Aufl. gr. 8. (VIII, 436 S.) Ebendas. 888. *ℳ 3.—; geb. * geb. mit Goldschn. *

— o Land, höre des Herrn Wort! Ein Jahrgang Volkspredigten üb. die Episteln d. Kirchenjahres. 4. Aufl. gr. 8. (VIII, 502 S.) Berlin 892. Buchh. d. Berliner Stadtmission. n. 3. —

— Die drei Paladine des alten Kaisers. Erinnerungen aus großer Zeit. Vortrag, geh. am 5. XII. 1906 in Essen-Ruhr. (26 S. m. Bildnis u. 4 Taf.) 8. Essen (907). M. O. Hülsmann — 40

— vom Pfingstgeist. Abendpredigt während der freien kirchlich-sozialen Konferenz in Stuttgart, geh. am 29. V. 1901 in der Stiftskirche. 8. (16 S.) Stuttgart 901. J. F. Steinkopf. n. — 20

— Predigt über Ev. Luc. 3, 16 am 1. Pfingsttage 1878, der uns zum Bußtage ward. gr. 8. (14 S.) Berlin 878. Wiegandt & Grieben. — 25

— Predigt, geh. auf dem 30. Kongreß f. Innere Mission, s.: Reichard, Max.

— Die sonntägliche Predigt. Ein Jahrg. Predigten aus dem Kirchenj. 1888/89. 56 Nrn. (à Nr. ½ Bog.) gr. 8. Berl. 889, Buchh. der Berliner Stadtmission. geb. 1 50

— s. a. Predigt, die sonntägliche.

[F.] Adolf Stöckers Gesammelte Predigten. '(Liefergs-Ausg.)' Bd 1—[V]. (In 40 Lfgn.) *Berlin: Buchh. d. Berl. Stadtmiss. [1894. 95].* 5 Bde 8.
I. ... [1894]. [A. T.:] Eins ist Noth. E. Jahrg. Volkspred. über freie Texte v. ... Stöcker ... 5. Aufl. ... (5 Bl., 434 S.)
II. ... [1895]. [A. T.:] O Land, höre d. Herrn Wort. E. Jahrg. Volkspred. üb. d. Episteln d. Kirchenj. v. ... Stöcker ... 5. Aufl. ... (5 Bl., 502 S., 1 Bl.)
III. ... [1895]. [A. T.:] Den Armen wird das Evangelium gepredigt. E. Jahrg. Volkspred. üb. d. Evangelien d. Kirchenj. v. ... Stöcker ... 4. Aufl. ... (5 Bl., 447 S.)
IV ... [1895]. [A. T.:] Wandelt im Geist. E. Jahrg. Volkspred. üb. freie Texte v. ... Stöcker ... 3. Aufl. ... (4 Bl., 400 S.)
[V.] [u. d. T.:] Das Salz d. Erde. E. Jahrg. Zeitpred. v. ... Stöcker ... 1892[—96]. (4 Bl., 428 S., 2 Bl.) (97. 1534

— gesammelte Predigten. (Neue bill. Ausg.) 6. u. 7. Bd. gr. 8. Berlin, Vaterländ. Verlags- u. Kunstanstalt. Geb. in Leinw. à n. 3. 40
6. Verheißung u. Erfüllung. Ein Jahrgang Volkspredigten üb. alttestamentl. Texte. (VIII, 398 S.) (897.)
7. Das Evangelium e. Gotteskraft. Ein Jahrgang Volkspredigten üb. die Evangelien der neuen Perikopen. (VIII, 406 S.) (900.)

— Predigten für das J. 1883. gr. 8. (à Nr. 8 S.) Berlin 883, (Thormann und Goetsch.) *

— sonntägliche Predigten [erscheinen wöchentlich]. Berlin, Buchh. der Berliner Stadtmission. à Predigt ** In Parthien billiger.

— Rechte u. Pflichten der Frau in der kirchlichen u. bürgerlichen Gemeinde, s.: Müller, Paula.

— Rede, s. Judendebatte, die, im preuß. Abgeordnetenhause.

— Rede gegen die Handelsverträge, s.: Aufklärungsgeschichten, kleine.

— Christlich-Soziale Reden und Aufsätze. gr. 8. (LIV, 526 S.) [Bielefeld 885, Velhagen und Klasing.] Berlin, Buchh. der Berliner Stadtmission. cart. *

- Christlich-sozial. Reden und Aufsätze. gr.-8°. Bielefeld, Velhagen u. Kl., 1885. 2. Aufl. gr.-8°. Berlin, Buchhdlg. der Berliner Stadtmission, 1890.

— Reden im neuen Reichstag 1899. gr. 8. (16 S.) Siegen (899). (Hilchenbach, L. Wiegand.) n. — 10

Adolf] Stöckers Reden im neuen Reichstag 1899. *Siegen: Westdeutsche Verlagsanst. [1900].* (16 S.) 8° [F.] [00. 8087

— s. Rocholl, R. Das protestant. Elend.

— das Salz der Erde. Ein Jahrgang Zeitpredigten. gr. 8. (VIII, 428 S.) Berlin 892. Buchh. der Berliner Stadtmission. n. 3. —; geb. n. 4. —; m. Goldschn. n. 4. 50

[Umschlagt.:] [F.] Adolf Stoeckers '(Hofprediger a. D.)' Gesammelte Schriften. Christlich-Sozial u. Wach auf, evangelisches Volk. Neue billige Liefergs-Ausg. [Bd. 1. 2.] [M. e. Sondert.] (In 24 Lfgn.) *Berlin: Buchh. d. Berl. Stadtmiss. [1896].* 2 Bd 8.
[1.] Christlich-Sozial. Reden u. Aufsätze. 2. Aufl. (In 12 Lfgn.) (LX, 496 S.)
[2.] Wach' auf, Evangelisches Volk! Aufsätze üb. Kirche u. Kirchenpolitik. (In 12 Lfgn.) (XVI, 624 S.) [97. 4112

Stöcker, Adf., gesammelte Schriften. Christlich-Sozial (Reden u. Aufsätze. 2. Aufl.) u. Wach auf, evangelisches Volk. Neue bill. Lfgs.-Ausg. 24 Lfgn. gr. 8. Berlin 896—897. Buchh. d. Berliner Stadtmission. à Lfg. — 30
Christlich-Sozial. (LX, 496 S.) u. Wach auf, evangel. Volk. (624 S.)

— die Schriftenverbreitung als Mittel der Evangelisation. Vortrag, gehalten am 18. Novbr. 1885, im „Evangel. Männerverein" zu Leipzig. gr. 8. (16 S.) Leipzig 886, [Drescher.] Wilh. Weber. *

— Selbsthülfe! Staatshülfe! Gotteshülfe! Festrede auf dem IX. Vereinstag f. christl. Volksbildg. in Essen am 24. Juni 1891. gr. 8. (16 S.) M.-Gladbach 891. (Hannover u. Celle, Schulbuchh.) — 20

ittlichkeit und christliches Deutschtum. Vortrag von Hofpred. a. D. D. [Adolf] Stöcker. Stuttgart: Ver. z. Hebung d. Sittlichkeit 1904. (14 S.) 8° [F.] [05. 6798

— s.: Sittlichkeitsideal, das christl., u. der Goethebund.

— Sozialdemokratie und Sozialmonarchie. Vortrag. (Evangelisch-soziale Zeitfragen. 5. Heft.) Leipzig 1891.

— Sozialdemokratie u. Sozialmonarchie, s. Zeitfragen, evangelisch soziale.

— Socialdemokratisch, Socialistisch und Christlich-Social. Vortrag, gehalten in Braunschweig, am 30. März 1880. 1. und 2. Aufl. gr. 8. (24 S.) Braunschweig 880, [Grüneberg's Buchh.] Wollermann. *

— Die Berliner Stadtmission, s. Zimmer's Handbibliothek der praktischen Theologie.

Stöcker, Adf., eine entscheidende Stunde deutscher Geschichte. Vortrag, geh. am 27. Juli 1881 im Concerthause zu Halle a. d. S. 1—3. Aufl. gr. 8. (16 S.) Halle 881. Petersen in Comm. — 15

Stöcker, [Adolf]: Sündlosigkeit und Heiligung. Vortr. Berlin: Buchh. d. Berliner Stadtmiss. 1898. (15 S.) 8°

Stöcker, Adolf (Hofprediger in Berlin). Die persönliche Verantwortung der Besitzenden u. Nichtbesitzenden in der socialen Bewegung der Gegenwart. Vortrag gehalten in der St. Martinskirche zu Basel. In-8°, 18 S. Basel, Felix Schneider. 1881.

[F.] Verheissung und Erfüllung. E. Jahrgang Volkspredigten üb. alttestamentl. Texte v. Adolf Stöcker, Hofpred. a. D. in Berlin. *Berlin: Stadtmission (1897).* (4 Bl., 398 S.) 1 Bd 8. [98. 496

Stöcker, Adf. „Das deutsche Volk im Kampfe m. seinen Verderbern". Vortrag, geh. am 1. Novbr. 1891 im deutsch-sozialen Verein zu Freiberg. 8. (22 S.) Freib. i. S. 891. (Nossen, P. Westphal.) * — 25

— Volksnot u. Seelennot in Berlin. Vortrag, geh. in der Tonhalle zu Düsseldorf am 12. Mai 1892. Nach stenogr. Aufnahme v. A. Heynen. gr. 8. (12 S.) M.-Gladbach 892. (Hannover u. Celle, Schulbuchh.) — 20

— Volksnot und Seelennot in Berlin. Vortrag, geh. in der Tonhalle zu Düsseldorf am 12. Mai 1892. Nach stenogr. Aufnahme von A. Heynen. gr. 8°. M.-Gladbach (Hannover u. Celle, Schulbuchh.) 1893.

— Vortrag üb. die Bedeutung d. Mittelstandes u. die Nothwendigkeit seiner Erhaltung u. Stärkung, geh. am 7. März 1892 im socialwissenschaftl. Verein in Zwickau i. S. gr. 8. (19 S.) Zwickau 892, (Badstübner). ** — 15

— Vortrag über „Die Bedeutung der christlichen Weltanschauung für die brennenden Fragen der Gegenwart", geh. in Gera am 21. Juli 1881. gr. 8. (21 S.) Gera 881. Burow. n. — 40

— vorwärts im Werk des Herrn, s.: Buschmann, E.

— Wach' auf, evangelisches Volk! Aufsätze üb. Kirche u. Kirchenpolitik. gr. 8. (XVI, 624 S.) Berlin 893. Buchh. der Berliner Stadtmission. n. 5. —; geb. n.n. 6. —

— wandelt im Geist! Ein Jahrgang Volkspredigten über freie Texte. gr. 8. (VIII, 400 S.) Berlin 889, Buchh. der Berliner Stadtmission. *M 3.—.; geb.
geb. mit Goldschn.

— was lehren uns die Skandalprozesse der Gegenwart? Vortrag, geh. auf der XIII. allgem. Konferenz der deutschen Sittlichkeitsvereine in Leipzig am 28. X. 1901. gr. 8. (12 S.) Berlin 901. (Leipzig, H. G. Wallmann.) n. — 25

Des Herrn Weg in China. Predigt über Ev. Matth. 8, 23—27 am 4. Sonntag nach Trinitatis in d. Stadtmissionskirche geh. von Adolf Stöcker, Hof- u. Dompred. a. D. 3. Aufl. *Berlin: Berl. Stadtmiss. 1900.* (12 S.) 8°

— des HErrn Weg in China. Predigt üb. Ev. Matth 8,23—27, am 4. Sonntag nach Trinitatis in der Stadtmissionskirche geh. 5. Aufl. gr. 8. (14 S.) Ebd. 901. n. — 10
1.—4. Aufl. (à 12 S.) Ebd. 900. n. — 10.

Welche Gefahren drohen dem kirchlichen Bekenntnis seitens der modernen Theologie und was können die evangelischen Gemeinden tun zur Abwehr? Vortrag von Hofpred. D. [Adolf] Stöcker, geh. 1902 in Elberfeld. Gütersloh: C. Bertelsmann (1902). (20 S.) 8° [Umschlagt. F.] [03. 3580 6

— welche Gefahren drohen dem kirchlichen Bekenntnis seitens der modernen Theologie u. was können die evangel. Gemeinden tun zur Abwehr? Vortrag, geh. auf der General-Versammlg. der Vereinigg. der Freunde des kirchl. Bekenntnisses am 23. X. 1902 in Elberfeld. (20 S.) gr. 8. Gütersloh (903). C. Bertelsmann. — 20

— das Wirken Jesu f. uns. Unser Wirken f. Jesum Christum. Predigt üb. Evangelium Johannes 9, 4, zum Jahresfest u. Jubiläum des evangel. Vereins am 24. X. 1900 in der Ringkirche zu Wiesbaden geh. 8. (14 S.) Herborn 901. Buchh des nass. Colportagevereins. n. —10

Stöcker, [Adolf] u. [Heinr. Karl Franz] Schwabedissen: Christliche Wissenschaft (christian science) und Glaubensheilung. 2 Aufsätze. Berlin: Berl. Stadtmiss. 1901. (47 S.) 8°

— u. Schwabedissen, christliche Wissenschaft (christian science) u. Glaubensheilung. 2 Aufsätze. 2. u. 3. unveränd. Aufl. gr. 8. (à 51 S.) Berlin 902. Vaterländ. Kunst- u. Verlagsanstalt. n. — 50
1. Aufl. (47 S.) Ebd. 901. n. — 50.

—— s. Witte, Carl. Mein Conflict rc.

— große Zeiten, große Aufgaben. Vortrag, geh. am 17. Juni 1881 im großen Saale der Centralhalle zu Leipzig. 1. u. 2. Aufl. gr. 8. (16 S.) Leipzig 881. Lehmann. — 30

— christlich-conservative Ziele für die Gegenwart. Vortrag, geh. am 1. April im Festsaal der Liederhalle zu Stuttgart. gr. 8. (18 S.) Stuttgart 881. Dietz. n. -- 25

—— christlich-conservative Ziele für die Gegenwart. Vortrag, gehalten am 1. April im Festsaal der Liederhalle zu Stuttgart. gr. 8. (18 S.) Stuttgart 881, Fink. *

-- s.: Zukunftsstaat, der sozialdemokratische.

Stöcker, Christian

Stöcker, Chrn., Hammerschläge. Ein Zeit- u. Streitbüchlein f. das deutsche Volk. 16. (72 S.) Regensburg 893. Nationale Verlags-Anstalt. n. — 60

Stöcker, Emil, das Elementarzeichnen. Leichte, nach den Erfahrungen und Anforderungen der neueren Pädagogik geordnete Vorlagen für die Jugend. 4 Hefte. 4. (à Heft 12 Stnt.) Langensalza 868,69, Schulbuchh. von Greßler.
1. und 2. Heft à *
3. und 4. Heft à *

Stöcker, Emil, das Landschaftszeichnen. Leichte u. instructive Vorlagen f. Anfänger im Zeichnen. 1. Hft. gr. 4. (12 S.) Langensalza 874. Schulbuchhandlung. — 90

Stöcker, Emil Karl Preusker und seine Bestrebungen für Volksbildung. 35 S. Progr. Rg. Zittau 1884

Stoecker, Ernst: De Claudiani poetae veterum rerum Romanarum scientia quae sit et unde fluxerit. . . . Marpurgi Cattorum, typ. Friederici Soemmering 1889. 2 Bl., 97, 1 S., 1 Bl. 8°
Marburg, Phil. Fak., Inaug.-Diss. v. [31. Jan.] 1890

Stoecker, Ernst. De Claudiani poetae veterum rerum romanarum scientia, quae sit et unde fluxerit. Diss. gr. 8. (97 S.) Marburg 890. (Lpz., Fock.) * 1 60

Stöcker, Fd., Diss. de Sophoclis et Aristophanis etc., s. Fr. *Kapp*.

Stöcker, F. De Sophoclis et Aristophanis interpretibus Graecis. 24 S. . . . .
Hamm, Progr. 1826

Bund für Mutterschutz. Von Dr. phil. Helene **Stöcker**. Mit Beiträgen von Ellen Key, Lily Braun u. a. Berlin: Pan-Verl. [1905]. (28 S.) 8° [F.]
= Zeitfragen, Moderne. No 4.

Stöcker, Helene, s.: Generation, die neue.

— Krisenmache. Eine Abfertigg. (65 S.) 8. Berlin 910. Oesterheld & Co. — 50

Krisenmache. Eine Abfertigung. Von Dr. phil. Helene **Stöcker**. Mai 1910. (Melle i. Hann. 1910: Haag.) 65 S. 8° [10. 12136

Stöcker, Helene. Zur Kunstanschauung des XVIII. Jahrhunderts. Von Winckelmann bis Wackenroder. Diss. Phil. Bern. IV + 48 S. 8. Berlin, Mayer & Müller, 1902.
(Teil *einer* als Heft 26 der «Palaestra», hrg. von Erich Schmidt und Alois Brandl, *erscheinenden* Arbeit.)

Zur Kunstanschauung des XVIII. Jahrhunderts. Von Winckelmann bis zu Wackenroder. Von Helene Stöcker. *Berlin: Mayer & Müller 1904.* (VIII, 122 S.) 8°
= Palaestra. 26. [04. 10665 10

Stöcker, Helene: Die Liebe und die Frauen. — Minden: Bruns [1906]. XII, 183 S. 8°

— Die Liebe u. die Frauen. 2., durchgeseh. u. verm. Aufl. (XVI. 225 S. m. Bildnis.) 8. Minden (908). J. C. C. Bruns. 2.50; geb. 3 —

Stöcker, Helene, das Mädchengymnasium im preuß. Abgeordnetenhause. Rede, geh. in d. Protestversammlg. d. Vereins Frauenstudium am 18. V. 1898. 8. (15 S.) Berlin (W. 35, Kurfürstenstr. 148) 898. Verlag der Frauenkorrespondenz. — 20

— s.: Mutterschutz.

— Mutterschutz, s.: Problem, das sexuelle.

Stöcker, Hermann, von Zürich: Die Homologen des Benzhydrylamins. Ueber die sogenannten isomeren p-Azoxytoluole. Uster-Zür. A. Diggelmann Dr. 1891. 50 S., 1 Bl. 8°.
Zürich, Phil. Diss. [v. 24. Nov. 1890].

Stöcker, K. H., Volksschulgeometrie. 8. (56 S.) Oeynhausen 887. Ibershoff. cart. n. — 50

Stöcker, Lebrecht Gotthold, s. Liturgie, Zur Seilerschen.

Stöcker, Lebr. Gtthld., († d. 19. Febr. 1807.) Probe- u. Antrittspredigten, in der Hauptkirche zu Glaucha abgelegt. 8 Leipz. 799.

— s. Reformen, Über die.

Für müssige Stunden. Etwas in Versen von *L. G. St.* (d. i. *Lebrecht Gotthold Stöcker*). Coburg 1777. 8°. Selten!
Anon.-Lex. II. p. 131 (nach Meusel u. Kayser).
Vgl. Für...

— s. Unterredung üb. Separatismus.

– s. W o r t üb. Bildung ...

Die Frau in der alten Kirche. Von Lydia **Stöcker**. Tübingen: J. C. B. Mohr 1907. (31 S.) 8°
= **Sammlung** gemeinverständl. Vorträge u. Schriften aus d. Geb. d. Theol. u. Religionsgeschichte. 47. [07 1640

Stöcker, Lydia, s.: **M ä d c h e n b i l d u n g**, die höhere.

Stoecker, Max, aus Frankfurt a. M.: **Untersuchungen** über Phenylseleninsäure $C_6 H_5 \cdot Se O_2 H$ und Phenylselenosäure $C_6 H_5 \cdot Se O_2 H$. *Heidelberg 1901: Hörning & Berkenbusch.* (46 S.) 8°
Heidelberg, Naturw.-math. Diss. v. 1901

Stöcker, Quirin, approb. Arzt aus M.-Gladbach: Aus d. Friedrich-Wilhelm-Stifte zu Bonn. Ueber **Endocarditis** gonorrhoica. *Bonn 1900: J. Trapp.* (22 S.) 8°
Bonn, Med. Diss. v. [1. Aug.] 1900

Stöcker, Quirin, **Register**, s.: **C e n t r a l b l a t t der allgemeinen Gesundheitspflege.**

Stöcker, (M.) Robert

Stöcker, Rob., Barmen. **Blätter aus seiner Geschichte und seinen Sagen.** Barmen 855. Sartorius in Comm. 8. (128 S.) n. 10 ngr.

Stöcker, Rob., **Unterhaltendes. Zunächst für Gesellen- u. Jünglingsvereine.** Barmen 860. Sartorius in Comm. (Elberfeld, Bädeker.) 8. (172 S.) n. 12⅓ ngr.

Stöcker, Wilhelm: Klinischer Beitrag zur Frage der Alkoholpsychosen. Jena: Fischer 1910. 87 S. 8° ¶(Ersch. später vollst.)
Erlangen, Med. Diss. v. 14. Juli 1910, Ref. Specht, Ölþer
[Geb. 30. Mai 82 Langenfeld, B.-A. Scheinfeld; Wohnort: Erlangen; Staatsangeh.: Bayern; Vorbildung: Gymn. Erlangen Reife Juli 01; Studium: Erlangen 8, Würzburg 2 S.; Coll. 1. Juli 09; Approb. 31. Jan. 08.] [U 10. 827

Klinischer Beitrag zur Frage der Alkoholpsychosen. Von Dr. Wilhelm **Stöcker**, Assistenzarzt, Erlangen. Jena: Fischer 1910. 298 S. 8° [10. 4700

Stoecker, Wilhelm: Die Wahl Maximilian Friedrichs von Königsegg-Rottenfels zum Erzbischof von Cöln und Bischof von Münster 1761/62. Hildesheim 1910: Lax. 57 S. 8° ¶(Auch als: Beiträge f. d. Gesch. Niedersachsens u. Westf. H. 22.)
Münster, Phil. Diss. v. 15. Aug. 1910, Ref. Erler
[Geb. 1. Jan. 66 Marienberghausen; Wohnort: Münster i. W.; Staatsangeh.: Preußen; Vorbildung: Realgymn. Witten Reife M. 07; Studium: Münster 6 S.; Rig. 2. März 10.] [U 11. 3999

Stoecker, Wilh., die Wahl Maximilian Friedrichs v. Königsegg-Rottenfels zum Erzbischof v. Köln u. Bischof v. Münster 1761/62, s.a. B e i t r ä g e f. die Geschichte Niedersachsens u. Westfalens. IV, 4.

Stockerau [Schlagwort]

Stockerau. U m g e b u n g s k a r t e v. Stockerau. 1:75,000. Hrsg. v. k. k. militär-geograph. Institute in Wien. gr. Fol. Wien 888. Lechner's Sort. n. 1. 60

S t o c k e r t, Frz. Ritter v., die Alternativ-Trassen der Arlberg-Bahn und die Brochure des Hrn. W. v. Nördling, k. k. Sections-Chef und General-Director des österr. Eisenbahnwesens a. D., vom Standpunkte eines Experten der Majorität bei der Enquête im Octbr. 1879. gr. 8. (63 S.) Wien 880, [Faesy und Frick.] Faesy. *

Bau und Einrichtung der Lokomotive. Kurzgef. Lehrbuch von Ludwig R^r v. **Stockert**. Wien: K. Graeser & K^ie 1907. (VIII, 231 S.) 4° [07. 6771 7

Stockert, Ludw. R. v., Donau-Oder-Kanal. s.: **U m l a u f. Aus.**

— s.: H a n d b u c h des Eisenbahnmaschinenwesens.

— Die **L o k o m o t i v e. Ein Lehrbuch f. Lokomotivführer u. Führerlehrlinge.** [Aus: „Bau u. Einrichtg. der Lokomotive".] (VI, 170 S. m. Abb.) Lex. 8. Wien 907. K. Graeser & Co. 6 —: geb. 6. 80

Stockert, Wilhelm, a. Heidelberg: Ein Fall von Lymphosarkom der Thymus bei einem 36jährigen Manne. Heidelberg 1905: J. Hörning. (20 S.) 8°
Heidelberg, Med. Fak., Ref. Arnold, Diss. v. 3. März 1905
[Geb. 20. Juli 81 Heidelberg; Wohnort: Heidelberg; Staatsangeh.: Baden; Vorbildung: Gymn. Heidelberg Reife Juli 99; Studium: Heidelberg 4, Kiel 1, Heidelberg 4 S.; Coll. 26. Febr. 05; Approb. 30. Aug. 04.]

Stockert-Meynert, Dora von: Vom B a u m der Erkenntnis und andere Novellen. Leipzig-Gohlis: Volger 1908. 191 S. 8°

Stockert-Meynert, D. v., **die Blinde. Drama aus dem Volke in 4 Akten.** (83 S.) 8. Wien (909). (P. Knepler.) 1. 50

Stockert-Meynert, Dora v., **G r e n z e n der Kraft. Eine Erzählg.** Umschlag v. Berth. Löffler. (147 S.) 8. Wien 903. Wiener Verlag. n. 2. —; geb. n.n. 3. —

Jour bei Maraspins. Komödie in 1 Akt von D[ora] v. **Stockert-Meynert.** Berlin-Friedenau: Bureau Fischer [1910]. 45 S. 8° [10. 16764

— **S a b i n e. Tragödie e. Liebe.** (264 S.) 8. Wien 905. C. Konegen. n. 2. 50; geb. n. 3. 50

Stöckert, Fanny

— **von S i e b e n die Aelteste. Erzählung f. junge Mädchen. Illustriert v. Grobet.** (181 S.) 8. Lpz.: Abel & Müller 1906.

Stöckert, Fanny. Prinzessin Beate. Novelle f. junge Mädchen. 8. (165 S.) Glogau 891, Flemming. geb. 3 —

Stöckert, Fanny, **Prinzessin Beate.** Novelle f. junge Mädchen. 2. Aufl. 8. (159 S.) Glogau 901. C. Flemming. Geb. in Leinw. n. 2. —

Stöckert, Fanny, **T a n t e D o r o t h e e.** E. Erzählg. f. junge Mädchen. Mit e. Titelbild v. O. Herrfurth. 8. (V, 204 S.) Altenburg 895. St. Geibel. Geb. in Leinw. n. 3. —

— **verdientes Glück. Erzählung f. junge Mädchen.** Illustr. v. A. Warnemünde. gr. 8. (203 S.) Leipzig 900. Abel & Müller. Geb. in Leinw. n. 3. —

Stöckert, Fanny, **verdientes G l ü c k. Erzählung für junge Mädchen.** Illustr. v. A. Warnemünde. 2. Aufl. (203 S.) 8. Leipzig 905. Abel & Müller. Geb. in Leinw. n. 3. —

— **die I n s u l a n e r i n. Erzählung f. junge Mädchen.** Illustriert v. Gust. Kilb. gr. 8. (192 S.) Ebd. (901). Geb. in Leinw. n. 3. —

Stöckert, Fanny, **die I n s u l a n e r i n. Erzählung f. junge Mädchen.** Illustriert v. Gust. Kilb. 2. Aufl. (192 S. m. 3 Vollbildern.) 8. Leipzig (907). Abel & Müller. Geb. in Leinw. 3. —

Stöckert, Fanny, die Jugend, s.: **W e b e r 's moderne Bibliothek.**

Stöckert, Fanny, Gertrud's Tagebuch, s.: Gumpert's, Thekla v., Bücherschatz f. Deutschlands Töchter.

— **Gertruds Tagebuch.** Erzählung f. junge Mädchen. 2. Aufl. 8. (189 S.) . Geb. in Leinw. n. 2. —
Glogau: C.Flemming 1901.

Stöckert, Fanny, Trudchens Tagebuch. Erzählung f. die Mädchenwelt. Mit 8 Einschaltbildern. (232 S.) 8. Berlin (907). Verlag Jugendhort. Geb. in Leinw. 5.—; Prachtausg. m. 4 Einschaltbildern 6. —

— Zukunftslos, s.d. **Weichert's** Wochen-Bibliothek.

Zukunftslos. Novelle von F[anny] **Stöckert**. Mit Vollbildern. *Berlin: A. Weichert [1902].* (50 S.) 8° [F.]
— **Wochen-Bibliothek, Weichert's.** Bd 124, [1.] : [04. 5189

Zukunftslos und Anderes. Novelle von F[anny] **Stöckert**. Mit 3 Vollbildern. *Berlin: A. Weichert [1902].* (96 S.) 8° [F.]
— **Wochen-Bibliothek, Weichert's.** Bd 124. [03. 8530

Stöckert, Georg

Stöckert, Geo., die **Admission der deutschen Reichsstände zum westfälischen Friedenscongresse. Beitrag** zur Geschichte des westfälischen Friedens. **Kiel** 869. Schwers. gr. 4. (49 S.) n. 24 ngr.

Stöckert, Geo., die **Admission d. deutschen Reichsstände** zum westfäl. **Friedenscongresse. gr. 4.** (49 S.) Kiel 869. Berlin, **Gose & Tetzlaff.** n. 2. 40

Ⓑ **Stöckert,** Geo., d. Admission d. deutsch. Reichsstände. (KBL 32.) **Jetzt: Berlin-Rixdorf, M. Umlauf.**

Stoeckert, Georg Beiträge zur Verfassungsgeschichte der Stadt Magdeburg. 4 (60 S.). Pädag. u. Waisenhaus *Züllichau* 1900 (69).
Progr.

Stoeckert, Geo. Der Bildungswert der Geschichte. gr. 8. (46 S.) Berl. 892, Gaertner. * 1 —

Stöckert, G.: Ueber die im 17. Jhrhd. versuchte Reform der deutschen Reichsverfassung. 33 S. 4° – Züllichau, Progr. 1871.

Stoeckert, Geo., die Zerstörung Magdeburgs. Historisches Schauspiel in 5 Aufzügen. gr. 8. (100 S.) Magdeburg 881. Heinrichshofen's Verl. n. 1. 40

Stoeckert, Herm., Feenwalten. Märchen-Dichtg. (m. feen. Darstellg. od. verbind. Deklamation u. leb. Bildern ad lib.). Op. 11. Vollständiges Text- u. Regiebuch. 8. (28 S.) Leipzig 890. C. F. W. Siegel. 1. —

Stöckert, Oskar Alexander [Oberl. am städt. Realgymn. zu Chemnitz]: Über die Beziehungen der Reciprokantentheorie zur allgemeinen Theorie der Differentialinvarianten ... [= Progr. v. Chemnitz, Realgymn. 1895.] Chemnitz, Druck v. J. C. F. Pickenhahn & Sohn, 1895; 43 S. 4.
Leipzig, Phil. Fak., Inaug.-Diss. v. [23. März] 1895

Stöckert, [Oskar Alexander]: Die Gründung und Einrichtung des Realprogymnasiums. S. 3--10. 4.
Progr. Städt. Realprogymn. mit Realschule *Chemnitz* 1907 (692).

Stockfeld, Gerh., Andenken an d. grossen hochberühmten Prof. Ph. W. van Heusde. 8. (5½ B.) Aachen 840, (Mayer.)

Stockfeld, Gerh., Andenken an den großen hochberühmten Professor Ph. W. van Heusde. 8. Aachen 840. (Mayer.) 1/3 Rthlr.

—— **poetische Versuche. I. Abthl., religiösen Inhalts. 8. (3 B.) Aachen 840, (Mayer.)**

Stockfisch, Adelhaupt v., d. Verf. Saul II. 3 Thle. 8. Erf. Hennings. 800. 1. (I. 1 Rthlr. II. 12 gr. III. 20 gr.)

Stockfisch, s. Adelhaupt.

Stockfisch, Karl: Einwirkung von Alkylmagnesiumhaloiden auf Anhydroecgonin- und d-ψ-Ecgoninester. 1910. 36 S. 8°
Berlin, Dr.-Ing.-Diss. v. 15. 7. 1910

Stockfisch, Thdr. Mart. Dav., Gedichteteś. gr. 12. Helmstedt 839. (Fleckeisensche Buchh.) n. 5/12 Rthlr.

Der südlichste Theil des Oberbergamtsbezirks Dortmund. E. geolog.-bergmänn. Beschreibg. Nebst 1 geolog. Übersichtskt. u. Erzlagerstättenkt. der Bergreviere Oberhausen, Werden, Hattingen u. Witten. M. Genehmigg des Herrn Min. f. Handel u. Gew. im Auftr. d. kgl. Oberbergamts zu Dortmund bearb. v. Friedrich **Stockfleth**, kgl. Bergassess. zu Witten. *Bonn: A. Marcus 1896.* (2 Bl., 137 S., 1 Kt.) 1 Bd 8. [96. 3059

Stockfleth, F., Die geographischen, geognostischen und mineralogischen Verhältnisse des südlichen Teils des Oberbergamtsbezirks Dortmund. Bonn, 1895. 84 S.

Stockfleth, Harald Vigo

— Klinische Beobachtungen üb. Blutharnen beim Rinde. [Leipz. 1875]. (15) S. (Særtr.). P.

Handbuch der thierärztlichen Chirurgie von Prof. H[arald] V[igo] **Stockfleth**, Kopenhagen. Aus d. Dän. übers. von Chr. Steffen, Thierarzt in Kiel. Th. 1. 2. Suppl. Mit Holzschn. *Leipzig: C. A. Koch 1879–92.* 3 Bde 8°
1 1879. 2 (in 4 Lfgen). 18(79–)89.

Stockfleth, H. V., Handbuch der thierärztlichen Chirurgie. Mit Genehmigg. d. Verf. aus dem Dän. übersetzt v. Chr. Steffen. 1. u. 2. Lfg. [1. Thl. 1. Abth. u. 2. Abth. 1. Hft.] Mit 10 in den Text gedr. Holzschn. gr. 8. (IV u. S. 1—386.) Kiel 874. 75. v. Wechmar. n. 7. —

Stockfleth, H. V., Handbuch der thierärztlichen Chirurgie. Mit Genehmigung des Verf. aus dem Dän. übers. von Chr. Steffen. 3—6. Lfg. (1. Thl. 2. Abthl. 2. u. 3. Hft. u. 2. Thl. 1. u. 2. Hft.) Mit 137 in den Text gedr. Holzschn. gr. 8. (S. 225—360.) Leipzig 877—81. C. A. Koch. n. 18. — (1—6.: n. 25. —)

Stockfleth, H. V., Handbuch der thierärztlichen Chirurgie. Mit Genehmigg. d. Verf. aus dem Dän. übers. v. Chr. Steffon. 7. Lfg. [2. Thl. 3. Hft.] Mit 28 Holzschn. gr. 8. (IV u. S. 361—551.) Loipzig 885. C. A. Koch. n. 5. — (1—7.: n. 30. —)

Stockfleth, H. v. Handbuch der thierärztlichen Chirurgie. Mit Genehmigg. d. Verf. aus dem Dän. übers. v. Chr. Steffen. 8. Lfg. [2. Thl. 4. Heft.] gr. 8. (VI, S. 553—788 m. 26 Holzschn.) Lpz. 889, C. A. Koch. * 6 —
—— dass. — Suppl.-Heft. gr. 8. Ebd. 892. * 1 80
Theorie u. Praxis der thierärztlichen Wundbehandlung. Unter gleichzeit. Berücksicht. der neuesten Forschgn. auf dem Gebiete der Bakteriologie hrsg. v. Geo. Müller. (V, 86 S. m. 1 Tab.)
1.—7. Lfg. Ebd. 1874—85. * 30 —.

— Ueber das Verwerfen (Abortus) d. Kühe. [Leipz. 1878]. (16) S. (Særtr.). P.

Stockfleth, Hch. Arn., Katechismusarbeit z. wahr. Christenth. d. Kirchendienern z. Gebrauch. 8. Culmbach, Lumscher. 734.

Stockfleth, Th [Hrsg.]
s. Freese, Henriette: Welt- und Lebensbilder. 1827.

Stockfleth, Tv., s. W. Hutt, der Stader Zoll.

Stockham, Alice B., die Reform-Ehe. Ein Mittel zur Erhöhg. d. Daseinsfreude u. zur Veredelung des Menschengeschlechts. Autor. deutsche Uebersetzg. v. H. B. Fischer. gr. 8. (XI, 64 S.) Hagen 897. H. Risel & Co. n. 3. —

Stockham, Alice B., die Reform-Ehe. Eine Ehe auf vollständig neuer Grundlage zur Erhöhg. der Daseinsfreude u. Veredelung des Menschengeschlechts. 2. Aufl. gr. 8. (72 S.) Hamburg (902). (Leipzig, Jaeger.) n. 3. —

Stockham, Alice B., die Reform-Ehe. Eine Ehe auf vollständig neuer Grundlage zur Erhöhg. der Daseinsfreude u. Veredelg. des Menschengeschlechts. 3. Aufl. (72 S.) 8. Hamburg (905). W. Digel. n. 2. —

Stockham, Alice B., die Reform-Ehe. Ein Mittel zur Erhöhg. der Daseinsfreude u. zur Veredelg. des Menschengeschlechts. Autoris. deutsche Uebersetzg. v. H. B. Fischer. 4. Aufl. (96 S.) 8. Stuttgart (910). W. Digel. 2.—; geb. n 3. —

STOCKHAMMERN, Karl Max von (Neuburg): De haemorrhagiis ex organis respirationis.- Monachii: Rösl 1835. 2 Bl.,34 S.
26.3.1831 - Urk; F 60
Diss.Ingolst.-Landsh.-Mchn.

Stockhardt, Paul [aus Hannover]: Beitrag zur Kenntniss des Poley-Oels ... Göttingen, Druck d. Univ.-Buchdr. v. E. A. Huth, 1896; 52 S., 1 Bl. 8.
Göttingen, Phil. Fak., Inaug.-Diss. v. [30. Okt.] 1896

Stöckhardt, Adolf, s. Stöckhardt, Julius Adolf.

Stöckhardt, C. F. G., s. Stöckhardt, Karl Friedrich Gottlieb.

Stöckhardt, Emil, Lehrbuch der Elektrotechnik. Zum Gebrauche beim Unterricht u. zum Selbststudium bearb. gr. 8. (XIV, 386 S. m. 376 Abbildgn.) Leipzig 901. Veit & Co. n. 6. —; geb. in Leinw. n. 7. —

Stöckhardt, Emil, Lehrbuch der Elektrotechnik. Zum Gebrauche beim Unterricht u. z. Selbststudium bearb. Mit mehreren hundert Fig. 2., umgearb. u. erweit. Aufl. (VIII, 528 S.) gr. 8. Leipzig 908. Veit & Co. 7.50; geb. in Leinw. 8. 50

Stöckhardt, Ernst, s. a. Hardt, Ernst.

Stöckhardt, Ernst, Berchtesgaden. Ein Sang v. Land u. Leuten. 16. (96 S. m. Bildn.) München 897. Seitz & Schauer. Geb. in Celluloid u. Leinw. n. 2. —

Stöckhardt, Ernst, Berchtesgaden. Ein Sang v. Land u. Leuten. 2. veränd. Aufl. 16. (96 S.) Stuttgart 901. Selbstverlag. Geb. in Celluloid n. 2. —

Ernst Hardt [d. i. Ernst **Stöckhardt**] : Priester des Todes. Dreizehn Novellen. Berlin: S. Fischer 1898. (201 S., 3 Bl.) 8⁰

Stöckhardt, Ernst Theodor

Stöckhardt, E., die Drainage od. die Entwässerung des Bodens durch Thonröhren. Eine Aufforderung zur Anwendung derselben an Sachsens Landwirthe. gr. 8. (88 S. m. eingedr. Holzschn.) Leipzig 852, G. Wigand. 12 ngr

Stöckhardt, Ernst, und Adlph. Stöckhardt, der angehende Pachter, s. a. Schnee, G. H.

Stöckhardt, E. und A.: „Der angehende Pachter. Die wichtigsten Lehren aus Praxis und Wissenschaft, für den angehenden Landwirth zusammengestellt" (= 6. Auflage von Gotthilf Heinrich Schnee: „Der angehende Pachter")
Braunschweig 1859. — Vorh.: Commerzbibliothek Hamburg.

Stöckhardt, Ernst, und Adph. Stöckhardt, der angehende Pachter. Die wichtigsten Lehren aus Praxis und Wissenschaft, für den angehenden Landwirth zusammengestellt. 7., völlig umgearb. Aufl. von „Schnee, der angehende Pachter." 2 Hälften. gr. 8. Braunschweig, Schwetschke und Sohn. [1. Hälfte. (S. 1—336.) 868. *M 3.; 2. Hälfte. (XVIII, S. 337—714.) 869. *M 4,20.] *

Stöckhardt's angehender Pachter od. landwirtschaftl. Betrieb in Pacht u. Eigenbesitz. 8. Aufl., neu bearb. v. A. Backhaus. gr. 8. (XII, 560 S.) Berl. 892, Parey. geb. * 8 —

Ms. f. Brr. Wodurch vermag die Maurerei sich dauerndes Leben zu sichern? Vortrag des Br. [Ernst Theod.] Stöckhardt in der g. u. v. ☐ Amalia, Or. Weimar am 3. Dec. 1878. [Weimar 1879: Uschmann & Wagner.] 16 S. 8⁰ [Umschlagtit.]
Aus: FZ. 33 (1879) S. 2—5, 9—13.
cf. L. 2 (1879) S. 30—32; FZ. 33 (1879) S. 97 bis 100, 107—110, 115—119 (E. Th. Stöckhardt). 23.

Stöckhardt, Ernst Theodor (Hrsg.), s. Zeitschrift für deutsche Landwirthe.

Stöckhardt, G., Adventspredigten. Auslegung der vornehmsten Weissaggn. d. Alten Testaments. gr. 8. (V, 246 S.) St. Louis, Mo. 887. (Dresden, H. J. Naumann.) n. 3. —

Stöckhardt, G., daß die sogenannten unschuldigen weltlichen Vergnügungen doch gar verhängnißvoll sind und schließlich in's Verderben führen. Predigt über Marc. 6, 14—29, gehalten am Sonntage Oculi in der Kreuz-Kirche zu St. Louis, Mo. 8. (22 S.) St. Louis, Mo. 884. (Dresden, H. J. Naumann.) *

Stöckhardt, G., Commentar üb. den Brief Pauli an die Römer. (VI, 649 S.) gr. 8. St. Louis, Mo. 907. (Zwickau, Schriften-Verein.) Geb. in Halbfrz. 10. —

Stöckhardt, G., Commentar üb. den Propheten Jesaia. gr. 8. (XVI, 168 S.) St. Louis, Mo. 902. (Zwickau, Schriften-Verein.) Kart. n. 3. —

Stöckhardt, G., Passionspredigten. 2 Abthlgn. gr. 8. (IX, 195; V, 169 u. Anh. 44 S.) St. Louis, Mo. 884. 85. (Dresden, H. J. Naumann.) n. 6. —

Stöckhardt, G., was der treue u. wahrhaftige Zeuge seiner bekenntnistreuen Gemeinde zu ihrer Stärkung u. Ermunterung zu sagen hat. Predigt üb. Offenbarung 3, 7—13, geh. am 11. Sonntag nach Trinitatis 1891 in der St. Johanniskirche in Planitz. 12. (23 S.) Zwickau 891. Schriftenverein. n. — 20

Stöckhardt, G. Was der treue u. wahrhaftige Zeuge seiner bekenntnis treuen Gemeinde zu ihrer Stärkung u. Ermunterung zu sagen hat. Predigt üb. Offenbarg. 3, 7—13. 12⁰. (23 S.) Zwickau 891. (Dresd., H. J. Naumann.) * — 20

Stöckhardt, G., Zustand u. Zukunft der sächsischen Landeskirche. Zur Prüfg. u. Beherzigg. f. alle lutherisch gesinnten Geistlichen u. Laien der sächs. Landeskirche. gr. 8. (30 S.) Zwickau 876. Döhner in Comm. n. — 50

— die kirchlichen Zustände Deutschlands. Ein Rückblick auf die Geschichte der protestant. Kirchen Deutschlands im 19. Jahrh. [Aus: „Der Lutheraner".] Mit e. Vorwort v. O. Willkomm. 8. (VIII, 188 S.) Ebd. 892. Kart. n. 1. —

Stöckhardt, Gerhard Heinrich Jakobjan

Stöckhardt, G.H.J.(Hrsg.), s. A r i o s t o, Lodovico: Briefe u. das prosaische Lustspiel: Der Herbolato.

Stöckhardt, G. H. J., s. Boccaccio, Auswahl.

Stöckhardt, Gerh. Hnr. Jak., Dizionario port. Italiano e Tedesco. — Deutsches u. italien. Taschenwörterbuch. 16. Lpz. 824. Breitkopf u. H. 1 ₰ Hbg. Pr. 12 ℊ

— commentatio de poësi cum philosophia arctissime conjuncta. 4. Leipz. 793.

S t ö c k h a r d t, Gerh. Heinr. Jak., Predigt, gehalt. am Tage d. feierl. Erbhuldigung Sr. Maj. Herrn Anton, König v. Sachsen rc. zu Budissin, d. 20. Oct. 1827. gr. 8. (1¼ B.) (Leipzig 828, Barth.)

— Rede am Grabe d. Rectors Rost rc. s. F. W. E. Rost.

Stöckhardt, Gerhard Heinrich Jakobjan, s. S a m m l. alter und geistl. Lieder.

— kurzgefaßte italien. Sprachlehre f. Anfänger, nach d. Muster der Fernow'schen frei bearb. rc. mit e. kleinen italien. Lesebuche, 8. Leipz. 811. Köhler. 20 ℊ

Dem Br. Starke am 19. Febr. 1852. [Unterz.: Gerh. Heinr. Jakobjan] **Stöckhardt.** [Bautzen 1852.] 1 Bl. 8⁰ [Kopftit.]
Ohne Noten: „Die Sonn im Osten hebet . . ." 157.

Toast der Sehr Ehrw. Ger. u. Vollk. St. Johannis □ zu den drei Rosen im Walde von Sorau, am Tage ihrer Einweihung, den 29ten Mai 5820 geweiht, von Gerh. Heinr. Jakobjan Stöckhardt. o. O. [1820]. 2 Bl. 8⁰ [Umschlagtit.]
Lied ohne Noten.

Stöckhardt, Gottfried Gerhard

Stöckhardt, Gf. Ghrd., († d. 25. Sept. 1788.) histor.-geneolog. Nachrr. von d. Geschlechte derer Grafen von Schönburg. 1s u. 2s Stck. 4. Waldenburg 768, 71.

St(öckhardt), G. G., Histor.-geneal. Nachrichten von dem Geschlechte der Grafen von Schönburg. 2 Thle. Waldenburg 1769—71. 4.

Stöckhardt, H., die katholische Hofkirche zu Dresden. 12 Taf. Lichtdr. m. begleit. Text. gr. Fol. (8 S.) Dresden 883. Gilbers' Verl. In Mappe. n. 24. —

Stöckhardt, Heinrich Robert

—— de recta jurisconsulti eruditione proximo justitiae fonte oratio. 8maj. (1½ B.) Lipsiae 840, Voss.

— de fructibus iis, quos, qui jureconsulti non sunt, e jurisprudentia percipere possint. Oratio. 8maj. Petropoli 845, (Leipzig, Voss.) 3 ngl

S t o e c k h a r d t, Heinr. Rob., allgem. jurist. F u n d a m e n t a l l e h r e. Zugleich als 1. Lfg. ein. Lehrbuches d. jurist. Einleitungswissenschaften, insbesond. f. Russland. gr. 8. (15 B.) St. Petersburg 837, [Eggers u. Comp.]

Stoeckhardt, Henr. Rob., Hauboldi splendidissimi inter jurisconsultos recentiores philologi memoria. Oratio. gr. 4. (31 S.) Petropoli 847. (Lipsiae, Voss.) n. ⅓ ₰

S t o e c k h a r d t, Henr. Rob., de juris Justinianei in generis humani cultum insigni merito orationem, quae inest, ad memoriam Pandectar. et Institution. Justiniani ante hos MCCC. annos pleno valore munitarum pie recolendam, d. xxx. M. Dec. MDCCCXXXIII. in primar. Professor. Seminar., quod Petropoli floret, hab. commentarioque auxit. Adjecta est Juschkowii oratio jus Justinianeum cum noviss. juris Rossici cod. componens. 8 maj. (8¼ B.) Petropoli 834. (Lipsiae, Voss.) Thlr.

—— jurist. P r o p a e d e u t i k, od. Vorschule d. Rechtswissenschaft, z. Behuf academ. Vorlesn., insbesond. f. d. kais. Rechtsschule zu St. Petersburg bearb. Lex.-8. (33¾ B.) St. Petersburg 838, Eggers u. Comp. *

Stoeckhardt, Hnr. Rob., juristische Propädeutik oder Vorschule der Rechtswissenschaft, zunächst für die Kaiserl. Rechtsschule zu St. Petersburg. 1. u. 2. Heft. gr. 8. Leipzig 843, Goetz. à ½ ₰ — 3. u. 4. (Schluß-)Heft. 2. bericht. u. unvollständige Ausg. gr. 8. Ebend. 844. (à ½ ₰) alle 4 Hefte 2 ₰

S T O E C K H A R D T, Henr. Rob.: Tabula illustrandae doctrinae de cognationibus et adfinitatibus inserviens. (Lith.) *Lipsiae*, Serig. 830. fol. (4 Gr.)

—— Tafeln d. Geschichte d. röm. Rechts, als Leitfaden bei Vorlesn. u. f. d. tiefere Studium, mit Berücksichtigung d. neuesten Forschungen, so wie mit steter Beifügung v. Literatur, nebst Zugaben üb. d. neueste Zeit u. e. Register. Fol. (40 B.) Leipzig 828, [Klinkhardt.] 2 Thlr., hrbgs.. Pr.

Stöckhardt, H. R., de coeli in generis humani cultum vi ac potestate. II Ptes. 4maj. Leipz. 826. Reclam. 1 ₰ 8 ℊ

H. Rb. **Stöckhardt**: d. Wissensch. d. Rechtes, od. d. Naturrecht in Verbind. m. e. vergleich. Kritik d. posit. Rechtsideen dargestellt. *Lpz.*, C. H. Reclam. 825. gr 8⁰ 2 ₰

Stöckhardt, Johanna, neuestes Berliner Kochbuch. Selbst erprobte u. richtige Anleitung, nach welcher jede Hausfrau, Wirthschafterin u. Köchin selbstständig, billig u. schmackhaft, den jetzigen Zeitverhältnissen entsprechend, kochen kann. Berlin 861. R. Kühn. 8. (XIV, 176 S.) 10 ngr.

Stöckhardt, Julius Adolf

Stöckhardt, J.A. (Hrsg.), s. A c k e r s m a n n, Der chemische.

— Erwiederung auf die tadelnden Urtheile, welche J. v. L i e b i g üb. meine agriculturchem. Thätigkeit u. Richtung ausgesprochen. [Leipz.] (1857). 18 S. (Sœrtr.). P.

Stöckhardt, Jul. Adph., chemische Feldpredigten für deutsche Landwirthe. 1. Abth. gr. 8. (XII u. 203 S.) Leipzig 851, G. Wigand. 1 ₰

Stöckhardt, Jul. Adph., chemische Feldpredigten für deutsche Landwirthe. 1. Abth. 2. unveränd. Aufl. 853. (XII, 204 S.) — 3. verb. Aufl. Leipzig 854. G. Wigand. 8. (XII, 218 S.) 1 ₰.

— — 2. Abth. 853. — 2. unveränd. Aufl. Leipzig 855. G. Wigand. 8. (VIII, 260 S.) 1 ₰.

—— —— Theil II. Zweite unveränderte Auflage, 1854.

—— Guanobüchlein. Eine Belehrung für den deutschen Landwirth über die Bestandtheile, Wirkung, Prüfung und Anwendung dieses wichtigen Düngemittels. gr. 8. (62 S.) Leipzig 851, G. Wigand. *

— Guanobüchlein. Eine Belehrung für den deutschen Landwirth über die Bestandtheile, Wirkung, Prüfung und Anwendung dieses wichtigen Düngemittels. 3. vervollständ. Aufl. Leipzig 854. G. Wigand. 8. (64 S.) 10 ngr.

Stöckhardt J. A.: Guanobüchlein . .
— — 4. vervollst. Aufl. Sst. 1856. 72 S.

Stöckhardt, Julius Adolf: Der angehende Pachter, s. Stöckhardt, Ernst Theodor.

Schule (Die) der Chemie, oder erster Unterricht in der Chemie, versinnlicht durch einfache Experimente. Zum Schulgebrauch und zur Selbstbelehrung, insbesondere für angehende Apotheker, Landwirthe, Gewerbtreibende, etc. Braunschweig, 1846. 8vo. Ill.
Dritte verbesserte Auflage. Braunschweig, 1847. 8vo.
Vierte verbesserte Auflage Braunschweig, 1849. 8vo.
Fünfte verbesserte Auflage. Braunschweig, 1850. 8vo.
Sechste verbesserte Auflage. Braunschweig, 1851. 8vo.
Siebente verbesserte Auflage. Braunschweig, 1853. 8vo.
Achte verbesserte Auflage. Braunschweig, 1855. 8vo.
Neunte verbesserte Auflage. Braunschweig, 1857. 8vo. Ill.

— die Schule der Chemie, oder erster Unterricht in der Chemie, versinnlicht durch einfache Experimente. Zum Schulgebrauch und zur Selbstbelehrung. kl. 8. Braunschweig 846, Vieweg u. Sohn. 1 1/6 ₰

— dass. 2. Abtheil. Organische Chemie. Mit zahlreichen in den Text gedr. Holzschn. kl. 8. Ebend. 846. n. 5/6 ₰ (I. II.: n. 2 ₰)

Stöckhardt J. A.: Die Schule d. Chemie, od. erster Unterricht in der Chemie, versinnlicht durch einfache Experimente . . . 2. unveränd. Aufl. Braunschw. 1846. 600 S. Fig.

— die Schule der Chemie, od. erster Unterricht in der Chemie, versinnlicht durch einfache Experimente. Zum Schulgebrauch u. zur Selbstbelehrung insbesondere f. angehende Apotheker, Landwirthe, Gewerbtreibende ꝛc. 3. verb. Aufl. Mit zahlr. eingedr. Holzschn. 2 Lfgn. 8. (VI u. 621 S.) Braunschweig 847, Vieweg & Sohn. — 4. verb. Aufl. 2 Lfgn. 8. Ebd. 849. — 5 verb. Aufl. Mit 290 eingedr. Holzschn. 8. (XVI u. 633 S.) Ebd. 850. — 6. verb. Aufl Mit 290 in den Text eingedr. Holzschn. 8. (XVIII u. 634 S.) Ebd. 852. — 7. verb. Aufl. Mit 290 in den Text eingedr. Holzschn. 8. (XVI u. 634 S.) Ebd. 852. n. 2 ₰

—— die Schule der Chemie, oder erster Unterricht in der Chemie, versinnlicht durch einfache Experimente. Zum Schulgebrauch und zur Selbstbelehrung, insbesondere für angehende Apotheker, Landwirthe, Gewerbtreibende ꝛc. 8., umgearb. Aufl. 8. (XIV und 708 S. mit 286 neu gest. in den Text eingedr. Holzschn.) Braunschweig 855, Vieweg und Sohn. *

— die Schule der Chemie, oder erster Unterricht in der Chemie, versinnlicht durch einfache Experimente. Zum Schulgebrauch u. zur Selbstbelehrung, insbesondere für angehende Apotheker, Landwirthe, Gewerbtreibende ꝛc. Mit 286 neu gestochenen in den Text gedr. Holzschn.
9. Aufl. 857. — 10. verb. Aufl. Braunschweig 858. Vieweg. 8. (XIV, 709 S.) n. 2 ₰.

Stöckhardt, Jul. Adph., die Schule der Chemie, oder erster Unterricht in der Chemie versinnlicht durch einfache Experimente. Zum Schulgebrauch u. zur Selbstbelehrung, insbesondere für angehende Apotheker, Landwirthe, Gewerbtreibende ꝛc. 11. Aufl. 860. — 12. Aufl. 861. — 13. Aufl. 863. — 14. verb. Aufl. Mit 286 neu gestochenen in den Text eingedr. Holzst. u. 1 Farbentaf. (in Stahlst.) Braunschweig 864. Vieweg & Sohn. 8. (XV, 715 S.) n. 2 ₰

Stöckhardt, Jul. Adph., die Schule der Chemie, oder erster Unterricht in der Chemie versinnlicht durch einfache Experimente. Zum Schulgebrauch und zur Selbstbelehrung, insbesond. für angehende Apotheker, Landwirthe, Gewerbtreibende ꝛc. 13. Aufl. 1862. und 14., verb. Aufl. 8. (XV und 715 S. mit 286 neu gest. in den Text eingedr. Holzst. und 1 Farbentaf. in Stahlst.) Braunschweig 862—64, Vieweg und Sohn. *

—— dass. — 15., verm. und verb. Aufl. 2 Hälften. 8. (XXIX und 831 S. mit 219 in den Text eingedr. Holzst. und 1 lithogr. farbigen Spectraltaf.) Ebendas. 868,69. à Hälfte * 1 Thlr. *

Stöckhardt, Jul. Adph., die Schule der Chemie, oder erster Unterricht in der Chemie versinnlicht durch einfache Experimente. Zum Schulgebrauch u. zur Selbstbelehrung, insbesond. für angehende Apotheker, Landwirthe, Gewerbtreibende ꝛc. 15. u. 16. verm. u. verb. Aufl. Braunschweig 868—70. Vieweg & Sohn. 8. (XXIX, 831 S. mit 219 in den Text eingedr. Holzst. u. 1 lith. farbigen Spectraltaf.) n. 2 ₰

Stöckhardt, Jul. Adf., die Schule der Chemie oder erster Unterricht in der Chemie, versinnlicht durch einfache Experimente. Zum Schulgebrauch und zur Selbstbelehrung insbesondere für angehende Apotheker, Landwirthe, Gewerbtreibende etc. 15. und 16. Aufl. 1868,70. *M 6., und 17. verb. Aufl. 8. (XXIX, 830 S. mit 219 in den Text eingedr. Holzst. und 1 farb. lithogr. Spectraltaf.) Braunschweig 873, Vieweg und Sohn. *

— dasselbe. 18. verb. Aufl. Mit 219 in den Text eingedr. Holzst. u. e. farb. Spectraltaf. 1. Abth. 8. (VII, 480 S.) Ebend. 876. n. 4. —

Stöckhardt, Jul. Adph., die Schule der Chemie oder erster Unterricht in der Chemie, versinnlicht durch einfache Experimente. Zum Schulgebrauch u. zur Selbstbelehrung, insbesondere für angeh. Apotheker, Landwirthe, Gewerbtreibende etc. 18., verb. Aufl. Mit 219 in den Text eingedr. Holzst. u. einer farb. Spectraltaf. 2. Abtheil. 8. (VII—XXXI u. S. 481—850.) Braunschweig 877. Vieweg & Sohn. n. 3. —
(cplt.: n. 7. —)

Stöckhardt, Jul. Adph., die Schule der Chemie, oder erster Unterricht in der Chemie, versinnlicht durch einfache Experimente. Zum Schulgebrauch und zur Selbstbelehrung, insbesondere für angehende Apotheker, Landwirthe, Gewerbtreibende etc. 19. verb. Aufl. 8. (XXXI, 850 S. mit 219 in den Text eingedr. Holzst. und 1 farb. Spectraltaf.) Braunschweig 881, Vieweg und Sohn. *

Stöckhardt's, Ad., Schule der Chemie od. erster Unterricht in der Chemie, versinnlicht durch einfache Experimente. Zum Schulgebrauch u. zur Selbstbelehrg. insbesondere f. angeh. Apotheker, Landwirte, Gewerbetreibende etc. 20. Aufl. Bearb. v. Lassar-Cohn. Mit 197 eingedr. Abbildgn. u. 1 farb. Spectraltaf. gr. 8. (XXXVI, 844 S.) Braunschweig 900. F. Vieweg & Sohn. n. 7. —; geb. n. 8. —

Stöckhardt's, Ad., Schule der Chemie od. erster Unterricht in der Chemie, versinnlicht durch einfache Experimente. Zum Schulgebrauch u. zur Selbstbelehrg. insbesondere f. angeh. Apotheker, Landwirte, Gewerbetreibende usw. 21. Aufl. Bearb. v. Lassar-Cohn. Mit 204 eingedr. Abb. u. 1 farb. Spektraltaf. (XXXV, 797 S.) 8. Braunschweig 908. F. Vieweg & Sohn. 7.—; geb. 8.—

Stöckhardt A.: Forst- u. landwirthschaftlich-chemische Untersuchungen aus dem akadem. Laboratorium zu Tharand. [Leipz. 1853-57]. (171) S. (4 Sartr. i 2 Vol.).

Stöckhardt, A.: W a s soll die deutsche Landwirtschaft?, s. R e u n i n g.

Stöckhardt, Julius Adolf (Hrsg.), s. Z e i t s c h r i f t d. deutsche Landwirthe.

Stoeckhardt, J. A., über die Zusammensetzung, Erkennung u. Benutzung der Farben im Allgemeinen u. der Giftfarben insbesondere, wie über die Vorsichtsmaßregeln beim Gebrauch der letzteren. 2. vervollständ. Abdruck. 8. Leipzig 844, Weidmann'sche Buchh. 1/2 ℛ

Stöckhardt, Karl Friedrich Gottlieb

Stöckhardt, Karl F. G., Christenthum oder Technologie. Eine Vertheidigung der sächs. Schulen gegen die Beschuldigungen in den „Winken u. Andeutungen ꝛc für die Vertreter des Bauernstandes ꝛc." 8. Meißen 833. Goedsche. 1/6 ℛ

Stöckhardt, Karl F. G., Christenthum od. Technologie. Eine Vertheidigung d. sächs. Schulen geg. d. Beschuldigungen in den „Winken u. Andeutungen ꝛc. f. die Vertreter d. Bauernstandes ꝛc." 8. (2¼ B.) Meißen 833. [Leipzig, Rostosky u. Jackowitz.]

Stöckhardt, Karl F. G., die Himmelspforte. Ein Morgen- u. Abendsegen-, Fest- u. Communionb. f. christl. Landleute. 2. Aufl. Nach d. Verf. Tode durchges., mit neuen Beiträgen erweit. u. hrsg. v. Joh. Otto. Trautscholb. (16 B. u. Titlbild.) 835. ½ Thlr., 3., nach d. ersten unveränd. abgedr. Aufl. 8. (12 B. u. Titlbild.) Meißen 839, Goedsche.

Stöckhardt, K. F. G., die Himmelspforte. Ein Morgen- u. Abendsegen-, Fest- u. Communionbuch für christl. Landleute. 4., von Neuem durchgeseh. Aufl. Mit e. Christusbilde. 8. Meißen 847, (846,) Gödsche. 11 ngr

Stöckhardt, K. F. G., die Himmelspforte. Ein Morgen- u. Abendsegen-, Fest- u. Communionbuch für evangel. Christen. 5. v. Neuem durchges. Aufl. Mit 1 (lith.) Christusbilde. 8. (XVI u. 200 S.) Meißen 850, Goedsche. 11 ngr

Stöckhardt, K. F. G., die Himmelspforte. Ein Morgen- und Abendsegen-, Fest- und Communion-Buch für evangel. Christen. 7., von Neuem durchgeseh. Aufl. 8. (XV und 192 S. mit 1 Stahlst.) Leipzig 859. [Dresden,] Bock's Verlag. Thlr. -

Stöckhardt, K. F. G., die Himmelspforte. Ein Morgen- und Abendsegen-, Fest- und Communion-Buch für evangel. Christen. 8., von Neuem durchgeseh. Aufl. 8. (XV und 191 S. mit 1 Stahlst.) Dresden 864, Bock's Verlag. * 12½ Ngr.; geb. *

Stöckhardt, K. F. G., die Himmelspforte. Ein Morgen- u. Abendsegen-, Fest- u. Communion-Buch für evangel. Christen. 9., von Neuem durchgeseh. Aufl. 8. (XV, 191 S. mit 1 Stahlst.) Dresden 878. Bock. geb. n. 1. 60

Stöckhardt, Carl Friedr. Glieb. Die Himmelspforte. Ein Morgen- u. Abendsegen-, Fest- u. Communion-Buch f. evangel. Christen. 10. Aufl. Mit 1 Stahlst. 12. (XVI, 191 S.) Dresd. 892, J. Naumann's Buchh. * 1 —; geb. * 1 60; m. Goldschn. * 1 80

Stöckhardt, Carl Frdr. Glieb., d. Himmelspforte. Ein Morgen- u. Abendsegen-, Fest- u. Communion-Buch f. evang. Christen. 10., v. Neuem durchgeseh. Aufl. 8. (XVI, 191 S. m. 1 Stahlst.) Dresden (893). J. Naumann. Geb. n. 1. 25; m. Goldschn. n. 1. 50

Stöckhardt, Carl Frdr. Glieb., die Himmelspforte. Ein Morgen- u. Abendsegen-, Fest- u. Communion-Buch f. evangel. Christen. 12. Ster.-Aufl. (XVI, 191 S. m. Titelbild.) 8. Dresden (903). C. L. Ungelenk. Geb. in Leinw. n. 1. —; m. Goldschn. n. 1. 25

Beitrag zum Beweis des Fermatschen Satzes von Hermann **Stockhaus**, Pfarrer. Leipzig: Brandstetter in Komm. 1910. V, 90 S. 8° [10. 15410

Stockhausen, Reiner. Ein actenmässiger Beitrag zur psychisch-gerichtlichen Medicin für Aerzte u. Juristen, mit Gutachten von M. Jacobi, u. den Herausgbrn.: F. W. Böcker, C. Hertz, Fr. Richartz. Elberfeld 855. Friderichs. gr. 8. (2 Bl., 284 S.) n. 1 ℛ 10 ngr.

Stockhausen, Anton Daniel: De T h e o l o g i a polemica ..., s. B i e l e f e l d, Johann Christoph [Praes.]

Stockhausen, Bernhard Nikolaus (Dauernheim)A. S. 14/23

Dissertatio inauguralis juridica de odio singulari erga fures.
Giessen (Vulpius) 28. V. 1715. 68 S.

Gew.: Melchior Dethmar Grollmann, Bernhard Ludwig Mollenbek.
W. v.: M. D. Grolman, Bernhard Ludwig Mollenbek, L. Frantz, Immanuel Weber, Jeremias Lorenz Franck.
33643

Stockhausen, Curt, s. S t o c k h a u s e n, Kurt.

Zur Strafprozeßreform. Bemerkungen zu d. vorliegenden Gesetzentwürfen u. Änderungsvorschläge von Emil v. **Stockhausen**, Landger.Präs. a. D. Berlin: Guttentag 1910. 95 S. 8° [10. 15028

von Stockhausen, Ernst Julius: Über einige Umstände, die den Butterungsvorgang bei verschiedener Bauart der Butterfässer beeinflussen ... Leipzig, gedr. bei E. Hedrich, 1897; 87 S. 8.
Leipzig, Phil. Fak., Inaug.-Diss. v. [21. Apr.] 1897

Stockhausen, Ernst Jul. v., über ein. Umstände, die d. B u t t e r u n g s v o r g a n g bei verschied. Bauart der Butterfässer beeinflussen. Diss. gr. 8. (87 S.) Leipzig 897. (G. Wittrin.) 1. 50

Stockhausen, Fanny, s. Bennett, H. M. Wenn der Frühling blüht!

Stockhausen, Fanny, B i l d e r aus Paul Gerhardts Leben. Festspiel. (31 S.) kl. 8. Leipzig 907. F. Jansa. n. — 30

Stockhausen, Fanny, die hl. Elisabeth. Festspiel. (40 S.) kl. 8. Leipzig 907. F. Jansa. — 50

Stockhausen, Fanny, Feierklänge. 12. (VIII, 311 S.) Berlin 899. Schriftenvertriebsanstalt. Geb. in Leinw. m. Goldschn. n. 3. —

[F.] Friedebert. Erzählg a. d. Anfang d. 9. Jhs. Von F. **Stockhausen.** *Berlin: Schriftenvertriebsanst.; (Christl. Zeitschriftenver.) 1897.* (158 S.) 1 Bd 8. [97. 6483

— **„Heil Kaiser Dir!"** Deklamatorium zu Kaisers Geburtstag. (19 S.) kl. 8. Ebd. 905. n. — 30

Stockhausen, Fanny, Idis. (Gedicht.) 12. (32 S.) Düsseldorf 896. C. Schaffnit. n. — 70

— zwei Kämpfer am Niederrhein. Eine Erzählg. aus dem 11. u. 12. Jahrh. (306 S.) 8. Ebd. 904. Geb. in Leinw. n. 3. —

Stockhausen, F., ein brennend u. scheinend Licht. Erzählg. Mit 7 Zeichngn. v. H. Barmführ. (164 S.) 8. Lengerich (908). Bischof & Klein. Geb. in Leinw. 1. 75

— Der Sänger des „Wilhelmus v. Nassauen". Erzählg. aus der Zeit Wilhelms v. Oranien. Mit 6 Zeichngn. v. H. Barmführ. (136 S.) 8. Ebd. (908). Geb. in Lw. 1. 50

— Eine kleine Weihnachtsaufführung f. Zeitschriftenvereine. (14 S.) 8. Berlin (908). Schriftenvertriebsanstalt. — 50

— Luthers Weihnachtslied. Ein Weihnachtsfestspiel (20 S.) 8. Ebd. 904. n. — 30

Stockhausen, Ferdinand: [1.] Über die C o n d e n s a t i o n von β-Methylchinaldin, Chinaldin-β-Carbonsäure und β-Chlorchinaldin mit Formaldehyd u. [2.] über β-Oxychinaldin. München 1903: V. Höfling. (101 S.) 8°
München, Phil. Diss. v. 1903

Ökologie, 'Anhäufungen' nach Beijerinck. Beiträge z. natürl. Reinzucht d. Mikroorganismen von Dr. Ferdinand **Stockhausen**. Mit 11 Abb. Berlin: Inst. f. Gärungsgewerbe 1907. X, 278 S. 8° [11.1323]

Stockhausen, Ferd., Ökologie, „Anhäufungen" nach Beijerinck. Beiträge zur natürl. Reinzucht der Mikroorganismen. (X, 278 S. m. 11 Abbild.) gr. 8. Berlin 907. (P. Parey.) 4. —

Stockhausen, Ferd. (geb. Siegburg 1. 3. 1813): De signis partus absoluti. Berolini (1840). (29 S.) 8°
Berlin, Med. Diss. v. 28. Febr. 1840

Stockhausen, Friedrich [aus Cannstatt]: Beiträge zur Kenntniss der Aluminiumchlorid-Reaktionen. I. Nitrokörper u. Aluminiumchlorid. II. Beiträge z. Kenntn. d. aromat. Ketone ... Heidelberg, Univ.-Buchdr. v. J. Hörning, 1893; 40 S., 1 Bl. 8.
Heidelberg, Naturw.-math. Fak., Inaug.-Diss. v. [19. Juli] 1893

Stockhausen, Geo., s.: Jahrhundert, das deutsche.

S t o c k h a u s e n, Georg Konrad: „Beyträge zur Rechtsgelahrtheit, Oekonomie, Polizey- und Cammeralwissenschaft, wie auch zur Naturgeschichte, besonders von Hessen", Band 1, Stück 1—3, Frankfurt a. M. 1769 (Andreä). — Vorh.: UB Göttingen (Signatur: Polit. I, 1460); UB Freiburg i. Br. (Signatur: S. 270).

Stockhausen, G. Cd., Beyträge zur Rechtsgelahrheit, Oekonomie, Polizey rc. 4 Stück. 8. Frankfurt, Andreä. 769–71.

Stockhausen, Georg Konrad (Hessen) A. S. 81/23

Dissertatio inauguralis iuridica de coniunctione iurisprudentiae, atque oeconomices, politices, et scientiae cameralis in specie.
Leipzig (Langenheim) 6. XII 1768. 31 S.
33645

Stockhausen, Heinrich Christian Ludwig

Stockhausen, H. C. L., Uladislaus u. s. blut. Untergang bey Varna, in e. Trauerspiel m. Anmerk. erläut. 8. Halle. 721.

Stockhausen, H. C. L., s. Uladislaus.

[STOCKHAUSEN, HEINRICH CHRISTIAN LUDWIG]. Zenobia Von Palmyra auf Die glückseligste Verbindung des Durchlauchtigsten Sächsischen und Oesterreichischen Hauses in einem Schau-Spiel fürgestellet . . . Halle, Neue Buchhandlung, 1720. 8°. *Titelkupfer (Aurelians Sonnentempel)*, 9 Bl. 491 S. HLd. d. Z. m. Rsch.
G. III. 357, 199. 2. Maltzahn III. 2198. FdF. 1723. Einzige Ausgabe.

— Zenobia v. Palmyra, e. Trauersp. 8. Leipz. 720.

v. Stockhausen, Herrm., Predigten, gehalten vor den Gemeinden Kirchberg u. Riede. Nach dem Tode des Verfassers herausgeg. 8. Rinteln 842, Bösendahl. (Literar.-artist. Verlags-Institut.) 3/4 ₰

Stockhausen, Hermann, aus Offenbach a. M.: Studien zu Platens Balladen. *Berlin (1899): E. Ebering.* (62 S.) 8°
Berlin, Phil. Diss. v. 15. Febr. 1899

Stockhausen, Johannes: Untersuchungen über die stoffliche Zusammensetzung des Tierkörpers bei proteïnreicher und proteïnarmer Ernährung. Berlin: Springer 1909. 50 S. 8°
¶ (Auszug u. d. T.: Beitrag z. Kenntnis d. chem. Zssetzg d. Hundekörpers, in: Biochem. Zeitschrift. Bd 22, H. 3/4.)
Königsberg, Phil. Diss. v. 29. Okt. 1909, Ref. Albert, Stutzer
[Geb. 11. Febr. 77 Berlin; Wohnort: Angerburg; Staatsangeh.: Preußen; Vorbildung: Realgymn. Wiesbaden Reife O. 96; Studium: Berlin Landw. Hochsch. 3, Univ. 4, Königsberg 8 S.; Rig. 12. Mai 09.] [U 10. 2628

Stockhausen, Johann Christoph, s. A b h a n d l . üb. die Ursachen: Gesetze einzuführen.

-- s. A n d a c h t e n e. Ungenannten.

— neue Auszüge aus den besten ausländ. Wochen- u. Monatsschriften. 3 Bde. 8. Hanau 771, 72.

Stockhausen, Jh. Cph., († d. 7. Sept. 1784.) Betrachtt. üb. verschied. Charaktere d. Menschen. 8. Leipz. 754. Weygand. 5 gr

— Bibliothek der ausländisch. Literatur. 2 Bde. s. Bibliothek.

— Briefe üb. verschiedene Gelegenheiten u. Vorfälle. 8. Helmst. 756. 8. Riga 772. Hartknoch in Leipz. 8 gr

— üb. d. alte u. neue Christenthum, e. Sonntagsblatt. 2 Thle. gr. 8. Hanau. (Brönner in Frankf.) 782–83.

— crit. Entwurf e. auserles. Bibliothek f. die Liebhaber d. Philosophie u. schönen Wissenschaften 8. Berl. 752. 2e A. 758. 3e A. 764. 4e verm. Ausg. 771. Haude. 1 ₰ 4 gr

— Epikur, als ein Kenner u. Freund der schönen Wissenschaften, wider seine Ankläger vertheidigt; ein Programm. 4. Helmst. 751

— exercitat. politicar. biga, de jure et cura principis circa academias. 4. Wolfenbüttel, Meisner. 749.

— Gedanken von d. Verdiensten d. Großen um die schönen Wissenschaften. 4. Leipz. 750. Weygand. 2 gr

— neues Hanauisches Gesangbuch. 8. Hanau 779.

— Grundr. v. Predigten üb. d. Evang. Epist. u. freygewählten Texte a. d. J. 1778–80. gr. 8, Hanau, Schulz.

— Grundrisse v. Predigten üb. die Evangelien, Episteln u. freigewählten Texte. 4 Thle. gr. 8. Hanau 777—86. Schulz. 3 ℳ

— Grundsätze wohleingerichteter Briefe, nach d. neuesten u. besten Mustern d. Deutschen u. Ausländer, nebst Erläuter. u Exempeln. 8. Helmst. 751. 2e A. 752. 3e A. 753. 4e A. 760. 5e A. 766. 6e A. 778. (Weygand in Leipz.) 21 gr

— Grundsätze der christl. Religion, mit ausgedruckten Stellen der heil. Schrift, nach Ordnung des Katechismus. 8. Hanau 781.

– s. Katechismus d. Hanauische.

– s. Lehre d. angenehmen Empfindungen.

– s. Lemoine, P. C.: Betrachtungen über d. Ursprung ... d. schönen Wissenschaften ei den Römern.

— Muster der Staatsberedsamkeit, in e. Briefen u. Reden großer Herren ꝛc. 8. Berl. 767. Haude u. Sp. 12 gr

Stockhausen, J. Chrph.: „Muster der Staatsberedsamkeit, in einigen Reden und Briefen grosser Herrn und Staatsmänner", Berlin 1768 (Haude).

— Predigten. gr. 8. Frankf. Eichenberg. 776.

— neue Predigten, (23,) üb. gewählte Texte. gr. 8. Gießen 781. Krieger. 16 gr

— Predigten üb. gewählte Texte. 2 Thle. gr. 8. Frankf. a. M. 777—79. Guilhaumann. 16 gr

— Samml. vermischter Briefe. 3 Thle. 8. Helmst. 752—766. (1r Thl. 2e A. 754. 3e A. 758. 4e A. 776.) (Weygand in Leipz.) 2 ℳ 4 gr

— Sammlung vermischter Briefe. 3 Thle. 8. Helmstädt. (Weygand in Leipzig.) 776. 762. u. 766. (I. II. à 16 gr. III. 20 gr.)

— neue Samml. v. Staatsbriefen u. Reden, nebst e. Abhandl. von der polit. Schreibart. 8. Helmst. 756. (Weygand in Leipz.) 8 gr

— Samml. e. Predigten. 8. Hanau 770. Schulz. 12 gr

— Theologia naturalis. 8. Marb. Kessler. 747.

– s. Weihnachtsgeschenk f. Kinder.

— 6 Weihnachtslieder. Latein. u. deutsch. 8. Lüneb. 761—66.

Johann Friedrich Stockhausen

Historische Anfangsgründe der Mathematik worinnen der Ursprung, Wachsthum, mancherley Veränderung und heutiger Zustand sowohl der Mathematik überhaupt, als auch aller und jeder Theile derselben mit Beyfügung eines Registers ... gezeiget wird von Johann Friederich Stockhausen. Berlin: Haude & Spener 1752. 442 S. 8°

Stockhausen, Joh. Frid.: Utrum Senecae dictum: Deo parere libertas est, etc., s. Benner, Johann Hermann [Praes.]

Stockhausen, Johannes, s. Stockhausen, Johann.

Stockhausen, Julius

— Anleitung zur Singkunst. Aus dem Italiänischen ... mit Erläuterungen und Zusätzen von Johann Friedrich Agricola. Berlin 1757.

Stockhausen, Jul., der Buchstabe G und die sieben Regeln des Hrn. H. Dorn, nebst einer Vocal- und Consonanten-Tabelle. gr. 8. (56 S.) Frankfurt a. M. 880, [Alt und Neumann.] Neumann. *

Stockhausen, Jul., das Sänger-Alphabet od. Die Sprachelemente als Stimmbildungsmittel. schmal gr. 8. (29 S.) Leipzig 901. B. Senff. 1. 50

Das Sänger-Alphabet oder Die Sprachelemente als Stimm-Bildungsmittel. Von Prof. Julius Stockhausen. (Neue, vom Autor rev. Aufl. 2. Taus.) Leipzig: B. Senff (1905). (29 S.) 8° [F.] [06. 13907]

Stockhausen, Jul., das Sänger-Alphabet od. die Sprachelemente als Stimm-Bildungsmittel. (Umschlag: Neue, vom Autor rev. Aufl., 2. Tauf.) (29 S.) 8. Leipzig (906). B. Senff. n. 1. 50

Der eingeschlossene Lichtbogen bei Gleichstrom. Von Dr.-Ing. Karl Stockhausen. Mit 59 Abb. u. 60 Tab. sowie 4 Taf. Leipzig: J. A. Barth 1907. (VIII, 210 S.) 8° [07. 12494]

— Schutz der Augen gegen die schädigenden Wirkungen der kurzwelligen Lichtstrahlen, s.: Schanz, F.

Stockhausen, Karl: Untersuchungen über den eingeschlossenen Lichtbogen bei Gleichstrom. Leipzig: J. A. Barth 1907. VII, 97 S. 8° ¶ Erw. u. d. T.: Der eingeschlossene Lichtbogen bei Gleichstrom.
Dresden, Dr.-Ing.-Diss. v. 6. 3. 1907

Stockhausen, Kurt

Stockhausen's illustr. Führer durch die Bäder, Luftkurorte u. Sommerfrischen des badischen u. württembergischen Schwarzwaldes, s: Wohin dieses Jahr?

Stockhausen, Curt, illustr. Führer durch d. schönsten Kurorte u. Hotels d. badischen u. württembergischen Schwarzwaldes. Prakt. Ratgeber f. Erholungsbedürftige u. Touristen. Beschreibg. d. Lage, klimat. Verhältnisse, Kurmittel etc., e. Auswahl der bedeutendsten u. schönsten Bäder, Luftkurorte u. Sommerfrischen. Nebst genauer Angabe d. Preise f. Wohng. u. Verpflegg. in d. einz. Hotels, Kurtaxe, Bäder etc. Mit 60 Abb. nach photograph. Aufnahmen. gr. 8. (VIII, 119 S.) Freiburg i/B. 898. Litterar. Institut C. Stockhausen. n. 1. 40

Stockhausen, Marie, Sagen und Geschichten aus dem Altertum und dem Mittelalter. Vorbereitender Kursus für den Geschichtsunterricht. 8. (VIII, 148 S.) Darmstadt 885, [Würtz.] Waitz. geb. *

Stockhausen, [Viktor] Frhrr. von: Grossbahnen oder Kanäle? Eine volkswirthschaftl. Studie ... Ausgearb. ... im Auftr. d. Landwirthschaftskammer f. d. Reg.-Bez. Cassel. Cassel 1899: Weber & Weidemeyer. (64 S.) 8°

[F.] Die Wertlehre Proudhons in neuer Darstellung. Von Frh. Viktor v. Stockhausen, Dr. phil. *Bern: K. J. Wyss 1898.* (VII, 126 S.) 1 Bd 8. = Beiträge, Berner, z. Geschichte d. Nationalökonomie. No 11. [98. 8686]

Stockhausen-Abgunst, von: Das Genossenschaftswesen im Dienste der Landwirtschaft. Neuwied 1904.

Stockheim [Schlagwort]

Stockheim, s.: **Bayern**, Karte.

Stockheim, Alb., das deutsche Reichs-Gesetz üb. Markenschutz vom 30. Novbr. 1874 nebst den Vollzugsbestimmgn. erläutert. gr. 8. (VIII, 98 S.) München 875. Stahl. 1. —

Stockheim-Hasselholdt, G. v., Skizze über die Maximilians-Thürme in Linz. 16. (3½ B. u. 6 Pläne.) Passau 843, Pustet-sche Buchh. —

Stockheim-Hasselholdt, G. Frh. v. Skizze über die Maximilians-Türme in Linz. Mit Taf. Passau 1843. 56 S.

Stockholm. Ett minne för dem, som lemnat, och en handbok för dem, som besöka hufvudstaden. 12. Stockholm 843, Bonnier. n. ⅓ ℛ

Stockholm. *Stockholm: Wahlström & Widstrand; Leipzig: K. F. Koehler (1896).* (87 S.) 1 Bd quer-8.
= **Guides** of the Swedish Tourists' Club. No 14. [97. 7465

Stockholm-Lappland mit der Schwedischen Staatsbahn. Stockholm 1907: Centraltryck. (15 S.) 8°
(Turisttrafikförbund, Stockholm.) [08. 6994 B

Stockholm und Umgebungen. SA. aus d. 9. Aufl. v. 'Schweden u. Norwegen'. M. 3 Kartenbeil. *Berlin: A. Goldschmidt 1898.* (IV, 74 S., 2 Kt., 1 Pl.) 1 Bd 8.
= **Reisebücher**, Griebens. Bd 52. [98. 9880

Stockholm und Umgebung. Mit 3 Karten. Berlin: A. Goldschmidt 1906–07. (72 S.) 8°
Aus: Schweden, Norwegen u. Dänemark. 11. Aufl.
= **Reiseführer**, Griebens. Bd 52. [07. 8509

Stockholm und Umgebung. Mit 2 Kt. Berlin: Goldschmidt 1909–10. 76 S. 8°
Aus: 'Schweden, Norwegen u. Kopenhagen'. Führer bearb. von P. Kjellberg. 12. Aufl.
(Griebens Reiseführer. Bd 52.) [09. 10595

Stockholm mit seinen Umgebungen. Eine historisch-topographische Darstellung . . . Stockholm 1844. V: *Frisch, C. H.* (EngG)

Stockholm mit seinen Umgebungen. Eine histor.-topograph. Darstellung, so wie Beschreibung von Schweden, der Städte u. anderer Sehenswürdigkeiten des Landes, Angabe der Reisetouren sämmtl. Dampfschiffe u. Wegweiser durch das ganze Reich. Ein Handbuch für Reisende. gr. 16. (9½ B.) Stockholm 844, Bonnier.

Stockholmerbauten v. älterer u. neuerer Zeit. Fol. (30 Lichtdr.-Taf.) Stockholm 892. J. Hellsten. In Mappe. n. 35. —

STOCKHOLZER von Hirschfeld Katharina. Ueber das schädliche und für Bohmen besonders nachtheilige Lotteriespiel. (Von) –. o. V. u. O. (Prag) 1782. 1 vol. 15 S.

Stockhorn, Otto Frh. v.
s. **Stockhorner** v. Starein. [10. 7927

Stockhorner v. Starein, Frhr. Otto, die Bekenntnisfrage in d. evangelisch-protestant. Landeskirche Badens u. d. neugegründ. Mittelpartei. 2., stark verm Aufl., enth. d. Entgegng. auf d. Schriften 1) d. Hrn. Geheimrat Dr. v. Stösser: „Die bad. Kirchenrats-Instruktion"; 2) d. Laien d. Landeskirchlichen Vereinigung: „Ueber d. christl. Glauben". gr. 8. (III, 91 S.) Karlsruhe 897. (Freiburg i/B., G. Ragoczy.) n. — 50

Stockhorner v. Starein, Frhr. Otto, aus der Geschichte des Rittergutes Kalbsrieth u. seiner Bewohner. (85 S. m. 2 Taf.) 8. Heidelberg 908. (C. Winter, Verl.) 1. —

Zur Geschichte der Burg Stockhorn in Niederösterreich von Frh. Otto **Stockhorner** v. Starein. Heidelberg: Winter 1910. VII, 64 S. 8° [11. 2313

Kaiser-Büchlein. Wilhelm d. Grosse als Christ im Leben u. Sterben. Von Otto Frh. **Stockhorner** v. Starein, Grossh. bad. Kammerherrn u. Landgerichtsr. . . . 29. stark verm. Aufl. *Berlin: Schriftenvertriebsanst.; (Christl. Zeitschriftenver.) 1897.* (142 S., 1 Bl., 1 Portr.) 1 Bd 8. [97. 6484

Stockhorn, Frhr. Otto v., vom mittelländ. Meere. Eine Reiseplauderei, nebst einigem Altchristlichen aus Rom. (IV, 116 S.) 12. Heidelberg 903. C. Winter, Verl. n. 1. —

Stockhorner, O. v., ums Nordkap. Eine Sommerfahrt. Mit 3 Ansichten in Lichtdr. gr. 8. (112 S.) Heidelberg 885. C. Winter. n. 2. —

Die Stockhorner von Starein. Versuch d. Darstellg der Geschichte dieses Geschlechtes v. Otto Frh. **Stockhorner** v. Starein, Gr. bad. Kammerherrn . . . *Wien: C. Konegen 1896.* (184 S., 1 Taf., 1 Tab.) 1 Bd 8. [96. 8144

Stockhorn, Frhr. O. v., s.: **Wengen**, Fr. v. den, der Feldzug der großherzogl. bad. Truppen unter Oberst Frhrn. Karl v. Stockhorn gegen die Vorarlberger u. Tiroler 1809.

Stockhornkette, Jaun–Thun. [Exkursionskarte. Lithographischer Ueberdruck der Blätter 351bis, 355bis, 366, 367 des Topographischen Atlas Siegfried.] Massstab 1 : 50000. [Hrg. durch die] Schweizerische Landestopographie, Bern. Ueberdruck 1905. 505/725 mm. 1 Bl. quer-fol.
Ausg. A: offen. fr. 2. —
Ausg. B: auf Lwd. aufgezogen, 8; *Titelblatt (mit Kartenskizze):* Topographischer Atlas der Schweiz. Überdruck. Stockhornkette. Jaun-Thun. Exkursionskarte. 1 : 50,000. Bern, Schweiz. Landestopographie, *Aufdruck:* 1905. aufgezogen fr. 3. —

Stockhouse, Thom., christl. Sittenlehre; aus d. Engl. In 3n Thles 2e Abtheil. 8. Bresl. 772–77. Meyer. (Goschorsky). 5 ℳ

Stöckicht, W.

Stöckicht, die Berechtigung des Gemeindeprincips in der Kirchen-Verfassung. Vortrag, auf der 3. Nass. Conferenz evangel. Geistlichen und Gemeindeglieder am 26. Septbr. zu Dietz gehalten. gr. 8. (16 S.) Wiesbaden 867, Niedner.
Aus: Pastoralblatt für die evangelische Kirche von E. Ohly, besonders abgedruckt.

—— die christliche Heilslehre übersichtlich dargestellt nach den Confessionskatechismen der evangel. Kirche. 2. Aufl. gr. 16. (40 S.) Wiesbaden 865, Niedner. *

Stöckicht, W., die christliche Heilslehre übersichtlich dargestellt nach dem Confessions-Katechismus der evangelischen Kirche. 3. Aufl. gr. 16. (55 S.) Wiesbaden 875. Niedner. n. — 60

Stöckicht, W., die christliche Heilslehre, übersichtlich dargestellt nach den Konfessions-Katechismen der evangelischen Kirche. 4. Aufl. 12. (55 S.) Wiesbaden 887. Niedner. geb. n. — 60

Stöckicht, W., die christliche Heilslehre. 4. Aufl. kl. 8. Wiesbaden 887. Stuttgart, Greiner und Pfeiffer. cart. * — 60

—— religiöse Politik. Predigt. 8. Ebendas. 882.

Stöckicht, W., religiöse Politik. Predigt, nach einer polit. Wahl geh. gr. 8. (12 S.) Wiesbaden 882. Niedner. n. — 40

— s.: Predigt, die christliche, in der evangelischen Kirche Deutschlands.

Stoeckicht, das Büchlein Ruth, ausgelegt in Bibelstellen, mit Beziehung auf die christliche Lebensentwickelung. Düsselthal 858. Rettungs-Anstalt. gr. 8. (2 Bl., 100 S.) 7⅓ ngr.

Stöckicht, s. Spruchbuch, biblisches.

— Text-Verzeichniß zu Kasualreden. gr. 8. (V, 138 S.) Wiesbaden 881. Niedner. n. 2. —

—— dass. — 2. Tl. der Textnachweise für Kasualien. gr. 8. (IV, 220 S.) Ebendas. 884. *

Stöckicht, W. Text-Verzeichnis zu Kasualreden. 2. verm. Aufl., hrsg. v. Adf. Ohly. gr. 8. (V, 159 S.) Stuttg. 891, Greiner u. Pfeiffer. * 2 —; geb. * 3 —

Stöckicht, W., Text-Verzeichnis zu Kasualreden. 3. verm. Aufl., hrsg. v. Adf. Ohly. (VII, 168 S.) gr. 8. Stuttgart 905. Greiner & Pfeiffer. n. 2. —; geb. in Leinw. n. 3. —

Stöckigt, Willi, a. Saalfeld: Über den Einfluss der Lage auf die Temperaturentwickelung der Sommermonate und die Luftfeuchtigkeit an heissen Tagen im Schwarzwaldgebiet mit besonderer Berücksichtigung der für die Hygiene wichtigsten Temperatur- und Feuchtigkeits-Verhältnisse. [Berlin 1906: O. Salle.] (72 S., 1 Plan enth. 4 Tafeln.) 4° ¶(Aus: Das Wetter. Meteorol. Zeitschrift 23. Jg. 1906.)

Jena, Phil. Fak., Ref. Dove, Diss. v. 23. Okt. 1906

[Geb. 19. Sept. 80 Saalfeld a. S.; Wohnort: Saalfeld; Staatsangeh.: Sachsen-Meiningen; Vorbildung: Realgymn. Saalfeld Reife O. 00; Studium: Leipzig 6, Jena 4 S.; Rig. 18. Juli 06.]

Stocking, Karl. Ein Prediger aus den Soldaten u. f. die Soldaten. 8. (32 S. m. Holzschn.) Basel 889, Missionsbuchh. * — 15

Stockinger, Andr., die Damenfrisur von A bis Z, nebst ihren modernsten künstl. Ergänzgn. Leichtfassliche theoretisch-pract. Anleitg. zum Selbstunterricht im Damenfrisiren. gr. 8. (VIII, 95 S. m. 107 Holzschn.) Wien 893. I., Spiegelgasse 8, Damenfriseur Andr. Stockinger, Selbstverlag. n. 2. 50

Stockinger Julius: Citata Aphraatis Paulina. 1905 PN 1943 Diss. Wien, Univ.

Stock-Jobbery, Die, und der Handel mit Staatspapieren nach dem jetzigen Zustande . . . Münch. 1820. V: *Gönner, Nic. Thadd. v.* (CBH) (MGT) (Ky) (EngJ) (Schletter, Handb. d. jurist. Litt. Grimma 1843. S. 300.)

Stock-Jobberey, die, u. der Handel mit Staatspapieren nach dem jetzigen Zustand politisch u. juristisch betrachtet (v. N. Th. v. Gönner). gr. 8. Münch. 820. (Fleischmann).

Stock-Jobberey, die, und der Handel mit Staatspapieren nach dem jetzigen Zustand politisch und juristisch betrachtet. gr. 8. München, Thienemann. 820. -

Stoeckius, Hermann: Forschungen zur Lebensordnung der Gesellschaft Jesu im 16. Jahrhundert. St. 1. 2. München 1910. 1911. 8°
1. Ordensangehörige u. Externe. 1910.
2. D. gesellschaftl. Leben im Ordenshause. 1911.

Stoeckius, Herm., Forschungen zur Lebensordng. der Gesellschaft Jesu im 16. Jahrh. 1. Stück: Ordensangehörige u. Externe. (VIII, 57 S.) Lex. 8. München 910. C. H. Beck. 2. —

Stoeckius, Hermann: Studien über die Pädagogik der Gesellschaft Jesu im 16. Jahrhundert. Stück 1. Das Prinzip der Trennung in der Ordnung des Verkehres zwischen den Ordensangehörigen und den Externen. Nördlingen (1909): Beck. VIII, 57 S. 8° ¶(Ersch. auch als Buch b. Beck, München.)

Erlangen, Phil. Diss. v. 20. Dez. 1909, Ref. Roemer

[Geb. 19. Nov. 67 Halle a. S.; Wohnort: Nordhausen a. H.; Staatsangeh.: Preußen; Vorbildung: Gymn. Goslar Reife M. 90; Studium: Leipzig 5, Heidelberg 4, Halle 3 S.; Rig. 23. Okt. 08.] [U 10. 904

[F.] Dr. Albert **Stöckl**, Domkapitular und Lycealprof. in Eichstätt. E. Lebensskizze vf. v. einem s. Schüler. *Mainz: F. Kirchheim 1896.* (2 Bl., 72 S., 1 Bl., 1 Portr.) 1 Bd 8. [96. 9236

Stoeckl, Albert, De argumento ontologico, quo existentia Dei demonstrari solet. Münster 1863, 4°, 20 S. Akadem. Progr.

Stöckl, Albert, Eine Blüte des modernen Kulturkampfes oder die neueste Berliner Philosophie. [Hartmanns „Philosophie des Unbewußten".] Mainz, Kirchheim, 1874, gr. 8°, 58 S., 1 Mk.

Stöckl, Alb., eine Blüte modernen Culturkampfes oder die neueste Berliner Philosophie. [Hartmann's „Philosophie des Unbewußten"]. gr. 8. (58 S.) Mainz 874, Kirchheim.

Stöckl, Alb., das Christenthum und die großen Fragen der Gegenwart auf dem Gebiete des geistigen, sittlichen und socialen Lebens. Apologetisch-philosoph. und socialpolit. Studien. (In 3 Bdn.) 1. Bd. 8. (VII, 421 S.) Mainz 879, Kirchheim.

Stöckl, Alb., das Christenthum und die großen Fragen der Gegenwart auf dem Gebiete des geistigen, sittlichen und socialen Lebens. Apologetisch philosoph. und socialpolit. Studien. 2. und 3. (Schluß-)Bd. gr. 8. (IV, 425; IV, 444 S.) Mainz 880, Kirchheim. à Bd. ℳ 3,50.
1. Bd. Ebendas. 1879. ℳ 3,50.

Stöckl, Alb., das Christenthum u. die modernen Irrthümer. Apologetisch-philosoph. Meditationen. gr. 8. (IV, 499 S.) Mainz 886. Kirchheim. 4. 50

Stöckl, Alb., Geschichte der christlichen Philosophie zur Zeit der Kirchenväter. gr. 8. (VII, 485 S.) Mainz 891. F. Kirchheim. n. 6. 40

Stöckl, Alb., Geschichte der Philosophie des Mittelalters. 3 Bde. gr. 8. Mainz, Kirchheim.

Inhalt:

Bd. 1.		Periode der Entstehung und allmähl. Ausbildung der Scholastik. (XX und 431 S.) 864. 1 Thlr. 22½ Ngr.
» 2. Abthl.	1.	Periode der Herrschaft der Scholastik. 1. Abthl. (S. 1—512.) 865. 2 Thlr.
» 2. »	2.	—— dass. — 2. Abthl. (VIII und S. 513—1159.) 865. 2 Thlr. 20 Ngr.
» 3.		Periode der Bekämpfung der Scholastik. (XXVIII und 688 S.) 867. 3 Thlr.

— Geschichte der neueren Philosophie von Baco u. Cartesius bis zur Gegenwart. 2 Bde. gr. 8. (VIII, 502 u. VII, 643 S.) Ebend. 883. n. 15. —

Stöckl, Alb., Grundriß der Aesthetik. gr. 8. (IV, 112 S.) Ebend. 871. 1. 50

— Grundriß der Aesthetik u. Rhetorik [2. Beilage zum „Lehrbuche der Philosophie" desselben Verf.] 2. verb. u. verm. Aufl. gr. 8. (VIII, 202 S.) Ebend. 874. 2. 40

— Grundriß der Geschichte der Philosophie. Ein Auszug aus dem „Lehrbuche der Geschichte der Philosophie" desselben Verf. gr. 8. (XII, 296 S.) Ebd. 894. n. 4. —

— Grundriß der Religionsphilosophie. gr. 8. (VIII, 152 S.) Ebend. 872. 2. —

—— Grundzüge der Philosophie. Ein Auszug aus dem „Lehrbuche der Philosophie" desselben Verf. gr. 8. (XX, 610 S.) Ebd. 892. * 6 80

Grundzüge der Philosophie von Dr. Albert **Stöckl**. Neubearb. von D. Dr. Matthias Ehrenfried, Prof. 2. Aufl. Hauptt. 1. 2. Mainz: Kirchheim 1910. 8° [11. 3265 6

—— Professor Huber in München. Sendschreiben an einen Freund. Ein Beitrag zur Charakteristik der gegenwärtigen Münchener Philosophie und philosoph. Polemik. gr. 8. (39 S.) Mainz 865, Kirchheim.

— für die Infallibilisten. Eine Duplik der Münster'schen Dozenten, Döllinger-Adressanten. Münster 870. Brunn. gr. 8. (44 S.) 6 ngr.

Stöckl, Alb., Die Infallibilität des Oberhauptes der Kirche u. die Zustimmungsadressen an Herrn v. Döllinger, namentlich die Münstersche. Münster, Russell, 1870, 8°, 33 S., 60 Pf. — Zweite verm. Aufl. nebst einigen Bemerkungen über eine inzwischen erschienene Schmähschrift einiger Münsterschen Döllinger-Adressanten: „A. Stöckl für die Infallibilisten.“ Das. 1870, 8°, 40 S.

Eine gründliche Rechtfertigung der Unfehlbarkeitslehre u. gewandte Widerlegung der Einsprüche dagegen. Recenss. Ökum. Konzil. Stimmen rc. Heft 8, S. 159—65. Über die Schmähschrift, a. a. O. S. 165, u. bei. Litt. Handw. 1870, S. 50.

— — 2. um ein Paar Druckblätter verm. u. mit Stöckl'schen Nebelblumen verzierte Aufl. Ebend. 870. gr. 8. (47 S.) 6 ngr.

Stöckl, A., Kirche u. Schule währ. u. unmittelbar nach d. „Reformations“-Zeit, s.: Vorträge u. Abhandlungen, pädagog.

— Lehrbuch d. Apologetik. 2 Abthlgn. gr. 8. Mainz 895. F. Kirchheim. n. 7. —
1. „Die Religion an sich betrachtet“, u. „d. Religion außer d. Bereiche d. übernatürl. Offenbarg.“ (IX, 220 S.)
2. „Die geoffenbarte Religion“. (IX, 391 S.)

Stöckl, Alb. Lehrbuch der Aesthetik. 3. neubearb. Aufl. gr. 8. (XII, 353 S.) Mainz 889, Kirchheim. * 4 —

— Lehrbuch der Geschichte der Pädagogik. gr. 8. (XII, 744 S.) Ebend. 876. 8. 40

— Lehrbuch der Geschichte der Philosophie. Mainz 870. Kirchheim. Lex.-8. (XII, 863 S.) 3 Thlr

—— Lehrbuch der Geschichte der Philosophie. 2. verm. und verb. Aufl. gr. 8. (XII, 947 S.) Ebendas. 875.

Stöckl, Alb., Lehrbuch der Geschichte der Philosophie. Ebendas. 1889, gr. 8°, 2 Bde. XV, 496 u. XI, 431 S., 3. Aufl, 11 Mk.

1. Aufl. 1870, XII, 863 S. Eine in der Hauptsache vollständige Darstellung der philos. Bestrebungen aller Zeiten in der bekannten klaren u. verständlichen Form des Verf., die sein Buch besonders für die erste Einführung in das philosophiegeschichtl. Studium sehr geeignet macht. Vgl. Hamma, Theol. Quartalschr. Jahrg. 66, S. 339.

—— Lehrbuch der Pädagogik. gr. 8. (X, 486 S.) Mainz 873, Kirchheim.

— Lehrbuch der Pädagogik. 2., vielfach umgearb. Aufl. gr. 8. (XI, 515 S.) Ebend. 880. 5. 25

Stöckl's Lehrbuch der Philosophie, s. a. Repetitorium der Philosophie.

— Lehrbuch der Philosophie. Ebend. 868. Lex.-8. (XII, 860 S.) 3 Thlr

— — 2. verm. u. verb. Aufl. 2 Abthlgn. Ebend. 869. gr. 8. (XII, 452 S. u. X, 644 S.)) 3 Thlr 15 ngr.

— Lehrbuch der Philosophie. 2 Abthlgn. 3., verb. Aufl. gr. 8. Ebend. 872. 11. 25
1. Einleitung in die Philosophie, empir. Psychologie, Logik u. Erkenntnißlehre. (XII, 479 S.)
2. Metaphysik, Ethik, Social- u. Rechtsphilosophie. (X, 699 S.)

—— Lehrbuch der Philosophie. 2 Abthlgn. 4. verb. Aufl. gr. 8. (XVI, 494; X, 731 S.) Ebendas. 876.

— Lehrbuch der Philosophie. 2 Abtheilungen. 5., verm. u. verb. Aufl. gr. 8. (XVI, 512 u. XVI, 799 S.) Ebend. 881. 12. 60

—— Lehrbuch der Philosophie. 3 Abthlgn. 6. neu bearb. Aufl. gr. 8. (XVI, 455; XIV, 551; XV, 534 S.) Ebendas. 887. *

Stöckl, Albert, Lehrbuch der Philosophie. Mainz, Kirchheim, 1892, gr. 8°, XVI, 452 S., XV, 544 S., XV, 571 S., 7. neuerdings revidierte u. verbess. Aufl. in 3 Abteilungen, 15 Mk.

Abteilung 1 enthält: Psychologie, Logik u. Noetik. 1. Aufl. 1868. Zur 7. Aufl. vgl. L. Schütz, Litt. Handw. 1893, S. 84—5.

Stöckl, Alb., Lehrbuch der Philosophie. Neubearb. v. Geo. Wohlmuth. 1. Bd. Lehrbuch der Logik. 8. Aufl. (XVII, 479 S.) gr. 8. Mainz 905. Kirchheim & Co. n. 6. —; geb. in Halbldr. n. 8. —

Stöckl, Alb., Lehrbuch der Religionsphilosophie [1. Beilage zum „Lehrbuch der Philosophie“ desselben Verf.]. Mainz, Kirchheim, 1878, gr. 8°, VIII. 236 S., 2. verm. Aufl., 2,70 Mk.

1. Aufl. u. d. T.: Grundriß der „Religionsphilosophie“. Ebendas. 1872, 152 S. Recenss. Katholik 1873, Bd. 1 S. 507—12. (Tüb.) Theol. Quartalschr. 1879, S. 677—87 (K. Braig).

Stöckl, Alb., die speculative Lehre vom Menschen und ihre Geschichte. Im Zusammenhange mit den obersten Grundsätzen der Philosophie und Theologie dargestellt. 1. Bd. Würzburg 858. Stahel. Lex.-8. (XXII, 544 S.) n. 2 Thlr.

— die speculative Lehre vom Menschen und ihre Geschichte. Im Zusammenhange mit den obersten Grundsätzen der Philosophie u. Theologie dargestellt. 2. Bd. A. u. d. T.: Geschichte der Philosophie der patristischen Zeit mit specieller Hervorhebung der durch sie bedingten speculativen Anthropologie. Würzburg 859. Stahel. Lex.-8. (XXVI, 534 S.) n. 2 Thlr

[ö.] Der moderne Liberalismus und dessen atheistischer Charakter. Philosoph. Studie v. Dr. Albert **Stöckl**, Domcapitular. *Frankfurt a. M.: A. Foesser Nachf. 1896.* (36 S.) 8.
= Broschüren, Frankfurter zeitgemässe. N. F. Bd 17. H. 11. [97. 406

Stöckl, Albert, Liturgie u. dogmatische Bedeutung der alttestamentl. Opfer insbesondere in ihrem Verhältniß zur neutestamentl. Opfertheorie. Eine exegetisch-dogmat. Abhandlung. gr. 8. (XVI u. 414 S.) Regensburg 848, Manz. $1\frac{1}{3}$ Thlr

Der Materialismus geprüft in seinen Lehrsätzen und deren Consequenzen. — Von Dr. Albert Stöckl, L. P. — 1877. Mainz, Franz Kirchheim. — S. 1—116.
Progr. Eichstätt, bischöfl. Lyzeum

— die öffentliche Meinung. Ein Vortrag, geh. im kathol. Casino zu Eichstätt. gr. 8. (20 S.) Eichstätt 878. Bayer. — 30

Der Nominalismus und Realismus in der Geschichte der Philosophie. Von Albert Stöckl, P. der Philos. — 1854. Ebend. — S. 1—56.
Progr. Eichstätt

— das Opfer nach seinem Wesen und nach seiner Geschichte. Mainz 861. Kirchheim. gr. 8. (VIII, 607 S.) 2 Thlr

Stöckl, Albert: De Scoti Erigenae philosophia. Monasterii 1867. 25 S. 4°
Schul-/Univ.-Schrift

Stoeckl, Alb., De psychologia Tertullianea. 2 Programme zu den Lektionskatalogen der kgl. Akademie zu Münster pro 1862—68.

— zu Walter's Schrift: Der katholische Religionsunterricht an den humanistischen Gymnasien. [Aus: „Der Katholik".] gr. 8. (19 S.) Ebd. 893. — 30

— der moderne Religionsunterricht an den deutschen Gymnasien. Eine pädagogisch-krit. Studie. 8. (74 S.) Mainz 881. Kirchheim. — 75

Stöckl, Alb., Das Verhältnis der Pädagogik zu Religion u. Philosophie. Kempten, Kösel, 1895 (?), 8°, 58 S., 60 Pf. (Pädagogische Vorträge u. Abhandlungen. Heft 11.)

— das Verhältnis d. Pädagogik zu Religion u. Philosophie, s. a. Vorträge u. Abhandlungen, pädagog.

—— über Wesen und Zweck der ästhetischen Kunst. Zu Dr. Jungmanns „Aesthetik". 8. (48 S.) Ebendas. 885.

Stöckl, Alfons, Dampfwäschereien u. Bekleidungs-Industrie-Berufsgenossenschaft, s.: Flugschrift Nr. 2 des internat. Wäscherei-Centralblatt Göttingen.

Stöckl, Anton

Stöckl, Ant., Auslegung der sonn- u. festtägl. Evangelien des ganzen Jahres, zur Belehr. u. Erbauung des Landvolks. 2 Bde. 8. Wien 807. Al. Doll. 2 ʄ 8 g Hbg. Pr. 1 ʄ

— Homilien üb. die sonntägl. Evangelien, zur Belehr. u. Erbauung der Landleute, unter der Frühmesse vorgetragen. 8. Wien 798. N. A. 804. Al. Doll. 1 ʄ 16 g Hbg. Pr. 16 g N. Aufl. unt. d. T.: Homilien u. kurze Predigten auf alle Feiertage d. Jahres. 8. Ebd. 809. 16 g

— neue Landpredigten üb. die sonn- u. festtägl. Evangelien mit einiger Rücksicht auf d. System der reinen Moral. 2 Bde. 8. Wien 805. Al. Doll. 3 ʄ 8 g Hbg. Pr. 1 ʄ 8 g

Stöckl, Ant., Predigt f. d. Landvolk üb. d. Verhalten e. Christen bey der immer näher anrückenden Cholera-Seuche. Gehalt. am 25. Sept. im J. 1831. gr. 8. (1 B.) Wien, [C. Doll.] 1832.

— kurze Predigten auf alle Sonn- u. Festtage des Jahres zur Belehr. n. Erbauung der Landleute vorgetragen. 2 Jahrgg. od. 4 Bde. 8. Wien 799—803. Al. Doll. 6 ʄ Hbg. Pr. 2 ʄ 8 g

— neue Sittenlehrreden f. d. kathol. Landvolk, üb. die sonn- u. festtägl. Evangelien des ganzen Jahres. 2 Thle. 8. Wien 819. Al. Doll. 2 ʄ Hbg. Pr. 1 ʄ 8 g

Stöckl, Carl, s. Stöckl, Karl.

Stöckl, Elisabeth, s.a. Stöckel, Elisabeth.

Stöckl, Elisabeth, neuestes Kochbuch für bürgerliche Haushaltungen. Mit mehr als 1200 Speisen in 20 Abthlgn. nebst einer Anleitung zur Bereitung von Torten, Bäckereien, Theebäckereien und Erfrischungen. Wien 857. Wendelin. 8. (404 S.)

Stöckl, Elisabeth, neuestes u. bewährtestes Kochbuch für bürgerliche Haushaltungen. Praktische Anweisung nicht nur geschmackvoll u. der Gesundheit am zuträglichsten, sondern auch auf die wohlfeilste Art zu kochen. Mit mehr als 1200 Speisen in 20 Abtheilungen, nebst einer Anleitung zur Bereitung von Torten, Bäckereien, Theebäckereien u. Erfrischungen. 2. Ausg. Wien 859. Mayer & Co. 8. (404 S.) 18 ngr.

Stöckl, Elisabeth, neuestes und bewährtestes Kochbuch für bürgerliche Haushaltungen. Praktische Anweisung nicht nur geschmackvoll und der Gesundheit am zuträglichsten, sondern auch auf die wohlfeilste Art zu kochen. Mit mehr als 1200 Speisen in 20 Abthlgn. nebst einer Anleitung zur Bereitung von Torten, Bäckereien, Theebäckereien und Erfrischungen. 2. (Titel-)Ausg. 8. (404 S.) Wien (857)60, Mayer und Comp.

Stöckl, Elise, neuestes u. bewährtestes Kochbuch f. bürgerliche Haushaltungen. Praktische Anweisung, nicht nur geschmackvoll u. der Gesundheit am zuträglichsten, sondern auch die wohlfeilste Art zu kochen. Mit mehr als 1200 Speisen in 20 Abtheilungen, nebst einer Anleitung zur Bereitung von Torten, Bäckereien, Theebäckereien u. Erfrischungen. 4., verb. Aufl. 8. (IV, 404 S. m. 1 Titelbild in Tondr.) Wien 881. Mayer & Co. cart. 2. 70

Stöckl, Franz, Bericht über den Stand des Schulturnens in den Ländern Steiermark und Kärnten im Sommer 1887, Graz 1888, 31 S., Gr.-8°.

Stöckl, Franz, Das Leitergerüst, E. Turngerät f. Schulen, Graz, 1 Taf., 8°.

Stöckl, Franz, Hauptmann des Infanterieregiments Nr. 62. Neuere Literatur über 1866. Vortrag gehalten am 23. Jänner 1903 im Militärwissenschaftlichen und Kasinoverein in Wien. (Aus: „Streffleurs österr. militär. Zeitschrift." I. Bd., 6. Heft, 1903. 8. Wien 1903.

Stöckl, Frz., das Schulturnen. In knappen Zügen dargestellt. gr. 8. (62 S.) Graz 885, Leuschner und Lubensky. *
Aus: Pädagogische Zeitschrift, besonders abgedruckt.

Stöckl, Frz., Steirerlieder für die Jugend. 12. (54 S.) Graz 884, Pechel. *

Stöckl, Frz., Steirerlieder f. d. Jugend. 3., verm. Aufl. 11.—15. Taus. 12. (70 S.) Graz 896. H. Wagner. n. — 40

Stöckl, H.: Zwei Weihnachtsabende, s. Meinhold's Volks- u. Jugendbibliothek.

Stoeckl, Hans, appr. Arzt a. Neunburg v. W. (Oberpfalz): Ueber einen Fall von Anencephalie mit Kryptorchismus. München 1904: Kastner & Callwey. (25 S.) 8°
München, Med. Fak., Ref. v. Winckel, Diss. v. 3. Jan. 1905
[Geb. 6. Juni 80 Rötz, Oberpfalz; Wohnort: Neunburg v. W.; Staatsangeh.: Bayern; Vorbildung: Altes Gymn. Regensburg Reife Juli 99; Studium: München 4, Erlangen 2, München 4 S.; Coll. 30. Nov. 04; Approb. 16. Sept. 04.]

Stöckl, Hans, kurzer Führer auf der Teilstrecke Schwarzach—St. Veit—Bad-Gastein der Tauernbahn. Mit 1 Ansicht v. Bad-Gastein nach e. photograph. Aufnahme v. F. Würthle & Sohn u. 1 Kärtchen der Bahnstrecke. (13 S.) kl. 8. Salzburg 905. H. Dieter. n. — 24

Stöckl, Helene, s. Stökl

Stöckl, Johann: *Ansprache anlässlich des 50jähr. Regierungsiubiläums Sr. Maj. des Kaisers Franz Josef I.* 8 (S. 47—49).
Progr. K. k. deutsches Staats-G. *Kremsier* 1899.

Stöckl, Johann: † Franz Chytil, *Professor am k. k. deutschen Staats-Gymnasium in Kremsier.* 8 (S. 19—20).
Progr. K. k. deutsch. Staats-G. *Kremsier* 1900.

Stöckl, Johann Zur Geschichte der Stadt und des Piaristengymnasiums in Kremsier. Festschrift aus Anlafs des 200 jährigen Bestandes des Gymnasiums. 8 (S. 3—133).
Progr. Deutsches Staats-G. *Kremsier* 1887.

Stöckl, J., zur Geschichte der Stadt u. des Piaristengymnasiums in Kremsier. Festschrift aus Anlass des 200jähr. Bestandes des Gymnasiums. gr. 8. (133 S.) Kremsier 887. (H. Gusek.) n. 2. —

Stöckl Joh.: **Politische Stellung der Republik Venedig zu Friedrich I. Barbarossa, dem Papste Alexander III. und dem Lombardenbunde. 36. Kremsier 83.**
Progr.

Stöckl, Johann B. — Die Heilkraft der Natur oder: Der Glaube macht selig. Bearbeitet von — —. Wien, 1857. Druck und Verlag von A. Dorfmeister. (1. Heft. S. 1—84. 8.)

Stöckl, Johann Baptist

Stöckl, Jh. Bapt., ernstl. Blicke d. Christen ins Heiligthum Gottes u. seiner Seele. Ein Gebetbuch f. nachdenkende Katholiken zur Befestigung u. Belebung d. Glaubens. 8. Eichstädt 817.

— ein Gebetbuch nach Wunsch, od. der betende Katholik eins mit d. Priester, u. auch besonders f. sich selber in u. außer der Kirche. gr. 8. Augsb. 812. Bolling. (Leipz., Herbig), 1 ℛ 8 gr, 2e Aufl. Mit 1 Kpf. gr. 8. Ebd. 824. 1 ℛ 12 gr

— zwei Jubelpredigten üb. Michael Biber. 8. Eichst. 818.

— der fromme Pilger. Ein Gebetbuch. 8. Augsb. 821. (Leipz., Herbig). 15 gr

STÖCKL, Johann Baptist (Rosenheim): Ueber Schamangriffe an Mädchen unter 12 Jahren.- München: Mühlthaler 1870. 15 S.
16.3.1869 - Urk (Titel: De investigationibus circa offensa in genitalia puellarum.); P 72; Chr 1868/69,14
Diss. Ingolst.-Landsh.-Mchn.

— f. kurzer u. vollständ. Unterricht in der christkathol. Lehre in leichten Fragen Antworten.

— leichtfaßl. katechet. Unterricht in d. Naturgeschichte u. Naturlehre für reifere Schüler. 2e Aufl. 8. Augsb. 820. v. Jenisch u. St. 8 gr

Stöckl, Carl, Hülfs-Tabellen f. die Berechnung eiserner Träger m. besond. Rücksichtnahme auf Eisenbahnbrücken. Unter Mitwirkg. v. Albr. Wechsler. gr. 8. (V, 155 autogr. S.) Wien 876. (Helf's Sort.) n.n. 5. —

Stöckl, **Carl, Hülfs-Tabellen für die Berechnung eiserner Träger mit besond. Rücksichtsnahme auf Eisenbahnbrücken. Unter Mitwirkung von Albr. Wechsler. gr. 8. (V, 155 autogr. S.) Wien 877, (Helf's Sortiment.)** **

Stöckl, Carl, und Wilh. Hauser, Hilfs-Tabellen für die Berechnung eiserner Träger mit besond. Rücksichtsnahme auf Eisenbahnbrücken. gr. 8. (XLVIII, 182 S. mit 24 Holzschn. und 2 Taf.) Wien 888, Spielhagen und Schurich. *

Stöckl, Carl, u. Wilh. **Hauser,** Hilfs-Tabellen f. d. Berechng. eiserner Träger m. bes. Rücksichtnahme auf Eisenbahn- u. Strassenbrücken. 2., wesentl. verm. Aufl. Mit 38 Holzschn. u. 3 Taf. Lex.-8. (XI, 285 S.) Wien 898. Spielhagen & Schurich. n. 14. —

Stöckl, Carl, u. Wilh. **Hauser,** Hilfstabellen f. die Berechng. eiserner Träger m. besond. Rücksichtnahme auf Eisenbahn- u. Strassenbrücken, nebst Anh., enth. die amtl. Vorschriften f. die Belastg. u. Berechng. v. Eisenbahn- u. Strassenbrücken in Österreich, Ungarn, Preussen u. Bayern. Berechnet u. hrsg. 3., wesentl. verm. Aufl. (XI, 427 S. m. 123 Abb.) Lex. 8. Wien 909. Spielhagen & Schurich. 18. —

Stoeckl, Carl, der österreichische Ingenieur- u. Architekten-Verein MDCCCIIL bis MDCCCIIC. Festschrift, hrsg. vom Vereine zur Feier seines 50jähr. Bestandes. Mit Zeichngn. von Frz. Frh. v. Krauss. Imp.-4. (154 S. m. 57 Abbildgn. u. 75 Initialen.) Wien 899. [A. Schroll & Co.] Spielhagen & Schurich.
Geb. in Leinw. n. 6. —; erm. Pr. n. 3. —

Stöckl, Karl, aus Eichstätt: **Messungen** über die Dispersion und Absorption von Lösungen anomal brechender Substanzen bis zu grossen Verdünnungen. *Tübingen 1900: H. Laupp Jr.* (34 S.) 8°
München, Phil. Diss. v. 1900

Stocklaska, Walt., die Schlacht bei Austerlitz. Mit 3 Skizzen u. 1 Karte des Schlachtfeldes. (Zum 100. Gedenktage der Schlacht bei Austerlitz.) (64 S.) Lex.-8. Brünn 905. (C. Winiker.) n.n. 1. —
Sonderabdruck aus: „Ztschr. d. deut. Ver. f. d. Gesch. Mährens u. Schlesiens".

Stöckle, J., Sachregister, s.: Annalen der Physik u. Chemie.

Stöckle, Josef

—— J. W. Webers Dreizehnlinden u. J. V. v. Scheffels Ekkehard, s. Broschüren, Frankfurter zeitgemäße.

Stöckle, Jos. Erinnerungen aus dem Donauthale. 8. (71 S.) Meßkirch 889. Schwetzingen, Selbstverlag d. Verf. * — 70

—— Fahrten in die Welt. Bilder aus der kleinen u. großen Welt, gezeichnet v. e. fahr. Schüler. 8. (VI, 278 S. m. Portr. u. Facsm.) Ebd. 890. * 1 80

(Stöckle, J[oseph].) Führer zum Hohentwiel durch Singen, Radolfzell und die Reichenau. (Mit Illustrationen [2 Tafeln] und [2] Karten.) 8. Würzburg, Wien (1889).
Woerl's Reisehandbücher.

—— Grundriß e. Geschichte der Stadt, d. Schlosses u. d. Gartens v. Schwetzingen. Mit 2 Beigaben: 1. Die Schwetzinger Altertumsfunde. Mit e. Überblick üb. die Prähistorie. Von A. F. Maier. — 2. Was uns e. altes Tagebuch u. die Fremdenbücher im Badehause erzählen. Von Jos. Stöckle. 8. (XII, 120 S.) Schwetzingen 890, (Küenzlen). ** 1 80

— Grundriß e. Geschichte der Stadt, d. Schlosses u. d. Gartens von Schwetzingen. Mit 2 Beigaben: 1. Die Schwetzinger Altertumsfunde. Mit e. Überblick üb. die Prähistorie. Von A. F. Maier. — 2. Was uns ein altes Tagebuch u. die Fremdenbücher im Badehause erzählen. Von J. Stöckle. 8. (XII, 120 S.) Schwetzingen 890. (Schwab.) n.n. 1. 80

Stöckle, Jos., ich fahr' in die Welt. Joseph Victor v. Scheffel, der Dichter des fröhlichen Wanderns und harmlosen Genießens. 1. und 2. Aufl. 8. (XII, 128 S. mit 1 Portr. Scheffels in Autotypie und dem Facs. eines Gedichts.) Paderborn 888, F. Schöningh. *

Stöckle, Jos., die Mettnau bei Radolfzell. [Aus: „Schriften d. Vereins f. Geschichte d. Bodensees u. seiner Umgebg."] Lex.-8. (31 S.) Lindau 891. (J. Th. Stettner.) n. — 60

Stoeckle, J., der deutsche Unterricht an der höheren Bürgerschule. 1. Thl.: Die Behandlung des Lesebuchs u. der Unterricht in den unteren u. mittleren Klassen. gr. 8. (37 S.) Frankfurt a/M. 878. Diesterweg. n. — 50

Stoeckle, J. Der deutsche Unterricht in den Unterklassen der höheren Bürgerschule, das Lesebuch und dessen Behandlung. XXIV S. **Progr.** HB. *Pforzheim* 1878.

—— Vom deutschen Versailles. Plaudereien im Schwetzinger Schloßgarten. 8. (70 S.) Mannh. 892, Bensheimer's Verlag. * 1 —

— Werenwag im Donauthale. Mit der Beigabe: Auszüge u. Bemerkgn. aus den Fremdenbüchern. Nach den Quellen bearb. gr.8. (X, 134 S.) Meßkirch 893. K. Willi. n. 1. 20

Stöckle, Julius: Über die Oberflächenspannung des Quecksilbers. *Freiburg i. B. 1898: Ch. Lehmann's Nachf.* (31 S. mit Taf.) 8°
Freiburg i. B., Phil. Diss. v. 1898

Stoeckle, Richard, aus Aichach (Oberbayern): Die Behandlung der Cancroide des Gesichts (mit Ausschluss der Lippencarcinome) und das Auftreten der Recidive nach den Ergebnissen der Würzburger chirurgischen Klinik 1887—1897. *Würzburg 1899: Verlagsdruckerei.* (77 S.) 8°
Würzburg, Med. Diss. v. 1899

Plan von Erlangen gezeichnet von Hans Stöcklein, Architekt. Massstab 1:7,500. *Erlangen: Th. Blaesing [1901].* (1 Kartenbl. 38×38 cm.) 8° [Umschlagt.] [farbig] [01. 1982

Stöcklein, Hans. Neuer Plan v. Erlangen. 1 : 7500. Farbendr. Fol. Erlangen 890, Blaesing. * — 40

Stöcklein, Hans, neue Tabellen üb. den Anfall an Latten u. Brettern von bestimmter Stärke aus Schnittstämmen von 20—60 cm. Zopfstärke im Rundverschnitt, f. Forstleute, Holzhändler, Zimmerer, Schreiner etc. nach genauen Messgn. u. Berechngn. zusammengestellt. 12. (24 S.) Erlangen (902). Th. Blaesing. n. — 50

Stöcklein, Johann

Bedeutungswandel der Wörter. Seine Entstehg u. Entwicklg. E. Versuch v. Dr. Joh. Stöcklein, Gymnasiall. . . . in München. *München: J. Lindauer 1898.* (79 S.) 1 Bd 8. [98. 3966

Entstehung von Analogieformen bei lateinischen Verba. Von Dr. Johann Stöcklein, G.-L. — 1900, München, H. Kutzner. — P. 3—32.
Progr. München, K. Wilhelmsgymnasium

Stöcklein, Joh., Entstehung v. Analogieformen bei lateinischen Verba. Progr. gr. 8. (32 S.) München 900. (J. Lindauer.) n. — 40

Stöcklein, Johann: Zur Methodik des Sprachunterrichts. Weiden 1910: Nickl. 47 S. 8°
Weiden, k. G P 1910* [S 10. 425

Stöcklein, Johann Untersuchungen zur Bedeutungslehre. 8 (59 S.). **Progr.** Kgl. G. *Dillingen* 1895.
I. Aufgabe der Bedeutungslehre. II. Affluere und affluere?

Stöcklein, Johann: Untersuchungen zur Bedeutungslehre ... [= Progr. v. Dillingen 1895.] München, Druck v. L. Baeck & C., 1897; 59 S., 1 Bl. 8.
München, Phil. Fak., Inaug.-Diss. v. 1897

— Untersuchungen z. Bedeutungslehre. gr. 8. (59 S.) Dillingen 899. (München, J. Lindauer.) n. — 80

Stöcklein, Josef

Beschreibung des Auszugs des Volkes Israel aus Ägypten. Augsburg, 1732. Wolf.

— — dies. m. Charten. 8. Augsb. Veit.

— Briefe u. Reisebeschr. welche v. d. Missionairs der Gesellsch. Jesu aus beyd. Indien u. and. üb. Meer gelegenen Ländern seit 1642—1730 in Europa angel. sind. 3 Thle. Fol. Augsb. 728—32.

Stoecklein (Stoecklin), Jos., Exitus filiorum Israel ex Aegypto et iter per desertum usque in terram sanctam ex relationibus Patris Sicard, S. J., abbatis Gamingensis, et ven. Patris Felicis Ulmensis, O. Pr., 1485. et 1556. editis. Cum 2 mappis. Augsburg u. Graz, 1728, 1758, Fol.

— Tugendbeyspiele d. Sunischen Prinzen. 8. Augsb. Wolf. 739.

Stöcklein, Joseph: Der neue Welt-Bott mit allerhand Nachrichten deren Missionarien Soc. Jesu. Allerhand so lehr- als geist-reiche Brief, Schrifften und Reis-Beschreibungen, welche von denen Missionariis Societatis Jesu aus Beyden Indien und andern über Meer gelegenen Ländern seit An. 1642 biss auf das Jahr 1726 in Europa angelangt seynd ... Th. 1—8. 9—16. 17—24. Augspurg und Grätz 1728—1732. 3 Bde. Fol. [D 19

— d. Weltbote, 3 Bde. in 24 Stck. Fol.
Augsb.: Wolf 1732.

Stöcklein, R., Synonym-Wörterbuch der pharmaceut. Präparate u. pharmaceut.-botan. Provinzial-Ausdrücke. 3 Lfgn. gr. 8. (203 S.) Berlin 847. 48, Weinholz. (à 1/3 ₰) 1 ₰

Stöcklein, R., Synonym-Wörterbuch der pharmaceut. Präparate und pharmac.-botan. Provinzial-Ausdrücke für Aerzte und Apotheker. gr. 8. (203 S.) Berlin 848. [Leipzig, Hentze.]

Stöckler, J. K., praktisches Hülfsbuch des Kunstfreundes durch Mittheilungen aus dem Gebiete des Neuesten und Nützlichsten im Kunstwissen, oder Anleitung zur Bereitung, Kenntniß und Behandlung aller Farben; zur Wachsmalerei, Glasmalerei; zur Verfertigung der Emailen, künstl. Edelsteine; zur Sideographie etc. etc. Nach den neuesten Angaben eines R. v. Dillis, J. u. E. Dingler, F. N. Fernbach, Karmarsch, J. C. Leuchs, P. T. Meißner, F. F. Runge, Vogel und eigener Erfahrung bearbeitet. Mit 1 Steintafel. gr. 8. Pesth 838. Hartleben. (Leipzig, Frohberger.) 1 ₰

— Selam, oder die Sprache d. Blumen, in naturgetreuen fein color. Abbildn., gezeichnet von H. Reichert. 18 Hft. u. 20 Hft. 24 Bl. enthalt. 8. Wien 840. (Tendler u. Schäfer.) 1 7/8 ₰

Stockli, James P., der Bau der Getreide-Mahl-Mühlen. Lehr- u. Handbuch des Mahl-Mühlen-Baues. 1. u. 2. Tl. Lex.-8. Leipzig, M. Schäfer. n. 18.—; geb. n. 20.—
1. Arbeitspläne zur Anlage v. Getreideputzereien, Weizen-, Roggen- u. Maismühlen verschiedener Systeme, Postenmüllerei, halbautomatisch u. automatisch u. für Leistgn. von 2500 bis 100 000 kg in 24 Stunden. Nach d. neuesten Stande der Technik entworfen. (34 S. m. 11 Taf.) (901.) n. 6.—; geb. n. 7.—
2. Die Ausführung der Neu- u. Umbauten von Getreideputzereien, Weizen- u. Roggenmühlen. Regeln u. Erfahrungssätze f. die Anlage von Getreide-Mahlmühlen, nach dem neuesten Stande der Technik entworfen. Mit 18 Taf. (VIII, 51 S.) (902.) n. 12.—; geb. n. 13.—

Stöckli, Augustin, Treue u. Krone d. hl. Gebhard. Predigt, geh. am Feste d. hl. Gebhard auf dem St. Gebhardsberge bei Bregenz am 27. Aug. 1893. 12. (16 S.) Bregenz 893. J. N. Teutsch. n. — 20

Stöckli, Gottfried. Zur Einweihung des Weltpostdenkmals (in Bern), 4. Oktober 1909. Historische Skizzen. [Mit 1 Vignette und 1 Tafel.] 35 S. 8. Bern, Selbstverlag des Verfassers (Buchdr. Gustav Grunau), 1909. [fr. —. 70]

Stöcklin, Hans, med. pract., [von] Bremgarten [Kt. Aargau]: Aus dem pathologischen Institut zu Zürich. Ueber einen Fall von Cholesteatom des Ohres. Wohlen K. Meyer Dr. 1895. 44 S. 8°.
Zürich, Med. Diss. [v. 3. Aug. 1895].

Stoecklin, Hans *Ludwig* [app. Arzt aus Colmar i. Els.]: Aus d. patholog. Institut zu Kiel. Ein Fall von Eröffnung der Vena anonyma durch ein Gumma ... Kiel, Druck v. Schmidt & Klaunig, 1894; 13 S., 1 Bl. 8.
Kiel, Med. Fak., Inaug.-Diss. v. [10. Juli] 1894

Stoecklin, Henry de, recherches sur la mobilité et les cils de quelques représentants du groupe des Coli-Bacilles, s. a. Mittheilungen aus Kliniken u. medicinischen Instituten der Schweiz.

Stoecklin, M. H. de. Recherches sur la mobilité et les cils de quelques représentants du Groupe des Coli-Bacilles. Avec tab. In-8°. 41 p. Bern. Thèse. 1894.

Stöcklin, Josef. Johann VI. von Venningen, Bischof von Basel, 17. Mai 1458 bis 20. Dezember 1478. Diss. Phil. Basel. Mit mehreren Textillustrationen. XII + 352 S. 8. Solothurn, Buch- und Kunstdr. Union, 1902.

Stöcklin, Jos[ef]. Johann VI. von Venningen, Bischof von Basel, 17. Mai 1458 bis 20. Dezember 1478. Von Dr. Jos. St' in Basel. Mit mehreren Textillustrationen. [Mit Titelvignette: Siegel.] XII + 352 S. 8. Solothurn, Union, 1902. [fr. 6. —]

Stöcklin, Jos., Johann VI. v. Venningen, Bischof v. Basel, 17. V. 1458 bis 20. XII. 1478. (XII, 352 S. m. Abbildgn. u. 1 Taf.) gr. 8. Solothurn 902. (Basel, Basler Buch- u. Antiquariatsh. vorm. A. Geering.) n. 4. 80

Stœcklin, J[ules]. Exposition d'un nouveau système de planiglobe terrestre. [Avec 2 planches.] 8. Fribourg (Suisse) 1875.

Stöcklin, Justin

Stöcklin, J., Aufgaben zum schriftlichen Rechnen. 2.—4. Heft. [2., 3. und 4. Schuljahr.] Für die basellandschaftl. Schulen bearb. 8. (à Heft 32 S.) Liestal 888, Gebr. Lüdin. à Heft * 25 Pf. *
1. Heft noch nicht erschienen. — 5. Heft, s. Weber, W.

Stöcklin, J. Aufgaben zum schriftlichen Rechnen f. schweizerische Volksschulen. 1.—6. Schulj. 8. (à 32 S.) Liestal 892, Gebr. Lüdin. [1. Schulj. 5. Aufl.; 2.—4. Schulj. 4. Aufl.; 5. Schulj. 3. Aufl.; 6. Schulj. 2. Aufl.] à Heft ** — 20
—— dass. — Lehrerheft. 3.—6. Schulj. 8. (à 32 Doppels.) Ebd. 891. à * — 80

Stöcklin, J., Aufgaben z. schriftl. Rechnen f. schweizer. Volksschulen. I.—VI. Schulj. 8. (à 32 S.) Liestal, Gebr. Lüdin. à n.n. — 20
I. III. 6. Aufl. 894. — II. IV. 6. Aufl. 895.
V. 5., umgearb. Aufl. 894. — VI. 4., umgearb. Aufl. 894.

-- dasselbe. Lehrerheft. III.—VI. Schulj. 8. (à 32 Doppels.) Ebd. à n. — 80
III. IV. 2. Aufl. 893. — V. VI. 2., umgearb. Aufl. 894.

Stöcklin, Justin. Kopfrechenbuch und Methodik des Rechenunterrichts im Anschluss an die Rechenbücher für die Primarschulen des Kantons Bern. 1. bis 9. Schuljahr. Teil 2: 4., 5. und 6. Schuljahr. [VI +] VIII + 336 S. 8. Bern, Staatlicher Lehrmittelverlag (Buchdr. Brodbeck & Cie., Liestal, 1901). [geb. fr. 3. —]

Stöcklin, Justin. Schweizerisches Kopfrechenbuch mit methodischer Wegleitung (*Teil 3:* und methodische W'; **Teil 2 und Umschläge:* und Methodik des Rechenunterrichts) im Anschluss an die Rechenbücher für schweizerische Volksschulen (**Teil 3:* für die schweizerischen V'). 1. bis 9. Schuljahr (**Teil 3:* 1. bis 8. ev. 9. Sch'). 3 Teile. 8. Liestal ... 1906—1910.
Teil 1: 1., 2. und 3. Schuljahr. 3. Aufl. [Illustriert.] II + VI + 471 S. L', Buchh. zum «Landschäftler», 1910. [geb. fr. 7. —]
Teil 2: 4., 5. und 6. Sch'. 3. Aufl. IV + IV + 400 S. L', Suter, Marti & Schäublin, 1907. [geb. fr. 6. 50]
Teil 3: 7., 8. ev. 9. Sch'. Mit Konstruktionsaufgaben und 231 Figuren im Text. VIII + 432 S. L', Suter, Marti & Sch', 1906. [geb. fr. 7. 80]

—— Rechenbuch f. schweizerische Volksschulen. 7., 8. u. 9. Schulj. Sekundar-, Real-, Ergänzungs-, Repetir-, Halbtags- u. Fortbildungsschulen. 8. (IV, 96 S.) Ebd. 892. cart. * — 80
Ausg. f. Lehrer (VI, 96 Doppels.) cart. * 2 40

— Rechenbuch f. schweizer. Volksschulen. 7., 8. u. 9. Schulj. Sekundar-, Real-, Ergänzungs-, Repetier-, Halbtags- u. Fortbildungsschulen. 2. Aufl. 8. (IV, 96 S. m. Fig.) Ebd. 894. Kart. n. — 80; Ausg. f. Lehrer. 2. Aufl. (V S. u. 95 Doppels. m. Fig.) Kart. n. 2. 40

Stöcklin, Konrad

Stœcklin, C. Ecce Sacerdos Magnus. Hymnus a quatuor vocibus Canto, Alto, Tenore, Basso et Organo ad festum centenarii noni St. Conradi Episc. Constant. decantandus. In-8°, 16 S. Einsiedeln, Benziger. 1883. 1 25

Stöcklin, Konr., Fest-Blumen. Eine Sammlung mehrstimm. Lieder auf die Festtage des ganzen Jahres für Kirche u. Schule hrsg. qu. gr. 8. (84 S.) Einsiedeln 851, Gebr. Benziger. 24 ngr

Stöcklin, Konr., Festblumen. Eine Sammlung mehrstimm. Lieder auf die Festtage des ganzen Jahres für Kirche und Schule. qu. 4. (102 S. mit lithogr. Titel.) Einsiedeln 860, Gebr. Benziger. —

Stöcklin, Konr., Fest-Blumen. Eine Sammlung mehrstimm. Lieder auf die Festtage des ganzen Jahres für Kirche u. Schule. 3. Aufl. Einsiedeln 869. Gebr. Benziger. qu. 4. (102 S.) 21½ ngr

Stöcklin, Conr., Gebet- und Gesangbuch für den katholischen Gottesdienst. Eine Auswahl 3- und 4stimmiger Gesänge für Meß-, Vesper- und Stationenandachten &c. sammt den gewöhnlichen Andachtsübungen. Gesammelt u. bearb. Einsiedeln 856. Benziger. 8. (VIII, 240 S. u. 1 Lithogr.) 20 ngr

Stöcklin's, Ulrich, v. Rottach, Reimgebete u. Leselieder, hrsg. v. Dreves, s. Analecta hymnica medii aevi.

Psalteria Wessofontana. Ulrich Stöcklins von Rottach Abts zu Wessobrunn 1438–1443 siebenzehn Reimpsalterien hrsg. von Guido Maria Dreves S. J. *Leipzig: O. R. Reisland 1902.* (248 S.) 8°
= Analecta hymnica medii aevi. 38. [os. 800

Stocklöw, Franz Josef ([T. 2:] u. Wenzel Hammler): Der Bezirk Kaaden in seiner Gegenwart und Vergangenheit. T. 1. 2. — Kaaden: Meyer (1890) — [etwa 1892]. 466, IV S.; X, 200 S. (Das Buch d. Heimat.)

Stocklöw, Josef. Geschichte der Stadt Tachau mit teilweiser Berücksichtigung der Herrschaft Tachau. I. Bd. Pragmatische Geschichte. II. Bd. Kulturgeschichte. Mit 1 Anhang: Urkundliche Beilagen. (In 1 Band.) S. Tachau 1878.

Stocklöw, Jos., Geschichte der Stadt Tachau mit teilweiser Berücksicht. der Herrschaft Tachau. 14 Hefte oder 2 Bde. gr. 8. (XII, 235; 220 S.) Tachau 879,80. (Prag, Grégr und Dattel.) 1.—13. Heft à * 70 Pf.; 14. Heft * M. 1,40. *

Stocklöw, Josef, Geschichte der Stadt Tachau mit theilweiser Berücksicht. der Herrschaft Tachau. gr. 8. (456 S. mit Illustr.) Tachau 885, Holub. *

STÖCKLY, FLORIAN. Beiträge zur Kenntniss der Faulnissprodukte des Gehirns. (Bern) Leipzig, 1881.

Stöckly, Johann Joseph. Zur Kenntnis des hochgespannten Wechselstrom-Lichtbogens. Diss. Math.-Naturw. Freiburg, Schweiz. [Mit Figuren.] 72 S. 8. Freiburg (Schweiz), St.-Paulus-Druckerei, 1910.

Stockmaier, s.a. Stockmayer u. Stockmeier.

Stockmajer, Christoph Friedrich (Stuttgart)
A. S. 1361/35

Fontes solutionum adversus sex impedimenta saluti Protestantium aeternae totidem epistolis publice editis objecta aperti in dissertatione academica.
Präs. Christian Eberhard Weismann.
Tübingen (Roebel) VI. 1730. 50 S. 33647

Stockmaier, Christoph Friedrich (Stuttgart)
A. S. 1347/33

Dissertatio physico-mathematica, de iride.
Präs. Georg Wolfgang Krafft.
Tübingen (Löffler) 17. IV. 1751. 28 S., 1 Taf.
33648

Stockmaier, Christoph Friedrich: De Iride, s.a. Krafft, Georg Wolfgang [Praes.]

Stockmaier, Georg Friedrich (Stuttgart) A. S. 271/41

Dissertatio iuridica inauguralis de pactis et privilegiis circa religionem et alia ecclesiastica.
Präs. Johann Jakob Moser.
Frankfurt/O. (Alex) 29. IV. 1738. 70 S.
33649

Stockmajer, Jakob Friedrich (Stuttgart) A. S. 186/12

Dissertatio inauguralis juridica, de legato testatore.
Präs. Johann Friedrich Kayser.
Giessen (Lammers) 12. IV. 1740. 48 S.

W. v.: Präs., Jo. Hermann Benner, Jeremias Lorenz Franck, Philipp Nikolaus Wolff, Philipp Heinrich Gravelius, A. F. Krug, P. H. Scheufler. 33650

Stockmaier, Johann Friedrich (Stuttgart)
Diss. Halle 1735/11

Dissertatio iuridica inauguralis de statu donationum inter virum et uxorem antiquo et hodierno.
Präs. Justus Henning Böhmer. Rec.
Halle (Grunert) 1735. 49 S.

Diss. II. 1727.
Gew.: Viktor Sigismund Gf. von Graeveniz.
33651

Stockmaier, Johann Friedrich (Stuttgart)
Diss. Halle 1746/1

Dissertatio iuridica inauguralis de statu donationum inter virum et uxorem antiquo et hodierno.
Präs. Justus Henning Böhmer. Rec.
Halle (Schneider) 1746. 49 S.

Diss. II. 1727.
Gew.: Viktor Sigismund Gf. von Graeveniz.
33652

Stockmaier, Johann Friedrich (Stuttgart) A. S. 56/16

Dissertatio iuridica inauguralis de statu donationum inter virum et uxorem antiquo et hodierno.
Präs. Justus Henning Boehmer. Rec.
Halle (Grundert) 1760. 51 S.

Diss. 22. II. 1727.
W. v.: Präs. 33653

Stockmair, Alois: Ist die Schrift „Agesilaos" ein Werk Xenophons? Ein Beitrag zur Lösung der Frage. 8 (S. 3—38).
Progr. K. k. Staatsg. *Görz* 1900.

Stockmann, Karl, oder der neue Schullehrer. Ein Gegenstück zu Karl Engelmanns Tagebuche, v. A. Lafontaine. 8. Gießen, Müller. 811.

Stockmann, die äussere Eikapsel der Forelle, s. Mittheilungen aus dem embryologischen Institute der k. k. Universität in Wien.

Stockmann, ..., Gespräche eines Vaters mit seinem militärpflichtigen Sohne, od. wohlgemeint. Unterricht an einen Rekruten. 8. Passau 816. Pustet. 4 gr

Stockmann, Patronat bei Bethauskirchen. (16 S.) gr. 8. Görlitz 904. R. Dülfer. n. — 20
Sonderabdruck aus: „Ev. Kirchenbl. f. Schlesien".

Stockmann, Schul-Atlas von Russland. 1.—4. Aufl. 12 Bl. (Mit russischem Text.) Fol. Gotha 870—76, J. Perthes. • 3 —

Stockmann, Alois, S. J., Thomas Moore, der irische Freiheitssänger, s. a. Stimmen aus Maria-Laach. 105. Erg.-Heft.

Thomas Moore, der irische Freiheitssänger. Biogr.-lit. Studie von Alois **Stockmann**, S. J. Freiburg i. Br.: Herder 1910. VII, 167 S. 8°
Ersch. auch als: Stimmen aus Maria-Laach. Erg. H. 105. [10. 18494 11

Stockmann, (Aug. Arn.). Programma: elector Johannes Georgius II, Saxoniae et Lusatiae legislator. 4. Lipsiae 1789.

Stockmann, August Kornelius

Stockmann, Aug. Korn., († d. 6. Febr. 1821.) Abhandl. üb. d. Lesen der Dichter. 8. Leipz. 785.

Stockmann, August Kornelius, s. Bach, Joh. A.: Historia jurisprudentiae.

STOCKMANN, A. Corn.: D. de Benedictis Cascellii. *Lpz.* 803. 4.

Stockmann, August Cornelius [Praes.], s. Biedermann, Christian Gottlob: De separationibus edicto praetoris haud concessis.

Stockmann, August Cornelius [Praes.], s. Buck, Georg Philipp: Ad leg. XXXIII. d. de vulgari et pupillari substitutione comment.

— Carmen saeculare. 4. Leipz. 801.

STOCKMANN, A. Corn.: Chrestom. jur. Horatiana. Spec. I — VI. *Lpz.*, 801 — 8. 4.

— Progr. Chrestomathia juris Horatiana. Spec. I—XIII. 4. Leipz. 804—14.

Stockmann, A. C., Chrestomathia iuris Horatiana. Spec. XIII. Pr. 1814. 12 S. 4°.

Stockmann, August Cornelius [Praes.], s. Diemer, Heinr. Aug. Christ. Ludw.: Ad. historiam variarum rationum juris discendi docendique symbolae. Spec. I.

— Commentat. ad Sanctum de disciplina spectaculorum. 4. Leipz. 801.

Stockmann, August Cornelius [Praes.], s. Eberhard, Christian Friedrich: De famosis libellis. Sectio prior.

Stockmann, August Cornelius [Praes.], s. Edelmann, Karl Gottlob Heinr.: De Benedictis Auli Cascellii icti Romani.

—elementa juris Georgici Saxonici, in us. acad. et forensem. 8maj. Leipz. 796.

Stockmann, August Cornelius [Praes.], s. F e d e r , Karl August: De adquirendo per occupationem rerum dominio observat. jur. Romani et Saxonici.

Stockmanni, A. C., Diss. Papirii Justi fragmenta observatiunculis illustrata. Lips. 792. 4.

Stockmann, August Cornelius [Praes.], s. F u e l l k r u s s , Caspar Gottfried: De senatus consulto Orfitiano.

Stockmann, Aug. Corn., Grundsätze der Dichtkunst, s. Domairon, allgemeine Grundsätze d. schönen Wissenschaften 2r Bd.

Stockmann, August Cornelius [Praes.], s. H e n n i c k e , Karl August: Papirii Justi ICti Romani fragmenta observatiunculis illustrata.

Stockmann, August Cornelius [Praes.], s. H e n n i n g , Johann Gottlob: De jure calendarii.

Stockmann, August Kornelius (Naumburg) A. S. 146/22

De iurisdictione prorogata.
Leipzig (Breitkopf) 17. X. 1777. 44 S.

Gew.: Kaspar Wilhelm von Berlepsch.
33655

STOCKMANN, A. Corn.: De legibus Rom. theatral. (*Lpz.*, Jacobäer. 782.) *Eb.*, Fleischer. 820. gr. 8.

—liber singularis de legibus Romanorum theatralibus. 8. Leipz. 809.

Stockmann, Aug. Korn., s. Leiden des jungen Werthheim.

STOCKMANN, A. Corn.: De libellis famosis. *Lpz.* 799. 804. 4.

Stockmann, August Cornelius [Praes.], s. L i e b m a n n , Karl Friedr.: De transactionibus ob noviter reperta instrumenta non rescindendis.

Stockmann, August Cornelius [Praes.], s. M ü l l e r , August Heinrich: De hypotheca tacita in bonis furis locum non habente.

—Oratio de jurisprudentia ipsis ex fontibus haurienda. 8maj. Leipz. 820 Staritz. 3 gr.

Stockmanni, A. C., Diss. de S. C. Orfitiano. Lips. 798. 4.

Stockmann, August Cornelius [Praes.], s. P a l m , Johann Georg: Famosi libelli utrum in civitate ferendi sint.

— Poëmata c. fig. in aen. inc. 8. maj. Lipsiae, Bruder et Hoffmann. 810.

— Poëmata. 8maj. Lips., 810. Jetzt Verlag v. Büschler in Elberfeld.

—poemata c. fig. in aen. inc. 8maj. Leipz. 811. (Schönian in Elberf.) 12 gr

Stockmann, August Cornelius (Naumburg) A. S. 602/88

De precario. Präs. Christian Rau.
Leipzig (Langenheim) 4. V. 1774. 30 S.

Gew.: Johann Fhr. von Rothkirch u. Trach, Johann Sigismund Ploetz, Georg Friedrich von Berlepsch.
W. v.: Präs. 33654

Stockmann, August Cornelius [Praes.], s. R a p s i l b e r , Karl Christian: De donationum inter conjuges celebratorum revocatione juris Romani et Saxonici observationes.

Stockmann, August Cornelius [Praes.], s. R e i n h a r d , Paul: De damnatione ad opus fortalitii.

Stockmann, Johann Christian [Praes.], s. S c h o l i n u s , Georg Christoph: De successione legitimorum eorumque qui secus pronati sunt.

STOCKMANN, A. Corn.: (Ch. Gli. HÜBNER) de vi legum priorum in poster. ad illustr. LL. 26. 27. 28. de LL. *Lips.*, 803. 4.

Stockmann, Carl, s. S t o c k m a n n , Karl.

Stockmann, Christoph Gottlieb, Auserlesene // Teutsche // Gedichte // verschiedener geschickter // Poeten und Poetinnen // Nebst seinen eigenen // dem Druck Übergeben / // Von // Christoph Gottlieb Stockmann. // Erstes Stück. // Leipzig 1722. // Zu finden bey Johann Christoph Cörnern/ in der // Grimmischen Strase. - 12 Blatt (nicht paginiert) Titelkupfer, Titelblatt, Vorrede und Untertitel. - 184 S.
Auf Seite (89) der Titel zum 2. Stück:
Auserlesene // Teutsche // Gedichte // verschiedener geschickter // Poeten und Poetinnen // Nebst seinen eigenen // dem Druck übergeben /// Von // Christoph Gottlieb Stockmann. // Zweytes Stück. // Leipzig 1722. // Zu finden bey Johann Christoph Cörnern / in der // Grimmischen Strase.

STOCKMANN, Christoph Gottlieb, A u s e r l e s e n e T e u t s c h e G e d i c h t e v e r s c h i e d e n e r g e s c h i c k t e r P o e t e n u n d P o e t i n n e n N e b s t s e i n e n e i g e n e n d e m D r u c k ü b e r g e b e n , Von —. Stück 1. Andere Aufl. Leipzig 1723. Verlegts Joh. Adam Spörl. 8°. Titelkpf., Titel, 9 Bll. Vorr., dat. Halle 1722. — Stück 2. Ebd. 1722. Zu finden by Joh. Cph. Cörnern, in der Grimmischen Strase. (sic!) 8°. (In Berlin: Yf 2241; 1 vol.) 184 S. (durchpagin.).

Enth. fast nur G e l e g e n h e i t s - G e d i c h t e von J. C. W e n t z e l , Gymn. Zitt. Dir., Just Henning B ö h m e r , Geh. R. in Halle, Werner Henrich M e i n e k e , Gymn. Magd. Coll., J. G. B r e m , Hof-Advoc. in Altenb., Heinr. Chrn. Ludew. S t o c k h a u s e n , Heinr. Ernst v. S c h l o t h e i m , Equ. Thur., C. G. S t o c k m a n n , Ernst Heinr. K n o r r , Commißions-R. in Halle, Ifr. D. W. M. F ö r s t e r i n , Phil. Casim. M ü l l e r , Buchdrucker in Marburg, Aug. Theod. R e i c h h e l m , Gerichtsbeamter in Halle, Joach. L a n g e , Prof. in Halle, M. E. S t o c k m a n n i n , geb. v. K u n t s c h. — S. 176ff. Horatii Carm. L. I. Od. 4. übers. von S t o c k m a n n , und Christl. Gedanken darüber von demselb., S. 180ff.; endlich ein plattd. Hochzeitged. von W. H. M e i n e k e.

Stockmann, Christoph Gottlieb (Gera) A. S. 299/28

Exercitatio iuridica de levis notae macula ad leg. XXVII. cod. de inoffic. test.
Präs. Johann Gottl. Heineccius. Rec.
Halle (Grundert) 1739. 71 S.

Diss. 17. VIII. 1720.
W. v.: Präs. 33656

Stockmann, Christoph Gottlieb (Gera) A. S. 46/17

Exercitatio iuridica de levis notae macula ad leg. XXVII. cod. de inoffic. test.
Präs. Jo. Gottl. Heineccius. Rec.
Halle (Hendel) 1768. 72 S.

Stockmann, Ernst

— bibl. Realconcordanz. 4. Leipzig. 705.

Stockmann, Ernst. Real-Concordanz der 49. biblischen Vorreden und 2229. Ordinal Glossen des hochtheuren Mannes Hrn. Dr. MARTINI LUTHERI ... Mit einer Vorrede des Mansfeldischen Consistorii, nebst einer Epistel von J. P. HEBENSTREIT. Leipzig, J. Heinichens Wittwe, 1703. 114 ungez. Bl.

- - , Evangelische / jährliche /// Sonn= und Fest=tagliche // Reim=DIS- //POSITIONES // und Abtheilungen /// In // Reinen deutschen Verßlein /// Oeffters auff zwantzig= und mehrerley // Art in einem Texte / worinnen das gantze Evan= //gelium kurtz / mit gutem Nutze / gefasset und behalten // werden kan; aus lang=jährigen Concepten // herausgezogen /// Und // Auf Ansuchung so mancher Zuhörer // zum Drucke befördert und // vorgestellet // Von // ERNESTO Stockmannen /// Superint. zu Alstadt / F. S. Weimarischen ges. // Kirchen=Rathe / und des Fürstl. Sächs. // Eisenachischen Consist. Assess. // Verlegt in Alstadt / und gedruckt zu Stolberg /// durch Gottfried Teutschern / Hoch=Gräfl. // Hof=Buchdr. Anno 1719. - 14 Blatt (nicht paginiert) Titelblatt, Widmung, Vorrede und Ehrengedichte von Salomo Franck und J. Chr. Lorber. 176 S.

Stockmann. F. A., De popinis Romanorum. Gel. 1805. 15 S. 4°.

Stockmann, Fritz, Referendar: **Die rechtliche Stellung** der **Schiffsgläubiger nach See- und Binnenschiffahrtsrecht.** *Greifswald 1901: F. W. Kunike.* (IX, 76 S.) 8°
Greifswald, Jur. Diss. v. [1. Okt.] 1901

Stockmann, Fritz, **die rechtliche Stellung der Schiffsgläubiger** nach **See- u. Binnenschiffahrtsrecht. Diss.** gr. 8. (IX, 76 S.) Greifswald 901. (Zeitz, A. Huch.) n. 1.60

Stockmann, Fritz. Ueber das zeitliche Verhältniss der Dauer der Systole zur Dauer der Diastole. Diss. gr. 8. (34 S.) Königsb. i. Pr. 889, (Koch). * — 80

Stockmann, Gottfried (Naumburg) A. S. 1/1

Disputatio inauguralis, de bracchio seculari.
Präs. Georg Adam Struve.
Jena (Ehrich) 1714. 24 S.

Diss. 16. IX. 1691. 33660

Stockmann, Gottfried (Naumburg) A. S. 20/33

Dissertatio de iuribus palatii principalis, Von denen Rechten der Residentz=Häuser Grosser Herren.
Präs. Georg Adam Struve. Rec.
Jena (Ritter) 1737. 24 S.

Diss. X. 1689. 33661

Stockmann, Gustav

Stockmann, Gust., die Verfassung des norddeutschen Bundes mit dem Entwurfe unter Angabe der betr. Amendements zusammengestellt. Nebst einem Anh.: Das provisor. Reichswahlgesetz vom 15. Octbr. 1866. Die Erläuterungen zur Wehrverfassung des norddeutschen Bundes. Die Bündnißverträge zwischen Preußen u. den süddeutschen Staaten. 1—6. Heft. Leipzig 867—69. Reichenbach'sche Buchh. 8. (435 S.) 1 Thlr 5 ngr.
Erschien vom 2. Heft an u. d. T. Gesetzgebung des norddeutschen Bundes.

Stockmann, Gust., die Gesetzgebung des norddeutschen Bundes mit den Entwürfen unter Angabe des betr. Amendements. 2. Heft. I. Legislatur-Periode. — Sitzungs-Periode 1867. Nebst einem Anh.: Der Bündnißvertrag zwischen Preußen und dem Großherzogth. Hessen. 8. (S. 49—131.) Leipzig 867, Reichenbach'sche Buchh.

Stockmann, Gust., die Gesetzgebung des norddeutschen Bundes und des deutschen Zollvereins mit den Entwürfen unter Angabe der betr. Amendements. 3.—9. Heft. 8. Leipzig, Reichenbach'sche Buchh. *
Inhalt:
Heft 3. 4. Der Zollvereinsvertrag vom 8. Juli 1867 und die Gesetze über die Besteuerung des Tabaks rc. (S. 132—255.) 868. *M 1.
„ 5. 6. Die Gewerbeordnung, das Wahlgesetz, die Gesetze über die deutsche Wechselordnung rc. (S. 256—435.) 869. M 1,50.
„ 7. 8. Gesetze, betr. die Maaß- und Gewichtsordnung, die Ausgaben von Banknoten, die Eheschließung Bundesangehöriger im Auslande rc. (VI, S. 436—702.) 870. M 2,50.

— Strafgesetzbuch. Die Gesetzgebung des norddeutschen **Bundes u. des Zollvereins mit den Entwürfen unter Angabe der betr. Amendements zusammengestellt.** 7. u. 8. Hft., enthltd. die Gesetze, betr. die Maaß- u. Gewichtsordng., die Ausg. von Banknoten, die Eheschließung Bundesangehöriger im Auslande rc. Leipzig 870. Reichenbach'sche Buchh. 8. (VI u. S. 436—702.) 25 ngr.

Stockmann, Gust., **die Gesetzgebung d. norddeutschen Bundes u. d. Zollvereins m. den Entwürfen unter Angabe der betr. Amendements zusammengestellt.** 9. Hft. Nachtrag, enth.: **das Gesetz, betr. den ferneren Geldbedarf f. die Kriegführg.; Zusammenstellg. der Verfassg. d. norddeutschen Bundes m. der Verfassg.** d. deutschen **Bundes nach Annahme der Verträge m. Baden,** Hessen, **Württemberg u. Bayern; Abänderg. der Verfassg. d.** norddeutschen **Bundes betr. die** Namen **deutsches** Reich **u. deutscher Kaiser.** 8. (S. 703—762.) Leipzig 871. Reichenbach.
n. — 50 (1—9.: n. 6. 50)

Stockmann, Hermann

Stockmann, Herm., München im Festschmuck. Erinnerungsblätter an die Anwesenheit Ihrer Majestäten des Deutschen Kaisers u. der Kaiserin aus Anlaß der Grundsteinlegg. des deutschen Museums v. Meisterwerken d. Naturwissenschaften u. Technik am 13. XI. 1906. Farbige Reproduktionen nach den im Besitz Sr. kgl. Hoh. des Prinz-Regenten Luitpold v. Bayern befindl. Originalen. (12 Bl. m. IX S. Text.) 44,5×84,5 cm. München (907) Braun & Schneider. In Leinw.-Mappe 10. —

Stockmann, Jo. Car. (Resp.): De variae therapiae necessitate..., s. B u e c h n e r, Andr. El. v. (Praes.)

Stockmann, Johann Tobias

Stockmann, Jh. Tob., († d. 28. März 1792.) die traurige Auswanderung der Erstgeschaffenen aus d. Paradies, ihre erste Beschäftigung auf d. Erde, die Wirkungen des göttl. Fluchs, der Tod Abels mit Grabschriften; in 5 poet. Gesängen. 8. (Darmst.) 785.

Stockmann, Josef

Stockmann, Jos., der vollkomm. Christ, od. Andacht eines rechtschaff. Christen. 8. Augsb. 776. 2e A. 780. N. A. 792. M. Rieger. 8 gr.

Stockmann, Josef, appr. Arzt a. Althaldensleben: **Über den Einfluß sporentragender Stäbchen auf die Säurebildung in Mischungen von Mehl und Wasser. Würzburg 1905:** F. Staudenraus. (47 S.) 8°
Würzburg, Med. Fak., Ref. Lehmann, Diss. v. 25. Apr. 1905
[Geb. 23. Juli 79 Althaldensleben; Wohnort: Würzburg; Staatsangeh.: Preußen; Vorbildung: Gymn. Warburg Reife O. 00; Studium: Marburg 4, Würzburg 5 S.; Coll. 24. Febr. 05; Approb. 6. Febr. 05.]

— gemeinnütz. Krankenbuch, z. Unterricht sowohl f. Krankenbesucher, als z. Trost der Kranken selbst. 8. Augsb. 783. 2e A. 785. M. Rieger. 9 gr.

— kathol. Lehr- u. Gebetbuch. 8. Augsb. 786. M. Rieger. 8 gr.

[Stockmann, Julius.] Sarnen et ses environs. Par Hilarius Frohgemuth. Avec 12 illustrations [et couverture et appendice d'annonces illustrés]. Edition de la Société pour le développement de Sarnen. 64 p. 8. Lucerne, C. J. Bucher, [1903].
Hilarius Frohgemuth = Dr. med. Julius Stockmann.

[Stockmann, Julius.] Sarnen und Umgebung. Von Hilarius Frohgemuth. Mit 12 Illustrationen [nebst illustriertem Umschlag und Annoncenteil]. Im Verlag des Verkehrsvereins Sarnen. 64 S. 8. Luzern, C. J. Bucher, [1903].

Stockmann, Karl

Stockmann, Car. (Augustus Guil.) (geb. Berlin 27. 9. 1854): De vocalium et consonarum infectione per *i* litteram in lingua theotisca capita III. Berolini: Mayer et Mueller (1877). (42 S.) 8°
Berlin, Phil. Diss. v. 8. Febr. 1877

Katalog der Lehrerbibliothek der Vereinigten städt. Gymnasien zu Brandenburg a. d. Havel 1907. (Hrsg.: Prof. Carl Stockmann.) Brandenburg a. H. 1907: A. Alterthum. (VIII, 391 S.) 8° [F.] [08. 5455]

Stockmann, Paul, verkehrter und bekehrter Atheist. 8. Leipz. Junius. (Enobloch.) 710.

— Brauch u. Mißbr. d. Iuris patronatus. 8. Ebend. 716.

STOCKMANN, P.: Branch u. Missbranch d. geistl. juris patronatus und andrer Kirchen-Gerechtigkeiten. *Lpz.* 745. 8.

Stockmann, Paul (Naumburg) A. S. 1361/7

Disputatio philologica de Caino contra necem praemunito ex Gen. IV. v. 15.
Präs. Johann Andreas Danz. Rec.
Jena 1732. 24 S.

Diss. X. 1681. 33664

— Eid u. Meineid, oder Erklär. was v. wahren u. falschen Schwören zu halten. 8. Ebend. 709.

— Elucidarius seu Lexicon Haeresium Schismat. etc. cum fide Orthodoxa pugnandum. 8. ibid. 719.

Geschichte des Dorfes und des Kirchspiels Kauffung. Festschrift z. 150jähr. Jubil. d. ev. Gemeinde 1892 von Paul Stockmann, Pastor. *Diesdorf 1892: Schreiberhau-Diesdorfer Rettungsanst.* (88 S.) 8° [F.] [02. 5043]

Die Verfassung der evangelischen Kirchengemeinde Kauffung. In ihrer geschichtl. Entwicklung dargest. auf Grund d. Akten von Paul Stockmann, Pastor. Kauffung: Selbstverl. 1907. (40 S.) 8° [F.] [07. 5180 2]

Stockmann, Paul, die Verfassg. der evangelischen Kirchengemeinde Kauffung. In ihrer geschichtl. Entwicklg. dargestellt auf Grund der Akten. (VII, 40 S.) 8. Kauffung 907. (Liegnitz, E. Scholz Nachf.) —75

Stockmann, Paul. Aus der guten alten Zeit. Tagebuchblätter e. schles. Pfarrers (Daniel Rausch), dem evangel. Volke dargeboten. gr. 8. (23 S.) Bresl. 891, Köhler. ** — 25

†Stockmann, S. M., s. Bergk, J. A.

Stockmann, S. M., s. Wolf, Fr. Aug., Encyclopädie der Philologie.

Stockmann, Wilhelm

Stockmann, Wilh., über Gummiknoten im Herzfleische bei Erwachsenen. Mit 10 Abbildgn. auf 7 Taf. (III, 104 S.) Lex.-8. Wiesbaden 904. J. F. Bergmann. n. 4. 60

Stockmann, W., die Versorgung der Prediger-Wittwen u. -Waisen in der evangelisch-lutherischen Kirche der Prov. Schleswig-Holstein. [Aus: „Zeitschr. f. Schlesw.-Holst.-Lauenb. Geschichte".] gr. 8. (170 S.) Kiel 893. (Universitäts-Buchh.) n. 2. 80

Stöckmann, C., die Gase d. Hohofens u. der Siemens-Generatoren. Eine einfache Methode zur Analyse derselben, nebst den Modificationen dieser Methode bei Untersuchg. d. Leuchtgases, sowie e. Reihe an verschiedenen Hohöfen u. Generatoren ausgeführter Untersuchgn. Für Hüttenleute, Gastechniker, Chemiker u. Studirende. Nebst 2 (lith.) Fig.-Taf. (in qu. Fol.) gr. 8. (59 S.) Ruhrort 876. Andreae & Co. n. 4. —

Stöckmann, Thdr., ein neues Naturmittel gegen Krankheit u. Laster. (20 S.) 8. Göttingen 906. Oberlehrer Stöckmann. n. — 80

Stockmans, Petr., opera omnia jurid. 4. Colon. 701.

Stockmans, Petrus: Tractatu de jure devolutionis tripartitus. Coloniae Agrippinae 1701. 8° (4°)
(Stockmans, P.: Opera omnia. 2.)

Stockmar, (Prediger) ..., üb. den verderbl. Mißwachs od. die unfruchtbare Abartung unter den bekannten Speisekartoffeln, dessen Ursachen, Vertilgung dieses Uebels u. Maßregeln zur Verhütung d. Wiederkehr desselben. 8. Berl. 802. Felisch. 12 gr.

(Stockmar:) Petition gegen die Prostitutionshäuser. Bericht d. Polizeidirektion an d. Regierungsrath d. Kantons Bern ⟨21. Jänner 1888.⟩ Als Ms. gedr. — Bern 1888: Michel. 20 S. 8°

Stockmar u. Wagner, Schatten u. Licht. Eine Festgabe z. 4. Säcularfeier d. Erfind. d. Buchdruckerkunst am Johannistag 1840 zu Frankfurt a. M. Schmal gr. 4. (15 Blätt. m. farbig gedr. Einfass.) Frankfurt a. M. 840, (Schmerber'sche Buchh.) *

Stockmar, Alfred, Referendar aus Apolda: Erläuterung des § 823 Abs. 1 des B.G.B's. *Jena 1904: G. Neuenhahn.* (54 S.) 8° [F.]
Jena, Jur. Diss. v. (4. Juni) 1904

(Stockmar, Ernst Frh. von:) Specimen codicis diplomatici Jenensis. Jenae. 1852. (Jenenser Habilitationsschrift.)

Stockmar, Ernst Frhr. v., Denkwürdigkeiten aus den Papieren d. Frhrn. Chrn. Frdr. v. Stockmar. gr. 8. (XXVI, 714 S.) Braunschweig 872. Vieweg & Sohn. n. 12. —

Stockmar, Frhr. Ernst v., Ludwig XVI. u. Marie Antoinette auf der Flucht nach Montmédy im J. 1791. Aus dem Nachlasse hrsg. v. E. Daniels. gr. 8. (V, 162 S.) Berlin 890. Hertz. n. 4. —; geb. n. 5. —

Stockmar, E. v., Washington. Eine Vorlesung gehalten in Jena. Braunschweig 854. Vieweg. 8. (5 Bl., 37 S.) n. 10 ngr.

Stockmar, H., Anwendung der amerikanischen Schreib-Lehr-Methode in Volksschulen, sowie prakt. Selbstunterricht, in kurzer Zeit eine schöne und feste Handschrift zu erlangen. 8. (14 S. mit 4 Stnt. in 4.) Greiz 855(56). [Leipzig, Hentze.]

Stockmar, Jh. Er. Gtthlf., s. 1) *Instruzione* d'un padre. 2) J. Bu. *Rösler*. Decisiones. 3) Wilhelmine v. *Thümmel*.

Stockmar, J[oseph]. Xavier Stockmar. Etude biographique par A[lexandre] J[oseph] Stockmar, ancien conseiller d'Etat. Extrait du Recueil de Biographies bernoises [Sammlung Bernischer Biographien] (Livr. 30-31). [Avec portrait.] 106 p. 8. Berne, Schmid & Francke. 1901.

Stockmar, Karl Christoph (Königstein) A. S. 94/1

De vidimus sive copiis vidimatis Von Vidimierten Urkunden und Abschriften.
Präs. Johann Jodokus Beck.
Altdorf (Meyer) 2. XII. 1724. 32 S.

Gew.: Johann Christoph Tezel. 33666

Stockmar, X(avier). L'Algérie en 1840. Lettres de X. St. SA. 8. [Bern 1898.]

Stockmayer, s.a. Stockmaier u. Stockmeier.

Stockmayer, 50 Denksprüche für Confirmanden. 1. Sammlung. qu. 8. Stuttgart 864, Lubrecht und Comp. In Couvert. *

Stockmayer, 100 Denksprüche f. Confirmanden. qu. 16. (100 Bl. mit Einfass.) Heilbronn 838, C. Drechsler. *

Stockmayer, Adolf

Stockmayer, Adf., üb. die Bereitung d. Christen auf das Kommen d. HErrn. 3. Aufl. 8. (20 S.) Gernsbach 885. Christl. Kolportage-Verein. — 6

— über die Bereitung des Christen auf das Kommen des HErrn. 5., durchgeseh. Aufl. 12. (23 S.) Lichtenthal bei Baden-Baden 898. Christl. Kolportage-Verein. n. — 08

Stockmayer, Adf., Elieser u. Rebecka. 1. Mos. 22. 23. 24. 2. Aufl. gr. 16. (14 S.) Gernsbach 897. Lichtenthal bei Baden-Baden, Christl. Kolportage-Verein. n. — 04

Stockmayer, Gertrud: Über Naturgefühl in Deutschland im 10. und 11. Jahrhundert. Leipzig 1910: Teubner. 86 S. 8°
¶ (Ersch. auch als: Beiträge z. Kulturgesch. d. Mittelalters u. d. Renaissance. H. 4.)
Tübingen, Phil. Diss. v. 27. Nov. 1909, Ref. Goetz
[Geb. 4. Febr. 80 Stuttgart; Wohnort: Stuttgart; Staatsangeh.: Württemberg; Vorbildung: Mädchengymn. Stuttgart Reife O. 04; Studium: Tübingen 8 S.; Coll. 1. Aug. 08.] [U 10. 4194

Über Naturgefühl in Deutschland im 10. und 11. Jahrhundert. Von Gertrud Stockmayer. Leipzig & Berlin: Teubner 1910. 86 S. 8°
Erschien auch als Tübinger Inaug.-Diss.
(Beiträge z. Kulturgeschichte d. Mittelalters u. d. Renaissance. H. 4.) [10. 507

Stockmayer, Hermann

Stockmayer, H., auf welche Weise wird Heu, Futterstroh, Grünfutter durch das Rindvieh besser verwerthet, im ungeschnittenen Zustande od. in Häckselform, und welche Form ist demselben zuträglicher? (Internationaler land- u. forstwirthschaftl. Congress zu Wien, 19. Hft.) gr. 8. (8 S.) Wien 890. (Frick.) n. — 40

Stockmayer, Herm., u. W. L. Fick, Aufgaben f. den Rechenunterricht in Gymnasien, Latein- u. Realschulen, höheren Töchterschulen, Volksschulen etc. Neue Folge. 1. Bdchn. Die 4 Grundrechnungsarten. A. Lehrerausg. 8. (VII, 112 S.) cart. n. 1. 80; B. Ausg. f. die Schüler (49 S.) Heilbronn: Scheurlen 1887.

Stockmayer, H., u. W. L. Fick. Aufgaben f. den Rechenunterricht in Gymnasien etc. Neue Folge. 1. Bdchn. A. Lehrerausgabe. 8. Heilbronn 887. Stuttg., Bonz u. Comp. cart. * 1 80
—— dass. — B. Ausg. f. die Schüler. 8. Ebd. 887. cart. * — 50

Stockmayer, Herm., Aufgabe für den Rechenunterricht in den mittleren Klassen der Gymnasien, der Realschulen und verwandter Lehranstalten. 8. (IV, 89 S.) Heilbronn 877, Scheurlen. cart. *

—— dass. — Schlüssel. gr. 8. (VIII, 76 S.) Ebendas. 877. *

Stockmayer, Herm., Aufgaben für den Rechenunterricht in den mittleren Klassen der Gymnasien, der Realschulen u. verwandter Lehranstalten. 2., umgearb. u. stark verm. Aufl. 1. u. 2. Bdchn. 8. (III, 70 u. III, 99 S.) Heilbronn 879. Scheurlen's Verl. cart. à n. — 80; Schlüssel zum 1. u. 2. Bdchn. 2. Aufl. gr. 8. (VII, 77 u. III, 32 S.) n. 2. —

—— dass. — 2. umgearb. und stark. verm. Aufl. 2 Bdchn. 8. (III, 70; III, 99 S.) Ebendas. 879. cart. à Bdchn. * 80 Pf. *

—— dass. — Schlüssel. 2 Bdchn. 2. umgearb. und stark verm. Aufl. 8. Ebendas. [1. Bdchn. (VII, 77 S.) 879. * M 1.40.; 2. Bdchn. (III, 32 S.) 880. * 60 Pf.] *

Stockmayer, Herm., Aufgaben für den Rechenunterricht in den mittleren Klassen der Gymnasien, der Realschulen und verwandter Lehranstalten, sowie in den oberen Klassen gehobener Volksschulen. 3. verb. und verm. Aufl. 3 Bdchn. 8. Heilbronn, Scheurlen's Verlag. cart. *
Inhalt:
Bdchn. 1. Die Dezimalbrüche. (XIV, 55 S.) 881. cart. * 75 Pf.
„ 2. Die gemeinen Brüche. Schlußrechnung. Verhältnißrechnung. (V, 74 S.) 881. cart. * 75 Pf.
„ 3. Die bürgerlichen Rechnungsarten. Flächen- und Körperberechnung. (VI, 109 S.) 882. * 90 Pf.

— dasselbe. 3., verb. u. vermehrte Aufl. 3 Bdchn. 8. Ebend. 881. 82. cart. n. 2. 40
1. (LIV, 55 S.) n. — 75
2. (V, 74 S.) n. — 75
3. (VI, 99 S.) n. — 90

—— dass. — Schlüssel. 3. verb. und verm. Aufl. 3 Bdchn. gr. 8. Ebendas. 882. [1. Bdchn. (III, 35 S.) * M 1,50.; 2. Bdchn. (III, 47 S.) * M 1,80.; 3. Bdchn. (IV, 95 S.) * M 2,80.] *

Stockmayer, Herm., und Max Fetscher, Aufgaben für den Rechenunterricht in den mittleren Klassen der Gymnasien, der Realschulen und verwandter Lehranstalten. 4. verb. und verm. Aufl. 2.—4. Bdchn. 8. Heilbronn 885, Scheurlen's Verlag. cart. *
Inhalt:
Bdchn. 2. Die gemeinen Brüche. — Schlußrechnung. — Verhältnißrechnung. (IV, 76 S.) cart. * 75 Pf.
„ 3. Die bürgerlichen Rechnungsarten. — Flächen- und Körperberechnung. (IV, 96 S.) * 90 Pf.
„ 4. Die Flächen- und Körperberechnung mit Aufgaben aus dem Gewerbsleben. (VIII, 53 S. mit 1 Stnt.) * 80 Pf.
1. Bdchn. Ebendas. 1881. cart. * 75 Pf.

—— —— dass. — Schlüssel zum 2., 3. und 4. Bdchn. 4. Aufl. gr. 8. Ebendas. 886. [Zu Bdchn. 2. (49 S.) cart. * M 1.80.; zu Bdchn. 3. (IV, 92 S.) cart. * M 2.80.; zu Bdchn. 4. (IV, 11 S.) * 50 Pf.] *
Schlüssel zum 1. Bdchn. Ebendas. 1882. * M 1.50.

Stockmayer, H., u. M. Fetscher, Aufgaben f. den Rechenunterricht in den mittleren Klassen der Gelehrtenschulen, d. Realschulen u. verwandter Lehranstalten. 1.—4. Bdchn. 8. Heilbronn, [Scheurlen's Verl.]. Stuttgart, Bonz & Co. cart. n. 3. 5
1. Unter Mitwirkg. v. G. Thomaß. 4. Aufl. (X, 77 S.) 889. n. — 80. — 2. 5. Aufl. (VIII, 55 S.) 889. n. — 65. — 3. 5. Aufl. (III, 68 S.) 889. n. — 70. — 4. 5. Aufl. (III, 88 S.) 890. n. — 90.

—— u. Geo. Thomaß. Aufgaben f. den Rechenunterricht etc. 1. Bdchn. f. 10—11jähr. Schüler [III. Klasse]. 5. dem neuen Lehrplan f. die Gymnasien u. Lyceen Württembergs angepaßte Aufl. 8. (VIII, 96 S. m. Fig.) Ebd. 891. cart. * — 80
—— —— dass. — Schlüssel. 4. Aufl. 8. (IV, 44 S.) Ebd. 890. * 1 80

— G. Thomaß u. M. Fetscher, dasselbe. Schlüssel zum 1.—4. Bdchn. gr. 8. Ebd. 890. cart. n. 6. 80
1. Für 10—11 jähr. Schüler [3. Kl.] 4. Aufl. (IV, 44 S.) n. 1. 80
2. Für 11—12 jähr. Schüler [4. Kl.] 5. Aufl. (III, 23 S.) n. 1. 20
3. Für 12—13 jähr. Schüler [5. Kl.] 5. Aufl. (IV, 36 S.) n. 1. 60
4. Für 13—14 jähr. Schüler [6. Kl.] 5. Aufl. (IV, 58 S.) n. 2. 20

Stockmayer, Herm. u. M. Fetscher. Aufgaben f. d. Rechenunterricht in den mittl. Klassen d. Gelehrtenschulen, Realschulen rc. 2.—4. Bdchn. 8. [Heilbr., Scheurlen.] Stuttg., Bonz u. Comp. cart. * 2 25
2. Für 11—12 jähr. Schüler. (IV. Klasse.) Der Bruchrechnung 2. Stufe m. Schlußrechnung. 6. umgearb. Aufl. 892. (VIII, 62 S.) cart. * — 65.
3. Für 12—13 jähr. Schüler. (V. Klasse.) Verkürztes Rechnen, Verhältnisrechng., die bürgerl. Rechnungsarten. 6. Aufl. 892. (IV, 76 S.) cart. * — 70.
4. Für 13—14 jähr. Schüler. (VI. Klasse.) Abschluß d. bürgerl. Rechnungsarten. Übungen im Denkrechnen. Reesischer Satz. Prüfungsaufgaben. 6. umgearb. Aufl. 892. (III, 92 S.) cart. * — 90.

Stockmayer, Herm., u. Max Fetscher, Aufgaben f. den Rechenunterricht in den mittleren Klassen der Gelehrtenschulen, der Realschulen u. verwandter Lehranstalten. 2.—4. Bdchn. 6. unveränd. Aufl. 8. Stuttgart, A. Bonz & Co. Kart. n. 2. 25
2. Für 11—12 jähr. Schüler. (IV. Klasse.) (VIII, 62 S.) 893. n. — 65
3. Für 12—13 jähr. Schüler. (V. Klasse.) (IV, 76 S.) 892. n. — 70
4. Für 13—14 jähr. Schüler. (VI. Klasse.) (III, 92 S.) 892. n. — 90

— — dasselbe. 1. Bdchn. 6. Aufl. 8. (XII, 100 S. m. Fig.) Ebd. 894. Kart. n. — 80

— u. Geo. Thomaß, Aufgaben f. d. Rechenunterr. in d. mittl. Klassen der Gelehrtenschulen, der Realschulen u. verw. Lehranstalten. 1. Bdchn. f. 10—11 jähr. Schüler (III. Klasse). Schlüssel. 6. Aufl. 8. (VIII, 59 S.) Ebd. 894. Kart. n. 1. 80

Stockmayer, Herm., u. Max Fetscher, Aufgaben f. d. Rechenunterricht in d. mittl. Klassen d. Gelehrtenschulen, der Realschulen u. verw. Lehranst. Neuaufgelegt v. F. 4.—6. Bdchn. 7., unveränd. Aufl. 8. Stuttgart, A. Bonz & Co. Kart. n.n. 2. 25
4. (früher Bd. II): f. 11—12 jähr. Schüler (IV. Klasse). (VI, 62 S.) 896. n.n. — 65
5. (früher Bd. III): f. 12—13 jähr. Schüler (V. Klasse). (IV, 78 S.) 895. n.n. — 70
6. (früher Bd. IV): f. 13—14 jähr. Schüler (VI. Klasse). (Abschluß d. bürgerl. Rechnungsarten. Uebgn. im Denkrechnen. Reesischer Satz. Prüfungsaufgaben.) (IV, 92 S.) 898. n.n. — 90

— dasselbe. 5. u. 7. Bdchn. 8. Schlüssel. 6., unveränd. Aufl. Ebd. n. 3. 80
5. (IV, 36 S.) 897. n. 1. 60. — 7. (60 S.) 897. n. 2. 20.
Darf nur an Lehrer geliefert werden.

— u. Geo. Thomaß, Aufgaben f. den Rechenunterricht an den mittleren Klassen der Gymnasien, der Lateinschulen u. verwandter Lehranstalten. Neu aufgelegt von Th. 3. Bdchn. f. 10—11 jähr. Schüler (III. Klasse). Wiederholung des Rechnens m. ganzen Zahlen; gemeine Brüche, Dezimalbrüche u. einfache Schlußrechng. 8., vollständig umgearb. Aufl. Schülerausg. 8. (X, 106 S.) Ebd. 901. Kart. n. — 80; Lehrerausg. (X, 143 S.) n. 2. 60

Stockmayer, Herm., u. Max Fetscher, Aufgaben für den Rechenunterricht in den mittleren Klassen d. Realanstalten, der Realschulen u. verwandter Lehranstalten. Neu aufgelegt v. F. 4. u. 5. Bdchn. u. Auflösgn. zum 4. Bdchn. 8. Stuttgart 901. A. Bonz & Co. n.n. 2. 25
4. Für 11—12 jährige Schüler (IV. Klasse). (Der Bruchrechng. 2. Stufe m. Schlußrechng.) 8., unveränd. Aufl. (74 S.) Kart. n.n. — 65; Auflösungen. (28 S.) n. 1. 20
5. Für 12—13 jährige Schüler (V. Klasse.) (Verkürztes Rechnen, Verhältnisrechng., die bürgerl. Rechnungsarten.) 8., unveränd. Aufl. (90 S.) Kart. n.n. — 70

— u. Geo. Thomaß, Aufgaben für den Rechenunterricht an den mittleren Klassen der Gymnasien, der Lateinschulen u. verwandter Lehranstalten. 3. Bdchn. für 10—11 jähr. Schüler (II. Klasse). Wiederholung d. Rechnens m. ganzen Zahlen; gemeine Brüche, Dezimalbrüche u. einfache Schlußrechng. 9. unveränd. Aufl. Schülerausg. (X, 106 S.) kl. 8. Ebd. 904. Kart. — 80

Stockmayer, Herm., u. Max Fetscher, Aufgaben für den Rechenunterricht in den mittleren Klassen der Realanstalten, Realschulen u. verwandter Lehranstalten. Neu aufgelegt v. F. 4.—6. Bdchn. 8. Stuttgart, A. Bonz & Co. Kart. n.n. 2. 25
4. Für 11—12 jährige Schüler (IV. Klasse). Wiederholung des gesamten Bruchrechnens, Verwandlg. periód. Dezimalbrüche in gemeine Brüche, Dreisatz u. Vielsatz m. geraden u. umgekehrten Verhältnissen, allgemeine Prozentrechng., Zinsrechng., Rechng. üb. Einkauf u. Verkauf, Gewinn u. Verlust, Rabatt- u. Diskontrechng., Durchschnittsrechng. 9., unveränd. Aufl. (VI, 70 S.) 903. n.n. — 65
5. Wiederholung d. Bruchrechnung m. Textaufgaben, Rechnung üb. Schuldscheine u. Obligationen, Teilungs- u. Gesellschaftsrechnung, Mischungsrechnung, zusammengesetzte Schlußrechnung. 9., unveränd. Aufl. (68 S.) 904. n.n. — 70
6. Für 13—14 jährige Schüler. Abschluß d. bürgerl. Rechnungsarten. Uebungen im Denkrechnen. Reesischer Satz. Prüfungsaufgaben. 8. unveränd. Aufl. (IV, 97 S.) 905. n.n. — 90

Stockmayer, Herm., u. Max Fetscher, Aufgaben f. d, Rechenunterricht in den mittleren Klassen der Gymnasien, der Lateinschulen u. verwandter Lehranstalten. Neu aufgelegt v. F. Schülerausg. 3.—5. Bdchn. kl. 8. Stuttgart, A. Bonz & Co. Kart. nn 2. 15
3. Für 10—11jähr. Schüler. Wiederholung des Rechnens m. ganzen Zahlen; gemeine Brüche, Dezimalbrüche u. einfache Schlußrechnung. 11., unveränd. Aufl. (X, 107 S.) 907. Kart. — 80
4. Für 11—12 jähr. Schüler. Wiederholung des gesamten Bruchrechnens. Verwandlg. periód. Dezimalbrüche in gemeine Brüche, Dreisatz u. Vielsatz m. geraden u. umgekehrt. Verhältnissen, allgemeine Prozentrechnung. Zinsrechnung. Rechnung üb. Einkauf u. Verkauf, Gewinn u. Verlust, Obligationenrechnung, Rabatt- u. Diskontrechnung, Durchschnittsrechnung. 10., unveränd. Aufl. (VI, 76 S.) 907. Kart. nn — 65; Lehrerausg. (VI, 105 S.) Kart. nn 1. 70
5. Wiederholung der Bruchrechnung m. Textaufgaben, Rechng. üb. Schuldscheine u. Obligationen, Teilungs- u. Gesellschaftsrechng., Mischungsrechng., zusammengesetzte Schlußrechng.; Anh. 10., unveränd. Aufl. (74 S.) 909. Kart. nn — 70; Lehrerausg. (108 S.) Kart. 1. 80

— — dasselbe in den mittl. Klassen der Oberrealschulen, der Realschulen u. verwandter Lehranstalten. Neu aufgelegt v. Thomaß. 3. Bdchn. f. 10—11jähr. Schüler. Wiederholungsaufgaben a. d. Rechnen m. unbenannten u. benannten ganzen Zahlen. — Gemeine Brüche. — Der Schlußrechng. erste Stufe, der Zweisatz. 10., vollständ. umgearb. Aufl. Schülerausg. (X, 118 S.) 8. Ebd. 907. Kart. — 80; Lehrerausg. (X, 147 S.) Kart. 2. 80

— — dasselbe in den mittleren Klassen der Realanstalten, der Realschulen u. verwandter Lehranstalten. Neu aufgelegt v. Fetscher. 6. Bdchn. f. 13—14jähr. Schüler. Abschluß der bürgerl. Rechnungsarten. Übungen im Denkrechnen. Reesischer Satz. Prüfungsaufgaben. 9., unveränd. Aufl. (IV, 97 S.) kl. 8. Ebd. 910. Geb. nn — 90; Schlüssel. (62 S.) 2. 20

Stockmayer, H., Aufgabensammlung zu dem Rechenunterricht in den oberen Classen der Latein- und Realschulen. 1. Thl. Die gemeinen Brüche u. die Decimalbrüche. Stuttgart 864. Schaber. 8. (IV, 32 S.) 6 ngr.

Stockmayer, Hermann Die Grundbegriffe der allgemeinen Arithmetik und die negative Zahl. 21 S. Progr. *Heilbronn* 1876.

— die Grundbegriffe der allgemeinen Arithmetik u. die negative Zahl. 4. (21 S.) Heilbronn 876. (Tübingen, Fues.) n. 1. —

—— Handbuch für den Rechenunterricht in den oberen Classen der Latein- und Realschulen. Zugleich die Auflösungen zu den Beispielen der Aufgabensammlung enth. 1. Thl.: Die gemeinen Brüche und die Decimalbrüche. gr. 8. (VIII und 82 S.) Stuttgart 864, Schaber.

— Der erste Rechenunterricht als Anschauungsunterricht. 18 S. Progr. *Heilbronn* 1884.

Stockmayer, über den Rechenunterricht an der Gelehrten-Schule. Heilbronn 869. (Tübingen, Fues.) gr. 4. (26 S.) n. 10 ngr.

Stockmayer, Hugo: Über das Anisyl-phenyl-propen und andere aus dem Anisyl-phenyl-keton mittels der Grignardschen Methode erhaltene Verbindungen. 1905. VIII, 42 S. 8⁰ ¶ Vgl. Berichte d. Deutschen Chem. Gesellschaft. Jg. 37. 1904. S. 225 ff.
Stuttgart, Dr.-Ing.-Diss. v. 26. 1. 1905

Stockmayer, Immanuel, s. Stockmeyer, Immanuel.

Stockmayer, Johann Friedrich

Stockmayer, auch Stockmeier, Jb. Fr., († 1782.) kurze u. meistens geniale Nachricht von d. würtemberg. Landesgrundverfassung rc. durch e. Auszug aus den III Tomis Privilegiorum Ducatus Würtemberg. Fol. Stuttg. 763.

Stockmayer, K., die Behandlung u. Pflege der Wiesen. Für den prakt. Landwirth u. Wiesenwärter, zugleich Leitfaden für den Unterricht in Landwirthschaftsschulen. gr. 8. (V, 53 S.) Leipzig 888. H. Voigt. 1. 20

Stockmayer, K. Die Behandlung u. Pflege der Wiesen. Zum Gebrauch f. den prakt. Landwirth u. f. den Wiesenwärter, auch als Leitfaden f. den Unterricht an Landwirthschaftsschulen rc. 2. Aufl. gr. 8. (V, 53 S.) Lpz. 891. H. Voigt. * 1 20

Stockmayer, K., über Behandlg. u. Pflege der Wiesen. Zum Gebrauch f. d. prakt. Landwirth u. f. d. Wiesenwärter, auch als Leitfaden f. d. Unterricht in Landwirthschaftsschulen rc. 3., verb. Aufl. 8. (VII, 61 S.) Leipzig 896. H. Voigt. n. 1. 20

Stockmayer, Karl, s. Stockmeyer, Karl.

Stockmayer, Karl Christoph (Sulzbach) A. S. 252/37

Dissertatio inauguralis de tortura confessi.
Präs. Johann Gottlieb Gonne.
Erlangen (Becker) 6. VIII. 1744. 26 S.

Das deutsche Soldatenstück des XVIII. Jahrhunderts seit Lessings Minna von Barnhelm. Von Karl Hayo v. Stockmayer. *Weimar: E. Felber 1898.* (IX S., 1 Bl., 125 S., 1 Bl.) 1 Bd 8.
= Forschungen, Litterarhistorische. H. X. 100 707

Stockmayer, Otto, aus Ansprachen. III. Martha u. Maria. 8. (12 S.) Gernsbach 885. Christl. Kolportage-Verein. — 5

— aus Ansprachen. I—III. 12. Lichtenthal bei Baden-Baden, Christl. Kolportage-Verein. à n. — 05
1. Die Bekehrung. 3. Aufl. (19 S.) 898.
II. Der Brandopfer-Altar. 4. Aufl. (10 S.) 899.
III. Martha u. Maria. 3. Aufl. (15 S.) 898.

— Ansprachen an Reichsgottesarbeiter, s.: Meyer, F. B.

Stockmayer, Otto, s.: Ansprachen zu Landsburg-Kunowo.

Stockmayor, [Otto]. Aufzeichnungen und Nacherinnerungen aus dem Bibelkursus in Teichwolframsdorf vom 27. Februar bis 2. März 1906, gehalten von Pfarrer St'. ⟨Mit P. Stockmayers Erlaubnis veröffentlicht, aber nicht von ihm durchgesehen (* *Umschlag:* Der ewige Geist und seine Fülle. Nachgeschriebene Ansprachen von P. St'. ⟨Von P. St' genehmigt, aber nicht d').⟩ 36 S. 8. Mülheim a. d. Ruhr, Buchh. des Evangelischen Vereinshauses, [1906]. [M. —. 25]

Stockmayer, Otto, der Begriff d. christlichen Vollkommenheit nach d. Bibel u. d. Weg, dieselbe zu erreichen. Referat, geh. auf d. 5. Gnadauer Pfingstkonferenz, den 27. Mai 1896. 8. (28 S.) Berlin 896. (Deutsche evang. Buch- u. Tractat-Gesellschaft.) n.n. — 10

[F.] Der Begriff der christlichen Vollkommenheit nach der Bibel u. der Weg, dieselbe zu erreichen. Referat v. Otto Stockmayer in Hauptweil, geh. auf der 5. Gnadauer Pfingstkonferenz ... 1896 ... *Berlin: Christl. Gemeinschaft zu St. Michael (1896).* (28 S.) 1 Bd 8. [97. 3031

— bis hierher hat der Herr geholfen! Nachgeschriebene Hausandacht üb. 1. Samuelis, Kap. 7. (14 S.) 8. Ebd. Gotha 905. Missionsbuchh. P. Ott. n.n. — 15

Stockmayer, Otto, der Blick auf Jesum. gr. 16. (22 S.) Basel 877. Spittler. n. — 16

Stockmayer, Otto, der Blick auf Jesum. 4. u. 5. Aufl. 12. (16 S.) Basel 891. 894. Jaeger & Kober. n. — 15

— der Blick auf Jesum. 6. Aufl. 12. (16 S.) Basel 897. Kober. n. — 15

— der Blick auf Jesum. 7. Aufl. 12. (16 S.) Basel 902. Kober. n. — 16

Stockmayer, Otto, der Blick auf Jesum. 8. Aufl. (16 S.) kl. 8. Basel 908. Kober. — 16

Das Blut Jesu Christi unsere Erlösung. Von Pfarrer O. Stockmayer. Geisweid i. W.: Zelt-Missions-Buchh. [um 1907]. (16 S.) 8° [F.] 08. 9306

— die Braut des Lammes. Notizen bibl. Lehre nach Versammlgn., v. O. St. in Bethshan zu London im Mai 1892 geh. 12. (140 S.) Gernsbach 893. Christl. Kolportage-Verein. n. — 65

Einzelschuld und Gesamtschuld, Einzelwirken und Gesamtwirken. Aus d. Verhandlungen d. 5. Hauptversamml. d. freien kirchl.-sozialen Konferenz in Erfurt 1900. Referat von Pastor Stockmeyer [!] Hauptweil ⟨Schweiz⟩ (Otto Stockmayor) mit Diskussion u. Pressstimmen. *Berlin: Berl. Stadtmiss. 1900.* (18 S.) 8° [F.]
= Hefte d. freien kirchlich-sozialen Konferenz. H. 7. [00. 9?]

Stockmeyer, Einzelschuld u. Gesamtschuld, Einzelwirken u. Gesamtwirken. Referat, geh. auf der 5. Hauptversammlg. der freien kirchlich-socialen Konferenz in Erfurt am 19. IV. 1900. gr. 8. (18 S.) Berlin 900. Vaterländ. Verlags- u. Kunstanstalt. — 30

— die Gabe des hl. Geistes. Referat. (3. Aufl.) 12. (48 S.) Ebd. 898. n.n. — 25

Stockmayer, Otto, das Gebetsleben der Kinder Gottes. 1.—3. Aufl. 8. (17 S.) Gernsbach 881—84, Christl. Kolportage-Verein. *

— das Gebetsleben der Kinder Gottes. 6. Aufl. 12. (16 S.) Gernsbach 897. Baden-Baden, Christl. Kolportage-Verein. n. — 08

— Gedanken aus (d. Briefe d. Apostels Paulus an die) Röm. 6, 7 u. 8. Nachgeschriebenes aus Versammlgn. 2. Aufl. 12. (45 S.) Ebd. 895. n. — 20

Stockmayer, O., Gedanken üb. den Profeten Elias. Aus „Hausandachten". 8. (III, 86 S.) Gernsbach 887. Christl. Colportage-Verein. n. — 50

—— Gedanken üb. den Profeten Elias. Aus Hausandachten. 2. korrig. Aufl. 12. (88 S.) Gernsbach 891, Christl. Kolportage-Verein. * — 60

— Gedanken üb. den Profeten Elias. Aus Hausandachten. 3. Aufl. 8 (88 S.) Lichtenthal bei Baden-Baden 900. Christl. Kolportage-Verein. — 60

— Gemeinschaft im HErrn. Referat aus den Lichtenthaler Versammlgn. vom 22. bis 26. X. 1899. (Aus nachgeschriebenen Notizen, ohne Durchsicht des Herrn Ref.) 12. (8 S.) Ebd. 900. — 02

— Gericht bis zum Siege. Notizen aus Ansprachen. (Vom Redner nicht durchgesehen.) 8. (88 S.) Kassel (899). E. Röttger. n. — 60; kart. n. — 80; geb. n. 1. 20

— Gnade u. Sünde. Ein Wort an Kinder Gottes. gr. 16. (119 S.) Basel 879. Spittler. n. — 65

—— Gnade und Sünde. Ein Wort an Kinder Gottes. 3. Aufl. 12. (80 S.) Basel 887, Spittler. *

Stockmayer, Otto. Gnade und Sünde. Ein Wort an die Kinder Gottes. 4. Aufl. In-12°. 80 S. Basel, Jäger & Kober. 1898. Brosch. — 50; Lwd. 1 —

— Gottesoffenbarung u. Jüngersinn. Gottes Ziele m. uns Menschen u. der Weg zur prakt. Heiligg. Nachgeschriebene Reden. [Aus: „In der Schule der Gnade".] gr. 8. (16 S.) Potsdam (901). „Siloah". n. — 20

—— aus den Haus-Andachten. 8. (16 S.) [Bonn 882, Schergens.] Gernsbach, Christl. Kolportage-Verein. *
Aus: Oelblatt, besonders abgedruckt.

— aus d. Hausandachten üb. Offb. Johannes. 12, 11. 12. (12 S.) Gernsbach 895. Baden-Baden, Christl. Kolportageverein. n. — 04

— d. Hochzeit d. Lammes. Referat, geh. auf d. Kasseler Osterkonferenz am 23. IV. 1897. 8. (30 S.) Kassel 897. E. Röttger. n. — 20

— über das Hören der Stimme Gottes. 8. (8 S.) Gernsbach 882. Christl. Colportage-Verein. n. — 6

— üb. d. Hören d. Stimme Gottes. 3. Aufl. 12. (8 S.) Gernsbach 897. Baden-Baden, Christl. Kolportage-Verein. n. — 04

— über das Kommen des HErrn. Nachgeschriebenes in den Lichtenthaler Versammlgn. vom 22. bis 26. X. 1899. 8. (8 S.) Lichtenthal bei Baden-Baden 899. Christl. Kolportage-Verein. — 02

Stockmayer, Otto. Krankheit und Evangelium. Ein Wort an die Kinder Gottes. In-8°, 104 Seiten. Basel, C. F. Spittler. 1880. — 80

— Krankheit u. Evangelium. Ein weiterer Beitrag, Kindern Gottes geboten. 2. Aufl. 8. (VIII, 102 S.) Basel 886. Spittler. n. — 65

— Krankheit u. Evangelium. E. Wort an Kinder Gottes. 3. Aufl. 12. (104 S.) Basel 898. Kober. n. — 65; geb. in Leinw. n. 1. 20

— die Krone unsrer Versammlungen, s.: Wells, Amos R.

Stockmayer, O[tto]. Der Leib Christi und sein göttlicher Baumeister. Von O. St' [Hauptweil]. ⟨Vom Redner nicht durchgesehen.⟩ 136 S. 8. Gotha, P. Ott, 1903. [M. 1. —, cart. 1. 25, geb. 1. 60]

Stockmayer, Otto, alles überwindende Liebe. Nachgeschriebene Ansprachen. (Vom Redner nicht durchgesehen.) (56 S.) 8. Gotha 905. Missionsbuchh. P. Ott. n. — 50

— Alles überwindende Liebe. Nachgeschriebene Ansprachen. (Vom Redner nicht durchgesehen.) 3. Aufl. (56 S.) 8. Gotha 908. Missionsbuchh. P. Ott. — 50

— Lieben u. Dienen! u. Die Arbeit des hl. Geistes. 2 nachgeschriebene Vorträge. gr. 8. (16 S.) Potsdam (901). „Siloah." — 15

— zum vollen Mannesalter. Nachstenographiertes aus Hausandachten üb. 1. Petri 1, 13 bis 1. Petri 2, 1—10. Vom Redner nicht durchgesehen. (90 S.) 8. Ebd. (907). — 70

— nur von Gott Überwundene werden Überwinder u. Segensträger. Referat bei den Versammlgn. d. 31. Jahresfestes des christl. Kolportage-Vereins. (Ohne Durchsicht des Ref.) 12. (8 S.) Lichtenthal bei Baden-Baden 899. Christl. Kolportage-Verein. — 02

Stockmayer, Otto: Pniel. Das Gesetz der Freiheit. Gedanken aus Vorträgen d. Herrn Pastor Otto Stockmayer. Mit Erlaubnis aber ohne Durchsicht d. Verf. Görlitz: Schriften-Niederlage [1901]. (30 S.) 8° [Umschlagt.]

— Pniel. Das Gesetz der Freiheit. Gedanken aus Vorträgen. Mit Erlaubnis aber ohne Durchsicht des Verf. 8. (30 S.) Görlitz (901). (Striegau, R. Urban.) — 20

— in der Schule der Gnade. Gottes Ziele m. uns u. der Weg prakt. Heiligg. Nachgeschriebene Reden. gr. 8. (72 S.) Potsdam (901). „Siloah." n. — 60

— Christi Sinn in den Seinen. (32 S.) kl. 8. Ebd. 905. n. — 30

Stockmayer, O[tto]. Stille Tage in Teichwolframsdorf. Reden von Pfarrer O. St' [Hauptweil] u. A., gehalten in der Osterwoche vom 14. bis 17. April 1903 im Erholungsheim. ⟨Vom Redner nicht durchgesehen.⟩ 96 S. 8. Lichtenthal b. Baden-Baden, Verlag des Christlichen Kolportage-Vereins, 1903. [M. —. 60, cart. —. 80]

— die Ueberwindung d. Satans. Kurzer Auszug aus Bibelstunden über Offb. 12, 11 u. Eph. 6, 10—18. 12. (15 S.) Gernsbach 890. Christl. Colportage-Verein. — 5

— die Ueberwindung des Verklägers durch das Wort unseres Zeugnisses, s.: Edel, E.

— der Unglaube Israels auf dem Wege vom roten Meer zum Sinai. 1. u. 2. Aufl. 12. (143 S.) Basel 893. 894. Jaeger & Kober. n. — 80; geb. in Leinw. n. 1. 40

— der Unglaube Israels auf d. Wege vom roten Meer zum Sinai. 3. Aufl. 12. (145 S.) Basel 902. Kober. n. — 80; geb. in Leinw. n. 1. 40

— unser Vater in d. Himmeln. Notizen aus Hausandachten üb. Luk. 11, 1—4. 12. (43 S.) Ebd. 895. n. — 20

Stockmayer, Otto: Zu Gottes Verfügung. Nach Vorträgen von Otto Stockmayer in Hauptweil. ⟨Vom Redner nicht durchgesehen.⟩ 80 S. 8. Düsseldorf, C. Schaffnit, 1903. [M. —.60, geb. M. —. 80]

— aus e. Vortrag üb. Joh. 4, V. 5—19, geh. in Gernsbach am 31. Aug. 1875, bei Eröffng. der Versammlgn. 4. Aufl. 12. (9 S.) Ebd. 894. n. — 04

— 5 Vorträge, geh. v. 7.—11. Septbr. 1896 in der Herberge zur Heimath in Augsburg. (Von Freunden nachgeschrieben.) (V. Redner nicht durchgef.) gr. 8. (26 S.) Augsburg 896. Baden-Baden (Christl. Kolportage-Verein.) n. — 20

— was ist die Bekehrung nach der hl. Schrift?, s.: Wie kommt's zum wahren Frieden der Seele?

— Weckruf an die Gemeinde! (Vom Redner nicht durchgesehen.) (86 S.) 8. Gotha 905. Missionsbuchh. P. Ott. n. — 80

— der köstlichere Weg, s.: Haarbeck, Th.

— s.: Wirken, das, des hl. Geistes in der Seelenwelt.

— wodurch wird das göttliche Leben im Menschen gefördert? Vortrag, geh. in Eisenach auf der IX. deutschen christl. Studenten-Konferenz „zur Vertiefg. christl. Lebens u. zur Anregg. christl. Werkes unter der studier. Jugend". 8. (24 S.) Frankfurt a/M. 899. Bonn, J. Schergens. n. — 15

— die Ziele e. strebsamen christlichen Jünglings u. Mannes. gr. 16. (12 S.) Stuttgart 899. Holland & Josenhans. n. — 05

Stockmayer, Otto, d. Zubereitung d. Braut d. Lammes. Notizen aus Versammlgn. 8. (119 S.) Stuttgart 895. Holland & Josenhans. n.n. — 70; kart. n. — 90; geb. in Leinw. n. 1. 20; m. Goldbr. n. 1. 30

Stockmayer, O(tto). Die Zubereitung der Braut des Lammes. Notizen (Nachschriften) aus Versammlungen von O. St' [von ihm selbst durchgesehen]. 2. Aufl. 112 S. 8. Lichtenthal bei Baden-Baden, Verlag des Christlichen Kolportage-Vereins, 1902. [M. —. 70, cart. —. 90, geb. 1.30]

Stockmayer, Otto, unsere Zubereitung u. die Bedingungen f. den Dienst des HErrn. Notizen aus dem Referat auf der 2. Hamburger Osterkonferenz. Mit Erlaubnis, aber ohne Durchsicht des Verf. 8. (8 S.) Lichtenthal bei Baden-Baden 899. Christl. Kolportage-Verein. — 06

Stockmayer, auch Stockmeier, Rud. Fr., (†d. 3. April 1793.) Abhandl. von der Loslassung e. Gefangenen auf sein Ehrenwort. 8. Tübing 761.

Stockmayer, Siegfr., systematische Aufzählung der im Erzherzogth. Oesterreich ob der Enns bisher beobachteten samenlosen Pflanzen, s.: Poetsch, J. S.

Stockmayer, W., e. doppeltes Opfer Kneippscher Kur. Ein Stück Wörishofener Propaganda. 1. u. 2. Aufl. gr. 8. (31 S.) Halle 894. E. Strien. n. — 40

Stockmayer, Wolfgang, appr. Arzt a. Obertürkheim: Aus der Tübinger Universitäts-Augenklinik. Über die Centralgefäße im Sehnerven einiger einheimischen Carnivoren. Tübingen: F. Pietzcker 1905. (27 S.) 8°
Tübingen, Med. Fak., Ref. Schleich, Diss. v. 15. Sept. 1905
[Geb. 20. Sept. 81 Obertürkheim; Wohnort: Stuttgart; Staatsangeh.: Württemberg; Vorbildung: Karlsgymn. Stuttgart Reife M. 99; Studium: Tübingen S. München 1 S.; Coll. 1. Juli 05; Approb. 9. Sept. 05.]

Stockmeier, s.a. Stockmaier u. Stockmayer.

Stockmeier, Christian Friedrich (Stuttgart) A. S. 224/37

Dissertatio iuris sacri inauguralis de iure liturgico. Präs. Justus Henning Böhmer.
Halle (Gruner) 13. XI. 1717. 86 S. 33669

Stockmeier, Georg Friedrich (Stuttgart) A. S. 236/6

Disputatio inauguralis juridica exhibens collationis juris civilis Romani cum recessibus imperii Rom. Germ. maxime per differentias principes. sectionem VI. Präs. Michael Grass.
Tübingen (Eitel) VI. 1713. 64 S. 33670

Die Beurteilung der Metallspielwaren mit Rücksicht auf § 12 Abs. 2 des Nahrungsmittelgesetzes. Vortrag von Hans Stockmeier. Nürnberg (1899): B. G. J. Bieling-Dietz. (24 S.) 8° [F.] 08. 1870 7

Stockmeier, H., die Beurtheilung der Metallspielwaaren m. Rücksicht auf § 12 Abs. 2 des Nahrungsmittelgesetzes, s. a. Mitteilungen aus der 18. Jahresversammlung der freien Vereinigung bayr. Vertreter der angew. Chemie.

Stockmeier, Hans. Ueber einige Derivate der Zimmtsäure. (Erlangen) Nürnberg, 1883.

Stockmeier, Hans, Handbuch der Galvanostegie u. Galvanoplastik. gr. 8. (VI, 166 S.) Halle 899. W. Knapp. n. 8. —

Stockmeier, Rudolf Amandus: De Investituris et servitiis feudorum ludicris, s. Weber, Immanuel [Praes.].

Stockmeister, Der, zu Philippis. O. O. 1760. V: *Bretschneider, Johann Carl.* (ML)

Stockmeyer u. Trey: 2 Schulreden z. Einweih. d. neuen Realschule. Basel 1863.
Schul-/Univ.-Schrift

Stockmeyer, Carl, s. Stockmeyer, Karl.

Stockmeyer, Emanuel s. Stockmeyer, Immanuel.

Stockmeyer, J., koche ohne Fleisch u. Eier! Feines Kochbuch f. sparsame Hausfrauen. (VI, 96 S.) 8. Leipzig (909). Th. Grieben. Kart. 1. —

Stockmeyer, Immanuel

Stockmayer, Imm., Abschiedspredigt, gehalten zu Oltingen den 8. März 1846 als bisheriger Pfarrer daselbst. 8. Basel 846, F. Schneider. 3 ngl.

Stockmeyer, Imm., die persönliche Aneignung des in Christo gegebenen Heiles. Vortrag. [Aus: „Kirchenfreund".] gr. 8. (16 S.) Basel 878. Bahnmaier. n. — 40

—— Antrittspredigt nebst Einsegnungsrede von Antistes Jak. Burckhardt. Nebst den Gesängen. 8. (2 B.) Basel 846, Schneider.

Stockmeyer, Immanuel [1814–1894]. Begräbnissfeier von Professor Karl Steffensen ..., gehalten ... in Basel am 14. Dezember 1888. 8. (Basel.)

Stockmeyer, Imman., u. Balth. Reber, Beiträge z. basler Buchdruckergeschichte. Zur Feier d. Johannistages 1840. Hrsg. von d. histor. Gesellschaft zu Basel. Schmal gr. 4. (21 B. u. Holzschnn.) Basel 840, Schweighauserische Bh. *

Stockmeyer, Imman. Die Bergpredigt Jesu Christi, ausgelegt in 35 Predigten. 8. (339 S.) Basel 891, Reich. * 3 —

Stockmeyer, Im[manuel] Bibellection und Gebet bei der Beerdigung des Herrn Christoph Socin-Burckhardt, den 29. Mai 1888, ... [zu Basel] gesprochen. 8. Basel 1888.

—— Blätter aus Süddeutschland, s. Blätter..

Stockmeyer, Antist. Imman., der Brief des Jacobus in 40 Predigten ausgelegt. gr. 8. (363 S.) Basel 874, Schneider. *

Stockmeyer, Immanuel, [Desiderius] Erasmus in seinen Briefen an Bonifacius Amerbach. Von Emanuel St'.... [SA.] 8. [Frauenfeld 1839.]

Stockmeyer, Immanuel, Zur Erinnerung an Frau Luise Brenner geb. Sulger. Personalien und Leichenrede gesprochen den 22. März 1886 ... [zu Basel]. 8. (Basel.)

Stockmeyer, Immanuel, Zur Erinnerung an Herrn Karl Burckhardt-Vischer. Personalien und Leichenrede gehalten ... den 14. Oktober 1880 ... [zu Basel]. 8. Basel 1880.

Stockmeyer, Immanuel, Zur Erinnerung an Frau Sophie Burckhardt, geb. Vischer. Personalien und Leichenrede gehalten ... den 7. Januar 1882 ... [zu Basel]. 8. Basel 1882.

Stockmeyer, Immanuel, Zur Erinnerung an Herrn Daniel Heusler-Iselin. Leichenrede und Personalien, gesprochen den 13. April 1881 ... in Basel. 8. (Basel.)

Stockmeyer, Immanuel, Zur Erinnerung an Herrn C(arl) G(eorg) VonderMühll-Merian. Leichenrede und Personalien bei der Beerdigung, den 29. Juni 1881 ... [zu Basel] gesprochen. 8. Basel.

Stockmeyer, Imman., exeget. u. prakt. Erklärgn. ausgew. Gleichnisse Jesu. Vorlesgn. Hrsg. v. Karl Stockmeyer. gr. 8. (X, 537 S.) Basel 897. R. Reich. n. 8. —

Stockmeyer, J. Festpredigten, gehalten in den letzten Jahren seiner Amtsführung. Abschiedsgruss an die Münstergemeinde. Gr. in-8⁰. 159 S. Basel, R. Reich, vorm. C. Detloff's Buchh. 1891. 1 50; gebd. 2 50.

— freuet euch im HErrn allewege, u. abermal sage ich: Freuet euch! Predigt über Philipper Kap. 4,4. 8. (15 S.) Basel 879. Spittler. n. — 20

Stockmeyer, Imman., Gamaliel. Frühpredigt gehalten den 5. Febr. 1860 in der Kirche zu St. Martin. Basel 860. Bahnmaier. gr. 8. (12 S.) n. 4 ngr.

Stockmeyer, Immanuel Gebet bei der Beerdigung von Frau Adeline Bischoff, geb. Buxtorf, den 14. Juni 1864 ... [zu Basel] gesprochen von I' St'..., sammt einem Lebensabriss der Verstorbenen. 8. Basel.

Stockmeyer, J., das Gebet d. Herrn, in neun Predigten ausgelegt, aus e. Reihenfolge v. Predigten üb. die Bergpredigt. 8. (114 S.) Basel 890. [Detloff.] Reich. n. 1. 30

Stockmeyer, Imman., das Gebet des Herrn in 9 Predigten ausgelegt. 2. Aufl. 8. (98 S.) Basel 902. Helbing & Lichtenhahn. n. 1. 40

Stockmeyer, Imman., zur 100jähr. Gedächtnißfeier der deutschen Christenthumsgesellschaft, s. Riggenbach, Ch. J.

Stockmeyer, Imman., Gedichte. 12. (IX, 80 S. m. Bildnis.) Basel 895. R. Reich. n. 1. 20

Stockmeyer, J., Dr. (Antistes), Glockenstimmen. Predigten über die Inschriften der sechs neuen Münsterglocken. Beigefügt ist eine Mittheilung über das neue Münstergeläute. 52 Stn. 8. Basel, F. Schneider. 1873. —. 75

— Grundzüge eines christlichen Socialismus im Gleichniß vom ungerechten Haushalter. Luc. 16, 1—12. Vortrag. [Aus: „Kirchenfreund".] gr. 8. (11 S.) Basel 879. Bahnmaier. n. — 40

Homiletik. Vorlesungen von **Immanuel Stockmeyer**, weil. Prof. zu Basel. Hrsg. von **Karl Stockmeyer**, Pfarrer in Sissach. *Basel: R. Reich 1895.* (VII, 290 S.) 8° [94. 5118 11

— Jesus Christus gestern und heute und derselbe in Ewigkeit. Auswahl aus einer Reihenfolge von Predigten über das Evangelium St. Lucä. Basel 860. Schneider. gr. 8 (2 Bl., 308 S.). n. 1 ₰

Stockmeyer, Imman., Jesus soll die Losung sein! Morgenpredigt am Neujahrstag. 8. (14 S.) Basel 884. Spittler. n. — 20

Stockmeyer, Imman., Joel, s. Vorträge über die Propheten.

Stockmeyer, Immanuel, Leichenrede bei der Beerdigung des Herrn Johannes Bischoff-Buxtorf sel. den 29. Dezember 1852 ... [zu Basel] gehalten. 8. Basel *o. J.* [1852/53].

Stockmeyer, Immanuel, Leichenrede bei der Beerdigung des Herrn Alt-Rathsherrn Adolf Christ-Sarasin sel. den 21. October 1877 ... [zu Basel] gehalten von Dr. I' St'.... Nebst den am Grabe gesprochenen Abschiedsworten von Inspektor [Joseph Friedrich] Josenhans. 8. [Basel.]

Stockmeyer, Immanuel, Leichenrede gehalten bei der Beerdigung der Frau Charlotte Detloff geb. Sarasin ... den 16. Oktober 1852 ... [zu Basel]. 8. Basel.

Stockmeyer, I[mmanuel], Leichenrede bei der Beerdigung von Herrn Andreas Heusler-Ryhiner, gehalten ... [zu Basel] den 14. April 1868. 8. Basel.

Stockmeyer, Immanuel, Leichenrede bei der Beerdigung des Herrn Georg Rudolf Pfisterer-Singeisen, ... den 11. December 1876 ... [zu Basel] gesprochen. 8. (Basel.)

Stockmeyer, Immanuel, Leichenrede, bei der Beerdigung der Frau Emilie Riggenbach geb. Sarasin sel., den 27. Februar 1854 ... [zu Basel] gehalten. 8. Basel.

Stockmeyer, Immanuel, Leichenrede bei der Beerdigung des Herrn Johann Jakob Speiser sel., den 10. October 1856 ... [zu Basel] gehalten. 8. Basel.

—— evangel. Monatsblatt, s. Monatsblatt.

Stockmeyer, Imman., kurze Nachricht über den Irvingianismus. Zunächst für die evangel. Gemeinden Basels. gr. 8. (31 S.) Basel 850, Bahnmaier. n. 4 ngr.

—— Neujahrspredigt, am 1. Jan. 1889, 1890 u. 1891, im Münster geh. 8. (à Pred. 14 S.) Ebd. 889—91. à Pred. * — 20

Stockmeyer, Imman[uel], Personalien und Gebet bei der Beerdigung des Herrn August Stähelin-Brunner den 30. September 1886 ... [zu Basel] gesprochen. 8. Basel.

Stockmeyer, Immanuel, Personalien und Leichenrede bei der Beerdigung des Herrn Alt-Oberstthelfers Abel Burckhardt-Miville den 27. Juli 1882 ... [zu Basel] gesprochen. 8. Basel.

Stockmeyer, Immanuel Personalien und Leichenrede gehalten bei der Beerdigung des Herrn Andreas Sulger-Stähelin, den 5. October 1881 ... [zu Basel] gesprochen. 8. Basel 1881.

— S. Laroche, S. Preiswerk, J. J. Bischoff, vier Predigten, gehalten am 2. Gedächtnißtage des großen Erdbebens Sonntag den 19. Oktbr. 1856. Basel, Georg. 8. (54 S.) n. 10 ngr.

Stockmeyer, Immanuel s. Predigten. Vier P'.... Basel [1856].

Stockmeyer, Immanuel, Rede gehalten bei der Beerdigung der (*Umschlag:* Zur Erinnerung an) Frau Laura Burckhardt geb. Alioth, ... den 26. Januar 1880 ... [zu Basel]. 8. (Basel.)

—— Rede bei der Lutherfeier am Abend des 10. Novbr. 1883 im Münster zu Basel. gr. 8. (8 S.) Basel 884, Detloff's Verlag. *
Aus: Der Kirchenfreund, besonders abgedruckt.

Stockmeyer, J., die Structur des ersten Johannisbriefs. Ein Vortrag in der Basler Predigergesellschaft am 31. Okt. 1872. 23 Stn. 8. Basel, F. Schneider. 1873.

—— Vortrag bei Einführung des neuen Gesangbuches, s. Riggenbach.

— wann u. auf welche Veranlassung ist das apostol. Symbolum entstanden u. welche Bedeutung hat dasselbe f. die Kirche überhaupt u. insbesondere auch f. unsere Zeit? Ein Referat. 8. (4 B.) Zürich 846, Meyer u. Zeller.

Stockmeyer, Imman., des Apostels Jacobus Warnung vor dem todten Glauben. Drei Frühpredigten über Jac. 2, 14—26 gehalten zu Basel. gr. 8. (35 S.) Basel 854, Bahnmaier's Buchh. *

Stockmeyer, [Immanuel J.]. Worte gesprochen bei der Beerdigung von Jungfrau Maria Iselin am 25. September 1871 ... [zu Basel]. Ihren Verwandten und Freundinnen zum Andenken. 8. *o. O.*

Stockmeyer, Johann Karl Ludwig

Stockmeyer, Jh. Karl Ldw., auserlef. Bibelgeschichten d. A. Testaments z. Beförder. eines nützl. Gebrauchs der Bibel in Stadt- u. Landschulen. 8. Lemgo 814. Meyer. 6 gl.

— z. Denken über wichtige Angelegh. der Menschen. gr. 8. Braunschw. Schulbuchhdl. 775.

— bibl. Grundlage eines christl. Religions-Unterrichts mit Liederversen erläutert. gr. 8. Lemgo 802. Meyer. 8 gl.

Stockmeyer, Carl. Ein Andrer ist König, nämlich Jesus. Predigt gehalten am 4. Oktober 1903.... Von Karl Stockmeyer, Pfarrer. 15 S. 8. Basel, Kober, 1903. [fr. —. 20]

Stockmeyer, Karl, s. Antwort, offene, auf das Sendschreiben des Pfarrers Carl Haas.

Stockmeyer, Karl, Bethanien, e. Gabe in Dichtungen relig. Inhalts. 8. (12 B.) Bielefeld 838, (Velhagen u. Klasing.) *

Stockmeyer, Carl. Bilder aus der Diaspora. Kurzgefasste Geschichte des protestantisch-kirchlichen Hilfsvereins in der Schweiz, dargestellt im Auftrag der Vereinsvorstände von Pfarrer K' St', Sekretär des Vorvereins. Mit 16 Abbildungen. 104 S. 8. Basel, M. Werner-Riehm, 1908. [fr. —. 60, cart. —. 90, geb. 1.25]

Stockmeyer, K., die Christen während der französischen Revolution. Vortrag. 8. (85 S.) Basel 890. Reich. n. — 50

Stockmeyer, Karl, Matthias Claudius, der Wandsbecker Bote. Ein populärer Vortrag. [Aus: „Kirchenbl. f. d. reformirte Schweiz".] gr. 8. (18 S.) Bern 893. (Basel, Jaeger & Kober.) n. — 20

Stockmeyer, K. Mathias Claudius der Wandsbecker Bote. M. 1 Abb. 2. Aufl. In-8°. 31 S. Basel, Jäger & Kober. 1895. — 25

Stockmeyer, C[arl]. Durch Tod zum Leben. Drei Predigten gehalten am Palmsonntag 1908, am Karfreitag 1909 und Ostersonntag 1907 von Pfarrer K. St'. 35 S. 8. Basel, Komm. Basler Missionsbuchh., 1910. [fr. —. 50]

Stockmeyer, K., Gedichte. 8. (27¼ B.) Essen 831, (Bädeker.)

Stockmeyer, Karl, gehet ein durch die enge Pforte. Predigt, geh. am 27. X. 1907 in der St. Elisabethenkirche. (16 S.) kl. 8. Basel 907. Kober. — 16

— meine Zeit steht in Deinen Händen. Neujahrspredigt, geh. am 1. Jan. 1890 im Münster. 8. (13 S.) Ebd. 890. n. — 20

Stockmeyer, Karl, Hans Sachs, der Nürnberger Schuhmacher u. Dichter. 8. (36 S. m. 1 Bildnis.) Basel 889. (Missionsbuchh.) n. — 20

Stockmeyer, Carl. Hans Sachs, der Nürnberger Schuhmacher und Dichter, von Karl St'.... [Mit Porträt-Tafel.] 8. Basel 1889. Verlag christlicher Schriften. (No. 849.)

— Rudolf Stähelin, weil. Professor der Theologie. gr. 8. (84 S. m. 1 Bildnis.) Basel 901. Helbing & Lichtenhahn. n. 1. 30
Sonderabdruck aus: „Basler Jahrb."

Stockmeyer, K. Antistes Immanuel Stockmeyer. Mit Portr. In-8°. 77 S. Basel, R. Reich. 1896. 1 50
*** Sep.-Abdruck aus dem Basler Jahrbuch für 1896

K., siehe: *Stockmeyer, J.*: Homiletik.

Stockmeyer, *Carl Friedrich* [aus Gütersloh]: Beiträge zur Kenntnis des 1.5-Dioxynaphtalins ... Marburg, Buchdr. F. Sömmering, 1893; 52 S., 1 Bl. 8.
Marburg, Phil. Fak., Inaug.-Diss. v. [3. Aug.] 1893

Stockmeyer, Otto, s. Stockmayer, Otto.

[Stockmeyer-Burckhardt, Esther Valeria.] Erinnerungen an Dr. Nicolaus Harscher. Geboren ... 1783, gestorben in Oberbaden den 25. Juni 1844. [SA.] 8. [Basel 1886.]

Stockner, Rud., s. Regel, die, und das Testament des heil. Franziskus.

Stockreiter: Ueber den Geist der alten Klassiker mit besonderer Beziehung auf Tacitus. Zs. 31 S.—Krems, Progr. 1855, 1856

Stockton, Frank R., Abenteuer des Kapitän Horn. Erzählung. Für die Jugend bearb. v. L. S. Mit 7 Farbendr.-Bildern nach Aquarellen v. W. Zweigle. (318 S.) gr. 8. Leipzig (903). O. Spamer. Geb. in Leinw. n. 4. 50

Stockton, Frank R., Abenteuer des Kapitän Horn. Erzählung. Für die Jugend bearb. v. L. S. Mit 7 Farbendr.-Bildern nach Aquarellen v. W. Zweigle. 2. [Titel-]Aufl. (318 S.) gr. 8. Leipzig [903] (908). O. Spamer. Geb. in Leinw. 4. 50

Stockton, Frank R., im Eichhornhof, s.: Sternbanner-Serie.

Stockton, F. R., kuriose Geschichten, s. Sternbanner-Serie.

The House of Martha. By Frank R. **Stockton.** Copyright ed. Leipzig: Tauchnitz 1892. 327 S. 8°
(Collection of British authors. Tauchnitz Ed. Vol. 2816.) [11. 7881]

Stockton, Frank R. The house of Martha, s. a. Collection of British authors.

Stockton, Frank R., zum Nordpol u. Erdkern. Eine Erzählg. aus dem 20. Jahrh. Aus dem Amerikan. übers. v. Marie Walter. 2. Aufl. 8. (243 S.) Stuttgart 899. Deutsche Verlagsanstalt. n. 2.—; geb. in Leinw. n.n. 3.—

Stockton, F. R., Ruderheim, s.: Sternbanner-Serie.

Stockton's, F. R., ausgew. humoristische Schriften. Autoris. 3 Bde. 12. Stuttgart 898. R. Lutz.
à n. 2. 50; geb. à n. 3. 25

1. Ruderhelm. Häusl. Erlebnisse e. jungen Ehepaares. Deutsch v. Marg. Jacobi. (VI, 280 S.)
2. Im Eichhornhof. Erzählung aus der Sommerfrische. Nebst 2 kleineren Geschichten. Deutsch v. Marg. Jacobi. (Neue [Titel-] Ausg.) (V, 338 S.) (893.)
3. Kurlose Geschichten. Ausgew. Sammlg., übers. v. Marg. Jacobi. (333 S.)

— der Seeteufel, s.: Bibliothek der fremden Zungen.

— dasselbe u. andere Novellen v. Aug. Strindberg, Luigi Capuana, Béla Kaposi, Chrn. Elster, Ivo Vojnović. 8. (163 S.) Stuttgart 898. Deutsche Verlags-Anstalt.
n. 1. —; geb. n. 1. 50

—— Vielliebchen u. andere Märchen f. Erwachsene. Deutsch v. Paul Heichen. 8. (199 S.) Berl. 890, Lüstenöder. * 1 50

Stockton Banner: Aug. 1876?—1899?
Independent weekly, printed in English and German. Circulation: 1880, 450; 1890, 618. Edited & published by Adolph Glaser, 1876—99.
Stockton, CA

Stockton Courier: 1876?
Independent weekly. Edited by L. Joachimi, & published by Stockton Courier Co.
Stockton, CA

Stockton Courier: 1898?—1909?
Weekly. Edited by William Lenz, & published by Courier Publishing Co., 1898—1909.
Stockton, CA

Abbildung eines wahren Freymaurers, in einem Schreiben an die s. ew. Loge zur Einigkeit zu Frankfurt a. M. von v. S[tockum] den 16. Nov. 1753. Nebst gebundener und ungebundener Beantwortung dieses Schreibens im Namen der Loge durch [Friedr.] G[rimmeissen] und [Joh. Jak.] D[ieffenbach] den 26. Nov. 1753. [Frankfurt a. M.: Selbstverl. d. ▭ Z. Einigkeit 1753.] 15 S. 4°
Kl. 827.

Stockvis, Alb., Fremdenführer durch die Stadt Leer in Ostfriesl. u. ihre Umgebung. Mit 1 Abbildg. des Rathhauses u. 1 Wappen. 8. (23 S.) Leer 900. W. J. Leenderß. n. — 60

— Führer durch Ostfriesland, die Nordseebäder, Jever u. Umgegend. Mit 5 Karten u. 63 Abb. 12. (XVI, 192 S.) Emden (902). W. Schwalbe. Kart. n. 1. 50

Stockwerk, drey, hoch, oder das Lustspiel auf der Treppe, Nachspiel von Th. Hell. 8. Leipzig, Hinrichs. 817.

Stocky, wie treibt man fortschrittl. Mittelstandspolitik?, s.: Mittelstands-Bibliothek, gewerbliche. 3. Heft.

Rückblick auf fünfundzwanzig Jahre in der Verwaltung der Stadt Hildburghausen 1880–1905. (Verf.: [Ernst] v. **Stocmeier,** Oberbürgermeister.) Hildburghausen: Nonne 1906. 63 S. 8° (11. 9101

Stocmeyer, E. v., alphabetisch geordneter Wegweiser in der Gesetzgebung des Reiches u. des Herzogth. S.-Meiningen. Zum Handgebrauch f. Verwaltungs-, Gemeinde-, Polizeibeamte, sowie f. Jedermann aus dem Volke bearb. 12. (30 S.) Meiningen 890. L. v. Eye. Geb. u. durchsch. n. — 80

Stocmeier, Rudolf Amandus, s. Stockmeier, Rudolf Amandus.

Stocz, J. L., das Königr. Ungarn, nach dessen Größe, Bevölkerung, Landesbestande, phys. Beschaffenheit, Kultur- u. Handels-Verhältnissen dargestellt. gr. 8. Preßb. 824. Wigand. 1 ℳ 16 𝔤𝔯

Stoddard, John Lawson. Im Fluge durch die Welt; ein Pracht Album. In's Dte übertragen v Hedwig Voss. Chicago, 1892.

Stoddard, John L., im Fluge durch die Welt. Sammlg. photograph. Ansichten d. hervorragendsten Städte, Gegenden u. Kunstwerke v. Europa, Asien, Afrika, Australien, Nord- u. Süd-Amerika. Hrsg. unt. Leitg. d. Reisenden u. Vorlesers S. v. The Werner Company, Chicago. qu. Fol. (256 S.) Chicago (894). Berlin, Werner-Verlag. Geb. in Leinw. n. 10. —

Stoddard, John L., im Fluge durch die Welt. Photograph. Aufnahmen der hervorragendsten Städte, Gegenden u. Kunstwerke v. Europa, Asien, Afrika, Australien, Nord- u. Süd-Amerika. Neue Ausg. Deutscher Text, vervollständigt u. red. v. Gerh. Stein. qu. Fol. (256 S.) Berlin 899. Werner-Verlag. 8. —;
geb. in Leinw. n. 10. —

Ⓑ **Stoddard,** J. L., im Fluge durch die Welt. 899. (KBL 32.) Jetzt: Berlin-Schöneberg, R. Jacobsthal & Co. Erm. Pr. 3. 50

— d. neue Welt. Sammlg. photograph. Aufnahmen d. grossart. Naturwunder, Städte u. Meisterwerke v. Nord-, Central- u. Süd-Amerika. Aufnahmen v. S. Deutscher Text v. Gerh. Stein. qu. Fol. (IV, 256 S.) Ebd. 895. Geb. in Leinw. n. 10. —
Erschien auch in 10 Lfgn. à n. — 50.

Stoddart, Lady, [Mrs. Blackford], the Eskdale herd-boy. Zum Uebersetzen in das Deutsche bearb. von J. Morris. Berlin 860. Nicolai'sche Verlhdlg. gr. 8. (161 S.) 15 ngr.

Stoddart, Lady (Mrs. Blackford), the Eskdale herd-boy. Zum Uebersetzen in das Deutsche bearb. von J. Morris. 2. (Titel-)Ausg. Berlin (860)867. Nicolai'sche Verlagsh. gr. 8. (161 S.) n. 7½ ngr.

Stoddart, Lady [Mrs. Blackford], the Eskdale herd-boy. Zum Uebersetzen in das Deutsche bearb. v. J. Morris. 3. Ausg. 8. (160 S.) Berlin 876. Nicolai's Verl. n. 1. —

— Arthur Monteith. Fortsetzg. der Erzählg.: „Die schottischen Waisen". Nach der engl. Erzählg. v. Auguste Asmis, geb. Gelpcke. gr. 16. (104 S.) Freienwalde a/O. 876. (Barmen, Klein.) n. 1. —

— die schottischen Waisen. Eine moral. Erzählg. nach e. geschichtl. Begebenheit, aus dem Engl. übers. v. Auguste Asmis, geb. Gelpcke. 3. Aufl. gr. 16. (160 S. m. e. Holzschntaf.) Ebend. 876. n. 1. 50

Stoddart, John T., über Anhydrobenzamidotoluylsäure u. über eine neue Ketonbase. Inaugural-Dissertation. gr. 8. (25 S.) Göttingen 877. (Vandenhoeck & Ruprecht.)
n. — 60

Stoddy, Ralph, Fussball, } s.: Jung's kleine Taschen-Bibliothek.
— Lawn-Tennis, }

Stoddy, R.: Lawn-Tennis. Arad & Wien 1903. 87 S. (Jung's Kleine Taschen-Bibliothek. 2—3.)

Stodola, Aurel, d. Dampfmaschinen an d. schweiz. Landesausstellg. in Genf 1896. [Aus: „Schweiz. Bauzeitg."] gr. 4. (12 S. m. 18 Fig.) Zürich 897. Meyer & Zeller. n. — 80

Stodola, A(urel). Die Dampfmotoren an der Weltausstellung in Paris 1900. Sonder-Abdruck aus der «Schweizerischen Bauzeitung» Bd. 36, Nr. 17 ... [bis] 25. (Mit einer Tafel und 44 Textfiguren.) II + 19 S. 4. Zürich, Ed. Rascher, 1901. (fr. 1. 20)

Stodola, A[urel]. Die Dampfturbinen und die Aussichten der Wärmekraftmaschinen. Versuche und Studien von Dr. A. St', Professor ... in Zürich. Mit 119 Textfiguren und 1 Tafel. (Erweiterter Sonderabdruck aus der Zeitschrift des Vereines deutscher Ingenieure [Band 47,] 1903.) II + VIII + 220 S. 8. Berlin, Julius Springer, 1903. [geb. M. 6.—]

Stodola, A[urel]. Die Dampfturbinen, mit einem Anhange über die Aussichten der Wärmekraftmaschinen und über die Gasturbine. Von Dr. A. St', Professor ... in Zürich. 2., bedeutend erweiterte Aufl. Mit 241 Textfiguren [wovon 6 auf 1 Tafel] und 2 lithogr. Tafeln [in Falz]. XIV + 368 S. 8. Berlin, Julius Springer, 1904. [geb. M. 10. —]

Stodola, A[urel]. Die Dampfturbinen, mit einem Anhang über die Aussichten der Wärmekraftmaschinen und über die Gasturbine. Von Dr. A. St', Professor ... in Zürich. 3., bedeutend erweiterte Aufl. Mit 434 Figuren [im Text und auf 16 Tafeln] und 3 lithographierten Tafeln [wovon 2 in Falz]. XVI + 454 S. gr.-8. Berlin, Julius Springer, 1905. [geb. M. 20. —]

Stodola, A[urel]. Die Dampfturbinen. Mit einem Anhang über die Aussichten der Wärmekraftmaschinen und über die Gasturbine. 4., umgearbeitete und erweiterte Aufl. Mit [2 Porträts,] 856 Figuren und 9 Tafeln [wovon 3 in Mappe]. XVI + 708 S. gr.-8. Berlin, Julius Springer, 1910. [geb. M. 30. —]

Stodtbrock, J., Elementar-Uebungen d. Choral-Gesanges. qu. gr. 8. (1 lith. B.) Münster 827, Coppenrath.

Stodte, Herm., Harz-Lieder. 12. (58 S.) Braunschweig 893. (A. Limbach.) n. — 80

Friedrich Hebbels Drama aus der Weltanschauung und den Hinweisen des Dichters erl. von Dr. Hermann **Stodte**. Stuttgart: W. Violet 1908. (57 S.) 8° [F.] [08. 9654]

Königsglaube. Ein biblisches Drama in 5 Aufz. von Hermann **Stodte**. Berlin: Vita [1906]. (129 S.) 8° [F.] [06. 5733]

Stodte, Hermann [aus Gittelde am Harz]: Ueber die Sprache und Heimat der „Katherine-Gruppe." E. Beitr. z. mittelengl. Dialektkunde ... Göttingen, Druck d. Dieterich'schen Univ.-Buchdr., 1896; 79 S. 8.
Göttingen, Phil. Fak., Inaug.-Diss. v. [18. Mai] 1897

Stödter, Wilhelm. Die Strongyliden in dem Labmagen der gezähmten Wiederkäuer und die Magenwurmseuche. Diss. Vet.-Med. Bern. Mit vierzehn Tafeln. 108 S. 8. Hamburg, A. Lefèvre Nfg., 1901.

Arnold Böcklin. Auswahl von 100 Werken in Lichtbildern. Dr. Franz **Stoedtner**. *Berlin: F. Stoedtner [1903]*. (12 S.) 8°
— **Stoedtner**: Künstler-Kataloge. 3. [04. 4646]

Braunschweig, Riddagshausen, Königslutter und Helmstedt. Dr. Franz **Stoedtner**. *Berlin: F. Stoedtner [1903]*. (23 S.) 8°
— **Stoedtner**: Deutsche Städte-Bilder. No 1. [04. 3536]

Bremen, Lübeck, Ratzeburg, Lüneburg. Dr. Franz **Stoedtner**. *Berlin: F. Stoedtner [1903]*. (22 S.) 8°
— **Stoedtner**: Deutsche Städte-Bilder. No 3. [04. 3538]

Albrecht Dürer 1471–1528. Katalog seiner Werke in Lichtbildern. Dr. Franz **Stoedtner**. *Berlin: F. Stoedtner [1903]*. (29 S.) 8°
— **Stoedtner**: Künstler-Kataloge. 1. [04. 4644]

Hannover, Hildesheim, Celle und Kloster Wienhausen. Dr. Franz **Stoedtner**. *Berlin: F. Stoedtner [1903]*. (15 S.) 8°
— **Stoedtner**: Deutsche Städte-Bilder. No 5. [04. 3540]

Stoedtner, Franz [aus Berlin]: Hans Holbein, der Ältere. Tl. 1473—1504 ... Berlin, Buchdr. v. G. Schade, 1896; S., 1 Bl. 8.
Berlin, Phil. Fak., Inaug.-Diss. v. 15. Febr. 1896

Kassel, Köln, Darmstadt, Karlsruhe, Stuttgart, Augsburg, Colmar. (Hauptsächlich Galerien.) Dr. Franz **Stoedtner**. *Berlin: F. Stoedtner [1903]*. (29 S.) 8°
— **Stoedtner**: Deutsche Städte-Bilder. No 6. [04. 3541]

Stoedtner, Frz., Katalog v. Lichtbildern üb. italienische Kunstgeschichte. Architektur, Skulptur u. Malerei in chronolog. Folge m. Ortsregister u. Künstlerverzeichnis. gr. 8. (118 S.) Berlin (N.W. 21, Bremerstr. 56), Selbstverlag. (1900) 1. 50

— **dasselbe über Kunstgewerbe u. Dekoration, darin e. Mustersammlg. f. Unterrichtszwecke nach Auswahl v. P. Jessen.** gr. 8. (58 S.) Ebd. 898. n. — 50

— **die antike Kunst in Lichtbildern. Zum Gebrauche in Schulen u. Universitäten.** gr. 8. (25 S.) Ebd. 898. n. — 50

Stoedtner, Frz., die antike Kunst in Lichtbildern. (Bearb. v. B. Graef.) 2. Aufl. (104 S.) gr. 8. Berlin (NW. 21) 908. Dr. F. Stoedtner. — 75

Die antike Kunst in Lichtbildern. Dr. Franz **Stoedtner**. 2. Aufl. (Vorr.: B[otho] Graef.) [Berlin: Selbstverl. 1905.] (104 S.) 8° [05. 15626]

Stoedtner, Frz., deutsche Kunst in Lichtbildern. Ein Katalog, zugleich e. Kompendium f. den Unterricht in der Kunstgeschichte. (VIII, 166 S. m. 8 Taf.) 8. Berlin (N. W. 7, Universitätsstr. 3b) 908. Dr. F. Stoedtner. 2. —

Magdeburg, Halberstadt, Brandenburg a. H., Stendal, Tangermünde, Jerichow. Dr. Franz **Stoedtner**. *Berlin: F. Stoedtner [1903]*. (16 S.) 8°
— **Stoedtner**: Deutsche Städte-Bilder. No 2. [04. 3537]

Rembrandt Harmensz van Rijn 1606–1669, seine Vorgänger u. Nachfolger. Dr. Franz **Stoedtner**. *Berlin: F. Stoedtner [1903]*. (31 S.) 8°
— **Stoedtner**: Künstler-Kataloge. 2. [04. 4645]

Schwerin, Wismar, Rostock, Doberan. Dr. Franz **Stoedtner**. *Berlin: F. Stoedtner [1903]*. (12 S.) 8°
— **Stoedtner**: Deutsche Städte-Bilder. No 4. [04. 3539]

Stofana, Reisen in Griechenland, s. Reisen, ausgewählte.

STOFEL, Des Schulzen —, sein Büchlein wider Herrn Doctor Lochstein (Peter v. Osterwald?) im Punkte der geistlichen Immunität u. Freyheit, ebendemselben zu einem geistlichen Osterey von 7 Dottern verehret von einem Alt-Deutschen wahren Verehrer des Geboth's Christi: Gebet dem Kayser, was des Kaysers ist. O. O. 1768. 4⁰. (6 Mk. Volckmann & Jerosch, Rostock, 1895.) Rarl

Stöfer, Rudolf [approb. Arzt]: Über Conception bei gänzlichem Mangel menstrueller Thätigkeit .... Marburg, Univ.-Buchdr. (R. Friedrich), 1886; 19 S. 8⁰.
Marburg. Med. Fak., Inaug.-Diss. v. 3. Jul. 1886.

Stöfer, Rudolf, über Conception bei gänzlichem Mangel mentrueller Thätigkeit. Diss. Marburg 1886, N. G. Elwertsche Univ.-Buchh. 8⁰. 19 S.

Stoff [Sachliches OW]

Stoff oder Leitfaden des Anfangsunterrichts in der bayrischen Geschichte ... München 1792. V: *Gaill, Gelasius*. (MGT)

Stoff. Belletrist. Wochen-Korrespondenz f. Zeitungs-Redaktionen. Hrsg. u. verantwortl. Red. Otto Pupke. Jg. [1.] 1908, No 1–5. [Mehr nicht erschienen.] Berlin: O. Pupke 1908. (Getr. Pag.) 2° [F.] [08. 2927

Stoff zu Betrachtt. f. Naturforscher u. Aerzte. gr. 4. Ulm 780. Stettin. 12 gr

Stoff zum Denken über wichtige Angelegenheiten des Menschen. Braunschweig 1775. V: *Rochow, Friedrich Eberhard von.* (MGT) (Ky) (Adel)

— zum Denken üb. wichtige Angelegenheiten der Menschen (v. F. E. v. Rochow). gr. 8. Braunschw. 775. Schulbuchh. 4 gr

— erster, zum Denken. Ein Bilderbuch f. Kinder, mit mehr als 300 illum. Vorstellungen. 16. Nürnb. 820. 2e Aufl. 823. Campe. 2 ß

Stoff, erster, zum Denken. Ein Bilderb. f. Kinder, mit mehr als 300 (illum.) Vorstelln. 3. verb. Aufl. qu. 16. (12 B.) Nürnberg 836, Fr. Campe.

Stoff zur Erwägung f. die Neugestaltung der evangelischen Kirche in Preußen. gr. 8. (88 S.) Halle 876. Schwabe. n. 1. 20

Stoff, d. ewige, allgegenwärt. u. allvollkomm., d. einz. mögliche Urgrund alles Seyns u. Daseyns. V. e. freien Wandersmann durch die Gebiete menschl. Wissens, Denkens u. Forschens. (Von Paul Aug. Kosselmeyer.) 4 Bde. gr. 8. Leipzig, Veit & Co. n. 24. —
1. (XII, 580 S.) 895. n. 7. 50. — 2. (VI, 449 S.) 896. n. 6. — 3. (V, 457 S.) 896. n. 6. —. — 4. (VI, 374 S.) 897. n. 4. 50

Stoff, Der ewige allgegenwärtige und allvollkommene, der einzige mögliche Urgrund alles Seyns und Daseyns . . . Leipzig 1895—97. V: *Kesselmeyer, Paul Aug.* (Vorrede): *Kesselmeyer, William Johannes & Charles Augustus Kesselmeyer.* (Berl) (Cat. d. Stadtbibl. Zürich. Zürich 1864—97.)

—— zu Gedächtniß-Uebungen. Eine Samml. v. Liederversen, Gedichten, Erzähln., Kinderliedern, Fabeln, Gebeten, Glückwünschen u. Bibelsprüchen, hrsg. f. Kleinkinderschulen, die unt. Abthln. d. Elementarschulen, Eltern u. Kinderfreunde v. Ch. Link u. W. Mayer. gr. 12. (6½ B.) Stuttgart 840, Belser'sche Buchh.

Stoff, der, zum neuen Kleide, oder d. bestrafte Eitelkeit. Lstspl. 8. Nürnb. 784. Stein. 2 gr

Stoff für den Unterricht in d. Raumlehre. Schuljahr V—IX. Bern, J. Antenen. 1879
Zusammen — 70
Heft V: — 10; Heft VI—IX à — 15

Stoff [Verfasser]

Stoff, A: Betäubungs-Instrumente und Schlachthaus-Geräthschaften. Erfurt (1904?). Fol.

STOFF, Johann: Die Entstehung der Universitäten. Eine historisch-kritische Studie. — um 1900. XIII, 172 Bl. Diss. Graz, Univ.

Stoff, Leopold Matth. El.

Stoff, Leop. M. E., die Abtei Eberbach im Rheingau. Ein kurzgefaßter Führer für die Besucher derselben. Mit einer Ansicht der Abtei vom Boß aus (Holzschntaf.) u. einem (lith.) Situationsplan. 8. (III, 24 S.) Wiesbaden 879. Limbarth. n. — 70

Stoff, Leop. M. E., die Abtei Eberbach im Rheingau. Ein kurzgefaßter Führer f. die Besucher derselben. 2. verb. Aufl. Mit 1 Ansicht der Abtei vom Boß aus u. 1 Situationsplan. (32 S.) kl. 8. Cassel 905. (Leipzig, C. Beck.) — 75

Führer durch die katholische Pfarrei Kassel dargeboten von Dechant [Leopold] Stoff. 1. Für d. J. 1904. Kassel 1904: Gebr. Schönhoven. 8° [05. 9797 4

Stoff, Leop. M. E., diplomatische Geschichte der Abtei Eberbach im Rheingau von 1331—1803. Als Fortsetzung von Bärs diplomat. Geschichte nach gedr. und ungedr. Quellen bearb. 3. Bd.: [1. Abthl. von 1331—1371.] gr. 8. (149 S.) Wiesbaden 886, Molzberger. *
Bär, diplomatische Geschichte der Abtei Eberbach. 2 Bde. Wiesbaden 1851—58, (Roth.) *M 13.40.

Stoff, Leop. Matth. El., kurzgef. theoretisch-prakt. Grammatik d. latein. Kirchensprache. Zum Gebrauch f. Lehrer-Seminarien, Klosterschulen, Choralschulen u. dgl., sow. z. Selbstunterr. gr. 8. (XII, 266 S.) Mainz 896. F. Kirchheim. n. 2. 50; geb. n. 3. —

Die Katholiken in Kassel. Beitrag z. Gesch. d. kath. Pfarrei Kassel. Von Leop. M[atth.] El. **Stoff**, Dechant. *Kassel: F. W. Schmitt 1899.* (VI, 200 S.) 8° [F.] [01. 5534

Stoff, Leop. M. El., die Katholiken in Kassel. Beitrag zur Geschichte der kathol. Pfarrei Kassel. gr. 8. (VI, 200 S. m. 2 Taf.) Kassel 900. (F. W. Schmitt.) n.n. 3. 50; ermäß. Preis n.n. 3. —

(B) — Die Katholiken in Kassel. 900. (KBL 32.) Jetzt: Leipzig, C. Beck. Erm. Pr. 2. —

Stoff, Leop. M. E., der katholische Küster. Unterrichts-, Ritual- u. Gebetbuch für den katholischen Küster. 12. (VIII, 336 S.) Mainz 881. Kirchheim. 2. —

— der katholische Küster. Unterrichts-, Ritual- u. Gebetbuch f. d. kathol. Küster. 2., durchgeseh. Aufl. 12. (VII, 342 S.) Ebd. 895. n. 2. —; geb. in Leinw. n. 3. —

— Der katholische Küster. Unterrichts-, Ritual- u. Gebetbuch f. den kathol. Küster. 3. durchgesch. Aufl. (VIII, 344 S.) kl. 8. Mainz 906. Kirchheim & Co. 2. —; geb. in Leinw. 3. —

— St. Valentinus-Weingärtlein od. Gebet u. Gesangbuch zu Ehren d. hl. Bischofs u. Martyrers Valentinus. 12. (XVI, 284 S.) Münster 895. Alphonsus-Buchh. Geb. in Leinw. 1. 50

Stoff, Leop. M. E., Wissen und Glauben in ihren Beziehungen zu Wahrheit u. Leben. Mainz, Kirchheim, 1875, gr. 8°, IV, 124 S., 1,20 Mk.

Stoff, Matthias Guilelmus, col. ad S. Mariam in Lyskirchen vicarius ⟨geb. am 14 Febr. 1809 in Harperscheid bei Schleiden in d. Eifel⟩: Theses controversae ex universa theologia . . . ad SS. theologiae licentiati gradum . . . obtinendum . . . Bonnae, typ. C. Georgii 1836. 7 S. 8.
Bonn, Kath.-theol. Fak., Thes. v. 18 Febr. 1836

Stoff, O., Wirkung d. Anilins a. d. thier. Organismus. 8. Bern, Huber & Co. 1875. 1. 20

Stoff- und Hilfsbuch für den evangelischen Religions-Unterricht, enth. Luthers Katechismus, Gebete, Liederverse ꝛc. Für den Schulgebrauch zusammengestellt im Anschluß an die Allgemeinen Bestimmungen des Cultus-Ministers vom 15. Octbr. 1872. 3. veränd. und verm. Aufl. gr. 8. (53 S.) Breslau 878, Trewendt und Granier. *
1. Aufl. u. d. T.: Gebete, Lieder und Sprüche. Ebendas. 1873. — 2. Aufl. u. d. T.: Hilfsbüchlein für den evangel. Religions-Unterricht. Ebendas. 1875.

Stoffe, von G. Schilling. 2 Thle. (Auch unter d. Titel: G. Schillings Schriften. 2te Samml. 6r 7r Th.) 8. Dresden, Arnold. 820.

Stoffe, alte mustergültige. Photographische Reproductionen nach Originalen. 40 Taf. gr. 4. Berl. 891, Hessling u. Spielmeyer. In Mappe * 45 —

Stoffe, welche, sind nach den Fordergn. d. Gegenwart aus d. Lehrplan d. Volksschule zu entfernen bezw. demselben einzufügen? Beiträge z. Vereinsthema d. deutschen Lehrervereins. Veröffentl. auf Beschluss d. XII. Hauptversammlg. des anhalt. Lehrer-Vereins. gr. 8. (IV, 50 S.) Dessau 896. Anhalt. Verlagsanst. n. — 80

Stoffel, Baron von

— Berichte des früheren französischen Militair Bevollmächtigten zu Berlin über Preussens Heer und Volk. Aus den geheimen Papieren der Tuilerien. 8. Berlin 1871.

Stoffel, v., Berichte üb. Preußens Heer u. Volk. Aus den geheimen Papieren der Tuilerien. 2. Abdr. gr. 8. (27 S.) Berlin 871. (C. Duncker's Verl.) — 25

Stoffel, v., militärische Berichte erstattet aus Berlin 1866—1870 in d. Verf. Eigenschaft als ehemal. französ. Militär-Bevollmächtigter in Preußen. Erste vollständ. deutsche Uebersetzg. Mit e. Vorwort v. Karl Braun. gr. 8. (XXIV, 256 S.) Berlin 872. Janke. n. 6. —

Stoffel, Adolf, a. Kaiserslautern: Blasenmole. Berlin: S. Karger 1905. (19 S.) 8° ¶(Aus: Monatsschrift f. Geburtshülfe u. Gynäkologie Bd 21.)
Heidelberg, Med. Fak., Ref. v. Rosthorn, Diss. v. 1905
[Geb. 3. Juni 80 Kaiserslautern; Wohnort: Heidelberg; Staatsangeh.: Bayern; Vorbildung: Gymn. Kaiserslautern Reife Juli 99; Studium: Erlangen 4, Berlin 1, Würzburg 1, Heidelberg 4 S.; Coll. 20. Juli 04; Approb. 20. Juli 05.]

Stoffel, Adf., u. Edda **Stempel**, anatomische Studien üb. die Klumphand. (157 S. m. 27 Abb. u. 3 farb. Taf.) Lex. 8. Stuttgart 909. F. Enke. 6. —
Sonderabdr. aus: „Ztschr. f. orthopäd. Chirurgie".

Stoffel, Adolphe. In 40 Stunden von Zürich über Luzern, Brienz, Bern, Sursee nach Zürich zurück. Schilderung meines Rittes als Teilnehmer an dem im Oktober 1899 stattgefundenen schweizerischen Distanzritte. Als Manuskript vorgetragen im Offiziersverein Zürich, im Februar 1900. [Mit Porträt, 2 Figuren und 1 Tabelle.] 48 S. 8. Frauenfeld, Huber & Co., 1901.

Stoffel, C., Anleitung zu ein. einfachen Buchhaltung nach kürzester u. faßlichster Art bearb. u. auf prakt. Erfahr. gegründet, nach welcher jed. Kauf-, Handels- od. Gewerbsmann ganz genau seine Rechn. halten u. seine Lage kennen lernen kann. gr. 8. (2 B.) St. Gallen 840, (Scheitlin u. Zollikofer.)

Stoffel, Cornelis, Chapters on English printing, s.: Dam, Bastiaan A. P. van.

Intensives and Down-toners. A Study in English Adverbs by C. Stoffel. *Heidelberg: C. Winter 1901.* (156 S.) 8°
— Forschungen, Anglistische. H. 1. [00. 11057]

— neues englisch-deutsches u. deutsch-englisches Taschenwörterbuch, s.: Wessely, J. E.

— encyklopädisches englisch-deutsches u. deutsch-englisches Wörterbuch, s.: Muret, Ed.

Stoffel, Cornelis, Wörterbuch der englischen u. deutschen Sprache, s.: James, William.

Stoffel, Felix. Die Fischereiverhältnisse des Bodensees, unter besonderer Berücksichtigung der an ihm bestehenden Hoheitsrechte. Historisch-dogmatische Studie. [Mit 1 Tabelle.] XVI + 362 S. 8. Bern, Stämpfli & Cie., 1906.
Ausg. A: Diss. Jur. Bern von F' St'....
Ausg. B: Von Dr. jur. F' St'. [fr. 7.—.] — Abhandlungen zum schweizerischen Recht hrg. von Dr. Max Gmür, Professor .... Heft 13.

[F.] '(Als Manuscr. gedr.)'. Agrarier. Trauerspiel in 4 Akten v. Fritz Stoffel. *(Elberfeld: S. Lucas [1898].)* (92 S.) 1 Bd 8. [98. 1119, 110]

Stoffel, Fritz, e. Bauernrevolution. 8. (53 S.) Dresden 894. E. Pierson. n. 1. —; geb. m. Goldschn. n. 2. —

Stoffel, Fritz, med. pract.: Über Diffusionserscheinungen in festen Colloiden. ⟨Aus dem gerichtlich-medizinischen Institut der Universität Zürich. Direktor: Prof. Zangger.⟩ [Mit zehn Figuren im Text.] Zürich 1908. 78 S. und eine Tafel. 8°. [21. I. 09.]
Zürich, Med. Diss. 1908/09.

Stoffel, Fritz. Über Diffusionserscheinungen in festen Colloiden. Diss. Med. Univ. Zürich. [Mit Figuren und 1 Tafel.] *Kopftitel:* Aus dem gerichtlich-medizinischen Institut der Universität Zürich.... 78 S. 8. Zürich, Zürcher & Furrer, 1908.

— Engelbert, der Reichsverweser. Zeitbild aus dem 13. Jahrh. gr. 8. (127 S.) Elberfeld 893. Baedeker. n. 2. —; geb. n. 3. —

Fritz Stoffel. Der Hexenmeister. Eine Bauernkomödie in 4 Akten. *Elberfeld: Baedeker 1903.* (72 S.) 8° [F.] [04. 5139 B]

Stoffel, Fritz, der Hexenmeister. Eine Bauernkomödie in 4 Akten. (72 S.) gr. 8. Elberfeld 903. A. Martini & Grüttefien. n. 1. —

— ist das Bild im Volksschullesebuche berechtigt? Vortrag, geh. auf der rhein. Provinzial-Lehrerversammlg. zu Essen. [Aus: „Rhein. Schulmann".] gr. 8. (15 S.) Bielefeld 886. Velhagen & Klasing. Kostenlos.

Ist das Körperzeichnen in der Volksschule berechtigt? Von Fritz **Stoffel**-Elberfeld. *Bielefeld: A. Helmich [1901].* (14 S.) 8° [F.]
— Abhandlungen, Pädagogische. H. 41. [01. 5838]

Stoffel, Fritz: Über o-Chinonderivate des Azimidobenzols und deren Umwandlungsprodukte ... Marburg: Univ.-Buchdr. '(R. Friedrich)', 1896. 39 S. 8°
Marburg, Phil. Fak., Inaug.-Diss. v. [23. Dez.] 1896

[F.] Tier und Menschen. Vier Nov. v. Fritz Stoffel. *Elberfeld: S. Lucas [1896?].* (2 Bl., 102 S.) 1 Bd 8. [96. 9237]

Stoffel, Geo., topographisches Wörterbuch d. Ober-Elsasses, die alten u. neuen Ortsnamen enth. Im Auftrage der Industrie-Gesellschaft v. Mühlhausen hrsg. 2. Aufl. gr. 4. (XLVIII, 691 S.) Colmar 876. Barth. n. 20. —

Stoffel, Geo., topographisches Wörterbuch des Ober-Elsasses, die alten und neuen Ortsnamen enth. Im Auftrage der Industrie-Gesellschaft von Mühlhausen hrsg. 2. Aufl. gr. 4. (XLVIII, 691 S.) Colmar 878, Barth. *
Die 1. Aufl. erschien 1868.

Stoffel, H., Anleitung zur rationellen Milchwirtschaft. Ein Leitfaden f. den prakt. Unterricht an milchwirtschaftl. Lehranstalten, Landwirtschaftsschulen, landwirtschaftl. Winterschulen, Haushaltungsschulen, f. Molkereivorstände sowie f. die Praxis. (VIII, 96 S. m. 77 Abbild.) 8. Stuttgart 908. E. Ulmer. Kart. 1.50

Stoffel, Heinrich

Bilder aus der Landwirtschaft des Königreiches Sachsen. Bericht über e. landwirtsch. Gesellschaftsreise d. Deutschen Landwirtschafts-Gesellsch. von Dr. H. **Stoffel**-Luxemburg. Berlin: Deutsche Landwirtsch.-Ges. 1910. 73 S. 8°
(Arbeiten d. Deutschen Landwirtschafts-Gesellschaft. H. 174.) [11. 3497

Stoffel, Heinrich, a. Prettingen (Luxemburg): Untersuchungen über die Organisation und die Rentabilität der landwirtschaftlichen Betriebe im Grossherzogtum Luxemburg. Luxemburg 1908: M. Huss. (132 S., 1 Taf.) 8°
Gießen, Phil. Fak., Ref. Gisevius, Diss. v. 11. Mai 1908
[Geb. 15. Nov. 80 Prettingen; Wohnort: Gießen; Staatsangeh.: Luxemburg; Vorbildung: Gymn. Luxemburg Reife Juli 03; Studium: Hochsch. Hohenheim 4, Bonn 2, Univ. Gießen 2 S.; Rig. 19. Juli 07.]

Stoffel, Jakob

Stoffel, J., der Aufsatz in der Volks- u. Mittelschule in 3 Bdchn. gr. 8. Halle a/S. 893. H. Schroedel. n. 5.—
1. 2. Unter Mitwirkung v. Grünweller hrsg. (VIII, 152 u. VI, 112 S.) à n. 1.50
3. (VIII, 167 S.) n. 2.—; geb. n. 2.20

Typische **Bilder** ernster und heiterer Art aus dem siebzigjährigen Seminarleben im alten Kloster zu Weißenfels in zwanglos-dramat. Form der Festversammlung am 21. Okt. 1908 dargereicht von J(akob) **St(offel)** aus Weißenfels. (Weißenfels 1908: Kell.) 46 S. 8° [10. 2659 3

Stoffel, J., [.A. Bilder, typische, ernster u. heiterer Art aus dem 70jährigen Seminarleben im alten Kloster zu Weißenfels.

Shakespeares Coriolan, bearb. von J[akob] **Stoffel**, Weissenfels. Langensalza: H. Beyer & Söhne 1906. (70 S.) 8° [F.]
= **Dramen**, Klass., u. epische Dichtungen f. d. Schulgebr. erl. 13. [07. 3637 3

Stoffel, J., f.: Dramen u. epische Dichtungen, deutsche, f. den Schulgebrauch erläutert.

Stoffel, J., f.: Dramen u. epische Dichtungen. klassische.

Stoffel, J[akob] : Fr. W. Webers Dreizehnlinden. Langensalza: Beyer 1909. VI, 97 S. 8°
(Klassische Dramen u. epische Dichtungen f. d. Schulgebr. erl. 14.)

Goethes Egmont. Ein Trauerspiel. Erkl. von J[akob] **Stoffel**. *Langensalza: H. Beyer & Söhne 1902.* (80 S.) 8° [F.]
= **Dramen**, Deutsche, u. Epische Dichtungen f. d. Schulgebr. erl. 8. [02. 10101 3

Goethes Götz von Berlichingen bearb. von J[akob] **Stoffel**. *Langensalza: H. Beyer & Söhne 1902.* (IV, 74 S.) 8° [F.]
= **Dramen**, Deutsche, u. Epische Dichtungen f. d. Schulgebr. erl. 9.

Goethes Hermann und Dorothea erkl. u. gewürdigt. Hrsg. von J[akob] **Stoffel**, Seminarl. in Weißenfels. 2. Aufl. *Langensalza: H. Beyer & Söhne 1902.* (92 S.) 8° [F.]
= **Dramen**, Deutsche, u. Epische Dichtungen f. d. Schulgebr. erl. 3

Stoffel, J[akob] : Goethes Iphigenie auf Tauris. Langensalza: H. Beyer & Söhne 1889. (73 S.) 8°
= Dramen, Deutsche, u. Epische Dichtungen f. d. Schulgebr. erläut. 6.

Schillers Jungfrau von Orleans im einzelnen erklärt und gewürdigt v. J[acob] **Stoffel**, Kgl. Seminarl. in Weissenfels. *Langensalza: H. Beyer & Söhne 1896.* (2 Bl., 86 S.) 1 Bd 8.
= **Dramen**, Deutsche, u. Epische Dichtungen f. d. Schulgebr. erläut. [No] IV. [96. 6521

Schillers Jungfrau von Orleans im einzelnen erkl. u. gewürdigt von J[akob] **Stoffel**. 2. Aufl. Langensalza: H. Beyer & Söhne 1905. (86 S.) 8° [F.]
= **Dramen**, Klass., u. epische Dichtungen f. d. Schulgebr. erl. 4.

Maria Stuart. Ein Trauerspiel von Friedrich v. Schiller. Bearb. von J[akob] **Stoffel**. Langensalza: H. Beyer & Söhne 1905. (83 S.) 8° [F.]
= **Dramen**, Klass., u. epische Dichtungen f. d. Schulgebr. erl. 11. [06. 6108 3

[F.] Lessings Minna von Barnhelm im einzelnen erkl. u. gewürdigt v. J. **Stoffel**, Kgl. Seminarl. in Weissenfels. 2. verb. Aufl. *Langensalza: H. Beyer & Söhne 1898.* (1 Bl., 85 S.) 1 Bd 8.
= **Dramen**, Deutsche, u. Epische Dichtgn f. d. Schulgebrauch erläut. H. 1. [98. 8756

— u. A. Mewis, drei Schülerhefte zum Gebrauche beim deutschen Sprach-Unterricht in Volksschulen. Orthographie u. Grammatik. 8. (57, 56 u. 48 S.) Ebend. 885. à n. — 25

—— u. A. Mewis. Drei Schülerhefte zum Gebrauch beim deutschen Sprach-Unterricht in Volksschulen. 8. Ebd. à * — 30
1. Rechtschreibung u. Sprachlehre f. Kinder v. 8—10 Jahren. 3. Aufl. (46 S.) 891.
2. Desgl. f. Kinder v. 10—12 Jahren. 3. Aufl. (48 S.) 892.
3. Desgl. f. Kinder v. 12—14 Jahren. 2. verb. Aufl. (52 S.) 891.

— u. A. **Mewis**, drei Schülerhefte zum Gebrauch beim deutschen Sprach-Unterricht in Volksschulen. 8. Ebd. à n. — 30
1. Rechtschreibung u. Sprachlehre f. Kinder von 8—10 Jahren. 3., durchgeseh. Aufl. (46 S.) 891.
2. — dasselbe f. Kinder von 10—12 Jahren. 3., durchgeseh. Aufl. (56 S.) 889.
3. — dasselbe f. Kinder von 12—14 Jahren. 2., verb. Aufl. (52 S.) 891.

— — deutsche Sprachschule. Ausg. A in 1 Hfte. f. die Schüler der einklass. Volksschule. 2., umgearb. Aufl. 8. (48 S.) Ebd. 891. n. — 30

— u. A. Mewis, deutsche Sprachschule. Ausg. A in 1 Hefte f. die Schüler der einklass. Volksschule. 3., durchgeseh. Aufl. 8. (48 S.) Ebd. 899. n. — 30

— u. A. Mewis, deutsche Sprachschule. Ausg. A in 1 Hefte f. die Schüler der einklass. Volksschule. 4., durchgeseh. u. nach der neuen Rechtschreibg. abgeänd. Aufl. (48 S.) 8. Breslau 903. F. Hirt. n. — 30

— dasselbe. Ausg. B in 3 Hftn. f. die Schüler der mehrklass. Volksschule. 3. Hft. 8. Ebd. 894. n. — 30
Rechtschreibung u. Sprachlehre f. Kinder von 12—14 Jahren. 3., durchgeseh. Aufl. (48 S.)

— u. A. **Mewis**, deutsche Sprachschule. Ausg. B in 3 Hftn. f. d. Schüler d. mehrklass. Volksschule. 1. u. 2. Hft. gr. 8. Breslau, F. Hirt. à n. — 30
1. Rechtschreibung u. Sprachlehre für Kinder v. 8—10 Jahren. 5., durchgeseh. Aufl. (46 S.) 899.
2. Dasselbe für Kinder v. 10—12 Jahren. 4., durchges. Aufl. (48 S.) 897.

— — dasselbe. Ausg. B in 3 Heften für die Schüler der mehrklass. Volksschule. Rechtschreibung u. Sprachlehre. gr. 8. Ebd. à n. — 30
1. Für Kinder v. 8—10 Jahren. 6., durchgeseh. Aufl. (46 S.) 900.
2. Für Kinder v. 10—12 Jahren. 5., durchgeseh. Aufl. (48 S.) 901.
3. Für Kinder v. 12—14 Jahren. 4., durchgeseh. Aufl. (48 S.) 900.

Deutsche Sprachschule. Hrsg. von J[akob] **Stoffel** ... u. A. Mewis ... Ausg. B ... 7. durchges. ... Aufl. H. 1. Breslau: F. Hirt 1903. 8° [Umschlagt. F.] [07. 7338 2

— — dasselbe. Ausg. B in 3 Heften f. die Schüler der mehrklass. Volksschule. gr. 8. Ebd. à n. — 30
1. Rechtschreibung u. Sprachlehre f. Kinder v. 8 bis 10 Jahren. 8., durchgeseh. (Ster.-)Aufl. (46 S.) 905.
2. Dasselbe, f. Kinder von 10—12 Jahren. 7., durchgesehene (Ster.-)Aufl. (48 S.) 906.
3. Dasselbe, f. Kinder von 12 bis 14 Jahren. 5., durchgeseh. u. nach der neuen Rechtschreibg. abgeänd. Aufl. (48 S.) 903.

— u. A. Mewis, deutsche Sprachschule. Ausg. B in 3 Heften f. die Schüler der mehrklass. Volksschulen. 1. u. 3. Heft. 8. Breslau, F. Hirt. à — 30
1. Rechtschreibung u. Sprachlehre f. Kinder v. 8 bis 10 Jahren. 9. (Ster.=)Aufl. (46 S.) 908.
3. Rechtschreibung u. Sprachlehre f. Kinder v. 12 bis 14 Jahren. 6. (Ster.=)Aufl. (48 S.) 908.

—— —— Sprachstoffe für die ein- und zweiklassige Volksschule. 2 Hefte. 8. Neuwied 887, Heuser's Verlag. à Heft * 30 Pf. *
Inhalt:
Heft 1. Mittelstufe. (52 S.)
„ 2. Oberstufe. (47 S.)

Stoffel, J., u. A. Mewis. Sprachstoffe f. die ein- u. zweiklassige Volksschule. 2 Hefte. 8. Neuwied 887. Bresl., F. Hirt. à Heft * — 30

Stoffel, J., der deutsche Sprach-Unterricht in der Volks- u. Mittelschule. Ein Buch f. Lehrer u. Seminaristen. gr. 8. (VIII, 318 S.) M.-Gladbach 886. Schellmann. n. 3. 60

— Der deutsche Sprachunterricht in der Volks- u. Mittelschule. Ein Buch f. Seminaristen u. Lehrer. 2 Tle. gr. 8. Bresl., F. Hirt. * 5 10
1. Unterstufe. 2. durchgeseh. Aufl. (160 S.) 891. * 1 50.
2. Mittel- u. Oberstufe. 2. (Titel-)Aufl. (VIII, 318 S.) 891. * 3 60.

— der deutsche Sprachunterricht in d. Volks- u. Mittelschule. Ein Buch für Seminaristen u. Lehrer. 2. Tl.: Mittel- u. Oberstufe. 3. umgearb. Aufl. gr. 8. (360 S.) Breslau 902. F. Hirt. n. 3. 60

Stoffel, J. Schillers Wilhelm Tell, im einzelnen erklärt u. gewürdigt. gr. 8. (IV, 65 S.) Langensalza 892, H. Beyer u. Söhne. * — 70

Schillers Wilhelm Tell im einzelnen erkl. u. gewürdigt von J[akob] Stoffel. 2. Aufl. *Langensalza: H. Beyer & Söhne 1900.* (IV, 65 S.) 8° [J.]
— Dramen, Deutsche, u. Epische Dichtungen f. d. Schulgebr. erl. 2.

Stoffel, J[akob]: Schillers Wilhelm Tell im einzelnen erklärt u. gewürdigt. 3. Aufl. Langensalza: Beyer 1908. IV, 65 S. 8°
(Klassische Dramen u. epische Dichtungen f. d. Schulgebr. erl. 2.)

Das Volksschullesebuch v. J. Stoffel, Kgl. Seminarl. zu Weissenfels. *Bonn, Berlin, Leipzig: F. Soennecken [1898].* (24 S.) 8.
— Sammlung pädagogischer Vorträge. Bd XI. H. 7. [98. 9414

[J.] Schillers Wallenstein erkl. v. J. Stoffel, Kgl. Seminarlehrer in Weissenfels. *Langensalza: H. Beyer & Söhne 1897.* (2 Bl., 154 S.) 1 Bd 8.
— Dramen, Deutsche, u. Epische Dichtungen f. d. Schulgebr. erläut. [No] V. [97. 5946

Stoffel, J[akob]: Schillers Wallenstein. 2. Aufl. Langensalza: Beyer 1907. 155 S. 8°
(Klassische Dramen u. epische Dichtungen f. d. Schulgebr. erl. 5.)

Stoffel, K., Lebensbilder aus der Tierwelt. s.: Meerwarth, H.

Stoffel, Maurice [Thurgovien]: Recherches sur quelques dérivés de la flavindulino. Frauenfeld 1899. 51 p. 8°.
Genève. Thèse sc. 1898/99.

Stoffel, Peter, die Erfüllung der prophet. Weissagungen beweisen, daß die heil. Schrift Gottes Wort ist. Verfaßt für die untere Volksklasse. 1. Sammlg. 8. (16 S.) Chur 845. (Hitz.) 1½ ngr

— wahre Kennzeichen der christl. Kirche. Zur Beleuchtung für seine kathol. Freunde verfaßt. 2. Sammlg. 8. (16 S.) Ebd. 848, in Comm. n. 4 ngr

Stoffela d'Alta Rupe, E., abrégé de l'histoire diplomatique de l'Europe à partir de la paix de Westphalie jusqu'à nos jours. gr. 8. (340 S.) Wien 888. Seidel & Sohn. n. 10. —

Stoffella, E. v., Oppolzer's Vorlesungen, s. Oppolzer.

Stoffels, A. Le dictionnaire de l'Académie française, son histoire, ses mérites et ses défauts. Crefeld, R., 1883. 9 S. 4. Progr.

Stoffels, Carl, s. Stoffels, Karl.

Stoffels, Elisabeth: Bildungsfragen für das weibliche Geschlecht. — M.Gladbach: Volksvereins-Verl. 1908. 56 S. 8° (Soziale Tagesfragen. [Neue Zählung] 2.)

Stoffels, Elisabeth: Die Lehrerinnenfrage. Ein Wort d. Entgegnung im Auftr. d. Vereins kath. deutscher Lehrerinnen. — Paderborn: Schöningh 1906. 52 S. 8°

Stoffels, Gerhard: Aus der königl. chirurgischen Universitäts-Klinik zu Bonn. Die Resultate der Jodoforminjectionen bei der tuberculösen Coxitis. *Bonn 1898: Hauptmann.* (31 S.) 8°
Bonn, Med. Diss. v. [23.] Juli 1898

Stoffels, Heinrich

Stoffels, Henr. (geb. Bergstein bei Aachen 11. 1. 1814): De tumorum chronicorum in scroto diagnosi. Berolini (1840). (36 S.) 8°
Berlin, Med. Diss. v. 10. Aug. 1840

Stoffels, Heinrich, aus Ruhrort: Aus d. Kgl. chirurg. Universitätsklinik zu Bonn. Ueber einen Fall von Osteoidsarcom der Tibia. *Bonn a. Rh. 1902: S. Foppen.* (30 S.) 8°
Bonn, Med. Diss. v. 11. Juli 1902

Stoffels, Joseph, Kaplan an St. Mauritius in Köln: Die mystische Theologie Makarius des Aegypters und die ältesten Ansätze christlicher Mystik. Bonn 1907: P. Hanstein. (56 S.) 8° ¶ (Wird vollst. ersch.: Bonn 1908: P. Hanstein.)
Bonn, Kath.-theol. Fak., Ref. Schrörs u. Esser, Diss. v. 5. Aug. 1907
[Geb. 2. Okt. 79 Ruhrort; Wohnort: Cöln; Staatsangeh.: Preußen; Vorbildung: Gymn. Duisburg; Studium: Bonn, München; Rig. 3. Juli 07.]

Die mystische Theologie Makarius des Aegypters und die ältesten Ansätze christl. Mystik von Dr. Joseph Stoffels, Domvikar. Bonn: P. Hanstein 1908. (VII, 173 S.) 8° [08. 10919 2

Stoffels, Carl, über den katholischen Papst und die protestantischen Päpste. Aus dem Franzöf. in's Deutsche übers. Trier 860. (Cöln, Bachem.) gr. 8. (20 S.) n. 2 ngr

Stoffels, Charles, Résurrection. gr. in-8. (23½ B.) Paris et Leipsic 840, Brockhaus et Avenarius. *

Stoffer, Ernst [aus Wismar, Assistenzarzt am allgem. Krankenh. in Lübeck]: Die Bedeutung der typischen Schwangerschaftswehen ... Wismar, Druck d. Eberhardt'schen Hof- u. Ratsbuchdr., 1894; 52 S., 2 Tab. 8.
Rostock, Med. Fak., Inaug.-Diss. v. [12. März] 1894

Stoffers, Albert, cand. phil.: Das Hochstift Paderborn zur Zeit des siebenjährigen Krieges. Münster: Regensberg 1910. 90 S. 8° ¶ (Vollst. in: Zeitschrift f. vaterl. Gesch. u. Altertumsk. Bd 69. Abt. Paderborn.)
Münster, Phil. Diss. v. 27. Dez. 1910, Ref. Spannagel
[Geb. 14. Aug. 84 Büren; Wohnort: Münster i. W.; Staatsangeh.: Preußen; Vorbildung: Gymn. Brilon Reife O. 06; Studium: Münster 2, Straßburg 1, Berlin 1, Münster 4 S.; Rig. 2. Juli 10.] [U 11. 4000

Stoffers, Bernh., der biblische Anschauungsunterricht u. seine Anwendung. 12. (XV, 127 S.) Paderborn 894. Bonifacius-Druckerei. Kart. n. 1. —

Stoffers, Bernard, wie ist der Sprachformen-Unterricht in der Taubstummen-Schule zu betreiben m. Rücksicht auf die Ansicht hervorragender Fachgenossen? Conferenz-Vortrag. 12. (67 S.) Büren 886. (Hagen.) n. — 80

Stoffers, G., Katechismus des Unfallversicherungsgesetzes, s.: Christ, Ed.

Stoffers, Gottfried (Hrsg.), s. Deutschland in Brüssel 1910.

Stoffers, G., s.: **Industrie- u. Gewerbe-Ausstellung, die,** f. Rheinland, Westfalen usw. Düsseldorf.

Stoffers, Gottfried (Red.), s. Werkmeisterzeitung.

Stoffers, H., s.: **Verhandlungen** des 1. Kongresses der deutschen Rechtsanwalts- u. Notariatsbureaubeamten.

Stoeffers, Karl: Ordnung für die Verwaltung der Kassen bei den Justizbehörden vom 31. März 1900. J. M. Bl. S. 103. Unt. Berücks. aller bis auf die Gegenwart ergangenen einschlägigen Verfügungen für den prakt. Gebrauch erl. [Berlin] 1905.

Stoffert, Adph. Thdr. Bau u. Entwicklung der Schaale v. Emyda ceylonensis, Gray. Mit 14 lithogr. Taf. (cart. Atlas in 4.) gr. 8. (26 S.) Basel 889, Sallmann. cart. * 2 80

—— Die Bohrungen in der Schweiz auf Steinkohlen u. Steinsalz besonders bei Rheinfelden u. Zeiningen. Ein Hinweis auf die Ausbeutg. der mittelschweizer. Molassebildg. Nach amtl. Quellen u. eigener Anschaug. bearb. Mit 2 lithogr. Karten. gr. 8. (VII, 86 S.) Ebd. 889. * 2 40

Stoffert, F., was habe ich bei der Anlage e. Obstgutes zu beachten? Nebst Gewinn- u. Verlust-Berechngn. aus e. deutschen Obstgut vom gärtner. u. kaufmänn. Standpunkt aus. (III, 50 S.) gr. 8. Frankfurt a/O. 908. Trowitzsch & Sohn. 1. 50

Stoffkunde oder Grundlinien der chemischen Physik ... Breslau 1818. V: *Nachersberg, Johann Hnr. Ernst.* (Nowack, Schles. Schriftst.-Lex. Breslau 1836—43. VI, 82.) (NN)

Stöffler, Ernst, Kalksandsteine. Bausteine aus quarz. Sand u. Kalk. Die chemisch-techn. Herstellungsverfahren, unter besond. Berücksicht. der Anlage u. des Betriebes v. Kalksandziegeleien. gr. 8. (35 S. m. 19 Abb. u. 5 Taf.) Zürich 900. E. Rascher's Erben. n. 4. —

Stöffler, Ernst, die Kalksandsteinfabrikation. (III, 64 S. m. 10 Abbildgn. u. 3 Taf.) Lex.-8. Berlin 904. Tonindustrie-Zeitung. Geb. in Leinw. n. 5. —

Die Kalksandsteinfabrikation von Ernst **Stöffler**-Zürich. Mit 100 Abb. u. 3 Taf. Berlin: Tonindustrie-Zeitung 1904. (64 S.) 4°(8°) [06. 6115

Stoeffler, K., Festrede, geh. bei Anlass des silbernen Papstjubiläums Leo's XIII. im Unionsaale zu Strassburg, am 8. III. 1903. (15 S.) gr. 8. Strassburg 903. F. X. Le Roux & Co. n. — 20

Stöffler, K., Trauerrede zur Erinnerung an den geistlichen Oberlehrer Prof. Dr. Joseph Cron, geh. in der Anstaltskirche des bischöfl. Gymnasiums am 23. XI. 1908. (16 S.) 11. 8. Straßburg 909. F. X. Le Roux & Co. — 30

Stoffplan f. die ländliche Fortbildungsschule. I. u. II. Jahr. 38×47 cm. Lissa (908). O. Eulitz. à — 50; auf Pappe m. Oesen à 1. —

Stoffpläne der 1. Fortbildungsschule f. Knaben zu Leipzig. gr. 8. (III, 44 S.) Wittenberg 893. R. Herrosé. n. — 35

Stoffregen, Aug., üb. das Vorkommen v. Pepton im Harn, Sputum u. Eitor. Diss. gr. 8. (37 S.) Jurjew (Dorpat) 891. (E. J. Karow.) n. 1. —

Stoffregen, H. A., Liederbuch für die deutsche Volksschule. In einem Hefte. [Für Unter-, Mittel- und Oberstufe.] Eine Auswahl der schönsten Schul-, Volks- und volkstüml. Lieder, gesammelt und zur Gewinnung fester Normen in Text und Weisen bearb. Nebst Normal-Liedercyklus [nach des Verf.'s „Deutscher Liederschatz für Schule, Haus und Leben"] und einem methodisch und inhaltlich gruppierten Verzeichnis. 3. verm. und verb. Aufl. 8. (IV, 116 S.) Hildesheim 888, Gerstenberg'sche Buchh. * 50 Pf.; cart. *

Stoffregen, H. A., Liederbuch f. die deutsche Volksschule. In 1 Hfte. (Für Unter-, Mittel- u. Oberstufe.) Eine Auswahl der schönsten Schul-, Volks- u. volkstüml. Lieder, gesammelt u. zur Gewinng. fester Normen in Text u. Weisen bearb. Nebst Normal-Liederkreis (nach des Verf. „Deutscher Liederschatz f. Schule, Haus u. Leben") u. e. methodisch u. inhaltlich gruppierten Verzeichnis. 5., verb. Aufl. Im Auftrage des Pestalozzi-Vereins Hildesheim hrsg. v. W. Drömann, W. Bode u. G. Niedermeyer. gr. 8. (IV, 116 S.) Hildesheim 894. Gerstenberg. n. — 50; geb. n.n. — 65

[F.] Liederbuch für die deutsche Volksschule. In einem Hefte. '(Für Unter-, Mittel- u. Oberstufe.)' E. Auswahl d. schönsten Schul-, Volks- u. volkstüml. Lieder, gesammelt u. ... in Text u. Weisen bearb. v. H. A. **Stoffregen.** Nebst Normal-Liederkreis '(nach des Vfs 'Deutscher Liederschatz f. Schule, Haus u Leben')' ... 7. Aufl. Im Auftr. d. Pestalozzi-Vereins Hildesheim hrsg. v. d. Lehrern F. Baumann, W. Bode, G. Niedermeyer u. C. Schotte. *Hildesheim: Gerstenberg 1898.* (IV, 116 S.) 1 Bd 8. 1??. 1639 7

Stoffregen, H. A., Liederbuch f. die deutsche Volksschule. In 1 Hfte. (Für Unter-, Mittel- u. Oberstufe.) Eine Auswahl der schönsten Schul-, Volks- u. volkstüml. Lieder, gesammelt u. zur Gewinng. fester Normen in Text u. Weisen bearb. Nebst Normal-Liederkreis (nach des Verf. „Deutscher Liederschatz f. Schule, Haus u. Leben") u. e. methodisch u. inhaltlich gruppierten Verzeichnis. 8., unveränd. Aufl. Im Auftrage des Pestalozzi-Vereins Hildesheim hrsg. v. F. Baumann, W. Bode, G. Niedermeyer u. C. Schotte. 8. (IV, 116 S.) Hildesheim 900. Gerstenberg. n. — 50; kart. n.n. — 65

Stoffregen, H. A., Liederbuch f. die deutsche Volksschule. In 1 Hefte. (Für Unter-, Mittel- u. Oberstufe.) Eine Auswahl der schönsten Schul-, Volks- u. volkstüml. Lieder, gesammelt u. zur Gewinnung fester Normen in Text u. Weisen bearb. 9. verb. u. verm. Aufl. Im Auftrage des Pestalozzi-Vereins Hildesheim hrsg. v. W. Bode, R. Nödel u. C. Schotte. (IV, 148 S.) 8. Hildesheim 904. Gerstenberg. n. — 50; geb. n.n. — 65

— deutscher Liederschatz u. Liederbuch. Ergänzungsheft. 40 Lieder f. gemischten Chor (m. genauer Uebereinstimmg. des zweistimm. Satzes f. Sopran u. Alt aus Liederschatz u. Liederbuch), gesetzt v. Carl Schotte. (IV, 56 S.) 8. Ebd. 901. n. — 35; geb. n.n. — 50

Stoffregen, H. A., deutscher Liederschatz für Schule, Haus und Leben. In 3 Heften. Eine Auswahl der schönsten und volksthümlichsten Lieder, im Auftrage gesammelt und zur Gewinnung fester Normen in Text und Weisen nach ihrer Originalität und mit Berücksicht. der besten, gangbarsten Lesarten bearb. Hrsg. vom Kreislehrervereine Hildesheim. 8. Hildesheim, Gerstenberg'sche Buchh. *

Inhalt:

Heft 1. Für die unteren Gesangstufen. 68 Kinder- und Schullieder und im Anhang 12 Spiele mit Gesang. (IV, 48 S.) 869. * 30 Pf.

„ 2. Für die mittleren und oberen Gesangsstufen aller Schulen, sowie auch für Familien- und gesellige Kreise überhaupt. Nebst einem Normal-Liedercyklus. 1.—3. Aufl. (VIII, 104 S.) 869—74. * 40 Pf.

„ 3. Ein Suppl. für die Oberklassen gehobener und höherer Schulen, für volksthüml. Gesangvereine und gesell. Kreise überhaupt. Nebst einem Normal-Liedercyklus. (VI, 110 S.) 871. * 50 Pf.

Stoffregen, H. A., deutscher Liederschatz f. Schule, Haus u. Leben. In 3 Hftn. Eine Auswahl der schönsten u. volksthümlichsten Lieder, gesammelt u. zur Gewinnung fester Normen in Text u. Weisen nach ihrer Originalität u. m. Berücksicht. der besten, gangbarsten Lesarten bearb. Hrsg. vom Kreis-Lehrervereine Hildesheim. 2. u. 3. Hft. 8. Hildesheim 873. 76. Gerstenberg. n. — 90

2. Für die mittleren u. oberen Gesangstufen aller Schulen, wie auch f. Familien- u. gesell. Kreise überhaupt. Nebst e. Normal-Liedercyklus. 3. verb. (Ster.-)Aufl. (VIII, 104 S.) n. — 40

3. Ein Suppl. f. die Oberklassen gehobener u. höherer Schulen, f. volksthüml. Gesangvereine u. gesell. Kreise überhaupt. Nebst e. Normal-Liedercyklus. 2. verb. u. verm. [Ster.-]Aufl. (IV, 126 S.) n. — 50

Stoffregen, H. A., deutscher Liederschatz für Schule, Haus und Leben. Eine Auswahl der schönsten und volkstümlichsten Lieder, gesammelt und zur Gewinnung fester Normen in Text und Weisen nach ihrer Ursprünglichkeit und mit Berücksicht. der besten, gangbarsten Lesarten bearb. 3 Hefte. 8. Hildesheim, Gerstenberg'sche Buchh. *

Inhalt:

Heft 1. Für die unteren und bezw. mittleren Gesangstufen: 91 Kinder- und Schullieder und im Anhang 12 Spiele mit Gesang. 3. verb. und verm. [Ster.-]Aufl. (IV, 60 S.) 881. * 30 Pf.

„ 2. Für die mittleren und oberen Gesangsstufen aller Schulen, wie auch für Familien- und gesellige Kreise überhaupt. Nebst einem Normal-Liedercyklus. 11. verb. [Ster.-]Aufl. (VIII, 112 S.) 886. * 50 Pf.

„ 3. Ein Supplement für die Oberklassen gehobener und höherer Schulen, für volkstümliche Gesangvereine und gesellige Kreise überhaupt. Nebst einem Normal-Liedercyklus. 3. verb. und sehr verm. [Ster.-]Aufl. (IV, 142 S.) 883. * 60 Pf.

—— deutscher Liederschatz für Schule, Haus und Leben. (In 3 Heften.) Eine Auswahl der schönsten und volkstümlichsten Lieder, gesammelt und zur Gewinnung fester Normen in Text und Weisen nach ihrer Ursprünglichkeit und mit Berücksicht. der besten, gangbarsten Lesarten bearb. 1. Heft: Für die unteren und bezw. mittleren Gesangstufen: 91 Kinder- und Schullieder und im Anhang 12 Spiele mit Gesang. 5. Ster.-Aufl. 8. (IV, 60 S.) Ebendas. 888. geb. *

—— dass. — Heft II. A: Ausg. für höhere Schulen und Lehranstalten. [Mittlere und bezw. obere Klassen.] 13. Aufl. 8. (IV, 116 S.) Ebendas. 888. * 70 Pf.; geb. *

—— dass. — 3. Heft: Ein Supplement für die Oberklassen [gehobener und] höherer Schulen und Lehranstalten. Nebst einem Normal-Liedercyklus. 5. unveränd. [Ster.-]Aufl. 8. (IV, 142 S.) Ebendas. 888. * 60 Pf.; cart. *

— deutscher Liederschatz f. Schule, Haus u. Leben. (In 3 Hftn.) 1. Hft. [Vorstufe zu „II A" u. „II B".] Mit besond. Berücksicht. d. Tonumfangs u. e. methodisch geordneten Inhaltsverzeichnis. 6., umgearb. Aufl. 8. (IV, 64 S.) Ebd. 889. n. — 30; geb. n. — 45

— deutscher Liederschatz f. Schule, Haus u. Leben. In 3 Hftn. Eine Auswahl der schönsten u. volkstümlichsten Lieder, gesammelt u. zur Gewinng. fester Normen in Text u. Weisen bearb. 2. u. 3. Hft. 8. Ebd. 892. n. 1. 10; geb. n.n. 1. 40

2. Für die mittleren u. oberen Gesangstufen mehrklassiger Schulen. Nebst Normal-Liederkreis u. methodisch u. inhaltlich geordneten Verzeichnissen. 14. Aufl. Im Auftrage des Pestalozzi-Vereins Hildesheim hrsg. v. W. Drömann, W. Bode u. G. Niedermeyer. (IV, 112 S.) n. — 50; geb. n.n. — 65

3. Ergänzungshft. zu II u. II A f. die Oberklassen [gehobener u.] höherer Schulen u. Lehranstalten. Nebst e. Normal-Liedercyklus. 6., verb. u. umgearb. Aufl. (IV, 144 S.) n. — 60; geb. n.n. — 75

Stoffregen, H. A., deutscher Liederschatz für Schule, Haus u. Leben. (In 3 Hftn.) Eine Ausw. d. schönsten u. volkstüml. Lieder, ges. u. z. Gewinng. fester Normen in Text u. Weisen bearb. 1. u. 2. Hft. Im Austr. d. Pestalozzi-Vereins Hildesheim bearb. v. W. Drömann, W. Bode u. G. Niedermeyer. 8. Hildesheim 895. Gerstenberg. n. — 80; geb. n.n. 1. 10

1. (Vorstufe zu „II A" u. „II B".) Für die Vorklassen höh. Schulen u. Lehranst., sow. f. d. Unter- u. teilw. Mittelstufe gehob. Schulen. (1., 2. u. 3. Schulj.) M. besond. Berücksicht. des Tonumfangs u. e. method. geordn. Inhaltsverzeichnis. 7. Aufl. (IV, 64 S.) n. — 30; geb. n. — 45

2. F. d. mittl. u. ob. Gesangstufen mehrklass. Schulen. Nebst Normal-Liederkreis u. method. u. inhaltl. geordn. Verzeichnissen. 15. Aufl. (IV, 112 S.) n. — 50; geb. n.n. — 65

— deutscher Liederschatz f. Schule, Haus u. Leben. In 3 Heften. Eine Auswahl der schönsten u. volkstümlichsten Lieder, gesammelt u. zur Gewinnung fester Normen in Text u. Weisen nach ihrer Ursprünglichkeit u. m. Berücksicht. der besten, gangbarsten Lesarten bearb. Hrsg. v. W. Bode, R. Röckel u. C. Schotte. 8. Ebd. n. 1. 40; geb. n.n. 1. 85

I. 9. verb. Aufl. (VIII, 64 S.) 904. — 80; geb. — 45
II. 18., verb. Aufl. (VIII, 120 S.) 904. — 50; geb. — 65
III. 8., verb. Aufl. (VIII, 160 S.) 903. — 60; geb. — 75

Stoffregen, Heinr., Chronik v. Wülfinghausen u. Wittenburg. Zur Jubelfeier d. vor 300 Jahren erfolgten Säcularisation des Jungfrauen-Klosters Wülfinghausen u. d. vor 400 Jahren gescheh. Erbauung d. Kirche zu Wittenburg. gr. 8. (VII, 132 S. m. 1 Abb.) Leipzig 895. (W. Fiedler.) n. 1. 20

Stoffregen, Heinr., Passionsblumen, gepflückt unter Jesu Kreuz. 7 Betrachtungen f. christl. Blumenfreunde in der Passionszeit. 8. (VII, 87 S. m. Titelbild.) Hildesheim (901). H. Helmke. Geb. in Leinw. n. 2. —

Stoffregen, J. C. (Resp.): Obs. binae de asthmate singulari..., s. Vogel, Rud. Aug. (Praes.)

Stoffregen, *Theodor Wilhelm* Otto [aus Braunschweig]: (I.) Ueber einige Derivate des Phenylindoxazens. (II.) Ueber die Halogen-Entziehung aromatischer Substanzen... Braunschweig, Buchdr. v. Zickfeldt & Andres, 1894; 26 S., 1 Bl. 8.
Heidelberg, Naturw.-math. Fak., Inaug.-Diss. v. [6. Nov.] 1894

Stoffregen, Reinhold Vict.: Der Eigenthumsvorbehalt nach gemeinem Rechte. Diss. Dorpat 1851.

Stoffregen, Wilh., der Tod der Unsterblichen. gr. 8. (107 S.) Leipzig 888, Friedrich. *

Stoffregen, Wilh. Unter rollendem Verhängniß. Tragische Naturen u. Shakespeare-Charaktere. 8. (101 S.) Bremen 889. (Lpz., W. Friedrich.) * 2 —

Stoffsammlung f. Rechtschreiben u. Sprachlehre im Anschluß an das Fischer'sche Lesebuch f. Unterklassen. (2. u. 3. Schulj.) Für die Hand der Schüler bearb. von mehreren Lehrern. (60 S.) 8. Schweinfurt 903. E. Stoer. n. — 25

Stoffsammlung f. Rechtschreiben u. Sprachlehre im Anschluß an das Fischer'sche Lesebuch f. Unterklassen. (2. u. 3. Schulj.) Für die Hand der Schüler bearb. v. mehreren Lehrern. 5. Aufl. (II, 62 S.) 8. Schweinfurt 909. E. Stoer. — 25

Stoffverteilungsplan. Fol. (7 S.) Hildesheim (893). F. Borgmeyer. n.n. — 35

Stoffvertheilungs-Plan für die Ober- und Unterklasse einer zweiklassigen Landschule mit einem Lehrer. 2 Blatt. Imp.-Fol. Schweidnitz 869, Heege. **

Stoffverteilungsplan f. den katholischen Religionsunterricht a) f. e. 1klass. Landschule, b) f. e. 1klass. Landschule m. Halbtagsunterricht, c) f. 1- bezw. 2klass. Volksschulen, d) f. 3- bezw. 4klass. Volksschulen, e) f. 6klass. Volksschulen. Im Anschluß an die vom Hrn. Fürstbischof v. Breslau entworfenen Lehrpläne hrsg. v. der königl. Regierg. zu Oppeln. gr. 8. (66 S.) [Oppeln 889, Franck.] Berl., Gronau. ** 1 —

Stoffverteilungsplan für den katholischen Religions-Unterricht in der Volksschule mit vorausgehenden Erläuterungen. gr. 8. (45 S.) Münster i. W. 892, Coppenrath. * — 50

Stoffverteilungsplan f. 7stufige Volksschulen nach der Anleitung f. das Knabenturnen. (5 S.) 32×23,5 cm. Breslau 910. F. Goerlich. 25
Sonderabdruck aus: „Praxis d. kath. Volksschule".

Stoffzeichner, der. Eleganteste, nützlichste u. reichhaltigste Damenzeitung für Freundinnen der edlen Stickkunst. Herausg. unter Mitwirkung der tüchtigsten Kräfte Deutschlands, Frankreichs u. der Schweiz von Chrn. Schmidt. 1. Jahrg. 1864. April—Decbr. 9 Nrn. (à 8 Chablonenblätter u. 1 Albumbl.) Lindau, Schmidt. 2 ₰ 7½ ngr.

Stoffzeichner, der. Eleganteste, nützlichste u. reichhaltigste Damenzeitung für Freundinnen der edeln Stickkunst. Hersg. unter Mitwirkung der tüchtigsten Kräfte Deutschlands, Frankreichs u. der Schweiz von Chrn. Schmidt. 2. Jahrg. 1865. 12 Nrn. (à 4 Chablonenblätter u. 1 Albumbl.) Lindau, Schmidt. Fol. 3 ₰ 10 ngr.

Stöger, Der Diener Gottes Johann Baptist, Laienbruder ... Ein Lebensbild. Wien 1900. V: *Mader, Carl.* (EB)

Stöger, Anna, geb. v. Rudhart, Prosa. Erzählungen aus dem alltäglichen Leben für heranwachsende Töchter. Mit 1 Stahlst. München 858. Finsterlin. 8. (VIII, 191 S.) 18 ngr.

Stöger, Ant., am G'spensterhof. Bauernposse m. Gesang. In 1 Akt. 4. (60 autogr. S.) München (898). Rubinverlag. n. 1.

Stöger, Ant., räthselhafte Inschriften. 32. (438.) Landshut 878. Krüll. n. — 50

Stöger, Anton —. Der kleine vollkommene Lust-Feuerwerker, oder gründliche und leichtfaßliche Anleitung in der kürzesten Zeit und ohne großen Kostenaufwand die schönsten und überraschendsten Feuerwerksstücke auf eine leichte Art selbst anzufertigen. Nach eigenen Erfahrungen und mit erprobten Vortheilen von — —. Mit mehr als 150 Feuerwerks-Kompositionen und 58 Abbildungen. 2., nach den neuesten Fortschritten und Erfahrungen verbesserte Auflage. 16. (157 S. und III und X Taf.) Wien. Druck von U. Klopf sen. und Alex. Eurich. Verlag von Albert A. Wenedikt. 1855.

Stöger, Ant., der kleine vollkommene Lust-Feuerwerker, oder gründliche u. leichtfaßliche Anleitung in der kürzesten Zeit u. ohne großen Kostenaufwand die schönsten u. überraschendsten Feuerwerksstücke auf eine leichte Art selbst anzufertigen. Nach eigenen Erfahrungen u. mit erprobten Vortheilen. Mit mehr als 150 Feuerwerks-Kompositionen u. 58 Abbildgn. (auf 10 lith. Taf.) 3. nach den neuesten Fortschritten u. Erfahrungen verb. Aufl. Wien 862. Wenedikt. 16. (158 S.) 18 ngr.

Stöger, Bernhard

— Anleit. z. Studium der theoret. Philosophie f. seine Zuhörer in Privatstunden. 3 Bde. 8. Salzb. 788—95. Duyle. 1 ₰ 8 ℊ Anh. z. 1n Thle: Skizzen einer allgem. reinen Logik. 8. Ebd. 792. 2 ℊ

— Anleit. z. Studium d. theoret. Philosophie f. s. Zuhörer in Privatstunden. 3 Thle. 8. Salzb. Mayr. 788–95. (I. Logik. 18 gr. II. III. à 12 gr.)

Stöger, Bhrd., († d. 6. Mai 1815.) üb. die beste Art, den öffentl. Lehrvortrag auf Akademien zu benutzen. Eine Rede. 8. Salzb. 799. Duyle. 2 ℊ

— compendium institut. logicarum, scholae suae scripsit. 8. Salzb. 798. Duyle. 6 ℊ

— de eo, utrum Kantian. Categoriarum tabula sit omnibus numeris absoluta? 8. Salzb. 794.

— üb. die Frage: Welcher Lehrvortrag in der Philosophie ist auf deutschen Universitäten der nützlichere, der deutsche od. der lateinische? Eine Vorlesung. 8. Salzb. 790.

— s. Harmonie der wahren Grundsätze der Kirche.

— Introductio in studium philosophiae theoret. Pars I. (cont. Logica.) 8. Budae, Typ.

— Kantische Kritik der reinen Vernunft, in e. Auszuge. gr. 8. Salzb. 797. Duyle. 6 ℊ

— oratio in anniversariis electionis solemnis R. R. Archiepiscopi celsiss. Principis Hieronymi etc. pro literis dicta. 4. Salzb. 796. (Duyle). 3 ℊ

Stoeger, Bernard., Positiones ex hermeneutica sacra Veteris et Novi Testam. Regensburg, 1784, 8°, 26 S.

— Positiones ex Hermeneutica sacra V. et N. Testamenti. 8. Regensb. 794.

— Positiones ex Logica et Metaphysica. 4. Salzb. 788.

— Kants Prolegomena zu jeder künftigen Metaphysik, die als Wissenschaft wird auftreten können, in kurz. Ausz. gr. 8. Salzb. 794. Duyle. 3 ℊ

— geistl. Reden, gehalten zu Salzburg. A. u. d. T.: Predigten üb. wichtige Gegenstände der christl. Religion u. Moral. 2 Bde. gr. 8. Straubing. 803. Heigl. (Schorner); (a. Wienbrack in Leipz.) 1 ₰ 12 ℊ

— geistliche Reden, gehalten zu Salzburg. 2 Bde. gr. 8. Straubing, Heigl u. Comp. 803–4.

— Sätze aus der reinen Mathematik, zur öffentl. Prüfung im Stifte Oberaltaich vorgelegt. 4. Straubing. 783.

— Stoff z. öffentl. Prüfung. 8. Salzb. 793.

— Synopsis institutionum biennatium ex universa philosophia theoretica. 8maj. Salzb. 787. Duyle. 3 fl

— Synopsis institutionum philos. prima anni parte exposuit tentamen publico. 8. Regensb. 785.

— Tentamen finale publicum ex linguis hebraea et graeca. 4. Straubing. 783.

— Tentamen finale publicum ex Logica et Metaphysica. 4. Salzb. 786.

Stöger, P. Eduard — Maria der echte Pilgerstab durchs Thränenthal. Predigt bei Gelegenheit der Dankesfeier wegen der glücklichen Rückkehr der Wiener Wallfahrer aus Maria Zell. Vorgetragen in der Metropolitankirche zu St. Stephan den 7. Juli 1856 von — —. Auf Verlangen dem Druck übergeben. Der Ertrag wird einem wohlthätigen Zwecke gewidmet. Wien, 1856. Druck von Anton Schweiger. (13 S. 8.)

Stöger, P. Eduard — Maria der echte Pilgerstab durchs Thränenthal. Predigt bei Gelegenheit der Dankesfeier wegen der glücklichen Rückkehr der Wiener-Wallfahrer aus Maria-Zell. Vorgetragen in der Metropolitankirche zu St. Stephan am 7. Juli 1856 von — —. Auf Verlangen dem Druck übergeben Der Ertrag wird einem wohlthätigen Zwecke gewidmet. Wien, 1856. Druck und Papier von Leopold Sommer. (13 S. 8.)

Stöger, Ferdinand

— Einleit. in die Kirchengeschichte d. N. Testaments; aus dem Latein. 8. Wien 780. v. Mösle. 10 fl

Stöger, Fd., († ...) introductio in historiam eccles. Novi Testam. 8maj. Wien 776. (Trattner). 9 fl

Stöger Franz: Der Streit zwischen Ludwig dem Bayern und Friedrich dem Schönen von Oesterreich um die deutsche Königskrone in deutschen Dramen.
H. 1910 PN 2943 **Diss.** Wien. Univ.

Stöger, Franz Xaver

Stöger, Frz. Xav., zwei der ältesten deutschen Druckdenkmäler beschrieb. u. in neuem Abdr. mitgetheilt. Mit 4 Abbildungen. München, 1833. Gedr. bei George Jaquet. Im Verlage bei G. Fincke in Berlin. 8°. Ppb.

3 Bll., 84 S., 4 Facsim. (2 Holzsch., 2 Schriftbll.) Dem Erzbischof L. A. Frhrn. v. Gebsattel gewidm. Saub. Druck auf gelb. Pap. Lat. Lett. — Betrifft die auf der Münchener Hof- u. Staats-Bibl. befindl. kostbaren, mit bewegl. Lettern gedr. u. reich mit Holzsch. (z. Th. in Punktirmanier) geschmückten Incunabeln: „Die 7 Freuden Mariä" u. „Das Leiden Christi". (Beides in deutscher Sprache.)

Stöger, Frz. Xav., s. **Oratio** Dominica Polyglotta.

Stöger, Georg

Stöger, Geo., der 'Gmoalump. Ländliches Charakterstück in 4 Aufzügen. (48 S.) 8. München (910). V. Höfling. 1.25; Musikeinlage. (2 S.) — 30

Stöger, Johann Nepomuk

Stöger, Joh. Nep., Aloysi-Büchlein um Bewahrung der Unschuld und zur Verehrung und Nachfolge dieses englischen Jünglings. 4. Aufl. 12. (216 S.) Gratz 856(57,) (Ferstl-sche Buchh.) *

Stöger S. J. P. Johann Nep. — Aloysi-Büchlein um Bewahrung der Unschuld und zur Verehrung und Nachfolge dieses englischen Jünglings. Von — —. Vierte Auflage. Gratz, 1857. Verlag von Josef Syrolla. (216 S. 8. Mit einem Titelkupfer.)

Stöger, Joh. Nep., neun Bekehrungs-Geschichten aus dem Xaveri-Büchlein zur Uebung des Seeleneifers. Missions-Andenken. 16. (56 S.) Münster 851, Coppenrath. 1½ ngl

— das Bündniß des Friedens mit Gott. Ein Andachtsbüchlein f. das tägliche Leben u. die stillen Tage geistlicher Exercizien. 12. (VI u. 336 S.) Innsbruck 847. (Wagner.) ½ ₰

— Bündniß des Friedens mit Gott. Ein kathol. Gebetbuch für das tägliche Leben, worin die vorzüglichsten Kirchen- und Ablaß-Gebete, geistlichen Hymnen und Lesungen gesammelt sind. 2. Aufl. Gratz 855. (Ferstl.) 12. (416 S. u. 2 Stahlst.) n. 18 ngr.

Stöger, P. Johann Nep. —. Das Bündniß des Friedens mit Gott. Ein Lese- und Gebetbuch für die stillen Tage kleiner geistlichen Exercizien und das tägliche Leben. Von — —. Zweite Auflage. Innsbruck. 1855. Druck und Verlag von Felician Rauch. (VI. 378 S. 8.)

Stöger, Joh. N., les dames du sacré-coeur. Traduit de l'allemand par Hercule de Sauclières. 2. éd. 16. (VIII, 127 S.) Regensburg 873. Manz. 1. 50

— der treue Freund. Ein Handbüchlein für geistl. Uebungen. 1. Bdchn. 12. (188 S.) Regensburg 855, Manz.

Stöger, Joh. Nep., unsere liebsten Gedanken. Ein Blick nach Jenseits. Nachklänge zur Himmelskrone. 1. und 2. Aufl. 8. (304 S.) Regensburg 874,75, Manz.

Stöger, Joh. Nep. das Glück einer Gott geweihten Braut. Regensburg 869. Manz. 16. (96 S.) 6 ngr.

— das Glück einer Gott geweihten Braut. Mit einem Anhang über die Geheimnisse in dem heiligsten Herzen Jesu. 4. Ausg. gr. 16. (VI, 150 S.) Ebendas. 876.
Die 2. und 3. Aufl. war nicht im Handel.

Stöger, Joh., das Glück einer Gott geweihten Braut, mit einem Anhang über die Geheimnisse in dem heiligsten Herzen Jesu. 5. Aufl. 12. (150 S.) Regensburg 886, [Manz.] Verlags-Anstalt.

Stöger, Joh. Nepom., S. J., das Glück e. Gott geweihten Braut. Mit e. Anh. üb. die Geheimnisse in dem heiligsten Herzen Jesu. 6. Aufl., bearb. v. Jos. Schellauf, S. J. (VIII, 144 S.) kl. 8. Regensburg 907. Verlagsanstalt vorm. G. J. Manz. 1.—; geb. in Leinw. 1. 50

— Herz-Jesu-Büchlein von der Liebe. Ein vollständiges Gebeth- und Tugendbuch für besondere Verehrer der heiligsten Herzen Jesu und Maria. Enthält eine Auswahl von verschiedenen Gebethen ꝛc. 7. Aufl. Gratz 852. (Wien, Wendelin.) 12. (XL, 440 S. u. 2 Stahlst.) n. 18 ngr.

Stöger, Joh. Nep., Herz-Jesu-Büchlein von der Liebe. Ein vollständ. Gebet- und Tugendbuch für besond. Verehrer der heiligsten Herzen Jesu und Maria. Enthält eine Auswahl von verschied. Gebeten ꝛc. 7. Aufl. 1852. und 8. Aufl. 12. (XL und 440 S. mit 2 Stahlst.) Gratz 859,60, (Wiesner.)

— die Himmelskrone. Das höchste Ziel der christl. Hoffnung. gr. 8. (283 S.) Regensburg 850, Manz. 11/12 ₰ — 2. verb. Aufl. gr. 8. (284 S.) Ebd. 852. ¾ ₰

— die Himmelskrone. Das höchste Ziel der christlichen Hoffnung. 3. Aufl. 8. (326 S.) Regensburg 854, Manz. -

— die Himmelskrone, das höchste Ziel der christl. Hoffnung. 4. Aufl. 8. (325 S.) Regensburg 858, Manz. —

— die Himmelskrone. Das höchste Ziel der christlichen Hoffnung. 5. Aufl. Regensburg 862. Manz. 8. (325 S.) 22⅓ ngr.

Stöger, Joh. Nep., die Himmelskrone. Das höchste Ziel der christlichen Hoffnung. 6. Aufl. 8. (326 S.) Regensburg 877. Manz. 2. 25

Stöger, Joh. Nep., die Himmelskrone. Das höchste Ziel der christl. Hoffnung. 7. Aufl. 8. (326 S.) Regensburg 884, Manz.

Stöger, Joh. Nep. Die Himmelskrone. Das höchste Ziel der christl. Hoffnung. 8. Aufl. gr. 8. (VIII, 326 S.) Regensb. 892, Verlags-Anstalt. 2 25

Stöger, Joh. Nep., S. J., die Himmelskrone. Das höchste Ziel der christl. Hoffnung. 9. verb. Aufl. (323 S.) gr. 8. Regensburg 904. Verlagsanstalt vorm G. J. Manz. n.n. 2. 25; geb. in Leinw. n.n. 3. —

Stöger, Joh. Nep., Historiographi societatis Jesu ab ejus origine ad nostra usque tempora. 8maj. (V und 138 S.) Ratisbonae 851, Manz. Thlr. * -

— das Kindlein Jesu, die Liebe unserer Herzen. Vorbereitungsandacht zum heiligen Weihnachtsfeste. 3. mit Meß-, Beicht- und Communiongebethen verm. Aufl. Gratz 853. (Wien, Wendelin.) 24. (118 S. u. 1 Stahlst.) n. 7 ngr.

— das Kindlein Jesu, die Liebe unserer Herzen. Vorbereitungsandacht zum heil. Weihnachtsfeste. 3., mit Meß-, Beicht- und Communiongebethen verm. Aufl. 24. (118 S. mit 1 Stahlst.) Wien 853(58). [Gratz, Wießner.] *

— das Kindlein Jesu, die Liebe unserer Herzen. Vorbereitungsandacht zum heil. Weihnachtsfeste. 4.—7. Aufl. 8. (98 S. mit 1 Stahlst.) Wien 863—65, Sartori.

Stöger, P. J. N., Das Kindlein Jesu, die Liebe unserer Herzen. Vorbereitungsandacht zum heil. Weihnachtsfeste. 4. Aufl. Mit 1 Stahlstiche. 8. (106 S.) Wien 1864, Sartori. 40 kr.

— das Kindlein Jesu, die Liebe unserer Herzen. Vorbereitungsandacht zum heil. Weihnachtsfeste. 8. Aufl. 1869, und 9. Aufl. 8. (98 S. mit 1 Stahlst.) Wien 870, Sartori.

— das Kindlein Jesu, die Liebe unserer Herzen. Vorbereitungsandacht zum heil. Weihnachtsfeste. 10. Aufl. 12. (96 S. mit 1 Stahlst.) Ebendas. 879.

— Das Kindlein Jesu, die Liebe unserer Herzen. Eine Novelle zur Vorbereitg. auf das hohe Weihnachtsfest. Neu bearb. v. A. F. (III, 147 S. m. Titelbild.) kl. 8. Graz 909. Styria. — 40; geb. in Leinw. — 80

— Lebensbild einer Carmelitin. Mit dem Bildnisse der heiligen Theresia (in Stahlst.). Regensburg 870. Manz. 8. (VIII, 169 S.) 15 ngr.

Stöger, Joh., kleine Lesungen, gesammelt aus verschiedenen aszetischen Schriften. 12 Hefte. 8. (273 S.) Wien 867, Mechitharisten-Congregations-Buchh.

einzelne Hefte

— dass. — Neue Folge. 12 Hefte. 8. (299 S.) Wien 867,68, Mayer und Comp.

Inhalt: 1. Heft. Lieben und Leiden. (22 S.)
2. „ Die goldene Stiege. (18 S.)
3. „ Eine Theaterpredigt. (18 S.)
4. „ Zwei junge Mädchen. (18 S.)
5. „ Ein Vermählungsfest. (16 S.)
6. „ Die erste Predigt. (20 S.)
7. „ Der ehrwürdige Nicolaus Lancicius. (55 S.)
8. „ Liebe statt Rache. (24 S.)
9. „ Eine Braut des Herzens Jesu. (24 S.)
10. „ Das große Vorbild. (42 S.)
11. „ Eine fromme Karmelitin. (23 S.)
12. „ Die schönste Lebensthätigkeit. (24 S.)

Stöger, Johann, Kleine Lesungen, gesammelt aus verschiedenen ascetischen Schriften. 3. Folge. 1.–8. Heft. kl. 8. Wien, Mayer & Comp. 1869-70.

Inhalt: 1. Heft. Die katholische Liebe. (24 S.)
2. „ Ein glücklicher Tausch. (19 S.)
3. „ Werth der Seele. (28 S.)
4. „ Klostergeschichten. (20 S.)
5. „ Das Brautkleid. (20 S.)
6. „ Die Liebe des Herzens Jesu. (23 S.)
7. „ Der Ruf der Kirchenglocken. (32 S.)
8. „ Herz Jesu Novenne. (44 S.)

Stöger, Johann, Kleine Lesungen gesammelt aus verschiedenen ascetischen Schriften. 3. Folge. 9.—12. Heft. Wien, Mayer & Comp. 1869-70.

Inhalt: 9. Heft: Der Marianische Sodale. (31 S.) 10. Heft. Die Engelwelt. (28 S.) 11. Das himmlische Gastmahl. (27 S.) 12. Heft. Eine edle Missionärin. (42 S.) (Serie II 1—12 und III 1—12 von nun an à 90 kr.)

— kleine Lesungen gesammelt aus verschiedenen ascetischen Schriften. Nachtrag. Die 2 letzten Hfte. 8. (32 u. (62 S.) Wien 871. Mayer & Co. n. 8 37 (cplt.: n. 3. —)

— kleine Lesungen, gesammelt aus verschiedenen aszetischen Schriften. IV. [Neue Folge 2. Bd.] 8. (440 S.) Wien 877, Mayer und Comp. *

Stöger, Joh. Nep., die Liebe Gottes zur Uebung des innerlichen Gebetes. Ein Betrachtungsbüchlein f. Seelen, die nach der Vollkommenheit streben. 2. Aufl. 12. (8⅛ B. u. 1 Stahlst.) Augsburg 843, Kollmann'sche Buchh.

— die Liebe Gottes zur Uebung des innerlichen Gebetes. Ein Betrachtungsbüchlein für Seelen, welche nach der Vollkommenheit streben. Nebst Morgen-, Abend-, Meß-, Beicht- und Kommuniongebeten. Von Mich. Sintzel. 16. (VIII und 296 S. mit 1 Stahlst.) Rorschach 850, Koch.

— die Liebe Gottes zur Uebung des innerlichen Gebetes. Ein Betrachtungsbüchlein für Seelen, die nach der Vollkommenheit streben. 3. Aufl. Augsburg 854. Kollmann. 12. (168 S. u. 1 Stahlst.) 7½ ngr.

— die Liebe Gottes zur Uebung d. innerlichen Gebetes. Ein Betrachtungsbüchlein f. Seelen, die nach der Vollkommenheit streben. 6. Aufl. gr. 16. (164 S.) Regensburg 876. Manz. 1. 20

Stöger, Joh. Nep., die Liebe und Sprache unserer Mutter. Eine Sammlung kirchl. Gebete und Hymnen großentheils latein und deutsch, zur Uebung des Gebets im Geiste und mit Worten der heil. Kirche. 8. (XVI und 771 S. mit 1 Stahlst.) Regensburg 857, Manz. Thlr.

— die Liebe und Sprache unserer Mutter. Eine Sammlung kirchl. Gebete und Hymnen, großentheils lateinisch und deutsch, zur Uebung des Gebets im Geiste und mit den Worten der heil. Kirche. 2., verm. und verb. Aufl. 8. (XVI und 747 S. mit 1 Stahlst.) Regensburg 867, Manz.

Stöger, Joh. Nep., Die ascetische Litteratur über die geistlichen Übungen, nebst einer kurzen Abhandlung über das Exercitien-Büchlein. Regensburg, Manz, jetzt Verl.-Anst., 1850, gr. 8°, 86 S., 1.12 Mk.

— Maria auf dem Himmelsthrone. Ein Votivbüchlein. 32. (180 S. und 1 Holzschn.) Regensburg 850, Manz.

— Maria auf dem Himmelsthrone. Ein Votivbüchlein. 2., verb. Aufl. 16. (192 S. mit 1 Stahlst.) Regensburg 858, Manz.

Stöger, Joh. Nep., Maria die Liebe priesterlicher Herzen Erinnerungen an die Priester-Exercizien des J. 1855. gr. 8 (40 S.) Regensburg 855, Manz.

—— Maximilian, s. a. Sammlung historischer Bildnisse.

—— Maximilian, Erzherzog von Oesterreich-Este, Hoch- und Deutschmeister. Ein Lebensbild. Lex.-8. (XII und 540 S. mit eingedr. Holzschn. und 1 Portr. in Stahlst.) Regensburg 866, Manz.

Stöger, Johann N. Nebeška krona ali premišljevanje o nebesih. Poslovenil Janez Šmuc. V Celovcu, St. Hermagoras-Druck., 1876. 176 S. — 2. natisek. 1899. 168 S.

— die Pilgerreise. Regensburg 861 Manz. 8. (VIII, 475 S.) 1 ß

— die Pilgerreise zum Himmelreich u. leitende Gedanken zur Selbstbetrachtung bei den geistlichen Uebungen. 2., sehr verm. Aufl. Ebend. 869. 8. (VIII, 607 S.) 1 ß 15 ngr

— die Pilgerreise zum Himmelreich u. leitende Gedanken zur Selbstbetrachtg. bei den geistlichen Uebungen 3. Aufl. Durchgesehen von Jos. Schellauf, S. J. (XII, 508 S.) 8. Ebd. 907. n. 3. 60; geb. in Leinw. n. 4. 60

—— Predigt zur Secundiz-Feyer des hochw. P. Odilo, Jubelpriester. 8. (2 B.) Linz 842, Haslinger.

— die Schule der Liebe u. Erkenntniß Jesu Christi, nach Frz. Nepveu u. Geo Heser frei übers. u. verm. 8. (416 S.) Regensburg 878. Manz. 3. —

—— Tugendleben. Ein Nachtrag zu dem Andachtsbuche „die Liebe und Sprache unserer Mutter." 36. (336 S. mit 1 Stahlst.) Regensburg 857, Manz.

Stöger, Joh. Nep., Xaveri-Büchlein z. Uebung d. Seeleneifers, f. d. neuntäg. Andacht vor d. Feste d. Heiligen, f. d. zehn Xaveri-Freitage u. d. sogen. Gnaden-Novenne. 2., verm. Aufl. 18. (262 Seit. u. Titlkpfr.) Linz 839, Eurich u. Sohn.

Stöger, Josef

Stöger, Jos., Prüfung des philosoph. Grundsatzes: Nichts ist reell, als was existirt. gr. 8. Landsh. 814. Thomann. 12 gr

Jos. **Stöger** üb. d. reellen Unterschied d. Seyns u. d. daraus hervorgeh. Untersuch. unsrer Kenntnisse; als Vers. z. Aufklär. d. herrschenden Missverständnisse in d. Philos. *München*, Giel. 811. 8° 20 gr

— üb. den reellen Unterschied des Seyns, u. den daraus hervorgehenden Unterschied unserer Kenntnisse. Als Versuch z. Aufklärung der herrschenden Mißverständnisse in der Philosophie. Münch., (Giel); (a. Barth in Leipz.) 20 gr

Stoeger, Julius, appr. Arzt von München: (Aus der Prosektur des städt. Krankenhauses r. d. I. (Prosektor: Prof. Schmaus).) Ueber einen Fall von primärem Lebercarzinom. München 1905: J. F. Rechner. (30 S.) 8°
München, Med. Fak., Ref. v. Bollinger, Diss. v. 12. Juli 1905
[Geb. 2. März 79 München; Wohnort: München; Staatsangeh.: Bayern; Vorbildung: Luitpold-Gymn. München Reife Juli 99; Studium: München 4, Erlangen 1, München 4 S.; Coll. 12. Juli 05; Approb. 10. Dez. 04.]

Stoeger, M. Die strafrechtl. Bestimmungen der Dienst-Vorschriften für die k. b. Truppen aller Waffengattungen. Landau 1862. 100 S.

Stöger, Maximilian

Stöger, M., Versuch e. Grundr. d. Gesch. d. niederländ. Unruhen unt. d. Herzogin v. Parma u. d. Herz. v. Alba. 8. München, Fleischmann. 807.

Stöger, Max., Versuch e. Grundrisses d. Geschichte der niederländ. Unruhen unter der Herzogin v. Parma u. d. Herzog v. Alba. 8. Münch. 808. Fleischmann. 9 gr

Entwurf zu einer Geschichte Bad Kissingens. Von **Michael Stöger**, Kgl. Reallehrer. *Bad Kissingen: In Komm. b. F. Weinberger; (Dr. v. T. A. Schachenmayer)* 1896. (2 Bl., 48 S.) 1 Bd 8. [96. 6997

Stöger, Michael „Der fränkische Geschichtschreiber P. Ignaz Gropp O. S. B. aus Kissingen". (Erster Teil: Gropp's Leben.) pg. 3—36, 1 Folio-Blatt (Stammbaum), 2 Bl. und pg. 1—27. T. A. Schachenmayer.
Kissingen, Progr. 1890/91

Stöger, Michael „Der fränkische Geschichtschreiber P. Ignaz Gropp O. S. B. aus Kissingen". (Zweiter Teil: Gropp's Schriften.) pg. 37—104. 8°. Mit einem Handschrift-Facsimile. T. A. Schachenmayer.
Kissingen, Progr. 1891/92

Stöger, Mich., der fränkische Geschichtschreiber Ignaz Gropp aus Kissingen. 2 Tle. gr. 8. Kissingen, (F. Weinberger). n. 1. 60
1. (36 S.) 891. n. — 80. — 2. Gropp's Schriften. (S. 37—104 m. 2 Taf.) 892. n. — 80.

Stöger, M., Lehrgang für den Unterricht in der Erdkunde, — Leitfaden der Erdkunde, } s.: Fortbildungsschule, die unterfränkische.

Stöger, Michael „Der fränkische Saalgau und dessen frühere Ortschaften". pg. 3—19. 8°. Mit einer Karte. T. A. Schachenmayer.
Kissingen, Progr. 1881/82

Stöger, M., der fränkische Saalgau u. dessen frühere Ortschaften. Mit e. (lith.) Karte d. Saalgaues. gr. 8. (19 S.) Kissingen 882. (Hullmann.) n. — 80

Stöger, Mich., prakt. Unterricht in der Rechnenkunst u. die darauf anwendbaren Abgaben rc. Mit Kpf. Fol. Wien 796. Kaulfuß. 3 ß

Stöger, Michael Franz

Stöger, M., Darstellung d. gesetzlichen Verfassung der galizischen Judenschaft. 2 Bde. gr. 8. Lemberg 833. Kuhn u. Millikowski. 2 ß

Stoeger, Otto, Aegidi od. Auf der stad'n Mühl, — der bsundane Bam, — im Bräustübl, } s.: Gesellschaftstheater, Münchener.

Stöger, Otto, Gesetze u. Verordnungen üb. die Arbeiterversicherg., s. a. Gesetze, österreichische, Bd. 29.

Gesetze und Verordnungen über die Arbeiterversicherung samt d. einschläg. Entscheidungen u. Erlässen d. Ministerien u. d. Erkenntnissen d. Verwaltungsgerichtshofes usw. zsgest. von Dr. Otto **Stöger**. 2. Aufl. Wien: Manz 1908. (XIV, 859 S.) 8° [F.]
= **Taschenausgabe**, Manzsche, d. österreich. Gesetze. Bd 29. [08. 6393

Stöger, Otto, Gesetze u. Verordngn. nebst den publizierten Erlässen usw. über den Landsturm, die Erfüllung der Wehr- u. Landsturmpflicht in Tirol u. Vorarlberg, die Gendamerie, die Verleihg. von Anstellungen an ausgediente Unteroffiziere rc., s.: Taschenausgabe, Manz'sche, der österreichischen Gesetze.

Stoeger, Otto: Die alte Godl, s. Gesellschaftstheater, Münchener.

Stöger, Ritter von Schönthal, Ferd. Friedr. —. Der Wiener Selbstkundschafter zur Erweiterung der inneren Stadt Wien. 8. (VI und 34 S.) Wien. Druck von K. Gerold und Sohn. 1853.

Stöger-Steiner, v., taktische Aufgaben f. Stabsoffiziersaspiranten. (III, 73 S. m. 1 farb. Kartenbeilage u. 12 Textskizzen.) Lex.-8. Wien 906. L. W. Seidel & Sohn. n. 2. —
Sonderabdruck aus: „Streffleurs österr. militär. Ztschr."

STÖGERMAYR, F. Ph.
Materialistisch-hypothetische Sätze und Erklärung des Wesens und der Kraftäusserungen des elektrischen Fluidums. Von Dr. F. Ph. Stögermayr. In 2 Bänden mit 88 Abbildungen. [Elektrotechnische Bibliothek. Bd. 51 u. 52.] Wien. Pest. Leipzig. 1899. Hartleben. 8°. I. Bd. XIII, 200 S. II. Bd. VI, 231 S. fl. 3.30, geb. fl. 4.40

Stögermayr, F. Ph., materialistisch-hypothetische Sätze u. Erklärung des Wesens u. der Kraftäusserungen des elektr. Fluidums, s. u. Bibliothek, elektrotechn. 51/52.

Stoegmann Friedrich: Dr. Wilhelm Wattenbachs *Annales Austriae* im XI. Bande der Pertzschen *Monumenta* in ihrem Verhältnis zu den früheren Ausgaben von Pez und Rauch. Ar. 19. 117 . . . . vgr.
Separatabdruck

Stögmann, Karl, über die Briefe des Andrea da Burgo, Gesandten König Ferdinand's an den Cardinal u. Bischof von Trient Bernhard Cles. (Aus den Sitzungsberichten d. k. Akad. d. W.) Wien 857. Gerold in Comm. gr. 8. (96 S.) n. 15 ngr.

Stögmann, Carl, über die Vereinigung Kärntens mit Oesterreich. Eine histor. Abhandlung. Lex.-8. (77 S.) Wien 856, (Gerold's Sohn.)
Aus: Sitzungsberichte der k. Akademie der Wissenschaften J. 1856. besonders abgedruckt.

Stohanzl, Jak., anschaulicher Zeichenunterricht nach Flachmodellen. Ein Lehrmittel für Volksschulen. Mit zahlreichen Formen u. systematisch geordneten Combinationen nebst Anleitung u. einem Modellformenbogen. qu. gr. 4. (29 Steintaf. in qu. gr. 4. u. Imp.-Fol.) Nebst Text. gr. 8. (15 S.) Iglau 877. (Wien, Graeser.) n. 2. 80

STOHLE, W.: Ueber den Ursprung des Leibeigenthums in Westphalen, nebst Bemerkungen üb. d. Pflichten der Leibeignen u. Rechte der Gutsherren. *Münster* u. *Leipzig*. 802. 8.

Stohlmann, Fr., kurze Chronica d. ehemal. Bischöfe v. Minden, s. Schmidt, Jul.

Stohlmann, der Aeltere, Friedr., die Lebendigbegrabenen und wie Scheintodte nebst anderen Verunglückten zu behandeln sind. Ein Buch für's Volk. gr. 12. (185 S. mit 1 Holzschnt.) New-York 851(59.) (Philadelphia, Schäfer und Koradi.) geb. *

Stohlmann, Carl Fr. E., Rede, gehalten bei der Einweihung des Universitäts-Gebäudes der „Capital-University" in Columbus, Ohio, am 14. Septbr. 1853. gr. 8. (31 S.) New-York 854. (Philadelphia, Schäfer und Koradi.)

Stohlmann, C. Fr. E., wer glaubt, der hat's! Predigt, gehalten am 1. Septbr. 1861 in der deutsch luther. Kirche in Rochester, N.-Y. 12. (23 S.) New-York 861. (Philadelphia, Schäfer und Koradi.)

Stohlmann, Konrad Giesbert (Gelsenkirchen)
A. S. 1332/19

Dissertatio physica, Fridericiana, systematis coeli et terrae atlantem sistens.
Präs. Johann Ludwig Hannemann.
Kiel (Reuther) V. 1708. 44 S.

Gew.: Daniel Hojer. 33716

Stohlmann, Wilhelm

Stohlmann, Frid. Guil. (geb. Gütersloh 16. 2. 1803): De aëris humidi in corpus humanum effectu. Berolini (1832). (43 S.) 8°
Berlin, Med. Diss. v. 30. März 1832

Stohlmann, Wilh., einige ärztl. Stimmen gegen die Enthaltsamkeits-Vereine. gr. 8. (1½ B.) Bielefeld 845, Helmich. *

Stohlmann, W.: Ueber die klimatischen Verhältnisse Gütersloh's respective Westphalens. Eine Abhandlung für den landwirthschaftlichen Verein des Kreises Wiedenbrück geschrieben. Gütersloh 1861. 26 S. 4°. [E 4918

Stohmann, Friedrich

Stohmann, F., Aluminium, s. Muspratt, Sheridan, Chemie.

Stohmann, Friedrich, approb. Arzt aus Leipzig: **Behandlung** der Endometritis post abortum und post partum mit intrauteriner Formalinätzung. *Leipzig 1901: B. Georgi.* (36 S.) 8°
Leipzig, Med. Diss. v. (23. Okt.) 1901

Stohmann, F., und W. Henneberg, Beiträge zur Begründung einer rationellen Fütterung der Wiederkäuer, s. Henneberg, W.

Stohmann, F., theoretische, prakt. u. analyt. Chemie, s. Muspratt.

Stohmann, F., Handbuch der techn. Chemie, s.: Payen, A.

Stohmann, F., encyklopädisches Handbuch der technischen Chemie, s. Muspratt's theoretische, praktische und analytische Chemie in Anwendung auf Kunst und Gewerbe.

—— Handbuch der Zuckerfabrikation. gr. 8. (XV, 430 S. mit 129 in den Text gedr. Holzschn.) Berlin 878, [Wiegandt, Hempel und Parey.] Parey. * ℳ 14.; geb. *

Stohmann, F., Handbuch der Zuckerfabrikation. 2. umgearb. Aufl. gr. 8. (XVIII, 523 S. mit 132 Holzschn. und 4 lithogr. Taf.) Berlin 885, Parey. geb. *

Stohmann, F., Handbuch der Zuckerfabrikation. 3., umgearb. Aufl. gr. 8. (XIV, 552 S. m. 174 Abbildgn. u. 4 Taf.) Berlin 893. P. Parey. Geb. in Leinw. n. 18. —

Stohmann's, F., Handbuch der Zuckerfabrikation. 4. Aufl., vollständig neubearb. v. A. Rümpler. gr. 8. (XVI, 645 S. m. 223 Abbildgn. u. 5 Taf.) Berlin 899. P. Parey. Geb. in Leinw. n. 24. —

— die Milch- u. Molkereiproducte. E. Handbuch f. Milchtechniker u. Nahrungsmittelchemiker. gr. 8. (XXIX, 1031 S. m. Abb.) Braunschweig 898. F. Vieweg & Sohn. Geb. in Leinw. n. 18. —

—— die Stärkefabrikation, s. Thaer-Bibliothek.

— die Stärkefabrikation. Mit 66 in den Text gedr. Holzschn. 8. (VII, 167 S.) Ebend. 878. geb. n. 2. 50

— biologische Studien. I. Hft. Arbeiten der agriculturchem. Versuchsstation Halle. Mit 3 lith. Taf. (in Imp.-Fol.) gr. 8. (VI, 179 S.) Braunschweig 873. Schwetschke & Sohn. n. 4. 50

—— Verfahren der continuirlichen Batterie-Wasserreinigung unter Anwendung von Magnesiumoxyd oder basisch kohlensaurem Magnesiumoxyd. Leipzig 1882

—— und C. Siemens, die Zuckerfabrikation, s. Muspratt, Sheridan, Chemie.

Stohmann, Lisbeth: Kunst und Kunstgewerbe. Forderungen, Leistungen, Aussichten in diesen Berufen. — Leipzig: Kempe 1899. 43 S. 8° (Frauen-Berufe. [9.])

Stohmann, Lisbeth, Kunst u. Kunstgewerbe, s. a. Frauen-Berufe. 9.

Stohn, Hermann

Stohn, Herm., Grundriß der Erdkunde für höhere Lehranstalten. [Auszug aus des Verf. „größerem Lehrbuch der vergleich. Erdkunde".] [Mit in den Text eingedr. Kartenskizzen.] gr. 8. (VIII, 156 S.) Köln 881. Du Mont-Schauberg. n. 2. —

— Hilfsbuch für den Geschichtsunterricht in höheren Töchterschulen. gr. 8. (VIII, 164 S.) Essen 880. Bädeker. n. 1. 60; geb. n. 2. —

— Lehrbuch der vergleichenden Erdkunde für höhere Lehranstalten, sowie zum Selbstunterricht. gr. 8. (XII, 377 S.) Köln 879. Du Mont-Schauberg. n. 3. 60

Stohn, Herm., Lehrbuch der deutschen Literatur für höhere Töchterschulen u. die reifere weibliche Jugend. Leipzig 869. Teubner. gr. 8. (XI, 236 S.) 1 ₰

Stohn, Herm., Lehrbuch der deutschen Literatur f. höhere Töchterschulen u. die reifere weibliche Jugend. 2. verb. Aufl. gr. 8. (X, 236 S.) Leipzig 876. Teubner. 2. 40

—— Lehrbuch der deutschen Litteratur für höhere Mädchenschulen und Lehrerinnen-Bildungsanstalten. 3. verb. Aufl. gr. 8. (VIII, 164 S.) Leipzig 883, Teubner.

Stohn, Herm., Lehrbuch der deutschen Litteratur f. höhere Mädchenschulen u. Lehrerinnen-Bildungsanstalten. 4. Aufl. gr. 8. (VIII, 216 S.) Leipzig 891. B. G. Teubner. Geb. in Leinw. n. 2. 80

Stohn, Herm., Lehrbuch d. deutschen Litteratur f. höh. Mädchenschulen u. Lehrerinnen-Bildungsanst. 5. Aufl., bearb. v. E. Schmid. gr. 8. (XI, 228 S.) Leipzig 897. B. G. Teubner. Geb. in Leinw. n. 2. 80

Stohn, Herm., Lehrbuch der deutschen Litteratur f. höh. Mädchenschulen u. Lehrerinnen-Bildungsanstalten. 6. Aufl., bearb. v. Frz. Violet. (XII, 263 S.) gr. 8. Leipzig 903. B. G. Teubner. Geb. in Leinw. n. 2. 80

Stohn, Herm., Lehrbuch der deutschen Literatur f. höhere Mädchenschulen, Lyzeen, Studien-Anstalten u. Lehrerinnen-Bildungsanstalten. 7. Aufl., bearb. v. Frz. Violet. (XII, 278 S.) 8. Leipzig 909. B. G. Teubner. Geb. 2. 80

— Lehrbuch der deutschen Poetik f. höhere Mädchenschulen u. Lehrerinnenbildungsanstalten. gr. 8. (VII, 100 S.) Ebend. 884. geb. n. 1. 60

— Lehrbuch d. deutschen Poetik f. höh. Mädchenschulen u. Lehrerinnenbildungsanstalten. 2., verb. Aufl. 8. (VII, 101 S.) Ebd. 895. Geb. in Leinw. n. 1. 60

— Lehrbuch der deutschen Poetik f. höhere Mädchenschulen u. Lehrerinnenbildungsanstalten. 3., verb. Aufl., besorgt v. Johs. Heydtmann. (VIII, 102 S.) 8. Leipzig 903. B. G. Teubner. Geb. in Leinw. n. 1. 60

—— litterarische Skizzen für die deutsche Frauenwelt. Mit Eman. Geibel's Bildnis in Stahlst. gr. 8. (IX, 323 S.) Leipzig 881, Gebr. Senf. geb. *
In Prachtbd. mit Goldschn. *

—— dass. — 2. Aufl. gr. 8. (X, 323 S.) Ebendas. 882. cart. in Leinw. *

Stohn, H., litterarische Skizzen f. die deutsche Frauenwelt. 2 Bde. gr. 8. Leipzig 889. Engel. n. 9. —; geb. n. 11. —
1. 3., verb. Aufl. (XI, 374 S. m. Geibel's Bildnis.) n. 5. —; geb. n. 6. —. — 2. (VII, 259 S.) n. 4. —; geb. n. 5. —.

— Richard Wagner u. seine Schöpfungen. Für die deutsche Frauenwelt dargestellt. Mit Rich. Wagners Bildnis in Stahlst. 1—3. Aufl. 8. (IV, 163 S.) Ebend. 882. n. 2. 50; geb. n.n. 3. —; m. Goldschn. n.n. 3. 50

Stohr, Edward, aus Gießen: Untersuchung einiger Abweichungen vom Haber'schen Reduktionsschema für aromatische Mononitrokörper. *Gießen 1903: Brühl.* (56 S.) 8°
Gießen, Phil. Diss. v. 1903

Stohr, Franz [aus Wien]: Ueber die Halogenalkylate der Chininsäure und einige ihrer Derivate ... Freiburg i. B., Buchdr. v. Ch. Ströcker, 1893; 51 S., 1 Bl. 8.
Freiburg i. B., Phil. Fak., Inaug.-Diss. v. 1893

Stohr, Johs. Sechs Wochen Reservist. Eine Episode aus dem Lehrerleben. gr. 8. (72 S.) Gotha 890, Glaeser. * 1 —

Stöhr [Zittau], das Eisenbahnwesen in Sachsen. gr. 8. (35 S.) Dresden 864, Türk's Verlag. *

Algebra der Grammatik. E. Beitrag z. Philosophie d. Formenlehre u. Syntax. Von Dr. Adolf **Stöhr**, Doc. ... in Wien. *Leipzig & Wien: F. Deuticke 1898.* (2 Bl., 144 S.) 1 Bd 8. [98. 3967

Stöhr, Adf., Analyse der reinen Naturwissenschaft Kant's. gr. 8. (VII, 71 S.) Wien 884. Toeplitz & Deuticke. n. 1. 60

Stöhr, Adolf: Der Begriff des Lebens. Heidelberg: Winter 1909. VIII, 356 S. 8°
(Synthesis. Sammlung hist. Monographien philos. Begriffe. Bd 2.)

Stöhr, Adf., zur nativistischen Behandlung d. Tiefensehens. gr. 8. (30 S. m. Fig.) Wien 892. F. Deuticke. n. 1. —

—— ein Beitrag zur Geschichte der Diätetik, s. Festschrift zur dritten Saecularfeier der Alma Julia Maximiliana.

Stöhr, Ad., die symbol. Bücher der vereinigten, evang.-protest. Kirche in Rhein-Hessen. gr. 8. (3 B.) Worms 846, Steinkühl u. Smith.

Stöhr, Adolph, die symbol. Bücher der vereinigten evangelisch-protest. Kirche in Rhein-Hessen. gr. 8. (47 S.) Worms 847, Steinkühl u. Schmidt. 1/6 ₰

Zur Erklärung der Zöllner'schen Pseudoskopie und verwandter Erscheinungen. Von Dr. Adolf **Stöhr**, Doc. ... in Wien. M. 12 Zeichngn im Text u. 14 Stereoskopbild. als Anh. *Leipzig & Wien: F. Deuticke 1898.* (1 Bl., 41 S., 14 Taf.) 1 Bd 8. [98. 3968

Binoculare Figurenmischung und Pseudoskopie. Von Dr. Adolf Stöhr Mit 24 Zeichnungen. Leipzig und Wien. 1900. Deuticke. Gr.-8°. VII, 113 S. K 3.60

— Gedanken üb. Weltdauer u. Unsterblichkeit. gr. 8. (14 S.) Ebd. 894. n. — 60

—— vom Geiste. Eine Kritik der Existenz des mentalen Bewusstseins. gr. 8. (X, 38 S.) Wien 883, Hölder. *

Stöhr, Adr., die evangel. Gemeinde in Mainz. In ihrem Ursprunge u. in ihrer Fortbildung dargestellt. gr. 12. (2⅙ B.) Mainz 835, Kupferberg.

Stöhr, Adf., Grundfragen der psychophysiologischen Optik. (VIII, 160 S. m. 78 Fig.) Lex.-8. Wien 904. F. Deuticke. n. 5. —

Zur Hypothese der Sehstoffe und Grundfarben. Von Dr. Adolf Stöhr, Doc. ... in Wien. M. 10 Zeichngn. *Leipzig & Wien: F. Deuticke 1898.* (2 Bl., 103 S.) 1 Bd 8. [97. 7898

— Kampf u. Bündnis d. Ethiken, s.: Publikationen d. literar. Vereinigg. in Wien, II.

Letzte Lebenseinheiten u. ihr Verband in einem Keimplasma. Vom philosoph. Standpunkte besprochen von Dr. Adolf Stöhr, Docent a. d. Univ. Wien. *Leipzig & Wien: F. Deuticke 1897.* (1 Bl., 208 S.) 1 Bd 8. [97. 4103

— Lehrbuch der Logik in psychologisierender Darstellg. (XIV, 438 S.) gr. 8. Wien 910. F. Deuticke. 10. —

Leitfaden der Logik in psychologisierender Darstellung von Dr. Adolf Stöhr, Prof. Leipzig & Wien: F. Deuticke 1905. (IX, 196 S.) 8° [05. 7913 6

— Philosophie der unbelebten Materie. Hypothetische Darstellg. der Einheit des Stoffes u. seines Bewegungsgesetzes. (XIV, 418 S. m. 35 Fig.) gr. 8. Leipzig 907. J. A. Barth. 7.—; geb. in Leinw. 8. —

— zur Philosophie des Uratomes u. des energetischen Weltbildes. (VI, 130 S. m. 17 Fig.) gr. 8. Ebd. 904. n. 3. 50

Stöhr, Adf., Replik gegen Witte. Eine Vertheidigung meiner Schrift: Analyse der reinen Naturwissenschaft Kant's gegen Prof. J. Witte. gr. 8. (IV, 23 S.) Wien 885, Deuticke. *

Stöhr, A., Umriss e. Theorie der Namen. gr. 8. (VIII, 380 S.) Wien 889. Deuticke. n. 8. —

Stöhr, Adf., Untersuchungen über den Einfluss des Lichtes auf die Chlorophyllbildung bei intermittirender Beleuchtung, s.: Mikosch, K.

— d. Vieldeutigkeit d. Urtheiles. gr. 8. (72 S.) Ebd. 895. n. 2. —

Stöhr, Adf., über Vorkommen von Chlorophyll in der Epidermis der Phanerogamen-Laubblätter. [Arbeiten des pflanzenphysiolog. Institutes der k. k. Wiener Universität. XV.) Lex.-8. (32 S. mit 1 lithogr. Taf.) Wien 879, (Gerold's Sohn.) *
Aus: Sitzungsberichte der k. Akademie der Wissenschaften, besonders abgedruckt.

— Das Zeitproblem, s.: Beilage, wissenschaftliche, zum 22. Jahresbericht der philosophischen Gesellschaft an der Universität zu Wien.

Stöhr, Anton

Stoehr, Ant., de Carie orbitae. Dissertat. inaug. 4maj. (3¼ B. u. 2 Stnt.) Friburgi Bris. 833, [Gebr. Groos, Vrls.-Expedit.]

Stöhr, August

Stöhr, Aug., Handbuch der Pastoralmedicin mit besond. Berücksicht. der Hygieine, s. Bibliothek, theologische.

Stöhr, Aug., Handbuch der Pastoralmedicin mit besonderer Berücksichtigung der Hygieine. 2. Aufl. gr. 8. (VIII, 477 S.) Freiburg i/Br. 882. Herder. n. 6. —

Stöhr, Aug., Handbuch der Pastoralmedizin, m. besond. Berücksicht. der Hygiene. 4. Aufl., bearb. u. hrsg. von Ludw. Kannamüller. (Theologische Bibliothek. 2. Serie.) gr. 8. (IX, 538 S.) Freiburg i/B. 900. Herder. n. 6.—; geb. in Halbsaffian n.n. 8.—

Stöhr, Aug., Handbuch der Pastoralmedizin m. besond. Berücksicht. der Hygiene. 5., verb. Aufl., bearb. u. hrsg. v. Ludw. Kannamüller. (Theologische Bibliothek.) (XI, 572 S.) gr. 8. Freiburg i/B. 909. Herder. 7.50; geb. in Halbsaffian 10. —

Stöhr, August Leopold

Stöhr, Aug. Leop., Ansicht u. neueste Beschreib. v. Karlsbad wie es jetzt ist. Mit Kpf. 8. Prag 802. 2e Aufl. Wien, Prag u. Karlsb. 812.

Stöhr, August Leopold. Kaiser Karlsbad und dieses weit beruhmten Gesundheitsortes Denkwürdigkeiten. für Kurgäste, Nichtkurgäste u. Karlsbader selbst. Karlsbad. gedruckt und zu haben bei Johanna Franieck 1810.
Tit., 7 Bl., 342 S., 1 Bl., 3 Taf. in Kupferst. 8°.

— Kaiser-Karlsbad u. dieses weit berühmt. Gesundheitsortes Denkwürdigkk. Mit 2 Kpf. Karlsb. 810. 2e A. 813. 3e A. mit vielen neuen Zusätzen u. Kpf. gr. 8. Ebd. 819. Franieck. (Jaachim in Leipz.) 1 ℛ (4e) Aufl. unt. d. T: Kaiser-Karlsbad im Jahre 1822; ein Handbuch für Kurgäste u. andere Freunde dieses weitberühmten Badeortes. Mit 3 Ansichten Karlsbads. 8. Karlsb. 822. Franieck.

Stöhr, (A. L.,) Kaiser-Karlsbad im Jahre 1822; ein Handbuch für Kurgäste u. andere Freunde dieses weitberühmten Badeortes. Mit 3 Ansichten Karlsbads. 8. Karlsb. 822, (Leipz., Hartmann.)

Stöhr, Aug. Leop., Kaiser-Karlsbad. 5. Ausg., mit Weglassung mancher alten, mit Zugabe vieler neuen Sachen. gr. 8. (15 B. u. 3 Tab. Fol. u. Kreybich's Charte v. Elbogner Kreise rc. gr. Fol.) Karlsbad 830, Franieck.
Ohne Charte, 1 Thlr. 6 Gr.

Stöhr, Cölestinus

Stohr, Col., angenehme, lehrr. u. nützl. Auszüge aus Schriften berühmter u. gelehrter Männer. Mit e. Vorrede v. D. Gallus Link. 8. Amberg 827. (Magaz. f. Ind. in Leipz.) 8 gr.

— neues Kunst- u. Wunderbuch d. Natur. 8. Koburg 798. Meusel. 1 ℛ

Stöhr, Cöl., Magazin nützlicher u. angenehm. Lectüre. 8. Leipz. Schäfer. (Kühn.) 801.

— Magazin nützl. u. angenehmer Materien. 2 Bdchen. 8. Kob. 801, 4. (Riemann). 20 gr. (2s Bdchn. A. u. d. T.: Archiv lehrr. u. nützl. Unterhaltt. aus d. Schriften berühmter Gelehrten. 1r Thl.)

— Magazin nützl. und angenehmer Materien. 2 Thle. 8. Coburg, Ahl. 804. (à 10 gr.)

Stöhr, P. Cölestinus: „Neuestes Münzkabinet, oder Beschreibung mehrerer interessanter Münzen und Medaillen auf besondere Begebenheiten unserer Zeit geprägt", Kulmbach 1822 (Spindler). — Vorh.: StB Nürnberg.

— neuestes Münzkabinet, od. Beschreib. mehrerer interessanter Münzen u. Medaillen, auf besond. Begebenheiten unserer Zeit geprägt. 8. Kulmbach 822. (Leipz., Magaz. f. Ind.) 12 gr.

— Panorama auf d. Weißenstein, od. Beschreib. desselben u. Uebersicht der bekanntesten Ortschaften u. Berge, welche man auf demselben im Umkreise sehen kann. Mit 1 Karte. gr. 8. Bamb. 824. Lachmüller. (Leipz., Leich). 2 gr.

Stöhr, Cölestinus, s. Paragraphen, Medicin.

Phänomene und Sympathie in der Natur, Wunden ohne Berührung vermöge des Vitriols nach [Sir] K[enelm] Digby blos sympathetisch zu heilen. ([Verf.:] Coelestinus Stoehr.) Neue, verb. u. verm. Ausg. Coburg: Ahl 1802. VI,378 S. 8°

— s. Phänomene.

— Physiognomik, od. Kunst, die Menschen aus d. Gesichtspunkte zu beurtheilen. 2 Thle. 8. Koburg 804. Sinner. 1 ℔ 16 gr.

— s. Repertorium der vorzügl. Kunstmaschinen.

Stöhr, Emil, die Prov. Banjuwangi in Ost-Java m. der Vulkangruppe Idjen-Raun. Reiseskizzen. Mit 8 (lith.) Taf. [Aus: „Abhandlgn. der Senckenberg'schen naturf. Gesellsch."] gr. 4. (118 S.) Frankfurt a/M. 874. Winter. n. 8. —

Stöhr, Emil. Die Basaltklippe Batu dodol an Javas Ostküste und ihre Hebung in der Jetztzeit. 1885.

Stöhr, E. Katechismus der Bergbaukunde. 1. Aufl. Wien. 1875. 278 S. mit 48 Abb.

Stöhr, Emil, Katechismus der Bergbaukunst. 8. (X, 278 S. mit 48 eingedr. Holzschn.) Wien 875, Lehmann und Wentzel. * geb. *

Stöhr, Emil. Katechismus der Bergbaukunde. 2. Aufl., s. Treptow, E. Grundzüge der Bergbaukunde.

Stöhr, E. Katechismus der Bergbaukunde. 2. Aufl. von E. Treptow. Wien 1892

Stöhr, Emil. Die Kupfererze an der Mürtschenalp und der auf ihnen geführte Bergbau. [Mit 3 Tabellen und 4 Tafeln.] (N. Denkschr. Schweizer. Ges. für Naturwiss. Band 21.) 4. (Zürich 1865.)

Stöhr. Emil. Das Pyropissit-Vorkommen in den Braunkohlen bei Weissenfels und Zeitz. Stuttgart 1867.

Stöhr, Emil. Der erloschene Vulkan Ringgit in Ost-Java und sein angeblicher Ausbruch 1586. 1864.

Stöhr, Emil, der Vulkan Tengger in Ost-Java. Mit landschaftl. (chromolith.) Ansicht (in qu. Fol.) u. einer (lith.) Taf. geolog. Profile (in gr. 4.). Dürkheim a. H. 868. Zürich, Schabelitz. 8. (III, 49 S.) n. 24 ngr.

Stöhr, Friedrich, Referendar: Der **Ersatz** des entgangenen Gewinnes nach gemeinem Recht und dem Bürgerlichen Gesetzbuch. *Berlin 1899: W. Pilz.* (IV, 44 S.) 8° [J.]
Marburg, Jur. Diss. v. [20. Sept.] 1899

Stöhr, Georg: Ursprung, Wesen des russischen Artels. 1.2. Dorpat 1890–91.

Der gelbe Schleier. Roman von Gertrud **Stöhr.** Berlin: Bermühler [1908]. 307 S. 8° III. 9105

Stoehr, Hans Adam

Stöhr, Hans, Führer durch Jagdschloß Moritzburg. Seine Geschichte u. Umgebung. Mit Orig.-Abbildgn. (63 S. m. 1 Karte.) kl. 8. Dresden (905). B. Sturm. n. — 50

Stoehr, Hans Adam. Deutscher Künstler-Kalender auf das Jahr 1884. (Jahrgang 3.) Berlin und Stuttgart. 8°.

Stoehr, H. A., das neue Mahnverfahren und das Proceßverfahren vor den Amtsgerichten. Zum unmittelbaren Handgebrauche für Jedermann leichtfaßlich dargestellt und durch zahlreiche Formulare erläutert. 1.—21. Aufl. 8. (32 S.) Dresden 879, Köhler's Verlag.

Stoehr, H. A., das neue Mahnverfahren und das Prozeßverfahren vor den Amtsgerichten. Zum unmittelbaren Handgebrauche für Jedermann leichtfaßl. dargestellt und durch zahlreiche Formulare erläutert. 22.—24. Aufl. 8. (32 S.) Dresden 880—82, Köhler.

Stöhr, H. A., Dresdner historisches Merk-Büchlein, zugleich Führer durch die Geschichte Sachsens. Ein Gedenkbuch f. jede Dresdner Familie u. jeden Vaterlandsfreund. 8. (XII, 226 S. m. 1 genealog. Tab.) Dresden 889. Hackarath. n. 3. —

— Sachsens Obstbau in 4 Jahrhunderten. Geschichte des sächs. Obstbaues u. dessen heut. Organisation. (Preisgekrönt auf der Jubiläumsausstellung des Bez.-Obstbauvereins „Oberes Elbtal".) (VII, 72 S.) gr. 8. Dresden 905. C. Heinrich. n. 1. —

Stöhr, Hans Adam, Die landwirthschaftlichen Vereine in den Staaten des deutschen Reiches. Regensburg 1873.

Stoehr, Hans Adam, allgemeines deutsches Vereins-Handbuch. **Statistisches** Repertorium der gelehrten Gesellschaften u. wissenschaftlich-gemeinnütz. Vereine der Staaten d. dermal. deutschen Reiches, d. oesterreichisch-ungar. Reiches u. der Schweiz. Hrsg. vom Freien deutschen Hochstifte f. Wissenschaften, Künste u. allgemeine Bildg. in Goethe's Vaterhause zu Frankfurt a/M. 1. Thl. Dermaliges deutsches Reich. Lex.-8. (XVI, 342 S. m. 1 Tab. in Fol.) Frankfurt a/M. 873. Leipzig, Brockhaus' Sort. in Comm. n. 9. —

Stöhr (auch: Stör), Hieronymus, s. Kurzer Abriß der alten u. neuen Philosophie.

Stöhr, Hieronymus: Theoria et praxis compendiosa sacrarum linguarum, scil. Samaritanae, Hebraicae et Syriacae carumque harmonia. Augsburg: Doll 1796. (Krüll in Landshut) 8°

Stöhr, Hugo, Referendar in Rostock: Die nach Reichsrecht und mecklenburgischem Landesrecht strafbare Jagdausübung. Rostock 1907: Adlers Erben. (120 S.) 8°
Rostock, Jur. Fak., Ref. Wachenfeld, Diss. v. 30. Sept. 1907
[Geb. 7. Jan. 81 Eldena (Mecklenburg); Wohnort: Rostock; Staatsangeh.: Mecklenburg-Schwerin; Vorbildung: Gymn. Rostock Reife M. 00; Studium: München 2, Rostock 4 S.; Rig. 29. Juli 07.]

STÖHR, J[OH.] S[EBAST.]. Die Wichtigkeit der Jugenderziehung, insonderheit die Pflicht, für die Erziehung der Armenkinder wohlthätig zu sorgen; vorgestellt in einer öffentl. Versammlung, die am 10. Junii 1799 die Einweihung der hier in Rendsburg gestifteten Lehr- und Arbeitsschule zum Besten der Armenkinder hieselbst feierte. Kiel. P.

Stöhr, Jul., Schutz vor Ansteckung durch menschliche u. thierische Gifte. Eine Anleitg. zur Verhütg. v. Milzbrand, Tollwuth, Syphilis u. s. w. 8. (79 S.) Hamburg 871. Richter. n. 1. —

K. F. Stoehr: Über den Schornsteinfegerkrebs der Engländer. Würzburg 1822: Becker. 58 S. 8°

Würzburg, Med. Diss. v. 1822

Stöhr, Karl, üb. die Hydroparacumarsäure. gr. 8. (38 S.) Giessen 884. (Kiel, Lipsius & Tischer.) n. 1. —

Stöhr, Kurt, Erläuterungen u. Anlagen zur Altenburger Dorfordnung vom 13. Juni 1876. 4. (IV, 211 S.) Altenburg 885. Bonde's Verl. geb. n. 4. —

Stöhr, Dr. Kurt, Einige Fragen aus dem Reichsgesetz betreffend die Unfall- und Krankenversicherung der in land- und forstwirthschaftlichen Betrieben beschäftigten Personen. 8°. Altenburg, Bonde's Verl., 1888. (32 S.)

Stöhr, Kurt, Realrepertorium der Verwaltungsgesetzgebung des Deutschen Reichs. 16. (VII, 279 S.) Berlin 883. Puttkammer & Mühlbrecht. cart. n. 2. —

—— Repertorium der Kirchen- und Schulgesetzgebung des Herzogth. Sachsen-Altenburg. gr. 8. (56 S.) Ebendas. 887. cart. *

Stöhr, L. Eug., wie erlange ich die Spannkraft meiner Nerven wieder? Eine moderne Psychotherapie. (Heilung durch Willensimpulse.) Nach der berühmten Methode der Nancyer Schule: der Doktoren Ribot, Liébeault, Lévy, Liégeois, Bernheim, De Lagrave u. a., insbesondere des Dr. Paul-Émile Lévy, bestätigt durch die glänzendsten Erfolge auch in den hartnäckigsten Fällen v. Neurasthenie. gr. 8 (VIII, 236 S. m. 10 Taf. in gr. 4.) Leipzig 901. Modernes Verlagsbureau C. Wigand. Geb. in Leinw. n. n. 6. —

Stöhr, L. E., wie erlange ich die Spannkraft meiner Nerven wieder, neue Ausg., s: Ebbard, Rich. J.

Stöhr, Leonhard

Stöhr, Leon., Aphorismen, staatswissenschaftl., staatswirthschaftl. u. ökonom. Inhalts. 3 Bdch. 8. Prag 815—818. Widtmann. 2 ℔

Stöhr, L.: „Aphorismen staatswissenschaftlichen, staatswirthschaftlichen und ökonomischen Inhalts", 2 Bände, Prag 1817.

STOEHR Leonhard. Handbuch der altern burgerlichen Gesetze fur das Königreich Böhmen . . . von –. Erstes (einz) Bändchen. Schonfeld, Prag u. Wien 1788. 1 vol. 8 Bl. + 176 S.

Stöhr, Leonh.: Versuch zu ein. Lehr- u. Handbuche üb. d. pract. Rechtswissenschaft nach ihem ganzen Umfange in den österreich.-deutschen Erbstaaten. 2 Thle. 2e Ausg. *Prag*, Widtmann. (796—804.) 818—24. gr. 8. (6 Thl. 18 Gr.)

— Versuch zu e. Lehrbuch üb. die prakt. Rechtswissenschaft nach ihrem ganzen Umfange im Königr. Böhmen. 4 Thle. gr. 8. Prag 796—804. 2e A. 818—24. Widtmann. 6 ℔ 16 gr.

— Versuch zu e. Lehrbuch üb. d. prakt. Rechtswissenschaft nach ihrem ganzen Umfange im Königr. Böhmen. 2 Thle. gr. 8. Prag, Widtmann. (a. Barth.) 796–97.

— — dess. 3r Th. gr. 8. Prag, Widtmann. 800

— Versuch zu einem Lehr- und Handbuch über die praktische Rechtswissenschaft nach ihrem ganzen Umfang, in den k. k. öst. deutschen Erbstaaten, mit besonderer Beziehung auf Böhmen. 2te verb. und verm. Aufl. 1r Theil. gr. 8. Ebend. 818.

Stöhr, N. F., de scholis monasticis. Saalfeld. 1737. 4.

Stöhr, Ottmar: Versuche zur Bestimmung der Benzolmengen, welche Tiere und Menschen aus der Luft absorbieren. Würzburg 1909: Staudenraus. 27 S. 8°
Würzburg, Med. Diss. v. 13. Aug. 1909, Ref. Lehmann
[Geb. 21. Sept. 84 Giebelstadt; Wohnort: Würzburg; Staatsangeh.: Bayern; Vorbildung: Gymn. Tauberbischofsheim Reife Juli 03; Studium: Würzburg 11 S.; Coll. 9. März 09; Approb. 21. Dez. 08.] [U 09. 4144

Stöhr, Philipp

Stöhr, Phpp., Beiträge zur mikroskopischen Anatomie des menschlichen Körpers. gr. 8. (8 S. mit 1 lithogr. Taf.) Würzburg 886, Stahel'sche Universitäts-Buchh. *
Aus: Verhandlungen der physikalisch-medicinischen Gesellschaft zu Würzburg, besonders abgedruckt.

Stöhr, Ph., Darstellung der Entwicklungsgeschichte, s.: Fick, A., Compendium der Physiologie der Menschen.

Stöhr, Phpp. Die Entwicklung d. adenoiden Gewebes, der Zungenbälge u. der Mandeln d. Menschen. Imp.-4. (18 S. m. 1 farb. Taf.) Zürich 891, A. Müller's Verlag. * 3 —
Aus: Festschr. zur Feier d. 50jähr. Doctor-Jubiläums der Herren v. Nägeli u. v. Kölliker, besonders abgedruckt.

—— zur Entwicklungsgeschichte des Kopfskeletes der Teleostier, s. Festschrift zur dritten Saecularfeier der Alma Julia Maximiliana.

Stöhr, Philipp, Gedächtnisrede auf Albert v. Koelliker. (22 S. m. 1 Bildnis.) gr. 8. Würzburg 906. C. Kabitzsch. n. 1. —
Sonderabdruck aus: „Verhandlgn. d. phys.-med. Gesellsch. zu Würzburg".

Stöhr, Philipp. Gedächtnisrede auf Albert von Koelliker (gehalten ... am 17. Mai 1906). Mit 1 [Porträt-] Tafel. Aus den Verhandlungen der Phys(ikalisch)-Med(izinischen) Gesellschaft zu Würzburg. N. F. Bd. 38. II S. + S. 277—298 ⟨22 S.⟩. 8. Würzburg, A. Stuber, 1906. (M. 1. —)

—— Lehrbuch der Histologie und der mikroskopischen Anatomie des Menschen mit Einschluss der mikroskopischen Technik. Mit 199 Holzschn. (XV, 255 S.) 887; 2. verm. und verb. Aufl. gr. 8. (XVI, 293 S.) Jena 888, Fischer. * geb. *

—— Lehrbuch der Histologie u. der mikroskopischen Anatomie d. Menschen m. Einschluss der mikroskopischen Technik. 3. verb. Aufl. (XVI, 295 S. m. eingedr. Abbildgn.) 889; 4. theilweise umgearb. Aufl. (XVI, 303 S. m. 211 Holzschn.) 891; 5. verb. Aufl. Lex.-8. (XVI, 313 S. m. 216 Holzschn.) Jena 892, Fischer. * 7 — geb. * 8 —

— dasselbe. 6., verb. Aufl. gr. 8. (XVIII, 358 S. m. 260 Abbildgn.) Ebd. 894. n. 7. —; geb. n. 8. —

Stöhr P.: Lehrbuch d. Histologie u. d. mikroskopischen Anatomie d. Menschen m. Einchluss d. mikroskop. Technik. 7. verb. Aufl. Jena 1896. 383 S. Fig. 4°.

Lehrbuch d. Histologie und der mikroskop. Anatomie des Menschen m. Einschl. d. mikroskop. Technik v. Dr. Philipp Stöhr, o. ö. Prof. . . . in Würzburg. 8., verb. Aufl. M. 293 Abb. u. Berücks. d. neuen anatom. Nomenklatur. *Jena: G. Fischer 1898.* (XII, 400 S.) 1 Bd 8.

Stöhr, Philipp, Lehrbuch der Histologie u. der mikroskopischen Anatomie des Menschen m. Einschluss der mikroskopischen Technik. 10. verb. Aufl. Mit 339 Abbildgn. u. Berucksicht. der neuen anatom. Nomenklatur. Lex.-8. (XII, 444 S.) Jena 903. G. Fischer. n. 7. —; geb. n. 8. —
9. Aufl. (XIII, 421 S.) 900. n. 7. —; geb. n. 8. —.

Lehrbuch der Histologie und der mikroskopischen Anatomie des Menschen mit Einschluss d. mikroskop. Technik von Dr. Philipp **Stöhr**, Prof. 11. verb. Aufl. Mit 352 Abb. u. Berücks. d. neuen anatom. Nomenklatur. Jena: G. Fischer 1905. (XIII, 456 S.) 8° [07. 971 II

Lehrbuch der Histologie und der mikroskopischen Anatomie des Menschen mit Einschluss d. mikroskop. Technik. Von Philipp **Stöhr**, Prof. Mit 354 Abb. 12. verb. Aufl. Jena: G. Fischer 1906. (XV, 464 S.) 8° [06. 6365 9

Lehrbuch der Histologie und der mikroskopischen Anatomie des Menschen mit Einschluss d. mikroskop. Technik von Dr. Philipp **Stöhr**. 13. verb. Aufl. Mit 367 Abb. u. Berücks. d. neuen anat. Nomenklatur. Jena: Fischer 1909. XIII, 481 S. 4°(8°) [09. 11046 11

Lehrbuch der Histologie und der mikroskopischen Anatomie des Menschen mit Einschluss der mikroskopischen Technik. Von Dr. Philipp **Stöhr**, Prof. Mit 370 Abb. u. Berücks. d. neuen anatom. Nomenklatur. 14. verb. Aufl. Jena: Fischer 1910. XII, 482 S. 4°(8°) [10. 15913

— üb. **Schleimdrüsen.** Mit 1 Taf. u. 1 Abbildg. im Text. [Aus: „Festschrift f. A. v. Kölliker".] gr. 4. (24 S.) Leipzig 887. Engelmann. n. 5. —

Stöhr, Rich., praktischer Leitfaden der Harmonielehre. (161 S.) gr. 8. Wien 909. Universal-Edition. 2. —

Stohrer, Eberhard von: Die Regentschaft in Württemberg. Borna-Leipzig 1909: Noske. VIII, 45 S. 8°

Leipzig, Jur. Diss. v. 12. Febr. 1909

[Geb. 5. Febr. 83 Stuttgart; Wohnort: Paris; Staatsangeh.: Württemberg; Vorbildung: Marzellen-Gymn. Cöln Reife O. 02; Studium: Bonn 1, München 1, Lausanne 1, Berlin 2, Tübingen 3 S.; Rig. 16. Febr. 07.] [U 09. 2700

Stohrer, Eberhard von: Die Stellung des deutschen Rechtes zur Frage der Erwerbung und des Verlustes der Staatsangehörigkeit durch Naturalisation. Strassburg 1909: Müh. 77 S. 8°

Straßburg, Rechts- u. staatswiss. Diss. v. 19. Dez. 1908, Ref. Sartorius Frh. v. Waltershausen

[Wohnort: Stuttgart; Staatsangeh.: Württemberg; Rig. 19. Dez. 08.] [U 09. 3793

Stohrer, Friedrich

Stohrer, Fr., Bilder aus der deutschen u. brandenburgisch-preußischen Geschichte, — Bilder aus der schlesischen Geschichte, } s.: Jaenicke, H.

— Heimatkunde des Kreises Kreuzburg O/S. Beilage zur Flemmingschen Schulkarte des Kreises Kreuzburg O/S. (22 S.) 8. Glogau (906). Berlin, C. Flemming. — 10

Stöhrer jun., Emil, die Projection physikalischer Experimente u. naturwissenschaftlicher Photogramme. Mit zahlreichen eingedr. Holzschn. gr. 8. (64 S.) Leipzig 876. Quandt & Händel. n. 1. 50

Stöhrer, Walter, aus Leipzig: (1.) **Synthese** des Acetylthebaolchinons. (2.) Ueber die Nitroderivate des Isovanillins. *Berlin 1903: A. W. Schade.* (34 S.) 8°

Berlin, Phil. Diss. v. 12. Aug. 1903

Stöhsel, Karl [aus Kaufbeuren]: Lord Byrons Trauerspiel „Werner" und seine Quelle ... (Erscheint vollst. als Heft XI d. Erlanger Beitr. z. engl. Philol.) Erlangen, k. b. Hof- u. Univ.-Buchdr. v. F. Junge, 1891; 1 Bl., 36 S. 8.

Erlangen, Phil. Fak., Inaug.-Diss. v. 1891

Stöhsel, Karl, Lord Byron's Trauerspiel „Werner" u. seine Quelle, s.: Beiträge, Erlanger, zur englischen Philologie.

Stöhsel, Th., Handausgabe der Gewerbeordnung für das Deutsche Reich, s.: Reger, A.

— Handausgabe des Reichsgesetzes über Kinderarbeit in gewerblichen Betrieben vom 30. III. 1903 (Kinderschutzgesetz). Mit Erläutergn., den Vollzugsvorschriften, einer Uebersichtstabelle über die für die Beschäftigung jugendl. Arbeiter in gewerbl. Betrieben gelt. Bestimmungen u. Auszug aus der Gewerbeordnung etc. (VII, 156 S.) 8. Ansbach 904. C. Brügel & Sohn.

Geb. in Leinw. n. 2. 80

Stohwasser, Otto, Referendar in Leipzig: Die Verfügung über Miterbenanteile nach § 2033 B.G.B. Borna-Leipzig 1908: R. Noske. (IX, 102 S.) 8° [F.]

Leipzig, Jur. Fak., Diss. v. 10. März 1908

[Geb. 27. Dez. 82 Dresden; Wohnort: Leutzsch b. Leipzig; Staatsangeh.: Sachsen; Vorbildung: König-Albert-Gymn. Leipzig Reife O. 01; Studium: Freiburg i. B. 1, Leipzig 6 S.; Rig. 11. Juli 04.]

Stojacskovics, Alexander, über die staatsrechtlichen Verhältnisse der Serben in der Woiwodina und überhaupt in den Ländern der ungar. Krone. Historisch-jurid. Abhandlung. 2., verm. Aufl. 8. (60 S.) Temesvar 861, Hazay und Sohn.

Stoian, Joan, a. Törzburg ⟨Siebenbürgen⟩: Der Grammatiker Timotheus Cipariu. Leipzig: J. A. Barth 1905. (IV, 92 S.) 8° ¶ (Aus: Jahresbericht d. Institut. f. rumän. Sprache zu Leipzig 12.)

Leipzig, Phil. Fak., Ref. Weigand u. Birch-Hirschfeld, Diss. v. 25. Juli 1905

[Geb. 1. Mai 75 Törzburg, Siebenbürgen; Wohnort: Törzburg; Staatsangeh.: Rumänien; Vorbildung: Gymn. Kronstadt Reife Juni 95; Studium: Bukarest 6, Leipzig 3 S.; Rig. 16./17. Febr. 05.]

Cvet, Marije Rožen. Moliterne bukve. V Celovcu, Leon, 1855. 416 S. (Verf.: M. Stojan.)

Voditel, proti obljubleni desheli. Nauki, tolashleji ino molitve. V' Zelovzi, Leon. 1843. 216 S. (Verf.: Mihael Stojan.)

Stoianoff, Paraskev [aus Rustschuk '(Bulgar.)']: Über Carcinoma Cordis ... Würzburg, F. Scheiner's Buchdr., 1895; 48 S. 8.

Würzburg, Med. Fak., Inaug.-Diss. v. 1895

Stojanović, Simon, Etapen-Berechnung für den Stand von 1—250 Mann. A. a) Fleisch und Gemüse. b) Zubereitungs-Bedürfnisse, Getränke und sonstige Genussmittel. 12. (23 S.) Wien 882, Seidel und Sohn. *

—— dass. — a) Hafer und Gebäckstroh. 12. (23 S.) Ebendas. 882. *

STOJANOVICH, JOSEPH: Anrede, / an die / K. K. Slavonischen Brooder / Infanterietruppen, / bey Gelegenheit der bevorstehenden Eröffnung / der zweyten Kampagne. / Gehalten in slavonischer Sprache / auf dem Vorposten an der Sächsischen Gränze zu Schluckenau / von / Joseph Stojanovich / des Ordens der minderen Brüder der Observanten des / heil. Franciscus Seraphicus, der Provinz des heil. / Johann von Kapistrano Priester, und des besag / ten Regiments Feldpredigern. / Auf besonders Veranlassen übersetzt / von Franz Karl Wöber, / Lieutenant des kais. kön. Brooder Infanterieregiments. Mit / K. K. Censur. / Esseck o. J.: Bey Johann Martin Diwalt. 12 S. - 8°

Stoiber, Ubaldi, Armamentum ecclesiasticum in se complectens Arma Spirit. ad insultus diabol. elidendos et feliciter superandos. Tomi II. Aug. V. 726. 8.

Stoiber, Ub., Armamentarium ecclesiasticum. Augsburg, Wolff, 1757, 8°.

Stoiber, F. U., Armamentarium ecclesiasticum complectens arma spiritualia fortissima ad insultos diabolicos elidendos et feliciter superandos. Accessit appendix, seu synoptica instructio faciliter expellendi daemones, et cujusvis generis destruendi maleficia. Ad utilitatem omnium animorum pastorum, seduli ex ipso S. Evangelii. Edit. IV. II Tom. 373 et 300 pp. Pedeponti 1757. 4°.

Contribution à l'étude de la formule arbitraire. Par C[onstantin J.] **Stoïcesco**. Berlin: Horn & Raasch 1905. (76 S.) 8° [05. 13625

Stoicheia

Στοιχεια *Αλγεβρας Δημητριου Παναγιωτατου του Γοβδελα.* 8. Leipz. 806. (Serig). 1 ℔ 12 ℊ

Stoicheiographia, Orographia et Oreographia, Helvetiae, oder Beschreibung . . . des Schweitzerlandes. Zürich 1716. V: *Scheuchzer, Johann.* (EB)

Stoici veteres

Stoicorum veterum fragmenta. Collegit Ioa. ab Arnim. Vol. II. Chrysippi fragmenta logica et physica. gr. 8. (VI, 348 S.) Leipzig 903. B. G. Teubner. n. 14.—
Vol. I erscheint später.

Stoicorum veterum fragmenta. Collegit Ioa. ab Arnim. Vol. I. Lex.-8. Leipzig, B. G. Teubner. n. 20.—; (vollst. n. 34.—)
I. Zeno et Zenonis discipuli. (L, 142 S.) 905. n. 8.—
III. Chrysippi fragmenta moralia. Fragmenta successorum Chrysippi. (IV, 279 S.) 903. n. 12.—

Stojentin, Carl Rudolf von, s. Stojentin, Karl Rudolf von

Stojentin, Fedorus de (*geb. Gleiwitz 17. 7. 1851*): De Julii Pollucis in publicis Atheniensium antiquitatibus enarrandis auctoritate. P. 1. Vratislaviae (1875). (30 S.) 8° [*Vollst. 1875 bei Leuckart in Breslau.*]
Breslau, Phil. Diss. v. 13. Okt. 1875

Stojentin, Fedor v., de Julii Pollucis in publicis Atheniensium antiquitatibus enarrandis auctoritate. gr. 8. (112 S.) Breslau 875. Leuckart. n. 2. 40

Stojentin, Karl Rudolf von

Stojentin, Carl Rud. v., Fundament d. Geographie z. Selbststudium u. als Handb. f. Diejen., welche Militärschulen u. Gymnasien besuchen, bearb. gr. 8. (32¼ B.) Minden 836, Eßmann.

Stojentin, Carl Rud. v., Grundzüge d. vaterländ. Geschichte u. Geographie, Rechenkunst u. deutschen Sprache, z. Gebr. in Regiments-, Bataillons-, Escadrons- u. Compagnie-Schulen, so wie z. Selbstunterr. d. Unteroffiziere u. Gemeinen bearb. 8. (6¼ B.) Minden 837, Eßmann. Thlr. *

Stojentin, M. v., der Arbeitsmarkt in Industrie u. Landwirtschaft, s.: Bodenstein, B.

Stojentin, Max v., a. d. H. Prebendow, Beiträge zur Geschichte des uradeligen Geschlechts v. Stojentin Pommerschen Ursprungs. I. Bd. Urkunden u. amtl. Nachrichten. M. 1 farb. Wappentaf., 1 Karte, 2 Taf. Fksms., 2 Stammtaf., sow. 3 Taf. m. 22 Siegelabb. gr. 8. (VI, 367 S.) Braunschweig 895. (Görlitz, C. A. Starke.) n. 12.—

STOJENTIN, MAX VON. Ueber die Einwirkung von Aethoxalylchlorid auf Abkömmlinge des Harnstoffs und des Guanidins. Freiburg i. B., 1885.

Geschichte des Geschlechts von Zitzewitz. Von Max v. Stojentin. T. 1. *Stettin 1900: Herrcke & Lebeling.* 4° [00. 11654 9

Geschichte des landwirtschaftlichen Vereins zu Regenwalde 1831–1906 von Dr. [Max] v. Stojentin. Als Hs. gedr. Stettin 1906: Pommersche Reichspost. (77 S.) 8° [J.] [07. 9607 9

Stojentin, Max v., aus Pommerns Herzogstagen. Kulturgeschichtliche Bilder aus den letzten 100 Jahren pommerscher Selbstständigkeit. gr. 8. (VII, 177 S. m. 5 Abbildgn.) Stettin (902). Herrcke & Lebeling. n. 3.50

Aus Pommerns Herzogstagen. Kulturgeschichtl. Bilder aus d. letzten 100 Jahren pommerscher Selbstständigkeit. Von Dr. Max v. Stojentin-Stettin. Mit 5 Abb. *Stettin: Herrcke & Lebeling [1903].* (177 S.) 8° [J.] [03. 7773

Untersuchung über den Verbleib des Nachwuchses der kleinbäuerlichen Bevölkerung in Kolonien ... der Kreise Kolberg-Köslin, Naugard u. Regenwalde. Von M[ax] v. Stojentin. Stettin 1910: Pommersche Reichspost. 39 S. 8°
(Arbeiten d. Landwirtschaftskammer f. d. Prov. Pommern. H. 19.) [10. 16161 9

Stojentin, Max v., Die Verminderung der landwirtschaftlich. Arbeiterbevölkerung Pommerns nach der amtlichen Statistik und die Ersetzung des Abzuges durch ausländische Wanderarbeiter. 8°. Stettin 1906.

Die ausländischen Wanderarbeiter in der Provinz Pommern. Nach d. Erhebungen d. Ausschusses f. Arbeiterwesen d. Landwirtschaftskammer f. d. Prov. Pommern dargest. von Gen.Sekr. Dr. [Max] v. Stojentin. Stettin 1909: Pommersche Reichspost. 38 S. 4°
(Arbeiten d. Landwirtschaftskammer f. d. Prov. Pommern. H. 12.) [09. 11974

STOIGE, L. H., Quadrille française und Lanciers, geordnet nach den Bestimmungen der deutschen Academie der Tanzlehrkunst. Aschersleben, Ernst Schlegel. o. J. 16°. (Mk. 0.40.)
Bartholomäus p. 21.

Stojitsch, Milenko, Rechtskand.: Die Pflichten des Lagerhalters. Borna-Leipzig 1910: Noske. X, 61 S. 8°
Leipzig, Jur. Diss. v. 3. Aug. 1910
[Geb. 21. Mai a. St. 82 Požega; Wohnort: Belgrad; Staatsangeh.: Serbien; Vorbildung: König-Alexander-Gymn. Belgrad Reife Juni 00; Studium: Belgrad 8, Leipzig 7 S.; Rig. 3. Aug. 10.] [U 10. 2900

STOJKOVIC, Marion: Das Leben und das Wirken Bartolomäus Kasic' (Cassius) S. J. (1575—1650). — 1907. 231 S. Diss. Graz, Univ.

Stoilow Christo: Klassifikation und stilistische Beschreibung der bulgarischen Volksrätsel.
II. 1907 PN 2255 Diss. Wien, Univ. 2723

Stois, Max, Rechtsprakt. a. Passau: Das Bayerische Fideikommissrecht. München 1909: Beck. IX, 149 S. 8°
Würzburg, Jur. Diss. v. 15. März 1909, Ref. Mayer
[Geb. 29. Juli 82 München; Wohnort: München; Staatsangeh.: Bayern; Vorbildung: Gymn. München Reife Juli 01; Studium: München 8 S.; Rig. 13. Mai 08.] [U 09. 4091

Stois, Max, das bayerische Fideikommissrecht. (IX, 149 S.) 8. München 909. (J. Schweitzer Sort.) nn 5.—

STOISER, Josef: Die Beziehungen Bolognas zur Kirche im Zeitalter des päpstlichen Schismas (1375—1420). — 1903. 80 Bl. Diss. Graz, Univ.

Stoiser, Jos., Grundriss der allgemeinen Wirtschafts- u. Verkehrsgeographie. (V, 95 S.) gr. 8. Wien 910. C. Fromme. 2.—

Stoiser Dr. Josef: Die ältesten Nachrichten und Ansichten über den Zirknitzer See und andere Karsterscheinungen. 21. Graz St. R. 04.
Progr.

Stoismann, J., Leben u. leben lassen! Ein sozialpolit. Essay zur Begründg. seiner Vorschläge betr. die Organisation von Kreditgenossenschaften. gr. 8. (14 S.) Wien 902. (Huber & Lahme.) n. —80

— die Organisation der Credit-Genossenschaften zur Selbsthilfe des Volkes in seiner Wirtschaft. gr. 8. (15 S.) Eggenburg 902. (Wien, Huber & Lahme.) n. —80

— Oesterreich als sozialer Rechtsstaat. Ein Beitrag zur Lösg. der sozialen Frage. gr. 8. (51 S.) Wien (902). (Huber & Lahme.) n. 1.—

Stolßmann, J., der Uebergang von der Geld- zur Buchwirtschaft od. Emanzipation der Volkswirtschaft aus der Geldherrschaft durch Organisation v. Kreditgenossenschaften. (18 S.) gr. 8. Wien 902. Huber & Lahme Nachf. n. — 70

— die Volks- als Buchwirtschaft im socialen Rechtsstaate. gr. 8. (12 S.) Eggenburg 902. (Wien, Huber & Lahme.) n. — 80

Stoitscheff, N. Die Wirkung des Digitalinum verum verglichen mit der des Digitalis infuses. M. Abb. In-8°. 44 S. Basel. These. 1894.

v. Stoixner, Frz. Karl, s. 1) Gedanken vom Wohl des Landmanns. 2) Gedanken üb. Zucht- u. Arbeitshäuser.

Stoixner, Ladislaus Reichsedler v.: Praktisch-ökonomische Abhandlungen von der Viehzucht und dem Federvieh. Thl 1. 2. Münch. 788. (Nürnb., Stein).
1. Von d. Hornvieh, d. Schweinen, d. Schaafzucht u. d. Ziegen.
2. Von Hühnern, Gänsen, Enten, Pfauen u. Tauben.

Stoixner, Ladislaus Reichsedler von: Practisch-ökonomische Abhandlungen von Wald- und Fruchtbäumen auch einigen Staudengewächsen und dem Weinstock. Nürnberg: Stein 1789. 370 S. -- 12°
[S. 356-370: Von dem Weinstock.]

— Abhandl. vom Seiden-, Flachs- u. Hanfbau. 8. Nürnb. 787. N. A. nebst e. Anh. von einer Art Seide aus Spinnenweben. 8. Münch. ... 2e A. 808. (Nürnb., Stein). 8 gl

v. Stoixner, Lad., vollständ. Abhandl. von d. Bienenzucht, f. Landwirthe. 8. Nürnb. 788. 2e A. 808. Stein. 10 gl

— das Gastrecht der Stadt München. 8. Münch. 784. Lentner. 3 gl

— d. Gastrecht d. Stadt München. 8. München, Lentner. 785.

— zufällige Gedanken v. d. Holzmangel. 8. Münch. 788. (Stein in Nürnb.) 2 gl 48 S.

Stoixner, Lad. v., vollständ. Unterr. in d. Bienenzucht f. Landwirthe. 8. Nürnb. Stein. 808.

Stoß, Pater Norbert, Legenden und Lieder. 8. (176 S.) —.80
Brixen: A. Wegener's Buchhandlung 1895.

J(ana) **Stoka,** M(alchera) Pudłowskiego i J(ana) A(chacego) Kmity powieści wierszowane 1564—1610. Wydał Samuel Adalberg. *Kraków: Nakł. Akad. Umiej. 1897.* [... Erzählgn in Versen ... Hrsg. v. S. A. ...) (IX S., 2 Bl., 121 S.) 1 Bd 8.
= Biblioteka pisarzów polskich. [No] 33. [97. 7338]

Stokar *s. auch* Stockar.

Stokar, C., s. Stokar, Karl

Stokar, Carl, s. Stokar, Karl

Stokar, D[avid]. Eine Nachlese im alten Clubgebiet. [Mit 1 Tafel.] SA. 8. [Bern 1894.]

Stokar, D[avid]. Streifzüge im Clubgebiet. [Mit Illustrationen und 2 Tafeln.] SA. 8. [Bern 1893.]

Franz von Stokar in Regensburg.... Antiquarischer Anzeiger. Nr. 207: Neueste Erwerbungen katholischer Litteratur. II + 18 S. 8. (Freising, Dr. Franz Paul Datterer & Cie., [Juni 1902].) Bibl.

Franz von Stokar, Grossantiquariat für kath. Litteratur, Regensburg. An 100 Nummern Katholica (gangbare Werke). [Verzeichnis.] IV + 16 S. 8. (Freising, Dr. Fr. P. Datterer & Cie., [1902].)

Stokar, Joh. Friedr., Schaffhausen. Dissertatio medica inauguralis de ardore stomachi, ab huius exulceratione inducto. 1299
Basel, Med. Diss. 1704

Stokar, Johann Kaspar

Stokar, Johann Caspar. Anrede an die versammelte Wahlmänner der Stadt und Landschaft Schafhausen, den 15. Hornung 1798. 8. [Schaffhausen.]

Stokar, Karl

[Stokar, Carl.] Christoph Jezler von Schaffhausen (1734–1791). Eine Neujahrsgabe. Zum Besten des Waisenhauses in Schaffhausen herausgegeben. [Mit 1 Porträt-Tafel.] 8. Schaffhausen *o. J.* [1849/50].

Stokar, C., die Inspiration der heiligen Schrift. Ein Versuch zur Verständigung. gr. 8. (33 S.) Schaffhausen 870, Hurter'sche Buchh. [Regensburg, Manz.] *

Stokar, Carl, die Lehre von der Rechtfertigung durch den Glauben. Ein Vortrag, gehalten im protestant. Hülfsverein den 11. Dez. 1860. 8. (24 S.) Schaffhausen 860, (Schalch.)

Stokar, Karl, Johann Georg Müller, Doktor der Theologie, Professor u. Oberschulherr zu Schaffhausen, Johannes v. Müllers Bruder u. Herders Herzensfreund. Lebensbild. Hrsg. vom historisch-antiquar. Verein in Schaffhausen. Mit Müllers (Lichtdr.-) Portr. nach e. Zeichng. v. E. Stückelberg. gr. 8. (VII, 430 S.) Basel 885. Spittler. n. 4. 40

Stokar, C[arl]. David Spleiss (1786–1854), weil. Antistes der Schaffhauser'schen Kirche, nach dessen schriftlichem Nachlass und mündlichen Nachrichten geschildert. [Mit Porträt-Tafel.] 8. Basel 1858.

Stokar, C., David Spleiß, weil. Antistes der Schaffhauser'schen Kirche nach dessen schriftlichem Nachlaß und mündlichen Nachrichten geschildert. Basel 858. Bahnmaier. 8. (VIII, 272 S. u. lith. Bildniß.) 27 ngr.

Stokar, C[arl]. Die Vorboten der Revolution von 1798 im Kanton Schaffhausen. Aus einem Vortrag, gehalten im historisch-antiquarischen Verein. [SA.] 8. Schaffhausen 1863.

Stokar, Kurt v., die Syphilis-Behandlung m. Salvarsan (Ehrlich Hata 606) nebst e. systematischen Zusammenfassung der bisher veröffentlichten Literatur. (40 S.) gr. 8. München 911. J. F. Lehmann's Verl. 1. 20

Stokar von Neuforn, A. F., Handbuch der Finanzwissenschaft 1807, s. Stockar von Neuforn, A. F.

Stokar von Neuforn, Carl, s. Stokar von Neuforn, Karl

Stokar v. Neuforn, Frz., das naturgemäße Heilverfahren mittelst Wassers u. giftfreier Heilkräuter zc. Ein Handbuch u. Freund in gesunden u. kranken Tagen. Anh.: Ein Tag in Wörishofen. 12. (IV, 181 S.) Regensburg 893. F. v. Stokar. n. — 75

Stokar von Neuforn, Georg Heinrich (Schaffhausen)
Diss. med. Erlg. 1797/9

De hyoscyami nigri virtutibus medicis dissertatio inauguralis.
Erlangen (Kunstmann) IX. 1797. 72 S.

Gew.: Johann Heinrich Rahn, Johann Georg Stokar von Neuforn (Vater). 33721

Stokar von Neuforn, Karl

Stokar v. Neuforn, Karl, Gesetz vom 28. Mai 1852 die Siegelmäßigkeit betr., erläutert,
— Gesetz über das Taxregulativ vom 28. Mai 1852 erläutert,
→ s. Gesetzgebung des Königreichs Bayern.

Stokar v. Neuforn, Carl, Handbuch der gesammten Finanzverwaltung im Königr. Bayern, s. Hock, Jak.

Stokar v. Neuforn, Carl, Handbuch der gesammten Finanzverwaltung im Königr. Bayern einschließlich der Pfalz. 1. Lfg. Lex.-8. (XVI und S. 1—112.) Bamberg 856(57,) Buchner'sche Buchh. *

—— Handbuch der gesammten Finanzverwaltung im Königreich Bayern einschließl. der Pfalz. 2—9. (Schluß-)Lfg. Lex.-8. (XVIII und S. 113—808.) Bamberg 857, Buchner'sche Buchh. à Lfg. * 18 Ngr. *

Stokar v. Neuforn, Karl, Handbuch der gesammten Finanzverwaltung im Königr. Bayern einschließlich der Pfalz. 2., umgearb. und verb. Aufl. 9 Lfgn. Lex.-8. (1. Bd. XII und 291 S. und 2. und 3. Bd. VIII und 544 S.) Bamberg 864, Buchner'sche Buchh. à Lfg. * 16 Ngr. Ladenpr. compl. *

— die Rechnungsstellung und Buchführung der Taxämter, erläutert. Bamberg 858. Buchner. gr. 4. (VIII, 56 S. u. 31 Bl. Formulare.) n. 1 Thlr. 12 ngr.

—— die Rechnungsstellung der Rentämter im Königr. Bayern. 5 Lfgn. gr. 4. (VIII und 240 S.) Bamberg 850, Buchner'sche Buchh. à Lfg. * 18 Ngr. *

—— die Staats-Auflagen in Bayern diesseits des Rheins, erläutert. gr. 8. (104 S.) Würzburg 854, Stahel'sche Buchh. *

—— die Staatsschulden des Königreichs Bayern. gr. 8. (IX und 110 S. mit Beilagen 13 S.) Bamberg 858, Buchner'sche Buchh. *

Stoekar von Neuforn, A. F., s. Stockar von Neuforn

Stoker, s. Stockar von Neuforn, Johann Konrad

Stoker, Bram, Dracula. Roman. Autoris. Übersetzg. aus dem Engl. v. Heinz Widtmann. (V, 554 S.) 8. Leipzig 908. M. Altmann. 4.—; geb. 5. —

Stoker, Bram, The mystery of the sea, s.: Library, the English.

STOKER, FRIEDRICH, O. M. Conv. S. Franc. Concionator: Lobrede auf das Fest des H. Josephs gehalten in der Kirche der W.W. P.P. Observanten in der Festung Arad. Pest 1785: Bey Jos. Gottfr. Lettner. 29 S. - 8°

Stoker, Henricus, Waedenschweiliensi-Turicensis: De lithotritia. Tur. ex offic. Zürch. et Furr. 1841. 4 Bl., 44 S., 2 Taf. 4°
Zürich, Med. Diss. v. 6. März 1841.

Professor George Gabriel Stokes zum 50jährigen Professoren-jubiläum die Königliche Gesellschaft der Wissenschaften zu Göttingen. [Göttingen 1899.] (4 Bl.) 4° (2°)

Stokes, George Gabr., das Licht. Zwölf Vorlesungen, gehalten in Aberdeen 1883—1885, nebst 2 Vorlesungen über Absorption und Fluorescenz des Lichtes. Autoris. deutsche Uebersetzung von Otto Dziobek. gr. 8. (XII, 308 S.) Leipzig 888, Barth. *

Stokes, Whitley, s.: Archiv f. celtische Lexikographie.

Stokes, Whitley (Hrsg. u. Übers.), s. Cat. — In Cath Catharda.

Stokes, Whitley, urkeltischer Sprachschatz, s.: Fick, Aug., vergleich. Wörterbuch der indogerman. Sprachen.

— A supplement to thesaurus Palaeohibernicus. Vol. I. 1901, vol. II. 1908. (III, 82 S.) gr. 8. Halle 910. M. Niemeyer. 4.—

Stokes, Wh., s. a. Texte, irische, mit Uebersetzungen und Wörterbuch.

Stokes, W., und E. Windisch, irische Texte, mit Uebersetzungen und Wörterbuch hrsg. 2. Serie. 1. Heft. gr. 8. (IV, 216 S.) Leipzig 884, Hirzel. *
1. Serie s. Windisch, E.

Stokes, W., u. E. Windisch, irische Texte, m. Übersetzungen u. Wörterbuch hrsg. 2. Serie. 2. Hft. gr. 8. (IV, 256 S.) Leipzig 887. Hirzel. n. 6.—
(I—II, 2.: n. 35. —)

— Vergleichendes Wörterbuch d. indogermanischen Sprachen, s.: Fick, Aug.

Stokes, Will., Abhandlung üb. d. Diagnose u. Behandlung d. Brust-Krankheiten. — Krankheiten d. Lunge u. Luftröhre. A. d. Engl. v. Gerhard von dem Busch. gr. 8. (54½ B.) Bremen 838, Heyse.

Stokes, William, die Brustkrankheiten, s. a. Bibliothek von Vorlesungen über Medizin XXXII. Bd.

Stokes, Will., die Bruchkrankheiten, deren richtige Würdigung und Behandlung. Neueste Uebertragung ins Deutsche mit Zugabe der später vom Verfasser veröffentlichten Aufsätze: 1) über Krebs der Lungen und des Mediastinums; 2) über akute Induration der Lungen und 3) über Cirrhose der Lungen. Unter der Redaktion des Fr. J. Behrend. gr. 8. Leipzig 844, Kollmann. 2¼ Thlr.

Stokes, William, Handbuch der Krankheiten des Herzens und der Aorta. Aus dem Engl. von J. Lindwurm. Würzburg 855. Stahel. Lex.-8. (XII, 538 S.) n. 3 Thlr. 6 ngr.

Stokes, William: Über die Heilung der innern Krankheiten von dem Standpunkte der neuesten Erfahrung am Krankenbette. Vorlesungen, gehalten 1833-1834 an der medizinischen Schule (Park-Street) zu Dublin. (Lectures on the theory and practice of physic... Dt.) Übers. und bearb. von Friedrich J(akob) Behrend. 302 S., gbd.

Leipzig: Kollmann 1835 JB 2.509

– über die Heilung der innern Krankheiten, von d. Standpunkte der neuesten Erfahrung am Krankenbette. Vorlesungen, gehalten an der medicin. Schule (Park-Street) zu Dublin. gr. 8. Leipzig 835. 2e, genau durchgeseh. Aufl., verm. durch 1) mehrere interess. Abhandlungen von W. Stokes, u. 2) einige, praktisch sehr wichtige Vorlesungen von R. Graves in Dublin. Deutsch bearb. von Friedr. J. Behrend. gr. 8. Ebd. 839. Kollmann. 1½ Thlr. — Vgl. Bibliothek von Vorles. etc. über Medicin etc. 2r Bd.

Stokes, William, die Krankheiten des Herzens und der Aorta. Im Auftrage des Verf. aus dem Engl. von J. Lindwurm. Lex.-8. (XII und 538 S.) Würzburg 855, Stahel'sche Buchh. *

—— **Vorlesungen üb. die Heilung d. innern Krankheiten, s. Bibliothek von Vorlesungen, II. Bd.**

Stokesley secret, the, s. Series for the young.

Stoekfleth, H. V.

– Handbuch d. thierärztlichen Chirurgie. Aus d. Dän. übers. v. H. Steffen. Th. 1, Th. 2 Liefer. 1-4 (ufuldendt). Leipz. [1]1879, [2]1879-89. Fig.
(Liefer. 4. 1889 er Overs. af Bang's Supplem.-Bd.).
– — Supplementheft se Müller G. 253.

Stoekken, Gerhard von A. S. 852/29

Tractatio juridica, de jure posthumi, Vom Recht der Kinder, So nach des Vaters Tod gebohren werden. **Halle (Hendel) 1731. 30 S.**

Diss. Strassburg 1670. 33679

Stökken, Gerard von A. S. 195/10

Commentatio iuris publici de precibus primariis imperatoris.
Leipzig (Langenheim) 1733. 48 S.

Diss. Strassburg 8. XI. 1673. 33681

Stoekken, Gerhard von A. S. 843/52

Tractatio juridica, de sigillis, Von Signeten, **Pettschafften, etc.**
Halle (Hendel) 1731. 32 S.

Diss. Strassburg 1670. 33680

Stöhl, F., Allheilmittel Liebe, s.: Eckstein's Reisebibliothek.

Stökl, Helene, s. a.: Franken, Constanze v.

Stoekl, Helene

— Von der schönen blauen Adria, s.a. Pichler's Jugendbücherei.

(F) **Stökl,** H., Von der schönen blauen Adria. [Pichlers Jugendbücherei. Bd. 45.] 8°. (ill. 99 S.) geb. K 1. -
Wien: Pichler 1908.

Stökl, Helene, allein in der Welt, s.: Bücherei f. die Jugend, 9. Bdchn.

Stökl, Helene, Aug' in Auge. Eine Plauderei. 16. (128 S.) Leipzig 881. C. A. Koch. geb. m. Goldschn. 2. 40

— der rechte Bräutigam, s.: Goldschmidt's Bibliothek.

Stökl, Helene. *Das bunte Buch.* **Geschichten für kleine Buben und Mädchen. 2. Aufl. Stuttg., Ley & Müller [c. 1909]. 3 Bl. 188 S. m. vielen bunten Taf. u. Textbildern v. Otto Kubel. Gr-8°. Illustr. Orhlwd. 10.—**
Geschätztes Kleinkinderbuch, vorzügl. illustr. — Leicht benutzt, Einbd.rücken repar.

Stökl, Helene, s.: Buch, das, zum Vorlesen.

— die Christbescherung u. andere Erzählungen, s.a. Bücherei f. die Jugend. 14.

(F) **Stökl,** H., Die Christbescherung und andere Erzählungen. 2. Aufl. [Ambros Bücherei. Bd. 14.] 8°. (69 S.) geb. K —.80
Wien: Pichler 1904.

— daheim u. draußen. Für die Kleinen gedichtet. Illustr. von Emil Rose. 4. (20 Bl. m. eingedr. Zinkogr.) München 882. Bassermann. geb. n. 2. 60; color. n. 3. 60

Stökl, Helene, Daheim und Draußen. Für die Kleinen gedichtet. Illustriert von Emil Rose. 4. (20 S.) Reutlingen 887, Enßlin und Laiblin. cart. ℳ 1.—.; color. Ausg.

—— s. Dämmerstunden.

— im Dienste des Herrn. Lebensbilder christl. Frauen, f. Deutschlands Töchter dargestellt. Mit 3 Gruppenbildern. 8. (296 S.) Leipzig 901. F. Hirt & Sohn.
Geb. in Leinw. 4.—

— Er, Sie u. Es. Heitere u. ernste Silhouetten des häuslichen Lebens. 16. (132 S.) Leipzig 882. C. A. Koch. geb. m. Goldschn. 2. 40

Stökl, Helene, Er, Sie u. Es. Heitere u. ernste Silhouetten d. häusl. Lebens. 2. Aufl. 12. (132 S.) Leipzig 885. C. A. Koch. geb. m. Goldschn. 2. 40

— Er, Sie u. Es. Heitere u. ernste Silhouetten des häusl. Lebens. 3. Aufl. 12. (130 S.) Dresden 894. C. A. Koch. Geb. in Leinw. m. Goldschn. 2. 40

— Im schwarzen Erdteil. Erlebnisse des österreich. Afrikaforschers Dr. Emil Holub, s.a. Ambros, Jos., Bücherei.

— im schwarzen Erdteil. Erlebnisse des österr. Afrikaforschers Dr. Emil Holub, s.a. Bücherei f. die Jugend. 30.

(F) **Stökl,** H., Im schwarzen Erdteil. Erlebnisse des österr. Afrikaforschers Dr. Emil Holub. [Ambros Bücherei. Bd. 30.] 8°. (125 S.) geb. K 1.-
Wien: Pichler 1904.

(F) **Stökl,** H., Im schwarzen Erdteil. Erlebnisse des österr. Afrikaforschers Dr. Emil Holub. 2. Aufl. [Ambros' Bücherei Bd. 30.] 8°. (125 S.) Wien: Pichler 1908. geb. K 1.—

— Roberts Erlebnisse, s.: Bücherei f. d. Jugend.

— Erzählungen, s.a. Bücherei f. die Jugend. 2.

STÖKL Helene 087
(F) Erzählungen. Von Helene Stökl. 2. Auflage. [Ambros' Bücherei. 2.] Wien. [1899.] Pichlers W. & S. 16°. 95 S. mit 1 Tafel. Geb. fl. —.40

— 18 kleine Erzählungen f. Knaben u. Mädchen. Mit (3) Illustr. in Farbendr. gr. 8. (128 S.) Berlin (902). Globus-Verlag. Geb. — 60

— u. M. v. Loga, 73 kleine Erzählungen. Geschichten u. Märchen f. Knaben u. Mädchen im Alter von 7 bis 10 Jahren. (III, 222, 222 u. 232 S. m. 15 Farbdr.) gr. 8. Berlin (906). Globus Verlag. Geb. in Leinw. n. 3.—

— 21 kleine Erzählungen f. Kinder v. 7—10 Jahren. (222 S. m. 5 Farbdr.) gr. 8. Berlin (906). Globus Verlag. Geb. in Leinw. n.n.n. 1. 10

— Feierstunden d. Seele. Dichterklänge z. Erquickg. u. Erhebg. v. Herz u. Geist, ausgew. v. S. 8. (265 S. m. 1 Photograv.) Leipzig 896. F. Hirt & Sohn.
Geb. in Leinw. m. Goldschn. n. 4.—

— Feierstunden der Seele. Dichterklänge zur Erquickg. u. Erhebg. von Herz u. Geist. 2., unveränd. Aufl. 8. (265 S. m. Titelbild.) Leipzig (899). F. Hirt & Sohn. Geb. in Leinw. m. Goldschn. 4.—

— Feierstunden der Seele. Dichterklänge zur Erquickg. u. Erhebg. v. Herz u. Geist. 3., unveränd. Aufl. (265 S. m. Titelbild.) 8. Leipzig (905). F. Hirt & Sohn. Geb. in Leinw. n. 4. —

— die Frau nach dem Herzen des Mannes. Ein Buch f. die Familie. (VIII, 245 S.) 8. Dresden 906. M. Seyfert. n. 3. —; geb. n. 4. —

— u. Frau Juliane, zur Freude. 150 Geschichten u. noch eine. Zum Vorlesen, zum Nacherzählen f. Mütter, Tanten u. alle, die Kinder lieb haben, sowie zum Selbstlesen f. art. Kinder. Mit e. Geleitwort v. Pet. Rosegger. (VII, 241 S. m. 6 [3 farb.] Vollbildern.) gr. 8. Ravensburg (903). O. Maier. Geb. in Leinw. n. 3. 50

— freudvoll u. leidvoll, s.a. Goldschmidt's Bibliothek f. Haus u. Reise.

[F.] Freudvoll und leidvoll. Zwei Erzählgn v. Helene Stökl. *Berlin: A. Goldschmidt 1895.* (2 Bl., 113 S.) 1 Bd 8.
= Bibliothek, Goldschmidts, f. Haus u. Reise. Bd 33. [96. 181]

—— Mela's Geheimniß, s. Ueberraschungen.

Stökl, Helene. Hell u. dunkel. Erzählungen. 12. (98 S.) Berl. 889, A. Goldschmidt. * — 50

s. Für junge Herzen.

— Herzens-Kalender. Gedenkblätter. 8. (216 S.) Ebend. 884. geb. m. Goldschn. 3. —

Stökl, Helene, „Ich will!" Lebensbilder hervorragender Männer unserer Tage. (VII, 232 S. m. 16 Bildnissen.) 8. Gotha 909. F. A. Perthes. 2.40; geb. in Leinw. 3. —

— in Untreue treu. Roman. 8. (188 S.) Berlin 884. Goldschmidt. n. 4. —; billige Ausg. n. 1. —

— u. Frau Juliane, frohe Jugend. 101 schöne Kindergeschichten. Mit zahlreichen Illustr. v. Wilh. Roegge. (VII, 333 S.) 8. Stuttgart (909). Levy & Müller. Geb. in Leinw. 4. —

— im Jugendland. 20 Erzählungen u. Märchen. (III, 299 S. m. Abbildgn. u. 12 z. Tl. farb. Vollbildern.) 8. Stuttgart (905). Levy & Müller. Geb. n. 4. —

Franken, Constanze v., [d. i. Helene Stoekl]: Katechismus der weiblichen Erwerbs- u. Berufsarten. — Leipzig: Hesse 1898. IX, 221 S. 8° (Max Hesse's ill. Katechismen. 45.)

— Kinderglück. Ernstes u. Heiteres, f. die deutsche Kinderwelt erzählt. Mit (5) farb. Illustr. nach Originalen von M. Wulff. gr. 8. (222 S.) Berlin (902). Globus-Verl. Geb. n. — 80

—— für's Kindernest. Alte und neue Märchen in Versen. Mit 6 Bildern in Farbendr. und 19 in den Text gedr. Abbild. von Jul. Jürß. 4. (48 S.) München 882, Bassermann'sche Verlagsb. geb. *

— Kindesglück. Ernstes u. Heiteres f. die deutsche Kinderwelt erzählt. Mit (5) farb. Illustr. nach Orig. von M. Wulff. (222 S.) gr. 8. Berlin (906). Globus Verlag. Geb. in Leinw. n.n.n. 1. 10

— unsere Kleinen. Plaudereien f. die Großen. 16. (156 S.) Ebend. 885. geb. m. Goldschn. 3. —

— König u. Betteljunge, s.a. Twain, Mark.

STÖKL, Helene 087
(F) König und Betteljunge. Frei nach dem Englischen des Mark Twain von Helene Stökl. Mit 1 Titelbilde. [Ambros' Bücherei 21.] Wien. [1901.] Pichler's W. & S. 8°. 81 S. Geb. K —.80

— aus eigener Kraft, s.: Jugendlaube.

Stökl, Helene, Leben u. Lieben. Neue Novellen. (335 S.) kl. 8. Berlin 905. A. Goldschmidt. Geb. in Leinw. n. 4. —

—— verschlungene Lebenspfade. Vier Erzählungen für junge Mädchen. 8. (168 S.) Berlin 882, [Lubarsch und Comp.] Mitscher. geb. mit Goldschn. *

— verschlungene Lebenspfade. 4 Erzählgn. f. junge Mädchen. 2. Ausg. 8. (168 S.) Berlin 885. Mitscher. geb. m. Goldschn. n. 3. —

— verschiedene Lebensziele. Wehe dem, der nicht lügt, s.a. Goldschmidt's Bibliothek f. Haus u. Reise.

[F.] Verschiedene Lebensziele. Erzählg. Wehe dem, der nicht lügt! Sylvestermärchen. Von Helene Stökl. *Berlin: A. Goldschmidt 1897.* (1 Bl., 97 S.) 1 Bd 8.
= Bibliothek, Goldschmidts, f. Haus u. Reise. Bd 51. [98. 9159]

— das Lorl u. andere Erzählungen f. junge Mädchen. 8. (VII, 223 S.) Berlin 888. Norddeutsches Verlags-Institut, Jolowicz. geb. m. Goldschn. n. 4. —

Stöckl, H., der Lumpensammler von Paris, | s. Meinhold's Volks- und Jugendbibliothek.

— s.: Mädchenbibliothek Freia.

Stökl, Helene, aus der Mädchenzeit. Geschichtchen für Backfische und Solche, die es gewesen. Mit 4 Bildern auf Holz gezeichnet vom Maler Bosch. 8. (252 S.) Leipzig 877, Gebhardt's Verlag. cart. geb. in Calico *

— aus der Mädchenzeit. Geschichten f. Backfische u. Solche, die es gewesen. Mit 4 Bildern, auf Holz gezeichnet v. Bosch. 2. Aufl. 8. (256 S.) Leipzig 884. Gebhardt. geb. 5. —

—— aus der Mädchenzeit. Geschichten für Backfische und Solche, die es gewesen. 2. Aufl. 8. (256 S. mit 4 Bildern auf Holz gezeichnet von Maler Bosch.) Leipzig 887, Gebhardt's Verlag.

— Maja, s.: Bibliothek für Haus u. Reise.

—— Märchenquell. 21 kleine Erzählgn. f. Kinder v. 8—12 Jahren. gr. 8. (187 S. m. 5 Farbendr.) Berl. 889, Pohlmann. geb. [4 50] * 2 50

—— dass. — 18 kleine Erzählgn. 8. (128 S. m. 5 Farbendr.) Ebd. 889. geb. [3 —] * 1 50

—— Zum Meer. Ferientage in Triest u. am Quarnero. 8. (III, 187 S. m. Illustr.) Teschen 890, Prochaska. geb. * 3 —

—— Meinen Sie mich? Launige Fragen, launig beantwortet. gr. 8. (X, 113 S.) München 881, Bassermann'sche Verlagsh. *

— Novellen. 12. (III, 265 S.) Berlin 899. A. Goldschmidt. Geb. in Leinw. n. 4. —

— Novellen. 2. Aufl. 12. (III, 265 S.) Berlin 901. A. Goldschmidt. Geb. in Leinw. 3. —

— Picciola. Nach d. Franz. v. Saintine. Für d. deutsche Mädchenwelt bearb. v. S. 8. (III, 229 S.) Berlin (890). G. Pohlmann. Geb. in Leinw. 2. —

— Schicksale. Drei Erzählgn. (IV, 98 S.) 8. Berlin 908. A. Goldschmidt. 2.—; geb. in Leinw. 3. —

—— „Schneerosen". Erzählungen aus der Weihnachtszeit. 1. und 2. Aufl. 8. (V, 124 S.) Ebendas. 886,87. geb.

— auf der Schwelle d. Lebens. Herzensworte als Mitgabe f. deutsche Töchter bei ihrer Aufnahme in den Kreis der Erwachsenen. 8. (VIII, 255 S. m. 1 Titelbild.) Leipzig 892. F. Hirt & Sohn. Geb. in Leinw. m. Goldschn. n. 4. —

— auf d. Schwelle d. Lebens. Herzensworte als Mitgabe f. deutsche Töchter bei ihrer Aufnahme in d. Kreis der Erwachsenen. 4. Aufl. 8. (255 S. m. Titelbild.) Leipzig 898. F. Hirt & Sohn. Geb. in Leinw. m. Goldschn. 4. —

— auf der Schwelle des Lebens. Herzensworte als Mitgabe f. deutsche Töchter bei ihrer Aufnahme in den Kreis der Erwachsenen. 5. u. 6. Aufl. 8. (à 255 S. m. Titelbild.) Leipzig 899. 901. F. Hirt & Sohn. Geb. in Leinw. 4. —

— auf der Schwelle des Lebens. Herzensworte als Mitgabe f. deutsche Töchter bei ihrer Aufnahme in den Kreis der Erwachsenen. 8. Aufl. (255 S. m. Titelbild.) 8. Leipzig (905). F. Hirt & Sohn. Geb. in Leinw. 4. —

— Auf der Schwelle des Lebens. Herzensworte als Mitgabe f. deutsche Töchter bei ihrer Aufnahme in den Kreis der Erwachsenen. 9. Aufl. (255 S.) 8. Leipzig (909). F. Hirt & Sohn. Geb. in Leinw. 4. —

— die Seeschwalbe rc., s.: Universal-Bibliothek f. die Jugend.

— bunte Steine, s.: Stifter, Adb.

— aus glücklichen Tagen. Erzählungen u. Erlebnisse aus der Frühlingszeit des Lebens. Mit 4 Illustr. (Holzschntaf.) von Paul Thumann. 8. (244 S.) Leipzig 880. Gebhardt. geb. 5. —

— Theaterstücke, s.: Faust, Rich.

— was Ihr wollt. Erzählungen f. die junge Welt. Mit farb. Bildern nach Originalen v. Maria Stüler. gr. 8. (III, 162 S.) Berlin 894. H. J. Meidinger. Geb. in Leinw. n. 3. —

—— unterm Weihnachtsbaum. Festbilder. 16. (123 S.) Leipzig 883, C. A. Koch's Verlagsh. geb. mit Goldschn.

— die Weltreisen Ida Pfeiffers, s.: Jugendlaube.

— u. Walch, wie pflegst u. erziehst du dein Kind?, s.: Hesse's, Max, illustr. Katechismen.

— drei Wochen am Gardasee. Mit e. Deckelbilde in Farben u. 10 ganzseit. Textbildern. 12. (III, 106 S.) Teschen 892. K. Prochaska. Kart. n. 1. 60

— Der Zigeunerbube u. andere Erzählungen, s. a. Ambros, Jos., Bücherei f. die Jugend.

(F) **Stökl, H.,** Der Zigeunerbube und andere Erzählungen. 3. Aufl. [Ambros' Bücherei. 2.] 8°. (97 S.) geb. K —.50
Wien: Pichler 1907.

Stoklasa Julius: Die Assimilation des Lezithins durch die Pflanze (mit 1 Taf.). S. 104. I. 712 . . . .
Separatabdruck

Stoklasa, Jul., d. Assimilation d. Lecithins durch d. Pflanze. [Aus: „Sitzungsber. d. k. Akad. d. Wiss."] Lex.-8. (11 S. m. 1 Taf.) Wien 895. (C. Gerold's Sohn.) n. — 60

Stoklasa, J., üb. die Düngung m. Thomasschlacke. (Internationaler land- u. forstwirthschaftl. Congress zu Wien 1890, 12. Hft.) gr. 8. (12 S.) Wien 890. (Frick.) n. — 40

— Über den Einfluß der ultravioletten Strahlen auf die Vegetation (mit 2 Taf.). S. 120. I. 185 . . . .
Separatabdruck

— die Rüben-Nematoden, s.: Vaňha, Joh.

Stoklasa, Jul., Sein od. Nichtsein der österreichischen Gerstenproduktion. Betrachtungen üb. die Nothwendigkeit u. Möglichkeit der qualitativen u. quantitativen Hebg. unserer Braugerste im Hinblick auf den neuen deutschen Gerstenzoll. (49 S. m. 7 Taf.) gr. 8. Prag F. Řivnáč. n. 1. —

Stoklasa J.: Sein o. Nichtsein d. österreichischen Gerstenproduktion. Betrachtungen üb. die Notwendigkeit u. Möglichkeit d. qualitativen u. quantitativen Hebung unserer Braugerste in Hinblick auf den neuen deutschen Gerstenzoll. Prag 1905. 49 S. 7 Tvl. P.

— chemische u. physiologische Studien üb. d. Superphosphate. 1. Tl. gr. 8. (VIII, 116 S. m. 8 Taf.) Berlin 896. P. Parey. n. 8. —

—— Pedologische Studien. 1. Tl. gr. 8. (48 S.) Prag 890, Reinwart. * 1 20

— und Zdobnický W.: Photochemische Synthése der Kohlenhydrate aus Kohlensäureanhydrid und Wasserstoff in Anwesenheit von Kaliumhydroxyd, in Abwesenheit von Chlorophyll (mit 2 Taf.). S. 119. IIb. 1123 . . . . vgr.
Separatabdruck

Stoklasa, Jul., die wasserlöslichen Verbindungen der Phosphorsäure in den Superphosphaten. Lex.-8. (62 S.) Prag 894. F. Řivnáč. n. 3. —

— Über die Verbreitung und biologische Bedeutung der Furfuroide im Boden. 1. Abhandlung. S. 107. I. 966 . . . .
Separatabdruck

Stoklasa, Jul., über die Verbreitung u. biologische Bedeutung der Furfuroide im Boden. (I. Abhandlung.) gr. 8. (11 S.) Wien 898. (C. Gerold's Sohn.) n. — 20
Sonderabdruck aus: „Sitzungsber. d. k. Akad. d. Wiss."

— Über die Verbreitung und physiologische Bedeutung des Lezithins in der Pflanze. S. 105. I. 604 . . . .
Separatabdruck

— üb. die Verbreitung u. physiolog. Bedeutung des Lecithins in d. Pflanze. [Aus: „Sitzungsber. d. k. Akad. d. Wiss."] gr. 8. (29 S.) Wien 896. (C. Gerold's Sohn.) n. — 60

— s.: Zeitschrift f. das landwirthschaftl. Versachswesen in Oesterreich.

Stoklaska, Ottokar, deutsches Dichterbuch aus Mähren, s.: **Kirsch, Paul.**

— LOR.: Katalog der Lehrerbibl. 99. 00. v. Ottokar Stoklaska. 16. 9. **Progr.** Brünn

Stokluska, O., Mähren in Wort und Bild, s.: Laurončič, Jul.

Stoklaska, Ottokar Hans, historische Gedichte. 8. (IV, 85 S.) Berlin 884. Issleib. n. 1. —

Stoklaska, Ottokar H. Im Ruhestande. Schwank in 4 Aufzügen. 8. (71 S.) Brünn 892, L. u. A. Brecher. * 1 —

Stoklaska, O. H., wenn man sich nicht kennt, s. **Theater-Repertoir, Wiener.**

Stoklasser, Ottok., Heinzelmännchen, s.: Universal-Bibliothek.

Stoklasser, Ottokar, mein Leben, s.: Universal-Bibliothek.

Stökle, J. G. Gebrauchs-Anweisung für das Poly-Meter von J. G. St. in Singen. 1838.

Stökle, J. G. Polymeter. Beschreibung und Gebrauch. Konstanz 1843. 12.

Stoklossa, P., s. Gewerbeschau, politische.

Stokmann, G., u. B. **van der Laan,** der Heidelberger Katechismus. Für Schul- u. Katechumen-Unterricht bearb. 8. (X, 98 S.) Emden 880. Haynel. cart. n.n. — 60

— u. B. van der **Laan,** der Heidelberger Katechismus. Für Schul- u. Katechumen-Unterricht bearb. 2., durchgesch. Aufl. 8. (VIII, 104 S.) Emden 887. Haynel. cart. n.n. — 60

Stokmann, G., u. B. **van der Laan,** der Heidelberger Katechismus. Für Schul- u. Katechumenen-Unterricht bearb. 3., durchgesch. Aufl. 8. (VIII, 98 u. VI S.) Emden 895. W. Haynel. Kart. n. — 60

Stokmann, G., u. B. van der Laan, der Heidelberger Katechumenen-Unterricht bearb. 4. Aufl. Hrsg. v. G. H. Stokmann. (VIII, 150 S.) 8. Emden 903. M. Haynel. Kart. n.n. — 70

Stokmann, G., welche Mängel beeinträchtigen die theoretische u. praktische Ausbildung der Diener der reformirten Kirche auf deutschen Universitäten? Referat f. die 2. ostfries. reform. Bezirkssynode. 8. (26 S.) Emden 887. Schwalbe. n. — 30

Stokmans, Gertrud v., s. a.: Germanis.

Stokmans, G. v., geb. Gräfin Strachwitz, auf eigenen Füßen. Roman. (242 S.) 8. Köln (909). J. P. Bachem. 3.—; geb. 4. —

[F.] Sankt Georg. Roman v. G[ertrud] v. **Stokmans.** '(Germanis.)' … Tl 1. 2 (in 1 Bd). *Berlin: O. Janke (1898).* 1 Bd 8.
1. (2 Bl., 169 S., 1 Bl.) 2. (2 Bl., 151 S.) [97. 7059

Um jeden Preis. Lustsp. in 4 Akten von G. v. **Stokmans** u. E. Weissenturn. *Glückstadt 1900: J. J. Augustin.* (115 S.) 8° [F.] [01. 1379

Stokvis, B. J., üb. vergleichende Rassenpathologie u. die Widerstandsfähigkeit des Europäers in den Tropen. [Aus: „Verhandlgn. des 10. internationalen med. Congresses".] gr. 8. (24 S.) Berlin 890. Hirschwald. n. — 60

Stola-Ordnung für das Königreich Böhmen. Kaiserliches Patent vom 30. Mai 1750. Mit Nachtragsverordnungen und erläuternden Bemerkungen aus den Entscheidungen der obersten Behörden. 8. (27 S.) —.20

Prag: Höfer & Kloucek 1890.

Stolaroff, Maximilian: Zur Kenntnis des ana-Nitro-o-Chlorchinolins. Moscau 1909: Falk. 52 S. 8°
Gießen, Phil. Diss. v. 13. Jan. 1910, Ref. Elbs
[Geb. 7. März 81 Moskau; Wohnort: Gießen; Staatsangeh.: Rußland; Vorbildung: Gymn. d. Petri-Pauli-Schule Moskau Reife Juni 01; Studium: Moskau 2, Gießen 10 S.; Rig. 25. Jan. 08.] [U 10. 1308

Stolá, Taxordnung in Schlesien, erneuerte. Fol. Breslau 751.

Stolá-Tax-Ordnung f. d. sämmtl. evangel. Kirchen d. städt. Patronats zu Breslau. gr. 4. (4½ B.) Breslau 841, Graß, Barth u. Comp.

Stolae-Tax-Ordnung, erneuerte allgemeine, für das souveraine Herzogth. Schlesien, wonach sich sowohl die Augsburg. Confessions-Verwandten, als kathol. Pfarrer, Prediger u. Curati zu richten haben. dd. Berlin den 8. Aug. 1750. 8. (1½ B.) Grünberg 846, Levysohn. *

Stolae-Tax-Ordnung, erneuerte allgemeine, für das souveraine Herzogth. Schlesien, wonach sich sowohl die augsburg. Confessions-Verwandten, als kathol. Pfarrer, Prediger und Curati zu richten haben. d. d. Berlin, den 8. Aug. 1750. 8. (24 S.) Grünberg 859, Levysohn. *

Stolberg [Sachliches OW]

Stolberg, Boto v., Ahnherr der Fürsten Europa's. Eine genealogische Darstellung dem hochgeb. Erbgrafen Heinr. v. Stolberg und der durchlaucht. Fürstin Jeannette v. Schönburg bei ihrer Vermählung überreicht (von Heinr. Delius). Neuer Abdr. Hannover 860. C. Rümpler. gr. 8. (16 S.) n. 10 *ngr.*

Stolberg, Christian Graf von & Friedrich Leopold Graf von Stollberg. Leipzig 1779. H: *Boie, Heinrich Chn.* (Ky)

Stolberg, Fr. Leop. Graf zu, sein Entwickelungsgang, s. Janssen, Johs.

v. Stolberg, Graf Fr. Leop., u. A. Paulus zu Heidelberg, vom Verf. d. Papstes im Verhältniß z. Katholicismus. gr. 8. Mainz 820. Müller. 4 gr.

Stolberg, Frdr. Leop. Graf zu, Biographie, s.: Janssen, J.

Stolberg, Frdr. Leop. v., aus seinen Jugendjahren, s.: **Hennes, J. H.**

— aus den letzten Lebenstagen des Grafen Fr. Leop. zu Stolberg, gesammelt von seinen bei seiner Krankheit u. seinem Tode anwesenden Kindern, u. als Manuscript f. Freunde gedruckt. (Von Juliane v. Schmiesing). 8. Münst. 800.

Aus den letzten Tagen des Grafen Friedrich Leopold zu **Stolberg.** verschieden den 5. Decemb. 1819 gegen 7 Uhr abends. ⟨Gesammelt von seinen, bei seiner Krankheit und seinem Tode, anwesenden Kindern, und, als Manuscript für Freunde, gedruckt.⟩ [Hrgg. v. Juliane von Schmiesing, geb. Gräfin zu Stolberg. Münster. 1820.] 8°

Stolberg [Schlagwort]

Stolberg, s.a. Harz. Bomsdorff, O. v.

— s. a.: Harz. Karte.

Stolberg a. Harz, s.a. Preussen. Messtischblätter.

Stolbergici — Comitatus — ad Hercyniam caeterarumque ad illustriss. Comites pertinentium Ditionum et terrarum ipsis adjacentium geographica Descriptio. Edita curis Homannianorum Heredum Norimbergae. Stollberg den 22. October 1736. J. F. Penther. 1: 65,000. 1 Bl.

Stolberg. Oldach, Herm., Wegekarte der Waldumgebung v. Stolberg im Harz. Orig.-Aufnahme. 1902—1904. 1 : 28,000. 48×52 cm. Farbdr. Hamburg (907). (Nordhausen, G. Wimmer.) 1. 75

Stolberg [Verfasser]

Stolberg, A., durch Grönlands Eiswüste, s.: Quervain, A. de.

Stolberg, Alfr., Graf zu, Betrachtungen üb. d. apostol. Glaubensbekenntniß u. üb. d. Evangelien an d. Sonntagen u. kirchl. Festen v. 6. Nov. bis 9. April. 2. Aufl. gr. 12. (14 2/3 B.) Münster 836, 37, Aschendorff'sche Buchh.

Stolberg, Graf zu, die Büßende, eine Ballade. Mit einem Anh. „Ausbruch der Verzweiflung" von A. v. Kotzebue. Bremen 866. Tannen. 8. (16 S.) 1½ ngr.

Stolberg, A., Graf zu, die Büßende, eine Ballade. Mit einem Anhang „Ausbruch der Verzweiflung" von A. v. Kotzebue. 8. (16 S.) Bremen 869, Tannen.

—— Roms Septembertage im J. 1870. Aus verschiedenen Berichten zusammengestellt. 8. (47 S.) Soest [Münster] 870, Nasse'sche Verlagsh. *

Stolberg, August

Stolberg, A., Tobias Stimmers Malereien an d. astronom. Münsteruhr zu Strassburg, s.a. Studien zur deutschen Kunstgeschichte.

Tobias Stimmers Malereien an der astronomischen Münsteruhr zu Strassburg v. A. Stolberg. M. 3 Netzätzgn im Text u. 5 Kupferlichtdr. in Mappe. *Strassburg: J. H. E. Heitz 1898.* (x S., 1 Bl., 32 S., 5 Taf.) 8. = Studien z. deutschen Kunstgeschichte. H. 13. [98. 1186

Stolberg, A., Tobias Stimmer, mit Beiträgen zur Geschichte der deutschen Glasmalerei im 16. Jahrh., s.a. Studien zur deutschen Kunstgeschichte.

Tobias Stimmer, sein Leben u. s. Werke. Mit Beiträgen z. Gesch. d. deutschen Glasmalerei im 16. Jh. von A. Stolberg. Mit 20 Lichtdrucktaf. *Strassburg: J. H. E. Heitz 1901.* (VIII, 149 S.) 8° = Studien z. deutschen Kunstgeschichte. H. 31. [01. 9007

Stolberg, August, aus Strassburg i. E.: Tobias Stimmer. Sein Leben und seine Werke mit Beiträgen zur Geschichte der deutschen Glasmalerei im 16. Jahrhundert. [Mit 10 Lichtdrucktafeln.] Strassburg 1905. 168 S. 8°. Ersch. 1901 u. demselben Titel im Buchh. m. nur 148 S. u. 20. Taf. [19. VII. 04.] Bern. Phil. Diss. 1904/1905.

Stolberg, Carl, s. Stolberg, Karl

Stolberg, Catharina Gräfin zu, s. Stolberg, Katharina Gräfin zu

Stolberg, Christian Graf zu

Antwort auf das Sendschreiben eines Ungenannten an Se. Excellenz den Grafen Friedrich von Reventlow [v. Christian Graf zu Stolberg]. Hamburg. 1805. 8°

v. **Stolberg**, Chr., Graf, († d. 18. Jan. 1821.) die weiße Frau. Ein Gedicht in 7 Balladen. 12. Berl. 814. Dümmler. 20 gr.

v. Stolberg, Grafen Chr., u. Fr. Leop., Gedichte, herausgg. (von Hnr. Chr. Boie). Mit Kpf. 8. Leipz. 779. N. Ausg. 2 Bde. 821. Weygand. 1 ℛ 4 gr.

Gedichte der Brüder Christian und Friedrich Leopold Grafen zu Stolberg, hrgg. v. Heinrich Christian Boie. Carlsruhe. 1794. 8°

Gedichte der Brüder Christian und Friedrich Leopold Grafen zu Stolberg. (Mit den faksimilierten Handschriften der Dichter.) Th. 1. 2. Wien. Hamburg. 1821. 8°

Stolberg, Christian, u. Friedr. Leop. zu. Gedichte. Auswahl von Gräfin Friedrich zu Stolberg. Mit e. Einleitung von Wilh. Kreiten. Paderb. 889. Bresl., Goerlich u. Coch. * 2 40; geb. * 3 80

Stolberg, Chrn. u. Frdr. Leop. zu, Gedichte. Auswahl v. Gräfin Friedrich zu Stolberg. Mit e. Einleitg. v. W. Kreiten. 12. (XXIV, 279 S.) Paderborn 889. F. Schöningh. n. 2. 40; geb. m. Goldschn. n. 3. 80

— u. Fr. Leop., sämmtl. Gedichte. 2 Thle. (Vollständ. Ausg. mit d. fac similes beider Grafen). 8. Wien 822. (Hamb., Perthes). 2 ℛ Bessere Ausg. 2 ℛ 12 gr.

— u. Fr. Leop., vaterländ. Gedichte. gr. 8. Hamb. 810. N. Aufl. 815. Perthes. 12 gr. Velinp. 20 gr.

Schauspiele mit Chören. Von den Brüdern Christian und Friedrich Leopold Grafen zu Stolberg. Th. 1. Carlsruhe. 1787. 8°

— der Brüder Chr. u. Fr. Leopold, gesammelte Werke. 5 Lieferr. od. 20 Thle. Mit Portr., Kpf. u. Vign. gr. 8. Hamb. 820—825. Fr. Perthes. 26 ℛ 18 gr. Schrbp. 40 ℛ Velinp. 47 ℛ Wohlf. Ausg. ohne Abbildd. 20 Thle. Ebd. 10 ℛ Schreib. pap. 15 ℛ

v. Stolberg, (d. Brüder Chr. u. Fr. Leopold Grafen zu,) gesammelte Werke. 5 Liefrgen od. 20 Bde. Mit Vign. gr. 8. Hamb. 824—27, Fr. Perthes. 26 Rthl. 18 gr. Schreibp. 40 Rthl. — Velinp.
— dieselben wohlfeile Ausgabe. 20 Bde. Ebd. 10 Rthl. — Schreibp.

Stolberg, Friedrich Leopold Graf zu

v. Stolberg, Graf Fr. Leop., († d. 6. Decbr. 1819.) kurze Abfertigung der langen Schmähschrift des Hrn. Hofr. Voß wider ihn, nach d. Tode des Verfass. vollendet u. herausg. von d. Bruder desselben. Mit Vorrede v. G. Kellermann. gr. 8. Hamb. 820. Fr. Perthes. 8 gr.

Stolberg, Graf Friedr. Leop. zu, Andenken an die hl. Exercitien, s.: Denis, Mich.

— s. Aeschylus 4 Tragödien.

— s. Augustin, des heil., zwei Schriften von der wahren Religion.

— Betrachtt. u. Beherzigungen der heil. Schrift. 2 Thle gr. 8. Hamb. 819 u. 21. Fr. Perthes; (a. Wallishausser in Wien). (à 1 ℛ) 2 ℛ

Stolberg, Frdr. Leop. Graf v., Briefe an Joh. Heinr. Voß, s. a. Briefe.

Briefe des Grafen Friedrich Leopold **Stolberg** an Johann Heinrich Voß aus den Jahren 1786 und 1787. [Mitgeteilt v. W. Arndt.] o. O. (1881.) 8° Ausschnitt aus: Grenzboten. 1881, 2.

Briefe Friedrich Leopolds Grafen zu **Stolberg** und der Seinigen an Johann Heinrich Voss. Nach den Originalen der Münchener Hof- und Staatsbibliothek mit Einleitung, Beilagen und Anmerkungen hrgg. v. Otto Hellinghaus. Münster i. W. 1891. 8°

Briefe Friedr. Leop(old) **Stolbergs** an Johann Heinrich Voß über die Schweizerreise des Jahres 1775. Mitgeteilt v. W. Arndt. o. O. (1881.) 8° Ausschnitt aus; Grenzboten. 1881, 4.

— ein Büchlein von der Liebe. gr. 8. Münst. ... 2e A. 820. 3e A. 821. Aschendorf. 18 gr Schreibp. 1 ß

Stolberg, Friedr. Leop. Graf zu, ein Büchlein von der Liebe, nebst dem Schwanengesange der Verstorbenen und zwei Zugaben. 5. Aufl. 8. (256 S.) Münster 877, Aschendorff'sche Buchh.

Stolberg, Fr. Leop. Graf zu, ein Büchlein von der Liebe. Mit Vorwort u. Ueberschriften neu hrsg. 12. (XX, 279 S. m. 1 Stahlst.) Freiburg i/Br. 881. Herder. 1. 20; geb. n. 1. 90

Stolberg, Fr. Leopold, Graf zu. Ein Büchlein von der Liebe. Mit Vorwort u. Ueberschriften neu hrsg. Mit 1 Stahlst. Neue Ausg. kl. 12. (XX, 279 S.) Freib. i. Br. 890, Herder. * — 90; geb. * 1 20

— ein Büchlein v. der Liebe. gr. 16. (164 S.) Hamm (900). Breer & Thiemann. Geb. in Leinw. n. 1.—

— dasselbe, s. a. Bibliothek, kleine. Nr. 44/45.

— s. die heil. sonn- u. festtägl. Episteln u. Evangelien.

— und Christ., Gedichte, m. K. 8. Leipzig, Weygand. 779.

Stolberg, Frdr. Leop. Graf zu, Gedichte, s. a. Bibliothek, kleine.

[F.] Gedichte v. Friedrich Leopold Stolberg. '(Auswahl.)' *Hamm i. W.: Breer & Thiemann [1898].* (2 Bl., 68, 111 S.) 1 Bd 8. = Bibliothek, Kleine. No 38. [97. 4874

— Ossians Gedichte, s. Ossian.

— — religiöser Geist aus seiner Geschichte der Religion Jesu Christi, von J. H. Marx. gr. 8. Münster, Aschendorf. 818.

Fein Pap.

v. Stolberg's, Graf Fr. Leop., religiöser Geist aus seiner Geschichte der Religion Jesu Christi, von J. H. Marx. gr. 8. Münst. 818. (Coppenrath). 20 gr Fein Pap. 1 ß

— Geschichte d. Religion Jesu Christi. 1r–6r Th. gr. 8. Hamb. Perthes. 807–810. (I. 2 Rthlr. II. 1 Rthlr. 8 gr. III. 1 Rthlr. 16 gr. IV. V. à 2 Rthlr. 8 gr. VI. 2 Rthlr.) 1 Schreibp. (I. 2 Rthlr. 12 gr. II. 1 Rthlr. 20 gr. III. 2 Rthlr. 4 gr. IV. V. à 2 Rthlr. 20 gr. VI. 2 Rthlr. 12 gr.)

— — dieselbe. 7r—11r Bd. gr. 8. Ebendas. 813—16. (7r Bd. 2 Rthlr. 8r Bd. 2 Rthlr. 18 gr. 9r Bd. 2 Rthlr. 12 gr. 10r Bd. 2 Rthlr. 11r Bd. 2 Rthlr.)

— Geschichte d. Religion Jesu. 1r Thl. 2te Auflage. gr. 8. Hamb. Perthes u. B. 816.

— — Geschichte der Religion Jesu Christi. 15 Theile. (1r Theil 2 Rthlr. 2r Th. 1 Rthlr. 8 Gr. 3r 1 Rthlr. 16 Gr. 4r Th. 2 Rthlr. 8 Gr. 5r Th. 2 Rthlr. 8 Gr. 6r Th. 2 Rthlr. 7r Th. 2 Rthlr. 8r Th. 2 Rthlr. 18 Gr. 9r Th. 2 Rthlr. 12 Gr. 10r Th. 2 Rthlr. 11r Th. 2 Rthlr. 12r Th. 1 Rthlr. 16 Gr. 13r Th. 1 Rthlr. 8 Gr. 14r Th. 1 Rthlr. 8 Gr. 15r Th. 1 Rthlr. 6 Gr.) gr. 8. Hamburg, Perthes und Besser. 811 — 18. 2.

— Supplementband z. Geschichte d. Religion Jesu Christi. Enth. I. von der wahren Religion u. von d. Sitten d. kathol. Kirche. II. Zwei Schriften d. heil. Augustinus mit Beil. u. Anmerkk. III. Drei Schriften d. sel. Verfass.: (1) die Sinne. Ein Gespräch. 2) die Sprache. Eine Abhandl. 3) Gedanken über d. Geist d. Zeit. 3e verm. Aufl. gr. 8. Grätz 821. Ferstl. 12 gr

— dass. — Universalregister zum 16—23. Bde., od. d. Forts. 1—10. Bd. Ausgearb. v. Frz. Sausen. gr. 8. (16 B.) Ebds. 834.

1—15. Bd. (Hamburger Ausgabe.) 1811—18. 28 Thlr. 12 Gr., hrbgs. Pr. 18 Thlr. 12 Gr. — Register dazu, v. J. Moritz. 1824. 2 Thlr. Hamburg, Fr. Perthes. — 16—18. Bd. od. d. Forts. 1—3. Bd. 1825—27. 4 Thlr. 12 Gr. Mainz. [Kirchheim, Schott u. Thielmann.]

Stolberg, Friedr. Leop. Graf zu, Geschichte d. Religion Jesu Christi. Fortges. v. Frieder. v. Kerz. 19—27. Bd. (od. 11 Abthln.) — (od. der) Fortsetzung 4—14. Bd. gr. 8. Mainz, [Kirchheim, Schott u. Thielmann.] [19. 1. (36 B.), 2. (30 B.) 828., 20. (36 B.) 829., 21. (29¼ B.) 830., 22. 1. (29½ B.), 2. (31½ B.) 831., 23. (33 B.) 832., 24. (35 B) 833. à 1 Thlr. 12 Gr., 25. (31 B.) 834., 26. (31 B.), 27. (30 B.) 835. à 1 Thlr. 8 Gr.] (Hamburger Ausgabe.)

— dass. Fortges. v. dems. 19—27. Bd. (od. 11 Abthln.) — (od. der) Fortsetzung 4—14. Bd. 8. Ebds. [19. 1. (28 B.), 2. (28½ B.) 828., 20. (28½ B.) 829., 21. (28½ B.) 830., 22. 1. (29½ B.), 2. (31½ B.) 831., 23. (33 B.) 832., 24. (35 B.) 833. à 1 Thlr. 6 Gr., 25. (31 B.) 834., 26. (31 B.), 27. (30 B.) à 1 Thlr. 4 Gr.] (Wiener Ausgabe.)

Stolberg, Friedr. Leop. Graf zu, Geschichte d. Religion Jesu Christi. Fortges. v. Friedr. v. Kerz. 28—37. Bd. — Fortsetz. 15 — 24. Bd. gr. 8. Mainz, Kirchheim, Schott u. Thielmann. [28. (35¼ B.), 29. (27¼ B.) 836., 30. (31 B.) 837., 31. (32½ B.), 32. (29¼ B.) 838., 33. (34 B.) 839., 34. (34 B.) 840., 35. (27½ B.), 36. (28½ B.) 841., 37. (36¼ B.) 842.] (Hamburger Ausg.) à 1⅓ Thlr. (Wiener Ausg.) à 1⅙ Thlr.,

1—15. Bd. u. Register. Hamburg 811—24. Fr. Perthes. (Hamburger Ausg.) Hrbgs. Pr. 20 Thlr. 12 Gr.; (Wiener Ausg.) Hrbgs. Pr. 12 Thlr. — 16—27. Bd. u. Register z. 16—23. Bde. Mainz 825—35, Kirchheim, Schott u. Thielmann. (Hamburger Ausg.) 21 Thlr. 12 Gr.; (Wiener Ausg.) 18 Thlr. 2 Gr.

Stolberg, Friedr. Leop. zu, **Geschichte der Religion Jesu Christi.** Fortgesetzt von Friedr. v. Kerz. 38—43. Bd. — Fortsetzung. 25 — 30. Bd. gr. 8. Mainz, [Kirchheim u. Schott.] [38. (39 B.) 843., 39 u. 40. (59½ B.) 44., 41. (31½ B.) 45., 42. (40 B.) 46., 43. (28 B.) 47.] Hamburger Ausg. * 1 Thlr. 10 Ngr. * 8 Thlr. Wiener Ausg. * 1 Thlr. 5 Ngr. *

Stolberg, Friedr. Leop. zu, Geschichte der Religion Jesu Christi. Fortges. von Friedr. v. Kerz. 44. und 45. Bd. — Fortsetzung. 31. und 32. Bd. gr. 8. Mainz, [Kirchheim.] [44. (XX und 488 S.) 45. (XXIV und 256 S.) 848. à Bd. * 1 Thlr. 10 Ngr.] *
Wiener Ausg. à Bd. * 1 Thlr. 5 Ngr. *

— dass. — Fortgesetzt von Joh. Nep. Brischar. 46—48. Bd. (oder neue Folge 1—3. Bd.) gr. 8. Ebds. [46. (VIII und 447 S.) 850., 47. (XII und 468 S.) 851., 48. (VIII und 440 S.) 852. à Bd. * 1 Thlr. 10 Ngr.] *
Wiener Ausg. à Bd. * 1 Thlr. 5 Ngr. *

Stolberg, Friedr. Leop. zu, Geschichte der Religion Jesu Christi, fortgesetzt von Joh. Nep. Brischar. 49—51. Bd. (oder neue Folge 4—6. Bd.) gr. 8. Mainz, Kirchheim. [49. (XII und 460 S.) 853., 50. (XVI und 426 S.) 855., 51. (XII und 471 S.) 856. à Bd. * 1 Thlr. 10 Ngr.] *
Wiener Ausg. in 8. à Bd. * 1 Thlr. 5 Ngr. *

Stolberg, Frdr. Leop. zu, Geschichte der Religion Jesu Christi, fortgesetzt von Joh. Nep. Brischar. 52. u. 53. Bd. (oder neue Folge 7. u. 8. Bd.) Mainz 859. 64, Kirchheim. 8. (XII, 427 S.; XII, 380 S.) Jeder Bd. n. 1 ₰ 5 ngr.;
Ausg. in gr. 8. n. 1 ₰ 10 ngr.

— — Universalregister zum 16. bis 51., oder: der Fortsetzung von Fr. v. Kerz 1. bis 32. und der neuen Folge von Brischar 1. bis 6. Bde. Ausgearb. von H. J. Berthes. Ebend. 859. 8. (VIII, 376 S.) n. 1 ₰ 5 ngr.;
Ausg. in gr. 8. n. 1 ₰ 10 ngr.

Stolberg, Fr. Leop., Plato's Gespräche, s. Plato.

– s. Homers Ilias.

— s. Homer's sämmtl. Werke.

— Jamben. gr. 8. Leipz. Weidmann. 784.

STOLBERG, FRIEDR. LEOPOLD, Jamben. Lpz. 1784. — Carlsruhe. 1785.

— die Insel. gr. 8. Leipz. 788. (Göschen). 20 gr.

Leben Alfred des Großen, Königes in England. Von Friedrich Leopold Grafen zu Stolberg. — Münster: Aschendorff 1815. VIII. 312 S. 8°

—— Leben Alfred d. Gr., Königes in England. 2. Aufl. gr. 12. (11½ B. u. A's. Bildn.) Münster 836, Aschendorff'sche Buchh.

— Leben des heil. Vincentius v. Paulus rc. gr. 8. Münst. 818. Aschendorf. 1 ₰ 8 gr. (Lentner in Münch.) 1 ₰ 14 gr.

—— Leben d. heil. Vincentius v. Paulus nebst desselb. Ordensregeln, u. e. aus d. Ital. übers. Gespräch d. heil. Katharina v. Siena. 3. Aufl. 8. (23½ B.) Münster 836, Aschendorff'sche Buchh.

— s.: National-Litteratur, deutsche.

– s. Ossian, die Söhne Fingals, Gedichte.

– s. Plato, auserlesene Gespräche.

Stolberg, Friedrich Leopold Graf zu. Reise in Deutschland, der Schweiz, Italien und Sicilien. 4 Bände. 8. Königsberg und Leipzig 1794.
Band 2. [Mit 1 Tafel.] — Band 3. [Mit 6 Tafeln.]
Band 4. [Mit 2 musikalischen Beilagen, 3 Tafeln und 1 Karte.]

— Reise in Deutschland, d. Schweiz, Italien u. Sicilien. 4 Thle u. 1 Bd. Kpf. gr. 8. Königsb. 794. Nicolovius. 8 ₰ Holländ. Pap. 10 ₰ Engl. Pap. 12 ₰ N. Ausg. Mit Kpf. u. Kart. gr. 8. Hamb. 822. Fr. Perthes. 9 ₰

Stolberg, Friedrich Leopold Graf zu. Reise in Deutschland, der Schweiz, Italien und Sicilien (in den Jahren 1791–92). 4 Bände. (Mit Kupfern und Charten.) 8. Hamburg 1822.
Band 1. [Mit 1 Vignette und 5 Tafeln.] — Band 2. [Mit 1 Vignette und 4 Tafeln.] — Band 3. [Mit 1 Vignette und 9 Tafeln.] — Band 4. [Mit 1 Vignette, 2 Tafeln und 1 Karte.]

— Reisen in Deutschland, der Schweiz, Italien u. Sicilien. Neu hrsg. im Anschluß an die Stolberg-Biographie von Joh. Janssen. 2 Thle. gr. 8. (VIII, 539 u. IV, 564 S.) Mainz 877. Kirchheim. 9. —; geb. n. 12. —

(——) über die Schaubühne, s. Ueber.

zu Stolberg, Graf Fr. Leop., Schauspiele. 8. Leipz. 787. Göschen. 1 ₰ 16 gr.

– s.a. Schreiben eines holstein. Kirchspielvoigts.

Schreiben eines holsteinischen Kirchspielvogts [d. i. Friedrich Leopold Graf zu Stolberg] an seinen Freund in Schweden über die neue Kirchen-Agende. Hamburg. 1798. 8°

—— Schriften im Auszuge, s. Geist.

— — drey kleine Schriften: a) die Sinne, ein Gespräch, b) über unsere Sprache, c) über den Zeitgeist. 8. Münster, Theissing. 818.
Schreibrav.

An meinen Sohn in des Kaisers Rock. (Von Friedrich Leopold Graf v. Stolberg.) *(Hamburg-Borgfelde: Trakt.-Ges. [um 1900].)* (8 S.) 8° [Koplt. F.]
= [Traktate d. Christl. Traktat-Gesellschaft.] Neue Serie. No 91.
[02. 1157] 4

— an meine Söhne u. Töchter, (v. Emmer. Salomo). 8. Regensb. 809. (Heigl in Straubing.) 3 gr. (Aus d. Geschichte d. Religion Jesu abgedr.)

— u. Sophronizon, od. über die Glaubwürdigkeit des Hrn. Prof. D. Paulus in sm. Sophronizon, 3s Hft. Zweifel u. Fragen eines Stillen im Lande. gr. 8. Mainz 821. Müller. 12 gr.

— — Stellen aus der Geschichte der Religion Jesu. 8. 2 Thle. Augsburg, Alc. Doll. (In Comm.) 814.

— Timoleon; Trspl. mit Chören. 8. Kopenh. 785.

Stolberg, Fr. Leop., 4 Tragödien des Aeschylos, siehe Aeschylos.

Stolberg, Fr. L. Graf v., Über die Unfehlbarkeit der Kirche. [Aus der „Gesch. der Religion Jesu Christi" abgedr.] Regensburg, Rotermundt, 1817, 8°.

— üb. die Unfehlbarkeit d. Kirche. (Aus d. Geschichte d. Religion Jesu Christi besond. abgedr.) 8. Regensb. 818. (Weber in Münch.) 3 gr.

Stolberg, Fr. Leop. Graf zu, Unterricht über einige Unterscheidungslehren der kath. Kirche, herausgeg. von G. Kellermann. Münster, Aschendorff, 1842, 12°, XII, 144 S.
Handelt in 14 Kapp. von d. Kirche, v. Papste, v. den Bischöfen u. v. d. Priesterweihe, v. hl. Opfer, v. hl. Sakram. des Altares, v. der Buße, d. Firmung, der letzten Ölung, der Ehe, von d. Verehrung u. Anrufung d. Heiligen, v. d. Reliquien, v. d. Zeichen d. Kreuzes, v. d. Rechtfertigung, v. Ablasse, v. Fegfeuer. Der Verf. bediente sich des Büchleins als Leitfaden beim Unterrichte seiner Söhne u. Töchter, Behandlung u. Darstellung sind des Namens würdig, den es an d. Stirn trägt.

— üb. d. Vorrang des Apostels Petrus vor den andern Aposteln u. seiner Nachfolger vor den andern Bischöfen. gr. 8. Hamb. 815. Fr. Perthes. 12 gr. (Aus d. 10n Thle d. Geschichte der Religion Jesu abgedr.)

—— über den Vorrang des Apostels Petrus vor den andern Aposteln u. seiner Nachfolger vor den andern Bischöfen. 2. Ausg. gr. 8. (9 B.) Regensburg 843, Manz.

– s. Westhuanen, die.

Stolberg, Graf Friedr. Leop. zu, die Zukunft. Ein bisher ungedr. Gedicht aus den J. 1779—1782. Nach der einzigen bisher bekannt gewordenen Handschrift hrsg. von Otto Hartwig. gr. 8. (58 S.) Leipzig 885, Teubner. *
Aus: Archiv für Litteratur-Geschichte, besonders abgedruckt.

STOLBERG, Gottfried (Weissenburg): Ueber die Bright'sche Krankheit.- München: Wild 1848. 26 S. 24.5.1848 - Urk (Titel: De morbo Brightii.); F 67
Diss. Ingolst-Landsh.-Mchn.

Stolberg, Heinrich Philipp (Göttingen) A. S. 1359/7

Supplementa historiae literariae Gottingensis.
Präs. Christoph August Heumann.
Göttingen (Schulz) 30. IX. 1755. 19 S.

Gew.: Gerlach Adolph Fhr. von Münchhausen.
33723

Stolberg, Karl

Stolberg, Carl [aus Nürnberg]: Synthese von Chinazolin- und Indazolderivaten ... Erlangen, k. b. Hofbuchdr. v. A. Vollrath, 1891; 26 S. 8.
Erlangen, Phil. Fak., Inaug.-Diss. v. 1891

Stolberg, Katharina Gräfin zu

⊙ Ein Gespräch durch die Thesen des Pastor Harms veranlasst, zwischen einer Mutter, ihren Töchtern Anna und Hannchen und ihren Freundinnen [v. Catharina Gräfin zu Stolberg]. o. O. 1817. 8°.

Stolberg, Mendel, a. Orscha (Rußland): Hämatometra in cornu rudimentario uteri bicornis. Langensalza 1905: J. Beltz. (87 S.) 8°
Leipzig, Med. Fak., Ref. Zweifel, Diss. v. 1. März 1905
[Geb. 6. (19.) Juni 73 Orscha, Rußland; Wohnort: Orscha; Staatsangeh.: Rußland; Vorbildung: Tambower Gouv.-Gymn. Reife O. 98; Studium: Leipzig 10 S.; Rig. 16. März 05; nicht approbiert.]

Stolberg, Mendel, Hämatometra in cornu rudimentario uteri bicornis. (87 S.) gr. 8. Leipzig 905. B. Konegen. n. 2. 40

Vollständige Sammlung der Gedichte, welche den neuvermählten Herrschaften Grafen Joseph Christian Ernst Ludwig zu Stolberg-Stolberg und Gräfin Louise Auguste Henriette, geb. Gräfin zu Stolberg, bey Dero zu Stolberg erfolgten Einzuge am 4. July 1819 sind gewidmet worden. Nebst einer kurzen Beschreibung dieser Feierlichkeit. Stolberg (1819). 8°.

Stolberg-Stolberg, Louise Gräfin zu, zum Gedächtniß König Friedrich Wilhelm IV. von Preußen. Aeltere und neuere Königslieder. gr. 8. (XIX und 132 S.) Berlin 867, v. Decker'sche geheime Ober-Hofbuchdruckerei. 1 Thlr.; geb. *

Stolberg-Stolberg, Louise Gräfin zu, Königslieder. gr. 8. Stolberg 840. Schmidt. 1/2 ℔

Stolberg-Stolberg, Louise Gräfin zu, Königslieder. Lex.-8. (3½ B. u. 1 Vign.) Stolberg a. H. 841. [Nordhausen, Büchting.]

Stolberg-Stolberg, Louise Gräfin zu, Königslieder. Lex.-8. Stolberg am Harz (Nordhausen) 841, Schmidt. 1/2 ℔

Stolberg-Stolberg, Luise Gräfin zu, Königslieder. Berlin 858. A. Duncker. 8. (46 S.) n. 12½ ngr.

—— die grüne Stube. 16. (110 S.) Berlin 865, Stilke und van Muyden. geb. mit Goldschn. *

Stolberg-Wernigerode, Botho Graf zu, Geschichte d. Hauses Stolberg vom J. 1210 bis zum J. 1511. Aus dem Nachlasse d. verewigten Autors hrsg. von G. A. v. Mülverstedt. Mit 2 Stammtaf. Lex.-8. (XVI, 544 S.) Magdeburg 883. (E. Baensch jun.) n. 8. —

— Regesta Stolbergica. Quellensammlung zur Geschichte der Grafen zu Stolberg im Mittelalter, hrsg. v. G. A. v. Mülverstedt. Mit Tfl. u. Karte. Magdeburg 1885. 8.

Stolberg-Wernigerode, Friedrich Wilh. Graf zu, die wesentlichsten Unterscheidungslehren der römisch-katholischen und der evangelisch-lutherischen Kirche, auf Grund der beiderseitigen Bekenntnißschriften beleuchtet. Breslau 855. Dülfer. 8. (3 Bl., 140 S.) n. 14 ngr.

Stolbom, Carl, s. Stolbom, Karl

STOLBOM, FRID. GUIL., Nonnulla de methodo derivante. Diss. inaug. Kiliae. 1831. P.

Stolbom, Karl

STOLBOM, CAROL., Nonnulla de Ischiade nervosa Colunni. Diss. inaug. Kiliae. 1839. 4. P.

Štolc, Antonín, über die intracellulare Agglutination u. verwandte Erscheinungen bei Pelomyxa. (5 S.) gr. 8. Prag 909. F. Řivnáč. — 20

— dasselbe bei Pelomyxa u. anderen amöbenartigen Organismen. II. Mitteilg. (8 S.) Lex. 8. Ebd. 910. — 30
Sonderabdr. a.: „Sitzungsber. d. böhm. Gesellsch. d. Wiss."

Stoldt, Robert [pract. Arzt aus Demmin in Pommern]: Ueber Arthritis gonorrhoica .... Berlin, Buchdr. v. Gustav Schade (Otto Francke) (1888); 28 S. + 2 Bl. 8°
Berlin, Med. Fak., Inaug.-Diss. v. 21. Jul. 1888

Stoleti, naše. Sbírka historických románů. Sestavil Hugo Silber. Sešit 1—23. Prag 861. 62, Silber. 16. n. 1 ℔ 17 ngr.
Inhalt: [Část I.] Ludvík Napoleon. Román a historie od Luc. Herberta. (Díl I. Svazek 1.: 312 S.; Svazek 2. 427 S.)

Stoletow, A., Ueber die Magnetisirungs-Function des weichen Eisens, insbesondere bei schwächeren Scheidungskräften. (Vorgetragen in der Moskauer Mathemat. Gesellsch. am 20. Nov. [2. Dec. 1871.]) (Poggendorff's Annalen der Physik und Chemie, Band CXLVI, St. 2.) 1871.

— Notiz über die Magnetisirungs-Functionen verschiedener Eisenkörper. Moskau 1874.

Stolgebühren-Ordnung f. die evangelischen Gemeinden der Provinz Schlesien. gr. 4. (23 S.) Breslau 871. (Hirt's Sort.) n.n. — 60

Stolgebühren-Ordnung für die evangelischen Gemeinden der Provinz Schlesien. gr. 4. (23 S.) Breslau 871, (Mälzer.) **

Stolgebühren-Ordnung für die evangelischen Gemeinden der Provinz Schlesien. (Mit d. Abänderung einiger Bestimmungen der §§ 3, 5 u. 6 laut Verfüg. d. Kgl. Konsist. v. 30. Dez. 1873.) *Schweidnitz: L. Heege [1902].* (16 S.) 8° [Umschlagt. F.] [03. 4189 2

Stolgebühren-Ordnung, neue, für die evangel. Gemeinden der Provinz Schlesien. 8. (18 S.) Hirschberg i/Schl. 878. Richter. n. — 60

Stolgebühren-Reglement für die Diöcese Breslau preußischen Antheils. Breslau 868. (Goerlich) gr. 8. (23 S.) n. 3 ngr.

Stoliczka, Ferd. Beitrag zur Kenntniss der Molluskenfauna der Cerithien- und Inzersdorfer Schichten des ungarischen Tertiärbeckens. (Aus den Verh. der k. k. zool. botan. Gesellsch.) Wien. 1862. 8.

— Oligozäne Bryozoen von Latdorf in Bernburg (mit 3 Taf.). S. 45. I. 71 . . . .
Separatabdruck

Stoliczka, Fr. Oligocäne Bryozoën von Latdorf in Bernburg. (Aus Sitzungsb. der k. Akad.) Wien. 1862. 8.

— Über die Gastropoden und Azephalen der Hierlatz-Schichten. Gastropoden. Azephalen. Anhang. Tabelle der Gastropoden und Azephalen der Hierlatz-Schichten (mit 7 Taf.). S. 43. I. 157 . . . . „
Separatabdruck

Stoliczka Ferdinand, Dr.: Über eine der Kreideformation angehörige Süßwasserbildung in den nordöstlichen Alpen (mit 1 Taf.). S. 38. 482 . . . . ,
Separatabdruck

Stoliczka, Ferd., über eine der Kreideformation angehörige Süsswasserbildung in den nordöstlichen Alpen. Mit 1 (Stein-) Taf. (Aus den Sitzungsber. d. k. Akad. d. Wiss.) Wien 860. Gerold in Comm. Lex.-8. (17 S.) n. 4 ngr.

— Eine Revision der Gastropoden der Gosauschichten in den Ostalpen (mit 1 Taf.). S. 52. I. 104 . . . .
Separatabdruck

—— eine Revision der Gastropoden der Gosauschichten in den Ostalpen. Lex.-8. (120 S. mit 1 Stnt.) Wien 865, (Gerold's Sohn.) *
Vorstehende zwei Schriften des Verf. wurden aus: Sitzungsberichte der k. Akademie der Wissenschaften, besonders abgedruckt.

Stoliczka, Ferd., eine Revision der Gastropoden der Gosauschichten in den Ostalpen. [Aus den Sitzungsberichten der k. Akad. der Wiss.] Wien 867. (Gerold's Sohn.) Lex.-8. (120 S. mit 1 Steintaf.) n. 20 ngr.

— Ein Schreiben desselben aus Kaschmir an Wilhelm Ritter von Haidinger. S. 52. I. 664 . . . .
Separatabdruck

— Ein Schreiben desselben aus Simla am 3. Oktober 1864. S. 50. I. 379 . . . . .
Separatabdruck

Stoliczka, Ferd., Schreiben aus Simla am 3. Octbr. 1864. Mitgetheilt von W. Haidinger. Lex.-8. (4 S.) Wien 864, (Gerold's Sohn.)

Stölker, C., s. Stölker, Karl

Stölker, J. N., Anleit. z. Obstbaumzucht, in Fragen u. Antworten. 8. Freiburg, 1821. Wagner. — 3¼

Stölker, Karl

Stölker, Carl, die Alpenvögel der Schweiz. Photographirt von Gebr. Taeschler. 1. Serie. gr. 4. (15 Bl.) St. Fiden 876. (St. Gallen, Scheitlin und Zollikofer.)
In Leinw.-Mappe **
Nicht weiter erschienen.

Stoll und seine Neider in ihrem wahren Lichte. Wien 1787. V: *Rath.* (Biblport)

Stoll, S.: Sammlung d. Aufgaben d. Aufgaben-Repertoriums der etc. Zeitschrift f. mathemat. u. naturwissenschaftl. Unterricht.

Stoll: Verzeichniß sämmtlicher deutscher Petroleum-Lampen-Brenner und -Cylinder. Stuttgart 1889. Fol.

Stoll, A. Am Wege! Erzählungen des Pilgers aus Schaffhausen. Kl. in-8°. 156 S. Schaffhausen, Theod. Kober (J. Stötzner Nachfolger). 1896.

Stoll, A., am Wege. Erzählgn. d. Pilgers aus Schaffhausen. 8. (IV, 156 S.) Schaffhausen 897. P. Meili. n. — 80

Stoll, A. W., Resolvirung zur Berechnung der Quartier-Entschädigung [des Servises] für das den Truppen verabreichte Marsch- und Cantonnements-Quartier, nach dem Bundes-Gesetz über die Quartierleistung für die bewaffnete Macht während des Friedenszustandes vom 25. Juni 1868; in Württemberg eingeführt durch das Reichs-Gesetz vom 9. Febr. 1875. Aufgestellt nach dem Reichs-Gesetz vom 8. Aug. 1878 [R.-G.-Bl. von 1878 Nr. 27]. 1.—3. Aufl. Fol. (19 S.) Stuttgart 877—79, Kohlhammer. *

Stoll, Adam [aus Halle a. S.]: Ueber die Sprache des Livre de Jostice et de Plet. . . . Halle a. S., Plötz'sche Buchdr. (G. Nietschmann), 1889; 53 + 1 S. + 1 Bl. 8°
Halle, Phil. Fak., Inaug.-Diss. v. [8. Jan.] 1890

Stoll, Adf., Dorothea Grimm, die Mutter der Brüder Grimm. Zu ihrem Andenken an ihrem 100jähr. Todestag. 1808. 27. V. 1908. 2. Aufl. (20 S. m. 4 Abbildgn.) 8. Cassel 908. (Gebr. Gotthelft.) — 50

Stoll, Adolf [Oberl.]: Friedrich Karl von Savignys Sächsische Studienreise 1799 und 1800. Cassel, Druck v. L. Döll, 1890; S. 1—42; 4°
Cassel, k. Friedrichs-G, OP 1890

Stoll, Adf. Friedrich Karl v. Savigny's sächsische Studienreise 1799 u. 1800. gr. 4. (42 S.) Lpz. 891, Fock. * 1 —

[F.] Der Geschichtschreiber. Friedrich Wilken. Von Adolf **Stoll**, Prof. . . . zu Cassel. M. e. Anh., enth. Aufzeichngn v. Karoline Wilken, geb. Tischbein, üb. ihren Vater Joh. Friedr. Aug. Tischbein u. ihr eig. Jugendleben, sowie 5 Portr. *Cassel: Th. G. Fisher & C. 1896.* [Erschien theilweise als Programmabhandlung d. Casseler Friedrichsgymn. 1894—96.] (1 Bl., 350 S., 1 Bl., 5 Portr.) 1 Bd 8. [96. 6998

[F.] **Stoll,** Adolf [Prof.]: Der Historiker Friedrich Wilken. (Abt. I.) Cassel, Druck v. L. Döll, 1894; 1—34 S. 4.
Cassel, k. Friedrichs-G, P 1894 (382)

[Umschlagt.:] [F.] **Stoll,** Adolf [Prof.]: Über den Historiker Friedrich Wilken. Abt. II. [Forts. d. P-Beil. 1894.] Cassel, Druck v. L. Döll, 1895; 35—84 S. 4.
Cassel, k. Friedrichs-G, P 1895 (388)

[Umschlagt.:] [F.] **Stoll,** Adolf [Prof.]: Über den Historiker Friedrich Wilken. Abt. III. [Schluss d. P-Beil. 1894. 95. — Erschien erweit. 1896 bei Fisher & C. in Cassel.] Cassel, Druck v. L. Döll, 1896; 85—124 S. 4.
Cassel, k. Friedrichs-G, P 1896 (390)

Stoll, A., wir England Dank schuldig? Vortrag. 8. (23 S.) Cassel 902. (Berlin, Hilfsverein deutscher Lehrer.) n. — 20

Stoll, A., wir England Dank schuldig? Festrede, zu Kaisers Geburtstag am 27. I. 1902 geh. 2. Taus. 8. (24 S.) Cassel 902. (Gebr. Gotthelft.) — 20
Sonderabdruck aus: „Deutsche Roman-Zeitung, Beiblatt".

Wir England Dank schuldig? Festrede zu Kaisers Geburtstag am 27. Jan. 1902 geh. von Prof. A[dolf] **Stoll**. Cassel. 4. Taus. *Cassel: Gebr. Gotthelft in Komm. 1902.* (24 S.) 8° [F.]
Aus: Deutsche Roman-Zeitung. 1902. Beiblatt. [03. 9870 4

Stoll, Anton Theodor

Stoll, Antoine Thdr., l'éducation des enfants. (VIII, 112 S. m. Bildnis.) kl. 8. Strassburg 906. (C. Bongard.) 1.60; geb. 2.40

Strassburger Industrie- und Gewerbe-Ausstellung für Elsass-Lothringen, Baden und die bayerische Rheinpfalz. Hrsg. von Anton Theodor Stoll. *Schlettstadt: A. Muntels 1896.* (134 S.) 2° [illegible]

Stoll, August, Arzt in Hottingen-Zürich [v. Osterfingen, Kt. Schaffhausen]: Klinische Studien über den Gelenkrheumatismus. Aus der medicin. Klinik des Herrn Prof. Eichhorst in Zürich. [S.A. aus: Deutsches Archiv f. klin. Medicin, Bd 51, S. 50—82]. Leipz. J. B. Hirschfeld Dr. 1892. 38 S. 8°.
Zürich, Med. Diss. [v. 6. Jan. 1893].

Stoll, Aug., übersichtliche Zusammenstellung der Post-Taxen bei Versendung v. Packeten, ohne od. m. Werthangabe, m. Nachnahme, unter Einschreibg.; ferner der Taxen f. Geld- od. Werthbriefe, der Nachnahme-Briefpostsendgn. Weltpost-Verkehr, beschränkt auf Postpackete (colis postaux) m. der Angabe, nach welchen Ländern solche nur ohne Werthangabe, solche m. Werthangabe od. Nachnahme versandt werden können; weiters, nach welchen Ländern Geldbriefe (Papiergeld), Kästchen m. Werthangabe u. Briefpostsendgn. m. Nachnahme zulässig sind. 2 Tabellen. 76×80,5 cm. München 898. (E. Scherzer.) 1.50

Stoll, Carl, s. Stoll, Karl

Stoll, Caspar, s. Stoll, Kaspar

Stoll, Chrn., die Baupflicht an Pfarr-, Kirchen-, Stiftungs-, Schul- und Gemeindegebäuden, nebst den Vorschriften über deren Erbauung und Einrichtung [als Fortsetzung des Werkes: „das Bauwesen im Königr. Bayern". 2. Thl.] Systematisch zusammengestellt und erläutert. br. 8. (LVIII, S. 1—640.) München 869, (J. A. Finsterlin.) *
1. Thl. Ebendas. 1867. *M 4,80.

—— dass. — 1. Fortsetzungs-Heft. gr. 8. (VI, S. 641—752.) (Ebendas.) 873. *

Stoll, Chr., Das Bauwesen im Königreich Bayern.
Thl. I Bd. I u. 2: Das Hoch-, Strassen-, Brücken- u. Wasserbauwesen nebst den etc. Bestimmungen und Vollzugsvorschriften. München 1867—73. 8°.
Thl. II: Die Baupflicht an Pfarr-, Kirchen-, Stiftungs-, Schul- u. Gemeinde-Gebäuden. München 1869. 8°. (Jeder Band in 4 Exemplaren.)

Stoll, Chrn., das Brandversicherungs-Gesetz vom 3. April 1875 nebst einigen Auszügen aus den Kammerverhandlungen und einigen wesentl. Anmerkungen. 2. Aufl. gr. 16. (IV, 158 S.) München 875, (J. A. Finsterlin.) *
Die 1. Aufl. erschien im Selbstverlag.

Stoll, Chrn., bayer. Brandversicherungs-, Mobiliar-, Hagel-, Vieh- u. Pferdeversicherungsgesetzgebung, m. sehr wesentl. Anmerkgn. u. Auszügen üb. Bau- u. Feuerpolizei, Grenz-, Nachbar-, Miteigenthums-, Hypothek-, Grund-, Renten- (Ewiggeld), Schuld-, Leibgedings-, Pächter-, Reallast-, Dienstbarkeits- u. Entschädigungs-Rechte als Anh.: das Erbfolge-, Erb-, Pflichttheils-, Erbunwürdigkeits-, Verwandtschafts- u. Vormundschafts-Recht in den wesentlichsten Bestimmgn. enth. 12. (VI, 232 S.) München 900. (E. Scherzer.) n. 1.20

— das Feuer-Versicherungswesen im Königr. Bayern nämlich: Immobiliar- u. Mobiliar-Versicherung, dann Feuerpolizei mit den Vorschriften über Feuerbeschau rc. nach den neuesten gesetzl. u. verordnungsmäß. Bestimmungen mit Anmerkungen über deren Anwendung u. jetzige Gestaltung. Vervollständigt bis zum Schluß der ersten Hälfte des Jahres 1866. Nebst Inhaltsverzeichniß u. Sachregister. 4. Aufl. München 867. Franz'sche Buchh. 8. (XLVII, 628 S.) 1 ℛ 15 ngr.

— das Hoch-, Straßen-, Brücken- u. Wasserbauwesen nebst den bau-, straßen-, brücken- u. wasserpolizeil. Bestimmungen u. Vollzugs-Vorschriften rc. (In 2 Thln.) 1. Thl. Systematisch zusammengestellt. München 867. (J. A. Finsterlin.) br. 8. (XXXII, 655 S.) n. 1 ℛ 18 ngr.

Stoll, Christian, das Hoch-, Strassen-, Brücken- und Wasser-Bauwesen (in Bayern). 2 Thle. (Th. 2: Die Baupflicht an Pfarr-, Kirchen-, Stiftungs-, Schul- und Gemeinde-Gebäuden. Systemat. zusammengestellt.) München 1867—69. Im Selbst-Verlage. 8°. Ppbde.
1: XXX—644 S., XI S. Reg. 2: LVI—640 S., 1 Bl. Err.

—— das Hoch-, Straßen-, Eisenbahn-, Brücken- und Wasser-Bauwesen in technischer, administrativer und civilrechtlicher Beziehung, dann die bau-, straßen-, brücken- und wasserpolizeil. Bestimmungen und Vollzugs-Vorschriften rc. 2. Fortsetzungs-Bd. enth. insbesondere die Organisation des bayer. Staatsbauwesens und die bayer. und theilweise deutschen Bauordnungen und Baurechte nach der neueren deutschen und bayer. Gesetzgebung, dann die bayer. und resp. deutschen Eisenbahnbau-Vorschriften, Schiff- und Fluß-Ordnungen, sowie die Straßen-, Brücken-, Wasser- und Grund-Eigenthums-Rechte. Systematisch zusammengestellt und erläutert. gr. 8. (XXIV, S. 645—1268.) (Ebendas.) 873. *

Stoll, Chr. Fr., Versuch e. kurzen Geschichte der Görlitzischen Gymnasien. 1e u. 2e Abtheil. 4. Görlitz 809.

Stoll, Christian Philipp (Zittau) A.S. 836/34

De universitate delinquente eiusque poenis.
Präs. Nikolaus Hieronymus Gundling.
Halle (Hilliger) 4.XI.1724. 55 S.

Gew.: Stadt Zittau.
W.v.: Präs. 33725

Stoll, Christian Philipp (Zittau) A.S. 852/21

De universitate delinquente eiusque poenis.
Präs. Nikolaus Hieronymus Gundling.
Halle (Hilliger) 1730. 5 Bl., 53 S.

Diss. 4.XI.1724.
Gew.: Stadt Zittau.
W.v.: Präs. 33726

Stoll, Christian Philipp (Zittau) A.S. 20/14

De universitate delinquente eiusque poenis.
Präs. Nikolaus Hieronymus Gundling.
Halle (Hilliger) 1734. 48 S.

Diss. 4.XI.1724.
Gew.: Stadt Zittau. 33727

Stoll, Eberhard: Vorschriften zum Situations-Zeichnen mit einer theoretischen Einleitung. Stuttgart und Tübingen 1812. 31 S., 6 Tf. 8°.

Stoll, Ebhrd., Vorschriften zum Situationszeichnen, mit e. theoret. Einleit. u. 6 Kpft. gr. 8. Tüb. 812. v. Cotta. 16 gr.

Stoll, Edm., Festspiele für höhere Töchterschulen. Aus dem literarischen Nachlasse. Köln 864. Du Mont-Schauberg. 12. (3 Bl., 252 S.) 20 ngr.

Stoll, Elise, Kinder- u. Volkslieder, Reime u. Sprüche aus Stadt u. Kanton Schaffhausen. Gesammelt v. S. Hrsg. v. Paul Fink. (93 S.) gr. 8. Zürich 907. Schulthess & Co. 1.60

Stoll, Elmer Edgar: John Webster: The periods of his work as determined by his relations to the drama of his day ⟨First chapter only⟩. Boston, Massachusetts 1905: A. Mudge & Son. (S. 9--44.) 8° ¶[Erschien vollst. (216 S.) im Verlage der Harvard Cooperation Society, Cambridge, Mass.]

München, Phil. Fak., Ref. Schick, Diss. v. 14. Apr. 1905

[Geb. 11. Febr. 74 Orrville, Ohio; Wohnort: Brooklyn; Staatsangeh.: Vereinigte Staaten; Vorbildung: Bachelor of Arts von Harvard 95; Studium: Harvard, Berlin 1, München 3 S.; Rig. 6. Juli 04.]

Stoll F, Mitteilungen über Blechbedachungen. Stuttgart 1883

Stoll F jun, d. Zinkblech u s. Verwendg. im Baufache. (90 S 4 T) Lipine 1881

Zinkblech, Das schlesische, und seine Verwendung im Baufache. Red. von F. Stoll. 2. Aufl. Lipino 1885 (104 S 7 T)

Stoll, F. G., Logica. 8. maj. Augsb. Bolling. 787.

Stoll, Ferdinandus (*geb. Striegau 14. 10. 1809*): De statu hominis erecto. Vratislaviae (1838). (35 S.) 8°

Breslau, Med. Diss. v. 13. Okt. 1838

Stoll, Fr., Lösung praktischer Rechnungsfälle f. das Notariats- u. Verwaltungsfach. 2 Abtlgn. gr. 8. (XXV, 190 S.) Stuttgart 885. Hoffmann'sche Buchdr. à n. 2.50

Stoll, Franz: Die Lehre des hl. Irenäus von der Erlösung und Heiligung. Ein Beitrag zur Dogmengeschichte. Mainz 1905: J. Falk 3. Söhne. (98 S.) 8° [F.] ¶(Aus: Der Katholik 3. F. Bd 31. 1905.)

München, Theol. Fak., Ref. Atzberger, Diss. v. 20. Juli 1907

[Geb. 30. Nov. 78 Marienburg, Westpr.; Wohnort: Schlochau, Westpr.; Staatsangeh.: Preußen; Vorbildung: Gymn. Konitz Reife O. 99; Studium: München 4, Bonn 1, München 2 S.; Rig. 20. Juli 07.]

Stoll, Franz Xaver

Stoll, F. X., Anfangsgründe der neueren Geometrie f. die oberen Klassen v. Gymnasien u. Realschulen. Mit 16 (lith.) Figurentaf. gr. 8. (VIII, 111 S.) Bensheim 872. Lehrmittelanstalt. n. 2. —

Stoll, Frz. Xav., Gedanken üb. A. Wichls Abhandl. von der Bildung des Adels durch Hofmeister rc. 8. Münch. 788. Lentner. 4 gr.

Stoll, F. X. Die Hauptaufgaben der sphärischen Trigonometrie zurückgeführt auf ein einziges System von drei simultanen Gleichungen. 24 S. **Progr.** *Bensheim* 1879.

Stoll, Frdr., meine Erlebnisse bei der holländischen Schutztruppe. 12 Jahre Dienstzeit in Ostindien. 8. (IV, 136 S.) Leipzig (902). Th. Grieben. n. 1.60; kart. n. 2.—

Stoll, Frdr., ein Wort zur Abwehr der Beschuldigungen des Hrn. Johs. Deinzer, Inspektor an der Missionsanstalt in Neuendettelsau, in seiner Schrift: „Der Irvingianismus u. sein Verhältniß zur Lehre der luther. Kirche." 8. (32 S.) Augsburg 879. Brenk. n. — 25

Stoll, G., zur Ehrenrettung d. Privatbahn-Systems der Schweiz, s. a. Tagesfragen, schweizer.

Stoll, G. Zur Ehrenrettung des Privatbahn-Systems der Schweiz. Zürich 1888.

Stoll, G., über die Finanzlage der schweizerischen Nordostbahngesellschaft. gr. 8. (43 S.) Zürich 887. (Orell Füssli Verl.) n. 1.—

Stoll, G.: Die Gotthardbahn in kommerzieller Beziehung, s. Koller, G.

Stoll, G.: Die Gotthardbahn und ihre Konkurrenten, s. Koller, G.

Stoll, G.: Die Gotthardbahn und der Lukmanier, s. Koller, G.

Stoll, G., das königl. pomologische Institut zu Proskau. Mit 1 lith. Plan u. 1 in den Text gedr. Holzschn. gr. 8. (20 S.) Leipzig 877. H. Voigt. n. 1. —

Stoll, G., Obstbaulehre. Erziehung und Pflege unserer Obstbäume und Fruchtsträucher, für Freunde des Obstbaues, besonders für Volksschullehrer kurz dargestellt. gr. 8. (VIII, 121 S. mit 31 eingedr. Holzschn.) Breslau 882, Trewendt. * geb. *

Stoll, G., Obstbaulehre. Erziehung u. Pflege unserer Obstbäume u. Fruchtsträucher, f. Freunde d. Obstbaues, besonders f. Volksschullehrer kurz dargest. Mit 31 Holzschn. 2., verm. Aufl. gr. 8. (VIII, 123 S.) Breslau 889. Trewendt. n. 2. —; geb. n. 2.40

Stoll, G., Obstbaulehre. Erziehung u. Pflege unserer Obstbäume u. Fruchtsträucher, f. Freunde des Obstbaues, besonders f. Volksschullehrer kurz dargestellt, durchgesehen v. Rud. Stoll. 3. verm. Aufl. gr. 8. (VIII, 131 S. m. 31 Holzschn.) Breslau 899. Berlin, E. Trewendt. n. 2.—; geb. in Leinw. n. 2.40

Stoll, G.: Zur Simplon-Literatur, s. Koller, G.

—— Wandtafel üb. Obstbau zum Unterricht an Volksschulen. Veröffentlicht auf Veranlassg. d. königl. preuss. Ministeriums f. Landwirtschaft, Domänen u. Forsten in Berlin. 2. Aufl. Plakat in Farbendr. m. erklär. Text an den Seiten. 66 × 90 cm. Berl. 891, Parey. * 1 —

Stoll, Gottlieb, s. Stolle

Stoll, Gust., Lese- und Lehrbuch für Fortbildungsschulen. Zugleich ein Handbuch des Wissens für jedermann. 1. Thl. gr. 8. (VIII, 486 S.) [Kassel 879, Bacmeister.] Dresden, Bleyl und Kaemmerer. *

Stoll, Gust. Adf., eine Ferien-Radtour nach Marseille. gr. 8. (48 S.) Straubing 901. (C. Attenkofer.) n. — 60

Stoll, H. H., s. Stoll, Heinrich Wilhelm

Alkohol und Kaffee in ihrer Wirkung auf Herzleiden und nervöse Störungen von Dr. Hans **Stoll**, Nauheim. Mit e. Vorw. von Prof. Dr. Martin Mendelsohn. Karlshorst b. Berlin: H. Friedrich (1904). (63 S.) 8° [F.] [07. 900

Stoll, Hans, Alkohol u. Kaffee in ihrer Wirkung auf Herzleiden u. nervöse Störungen. 2., umgearb. Aufl. (29 S.) gr. 8. Leipzig 905. B. Konegen. n. — 50

Stoll, Hans [aus Westhofen, in Rheinhessen. Assistenzarzt an d. K. Univ.-Frauenklinik]: Beiträge zur Lehre und Behandlung der zweiten Geburtsperiode speziell über die Anwendung des Geburtsstuhles. (Aus d. Marburger Entbindungsanstalt) . . . Marburg, Druck v. Georg Schirling, 1887; 35 + 1 S. 8°

Marburg, Med. Fak., Inaug.-Diss. v. [4. Febr.] 1888

Stoll, Hans, Beiträge zur Lehre und Behandlung der zweiten Geburtsperiode speziell über die Anwendung des Geburtsstuhles. (Aus d. Marburger Entbindungsanstalt.) Diss. Marburg 1887, N. G. Elwertsche Univ.-Buchh. 8°. 35 S.

Stoll, Heinrich, a. Siegburg, Referendar am Kgl. Amtsgericht zu Emmerich a. Rh.: Die Haftungsverhältnisse gegenüber Dritten bei der allgemeinen Gütergemeinschaft. Borna-Leipzig 1908: R. Noske. (VI, 57 S.) 8° [J.]
Erlangen, Jur. Fak., Ref. Binder, Diss. v. 25. April 1908
[Geb. 8. Dez. 84 Siegburg (Bez. Cöln); Wohnort: Emmerich; Staatsangeh.: Preußen; Vorbildung: Realgymn. Oberhausen Reife O. 04; Studium: Münster 4, München 1, Berlin 1 S.; Rig. 2. März 08.]

Stoll, Heinr., meine **Lieder. Gedichte.** 8. (XI, 132 S.) Dresden 901. E. Pierson. n. 2. 50; geb. n. 3. 50

Stoll, Heinr., der Spelz, seine Geschichte, Kultur u. Züchtung. gr. 8. (VI, 59 S. m. 9 Abbildgn.) Berlin 902. P. Parey. n. 1. 20

Stoll, Heinrich Wilhelm

Stoll, Henr. Guil., Piis manibus Car. Odofr. Muelleri praeceptoris dilectissimi kal. sextilibus an. MDCCCXL in itinere Athenis mortui, has inferias vovebat sodalium Seminarii Reg. Philolog. Gottingensis pietas. Insunt: Animadversiones in Antimachi Colophonii Fragmenta. 8maj. (2¾ B.) Gottingae 840, libr. Dieterich.

Stoll, H. W., Animadversiones in hymnos Homericos. Pr. 1861. 22 S. 4°.

Stoll, Heinr. Wilh., Anthologie Griechischer Lyriker f. die obersten Classen der Gymnasien m. litterarhistor. Einleitungen u. erklärenden Anmerkungen. 2 Abtheilgn. gr. 8. 1. Abtheilg.: Elegien u. Epigramme. (VIII u. 98 S.) 2. Abtheilg.: Melische u. chorische Lieder u. Idyllen. (140 S.) Hannover 851, Rümpler. (1: ⅓ ₰ 2: ½ ₰) ⅚ ₰

Stoll, Heinr. Wilh., Anthologie griechischer Lyriker für die obersten Classen der Gymnasien mit literarhistor. Einleitung u. erklär. Anmerkungen. 2 Abthlgn. 2. Aufl. Hannover 857. Rümpler. gr. 8. (VIII, 118; IV, 200 S.) 1 ₰.
Inhalt. 1. Abth.: Elegien u. Epigramme. 12 ngr. — 2. Abth.: Melische u. chorische Lieder u. Idyllen. 18 ngr.

Stoll, H. W., Anthologie griechischer Lyriker für die obersten Classen der Gymnasien mit litterarhistor. Einleitungen und erklär. Anmerkungen. 2 Abthlgn. 3. Aufl. gr. 8. Hannover 864, Rümpler.
Inhalt:
Abthl. 1. Elegien und Epigramme. (VIII und 118 S.) 12 Ngr.
„ 2. Melische und chorische Lieder und Idyllen. (IV und 200 S.) 18 Ngr.

Stoll, H. W., Anthologie griechischer Lyriker f. die obersten Classen der Gymnasien m. literarhistor. Einleitgn. u. erklär. Anmerkgn. 1. u. 2. Abth. 4. verb. Aufl. gr. 8. Hannover 872. 74. Rümpler. 3. 75
1. Elegien u. Epigramme. (VIII, 118 S.) 1. 50
2. Melische u. chorische Lieder u. Idyllen. (IV, 200 S.) 2. 25

Stoll, H. W., Anthologie griechischer Lyriker für die obersten Klassen der Gymnasien, mit litterarhistor. Einleitungen und erklär. Anmerkungen. 1. Abtl.: Elegieen und Epigramme. 5. Aufl. gr. 8. (VIII, 118 S.) [Hannover 882, Rümpler.] Halle, Gesenius. *
—— dass. — 2. Abtl.: Melische und chorische Lieder und Idyllen. 5. Aufl. gr. 8. (IV, 200 S.) Halle 883, Gesenius. *

Stoll, H. W., Anthologie griechischer Lyriker für die obersten Klassen der Gymnasien mit litterarhistorischen Einleitungen und erklär. Anmerkungen. 1. Abtl.: Elegieen und Epigramme. 6. Aufl. gr. 8. (VIII, 118 S.) Halle 888, Gesenius. *

Stoll, Ueber die ursprüngliche Bedeutung des Ares. Pr. 1855. 17 S. 4°.

Stoll, Heinr. Wilh., die ursprüngliche Bedeutung des Ares. Abhandlung. gr. 8. (50 S.) Weilburg 855, Lanz.

Stoll, H. W., Bilder aus der Heimathskunde von Hessen-Nassau u. Frankfurt a. M. für die Schule dargestellt. [Aus Preuß u. Vetter, Kinderfreund.] Königsberg 869. Bon's Verl. gr. 8. (48 S.) n. 2 ngr.

—— **Bilder** aus der Heimatskunde der Prov. Hessen-Nassau. Revid. 1882. Auch Gratis-Beigabe zu Günther und Strübing's wie zu Preuß und Vetter's Kinderfreund. 8. (48 S. mit 1 lithogr. Karte.) Königsberg 883, Bon's Verlag. *
Ohne Karte *

— Bilder aus dem altgriechischen Leben. Leipzig 870. Teubner. br. 8. (VIII, 551 S.) 1 ₰ 15 ngr.; in engl. Einb. 2 ₰

— **Bilder aus dem altgriechischen Leben. 2. Aufl. Mit Abbildgn. (Holzschntaf.) br. 8. (VIII, 560 S.) Leipzig 875. Teubner.** 4. 50; geb. 6. —

— **Bilder aus dem altrömischen Leben. gr. 8. (VIII, 600 S.) Ebend. 871.** 5. 10

Stoll, H. W., Bilder aus dem altrömischen Leben. 2. Aufl. Mit Abbildungen (Holzschntaf.). gr. 8. (VIII, 617 S.) Leipzig 877, Teubner. ℳ 5,50.; geb. *

—— Chrestomathie aus griechischen Historikern für die Mittelclassen der Gymnasien, mit einem Wörterbuch. gr. 8. (VIII, 242 und Wörterbuch 141 S.) Wiesbaden 856, Kreidel und Niedner. *

—— Chrestomathie aus griechischen Historikern für die Mittelclassen der Gymnasien, mit Anmerkungen und einem Wörterbuch. Neue (Titel-)Ausg. gr. 8. (VIII und 383 S.) Wiesbaden (856)63, Kreidel's Verlag. *

—— Erzählungen aus der Geschichte. Für Schule und Haus. 5 Bdchn. 8. Ebendas. à Bdchn. ℳ 1,50.
Inhalt:
Bdchn. 1. Vorderasien und Griechenland. 1. Aufl. 1872, und 2. Aufl. 1874. (IV, 236 S.)
„ 2. Römische Geschichte. 1. Aufl. 1872, und 2. Aufl. 1874. (IV, 190 S.)
„ 3. Das Mittelalter. (IV, 204 S.) 873.
„ 4. Von der Reformation bis zur französ. Revolution. (IV, 220 S.) 873.
„ 5. Von der französ. Revolution bis zur Erneuerung des deutschen Kaiserreichs. (IV, 172 S.) 873.
Das 1. und 2. Bdchn. a. u. d. T.: Erzählungen aus der alten Geschichte

— **Erzählungen aus der Geschichte. Für Schule u. Haus. 5 Bdchn. 8. Ebend. 873. 74.** à 1. 50
1. Vorderasien u. Griechenland. 2. Aufl. (IV, 236 S.)
2. Römische Geschichte. 2. Aufl. (IV, 190 S.)
3. Das Mittelalter. (IV, 204 S.)
4. Von der Reformation bis zur französ. Revolution. (IV, 220 S.)
5. Von der französ. Revolution bis zur Erneuerg. d. deutschen Kaiserreichs. (IV, 172 S.)

—— Erzählungen aus der Geschichte. Für Schule und Haus. 5 Bdchn. 8. Ebendas. à Bdchn. ℳ 1,50.
Inhalt:
Bdchn. 1. Vorderasien und Griechenland. 3. Aufl. (IV, 236 S.) 878.
„ 2. Römische Geschichte. 3. Aufl. (IV, 190 S.) 878.
„ 3. Geschichte des Mittelalters. 2. Aufl. (IV, 216 S.) 877.
„ 4. Von der Reformation bis zur französischen Revolution. 2. Aufl. (IV, 222 S.) 879.
„ 5. Von der französischen Revolution bis zur Erneuerung des deutschen Kaiserreichs. 2. Aufl. (IV, 172 S.) 881.
Das 1. und 2. Bdchn. u. d. T.: Erzählungen aus der alten Geschichte

— Erzählungen aus der Geschichte. Für Schule u. Haus. 1—5. Bdchn. 8. Ebend. 879—81. à 1. 50
1. Vorderasien u. Griechenland. 4. Aufl. (240 S.)
2. Römische Geschichte. 4. Aufl. (VI, 191 S.)
3. Geschichte des Mittelalters. 2. Aufl. (IV, 216 S.)
4. Von der Reformation bis zur französ. Revolution. 2. Aufl. (IV, 222 S.)
5. Von der französischen Revolution bis zur Erneuerung des deutschen Kaiserreichs. 2. Aufl. (VI, 179 S.)

Stoll, H. W., Erzählungen aus der Geschichte für Schule und Haus. 1.—3. Bdchn. 8. Leipzig, Teubner. à Bdchn. ℳ 1.50.

Inhalt:
Bdchn. 1. Vorderasien und Griechenland. 5. Aufl. (VI, 240 S.) 887.
„ 2. Römische Geschichte. 5. Aufl. (VI, 191 S.) 888.
„ 3. Geschichte des Mittelalters. 3. Aufl. (IV, 216 S.) 887.
4. und 5. Bdchn. Ebendas. 1879,81. à ℳ 1.50.

Stoll, H. W., Erzählungen aus der Geschichte. Für Schule u. Haus. 2. Bdchn.: Römische Geschichte. 6. Aufl. 8. (VI, 191 S.) Leipzig 899. B. G. Teubner. 1. 50

—— Erzählungen aus der alten Geschichte. 2 Bdchn. 8. Ebendas. 873. geb. in 1 Bd.

—— Erzählungen aus der alten Geschichte. 2 Bdchn. 2. und 3. Aufl. 8. (IV, 236; IV, 190 S.) Ebendas. 874,78. geb. in 1 Bd.

—— Geschichte der Griechen und Römer in Biographien. Für Schulen und die reifere Jugend bearb. 2 Bde. gr. 8. Leipzig 866, Teubner.

Inhalt:
Bd. 1. Die Helden Griechenlands in Krieg und Frieden. Geschichte der Griechen in biograph. Form. (VIII und 562 S. mit 1 Stahlst.) 1 Thlr. 7½ Ngr.
„ 2. Die Helden Roms in Krieg und Frieden. Geschichte der Römer in biograph. Form. (VI und 751 S. mit 1 Stahlst.) 1 Thlr. 15 Ngr.

Stoll, H. W., Geschichte der Griechen und Römer in Biographien. Für Schulen und die reifere Jugend bearb. 2 Bde. (mit je 1 Stahlst.). 2. Aufl. br. 8. Leipzig 872, Teubner. ℳ 9,90.; geb.

Inhalt:
Bd. 1. Die Helden Griechenlands im Krieg und Frieden. Geschichte der Griechen in biograph. Form. (VIII, 539 S.) ℳ 4,50.
„ 2. Die Helden Roms im Krieg und Frieden. Geschichte der Römer in biograph. Form. (VI, 744 S.) ℳ 5,40.

—— Geschichte der Griechen und Römer in Biographien. Für Schulen und die reifere Jugend bearb. 2 Bde. 3. Aufl. 8. Ebendas. 878. geb. in Leinw. *

Inhalt:
Bd. 1. Die Helden Griechenlands im Krieg und Frieden. Geschichte der Griechen in biograph. Form. (VIII, 539 S. mit 1 Stahlst.) ℳ 4,50.; geb. *ℳ 5,70.
„ 2. Die Helden Roms im Krieg und Frieden. Geschichte der Römer in biograph. Form. (VI, 744 S. mit 1 Stahlst.) *ℳ 5,40.; geb. *ℳ 6,75.

—— Geschichte der Griechen bis zur Unterwerfung unter Rom. 2 Bde. gr. 8. (IV und 858 S.) Hannover 868, Rümpler.

— Geschichte der Griechen bis zur Unterwerfung unter Rom. 1. Aufl. 1868 u. 2. Aufl. 2 Bde. Hannover 871. Rümpler. gr. 8. (IV, 858 S.) 2 ℛ 15 ngr.

— Geschichte der Griechen bis zur Unterwerfung unter Rom. 3. Aufl. 2 Bde. 8. (VIII, 454 u. VI, 404 S.) Hannover 879. Halle, Gesenius. geb. 7. 50

—— Geschichte der Griechen bis zur Unterwerfung unter Rom. 3. Aufl. 2 Bde. 8. (VIII, 454; VI, 404 S.) Hannover 879, Rümpler. geb.

Stoll, H. W., Geschichte der Griechen bis zur Unterwerfung unter Rom. 4. Aufl. 8. (VII, 640 S.) Halle 887. Gesenius. n. 5. 50; geb. n. 6. 50

Stoll, H. W., Geschichte der Griechen bis zur Unterwerfung unter Rom. 5. unveränd. Aufl. gr. 8. (VII, 640 S.) Halle 893. H. Gesenius. n. 4. —; geb. in Leinw. n. 5.—

Stoll, Heinr. Wilh., Geschichte der Hohenstaufen. Für d. Jugend bearb. 8. (23 B. u. Brustbld. des Kaisers Friedrich I. Barbarossa.) Wiesbaden 846, (47,) Kreidel.

—— Geschichte der Hohenstaufen für die Jugend bearb. (Neue Ausg.) 8. (VIII und 361 S. mit 6 ill. Stnt. in Tondr.) Wiesbaden 861, Kreidel's Verlag. *

— Geschichte der Römer bis zum Untergange der Republik. 2 Bde. 1. Aufl. 1869 u. 2. Aufl. Hannover 871. Rümpler. gr. 8. (IV, 413 u. 420 S.) 2 ℛ 15 ngr.

— Geschichte der Römer bis zum Untergange der Republik. 3. Aufl. 2 Bde. 8. (VIII, 413 u. VI, 420 S.) Hannover 879. Halle, Gesenius. geb. 7. 50

— Die Götter des klassischen Altertums. Populäre Mythologie der Griechen u. Römer. 8. umgearb. Aufl. v. Hans Lamer. (X, 336 S. m. 92 Abbild.) 8. Leipzig 907. B. G. Teubner. Geb. in Leinw. 4. 50

— die Götter und Heroen des classischen Alterthums. Populäre Mythologie der Griechen und Römer. 2 Bde. Mit 41 Abbildgn. (Holzschn.) Leipzig 858. Teubner. 8. (X, 351; VI, 298 S.) 1 ℛ. 15 ngr.

— die Götter und Heroen des classischen Alterthums. Populäre Mythologie der Griechen und Römer. 2 Bde. Mit 42 Abbildgn. (Holzschntaf.) 2. Aufl. Leipzig 861. Teubner. 8. (XVI, 643 S.) 1 ℛ 15 ngr.

—— die Götter und Heroen des classischen Alterthums. Populäre Mythologie der Griechen und Römer. 2 Bde. 3. Aufl. br. 8. (XVI und 608 S. mit 42 Holzschntaf.) Leipzig 867, Teubner. 1 Thlr. 15 Ngr.; geb.

—— die Götter und Heroen des classischen Alterthums. Populäre Mythologie der Griechen und Römer. 2 Bde. 4. Aufl. 1872, und 5. Aufl. br. 8. Leipzig 875, Teubner. geb.

Inhalt:
Bd. 1. Die Götter. (XII, 314 S. mit 22 Abbild. in Holzschntaf.)
„ 2. Die Heroen. (IV, 280 S. mit 20 Abbild. in Holzschntaf.)

— die Götter u. Heroen d. classischen Alterthums. Populäre Mythologie der Griechen u. Römer. 2 Thle. in 1 Bd. Mit 42 Abbildgn. (Holzschntaf.) 5. Aufl. 8. (XII, 314 u. IV, 268 S.) Ebend. 875. 4. 50; geb. 6. —

—— die Götter und Heroen des classischen Alterthums. Populäre Mythologie der Griechen und Römer. 2 Bde. 6. Aufl. 8. Leipzig 879, Teubner. ℳ 4,50.; geb. *

Inhalt:
Bd. 1. Die Götter. (XII, 340 S. mit 22 Abbild. in Holzschn.)
„ 2. Die Heroen. (IV, 268 S. mit 20 Abbild. in Holzschn.)

—— die Götter und Heroen des klassischen Altertums. Populäre Mythologie der Griechen und Römer. 7. Aufl. 2 Bde. (geb. in 1 Bd.). Mit 42 Holzschn.-Abbild. 8. Leipzig 885, Teubner. ℳ 4.50.; geb.

Inhalt:
Bd. 1. Die Götter. (XII, 308 S. mit 22 Abbild.)
„ 2. Die Heroen. (IV, 262 S. mit 20 Abbild.)

— Handbuch der Religion u. Mythologie der Griechen u. Römer, s. a. Encyclopädie der klass. Alterthumskunde f. Gymnasien.

—— Handbuch der Religion und Mythologie der Griechen und Römer. Für Gymnasien. Mit Abbildungen. 1. Aufl. (XII und 276 S.) 1849. und 2., verb. und verm. Aufl. 8. (VIII und 327 S. mit 12 Stnt.) Leipzig 852(53,) Teubner.

—— Handbuch der Religion und Mythologie der Griechen und Römer. Für Gymnasien. 3., verb. und verm. Aufl. 8. (VIII und 343 S. mit 12 Stnt. Abbildungen.) Leipzig 856, Teubner.

—— Handbuch der Religion und Mythologie der Griechen und Römer. Für Gymnasien. 4., verb. Aufl. br. 8. (X und 350 S. mit 32 Abbild. auf 28 Holzschnt.) Leipzig 860, Teubner.

Stoll, H. W., Handbuch der Religion und Mythologie der Griechen und Römer. Für Gymnasien. 5. Aufl. 8. (X und 350 S. mit 32 Abbild. in Holzschn.) Leipzig 864, Teubner.

—— Landeskunde von Hessen, Nassau und Frankfurt. [Anhang zu Preuß und Vetter, Kinderfreund.] 8. (48 S.) Königsberg 868, Bon's Verlag. *

—— die Meister der griechischen Litteratur. Eine Uebersicht der klass. Litteratur der Griechen für die reifere Jugend und Freunde des Alterthums. 8. (VI, 426 S. mit 1 Stahlst.) Leipzig 878, Teubner.
geb. in Leinw. *

—— die Meister der römischen Litteratur. Eine Übersicht der klass. Litteratur der Römer für die reifere Jugend und Freunde des Altertums. 8. (IV, 428 S. mit 1 Stahlst.) Leipzig 881, Teubner. ℳ 4,20.; geb. *

—— Phyllidas und Charite. Eine Erzählung aus dem Alterthum für die reifere Jugend. 16. (150 S.) Leipzig 873, Teubner. cart.

—— die Sagen des classischen Alterthums. Erzählungen aus der alten Welt. 2 Bde. 1. Aufl. 1862. und 2. Aufl. br. 8. (XXIV und 893 S. mit 90 Abbild. in eingedr. Holzschn. und 37 Holzschntaf.) Leipzig 868, Teubner. 2 Thlr. 12 Ngr.; geb.

—— die Sagen des classischen Alterthums. Erzählungen aus der alten Welt. 2 Bde. 2. Aufl. 1868, und 3. Aufl. gr. 8. (XVI, 422 S. mit 41 Abbild. in eingedr. Holzschn. und Holzschntaf. in 8. und hoch 4.; XII, 468 S. mit 49 Abbild. in eingedr. Holzschn.) Ebendas. 874. ℳ 7,20. geb.

—— die Sagen des classischen Alterthums. Erzählungen aus der alten Welt. 2 Bde. Mit 90 (Holzschn.-)Abbild. 4. Aufl. (XVI, 422; XII, 468 S.) Ebendas. 878. ℳ 7,20.; geb. *

—— die Sagen des klassischen Altertums. Erzählungen aus der alten Welt. Mit 90 Abbild. 5. Aufl. 2 Bde. 8. (XVI, 413; XII, 455 S.) Ebendas. 884. ℳ 7,20.; geb.

Stoll, H. W., die Sagen des klassischen Altertums. 6. umgearb. Aufl. v. Hans Lamer. 1. Bd. Mit 42 Abbildgn. im Texte u. auf 4 Taf. (VIII, 246 S.) 8. Leipzig 907. B. G. Teubner. Geb. in Leinw. n. 3. 60

— Die Sagen des klassischen Altertums. 6. umgearb. Aufl. v. Hans Lamer. 2. Bd. Mit 37 Abbild. im Texte u. auf 2 Taf. (VIII, 313 S.) 8. Ebd. 907.
Geb. in Leinw. 3.60 (Vollst. in 1 Bd. geb. 6. —)

Stoll, H.W.: In den S t r a s s e n des alten Rom. 19 S. 4°–Weilburg, Progr. 1871.

—— Wanderungen durch Alt-Griechenland. 2 Tle. 8. (Mit Illustr. und Plänen.) Ebendas. 888. à Tl. *ℳ 5.—. *
Inhalt:
Tl. 1. Der Peloponnes. (VI, 368 S.)
" 2. Mittel- und Nordgriechenland. (IV, 409 S.)

Stoll, Hermann [app. Arzt]: Beiträge zur Kasuistik der Lipome ... (Aus: Beitr. z. klin. Chir. VIII. Bd. III. Heft.) Tübingen, H. Laupp, 1891; 2 Bl., 18 S. 8.
Tübingen, Med. Fak., Inaug.-Diss. v. 1891

Stoll, Herm., Geschichte der Gesellschaft der Freunde des vaterländ. Schul- u. Erziehungswesens in Hamburg. Festschrift zur Hundertjahrfeier 1805—1905. Im Auftrage des Vereins verf. (IV, 266 S. m. 14 Bildnissen.) 8. Hamburg (905). (C. Boysen.) Kart. n. 1. 50; geb. in Leinw. n. 2. 50

Geschichte der Gesellschaft der Freunde des vaterländischen Schul- und Erziehungswesens in Hamburg. Festschrift z. Hundertjahrfeier 1805–1905. Im Austr. d. Vereins verf. von Hermann **Stoll**. (Hamburg 1905: Schröder & Jeve.) (266 S.) 8°
[Umschlagt.:] Festschrift z. Hundertjahrfeier (d. Gesellschaft ...) [05. 15984

Stoll, Herm., das 19. Jahrhundert. Geschichtliches Lesebuch, zusammengestellt aus grösseren Werken u. Aufsätzen geschichtl. Inhalts. 2. verb. Aufl. gr. 8. (VI, 186 S.) Hamburg 900. C. Boysen. n. 1. 20; kart. n. 1. 60; geb. in Leinw. n. 2. —

— geschichtliches Lesebuch. Zusammengestellt aus grösseren Werken u. Aufsätzen geschichtl. Inhalts. 1. Tl. gr. 8. Ebd. 901. Geb. in Leinw. n. 2. 50
Von den Anfängen des Germanentums u. des Christentums bis zum westfälischen Frieden. (XI, 189 S.)

— dasselbe. Ausg. f. Hamburg. 1. Tl. gr. 8. Ebd. 901. Geb. in Leinw. n. 2. 50
Von den Anfängen des Germanentums u. des Christentums bis zum westfälischen Frieden. (XI, 200 S.)

— geschichtliches Lesebuch. Zusammengestellt aus grösseren Werken u. Aufsätzen geschichtl. Inhalts. 2. Tl. Vom westfäl. Frieden bis zum Ende der französ. Revolution. (X, 140 S.) 8. Ebd. 905.
Geb. in Leinw. n. 1. 50

Stoll, Herm., geschichtliches Lesebuch. Zusammengestellt aus grösseren Werken u. Aufsätzen geschichtl. Inhalts. I. u. III. Tl. gr. 8. Hamburg, C. Boysen.
Geb. 4. 10
1. Von den Anfängen des Germanentums u. des Christentums bis zum westfälischen Frieden. 2. verb. Aufl. (XI, 185 S.) 909. Geb. 2. 50
3. Das 19. Jahrh. 3., verb. Aufl. (VIII, 183 S.) 909. Geb. 1.60 (Vollst. in 1 Bd. geb. 5. 50)

Stoll, Hermann, von Enge '([Kt.] Zürich)': Der V e r l u s t des Schweizerbürgerrechtes. Zür. F. Schulthess Dr. [u. Verl.] 1888. 148 S. 8°
Zürich, Jur. Diss. [v. 14. Juli 1888].

Stoll, Herm., der Verlust des Schweizerbürgerrechtes. gr. 8. (148 S.) Zürich 888, Schulthess. *

Stoll, Hermann, Großherzogl. Bad. Forstamtmann: Das Versagen der Weißtannenverjüngung im mittleren Murgtale. Ein Beitrag zum waldbaulichen Verhalten der Weißtanne. Mit 6 Abb. 1909. 64 S. 8°
¶ Aus: Naturwiss. Zeitschrift f. Forst- u. Landwirtschaft. Jg. 7.
Karlsruhe, Dr.-Ing.-Diss. v. 30. 6. 1909

Stoll, Hugo, a. Gierstädt b. Gotha: Temperaturmessungen bei Operationen. Jena 1904: G. Neuenhahn. (23 S.) 8°
Jena, Med. Fak., Ref. Krönig, Diss. v. 31. Aug. 1904
[Geb. 25. Febr. 79 Gierstädt; Wohnort: Gierstädt; Staatsangeh.: S. Coburg-Gotha; Vorbildung: Gymn. Gotha Reife O. 99; Studium: München 2, Jena 2, Heidelberg 1, Jena 2, Berlin 2, Jena 1 S.; Coll. 6. Aug. 04; Approb. 18. Juli 04.]

Stoll, J. B., die Befreiungshalle und deren Umgebung. 2. Aufl., neu bearb. von Jos. Stoll. 16. (49 S. mit 1 Stahlst.) Regensburg 879, Coppenrath. *
Die 1. Aufl. erschien im Selbstverlag.

Stoll, J. B., die Befreiungshalle und deren Umgebung. Neu bearb. von Jos. Stoll. 3.—6. Aufl. 16. (45 S. mit Stahlst.) Regensburg 881—84, Coppenrath. *

Stoll, J. B., die Befreiungshalle und deren Umgebung. Neu bearb. von Jos. Stoll. 7. Aufl. 12. (48 S. mit Stahlst.) Regensburg 887, Coppenrath's Verlag. *

Stoll, J. B., die Befreiungshalle u. deren Umgebung. Neu bearb. v. J. Stoll. Mit 1 Abbildg. 8. Aufl. 16. (45 S.) Regensburg 889. Coppenrath's Verl. n. — 50

—— Geschichte und Beschreibung des Befreiungsdenkmales auf dem Michaelsberge bei Kelheim. gr. 4. (18 S. mit 1 lithogr. Abbild. nach photogr. Aufnahme von Ed. Leik.) Landshut 863, Thomann'sche Buchh. *

— Geschichte der Stadt Kelheim mit Notizen über die Umgegend von den frühesten Zeiten bis zum Jahre 1863. Aus Quellen und Urkunden bearb. Mit 3 lith. Beilagen u. 1 (lith.) Karte (in 4.). 1. Liefg. Ebend. 863. gr. 8. (1. Thl.: S. 1—114.) n. 14 ngr.

Stoll, J. B., Geschichte der Stadt Kelheim mit Notizen über die Umgegend von den frühesten Zeiten bis zum J. 1863. Aus den Quellen u. Urkunden bearb. 2. u. 3. Liefg. Landshut 865—67. (Thomann'sche Buchh.) gr. 8. (1. Thl. S. 115—434 mit 3 lithogr. Beilagen u. 1 lith. Karte in 4.) n. 21 ngr.

Stoll, J. B., kurzgefaßte Geschichte der Stadt Kelheim mit Notizen über die da befindlichen Baudenkmale und die wichtigsten Orte in der Umgegend. Zur Erinnerung an die feierliche Inauguration des Befreiungsdenkmals auf dem Michaelsberg am 18. Oktober 1863. Mit 3 lith. Beilagen. (Abdr. aus den „Verhandlungen des histor. Vereins für Niederbayern.") Landshut 863. (Thomann.) gr. 8. (VI, 175 S.) n. 16 ngr.

Stoll, J. F. Karte über den Regierungs-Bezirk Trier in 12 Kreise eingetheilt. Trier 1825. 1 Bl. c. Hz.

Stoll, J. L., s. Stoll, Johann Ludwig

Stoll, Jak., der naturkundliche Unterricht in seinem Verhältnis zur ästhetischen, ethischen u. religiösen Bildung des Kindes („Lebensgemeinschaften"?). Progr. (10 S.) gr. 8. Würzburg 906. (F. Freudenberger.) n. — 35

Stoll, Jakob Friedrich (Wespach) A. S. 30/31

Disputatio inauguralis, de alimentatione uxorum. Präs. Wolfgang Adam Schöpff. Tübingen (Bauhof) IX. 1743. 23 S. 33728

Stoll, Jakob Friedrich von (Hrsg.), s. Pfeil, Christoph Karl Ludwig v.: Apokalypt. Lieder . . .

Stoll, Johann

Johann Stoll
1769-1848

Beantwortung der aufgegebenen Fragen: Ist es nothwendig und ist es möglich, beide Theile der Heilkunst, die Medizin und die Chirurgie, sowohl in ihrer Erlernung als Ausübung wieder zu vereinigen? Welches waren die Ursachen ihrer Trennung, u. welches sind die Mittel ihrer Vereinigung? Von Johannes Stoll. Giessen: Heyer 1800. XII,199 S. 8°

Stoll, Johann (Rotenburg a. d. Fulda)
De seminis voluntaria ac involuntaria profusione.
Med. Diss. Giessen v. 8. März 1793.

Stoll, Johann Adolph (Zittau) A. S. 1138/41

Dissertatio inauguralis chimico-medica de mercurio dulci. Präs. Georg Wolffgang Wedel. Jena (Krebs) II. 1700. 38 S.

Gew.: Stadt Zittau.
W. v.: Präs. 33731

Stoll, Jo. Bapt., Concentus sphaerici et moduli terrestres, conditi odis tribus in tribus linguis. (Latein., Deutsch u. Franz.) 8 maj. (1¼ B.) Coloniae 829, (Pappers.?)

Stoll, Joh. Bapt., naturphilosoph. Entwickelung d. patholog. u. Heil-Prinzips aus d. Begriff d. Lebens. gr. 8. (3 B.) Köln 838, Renard. (Leipzig, Enobloch.) *

Stoll, Jo. Bapt., Nachgrabungen auf phys. u. ethischem Gebiete. Eine Mosaik. gr. 8. (3 B.) Cöln 830, (Pappers.?) Thlr.

— die zwei Stimmen im Weltall. Nebst Gefolge. (Gedichte in 5 Sprachen). gr. 8. Cöln 824. Bachem. 16 gr.

Etwas zur richtigen Beurtheilung der Theosophie, Cabbala, Magie, und anderer geheimer übernatürlicher Wissenschaften. Hrsg. von Joh. Gottlieb **Stoll.** Nebst einem Kpfr. Leipzig: [Hilscher] 1786. 174 S. 8°
Kl. 3000.

Stoll, Jh. Gli., Etwas zur richt. Beurtheilung d. Theosophie, Cabala, Magie ꝛc. Mit 1 Kpf. 8. Leipz. 787. (W. Nauck). 10 gr.

Stoll, J. Gli., Etwas zur richt. Beurtheil. d. Theosophie, Cabale, Magie ꝛc. 8. Leipz. Sommer. 787.

— philosoph. Unterhaltt., einige Wahrheiten gegen Zweifel ins Licht zu setzen. 8. Leipz. 788. (W. Nauck). 20 gr.

Stoll, Jh. Jak., (4 ...) Beleuchtung e. Vorurtheile in Ansehung d. Donnerwetter u. Blitzableiter. 8. Lindau 790.

Stoll, Jh. Ldw., Amors Bild, in 1 A. 8. Wien 808. Wallishausser. 4 gr.

Stoll, J. L., Ernst u. Scherz, ein Spiel in Versen. 8. Berlin, Unger. (Schade.) 804.
Velinp.

— s. Prometheus; e. Zeitschrift.

— Scherz u. Ernst. 8. Berl. 804. (Herbig). 8 gr. Velinp. 12 gr.

Stoll, (J. L.,) Schnecken-Almanach, s. Schnecken-Almanach.

— s. Schnecken-Comödie.

— poet. Schriften. 1r Thl. (Die Schnecken. — Amors Bild. — Scherz u. Ernst). 8. Karlsr. 811. (Braun). 18 gr.

Stoll, dramat. Taschenbuch, s. Schneckencomödie

Stoll, Johann Matth.

— Albrechtser u. Mühlendörfer Hebopfer. 6. Hildburgh. 762.

— Sirachischer Heldensaal od. Glück, Herrn Karl August, herzogl. Durchl. zu Sachsen-Weimar u. Eisenach, zur Uebernahme des fürstl. Apostolats. 4. Schleusing. 775.

— s. Jeremiä, Klagelieder.

— neue Lieder. 8. Hildburgh. 762.

— Lieder auf die vier Tagzeiten; nebst e. andern. 8. Hildburghaus. 764.

Stoll, Jh. Matth., († d. 2. Juni 1793.) die Psalmen David's in deutscher Poesie. Mit Kpf. 8. Hildburgh. 761.

— Albrechtser Schutzbogen wider die Jenaischen und Berliner Schmähbogen. 8. Hildburgh. 762.

Stoll, Johann Philipp (Zittau) A. S. 357/18

Dissertatio inauguralis juridica de singulari aequitate legis unicae cod. quando imper. inter pupillos &c. cognoscat, &c. ejusque usu practico.
Präs. Christian Thomasius.
Halle (Grunert) 3. XI. 1725. 56 S.

W. v.: Präs., Johann Lorenz Fleischer. 33733

Stoll, Johann Philipp U. S. Halle 1735/22

Dissertatio juridica de singulari aequitate legis unicae codicis quando imperator inter pupillos etc. cognoscat etc. ejusque usu practico.
Präs. Christian Thomasius.
Halle (Hendel) 1735. 56 S.

Diss. 1725.
Der Name des Respondenten ist nicht genannt.
33734

Stoll, Johannes: Beobachtungen über die Rindviehpest für Thierärzte, Physiker und Polizeibeamten. Zürich 1800. XII, 120 S.

— s. Bergrath, ein psycholog. Vermächtniß.

— ausführl. Geschichte der Fallsüchtigen, s. P. Ch. Linke.

— staatswirthschaftl. Untersuchungen u. Erfahrr. üb. das Medicinalwesen, nach sr. Verfassung, Gesetzgebung u. Verwaltung. 3 Bde. gr. 8. Zürich 812—14. Orell. 7 ℔ 12 gr

Stoll, Johannes: Versuch einer medicinischen Beobachtungskunst. 483 S., gbd., 3 Tab.

Zürich: Orell & Füssli 1802

JB 2.375

Stoll, Joseph „Kurzgefasste Geschichte der Königlichen Landwirtschafts- und Gewerbschule und nunmehrigen Realschule zu Landshut während der ersten fünfzig Jahre ihres Bestehens (1833/34—1883/84)". pg. 3—38. [illegible] Nebst einer Frequenz-Tafel. J. F. Rietsch'sche Buchdr.
Landshut, Progr. 1883/84

Stoll, Jos., Heft für landwirthschaftliche Buchführung zum Gebrauche in den oberen Klassen der Volksschulen, sowie in den Feiertagsschulen. 1. Aufl. (32 S.) 1876; 2. Aufl. 4. (40 S.) Landshut 877, Attenkofer. *

Stoll, Jos., Heft f. landwirtschaftliche Buchführung, zum Gebrauche in den oberen Klassen der Volksschulen, sowie in den Feiertagsschulen hrsg. 3. Aufl. 4. (32 S. m. Text auf dem Umschlag.) Landshut 901. F. P. Attenkofer. n.n. — 30

Stoll, Joseph „Gedrängte Uebersicht der wichtigsten Erfindungen, Entdeckungen und Kulturfortschritte der Deutschen". pg. 3—8. J. B. v. Zabuesnig.
Landshut, Progr. 1862/63

Stoll, Josef Ludwig, s. Stoll, Johann Ludwig

Stoll, Karl

Stoll, K., die praktische Ausbildung des jungen Kaufmanns in der Schweiz, s.: Gesellschaft, schweizerische, f. kaufmännisches Bildungswesen. 5. Hft.

Stoll, C[arl]. **Die Alters- und Invalidenvorsorge für die kaufmännischen Angestellten in der Schweiz.** Von K. St'.... **Separatabdruck aus den Schweizerischen Blättern für Wirtschafts- und Sozialpolitik Heft 5 und 6, Jahrg. 12, 1904....** [Herausgeber:] **Schweizerischer Kaufmännischer Verein.** 28 S. 8. Bern, Scheitlin Spring & Cie., 1904. [fr. —. 50]

Stoll, C[arl]. Die Frauenarbeit im Handel und der Schweiz. Kaufm. Verein. Nach dem Vortrag von K. St'.... [SA. aus: Schweizerisches Kaufmännisches Centralblatt, Jahrg. 13, 1909, № 17 u. 18.] 20 S. 8. [Zürich, Aschmann & Scheller.]

Stoll, Carl, der Friedrichshain bei Berlin, seine landschaftlichen Schönheiten u. seine Bedeutung für das Studium der Botanik. gr. 8. (IV, 55 S. m. 1 lith. Plan.) Berlin 881. Nicolai's Verl. n. — 80

Stoll, Carl: Ueber Höhenkurorte als Heilstätten für Brustkranke. Halle a/S. (1875): Plötz. 78 S. 8°
Halle-Wittenberg, Med. Diss. v. 25. Febr. 1875
Geb. Wengelsdorf (Kr. Weissenfels) 8. 7. 1845. V.
Im Buchhandel 1875 bei Hofstetter in Halle, 76 S.

Stoll, Karl, die Höhenkurorte als Heilstätten f. Brustkranke. gr. 8. (76 S.) Halle 875. Hofstetter. n. 2. —

Stoll, Karl, die Höhenkurorte als Heilstätten für Brustkranke. gr. 8. (76 S.) [Halle 875.] Leipzig, Knapp. *

Stoll, Car. (Joan. Henr.) (geb. Wesel 8. 11. 1826): De icteru. Berolini (1849). (31 S.) 8°
Berlin, Med. Diss. v. 14. Aug. 1849

Stoll, Carl. Die Verteuerung der Lebenshaltung und die Einkommensverhältnisse der Handelsangestellten. Vortrag von K' St'.... [Mit 1 Tabelle.] Sonderabdruck aus dem «Schweiz. Kaufm. Centralblatt» 1908, Nrn. 9 und 10. [Herausgeber:] Schweizerischer Kaufmännischer Verein. II + 28 S. 8. Zürich, Verlag des Schweiz. Kaufmännischen Vereins. [fr. —. 50]

Stoll, Karl Hieronymus (Schmiedeberg) A. S. 1157/18

Dissertatio inauguralis medica. Methodus nova transplantandi variolas per insitionem Das Blatter=Beltzen.
Präs. Abraham Vater.
Wittenberg (Gerdes) 27. VI. 1720. 32 S.
33737

Stoll, Caspar. Abbildung und Beschreibungen der Cikaden und Wanzen ... a. d. Holl. ... Nürnberg 1781—82. Ü: *Heppe, Joh. Chph.* (Ky)

Stoll, Ksp., Abbild. u. Beschreibb. der Cikaden u. Wanzen, u. anderer damit verwandten Insekten aus Europa, Asia, Afrika u. Amerika; aus d. Holländ. übers. (v. J. C. Heppe). Mit ill. Kpf. gr. 4. Nürnb. 781—82. Winterschmidt. 16 ℔

Stoll, Casp., Abbild. u. Beschreib. d. Cicaden a. d. 4 Welttheilen m. ill. K. gr. 4. Nürnberg, Winterschmidt d. ält. 781–92.

Stoll, Konrad [app. Arzt aus Stuttgart (Württemb.)]: Zur Lehre der Mitbewegungen ... Stuttgart, kgl. Hofbuchdr. C. Liebich, 1893; 30 S. 8.
Würzburg, Med. Fak., Inaug.-Diss. v. 1893

STOLL, Ludwig (Mannheim): Beitrag zur Casuistik der Leber-Ruptur. (Titel nach der Urkunde)
12.7.1900 - Urk; Chr 1900/01,18
Diss. Ingolst.-Landsh.-Mchn.

Stoll, Ludw., praktischer Ratgeber f. die Prüfung der in Bayern zugelassenen selbsttätigen Malzsteuerwagen, s.: Hellberg, Karl.

Stoll, M., die Grundsteinlegung u. Einweihung d. neuen Kirche zu Korb. gr. 4. (2 B. u. 1 Ansicht d. Innern d. Kirche.) Stuttgart 832, Metzler.

Stoll, Marie, geb. Duc, u. Anton Stoll: Plan der Erziehungs- u. Unterrichtsanstalt für Töchter. — Dresden 1848: Blochmann. 16 S.

Stoll, Maximilian

Stoll, Max., († d. 23. Mai 1787.) Abhandl. von der prakt. Arzneimittellehre, ein hinterlass. Werk aus d. Latein. übers. u. mit Anmerkk. begleitet v. J. G. Essig. gr. 8. Augsb. 788. (Kranzfelder). 8 gr

Stoll, Maximilian: Abhandlung von der praktischen Arzneymittel-Lehre. Ein hinterlassenes Werk. (Dissertatio de materia medica practica. Opus posthumum. Dt.) Übers.und hrsg.von Johann Gottfried Essich. 211 S., gbd.

Augsburg: Wolff 1788

JB 1.372

Stoll's, Max., Abhandlung über die praktische Arzneimittellehre (für Chirurgen). Aus d. Latein. übersetzt. 8. Regensburg 834. (Augsburg, Kollmann.) $^{5}/_{12}$ ℔

Stoll, Max., Abhandlung üb. d. pract. Arzneimittellehre. A. d. Latein. übers. 8. (6½ B.) Regensburg 834, Pustet.

Stoll, Maximilian: Aphorismen über die Erkenntniß und Behandlung der Fieber. (Aphorismi de cognoscendis et curandis febribus. Dt.) Übers.von Joseph Eyerel. 413 S., gbd.

Wien: v.Kurzbek 1787

JB 2.174

Stoll, Maximilian: Aphorismi de cognoscendis et curandis febribus. 307 S., gbd.

Vindobonae: v.Kurzbek 1786

JB 2.173

— id. lib. 8maj. Ticini 794. (Schaumburg u. C. in Wien). 16 gr

Stoll, (Max.,) Aphorismi de cognoscendis et curandis febribus. Editio secunda. 8. Vindob. 822. Heubner.

Stoll, Max., Auszug aus der Heilungsmethode rc. 2 Thle gr. 8. Bresl. 794. J. F. Korn. 2 ℔

— Briefe an die Frau ***, üb. die Pflicht der Mutter, ihre Kinder zu stillen; mit Zusätzen herausgg. v. J. Eyerel. 8. Wien 788. (Beck). 4 gr Schrbp. 5 gr

STOLL Maximilian. -. Briefe an die Frauen von ** uber die Pflicht der Mutter ihre Kinder zu stillen. Hrsg. und mit Zusätzen vermehrt von Joseph Eyerel. Wappler. Wien 1788.
vol. X + 58 S.

— commentarii in aphorismos de cognoscendis et curandis febribus. VI Tmi. vide Ios. Eyerel.

— constitutiones epidemicae et morbi observati, s. G. v. Swieten.

— Constitutiones epidemicae et morbi observati, ex advers. G. v. Swieten. II Vol. 8. maj. Lips. Sommer.

Stoll, Maximilian: Dissertationes medicae in Universitate Vindobonensi habitae ad morbos chronicos pertinentes et ex Max(imiliani) Stollii...praelectionibus potissimum conscriptae. Edidit et praefatus est Joseph Eyerel. Vol.1 - 4. Viennae: 1788 - 1792

s.: Dissertationes medicae...

JB 2.176

— üb. die Einrichtung der öffentl. Krankenhäuser; hrsgg. von G. A. v. Beckhen. 8. Wien 788. (Beck). 5 gr Schrbp. 6 gr

Maximilian Stoll

Max[imilian] Stoll, über die Einrichtung der öffentlichen Krankenhäuser. Hrsg. von Geor[g] Adalb[ert] von Beeckhen. Wien: Wappler 1788. IV, 78 S. 8°

Stoll, M., Geschichte v. Bleykrankheiten. Wien. 8°. Beytr. z. pr. Arzn. 1781, I, 1—88. 1781.

Maximilian Stoll

Maximilian Stoll,[Ratio medendi in nosocomio practico Vindobonensi. Deutsch:] Heilungsmethode in dem praktischen Krankenhause zu Wien. Uebers.u. mit praktischen Zusätzen begleitet von Gottlieb Lebrecht Fabri. Th. 1.2.3. Breßlau: Korn 1783-86. 8°

Th.1: 1783.
Th.2,Bd 1.2: 1784.
Th.3,Bd 1 : 1786.

Stoll, Maximilian: Heilungsmethode in dem praktischen Krankenhause zu Wien. (Ratio medendi in nosocomio practico Vindobonensi. Dt.) Übers.und mit praktischen Zusätzen begleitet von Gottlieb Leberecht Fabri. 2.verbess.Aufl. Th.1 - 3, gbd.

Breßlau u.Hirschberg: Korn 1787 - 1789

JB 6.562

Stoll, Maximilian: Heilungsmethode in dem praktischen Krankenhause zu Wien. (Ratio medendi in nosocomio practico Vindobonensi. Dt.) Ein Auszug. Bd 1 - 2, gbd.

Breslau, Hirschberg u.Lissa: Korn 1794

JB 6.563

— Lehrbegriffe von den äußerl. Arzneimitteln, od. Materia chirurgica; aus d. Latein. übers. u. mit Anmerkk. versehen von J. G. Essig. gr. 8. Augsb. 789. (Kranzfelder). 8 gr

Stoll, Maximilian: Dissertatio de materia medica practica. Opus posthumum. 103 S., gbd.

(Augsburg: Wolff) 1788

JB 1.373

Stoll, (Maximilian): Morbi particulares ex praelect(ionibus). 218 S., gbd. (Handschrift.)

(Wien): 1786

JB 6.441

Stoll, Maximilian: Orationes academicae. Novam editionem curavit et de clinica institutione praefatus est Joseph Eyerel. 61 S., gbd.

Vindobonae: Binz 1815

JB 2.178

Stoll, M., Praelectiones in diversos morbos chronicos. Post ejus obitum edidit et praefatus est Jos. *Eyerel.* 2 Vol. 425 et 612 pp. Vindob. 1788—9. 8°. Deutsch von J. Eyerel 1788—9. Wien. 8°. Auch in Diss. 1789, II, 426 de hypochondriaco. (Beck) 1788.

Stoll, Maximilian: Praelectiones in diversos morbos chronicos. Post ejus obitum edidit et praefatus est Joseph Eyerel. Vol.1 - 2, gbd.

Vindobonae: Wappler 1788 - 1789

JB 2.177

— id. liber. 8maj. Ticini 794. (Schaumburg u. C. in Wien) 16 gr

Stoll, Maximilian: Ratio medendi in nosocomio practico Vindobonensi. Pars 1 - 3, gbd., Abb.

P.1 - 2: Viennae Austriae: Bernardi 1777 - 1778
P.3: Viennae Austriae: Graeffer 1780

JB 2.170

Stoll, Maximilian: Ratio medendi in nosocomio practico Vindobonensi. (Partem 4 - 7) post eius obitum edidit et praefatus est Joseph Eyerel. Pars 1 - 2, 4 - 7, gbd., Abb.

P.1 - 2: Viennae Austriae: Wappler 1788
P.4 - 5: Viennae Austriae: Graeffer 1789
P.6 - 7: Viennae Austriae: Krauss 1790

JB 2.171

Stoll, Maximilian: Ratio medendi in nosocomio practico Vindobonensi. Pars 1 - 2, gbd., Abb.

Viennae Austriae: Wappler 1794

JB 2.172

STOLL Maximilian. Rede über die Vorzuege d. griechischen Sprache; bei der feierl. Eröffnung d. akademischen Vorlesungen. Wien 1785.

— Rettungsmittel in plötzl. Unfällen; nach d. Latein. bearb. u. mit Zusätzen verm. v. C. A. S. 8. Leipz. 794. Hertel. 5 gr

Stoll, Maximilian (Ed.):

s.: Swieten, Ger(ard) Freiherr van: Constitutiones epidemicae et morbi potissimum Lugduni-Batavorum observati. Tom.1 - 2. Vindobonae et Lipsiae: 1782

JB 5.130

Stoll, Maximilian (Ed.):

s.: Swieten, Ger(ard) Freiherr van: Constitutiones epidemicae et morbi potissimum Lugduni-Batavorum observati. Editio novissima. Coloniae Allobrogum: 1783

JB 5.160

— Diss. Thesis inaug. medica. 4. Wien 772.

— Vorlesungen üb. einige chron. Krankheiten, aus seinem Nachlasse hrsgg. u. ins Deutsche übers. von Jos. Eyerel. 2 Thle gr. 8. Wien 788—791. (Beck). 2 ß 12 gr

Stoll, Osk., Gesundheit u. Athletik-Sport! Anleitung zur allseit. Ausbildg. u. Gesunderhaltg. des Körpers. 8. (11 S. m. 1 Taf.) Berlin 901. H. Zitelmann. — 25

Stoll, Osk., Gesundheit u. Athletik-Sport! Anleitung zur allseit. Ausbildg. u. Gesunderhaltg. des Körpers. 2. Aufl. (12 S. m. Fig.) 8. Berlin 903. Lebensreform. — 25

Stoll, Osk., der harmonische Mensch. Geistes- u. Körperkultur. (3. Aufl.) (VIII, 54 S. m. Abb.) gr. 8. Schöneberg-Berlin 910. Verlag Lebensreform. — 60

Stoll, Otto, Arzt von Osterfingen (Schaffhausen): Zur patholog. Anatomie der Lues spinalis. (Neurolog. Arbeiten unter der Leitung von Dr. Veraguth in Zürich.) Leipzig 1909. 46 S. und eine Tafel. 4°. S.-A. aus dem Journal für Psychologie und Neurologie 12. [2. II. 09.]

Zürich, Med Diss 1908/09.

Stoll, Otto. Zur patholog(ischen) Anatomie der Lues spinalis. Diss. Med. Univ. Zürich. Mit [Figuren und] einer Tafel. ([SA. aus:] Journal f. Psychol[ogie] u. Neurol[ogie, Band] 12.) 46 S. 4. Leipzig, Johann Ambrosius Barth, 1909.

Neurolog. Arbeiten unter der Leitung von Privatdozent Dr. O[tto] Veraguth in Zürich

Stoll, Otto, appr. Apotheker a. Stuttgart: Beiträge zur morphologischen und biologischen Charakteristik von Peniciliumarten. Würzburg 1904: A. Borst. (56 S.) 8°
Würzburg, Phil. Fak., Ref. Kraus, Diss. v. 27. Sept. 1905
[Geb. 3. Sept. 74 Stuttgart; Wohnort: Stuttgart; Staatsangeh.: Württemberg; Vorbildung: Oberrealsch. Stuttgart Reife O. 95; Studium: Stuttgart T.H. 3, Würzburg 4 S.; Rig. 27. Juli 04.]

Stoll, Otto. Die Erhebungen über Volksmedizin in der Schweiz. Sonderabdruck aus dem «Schweiz. Archiv für Volkskunde» Bd. 5. 1901. *Kopftitel:* Kommission für Erforschung der Volksmedizin. II + 44 S. 8. Zürich, Emil Cotti's Wwe., 1901.

Stoll, Otto, Med. Dr.: Zur Ethnographie der Republik Guatemala. Zür. Orell Füssli Cie Dr. [u. Verl.] 1884. IX, 175 S., 1 Taf., 1 Karte. 8°.
[Zürich, Phil. Fac., Habilitationsschrift].

Stoll, Otto, zur Ethnographie der Republik Guatemala. Mit e. chromolith. Beilage: Ethnographische Karte v. Guatemala. gr. 8. (IX, 176 S. m. 1 Stammbaum.) Zürich 884. Orell Füssli & Co. Verl. n. 6. —

Stoll, Otto. Die Ethnologie der Indianerstämme v. Guatemala, s. Archiv, internationales f. Ethnographie.

Stoll, Otto, das Geschlechtsleben in der Völkerpsychologie. (XIV, 1020 S. m. Abbildgn.) gr. 8. Leipzig 908. Veit & Co. 30.—; geb. in Halbfrz. 33. —

Stoll, Otto, Guatemala. Reisen und Schilderungen aus den J. 1878—1883. gr. 8. (XII, 518 S. mit 12 Abbild. und 2 Karten.) Leipzig 886, Brockhaus. *
geb. *

Die Maya-Sprachen der Pokom-Gruppe. Tl 1. 2. Von Dr. med. Otto Stoll, o. ö. Prof. . . . an d. Univ. Zürich. *Wien: A. Hölder; (2: Leipzig: K. F. Köhler) 1888—96.* 2 Bde 8.
1. D. Sprache d. Pokonchi-Indianer. 1888. (X, 202 S., 1 Bl.)
2. 1896. D. Sprache d. K'e'kchi-Indianer. Nebst e. Anh.: Die Uspanteca. 1896. (VIII, 221 S., 1 Bl.)

Stoll, Otto, von Osterfingen [Kt. Schaffhausen]: Zur Pathologie und Therapie des acuten Prostataabscesses. Zür. Zürcher u. Furrer Dr. 1877. 32 S., 1 Bl. Thesen. 8°.
Zürich, Med. Diss. [v. 8. Aug. 1877].

—— die Sprache der Ixil-Indianer. Ein Beitrag zur Ethnologie und Linguistik der Maya-Völker. Nebst einem Anhang: Wortverzeichnisse aus dem nordwestl. Guatemala. gr. 8. (XII, 156 S.) Leipzig 887, Brockhaus. *

Stoll, Otto. Georg Stoll. Ein Lebensbild, skizziert von Prof. Dr. O' St'. [Mit 1 Porträt-Tafel.] 81 S. 8. Zürich, Berichthaus, 1904.

Stoll, Otto, Suggestion u. Hypnotismus in der Völkerpsychologie. gr. 8. (XII, 523 S.) Leipzig 894. K. F. Koehler's Antiquar. n. 15. —

Stoll, Otto, Suggestion u. Hypnotismus in der Völkerpsychologie. 2. umgearb. u. verm. Aufl. (X, 738 S.) gr. 8. Leipzig 903. Veit & Co. n. 16. —;
geb. in Halbfrz. n. 18. 50

Suggestion und Hypnotismus in der Völkerpsychologie. Von Dr. med. Otto Stoll, Prof., Zürich. 2. umgearb. u. verm. Aufl. *Leipzig: Veit & Co. 1904.* (X, 738 S.) 8°

Zur Zoogeographie der landbewohnenden Wirbellosen v. Dr. Otto Stoll, o. ö. Prof. . . . an d. Univ. Zürich. M. 2 Taf. *Berlin: R. Friedländer & Sohn 1897.* (2 Bl., 113 S., 2 Taf.) 1 Bd 8.

Stoll, Philipp, cand. med. aus Westhofen (Rhein-Hessen): **Beitrag zur traumatischen Erkrankung der Wirbelsäule.** *München 1897 [vielm. 1900]: Kastner & Lossen.* (38 S.) 8°
München, Med. Diss. v. 1900

Stoll, Rudolph

Stoll (R.). Bildung des Kallus der Stecklingen. Halle, 1874. 4°.

Jahresbericht des Königl. Pomologischen Instituts zu Proskau . . Erstattet von d. Dir. Prof. Dr. **Stoll**. [1.] Für d. J. 1909. Berlin: Parey 1910. 8°

Stoll, Rudolf (Hrsg.), s. Obstbauzeitung, Proskauer.

Proskauer Obstsorten. Zsgest. von Prof. Dr. [Rudolf] **Stoll**, Dir. u. Landes-Oekon.R. Proskau b. Oppeln: [Pomolog.] Inst. 1907. (104 S.) 8°

Stoll, Rud., österreichisch-ungarische Pomologie. Abbildung und Beschreibung von in Oesterreich-Ungarn verbreiteten oder einer Verbreitung werthen Früchten. Mit 157 color. Fruchtabbild. auf 40 Taf. 4 Bde. gr. 4. Klosterneuburg. (Wien, Frick.) [1. und 2. Bd. (IV, 80 S. mit eingedr. Holzschn. und 20 Chromolithogr.) 883; 3. und 4. Bd. (VIII, 78 S. mit eingedr. Holzschn. und 20 Chromolithogr.) 884.] à Bd. * *M* 8. *

Stoll, W. K., s. Stolle, Wilhelm Karl

Stoll, Wilh., das Reichsgesetz, betr. die Erwerbs- u. Wirthschaftsgenossenschaften, s. a. Lang's Sammlung deutscher u. badischer Gesetze. 4. Bd.

Stoll, W.: Das Reichsgesetz betr. die Erwerbs- und Wirtschaftsgenossenschaften nebst badischen Verordnungen. Karlsruhe 1900.

— der Viehhandel nach den Bestimmungen des bürgerl. Gesetzbuches. Ein Vortrag. 8. (56 S.) Berlin 902. [Meyer & Wunder.] Deutscher Verlag. n. — 60

Stoll, Wolfg. G., pretiosa margarita, d. i. köstl. Perle v. Stein d. Weisen, Jain Lancini. 4. Leipz. 714.

Stoll-Krotowski, M[oritz] (geb. Kalisch 25. 12. 1847): Stenosis aortae congenita. Berlin (1873). (32 (vielmehr 30) S.) 8°
Berlin, Med. Diss. v. 2. Aug. 1873

Stoll von Wespach, Georg David von (Memmingen)
A. S. 250/28

Dissertatio iuridica inauguralis de varia iurium innovatione per expeditionem cruce signatorum.
Präs. Justus Henning Boehmer.
Halle (Grunert) VIII. 1740. 55 S.

Gew.: Stadt Memmingen. 33739

Stollberg [Sachliches OW]

Stollberg, s. Martin Stollberg.

Stollberg [Schlagwort]

Stollberg, s: Chemnitz, Umgeg.

Stollberg, s.: Erzgebirge. Hjorth.

Stollberg, s.: Sachsen. Karte. Messtischblätter.

Stollberg [Verfasser]

Stollberg, s. Stolberg.

Stollberg, Agnes Gräfin

Monat November, der, zum Trost der armen Seelen im Fegefeuer. Ein Andachtsbüchlein für die Verstorbenen, gesammelt von A. G. St. (Agnes Gräfin Stollberg.) kl. 8. (87 S.) Olmütz, Hölzel. 1861. 20 kr.

Stollberg, F. L. Graf zu,
s. Stolberg, Friedrich Leopold Graf zu

Stollberg, Herm., wie sind Zahlungseinstellungen zu vermeiden u. zu überwinden? Guter Rat für unverschuldet in Not Geratene, betr. Zahlungsunfähigkeit, Moratorium, Akkord, Konkurs u. Zwangsvergleich nebst den erforderl. Briefen u. Formularen. (48 S.) gr. 8. Leipzig (904). G. Weigel. n. 1. —

Stollberg, T., Preußens gerichtl. Verfahren bei der Instruction d. Processe. Eine systemat. Bearbeit. d. darüber besteh. Gesetze, namentl. d. allgem. Gerichtsordn., d. Verordn. üb. d. Mandats-, summar. u. Bagatellproceß ꝛc. gr. 8. (12½ B.) Berlin 839, Rubach.

Stollbrock, Ludwig

Stollbrock, L. Leben und Wirken des k. k. Hofkapellmeisters und Hofkompositors Johann Georg Reuter jun. (S.-A. aus der Vierteljahrsschrift für Musikwissenschaft. Leipzig 1892.)

Stollbrock, Ludwig. Die Komponisten Georg und Gottlieb Muffat. Inaugural-Dissertation. Rostock 1888.

Stolle's erprobte und bewährte 251 Geheimmittel für Tischler ꝛc., s. Bibliothek, technologische.

Stolle: Erprobte und bewährte 251 Geheimmittel für Tischler, Drechsler, Polirer und Holzarbeiter. Altona 1865

Stolle, August: Die Versicherung für fremde Rechnung nach dem Entwurfe eines Gesetzes über den Versicherungsvertrag von 1905. Göttingen 1906: Dieterich. (64 S.) 8°
Göttingen, Jur. Fak., Ref. Ehrenberg, Diss. v. 28. Nov. 1906
[Geb. 25. Febr. 82 Holtensen; Wohnort: Holtensen; Staatsangeh.: Preußen; Vorbildung: Gymn. Göttingen Reife O. 02; Studium: Göttingen 6 S.; Rig. 19. März 06.]

Stolle, C., Tabellen zur Erleichterung der Umrechnung des Courants in Gold u. des Goldes in Courant, umfassend die Course von 106, 106⅟₁₂, 106⅛ ꝛc. bis 115 Procent von 1 Sgl. anfangend u. mit 5000 Thlr. aufhörend. gr. 8. (9½ B.) Hannover 846, Helwing'sche Hofbuchh. * -

Stolle, Eduard

Stolle, Ed., die neuesten Fortschritte u. Verbesserungen in d. Fabrikation d. Runkelrübenzuckers, sowohl in Frankreich als in Deutschland. A. d. Franz. 8. (4 B.) Quedlinburg 838, Basse.

Stolle's, Ed., Industrie-Atlas. Blatt 1—4. Lithogr. und ill. Mit Text am Rande. qu. Imp.-Fol. Berlin 853 —55, (Herbig.) à Bl. **

Inhalt:
- Bl. 1. Uebersichtskarte der Zuckerproduction der ganzen Erde.
- 2. Uebersichtskarte der Rübenzucker-Industrie. 2., nach offiziell. Mittheilungen verb. Ausg.
- 3. Uebersichtskarte der Eisenproduction der ganzen Erde.
- 4. Uebersichtskarte des Wein- und Tabakbaues der ganzen Erde.

Stolle, Dr. Eduard, Politischer Katechismus für den deutschen Staatsbürger. 2. Auflage. Breslau, Selbstverlag, 1848. 16 S. 8°.

— die einheimische und ausländische Patentgesetzgebung zum Schutze gewerblicher Erfindungen. Nachgelassenes Mscr. Geordnet, ergänzt und herausg. von Otto Hübner. Leipzig 855. Hübner. Lex.-8. (2 Bl., 240 S.) n. 1 ⁄ 10 ngr.

Stolle, Ed., über den Runkelrübenbau mit besond. Rücksicht auf die einheimische Zucker-Fabrikation. Eine Denkschrift ꝛc. 2. verb. u. verm. Aufl. gr. 8. Breslau 846, Schulz u. Comp. n. ¼ ⁄

Stolle, Eduard, über den Runkelrübenbau mit besond. Rücksicht auf die einheimische Zucker-Fabrikation. Eine Denkschrift ꝛc. 2., verb. und verm. Aufl. gr. 8. (VI und 25 S.) Breslau 847, [Aland.] *

Stolle, Ed., Studien über die Hebung der Landeskultur im Königreich Belgien. Nebst einem Anhang über die innere Einrichtung des Ackerbau-Ministeriums in Frankreich. gr. 8. (60 S.) Berlin 850, Gebauer. ⅓ ⁄

—— thermometrische Tabelle nach den Scalen von Celsius, Réaumur und Fahrenheit nebst den bemerkenswerthesten Naturerscheinungen aus dem Gebiete der Chemie, Physiologie, Climatologie und phys. Geographie in ihrem Zusammenhange mit der Temperatur. Nach Alfr. S. Taylor's Entwurfe frei bearb. 1 Bog. in gr. Fol. Berlin 854, Herbig. *

— Uebersichtskarte der Rübenzucker-Industrie. 2. nach offiziell. Mittheilungen verb. Ausg. — Uebersichtskarte der Zuckerproduction der ganzen Erde. Berlin 853. Herbig. gr. Fol. (2 lith. Karten in Farbendr. mit Text.) n. 2 ⁄ 20 ngr.

— Uebersichtskarte der geograph. Vertheilung der europäischen Rübenzucker-Industrie. Imp. Fol. Metallograph. u. color. Berlin 850. (Gaertner.) n. ⅔ ⁄

Stolle, Emil. Ueber das Meta-Dimethyldiphenyl. (Bern) Darmstadt, 1888.

Stolle, Ernst, Gebirgssagen aus Rübezahls Reich, f. die Jugend gesammelt u. m. Berücksicht. der neuen Rechtschreibg. bearb. Mit 3 schwarzen Textbildern sowie 3 farb. Bildern v. W. Schäfer u. E. Hanetzog. (III, 123 S.) 8. Berlin (907). Verlag Jugendhort.
Geb. in Halbleinw. 2. —

— Rübezahl. Sagen u. Märchen, f. die Jugend gesammelt u. m. Berücksicht. der neuen Rechtschreibg. bearb. Mit 5 schwarzen Textbildern sowie 3 farb. Bildern v. W. Schäfer u. E. Hanetzog. (116 S.) 8. Ebd. (907).
Geb. in Halbleinw. 2. —

— dasselbe. Mit 8 schwarzen Textbildern sowie 6 farb. Bildern v. W. Schäfer u. E. Hanetzog. (116 u. 123 S.) 8. Ebd. (907). Geb. in Halbleinw. 3.—; gr. 8., in Leinw. 4. 50

Stolle, F., Handbuch f. Zuckerfabriks-Chemiker. Methoden u. Vorschriften f. die Untersuchg. v. Rohprodukten, Erzeugnissen u. Hilfsprodukten der Zuckerindustrie. (XIX, 583 S. m. 110 Abbildgn.) gr. 8. Berlin 904. P. Parey. Geb. in Leinw. n. 16. —

Stolle, F. C. W., die Irranstalt nach allen ihren Beziehungen. Mit 1 lithogr. u. illum. Plane. 8. Karlsr. 831. Müller. 1 ⁄ 12 ℊ

Stolle, Ferdinand

—— 1813. Ein histor. Roman. 3 Thle. 8. (57⅓ B.) Leipzig 838, [Berger's Buchh.]

Stolle, Ferdinand

1813. Ein historischer Roman. Th. 2. Leipzig: Meißner 1838. 380 S. 8°

Stolle, Ferd., 1813. Ein histor. Roman. 3 Thle. 2., verb. Aufl. 8. (51¼ B.) Leipzig 844, [Berger's Buchh.]

Stolle, Ferdinand. 1813: Historischer Roman. Philadelphia: Thomas, 1860. GSP

Stolle, Ferd., Blüten u. Perlen, d. herrlichsten, d. ächten deutschen Lyrik, in e. Diadem gewunden f. Deutschlands sinnige Frauen. 16. (18½ B.) Leipzig 851, Kollmann.

—— Buch der Lieder, s. Buch.

—— der neue Cäsar. Ein Seitenstück zu „1813" u. „Elba u. Waterloo." 3 Thle. 8. (57½ B.) Leipzig 841, [Berger's Bh.]

— der neue Cäsar. Ein Seitenstück zu „1813" und „Elba und Waterloo." 3 Thle. 8. Leipzig 841. Meißner. 4½ ₰

—— der Dorf-Barbier, s. Dorfbarbier.

Stolle, Ferd., Dorfbarbier-Kalender. 1861. Prag 860. Kober. (Hamburg, Richter.) 8. (XVI, 138 S. m. Holzschn.) n. 12½ ngr.

—— Eilpost für Moden rc., s. Eilpost.

—— Elba u. Waterloo. Ein histor. Roman. (Fortsetz. von „1813" von dems. Verf.) 3 Bde. 8. (56¾ B.) Leipzig 838, [Berger's Buchh.]

—— Elba u. Waterloo. Ein histor. Roman. 3 Thle. 2., verb. Aufl. 8. (59¼ B.) Leipzig 845, [Berger's Buchh.]

—— die Erbschaft in Kabul, s. Bibliothek, europäische.

—— die Erbschaft in Kabul. Komischer Roman. 3 Bände. 8. (55 B.) Leipzig 842, [Berger's Buchh.]

– Dorfbarbiers neueste Erzählungen. Mit 23 Illustr. (Holzschn.) von Karl Reinhardt. Prag 862. Kober. (Hamburg, Richter.) 8. (138 S.) n. 8 ngr.

—— kleinere Erzählungen. 2. Bde. 8. (42⅛ B.) Leipzig 844, [Berger's Buchh.]

Stolle, Ferd., die Familie des Generals von Pulverrauch oder ein Frühling auf dem Lande. Ein Erinnerungsbüchlein des alten Dorfbarbiers an seine alte getreue Kundschaft. Leipzig 864. Keil. 8. (VIII, 254 S.) n. 27½ ngr.

Stolle, Ferd., ein Frühling auf dem Lande. Aus dem Tagebuche des gemüthlichen Dorfbarbier. Leipzig 867. Keil. 8. (VIII, 254 S.) 27½ ngr.

– Frühlingsglocken. Novellen u. Erzählungen. 2 Bde. 8. (VI. 236 u. 250 S.) Plauen 851, Schröter. 2⅓ ₰

– Gedichte, s.: Weihnachtsbaum.

Stolle, Ferd., die Granitcolonne von Marengo. Historischer Roman. 3 Bde. 8. (1. und 2. Bd. 580 S.) Plauen 854(55,) Schröter.

Stolle, Ferd., die Granitcolonne von Marengo. Historischer Roman. 3 Bde. Plauen 855. Schröter. 8. (272; 308; 302 S.) 4 ₰. 15 ngr.

—— Sachsens Hauptstädte. Ein humorist. Doppelpanorama. 2 Thle. gr. 12. Leipzig 834, 35, O. Wigand.

T. u. d. Titln.:

Thl. 1. Das neue Leipzig, nebst e. Kreuzthurminspiration üb. Dresden. (24⅝ B.) 1 Thlr. 12 Gr.

" 2. Die sächs. Revolution od. Dresden u. Leipzig in d. Jahren 1830 u. 1831. (11 B.) 1 Thlr.

— fünf Jahre u. fünf Gräber! Ein Erinnerungsblatt f. Leipzig. gr. 8. (6 S.) Leipzig 851, Keil & Co. n. n. ⅙ ₰

—— Jahreszeiten, s. a. Jahreszeiten.

— die Jahreszeiten im Schmucke deutscher Poesie. Ein Liederschatz und Familienbuch für jeden Tag des Jahres. Mit Illustr. (Holzschn.) 1. u. 2. Liefg. Dresden 860. Schäfer. 4. (1. Bd.: S. 1—80 u. 1 Holzschntaf.) Jede Liefg. n. 10 ngr.

Stolle, Ferd., die Jahreszeiten im Schmucke deutscher Poesie. Ein Liederschatz und Familienbuch für jeden Tag des Jahres. Neue billigere Ausg. Mit 200 Illustr. in eingedr. Holzschn. (In 20 Lfgn.) 1—7. Lfg. hoch 4. (1. Bd. S. 1—280.) Dresden 861—62. [Prag, Kober.] à Lfg. * 8 Ngr. Thlr. *

Vgl.: Jahreszeiten, die.

—— die Jahreszeiten im Schmucke deutscher Poesie. Ein Liederschatz und Familienbuch für jeden Tag des Jahres. Neue billigere Ausg. Mit 200 Illustr. (in eingedr. Holzschn.) 8. und 9. (Schluß-)Lfg. hoch 4. (Winter und Frühlung S. 281—356.) Prag 863. (Hamburg, Richter.) à Lfg. * 8 Ngr. *

1.—7. Lfg. [Ebendas.] 1861,62. * 1 Thlr. 26 Ngr.

Stolle, Ferd., Camelien. Novellen, Erzähln. u. Genrebilder. 2 Thle. 8. (41 B.) Leipzig 838, [Berger's Buchh.]

Stolle, Fd., Camelien. Novellen, Erzählungen und Genrebilder. 2 Thle. 8. Leipzig 838. Meißner. 2½ ₰

—— der König von Tauharawi. Launiger Roman in 3 Bdn. 16. (XII und 594 S.) Prag 857. [Wien, Markgraf.]

— der König von Tauharawi, s. a. Album. Bibliothek deutscher Originalromane.

Stolle, Ferdinand

Der König von Tauharawi. Launiger Roman. Bd 1-3. Prag, Leipzig: Kober 1857. 8°

(Album. Bibliothek dt. Originalromane. Jg. 12, Bd 17-19.)

—— zwei Monate im Jahre im Schmucke deutscher Poesie. Ein Liederschatz und Familienbuch. 1. Heft. gr. 8. (128 S.) Prag 861, Kober.

Aus: Jahreszeiten im Schmucke deutscher Poesie, besonders abgedruckt.

— Na da lacht zu! oder der Dorfbarbier in seiner besten Laune. Das Drolligste aus den Unterhaltungen des Dorfbarbier mit dem General v. Pulverrauch, nebst vielen andern lustigen Sachen zeitgemäß u. passend zusammengestellt u. m. viel Zusätzen u. Verbesserungen verm. u. hrsg. 2. mit dem (lith.) Bildnisse u. Facs. des Verf. verm. Aufl. gr. 8. (IV u. 330 S.) Plauen 851, Schröter. ⅚ ₰ (1. Aufl. siehe: Volksbibliothek, humoristische.)

— Na da lacht zu! oder der Dorfbarbier in seiner besten Laune. Ein humoristisches Schatzkästlein für gemütbliche Leute. 3. mit dem (lith.) Bildnisse u. Facsim. des Verf. verm. (Titel-)Aufl. Plauen (851.) 855. Schröter. 8. (2 Bl., 330 S.) 15 ngr.

Stolle, Ferd., Nacht u. Morgen. Novellen, Phantasiestücke u. Lieder. gr. 12. (12 B.) Leipzig 830, Otto Wigand. Thlr.

—— Napoleon in Aegypten. Historisch-romant. Gemälde. 3 Thle. 8. (57¼ B.) Leipzig 843, [Berger's Buchh.]

—— National-Versammlung d. deutschen Lyriker d. 18. u. 19. Jahrh. 1. Bd. (3 Lfgn.) u. 3. Bd. (4 Lfgn.) gr. 8. Grimma, Gebhardt. à Bd. 1½ Thlr.
Bd. 1. Von Haller bis Göthe. (31½ B.) 838.
" 3. Von Heine bis 1839. (37 B.) 839.
A. u. d. T.:
Das Buch d. Lieder, od. d. Lyriker d. Gegenwart in ihren schönsten Gesängen.
Der 2. Bd. wird (1842) noch erwartet.

—— Palmen des Frieden. Eine Mitgabe auf des Lebens Pilgerreise. Dichtungen.. 16. (X und 182 S.) Leipzig 855, Magazin für Literatur.

—— Palmen des Friedens. Eine Mitgabe auf des Lebens Pilgerreise. Dichtungen. 2. Aufl. gr. 16. (X und 188 S. mit lithogr. Titel.) Leipzig 858, Magazin für Literatur. geb. *

— Palmen des Friedens. Eine Mitgabe auf des Lebens Pilgerreise. Dichtungen. 4. Aufl. Leipzig 866. Magazin für Literatur. 16. (VIII, 203 S.) geb. mit Goldschn. n. 1 ℛ 15 ngr.

—— deutsche Pickwickier. Kom. Roman. 3 Bde. 8. (56½ B.) Leipzig 841, [Berger's Buchh.]

— Deutsche Pickwickier. Komischer Roman. 3 Bde. kl. 8. Leipzig 841, Meißner. 4½ ℛ

Stolle, Ferd., deutsche Pickwickier. Komischer Roman. 3 Thle. 3. Aufl. 8. (169, 155 u. 200 S.) Leipzig 878. Keil. 3. —

Stolle, Ferd., deutsche Pickwickier, s. a. Roman-Perlen.

Deutsche Pickwickier. Komischer Roman von Ferdinand Stolle. Berlin: Deutsches Dr.-u. Verlagshaus [1904]. (439 S.) 8°
= Roman-Perlen. [Jg. 1.], H. 9, [2] – H. 16, [1.]

– s. Ponsard, Lucretia.

—— die weiße Rose. Geheimnisse aus dem Serail. Morgenländischer Roman. 3 Bde. 8. (699 S.) Plauen 851, Schröter.

—— Sachsen, sein Volk u. seine Fürsten. Eine Stimme d. Freude, d. Freiheit u. d. Friedens zur Nachfeier d. Septembertage 1830. (Gedicht.) gr. 8. (¾ B. ohne Pag.) Leipzig 830, Glück.

Stolle, Ferd., humoristisches Schatzkästlein. Eine ausgewählte Sammlung der drolligsten und pikantesten Anekdoten. 8. (192 S.) Plauen 872,75, Schröter.

—— ausgewählte Schriften. Volks- und Familien-Ausg. 24 Bde. 8. Leipzig 853—55, Keil. à Bd. 7½ Ngr.
Inhalt:
Bd. 1. Camellien. Novellen und Erzählungen. (V und 235 S.)
· 2—4. Napoleon in Aegypten. Historisch-romant. Gemälde. 3 Thle. (581 S.)
· 5. Moosrosen. Novellen und Erzählungen. (V und 169 S.)
· 6—8. Deutsche Pickwickier. Komischer Roman. 3 Thle. (564 S.)
· 9. Je länger je lieber. Phantasiestücke und Erzählungen. (V und 126 S.)
· 10—12. 1813. Historischer Roman. 3 Thle. (634 S.)
· 13—15. Elba und Waterloo. Historischer Roman. (Fortsetzung von „1813.“) 3 Bde. (619 S.)
· 16. Moosrosen. Novellen und Erzählungen. 2. Bd. (176 S.)
· 17., 18. Die Erbschaft in Kabul. Komischer Roman. 2 Bde. (436 S.)
· 19. Camellien. Novellen und Erzählungen. 2. Bd. (143 S.)
· 20. Der neue Cäsar. Ein Seitenstück zu „1813“ und „Elba und Waterloo.“ 1. Bd. (236 S.)
· 21., 22. —— dass. — 2. und 3. Bd. (348 S.)
· 23. Je länger je lieber. Phantasiestücke und Erzählungen. 2. Bd. (V und 170 S.)
· 24. Lieder und Gedichte nebst lebensgeschichtl. Umrissen. (VIII und 126 S. mit Port. in Stahlst.)

—— dass. — Supplemente. 1. und 2. Bd.: Der Weltbürger. Historischer Roman aus den J. 1830—32. 1. und 2. Thl. 2. Aufl. 8. (350 S.) Ebds. 856(57.) à Bd. 7½ Ngr.

— ausgewählte Schriften. Volks- und Familien-Ausgabe. 24 Bde. 853—55. — 2. Aufl. Leipzig 857, 58. Keil. 8. Jeder Bd. 7½ ngr
1. 19. Bd.: Camellien. Novellen und Erzählungen. 2 Bde. (235; 143 S.)
2—4. Bd.: Napoleon in Aegypten. Historisch-romantisches Gemälde. 3 Thle. (204; 177; 200 S.)
5. 16. Bd.: Moosrosen. Novellen und Erzählungen. 2 Bde. (169; 176 S.)
6—8. Bd.: Deutsche Pickwickier. Komischer Roman. 3 Thle. (182; 166; 216 S.)
9. 23. Bd.: Je länger je lieber. Phantasiestücke und Erzählungen. 2 Bde. (127; 170 S.)
10—12. Bd.: 1813. Historischer Roman. 3 Thle. (215; 187; 232 S.)
13—15. Bd.: Elba und Waterloo. Historischer Roman. (Fortsetzung von „1813“ von demselben Verf.) 3 Bde. (240; 176; 203 S.)
17. 18. Bd.: Die Erbschaft in Kabul. Komischer Roman. 2 Bde. (208; 228 S.)
20—22. Bd.: Der neue Cäsar. Ein Seitenstück zu „1813“ und „Elba und Waterloo“. 3 Bde. (206; 172; 176 S.)
24. Bd.: Lieder und Gedichte nebst lebensgeschichtlichen Umrissen. (VIII, 126 S. u. Bildniß in Stahlst.)

— — Supplemente. Leipzig 857. Keil. 8. Jeder Bd. 7½ ngr
1—3. Bd.: Der Weltbürger. Historischer Roman aus den J. 1830—1832. 3 Thle. 2. Aufl. (187; 163; 195 S.)

Stolle's, Ferd., ausgewählte Schriften. Volks- und Familien-Ausg. 28.—30. Bd. [4.—6. Suppl.-Bd.] 8. Leipzig 864, Keil. à Bd. 7½ Ngr. —
Inhalt:
Bd. 28. Moosrosen. Novellen und Erzählungen. 3. Thl. (192 S.)
" 29. 30. Die deutschen Pickwickier auf Reisen. Lustiges Seitenstück zu dem lustigen Buche „Deutsche Pickwickier.“ 2 Bde. (IV und 326 S.)

—— dass. — Neue Folge. 12 Bde. 8. Plauen 865, Schröter's Verlag. à Bd. 7½ Ngr.
Inhalt:
Bd. 1—3. Die weiße Rose. Geheimnisse aus dem Serail. Morgenländ. Roman. 3 Bde. (521 S.)
· 4—7. Die Granitcolonne von Marengo. Histor. Roman. 4 Bde. (590 S.)
· 8. 9. Frühlingsglocken. Erzählungen und Novellen. 2 Bde. (334 S.)
· 10—12. Der König von Tauharawi. Launiger Roman. 3 Bde. (431 S.)

— gesammelte Schriften: 1813. Ein histor. Roman. 3 Thle. 2. verb. Aufl. 8. Hamburg 844, Engel. 4½ ℛ

——, Stella. Eine poet.-humorist. Gabe. 8. (18½ B.) Leipzig 832, Kollmann.

—— von Wien nach Vilagos, s. a. Album, Bibliothek deutscher Originalromane.

Stolle, Ferdinand

Von Wien nach Vilagos. Historischer Roman. Bd 1-3. Leipzig: Günther 1866. 8°

– s. Weihnachtsbaum.

—— der Weltbürger. Ein histor. Roman a. d. J. 1830—1832. 3 Bde. 8. (50¼ B.) Leipzig 839, [Berger's Buchh.]

— der Weltbürger. Ein histor. Roman aus den Jahren 1830—1832. 3 Bde. 8. Leipzig 839. Meißner. 4½ ℛ

— Werke. 4.—6. Bd. A. u. d. T.: Elba u. Waterloo. Hist. Roman. 3 Bde. 2. verb. Aufl. 8. Leipzig 845, Berger. 4½ ℛ

(Stolle, Ferd.,) des Dorfbarbiers sämmtl. Werke. Familienausg. 1—3. Thl. A. u. d. T.: Die Erbschaft in Kabul. Komischer Roman. 3 Thle. 8. (688 S.) Grimma 848. [Wurzen,] Verlags-Comptoir. à Thl. * 10 Ngr. *

—— daſſ. — 4—6. Thl. A. u. d. T.: 1813. Hiſtoriſcher Roman. 3 Thle. 8. (695 S.) Ebdſ. 848. à Thl. * 10 Ngr. *

Stolle, Frz., die Gebete und Ceremonien der heiligen Meſſe. Ein Lehr- u. Gebetbuch. Leipzig 862. Jackowitz in Comm. 8. (88 S.) n. 6 ngr.

Stolle, Franz: Das Martyrium der thebaischen Legion.... Breslau, Druck d. Bresl. Gen.-Buchdr., 1891; 2 Bl., 112 S. 8°
Münster, Phil. Fak., Inaug.-Diss. v. [4. März] 1891

Stolle, Frz. Das Martyrium der thebaischen Legion. gr. 8. (112 S.) Bresl. 891, Müller u. Seiffert. * 1 60

Stolle, Franz [Dr.]: Wo schlug Cäsar die Usipeter und Tenkterer? Wo überbrückte er den Rhein? Schlettstadt, Buchdr. P. Rugraff, 1897; 15 S. 4.
Schlettstadt, G, MP 1897 (528 [vielm. 538])

Stolle, Franz, Dr.: Wo schlug Cäsar den Ariovist? Strassburg 1899: J. H. E. Heitz. (42 S.) 4°
Schlettstadt, G, MP 1899 (548)

Stolle, Frz., wo schlug Cäsar den Ariovist? Lex.-8. (42 S. m. 1 Karte.) Strassburg 899. J. H. E. Heitz. n. 1. 20

Stolle, Friedrich

Stolle, Fr., aus der Geschichte der Juden in Köln a/Rh. Ein Gang durch die deutsche Geschichte. 8. (IV, 57 S.) Barmen 888. Wiemann. n. — 50

Stolle, Frdr., Hoſianna. Kleiner Miſſions-Liederſchatz f. Freunde Israels. Zum häusl. Gebrauch u. f. Arbeits- u. Feſtſtunden d. Judenmiſſion geſammelt u. hrsg. 8. (166 S. m. Titelbild.) Köln 898. (C. Roemke & Co.) Geb. in Leinw. n. 1. 25

Stolle, Friedrich Wilhelm [aus Köln a. Rh.]: Kryptorchismus und Hernie ... Marburg, Univ.-Buchdr. (R. Friedrich), 1896; 29 S., 1 Bl. 8.
Marburg, Med. Fak., Inaug.-Diss. v. 20. Febr. 1896

Stolle, Frdr., die photomechanischen Pressendruckverfahren. Prakt. Anleitg. zur Herstellg. v. Lichtdrucken u. Metallclichés f. Buch- u. Kunstdruck. gr. 8. (VIII, 66 S.) Frankfurt a/M. 895. H. Bechhold. n. 2. —; geb. n. 2. 30

Stolle, Fr., ſ.: Rabbinen, zwei bekehrte.

Stolle, Gottlieb

Gottlieb Stolles ... Anleitung Zur Historie der Gelahrheit (!), denen zum besten, so den Freyen-Künsten und der Philosophie obliegen, in dreyen Theilen nunmehr zum andernmal, umb vieles vermehret und verbessert, herausgegeben. Jena, In Verlegung Johann Meyers seel. Witwe. 1724.

Stolle, Gottlieb. Anleitung zur Historie der juristischen Gelahrtheit . . . Jena 1745. H: *Stolle, Johann Ephraim & Michael Gottlieb Stolle.* (BrMm)

Gottlieb Stolles ... Anleitung zur Historie Der Juristischen Gelahrheit (!), Nebst einer Ausführlichen Nachricht, von des seel. Verfassers Leben und Schrifften. Mit einer Vorrede von dem Werth und Nutzen der Deductionen begleitet von Herrn Christian Gottlieb Budern ... Jena, In Verlegung Johann Meyers seel. Erben, 1745.

Stolle, Gottlieb: Anleitung zur Historie der Medicinischen Gelehrtheit. Th.1-3, 990 S., gbd.

Jena: Meyer 1731

JB 5.691

— Anleit. z. Historie d. philosoph. Gelahrheit. 3 Thle. m. neuen Zuſ. 4. Ebend. 736.

— Anleit. z. Historie der theolog. Gelahrheit. 4. Ebend. 739.

— Anmerk. über Heumanns conspectum rei publicae literariae. 8. ibid. 738.

Stoll, Gli., Anmerk. üb. Gfr. Arnolds kurzgef. Kirchenhiſtorie d. Alt. u. N. Teſtam. 8. Jena, Güth. 744.

STOLLE, Gottlieb (= *Leander aus Schlesien* ps., geb. zu Liegnitz 1673, studierte in Leipzig und Halle, 1714 Direktor des Gymnasiums zu Hildburghausen, 1717 Prof. d. Politik und Präses der deutschen Gesellschaft zu Jena, † 1744), Deutsche Gedichte. Jena, o. J. (c. 1700). 8°.
Nach Brümmer II, 398 stehen sie im „Schlesischen Helicon" u. in: „Fliegende Bibliothek der schlesischen Wohlredenheit." — Ferner in Th. 6 von „Herrn von Hoffmannswaldau und andrer Deutschen . . . . Gedichten", welchen er herausgab.

LEANDER aus Schlesien (d. i. Gottlieb Stolle). Verliebte und galante Gedichte. (ca. 1705.) 8°. 66 S.

Stolle, Gottlieb. Historie der Heydnischen Morale. Jena, Chr. Pohl, 1714. 4°. 10 Bl. 584 S. 11 Bl.

— introductio in Historiam literariam lat. vertit K. H. Lange. 4. ibid. 728.

Stolle, G., Aufrichtige Nachrichten von dem Leben, Schriften und Lehren der Kirchenväter der ersten vierhundert Jahre. Jen. 733. 4. 1 rthl.

Stolle, Gottl., Kurze Nachrichten von den Büchern und deren Urhebern in der Stolkischen Bibliothek. Jen. 733–43. 18 Th. 4. 5 rthl. 4 gr.

Stolle, Gottlieb [Praes.], s. Richter, Gottlob Ludwig: De vita, moribus ac placitis Antisthenis Cynici.

Stolle, Gottlieb, Sammlung // Der // Schriften // Der // Teutschen Gesellschaft // in Jena // In gebundener und ungebundener Schreibart // herausgegeben // von // Gottlieb Stollen, // Der Politischen Weisheit ordentlichen Professorn // und der Gesellschaft Aufsehern.// Boileau Art. Poet. Ch. I. // Avant - - - pure. // JENA / verlegts Johann Friederich Ritter / 1732. - 8 Blatt (nicht paginiert) Titelblatt, Widmung, Vorrede. - 352 S.
B. S. T. 8°.688.

Stolle, Gottlieb [Praes.], s. Schlosser, Friedrich Philipp: Tentamen philosophicum de curiositate.

Stolle, Gottlieb Diss. Halle 1705/4

Splendidam magis, quam solidam esse ethnicorum philosophorum doctrinam moralem, in dissertatione philosophica submittent ...
Präs. Heinrich Burchard Meder.
Halle (Montag) III. 1705. 37 S. 33741

Stolle, Gottlieb [Praes.], s. Storr, Johann Adam:
De decoro politico contra cynicos Quackerosque tanquam praecipuos eiusdem hostes.

Stolle, G., de virtute precibus impetranda ex gentilium sententia. Jen. 1710. 4.

Stolle, G., de vita, moribus et placitis Antisthenis Cynici. Jenae 724. 4.

Stolle, H., s.a. Stolle, Heinrich Anton

Stolle, H., Stimmungsgeborene. Gedichte. 8. (VII, 124 S.) Dresden 902. E. Pierson. n. 2. —; geb. n. 3. —

Stolle, Heinrich Anton

Stolle, Henr. Ant. (geb. Höinghausen in Westf. 1806): Commentationis de comoediae Graecae generibus caput primum. Berolini (1833). (43 S.) 8° ¶ Vollst. ersch. Berolini: Nauck 1834.
Berlin, Phil. Diss. v. 2. Sept. 1833

Stolle, H. A., de comoediae graecae generibus commentat. 8. (5¼ B.) Berolini 834, Nauck.

Stolle, H. Ueber den Horaz, Tragödie von Corneille. Kempen i. Rheinpr., G., 1867. 26 S. 4. Progr.

Stolle, J., suum cuique. Eine Wahlbetrachtg. gr. 8. (27 S.) Berlin 893. Bibliograph. Bureau. n. — 50

— der Ultramontanismus innerhalb der katholischen Bevölkerung Deutschlands. Wahlstatistische Studie. gr. 8. (47 S.) Ebd. 893. n. 1. 20

Stolle, J. Fr. W., Israel vergiß mein nicht! Lieder, Gedichte u. Psalmen. 12. (VIII, 76 S.) Norden 883. Soltau. n. 1. —

Stolle, J. Fr. W., küsset den Sohn! Neue geistl. Lieder u. Gedichte zur Ehre des Herrn. 8. (VII, 122 S.) Barmen 893. D. B. Wiemann. n. 1.20; geb. 1.80

Stolle, Johann Heinrich (Dirschau) A. S. 1380/6

... seu traditio Eliana de sex durationis mundi millenariis. Präs. Christian Reinecke.
Leipzig (Lanckisch) 17. VII. 1702. 6 Bl., 56 S.

2 Resp. 33742

Stolle, Karl, aus Zwickau i. Böhmen: Zur Kenntnis der Derivate des Acridins und Anthrachinons. *Freiburg i. B. 1903: Ch. Lehmann's Nachf.* (35 S.) 8°
Freiburg i. B., Phil. Diss. v. 1903

Stolle's, Konr., thüringisch-erfurtische Chronik. Aus der Urschrift hrsg. von Ludw. Friedr. Hesse, s. Bibliothek des litterarischen Vereins in Stuttgart, Bd. 32.

Stolle, Konr., Memoriale — thüringisch-erfurtische Chronik, s. a. Geschichtsquellen der Prov. Sachsen. 39.

Memoriale — thüringisch-erfurtische Chronik — von Konrad Stolle. Hrsg. von der Hist. Comm. d. Prov. Sachsen. Bearb. von Dr. Richard Thiele. *Halle: O. Hendel 1900.* (XII, 568 S.) 8°
= Geschichtsquellen d. Prov. Sachsen. Bd 39. [… 1908 7

Stolle, Margarete E., zwei Jahre im Irrenhause. (84 S.) 8. Jauer 904. O. Hellmann. n. 1. 50

Stolle, Osc., Briefsteller f. Liebende. Ein Hülfs- u. Handbuch in allen Liebesangelegenheiten. 12. (113 S.) Köln 894. J. Büttmann. n. — 50

Stolle, Otto Hermann: Thesen.
Halle-Wittenberg, Med. Thesen v. 25. Juli 1870
Geb. [Schönebeck (Prov. Sachsen) 9. 12. 1844]
Ein Exemplar nicht nachweisbar.

Stolle, R., s.: Lebenslauf, mein.

Stolle, Rich., kleine Arithmetik, zum Gebrauche f. Berg-, Bau- u. Beamtenschulen sowie als Wiederholungsbuch f. höhere Lehranstalten bearb. (48 S.) 8. Dresden 908. A. Huhle. Kart. 1. —

Stollé, Robert [aus Mülheim a. Rh.]: Ueber die Einwirkung von Natriumacetessigester auf Benzalmalonsäureester ... Bonn, Univ.-Buchdr. v. C. Georgi, 1893; 2 Bl., 48 S., 1 Bl. 8.
Bonn, Phil. Fak., Inaug.-Diss. v. 10. Okt. 1893

Stollé, Robert, Dr.: Studien mit Hydrazin. *Heidelberg: Ph. Wiese 1899.* (123 S.) 8°
Heidelberg, Naturw.-math. Hab.-Schr. v. [25. Juli] 1899

Stolle, Rose [Pseud.], s. a. Unterweger, Rose

Stolle, Rose, der Antisemitismus im Lichte d. gläubigen Christentums. gr. 8. (16 S.) Berlin 893. H. Mamroth. — 50

Stolle-Unterweger, Rose, dunkle Bilder aus dem Menschenleben. Erzählungen. (163 S.) 8. Dresden (906). H. L. Diegmann. n. 2. —

Stolle, Rose, das Einmachen u. Conservieren der Früchte u. Gemüse, sowie die Bereitg. v. Essig, Fruchtsäften u. Gelees, Obstweinen u. Likören. [Aus: „S., Neues allgemeines Kochbuch".] gr. 8. (43 S.) Berlin (900). W. Möller. n. — 50

Das Einmachen und Conservieren der Früchte und Gemüse sowie d. Bereitung von Essig, Fruchtsäften u. Gelees, Obstweinen u. Likören &c. Von Rose Stolle. 3. unveränd. Aufl. *Berlin: W. Möller [1903].* (61 S.) 8° [F.]
Aus: Stolle: Neues allgem. Kochbuch. [03. 11.86

Stolle, Frau Rose (Frau Rose Unterweger), das Einmachen u. Konservieren der Früchte u. Gemüse, sowie die Bereitg. v. Fruchtsäften u. Gelees, Erfrischgn., Obstweinen, Essig 2c. [Aus: „S., Neues allgemeines Kochbuch".] 4. Aufl. 20. Taus. (61 S.) 8. Oranienburg (906). W. Möller. — 50

Stolle, Rose, d. geschlechtliche Erziehung u. Belehrg. d. weibl. Jugend. E. Weck- u. Mahnruf an Mütter u. Erzieher. gr. 8. (85 S.) Leipzig 898. M. Spohr. n. 1. 50

Stolle, Rose, s.: Frauen-Buch, das prakt.

— u. Johanna Schneider, mein Hausfreund, s. a. Frauen-Buch, das praktische. 7. Bd.

Mein Hausfreund. Mehr als 800 Winke u. Ratschläge f. alle Gebiete d. häusl. Lebens. Gesammelt u. hrsg. von Rose Stolle. *Berlin: W. Möller [1901].* (XVI, 235 S.) 8° [F.]
— Frauen-Buch, Das praktische. Bd 6. [01. 1279

— neuestes allgem. Kochbuch, s.a. Frauen-Buch, das praktische. V.

Neues Allgemeines Kochbuch für Jedermann. Von Rose Stolle. 3. neubearb. u. verm. Aufl. *Berlin: W. Möller [1900].* (XVI, 450 S.) 8°
= Frauen-Buch, Das praktische. Bd 5. [00. 11837

Neuestes Allgemeines Kochbuch für Jedermann. Von Rose Stolle 4. verb. u. verm. Aufl. Mit 7 Farben-Taf. u. zahlr. Abb. *Berlin: W. Möller [1903].* (XIV, 480 S.) 8° [F.]
= Frauenbuch, Das praktische. Bd 5. [04. 178

Stolle, Rose (Frau Rose Unterweger), neuestes allgemeines Kochbuch f. Jedermann. 5. unveränd. Aufl. (XVI, 480 u. XVI S. m. Abbildgn. u. 7 farb. Taf.) 8. Oranienburg (909). W. Möller. Geb. in Leinw. 4. —

— vom Manne. Nach der Natur. schmal 12. (275 S) Berlin 897. H. Steinitz. n. 2. —

Schönheits-Pflege. Winke u. Ratschläge z. Erhaltung der Schönheit d. Weibes. Von Rose Stolle. *Berlin: W. Möller [1900].* (29 S.) 8° [F.]
= Frauen-Buch, Das praktische. Bd 4. [00. 11836

— Sklavenketten der Frauen. gr. 8. (89 S.) Leipzig 898. M. Spohr. n. 1. 50

— was koche ich morgen? Küchen-Zettel f. den tägl. bürgerl. Mittagstisch e. lauf. Jahres. Mit e. Einleitg.: Das Servieren u. Anrichten u. als Anh.: Einige Küchen-Zettel f. Vegetarier. [Aus: „S., Neues allgem. Kochbuch".] gr. 8. (37 S. m. Abbildgn.) Berlin (900). W. Möller. n. — 50

Stolle, Rudolf

Stolle's, R., neuester Führer von Harzburg und Umgegend mit Promenaden-Plan [bis zum Brocken-Ilsenburg-Romkerhall-Oker-Goslar etc.]. Nebst Geschichte und allem Wissenswerthen von Harzburg. Touren-Netz, sowie Hôtel- und Wohnungs-Anzeiger von Harzburg und Annoncen-Anhang. Zusammengestellt unter gütiger Mitwirkung von Jacobs, Harweck-Waldstedt und H. Körber. gr. 16. (51, VII, 112 S. mit 1 Ansicht der Harzburg vom J. 1574.) Harzburg 885, Stolle.
Vgl.: Jacobs, C. Ed., die Harzburg und ihre Geschichte.

Stolle's, R., neuester Führer v. Bad Harzburg u. Umgebung, nebst Wegweiser durch's Okerthal. 4., verb. Aufl., hrsg. v. H. Woldag. Mit Orts- u. Promenadenplan. 8. (178 S.) Harzburg 897. H. Woldag. Kart. n. 1. —

Stolle's, R., neuester Führer v. Bad Harzburg u. Umgebung, nebst Wegweiser durch's Okerthal. 5. verb. Aufl., hrsg. v. H. Woldag. Mit (farb.) Orts- u. Promenadenplan. 8. (140 S.) Harzburg (899). H. Woldag. Kart. n. 1. —

Stolle, Rud., der Harz im Winter. Praktischer Ratgeber f. Winterfrische u. Wintersport im Harz. (Umschlag: Stolle's Winterführer vom Harz, sog. „Weisser Harzführer". Winterfrische u. Wintersport im Harz.) (2. Aufl.) (78 S. m. Abbildgn.) kl. 8. Harzburg (908). R. Stolle. — 50

Lieder für vergnügte Harzclubmitglieder und solche, die es werden wollen. Für d. Harzclub-Commers am 15. September 1894 zsgest. von Rud. Stolle. Harzburg: R. Stolle 1894. (19 S.) 8° [Umschlagt. F.] [08. 333

Stolle, Rudolf: Praktisches Maschinenrechnen, s. Weickert, August

Harz. — Stolle's neueste Touristenkarte, Orts- und Promenadenplan von Harzburg und Umgegend bis Brocken — Romkerhall — Oker — Ilsenburg. 1 : 30,000. Mit Touren-Anzeiger. 3. verb. Aufl. Harzburg 888, Stolle's Hofbuchh.

— Westfalen u. Nachbargebiete. Offizieller Führer des Verbandes westfäl. Verkehrsvereine. („Roter Führer".) Mit 126 Abbildgn. u. 4 Karten. 1.—8. Taus. (249 S.) 18×11,5 cm. Ebd. 909. — 60

Stolle, Wlh. Karl, Beschreib. u. Geschichte der Hansestadt Demmin ꝛc. 4. Greifsw. 772. (Cnobloch in Leipz.) 2 ℔ 12 gr

Stoll, W. K., Geschichte d. Hanseestadt Demmin. 4. Greifswalde, Röse. 773.

Stolle-Unterweger, Rose, s. Stolle, Rose

Stollen, Schächte. Berlin, 1903. 580 S. mit 374 Abb. und 8 Taf. [= „Die Entwicklung des niederrheinisch-westfälischen Steinkohlenbergbaues in der zweiten Hälfte des 19. Jahrhunderts, Bd 3."]

Stollenweck, ..., s. *Récherches* histor. sur les principales nations, établ. en Sibérie etc.

Stollenwerk, Pet., Gebet- u. Gesangbuch f. kathol. Christen. 12. (13½ B. u. Titlkpfr.) Cöln 839, [Fr. Greven.]

Stollenwerk, Peter, Gebet- und Gesangbuch für kathol. Christen. Mit Titelkpfr. u. Vign. 12. Cöln 839. Heinrigs u. Gatti. (Leipzig, Hunger.) 1/3 ℔

Stoller, A. G., Gallerie von merkwürd. Begebenheiten, wunderbaren u. schreckl. Abentheuern ꝛc. 8. Elberf. 815. Mannes. 6 gr

Stoller, Alfred [pr. Arzt aus Ossig in Schlesien]: Beitrag zur Casuistik der intrauterinen Tibiafrakturen. . . . Greifswald: Druck v. Julius Abel 1889. 31 S. 8°
Greifswald, Med. Fak., Inaug.-Diss. v. 15. März 1889

Stoller, Jakob

Marine und Süsswasser-Ablagerungen im Diluvium von Uetersen-Schulau. Vorläufige Mitteilung v. H. Schroeder und J. Stoller. Sonderabdruck a. d. Jahrbuch d. K. Pr. Geol. Landesanstalt für 1905. Bd. 26, H. 1. Berlin. 1905. 4°

Stoller, J.: Über einen vorgeschichtlichen Bohlweg im Wittmoor und seine Altersbeziehung zum Moorprofil, s. Wolff, W.

Stoller, Jakob, aus Amstetten: Die alten **Flussschotter** im oberen Neckargebiete ⟨Strecke Horb—Altenburg⟩. Mit 1 Taf. *Stuttgart: E. Schweizerbart 1901.* (41 S.) 8° ¶(Aus: N. Jahrbuch f. Mineral., 1902 Bd 1.)
Tübingen, Naturw. Diss. v. 1901

Diluviale marine und Süsswasser-Schichten bei Ütersen-Schulau v. H. Schroeder und J. Stoller. ⟨Hierzu Taf. 13—15.⟩ Sonderabdruck a. d. Jahrbuch d. K. Pr. Geol. Landesanstalt für 1906. Bd. 27, H. 3. Berlin. 1907. 4°

Stoller (J.), Spuren des diluvialen Menschen in der Lüneburger Heide.
Aus: Jahrb. d. Kgl. Preuss. Geol. Landesanst. f. 1909, Bd 30, T. 2, H. 2.

Stoller, J., Spuren der diluvialen Menschen in der Lünebürger Heide. (S. 433—456 m. 1 Taf.) Lex. 8. Berlin (N. 4, Invalidenstr. 44) 910. Vertriebsstelle der kgl. geolog. Landesanstalt. nn 1. —

— u. D. **Geyer,** über den altdiluvialen Torf des Stuttgarter Tales, s.: Mitteilungen der geologischen Abteilung des kgl. württ. stat. Landesamtes. Nr. 6.

— Über die Zeit des Aussterbens der Brasenia purpurea Michx. in Europa, speziell Mitteleuropa. (S. 62—93.) Lex. 8. Ebd. 908. nn 1. —
2 Sonderabdr. a.: „Jahrb. d. kgl. preuss. geol. Landesanst."

Stoller, James Hough

Stoller, James H(ough): On the organs of respiration of the Oniscidae. Stuttgart: E. Naegele 1899. (31 S.) 4⁰
(Aus: Bibliotheca zoologica, H. 25.)
Leipzig, Phil. Diss. v. [13. Nov.] 1899

Stoller, James H., on the organs of respiration of the Oniscidae, s. a. Zoologica 25. Hft.

On the organs of respiration of the Oniscidae. By James H. Stoller. W. 2 Pl. Stuttgart: E. Naegele 1899. (31 S., 2 Taf.) 4⁰
= Zoologica. Orig.-Abh. a. d. Gesammtgeb. d. Zoologie. H. 25.

Stoeller, F. Ch., De doloribus eorumque caussis generatim. 28 pp. Kil. 4°. 1755

Stöller, Fr. Chr., († d. 16. Sept. 1807.) Beobachtt. u. Erfahrr. aus d. innern u. äußern Heilkunst. Mit 3 Kpf. gr. 8. Gotha 776. Ettinger. 12 gr

Stöller, Fr. Chr., Beob. u. Erfahr. in d. inneren u. äußeren Heilkunst mit phys., anat. u. pr. Anm. nebst Kupfern. 159 S. Gotha. 8°. 1777.

Stöller, F. Ch., schauderhafte Geschichte ein. Nachgeburtsoperation, s. Geschichte.

— schauderhafte Geschichte e. zu Mühlhausen vorgefall. Nachgeburtsoperation, nebst d. medicin. Beurtheilung. gr. 8. Jena 799. (Hennings in Neisse). 4 gr

Stoeller, Johann August (Windsheim) A. S. 1172/11

Dissertatio inauguralis medica practica, de venae sectione secunda in morbis quibusdam chronicis vere secunda. Präs. Michael Alberti.
Halle (Hendel) 13. IV. 1726. 21 S.

Gew.: Christoph Jakob Trew, Johann Samuel Carl, Johann Juncker.
W. v.: Präs., Johann Eberhard Juncker, G. Gerlach, G. H. Budaeus, Johann Thielen. 33682

Stöller, Joh. Aug., histor. medicin. Untersuch. d. Wachsthums d. Menschen in d. Länge. 8. Magdeburg, Scheidbauer. 729.

Stolley, August

Stolley, A., Altes und Neues. Eine Sammlung der schönsten zwei-, drei- und vierstimm. Lieder volkstüml. Art, besonders für Gymnasien, Realschulen, höhere Bürgerschulen, Mittelschulen und höhere Mädchenschulen. 2 Hefte. 8. Flensburg 881, Westphalen. cart. *
Inhalt:
Heft 1. Ein-, zwei- und dreistimmige Lieder. (IV, 100 S.) * 80 Pf.
" 2. Drei- und vierstimmige Lieder. (IV, 127 S.) * ℳ 1.

Beiträge zur Geschichte 1. der Lehrerversammlungen und Lehrervereine in Schleswig-Holstein; 2. der pädagogischen Vereine in Schleswig-Holstein; 3. des Kieler Schulwesens. Den Theilnehmern an der 12. allgem. schlesw.-holst. Lehrerversammlung in Kiel am 1.—3. Aug. 1878 gewidmet v. August Stolley. Kiel. 1878. 8⁰.

Stolley, A., mehrstimmige Choräle. [70 zwei- und 20 dreistimmige.] Eine Auswahl aus Apel's Choralbuch. 1.—3. Aufl. 8. (62 S.) Kiel 868—74, Schwers'sche Buchh. *

Stolley, A., mehrstimmige Choräle [70 zwei- und 20 dreistimmige]. Eine Auswahl aus Apel's Choralbuch bearb. und hrsg. 4. und 5. Aufl. 8. (63 S.) Kiel 876,77, Schwers'sche Buchh. cart. *

— Entwurf e. Choralmelodienbuches im Anschluß an den „Entwurf e. Gesangbuches f. Schleswig-Holstein" hrsg. als Beitrag zur Lösg. der schwebenden Choralfrage. gr. 8. (48 S.) Ebend. 871. n. 1. 50

Stolley, A., der Gesangfreund. Eine Sammlung der schönsten ein-, zwei- und dreistimm. Lieder für Schule, Haus und Leben. 1. Heft: Method. Führer für den Gesangunterricht in der Volksschule nebst vorbereit. Tonübungen und einstimm. Kinderliedern für das Gehörsingen. 1.—3. Aufl. 8. (80 S.) Kiel 865—67, Schwers'sche Buchh. *

—— dass. — 2. und 3. Heft. 1.—3., verm. Aufl. 8. (à Heft 64 S.) Ebendas. 865—68. à Heft * 3 Ngr. *

— — 2. Heft. 1—4. Aufl. u. 3. Heft. 1—3., verm. Aufl. Ebend. 865—70. 8. Jedes Heft (64 S.) n. 3 ngr

—— der Gesangfreund. Eine Sammlung der schönsten ein-, zwei- und dreistimm. Lieder für Schule, Haus und Leben. Im Auftrage des Kieler Lehrervereins bearb. 2. und 3. Heft. 8. Ebendas. 871—75. à Heft * 30 Pf. *
Inhalt:
Heft 2. 26 einstimm. und 58 zweistimm. Lieder nebst vorbereit. Tonübungen und 7 Canons. 4.—8. Aufl. (64 S.)
" 3. 34 zweistimm. und 21 dreistimm. Lieder nebst vorbereit. Tonübungen. 3.—6. Aufl. (64 S.)

— dasselbe. Liedertexte zum 1. Hft. 3. unveränd. Aufl. 8. (22 S.) Ebend. 872. — 15

—— dass. — Liedertexte zum 1. Heft. 8. umgeänd. Aufl. 8. (22 S.) Ebendas. 875. *

— der Gesangfreund. Eine Sammlg. der schönsten ein-, zwei- u. dreistimm. Lieder f. Schule, Haus u. Leben. Im Auftrage d. Kieler Lehrervereins bearb. u. hrsg. 3 Hfte. 8. Ebend. 876. n. 1. 20
1. Methodischer Führer f. den Gesangunterricht in der Volksschule nebst vorbereit. Tonübgn. u. einstimm. Kinderliedern f. das Gehörsingen. 4. Aufl. (80 S.) n. — 60
2. 26 einstimmige u. 58 zweistimmige Lieder nebst vorbereit. Tonübgn. u. 7 Canons. 9. Aufl. (64 S.) n. — 30
3. 34 zweistimmige u. 21 dreistimmige Lieder nebst vorbereit. Tonübgn. 7. Aufl. (64 S.) n. — 30

— der Gesangfreund. Eine Sammlung der schönsten 1-, 2- u. 3stimmigen Lieder für Schule, Haus u. Leben. Im Auftrage des Kieler Lehrervereins bearb. u. hrsg. 3. Hft. 36 2stimm. u. 22 3stimm. Lieder nebst vorbereit. Tonübungen. 8. Aufl. 8. (64 S.) Ebend. 877. cart. n. — 30

Stolley, A., der Gesangfreund. Methodisches Heft für die Hand des Lehrers. Ein Führer für den Gesangunterricht in der Volksschule. Zugleich ein Begleitwort zu der Liedersammlung: Gesangfreund von demselben Verf. 7. Aufl. 8. (52 S.) Kiel 886, Lipsius und Tischer. cart. *

Stolley, A., der Gesangfreund. Eine Sammlung der schönsten ein-, zwei- und dreistimmigen Lieder für Schule, Haus und Leben. Hrsg. im Auftrage des Kieler Lehrervereins. Ausg. A. 3 Hefte. 8. Kiel 886—88, Lipsius und Tischer. cart. *
Inhalt:
Heft 1. 72 einstimmige Lieder für die Unterstufe. 7. Aufl. (36 S.) * 25 Pf.
" 2. Einstimmige und zweistimmige Lieder nebst vorbereitenden Tonübungen und Kanons. 17. und 18. Aufl. (73 S.) * 35 Pf.
" 3. Zwei- und dreistimmige Lieder nebst vorbereitenden Tonübungen. 14. und 15. Aufl. (96 S.) * 40 Pf.

—— dass. — Ausg. B. In 2 Heften. 8. Ebendas. 886. cart. * 55 Pf.; in 1 Heft cart. *

Inhalt:

Heft 1. Lieder für die Unter- und Mittelstufe. (47 S.) * 25 Pf.
" 2. Lieder für die Oberstufe. (58 S.) * 30 Pf.

Stolley, A. Der Gesangfreund. Eine Sammlg. der schönsten ein-, zwei- u. dreistimm. Lieder f. Schule, Haus u. Leben. Ausg. A. 3 Hefte. Hrsg. im Auftrage d. Kieler Lehrervereins. 8. Kiel, Lipsius u. Tischer. cart. * — 65

1. 72 einstimmige Lieder f. die Unterstufe. 8. Aufl. (36 S.) 891. * — 25.
2. Ein- u. zweistimmige Lieder, nebst vorbereit. Tonübgn. u. Kanons. 20. Aufl. (73 S.) 892. * — 35.
3. Zwei- u. dreistimmige Lieder, nebst vorbereit. Tonübgn. 16. Aufl. (96 S.) 891. * — 40.

—— dass. — Ausg. B. In 2 Heften. Gesamtheft f. die Unter-, Mittel- u. Oberstufe. 2. Aufl. 8. (47, 58 S.) Ebd. 889. cart. * — 45

Stolley, A., der Gesangfreund. Eine Sammlg. der schönsten 1-, 2- u. 3stimm. Lieder f. Schule, Haus u. Leben. Ausg. A. In 3 Hftn. Hrsg. im Auftrage des Kieler Lehrervereins. 12. Kiel, Lipsius & Tischer. Kart. n. 1. —

1. 72 1stimmige Lieder f. die Unterstufe. 9. Aufl. (in Gemäßheit der Verfügg. der königl. Regierg. vom 5. Novbr. 1883). (36 S.) 894. n. — 25
2. 21. Aufl. (73 S.) 893. n. — 35
3. 17. Aufl. (96 S.) 893. n. — 40

— dasselbe. Ausg. B. In 2 Hftn. 3. Aufl. 12. Ebd. 894. n. — 55

1. Lieder f. die Unter- u. Mittelstufe. (47 S.) n. — 25
2. Lieder f. die Oberstufe. (58 S.) n. — 30

Stolley, A., der Gesangfreund. E. Sammlg. d. schönsten 1-, 2- u. 3stimm. Lieder für Schule, Haus u. Leben. Ausg. A. (In 3 Hftn.) Hrsg. im Auftr. des Kieler Lehrervereins. 2. Hft. 1stimm. u. 2stimm. Lieder, nebst vorbereit. Tonübgn. u. Kanons. 23. Aufl. (In Gemäßheit d. Verfügg. d. kgl. Regierg. vom 5. XI. 1883). 8. (73 S.) Kiel 898. Lipsius & Tischer. Kart. n. — 35

Stolley, A., der Gesangfreund. Eine Sammlg. der schönsten 1-, 2- u. 3stimmigen Lieder f. Schule, Haus u. Leben. Ausg. A. (In 3 Heften.) Hrsg. im Auftrage des Kieler Lehrervereins. (In Gemäßheit der Verfügg. der königl. Regierg. vom 5. XI. 1883.) Neue Rechtschreibg. 1. u. 3. Heft. kl. 8. Kiel, Lipsius & Tischer. Kart. n. — 65

I. 72 einstimmige Lieder f. die Unterstufe. 11. Aufl. (36 S.) 905. n. — 25
III. Zwei- u. dreistimmige Lieder nebst vorbereitenden Tonübungen. 20. Aufl. (96 S.) 905. n. — 40

Stolley, A., der Gesangfreund. Eine Sammlg. der schönsten 1-, 2- u. 3stimm. Lieder f. Schule, Haus u. Leben. Ausg. A. In 3 Heften. Hrsg. im Auftrage des Kieler Lehrervereins. (In Gemäßheit der Verfügg. der königl. Regierg. vom 5. XI. 1883.) kl. 8. Kiel, Lipsius & Tischer. Kart. 1. —

I. 72 einstimmige Lieder f. die Unterstufe. 12. Aufl. (36 S.) 910. nn — 25
II. Einstimmige u. zweistimmige Lieder nebst vorbereitenden Tonübungen u. Kanons. 27. Aufl. (73 S.) 910. Kart. nn — 35
III. Zwei u. dreistimmige Lieder nebst vorbereitenden Tonübgn. 21. Aufl. Neue Rechtschreibg. (96 S.) 909. Kart. — 40

Das Alter des nordfriesischen „Tuuls" v. Ernst **Stolley.** Mit 1 Taf. Separat-Abdruck aus dem Neuen Jahrbuch für Mineralogie etc. Jg. 1905, Bd. 1. Stuttgart. 1905. 8°.

Über eine locale Anhäufung miocänen Gesteins bei Itzehoe von Ernst **Stolley**. Separatabdruck aus den „Schriften des naturwissenschaftl. Vereins für Schleswig-Holstein". Bd. 8, Heft 1. Kiel. 1889. 8°

Einige Bemerkungen über die obere Kreide insbesondere von Lüneburg und Lägerdorf. Von E. **Stolley**. Sonderdruck aus dem Archiv für Anthropologie und Geologie Schleswig-Holsteins. Bd. 1. Heft 2. Kiel und Leipzig. 1896. 8°

Ueber zwei Brachyuren aus dem mitteloligocaenen Septarienthon Norddeutschlands. Von Ernst **Stolley**. Mit Tafel 5, 6. Separatabdruck aus: Mittheilungen aus dem Mineralogischen Institut der Universität Kiel. Bd. 1, Heft 3. Kiel und Leipzig. 1890. 8°

Stolley, *Ernst* [Dr.]: Die Cambrischen und silurischen Geschiebe Schleswig-Holsteins und ihre Brachiopodenfauna. 1. Geolog. Th. . . . Kiel & Leipzig, Lipsius & Tischer, 1895; 104 S. 8.
Kiel, Phil. Fak., Hab.-Schr. v. [16. Juni] 1894
(Nicht für den Austausch)

— die cambrischen und silurischen Geschiebe Schleswig-Holsteins u. ihre Brachiopodenfauna. I. Geologischer Thl. gr. 8. (104 S.) Ebd. 895. n. 3. —

Stolley, E., über d. Gliederg. d. norddeutschen u. baltischen Senon, sow. d. dasselbe charakterisir. Belemniten. [Aus: „Archiv f. Anthropologie u. Geologie Schleswig-Holsteins".] gr. 8. (87 S. m. 3 Taf.) Ebd. 897. n. 3. —

Stolley, Ernst [aus Kiel]: Die Kreide Schleswig-Holsteins . . . (Aus: Mitth. aus d. mineral. Inst. d. Univ. Kiel, Bd 1 Heft 4. 1891.) Kiel & Leipzig, Lipsius & Tischer, 1892; 2 Bl., 119 S. 8.
München, Phil. Fak., Inaug.-Diss. v. [15. Juli] 1891

Stolley, E., geologische Mitteilungen v. der Insel Sylt. I—III. gr. 8. Kiel, Lipsius & Tischer. n. 6. 60

1. (13 S.) 900. n. 1. —. — 2. (47 S.) 900. n. 2. —. — 3. (S. 49—110 m. 4 Taf. u. 3 Bl Erklärgn.) 901. n. 3. 60
Sonderabdrucke aus: „Archiv f. Anthropologie u. Geologie Schleswig-Holsteins".

Quartär und Tertiär auf Sylt v. Ernst **Stolley.** Mit 3 Taf. Separatabdruck aus dem Neuen Jahrbuch für Mineralogie, Geologie u. Paläontologie. Beilage-Bd. 22. Stuttgart. 1906. 8°

Ueber silurische Siphoneen. Von Ernst **Stolley.** Mit Tafel 7 u. 8. Separat-Abdruck aus dem Neuen Jahrbuch für Mineralogie etc. 1893. Bd. 2. Stuttgart. 1893. 8°.

Untersuchungen über Coelosphaeridium, Cyclocrinus, Mastopora und verwandte Genera des Silur. Von E. **Stolley.** Sonderdruck aus dem Archiv für Anthropologie und Geologie Schleswig-Holsteins. Bd. 1. Heft 2. Kiel und Leipzig. 1896. 8°.

Stolley, H., und C. H. Rottgardt, Lesebuch für die oberen Klassen deutscher Volksschulen, s. Rottgardt, C. H.

Stolley, Wilhelm. Gesch d ersten Ansiedlung v Hall Co in Neb v 1857, mit Anhang bis . . . 1907. . . Grand Island, Neb, 1907.

Stollreither, Eug., Aufgaben aus d. Haupt-Prüfg. d. Lehramtskandidatinnen f. neuere Sprachen in Oberbayern. Gesammelt u. hrsg. gr. 8. (61 S.) München 898. Piloty & Loehle. n. 1. 50

Stollreither, Eug., Aufgaben aus der Haupt-Prüfung der Lehramtskandidatinnen f. neuere Sprachen in Oberbayern. Gesammelt u. hrsg. Nachtrag (1898 bis 1903). (S. 62—98.) gr. 8. München 904. Piloty & Loehle. n. 1. —; Schlüssel (46 S.) 1. 50

Stollreither, Eug., Aufgaben aus der Haupt-Prüfung der Lehramtskandidatinnen f. neuere Sprachen in Oberbayern. Gesammelt u. hrsg. Nachtrag (1904—1909). (S. 99—134.) 8. München 910. Piloty & Loehle. — 75

— s.: Festschrift zum XII. allgemeinen deutschen Neuphilologentage usw.

Stollreither, Eugen: Quellen-Nachweise zu John Gowers Confessio Amantis. T. 1. *München 1901: Kastner & Lossen.* (58 S.) 8° ¶ (Die Forts. soll in einer Zeitschrift erscheinen.)
München, Phil. Diss. v. 1901

— s.: Mannlich, Joh. Christian v., e. deutscher Maler u. Hofmann.

STOLLREITHER, Max (Mindelheim): Ueber Selbstinfection und Spätblutung in Puerperio.- München: Wolf 1877. 21 S.
28.6.1877 - Urk (Titel: De infectione spontanea et serotino sanguinis profluvio in puerperio.); Chr 1877/78,9
Diss. Ingolst.-Landsh.-Mchn.

Stollwerck, Frz., Geschichte der Pfarre Hohenbudberg. Aus dem Nachlasse d. Verstorbenen hrsg. v. Heinr. Pannes. gr. 8. (IV, 108 S.) Uerdingen 885. (Köln, Boisserée.) n. 1. 60

— Kirchen- u. Profangeschichte der Stadt Uerdingen u. der umliegenden Ortschaften: Pfarre Lank, Linn, Bockum, Oppum, Verberg, Traar, Caldenhausen u. Hohenbudberg. 1. Hauptabth. Historische Beschreibg. der kathol. Pfarrkirche zu Uerdingen, von den ältesten Zeiten bis auf die Gegenwart, sowie d. ehemal. Franciscaner-Klosters u. der Wohlthätigkeitsanstalten: Gasthaus zum hl. Michael u. Hospital zum hl. Joseph. Mit 26 Urkunden. gr. 8. (VII, 191 S.) Uerdingen 881. (Leipzig, Brockhaus' Sort.) n. 3. —

Stollwerck, F., Kirchen- und Profangeschichte der Stadt Uerdingen und der umliegenden Ortschaften: Pfarre Lank, Linn, Bockum, Oppum, Verberg, Traar, Caldenhausen und Hohenbudberg. 1. Hauptabthl.: Histor. Beschreibung der kathol. Pfarrkirche zu Uerdingen, von den ältesten Zeiten bis auf die Gegenwart, sowie des ehemal. Franciscaner-Klosters und der Wohlthätigkeitsanstalten: Gasthaus zum heil. Michael und Hospital zum heil. Joseph. Mit 26 Urkunden. gr. 8. (VII, 191 S.) Uerdingen 881, (Faust.)

—— die Lepidopteren-Fauna der preuss. Rheinlande. Systemat. Uebersicht der bis jetzt in der Rheinprovinz aufgefundenen Gross- und Kleinschmetterlinge, mit besond. Beziehung auf die Faunen der Städte, Stadt- und Landkreise Aachen, Bonn, Boppard-Bingen, Crefeld, Elberfeld, Köln und Trier. gr. 8. (IX, 198 S.) Bonn 863. (Uerdingen, Faust.) *
Aus: Verhandlungen des naturhistorischen Vereins für Rheinland und Westphalen, besonders abgedruckt.

—— die altgermanische Niederlassung und altrömischer Stationsort Asciburgium, Burgfeld-Asberg bei Mörs. Die Ausgrabungen und Funde seit 300 Jahren auf dem Burgfeld bei Asberg — Asciburgium Tac. — Topographie und Geschichte dieses alten Ortes. Beschreibung der daselbst aufgefundenen Antiquitäten, sowie erster Nachtrag zu Gelduba's Alterthümern. gr. 8. (XVI, 170 S.) Uerdingen 879, (Faust.) *

Stollwerck, F., die älteste, bisher unedirte, wichtigste Urkunde über die Erhebung des Ortes Uerdingen zur Stadt durch den Erzbischof von Köln Conrad v. Hochstaden; über die Verlegung derselben, die Freiheiten, Rechte und Privilegien, sowie die Stiftung der Pfarrkirche daselbst durch den Erzbischof Siegfried v. Westerburg, und über die neuen ihr vom Erzbischofe Heinrich v. Virnenburg verliehenen Gnaden, ausgestellt von diesem zu Neuß am 6. Mai 1324. Im latein. Urtexte, mit deutscher Uebersetzung und erklär. Commentar hrsg. gr. 8. (19 S.) (Ebendas.) 876. *

Stollwerck, Walter: Der Kakao und die Schokoladenindustrie. Eine wirtschafts-statist. Untersuchung. Halle 1907 (Naumburg a. S.: Lippert & Co.). (x, 55 S.) 8°
¶ [Erscheint vollst. als: Sammlung nationalökon. u. statist. Abhandlungen d. staatswiss. Sem. zu Halle Bd 56.]
Halle, Phil. Fak., Ref. Conrad, Diss. v. 7. Sept. 1907
[Geb. 19. Nov. 80 Cöln; Wohnort: Halle a. S.; Staatsangeh.: Preußen; Vorbildung: Friedrich-Wilhelms-Gymn. Cöln Reife O. 01; Studium: Techn. Hochsch. Karlsruhe 1, Berlin 6, Univ. Berlin 1, Halle 2 S.; Rig. 4. Febr. 07.]

Stollwerck, Walt., der Kakao u. die Schokoladenindustrie, s.a. Sammlung nationalökonomischer u. statistischer Abhandlungen des staatswissenschaftl. Seminars zu Halle a.d.S. 56. Bd.

Der Kakao und die Schokoladenindustrie. Eine wirtschafts-statist. Untersuchung. Von Dr. Walter **Stollwerck**. Jena: G. Fischer 1907. (VIII, 102 S.) 8°
— **Sammlung** nationalökonom. u. statist. Abhandlungen d. staatswiss. Seminars zu Halle. Bd 56. [07. 13586

Stollwerk-Bilder. Preis-Catalog. 12. (VIII, 488.) Hamburg (Neuer Steinweg 7, I) 900. Arth. Wülbern. n. — 60

Stolnikow, Vorgänge in den Leberzellen, insbesondere bei der Phosphorvergiftung, s. Archiv für Anatomie und Physiologie, Suppl.-Bd. zur physiolog. Abthl.

Stol-Ordnung. gr. 8. Grätz, Ferstl. 788.

Stolordnung für Wien und die innerhalb der Linien liegenden Vorstädte und Ortschaften. 12. (23 S.) Wien: Hof- u. Staatsdruckerei 1890. —.12

Stolovsky, E., Ukázka idyll Theokritových v českém překladi přízvučném. Pr. 19 16 S. —

Stolowsky, Alfred, aus Habelschwerdt in Schlesien: Drei seltene Anomalien des M. biceps brachii. *Wiesbaden: J. F. Bergmann 1899.* (42 S.) 8"
Greifswald, Med. Diss. v. 29. März 1899

Stolp [Schlagwort]

Stolp, s.a. Deutschland. Uebersichtskarte. — Europa. Uebersichtskarte. — Köslin, Reg.-Bez.

Stolp, s.a. Radfahrerkarten, Strassenprofilkarte.

Stolp, Kreis. Karte d. Kreises Stolp, Reg.-Bez. Cöslin. 1 : 100,000. 65,5×80,5 cm. Lith. Stolp 899. G. Schrader. n. 2. —; auf Leinw. n. 3.25; in Futteral n. 3. 40; m. Stäben n. 3. 60

Stolp. Plan der Stadt Stolp. 1 : 9000. 2. Aufl. 32×32 cm. Farbdr. Stolp (909). H. Langenhagen. — 50

Stolp [Verfasser]

Stolp, Herm., s.: Archiv f. Verwaltungsrecht.

Stolp, Herm., die Begründung und Erhaltung des Bauernstandes, oder die neue rechtl. Regelung des landwirthschaftl. Grundbesitzes. Ein Beitrag zur Lösung der socialen Frage. gr. 8. (VIII, 44 S.) Berlin 879, [Niendorf's Verlagsh.] Verlagsh. Graf Behr. *

Stolp, Herm., die Begründung und Erhaltung des Bauernstandes, oder die neue gesetzl. Regelung des landwirthschaftl. Kleingrundbesitzes auf genossenschaftl. Wege und im Geiste der Sozial-Reform. gr. 8. (IX, 78 S.) Berlin 887, Staude. * 2 —

— die neue Begründung u. dauernde Erhaltg. d. Bauernstandes u. ges. landwirtschaftl. Berufsstandes auf Grundlage des deutschen Rechts u. mittelst obligator. berufsgenossenschaftl. Organisation. [Aus: „Die Hilfe".] gr. 8. (18 S.) Frankfurt a/M. 895. (Göttingen, Vandenhoeck & Ruprecht.) n. — 10

Stolp, H., die fünf norddeutschen Bundesgesetze über die Erwerbung und den Verlust der Bundes- und Staatsangehörigkeit vom 1. Juni 1870, über die Freizügigkeit, vom 1. Novbr. 1867, über den Unterstützungswohnsitz, vom 6. Juni 1870, über die Aufhebung der polizeilichen Beschränkungen der Eheschließung, vom 4. Mai 1868, und über das Paßwesen, vom 12. Octbr. 1867; mit sachgemäßem ausführl. Inhalts-Verzeichniß. gr. 16. (48 S.) Berlin 870, Expedition der Deutschen Gemeinde-Zeitung.

Stolp, Herm., Entscheidungen u. Rechtsgrundsätze oberster deutscher Gerichtshöfe in Streitsachen d. öffentlichen Rechts u. der Verwaltung. 1. Bd. Lex.-8. (IV, 327 S.) Berlin 874. Exped. der deutschen Gemeindezeitg. n. 8. —

Stolp, Herm.: Entscheidungen und Rechtsgrundsätze Oberster Deutscher Gerichtshöfe in Streitsachen des oeffentlichen Rechts und der Verwaltung. Bd 1. 2. Berlin 1874. 75.

—— die Gemeinde-Verfassungen Deutschlands und des Auslandes nebst den Kreis-, Gau- oder Bezirks-Verfassungen, gesammelt und hrsg. 1.—5. Bd. 16. (300; 313; 308; 334; 327 S.) Ebendas. 870—74.
1.—3. Bd. à *M 3.; 4. und 5. Bd. à *M 4. *

—— die Gemeinde-Verfassungen Deutschlands und des Auslandes, nebst den Kreis-, Gau- oder Bezirks-Verfassungen. 6. Bd. gr. 16. (262 S.) Ebendas. 876. *
1.—5. Bd. Ebendas. 1870—74. *M 17.

Stolp, H., Gewerbe-Ordnung für den norddeutschen Bund vom 21. Juni 1869, mit sachgemäßem und ausführl. Inhalts-Verzeichniß versehen. 16. (IV, 56 S.) Berlin 869, Expedition der Deutschen Gemeinde-Zeitung. *

—— dass. — Im Anhang: Maaß- und Gewichts-Ordnung für den norddeutschen Bund vom 17. Aug. 1868, nebst Verhältnißzahlen. gr. 16. (61 S.) Ebendas. 869.

Stolp, H., und S. Borchardt, das brasilianische Handelsrecht, s. Handelsrecht, das brasilianische.

Stolp Herm., das Innungswesen und die gewerbliche Arbeiterfrage oder die neue privat- und wirthschaftsrechtliche Regelung des Gewerbebetriebes. [Nach dem am 16. April in der Versammlung der christlich-socialen Arbeiterpartei zu Berlin gehaltenen Vortrage.] gr. 8. (32 S.) Berlin 880, Henţe's Verlag. *

—— Kreis-Ordnung für die Provinzen Preußen, Brandenburg, Pommern, Posen, Schlesien und Sachsen. Vom 13. Dezbr. 1872. Für den pract. Gebrauch sachlich erläutert, durch Hinzuziehung sämmtl. im Text des Gesetzes angeführter anderweit. Gesetze und aller vor und nach dem Inkrafttreten desselben ergangenen ministeriellen Verfügungen, Regulative und Instructionen zu den einzelnen bezügl. Paragraphen vervollständigt, sowie mit ausführl. Sach-Register und einer Uebersicht sämmtl. Kreise und ihrer Amtsitze im preuß. Staate versehen. 2. Aufl. 8. (330 S.) Ebendas. 874. cart. *

—— die Lösung der Wohnungsfrage unter Beseitigung des Haus-Herrenthums und der Mieths-Unterthänigkeit, oder die neue gesetzl. Regelung des städt. und Wohnstätten-Grundbesitzes auf genossenschaftl. Wege und im Geiste der Sozialreform. gr. 8. (IV, 95 S.) Berlin 888, Rosenbaum und Hart. * 1 —

Stolp, Herm. Die Lösung der Wohnungsfrage od. e. eigenes Heim f. Jedermann. Mittheilungen üb. die Haus- u. Wohnungsbesitz-Genossenschaft „Wohnungs-Heimstätte", eingetragene Genossenschaft m. beschränkter Haftpflicht, zu Berlin-Charlottenburg. gr. 8. (10 S.) Berl. 892, Rosenbaum u. Hart. * — 10

—— s. a. Ortsgesetze.

—— Ortsgesetze, örtliche Polizei-, Verwaltungs- und Benutzungs-Ordnungen, Dienst- und Ausführungs-Anweisungen, wie Satzungen öffentlicher und gemeinnütziger Einrichtungen und Anstalten, Genossenschaften und Vereine. 1. Bd. in 4 Lfgn., 2.—5. Bd. gr. 16. (328; 330; 333; 319; 322 S.) Ebendas. 870—74. 1.—3. Bd. à *M 3.; 4. und 5. Bd. à *M 4. *

—— Ortsgesetze, oertliche Polizei-, Verwaltungs- und Benutzungsordnungen, Dienst- und Ausführungs-Anweisungen, wie Satzungen öffentl. und gemeinnütz. Einrichtungen und Anstalten, Genossenschaften und Vereine. 6.—10. Bd. gr. 16. (310; 320; 368; 368; 368 S.) Ebendas. 876. à Bd. *M 4. *
1.—5. Bd. Ebendas. 1870—74. *M 17.

—— Ortsgesetze, örtliche Polizei-, Verwaltungs- und Benutzungsordnungen, Dienst- und Ausführungs-Anweisungen, wie Satzungen öffentl. und gemeinnütz. Einrichtungen und Anstalten, Genossenschaften und Vereine. 11.—15. Bd. 12. (368; 416; 440; 496; 552 S.) Berlin 880—84, Expedition der deutschen Gemeinde-Zeitung. à Bd. *
1.—10. Bd. Ebendas. 1870—76. *M 37.

— Ortsgesetze, örtliche Polizei-, Verwaltungs- u. Benutzungsordnungen, Dienst- u. Ausführungs-Anweisgn., wie Satzungen öffentl. u. gemeinnütz. Einrichtungen u. Anstalten, Genossenschaften u. Vereine. Fortgesetzt v. L. Bein u. H. Klinckmüller. 16.—19. Jahrg. 12. (544, 592, 643 u. 638 S.) Berlin 885—88. Stankiewicz. à n. 4. —

— Ortsgesetze, örtliche Polizei-, Verwaltungs- u. Benutzungs-Ordnungen, Dienst- u. Ausführungs-Anweisungen, wie Satzgn. öffentl. u. gemeinnütz. Einrichtgn. u. Anstalten, Genossenschaften u. Vereine. Fortgesetzt v. H. Klinckmüller. 20.—24. Jahrg. 12. (574, 582, 560; 460 u. 575 S.) Berlin 889—893. P. Stankiewicz. à Jahrg. n. 4. —

— Ortsgesetze, örtl. Polizei-, Verwaltungs- u. Benutzungs-Ordngn., Dienst- u. Ausführungs-Anweisgn., wie Satzgn. öffentl. u. gemeinnütz. Einrichtgn. u. Anstalten, Genossenschaften u. Vereine. Fortgesetzt v. H. Klinckmüller. 25.—28. Jahrg. 12. (607, 480, 615 u. 544 S.) Berlin 894—897. P. Stankiewicz. à n. 4. —

— Ortsgesetze, örtliche Polizei-, Verwaltungs- u. Benutzungs-Ordnungen, Dienst- und Ausführungs-Anweisungen, wie Satzgn. öffentl. u. gemeinnütz. Einrichtgn. u. Anstalten, Genossenschaften u. Vereine. Fortgesetzt v. H. Klinckmüller. 29.—32. Jahrg. 12. (592, 528, 608 u. 607 S.) Berlin 898—901. P. Stankiewicz. à n. 4. —

— Ortsgesetze, örtliche Polizei-, Verwaltgs.- u. Benutzungs-Ordnungen, Dienst- u. Ausführungs-Anweisungen, wie Satzgn. öffentl. u. gemeinnütz. Einrichtgn. u. Anstalten, Genossenschaften u. Vereine. Begründet v. S. 33. bis 36. Jahrg. Gesammelt u. hrsg. v. H. Rousseau. (607, 608, 624 u. 608 S.) 12. Berlin 902—905. P. Stankiewicz. à n. 4. —

— Ortsgesetze. Sammlung örtl. Polizei-, Verwaltungs- u. Benutzungs-Ordngn., Dienst- u. Ausführungs-Anweisgn., wie Satzgn. öffentl. u. gemeinnütz. Einrichtgn. u. Anstalten, Genossenschaften u. Vereine. Begründet v. S. 37.—40. Jahrg. Gesammelt u. hrsg. v. H. Rousseau. (608, 607, 608 u. 608 S.) kl. 8. Berlin 906—09. P. Stankiewicz. à 4. —

— die Reform d. Eigenthumsrechts als Grundlage der Social-Reform u. die neue privat- u. wirthschaftsrechtliche Regelung d. gesammten Handwerks- u. Gewerbebetriebes. gr. 8. (IV, 40 S.) Berlin 884. Issleib. n. 1. —

—— das deutsche Reichsgesetz über den Unterstützungs-Wohnsitz vom 6. Juni 1870, und das zur Ausführung desselben erlassene preuß. Armenpflege-Gesetz vom 8. März 1871, in beiderseitig ergänzender Zusammenstellung wie unter Einschaltung des Gesetzes über die Freizügigkeit vom 1. Novbr. 1867, mit zahlreichen erläut. und vervollständ. Bemerkungen, wie mit gemeinschaftl. Inhaltsverzeichniß. 16. (70 S.) Berlin 871, Expedition der Deutschen Gemeinde-Zeitung. *

—— die deutsche Staatsangehörigkeits- und Heimaths-Gesetzgebung, nebst der preuß. Armenpflege-Gesetzgebung, enth.: die deutschen Gesetze über Bundes- und Staatsangehörigkeit vom 1. Juni 1870, Freizügigkeit vom 1. Novbr. 1867, Paßwesen vom 12. Oktbr. 1867 rc. unter Benutzung aller dieselben vervollständ. amtl. Materialien mit zahlreichen erläut. Bemerkungen und gemeinschaftl. Inhalt-Verzeichniß. Anhang: Uebersicht der allgemeinen polit. Verwaltungsbehörden, der Landarmenverbände und der Landes-Spruchbehörden für Armenstreitsachen in Deutschland. gr. 8. (IV, 184 S.) Berlin 872, W. Peiser. *

Stolp, Herm., die Untrennbarkeit u. die Durchführung der nothwendigen religiösen u. sozialen Reform. gr. 8. (40 S.) Berlin-Charlottenburg 894. Dr. Herm. Stolp's Selbstverl. n. 1. —

— Verfall u. Reform d. Genossenschaftswesens u. Eigenthumsrechts auf d. Gebiete d. Landwirthschaft, d. Wohnungswesens u. des Gewerbebetriebes. gr. 8. (III, 52 S.) Charlottenburg 896. Charlottenburger Buchh. — 50

[F.] Verfall und Reform des Genossenschaftswesens und Eigenthumsrechts auf d. Gebiete d. Landwirthschaft, d. Wohngswesens u. d. Gewerbebetriebes v. Dr. Hermann Stolp. *Charlottenburg: H. Simon 1896.* (2 Bl., 52 S.) 1 Bd 8. [96. 3172]

Stolp, Karl, approb. Arzt aus Berlin: Über zwei Fälle von Aphasie. *Burg b. M. (1903): A. Hopfer.* (37 S.) 8°
Leipzig, Med. Diss. v. (15. Dez.) 1903

Stolpe [Schlagwort]

Stolpe, s.: **Geologische Karten. Preussen. 80.**

Stolpe, s.: **Mark.**

Stolpe [Verfasser]

Stolpe, Arthur

Stolpe, *Karl Max* Arthur [app. Arzt aus Leipzig]: Aus d. Patholog.[!] Institut zu Kiel. Über Aneurysmata der Arteria fossae Sylvii m. bes. Berücks. d. Diagnose bei dens. ... Leipzig, Druck v. G. Kreysing, 1897; 30 S. 8.
Kiel, Med. Fak., Inaug.-Diss. v. [18. März] 1897

Stolpe, Augustus (*geb. Deutsch-Wartenberg 27. 12. 1823*): Iterativorum Graecorum vis ac natura ex usu Homeri atque Herodoti demonstrata. Vratislaviae (1849). (53 S.) 8°
Breslau, Phil. Diss. v. 14. Febr. 1849

Stolpe, Bernhard, appr. Tierarzt a. Wiesbaden, z. Zt. veterinärärztl. Hilfsarbeiter im Grossh. Hess. Ministerium d. Innern. ⟨Abt. f. öffentl. Gesundheitspflege⟩: Aus d. bakteriol. Abteilung d. chemischen Fabrik E. Merck-Darmstadt. Über die mittelst der Agglutination nachweisbaren Beziehungen des Streptococcus equi zu den vom Menschen stammenden Streptokokken. Berlin [1906]: Pass u. Garleb. (30 S.) 4°
Gießen, Med. Fak., Ref. Olt, Diss. v. 18. April 1906
[Geb. 4. Jan. 78 Wiesbaden; Wohnort: Darmstadt; Staatsangeh.: Preußen; Vorbildung: Realgymn. Wiesbaden M. 97; Studium: Gießen 7, Berlin Tierärztl. Hochsch. 1, Gießen 3 S.; Rig. 3. Juni 05.]

Stolpe, C. Plan von Constantinopel mit den Vorstädten, dem Hafen und einem Theile des Bosporus. 1 : 15000. Berlin 1866. 1 Bl. c. L. Ff. und 1 Heft Text.

Stolpe, C., Plan von Constantinopel mit den Vorstädten, dem Hafen und einem Theile des Bosporus. Aufgenommen und nach den zeither. Veränderungen bericht. bis zum J. 1866. Maasstab 1 : 15,000. Chromolithogr. Imp.-Fol. (40 S. Text in gr. 8.) Berlin 867, (Neumann.) **

Stolpe, C., Plan von Constantinopel, mit den Vorstädten, dem Hafen und einem Theile des Bosporus. Nach den zeither. Veränderungen berichtigt bis zum J. 1880. 1 : 15,000. Chromolithogr. Imp.-Fol. Constantinopel 881, Lorentz und Keil. * 4 —

Stolpe, H., über die Tätowirung der Oster-Insulaner, s.: **Abhandlungen u. Berichte** des königl. zoolog. etc. Museums zu Dresden.

Stolpe, Herm., Meister Brummer. Schwank in 1 Akt. (16 S.) 8. Leipzig (903). R. Lipinski. — 50

— Dass., s.a. Arbeiterbühne, Nr. 7.

Stolpe, Hjalmar, Entwicklungserscheinungen der Naturvölker. Eine ethnograph. Untersuchg. [Aus: „Mittheilgn. d. anthropolog. Gesellsch. in Wien".] gr. 4. (44 S. m. 58 Fig.) Wien 892. (A. Hölder.) n. 4. —

Stolpe, Dr. Hjalmar, Entwicklungs-Erscheinungen in der Ornamentik der Naturvölker. Eine ethnographische Untersuchung. Mit 58 Text-Illustrationen. 4. (62 S.) In Comm. 2. —
Wien: Hölder 1892.

Stolpe, Karl Max Arthur, s. Stolpe, Arthur

Hermann und Thorishilde. Vaterländ. Schauspiel in 5 Aufz. von Oskar **Stolpe.** *Schneidemühlchen: Selbstverl. 1903.* (80 S.) 8° [F.] [04. 3167]

Stolpen [Sachliches OW]

Stolpen, die Schlossruine. 7 Blatt in Lichtdr. v. Römmler & Jonas in Dresden. (Cabinet-Ausg.) 8. (16 S. Text.) Dresden 877. Gilbers' Verl. In Leinw.-Mappe. n. 8. —

Stolpen, Stadt u. Schloß. Nebst einer Biographie der Gräfin v. Cosel. Bautzen 868. Reichel. 16. (IV, 96 S.) n. $7\frac{1}{2}$ *ngr.*

Stolpen [Schlagwort]

Stolpen, s.: **Geologische Karten (Sachsen).**

Stolpen, s.: **Sachsen. Karte.**

Stolpen, s.: **Sachsen. Messtischblätter.**

Stolper, zur Syncytiogenese beim Meerschweinchen, s.: **Herrmann, Edm.**

Stolper, Bonaventura, Assistenzarzt am St. Josephs-Krankenhaus zu Breslau: Aus d. Königl. Universitäts-Poliklinik für Ohren-, Nasen- u. Hals-Krankheiten zu Breslau. ⟨Prof. Dr. Kümmel.⟩ 28 Fälle von Empyem der Nasennebenhöhlen. *Breslau 1899: Schles. Volkszeitungs-Buchdr.* (47 S.) 8°
Breslau, Med. Diss. v. 6. Juni 1899

Stolper, G., der Lutteriegewinn. Schlesisches Volksstück in 1 Akt. (29 S.) 8. Schweidnitz (908). G. Brieger. — 60

**Stolper, P.* Über die Beziehungen zwischen Syphilis und Trauma, insbesondere in gerichtlich- und versicherungsrechtlich-medizinischer Hinsicht. Leipzig 1902.

— Gesundheitsbuch f. den Steinkohlenbergbau, s.a. Wegweiser der Gewerbehygiene.

[F.] Gesundheitsbuch für den Steinkohlenbergbau. Von Dr. P. Stolper in Breslau. *Berlin: C. Heymanns 1898.* (x, 139 S.) 1 Bd 8.
= Wegweiser d. Gewerbehygiene. No 4. [98. 6975]

Stolper, P., gerichtliche Medicin, s.: **Guder.**

— die Verletzgn. d. Wirbelsäule u. des Rückenmarks, s.: **Wagner, W.**

Stolper, Paul, der beamtete Arzt, s.: **Rapmund, O.**

— die Beaufsichtigung der Geisteskranken ausserhalb der Anstalten, s.: **Grenzfragen, juristisch-psychiatrische. I.**

Stolper, P., Beiträge zur Syphilis visceralis (Magen-, Lungen- u. Herzsyphilis), s.a. Bibliotheca medica, Abt. C, Hft. 6.

Aus d. pathol. Inst. d. Univ. Breslau. Beiträge zur Syphilis visceralis, Magen-, Lungen-, Herzsyphilis. Von Dr. P[aul] **Stolper**, Assist. d. Instituts. *Cassel: Th. G. Fisher & C. 1896.* (3 Bl., 43 S., 3 Taf.) 1 Bd 4. — Bibliotheca medica. Abth. C. Heft 6. [96. 1517]

Stolper, Paul, Dr. med., Arzt in Breslau: **Ueber die Beziehungen** zwischen Syphilis und Trauma insbesondere in gerichtlich- und versicherungsrechtlich-medicinischer Hinsicht. Mit 2 Taf. *Leipzig 1902: J. B. Hirschfeld.* (82 S.) 8°
Breslau, Med. Hab.-Schr. v. 12. [übergeklebt: 21.] Nov. 1902
(Nicht für den Austausch)

Stolper, Paul [app. Arzt aus Buchwald in Schles.]: Ein Fall von Nierenkrebs mit Verbreitung durch Kontaktinfektion und Tuberkulose einer Metastase. '(Aus d. patholog. Institut zu Leipzig.)' ... Breslau, Druck d. Bresl. Gen.-Buchdr., *1892;* 32 S., 1 Bl. 8.
Leipzig, Med. Fak., Inaug.-Diss. v. 12. Febr. 1892

Nicht für den Austausch (ist vorhanden)

— das Mikroskop, s.: **Hager**, Herm.

Stolper, Th. Arth., **Adressbuch** der Zahnkünstler u. im Ausland Diplomierten, die im Deutschen Reiche selbständig sind, sowie diejenigen Personen, welche die Zahnkunst als Nebengewerbe m. betreiben. 2. Ausg. 12. (VII, 300 S.) Leipzig (Lessingstr. 32) 900. Selbstverlag. n. 2. 50; geb. in Leinw. n. 3. 50

— erste Hilfe bei Zahn-Defekten u. -Schmerzen. Ein Hinweis f. jedermann zur Beachtg. seiner Zähne u. des Mundes. 12. (24 S.) Ebd. 901. — 30

v. **Stolperfort**, s. Meinungen u. Abentheuer.

Stolpertus

s.a. May, Franz Anton: Stolpertus.

Stolpertus ein junger Arzt am Krankenbette. . . . Mannheim 1777—78. Neue Aufl. 1801—7. V: *May, Franz Anton.* (BrMm) (BGG) (Ky)

Stolpertus ein junger Brownianer am Krankenbette . . . 2. Aufl. Mannh. 1802. V: *May, Frz. Ant.* (EB)

Stolpertus ein junger Geburtshelfer am Kreissbette . . . Mannh. 1807. V: *May, Frz. Ant.* (EB)

Stolpertus der Polizei-Arzt im Gerichtshof. Mannheim 1802. V: *May, Frz. Anton.* (EB) »Polizei-Arzt, Der.« (Ky)

Stolpmünde [Schlagwort]

Stolpmünde, s.: **Deutschland. Uebersichtskarte.**

Stolpmünde, s.: **Europa.** Liebenow.

Stolpmünde-Schwetz, s.: **Automobilkarten.** Automobil-Tourenkarte.

Stolpp, C. Fr. Aufzeichnungen f. den Unterricht in der Schulpraxis im k. Lehrerinnen-Seminar Markgröningen. gr. 8. (142 S.) Markgröningen 891. (Stuttg., Metzler's Sort.) ** 2 20

Stolt, Peter, Allgemeiner // Tugend-Spiegel // oder // Der Kern Moralischer // Gedancken // Des vortrefflichen Käysers // MARCI AURE- //LII ANTONINI // PHILOSOPHI, // Von und an Sich selbst: // Samt einen Anhang gleichmäßiger // Gedancken // Einer Durchl. Damen. // Auß dem Frantzösischen außgezo- //gen / und zur Zeitvertreib Reimweise // übersetzet /// von // PETRO Stolten. // ROSTOCK /// Verlegts Johann Friedr. König /// Buchhändler. // Gedruckt bey Niclas Schwiegerauen /// E. E. Raths Buchdr. An. 1705. - 8 Blatt (nicht paginiert) Titelblatt, Widmung und Vorrede. - 143 S.
Auf dem Einbanddeckel steht in Golddruck:
JO. K. AVENMÜLLER.
LOEBAV LUS.
SOCIET. PHILOTEUT.
POETICAE.
D. D. D.
1 7 2 4.
B. S. T. 8°.689/1.

Stolte, Ansprachen bei der gottesdienstlichen Feier zum Amtsantritte des Generalsuperintendenten Stolte, s.: **Dryander.**

[Lied.] Zum fünfzigjährigen Jubelfeste der Vereinigung der Posener Logen zum Tempel der Eintracht am 24. April 1870. [Unterz.:] Stolte. [Posen 1870]: Decker & Co. 2 Bl. 4° [Umschlagtit.]
Mit Chor ohne Noten: „Auf Brüder des Bundes, die Gläser geschwungen . . .“

Stolte, Armin. Julius (geb. Hausneindorf bei Halberstadt 9. 7. 1819): De pulsuum vi et natura. Berolini (1845). (31 S.) 8°
Berlin, Med. Diss. v. 12. Apr. 1845

Verzeichniss der Büchersammlung des Vereins für Geschichte u. Alterthumskunde Westfalens. Abth. Paderborn. Zsgst. v. B. **Stolte** ... *Paderborn: Junfermann 1893.* (VII, 282 S.) 1 Bd 8. [96. 10563 Mr]

Das Archiv des Vereins für Geschichte und Altertumskunde Westfalens, Abteilung Paderborn. Bearb. von Bernhard **Stolte**, Archivar d. Ver. Th. 1. *Paderborn: Junfermann 1899.* 8° [04. 3141 6]

Stolte, Bernh. Beiträge zur Geschichte d. Postwesens im ehemaligen Hochstifte Paderborn. Hrsg. bei Gelegenheit der Feier zur Eröffng. d. neuerrichteten Postgebäudes in Paderborn am 15. Juli 1891. gr. 8. (61 S.) Paderb. 891, F. Schöningh. * 1 —

Stolte, C., s. Stolte, K.

Stolte, C. L., de Christianis Joanne B. majoribus. Götting. 1744. 4.

Stolte, Ch. L., Götting. gelehrte Nachrichten v. 1745. 8. Leipzig, Junius. 747.

Stolte, E. Metrische Studien über das deutsche Volkslied. 58 S. **Progr.** *Rg. Crefeld* 1883.

STOLTE, Metrische Studien über das deutsche Volkslied. (Progr.) Crefeld 1883.
Goedeke[2] II, 25.

Stolte, F., s.: **Natur-Heilmethode, die Schroth'sche.**

Stolte, Ferd., Faust. Dramatisch-didaktisches Gedicht in 2 Thln. 1. Thl. 2. Aufl. Leipzig 860. Veit & Co. gr. 8. (XXIV, 249 S.) n. 2 ₰

Stolte, Ferd., Faust. Dramatisches Gedicht in 4 Thln. gr. 8. Hamburg 869, Hoffmann und Campe. à Thl. *M 3. *

Inhalt:

Thl. 1. Guttenberg. 3. (Titel-)Aufl. (XXVI, 249 S.) (860.)
" 2. Richard und Coelesta. (XXVII, 224 S.)
" 3. Ahasverus. 2. Aufl. (XI, 383 S.)
" 4. Faustina. 2. Aufl. (II, 219 S.)

Stolte, Franz, Schlachthofinspektor aus Hoerde i. W.: Beiträge zur mechanistischen und teleologischen Erklärung der funktionellen und organischen Anpassungen im Tierreich mit besonderer Berücksichtigung der Gebrauchshypertrophien. ⟨Aus dem zootechnischen Institute der Universität Bern. Professor Duerst.⟩ Hoerde 1910. 72 S. und drei Abbildungen. 8°. [17. XII. 09.]

Bern. Vet.-med. Diss. 1909/10.

Stolte, Franz. Beiträge zur Mechanistischen und teleologischen Erklärung der funktionellen und organischen Anpassungen im Tierreich mit besonderer Berücksichtigung der Gebrauchshypertrophien. Aus dem zootechnischen Institute der Universität Bern.... Diss.Vet.-Med. Bern. [Mit 2 Tafeln.] 72 S. 8. Hoerde, Louis Halbach, 1910.

Stolte: Der Niebelunge Not verglichen mit der Ilias. 26 S.– Rietberg Progym., Progr. 1869.

Stolte, Franz Der Nibelunge nôt verglichen mit der Ilias. II. Teil. 27 S. [I: 1869.] Progr. *Rietberg* 1877.

Stolte, Franz De chori, qualis in perfecta Graecorum tragoedia appareat, ratione et indole. 25 S. Progr. *Rietberg* 1882.

Stolte, H. Ueber die Erziehung d. Taubstummen zur Religiosität u. Sittlichkeit. Ein Beitrag zur Methodik d. Religionsunterrichtes in der Taubstummenschule. gr. 8. (IV, 86 S.) Soest 891, Ritter. * 2 —

Stolte, Heinrich [aus Osnabrück]: Ueber organische Seelenverbindungen.... Berlin, A. W. Schade's Buchdr. (L. Schade), 1887; 48 S. 8°.

Berlin, Phil. Fak., Inaug.-Diss. v. 12. Febr. 1887.

Stolte, Heinrich, über organische Seelenverbindungen. Diss. Berlin 1887, Mayer & Müller. 8°. 48 S.

Stolte, Hermann [aus Potsdam]: Beitrag zur Symptomatologie und Diagnostik der Kleinhirntumoren.... Berlin, Buchdr. v. M. Niethe (1889); 30 S. 8°

Berlin, Med. Fak., Inaug.-Diss. v. 6. Apr. 1889

Verzeichniss der Bücher der Loge Teutonia zur Weisheit in Potsdam. Bearb. von [Herm.] Stolte. Abth. 1. 2. Potsdam 1895: Brandt. 119 S. 8°

1. Freimaurer-Schriften. S. 3—60; 2. Nichtmaurer. Schriften. S. 63—119.

Stolte, Joh. C., paedagogia christiana, od. gründl. Anweis. z. Erziehung u. Unterrichtung d. Jugend. 8. Erfurt, Jungnicol. 740.

Stolte, K., s. Abhandl. über die Frage: Worin besteht die Ursache.

Stolte, K., Geschichts-Auszüge, verbunden m. geograph. Belehrgn., zum Gebrauch beim Geschichts-Unterricht in Stadtschulen in 3 concentr. Cursen. 8. Neubrandenburg 875. Brünslow. n. 1. 88

1. Für Unterklassen. [Einjährig.] (26 S.) n. — 40
2. Für Mittelklassen. [Einjährig.] (56 S.) n. — 48
3. Für Oberklassen. [Zweijährig.] (126 S.) n. 1. —

Stolte, K., Geschichts-Auszüge, verbunden mit geographischen Belehrungen, zum Gebrauch beim Geschichts-Unterricht in Stadtschulen in 3 concentrischen Kursen. 2. Aufl. 8. Neubrandenburg, Brünslow'sche Buchh. *

Inhalt:

Kursus 1. Für Unterklassen. [Einjährig.] (47 S.) 881. * 40 Pf.
" 2. Für Mittelklassen. [Einjährig.] (58 S.) 881. * 48 Pf.
" 3. Für Oberklassen. [Zweijährig.] (164 S.) 885. M 1.

Stolte, K. Geschichts-Auszüge, verbunden m. geographischen Belehrungen, zum Gebrauch beim Geschichts-Unterricht in Stadtschulen in 3 konzentr. Kursen bearb. II. Kurs. f. Mittelklassen. 3. Aufl. 8. (IV, 66 S.) Neubrandenb. 892, Brünslow. cart. * — 60

1. u. 3. Kurs. Ebd. 1881,85. * 1 60.

— dasselbe, m. besond. Berücksicht. d. deutschen Geschichte u. Kulturentwickelg. in 3 Stufen bearb. 3. Stufe. 3., verb. Aufl. gr. 8. (164 S.) Ebd. 896. n. 1. 20

Stolte, K., Geschichts-Auszüge, verbunden m. geograph. Belehrgn., z. Gebrauch d. Geschichts-Unterricht in Stadtschulen in 3 konzentr. Kursen bearb. I. Kurs. f. Unterklassen. (Einjährig.) 3. Aufl., besorgt v. L. Stolte. gr. 8. (45 S.) Neubrandenburg 898. C. Brünslow. n. — 45

Stolte, K., Geschichtsauszüge, verbunden m. geographischen Belehrungen, zum Gebrauch beim Geschichtsunterricht in Stadtschulen in 3 konzentr. Kursen bearb. I. u. II. Kurs. gr. 8. Neubrandenburg, C. Brünslow. n. 1. 05

I. Für Unterklassen. (Einjährig.) 4. Aufl. (45 S.) 904. n. — 45
II. Für Mittelklassen. 4. verm. Aufl., besorgt v. W. Decker. (71 S.) 903. Kart. n. — 60

— Lehr- u. Uebungsbuch f. den Unterricht in der Geographie, verbunden m. naturwissenschaftl. u. geschichtl. Belehrgn. in 4 concentr. Cursen f. mehrklass. Schulen bearb. 1—3. Cursus. 8. Ebend. 874. n. 1. 40

1. u. 2. (63 S.) n. — 40.
3. 2jährig od. f. 2 Klassen. (137 S.) n. 1. —

—— Lehr- und Uebungsbuch für den Unterricht in der Geographie, verbunden mit naturwissenschaftl. und geschichtl. Belehrungen, zunächst in 3 concentr. Cursen für mehrklass. Volks- und Mittelschulen bearb. 1. und 2. Cursus. 2. verb. und verm. Aufl. gr. 8. (IV, 79 S.) Ebendas. 877. *

3. Cursus. Ebendas. 1874. *M 1.

—— Lehr- und Übungsbuch für den Unterricht in der Geographie, verbunden mit geschichtl. und naturwissenschaftl. Belehrungen, in 3 konzentr. Kursen für mehrklass. Schulen bearb. 8. Ebendas. [1. und 2. Kursus. 3. verb. Aufl. (IV, 79 S.) 880. * 50 Pf.; 3. Kursus. 2. verb. und verm. Aufl. (334 S.) 882. *M 1,60.] *

—— dass. — In 4 konzentr. Kursen bearb. 3. und 4. Kursus. 2. verb. Aufl. 8. Ebendas. 883. [3. Kursus. (166 S.) *M 1.; 4. Kursus. (IV, 334 S.) *M 1,80.] *

— Lehr- u. Uebungsbuch f. den Unterricht in der Geographie, in 4 konzentr. Kursen bearb. 8. Ebend. n. 3. 80

1. 2. 5. Aufl. (IV, 108 S.) 885. n. — 50; geb. n. — 75
3. 2. Aufl. (166 S.) 883. n. 1. —; geb. n. 1. 25
4. 2. Aufl. (IV, 334 S.) 883. n. 1. 80

Stolte, K., Lehr- und Übungsbuch für den Unterricht in der Geographie, in 4 konzentr. Kursen bearb. 1. und 2. Kursus. 5.—8. Aufl. 8. (IV, 108 S.) Neubrandenburg 885—88, Brünslow. * — 50

3. und 4. Kursus. Ebendas. 1883. *M 1.80.

—— Lehr- u. Übungsbuch f. den Unterricht in der Geographie, in 4 konzentr. Kursen bearb. I. u. II. Kurs. 8. verb. Aufl. gr. 8. (108 S.) Ebd. 890. * — 50

3. u. 4. Kurs. Ebd. 1883. * 2 80.

— Lehr- u. Uebungsbuch f. d. Unterricht in d. Geographie, in 4 konzentr. Kursen bearb. I. u. II. Kurs. 9., verb. Aufl. gr. 8. (IV, 108 S.) Ebd. 894.
Kart. n.n. — 65

— Lehr- u. Übungsbuch f. den Unterricht in der Geographie, in 4 konzentr. Kursen bearb. III. Kurs. 3., verb. Aufl. (Mit besond. Berücksicht. der deutschen Kolonien.) gr. 8. (175 S.) Ebd. 894. n. 1. —

Stolte, K., Lehr- u. Übungsbuch f. den Unterricht in der Geographie in 4 konzentr. Kursen bearb. 1. u. 2. Kurs. 11. Aufl., besorgt v. L. Stolte. gr. 8. (IV, 108 S.) Neubrandenburg 900. C. Brünslow. Kart. n.n. — 65

— Lehr- u. Uebungsbuch f. den Unterricht in der Geographie in 4 konzentr. Kursen bearb. 1. u. 2. Kurs. 12., in neuer Rechtschreibg. abgefaßte u. nach den neuesten Zählgn. bericht. Aufl. (IV, 108 S.) gr. 8. Ebd. 903.
Kart. n.n. — 65

— dasselbe. III. Kurs. 4. verb. Aufl., besorgt v. L. Stolte. (192 S.) gr. 8. Ebd. 903. n. 1. —; geb. n. 1. 25

Stolte, K., Lehr- u. Ubungsbuch f. den Unterricht in der Geographie, in 4 konzentr. Kursen bearb. I. u. II. Kurs. 13., nach den neuesten Zählgn. bericht. Aufl. (IV, 108 S.) gr. 8. Neubrandenburg 907. C. Brünslow.
Kart. nn — 65

Stolte, C., praktischer Lehrgang für den Unterricht der deutschen Sprache in Volksschulen, in 3 Stufen bearb. 2., verm. und verb. Aufl. gr. 8. Neubrandenburg 860, Brünslow. [1. und 2. Stufe. (IV und 88 S.) * 6¼ Ngr., 3. Stufe. (112 S.) * 7½ Ngr.] * —

—— dass. — 1. und 2. Stufe. 3. Aufl. gr. 8. (IV und 88 S.) Ebendas. 861. *

Stolte, K., praktischer Lehrgang für den Unterricht der deutschen Sprache in Volksschulen, in 3 Stufen bearb. Neubrandenburg 860—63. Brünslow. gr. 8. n. 13¾ ngr.
1. u. 2. Stufe. 2—4. Aufl. (IV, 88 S.) n. 6¼ ngr.; 3. Stufe. 2. u. 3. Aufl. (112 S.) n. 7½ ngr.

Stolte, K., praktischer Lehrgang für den Unterricht der deutschen Sprache in 3 Stufen bearb. 1. und 2. Stufe. 4.—8. Aufl. gr. 8. (IV und 88 S.) Neubrandenburg 863—68, Brünslow. *

—— dass. — 3. Stufe. 3.—5., verb. Aufl. gr. 8. (112 S.) Ebendas. 862—68. *

Stolte, K., praktischer Lehrgang für den Unterricht in der deutschen Sprache in 4 Stufen bearb. gr. 8. Neubrandenburg 869—75, Brünslow. *
Inhalt:
Stufe 1. 2. und Ergänzung zu Stufe 2. Stilübungen. 1. Thl. 9.—15. verb. und verm. Aufl. (IV, 92 S.) * 50 Pf.
" 3. und Ergänzung hierzu. Stilübungen. 2. Thl. 6.—9. verb. Aufl. (112 S.) * 75 Pf.
" 4. Als Ergänzung hierzu: Stilübungen. 3. Thl. A. u. d. T.: Lehrbuch der deutschen Sprache für die obern Klassen der Gymnasien, Real- und Gewerbe-, sowie höherer Bürger- und Töchterschulen. 1. Aufl. (X, 122 S.) 1869. * ℳ 1., und 2. verb. und durch eine literaturgeschichtl. Zeittafel verm. Aufl. (IV, 140 S.) * ℳ 1,20.

—— praktischer Lehrgang für den Unterricht in der deutschen Sprache, in 4 Stufen bearb. 8. Ebendas. *
Inhalt:
Stufe 1. 2. Als Ergänzung hierzu: Stilübungen. 1. Thl. 16.—18. Aufl. (IV, 92 S.) 876—79. * 50 Pf.
" 3. —— dass. — 2. Thl. 10.—12. verb. Aufl. (123 S.) 876—79. * 80 Pf.
" 4. —— dass. — 3. Thl. 3. verb. und verm. Aufl. (IV, 140 S.) 876. * ℳ 1,20.

—— praktischer Lehrgang für den Unterricht in der deutschen Sprache, in 4 Stufen bearb. 8. Ebendas. [1. und 2. Stufe. 19.—22. Aufl. (IV, 92 S.) 880—84. * 50 Pf.; 3. Stufe. 13. und 14. Aufl. (128 S.) 881,84. * 80 Pf.; 4. Stufe. 4. verb. Aufl. (IV, 140 S.) 884. ℳ 1,20.] *

—— praktischer Lehrgang für den Unterricht in der deutschen Sprache, in 4 Stufen bearb. 1.—3. Stufe. 8. Ebendas. [1. und 2. Stufe. 23.—27. Aufl. (IV, 92 S.) 885—87. * 50 Pf.; geb. * 75 Pf.; 3. Stufe. 15. Aufl. (128 S.) 886. * 80 Pf.; geb. * ℳ 1.—.] * ℳ 1.30.; geb. * 1 75
4. Stufe. Ebendas. 1884. * ℳ 1.20.

Stolte, K., praktischer Lehrgang f. den Unterricht in der deutschen Sprache, in vier Stufen bearb. 1.—3. Stufe. 8. Neubrandenburg, Brünslow. n. 1. 30
1. u. 2. Stufe. 31. Aufl. (IV, 92 S.) 890. n. — 50; geb. n. — 65
3. Stufe. 16. Aufl. (128 S.) 889. n. — 80

Stolte, K. Praktischer Lehrgang für den Unterricht in der deutschen Sprache, in 5 Stufen bearb. Stufe 1, 2, 2a u. 3. 8°. Neubrandenb., Brünslow. [Stufe 1. 33. Aufl. (IV, 48 S.) 892. * — 40; Stufe 2. 33. Aufl. (80 S.) 892. * — 60; Stufe 2a. (96 S.) 892. * — 70; Stufe 3. 16. Aufl. (128 S.) 889. * — 80.] * 2 50
4. Stufe. Ebd. 1884. * 1 20.

— praktischer Lehrgang f. den Unterricht in der deutschen Sprache, in 5 Stufen bearb. 1.—3. Stufe. 8. Ebd. Kart.
n. 2. 70
1. 35., verb. Aufl. (IV, 44 S.) 894. n. — 40. — 2. 33., verb. Aufl. (80 S.) 892. n. — 60. — 2a. (96 S.) 892. n. — 70. — 3. 20. Aufl. In neuer Bearb. (128 S.) 893. n. — 80; geb. n. 1. —.

— prakt. Lehrgang f. d. Unterr. in d. deutschen Sprache, in 5 Stufen bearb. 1., 2. u. 4. Stufe. 8. Ebd. 896.
Kart. n. 2. 40
1. 38. Aufl. (IV, 44 S.) n. — 40. — 2. 36. Aufl. (80 S.) n. — 60
4. 5., verb. Aufl. (IV, 166 S.) n. 1. 40.

— dasselbe. 1. u. 2. Stufe. Neue Aufl., besorgt v. L. Stolte. 8. Ebd. 898. Kart. n. 1.
1. 39. Aufl. (IV, 44 S.) n. — 40. — 2. 37. Aufl. (80 S.) n. — 60

— praktischer Lehrgang f. den Unterricht in der deutschen Sprache, in 5 Stufen u. e. Vorstufe bearb. 1.—3. Stufe. Neue Aufl., besorgt v. L. Stolte. 8. Ebd. n. 2. —
1. 43. Aufl. (IV, 44 S.) 902. Kart. n. — 40
2. Als Ergänzung hierzu: Stilübungen, 1. Tl. 39. Aufl. (80 S.) 901. Kart. n. — 60
3. Als Ergänzung: Stilübungen, 2. Tl. 23. Aufl. (128 S.) 901. Geb. n. 1. —

— praktischer Lehrgang f. den Unterricht in der deutschen Sprache, in 5 Stufen u. e. Vorstufe bearb. Stufe I, II, IIa u. III. gr. 8. Ebd. Kart. n. 2. 70
I. 45. Aufl., besorgt v. L. Stolte. (IV, 44 S.) 904. — 40
II. Als Ergänzung hierzu: Stilübungen, 1. Tl. 41. Aufl., nach der neuen Rechtschreibg. (80 S.) 903. — 60
IIa. Mittelstufe. 3. Aufl., nach der neuen Rechtschreibg. (96 S.) 904. — 70
III. Als Ergänzg.: Stilübungen. 2. Tl. 25. Aufl., nach der neuen Rechtschreibg. (128 S.) 904. 1. —; geb. — 80

— Praktischer Lehrgang f. den Unterricht in der deutschen Sprache, in 5 Stufen u. e. Vorstufe bearb. I.—III. Stufe. 8. Ebd. Geb. 2. —
I. Stufe. 49. (unveränd.) Aufl. (IV, 44 S.) 910. Geb. — 40
II. Stufe. 45. (unveränd.) Aufl. (80 S.) 910. Geb. — 60
III. Stufe. 28. Aufl. (128 S.) 910. — 80; geb. 1. —

Stolte, K., die Märchenwelt in dramatischen Bildern. Deklamationen für die Jugend, zur Belebung des deutschen Sprachunterrichts bearb. 8. (IV, 150 S.) Neubrandenburg 871, (Brünslow.) * 1 20

—— kleine deutsche Sprachlehre, im Anschluß an den „prakt. Lehrgang" desselben Verf. in concentr. Stufen bearb. 3 Stufen. 8. Ebendas. 878. [1. und 2. Stufe. (32 S.) * 25 Pf.; 3. Stufe. (71 S.) * 40 Pf.] *

—— kleine deutsche Sprachlehre, in 3 konzentr. Stufen bearb. 1. und 2. Stufe. 2. Aufl. gr. 8. (32 S.) Ebendas. 887. * — 25

—— systematisch geordnete deutsche Stylübungen für Schulen, ein Ergänzungsbuch zu dem prakt. Lehrgang desselben Verf. in 3 Thln. bearb. gr. 8. Neubrandenburg 862.63, Brünslow. [1. Thl. (IV und 68 S.) * 5 Ngr., 2. Thl. (III und 168 S.) * 12½ Ngr.] *

—— dass. — 3. Thl. gr. 8. (IV und 271 S.) Schwerin 863, Hildebrand. *

—— systematisch geordnete deutsche Stilübungen für Schulen. Ein Ergänzungsbuch zu dem prakt. Lehrgang desselben Verf. in 3 Thln. bearb. 1. und 2. Thl. 8. (Ebendas.) * 1 85

Inhalt:

Thl. 1. Ergänzung zum prakt. Lehrgang II. Kursus zweijährig. 2. verm. Aufl. (IV, 76 S.) 1869. * 50 Pf., und 3. Aufl. 875. * 60 Pf.

" 2. Ergänzung zum prakt. Lehrgang III. Kursus dreijährig. 2. verm. und verb. Aufl. (III, 172 S.) 871. * M 1,25.

—— systematisch geordnete deutsche Stilübungen für Schulen. Ein Ergänzungsbuch zu dem prakt. Lehrgang desselben Verf. in 3 Thln. bearb. 1. und 2. Thl. 8. (Ebendas.) *

Inhalt:

Thl. 1. Ergänzung zum praktischen Lehrgang II. Kursus zweijahrig. 4. Aufl. (IV, 76 S.) 880. * 60 Pf.

" 2. Ergänzung zum praktischen Lehrgang III. Kursus dreijährig. 2. verm. und verb. Aufl. (186 S.) 876. * M 1,60.

3. Thl. Schwerin 1863, Hildebrand's Verlag. * M 2,50.

—— systematisch geordnete deutsche Stilübungen für Schulen. Ein Ergänzungsbuch zu dem prakt. Lehrgang desselben Verf., in 3 Tln. bearb. 2. Tl. [Ergänzung zu prakt. Lehrg. III.] Kursus mehrjährig. 4. verb. Aufl. 8. (182 S.) Ebendas. 884. *

1. Thl. Ebendas. 1880. * 60 Pf. — 3. Thl. Schwerin 1863, Hildebrand's Verlag. * M 2,50.

—— systematisch geordnete deutsche Stilübungen für Schulen. Ein Ergänzungsbuch zu dem prakt. Lehrgang desselben Verf., in 3 Tln. bearb. 1. Tl. Kursus zweijährig. 5. Aufl. 8. (IV, 76 S.) Ebendas. 888. * — 60

2. Tl. Ebendas. 1884. * M 1.60. — 3. Thl. Schwerin 1863, Hildebrand's Verlag. * M 2.50.

— systematische u. geordnete deutsche Stilübungen f. Schulen. Ein Ergänzungsbuch zu dem prakt. Lehrgang desselben Verf., in 3 Tln. bearb. 1. Tl. Kursus zweijährig. 6. Aufl., nach der neuen Rechtschreibg. (76 S.) 8. Ebd. 905. Kart. n. — 75

— Turnbüchlein. Zusammenstellung von riegenweis vertheilten u. nach Uebungs-Zetteln geordneten Turnübungen zum Gebrauch für Turnlehrer, Vorturner rc. bearb. Anhang: Turnlieder. Neubrandenburg 862. Brünslow in Comm. 16. (IV, 112 S.) n. 6 ngr.

— Vorstufe d. prakt. Lehrgangs f. d. Unterr. in d. deutschen Sprache. 8. (32 S.) Ebd. 897. n. — 25

— Vorstufe des praktischen Lehrgangs f. den Unterricht in der deutschen Sprache. 2. Aufl., besorgt v. L. Stolte. 8. (32 S.) Ebd. 901. n. — 25

Stolte, Karl, a. Straßburg i. Els.: Über das Schicksal der Monaminosäuren im Tierkörper nach Einführung in die Blutbahn. Braunschweig 1904: Fr. Vieweg & Sohn. (12 S.) 8° ¶(Aus: Beiträge zur chemischen Physiologie und Pathologie Bd 5.)

Straßburg, Med. Fak., Ref. Hofmeister, Diss. v. 6. Aug. 1904

[Geb. 15. Apr. 81 Straßburg i. E.; Wohnort: Straßburg; Staatsangeh.: Elsaß-Lothringen; Vorbildung: Protest. Gymn. Straßburg Reife M. 99; Studium: Straßburg 9 S.; Coll. 21. Juli 04; Approb. 27. Juni 04.]

Stolte, L.: Das Focalaxensystem einer Fläche 2. Ordnung. 1877. 8°

Diss. Tübingen.

Stolte, L. Die neuere Geometrie. Ein Unterrichtsgegenstand der höheren Lehranstalten. 27 S. **Progr.** Rsch. Joh. *Strassburg* 1883.

Stolte, L., Lehrbuch der Geometrie, s.: Ernst, Ch.

Stolte, M., s. Abriß v. d. neuest. Zust. ...

Stolte, M., Abschieds-Predigt üb. Philipper 4, 4—7, am 4. Adventsonntage, dem 19. XII. 1909 in der Paulus-Kirche zu Groß-Lichterfelde geh. (12 S.) 8. Berlin 909. M. Warneck. — 30

Stolte, M., Solches geschieht auch vom Herrn Zebaoth. Predigt, geh. am 3. I. 1909 in der Paulus-Kirche zu Groß-Lichterfelde. 1. u. 2. Aufl. (14 S.) 8. Berlin 909. M. Warneck. — 30

Stolte, **Max,** Referendar aus Strassburg i. E.: Der **Begriff** der Schenkung nach deutschem bürgerlichem Recht. *Strassburg i. E. 1900: C. & J. Goeller.* (126 S.) 8°

Strassburg, Rechts- u. staatswiss. Diss. v. 1900

Heinrich Seidel † 7. Nov. 1906. Rede an s. Sarge geh. vom Pfarrer Max **Stolte**. Groß-Lichterfelde, d. 10. Nov. 1906. (Berlin 1906: Heinicke.) 7 S. 8°

Stolte, Peter (Rostock) A. S. 1181/2

Dissertatio academica physica-astronomica de maculis solaribus. Präs. Johann Hermann Becker. Rostock (Adler) 3. XI. 1723. 52 S.

Gew.: Johann Joachim Tielcke. 33744

Stolteberg. Lebensworte aus Gottes Wort, s. Lüdemann.

Stölten, H. O., der Arzt als Bahnbrecher christlicher Kultur od. die Mission d. Arztes in China. Anregung zur Aussendg. deutscher Aerzte u. zur Gründg. e. deutschen Universität in China. gr. 8. (55 S.) Jena 890. (Braunschweig, Schwetschke & Sohn.) n. — 50

Erbaulich-patriotische Bilder aus der Tümpling'schen Geschlechtsgeschichte. Von H. O. **Stölten**, Pfarrer. Jena: Neuenhahn 1893. 53 S. 8° [11. 9433

Stölten, H. O., das Kommen Christi im Weltgericht. Predigt vom 2. Advent 1884, seinen Gemeinden in weiterer Ausführg. als Neujahrsgabe dargeboten. gr. 8. (19 S.) Jena 884. (Neuenhahn.) n. — 25

Stölten, H. O., Wanderfahrt nach Dornburg u. Tautenburg. Fremdenführer m. geschichtl. Exkursen. [Aus: „Saale-Zeitung".] 12. (48 S. m. 1 Abbildg.) Tautenburg b/Dornburg a/S. 894. Verschönerungsverein. n. — 40

Stoltenberg: Lebensworte aus Gottes Wort, s. Stolteberg

Stoltenberg, Christian Friedrich (Lübeck) A. S. 102/27

Dissertatio inauguralis de possessore legum ex sententia non possidente. Präs. Karl Friedrich Walch. Jena (Strauss) 22. VI. 1771. 48 S.

Gew.: Stadt Lübeck.
W. v.: Präs. 33745

Stoltenberg, D., Fibel. Ein Elementarbuch für die deutsche Jugend. Kiel 867. Leipzig, Mentzel. 8. (74 S. mit eingedr. Holzschn.) n.n. 4½ ngr.

Internationale Flottenschau auf dem Kieler Hafen am 21. Juni 1895. Zur Erinnerung an die Eröffnung des Kaiser Wilhelm-Kanals. (Gemalt v.) Fritz **Stoltenberg**. Hamburg, Bremen. (1895.) Farbendruck. 1 Bl. Fol., 77/117 cm.
Mit 1 Übersichtsblatt.

Stoltenberg, Fritz, s.: Schleswig-Holstein meerumschlungen in Wort u. Bild.

Stoltenberg, G. Schreibhefte der höheren Mädchenschule zu Kiel. Deutsche Schrift. 11 Hefte. 4. Kiel 892, Lipsius u. Tischer. [1.—6. Heft. (à 24 S.) à Heft ** — 15; 7.—10. Heft. (à 24 S.) à Heft ** — 20; 11. Heft. (32 S.) ** — 25.] ** 1 95

—— dass. — Lateinische Schrift. 8 Hefte. 4. Ebd. 892. [1.—3. Heft. (à 24 S.) à Heft ** — 15; 4.—7. Heft. (à 24 S.) à Heft ** — 20; 8. Heft. (32 S.) ** — 25.] ** 1 50

—— dass. — Probeschriften. 4. (32 S.) Ebd. 892. ** — 25

Stoltenberg, G., Schreibschule. Nach der Normalschrift f. schleswig-holstein. Schulen neu bearb. 3. Aufl. Deutsche Schrift. 10 Hfte. 4. (à 24 S.) Kiel (902). Lipsius & Tischer. à n.n. — 20

— dasselbe. Lateinische Schrift. 7 Hfte. 4. (à 24 S.) Ebd. (902). à n.n. — 20

— dasselbe. Abschlußheft. 4. (24 S.) Ebd. (902). n.n. — 25

— dasselbe. Probeschriften. 2 Hfte. 4. Ebd. (902). n.n. — 55
1. (32 S.) n.n. — 25. — 2. (40 S.) n.n. — 30.

Stoltenberg, G., Schreibschule. Nach der Normalschrift f. schleswig-holstein. Schulen neu bearb. Probeschriften. 3. Heft. Für Seminare u. ähnl. Anstalten. (40 S.) gr. 8. Kiel (910). Lipsius & Tischer. nn — 50

— dasselbe. Lateinische Schrift. 8. Heft. (24 S.) 8. Ebd. (909). nn — 20

Stoltenberg, H., zwei Schreiben an d. Direction d. Hamburger Versorgungstontine. gr. 8. ... Hamburg ..., Hoffmann u. Campe.

—— einige Worte an alle, die in d. Tontine, dem Leibrenten-Verein u. d. Lebensbunde sind, od. in diese, od. ähnliche Anstalten zu treten gedenken. 8. ... Hamburg 831, Hoffmann u. Campe.

Ein Vorschlag zur Förderung des Versicherungswesens. Mit besond. Berücks. d. Lebensversicherung. Von H[einrich] **Stoltenberg**. Kiel: Selbstverl. 1907. 16 S. 8° [11. 609 8

Stoltenberg, N. Th., elektrische Maßeinheiten, in reichsgesetzlicher Fassung, wissenschaftlicher Begründung u. technischer Anwendung gemeinfaßlich dargestellt. gr. 8. (32 S. m. Abb.) Hamburg 899. (Henschel & Müller.) — 50

Stoltenberg, N. Th., Stimmungsbilder aus dem Billethal u. Sachsenwald. gr. 16. (VII, 80 u. XVI S.) Bergedorf 894. N. Th. Stoltenberg. Geb. n. 2. —

Beitrag zur Kenntniss der Flora Tonderns. Zur Anregung und Erleichterung des Privatfleisses den Zöglingen unseres Seminars dargeboten v. Nicolaus **Stoltenberg**, Tondern 1877. Tondern 1877. 8°

Stoltenberg, N., Beitrag zur Kenntniß der Flora Tonderns. Zur Anregung u. Erleichterung des Privatfleißes den Zöglingen unseres Seminares dargeboten. gr. 8. (48 S.) Tondern 877. Dröhse. n. 3. —

Stoltenberg, N., Beitrag zur Kenntniß der Flora Tonderns. Zur Anregung und Erleichterung des Privatfleißes den Zöglingen unseres Seminares dargeboten. gr. 8. (46 S.) Tondern 877. (Hamburg, Nolte.) *

Stoltenberg, Th., vierstimmige ausführliche Liturgie f. die Gottesdienste der evang.-luther. Kirche der Prov. Schleswig-Holstein. Hrsg. im Auftrage des Prov.-Vereins zur Pflege kirchl. Musik in Schleswig-Holstein. (IV, 52 S. m. 5 Bl. Beilagen.) Lex.-8. Flensburg 904. A. Westphalen. n. 1. 80

Die Thätigkeit, die Bestrebungen und Erfolge des Provinzialverbandes der Vaterländischen Frauenvereine in Schleswig-Holstein. Vortrag, geh. 1902 zu Kiel von Th[eodor] **Stoltenberg**, Kirchenprobst. (Schleswig 1902: F. Johannsen.) (8 S.) 8° [Kopft. F.] [03. 1276 8

Worte am Sarge der Frau Sophie Brigitte Christine Tollt geb. Martini den 9. Februar 1901 von Propst Th[eodor] **Stoltenberg**. (Schleswig 1901: Schlesw. Nachr.) (3 Bl.) 8° [F.] [03. 1277 8

Aus alten Zeiten. Ein Stück Chronik der Gettorfer Gemeinde. Zsgest. v. Theodor **Stoltenberg**. Kiel. 1880. 8°.

Stoltenberg, W., Hilfstabellen für Architekten, Ingenieure, Baugewerksmeister u. Techniker zum Gebrauch beim Projektiren u. Revidiren von Hochbaukonstruktionen. gr. 16. (4 Tab. m. 2 S. Text.) Hamburg 890. Boysen & Maasch. n. — 60

Stoltenberg-Lerche, Axel *Wilhelm Bertold* [pr. Arzt aus Düsseldorf Assist. an d. Klinik f. Ohren-, Nasen- u. Hals-Krankh.]: Zur Desinfection der Hände ... Marburg, Buchdr. v. J. Hamel, 1896; 40 S., 1 Bl. 8.
Marburg, Med. Fak., Inaug.-Diss. v. 15. Aug. 1896

Stoltenburg, Hans: Der Glogauer Erbfolgestreit, auch ein Kampf um die Ostmark. Magdeburg 1908: Baensch jun. 32 S. 4°
Magdeburg, RG P 1908 (335) [S 08. 472

Stoltenburg, Hans, Polen u. Deutsche, s. a. Vortragsstoffe f. Volks- u. Familienabende. I. 8.

Polen und Deutsche. Ein geschichtl. Rückblick. Von Dr. Hans **Stoltenburg**, Oberl. Leipzig: F. Engelmann 1906. (16 S.) 8° [F.]
= **Vortragsstoffe** f. Volks- u. Familienabende. Reihe 1. H. 3. [06. 9977

Stoltenburg, Hans *Eugen Konrad* [aus Patzig]: Die Verteilung der Bevölkerung im Regierungsbezirk Köslin ... (Aus: VI. Jahresber. d. Geogr. Ges. zu Greifswald.) Greifswald, Druck v. J. Abel, 1896; 2 Bl., 45 S. 8.
Breslau, Phil. Fak., Inaug.-Diss. v. 9. Mai 1896

Stoltenburg, Hans, d. Verteilung d. Bevölkerung im Reg.-Bez. Köslin. Diss. [Aus: „VI. Jahresber. der geograph. Gesellschaft zu Greifswald".] gr. 8. (43 S.) Greifswald 896. (Breslau, Schlotter.) n. — 80

Stoltenhoff, A(dolf) ⟨geb. am 6 Okt. 1852 in Elberfeld⟩: Ueber Amblyopia nicotiana ... Bonn, Univ.-Buchdr. v. C. Georgi 1877. 26 S., 1 Bl. 8.
Bonn, Med. Fak., Diss. v. 21 März 1877

Stoltenhoff, Carolvs Otto ⟨geb. am 9 März 1845 in Elberfeld⟩: Theses theologicae ... ad obtinendvm gradvm licentiati S. S. theologiae ... Bonnae, form. P. Nevsser (1870). 6 S. 8.
Bonn, Ev.-theol. Fak., Thes. v. 5 Febr. 1870

Stoltenhoff, O., 2 Predigten. 1. Die rechte Predigt d. Evangeliums, Pred. üb. 1. Cor. 2, 1 u. 2, geh. am Ordinations- u. Eintrittstage den 16. Febr. 1871. 2. Der apostolische Segenswunsch, Pred. üb. 2. Cor. 13, 13, geh. am Sonntage Estomihi, den 19. Febr. 1871. gr. 8. (35 S.) Rheydt 871. Langewiesche. n. — 35

Stoltenhoff, Otto

Stoltenhoff, O., Etwas üb. Ziel u. Weg christlicher Schulbildung. Festpredigt üb. Ev. Joh. 12, 20—25, aus Anlaß d. 300jähr. Bestehens d. Elberfelder Gymnasiums u. der Einweihg. seines neuen Schulhauses am 9. Jan. 1893 in der 1. reformierten Kirche zu Elberfeld geh. 8. (16 S.) Elberfeld 893. Buchh. der Evangel. Gesellschaft. n. — 25

Stölter, G. F., über die möglichst gewinnreiche Benutzung von Bächen und Teichen zur künstlichen Fortpflanzung von Fischen, so wie über die Zucht von Blutegeln in Sümpfen und sumpfigen Wiesen. Eine national-ökonomische Abhandlung. Hildesheim 859. Lax. 8. (24 S.) 6 ngr.

—— weitere Mittheilungen aus der Praxis der künstl. Fischzucht. Im Anschluß an die Abhandlung über die möglichst gewinnreiche Benutzung von Bächen und Teichen zur Piscicultur. 8. (56 S.) Hildesheim 860, Lax. *

—— practische Resultate der Blutegelzucht und deren Rentabilität. Nach vieljähr. Erfahrungen etc. in tabellar. Uebersichten dargestellt und erläutert. gr. 4. (22 S.) Hildesheim 860, Lax. *

Stölter, G. F., praktische Vorschläge zur Einführung der Blutegelzucht als landwirthschaftliches Nebengewerbe. Zur Begleitung und Erläuterung der Stölter'schen Blutegel-Ausstellung bei Gelegenheit der Säcularfeier der königl. Landwirthschafts-Gesellschaft zu Celle am 3. und 4. Juni 1863. (2. Aufl.) gr. 4. (XI und 5 S.) Hildesheim 864, Lax. *

Stölter, Geo. Friedr., Handbuch der niedern Chirurgie z. Selbstunterricht f. angehende Chirurgen u. deren Gehülfen. Nebst e. Anhange, enthaltend: Anweisung, wie bei Ermangelung ärztl. Hülfe Scheintodte u. plötzlich mit lebensgefährl. Zufällen Erkrankte zu behandeln sind. 8. (13 B. u. 1 Tab.) Hannover 844, Helwing'sche Hofbuchh. *

Stolterfoht, G. N., d. Bergrede nach Matth. übers. u. erläut. Hanau 1786. 8.

Stolterfoth, Adelheid, rheinisches Album, od. d. Rheingau mit d. Wisperthale u. d. Nachbarstädten Mainz u. Wiesbaden. 10 Hfte. gr. 8. (30 Stahlst. n. Orig.-Zeichnn. u. 11¼ B. Text.) Mainz 838, 39, Kunze. à * ¼ Thlr. *

— Album du Rhin, tableau historique, descriptif et romantique du Rheingau, du Wisperthal et de leurs environs. Ouvrage orné de XXX gravures sur acier et d'une carte géographique. Trad de l'allemand par A Peschier. gr. in-12 Mainz 840. Kunze. n. 3⅓ ℛ — Chines. Pap. 5 ℛ — Illum. 17½ ℛ — Hieraus sind abgedruckt:
Stolterfoth: Description pittoresque ...

Stolterfoth, Adelheid v., Alfred. Romant.-episches Gedicht in 8 Ges. gr. 8. (16¼ B.) Wiesbaden 834, (Ritter.)

——, Alfred. Romant.-episches Gedicht in 8 Gesängen. 2., durchgeseh. Aufl. 8. (16 B.) Frankfurt a. M. 840, [Sauerländer's Verl.]

—— Beschreibung, Geschichte u. Sage d. Rheingaues u. Wisperthales. gr. 8. (6⅛ B., 13 Stahlst. u. 1 Karte.) Mainz 840, Kunze. *

—— malerische Beschreibung v. Mainz u. d. Umgegend. gr. 8. (3¼ B. u. 8 Stahlst.) Mainz 840, Kunze. *

—— malerische Beschreibung v. Wiesbaden u. d. Umgegend. gr. 8. (1½ B. u. 9 Stahlst.) Mainz 840, Kunze. *
Aus d. "Rhein-Album" u. "Album du Rhin" besond. abgedruckt.

—— Description pittoresq. de Mayence et de ses environs. Trad. par A. Peschier. gr. in-12. (3⅓ B. u. 8 Stahlst.) Mayence 840, Kunze. *

—— Description pittoresq. et romantiq. du Rheingau, et du Wisperthal. Trad. par Peschier. gr. in-12. (5⅔ B., 13 Stahlst. u. 1 Karte.) Mayence 840, Kunze. *

—— Description pittoresq. de Wiesbaden et de ses environs. Trad. par Peschier. gr. in-12. (1¼ B. u. 9 Stahlst.) Mayence 840, Kunze. *
Vorstehende zwei specielle Beschreibungen d. Rheingegenden, u. deren Uebersetzungen, sind aus dem „Rhein-Album" und „Album du Rhin", besond. abgedruckt.

Stolterfoth, Adelheid v., (Baronin v. Zwierlein,) rheinische Lieder und Sagen. 3., durchgesehen. und verm. Aufl. 16. (X und 365 S. mit 1 Stahlst.) Frankfurt a. M. 851, Sauerländer's Verlag. Thlr.

Stolterfoth, Adelheid v., [Baronin v. Zwierlein], rheinische Lieder und Sagen. 4., verm. Aufl. 16. (XV und 368 S. mit 1 Stahlst.) Frankfurt a. M. 859, Sauerländer's Verlag. geb. *

—— der malerische Rheingau u. seine Umgebungen, nebst den alten Sagen, die sich daran knüpfen. Eine histor.-geographische Beschreibung. 2. Ausg. 10 Hfte. gr. 8. (11⅛ B., 30 Stahlst. u. 1 Charte.) Mainz 844, 45, Kunze. à Hft. * 5 Ngr. *

Stolterfoth, Adelheid v., der malerische Rheingau und seine Umgebungen, nebst den alten Sagen, die sich daran knüpfen. Eine historisch-geographische Beschreibung. Mit 30 Stahlst. von den besten englischen u. deutschen Künstlern nach Originalzeichnungen u. einer Karte. (In 10 Heften.) Neue (Titel-) Ausg. Mainz (845.) 854. Kunze. 8. Jedes Heft mit 3 Stahlst. u. 1 Bgn. Text 5 ngr.

Stolterfoth, Adelheid v. (Baronin v. Zwierlein), der malerische Rheingau und seine Umgebungen, nebst den alten Sagen, die sich daran knüpfen. Eine historisch-geograph. Beschreibung. Mit 30 Stahlst. von den besten engl. und deutschen Künstlern nach Orig.-Zeichnungen und 1 Karte. Neue Ausg. (In 10 Heften.) 1. Heft. gr. 8. (16 S. mit 3 Stahlst.) Mainz 862, Kunze's Nachfolger.

— Rheinischer Sagen-Kreis. Ein Ciclus von Romanzen, Balladen und Legenden des Rheins, nach historischen Quellen bearbeitet. A. u. d. T.: The Rhemish Ministrel. Mit 21 Umrissen. qu. gr 4. Frankfurt 835. Jügel. In Cattun n. 4 ℛ

—— rheinischer Sagen-Kreis. Ein Ciclus v. Romanzen, Balladen u. Legenden d. Rheins, nach histor. Quellen bearb. qu. gr. 4. (9 B. u. 21 Umrisse, gez. v. A. Rethel, lith. v. Dielmann.) Frankfurt a. M. 835, Jügel. *

Stolterfoth, Adelheid v., Burg Stolzenfels. Romantische Dichtung. 8. (4¼ B.) Frankfurt a. M. 842, Sauerländer's Verl. *

v. Stolterfoth, Adelheid, Zoraïde. Romantisches Gedicht in 3 Gesängen. gr. 16. Frankf. a. M. 825. Fr. Wilmans. 8 gr.

Stolterfoth, Gfr., († ...) Entwurf e. pragmat. Geschichte v. Polen bis auf Stanislaus Augustus. Mit Kpf. 8. Leipz. 768. Hilscher. 1 ℛ 4 gr.

— Etwas für die Kaufmannschaft. 8. Marienb. 761.

— Geschichte u. Staatsverfass. v. Polnisch-Preußen. 8. (Leipz.) 764 u. 68. Hilscher. 20 gr.

Stolterfoth, Gfr., Grundriß ein. pragmat. Geschichte v. Pohlen bis auf Stanislaus August, m. K. 8. Leipzig, Hilscher. (Comt. f. Lit.) 768.

— Grundriß e. Geschichte des Königr. Ungarn. 8. Danzig 758. Breitkopf. 4 gr.

— Grundriß e. allgem. u. pragmat. Weltgeschichte. 8. Danzig 764. Leipz. 768. Hilscher. 12 gr

— Leben Ludwigs d. Zweiten, Königs in Ungarn. 8. Danzig 759.

Stoltersoth, Paul. Beiträge zur Beurtheilung d. Entwurfs e. bürgerlichen Gesetzbuches f. das Deutsche Reich. gr. 8. (V, 100 S.) Lpz. 890, Veit u. Comp. * 1 60

Stolting, H[ermann]: **Erwerb und Verlust der Mitgliedschaft bei der eingetragenen Genossenschaft. Göttingen 1906: Dietrich [!]. (VI, 61 S.) 8° [F.]**

Göttingen, Jur. Fak., Ref. Ehrenberg, Diss. v. 2. Okt. 1906

[Geb. 13. Aug. 81 Kiel; Wohnort: Göttingen; Staatsangeh.: Preußen; Vorbildung: Gymn. Lüneburg Reife O. 03; Studium: Göttingen 4, Berlin 1, Göttingen 1 S.; Rig. 1. Aug. 06.]

Stölting, Messe und Abendmahl, s. Unterscheidungslehren, die, der evangelisch-lutherischen und der römisch-katholischen Kirche.

Stölting, Adf., **Beiträge zur Exegese der Paulinischen Briefe. gr. 8. (IV, 196 S.) Göttingen 869, Vandenboeck und Ruprecht's Verlag.** * 3 —

Stölting, C., u. P. Geußenhainer, ausführl. alphabet. Tabelle der Gebühren d. Sachwalter u. Anwälte. gr. 4. Götting. 812. Dieterich. 16 gr

Stölting, Eberhard, appr. Arzt: **Aus d. hygien. Inst. zu Posen. Pathol.-anatom. Abt. Über Aortenaneurysmen und ihre Beziehung zur Endocarditis.** Greifswald (1909): Adler. 48 S. 8°

Greifswald, Med. Diss. v. 17. Juli 1909, Ref. Busse, Posen-Grawitz

[Geb. 3. Okt. 81 Elberfeld; Wohnort: Breslau; Staatsangeh.: Preußen; Vorbildung: Klostersch. Roßleben Reife O. 03; Studium: Halle 2, Leipzig 1, Heidelberg 4, Königsberg 3 S.; Coll. 11. Juni 08; Approb. 7. Juni 09.] [U 09. 1502

Stölting, Franz: Wahlrecht und Wahlpflicht. Breslau 1910: Breslauer Genossensch.-Buchdr. 49 S. 8°

Breslau, Jur. Diss. v. 23. Juli 1910, Ref. Brie, Gretener

[Geb. 3. März 88 Hamm i. W.; Wohnort: Breslau; Staatsangeh.: Preußen; Vorbildung: Friedrich-Wilhelms-Gymn. Posen Reife O. 06; Studium: Heidelberg 2, Genf 1, München 1, Breslau 2 S.; Rig. 17. Juni 09.] [U 10. 541

Stölting, Frdr. v., Schlachtensee u. Anderes. Hinterlassene Dichtgn. (IV, 164 S.) 8. Berlin (908). K. Siegismund. 2.—; geb. in Leinw. 3.—

Stölting, Georg [app. Arzt aus Wolfenbüttel]: Ein Fall von Hämatom des Ligamentum latum ... Tübingen. F. Pietzcker. 1893; 20 S. 8.

Tübingen, Med. Fak., Inaug.-Diss. v. 1893

Stölting, Geo., e. Fall v. Hämatom d. Ligamentum latum. Diss. gr. 8. (20 S.) Tübingen 893. A. Moser. n.n. — 60

Stölting, Georg, Assistenzarzt an d. Kgl. Med. Univ.-Klinik in Halle a. S. aus Elberfeld: **Über den Wert verschiedener Zuckerarten als Bestandteil von Nährklystieren.** *Halle a. S. 1904: Wischan & Burkhardt.* (22 S.) 8°

Halle, Med. Diss. v. 7. Mai 1904

Stölting, Heinr., 35 Choralvorspiele f. Orgel od. Harmonium. (23 S.) 17×27,5 cm. Elmshorn (910). D. Feddersen. 2. 50

Stölting, Hermann, approb. Arzt aus Rethmar: **Ein Beitrag zur** Kenntnis der Lebensfähigkeit der mit kleinsten Tröpfchen versprühten Bakterien. *Berlin [1904]: G. Schade.* (31 S.) 8°

Göttingen, Med. Diss. v. [1. Juni 1904]

Stölting, Herm., ein Beitrag zur Kenntnis der Lebensfähigkeit der m. kleinsten Tröpfchen versprühten Bakterien. Diss. (31 S.) 8. Berlin (904). (Göttingen, Vandenhoeck & Ruprecht.) n. — 60

Geschichtliches aus der Grafschaft Diepholz von Hermann Stölting, Pastor. Diepholz 1899: Schröder. 218 S. 8°

Stölting, Herm., die Verbesserung der Lage der Predigerwittwen in der Prov. Hannover. Denkschrift, der 3. ordentl. Landessynode dargeboten. [Aus: „Volkskirche".] gr. 8. (19 S.) Hannover 881. Schmorl & v. Seefeld. n. — 20

Stoelting, Car. Theod. Frid. Guil. (geb. Essen 8. 9. 1830): De stricturis urethrae earumque medela. Berolini (1858). (32 S.) 8°

Berlin, Med. Diss. v. 30. Aug. 1858

Protokoll-Muster für die Hauptverhandlung vor der Strafkammer zum Handgebr. in d. Sitzung, zsgest. von R[ichard] **Stölting** u. E[rnst] Arnim, Landgerichtsräten. Berlin: R. v. Decker 1905. (IV, 77 S.) 8° [F.]

[06. 15619

Stoltz, erste Anleitung zum **Mikroskopieren,** s.: **Volksbücher, naturwissenschaftliche.**

— Die Elemente des Pflanzenbaues, s.: **Volksbücher, naturwissenschaftliche.**

Stoltz, **Plan der Residenzstadt Oldenburg mit Vorstadt Osternburg. 1 : 10,000. Lithogr. Fol. Nebst Führer durch die Sehenswürdigkeiten und Angabe lohnender Ausflüge im Herzogth. Oldenburg und nach Wilhelmshaven. 8. (7 S.) Oldenburg 880, Schulze'sche Hofbuchh.** * 1 —

Plan der Residenzstadt Oldenburg (mit Vorstadt Osternburg u. Führer durch ihre Sehenswürdigkeiten nebst Angabe Lohnender Ausflüge ...). Entw. u. gez. von **Stoltz.** Maass 1:10,000. (Oldenburg: Schulze [1901]); Lith. J. Lambrecht. (1 Kartenbl. 25x31 cm mit Legende.) 8°

Stoltz, C.: Das Achteck im Kegelschnitt. 1873. 8°
Diss. Göttingen.

Stoltz, Carl, s. Stoltz, Karl

Stoltz, Friedr., gründl. Anweisung z. oriental. Malerei, Transparent-Malerei u. z. Uebertragen v. Kupferstichen auf Holz, Pappe rc.; nebst Belehrn. d. Firnißiren v. Kupferstichen, Karten u. allen Wasserfarben-Malereien, Relief-Arbeiten in Moos u. Haar, Bronziren d. Bilderrahmen rc. betreff., sowie Anweisn., alle hierzu erforderl. Lacke u. Gummiauflösungen u. dergl. m. zu verfertigen. gr. 12. (2⅔ B. u. 5 Stnt.) Quedlinburg 830, Basse.

Stoltz, Friedr., **162 praktische Anweisungen und Recepte über Seifensieden, Lichteziehen, Stärkefabrikation, Bier- und Essigbrauerei rc. Ein nützl. Buch zur Selbstanfertigung dieser Handels-Artikel. 2. (Titel-)Aufl. 8. (XI und 214 S.) Quedlinburg 850, Ernst'sche Buchh.**

— 162 praktische Belehrungen, Anweisungen und Recepte über Seifensiederei, Lichter- u. Stärke-Fabrikation, Bier- u. Essig-Brauerei, Aepfel-, Trauben- u. a. Wein-Fabrikation, Chokolade-Fabrikation. Ueber das Einmachen der Früchte in Essig, Zucker u. Branntwein. Ueber das Bleichen der Leinwand, Färberei im Kleinen, auf Leinen, Wolle u. Seide. 8. Kassel 839. (Fischer.) ½ ∦

—— 162 prakt. Belehrungen, Anweisn. u. Recepte üb. Seifensiederei, Lichter- u. Stärke-Fabrikation, Bier- u. Essig-Brauerei, Aepfel-, Trauben- u. a. Wein-Fabrikation, Chokolade-Fabrikation. Ueber d. Einmachen d. Früchte in Essig, Zucker u. Branntwein. Ueber d. Bleichen d. Leinwand, Färberei im Kleinen, auf Leinen, Wolle u. Seide. 1. Aufl. Cassel 839., u. neue Ausg. 8. (à 13 B.) Quedlinburg 841, Ernst'sche Buchh. Thlr. *

—— prakt. Belehrungen u. Recepte üb. Seifen- u. Lichterfabrikation. Ein Buch f. Haushaltungen. 1. Aufl. Cassel 839., u. neue Ausg. 8. (à 3 1/8 B.) Quedlinburg 841, Ernst'sche Buchh.
Aus nachstehendem Werke besond. abgedruckt.

Stoltz, Friedr., Beschreibung d. Kurfürstl. Museums in Cassel im J. 1832. gr. 12. (4 1/2 B.) Cassel, [Krieger's Vrlsh.]

— Beschreibung des Kürfürstlichen Museums zu Cassel im Jahre 1832. gr. 12. Cassel 832. Krieger's Verlagsbuchh. 1/2 ß — 2e Aufl. 837. 1/4 ß

Stolz, Friedr., kleines Handbuch d. Malerei f. angeh. Künstler u. Dilettanten, enth.: Belehrungen üb. Zeichnenkunst u. Malerei, deren Regeln u. Verhältnisse, wie sie von ältern u. neuern Künstlern befolgt werden. 8. (8 1/4 B.) Quedlinburg 837, Basse.

—— 89 Recepte zu Lacken u. Firnissen auf alle Metalle, Leder, Pappe, Papiere, Möbeln ꝛc. Nebst verschied. Anweisn. z. Bereit. von gutem Leim u. Belehrn. üb. Gyps, Marmor u. Färbung desselben. Nach vieljähr. Erfahrn. bearb. gr. 12. (2 1/6 B.) Quedlinburg 836, Basse.

Stolz, Friedr., 89 Recepte zu Lacken u. Firnissen auf alle Metalle, Leder, Pappe, Papier, Möbeln ꝛc. Nebst verschied. Anweisungen zur Bereitung von gutem Leim u. Belehrungen üb. Gyps, Marmor u. Färbung desselben. Nach vieljähr. Erfahrungen bearb. 2. Aufl. 8. (3 1/4 B.) Quedlinburg 842, Basse.

Stoltz, Georg Albert (Insterburg) A. S. 1182/6a

Dissertatio medica qua fungus cerebri in generoso equitum Prussorum viro anno MDCXCVI. inventus et exstirpatus, et quaestionum circa transactionem hanc mobilium, succincte enodatarum quindena exponuntur. Präs. Gottfried Sand.
Königsberg (Reusner) 7. XII. 1700. 36 S., 1 Taf.

Gew.: Christoph Alexander von Rauschke, Ludwig von Rauter, Otto Ernst von Rauter. 33751

Stoltz, Georg Albert (Insterburg) A. S. 1178/14

Dissertatio medica, qua rarus ventriculi abscessus, in plurimum reverendo viro hic Regiomontii anno MDCXCV. mense Julio observatus post beatum vero, viri hujus, obitum medice consideratus ... ventilationi subjucitur. Präs. Gottfried Sand.
Königsberg (Reusner) 19. V. 1701. 28 Bl., 1 Taf.
33752

Stoltz, Go. Alb., De singultu. Regiom. 4°. 1706

Stoltz, H.: U n t e r s. der Fläche 3. O. hinsichtlich der projectiv verallgemeinerten Mittelpunktseigenschaften. 1890. 4°
Diss. Giessen.

Stolz's, Hans, Vrsprung vnd Anfang der Statt Gebweyler, s. Chroniques, les, d'Alsace.

Stoltz, J. L., **Ampélographie Rhénane ou description caractéristique, historique, synonymique, agronomique et économique des cépages les plus estimés et les plus cultivés dans la vallée du Rhin, depuis Bâle jusqu'à Coblence, et dans plusieurs contrées viticoles de l'Allemagne méridionale. Avec 32 planches lithogr. en couleur, représentant une partie du sarment, le fruit et la feuille de chaque cépage decrit. 4. (XVI u. 266 S.) Mulhouse 852. (Stuttgart, F. Köhler.) n. 9 ß 7 ngr**

Stoltz, J. L.: Historisch-topographische N o t i z e n über den Rebbau und die Weine des Elsasses. Strasburg: Heitz 1828. 103 S.
Thienemann: Stolz, J. L.

Stoltz, Johann Wilhelm (Herbsleben) A. S. 243/7

Disputatio juridica de salvo conductu, quem vulgo Sicher Geleit nominamus. Präs. Paul Franz Romanus. Rec.
Jena (Heller) 1717. 22 S. 33755

Stoltz, Jos. Alexis, u. Frz. Carl **Naegelé**, **ein Briefwechsel. Der XIII. Versammlg. der deutschen Gesellschaft f. Gynäkologie 2.—5. VI. 1909 zum Empfang gewidmet v. der Universitätsfrauenklinik Strassburg i. Els. (Hrsg. v. Vict. Schmitt.) (V, 161 S.) Lex. 8. Strassburg 909. J. H. E. Heitz. 4. —**

Stoltz, [Karl]: Erste Anleitung zum Mikroskopieren zugleich als Einleitung in die Pflanzenanatomie. 1. T. *Dortmund (1898): E. Herfort.* (54 S.) 8°
Dortmund, st. R, P 1898 (307)

Stoltz, [Karl], Dir. Prof. Dr.: Erste Anleitung zum Mikroskopieren zugleich als Einleitung in die Pflanzenanatomie. T. 2. Dortmund 1904: W. Crüwell. (86 S.) 8° ¶ [Forts. d. P-Beil. 1898.]
Dortmund, OR OP 1904 (442)

Stoltz, Karl: Geologische Bilder aus dem Grossherzogtum Hessen. ⟨T. 1. Starkenburg⟩. Mit 1 Profil u. 2 Abb. Darmstadt 1908: Otto. 43 S. 8°
Darmstadt, großh. Ludwig-Georgs-G OP 1908 (827) [S 08. 473

Stoltz, Karl: Geologische Bilder aus dem Grossherzogtum Hessen. ⟨T. 2. Rheinhessen.⟩ Mit 1 Karte, 2 Profilen u. 2 Taf. Darmstadt 1909: Otto. 39 S. 8° ¶ [Forts. d. P-Beil. 1908.]
Darmstadt, großh. Ludwig-Georgs-G OP 1909 (855) [S 09. 460

Stoltz, Karl: Geologische Bilder aus dem Grossherzogtum Hessen. ⟨T. 3. Oberhessen.⟩ Mit 3 Abb. Darmstadt 1910: Otto. 39 S. 8° ¶ (Forts. d. P-Beil. 1908. 09.)
Darmstadt, großh. Ludwig-Georgs-G u. VS OP 1910 (871) [S 10. 426

Die Elemente des Pflanzenbaues von Prof. Dr. [Karl] **Stoltz**. Mit 149 Abb. Stuttgart: Kosmos; Franckh [in Komm. 1910]. 132 S. 8°
(Naturwissenschaftliche Volksbücher. Nr 19/23.) (11. 10:

Stoltz, [Karl]: [Prof. Heinrich August Fleck † 19. Juli 1901.] S. 23—24. 4. **Progr.** Ober-Realschule (i. E.) *Dortmund* 1902 (422).

Stoltz, Karl Über Konstruktion algebraischer Ausdrücke. 14 S. *Ruhrort* 1881.
Progr.

—: [Lebensabriß des am 5. Dezember 1902 verstorb. Prof. Carl Joh. Friedr. Kneebusch.] S. 14. 4.
Progr. Ober-Realschule *Dortmund* 1903 (438).

Stoltz, Carl [Oberl. Dr.]: Der abschliessende biologische Unterricht in Secunda. Ruhrort, Druck v. J. Brendow & Sohn, 1889; 18 S. 4°
Ruhrort, RG, OP 1889 (458)

Stoltz, Karl [Realgymnasiallehrer zu Mainz]: Untersuchung der Fläche dritter Ordnung hinsichtlich der projectiv verallgemeinerten Mittelpunkts-Eigenschaften. . . . Mainz, Buchdr. v. H. Prickarts, 1890; 18 S. + 1 Bl. 4°
Giessen, Phil. Fak., Inaug.-Diss. v. 1890

Stoltz, Karl Welche Forderungen stellt die ästhetische Pädagogik an die Räumlichkeiten der höheren Lehranstalten? 24 S. *Rheydt* 1877.
Progr.

Stoltz, Mathias: K e r n der biblischen Geschichte. Luxembourg: Schmit-Brück 1826.

Stoltze: B a u t a s c h e n b u c h, s. B a u t a s c h e n b u c h, Stoltzes

Stoltze, Adolf

— Excelsior. Dramatisches Ballet in 6 Acten [12 Bildern] v. Luigi Manzotti. Musik v. Romualdo Marenco. Textdichtung v. A. St. 1.—6. Aufl. (21.—25. Taus.) 8. (32 S.) Frankfurt a/M. 891. 892. Gebr. Knauer. n. — 50

Stoltze, Adf., Flick u. Flock. (Amor.) Humoristisch-dramat. Ballet in 8 Bildern u. 6 Erscheingn. v. Paul Taglioni. Musik v. Hertel. Schlußakt (Amor) v. L. Manzotti. Musik v. R. Marenco. Neubearbeitung u. Textdichtg. v. A. St. 8. (48 S.) Frankfurt a/M. 893. Gebr. Knauer. — 50

Stoltze, Adf., Humoresken in Frankfurter Mundart. 2. Aufl. 12. (96 S.) Frankfurt a/M. 901. H. Stoltze. 1. —

Stoltze, Adolf: Humoresken in Frankfurter Mundart. 2. Aufl. (Frankfurt a. M.: H. Stoltze 1901.) (298 S.) 8⁰
(Stoltze: Gesammelte Werke. Bd 1.)

— kohlschwarz m. e. rothen Faden. Kalender f. Zeit u. Ewigkeit 1873. 4. Aufl. 8. (92 S. m. Holzschn.) Ebend. 886. n. — 40

Stoltze, Adf., Neu-Frankfurt. Lokal-Schwank in 7 Bild. 8. (128 S.) Frankfurt a/M. 889. (Gebr. Knauer.) n. 1.50

Stoltze, Adf., das Orakel d. Telephon. Lustspiel in 1 Aufzug. 8. (16 S.) Frankfurt a/M. 884. (Gebr. Knauer.) — 75

— Frau Schlappe od.: Die Pfingstparthie. Humoreske. gr. 8. (32 S.) Ebd. 880. n. — 40

— Schönkläreche. Poetisch-humorist. Märchen in 5 Bild. Musik von Gust. v. Rößler. 8. (80 S.) Ebd. 889. n. 1. —

Stoltze's, Adf., gesammelte Schriften. 1. u. 2. Bd. 12. Frankf. a. M. 892, Gebr. Knauer. à Bd. * 1 20
1. Gedichte in Frankfurter Mundart. (95 S.)
2. Durch den kaufmännischen Verein. — Verspekuliert. — Der Jubiläumsgast. (104 S.)

— vermischte Schriften. Hrsg. u. m. e. Vorwort, sow. e. Lebens-Abriß d. Dichters vers. von Otto Hörth. 12. (XXII, 383 S. m. Bildn.) Ebd. 896. n. 3. —; geb. n. 3. 75; m. Goldschn. n. 4. —

Stoltze, Adolf: Frankfurter Theater. 3. Aufl. (Frankfurt a. M.: H. Stoltze 1901.) (315 S.) 8⁰
(Stoltze: Gesammelte Werke. Bd 2.)

Stoltze, Adolf, 50 Jahre Turngemeinde, Szenischer Prolog, Frankfurt a. M., 14 S., 8⁰.

Stoltze, Adolf: Gesammelte Werke. Bd 1. (Frankfurt a. M.: H. Stoltze 1901.) 8⁰

Stoltze, Adolf: Gesammelte Werke. Bd 1. Frankfurt a. M.: H. Stoltze 1902. 8⁰

Stoltze E.: Die Milchwirthschaft in Mecklenburg, wie sie ist u. sein müsste, verglichen mit der holsteinischen ... Als Manuscr. gedr. Hamb. 1864. 70 S. 6 Tvl.

Stoltze, Friedr., Gedichte in Frankfurter Mundart. 3.—6. stark verm. und verb. Aufl. (1. Bd.) 12. (VI, 376 S. mit dem Holzschn.-Bildniß des Verf.) Frankfurt a. M. 880—83, Keller. * 3 —
geb. * 4 —
—— dass. — 2. Bd. 12. (VIII, 376 S.) Ebendas. 884. * 3 —
geb. * 4 —

Stoltze, Friedr., Gedichte in Frankfurter Mundart. 1. und 2. Bd. 12. Frankfurt a. M. 888, Keller. [1. Bd. 9. Aufl. (VIII, 376 S. mit dem Bild des Verf.); 2. Bd. 4. Aufl. (VIII, 376 S.)] à Bd. *M 3.—. * 6 —
geb. à Bd. *M 4.—. * 8 —

Stoltze, Friedr., Gedichte in hochdeutscher Mundart. (In 12—15 Lfgn.) 1. und 2. Lfg. 16. (64 S.) Frankfurt a. M. 861, Keller. à Lfg. * 4 Ngr. *

Stoltze, Frdr., sämmtliche Gedichte. 2 Thle. Frankfurt a. M. 862. 65, Keller. 16. Jeder Bd. n. 1 Thlr 10 ngr.
1. Thl.: Gedichte in hochdeutscher Mundart. (XVI, 370 S. u. 1 Holzschntaf.)
2. Thl.: Gedichte in Frankfurter Mundart. 1. Bd. (VII, 376 S. m. Holzschn. u. Portr. in Holzschn.)

Stoltze, Friedr., sämmtliche Gedichte. 2. und 3. Thl. 16. Frankfurt a. M., Keller. à Bd. * 4 —
Inhalt:
Thl. 2. Gedichte in Frankfurter Mundart. 1. Bd. 2. Aufl. (VIII, 376 S. mit 1 Portr. in Holzschn.) 872.
" 3. Gedichte in frankfurter und hochdeutscher Mundart. (XII, 370 S.) 871.
1. Thl. Ebendas. 1862. *M 4.

— Hampelmann auf Wilhelmshöhe u. im Kyffhäuser. Dramatischer Scherz in 2 Akten. gr. 8. (26 S.) Frankfurt a. M. 871. (Jäger'sche Buchh.) n. — 40

—— Novellen und Erzählungen in Frankfurter Mundart. [Der rothe Schornsteinfeger. Die Flucht von Königstein. Der warme Deckel.] 1. Bdchn. Neue Aufl. 12. (227 S. mit eingedr. Holzschn.-Illustr.) Ebendas. 880. * 1 70

—— Novellen und Erzählungen in Frankfurter Mundart. 2 Bdchn. Neue Aufl. 12. (155 S. mit eingedr. Holzschn.-Illustr.) Ebendas. 885. * 1 20
(1. Bdchn.) Ebendas. 1880. *M 1.70. — 1. und 2. Bdchn. geb. mit Goldschn. in 1 Bd. *M 4.—.

Stoltze, Frdr., Schwarz-Weiß u. Braun nebst Verwandtes. 4. Aufl. Frankfurt a. M. 868. (Jäger'sche Buchh.) gr. 8. (45 S.) 7½ ngr.

Stoltze, Friedr. Gesammelte Werke. 4 Bde. 12. Frankf. a. M. 892, H. Keller. à Bd. * 3 —; * 12 —; geb. * 15 —; mit Goldschn. * 16 —; in 2 Bde. geb. * 14 —; auch in 24 Lfgn. à * — 50
1. u. 2. Bd. Gedichte in Frankfurter Mundart. 12.—14., resp. 7.—9. Aufl. (à VII, 375 S. m. 1 Bildnis u. 1 Abbildg.)
3. Bd. Novellen u. Erzählungen in Frankfurter Mundart. 2.—4. Aufl. (V, 379 S. m. 1 Abbildg.)
4. Bd. Hochdeutsche Gedichte. 2.—4. Aufl. (XVI, 367 S. m. 1 Abbildg.)

Stoltze, Frdr., gesammelte Werke. 2. Bd. 12. Frankfurt a/M. 896. H. Keller. n. 3. —;
geb. m. Goldschn. n. 4. —
Gedichte in Frankfurter Mundart. 2. Bd. 10. Aufl. (VII, 375 S. m. 1 Ansicht.)

Stoltze, Frdr., gesammelte Werke. 5 Bde. 12. Frankfurt a/M., H. Keller. n. 15. —; geb. in Leinw. n. 18. 75; einzelne Bde. n. 3. —; geb. in Leinw. m. Goldschn. n. 4. —
1. Gedichte in Frankfurter Mundart. 1. Bd. 24. u. 25. Aufl. (à 375 S. m. Bildnis.) 901. 902.
2. Dasselbe. 2. Bd. 14. u. 15. Aufl. (à VII, 375 S. m. Titelbild.) 899. 900.
3. Novellen u. Erzähln. in Frankfurter Mundart. 7. Aufl. (V, 379 S. m. Titelbild.) 900.
4. Hochdeutsche Gedichte. 5. u. 6. Aufl. (à XVI, 367 S. m. Titelbild.) 898. 900.
5. Vermischte Schriften aus dem Nachlaß. Hrsg. u. m. e. Vorwort sowie e. Lebens-Abriß des Dichters versehen von Otto Hörth. 4. u. 5. Aufl. (à XXII, 383 S. m. Bildnis.) 899. 900.

Stoltze, Frid. Lebr.: De advocato jcto. Progr. (Lipsiae 1733.)

Stoltze, Friedrich Lebrecht [Praes.], s. Pitschmann, Friedrich Gottlob: Praxis criminalis specimen de eo quod justum est in defensione inquisiti ex capite imbecillitatis mentis et quaestione: quousque excuset?
In wieferne die Schwachheit der Vernunfft einen Verbrecher entschuldige?

Stoltze, Friedrich Lebrecht [Praes.], s. T s c h o r n, Adam Wilhelm: De poena concubitus a personis per divortium solutis commissi.

Stoltze, Georg Heinrich. Als die Inaug.-Schrift vertretend wurde angenommen des Verf. Druckschrift: Gründliche Anleitung die rohe Holzsäure zur Bereitung des reinen Essigs. Bleiweisses, Grünspans, Bleizuckers und anderer essigsauren Präparate auf das vortheilhafteste zu benutzen, nebst einer genauen Betrachtung der übrigen bey der trockenen Destillation des Holzes sich bildenden Producte. Eine weitere Ausführung seiner von der Königl. Societät der Wissenschaften zu Göttingen gekrönten Preisschrift. Halle & Berlin: Waisenhaus 1820. VIII. 171 S., 1 Tab. 8°

[Halle-Wittenberg, Phil. Diss. v. 26. Febr. 1821]

Geb. [Hannover 31. 7. 1784]

Stoltze, Heinr. Wilh., allgem. Choralmelodieenbuch, zunächst zu d. verschied. gebräuchl. Kirchen- u. Schul-Gesangbüchern d. evangel. Gemeinden d. Königr. Hannover, (enth. 258 Melodieen,) nebst den im Ritus gebräuchl. Intonationen, Responsionen etc. f. Singechöre u. f. d. Orgel od. d. Pianoforte vierstimmig ausgesetzt u. mit beziff. Bass auf zwei Systeme zusammengestellt. Op. 28. qu. gr. 4. (27 1/2 B.) Hannover 836, (Helwing'sche Hof-Buchh.) *

—— dass.— Melodien-Auszug. qu. gr. 8. (9 1/2 B.) Ebds. 836. *

Stoltze, J. G., de praeservata sanguinis massa. ex qua Chr. nasci debuit. Waldeub. 1711. 4.

Stoltze, Joh. Gottlob: Ad quaestionem: An concubinatus sit tolerabilior polygamia? Lübben (1715).

Stoltzenberg, Felicitas, appr. Aerztin: Spina bifida und Urmund. Halle a. S. 1910: Hohmann. 37 S. 8°

Halle, Med. Diss. v. 16. Juli 1910, Ref. Veit

[Geb. 21. März 82 Hietzing b. Wien; Wohnort: Halle a. S.; Staatsangeh.: Preußen; Vorbildung: Kaiserin-Augusta Gymn. Charlottenburg Reife O. 04; Studium: Halle 5, München 1, Halle 4 S.; Coll. 8. Juli 10; Approb. 16. Juni 10.] [U 10. 1701

Stoltzenberg-Luttmersen, v., d. Kanalisierung v. Leine, Aller u. Weser in ihrer volkswirtschaftl. Bedeutg. f. Handel, Landbau u. Industrie. gr. 8. (54 S. m. 1 Karte.) Hannover 895. Hahn. n. — 80

Stoltzenberg-Luttmersen, v., die Spuren d. Longobarden vom Nordmeer bis zur Donau. Denkschrift zu dem 700jähr. Zerstörungstage der Bardenstadt Bardowiek. gr. 8. (VI, 56 S.) Hannover 889. Hahn. n. 1. 20

Stoltzenburg: Das Aufsuchen irrazionaler Wurzeln einer Gleichung. 15 S. – Landsberg a/W. Progr. 1863

Stoltzenburg, Ludwig

Stoltzenburg, L., astronomischer Jugend-Almanach mit 2 (lith.) Sternkarten (in Fol.) und den Stellungen der Planeten im Jahre 1857 (auf 3 lith. Taf. in 8. u. Fol.). Landsberg a. d. W. (854.) Schäffer u. Co. in Comm. gr. 8. (3 Bl., 98 S.) n. 18 ngr

Stoltzenburg, Ludw., astronomischer Jugend-Almanach mit 2 (lithogr.) Sternkarten (in qu. und gr. Fol.) und den Stellungen der Planeten im J. 1857 (auf 3 Stnt. in gr. 8. und qu. Fol.) gr. 8. (V und 98 S.) Landsberg a. d. W. 857, (Schäffer und Comp.) *

Stoeltzer, Kurt von

Stoeltzer, C. v., Fütterungsplan u. Futterrationen. Aufgest. nach d. Nährstofftabelle in Mentzel u. v. Lengerke's Kalender. gr. 8. (IV, 49 S.) Berlin 895. P. Parey. n. 1. —

Stoeltzer, C. v., Fütterungsplan u. Futterrationen. Aufgestellt nach der Nährstofftabelle in Mentzel u. v. Lengerkes Kalender. 2., verb. u. verm. Aufl. (63 S.) gr. 8. Berlin 905. P. Parey. n. 1. —

Stoeltzer, C. v., Grundriß der landw. Tierzucht-Lehre, s.: Römer, B., u. G. Böhme.

Stöltzing, Wilhelm [app. Arzt aus Hersfeld]: Klinische und anatomische Beiträge zur Intoxikationsamblyopie und Idiopathischen retrobulbären Neuritis ... Marburg, *Druck v. R. Baist, Frankfurt a. M.*, 1893; 4 Bl., 30 S., 2 Bl., 4 Taf. 8.
Marburg, Med. Fak., Inaug.-Diss. v. [9. Juni] 1893

Stöltzlin, Bonifacius. Geistlicher Adlerstein ... Ulm 1764. Ü: *Köhler, Johann Ludwig.* (ML) (Ky)

Stoeltzner, Wilhelm [aus Berlin]: Ueber die Anwendbarkeit der verticalen Extension bei der Behandlung von Oberschenkelfracturen rachitischer Kinder ... Berlin, Buchdr. v. G. Schade, *1895*; 29 S., 1 Bl. 8.
Berlin, Med. Fak., Inaug.-Diss. v. 22. März 1895

Beiträge zur Pathologie des Knochenwachsthums. Von W[ilhelm] **Stoeltzner** u. B. Salge. Mit 8 Taf. *Berlin: S. Karger 1901.* (52 S.) 4°
[ol. 5044

Stoeltzner, W., s. M i w a, S.: Über die ... Knochenerkrankung.

Stoeltzner, Wilh., Oxypathie. (III, 92 S. m. 16 Kurven.) Lex. 8. Berlin 911. S. Karger. 3. —

Stoeltzner, Wilh., Pathologie u. Therapie der Rachitis. (176 S. m. 3 Taf.) gr. 8. Berlin 904. S. Karger. n. 4. — geb. n. 5. —

Stoeltzner, Wilh., histologische Untersuchung der Knochen von 9 m. Nebennierensubstanz behandelten rachitischen Kindern. gr. 8. (S. 516—704.) Berlin 901. S. Karger. n. 2. —
Sonderabdruck aus: „Jahrb. f. Kinderheilkunde".

Stolypin, P[eter] A[rkad'evič]. P. A. Stolypin's Rede in der Reichs-Duma am 10. Mai 1907 betreffend die Agrarfrage in Russland. Leipzig 1907. 8°.

Stolypin's, P.A., Rede in der Reichs-Duma am 10.V.1907 betr. die Agrarfrage in Russland. (15 S.) gr. 8. Leipzig 907. Teutonia-Verlag. — 50

Stolz', Alban, nach authentischen Quellen (Biogr.), s. Hägele, J. M.

Stolz, Alban, Lebensbild, s.: Hägele, J. M.

Stolz und Edelmuth. Schsp. in 3 Akten von Eckard. 8. Rudolstadt, Klüger. 807.

— d. gedemüthigte,. Sgsp. n. d. Ital. 8. Oels. (Gebr, Br.) 796.

(Stolz. Johann Jacob St'. d. Theologie Doctor....) Njbl. s.a[Escher, Heinrich I].

Stolz, Johann Jacob. [Zürich 1830.] V: *Escher, Hnr.* (Cat. d. Stadtbibl. Zürich. Zürich 1864—97.)

Stolz, Dr. Josef, Direktor der Landes-Irrenanstalt zu Hall in Tirol. Nekrolog. Innsbruck 1878. V: *Stolz, Otto.* (Margr)

JUNGFERN, Der alten, Stolz und der Hagestolzen Hochmuth. Berlin 1795. 8°.
Höchst selten! — Ehestandsalmanach I. p. 307.

Stolz und Liebe, s. Jahrbuch deutscher Bühnenspiele, Jahrg. 1849.

Stolz u. Liebe, od. Nettchen v. Rosenblüh u. der arme Fritz. 8. Rostock 803. Stiller. 12 gr.

Stolz und Liebe oder Nettchen von Rosenblüh und der arme Fritz. Rostock 1804. V: *Goldstein, Augusta Freiin von geb. v. Wallenrodt gen. Fölsch.* (BGE VII³, 447)

— und Liebe. Lstsp. in 5 A. v. J. F. Jünger. 8. Regensb. Montag u. W. 804.

Stolz und Liebe, von Reg. Frohberg. 2 Thle. Mit Kupf. 8. Leipzig, Hartmann. 820.

Stolz und Liebe. Schauspiel in fünf Aufzügen . . . Berlin 1849. V: *Raupach, Pauline.* (Ky)

Stolz und Rachsucht, eine wahre Geschichte, dramatisch bearbeitet in fünf Zeiträumen. Halle 1787. V: *Kindervater, Christian Victor.* (Adel) (Ky) (MGT)

— u. Rachsucht, e. wahre Geschichte, (v. Chr. V. Kindervater). 8. Halle 787. Anton. 8 gr.

— u. Rachsucht. Dramat. bearb. 8. Halle 787. Anton. 8 gr.

— u. Rachsucht; e. wahre Gesch. 8. Halle, Franke. 787.

Stolz und Rachsucht eine wahre Geschichte. 8. Halle, (Görlitz) 787. Hermsdorf. 10 sgl.

Stolz und Still. Eine Novelle. 2. unveränderte Auflage. Berlin 1867. 14. Aufl. 1897. V: *Rüts, Helene von.* (Brü VII⁶, 91)

Stolz und Still. Eine Novelle. 1. Aufl. 1864. und 2., unveränd. Aufl. 8. (158 S.) Berlin 867, Rauh.

— u. Verzweiflung. Schsp. v. W. H. Brömel. 8. Dessau. (Gräff in Lpz.) 794.

Stolz' Adreß-Buch der Chemnitzer Umgebung. Nebst Verzeichniß der in diesen Ortschaften an der Fernsprechanlage Betheiligten. 1893/94. gr. 8. (VII, 684 S.) Chemnitz, (B. Richter). Kart. n. 3. —

Stolz's Adreßbuch der Chemnitzer Umgebg. 1901. 3. Ausg. gr. 8. (III, 737 S.) Jahnsdorf. (Leipzig, C. B. Richter.) Kart. n. n 5. —

— Anfangsgründe der Botanik. 12. Straßb., Heitz. 5 gr.

Stolz, . . . , Anfangsgründe der Erdbeschreibung. 2e Aufl. 12. Straßb., Heitz. 4 gr.

Stolz, Eigennutz und Preßfreyheit, als die drey größten Feinde des Staats. gr. 8. Weißenfels, Severin. (Böse.) 796.

Stolz, Eigennutz u. Preßfreiheit, als die drei größten Feinde des Staats. gr. 8. Weißenf. 796. (Weygand in Leipz.) 8 gr.

Stolz, Mad. de, La maison roulante, bearb. v. Rahn, s.: Bibliothèque française. 80.

Stolz, Madame de, die beiden Prosper. Frei nach dem Franz. v. M. Hoffmann. Mit 43 Illustr. 8. (V, 246 S.) Freiburg i/Br. 886. Herder. 1. 80; geb. in Halbleinw. 2. 50

Stolz, A., s.: Kraftsport-Jahrbuch, illustriertes.

Stolz, Alban, ABC für große Leute. Kalender für Zeit und Ewigkeit 1864. 1—3. Aufl., mit groben Bildern (Holzschn.). Freiburg im Br., Herder. gr. 8. (130 S.) n. 4 ngr.; Velinp. n. 5 ngr.

— ABC für große Leute. [Kalender für Zeit und Ewigkeit. 1864.] 4. Aufl. 1870, und 5. Aufl. gr. 8. (139 S. mit eingedr. Holzschn.) Ebendas. 875. * — 50

— ABC für große Leute. Kalender für Zeit u. Ewigkeit 1864. 6. Aufl., m. groben (eingedr. Holzschn.-)Bildern. 8. (135 S.) Ebend. 879. n. — 60

— ABC f. große Leute. Kalender f. Zeit u. Ewigkeit 1864. 7. Aufl., m. groben Bildern. gr. 8. (156 S.) Ebend. 885. n. — 60

— ABC f. große Leute. Kalender f. Zeit u. Ewigkeit 1864. 8. Aufl. m. groben Bildern. 8. (158 S.) Ebd. 890. * — 60

Akazien-Zweig für die Freimaurer von Alban Stolz. Freiburg im Br.: Herder 1863. 55 S. 8°

[Dasselbe.] 2. Aufl. mit einigen Neuigkeiten. Ebendas. 1863. 60 S. 8°
Recens: Bh 6 (1863) S. 54—55 (J. G. Findel). Tt. 1804. 1805. Die Hrsgabe bezweckte „alle, die gesunden Menschenverstand, Christentum u. ehrlichen guten Willen haben, vor der Frmrei zu warnen".

(Stolz, Alban,) Amulet, s. Amulet.

— Andenken für Dienstmädchen. 2. und 3. Aufl. gr. 8. (8 S.) Ebendas. 872,74. * — 3

— Andenken für Dienstmädchen. 4. Aufl. gr. 8. (8 S.) Ebendas. 877. Preis für 6 Exempl. * — 20

— Andenken für Dienstmädchen. 5.—7. Aufl. 16. (16 S.) Ebendas. 880. Preis für 6 Exempl. * — 20

— Andenken für Dienstmädchen. 6. Aufl. gr. 8. (8 S.) Ebend. 882. pro 6 Exple. n. — 20

— Andenken f. Dienstmädchen. 7. Aufl. 16. (16 S.) Ebend. 884. f. 6 Exple. n. — 25

— Andenken f. Dienstmädchen. 8. Aufl. 16. (16 S.) Ebd. 889. Für 6 Exple. n. — 25

— Andenken f. Dienstmädchen. 9. Aufl. 16. (16 S.) Ebd. 891. Für 6 Expl. n. — 25

Stolz, Alban, Andenken f. Dienstmädchen. 10. Aufl. 16. (16 S.) Freiburg i/B. 898. Herder. 6 Stück n. — 25

— Andenken f. Dienstmädchen. 11. Aufl. 16. (16 S.) Ebd. 901. 6 Stück n. — 30

— Andenken f. Dienstmädchen. 12. Aufl. (16 S.) 16. Ebd. 907. 6 Stück — 30

—— Anführer und Angeführte signalisirt. 1.—3. Aufl. gr. 4. (4 S.) Ebendas. 874,75. * 10 Pf.; 25 Exempl. * — 60

—— Armuth und Geldsachen. [Kalender für Zeit und Ewigkeit. Jahrg. 1874.] Mit Initialen aus Holbein's Todtentanz und anderen Illustr. (in eingedr. Holzschn.). (LX, 117 S.) Ebendas. 873. * — 50

— Armuth u. Geldsachen. Kalender für Zeit u. Ewigkeit 1874. gr. 8. (90 S. m. eingedr. Holzschn.) Ebend. 878. n. — 50; feine Ausg. n. — 60

—— Armut und Geldsachen. Kalender für Zeit und Ewigkeit 1874. 3. Aufl. 8. (105 S. mit Holzschn.) Ebendas. 886. *

— Armut u. Geldsachen. Kalender f. Zeit u. Ewigkeit 1874. 6. Aufl. (100 S. m. Abb.) 8. Ebd. 908. — 60

—— katechetische Auslegung des freiburger Diöcesan-Katechismus (Hirscher'schen Katechismus) für Geistliche, Lehrer u. Eltern. Nebst e. Vorw. v. J. B. v. Hirscher. 3 Bde. gr. 8. Freiburg, Herder'sche Vrlgsbuchh. [1. (20½ B.) 844. * 25 Ngr., 2. (29¾ B.) 45. * 1 Thlr. 5 Ngr., 3. (25¾ B.) 47. * 1 Thlr.] *

Stolz, Alban, katechetische Auslegung des Freiburger Diöcesan-Katechismus (Hirscher'schen Katechismus) für Geistliche, Lehrer u. Eltern. Nebst e. Vorw. von J. B. v. Hirscher. 1. Bd. 2. Aufl. Freiburg im Br. 858. Herder. gr. 8. (288 S.) n. 25 ngr.

—— die gekreuzigte Barmherzigkeit. [Das Leben der heil. Elisabeth.] 8. (VI, 263 S. mit 15 Bildern in eingedr. Holschn.) Ebendas. 875. * 1 —

—— die gekreuzigte Barmherzigkeit. 4. (48 S. mit vielen Illustr. in eingedr. Holzschn.) Ebendas. 876. * — 30

—— die gekreuzigte Barmherzigkeit. [Die heil. Elisabeth.] Kalender für Zeit und Ewigkeit 1876. 2. Aufl. 8. (109 S. mit Bildern von J. Heinemann.) Ebendas. 886. *

— die gekreuzigte Barmherzigkeit. (Die hl. Elisabeth.) Kalender f. Zeit u. Ewigkeit 1876. 3. Aufl. Mit Bild. v. J. Heinemann. gr. 8. (109 S.) Ebd. 898. n. — 50

Stolz, Alban, der Baum und der Mensch. Predigt für den Gesellenbund gehalten am Josephstag. gr. 8. (16 S.) Freiburg im Br. 852, Herder'sche Vrlgsh. *

Stolz, Alban, der verbotene Baum f. Katholiken u. Protestanten. 8. (58 S.) Freiburg i. Br. 875. Herder. n. — 30

—— der verbotene Baum für Katholiken und Protestanten. 2. Aufl. 16. (56 S.) Ebendas. 884. * — 30

—— der verbotene Baum für Katholiken und Protestanten. 3. unveränd. Aufl. 16. (56 S.) Ebendas. 885. *

—— dass. — 4., in Folge eines Preßprocesses von 1887 gekürzter Abdr. 16. (56 S.) Ebendas. 887. *

— der verbotene Baum f. Katholiken u. Protestanten gezeigt. 5., infolge e. Preßprocesses v. 1887 gekürzter Abdr. gr. 16. (56 S.) Ebd. 895. n. — 30

— der verbotene Baum, f. Katholiken u. Protestanten gezeigt. 6. Aufl. gr. 16. (56 S.) Ebd. 899. n. — 30

Stolz, Alban, der verbotene Baum, f. Katholiken u. Protestanten gezeigt. 7. Aufl. (56 S.) kl. 8. Freiburg i/B. (904). Herder. n. — 30

— Der verbotene Baum f. Katholiken u. Protestanten, gezeigt. 8. Aufl. (56 S.) 16. Ebd. (910). — 40

—— Bedenkliches für die deutschen Katholiken. 1.—6. Aufl. 4. (2 S). Ebendas. 873—75. 2 Exempl. * — 3
—— dass. — s. Compaß für das katholische Volk.

—— Besuch bei Sem, Cham und Japhet. 1. Aufl. 1857. und 2., erweiterte Aufl. gr. 12. (542 S.) Freiburg im Br. 858, Herder'sche Verlagsbuchh.

— Besuch bei Sem, Cham und Japhet, oder Reise in das heilige Land. 2. Aufl., um ein gutes Stück vermehrt. Ebend. 864. 12. (567 S.) n. 1 ℛ 6 ngr.

—— Besuch bei Sem, Cham und Japhet, oder Reise in das heil. Land. 3. Aufl., um ein gutes Stück vermehrt. 12. (567 S.) Freiburg im Br. 864. Herder'sche Buchh. *

—— Besuch bei Sem, Cham und Japhet, oder die Reise in das heil. Land. 5. Aufl. gr. 8. (465 S.) Ebendas. 876. * 3 60

Stolz, Alban, Besuch bei Sem, Cham und Japhet oder Reise in das heil. Land. Mit 23 Bildern und 2 Kärtchen. (Die vorhergehenden Auflagen ohne Illustrationen.) Freiburg, Herder. 1891. 464 S., 6. Aufl., 3,60 Mk.

1. Auflage 1857. Durch unübertroffene Eigenart, volkstümliche Darstellung und scharfe Beobachtung ausgezeichnet.

— Besuch bei Sem, Cham u. Japhet, od. Reise in das Hl. Land. (Gesammelte Werke. Billige Volksausgabe.) 8. Aufl. (455 S) kl. 8. Ebd. 905. n. 1. 80; geb. in Halbleinw. n. 2. 20; in Leinw. n. 2. 60

— Besuch beim Sem, Cham u. Japhet, od. Reise in das hl. Land. (Gesammelte Werke. Billige Volksausg.) 10. Aufl. (455 S.) kl. 8. Ebd. (909). 1.80; geb. in Halbleinw. 2.20; in Leinw. 2. 60

— Bilder zur christkatholischen Glaubens- u. Sittenlehre, aus den Schriften v. St. Geistlichen u. Lehrern sowie d. christl. Volke gewidmet v. Karl Telch. (XVI, 452 S.) 8. Ebd. 909. 3.20; geb. in Leinw. 4. —

—— das Bilderbuch Gottes. [Kalender für Zeit und Ewigkeit. 7. Jahrg. 1859.] 3. Aufl. gr. 8. (122 S. mit eingedr. Holzschn.) Freiburg im Br. 865, Herder'sche Verlagsh. *

Stolz, Alban, das Bilderbuch Gottes. [Kalender für Zeit und Ewigkeit 1859.] 4. Aufl. gr. 8. (120 S. mit eingedr. Holzschn.) Freiburg i. Br. 869, Herder'sche Verlagsh. * — 50

— das Bilderbuch Gottes. [Kalender f. Zeit u. Ewigkeit. 1859.] 4. Aufl. gr. 8. (120 S. m. eingedr. Holzschn.) Freiburg i. B. 875. Herder. n. — 50

—— das Bilderbuch Gottes. Kalender für Zeit und Ewigkeit. 7. Jahrg. 1859. 5. Aufl. 8. (124 S. mit eingedr. Holzschn.) Ebendas. 883. * — 60

Stolz, Alban, das Bilderbuch Gottes. Kalender f. Zeit u. Ewigkeit. 7. Jahrg. 1859. 6. Aufl. m. Noten. 8. (144 S. m. Holzschn.) Freiburg i/Br. 885. Herder. n. — 60

— das Bilderbuch Gottes. Kalender f. Zeit u. Ewigkeit. 7. Jahrg. 1859. 7. Aufl., m. Noten. gr. 8. (144 S. m. Abb.) Ebd. 896. n. — 60

— Briefwechsel, s.: Fügung u. Führung.

—— ein Stück Brod. Kalender für Zeit und Ewigkeit 1878. gr. 8. (71 S. mit eingedr. Holzschn.) Ebendas. 878. * — 50
Feine Ausg. * — 60

Stolz, Alban, ein Stück Brod. Kalender für Zeit u. Ewigkeit 1878. gr. 8. (71 S. mit eingedr. Holzschn.) Freiburg i/Br. 879. Herder. n. — 50; feine Ausg. n. — 60

— ein Stück Brod. Kalender f. Zeit u. Ewigkeit 1878. 2. Aufl. 8. (86 S. m. Holzschn.) Ebend. 886. n. — 40

— Ein Stück Brot. Kalender f. Zeit u. Ewigkeit 1878. 5. Aufl. (81 S. m. Abb.) 8. Ebd. 908. — 50

— s.: Deppe, Bernard, Predigten u. Unterweisungen.

Stolz, Alban, Diamant und Glas. Allen Christen zum Betrachten vorgelegt. 12. (48 S.) Freiburg im Br. 851, Herder'sche Vrlgsh.

Stolz, Alban, Diamant oder Glas. Allen Christen zum Betrachten vorgelegt. 11. Aufl. gr. 12. (48 S.) Freiburg im Br. 861, Herder'sche Verlagsbuchh. Thlr.

—— Diamant oder Glas. Allen Christen zum Betrachten vorgelegt. 12. Aufl. gr. 8. (40 S.) Freiburg im Br. 866, Herder'sche Verlagsh. *

—— Diamant oder Glas. Allen Christen zum Betrachten vorgelegt. 13. Aufl. gr. 16. (66 S.) Ebendas. 879. * — 25

— Diamant od. Glas. Allen Christen zum Betrachten vorgelegt. 14. Aufl. 12. (72 S.) Ebd. 895. n. — 25

— Edelsteine aus reicher Schatzkammer. Eine Sammlg. schöner Stellen aus den Schriften v. St. Mit besond. Rücksicht auf die reifere Jugend ausgewählt v. Heinr. Wagner. Mit 1 Bildnis v. Alban Stolz. (XI, 334 S.) kl. 8. Ebd. 905. n. 1. 80; geb. in Leinw. n. 2. 40

— Edelsteine aus reicher Schatzkammer. Eine Sammlg. schöner Stellen aus den Schriften v. St. Ausgewählt v. Heinr. Wagner. Mit 1 Bildnis v. Alban Stolz. 2. Aufl. (XI, 334 S.) kl. 8. Ebd. 907. 1.80; geb. in Leinw. 2.40

— Edelsteine aus reicher Schatzkammer. Eine Sammlg. schöner Stellen aus den Schriften v. St. Ausgewählt v. Heinr. Wagner. Mit 1 Bildnis v. Alban Stolz. 3. Aufl. (XI, 334 S.) kl. 8. Freiburg i/B. (910). Herder. 1.80; geb. in Leinw. 2. 40

—— die heilige Elisabeth, s. Sammlung histor. Bildnisse.

—— die heilige Elisabeth. Ein Buch für Christen. (Pracht-Ausg.) Verm. und verschön. Aufl. gr. 8. (VI und 456 S. mit 1 Stahlst., 1 Photogr. und 2 Holzschntaf.) Freiburg im Br. 866, Herder'sche Verlagsh. *

—— dass. — 1. Aufl. 1865. * 22 Ngr. und 3., verm. Aufl. gr. 8. (VI und 399 S. mit eingedr. Holzschn.) Ebendas. 866. *

— die hl. Elisabeth. (Die gekreuzigte Barmherzigkeit.) 3. Aufl. Mit Bildern v. J. Heinemann. (Sammlung histor. Bildnisse.) 8. (109 S.) Ebd. 898. Kart. n. — 80

— dasselbe. E. Buch f. Christen. Prachtausg. — Mit 16 Bildern. gr. 8. (VIII, 448 S.) Ebd. 898. n. 6. – ; geb. in Leinw. n. 9. —

— die hl. Elisabeth. Ein Buch f. Christen. (Gesammelte Werke. Billige Volksausg.) 12. Aufl. (VIII, 391 S. m. 1 Abbildg.) kl. 8. Ebd. 904. n. 1. 50; geb. in Halbleinw. n. 1. 90; in Leinw. n. 2. 80

— Die hl. Elisabeth. Ein Buch f. Christen. (Gesammelte Werke. Billige Volksausg.) 13.—16. Aufl. (VIII, 391 S. m. 1 Abb.) kl. 8. Ebd. (907—09). 1.50; kart. 1.90; geb. in Leinw. 2.30 u. 2. 80

—— Essig und Oel. Kalender für Zeit und Ewigkeit. [3. Thl. vom Vaterunser.] 5. Jahrg. 1847. 14. Aufl. gr. 8. (111 S.) Ebendas. 870. * — 50

—— s. Feldbrief.

Stolz, Alban: Der papierene Fels des Herrn Schenckel. 3. Aufl. von „Klinge ohne Hett". Freiburg i. Br.: Herder 1867. 64 S. 8°
Der Tit. der Schrift lautete: Die Klinge ohne Heft. Antwort an Herrn Prof. Schenkel in Heidelberg auf dessen Schrift: Fels oder Sand. Freiburg: Herder 1851. 60 S. 8°

—— Der papierene Fels d. Herrn Schenkel. 4. Aufl. v. „Klinge ohne Heft". 16. (106 S.) Ebd. 889. * — 50

Siebenzehn nothwendige Fragen und Antworten von Alban Stolz. Freiburg im Breisgau: Herder 1864. 15 S. 8° [Umschlagtit.]
Beschuldigt S. 12 die Frmr, die Trennung der Schule von der Kirche anzustreben.

— über Freimaurerei. 8. Ebend. 882. — 75
Mörtel für die Freimaurer. 6. Aufl. (57 S.) 1876. — Akazien-Zweig für die Freimaurer. (55 S.) 1863.

Fügung und Führung. Ein Briefwechsel mit Alban Stolz. Hrsg. von Dr. Julius Mayer, Prof., Freiburg im Br. Freiburg im Br.: Herder 1909. VI, 271 S. 8°

Fügung und Führung. Ein Briefwechsel mit Alban Stolz. Hrsg. von Dr. Julius Mayer, Prof. in Freiburg i. Br. 2. u. 3. Aufl. Freiburg: Herder (1910). VI, 271 S. 8°

— u. Gall Morel, die fünfzehn Geheimnisse des heiligen Rosenkranzes in Bildern. Mit Betrachtungen u. Reimversen. Für alle Verehrer des heil. Rosenkranzes u. insbesond. für die Mitglieder des lebend. Rosenkranzes. 2. Aufl. Einsiedeln 866. Geb. Benziger. 32. (32 S. mit eingedr. Holzschn.) 2 ngr.

—— Geister-, Stern- und Menschenwelt oder von Gott Vater, allmächtigen Schöpfer Himmels und der Erde. Kalender für Zeit und Ewigkeit 1888. Nach dem Tode des Verf. hrsg. Frz. Hattler. 1. und 2. Aufl. 8. (104 S. mit Bildern.) Ebendas. 887,88. *

— Geister-, Stern- u. Menschenwelt od. v. Gott Vater, allmächtigem Schöpfer Himmels u. der Erde. Nach dem Tode des Verf. hrsg. von Frz Hattler, S. J. Kalender f. Zeit u. Ewigkeit 1888. 3. Aufl. 8. (104 S. m. Bildern.) Ebd. 899. n. — 50

— merkwürdige Geschichten von mehreren eifrigen Sonntagsarbeitern u. was dabei erzielt wurde. Entnommen aus der schreib. Hand. gr. 16. (30 S.) Altbreisach 877. Köhler. n. — 25

—— ein Gespräch mit armen Leuten. 8. (8 S.) Freiburg i. Br. 870, Herder'sche Verlagsh. 12 Exempl. * — 40

— ein Gespräch m. armen Leuten. 8. (8 S.) Wien 871. Regensburg, Manz. Pro 25 Expl. — 90

— ein Gespräch m. armen Leuten. 2. Aufl. 16. (12 S.) Freiburg i/Br. 882. Herder. für 12 Explre. n. — 40

—— der unendliche Gruß. (Kalender für Zeit und Ewigkeit. 6. Jahrg. 1858.) 2., verm. Aufl. gr. 8. (156 S. mit eingedr. Holzschn.) Freiburg im Br. 858, Herder'sche Verlagsbuchh. *

— der unendliche Gruß. [Kalender für Zeit u. Ewigkeit. 6. Jahrg. 1858.] 4. u. 5. Aufl. Ebend. 866. 8. (118 S. mit eingedr. Holzschn.) n. 4 ngr.; Velinp. n. 5 ngr.

—— der unendliche Gruß. Kalender für Zeit und Ewigkeit. 6. Jahrg. 1858. 5. Aufl. 1869. * 40 Pf., und 6. Aufl. 8. (114 S. mit eingedr. Holzschn.) Ebendas. 874. * — 50

—— der unendliche Gruß. Kalender für Zeit und Ewigkeit. 6. Jahrg. 1858. 7. Aufl. 8. (140 S. mit eingedr. Holzschn.) Ebendas. 885. * — 60

—— Der unendliche Gruß. Kalender für Zeit und Ewigkeit. 1858. 8. Aufl. 8. (139 S. m. Abbildgn.) Ebd. 890. * — 60

— der unendliche Gruß. Kalender f. Zeit u. Ewigkeit 1858. 10. Aufl. gr. 8. (135 S. m. Bildern.) Ebd. 899. n — 60

—— schreibende Hand auf Wand und Sand. 4 Abthl. gr. 8. (VI, 535 S.) Ebendas. 874,75.
1.—3. Abthl. à * 50 Pf.; 4. Abthl. * 80 Pf. * 2 30
Feine Ausg. 1.—3. Abthl. à * 60 Pf.; 4. Abthl. * 95 Pf. * 2 75

— schreibende Hand auf Wand u. Sand photographirt. 1. Abth. 3. Aufl. gr. 8. (VII, 112 S.) Freiburg i/Br. 878. Herder. n. — 60; feine Ausg. n. — 80

—— Herz-Jesu-Büchlein. Belehrungen, Betrachtgn. und Gebete. Aus den Schriften d. Verf. gesammelt v. Frz. S. Hattler. 16. (VI, 58 S. m. e. Farbendr.) Ebd. 890. * — 25; geb. * — 40

Die **Hexen-Angst** der aufgeklärten Welt. Unversiegelter Brief an Herrn [Joh. Kaspar] Bluntschli und Gebrüder. Von Alban **Stolz.** Freiburg i. Br.: Herder [usw.] 1871. 24 S. 8⁰

[Dasselbe.] 2. Aufl. nicht feiner. Ebendas. 1871. 24 S. 8⁰ [Umschlagtit.]

—— die Hexen-Angst der aufgeklärten Welt. Unversiegelter Brief an Herrn Bluntschli und Gebrüder. 1.—3. Aufl. gr. 8. (24 S.) Ebendas. 872. * — 20

—— wilder Honig. [Fortsetzung der „Witterungen der Seele."] gr. 8. (572 S.) Ebendas. 870. * 4 —

Stolz, Alban, wilder Honig. Fortsetzung der „Witterungn. d. Seele". (1849—1864.) Billige Volksausg. 4. Aufl., m. dem „Wanderbüchlein aus dem J. 1848". (VII, 673 S.) kl. 8. Freiburg i/B. (908). Herder. 3.—; kart. 3.40; geb. in Leinw. 3.80

(*U.-Titel:*) Für weibliche Jugend, öfters zu lesen. | Christi Vergißmeinnicht | für das ganze Leben. | Von Alban Stolz.
(Fig.: *Kreuzigungsszene*, 46 × 55.)
Kol.: Buchdruckerei der Herder'schen Verlagshandlung in Freiburg. | Elfte Auflage. – 1882.
8 S., 137 × 88.
Diöz.-B. Rottenburg.

—— Kalendař pro čas a věčnost, s. Kalendař.

—— Kalender für Zeit und Ewigkeit, s. a. Kalender für Zeit und Ewigkeit.

— Kalender f. Zeit u. Ewigkeit. Jahrg. 1874. Armuth u. Geldsachen. Mit Initialen aus Holbein's Todtentanz u. anderen Illustr. (in eingedr. Holzschn.) 16. (LX, 117 S.) Ebend. 873. n. — 40; m. preuß. Stempel n. — 50

Stolz, Alban. Der Kalenderschreiber für Zeit und Ewigkeit. Ein treues Lebensbild des großen Mannes, nach seinen eigenen Schriften entworfen. Mit dem Portr. von Alban Stolz. 8. (73 S.) Steyl 884, Missionsdruckerei. — 40
Aus: Die heilige Stadt Gottes, besonders abgedruckt.

Stolz, Alban, der Kalenderschreiber f. Zeit u. Ewigkeit. Ein treues Lebensbild des großen Mannes, nach seinen eigenen Schriften entworfen. [Aus: „Hl. Stadt Gottes".] 2., verb. Aufl. 8. (60 S. m. Bildnis.) Steyl 894. Missionsdruckerei. Geb. in Leinw. n. — 50

—— Kleinigkeiten gesammelt von Anfang bis jetzt. gr. 8. (VI, 342 S. mit eingedr. Holzschn.) Ebendas. 868. * 2 20

— Kleinigkeiten. (Gesammelte Werke. Billige Volksausg.) 2 Sammlgn. kl. 8. Ebd. (909).
à 1.80; kart. à 2.20; geb. in Leinw. à 2.60
I. Sammlg. 4. Aufl. (VII, 374 S.)
II. (letzte) Sammlg. 2. Aufl. (V, 364 S.)

—— die Klinge ohne Heft. Antwort an Hrn. Prof. Schenkel in Heidelberg auf dessen Schrift: Fels oder Sand. gr. 8. (60 S.) Freiburg im Br. 851, Herder'sche Vrlgsh.

—— Kohlschwarz mit einem rothen Faden. Kalender für Zeit und Ewigkeit. 1873. 1.—3. Aufl. gr. 8. (74 S. mit eingedr. Holzschn.) Ebendas. 872. * — 50

— dasselbe, s. a. Kalender f. Zeit u. Ewigkeit.

—— kohlschwarz mit einem rothen Faden. Kalender für Zeit und Ewigkeit 1873. 4. Aufl. 8. (92 S. mit Holzschn.) Ebendas. 886. *

— kohlschwarz m. e. rothen Faden. Kalender f. Zeit u. Ewigkeit 1873. 5. Aufl. gr. 8. (88 S. m. Bild.) Ebd. 898. n. — 50

—— Compaß für Leben und Sterben. Kalender für Zeit und Ewigkeit 1843, 1844 und 1859. gr. 8. (IV und 391 S. mit Bildern in eingedr. Holzschn.) Freiburg im Br. 861, Herder'sche Verlagsbuchh.
Vlnp. *

— Compaß für Leben u. Sterben. [Kalender für Zeit u. Ewigkeit. 1., 2. u. 17. Jahrg. 1843, 1844 u. 1859.] 3—5. Aufl. Ebend. 865—69. gr. 8. (IV, 379 S. mit Bildern in eingedr. Holzschn.) n. 12 ngr.; geb. n. 16 ngr.; Velinp. n. 15 ngr.; geb. n. 23 ngr.

—— Kompaß für Leben und Sterben. 5. Aufl. 1869. *M 1,20.; Velinpap. *M 1,50., und 6. Aufl., mit dem „ABC für große Leute." gr. 8. (IV, 507 S.) Ebendas. 870. * 1 60
Velinpap. * 2 —

—— dass. — 7. Aufl. 4 Thle. in 1 Bd. gr. 8. (VI, 117; 125; 128; 139 S., mit eingedr. Holzschn.) Ebendas. 875. * 1 60
geb. * 2 —

— Kompaß f. Leben u. Sterben. Kalender f. Zeit u. Ewigkeit 1843, 1844, 1859 u. 1864. (Gesammelte Werke. Billige Volksausg.) (VI, 135, 142, 128 u. 148 S.) kl. 8. Ebd. 905. n. 1. 80; kart. n. 2. 20; geb. in Leinw. n. 2. 60

— Kompaß f. Leben u. Sterben. Kalender f. Zeit u. Ewigkeit 1843, 1844, 1859 u. 1864. (Gesammelte Werke. Billige Volksausg.) (Ausg. 1909.) (VI, 554 S.) kl. 8. Ebd. (909). 1.80; kart. 2.20; geb. in Leinw. 2. 60

— Dürre Kräuter. 2. Fortsetzg. der „Wittergn. d. Seele". Billige Volksausg. 4. Aufl. (VII, 592 S.) kl. 8. Ebd. (908). 2.40; kart. 2.80; geb. in Leinw. 3. 20

— die drei Kreuze gepredigt auf das Fest des heil. Leodegar zu Luzern. Luzern 862. (Gebr. Räber.) gr. 8. (18 S.) 3 ngr.

—— die drei Kreuze gepredigt auf das Fest des heil. Leodegar zu Luzern. gr. 8. (18 S.) Luzern 863, (Gebr. Räber.)

— der heilige Kreuzweg. 1. u. 2. Aufl. Ebend. 869,70. 32. (60 S.) 1 ngr.

—— der heilige Kreuzweg. 3. Aufl. 16. (71 S. mit Bildern.) Ebendas. 885. *
geb. in Leinw. * 50 Pf.; in Leder mit Goldschn. *

— der hl. Kreuzweg. 4. Aufl., m. Bildern. 16. (72 S.) Ebd. 899. Geb. n. — 40

— der Kreuzzug gegen den Welschen. Geschrieben im Mai. 1—5. Aufl. mit neuen Zusätzen. Freiburg im Br. 859. Herder. gr. 8. (16 S.) 1 ngr.

—— die vornehmste Kunst. [Kalender für Zeit und Ewigkeit 1881.] 4. (36 S. mit eingedr. Holzschn.-Illustr.) Ebendas. 883. * — 10

—— die vornehmste Kunst. Kalender für Zeit und Ewigkeit 1881. 2. Aufl. 8. (89 S. mit Bildern.) Ebendas. 888. *

— die vornehmste Kunst. Kalender f. Zeit u. Ewigkeit 1881. 3. Aufl. gr. 8. (88 S. m. Bild.) Ebd. 898. n. — 50

Stolz, Alban. Das heilige Land. Illustrirter Auszug aus dem Besuch bei Sem, Cham u. Japhet. gr. 8. (VIII, 190 S. m. 50 Bildern u. 2 farb. Karten.) Freib. i. Br. 891, Herder. * 2 —; geb. * 3 40

—— christlicher Laufpaß gültig bis zum Tod. Andenken für männliche Jugend, welche aus der Schule entlassen wird. 1.—4. Aufl. gr. 16. (8 S.) Ebendas. 874. 12 Exempl. * — 40

—— christlicher Laufpaß, gültig bis zum Tode. 5. Aufl. gr. 16. (8 S.) Freiburg i. Br. 876, Herder'sche Verlagsh.
Preis für 10 Exempl. * — 40

—— dass. — Andenken für männl. Jugend, welche aus der Schule entlassen wird. (Neue Aufl.) 16. (8 S.) Ebendas. 877.
Preis für 12 Exempl. * — 20

—— dass. — Neuer Abdr. gr. 16. (8 S. mit 1 eingedr. Holzschn.) Ebendas. 879. Preis für 12 Exempl. * — 20

—— christlicher Laufpaß, gültig bis zum Tod. Andenken für männl. Jugend, welche aus der Schule entlassen wird. 12.—15. Aufl. 16. (8 S.) Ebendas. 881—83.
Preis für 12 Exempl. * — 25

—— christlicher Laufpaß, gültig bis zum Tod. Andenken für männl. Jugend, welche aus der Schule entlassen wird. 16. und 17. Aufl. 16. (8 S.) Ebendas. 885,88. Für 12 Exempl. *

—— Christlicher Laufpaß, gültig bis zum Tode. Andenken f. männl. Jugend, welche aus der Schule entlassen wird. 18. Aufl. 16. (8 S.) Ebd. 890. Für 12 Explre. * — 25

— christlicher Laufpaß, gültig bis zum Tod. Andenken f. männl. Jugend, welche aus der Schule entlassen wird. 19. Aufl. 16. (8 S.) Ebd. 893. 12 Expl. n. — 25

— christlicher Laufpaß, giltig bis z. Tod. Andenken f. männl. Jugend, welche aus d. Schule entlassen wird. 20. Aufl. 16. (11 S.) Ebd. 896. 12 Stück n. — 40

— christlicher Laufpaß, gültig bis zum Tod. Andenken f. männl. Jugend, welche aus der Schule entlassen wird. 22. Aufl. (11 S.) 16. Ebd. (904). 12 Stück — 40

— Christlicher Laufpaß, gültig bis zum Tod. Andenken f. männl. Jugend, welche aus der Schule entlassen wird. 23. Aufl. (11 S.) 16. Ebd. 908. 12 Stück — 40

—— das Leben der heiligen Germana. Kalender für Zeit und Ewigkeit 1879. 8. (118 S. mit eingedr. Holzschn.) Ebendas. 879. * — 60

—— Das Leben der heiligen Germana. Kalender f. Zeit und Ewigkeit 1879. 2. Aufl. 8. (139 S. m. Holzschn.) Ebd. 889. * — 60

— das Leben der hl. Germana. Kalender f. Zeit u. Ewigkeit 1879. 3. Aufl. (189 S. m. Abbildgn.) 8. Ebd. 904. n. — 60

—— Legende. Monat Januar. gr. 8. (207 S.) Freiburg im Br. 851, Herder'sche Vrlgsh. *
Fein Pap. *

—— dass. — Monat Hornung. gr. 8. (207 S.) Ebds. 851. *
Fein Pap. *

—— Legende. Monat März — Juni. gr. 8. Freiburg im Br., Herder'sche Vrlgsh. [März (IV und 193 S.) 852., April (191 S.) 853., Mai (212 S.) Juni (IV und 228 S.) 855.] à *
fein Papier à *
Januar und Februar. Ebendas. 1851. à * 10 Ngr., fein Pap. à * 12 Ngr.

— Legende. Monat Januar und Monat Hornung. (2. Aufl.) Freiburg 853. Herder. gr. 8. (207; 207 S.) Jeder Monat n. 10 ngr.; Velinp. n. 12 ngr.

— — Brachmonat. Ebend. 855. gr. 8. (2 Bl., 228 S.) n. 10 ngr.; Velinp. n. 12 ngr.

— — Heumonat. Ebend. 856. gr. 8. (336 S.) n. 10 ngr.; Velinp. n. 12 ngr.

—— Legende. 7—12. Heft. Monat Juli bis December. gr. 8. (1548 S.) Freiburg im Br. 856—60, Herder'sche Verlagsbuchh. à Heft * 10 Ngr. *
Fein Pap. à Heft * 12 Ngr. *

—— dass. — 1. Heft. 3. Aufl. gr. 8. (207 S.) Ebendas. 861. Velnp.

Stolz, Alban, Legende. Aerntemonat. Freiburg 857. Herder. gr. 8. (256 S.) n. 10 ngr.; Velinp. n. 12 ngr.

— Legende. (9. Heft.) Herbstmonat. Freiburg im Br. 859. Herder. gr. 8. (224 S.) n. 10 ngr.; Velinp. n. 12 ngr.

— — (10. Heft.) Monat Oktober. Ebend. 859. gr. 8. (244 S.) n. 10 ngr.; Velinp. n. 12 ngr.

— — (11. Heft.) Wintermonat. Ebend. 860. gr. 8. (232 S.) n. 10 ngr.; Velinp. n. 12 ngr.

— — 1. Heft. 3. Aufl. Ebend. 861. gr. 8. (207 S.) n. 10 ngr. Velinp. 12 ngr.

—— Legende oder der christliche Sternhimmel. 3. Aufl. 10 Lfgn. gr. 4. (911 S. mit Bildern in eingedr. Holzschn.) Freiburg im Br. 865,66, Herder'sche Verlagsh. à Lfg. * 8 Ngr. * Velinp. à Lfg. * 12 Ngr. *

—— dass. — 4. Aufl. 10 Lfgn. gr. 4. (908 S. mit Bildern in eingedr. Holzschn.) Ebendas. 867,68. à Lfg. * 8 Ngr. * Velinp. à Lfg. * 12 Ngr. *

—— Legende oder der christliche Sternhimmel. 5. Aufl., mit Bildern von Seitz. 4 Bde. gr. 8. (VIII, 456 S.; VIII, 476; VIII, 524; VIII, 552 S., mit 48 Holzschntaf.) Ebendas. 872. * 10 80
Feine Ausg. * 14 —

—— dass. — 6. Aufl., mit neuen Bildern (in eingedr. Holzschn.) 10 Hefte. gr. 4. (907 S.) Ebendas. 870—72. à Heft 80 Pf. * 8 —
geb. * 10 —
Feine Ausg. à Heft ℳ 1,20. * 12 —
geb. * 17 40

—— Legende oder der christliche Sternenhimmel. 7. Aufl. 10 Hefte. gr. 4. (907 S. mit vielen Holzschn.-Bildern.) Ebendas. 883. à Heft 80 Pf. 8 —
geb. * 10 —
Feine Ausg. à Heft ℳ 1,20. 12 —
geb. * 18 —

—— Legende oder der christliche Sternenhimmel. 8. Aufl. 10 Hefte. gr. 4. (908 S. mit vielen Bildern und Titelbild in Farbendr.) Ebendas. 886. à Heft 80 Pf.

—— dass. — 9. Aufl. gr. 4. (908 S. mit vielen Bildern und 1 Farbendr.) Ebendas. 887.
geb. in Halbleder * ℳ 10.—.; in Schafleder *
geb. in Saffian *

— Legende od. der christl. Sternhimmel. 10. Aufl. Mit Bildern v. A. u. L. Seitz. (In 12 Hftn.) 1.—4. Hft. 8. (1. Bd. VI, 643 S. m. 1 Tondr., 2. Bd. S. 1—240.) Ebd. 894. à n. 1.—

— dasselbe. (In 10 Hftn.) 1.—4. Hft. gr. 4. (VIII, 360 S. m. 1 Farbendr.) Ebd. 894. à — 80

— Legende od. der christliche Sternhimmel. 10. Aufl. Mit Bildern v. A. u. L. Seitz. 5.—12. (Schluß-) Hft. (2. Bd. S. 241—672 u. 3. u. 4. Bd. 752 u. 781 S.) 8. Ebd. 895. à Hft. n. 1.— (kplt. geb. in 4 Hlbfrzbde.: n. 17. 60; in Leinw. m. Lederrücken n. 20.—)

— dasselbe. 8.—10. (Schluß-) Hft. (S. 361—932.) gr. 4. Ebd. 895. à Hft. n. — 80 (kplt. geb. in Halbfrz.: n. 11.—; in Leinw. m. Lederrücken n. 13.—)

— Legende od. der christliche Sternhimmel. Mit dem Farben-Titelbild „Die Anbetung des Lammes" von L. Seitz 11. [Titel-]Aufl. gr. 4. (VIII, 932 S. m. Abb.) Ebd. [895]. 902. n. 8.—; geb. in Halbfrz. n. 11.— u. n. 13.—; in Saff. m. Goldschn. n.n. 20.—

— Legende od. Der christliche Sternhimmel. Mit dem Farben-Titelbild „Die Anbetg. des Lammes" v. Ludw. Seitz. 12. Aufl. (VIII, 932 S. m. Abb.) 32×24,5 cm. Ebd. (909). 8.50; geb. in Halbfrz. 12.—; in Leinw. m. Ldr.-Rücken 14.—; in Saff. m. Goldschn. 22. —

—— Légendes ou vie des Saints. Traduites de l'allemand. Ouvrage orné de cent grav. sur bois. gr. 4. Freiburg im Br. 868, Herder'sche Verlagsh. *

— Lehrbüchlein f. Kindsmädchen [zugleich f. Mütter.] 16. (64 S.) Wien 871. Regensburg, Manz. — 25

—— Lehrbüchlein für Kindsmädchen [zugleich für Mütter]. 16. (64 S.) Wien 871, Sartori. — 25

— Lehrbüchlein f. Kindsmädchen, zugleich für Mütter. 2., verb. Aufl. 16. (48 S.) Ebend. 882. n. — 30

—— Lehrbüchlein f. Kindsmädchen, zugleich f. Mütter. 3. Aufl. 16. (48 S.) Ebd. 891. * — 30

Stolz, Alban, Licht, Fortschritt, Freiheit, wie dieselben von der schlechten Presse verstanden u. gepriesen werden. Wien, Sartori, 1870, 16°. (Weckstimmen f. d. kath. Volk, Jahrg. 1 Heft 1.)

Stolz, Alban, s. a. Medizin, geistliche, f. Kranke.

—— geistliche Medicin für Kranke von einem geistlichen Doktor. 1.—3. Aufl. 8. (4 S.) Freiburg i. Br. 868—70, Herder'sche Verlagsh. 20 Exempl. * — 40
—— dass. — 4. Aufl. 12. (8 S.) Ebendas. 871. 20 Exempl. * — 40

—— geistliche Medizin für Kranke von einem geistlichen Doktor. 7. und 8. Aufl. 8. (8 S.) Ebendas. 876,79.
Preis für 12 Exempl. * — 20

—— geistliche Medizin für Kranke von einem geistl. Doktor. 9. und 10. Aufl. 16. (8 S.) Ebendas. 881,83.
Preis für 12 Exempl. * — 20

—— Geistliche Medizin f. Kranke v. e. geistlichen Doktor. 11. Aufl. 16. (8 S.) Ebd. 890. Für 12 Stück * — 25

— Geistliche Medizin f. Kranke, v. e. geistl. Doktor. 13. Aufl. (8 S.) 16. Ebd. (910). 12 Ex. — 40

—— der Mensch und sein Engel. Ein Gebetbuch für katholische Christen. 1.—4. Aufl. gr. 12. (296 S. mit 1 Stahlst.) Ebendas. 868—74. feine Ausg. I. * 1 50
gr. 12. ordinär. Ausg. II. * 1 —
kl. 12. fein. Ausg. III. (360 S. mit 2 Stahlst. und color. Titel.) * 1 50
kl. 12. ordinär. Ausg. IV. Mit 1 Stahlst. und farb. Titel. * — 80
16. fein. Ausg. V. (492 S. mit 2 Stahlst. und farb. Titel.) * 1 50
16. ordinär. Ausg. VI. Mit 1 Stahlst. und farb. Titel. * — 80
kl. 12. Ausg. VII. Mit großem Druck. (IV, 563 S. mit 1 Stahlst.) * 1 60

— der Mensch u. sein Engel. Ein Gebetbuch für kathol. Christen. 1. u. 2. Aufl. Ebend. 868. 12. (III, 296 S.) n. 10 ngr.;
Velinp. mit 1 Stahlst. n. 15 ngr.

— — [Ausg. Nr. 2.] 2. Aufl. Ebend. 869. 12. (III, 296 S.) n. 10 ngr.; Velinp. mit 1 Stahlst. [Ausg. Nr. 1.] n. 15 ngr.

— — [Ausg. Nr. 4.] 3. Aufl. Mit 1 Stahlst. Ebend. 869. gr. 16. (452 S.) n. 6 ngr.; Velinp. mit 2 Stahlst. [Ausg. Nr. 3.] n. 15 ngr.

Stolz, Alban, der Mensch u. sein Engel. Ein Gebetbuch für kathol. Christen. [Ausg. Nr. 6.] 3. Aufl. Mit 1 Stahlst. Freiburg i. Br. 869. Herder. 16. (III, 275 S.) n. 8 ngr.; Velinp. mit 2 Stahlst. u. color. Titel. [Nr. 5:] n. 15 ngr.

— der Mensch u. sein Engel. Ein Gebetbuch f. kathol. Christen. 4. verm. Aufl., m. 2 Stahlst. u. 2 color. Titel. 12. (356 S.) Freiburg i. B. 872. Herder. n. 1. 50; ordinäre Ausg. 5. Aufl. m. e. Stahlst. u. farb. Titel. n. — 80

— dasselbe. Ausgabe m. großem Druck. Mit 1 Stahlst. 16. (563 S.) Ebend. 873. n. 1. 60

—— der Mensch und sein Engel. Ein Gebetbuch für kathol. Christen. 5. und 6. Aufl. Feine Ausg. III. 16. (IV, 337 S. mit 2 Stahlst. und color. Titel.) Ebendas. 879. 1 50
Gewöhnl. Ausg. IV. mit 1 Stahlst. und color. Titel 1 —

—— der Mensch und sein Engel. Ein Gebet für katholische Christen. 5. verm. und verb. Aufl. Ausg. Nr. 5 (auf feinem Pap.). 16. (IV, 496 S. mit Farbentitel und 2 Stahlst.) Freiburg i. Br. 882, Herder'sche Verlagsh. 1 50
Ausg. Nr. 6 (auf gewöhnl. Pap.). 1 20

—— der Mensch und sein Engel. Ein Gebetbuch für kathol. Christen. 6. Aufl. Ausg. Nr. 1. gr. 8. (III, 192 S. mit 1 Titelbild in Stahlst.) Ebendas. 885. *

—— dass. — 7. verm. und verb. Aufl. Ausg. Nr. 5. 16. (VIII, 574 S. mit Farbentitel und Stahlst.) Ebendas. 885.

Stolz, Alban, der Mensch und sein Engel. Ein Gebetbuch für kathol. Christen. 8. Aufl. Ausg. Nr. 8. 16. (IV, 337 S. mit 1 Titelbild.) Freiburg i. Br. 887, Herder'sche Verlagsh.

—— dass. — 8. Aufl. Ausg. Nr. 8. 16. (VII, 492 S. mit farb. Titelbild.) Ebendas. 887.

—— Der Mensch und sein Engel. Ein Gebetbuch für kathol. Christen. 9. Aufl. Ausg. Nr. VIII. 24°. (VIII, 492 S. m. farb. Titelbild.) Ebd. 891. * — 90

— d. Mensch u. s. Engel. E. Gebetbuch f. kathol. Christen. 10. Aufl. 16. (VII, 492 S. m. farb. Titelbild.) Ebd. 896. — 90; geb. in Leinw. n. 1. 15

— der Mensch u. sein Engel. Ein Gebetbuch f. kathol. Christen. 12. Aufl. 16. (VII, 496 S. m. 1 Farbdr.) Freiburg i/B. (902). Herder. Geb. in Leinw. n. 1. 25

— der Mensch u. sein Engel. Ein Gebetbuch f. kathol. Christen. (Ausg. Nr. 3 m. großem Druck.) 13. Aufl. (IX, 626 S. m. Titelbild.) 16. Ebd. (905). n. 1. 60; geb. in Halbldr. n. 2. —; in Ldr. m. Goldschn. n. 3. 20

— Der Mensch u. sein Engel. Ein Gebetbuch f. kathol. Christen. 14. Aufl., m. farb. Titelbild. (Ausg. Nr. 8.) (X, 496 S.) 16. Ebd. (907). — 90; geb. in Leinw. 1.20

—— das Menschengewächs. (Kalender für Zeit und Ewigkeit. 2. Jahrg. 1844.) 10. Aufl. gr. 8. (119 S. mit eingedr. Holzschn.) Freiburg im Br. 859. Herder'sche Verlagsbuchh. *

—, das *Menschengewächs.* 11. Aufl. Mit Holzschnitten. O. O. u. J. (Ebend., c. 1860.) 8°. Beibd.
112 S. — Zuerst gedr. ca. 1850.

—— das Menschengewächs. [Kalender für Zeit und Ewigkeit. 2. Jahrg. 1844.] 12. Aufl. 8. (131 S. mit eingedr. Holzschn.) Freiburg im Br. 867, Herder'sche Verlagsh. *

Stolz, Ant., das Menschengewächs oder wie der Mensch sich und Andere erziehen soll. [Kalender für Zeit und Ewigkeit 1844.] 13. Aufl. 1870, und 14. Aufl. 8. (125 S. mit eingedr. Holzschn.) Freiburg i. Br. 873, Herder'sche Verlagsh. *

Stolz, Alban, das Menschengewächs oder wie der Mensch sich und Andere erziehen soll. Kalender für Zeit und Ewigkeit 1844. 15. Aufl. 8. (132 S. mit eingedr. Holzschn.) Ebendas. 883. * — 60

—— das Menschengewächs oder wie der Mensch sich und Andere erziehen soll. Kalender für Zeit und Ewigkeit 1844. 16. Aufl. 8. (VIII, 150 S. mit eingedr. Holzschn.) Ebendas. 885. *

— das Menschengewächs od.: Wie der Mensch sich u. andere erziehen soll. Kalender f. die Zeit u. Ewigkeit. 1844. 17. Aufl. gr. 8. (VIII, 150 S. m. Bildern.) Ebd. 891. n. — 60

— das Menschengewächs od.: Wie der Mensch sich u. andere erziehen soll. Kalender f. Zeit u. Ewigkeit 1844. 19. Aufl. gr. 8. (VIII, 150 S. m. Abbildgn.) Ebd. 901. n. — 60

—— Misericordia. Kalender für Zeit und Ewigkeit 1880. 2. Aufl. 8. (88 S. mit Bildern.) Ebendas. 888. *

— Misericordia. Kalender f. Zeit u. Ewigkeit 1880. 3. Aufl. 8. (88 S. m. Bildern.) Ebd. 899. n. — 50

—— Mixtur gegen Todesangst. Kalender für Zeit und Ewigkeit. 1. Jahrg. 1843. Neu zugerichtet für das gemeine Volk und nebenher für geistl. und weltl. Herrenleute. gr. 8. (133 S. mit eingedr. Holzschn.) Freiburg im Br. 861, Herder'sche Verlagsbuchh. *

—— Mixtur gegen Todesangst. [Kalender für Zeit und Ewigkeit. 1. Jahrg. 1843.] 15. Aufl. 1865. und 16. Aufl. Für das gemeine Volk und nebenher für geistl. und weltl. Herrenleute. gr. 8. (128 S. mit eingedr. Holzschn.) Freiburg im Br. 868, Herder'sche Verlagsh. * 4 Ngr.; Velinp. *

— Mixtur gegen Todesangst. [Kalender f. Zeit u. Ewigkeit. 1. Jahrg. 1843.] 17. Aufl. Für das gemeine Volk u. nebenher f. geistl. u. weltl. Herrenleute. gr. 8. (128 S.) Ebend. 873. n. — 50

—— Mixtur gegen Todesangst. Kalender für Zeit und Ewigkeit. 1. Jahrg. 1843. 18. Aufl. Für das gemeine Volk und nebenher für geistl. und weltl. Herrenleute. 8. (127 S. mit eingedr. Holzschn.) Ebendas. 879. * — 50

— Mixtur gegen Todesangst. Kalender f. Zeit u. Ewigkeit. 1. Jahrg. 1843. Für das gemeine Volk u. nebenher f. geistl. u. weltl. Herrenleute. 19. Aufl. gr. 8. (150 S. m. Holzschn.) Ebend. 885. n. — 60

—— Mixtur gegen Todesangst. Kalender f. Zeit u. Ewigkeit 1843. Für das gemeine Volk u. nebenher f. geistl. und weltl. Herrenleute. 20. Aufl. 8. (151 S. m. Holzschn.) Ebd. 889. * — 60

— Mixtur gegen Todesangst. Für d. gemeine Volk u. nebenher f. geistl. u. weltl. Herrenleute. Kalender f. Zeit u. Ewigkeit 1843. 22. Aufl. 8. (144 S. m. Abb.) Ebd. 898. n. — 60

— Mixtur gegen Todesangst. Für das gemeine Volk u. nebenher f. geistl. u. weltl. Herrenleute. Kalender f. Zeit u. Ewigkeit 1843. 25. Aufl. (147 S.) 8. Ebd. (910). — 80

Mörtel für die Freimaurer von Alban **Stolz.** Freiburg i. Br.: Herder 1862. 64 S. 8°

[Dasselbe.] 2. Aufl. mit Neuerungen. Ebendas. 1862. 68 S. 8°

[Dasselbe.] 3. Aufl. abermals mit Zusätzen. Ebendas. 1862. 68 S. 8°

Stolz, Alban: Mörtel für die Freimaurer. 4. Aufl. Freiburg i/Br.: Herder 1863. 68 S. 8°

[Dasselbe.] 5. Aufl. Ebendas. 1872. 57 S. 8°

[Dasselbe.] 6. Aufl. Ebendas. 1876. 57 S. 8°
Auszug in: Riedel, F. W. A.: Akazien-Blüthen aus d. Frmr-Orden. 1872 S. 540 bis 560.
Recens. f. 2. Aufl.: Bh. 5 (1862) S. 246 (R. Seydel).
f. 3. Aufl.: FZ. 16 (1862) S. 310—311; Holländ. Übers. hiervon in: MW. 11 (1862) No 47; FZ. 16 (1862) S. 324—325, 404—406.
cf. Histor.-polit. Blätter f. d. kathol. Deutschland. 50 (1862) S. 408—427; Freiburger Ztg. 1862 Beil. z. Nr 166.
Tt. 1801—1803. Die Frmrei sei ein „Affe der kathol. Kirche".

— Nachtgebet meines Lebens. Nach dem Tode d. Verf. hrsg. u. durch Erinnergn. an Alban Stolz ergänzt v. Jak. Schmitt. gr. 8. (XI, 276 S.) Ebend. 885. n. 2. 40

— Nachtgebet meines Lebens. Durch Erinnergn. an Alban Stolz ergänzt u. zur Feier seines 100. Geburtstags neu hrsg. v. Jak. Schmitt. 2. Aufl. (XII, 281 S.) 8. Ebd. 908. 2.40; geb. in Leinw. 3. 20

—— die Nachtigall Gottes. Sammel-Ausg. der Kalender für Zeit und Ewigkeit 1879—1881, 1884, 1886—1888. Mit vielen Bildern. 8. (118; 88; 89; 134; 92; 108; 104 S.) Ebendas. 888. cart. *

— Die Nachtigall Gottes. Sammel-Ausg. d. Kalender f. Zeit u. Ewigkeit 1879—1881, 1884, 1886—1888. (Gesammelte Werke. Billige Volksausg.) (752 S.) kl. 8. Ebd. (907). 3.—; kart. 3.40; geb. in Leinw. 3. 80

Naturgeschichte der Freimaurer. Von Alban **Stolz.** [Wien u. Gran: Sartori 1869.] 2 Bl. 8° [Kopftit.]
Abgedr. in: T. 16 (1870) S. 150—151; Z. 11 (1881) S. 5—6.
Holländ. Übers. von S. H. ten Cate in: MW. Ser. 2 Jg. 6 (1869) No 49.
cf. Z. 11 (1881) S. 6.
Tt. 1806. Schmähschrift.

— Novellen u. Erzählungen in Frankfurter Mundart. [Der rothe Schornsteinfeger. Die Flucht vom Königstein. Der warme Deckel.] Mit (eingedr. Holzschn.=) Illustr. 1. Bdchn. Neue Aufl. 12. (227 S.) Ebend. 880. n. 1. 70

— Novellen u. Erzählungen in Frankfurter Mundart. Mit (eingedr. Holzschn.=) Illustr. 2. Bdchn. Neue Aufl. 12. (155 S.) Ebend. 885. n. 1. 20
(1. u. 2. in 1 Bd geb. m. Goldschn.: n. 4. —)

— Predigt zur Fahnen-Weihe des katholischen Gesellenvereins in Luzern Sonntag den 3. August 1862. Luzern, (Gebr. Räber.) gr. 8. (12 S.) 3 ngr.

—— dass. — 2. Aufl. 8. (16 S.) Freiburg im Br. 862, Herder'sche Verlagsh. *

— Predigten. Aus dessen Nachlaß zu seinem 100. Geburtstag hrsg. (VIII, 453 S.) 8. Ebd. 908. 3.50; geb. in Leinw. 4. 50

— dasselbe. 2 Bd.: Predigten f. die Sonntage d. Kirchenjahres. Aus dem Nachlaß hrsg. (XII, 581 S.) 8. Ebd. 910. 5.—; geb. in Leinw. 6. —

—— Predigten für den Gesellenbund. Der Baum und der Mensch. Splitter vom Kreuz. 3. Aufl. 12. (40 S.) Freiburg im Br. 859, Herder'sche Verlagsbuchh. *

—— Ronge und Forstner in Wien, s. a. Stimmen, katholische, aus Oesterreich.

Stolz, Alb., Ronge u. Forstner in Wien! oder der neue Kometstern mit seinem Schweif. Das. 1868, gr. 8°, 17 S., 4. Aufl., 20 Pf. (A. a. O. Heft 7.)

—— Rosenkranz-Büchlein. Gedanken über den Psalter. Nach seinem Tode hrsg. von Jos. Mayr. 16. (104 S.) Würzburg 887, Woerl. *

— Rosenkranz-Büchlein. Gedanken üb. den Psalter. Nach s. Tode hrsg. v. Jos. Mayr, C. Ss. R. 2. Aufl. 16. (104 S. m. 16 Abb.) Wien 895, „St. Norbertus". n. — 30

—— der Schmerzensschrei im durlacher Rathhaus. gr. 8. (16 S.) Freiburg im Br. 860, Herder'sche Verlagsbuchh. *

— ein Gläschen Schnaps. [Aus: „Vaterunser".] gr. 16. (31 S.) Ebd. (901). 6 Stück n. — 50

—— kleinere Schriften. 12. Ebendas. — 75
Inhalt:
Diamant oder Glas. 13. Aufl. (66 S.) 879. — Der verbotene Baum für Katholiken und Protestanten. (58 S.) 875. — Wohin sollen wir gehen? 6. Aufl. (60 S.) 872. — Unterricht über den Vincenz-Verein. 2. verm. Aufl. (40 S.) 881.

Stolz, Alban, nach seinen Schriften. Freiburg i. Br. 1884. V: *Mayerhofer, Johann.* (Kat. Herder 1801—95.)

—— nach seinen Schriften. 8. (14 S. mit Holzschn.-Portr.) Freiburg i. Br. 884, Herder'sche Verlagsh. * — 20

—— zwischen der Schulbank und der Kaserne. Wegweiser für die Jugend. 2. und 3. Aufl. 16. (31 S.) Ebendas. 879. * — 10

—— zwischen der Schulbank und der Kaserne. Wegweiser für die Jugend. 4.—6. Aufl. 16. (31 S.) Ebendas. 880—82. Preis für 6 Exempl. * — 50

—- zwischen der Schulbank u. der Kaserne. Wegweiser f. die Jugend. 7. Aufl. 16. (38 S.) Ebend. 885. f. 6 Explre. n. — 50

— zwischen der Schulbank u. der Kaserne. Wegweiser f. die Jugend. 8. u. 9. Aufl. 16. (38 S.) Ebd. 892. 894. Für 6 Expl. n. — 50

— zwischen der Schulbank u. d. Kaserne. Wegweiser f. die Jugend. 10. Aufl. 16. (38 S.) Freiburg 897. Herder. 6 Stück n. — 50

— zwischen der Schulbank u. der Kaserne. Wegweiser f. die Jugend 11. Aufl gr. 16. (38 S.) Ebd. 901. 6 Stück n. — 50

— zwischen der Schulbank u. der Kaserne. Wegweiser f. die Jugend. 12. Aufl. (38 S.) 16. Ebd. (906). 6 Stück — 60

— Zwischen der Schulbank u. der Kaserne. Wegweiser f. die Jugend. 13. Aufl. (38 S.) 16. Ebd. (910). 6 Stück — 60

—— die Schule Gottes. 2. Thl. der „Eigenschaften Gottes". Kalender für Zeit und Ewigkeit 1887. Nach dem Tode des Verf. hrsg. von Frz. Hattler. 1. und 2. Aufl. 8. (108 S. mit Bildern.) Freiburg i. Br. 887,88, Herder'sche Verlagsh. *

— die Schule Gottes. 2. Thl. der „Eigenschaften Gottes". Nach dem Tode des Verf. hrsg. von Frz. Hattler, S. J. Kalender f. Zeit u. Ewigkeit 1887. 3. Aufl. 8. (108 S. m. Bildern.) Ebd. 899. n. — 50

—— die acht Seligkeiten. Kalender für Zeit und Ewigkeit 1884. Ohne oder mit Kalendarium und allgemeinem oder badisch-württembergischem Marktverzeichniß. 4. (45 S. mit Illustr.) Ebendas. 883. — 85

—— die acht Seligkeiten. Kalender für Zeit und Ewigkeit 1884. 2. Aufl. 8. (134 S. mit Bildern.) Ebendas. 888. *

— die 8 Seligkeiten. Kalender f. Zeit u. Ewigkeit 1884. 3. Aufl. gr. 8. (132 S. m. Bild.) Ebd. 898. n. — 50

— die 8 Seligkeiten, wie sie sich an der hl. Theresia erfüllt haben, s.: Blüten aus dem Himmelsgarten.

—— Oprawdowský slowo pro starou katolickou wjru proti tak nazwané mu Německo-katolictwj. Wydáno we Wjdni na outraty katolického spolku pro wjru, swobodu a mrawnost. Přeložil Ant. Wed. Šenk. gr. 8. (41 S.) Olmütz 849, Neugebauer.

—— Spanisches für die gebildete Welt. 1. Aufl. (288 S.) 1853. 1 Thlr. 3 Ngr. und 2. Aufl. mit ansehnl. Neuerungen. gr. 12. (424 S.) Freiburg im Br. 854, Herder'sche Vrlgsh.

—— Spanisches für die gebildete Welt. 3. Aufl. 1857. und 4. Aufl. mit etwas Türkischem. gr. 12. (458 S.) Freiburg im Br. 859, Herder'sche Verlagsbuchh.

—— Spanisches für die gebildete Welt. 5. Aufl. 1864. und 6. Aufl. mit etwas Türkischem. gr. 8. (388 S.) Freiburg im Br. 867, Herder'sche Verlagsh. *

— Spanisches für die gebildete Welt. 10. Aufl. (VIII, 357 S.) kl. 8. Ebd. 903. n. 1.50; kart. n. 1.90; geb. in Leinw. n. 2.30

— Spanisches f. d. gebildete Welt. (Gesammelte Werke. Billige Volksausg.) 13. Aufl. (IX, 357 S.) kl. 8. Ebd. (910). 1.50; kart. 1.90; geb. in Leinw. 2.30

—— Splitter vom Kreuz. Predigt am Fest des heil. Josef. gr. 8. (15 S.) Freiburg 853, Herder'sche Vrlgsh. *

— Křížové tažení proti Vlachu. Budweis 859. Hansen. gr. 8. (15 S.) n. 2 ngr.

— Unterricht üb. den Männer-Vincenz-Verein. 3. Aufl. 16. (X, 41 S.) Ebend. 886. n. — 25

— Unterricht üb. den Männer-Vinzenz-Verein. 4., durchgeseh. Aufl. (X, 48 S.) 16. Ebd. 903. n. — 30

—— Unterricht über den Vincenz-Verein. 16. (48 S.) Freiburg i. Br. 870, Herder'sche Verlagsh. *

— Unterricht üb. den Vincenz-Verein. 16. (48 S.) Wien 871. Regensburg, Manz. — 15

—— Unterricht über den Vincenz-Verein. 2. verm. Aufl. 12. (VIII, 40 S.) Ebendas. 881. * — 25

—— l'uomo e il suo angelo. Libro di preghiera pei cristiani cattolici. Tradotto dalla VIa ediz. tedesca. 24. (382 S. mit 1 Chromolithogr.) Einsiedeln 885, Benziger und Comp. geb.

Stolz, Alban. Križanu usmiljenost ali življenje svete Elizabete. Z dovoljenjem pisateljevim poslovenil Hrisogon Majar. V Celovcu, St. Hermagoras-Druck., 1882. 200 S. — 2. izdaja. 1904. 200 S.

— das Vaterunser. 1. Thl. (Kalender für Zeit und Ewigkeit. 3. Jahrg. 1845.) 9. Aufl. Ebend. 857. gr. 8. (130 S. m. Holzschn. im Text.) n. 2 ngr.

—— das Vaterunser. 1. Thl. (Kalender für Zeit und Ewigkeit. 3. Jahrg. 1845.) 9. Aufl. 1858. und 10. Aufl. gr. 8. (130 S. mit eingedr. Holzschn.) Freiburg im Br. 859, Herder'sche Verlagsbuchh. *

—— dass. — 2. und 3. Thl. (Schluß.) (Kalender für Zeit und Ewigkeit. 4. und 5. Jahrg.) 9. Aufl. gr. 8. (224 S. mit eingedr. Holzschn.) Ebendas. 858. à Thl. * 2 Ngr. *
Vlnp. à Thl. * 3 Ngr. *

—— das Vaterunser. 2. Thl. [Kalender für Zeit und Ewigkeit. 4. Jahrg. 1846.] 10. Aufl. gr. 8. (111 S. mit eingedr. Holzschn.) Freiburg im Br. 865, Herder'sche Verlagsh. *
Velinp. *

—— das Vaterunser. 3 Thle. [Kalender für Zeit und Ewigkeit. 3.—5. Jahrg. 1845, 1846 und 1847.] gr. 8. Ebendas. à Thl. *
Inhalt:
Thl. 1. 14. Aufl. (126 S.) 873.
„ 2. Gib uns heute unser täglich Brod und sonst nichts. 11. Aufl. 1873. und 12. Aufl. (112 S.) 875.
„ 3. Essig und Oel. 14. Aufl. 1873. und 15. Aufl. (113 S.) 875.

—— dass. — 4 Thle. in 1 Bd. 14. illustr. Aufl. gr. 8. (126; 112; 111; 114 S., mit eingedr. Holzschn.) Ebendas. 875. *
geb. *

—— das Vaterunser. 1. Thl.: Kalender für Zeit und Ewigkeit 1845. 15. Aufl. 8. (124 S. mit eingedr. Holzschn.) Ebendas. 879. * — 50

—— das Vaterunser. 2. Thl.: Kalender für Zeit und Ewigkeit. 4. Jahrg. 1846. Gib uns heute unser tägliches Brod, und sonst nichts. 13. Aufl. 8. (122 S. mit eingedr. Holzschn.) Ebendas. 883. * — 60

—— das Vaterunser. 1.—3. Thl. 8. Freiburg i. Br. 885, Herder'sche Verlagsh. à Thl. * 60 Pf. *
Inhalt:
Thl. 1. Kalender für Zeit und Ewigkeit. 3. Jahrg. 1845. 16. Aufl. (152 S. mit eingedr. Holzschn.)
„ 2. [Gib uns heute unser täglich Brod und sonst nichts.] Kalender für Zeit und Ewigkeit. 4. Jahrg. 1846. 14. Aufl. (138 S. mit eingedr. Holzschn.)
„ 3. [Essig und Oel.] Kalender für Zeit und Ewigkeit. 5. Jahrg. 1847. 16. Aufl. (135 S. mit eingedr. Holzschn.)

—— Das Vaterunser. 1. Thl. Kalender für Zeit und Ewigkeit. 1845. 17. Aufl. Mit Bildern. 8. (151 S.) Ebd. 890. * — 60

—— dass. — 3. Thl.: Essig u. Oel. Kalender für Zeit und Ewigkeit. 1847. 17. Aufl. 8. (133 S. m. Abbildgn.) Ebd. 890. * — 60

— das Vaterunser. 2. Thl. („Gib uns heute unser tägl. Brod", u. sonst nichts.) Kalender f. Zeit u. Ewigkeit. 4. Jahrg. 1846. 15. Aufl. gr. 8. (138 S. m. Abbildgn.) Ebd. 894. n. — 60

— das Vaterunser. 3. Thl.: Essig u. Oel. Kalender f. Zeit u. Ewigkeit 1847. 19. Aufl. 8. (132 S. m. Bildern.) Freiburg i/B. 899. Herder. n. — 60

Stolz, Alban, das Vaterunser u. die zehn Gebote, ausgelegt. [Durchaus rev. u. verm. Abdr. aus dem Kalender für Zeit u. Ewigkeit.] 8. (256 S.) Frankfurt a. M. 851, Lizius. n. 8 ngl

—— das Vaterunser und die zehn Gebote, ausgelegt. 2., verb. Aufl. 8. (256 S. mit 1 Titelbilde von Ludw. Richter in Holzschn.) Leipzig 855, Löschke.

— das Vaterunser u. die zehn Gebote. 3. verb. Aufl. Mit dem wohlgetroffenen Portrait d. Verf. (in Holzschn., nach Orig.-Zeichng. v. Adf. Neumann. 8. (IV, 344 S.) Leipzig 868. 70. Leuckart.

1. 14. Aufl. (126 S. m. eingedr. Holzschn.)

2. Gieb uns heute unser täglich Brod u. sonst nichts. 11. Aufl. (112 S. m. eingedr. Holzschn.)

—— das Vaterunser und die zehn Gebote. 3. verb. Aufl. Mit dem wohlgetroffenen Portrait des Verf. (in Holzschn.), nach Original-Zeichnung von Adf. Neumann. 8. (IV, 344 S.) Leipzig 872, Leuckart. ℳ 1,25.; geb.

Inhalt:

Thl. 1. 14. Aufl. (126 S. mit eingedr. Holzschn.) 870.

„ 2. Gieb uns heute unser täglich Brod und sonst nichts. 11. Aufl. (11 S. mit eingedr. Holzschn.) 868.

—— das Vaterunser und der unendliche Gruß. [Kalender für Zeit und Ewigkeit. 3.—5. und 16. Jahrg. 1845, 46, 47, 58.] 8. (473 S. mit eingedr. Holzschn.) Freiburg im Br. 865, Herder'sche Verlagsh. * 16 Ngr.; geb. *

Velinp. * 20 Ngr.; geb. *

—— das Vaterunser und der unendliche Gruß. [Kalender für Zeit und Ewigkeit.] Jahrg. 1845, 1846, 1847 und 1848. 13. Aufl. gr. 8. (464 S. mit eingedr. Holzschn.) Ebendas. 869. *

Velinpap. *

Stolz, Alban, das Vaterunser u. der unendliche Gruß. 4 Thle. in 1 Bd. 14 illustr. Aufl. gr. 8. (126, 112, 111 u. 114 S. m. eingedr. Holzschn.) Freiburg i. B. 875. Herder. n. 1. 60; in Halbleinw. geb. n. 2. 20

— das Vaterunser u. der unendliche Gruß. Kalender für Zeit u. Ewigkeit 1845, 1846, 1847 u. 1858. Billige Volksausg. Neue Aufl. (143, 128, 125 u. 127 S.) kl. 8. Ebd. (906). n. 1. 80; geb. in Halbleinw. n. 2. 20; in Leinw. n. 2. 60

— Das Vaterunser u. der unendliche Gruß. Kalender f. Zeit u. Ewigkeit 1845, 1846, 1847 u. 1858. (Gesammelte Werke. Billige Volksausg.) (Ausg. 1909.) (525 S.) kl. 8. Ebd. (909). 1.80; kart. 2.20; geb. in Leinw. 2. 60

—— über die Vererbung sittlicher Anlagen. gr. 4. (27 S.) Freiburg im Br. 859, (Herder'sche Verlagsbuchh.) **

—— Christi Vergißmeinnicht für das ganze Leben. Andenken für Mädchen, welche aus der Schule entlassen werden. 16. 1.—4. Aufl. (8 S. mit 1 eingedr. Holzschn.) Freiburg i. Br. 873,74, Herder'sche Verlagsh. 12 Exempl. *

Stolz, Alban, Christi Vergißmeinnicht für das ganze Leben. Andenken für Mädchen, welche aus der Schule entlassen werden. (Neue Aufl.) 16. (8 S.) Freiburg i. Br. 877, Herder'sche Verlagsh. Preis für 12 Exempl. * — 20

—— dass. — Neuer Abdr. gr. 16. (8 S. mit 1 eingedr. Holzschn.) Ebendas. 878. Preis für 12 Exempl. * — 20

—— dass. — Neuer Abr. 16. (8 S.) Ebendas. 879. Preis für 12 Exempl. * — 20

—— Christi Vergißmeinnicht für das ganze Leben. Andenken für Mädchen, welche aus der Schule entlassen werden. (Neue Aufl.) 16. (8 S.) Ebendas. 880. Preis für 12 Exempl. * — 20

—— dass. — 11. und 12. Aufl. 16. (8 S.) Ebendas. 882,83. Preis für 12 Exempl. * — 25

—— Christi Vergißmeinnicht für das ganze Leben. Für weibl. Jugend, öfters zu lesen. 13. Aufl. 16. (8 S.) Ebendas. 885. Für 12 Exempl. *

—— Christi Vergißmeinnicht für das ganze Leben. Andenken für Mädchen, welche aus der Schule entlassen werden. 14. Aufl. 16. (8 S.) Ebendas. 888. Für 12 Exempl. *

— Christi Vergißmeinnicht f. das ganze Leben. Andenken f. Mädchen, welche aus der Schule entlassen werden. 15. Aufl. 16. (8 S.) Ebd. Für 12 Explre. n. — 25

—— Christi Vergißmeinnicht f. das ganze Leben. Andenken f. Mädchen, welche aus der Schule entlassen werden. 16. Aufl. 16. (8 S.) Ebd. 892. Für 12 Stück * — 25

— Christi Vergißmeinnicht f. d. ganze Leben. Andenken f. Mädchen, welche aus d. Schule entlassen werden. 17. Aufl. 16. (8 S.) Ebd. 897. 12 Stück n. — 25

— Christi Vergißmeinnicht f. das ganze Leben. Andenken f. Mädchen, welche aus der Schule entlassen werden. 18. Aufl. 16. (8 S.) Ebd. 901. 12 Stück n. — 25

— Christi Vergißmeinnicht f. das ganze Leben. (Andenken f. Mädchen, welche aus der Schule entlassen werden.) 19. Aufl. (8 S.) 16. Ebd. 906. 12 Stück — 25

— Versorgungsanstalt für arme Sünder. Buß- u. Beichtbüchlein. Aus den Schriften des Verf. gesammelt v. Frz. Hattler, S. J. (VIII, 245 S. m. 1 Lichtdr.-Taf.) 16. Ebd. 904. Geb. in Leinw. n. 1. 50

—— der heil. Vincenz von Paul. Kalender für Zeit und Ewigkeit 1875. 1. und 2. Aufl. gr. 8. (81 S. mit eingedr. Holzschn.) Ebendas. 878,79. * — 50

Feine Ausg. * — 60

— der heil. Vincenz v. Paul. Kalender f. Zeit u. Ewigkeit 1875. 3. Aufl. Mit Bildern. 8. (96 S.) Ebend. 886. n. — 40

— der hl. Vincenz v. Paul. Kalender f. Zeit u. Ewigkeit 1875. 4. Aufl. gr. 8. (95 S. m. 1 Bildn.) Ebd. 898. n. — 50

—— Vorläufiges für Rekruten. 12. (50 S.) Ebendas. 882. * — 20

—— Vorläufiges f. Rekruten. 2. Aufl. 16. (54 S.) Ebd. 889. * — 20

— Vorläufiges f. Rekruten. 3. Aufl. (53 S.) 16. Ebd. 904. Kart. n. — 30

— Wachholder-Geist gegen die Grundübel der Welt: Dummheit, Sünde u. Elend. Sammel-Ausg. der Kalender f. Zeit u. Ewigkeit 1873—1878. (Gesammelte Werke. Billige Volksausg.) (Neue Aufl.) (512 S.) kl. 8. Ebd. 904. n. 1. 80; geb. in Halbleinw. n. 2. 20; in Leinw. n. 2. 60

— **Wachholder-Geist** gegen die Grundübel der Welt: Dummheit, Sünde u. Elend. Sammel-Ausg. d. Kalender f. Zeit u. Ewigkeit 1873—1876 u. 1878. (Gesammelte Werke. Billige Volksausg.) (Neue Aufl.) (442 S.) kl. 8. Ebd. (909). 1.80; kart. 2.20; geb. in Leinw. 2. 60

— uralte **Wahrheit** neu hergerichtet. [Allgemein zugerichtete u. erweit. Aufl. des Amulet.] Paderborn 868. Junfermann. 8. (38 S.) 1½ ngr.

— **Wanderbüchlein** aus dem J. 1848. 2. Aufl. [Aus: Chilianeum.] Würzburg 866. Stahel'sche Buchh. br. 8. (144 S.) n. 9 ngr.

(——) **Warnung** vor einer drohenden Gefahr, von einem ehemaligen Schulmann. 2. Aufl. 8. (16 S.) Freiburg im Br. 863, Herder'sche Verlagsh. *

Stolz, Alban, **was** der **Kirchhof** predigt. Vorgetragen zu Königshofen. (Erweitert.) 8. (16 S.) Freiburg im Br. 866, Herder'sche Verlagsh. *

—— **Was** der **Kirchhof** predigt. Vorgetragen zu Königshofen 1865. 16. (16 S.) Ebendas. 884. * — 20

—— der **Wechselbalg**, womit Baden und Oesterreich aufgeholfen werden soll. gr. 8. (16 S.) Freiburg im Br. 867, Herder'sche Verlagsh. *

—— **wer** ist wie Gott? 1. Thl. der „Eigenschaften Gottes". Kalender für Zeit und Ewigkeit 1886. Nach dem Tode des Verf. hrsg. von Frz. Hattler. 1. und 2. Aufl. 8. (92 S. mit Bildern.) Ebendas. 885,88. *

— **wer** ist wie Gott? 1. Thl. der „Eigenschaften Gottes". Nach dem Tode des Verf. hrsg. von Frz. Hattler, S. J. Kalender f. Zeit u. Ewigkeit 1886. 3. Aufl. 8. (92 S. m. Bildern.) Ebd. 899. n. — 50

Stolz, Alban, ausgewählte **Werke**. 6 Bde. gr. 8. Freiburg i. Br. 885, Herder'sche Verlagsh. *M 18.10.; geb. * 26 50

Inhalt:

Bd. 1. Spanisches für die gebildete Welt. 8. Aufl., mit etwas Türkischem nebst Noten. (VIII, 360 S.) *M 2.70.; geb. *M 4.10.
„ 2. Die heilige Elisabeth. Ein Buch für Christen. 5. Aufl. (VIII, 415 S. mit 15 Bildern.) *M 3.—.; geb. *M 4.40.
„ 3. Kompaß für Leben und Sterben. Sammel-Ausgabe der Kalender für Zeit und Ewigkeit 1843, 1844, 1859 und 1864. 8. Aufl. mit dem ABC für große Leute. (IV, 562 S.) *M 2.40.; geb. *M 3.80.
Bd. 4. Das Vaterunser und der unendliche Gruß. Sammel-Ausgabe der Kalender für Zeit und Ewigkeit 1845, 1846, 1847 und 1858. 15. Aufl. (II, 565 S.) *M 2.40.; geb. *M 3.80.
„ 5. Besuch bei Sem, Ham und Japhet, oder Reise in das Heilige Land. 5. Aufl. (465 S.) *M 3.60.; geb. *M 5.—.
„ 6. Witterungen der Seele. 3. Aufl. (VIII, 535 S.) *M 4.—.; geb. *M 5.40.

Stolz, Alban, gesammelte **Werke**. 1.—10. Bd. gr. 8. Freiburg i. Br., Herder'sche Verlagsh. * 30 1(

Inhalt:

Bd. 1. Besuch bei Sem, Cham und Japhet, oder Reise in das heil. Land. 4. Aufl. (487 S.) 871. *M 3,60.
„ 2. Spanisches für die gebildete Welt. 6. Aufl. 1872, und 7. Aufl. mit etwas Türkischem. (388 S.) 872. *M 2,70.
„ 3. Kompaß für Leben und Sterben. 6. Aufl., mit dem „ABC für große Leute." (519 S. mit eingedr. Holzschn.) 872. *M 2.
„ 4. Das Vaterunser und der unendliche Gruß. 13. Aufl. (460 S. mit eingedr. Holzschn.) 872. *M 2.
„ 5. Witterungen der Seele. 2. Aufl. (IV, 563 S.) 872. *M 4.
„ 6. Wilder Honig. [Fortsetzung der „Witterungen der Seele."] (IV, 569 S.) 872. *M 4.
„ 7. Die heilige Elisabeth. Ein Buch für Christen. 3. verm. Aufl. (VII, 399 S.) 1872, und 4. Aufl. (X, 404 S. mit 2 Holzschntaf.) 874. *M 3.
„ 8. Kleinigkeiten gesammelt von Anfang bis 1872. 2. vervollständ. Aufl. 2 Hälften. (VIII, 537; VI, 333 S.) 872. *M 6.
„ 9. Die Kunst christl. Kinderzucht. 1. Aufl. (X, 331 S.) 1873. *M 2,40.; 2. verm. Aufl. u. d. T.: Erziehungskunst. (X, 398 S.) 875. *M 2,60.; und 3. verm. Aufl. (XII, 423 S.) 875. *M 3.
„ 10. Schreibende Hand auf Wand und Sand. 2. Aufl. *M 2,75.

Stolz, Alban, gesammelte **Werke**. 1., 5. und 9.—12. (Schluß-)Bd. gr. 8. Freiburg i. Br., Herder'sche Verlagsh. * 20 35
12 Bde. compl. *M 36.; geb. * 52 40

Inhalt:

Bd. 1. Besuch bei Sem, Cham und Japhet, oder die Reise in das heil. Land. 5. Aufl. (465 S.) 876. *M 3.60.
„ 5. Witterungen der Seele. 3. Aufl. (VI, 535 S.) 877. *M 4.
„ 9. Erziehungskunst. 4. Aufl., gereinigt und verm. (X, 458 S.) 878. *M 3.
„ 10. Schreibende Hand auf Wand und Sand photographirt. 3. Aufl. (VII, 533 S.) 879. *M 2,75.; gewöhnl. Ausg. *M 2,30.
„ 11. Dürre Kräuter. Zweite Fortsetzung der „Witterungen der Seele". (VII, 582 S.) 877. *M 4.
„ 12. Wachholder-Geist gegen die Grundübel der Welt: Dummheit, Sünde und Elend. Sammel-Ausgabe der Kalender für Zeit und Ewigkeit 1873—75, 1877 und 1878. (386 S. mit eingedr. Holzschn.) 879. *M 3.; gewöhnl. Ausg. *M 2,50.
2.—4. und 6.—8. Bd. Ebendas. 1870—74. *M 19,70.

Stolz, Alban, gesammelte **Werke**. 3., 4., 7. und 13. Bd. gr. 8. Freiburg i. Br., Herder'sche Verlagsh. * 10 20

Inhalt:

Bd. 3. Kompaß für Leben und Sterben. 8. Aufl. Mit dem „ABC für große Leute". (IV, 127, 132, 124, 135 S. mit eingedr. Holzschn.) 883. *M 2,40.
„ 4. Das Vaterunser und der unendliche Gruß. 15. Aufl. (124, 122, 113, 115 S. mit eingedr. Holzschn.) 883. *M 2,40.
„ 7. Die heilige Elisabeth. Ein Buch für Christen. 5. Aufl. (VIII, 415 S. mit 15 eingedr. Holzschn.-Bildern.) 883. *M 3.
„ 13. Homiletik als Anweisung den Armen das Evangelium zu predigen. Nach dem Tode des Verf. hrsg. von Joh. Schmitt. (XVI, 303 S.) 885. *M 2,40.
1., 2., 5., 6. und 8.—12. Bd. Ebendas. 1870—79. *M 33,5.

—— gesammelte **Werke**. 6., 7., 12., 14. und 15. Bd. 8. Freiburg i. Br., Herder'sche Verlagsh. *M 16.20.; geb. *

Inhalt:

Bd. 6. Wilder Honig. Fortsetzung der „Witterungen der Seele". [1849—1864.] 2. Aufl., mit dem „Wanderbüchlein aus dem J. 1848". (VIII, 671 S.) 886. *M 4.—.: geb. *M 5.40.
„ 7. Die heil. Elisabeth. Ein Buch für Christen. 6. Aufl. (XII, 405 S. mit 15 Bildern.) 888. *M 3.—.; geb. in Halbfrzbd. *M 4.40.
„ 12. Wachholder-Geist gegen die Grundübel der Welt: Dummheit, Sünde und Elend. Sammel-Ausgabe der Kalender für Zeit und Ewigkeit 1873—1878. 2. verm. Aufl. (92, 105, 96, 109, 78, 86 S. mit vielen Bildern.) 886. *M 2.40.; geb. *M 3.80.
„ 14. Die Nachtigall Gottes. Sammel-Ausgabe der Kalender für Zeit und Ewigkeit 1879-1881, 1884, 1886—1888. (118, 88, 89, 134, 92, 108, 104 S. mit vielen Bildern.) 888. *M 2.80.; geb. *M 4.20.
„ 15. Kleinigkeiten. Letzte Sammlung. Als Anhang: „Der Mensch und sein Engel". (VI, 444 S. und Anhang 192 S.) 887. *M 4.—.; geb. *M 5.40.

Stolz, Alban, gesammelte **Werke**. 1., 5., 7., 9.—11. u. 16. Bd. 8. Freiburg i/B., Herder. n. 23. 35;
geb. in Halbfrz. n. 33. 15

1. Besuch bei Sem, Cham u. Japhet, od. Reise in das heil. Land. 6. Aufl. (V, 462 S. m. 23 Bildern u. 2 Kärtchen.) 891. n. 3. 60; geb. in Halbfrz. n. 5. —
5. Witterungen der Seele. 4. Aufl. (VI, 528 S.) 893. n. 4. —; geb. in Halbfrz. n. 5. 40
7. Die hl. Elisabeth. Ein Buch f. Christen. 7. Aufl. (VIII, 462 S. m. 15 Bildern.) 894. n. 3. —; geb. in Halbfrz. n. 4. 40; in Leinw. n. 4. 60
9. Erziehungskunst. 5., neu durchgeseh. Aufl. (IX, 400 S.) 891. n. 3. —; geb. in Halbfrz. n. 4. 40
10. Schreibende Hand auf Wand u. Sand, photographirt v. S. 4. Aufl. (V, 508 S.) 894. n. 2. 75; geb. in Halbfrz. n. 4. 15
11. Dürre Kräuter. 2. Fortsetzg. der „Witterungen der Seele". 2. Aufl. (VII, 566 S.) 894. n. 4. —; geb. in Halbfrz. n. 5. 40; in Leinw. n. 5. 60
16. Legende od. der christliche Sternhimmel. 10. Aufl. Mit Bildern v. A. u. L. Seitz. I. Bd. Januar bis März. (VI, 613 S.) 894. n. 3. —; geb. in Halbfrz. n. 4. 40

Stolz, Alban. Gesammelte Werke. 1. u. 9. Bd. u. Register. 8°. Freiburg i. Br., Herder. * 8 60; geb. * 12 40

1. Besuch bei Sem, Cham u. Japhet, od. Reise in das heil. Land. 6. Aufl. (V, 462 S. m. 23 Bildern u. 2 Kärtchen.) 891. * 3 60; geb. * 5 —.
9. Erziehungskunst. 5., neu durchgeseh. Aufl. (XII, 400 S.) 891. * 3 —; geb. * 4 40.
Registerband. (VIII, 214 S.) 889. * 2 —; geb. * 3 —.

Stolz, Alban, gesammelte Werke. Billige Volksausg. (In ca. 44 Lfgn.) 1.—13. Lfg. 12. (123 Bog.) Freiburg i/B. 898. Herder. à Lfg. n. — 30

— dasselbe. 1.—4., 9. u. 17.—19. Bd. 12. Ebd. n. 18. 60; geb. in Leinw. n. 27. 40

1. Kompaß f. Leben u. Sterben. Kalender f. Zeit u. Ewigkeit 1843, 1844, 1859 u. 1864. (VI, 135; 142, 128 u. 148 S.) 898. n. 1. 80; geb. n. 2. 60
2. Die hl. Elisabeth. Ein Buch f. Christen. 8. Aufl. (396 S.) 898. n. 1. 50; geb. n. 2. 30
3. D. Vaterunser u. der unendliche Gruß. Kalender f. Zeit u. Ewigkeit 1845, 1846, 1847 u. 1858. (143, 128, 125 u. 127 S.) 898. n. 1. 80; geb. n. 2. 60
4. Spanisches f. d. gebild. Welt. 9. Aufl. (VIII, 367 S.) 898. n. 1. 50; geb. n. 2. 30
9. Erziehungskunst. 6. Aufl. (IX, 396 S.) 898. n. 3. —; geb. n. 4. 40

17.—19. Legende od. d. christl. Sternhimmel. 10. Aufl. Mit Bild. v. A. u. L. Seitz. II.—IV. Bd. April bis Juni, Juli bis September, resp. October bis December. (672, 752 u. 751 S.) 895. à n. 3. —; geb. à n. 4. 40

Stolz, Alban, gesammelte Werke. 7., 8. u. 13. Bd. gr. 8. Freiburg i/B., Herder. n. 11. 40; geb. in Halbfrz. n. 15. 60

7. Die hl. Elisabeth. Ein Buch f. Christen. 9. Aufl. (VIII, 403 S. m. 16 Bild.) (899.) n. 3. —; geb. in Halbfrz. n. 4. 40; in Leinw. n. 4. 60
8. Kleinigkeiten. 1. Sammlg. Von Anfang bis 1872. 3. Aufl. (VIII, 764 S.) 900. n. 6. —; geb. n. 7. 40
13. Homiletik als Anweisung, den Armen das Evangelium zu predigen. Nach dem Tode des Verf. hrsg. v. Jak. Schmitt. 2. Aufl. (XVI, 307 S.) 899. n. 2. 40; geb. n. 3. 80

— dasselbe. Billige Volksausg. 25.—70. (Schluß-)Lfg. 12. ($217^1/_8$ Bg.) Ebd. 899. 900. à n. — 30

— dasselbe. 2., 3. u. 5.—10. Bd. 12. Ebd. n. 17. 70; geb. in Halbleinw. n. 20. 90; in Leinw. n. 24. 10

2. Die hl. Elisabeth. Ein Buch f. Christen. 11. Aufl. (396 S. 1 Abbildg.) 900. n. 1. 50; geb. n. 1. 90 u. 2. 30
3. Das Vaterunser u. der unendliche Gruß. Kalender f. Zeit u. Ewigkeit 1845, 1846, 1847 u. 1858. Neue Aufl. (143, 128, 125 u. 127 S.) 900. n. 1. 80; geb. n. 2. 20 u. n. 2. 60
5. Wachholder-Geist gegen die Grundübel der Welt: Dummheit, Sünde u. Elend. Sammel-Ausgabe der Kalender f. Zeit u. Ewigkeit 1873—1878. (512 S.) 899. n. 1. 80; geb. n. 2. 20 u. n. 2. 60
6. Besuch bei Sem, Cham u. Japhet od. Reise in das Hl. Land. 7. Aufl. (455 S.) 899. n. 1. 80; geb. n. 2. 20 u. n. 2. 60
7. Die Nachtigall Gottes. Sammel-Ausg. der Kalender f. Zeit u. Ewigkeit 1879—1881, 1884, 1886—1888. (751 S.) 899. n. 3. —; geb. n. 3. 40 u. n. 3. 80
8. Witterungen der Seele. 5. Aufl. (534 S.) 900. n. 2. 40; geb. n. 2. 80 u. n. 3. 20
9. Wilder Honig. Fortsetzung der „Witterungen der Seele". (1849—1864.) 3. Aufl., m. dem „Wanderbüchlein aus dem J. 1848". (VII, 673 S.) 900. n. 3. —; geb. n. 3. 40 u. n. 3. 80
10. Dürre Kräuter. 2. Fortsetzung der „Witterungen der Seele". 3. Aufl. (VII, 592 S.) 900. n. 2. 40; geb. n. 2. 80 u. 3. 20

Gesammelte Werke von Alban **Stolz**. Billige Volksausg. [1.] Freiburg i. Br.: Herder 1905. 8° [10. 17326 5

Stolz, Alban, gesammelte Werke. 1., 2., 7., 9. u. 12. Bd. 8. Freiburg i/B., Herder. 15.30; geb. in Halbfrz. 22. 30

1. Besuch bei Sem, Cham u. Japhet od. Reise in das hl. Land. 9. Aufl. (VII, 454 S.) (908.) 3.60; geb. in Halbfrz. 5. —
2. Spanisches f. die gebildete Welt. 11. Aufl., m. etwas Türkischem nebst Noten. (IX, 360 S.) (908.) 2.70; geb. in Halbfrz. 4. 10
7. Die hl. Elisabeth. Ein Buch f. Christen. 14. Aufl. Mit 16 Bildern. (VIII, 403 S.) (907.) 3.—; geb. in Halbfrz. 4.40; in eleg. Leinw.-Bd. 4. 60
9. Erziehungskunst. 7., verb. Aufl., hrsg. v. Jul. Mayer. (IX, 389 S.) (910.) 3.40; geb. in Halbfrz. 4. 80
12. Wachholder-Geist gegen die Grundübel der Welt: Dummheit, Sünde u. Elend. Sammel-Ausg. der Kalender f. Zeit u. Ewigkeit 1873—1876 u. 1878. Mit vielen Bildern. (Neue Ausg.) (88, 100, 95, 109 u. 81 S.) (908.) 2.00; geb. in Halbfrz. 4. —

—— Wetterleuchten. Kalender für Zeit und Ewigkeit 1877. gr. 8. (70 S. mit eingedr. Holzschn.) Ebendas. 879. * — 50
Feine Ausg. * — 60

— Wetterleuchten. Kalender f. Zeit u. Ewigkeit 1877. 2. Aufl. 8. (78 S. m. Holzschn.) Ebend. 886. n. — 40

—— Witterungen der Seele. 1. und 2. Aufl. gr. 12. (IV und 563 S.) Freiburg im Br. 867, Herder'sche Verlagsh. *

— Witterungen der Seele. (Gesammelte Werke. Billige Volksausg.) 7. Aufl. (534 S.) kl. 8. Ebd. (910). 2.40; kart. 2.80; geb. in Leinw. 3. 20

—— Wohin sollen wir gehen? 1.—6. Aufl. 16. (60 S.) Freiburg i. Br. 871,72, Herder'sche Verlagsh. *

— zdráwas Maria! čili pozdrawení neskončené. Wolně přeložil Frant. Poimon. Brünn 864. Nitsch. 12. (107 S.) n. 6½ ngr.

STOLZ, Albert (Lindau): De hysteria.- Campoduni: Dannheimer 1854. 14 S.
26.8.1832 - Urk; F 60
Diss. Ingolst.-Landsh.-Mchn.

Stolz, A., Lehrbuch der Kraft- u. Muskelausbildung durch Hantel- u. Gewichts-Uebungen. Auf Grund gesundheitl. u. schönheitl. Prinzipien verf. gr. 8. (56 S. m. 42 Abb. u. 1 Uebersichts-Taf.) München (901). A. Stolz & Co. n. 1. 50

Stolz, Albert, Mannesschönheit durch gesunde körperliche Ausbildung. (159 S. m. 23 Abb. u. 112 Kunstdr.-Bildern im Text.) 8. München (910). A. Stolz & Co. 3. —

Stolz, Albert [pr. Arzt aus Reichshofen-Werk]: Circumscripte Necrosen bei einem Fall von ikterischer Lebercirrhose ... Strassburg i. E., Buchdr. Ch. Müh & C., 1896; 50 S., 1 Taf. 8.
Strassburg, Med. Fak., Inaug.-Diss. v. 1896

— Der freie Ringkampf (catch as catch can). (58 S. m. 40 Abb.) 8. Ebd. (909). 1. —

— u. Ch. Endres, die moderne Ringkampf-Kunst. Darstellung sämtl. Stellgn., Griffe, Schwünge u. Paraden des Stand- u. Boden-Ringkampfes. Mit 113 Abbildgn. u. ausführl. Text. 8. (VIII, 105 S.) Ebd. (902). Geb. in Leinw. n. 3. —

Stolz, August, appr. Arzt a. Buchen: Fettnekrose und Apoplexie des Pankreas beim Menschen und beim Hund. München 1907: Kastner & Callwey. (24 S.) 8°
München, Med. Fak., Ref. v. Bollinger, Diss. v. 19. Nov. 1907
[Geb. 24. Juli 80 Buchen in Baden; Wohnort: Buchen; Staatsangeh.: Baden; Vorbildung: Gymn. Heidelberg Reife Juli 99; Studium: Freiburg i. B. 4, München 8 S.; Coll. 19. Nov. 07; Approb. 22. März 06.]

Stolz, C., Land und Leute auf der Westküste Indiens. Nach eigener Anschauung geschildert. 8. (64 S.) Basel 882, Missionsbuchhandlung. * — 50

—— die Basler Mission in Indien. Zugleich als Festschrift zum 50jähr. Jubiläum der Kanara-Mission. 8. (108 S. mit 1 Karte.) Ebendas. 884. * — 50

Stolz, C. F. Versuch einer kurzen Geschichte des Gymn. 4te u. 5te Forts. 9 S. u. 10 S.
Progr. Görlitz 1825,1830

Stolz, C. Henry: Die Entwicklung der Petroleumindustrie und des Petroleumhandels in Rumänien. Tübingen 1910: Laupp. VII, 123 S. 8°
Tübingen, Staatswiss. Diss. v. 18. Sept. 1910, Ref. Wilbrandt
(Nur in beschränkter Anzahl für den Austausch)
[Geb. 11./23. Jan. 86 Bukarest; Wohnort: Freiburg i. B.; Staatsangeh.: Baden; Vorbildung: Oberrealsch. Freiburg Reife 05; Studium: Freiburg i. B. 5, Tübingen 2 S.; Rig. 5. März 10.] [U 11. 4438

Verhaßt! Original-Posse mit Gesang und Tanz von Karl Bruno Juin (Giugno.) Musik v. Herrn Kapellmeister C. Stolz, Tanz von Herrn Balletmeister Stöckl. Zum Erstenmale mit außergewöhnlichem Beifalle aufgeführt im k. k. priv. Theater in der Josefstadt in Wien, am 26. Juli 1856. (Manuskript.) Aus J. B. Wallishaussers k. k. Hoftheater-Druckerei. (57 S. 8.)

Verzeichniss der Büchersammlung der g.·. u.·. v.·. St.: Johannisloge zur Freimüthigkeit am Rhein im Or.·. von Frankenthal 1888. [Zsgest. von Emil Stolz.] Frankenthal [1888]: Göhring & Co. 55 S. 8⁰ [Umschlagtit.]

Stolz, Ernst, Lehrbuch des österreichischen Handels- u. Gewerberechtes f. höh. Handelsschulen (Handelsakademien). 2., vollständig neu bearb. Aufl. (IV, 266 S.) 8. Wien 909. Manz. Geb. in Leinw. 3. —

Stolz, F., s.: Briefe e. Nihilistin.

Stolz, F. v., meine Feierstunden. Moralische Erzählungen. 2. (Titel-)Ausg. 8. (301 S.) Leipzig (857), O. Wigand.
1. Ausg., vgl.: Bibliothek für die deutsche Frauenwelt. 7. Bd.

Stolz, F., Die Präposition o— im Lateinischen. S.-A. s. a. 6 S.

Stolz Dr. F.: Schulrath Dr. Wallnöfer, k. k. Gymn.-Director †. 6. Innsbruck 85.
Progr.

Althannoverschen Ueberlieferungen des Füsilier-Regiments General-feldmarschall Prinz Albrecht von Preussen (Hannoversches) Nr. 73. (Verf.: Oberlt. [Ferd.] Stolz u. Oberlt. Hesse; Bearb.: [Hugo] Kathen, Oberstlt.; Hrsg.: v. Zwehl, Oberst.) *Hannover 1901: Edler & Krische.* (80 S.) 8° [F.] [... 7

Stolz, Fr. Leb., vernünft. Beurtheilung d. heutigen Eidschwüre. 8. Leipz. Fritsch. 741.

Stolz, Frz., die Schwindsucht u. die medizin. Zauberer. gr. 8. (34 S.) Leipzig 898. (F. Fleischer, Verl.) n. — 90

Stolz, Friedrich

Stolz, Fr. Beiträge zur Deklination der griechischen Nomina. 45 S. 8. Progr. G. *Innsbruck* 1880.

Stolz, F. (I.), Beiträge zur lateinischen Grammatik und Etymologie, } s. Studien, Wiener, 9. Jahrg.

Stolz, Frdr., über die Entwickelg. der indogermanischen Sprachwissenschaft. Vortrag, bei Gelegenheit der feierl. Kundmachung der gelösten Preisaufgaben geh. gr. 8. (24 S.) Innsbruck 899. Wagner. n. — 80

Stolz, Frdr., Geschichte der lateinischen Sprachen, s. a. Sammlung Göschen.

Geschichte der lateinischen Sprache von Dr. Friedrich Stolz. Leipzig: Göschen 1910. 147 S. 8⁰
(Sammlung Göschen. 492.)

– Gibt es wirklich gar keine Spuren einer älteren Betonung des Lateinischen, s. Studien, Wiener. 8. Jg.

Stolz, Fr., s.: Grammatik, historische, der lateinischen Sprache.

— u. J. H. **Schmalz,** lateinische Grammatik, m. e. Anh. üb. latein. Lexikographie v. Ferd. Heerdegen, s. a. Handbuch der klassischen Altertums-Wissenschaft. II, 2.

Lateinische Grammatik. Laut- und Formenlehre. Syntax und Stilistik von Dr. Friedrich Stolz, Prof. in Innsbruck, u. J[osef] H[erm.] Schmalz, Dir. zu Rastatt. Mit e. Anh. über Lat. Lexikographie von Dr. Ferdinand Heerdegen, Prof., Erlangen. 3. Aufl. München: C. H. Beck 1900. (XIV, 574 S.) 8⁰
(Handbuch d. klass. Altertums-Wissenschaft. Bd 2, Abt. 2.)

Lateinische Grammatik. Laut- u. Formenlehre, Syntax u. Stilistik. Von Dr. Friedrich Stolz, Prof., u. J[osef] H[ermann] Schmalz, Dir. Mit e. Anh. über latein. Lexikographie von Dr. Ferdinand Heerdegen. 4. Aufl. München: C. H. Beck 1910. XVI, 779 S. 8⁰
(Handbuch der klassischen Altertums-Wissenschaft. Bd 2, Abt.2.)

– Zu den lakonischen Inschriften, s. Studien, Wiener. 8. Jg.

Stolz, Friedrich [aus Heilbronn a/Neckar, Assistent am chem. Labor. d. K. Acad. d. Wiss. zu München]: Über die Jodpropiolsäure .... München, Druck v. M. Ernst, 1886; 24 S. 8°.
Erlangen, Phil. Fak., Inaug.-Diss. v. 1886.

Stolz, Friedrich. Die zusammengesetzten Nomina in den Homerischen u. Hesiodischen Gedichten. Klgft., Leon, 1874. 64 S. (Eigentl. S.-A.)

Stolz, Frdr., die zusammengesetzten Nomina in den Homerischen u. Hesiodischen Gedichten. gr. 8. (62 S.) Wien 885. (Pichler's Wwe. & Sohn.) n. 1. 40

Stolz, Frdr., die lateinische Nominal-Composition in formaler Hinsicht. gr. 8. (99 S.) Innsbruck 877. Wagner. n. 2. 40

— die Urbevölkerung Tirols. Ein Beitrag zur Palaeo-Ethnologie v. Tirol. 2., umgearb. Aufl. 8. (III, 121 S.) Innsbruck 892. Wagner. n. 1. 60

Stolz, Friedr., zur lateinischen Verbal-Flexion. Studien. 1. Heft. gr. 8. (IV, 74 S.) Innsbruck 882, Wagner'sche Universitäts-Buchh. * 2 —

Stolz, G. P. W.: Aufgaben zur praktischen Erlernung der englischen Sprache nach Dr. Ahn's Lehrmethode. Pirmasees. 1867. 14 S. 4⁰
Schul-/Univ.-Schrift

Stolz, G. P. W., Deutschland und Napoleon im J. 1813. Geschichtliches Lehrgedicht in 2 Thln. 2. Thl. A. u. d. T.: Lipsiade oder: Die Leipziger Völkerschlacht am 16—19. October 1813. Ein historisch-didaktisches Gedicht in sechs Gesängen. Kirchheimbolanden 853. (Worms, Rahke.) 8. (V, 110 S.) n. 15 ngr.
1. Thl. ist nicht erschienen.

Stolz, G. P. W., Deutschland u. seine socialen, religiösen u. politischen Zustände. Drei pragmatisch-geschichtl. Chrieen, im Lichte des Christenthums u. mit Vorhersicht beleuchtet. Speyer 870. Kleeberger. 16. (IV, 149 S.) n. 10 ngr.

—— Gedichte und Abhandlungen. 8. Bd. 3 Thle. 16. (176; 208; 190 S.) Ebendas. 870,71. à Thl. *ℳ 1. *

— Gedichte u. Erzählungen. 2. Bd. 1. Heft. Ebend. 870. 16. (162 S.) n. 10 ngr.

Stolz, G. P. W., Gedichte u. Erzählungen. 2. Bd. 2. Hft. 16. (192 S.) Steyer 870. Kleeberger. n. 1. —

Stolz, G. P. W.: Orthoëpie u. Orthographie. Zweibrücken (Pirmasenz). 1865. 8 S. 4⁰
Schul-/Univ.-Schrift

Stolz, G. P. W., ἡ παιδεία καὶ ὁ βίος. Zweibrücken (Pirmasens). 4. 12 S.
Schul-/Univ.-Schrift

Stolz, G. P. W., Palmblätter, s. Palmblätter, Jahrg. 1834.

— Primeln und Gladiolen. Gedichte. 2. Aufl. Worms 853. Rahke. 16. (195 S.) 12½ ngr.

Stolz, G. Ph. W., s. O'Hegerty, Samml. lehrr. Geschichten.

Stolz, Georg Peter Wilhelm

Philologische Exercitien der III. Klasse. [In vier nebeneinander laufenden Kolumnen a) Kurze Analyse. — b) Griechischer Text. — c) Lateinische und d) französische Uebersetzung von Dr. G. P. W. Stolz, Subr.]
Progr. Homburg.

Orpheus oder die Cultur-Entwicklung in Europa. Geschrieben zu München im J. 1834 v. G. P. W. Stolz. Abgedruckt zur Feier des 50jährigen Doctor-Jubiläums des geheimen Rathes Friedrich von Thiersch am 18. Juni 1858. — Pirmasens, Deil's W. — S. 3—20.
Progr. Pirmasens.

Stolz, Heinrich: Die Entwicklung der Bühnenverhältnisse Westfalens von 1700—1850. Münster i. W. 1909: Westf. Vereinsdr. IV, 80 S. 8°
Münster, Phil. Diss. v. 7. Aug. 1909, Ref. Schwering
[Geb. 11. Okt. 88 St. Johann-Saarbrücken; Wohnort: Münster i. W.: Staatsangeh.: Preußen; Vorbildung: Hohenzollern-Gymn. Düsseldorf Reife O. 06; Studium: Münster 2, München 1, Münster 3 S.; Rig. 15. Mai 09.] [U 09. 3618

Stolz, Hier., Tegernsee u. seine Umgebung, nach d. Natur ausgemessen u. als Mappa platica dargestellt; mit Beschreib. v. A. Baumgärtner. gr. 8. Münch. 822. Lentner. 2 ℊ

Stolz, J., dies Buch gehört der Hausfrau! Anleitung zur Bereitung der ausgesuchtesten u. geschmackvollsten Speisen der deutschen, franz., engl., ital. u. russischen Küche. 8. (24¼ B.) Carlsruhe 846, Bielefeld.

Stolz, J., Kochbuch f. Israeliten, od. prakt. Anweisung, wie man nach den jüdischen Religionsgrundsätzen alle Gattungen d. feinsten Speisen kauscher bereitet. 8. Carlsruhe. (Frankf. Hermann.) 815.

Stolz, J., (Mundkoch,) Kochbuch f. Israeliten, od. prakt. Anweis., wie man nach den jüdisch. Religionsgrundsätzen alle Gattungen d. feinsten Speisen kauscher bereitet. 8. Karlsr. 815. Müller. 1 ⅌ 4 ℊ

— vollständ. Rheinisches Kochbuch, oder Anleit. zur Bereitung der ausgesuchtest., geschmackvollsten u. größtentheils noch nicht bekannten Speisen, als Suppen, Saftbrühen, Fleisch- u. Mehlspeisen aller Art, Gemüsen, Backereien ꝛc. gr. 8. Karlsr. 816. Marx. 1 ⅌ 21 ℊ

Stolz, J., vollständ. rhein. Kochbuch, od. Anleit. z. Bereit. d. ausgesuchtesten, geschmackvollsten u. größtenth. noch nicht bekannten Speisen ꝛc., nebst Angabe d. Vorzüglichsten aus d. französ., engl., italien. u. russ. Küche. Aus eigener Erfahr. zusammengetr. 2., verm. u. verb. Aufl. gr. 8. (24¼ B.) Karlsruhe 840, Bielefeld.

Stolz, I. C., flores des plantes qui croissent dans les départemens du Haut- et du Bas-Rhin, formés p. la ci-devant Alsace. 8. Strasb. Levrault. (Tourneisen à Cassel.) 802.

Stolz, J. E., s. Frau v. Staël, Betrachtungen ꝛc.

Stolz, J. H., Entwurf eines Systems schiffbarer Kanäle im Königr. Baiern, u. besond. eines Diagonal-Kanals v. Traunstein bis Bamberg. Mit 1 Karte. gr. 8. Münch. 828. (Riegel u. W. in Nürnb.) 20 ℊ 2e Ausg. unt. d. T.: ein System schiffbarer Kanäle im Königr. Baiern, u. die Verbindung der Donau mit d. Maine. gr. 8. Münch. 829. Finsterlin. 12 ℊ

Stolz, J. K. G., alphabet. Verzeichniß der vornehmst. Wörter, die fast ähnl. Laut, aber verschied. Buchstaben u. Bedeutung haben, als Hülfsmittel zur Rechtschreibung f. Bürger u. Landleute. 8. Jena 803. Stahl. 5 ℊ

Stolz, J. P., Sammlung von Gregorianischen Kirchengesängen (Römischen Chorälen) aus dem Graduale und Antiphonale Romanum zum Gebrauche beim Hochamte u. der Vesper, bei Processionen und Leichenbegängnissen in die heutige Notenschrift unter Berücksichtigung der geeigneten Tonhöhe übertragen. Coblenz 856. Hölscher. gr. 8. (IV, 238 S.) n. 25 ngr

Stolz, J. P., Sammlung von Gregorianischen Kirchengesängen, [Römischen Chorälen] aus dem Graduale und Antiphonale Romanum zum Gebrauche beim Hochamte und der Vesper, bei Processionen und Leichenbegängnissen in die heutige Notenschrift unter Berücksichtigung der geeigneten Tonhöhe übertragen. 2. fast unveränd. Aufl. Coblenz 862. Hölscher. gr. 8. (VIII, 239 S.) n. 28 ngr

Stolz, Jak., allgemeine Geschichte der Musik. br. 8. (XVIII, IX, 389 autogr. S.) Graz 894. H. Wagner. n. 4. —

— Katechismus der Akustik (Musikwissenschaft). br. 8. (III, 47 autogr. S.) Ebd. 893. n. 1. 10

— allgemeine Musiklehre. (Mit besond. Berücksicht. f. Klavierspieler.) kl. 4. (IV, 113 autogr. S. m. 1. Tab.) Ebd. 893. n. 1. 20

— Pianisten u. Componisten f. Pianoforte. br. 8. (100 autogr. S.) Ebd. 893. n. 1. 60

— die Verzierungsarten in der Musik. gr. 4. (21 autogr. S.) Ebd. 893. n. 2. —

Stolz, Joh. G., Erstlinge guter Gedanken. 4. Dresden. 710.

— 20 Präjudicia, d. d. reinen Lehren schädlich seyn. 4. Leipzig, Voß. 721.

— erste u. letzte Reden. 4. Ebend. 716.

Stolz, Jh. Jak. I., († d. 12. März 1821.) Abschiedspredigt, gehalt. am 18. Aug. 1811. 8. Hannov. 812. Hahn. 6 ℊ

— Anleit. zum Lesen f. die ersten Anfänger, zum Gebr. der Bremischen Kinder. 8. Bremen 788.

— nöthige Antwort auf Ewalds: Wahrheit, Gerechtigkeit u. Liebe. gr. 8. Helmst. 797. Fleckeisen. 8 ℊ

Stolz, J. J.: Züricherische Beiträge..., s. Hottinger, Johann Jakob

— Bemerk. u. Fragen üb. e. Schärfchen a. d. Altar des Vaterlands gelegt von H. H. Füßli. 8. Ebend. 770.

— Bemerkk. u. Fragen über Füßlins Schärfchen in Zürich. 8. Zürich 779. Ziegler. 3 ℊ

Stolz, J. J., J. J. Hottinger u. J. Horner, s. Beyträge, Zürcher.

— s.a. Borromäus, Karl, Cardinal und Erzbischof von Mailand.

Stolz, Johann Jacob. Carl Borromäus, Weyland Kardinal und Erzbischof zu Mayland. Neu durchgesehen und vermehrt. [Mit 1 Vignette.] 8. Zürich 1781.

— Briefe, literar., moral. u. religiösen Inhalts, die gelesen zu werden bitten. 2 Thle. 8. Winterthur 789, 790. Steiner. 1 ⅌ 4 ℊ Schrbp. 1 ⅌ 12 ℊ

[Stolz, Johann Jacob.] ([Aus der Chronik des] Melchior Russ.) [Mit 1 Tafel. Njbl.] Stadtbibl. [Zürich] 1817. 4 [Zürich.]

— s. Constant de Rebecque, Benjamin: Betrachtungen über Constitutionen ...

— Erläuterr. zum neuen Testament. 6 Hfte. gr. 8. Hannov. 797—800. 2e A. 800—802. 3e A. 806—812. Hahn. 3 ℛ 9 gℊ Hbg. Pr. 2 ℛ (A. u. d. T.: Anmerkk. zu seiner Uebersetzung sämml. Schriften des N. Testam. ꝛc.) — Ergänzungsheft dazu, welches die vornehmsten Zusätze, Verbesserr. u. Berichtigungen der 2n Ausg. f. die Käufer der ersten enthält. gr. 8. Ebd. 802. 5 gℊ

— Erweckungen zu erneuert. Nachdenken üb. den in d. Jugend erhaltenen Religionsunterricht, in freien Unterhaltt. über den Heidelberg. Katechismus, (auch für luther. Christen brauchbar). 2 Thle. gr. 8. Marb. 803—5. Krieger. 2 ℛ 8 gℊ

— Fest- u. Communionpredigten. gr. 8. Winterth. 788. Steiner. 1 ℛ 4 gℊ

— Gedächtnißpredigt auf d. Dr. u. Prof. Arn. Wienhold in Bremen. 8. Hannov. 804. Hahn. 2 gℊ

— Geist der Sittenlehre Jesu, in Betrachtt. üb. die ganze Bergpredigt. 3 Thle. gr. 8. Lemgo 792, 93. Meyer. 5 ℛ 20 gℊ

— s. Gesangbuch, Christliches, zur Beförderung öffentlicher ... Andacht.

[Stolz, Johann Jacob.] (Aus der Geschichte des Schwabenkrieges.) [Mit 1 Tafel.] Njbl. Stadtbibl. [Zürich] 1816. 4. [Zürich.]

[Stolz, Johann Jacob.] (Johann Caspar Häfeli, geb. 1754. gest. 1811. [Mit 1 Porträt-Tafel.]) Njbl. [Chorh.] Zürich 1814. 4. [Zürich.]

— (Hrsg.), s. Häfeli, Jh. Ksp.: Nachgelassene Schriften.

— s.a. Hutten, Ulrich von, gegen Desiderius Erasmus ...

Stolz, Johann Jacob. Ulrich von Hutten gegen Desiderius Erasmus, und D' Erasmus gegen U' von Hutten. Zwey Streitschriften aus dem sechszehnten Jahrhundert. Aus dem Lateinischen übersetzt, mit den nöthigen historischen Notizen versehen und beurtheilt von Dr. J' Jakob Stolz.... 8. Aarau 1813.

— Ulrich von Hutten gegen Desiderius Erasmus, und Desiderius Erasmus gegen Ulrich von Hutten. Zwei Streitschriften aus d. 16. Jahrh. Aus d. Latein. übersetzt mit histor. Notizen. gr. 8. Aarau, Sauerländer. 813.

Stolz, J. J., Joseph. Prophetisches Symbol von Jesus. 2 Bde. 8. Zürich ..., Hanke. 1/3 ℛ

— Joseph, prophet. Symbol von Jesus d. Nazarener, für denkende Christen. 2 Thle. 8. Winterth. 786. Steiner. 1 ℛ 6 gℊ Schreibp. mit Vign. 2 ℛ 18 gℊ

— Liebe nach Paulus, in Betrachtt. über 1. Corinth. XIII, s. Stolz: Predigten zur Beförder. der Humanität.

— (Hrsg.), s. Liscow, Christian Ludwig: Lob der schlechten Schriftsteller.

[Stolz, Johann Jacob.] (Gerold Meyer von Knonau 1509–1531.) [Mit 1 Tafel.] Njbl. Stadtbibl. [Zürich] 1821. 4. [Zürich.]

— s. Mignet, F. A., histor. Schriften. — dess. Einführung d. Reformation.

[Stolz, Johann Jacob.] (Oswald Mykonius [und die Reliquie. Mit 1 Tafel].) Njbl. Stadtbibl. [Zürich] 1820. 4. [Zürich.]

— Neujahrsblatt von d. Gesellschaft in d. Stiftshause in Zürich auf d. Neujahr 1814. Mit Häfeli's Bildn. 4. Zürich 814.

— Neujahrsblätter von der Stadtbibliothek in Zürich, von 1816—1821. Mit Kpf. 4. Zürich 816—21.

— Predigten zur Beförder. der Humanität. 1e Hälfte. (A. u. d. T.: die Liebe nach Paulus, in Predigten.) 8. Hannov. 798. 2e A. 810. Hahn. 20 gℊ 2e Hälfte. (A. u. d. T.: christl. Predigten, 1809 in der Martinskirche zu Bremen gehalten. 8. Ebd. 810. Ebd. 16 gℊ)

— 3 Predigten. 8. Ebend. 808.

— drei Predigten. 8. Hannov. 809. Hahn. 4 gℊ

— Predigten üb. die Geschichte unsers Herrn, 6 Zehnde. gr. 8. Frankf. a. M. 782—87. (Schäfer). 3 ℛ

Stolz, Jh. Jak. I., histor. Predigten. 2 Thle od. 4 Abtheill. gr. 8. Jena 806, 807. Frommann. (I. 1. 2. David, Isai's Sohn von Bethlehem. à 20 gℊ II. 1. 2. Paulus von Tarsus in Cicilien. à 20 gℊ) 3 ℛ 8 gℊ Hbg. Pr. 2 ℛ

— Predigten üb. die Merkwürdigkk. des 18. Jahrh. 2 Bde od. 8 Hfte. gr. 8. Altenb. 800—5. (1s u. 2s Hft. 2e A. 804.) Schnuphase. 2 ℛ 16 gℊ

— vier Predigten. 8. Hannov. 809. Hahn. 8 gℊ

— vier Predigten; aus d. Schweizer. Prediger-Magazin besond. abgedr. 8. Bern 814.

— zwei Predigten, I. am Schlusse des Jahres 1805. II. üb. das, was man vergessen soll. 8. Brem. 806. (Hannov., Hahn). 4 gℊ

— Probepredigt u. Antrittspredigt in der St. Martinskirche zu Bremen, den 19. u. 26. Decbr. 1784 gehalten. gr. 8. Zürich 785. Ziegler. 12 gℊ

— die Psalmen f. eine gebild. Dame übersetzt u. in Kürze erläutert. gr. 8. Zürich. Orell u. Comp. 814.

— s. Psalmen Davids.

— die sämmtl. Schriften des neuen Testaments. Nach Griesbach's Ausg. des griech. Textes. Eine ganz neue Arbeit. gr. 8. Hannov. 820. Hahn. 12 gℊ Hbg. Pr. 8 gℊ Weiß P. 15 gℊ

— vermischte kleinere Schriften. 1e u. 2e Hälfte. Mit 1 Kpf. 8. Winterth. 816. Steiner. (à 1 ℛ) 2 ℛ

— Sektengeist. 8. Altona 796. 2e Aufl. gr. 8. Hannov. 800. Hahn. 5 gℊ

Stolz, Jh. Jak. II., s. Staël-Holstein, Deutschland.

— s. Tacitus Agricola.

— ein Traum Napoleons 1812; aus d. Französ. 8. Zürich 814.

— u. Jh. Ksp. Häfeli, Uebersetzung der sämmtl. Schriften des neuen Testaments unt. d. T.: Geschichte Jesu u. seiner Gesandten in Briefen u. Erzähll. 2 Thle. 8. Zürich 782. 2e A. 795. 3e A. 798. (bis hierher alle Aufl. anonym). 4e Aufl. 2 Bde. gr. 8. Hannov. 803. Hahn. 1 ℛ 18 gℊ Hbg. Pr. 1 ℛ

— Uebersetzung d. sämmtlich. Schriften des Neuen Testaments. 2 Bde. gr. 8. Hannov. Hahn. 804.

— d. Verketzerer, e. Beytrag z. neuen Kirchengeschichte, nach d. Latein. J. J. Zimmermanns. gr. 8. Altenburg, Schnuphase. 800.

— Vermächtniß seiner Christen- u. Lehrer-Gesinnungen in 8 Predigten. gr. 8. Frkf. a. M. 785. (Schäfer). 8 gℊ

— berichtigtes u. mögl. vollständ. Verzeichniß d. Verfasser des Bremischen Gesangbuchs, nebst d. Angabe der Lieder, die jedem derselben entweder als ursprüngl. Verfasser od. als neuen Bearbeiter zugehört haben. gr. 8. Bremen 818.

[Stolz, Johann Jacob.] ([Ein Vorgang in Zug 1522. Von J' J' St'. Mit 1 Tafel. Nebst] Nachtrag... [von Ludwig Meyer von Knonau]. Njbl.) Stadtbibl. (Zürich) 1818. 4. [Zürich.]

— christl. Vorträge u. Unterhaltt. vermischten Inhalts, ein Lesebuch für Christen. 8. Frankf. a. M. 783. (Schäfer). 14 gr

– s. Weiss, Frz. Rud. von: Polit.- philos.- moralische Abhandlungen und Grundsätze.

– (Vorr.), s. Zimmermann, Jh. Jak.: Der Verketzerer.

[Stolz. Johann Jacob.] (Huldrich Zwingli [als Feldprediger] zu Monza 1515.) [Mit 1 Tafel. Njbl.] Stadtbibl. Zürich 1819. 4. [Zürich.]

Stolz, Jos. F., heitere Geschichten. (VII, 146 S.) 12. 8. Leibnitz 906. F. Hawlik. n. 1.—

Stolz, Jos. F., Geschichten aus dem Leben. 1. Bdchn. 12. (67 S.) Graz 887. Hauswirth. n. — 60

—— dass. — 2. Bdchn. 8. (IV, 135 S.) Graz 889, (Pechel). * 1 50

Stolz, Jos. F., Geschichten aus dem Leben. Kurze Erzählgn. aus dem Volksleben. Neue (3.) Folge. 8. (III, 132 S.) Wien 891. A. Hartleben. n. 1. 80
(2 u. 3.: n. 3. 30)

Stolz, Jos. F., 's Katherl u. andere Erzählgn. 8. (180 S.) Leoben 902. J. H. Prosl. (Nur direkt.) 1. 50

— die Kinder Floras. Eine Dichtg. 16. (20 S.) Graz 888. Pechel. n. — 50

Stolz, Jos. F., aus Herzens Tiefen. Ausgewählte Dichtungen. 8. (VI, 56 S.) Graz 887, (Cieslar.) * — 90

Stolz, K., s.: Wie ein Schwarzer das Land der Weißen ansieht.

Stolz, M. Die Kreuzgruppe der Schlosskirche zu Wechselburg im Königreich Sachsen. 8 Blatt Photographien. Innsbruck 1873. Fol.

Stolz, M.: Ueber das Verhältnis der Kunst zum Handwerk und zur Industrie. 32 S. 8° – Innsbruck, OR., Progr. 1870.

Stolz, M. v., die beiden Walter. Freie Bearbeitg. v. M. Hoffmann. 2., verb. Aufl. (V, 224 S. m. 40 Abbildgn.) 8. Freiburg i/B. 906. Herder. n. 1. 80; geb. in Leinw. n. 2. —

Stolz M.: Der Zeichenunterricht als Mittel allgemeiner Bildung. 11. Innsbruck R. 81.
Progr.

Stolz, Max, Grundriss der geburtshilflichen Diagnostik u. Operationslehre. Mit 88 Taf. im Texte. (VIII, 259 S.) gr. 8. Graz 903. Leuschner & Lubensky. n. 6. —

Stolz, Max, Studien zur Bakteriologie des Genitalkanales in d. Schwangerschaft u. im Wochenbette. Statistisches. Selbstinfektion. gr. 8. (III, 318 S. m. 11 Tab.) Graz 902. Leuschner & Lubensky. n. 12. 50

Studien zur Bakteriologie des Genitalkanales in der Schwangerschaft u. im Wochenbette. Statistisches. Selbstinfektion.
Von Dr. Max Stolz, Assist., Graz. Graz: Leuschner & Lubensky 1902 (1903). (318 S.) 8°

— die Therapie in der Geburtshülfe an der k. k. Universitäts-Frauenklinik in Graz, s.: Therapie, die, an den österreich. Universitätskliniken. I. 2.

Stolz, Nikol., die Kalkulation im Malergewerbe. 1. Tl. Ein Ratgeber f. Maler- u. Anstreichermeister u. f. solche, die es werden wollen. (VII, 190 S.) 8. München (Schellingstr. 109) 910. Süddeutscher Maler- u. Tünchermeister-Verband. Geb. in Leinw. 3. 50

Stolz, Otto

— u. J. A. Gmeiner, theoret. Arithmetik, s.a. Teubner's Sammlg. v. Lehrbüchern auf dem Gebiete der mathematischen Wissenschaften. IV.

Theoretische Arithmetik von Otto Stolz, Prof., Innsbruck, u. J[osef] A[nton] Gmeiner, Prof., Prag. 2. umgearb. Aufl. (ausgewählter) Abschnitte d. Vorlesungen über allgem. Arithmetik von O[tto] Stolz. Mit Fig. Abth. 1. 2. *Leipzig: B. G. Teubner 1900–02.* 2 Bde 8°
1. Allgemeines. Die Lehre von d. rat. Zahlen.
2. Die Lehren von d. reellen u. von d. compl. Zahlen.
= Sammlung, B. G. Teubners, von Lehrbüchern auf d. Geb. d. math. Wiss. Bd 4, 1. 2.

Stolz, Otto, die Axen der Linien zweiter Ordnung in allgemeinen trimetrischen Punkt-Coordinaten. Lex.-8. (29 S.) Wien 867, (Gerold's Sohn.) *
Aus: Sitzungsberichte der k. Akademie der Wissenschaften, besonders abgedruckt.

Stolz Otto, Dr.: Die Achsen der Linien zweiter Ordnung in allgemeinen trimetrischen Punkt-Koordinaten. S. 55. II. 280 . . . . vgr.
Separatabdruck

– Bemerkung zu der Abhandlung des Herrn Dr. E. Weiß: „Entwicklungen zum Lagrangeschen Reversionstheorem etc." S. 95. II. 199.
Separatabdruck

Stolz, Otto, Beweis e. Satzes üb. das Vorhandensein des komplexen Integrals. (S. 21—28.) gr. 8. München 905. (G. Franz' Verl.) n. — 20
Sonderabdruck aus: „Sitzungsber. d. bayer. Akad. d. Wiss."

— u. J. Ant. Gmeiner, Einleitung in die Funktionstheorie, s.a. Teubner's, B. G., Sammlung v. Lehrbüchern aus dem Gebiete der mathemat. Wissenschaften. XIV.

Einleitung in die Funktionentheorie von Dr. Otto Stolz, Prof., Innsbruck, u. Dr. J[osef] Anton Gmeiner, Prof., Prag. 2. umgearb. u. verm. Aufl. der von den Verf. in d. 'Theoret. Arithmetik' nicht berücks. Abschnitte d. 'Vorlesungen über allgem. Arithmetik' von O. Stolz. In 2 Abt. Mit Fig. Abt. 1. 2. Leipzig: B. G. Teubner 1904–05. 2 Bde 8°
= Sammlung, B. G. Teubner's, von Lehrbüchern auf d. Geb. d. math. Wiss. Bd 14.

— zur Erklärung d. absolut convergenten uneigentlichen Integrale. [Aus: „Sitzungsber. d. k. Akad. d. Wiss."] gr. 8. (18 S.) Ebd. 898. n. — 40

— Zur Erklärung der absolut konvergenten uneigentlichen Integrale. 1. Mitteilung. S. 107. II a. 297 . . . . vgr.
Separatabdruck

— e. neue Form d. Bedingg. zur Integrirbarkeit e. Function e. Veränderlichen. [Aus: „Sitzungsber. d. k. Akad. d. Wiss."] gr. 8. (3 S.) Ebd. 898. n n. — 10

– Eine neue Form der Bedingung zur Integrierbarkeit einer Funktion einer Veränderlichen. S. 107. IIa. 736.
Separatabdruck

– Geschichte der Gerichte Deutschtirols. (Zugleich auch: Abhandlungen zum Historischen Atlas der österreichischen Alpenländer. XI. Landgerichtskarte von Deutschtirol.) Ar. 102. 83. Siehe auch III. Abt. Historischer Atlas der österreichischen Alpenländer, 2. Lieferung.
Separatabdruck

Stolz, O., zwei Grenzwerthe, v. welchen das obere Integral e. besond. Fall ist. [Aus: „Sitzungsber. d. k. Akad. d. Wiss."] gr. 8. (15 S.) Wien 897. (C. Gerold's Sohn.) n. — 40

– Zwei Grenzwerte, von welchen das obere Integral ein besonderer Fall ist. S. 106. IIa. 453 . . . . —.40
Separatabdruck

Stolz, Otto, Grössen u. Zahlen. Rede, bei Gelegenheit der feierl. Kundmachg. der gelösten Preisaufgaben am 2. März 1891 geh. gr. 8. (30 S.) Leipzig 891. B. G. Teubner. n. — 80

— Grundzüge der Differential- u. Integralrechnung. 1. Thl.: Reelle Veränderliche u. Functionen. gr. 8. (X, 460 S. m. 4 Fig.) Ebd. 893. n. 8. —

— Grundzüge der Differential- u. Integralrechnung. 2. (Schluss-)Thl.: Complexe Veränderl. u. Functionen. gr. 8. (VII, 338 S. m. 33 Fig.) Leipzig 896. B. G. Teubner. n. 8. —

— Grundzüge der Differential- u. Integralrechnung. 3. Thl.: Die Lehre v. den Doppelintegralen. Eine Ergänzung zum 1. Thle. des Werkes. gr. 8. (VIII, 296 S. m. 41 Fig.) Leipzig 899. B. G. Teubner. n. 8. —

STOLZ, O.
Über die absolute Convergenz der uneigentlichen bestimmten Integrale (II. Mittheilung) von O. Stolz. (Aus den Sitzungsberichten der kaiserl. Akademie der Wissenschaften in Wien. Mathem.-naturw. Classe; Bd. CVIII. Abth. II.a. November 1899.) [Wien. 1899. In Comm. Gerold's Sohn.] Gr.-8°. 5 S. fl. -.05

– Über die absolute Konvergenz der uneigentlichen bestimmten Integrale. 2. Mitteilung. S. 108. IIa. 1234.
Separatabdruck

Stolz, O., üb. den Convergenzkreis d. umgekehrten Reihe. [Aus: „Sitzungsber. d. k. Akad. d. Wiss."] Lex.-8. (17 S. m. 1 Fig.) Wien 895. (C. Gerold's Sohn.) n. — 40

– Über den Konvergenzkreis der umgekehrten Reihe (mit 1 Textfigur). S. 104. IIa. 165 . . . . vgr.
Separatabdruck

Stolz, Otto, über die Kriterien zur Unterscheidung der Maxima und Minima von Functionen mehrerer Veränderlicher. Lex.-8. (18 S.) Wien 869, (Gerold's Sohn.) *
Aus: Sitzungsberichte der k. Akademie der Wissenschaften, besonders abgedruckt.

– Über die Kriterien zur Unterscheidung der Maxima und Minima von Funktionen mehrerer Veränderlicher. S. 58. II. 1063 . . . . vgr.
Separatabdruck

— die Maxima u. Minima der Functionen v. mehreren Veränderlichen. [Aus: „Sitzungsber. d. k. Akad. d Wiss."] Lex.-8. (16 S.) Ebd. 890. n. — 30

– Die Maxima und Minima der Funktionen von mehreren Veränderlichen. S. 99. IIa. 495.
Separatabdruck

Stolz, Otto, Dr.: Die Maxima und Minima der Funktionen von mehreren Veränderlichen.
1. Nachtrag. S. 100. IIa. 1067.
– – 2. Nachtrag. S. 102. IIa. 85.
Separatabdruck

— die Maxima u. Minima der Functionen v. mehreren Veränderlichen. (Nachtrag.) [Aus: „Sitzungsber. d. k. Akad. d. Wiss."] Lex.-8. (16 S.) Wien 892. (F. Tempsky.) n. — 40

— dasselbe. (II. Nachtrag.) [Aus: „Sitzungsber. d. k. Akad. d. Wiss."] Lex.-8. (13 S.) Ebd. 893. n. — 30 (Hauptwerk m. I. u. II. Nachtrag: n. 1. —)

Stolz, O., über die Lambert'sche Reihe. Lex.-8. (23 S.) Wien 887, (Tempsky.) ** — 45
Aus: Sitzungsberichte der k. Akademie der Wissenschaften, besonders abgedruckt.

– Über die Lambertsche Reihe. S. 95. II. 659.
Separatabdruck

— ein Satz der Integralgeometrie. (1 S.) gr. 8. Wien 903. (A. Hölder.) n.n. — 10
Sonderabdruck aus: „Sitzungsber. d. k. Akad. d. Wiss."

– Ein Satz der Integralgeometrie. S. 112. IIa. 343.
Separatabdruck

Stolz, O., die Sonne. Populärer Vortrag, geh. am 18. März 1876 in der Aula der Universität zu Innsbruck. [Aus: „Bote f. Tirol u. Vorarlberg".] 8. (40 S.) Innsbruck 876. Wagner. n. — 80

Stolz, Otto, Vorlesungen üb. allgemeine Arithmetik. Nach den neueren Ansichten bearb. 1. u. 2. Thl. gr. 8. Leipzig, Teubner. à n. 8. —
1. Allgemeines u. Arithmetik der reellen Zahlen. (VI, 344 S.) 885.
2. Arithmetik der complexen Zahlen m. geometr. Anwendgn. (VIII, 326 S.) 886.

Stolz, Otto, Vorlesungen über allgemeine Arithmetik. Nach den neueren Ansichten bearb. 2 Thle. gr. 8. Leipzig, Teubner. à Thl. *M 8.—. * 16 —
Inhalt:
Thl. 1. Allgemeines und Arithmetik der reellen Zahlen. (VI, 344 S.) 885.
» 2. Arithmetik der complexen Zahlen mit geometrischen Anwendungen. (VIII, 326 S.) 886.

Stolz Otto: Das landesfürstliche Zollwesen in Tirol bis in die zweite Hälfte des 14. Jahrhunderts. 1904 PN 1811 Diss Wien Univ. 900

Stolz, Otto, das mittelalterliche Zollwesen Tirols bis zur Erwerbung des Landes durch die Herzöge v. Österreich (1663). (268 S.) gr. 8. Wien 909. A. Hölder. 6.20
Sonderabdruck aus: „Archiv f. österr. Gesch."

Stolz, Otto, Dr.: Das mittelalterliche Zollwesen Tirols bis zur Erwerbung des Landes durch die Herzoge von Österreich 1363. Ar. 97. 539.
Separatabdruck

Stolz, P., Brömser v. Rüdesheim, s. a. Vereinstheater, neues. 58.

Brömser von Rüdesheim. Ritterschauspiel aus d. Zeit d. 2. Kreuzzuges in 4 Aufz. von P. **Stolz.** Essen-Ruhr: Fredebeul & Koenen 1904. (31 S.) 8° [F.]
— **Vereinstheater,** Neues. No 58. [06. 3763]

Stolz, P., die Sagen der Eifel, nebst anderen deutschen Sagen u. Märchen. 8. (IV, 146 S.) Aachen 888. Barth. n. 1. —; geb. n. 1.50

— gesühnte Schuld, s. a. Dilettanten-Theater.

Gesühnte Schuld. Dramat. Skizze in 2 Aufz. von P. **Stolz.** (Paderborn: F. Schöningh 1898.) (16 S.) 8°
(Dilettanten-Theater. H. 43.)

Stolz, P., d. kathol. Schülerbibliothek, s.: Niessen, J.

Stolz, Valentin, Rechtsprakt. a. München: **Das Simultaneum in Repperndorf.** Würzburg 1905: **A. Bögler.** (80 S.) 8°
Würzburg, Jur. Fak., Ref. Meurer, Diss. v. 31. Aug. 1905
[Geb. 20. April 81 München; Wohnort: München; Staatsangeh.: Bayern; Vorbildung: Gymn. Würzburg Reife Juli 00; Studium: Würzburg 7 S.; Rig. 20. Juli 05.]

Stolz, W: Bohrapparat für jedes Gebirge, jede Tiefe und Weite der Bohrversuche bei Gewinnung von fortlaufenden Gebirgskernen. Stuttgart 1876

Stolz, Walther, a. Ehrenbreitstein: **Der Vokalismus der betonten Silben in der altnordhumbrischen Interlinearversion der Lindisfarner Evangelien. 1. Teil: Die ältesten Lautveränderungen.** Bonn 1907: **C. Georgi.** (IX, 36 S.) 8° ¶ (Erscheint vollst. im Verl. v. P. Hanstein, Bonn.)
Bonn, Phil. Fak., Ref. Bülbring, Diss. v. 9. Juli 1907
[Geb. 15. Nov. 81 Ehrenbreitstein; Wohnort: Ehrenbreitstein; Staatsangeh.: Preußen; Vorbildung: Realgymn. Koblenz Reife O. 01; Studium: Marburg 2, Berlin 1, Bonn 4 S.; Rig. 16. Jan. 07.]

Stolz, Walth., der Vokalismus der betonten Silben in der altnordhumbrischen Interlinearversion d. Lindisfarner Evangelien. (XI, 107 S.) gr. 8. Bonn 908. (P. Hanstein.) 3. —

Stolz, Wilhelm, appr. Tierarzt a. Ehrenbreitstein: **Aus dem physiologischen Institut zu Gießen.** Ein Beitrag zur Kenntnis des Pankreassteapsins. Gießen 1907: **v. Münchow.** (66 S.) 8°
Gießen, Veterinär-Med. Koll., Ref. Frank, Diss. v. 25. Juni 1907
[Geb. 12. Okt. 80 Ehrenbreitstein; Wohnort: Borken i. W.; Staatsangeh.: Preußen; Vorbildung: Realgymn. Koblenz Reife O. 01; Studium: Hannover 4, Tierärztl. Hochsch. Berlin 2, Hannover 2 S.; Rig. 13. Nov. 06.]

Stolze, Der, ein Originallustspiel von fünf Aufzügen. Wien 1774. V: *Weidmann, Paul.* (Jahrb. d. Grillp.-Ges. XIII.)

Stolze, Der. Lustspiel in 5 A. 1775. V: *Weidmann, Paul.* (Hdschr. Mitth. von Erich Mennbier, Wien)

Stolze oder Vereinfachte Stenographie? (System Schrey, Johnen-Socin.) [Berlin 1894.] V: *Schrey, Ferd.* (Berl)

Stolze.– Wilhelm Stolze

—— Biographie, s. Kreßler, Karl.

Stolze, Wilhelm. Leben u. Werk. Geschichtsbetrachtg. o. Zeitgenossen. Auf Grund d. Säkularerinnerg. d. Vossischen Zeitg. gr. 8. (21 S. m. Bildn.) Berlin 898. C. Heymann's Verl. n. — 50

Stolze, Emil: Jagdliche Erinnerungen, s. Eckstein's Reisebibliothek.

In der Falle. Jagdgeschichten von Emil Stolze, Oberförster a. D. Berlin: R. Eckstein Nachf. [1900]. (128 S.) 8°
(Reisebibliothek, Eckstein's. No 191.)

– Dass., s.a. Eckstein's Reisebibliothek.

In der Falle. Missgeschicke. Von Emil **Stolze,** Oberförster a. D. Goslar: Brumby [1906]. 32 S. 8° [Umschlagt.]
(Wald- u. Weidmannsbilder. H. 2.) [10. 6193 7

— Jagdpech, s.a. Eckstein's humoristische Bibliothek. 98.

Jagdpech. Jagdgeschichten von Emil Stolze, Oberförster a. D. 1.–4. Taus. Berlin: R. Eckstein Nachf. [1899]. (133 S.) 8°
(Bibliothek, Ecksteins Humoristische. No 98.)

Ein althannoverscher Jäger. Von Emil **Stolze,** Oberförster a. D. Goslar: Brumby [1906]. 31 S. 8°
(Wald- u. Weidmannsbilder. H. 1.) [10. 6192 7

Ums Los. Sein letzter Gang. Der erste Rehbock. Von Emil **Stolze,** Oberförster a. D. Goslar: Brumby [1907]. 32 S. 8°
(Wald- u. Weidmannsbilder. H. 4.) [10. 6195 7

Der Schulmeister auf dem Wilddiebspfade. Weihnachten im Forsthause. Von Emil **Stolze,** Oberförster a. D. Goslar: Brumby [1906]. 23 [vielm. 32] S. 8° [Umschlagt.]
(Wald- u. Weidmannsbilder. H. 3.) [10. 6194 7

Das prennende Schwien. Wilddiebsgeschichten. Von Emil **Stolze,** Oberförster a. D. Goslar: Brumby [1907]. 32 S. 8°
(Wald- u. Weidmannsbilder. H. 5.) [10. 6196 7

Stolze, Emil, s.a. **Wald- u. Weidmannsbilder.**

Stolze, Emil, Wald- u. Weidmannsbilder. 1.—3. Heft. kl. 8. Goslar (906). J. Brumby. à — 20
1. Ein althannoverscher Jäger. (31 S.) — 2. In der Falle. — Mißgeschicke. (32 S.) — 3. Der Schulmeister auf dem Wilddiebspfade. — Weihnachten im Forsthause. (32 S.)

— Wilddiebsgeschichten, s.: Eckstein's 60 Pfg.-Bibliothek.

— wo sitzt der Schuß?, s.a. Eckstein's Reisebibliothek.

Wo sitzt der Schuss? Jagdgeschichten von Emil **Stolze,** Oberförster a. D. 1.–4. Taus. Berlin: R. Eckstein Nachf. [1900]. (128 S.) 8°
(Reisebibliothek, Eckstein's. No 190.)

Stolze, Ernst, approb. Arzt aus Burg b. M.: **Aus d. Frauenklinik zu Kiel. Ein Fall von fast ausgetragener Tubenschwangerschaft nebst einem Beitrag zur Operationsstatistik der vorgerückten Tubenschwangerschaften.** *Kiel 1901: H. Fiencke.* (47 S.) 8°
Kiel, Med. Diss. v. [18. Juli] 1901

Stolze, F.

— u. F. C. **Andreas,** die Handelsverhältnisse Persiens, s.a. Petermann's, A., Mittheilungen aus J. Perthes' geographischer Anstalt.

Die Handelsverhältnisse Persiens, mit besonderer Berücksichtigung der deutschen Interessen. Von F. **Stolze** und F. C. **Andreas.** Mit 1 Karte. = Petermanns Mittheilungen aus Perthes' geogr. Anst. Ergänzungsbd. 17, Nr. 77. Gotha. 1885. 4°.

Stolze-Charlottenburg F, die Heissluftturbine. (Feuerturbine) (14 S 2 T) Rostock 1904

Stolze, F., Persepolis. Die achämenidischen u. sasanidischen Denkmäler u. Inschriften v. Persepolis. Istakhr, Pasargadae, Shâhpûr. Zum ersten Male photographisch aufgenommen. Im Anschlusse an die epigraphisch-archäolog. Expedition in Persien von F. C. Andreas. Hrsg. auf Veranlassung des 5. internationalen Orientalisten-Congresses zu Berlin. Mit einer Besprechung der Inschriften von Th. Nöldeke. 1. Bd. gr. Fol. (7 S. mit 73 Lichtdr.-Taf. u. 73 Bl. Taf.-Erklärungen.) Berlin 882. Asher & Co. geb. Subscr.-Pr. n.n. 200. —; Ladenpr. n.n. 225. —

Stolze, F., Persepolis. Die achämenidischen u. sasanidischen Denkmäler u. Inschriften v. Persepolis, Istakhr, Pasargadae, Shâhpûr. Zum ersten Male photographisch aufgenommen. Im Anschlusse an die epigraphisch-archäolog. Expedition in Persien v. F. C. Andreas. Hrsg. auf Veranlassg. d. 5. internationalen Orientalisten-Congresses zu Berlin. Mit e. Besprechg. der Inschriften v. Th. Nöldeke. 2. (Schluss-)Bd. gr. Fol. (VI, 12 S. m. 77 Lichtdr.-Taf. u. 77 Bl. Taf.-Erklärgn.) Berlin 882. Asher & Co. geb. Subscr.-Pr. n.n. 200. —; Ladenpr. n.n. 225. — (cplt.: Subscr.-Pr. n.n. 400. —; Ladenpr. n.n. 450. —)

tolze, F., Persepolis. 2 Bde. gr. Fol. Berlin 882. Leipzig, Hiersemann. * 250 —

Stolze, Fr. Gottlob — Rede und Festpredigt ci der dritten Jubelfeier des Augsburger Religionsfriedens am 23. September 1855, gehalten in er evangelischen Kirche zu Gablonz a. N. von — –. Reichenberg, 1855. Kommissions-Verlag von ranz Jannasch. (16 S. 8.)

nleitung zur deutschen Stenographie. Hrsg. von Dr. F[ranz] Stolze, Lector zu Berlin. 66. Aufl. Berlin: E. S. Mittler & Sohn 1900. (48 S.) 8°
(Stolze, Wilh.: Theor.-prakt. Lehrbuch d. dtsch. Stenographie 1.)

tolze, F., Anleitg. zur vereinf. deutschen Stenographie. Einigungs-System Stolze-Schrey. gr. 8. (IV, 34 S.) Berlin 897. E. S. Mittler & Sohn. — 75

tolze, Frz., Anleitung zur vereinfachten deutschen Stenographie. Einigungs-System Stolze-Schrey. 2. Aufl. gr. 8. (V, 34 S.) Berlin 898. E. S. Mittler & Sohn. — 75

ie Arbeiten in der Werkstatt des Photographen. Hrsg. von Dr. Franz Stolze. Mit 19 Abb. *Halle a. S.: W. Knapp 1899.* (XV, 344 S.) 8°
· Stolze: Handwerksbuch f. Photographen. Th. 2. [00. 436

tolze, F(rz.), das entschleierte Bild zu Saïs. Sozialer Roman. (358 S.) 8. Rostock 904. C. J. E. Volckmann Nachf. n. 4. —

tolze, F., Chemie f. Photographen, s.a. Encyclopädie der Photographie. 46. Hft.

hemie für Photographen. Unter bes. Berücks. d. photogr. Fachunterr. von Dr. F[ranz] Stolze. Halle a. S.: W. Knapp 1903. (VII, 179 S.) 8°
(Encyklopädie d. Photographie. H. 46.)

Stolze, Frz., Gabelsberger oder Stolze? Eine Beleuchtung der Streitschriften des Geh. Reg.-R. Häpe in Dresden: „die Stenographie als Unterrichtsgegenstand" und des Senators Dr. Eggers aus Rostock: „die Stenographie in den Schulen." gr. 8. (IX und 187 S. mit 13 autogr. Taf.) Berlin 864, Mittler und Sohn. *

tolze, Frz., Handwerksbuch f. Photographen. 1. Thl. D. Werkstatt u. d. Handwerkszeug d. Photographen. M. 569 in d. Text gedr. Abb. gr. 8. (XIII, 368 S.) Halle 898. W. Knapp. n. 8. —

· Handwerksbuch f. Photographen. II. Thl. Die Arbeiten in der Werkstatt des Photographen. Mit 19 in den Text gedr. Abbildgn. gr. 8. (XV, 344 S.) Halle 899. W. Knapp. n. 8. —

· Katechismen der Photographie besonders als Lehr- u. Repetitionsbücher f. Lehrlinge u. Gehilfen. (In 10 bis 12 Heften.) 1.—11. Heft. 8. Halle, W. Knapp. à n. 1. —; geb. in Leinw. à n. 1. 50

1. Katechismus der Laboratoriumsarbeiten beim Negativverfahren. (50 S.) 904.
2. Katechismus der Vorbereitungen zum Kopieren u. des eigentlichen Kopierens durch Kontakt. (39 S.) 904.
3. Katechismus der direkten Auskopierverfahren m. Albuminpapier, Mattpapier (Whatmanpapier), Aristopapier (Chlorsilbergelatine) u. Celloidinpapier (Kollodionpapier). (48 S.) 904.
4. Katechismus der Chromatverfahren. (82 S.) 904.
5. Katechismus der Negativaufnahmen im Glashause. (34 S.) 905.
6. Katechismus der Silberkopierverfahren m. Hervorrufung u. des Vergrösserns. (50 S.) 905
7. Katechismus der allgem. photograph. Optik. (68 S. m. Abb.) 905.
8. Katechismus der Eisen-Kopierverfahren im allgemeinen u. der Platinverfahren im besonderen. (66 S.) 905.
9. Katechismus der Grundgesetze der Chemie. (42 S.) 906.
10. Katechismus der photographischen anorganischen Chemikalienkunde. (44 S.) 906.
11. Katechismus der allgemeinen photographischen Laboratoriumsarbeiten. (56 S.) 906.

Katechismus der photographischen anorganischen Chemikalienkunde. Von Dr. F[ranz] Stolze. Halle: W. Knapp 1906. (44 S.) 8°
= Stolze: Katechismen d. Photographie. 10. [06. 9381 3

Katechismus der Chromatverfahren von Dr. F[ranz] Stolze. Halle a. S.: W. Knapp 1904. (82 S.) 8°
= Stolze: Katechismen d. Photographie. H. 4. [05. 1866 3

Katechismus der Eisen-Kopierverfahren im allgemeinen und der Platinverfahren im besonderen. Von Dr. F[ranz] Stolze. Halle a. S.: W. Knapp 1905. (66 S.) 8°
= Stolze: Katechismen d. Photographie. H. 8. [07. 12180

Katechismus der Grundgesetze der Chemie. Von Dr. F[ranz] Stolze. Halle a. S.: W. Knapp 1906. (42 S.) 8°
= Stolze: Katechismen d. Photographie. H. 9. [06. 6366 3

Katechismus der allgemeinen photographischen Laboratoriumsarbeiten. Von Prof. Dr. F[ranz] Stolze. Halle a. S.: W. Knapp 1906. (56 S.) 8°
= Stolze: Katechismen d. Photographie. H. 11. [06. 13369 3

Katechismus der Laboratoriumsarbeiten beim Negativverfahren. Von Dr. F[ranz] Stolze. Halle a. S.: W. Knapp 1904. (59 S.) 8°
(Stolze: Katechismen d. Photographie. H. 1.)

Katechismus der Negativaufnahmen im Glashause von Dr. F[ranz] Stolze. Halle a. S.: W. Knapp 1905. (34 S.) 8°
= Stolze: Katechismen d. Photographie. H. 5. [05. 5665 3

Katechismus der allgemeinen photographischen Optik. Von Dr. F[ranz] Stolze. Halle: W. Knapp 1905. (69 S.) 8°
= Stolze: Katechismen d. Photographie. H. 7. [05. 13616 3

Katechismus der Silberkopierverfahren mit Hervorrufung und des Vergrößerns. Von Dr. F[ranz] Stolze. Halle a. S.: W. Knapp 1905. (50 S.) 8°
= Stolze: Katechismen d. Photographie. H. 6. [05. 5666 3

Katechismus der Vorbereitungen zum Kopieren und des eigentlichen Kopierens durch Kontakt. Von Dr. F[ranz] Stolze. Halle a. S.: W. Knapp 1904. (39 S.) 8°
(Stolze: Katechismen d. Photographie. H. 2.)

— d. Kunst d. Vergrösserns auf Papieren u. Platten, s.a. Encyklopädie d. Photographie, Hft. 17.

Die Kunst des Vergrösserns auf Papieren und Platten. Von Dr. F(ranz) Stolze. Mit 95 Abb. 2. verb. Aufl. Halle a. S.: Knapp 1902. (VIII, 194, XI S.) 8°
(Encyklopädie d. Photographie. H. 17.)

[F.] Ausführlicher Lehrgang der deutschen Stenographie. Hrsg. v. Dr. F(ranz) Stolze. 11. Aufl. *Berlin: E. S. Mittler & Sohn 1897.* (XV, 67 S.) 1 Bd 8.
= Stolze, Wilh.: Theoret.-prakt. Lehrbuch d. deutschen Stenographie. Tl 3. [97. 4939

— stenographisches Lesebuch. 1. Bdchn. Erinnerungen aus meinem Leben. gr. 8. (V u. 39 autogr. S.) Ebd. 891. n. 1. —

Stolze, F., photographisches Lexikon, s.a. Encyklopädie der Photographie.

Photographisches Lexikon von Prof. Dr. F[ranz] Stolze. Halle a. S.: W. Knapp 1908. (V, 201 S.) 8°
= Encyklopädie d. Photographie. H. 61. [08. 11402

— s.: Notiz-Kalender, photographischer.

— Optik f. Photographen, s.a. Encyklopädie der Photographie.

Optik für Photographen. Unter besond. Berücks. d. photogr. Fachunterr. von Dr. F[ranz] Stolze. Mit 107 Abb. Halle a. S.: W. Knapp 1904. (XII, 170 S.) 8°
= Encyklopädie d. Photographie. H. 49. [05. 7041

Stolze, F., die photographische Ortsbestimmung ohne Chronometer, u. die Verbindung der dadurch bestimmten Punkte untereinander, s.: Bibliothek, photographische.

— Die Panoramenapparate in ihren Vorzügen u. Mängeln, sowie ihre Verwendung in der Praxis, s.a. Encyklopädie der Photographie.

Die Panoramenapparate in ihren Vorzügen und Mängeln sowie ihre Verwendung in der Praxis. Von Prof. Dr. F[ranz] Stolze. Mit 33 Abb. Halle: Knapp 1909. VI, 86 S. 8°
(Encyklopädie d. Photographie. H. 64.)

Stolze, Frz., die Photogrammetrie, s. Stein, S. Th., das Licht im Dienste wissenschaftlicher Forschung.

Die Stellung und Beleuchtung in der Landschafts-Photographie. Hrsg. von Dr. Franz Stolze. Mit 130 Abb. *Halle a. S.: W. Knapp 1900.* (XI, 176 S.) 4°(8°) [01. 701

Stolze, Frz., die Stellung und Beleuchtung in der Photographie. 1. Heft. Fol. (12 S. mit eingedr. Fig. und 5 Photogr. auf 3 Fol.-Taf. in Lichtdr.) Halle 884, Knapp. * 5 —

—— die Stellung und Beleuchtung in der Photographie. 2. Heft. Fol. (S. 13—22 mit 6 Photogr. in Lichtdr. auf 3 Folio-Taf.) Halle 885, Knapp. * 5 —
1. Heft. Ebendas. 1884. *ℳ 5.—.

— d. Stellg. u. Beleuchtg. in d. Portrait-Photographie. 2. Aufl. 1. Bd. Lex.-8. (VIII, 104 S. m. 139 Autotyp.) Halle 897. W. Knapp. n. 10. —

— die Stereoskopie u. das Stereoskop in Theorie u. Praxis, s.a. Encyklopädie der Photographie.

Die Stereoskopie und das Stereoskop in Theorie und Praxis. Von Prof. Dr. F[ranz] Stolze. Mit 46 Abb. 2. vervollst. Aufl. Halle a. S.: W. Knapp 1908. (XI, 155 S.) 8°
= Encyclopädie d. Photographie. H. 10. [08. 15807 :|

Stolze, F., von der Bilderschrift zur Stenographie. Eine kurze Darstellg. d. Entwicklungsganges der Schrift. Im Auftrage der stenograph. Prüfungscommission zu Berlin bearb. u. hrsg. 1. Thl.: Von der ältesten Zeit bis zum Beginn der modernen Stenographie. gr. 8. (43 S. m. Abbildgn.) Berlin 891. E. S. Mittler & Sohn. n. 1. —

Welche Anforderungen sind an ein Stenographie-System zu stellen? Vortrag, geh. zu Bernburg 1896, von Dr. Franz Stolze. *Halle a. S. [1896]: L. Puff.* (18 S.) 8°
= Vorträge u. Abhandlungen aus d. Geb. d. Stenographie. H. 1. [02. 5273

Die Werkstatt und das Handwerkszeug des Photographen. Hrsg. v. Dr. Franz Stolze. M. 569 in d. Text gedr. Abbild. *Halle a. S.: W. Knapp 1898.* (XIII, 368 S.) 1 Bd 8.
= Stolze, F.: Handwerksbuch f. Photographen. Th. 1. [98. 5688

Stolze, Geo. Adph., Gedanken e. Hinterwäldlers Brasiliens üb. sociale Verhältnisse, bes. in Bezug auf d. deutsche Auswanderg. nach Brasilien. gr. 8. (67 S.) Leer 895. (C. Meyer.) n. — 75

Stolze, Heinrich Wilhelm

Stolze, H. W., Gesangübungsstücke, zum Gebr. beim ersten Gesangunterricht stufenweis durch alle Intervalle 1-, 2- u. mehrstimmig u. 12 der bekanntesten Choralmelodien zweistimmig für Discant-Stimmen. Op. 2. Hannov. 824. (Helwing). 18 gr

Stolze, Heinr. Wilh., Gesang-Uebungsstücke f. Schulen, enthalt. 136 1- u. 2stimmige Uebungsst. durch alle Intervalle, Lieder, ꝛc. 2., verb. u. verm. Ausg. 8. (3 B.) Hannover 846, Helwing'sche Hofbuchh. *

Stolze, H. W., 160 ein-, zwey-, drey- v. vierstimm. Lieder f. Sopran, Alt, Tenor u. Bass mit Pianoforte-Begleit., zum Gebr. f. Schulen, Gesangvereine u. d. häusl. Unterr., mit Texten aus d. „Liedern f. Volksschulen" v. Hoppenstedt. 3 Thle. gr. 4. ... Hannover 828, Helwing.

Stolze, H. W., Orgel-Vorspiele, s. Körner, Präludien-Buch.

Stolze, Ignatius ⟨geb. am 13 Juli 1834 in Heiligenstadt Rgbz. Erfurt⟩: Quaenam fuit ratio, gur [!] ecclesia matrimonium quod ingenuus homo cum ancilla '(vice versa)' liberam eam putans contraxerat, nullum esse dixerit? ... Bonnae, typ. H. B. König (1859). 2 Bl., 32 S. 8.
Bonn, Jur. Fak., Diss. v. 6 Aug. 1859

Stolze, Karl [aus Unna]: Der zusammengesetzte Satz im Ackermann aus Böhmen. Ein Beitrag zur mhd. Syntax.... Bonn, Univ.-Buchdr. v. Carl Georgi, 1888; 2 Bl. + 103 S. 8°
Bonn, Phil. Fak., Inaug.-Diss. v. 11. Aug. 1888

Stolze, Karl, der zusammengesetzte Satz im Ackermann aus Böhmen. Ein Beitrag zur mhd. Syntax. Diss. Bonn 1888, Emil Straus. 8°. 103 S.

Stolze, Max, aus Berlin: Zur Lautlehre der altenglischen Ortsnamen im Domesday Book. *Berlin 1902: C. Salewski.* (32 S.) 8° ¶ (Erscheint vollst. bei Mayer & Müller in Berlin.)
Berlin, Phil. Diss. v. 23. Juli 1902

Stolze, Max, zur Lautlehre der altenglischen Ortsnamen im Domesday Book. [Aus: „Palaestra".] (III, 50 S.) gr. 8. Berlin 902. Mayer & Müller. n. 1. 20

Stolze, Richard, Referendar im Bezirk d. Kgl. Kammergerichts: Zur Lehre von den unteilbaren Obligationen nach dem neuen Bürgerlichen Recht des deutschen Reiches. *Göttingen 1900: W. F. Kästner.* (VIII, 63 S.) 8°
Göttingen, Jur. Diss. v. [23. Febr.] 1900

Stolze, Rich., zur Lehre v. den unteilbaren Obligationen nach dem neuen bürgerl. Recht d. deutschen Reiches. Diss. gr. 8. (VIII, 63 S.) Göttingen 900. (Vandenhoeck & Ruprecht.) n. 1.60

Stolze, Thomas, aus Dingelstädt: Die Entstehung des Gästerechts in den deutschen Städten des Mittelalters. *Marburg 1901: J. A. Koch.* (94 S.) 8° [J.]
Marburg, Phil. Diss. v. [8. Juli] 1901

Stolze, Wilhelm

Stolze, W., s.: Acta borussica.

Stolze, Wilh., Anleitung zur Debattenschrift. 1. Tl.: Oberstufe des Systems der deutschen Stenographie. Hrsg. von den Verbänden der W. Stolzeschen Schule. Bearb. von Johs. Röhl. gr. 8. (14 S. mit 8 autogr. Taf.) Leipzig 887, Klinkhardt. * — 60

Stolze, Wilh., Anleitg. zur Debattenschrift. 1. Tl.: Oberstufe d. Systems d. deutschen Stenographie v. S. Hrsg. v. d. Verbänden d. W. Stolze'schen Schule. 2. Aufl. gr. 8. (13 S. m. 8 autogr. Taf.) Leipzig 897. J. Klinkhardt. n. — 60

Stolze, W., Anleitung zur deutschen Stenographie auf Veranlassung des stenograph. Vereins zu Berlin bearb. und hrsg. 18., verb. Aufl. 8. (IV, 28 und 30 lithogr. S. mit lithogr. Titel.) Berlin 861, Mittler und Sohn. *

Stolze, W., Anleitung zur deutschen Stenographie auf Veranlassung des stenograph. Vereins zu Berlin bearb. 14—22. Aufl. durchgesehen von Fr. Stolze. Berlin 867—70. Mittler & Sohn. 8. (41 u. 33 lith. S.) n. 12 ngr

Stolze, Wilh., Anleitung zur deutschen Stenographie auf Veranlassung des stenograph. Vereins zu Berlin bearb. 21. erweit. bis 24., durchgesehene Aufl., hrsg. von F. Stolze. gr. 8. (III, 71 S., wovon 30 lithogr.) Berlin 869—72, Mittler und Sohn. *

Stolze, Wilh., Anleitung zur deutschen Stenographie auf Veranlassung des stenograph. Vereins zu Berlin bearb. 25.—35. Aufl., hrsg. von F. Stolze. gr. 8. (III, 71 S., wovon 30 lithogr.) Berlin 873—79, Mittler und Sohn. * 1 20

Stolze, Wilh., Anleitung zur deutschen Stenographie. Im Auftrage der stenograph. Prüfungskommission hrsg. von F. Stolze. (Lehrbuch der deutschen Stenographie. 1. Tl.) 67. Aufl. (251. u. 252. Tausend.) gr. 8. (V, 52 S.) Berlin 902. E. S. Mittler & Sohn. n. 1. 25

Stolze, Wilh., Arbeiten, Reden, Gutachten u. wissenschaftliche Vorträge, | s.: Kaeding, F. W., Stolze-Bibliothek.

Stolze, Wilh., der deutsche Bauernkrieg. Untersuchgn. üb. seine Entstehg. u. seinen Verlauf. (VII, 301 S.) gr. 8. Halle 907. M. Niemeyer. 8. —

– Briefwechsel und die auf seine Person bezüglichen Dokumente, s. Kaeding, F. W.: Stolze-Bibliothek.

Mit Genehmigung der phil. Fak. der Albertus-Universität wird Donnerstag den 21. Dezember 1905 ... Herr Dr. phil. Wilhelm **Stolze** ... seine öffentliche Antrittsvorlesung über „Die Entstehung des deutschen Bauernkrieges" halten. Zu diesem Akte ladet ein der Dekan der phil. Fak. Fr[anz] Meyer. Königsberg i. Pr. (1905): Hartung. (1 Bl.) 4°

— Handschrift. [Aus: „F. W. Kaeding, Stolze-Bibliothek".] 1 photolith. Taf. 51, 5×33,7 cm. Berlin 891. E. S. Mittler & Sohn. n. 1. —

Stolze, W., theoret.-pract. Lehrbuch d. deutschen Stenographie, f. höh. Schulen u. z. Selbstunterr. Nach e. neuen Methode, welche Kürze u. Verständigkeit d. Bezeichn. mit einander verbindet. 2 Thle. gr. 8. (16½ B., incl. 7 lith.) Berlin 841, Nicolaische Buchh. *

—— theoretisch-praktisches Lehrbuch der deutschen Stenographie für höhere Schulen und zum Selbstunterricht. 3 Thle. gr. 8. Ebendas. 872—75. à Thl. * ℳ 1. *

Inhalt:

Thl. 1. Anleitung zur deutschen Stenographie auf Veranlassung des stenograph. Vereins zu Berlin bearb. 25.—29. umgearb. Aufl. (VIII, 47 S., wovon 17 lithogr.)

" 2. Schlüssel zu den Aufgaben in Wilh. Stolze's Anleitung zur deutschen Stenographie. Hrsg. von Frz. Stolze. 1.—5. verb. Aufl. (32 lithogr. S.)

" 3. Ausführlicher Lehrgang der deutschen Stenographie. Für den Selbstunterricht bearb. von Wilh. Stolze. 5. Aufl. hrsg. von Frz. Stolze. (XII, 41 S.)

—— theoretisch-praktisches Lehrbuch der deutschen Stenographie für höhere Schulen und zum Selbstunterricht. 3 Thle. gr. 8. Ebendas. * 4 —

Inhalt:

Thl. 1. Anleitung zur deutschen Stenographie auf Veranlassung des stenograph. Vereins zu Berlin bearb. 30. und 31. umgearb. Aufl. (VII, 49 S., wovon 16 lithogr.) 875,76. * ℳ 1.

" 2. Schlüssel zu den Aufgaben in Wilh. Stolze's Anleitung zur deutschen Stenographie. Hrsg. von Frz. Stolze. 7. verb. Aufl. (32 lithogr. S.) 876. * ℳ 1.

" 3. Ausführlicher Lehrgang der deutschen Stenographie. Für den Selbstunterricht bearb. von Wilh. Stolze. 5. und 6. Aufl., hrsg. von der stenograph. Prüfungscommission zu Berlin. (XIV, 84 S. mit 2 Bl. in Stndr.) 876,77. * ℳ 2.

Stolze, Wilh., theoretisch-praktisches Lehrbuch der deutschen Stenographie für höhere Schulen und zum Selbstunterricht. 3 Tle. 8. Berlin, Mittler und Sohn. * 4 —

Inhalt:

Tl. 1. Anleitung zur deutschen Stenographie, hrsg. von Frz. Stolze. 32.—35. Aufl. (33 S., wovon 16 lithogr.) 880. * 80 Pf.: 36. Aufl. (VI, 45 S., wovon 16 lithogr.) 880; 37. Aufl. (33 S., wovon 16 lithogr.) 881; 38. Aufl. (VI, 48 S., wovon 16 lithogr.) 881; 39. Aufl. (VI, 46 S., wovon 16 lithogr.) 882; 40. und 41. Aufl. (VI, 49 S., wovon 16 lithogr.) 883; 42.—46. Aufl. (IV, 33 S., wovon 16 lithogr.) 884,85. * ℳ 1.

Tl. 2. Schlüssel zu den Aufgaben in Wilh. Stolze's Anleitung zur deutschen Stenographie. Hrsg. von Frz. Stolze. 8.—16. Aufl. (32 lithogr. S.) 878—86. * ℳ 1.

" 3. Ausführlicher Lehrgang der deutschen Stenographie. Für den Selbstunterricht. 8. Aufl., hrsg. von der stenograph. Prüfungs-Kommission zu Berlin. (XIV, 84 S. mit 4 Taf. in Steindr.) 883. * ℳ 2.

Stolze, Wilh., theoretisch-praktisches Lehrbuch d. deutschen Stenographie für höhere Schulen u. zum Selbstunterricht. 1—3. Teil. 8. Berlin 881. 82. Mittler & Sohn. n. 4. —

1. Anleitung zur deutschen Stenographie, auf Veranlassung d. stenograph. Vereins zu Berlin bearb. 39. Aufl., hrsg. von F. Stolze. (VI, 48 S. wovon 16 lith.) n. 1. —
2. Schlüssel zu den Aufgaben in Wilh. Stolze's Anleitung zur deutschen Stenographie. Hrsg. von Frz. Stolze. 12. Aufl. (32 lith. S.) n. 1. —
3. Ausführlicher Lehrgang der deutschen Stenographie. Für den Selbstunterricht. 7. Aufl., hrsg. v. der stenograph. Prüfungs-Kommission zu Berlin. Mit 2 Blättern in Steindr. (XIV, 84 S.) n. 2. —

Stolze, Wilh., theoretisch-praktisches Lehrbuch der deutschen Stenographie f. höhere Schulen u. zum Selbstunterricht. 1—3. Tl. gr. 8. Berlin 886. Mittler & Sohn. n. 4. —

1. Anleitung zur deutschen Stenographie, auf Veranlassg. d. stenograph. Vereins zu Berlin bearb. 46. Aufl., hrsg. v. F. Stolze. (VI, 48 S., wovon 17 autogr.) n. 1. —
2. Schlüssel zu den Aufgaben in Wilh. Stolze's Anleitung zur deutschen Stenographie. Hrsg. v. Frz. Stolze. 15. Aufl. (32 autogr. S.) n. 1. —
3. Ausführlicher Lehrgang der deutschen Stenographie. Für den Selbstunterricht bearb. 9. Aufl., hrsg. v. der stenograph. Prüfungs-Commission zu Berlin. Mit 2 Blättern in Steindr. (XIV, 89 S.) n. 2. —

— theoretisch-praktisches Lehrbuch der deutschen Stenographie f. höhere Schulen u. zum Selbstunterricht. Im Auftrage d. Verbandes Stolze'scher Stenographenvereine auf Grund der Systemurkunde bearb. v. der stenograph. Prüfungskommission zu Berlin. 3 Tle. 8. Berlin, Mittler & Sohn. n. 4. —

1. Anleitung zur deutschen Stenographie. Hrsg. v. F. Stolze. 54. Aufl. (V, 46 S., wovon 26 autogr.) 889. n. 1. —
2. Schlüssel zu den Schreib- u. Leseübungen der Anleitung. Hrsg. v. F. Stolze. 19. Aufl. (44 S., wovon 23 autogr.) 890. n. 1. —
3. Ausführlicher Lehrgang der deutschen Stenographie. Hrsg. v. F. Stolze. 10. Aufl. (XII, 65 S.) 890. n. 2. —

Stolze, Wilh. Theoretisch-praktisches Lehrbuch d. deutschen Stenographie für höhere Schulen u. zum Selbstunterricht. Im Auftrage d. Verbandes Stolzescher Stenographenvereine auf Grund der Systemurkunde bearb. v. der stenograph. Prüfungskommission zu Berlin. 3 Tle. 8. Berl., Mittler u. Sohn. * 4 —

1. Anleitung zur deutschen Stenographie. Hrsg. v. F. Stolze. 58. Aufl. (V, 48 S., wovon 28 autogr.) 892. * 1 —.
2. Schlüssel zu den Schreib- u. Leseübungen der Anleitung. Hrsg. v. F. Stolze. 19. Aufl. (44 S., wovon 23 autogr.) 890. * 1 —.
3. Ausführlicher Lehrgang d. deutschen Stenographie. Hrsg. v. F. Stolze. 10. Aufl. (XII, 65 S.) 890. * 2 —.

—— dass. — [Parallel-Ausg.] 1. u. 2. Tl. gr. 8. Ebd. à Tl. * 1 —; * 2 —

1. Elementarbuch der deutschen Stenographie. Hrsg. v. G. Steinbrink. 2. Aufl. (VI, 58 S.) 891.
2. Schlüssel zu den Aufgaben. (40 S.) 889.

Der 3. Tl. ist identisch mit dem 3. Tle. der andern Ausgabe.

— theoretisch-praktisches Lehrbuch der deutschen Stenographie f. höhere Schulen u. zum Selbstunterricht. Im Auftrage des Verbandes Stolzescher Stenographenvereine auf Grund der Systemurkunde bearb. v. der stenograph. Prüfungskommission zu Berlin. 1. Tl. gr. 8. Ebd. 893. n. 1. —

Anleitung zur Deutschen Stenographie. Hrsg. v. F. Stolze. 60. Aufl. (VI, 48 S.)

— theoretisch-prakt. Lehrbuch d. deutschen Stenographie f. höh. Schulen u. z. Selbstunterr. Im Auftrage d. Verbandes Stolzescher Stenographenvereine auf Grund d. Systemurkunde bearb. v. d. stenograph. Prüfungskommission zu Berlin. 3 Tle. gr. 8. Berlin, E. S. Mittler & Sohn. n. 4. —
1. Anleitung zur deutschen Stenographie. Hrsg. v. F. Stolze. 63. Aufl. (VI, 48 S.) 895. n. 1. —
2. Schlüssel z. d. Schreib- u. Leseübgn. d. Anleitg. Hrsg. v. F. Stolze. 21. Aufl. (44 S.) 893. n. 1. —
3. Ausführl. Lehrgang d. deutschen Stenographie. Hrsg. v. F. Stolze. 11. Aufl. (XV, 67 S.) 897. n. 2. —

— dasselbe, s. a.: Steinbrink, G.

Stolze, Wilh., theoretisch-praktisches Lehrbuch der deutschen Stenographie f. höhere Schulen u. zum Selbstunterricht. 1. Tl. gr. 8. Berlin 902. E. S. Mittler & Sohn. n. 1. —
Anleitung zur deutschen Stenographie. Hrsg. v. F. Stolze. 66. Aufl. (248.—250. Tausd.) (VI, 48 S.)

Stolze, W., ausführlicher Lehrgang der deutschen Stenographie. Für den Selbstunterricht bearbeitet. Mit 80 lith. Taf. gr. 8. (XII u. 137 S.) Berlin 852, Mittler & Sohn. n. 1⅔ ℛ︀

Stolze, Wilh., ausführlicher Lehrgang der deutschen Stenographie. Für den Selbstunterricht bearb. 2. verm. u. verb. Aufl. Mit 96 lith. Taf. Berlin 858. Mittler u. Sohn. gr. 8. (XII, 245 S.) n. 2 ℛ︀. 12 ngr.

—— ausführlicher Lehrgang der deutschen Stenographie. Für den Selbstunterricht bearb. 2. Aufl. 1858. und 3., verb. Aufl. gr. 8. (XII und 215 S. mit 96 Stnt.) Berlin 861, Mittler und Sohn. *

—— ausführlicher Lehrgang der deutschen Stenographie. Für den Selbstunterricht bearb. 4., verb. Aufl. gr. 8. (XIV und 126 S. mit 48 Stnt.) Berlin 865, Mittler und Sohn. *

— stenographisches Lesebuch. Berlin 852. Mittler u. Sohn. 8. (2 Bl., 160 lith. S.) 27 ngr.

— stenographisches Lesebuch. 1. u. 2. Heft. 2. verb. Aufl. Ebend. 861. 8. Jedes Heft 15 ngr.

—— stenographische Lesestücke und Aufgaben zum Uebertragen in stenographische Schrift. Im Anschluß an die „Anleitung zur deutschen Stenographie" bearb. 1. Aufl. 1864. und 2., verb. Aufl. 8. (IV, 36 und 32 lithogr. S.) Berlin 865, Mittler und Sohn. *

Stolze, W., Normal-Uebertragung der zum Uebertragen in stenographische Schrift bestimmten Aufgaben, welche in dessen „Lesestücken u. Aufgaben" enthalten sind. [Aus „Lehrgang der deutschen Stenographie"] Ebend. 865. gr. 8. (20 lithogr. S.) n. 4 ngr.

Stolze, Wilh. Russische Stenographie, bearbeitet nach den Grundregeln von Stolze. St. Petersburg 1864.

—— System der deutschen Stenographie. Hrsg. von den Verbänden der W. Stolze'schen Schule. 1. Stufe: Schul- und Korrespondenzschrift. gr. 8. (IV, 32 S. mit 20 autogr. Taf.) Leipzig 886, Klinkhardt. * 1 —

—— dass. — 2. Aufl. gr. 8. (34 S. mit 22 autogr. Taf.) Ebendas. 887. * 1 20

— dasselbe. Schlüssel zu den Schreibaufgaben u. Leseübgn. Hrsg. v. den Verbänden der W. Stolze'schen Schule. gr. 8. (23 S., wovon 16 autogr.) Ebend. 886. n. — 80

2. Aufl. u. d. T.:

—— Schlüssel zu den Schreibaufgaben und Leseübungen im System der deutschen Stenographie. Hrsg. von den Verbänden der W. Stolze'schen Schule. 2. Aufl. gr. 8. (15, 12 S.) Ebendas. 887. * — 80

Stolze, W., Schlüssel zu den Schreibaufgaben u. Leseübungen im System der deutschen Stenographie. Hrsg. von den Verbänden der W. Stolze'schen Schule. 3. Aufl. gr. 8. (15 u. 12 S.) Leipzig 890. Klinkhardt. n. — 80

— System der deutschen Stenographie. Hrsg. v. den Verbänden der W. Stolze'schen Schule. 1. Stufe: Schul- u. Korrespondenzschrift. 4. Aufl. gr. 8. (34 S. m. 22 autogr. Taf.) Ebd. 890. n. 1. 20

—— System der deutschen Stenographie. Hrsg. v. den Verbänden der W. Stolze'schen Schule. 1. Stufe. Schul- u. Korrespondenzschrift. 6. Aufl. gr. 8. (34 S. m. 22 autogr. Taf.) Lpz. 892, Klinkhardt. * 1 20

— System der deutschen Stenographie. Hrsg. v. den Verbänden der W. Stolze'schen Schule. 1. Stufe. Schul- u. Korrespondenzschrift. 7. Aufl. gr. 8. (34 S. m. 22 autogr. Taf.) Leipzig 893. J. Klinkhardt. n. 1. 20

— dasselbe. Schlüssel zu den Schreibaufgaben u. Leseübgn. 4. Aufl. gr. 8. (16 autogr. Taf. u. 12 S.) Ebd. 894. n. — 80

— System d. deutschen Stenographie. Hrsg. v. d. Verbänden d. W. Stolzeschen Schule. 1. Stufe: Schul- u. Korrespondenzschrift. 9. Aufl. gr. 8. (32 S. m. 20 stenograph. Taf.) Leipzig 897. J. Klinkhardt. n. 1. 20

— dasselbe. Schlüssel zu d. Schreibaufgaben u. Leseübgn. 5. Aufl. gr. 8. (15 u. 11 S.) Ebd. 897. n. — 80

Stolze, Wilhelm, aus Berlin: Zur Vorgeschichte des Bauernkrieges. Studien zur Verfassungs-, Verwaltungs- u. Wirtschaftsgeschichte vornehmlich Südwestdeutschlands im ausgehenden Mittelalter. *(Altenburg 1900: Pierer.)* (VI, 24 S.) 8° ¶ [Erschien vollst. in: Schmollers Staats- u. socialwiss. Forschungen, Bd 18, H. 4.]
Berlin, Phil. Diss. v. 10. Okt. 1900

Stolze, Wilh., zur Vorgeschichte d. Bauernkrieges, s. a. Forschungen, staats- u. socialwissensch. XVIII. 4.

Zur Vorgeschichte des Bauernkrieges. Studien z. Verfassungs-, Verwaltungs- u. Wirtschaftsgesch. vornehml. Südwestdeutschlands im ausgehenden Mittelalter. Von Wilhelm Stolze. *Leipzig: Duncker & Humblot 1900.* (VIII, 57 S.) 8°
= Forschungen, Staats- u. socialwissenschaftl. Bd 18, H. 4. [00. 10793

— aus St.'s Werken, in vereinf. deutsche Stenographie. übertr. v. Chr. Johnen, s.: Regosten, stenographische.

Schulbibliothek Stolze-Schrey. Hrsg. von C. Bloetz, Lehrer. Bd 1. Berlin: F. Schulze 1905. 8° [Text stenogr.] [05. 4818

Stolzeaner, die, unter sich. gr. 8. (8 S.) Elberfeld 885, Fassbender. * — 10
100 Stück * 5 —
Aus: Schriftwart, besonders abgedruckt.

Stolze-Bibliothek von F. W. Kaeding. 18 Bde. 8. Berl. 889—92, (Mittler u. Sohn). ** 17 75; geb. ** 26 75
1. Die Denkmäler Stolze's. (64 autogr. S. m. 1 Lichtdr.) * 1 —; geb. ** 2 —.
2. Ueber Stolze's Reden. Die sten. Prüfungskommission in Berlin. Die sten. Vereine u. ihre Wirksamkeit. I. (64 autogr. S. m. 1 Lichtdr.) * 1 —; geb. ** 2 —.
3. 4. Wilhelm Stolze's Orig.-Schriften u. Reden, sein Briefwechsel u. die auf seine Person bezüglichen Dokumente. Die stenographischen Vereine u. ihre Wirksamkeit, II. (IV, 100 S.) * 2 —; geb. ** 3 —.
5. 6. Wilh. Stolze's Briefwechsel u. die auf seine Person bezüglichen Dokumente. (128 S.) * 2 —; geb. ** 3 —.
7. 8. Wilh. Stolze's Briefwechsel u. die auf seine Person bezüglichen Dokumente. (130 S.) * 2 —; geb. ** 3 —.
9. 10. Biographie Wilhelm Stolze's. (115 S. m. 1 Bildnis.) 891. * 2 —; in 1 Bd. geb. * 3 —.
11—13. Wilhelm Stolze's Arbeiten, seine Reden, Gutachten u. wissenschaftlichen Vorträge. (176 u. 16 autogr. S.) 891. * 3 —; in 1 Bd. geb. * 4 —.
14—16. Desgl. — (192 S.) 892. * 3 —; in 1 Bd. geb. ** 4 —.
17. 18. Desgl. — (72 S. u. Reg. XLIV S.) 892. ** 1 75, geb ** 2 75.
Daraus apart:
Stolze's, Wilh., des Meisters der deutschen Kurzschrift, Handschrift. 1 photolithogr. Taf. 51,5×33,7 cm. 891. * 1 —.

Staatliches und staatloses Ausland im preussisch-deutschen Strafrecht (Pr. Str. G. B. § 4. Deutsches Str. G. B. § 4. Vorentwurf von 1909 §§ 4. 5.) Ein Beitrag z. Gesetzgebungsgeschichte u. z. Lehre von d. Gesetzesinterpretation von Adolf **Stölzel**. Berlin: Vahlen 1910. 77 S. 8° [10. 7157 9

Billigkeits- und Rechtspflege der Rezeptionszeit in Jülich-Berg, Bayern, Sachsen und Brandenburg untersucht von Adolf Stölzel. Berlin: Vahlen 1910. XIII, 870 S. 8°
(Stölzel: Die Entwicklung d. gelehrten Rechtsprechung. Bd 2.)

Stölzel, Adf., üb. das landesherrliche Ehescheidungsrecht. Ein Beitrag zur Geschichte d. Ehescheidungsrechtes u. zur Interpretation der neueren Reichsgesetzgebg. gr. 8. (104 S.) Berlin 891. F. Vahlen. n. 2. —

—— deutsches Eheschließungsrecht nach amtl. Ermittelungen als Anleitung für die Standesbeamten bearb. 1. Heft.: I. Reichsrecht. II. Landesrecht. A. Preußen. 1. und 2. Aufl. 8. (XXIV, 42 S.) Ebendas. 875. *

Stölzel, Adf., deutsches Eheschließungsrecht nach amtlichen Ermittelungen als Anleitung für die Standesbeamten bearb. 2. Heft: II. Landesrecht. Preußen mit Lauenburg [Nachtrag]. Die übrigen Bundesstaaten. III. Dispensationswesen. Anhang: Außerdeutsches Eheschließungsrecht. Ehemündigkeitstabelle. 1. und 2. Aufl. 8. (VIII, S. 39—137.) Berlin 876, Vahlen. * 1 20
1. Heft. Ebendas. 1875. * 80 Pf.

—— dass. — 3. Aufl. 8. (XXV, 137 S.) Ebendas. 876. cart. * 2 —

—— dass. — Mit Anhang: Außerdeutsches Eheschließungsrecht. Ehemündigkeitstabelle. 3. Aufl. Neue unveränd. Ausg. 8. (XXV, 137 S.) Ebendas. 879. cart. * 2 —

Stölzel, Adf., deutsches Eheschließungsrecht. Als Anleitg. für die Standesbeamten bearb. 4. Aufl., auf der Grundlage des seit 1900 gelt. Rechtes neu bearb. v. Otto Stölzel. Anh.: Ausländisches Eheschließungsrecht. (VIII, 179 S.) kl. 8. Berlin 904. F. Vahlen. Kart. n. 2. 50

Stölzel, Adf., das Eheschließungsrecht im Geltungsbereiche des preußischen Gesetzes vom 9. März 1874. Nach amtl. Ermittelungen als Anleitung für den Standesbeamten zusammengestellt. 1.—3. Aufl. 8. (69 S. mit 1 Taf.) Berlin 874, Vahlen. cart. *

Stölzel, Ad.: Das Eheschließungsrecht im Geltungsbereiche des Preuß. Gesetzes vom 9. März 1874. Nach amtl. Ermittelungen als Anleitung für die Standesbeamten zsgest. Berlin 1874.
— 4. Aufl. 1874.

Stölzel, Adf., die Entwicklung der gelehrten Rechtsprechung untersucht auf Grund der Akten des Brandenburger Schöppenstuhls. (In 2 Bdn) 1. Bd. Der Brandenburger Schöppenstuhl. Mit 1 Abbildg. von Brandenburger Schöppenstuhlssiegeln. gr. 8. (XVIII, 609 S.) Berlin 901. F. Vahlen. n. 12. —; geb. n.n. 14. —

Stölzel, Adf., die Entwicklung der gelehrten Rechtsprechung. 2. (Schluss-)Bd. Billigkeits- u. Rechtspflege der Rezeptionszeit in Jülich-Berg, Bayern, Sachsen u. Brandenburg, untersucht. (XIII, 870 S.) gr. 8. Berlin 910. F. Vahlen. 18. —; geb. n 20. 50
1. Bd. Ebd. 901. 12. —; geb. n 14. —

— die Entwicklung d. gelehrten Richterthums in deutschen Territorien. Eine rechtsgeschichtl. Untersuchg. m. vorzugsweiser Berücksicht. der Verhältnisse im Gebiete d. ehemal. Kurfürstenth. Hessen. 2 Bde. gr. 8. (XIV, 619 u. III, 236 S.) Stuttgart 872. Cotta. n. 24. —

Stölzel, Adf., s.: Forschungen zur brandenburg. u. preuß. Geschichte.

Stölzel, Adf., die Lehre von der operis novi nunciatio u. dem interdictum quod vi aut clam. Eine civilist. Abhandlung. Göttingen 865. Wigand. gr. 8. (XII, 629 S.) n. 2 Thlr 20 Ngr.

— s.: Material, urkundliches, aus den Brandenburger Schöppenstuhlsakten.

— Die operis novi nunciatio als Keim der Hanauer Ganggerichte, s.: Festgabe der Berliner juristischen Fakultät f. Otto Gierke.

[F.] Ueber Proberelationen. E. Mittheilg a. d. Justizprüfgskomm. [Vf.: Adolf Stölzel.] 3. durchges. u. verm. Aufl. *Berlin: F. Vahlen 1897.* (104 S.) 1 Bd 8. [98. 427

Ueber Proberelationen. Eine Mittheilung aus d. Justizprüfungskommission. [Verf.: Adolf Stölzel.] 4. durchges. u. verm. Aufl. Berlin: F. Vahlen 1902. (101 S.) 8°

— das Recht der väterlichen Gewalt in Preußen. [Aus: „Justiz-Ministerialblatt."] 4. (43 S.) Berlin 874. v. Decker. n. 1. —

— Rechtslehre u. Rechtsprechung. Ein Vortrag, geh. in der jurist. Gesellschaft zu Wien am 7. XII. 1898. (Nach stenograph. Niederschrift bearb.) gr. 8. (58 S. m. 1 Taf.) Berlin 899. F. Vahlen. n. 1. 20

Stölzel, Adf., Brandenburg-Preußens Rechtsverwaltung und Rechtsverfassung, dargestellt im Wirken seiner Landesfürsten und obersten Justizbeamten. 2 Bde. gr. 8. (LII, 448; 774 S.) Berlin 888, Vahlen. * 22 —
geb. * 26 —

Der Brandenburger Schöppenstuhl. Von Adolf Stölzel. Mit 1 Abb. von Brandenb. Schöppenstuhlsiegeln. Berlin: F. Vahlen 1901. (XVIII, 595 S.) 8°
(Stölzel: Die Entwicklung d. gelehrten Rechtsprechung. Bd 1.)

— Schulung f. die civilistische Praxis. gr. 8. (XI, 372 u. Beilagehft. 28 S.) Ebd. 894. n. 8. —; geb. n.n. 9. —

— Schulung f. d. civilistische Praxis. 2. Aufl. gr. 8. (XI, 391 u. Beilageheft 28 S.) Berlin 896. F. Vahlen. n. 8. —; geb. n.n. 9. —

— dasselbe. 2. Thl. (Zur Lehre v. d. Eventualaufrechng.) gr. 8. (XI, 312 S.) Ebd. 897. n. 6. —; geb. n.n. 7. —

— dasselbe. 2 Thle. gr. 8. Ebd. 898. à n. 8. —; geb. à n. 9. —
1. 3. Aufl. (XXVI, 395 u. Beilageheft 28 S.)
2. (Zur Lehre v. d. Eventualaufrechng. 2. Aufl. (XXVIII, 395 S.)

Schulung für die civilistische Praxis von Adolf Stölzel. 4. Aufl. T. 1. *Berlin: F. Vahlen 1900.* 8° [F.] [00. 8338

— Schulung f. die civilistische Praxis. 2 Thle. gr. 8. Ebd. n. 17. —; geb. n.n. 19. —
I. 5. Aufl. (XLII, 400 u. 28 S.) 902. n. 8. —; geb. n.n. 9. —
II. 3. Aufl. (XXXV, 465 S.) 902. n. 9. —; geb. n.n. 10. —

Schulung für die zivilistische Praxis. Von Adolf Stölzel. 6. Aufl. T. 1. *Berlin: F. Vahlen 1904.* 8° [F.] [04. 19714

— Schulung f. die zivilistische Praxis. 2 Tle. gr. 8. Ebd. 906. n. 18 —; geb. n. 20. —
I. 7. Aufl. (XLVI, 400 u. 28 S. m. Bildnis.) 8. —; geb. n. 9. —.
— II. 4. Aufl. (XVII, 580 S.) 10. —; geb. n. 11. —.

— Schulung f. die zivilistische Praxis. I. Tl. 8. Aufl. (XLVIII, 400 u. Beilageheft 28 S.) gr. 8. Berlin 909. F. Vahlen. 8. —; geb. n 9. —

— Casseler Stadtrechnungen aus der Zeit von 1468 bis 1553, s.: Zeitschrift d. Vereins f. hess. Geschichte und Landeskunde.

—— Studirende der Jahre 1368 bis 1600 aus dem Gebiete des späteren Kurfürstenthum Hessen, s. Zeitschrift des Vereins für hessische Geschichte und Landeskunde.

Stölzel, Adf., Carl Gottlieb Svarez. Ein Zeitbild aus der 2. Hälfte d. 18. Jahrh. [Mit 3 Abbildgn. u. e. Stammtaf.] gr. 8. (XX, 452 S.) Berlin 885. Vahlen. n. 10. —; geb. n. 12. —

— die Verhandlungen über Schillers Berufung nach Berlin geschichtlich u. rechtlich untersucht. (97 S.) gr. 8. Ebd. 905. n. 2. —

—— 15 Vorträge aus d. brandenburgisch-preußischen Rechts- u. Staatsgeschichte. gr. 8. (V, 182 S.) Ebd. 889. * 3 50; geb. * 4 50

— Wiederverheirathung e. beständig v. Tisch u. Bett getrennten Ehegatten. gr. 8. (VI, 72 S.) Berlin 876. Vahlen. n. 1. 20

Stölzel, C., Bergbau u. Hüttenwesen, s.: Bericht, amtlicher, über die Wiener Weltausstellung im J. 1873.

Stölzel, Carl, s. Stölzel, Karl

Stoelzel, Ernst, a. Braunschweig: Die Behandlung des Erkenntnisproblems im Platonischen Theätet. T. 1: Gedankengang u. Analyse d. Behandlung d. Problems bis z. Ende d. ersten Definition. (Halle a. S. 1908: E. Karras.) (78 S.) 8° ¶ (Erscheint vollst. im Verl. von M. Niemeyer in Halle a. S.)
Berlin, Phil. Fak., Ref. Riehl, Diss. v. 18. Juli 1908
[Geb. 16. Nov. 82 Braunschweig; Wohnort: Braunschweig; Staatsangeh.: Braunschweig; Vorbildung: Martino-Katharineum Braunschweig Reife O. 02; Studium: Göttingen 3, Berlin 7 S.; Rig. 29. Juli 07.]

Stoelzel, Ernst, die Behandlung d. Erkenntnisproblems bei Platon. Eine Analyse des Platonischen Theätet. (VIII, 132 S.) gr. 8. Halle 908. M. Niemeyer. 4. —

Stölzel, Karl

Stölzel, Carl, die Entstehung u. Fortentwicklung der Rübenzucker-Fabrikation u. insbesondere die Concurrenz zwischen Rohr- u. Rübenzucker. gr. 8. (VIII u. 104 S.) Braunschweig 851, Vieweg & Sohn. n. ½ ℛ

— Kupfer, s.: Handbuch der chemischen Technologie.

Stölzel, C.: Die Metallurgie, s.a. Bolley, P.: Handbuch d. chem. Technologie.

Stölzel, C., die Metallurgie, s.a. Handbuch der chemischen Technologie.

Stölzel, C., die Metallurgie. Gewinnung der Metalle. [Zugleich als 7. Bd. von Bolley-Birnbaum's Handbuch der chem. Technologie.] 2 Hälften. gr. 8. (XXII, 1628 S.; Anhang 86 S. mit zahlreichen [537] eingedr. Holzschn.) Braunschweig 863—86, Vieweg und Sohn. * 42 —

Stölzel, Carl Dr. „Die verschiedenen Methoden der Leuchtgas-Erzeugung". pg. 1—15. 4°. J. Kayser.
Kaiserslautern, Progr. 1852/53

—— specieller Theil der Metallgewinnung, s. Handbuch der chemischen Technologie.

Stölzel, C., Zink, Cadmium, Zinn, Blei, s. Handbuch der chemischen Technologie.

Stölzel, Karl Wilh., kalligraphische Wandtafel für Schulen. Imp.-Fol. (6 lithogr. Bl. und 26 S. Text in gr. 8.) Döbeln 869, (Schmidt.) *

Stölzel, O.: Die Änderung von Gerichtsbezirken mit bes. Berücks. der bevorstehenden Berliner Gerichtsänderung. (Berlin 1904.)

Stoelzel, Oscar, aus München: Ein Fall von Primärem Lebercarcinom. *München 1901: Kastner & Lossen.* (23 S.) 8°
München, Med. Diss. v. 1901

Stölzel, Otto [Kammergerichtsref.]: Anwendbarkeit der actio Pauliana auf Zahlung, Hingabe an Zahlungsstatt und Pfandbestellung. … Gräfenhainichen, Druck v. C. H. Schulze & Co., *1890;* 57 S. 8°
Rostock, Jur. Fak., Inaug.-Diss. v. [22. Okt.] 1890

Stölzel, Otto, das Personenstandsgesetz vom 6. II. 1875 in heutiger Gestalt, s.: Gesetze, die, des Deutschen Reiches in kurzgefaßten Kommentaren. VI.

Stölzel, Otto, Rechtsprechg. d. Gerichtshofs zur Entscheidg. d. Kompetenzkonflikte. Im amtl. Auftrag systemat. zusammengest. gr. 8. (VIII, 638 S.) Berlin 897. C. Heymann's Verl. n. 10. —

Rechtsweg und Kompetenzkonflikt in Preussen. Von Dr. Otto Stölzel, Landrichter. Nebst e. Anh., enth. d. einschlagenden Rechtsquellen. *Berlin: F. Vahlen 1901.* (VII, 633 S.) 8° [F.] [01. 8303

Stölzel, Wilhelm Fr.

— Denkmal der Noth in d. Hülfe Gottes in uns. Zeiten. In drei Predigten. 8. Gotha 773. Ettinger. 4 gr.

Stölzel, Wlh. Fr., († d. 28. Dec. 1783.) vier Charfreitagspredigten üb. Esaias LIII. 4—6. 8. Gotha 758. … 3 gr.

— Predigt: Gott mit uns auf der Straße des Lebens, die wir gehen. 8. Götting. 765. Dieterich. 2 gr.

Stölzel, W. Fr., Samml. heil. Reden über verschied. Schriftstellen. 6 Thle. 8. Gotha. (Dieterich in Götting.) 735-68. Rthlr. 4 —

— 7 Sammll. heil. Reden über verschied. Schriftstellen. 8. Gotha 755—777. (Dieterich in Götting.) 4 ℛ

— ein doppeltes Zeugniß, welches Menschen bei der Erfüllung ihrer Wünsche abzulegen verbunden sind. 8. Gotha 774.

Stolzenau [Schlagwort]

Stolzenau. s.: Preussen. Messtischblätter.

STOLZENBACH, Karl (Homberg): Zusammenstellung der Zwillingsgeburten in dem Zeitraum vom Mai 1889 bis Dezember 1892. (Titel nach der Urkunde)
16.3.1893 - Urk; Chr 1892/93,17
Diss. Ingolst.-Landsh.-Mchn.

Stolzenberg. – Anton Stolzenberg ..., s. Stolzenburg

Stolzenberg, Antonius: De iritide, praecipue syphilitica. Halis Saxonum (1864): Orphanotropheum. 34 S. 8°
Halle-Wittenberg, Med. Diss. v. 17. Aug. 1864
Geb. Germete (Kr. Warburg) 26. 11. 1838. V.
Verf. erlebte die Diplomerneuerung 1914 als Geheimer Sanitätsrat in Berlin.

Stolzenberg, F., & Co.: Präcisions-Zahnräder. Berlin-Reinickendorf 1902

Stolzenberg, Felix, aus Sachsen: Zur Ätiologie der hereditären, multiplen, cartilaginären Exostosen. Greifswald 1898: J. Abel. (27 S.) 8⁰
Greifswald, Med. Diss. v. 31. Aug. 1898

Stolzenberg, Fritz, aus Cassel, Referendar am Kgl. Amtsgericht zu Wetter b. Marburg a. L.: **Das Ablösungsrecht des § 268 B.G.B., insbesondere in seinem Verhältnisse zur gewöhnlichen Zahlung fremder Schulden.** *Cassel 1903: Weber & Weidemeyer.* (109 S.) 8°
Erlangen, Jur. Diss. v. 12. Dez. 1901

Stolzenberg, Geo., neues Leben. 1.—3. Hft. gr. 16. (52, 52 u. 50 S.) Berlin 898, 899. 908. J. Sassenbach. à 2.—

(B) **Stolzenberg**, Geo., neues Leben. 3 Hefte. (KBL 32.) Jetzt: München, R. Piper & Co.

Stolzenberg, H., Liederhefte f. den Klassengesang-Unterricht in höheren Lehranstalten. [Mit besond. Berücksicht. der deutschen Lehrpläne der genannten Anstalten.] 1.—4. Hft. gr. 8. (VIII, 135 S.) Cassel 890. Hühn. In 1 Bd. cart. n. 1. 80

Stolzenberg, H., Liederhefte f. den Klassengesang-Unterricht in höheren Lehranstalten. (Mit besond. Berücksicht. der deutschen Lehrpläne der genannten Anstalten.) 1.—4. Heft. 2. Aufl. (VIII, 135 S.) 8. Kassel, E. Hühn. Kart. n.n. 1. 80

Stolzenberg, Maurus v., die Jesuiten nach dem Urtheile unparteiischer Gegner. gr. 8. (60 S.) Frankfurt a/M. 901. P. Kreuer. — 50

— wem gehört die Volksschule?, s. a. Broschüren, Frankfurter zeitgemäße. XIX. 7.

Wem gehört die Volksschule? Zeitgemässe Beleuchtung einer brennenden Frage. Von Maurus v. Stolzenberg. Frankfurt a. M.: P. Kreuer 1899. (32 S.) 8⁰
(Broschüren, Frankfurter zeitgemässe. Bd 19, H. 7.)

Stolzenburg, Anton, und Henriette Altmannin, oder die Folgen schlechter Erziehung . . . Halle 1788. V: *Römer, Carl Heinrich von.* (ML) (MGT) (BGE) (Ky)

Stolzenburg, Anton, und Henriette Altmannin, oder die Folgen schlechter Erziehung und übelverstandner Aufklärung, 8. Halle, 788. Curts. 23 ggl.

Stolzenberg, Anton u. Henriette Altmannin, (von K. H. v. Römer). 8. Halle 788. (Laue in Berl.) 18 gr

Stolzenburg, die Aufgabe der Lehrerbildung in Seminarien. Rede gehalten am 15. October 1849 bei der Eröffnung des in Steinau a. d. O. neu errichteten Schullehrer-Seminars. gr. 8. (15 S.) Breslau 849. Hirt. 3 ngr

Stolzenburg, Chr. (Hrsg.), s. Homerus: Odyssee. 1. Gesang.

Stolzenburg, Chr., neues Lesebuch zur Erlernung der griech. Sprache. 2 Abtheill. 8. Leipz. 800. 2e verm. A. 806. Barth. 18 gr

Stolzenburg — das griech. Zeitwort zweckmäſsig geordnet und vollständig dargestellt. Berlin 821. 2 Bog. f. 6 gr.

— das griech. Zeitwort zweckmäßig geordnet u. vollständ. dargestellt auf 2 gr. Fol. Bogen. Berl. 822. (Nicolai). 5 gr

Stolzenburg, Ernst, approb. Arzt aus Neubrandenburg i. M.: **Über Thiopyrin.** *Rostock 1903: Adlers Erben.* (33 S.) 8°
Rostock, Med. Diss. v. [7. Aug.] 1903

Stolzenburg, Hans, a. Kiel: **Zur Übersetzungstechnik des Wulfila.** Halle 1905: Waisenhaus. (40 S.) 8° ¶ (Ersch. vollst. in: Zeitschr. f. deutsche Philologie, Bd 37.)
Kiel, Phil. Fak., Ref. Kauffmann, Diss. v. 12. Mai 1905
[Geb. 30. Jan. 81 Kiel; Wohnort: Kiel; Staatsangeh.: Preußen; Vorbildung: Kgl. Gymn. Kiel Reife O. 02; Studium: Kiel 4, Freiburg i. B. 1, München 1, Kiel 3 S.; Rig. 10. Dez. 04.]

Stolzenburg, (Johannes Christoph Heinr.) Martin (geb. Liegnitz 9. 11. 1859): Die Geschichte der Tracheotomie. Berlin (1883). (30 S.) 8°
Berlin, Med. Diss. v. 4. Aug. 1883

STOLZENBURG, Otto (Berlin): Ein Beitrag zur Lehre von der reflectorischen Pupillenstarre und der spinalen Myosis mit besonderer Rücksicht auf Lues.- München: Wolf 1883. 34 S.
15.6.1883 - Urk (Titel: De myosi.); Chr 1882/83,19
Diss.Ingolst.-Landsh.-Mchn.

Stolzenburg, **Paul**, Arzt: **Aus d. med. Klinik zu Kiel. Nephritis nach Angina und Erysipelas.** Kiel 1908: Jensen. 51 S. 8°
Kiel, Med. Diss. v. 5. Dez. 1908, Ref. Quincke
[Geb. 11. Juli 78 Kiel; Wohnort: Kiel; Staatsangeh.: Preußen; Vorbildung: Gymn. Kiel Reife O. 98; Studium: Kiel 4, Freiburg i. B. 1, Leipzig 1, Kiel 3 S.; Coll. 13. Nov. 08; Approb. 8. April 03.] [U 09. 2292

Stolzenburg, R.: Bestimmung einer Ellipse durch die Summe eines Ellipsenbogens u. zweier Tangenten. 1872. 4⁰
Diss. Jena

Stolzenburg, R., Erklärung des kleinen Katechismus Dr. Martin Luthers, — Katechismuslehre. } s.: Crüger, Johs.

Stolzenburg, R., Leitfaden f. den arithmetischen Unterricht in den mittleren Classen höherer Lehranstalten. 8. (48 S.) Potsdam 873. Gropius in Comm. n. — 60

Stolzenburg, Rich. Das Quecksilberthermometer und seine Kalibrierung. (Erste Abteilung.) 26 S. Progr. OR. Kiel 1885.

Das Quecksilberthermometer und seine Kalibrierung (Abth. 1) von Richard Stolzenburg. Kiel 1888. 4⁰ Kiel, Realsch.-Progr.

Stolzenburg, Richard, Prof. Dr.: **Wie behandelt man auf der Oberstufe höherer Schulen die Brechung einfarbigen Lichts durch das Prisma?** Mit 2 Fig.-Taf. *Kiel 1899: A. F. Jensen.* (11 S.) 4°
Kiel, OR m. Reform-Realgymnasialkl., P 1899 (314)

Stolzenburg, Rudolf

Stolzenburg, R., Lieder- u. Spruchbuch f. die evangelische Schule. (III, 84 S.) 8. Bromberg 903. Mittler. Kart. n. — 80

Stolzenburg, Rud., evangelisches Religionsbuch zum Gebrauche in Lehrerseminaren u. f. Volksschullehrer. 1.—3. Tl. gr. 8. Gotha, E. F. Thienemann's Verl. à n. 1. 40
1. Das Alte Testament. (XII, 112 S.) 894.
2. Das Leben Jesu. Für den Religionsunterricht bearb. (XIII, 130 S.) 893.
3. Kirchengeschichte u. Erklärung v. 38 Kirchenliedern. (XI, 121 S.) 893.

Stolzenburg, Rud., evang. Religionsbuch z. Gebrauche in Lehrerseminaren u. f. Volksschullehrer. 4. Tl. gr. 8. Gotha 895. E. F. Thienemann, Verl. n. 1. 40; geb. n. 1. 60
Der Katechismus D. Martin Luthers. F. d. Religionsunterricht bearb. (VII, 112 S.)

Stolzenburg, Rud., dein Wort — mein Lied. Ein Andachtsbuch f. stille Stunden. gr. 8. (VII, X, 472 S.) Bromberg 898. G. Abicht. n.n. 5. —; geb. in Leinw. m. Goldschn. n.n. 6. 50

Stolzenburg, W., Beiträge zur Geschichte der Regulative vom 1., 2. und 3. Oktober 1854. Breslau 860. Dülfer in Comm. gr. 8. (VIII, 204 S.) n. 15 ngr

—— biblische Geschichten Alten und Neuen Testamentes, für den Schulgebrauch bearb. 8. (XVI und 158 S.) Breslau 860, Dülfer. * 5 Ngr.; geb. *

Stolzenburg, W., 80 Kirchenlieder, s.: Anders, F.

Stolzenburg, W., s.: Kirchenlieder, 80.

—— und Friedr. Anders, 80 Kirchenlieder, s. Lernbuch für den Religionsunterricht.

—— und F. Anders, geistliche Lieder, s. Lieder, geistliche.

Stolzenburg, W., geistliche Lieder für Kirche, Schule und Haus, s. Anders, F.

Stolzenburg, (Rector,) Rede, gehalten am 8. Januar 1844 zur Feier des Eintritts der neuen Schuleinrichtung in Demmin. 8. Demmin 844, (Gesellius u. Co.) n. 1/12 ß

—— Religionsbuch f. gereiftere Schüler. 8. (20⅞ B.) Anclam 846, Dietze. 22½ Ngr., feine Ausg.

Stolzenburg, W., Schul-Verordnungen. Im Anschlusse an desselben Verf. Beiträge zur Geschichte der Regulative und Schul-Verordnungen für die Geistlichen und Lehrer des Liegnitzer Regierungs-Bezirkes. 3. Aufl. mit 2 histor. Beilagen. gr. 8. (IV und 185 S.) Breslau 866, (Dülfer.) * -

Stolzenburg, W. A. H., Geschichte des Bunzlauer Waisenhauses, zugleich ein Spiegelbild der wichtigsten pädagogischen und didaktischen Bestrebungen in dem evangelischen Deutschland und der Schweiz während der letzten anderthalb Jahrhunderte. Zu der am 14. März 1854 stattfindenden Feier des 100jährigen Bestehens der Anstalt herausgegeben. Breslau 854. Hirt. 8. (XVI, 334 S. u. 1 Tab. in Fol.) n. 25 ngr

—— die Unterthanentreue. Festrede bei der Königs-Geburtstags-Feier am 15. Octbr. 1855 auf dem bunzlauer Waisenhause gehalten. gr. 8. (15 S.) Bunzlau 855. (Breslau, Dülfer's Buchh.) *

— die regelmäßigen und unregelmäßigen französischen Zeitwörter, ihre Stammzeiten, die Ableitungen und Verwandtschaften. Potsdam 853. Riegel'sche Buchhdlg. in Comm. Lex.-8. (15 S.) nn. 2½ ngr

Ernte. Von Wilhelm **Stolzenburg**. Dortmund: 'Das Signal' ⟨1910⟩. 38 S. 8°

Gedichte von Wilhelm **Stolzenburg**. Berlin-Leipzig: C. Wigand 1907. (63 S.) 8° [F.] [08. 3600

Stolzenburg, Wilh., Caviar für's Volk. Satiren. (74 S. m. Abb.) 8. Leipzig 907. Modernes Verlagsbureau. 1. —

Caviar für's Volk. Satiren von Wilhelm **Stolzenburg**. Berlin-Leipzig: C. Wigand 1907. (70 S.) 8° [F.] [08. 6116

Stolzenfels, M., e. gräfliche Messalina. Hofplaudereien. 8. (141 S.) Berlin 894. Wiener. n. 1. —
Früher u. d. T.: Aschenborn, P. D., Memoiren der Maria Aurora Gräfin v. Königsmark.

Stolzenwald, G., Industrie des Sulfats, der Salzsäure u. der Salpetersäure, s.a. Bibliothek der gesamten Technik.

Industrie des Sulfats, der Salzsäure und der Salpetersäure. Von G. **Stolzenwald**, Hüttening. Mit 29 Abb. Hannover: M. Jänecke 1907. (146 S.) 8°
= **Bibliothek** d. gesamten Technik. Bd 62. [08. 11039 7

Stolzenwald, Gustav, Referendar, Königsberg i. Pr.: Simulation beim Grundstückskauf. Königsberg i. Pr. [1905]: L. Beerwald. (87 S.) 8°
Rostock, Jur. Fak., Ref. Matthiass, Diss. v. 20. Juli 1905
[Geb. 14. Jan. 81 Quehnen, Kreis Pr. Eylau; Wohnort: Königsberg i. Pr.; Staatsangeh.: Preußen; Vorbildung: Wilhelmsgymn. Königsberg i. Pr. Reife O. 00; Studium: Königsberg 2, München 1, Königsberg 3 S.; Rig. 29. Sept. 04.]

— Zinkgewinnung, s.a. Bibliothek der gesamten Technik.

Zinkgewinnung von (Gustav) **Stolzenwald**. Mit 19 Abb. Hannover: M. Jänecke 1907. (88 S.) 8°
= **Bibliothek** d. gesamten Technik. Bd 41. [08. 11038 7

Stölzer, Christian August von, s. Beleuchtung der Schrift des Herrn von Uechtritz ...

— Bruchstücke aus d. Tagebuche üb. einen Durchflug durch Holland u. e. Theil Deutschlands. 8. Görlitz 806.

v. **Stölzer**, Chr. Aug., Bruchstücke üb. den vormal. Central-bewaffnungs-Ausschuß zu Bautzen u. Görlitz. 8. Görlitz 806. (Anton in Halle). 3 K

Stölzer, C. A. v., Bruchstücke üb. den vormaligen Centralbewaffnungs-Ausschuß zu Bautzen und Görlitz. 8. Görlitz, Anton (in Comm.) 816. — 3

— Fantasie e. Sachsen im Bade zu Pfeffers in der Schweiz am 19. Juli 1800. 8. Zürich 808.

— s. Tessier: Bemerkungen über Hofwyl.

LEBENSBESCHREIBUNGEN, Merkwürdige, verschiedener Kaufleute und Handlungsdiener nach ihren glücklichen und unglücklichen Begebenheiten, gesammlet von *A. P. B.* (verfasst von *Joh. Aug. Stölzer*). 2 Thle. Hamburg 1771—72. 8°. Rar! (48 xr. Beck, Nördl., Cat. 116; jetzt theurer!)
Anon.-Lex. III. p. 28 (nach Meusel).

Stölzer, Johann Kilian (Eisleben) A. S. 773/3

Disputatio inauguralis juridica de rescriptis superiorum. Präs. Johann Heinrich Meier.
Erfurt (Grosch) 13. V. 1712. 8 Bl.

Gew.: Lewin Gotthard von Below. 33685

Stolzing, Jos., Maria Theresia, s.a. Häupter, gekrönte.

[F.] Maria Theresia. 1740—80. Von Joseph **Stolzing**. *Berlin: H. Baake [1895]*. (64 S.) 1 Bd 8.
= **Häupter**, Gekrönte. No 25. [97. 5445

Stolzing, Jos., das Reich des Heils. Ein Trauerspiel der Zukunft in 3 Akten. 8. (77 S.) Leipzig 893. O. Mutze. n. 1. —

Stolzissi, P. R., der Attergau. Ein Vademecum bei Bereisg. d. Attergaues m. besond. Berücksicht. d. klimat. Curortes Kammer u. der Attersee-Ufer. gr. 8. (30 S.) Vöcklabruck 883. (Salzburg, Kerber.) — 80

Stolzissi, Peter Regulat. Die Stadt Hall in Tirol, der Salzberg im Hallthale, die Saline u. der Bezirk Hall. 8. (VIII, 147 S. mit Ansichten.) Hall 889. (Innsbr., Wagner.) * 2 —

Stölzl, Maur., praecepta eloquentiae romanae, in us. scholarum. 8maj. Salzb. 799. Mayr. 20 ℋ

— griechische Sprachlehre u. Samml. theils pros. theils poet. griech. Stellen, m. Anmerk. u. Register. 8. Salzburg, Duyle. 796.

Stoelzle, Gottfried [Rechtsanw. aus Kempten im Allgäu]: Verfassungsänderung während der Regentschaft nach bayerischem Staatsrechte unter Berücks. des in d. übrigen deutschen Staaten geltenden Rechts. '(Separatabdr. aus d. Archiv f. öffentl. Recht, Bd x Heft 1)' ... Freiburg i. B., Buchdr. v. C. A. Wagner, 1894; 4 Bl., 53 S. 8.
Erlangen, Jur. Fak., Inaug.-Diss. v. 1894

Stölzle, Hans, gerichtliche Entscheidung des 1. Jahrzehnts des bürgerlichen Gesetzbuches üb. den Viehkauf. Gesammelt u. hrsg. (VIII, 193 S.) gr. 8. Mainz (910). Zentralbuchh. deutscher Rechtsanwälte. (Nur direkt.) Geb. in Leinw. 4. 50

— Güter- u. Erbrechtsverhältnisse im Allgäu. Auf Grund der Bestimmgn. des bayer. Übergangsgesetzes vom 9. VI. 1899 u. des bürgerl. Gesetzbuches dargestellt. (XXXII, 234 S.) kl. 8. Kempten 907. J. Kösel. 3.40; geb. 4. —

Stölzle, Hans [Rechtspraktikant aus Kempten]: Die rechtliche Verantwortlichkeit des Regenten und Regierungsstellvertreters nach deutschem Staatsrecht ... Würzburg, P. Scheiners Buchdr., 1894; 4 Bl., 48 S. 8.
Erlangen, Jur. Fak., Inaug.-Diss. v. 1894

Stölzle, Hans, die rechtliche Verantwortlichkeit des Regenten u. Regierungsstellvertreters nach deutschem Staatsrecht. Eine staatsrechtl. Studie. gr. 8. (III, 48 S.) Würzburg 894. Onad & Co. n. 1. 20

Stölzle, Hans, Viehkauf (Viehgewährschaft), s.a. Guttentag's Sammlung deutscher Reichsgesetze. Nr. 50.

Viehkauf (Viehgewährschaft) nach dem Bürgerlichen Gesetzbuche. Text-Ausg. mit Erläuterungen u. Sachreg. von Dr. Hans Stölzle, Rechtsanw. in Kempten (Bayern). Mit e. Anh.: Verordnung, betr. d. Hauptmängel u. Gewährfristen beim Viehhandel. Vom 27. März 1899. Erl. von Heinrich Weiskopf, Kgl. Kreisthierarzt in Augsburg. Berlin: J. Guttentag 1899. (XXXII, 158 S.) 8°
(Sammlung, Guttentag'sche, Deutscher Reichsgesetze. No 50.)

Viehkauf (Viehgewährungsgeschäft) nach dem Bürgerlichen Gesetzbuche. Mit Einl., Erl. u. Sachreg. von Dr. Hans Stölzle, Rechtsanw. in Kempten (Bayern). Nebst e. Anh.: Kais. Verordnung vom 27. März 1899, betr. d. Hauptmängel u. Gewährfristen beim Viehhandel. Erl. von Heinrich Weiskopf, Königl. Kreisthierarzt in Augsburg. 2. verb. Aufl. *Berlin: J. Guttentag 1900.* (216 S.) 8° [F.]
= Sammlung, Guttentagsche, Deutscher Reichsgesetze. No 50.

Viehkauf (Viehgewährschaft) nach d. BGB. unter Berücks. d. ausländ. Rechts. Mit Einl., Erl. u. Sachreg. von Dr. Hans Stölzle, Rechtsanw. in Kempten. Kaiserl. Verordnung v. 27. März 1899, betr. d. Hauptmängel u. Gewährfristen beim Viehhandel, erl. von Heinrich Weiskopf, Kreistierarzt in Augsburg. 3., wesentl. verb. Aufl. *Berlin: J. Guttentag 1904.* (XV, 384 S.) 8° [F.]
= Sammlung, Guttentag'sche, Deutscher Reichsgesetze. No 50.

Viehkauf (Viehgewährschaft) nach dem Bürgerlichen Gesetzbuche, unter Berücks. d. ausländ. Rechts. Mit Einl., Erläuterungen u. Sachreg. von Dr. Hans Stölzle, Rechtsanw. Kaiserl. Verordnung v. 27. März 1899, betr. d. Hauptmängel u. Gewährfristen beim Viehhandel erl. von Heinrich Weiskopf, Augsburg. 4., wesentl. verb. Aufl. Berlin: J. Guttentag 1909. (502 S.) 8° [F.]
= Sammlung, Guttentag'sche, Deutscher Reichsgesetze. No 50.

Stölzle, Remig. (Hrsg.), s. Abailard, Pierre: 1121 zu Soissons verurtheilter Tractatus de unitate et trinitate divina.

Stölzle, Remig., s.: Baer's, Karl Ernst v., Schriften.

Stölzle, Remig., Karl Ernst v. Baer u. seine Weltanschauung. gr. 8. (XI, 687 S.) Regensburg 897. Verlagsanstalt vorm. G. J. Manz. n. 9. —

Stölzle, Remig., Ernst v. Lasaulx (1805—61), e. Lebensbild. (V, 302 S. m. 1 Bildnis.) gr. 8. Münster 904. Aschendorff. n. 5. —

Stölzle, Remigius, die Lehre vom Unendlichen bei Aristoteles, mit Berücksichtigung früherer Lehren über das Unendliche dargestellt. Teil einer gekrönten Preisschrift. gr. 8. (80 S.) Würzburg 882. Stuber's Verl. n. 1. 60

Johann Michael Sailer, s. Massregelung an d. Akademie zu Dillingen u. s. Berufung nach Ingolstadt. Ein Beitrag z. Gelehrtengeschichte aus d. Zeitalter d. Aufklärung. Aktenmässig dargest. von Remigius Stölzle. Kempten & München: Kösel 1910. VI, 178 S. 8°

— Herman Schell. Rede bei Enthüllg. seines Grabdenkmals, geh. am 18. VII. 1908 v. dem Vorsitzenden des Komitees, St. (22 S. m. 1 Taf.) 8. Kempten 908. J. Kösel. — 50

Stölzle, Remig., A. v. Köllikers Stellung zur Descendenzlehre. Ein Beitrag zur Geschichte moderner Naturphilosophie. gr. 8. (III, 172 S.) Münster 901. Aschendorff. n. 2. —

Stölzle, Remig., s.: Studien zur Philosophie u. Religion.

Stölzlin, A., specimen poëseos sacrae ex Prudentii hymnis depromptum. Ulm. 1714. 8.

Stölzlin, Bonif., geistl. Adlerstein, od. Gebete für schwangere u. gebärende Frauen. Verm. u. verb. (von J. E. Köhler). 8. Ulm ... 10e Aufl. 764. Wohler. 12 ℋ

Stolzman, Karol, Bogumir, byłych wojsk polskich kapitana artyleryi pierwszéj klassy. Partyzantka czyli wojna dla ludów powstających najwłaściwsza (Mit 3 Taf. und 1 Karte.) 8. Paryż i Lipsk 1844.

Stolzmann, Johannes [app. Arzt aus Spandau]: Aus d. Laboratorium d. pharmakognost. Sammlung in Kiel. Beitrag zur Kenntnis der Wirkung der Milchsäuren ... Kiel, Druck v. A. F. Jensen, 1892; 22 S., 1 Bl. 8.
Kiel, Med. Fak., Inaug.-Diss. v. [5. Mai] 1892

Stolzmann, Rudolf

Stolzmann, Rud., d. soziale Kategorie in d. Volkswirthschaftslehre. I. Grundleg. u. krit. Theil. gr. 8. (VIII, 426 S.) Berlin 896. Puttkammer & Mühlbrecht. n. 10. —

Stolzmann, Rud., der Zweck in der Volkswirtschaft. Die Volkswirtschaft als sozial-eth. Zweckgebilde. Versuch e. sozial-organ. Begründg. der Volkswirtschaftslehre. (XXIV, 780 S.) gr. 8. Berlin 909. Puttkammer & Mühlbrecht. 16.—; geb. in Leinw. 18. —

Stomma, Andreas (geb. am 16 Jan. 1828 in Köln): De variis gastritidis formis diagnoscendis ... Bonnae, typ. C. Krüger 1853. 2 Bl., 32 S. 8.
Bonn, Med. Fak., Diss. v. 16 Nov. 1853

Stomke, G. (Hrsg.), s. Aufruf. An die Maurer Königsbergs!

Stommel, Cuno, s. Stommel, Kuno

Stommel, Gfrd., das neue Bankgesetz. gr. 8. (46 S.) Berlin 875. A. Schindler. 1. —

Stommel, Gfried., die deutsche Industrie vor dem Reichstag. Versuch einer umfassenden gemeinverständl. Darstellung der Zollfrage aus den Gesichtspunkten des Nationalsystems und der Freihandelslehre. 1. und 2. unveränd. Aufl. gr. 8. (66 S.) Leipzig 876,77, Frohberg. *

— dass. — 3. über die Hälfte verm. Aufl. gr. 8. (V, 120 S.) Ebendas. 877. *

Stommel, Gfr. Sarastro, s. Goepfart, Karl.

Stommel, Gottfr., der Weg nach Damaskus. Tragödie aus der Gegenwart in 4 Aufzügen. (VIII, 109 S.) 8. Leipzig-Gohlis 908. Raschwitz, B. Volger. 2. —

Stommel, Heinrich. 1853-1903. Geschichtlicher Überblick der St Alphonsus-Kirche ... Phila 18. Juni 1904. Phila, 1904.

Stommel, Johann [aus Kuchem '(Kr. Sieg)']: Aus d. Univ.-Frauenklinik zu Bonn. Ueber das Verhalten der Menstruation beim engen Becken ... Bonn, Buch- u. Steindr. J. Bach Wwe, 1895; 28 S. 8.
Bonn, Med. Fak., Inaug.-Diss. v. [12. Okt.] 1895

Stommel, Kuno

Stommel, Cuno, die Balkan-Halbinsel 1877/78. Skizzen u. Correspondenzen aus dem russisch-türk. Kriege u. dem Berliner Congress. Nebst diplomat. Aktenstücken. gr. 8. (VI, 279 S.) Berlin 878. Behr. n. 4. —

Stommel, Cuno: Die Differenz Kants und Hegels in Bezug auf die Erklärung von Antinomien. Halle 1876: (Bär & Hermann in Leipzig). 29 S. 8°
Halle-Wittenberg, Phil. Diss. v. 29. März 1876
Geb. Velbert bei Elberfeld 13. 1. 1847. V.

Stommel, Cuno, das Ganze der Streichgarnspinnerei, insbesondere Lehrbuch für Wollkunde, Wäsche, Verarbeitung von Wolle und Kunstwolle. Speziell für Streichgarnspinner, Tuch- und Buckskinfabrikanten. Mit 1 Atlas (in gr. 4.), enthaltend die neuesten Maschinenzeichnungen. gr. 8. (XXII, 284 S. mit 9 Steint. in gr. 4. und qu. Fol.) Grünberg 875, Weiß' Nachf. (*M 7,50.) *

Stommel, Cuno, das Ganze der Weberei d. Tuch- u. Buckskinfabrikanten. 2 Bde. gr. 8. (XVIII, 271 u. XII, 342 S. m. 24 Steintaf.) Braunschweig 876. Vieweg & Sohn. n. 12. —

Stommel, Kuno, aus dem Geistesleben der Gegenwart. Bunte Blätter. gr. 8. (VIII, 423 S.) Düsseldorf 886. F. Bagel. n. 7. 50

Stommel, Kuno. Aus dem Geistesleben der Gegenwart. Bunte Blätter. 2. (Titel-)Aufl. gr. 8. (VIII, 423 S.) [Düsseld. 891, F. Bagel.] Frankf. a. M., Jaeger's Verlag. 3 —

Stommel, Dr. Kuno, Die Getreidezölle. Reformvorschläge für den praktischen Staats- und Landwirth. gr. 8°. Düsseldorf, F. Bagel, 1885.

Stommel, Kuno. Die Getreidezölle. Reformvorschläge f. den prakt. Staats- u. Landwirth. gr. 8. Düsseld. 885. Frankf. a. M., Jaeger's Verlag. * 2 —

— die Kunst gesund zu werden. gr. 8. (VIII, 83 S.) Ebend. 886. n. 1. 50

Stommel, K., die Kunst gesund zu werden. 6., verm. Aufl. gr. 8. (VIII, 91 S.) Düsseldorf 889. F. Bagel. n. 1. 50

— Sachwaltung od. Skandalprozeß? Eine Untersuchg. üb. den Verfall d. Advokatenstandes unter Bezugnahme auf den Entwurf e. bürgerl. Gesetzbuches u. die Entscheidgn. d. Ehren-Gerichtshofes f. deutsche Rechtsanwälte. gr. 8. (IV, 95 S.) Ebd. 890. n. 1. 50

Stommel, Sachwaltung od. Skandalprozess? Untersuchg. üb. d. Verfall d. Advokatenstandes. Düsseldorf 891.

Stommel, Kuno, die Wiederherstellung der weltlichen Herrschaft des Papstes durch den Fürsten Bismarck. gr. 8. (55 S.) Düsseldorf 884, F. Bagel. *

— die Wiederherstellung der weltlichen Herrschaft d. Papstes durch den Fürsten Bismarck. 7., verm. Aufl. gr. 8. (56 S.) Ebd. 887. n. — 50

Stommel, Philipp [cand. med.]: Aus d. Pharmakolog. Institut der Universität. Zur Lehre von der fettigen Entartung nach Chloroformeinathmungen. . . . Siegburg, Druck v. Wilh. Rockinger, 1889; 38 + 1 S. + 1 Bl. 8°
Bonn, Med. Fak., Inaug.-Diss. v. 5. Okt. 1889

STÖMMER, Anton (Ingolstadt): Vom Typhus.- (1841.) 23 S.
9.12.1841 - Urk (Titel: De typho.); F 65
Diss.Ingolst.-Landsh.-Mchn.

Stömmer, Otto [appr. Arzt]: Über das chronische vesiculare Emphysem namentlich der Pferdelunge. Eine pathologisch-histologische und ätiologische Untersuchung. (Aus d. Patholog. Institute zu München.) ... (Sep.-Abdr. aus: Deutsche Zeitschr. f. Thiermedicin ... Bd. XIII.) Leipzig, Druck v. J. B. Hirschfeld, 1887; 2 Bl. + 26 S. u. 2 Taf. 8°.
München, Med. Fak., Inaug.-Diss. v. 1887.

Stömmer, Otto, über das chronische vesiculäre Emphysem **namentlich der Pferdelunge. Eine pathologisch-histologische und ätiologische Untersuchung. (Aus d. Patholog. Institute zu München.) Diss. München 1887. 8°. 26 S. mit 2 Taf.**
Sonder-Abdruck aus: Deutsche Zeitschrift für Thiermedicin und vergleichende Pathologie. XIII. Band. Leipzig, F. C. W. Vogel.

Stömmer, Otto, Taschenplan für die erste Hilfe. 4. Aufl. (1 Bl. m. Abbildgn.) 4. München (905). Seitz & Schauer. Gebrochen in 16 — 10

(B) Stömmer, O., Taschenplan für d. erste Hilfe. 905. (KBL 34.) Rezt: Heidelberg, F. Hörning.

Stompor, Emil, Bazaine u. die Rhein-Armee. Nach den Quellen bearb. [Mit 3 (chromolith.) Plänen (in qu. 4. u. qu. Fol.)] gr. 8. (88 S.) Berlin 872. Luckhardt. n. 3. —

Stomps, Guil., Letzeberger Lidderboch. 95 Lidder. Gesammelt an erausgin. gr. 16. (VIII, 204 S. m. 1 Bidnis.) Luxemburg 898. Gu. Stomps. n. 1.25; erm. Pr. n.n. 1.—

Stomps, Guillaume: Letzeburger L i d d e r b u c h . 100 Lidder gesammelt fum G. S. 2. Editio'n. Letzeburech: G. Stomps 1898. VIII, 200 S. 12°

– 3. Editio'n. Ebd. 1898. – VIII, 200 S. 12°

Stona, Maria [Pseud.]
s.a. Scholz, Maria [Wirkl. Name]

Stona, M., Buch der Liebe. 8. (IV, 77 S.) Wien 888, Konegen. *

—— dass. — 2. verm. Aufl. 12. (IV, 85 S.) Ebendas. 889. cart. *

Stona, M. (Marie Scholz), **Buch der Liebe.** 3., sehr verm. Aufl. 8. (116 S.) Wien 897. C. Konegen. n. 1. 70

Stona, Maria (Frau Maria Scholz), mein Dorf, s.a. Kürschner's Bücherschatz.

Mein Dorf. Novellen u. Skizzen aus Schlesien von Maria **Stona** [d. i. Marie Scholz]. Mit Ill. von W. Roegge. Berlin, Leipzig: H. Hillger [1908]. (111 S.) 8° [F.]
— Bücherschatz, Kürschners. No 604.

— König Eri. Ein Lied der Liebe. Buchschmuck v. Jos. Edgar Kleinert. (148 S. m. Abbildgn.) 8. Wien 907. C. Konegen. 4. —

Stona, M. Erzählt u. gesungen. gr. 8. (VIII, 318 S.) Wien 890, Konegen. * 4 —

Stona, Marie (Frau Marie Scholz), s.: Jacobowski, Ludwig, im Lichte des Lebens.

— Lieder e. jungen Frau. 12. (VIII, 164 S.) Wien 899. C. Kon gen. n. 2. 60

— Menschen u. Paragraphe. 12. (III, 253 S.) Ebd. 896. n. 3. —; geb. n. 4. —

— die Provinz unterhält sich. Federzeichngn. 8. (VII, 140 S.) Ebd. 898. n. 2. —

— Der Rabenschrei. Roman e. Scheidg. (320 S.) 8. Berlin 907. H. Hillger. 2. —

— Rahel. Roman e. Mischehe. (317 S.) 8. Dresden (909). C. Reißner. 4. —; geb. 5. —

— im Spiel der Sinne. Novellen. 8. (162 S.) Breslau 902. Schles. Buchdruckerei 2c. n. 2. —; geb. n. 3. —

Stona, Maria (Frau Maria Scholz), klingende Tiefen. Neue Gedichte. (VIII, 153 S.) 12. Berlin 903. Jena, H. Costenoble. Geb. in Leinw. n. 2. —

Stonawski, E., s. Stonawski, Georg

Stonawski, Geo., nähere Beschreibung der Erfindung meines lenkbaren Luftschiffes f. Benützung v. Personen- u. Frachtenverkehr. gr. 8. (16 S. m. 6 Fig. auf 4 Taf.) Pogorsch 893. (Leipzig, Literar. Anstalt A. Schulze.) n. 1. 80

— die Entwicklung der Luftschiffahrt u. die Lösung d. Problems e. lenkbaren Luftschiffes zur Benützung f. Personen- u. Frachtenverkehr. gr. 8. (40 S. m. 2 Taf.) Ebd. 892. n. 1. 80

– Die Entwickelung der Luftschiffahrt. Leipzig: Schulze 1893. 40 S. m. Taf. 8°

Stonawski, Joh. Besteigung des Monte-Rosa, der Jungfrau, des Weisshorn, Matterhorn und die Mineralienfundorte des Binnenthals. In-8°. Mit einer Ansicht des Matterhorns. Brünn, Carl Winiker. 1861. 1 35

Stone, E., Reden üb. einige wichtige Materien d. Religion u. Sittenlehre; aus d. Engl. gr. 8. Leipz. 773. Schwickert. 16 gr

Stone, Frz., s. Briefe, neue, üb. die französ. Revolution.

Stone, G.

– Weltbildung u. Menschenkenntnis, s.a. Weg, Der, zum Reichtum.

Weltbildung und Menschenkenntnis. Von G. Stone. Berlin: Psychol. Verl. [1905]. (104 S.) 8°
— Weg, Der, z. Reichtum. T. 1.

Stone, G.: Wie man sich Vermögen erwirbt, s.a. Weg, Der, zum Reichtum.

Wie man Vermögen erwirbt. Von G. Stone. Berlin: Psychol. Verl. [1905]. (100 S.) 8°
— Weg, Der, z. Reichtum. T. 3.

STONE, Herbert, Die Hauptepochen der Französischen Erotik. 2 Thle. Mit 87 Tondruck-Illustr. (darunter 49 ganzseitigen) u. 4 Vierfarbendruck-Illustr. 2 Thle. Privatdruck d. Gesellsch. österr. Bibliophilen, Stück XX. (Subscriptionsschluss am 1. Febr. 1910.) (à Bd., br., Mk. 15— = Kr. 18—; gebd. Mk. 18— = Kr. 21,60; — Luxusausgabe [100 Expll.]: à Bd., br., Mk. 30— = Kr. 36—; gebd. Mk. 36— = Kr. 44.)

Stone, Marcus [Ill.]
s. Dickens, Ch.: Unser gemeinschaftlicher Freund. 1866.

Stone, W. E. [aus Amherst, Mass. U. S. A.]: Untersuchungen über Arabinose, Galactose und ähnliche Körper aus Kirschgummi und anderen Materialien .... Göttingen, Druck d. Dieterichschen Univ.-Buchdr. (W. Fr. Kästner), 1888; 41 + 1 S. 8°
Göttingen, Phil. Fak., Inaug.-Diss. v. 23. Jun. 1888

Stone, W. E., Untersuchungen über Arabinose, Galactose und ähnliche Körper aus Kirschgummi und anderen Materialien. Inaugural-Dissertation. gr. 8. (41 S.) Göttingen 888, (Vandenhoeck und Ruprecht's Verlag.) *

Stonecastel, Heinrich

Stonecastel, H., moral. u. satyr. Briefe; aus d. Engl. 8. Zelle 756. Gsellius. 6 gr

SAMMLUNG Moralischer und Satyrischer Schriften. Aus dem Englischen (des *Heinrich Stonecastel*) übersetzt. 4 Thle. ZELLE, Bey Georg Conrad Gsellius, priv. Buchhändler, 1751—56. 8°. 4 Bl. u. 1036 S., sowie noch 6 unbez. Bl. in Th. 3 u. 4.
Zuerst gedr. ebd. 1745 (1—3)—1749 (4). (In Stuttgart u. Zürich.) — Th. 4 titulo: *Henrich* (!) *Stonecastels* moralische und satyrische Briefe. Aus d. Engl. Zelle und Leipzig 1749. 8°. — Selten!

Zuschauer

— —, Der. Sammlung moralischer und satyrischer Schriften, aus d. Englischen (des *Henry Stonecastel*) übersetzt. 4 Thle. Zelle, bey George Conr. Gsellius, 1750. 8°. (5 Mk., Prgt., Paul Neubner, Cöln, 1893.)

Stonehenge, der Reitsport in England. Aus d. Engl.: British rural sports, im Vereine mit Fachmännern übers. von Emil Dombscher. Mit 128 Podogroo-Taf. gr. 8. (X, 425 S.) Wien 881. Seidel & Sohn. geb. n. 10. —

Stoney, G. Johnstone, the natural system of coinage. An appeal to the intelligence of Germany. — Das natürl. Münz-System. 2. Aufl. gr. 8. (31 S.) Berlin 871. Puttkammer & Mühlbrecht. n. 1. —

Stosjek Stephan: Entdeckungsgeschichte Ostasiens. 42. Braunau 99. Progr.

Stonner F.: Die Math. der Alten. 23. Olmütz 75. Progr.

Stonner, G., Die Mathematik der Alten. Pr. 1875. 25 S.

Stönner, Heinrich, aus Bremen: Das **Mantrabrāhmaṇa.** Prapāṭhaka 1. *Halle a. S. 1901: (C. Bertelsmann in Gütersloh).* (XXXV, 53 S.) 8°
Halle, Phil. Diss. v. 13. Mai 1901

— **Sanskrittexte in Brāhmīschrift aus Indikutšahri, Chinesisch-Turkistān. II. (4 S. m. 1 Taf.) Lex.-8. Ebd. 904.** n. — 50
Sonderabdr. aus: „Sitzungsber. d. preuss. Akad. d. Wiss."

Stönner, H., zentralasiatische Sanskrittexte in Brāhmīschrift aus Idikutšahri, Chinesisch-Turkistān. I. Nebst Anh.: Uigurische Fragmente in Brāhmīschrift. (9 S. m. 2 Taf.) Lex.-8. Berlin 904. (G. Reimer.) n. — 50
Sonderabdr. aus „Sitzungsber. d. preuß. Akad. d. Wiss."

Stonsdorff, H., Lehrbuch des Lotteriespiels, 2. Neuaufl., s.: Schwarzl, Leop., die Kunst im österreich. Lotto zu gewinnen.

Stood, August [aus Volmarstein i. Westf.]: Ueber Phtalanil und Phtalanilsäure .... Freiburg i. B., Univ.-Buchdr. v. Chr. Lehmann, 1887; 34 S. + 1 Bl. 8°
Freiburg i. B., Phil. Fak., Inaug.-Diss. v. 1887

Stood, Wilhelm: Ueber trophische Nerven nebst einigen einschlägigen Versuchen an Kaninchen. Halle a. S. 1881: Plötz. 31 S. 8°
Halle-Wittenberg, Med. Diss. v. 25. Okt. 1881
Geb. Volmarstein a. d. Ruhr 2. 5. 1857. V.

Stoeff, Hans, a. Berlin: Über die Bromierung des Vanillins und der α-Homovanillinsäure. (Berlin 1908: A. W. Schade.) (35 S.) 8°
Berlin, Phil. Fak., Ref. Fischer, Diss. v. 8. Febr. 1908
[Geb. 13. Dez. 83 Berlin; Wohnort: Berlin; Staatsangeh.: Preußen; Vorbildung: Realgymn. Charlottenburg Reife O. 02; Studium: Berlin 10 S.; Rig. 16. Jan. 08.]

Stoop, Carl, s. Stoop, Karl

Stoop, F(rançois) C(arl), a. Utrecht: Ueber die Synthese des Serins, des Cysteïns und des Cystins. Utrecht o. J.: J. van Boekhoven. (94 S.) 8°
Straßburg, Math.-naturwiss. Fak., Ref. Thiele, Diss. v. 1904
[Geb. 31. Aug. 81 Amsterdam; Wohnort: Straßburg i. E.; Staatsangeh.: Holland; Vorbildung: Rijks-Hoogereburgerschool Utrecht Reife M. 00; Studium: Aachen T.H. 2, Straßburg 6 S.; Rig. 21. Juni 04.]

Stoop, Karl

Stoop, Carl. (Dr. jur.) Zur Natur der Vermögensstrafen. Inaugural-Dissertation. 8°, 55 S. Bern, Fiala. 1878.

Stoos. – Der Kurort Stoos ob Brunnen, s.a. Wanderbilder, Europäische.

Der Kurort Stoos ob Brunnen. Mit 12 Illustrationen von J. Weber und einer Karte (Europäische Wanderbilder. No. 252.) Zürich [1899]. 36 S. 8°.

Stoos. Der Kurort Stoos ob Brunnen .... Zürich s.a. [Westermann, Albert].

Stoos ob Brunnen, Der Kurort. Zürich [1904]. V: *Westermann, Albert.* (BBullschw 4, S. 379)

Stoos ob Brunnen, Der Kurort. . . . 2. Aufl. Zürich [1904]. V: *Westermann, Albert.* (BBullschw 4, 1904)

Stoofs, C. W., deutsche Geschichte. Zum Gebrauch in Volks- u. Fortbildungsschulen, sowie f. Schulaspiranten. gr. 8. (IV, 218 S.) Stuttgart 901. (A. Bonz & Co.) n. 1. —

Stooss, Karl

— Bemerkungen zu dem Entwurfe eines schweizerischen Militärstrafgesetzbuches. Tödtung und Körperverletzung. Sep.-Abdr. In-8°, 23 S. Bern, Fiala. 1885. — 30

Stooss, Carl, Bemerkungen zu dem Entwurfe eines schweizerischen Militärstrafgesetzbuches. Tödtung und Körperverletzung. gr. 8. (23 S.) Bern 885, (Kaeser und Comp.) *
Aus: Zeitschrift des Berner Juristenvereins, besonders abgedruckt.

Bericht an das hohe schweizerische Justizdepartement über die neue Fassung des Vorentwurfs zu einem schweizerischen Strafgesetzbuch vom April 1908. Von Prof. Carl Stooss. Bern 1909: Stämpfli. 49 S. 8° [Umschlagt.]

Als Ms. gedr. Bericht über den Vorentwurf zu einem schweizerischen Strafgesetzbuch nach den Beschlüssen d. Expertenkommission. T. [1.] 2. Dem eidgenöss. Justizdepartement erstattet von Dr. Carl Stooss. Bern 1899–1901: Stämpfli. 8°

— u. Eberh. Frh. v. Künßberg, allgemeine Bestimmungen österreich. Strafgesetzbücher 1768—1852, m. Auswahl zur Vergleichung zusammengestellt. (IV, 57 S.) gr. 8. Heidelberg 909. Carl Winter. 1. 60

Stooss, C., voir: *Code pénal suisse.*

— die Einleitung v. Militärstrafuntersuchungen durch Truppenoffiziere, Unteroffiziere u. Militärbehörden. Nebst e. Auszug aus d. schweizer. Militärstrafgerichtsordng. v. 28. Juni 1889. gr. 8. (13 S.) Bern 895. H. Körber. n. — 40

Stooss, Carl, Dr. Entwurf einer eidgenössischen Militärstrafgerichtsordnung. Bemerkungen u. Vorschläge. Separatabdruck aus der „Zeitschrift für Schweizer Strafrecht" (I. Jahrg., 3. u. 4. Heft). Gr. in-8°, 43 S. Basel, Genf, Lyon, H. Georg. 1888. 1 20

— Exposé des motifs de l'avant-projet de Code pénal suisse. Partie générale. Redigé par mission du conseil fédéral. Trad. par *A. Gautier.* In-8°. 80 p. Bâle et Genève, Georg & Co. 2 — 1893.

— d. Geist d. modernen Strafgesetzgebung. Vorlesg., geh. am 19. X. 1896 zum Antritt des ordentl. Professur f. österreich. Strafrecht u. Strafprozessrecht an d. Universität Wien. gr. 8. (24 S.) Wien 896. Manz. n. — 60

Stooss, Geist d. modernen Strafgesetzgebung. Antrittsvorlesg. Wien 897.

Stooss, C. Die Grundzüge des schweizer. Strafrechts, im Auftrage des Bundesrates vergleichend dargestellt. 1. Band. Gr. in-8°. XI, 470 S. Basel, Genf, Lyon, H. Georg. 1892. 7 50

Stoos, C. Die Grundzüge des schweizerischen Strafrechts im Auftrage des Bundesrathes vergl. dargestellt. 2. Bd. Gr. in-8°. V, 486 S. Basel, Genf, Lyon, Georg & Co. 1893. 7 50
Complet 2 Bände 15 —

Stooss, K. und **Leuenberger**: Gutachten über die Materien eines neuen bernischen Wirtschaftsgesetzes, verfaßt im Auftrage der Direktion des Innern. 8°. 44 S. Februar 1875. Bern.

Stooss, C.: Heilanstalten für Trinker. 8°. 28. Basel und Genf. 1898.

Der Kampf gegen das Verbrechen. Akad. Vortrag 1894 in Bern geh. von Carl **Stooss**. *Bern: H. Koerber 1894.* (24 S.) 8° [04. 1860 6

Stooß, Carl, über die Construction der Maaßwerke. Als Beitrag zur Förderung der gewerblichen Bildung herausg. von dem Gewerbeausschuß der Gesellschaft zur Beförderung gemeinnütziger Thätigkeit in Lübeck. Lübeck 853. v. Rohden. Fol. (3 Bl., 21 S. u. 15 lith. Taf.) n. 1 *ℛ𝓅*. 7½ *ngr.*

Stooss, Carl. Lehrbuch des Oesterreichischen Strafrechts. Liefg. 1: Allgemeiner Teil. Erste Hälfte. VI + 123 S. 8. Wien und Leipzig, Franz Deuticke, 1909. [M. 3. —]

Stooss, Carl. Lehrbuch des Oesterreichischen Strafrechts. Liefg. 2: Schluss des allgemeinen Teils. Besonderer Teil. 1. Hälfte. VIII S. + S. 121—352. 8. Wien und Leipzig, Franz Deuticke, 1909. [M. 5. —]

Stooss, Carl. Lehrbuch des Oesterreichischen Strafrechts. (3 Lieferungen.) X + VI + VIII + 540 S. 8. Wien und Leipzig, Franz Deuticke, (1909—)1910.
Liefg. 1: Allgemeiner Teil. 1. Hälfte. VI + 120 S. 1909. (M. 3. —)
Liefg. 2: Schluss des allgemeinen Teils. Besonderer Teil. 1. Hälfte. VIII S. + S. 121 — 352. 1909. (M. 5. —)
Liefg. 3: Schluss und Register. X S. + S. 353 — 540. 1910. [M. 4. —]

— Leitfaden bei einem Elementar-Unterricht in der ebenen Geometrie. Lübeck 854. v. Rohden. 4. (3 Bl., 57 S.) n. 12 *ngr.*

Stooss, C. Motive zu dem Vorentwurf eines Schweizerischen Strafgesetzbuches. Allgem. Teil. Im Auftrag des Bundesrates. In-8°. 88 S. Basel u. Genf, Georg & Co. 1893. 2 —

Stooss, Karl: Münzdelikte, s. Kohler, Josef

Stooss, Carl, zur Natur der Vermögensstrafen. Inaugural-Dissertation. gr. 8. (55 S.) Bern 878, (Fiala's Buchh.) *

Stooss, Carl, chirurgische Operation u. ärztl. Behandlg. E. strafrechtl. Studie. gr. 8. (VII, 130 S.) Berlin 898. O. Liebmann. n. 2. 60

Stooss, Carl, Religionsvergehen usw., s.: Kahl, W.

Stoos, Carl (Dr.) Die Revision der bernischen Gerichtsorganisation. Bericht der engern Kommission an die zur Vorberathung der Entwürfe eines Gerichtsorganisationsgesetzes und Civilprocessgesetzes niedergesetzte Plenarcommission. In-8°, 56 S. Bern. 1881.

Stooss, C. Strafgesetzbuch für den Kanton Bern vom 30. Januar 1866. Herausgegeben mit Anmerkungen. In-8°. Bern, M. Fiala. Cart. 3 — 1885.

—— Strafgesetzbuch für den Kanton Bern vom 30. Jan. 1866. Textausg. mit Anmerkungen. 8. (129 S.) Bern 885, (Kaeser und Comp.) cart. *

— Strafgesetzbuch f. den Kanton Bern vom 30. Jan. 1866, nebst e. Sammlg. bern. u. eidgenöss. Strafgesetze. (Armenpolizei, Arbeits- u. Enthaltungsanst., Lebensmittelpolizei, Wucher, Jagd u. Vogelschutz, Fischerei, Hausirpolizei, Wirthschaftspolizei, Novelle zum Strafgesetzbuch, Bundesstrafrecht, Ausliefrg.) Textausg. m. Anmerkgn. 2. Aufl. 8. (VIII, 247 S.) Bern 896. F. Semminger. Geb. in Leinw. n. 4. 50

Stooss, C., siehe a. *Strafgesetzb., schweiz.*

Schweizerisches Strafgesetzbuch. Vorentwurf im Auftr. d. schweizer. Bundesrates ausgearb. von Carl **Stooß**. Amtl. Ausg. Juli 1894. *Bern 1894: K. Stämpfli & Cie.* (61 S.) 4° [Umschlagt.] [04. 2018 6

Stooss, C. Die schweizer. Strafgesetzbücher z. Vergleichung zusammengestellt u. im Auftrag des Bundesrathes hrsg. Gr. in-8°. XXXI, 867 S. Basel, Genf, Lyon, Comm.-Verlag von H. Georg. 15 — 1890.

Stooss, Carl. Strafrechtsfälle für Studierende. II + 48 S. 8. Wien und Leipzig, Franz Deuticke, 1906 (*Umschlag: 1907*). [geb. M. 1. —]

Stooss, C. Zur Vereinheitlichung des Strafrechts in der Schweiz. — Welche Anforderungen stellt die Kriminalpolitik an ein eidg. Strafgesetzbuch? In-8°. 26 S. Basel, Genf, Lyon, H. Georg. 1891. — 80 Für's Ausland Mk. — 80

Stooss, C. Vorentwurf zu einem schweizerischen Strafgesetzbuch. Allgemeiner Theil. — Avant-Projet de code pénal suisse. Partie générale. Trad. par *A. Gautier.* Gr. in-8°. 35 S. Basel, Georg & Co. 1893. 1 —

Stooss, Carl, s.: Zeitschrift, schweiz., f. Strafrecht.

Stooss, C., siehe: *Zeitschrift für schweizer Strafrecht.*

Stooss, Max, zur Aetiologie u. Pathologie d. Anginen, d. Stomatitis aphthosa u. des Soors, s.: Mitteilungen aus Kliniken u. medicin. Instituten d. Schweiz, III, 1.

— M. 29. medizinischer Bericht über die Thätigkeit des Jenner'schen Kinderspitals in Bern im Lauf der Jahre 1891—1894. Mittheilungen aus dem Gebiete der Kinderheilkunde. Gr. in-8°. 89 S. Bern, Schmid, Francke & Co. 2 50 1895.

Stooss, M. 31. med Bericht über die Thätigkeit d. Jenner'schen Kinderspitals in Bern während. d. J. 1896—97. Mitteilungen a. d. Gebiete d. Kinderheilkunde. Lex. 8°. 84 S. Bern, Schmid & Francke. 1898. 2 50

(Stooss, Max. Biographie von Prof. Dr.) Rudolf Demme (1836—1892, nebst einem Verzeichnis seiner sämtlichen wissenschaftlichen Arbeiten). [Mit Porträt-Tafel. A.] 8. (Bern 1895.)

— Mittoilungen aus d. Gobiote d. Kinderheilkunde, s.: Bericht, modizin., üb. d. Thätigkeit d. Jennerschen Kinderspitales in Bern.

Stooss, M., der Neubau des Jennerschen Kinderspitals in Bern. 34. medizin. Spitalbericht über d. J. 1901, 1902 u. 1903. (61 S. m. 9 Taf.) gr. 8. Bern 904. (A. Francko.) 2. —

Der Neubau des Jennerschen Kinderspitals in Bern. Von Prof. Dr. M(ax) Stooß. Bern 1904: Stämpfli & Cie 1904. (61 S.) 8°
= Spitalbericht, Medizin., d. Jennerschen Kinderspitals in Bern. 34. [05.8964

Stooss, M[ax]. Einige Ratschläge für die Ernährung des Säuglings. [Herausgeber:] Jenner'sches Kinderspital Bern. 14 S. 8. Bern, A. Francke, 1909. [fr. —. 20]

Stooss, Max. Der Thermometrograph auf dem Schreckhorn. [SA.] 8. [Bern 1878.]

Stooß, Rud., s. Kindergärten, christl.

Stooß, Rud., Ueber sogenannte Kleinkinderschulen, s. Kindergärtchen.

Stooss, Waldemar, aus Altkirch i/Elsass: Mineralogische Studien über norwegische Titanite. Titanitlagerstätten im Gotthard- und Finsteraarhorn-Massiv (östlicher Teil). Aachen 1907. IV + 38 S. und drei Tafeln. 8°. [26. I. 07.]
Bern. Phil. Diss. 1907/08.

Stooss, Waldemar. (1.) Mineralogische Studien über Norwegische Titanite; (2.) Titanitlagerstätten im Gotthard- und Finsteraarhorn-Massiv (östlicher Teil). Diss. Phil. Bern. [Mit 3 Tafeln.] IV + 38 S. 8. Aachen, La Ruelle'sche Accidenzdr., 1907.

Stop, hippologische Erbsen an die Wand. gr. 8. (52 S. m. 1 Lichtdr.) Wien 894. F. Beck. n. 1. 20

— cisleithanische Pferdezucht. Kritischer Blick. gr. 8. (13 S.) Wien 893. (F. Beck.) n. — 80

Stöpel, (Cantor,) Merkwürdigkeiten altdeutscher Kunst in d. Altmark. Herausgeg. v. Büsching, s. Büsching.

Stöpel, A., der Rathgeber bei mathemat. Beschäftigungen, od. Samml. v. Formeln aus der reinen u. angewandten Mathematik, mit Erläuterr. u. Beispielen rc. Mit Kpf. 8. Stendal 819. (Franzen u. Gr.) 2 ß

Stöpel, August

— Choralbuch für Schulen, sowohl 3stimmig für Töchter- und Landschulen. als auch 4stimmig für Bürgerschulen. .. Tangermünde 840. Doeger. n. 5 ɤ geb. 1/4 ß

Stöpel, Aug., Choralbuch f. Schulen enthalt. die gebräuchlichsten Kirchenmelodien etc. 2., verb. Aufl. qu. gr. 8. (2¼ B.) Tangermünde 843, Doeger'sche Buchh. Thlr. -

Stöpel, Aug., Choralbuch für Schulen enth.: die gebräuchlichsten Kirchen-Melodien, sowohl dreistimmig für Töchter- und Land-Schulen, als auch vierstimmig für Bürgerschulen, nebst der kleinern und grössern Liturgie. In Noten gesetzt. 4., umgearb. und verm. Aufl. von Ferd. Baldamus. qu. 4. (IV und 30 lithogr. S.) Tangermünde 856(57,) Doeger'sche Buchh. *

—— die Dioptrik oder Lehre vom gebrochenen Lichte, für diejenigen, welche optischer Instrumente bedürfen, oder sie sich selbst anfertigen wollen. 8. (13⅜ B. u. 2 Stnt.) Tangermünde 845, Döger'sche Buchh. *
Aus: Dess. Unterhaltungen üb. angenehme u. lehrr. Gegenstände rc., besond. abgedruckt.

—— die Lehre vom Magnetismus u. von der Electricität, für Lehrer an Mittelschulen u. Freunde der Naturkunde. Eine faßl. Anleitung, diese mächtigen Grundkräfte kennen u. die nöthigen Apparate selbst anfertigen zu lernen. 8. (13 B. u. 2 Taf.) Tangermünde 844, Doeger'sche Buchh. *

Stöpel, Aug., Unterhaltungen üb. angenehme u. lehrr. Gegenstände aus d. Naturlehre, f. Gebildete, welche diese Wissenschaft als Nebenstudium betrachten. 1. u. 2. Hft. 8. Tangermünde, Doeger. [1. (7 B. u. 1 Stnt.) 840. * ⅓ Thlr., 2. (6 B. u. 1 Stnt.) 841. 5/12 Thlr.]

—— Unterhaltungen über angenehme u. lehrreiche Gegenstände aus der Naturlehre für Gebildete, welche diese Wissenschaft als Nebenstudium betrachten. Neue unveränd. Ausg. 8. (26¾ B. u. 4 Stnt.) Tangermünde 845, Doeger'sche Buchh. *

Stöpel, Franz

Stöpel, F., zur Bankfrage. Beiträge zum Verständnisse der volkswirthschaftl. Bedeutg. der Banknoten. [Aus: „Neue Frankfurter Presse."] gr. 8. (81 S.) Frankfurt a/M. 874. Winter. n. 1. —

— Betrachtungen üb. die Handelsbilanz Deutschlands im J. 1873. Als Nachtrag zu der Abhandlg. „zur Bankfrage." [Aus: „Neue Frankfurter Presse."] gr. 8. (34 S.) Ebend. 875. n. — 50

— dasselbe. 2. Aufl. gr. 8. (39 S.) Ebend. 875. n. — 60

Stöpel, Bevölkerungsfrage. Leipzig 884.

Stöpel, F., s.: Bibliothek d. Volkswirtschaftslehre.

Stöpel, Frz., s. L. Cherubini, Theorie d. Contrapunktes.

Stöpel, F., die Eisenzölle. Entgegnung auf die Flugschrift der freihändler. Vereinigung. Verb. Abdr. aus dem „Merkur". gr. 8. (80 S.) Frankfurt a. M. 877, Exped. des Merkur. *

Stöpel, F., die soziale Frage. Neue Ideen zur Lösg. derselben. gr. 8. (VIII, 205 S.) Berlin 888. C. Ulrich & Co. n. 3. —

Stöpel, F., Freihandel und Schutzzoll. Mit besonderer Rücksicht auf Deutschland. Frankfurt a. M. 1876. 8.
A. u. d. T.: Volksw. Zeitfragen. 2. . . . . (D.)

Stöpel, F., Gedanken über den deutschen Buchhandel. Berlin 864. Stöpel. 8. (31 S.) 7½ ngr

Stöpel, Frz., das Geld in der gegenwärtigen Volkswirthschaft, s. a. Zeitfragen, soziale.

Stöpel, F. Das Geld in der gegenwärtigen Volkswirthschaft Minden 1885.

Stöpel, Genossenschaften d. Arbeiter u. Handwerker in Gegenwart u. Zukunft. Leipz. 885.

Stöpel, Frz., die freie Gesellschaft. Versuch einer Schlichtung des Streites zwischen Individualismus u Socialismus. gr. 8. (VIII, 336 S.) Chemnitz 881. Schmeitzner. n. 6. 60

– Preußisch-deutscher Gesetz-Kodex, s. Stoepel, Paul

Stöpel, Grundbesitz mit Beziehung auf dessen Lage in Deutschland. Berlin 885.

Stöpel, F., Der Grundbesitz. Grundzüge einer rationellen Agrarpolitik. 8°. Leipzig 1885.

Stöpel, Frz., Grundzüge der Geschichte der modernen Musik. Nebst e. Vorwort von Gf. Weber. gr. 4. Berl. 821. Duncker u. H. 1 ß

Stöpel, F. Die Handelskrisis in Deutschland. Frankfurt a. M. 1875.

— die Industrie u. Handelspolitik der Schweiz. Ein Beitrag zur exakten Behandlg. nationalwirthschaftl. Fragen. Verb. Abdr. aus „Merkur." gr. 8. (IV, 84 S.) Ebend. 876. 1. 20

Stöpel, Kapital. Enthüllung d. Mittel z. Beseitigung d. Geldherrschaft. Leipzig 884.

— Landwirthschaft u. Industrie. Zur Würdigg. der agrar. Bestrebgn. Nebst Vorschlägen zu e. Steuer-Reform. Verb. Abdr. aus: „Merkur." gr. 8. (IV, 87 S.) Ebend. 876. n. 1. 50

— s. J. B. Logier, neues System.

— die 5 Milliarden. Gegen Ludwig Bamberger. [Aus: „Frankfurter Presse." gr. 8. (22 S.) Frankfurt a/M. 873. Boselli. — 50

—— die fünf Milliarden. Gegen Ludwig Bamberger. gr. 8. (22 S.) Frankfurt a. M. 878, Rommel. *

Stöpel, F. Die fünf Milliarden. Gegen Ludwig Bamberger. 2. Auflage. Frankfurt a. M. 1873. (Separatabdruck aus der »Frankfurter Presse«.)

Stoepel, Frz., Münchener allgem. Musik-Zeitung, s. Musik-Zeitung.

Stöpel, Recht auf Arbeit. Leipzig 884.

— soziale Reform. Beiträge zur friedl. Umgestaltg. der Gesellschaft. I—IX. gr. 8. Leipzig, O. Wigand. à n. 1. —
- I. Das Kapital. Enthüllung der Mittel zur Beseitigg. der Geldherrschaft u. Befreig. der Arbeit. (78 S.) 884.
- II. Die Bevölkerungsfrage. (58 S.) 884.
- III. Das Recht auf Arbeit. In seiner Gerechtigkeit u. Heilsamkeit für die Gesellschaft, sowie als Vorbedingg. f. jede rationelle Reform der Armenpflege nachgewiesen. (60 S.)
- IV. V. Der Grundbesitz m. besond. Beziehung auf dessen Lage in Deutschland. Grundzüge e. rationellen Agrarpolitik. (V, 156 S.) 884.
- VI. Die Genossenschaften der Arbeiter u. Handwerker in Gegenwart u. Zukunft. (68 S.) 885.
- VII. Die sozialen Aufgaben d. Staats u. der Gemeinden. (V, 68 S.) 885.
- VIII. Theorie u. Praxis der Besteuerung. Mit besond. Rücksicht auf Preußen u. Deutschland. (V, 65 S.) 885.
- IX. Die Wirthschafts- u. Sozialpolitik d. Fürsten Bismarck. (V, 65 S.) 885.

— Adam Smith im Lichte der Gegenwart. Volkswirthschaftliche Studie. [Aus: „Merkur".] gr. 8. (135 S.) Berlin 879. Expeb. d. Merkur. n. 2. —

— neues System der Harmonie-Lehre u. des Unterrichts im Pianoforte-Spiel. 1e u. 2e Abtheil. 1ß—3ß Hft. u. 3e Abtheil. 1ß u. 2ß Hft. (Mit Steintaf.) Fol. Frankf. a. M. 825—827. Andreä. 9 ß (Die 1e u. 3e Abtheil. 1ß Hft. werden nicht getrennt, u. kosten 5 ß — Die 2e Abtheil. 3 Hfte, welche auch nicht getrennt werden, kosten 3 ß — 3e Abtheil. 2ß Hft. 1 ß)

—— Münchener Theater-Zeitung, s. Theater-Zeitung.

Stöpel, Franz, Theorie und Praxis der Besteuerung. Mit besonderer Rücksicht auf Preussen und Deutschland. Leipzig 1885.

Stöpel, Frz., über einige neuere Theorien vom Geld. Bemerkungen. [Aus Hildebrand's Jahrbüchern für Nationalökonomie u. Statistik.] Jena. 869. (Berlin, Puttkammer & Mühlbrecht.) gr. 8. (24 S.) n. 5 ngr.

– (Red.), s. Vaterland, Das.

— Vide: Wegweiser (Der sociale).

Stöpel, Wirthschafts- u. Sozialpolitik d. Fürsten Bismarck. Lpzg. 885.

— volkswirthschaftliche Zeitfragen. 1. u. 2 Hft. gr. 8. Berlin 875. Expeb. d. Merkur." n. 2. 50
1. Handelskrisis in Deutschland. [Aus: „Merkur."] (61 S.) n. 1. —
2. Freihandel u. Schutzzoll. Mit besond. Rücksicht auf Deutschland. (VIII, 134 S.) n. 1. 50

– (Red.), s. Zeitung, Allgemeine, für Musik und Musikliteratur.

Stöpel, Frz. Maxim., dramatische Versuche. 3 Bdchn. in 1 Bd. 8. Frankfurt a/M. 875. Winter. n. 3. —
1. Ottilie od. Irrungen d. Herzens. Lustspiel in 3 Akten. (78 S.)
2. Schill, Trauerspiel in 5 Akten. (115 S.)
3. Georg Forster. Trauerspiel in 5 Akten. (147 S.)

Stöpel, K.: Die soziale Frage, s. Stöpel, Franz

Stöpel, K. T., üb. japanisches Bankwesen u. Deutschlands Antheil am Welthandel u. d. Industrie Japans. gr. 8. (108 S.) Halle 898. R. Mühlmann's Verl. n. 2. 50

Stoepel, Karl Theodor

Stoepel, K. Th., Die deutsche Kaliindustrie u. das Kalisyndikat. Eine volks- u. staatswirtschaftl. Studie. (VIII, 329 S. m. 3 Kartenskizzen.) Lex.-8. Halle, Tausch & Grosse. 1904. 12. —

Stöpel, Karl Theodor, aus Landau (Pfalz): **Reformvorschläge** zur Organisation der deutschen Kaliindustrie (Fiskuskartell). *Heidelberg 1902: K. Rössler.* (VIII, 122 S.) 8° ¶ Letzter Abschnitt des demnächst bei Tausch & Grosse in Halle ersch. Buches: Deutschlands Kaliindustrie u. Kalikartell . . .
Heidelberg, Phil. Diss. v. 1902

Stöpel, Karl Thdr., Reformvorschläge zur Organisation d. deutschen Kaliindustrie (Fiskuskartell). gr. 8. (VIII, 122 S. m. 3 Karten.) Halle 902. Tausch & Grosse. n. 4. —

Dr. K[arl] Th[eodor] **Stöpel**. Eine Reise in das Innere der Insel Formosa und die erste Besteigung des Nütakayama (Mount Morrison) Weihnachten 1898. Buenos Aires 1905: Comp. sud-americ. de billetes de banco. (104 S.) 4°(8°) [07. 19495 4

Stoepel, Paul

Stoepel, F. Preussisch-Deutscher Gesetz-Kodex. Ein chronologisch geordneter Abdruck der in der Gesetzsammlung für die Königlich Preussischen Staaten von 1806, im Bundesgesetzblatt und im Reichsgesetzblatt von 1871 an bis auf die neueste Zeit enthaltenen Gesetze, Verordnungen, Kabinetsordres, Erlasse etc. 4 Bände, die Jahre 1806—1861 umfassend. Frankfurt a. O. 1861—1863.
Supplementbände von 1862 ff. bis 1905. Frankfurt a. O. 1867—1906.

Stoepel, Paul, preußisch-deutscher Gesetz-Codex. Ein chronologisch geordneter Abdruck der in der Gesetzsammlung für die königl. preuß. Staaten von 1806, im Bundes-Gesetzblatt u. im Reichs-Gesetzblatt von 1871 an bis auf die neueste Zeit enth. Gesetze, Verordnungen, Kabinetsordres, Erlasse 2c., mit Rücksicht auf ihre noch jetzige Gültigkeit u. prakt. Bedeutung zusammengestellt. 3. Aufl. 1—6. Bd. gr. 8. Frankfurt a/O. 881. 82. Trowitzsch & Sohn. geb. n. 69. 50

1. 1806—1845. (IV, 924 S.)	n. 12. 50
2. 1846—1867. (192 S.)	n. 14. 50
3. 1868—1873. (934 S.)	n. 12. 50
4. 1874—1878. (809 S.)	n. 11. —
5. 1879—1881. (431 S.)	n. 6. 50
6. Register. (913 S.)	n. 12. 50

Stoepel, Paul, preußisch-deutscher Gesetz-Codex. Ein chronolog. geordneter Abdr. der in der Gesetzsammlung für die königl. preuß. Staaten von 1806, im Bundes-Gesetzblatt und im Reichs-Gesetzblatt von 1871 an bis auf die neueste Zeit enthaltenen Gesetze, Verordnungen, Kabinetsordres, Erlasse 2c. mit Rücksicht auf ihre noch jetzige Gültigkeit und prakt. Bedeutung. 3. Aufl. X.—XII. Suppl. mit Register. gr. 8. Frankfurt a. O., Trowitzsch und Sohn. [X. Suppl. 1882/83. (300 S.) 884. ℳ 3.—.; geb. *ℳ 5.—.; XI. Suppl. 1884/85. (446 S.) 886. ℳ 5.—.; geb. *ℳ 7.—.; XII. Suppl. 1886/87. (527 S.) 888. ℳ 5.—.; geb. *ℳ 7.—.]
geb. *

Hauptwerk. 3. Aufl. 6 Bde. Ebendas. 1881., und vorstehende drei Suppl.-Bde. ℳ 54.—; geb. *ℳ 66.—. — Suppl. I—IX dienen zur Ergänzung früherer Aufl.

Stoepel, P., preußisch-deutscher Gesetz-Codex. Ein chronologisch geordneter Abdruck der in der Gesetzsammlg. f. die königl. preuß. Staaten von 1806, im Bundes-Gesetzblatt u. im Reichs-Gesetzblatt von 1871 an bis auf die neueste Zeit enthaltenen Gesetze, Verordngn., Kabinetsordres, Erlasse 2c. m. Rücksicht auf ihre noch jetzige Gültigkeit u. prakt. Bedeutg. 3. Aufl. XIII. Suppl. 1888/89 m. Register. gr. 8. (327 S.) Frankfurt a/O. 890. Trowitzsch & Sohn. 3. —; geb. n. 5. — (1—13.: n. 59. 40)

Stoepel, Paul, preußisch-deutscher Gesetz-Codex. Ein chronologisch geordneter Abdruck der in der Gesetzsammlg. f. die königl. preuß. Staaten von 1806, im Bundes-Gesetzblatt u. im Reichs-Gesetzblatt von 1871 an bis auf die neueste Zeit enthaltenen Gesetze, Verordngn., Kabinetsordres, Erlasse 2c. m. Rücksicht auf ihre noch jetzige Gültigkeit u. prakt. Bedeutg. 3. Aufl. Suppl. 1890/91 m. Register. gr. 8. (395 S.) Frankfurt a/O. 892. Trowitzsch & Sohn. n. 4. —; geb. in Halbfrz. n. 6. —

— dasselbe. Suppl. 1892/93 m. Register zur 3. Aufl. Lex.-8. (III, 674 S.) Ebd. 894. 7. —;
geb. in Leinw. n. 9. —

Stoepel, Paul, preußisch-deutscher Gesetz-Codex. E. chronolog. geordn. Abdruck d. in d. Gesetzsammlg. f. d. kgl. preuß. Staaten von 1806, im Bundes-Gesetzblatt u. im Reichs-Gesetzblatt v. 1871 an bis auf d. neueste Zeit enth. Gesetze, Verordngn., Kabinetsordres, Erlasse 2c. m. Rücksicht auf ihre noch jetz. Gültigkeit u. prakt. Bedeutung. Suppl. 1894—1895 m. Register zur 3. Aufl. Lex.-8. (511 S.) Frankfurt a/O. 896. Trowitzsch & Sohn.
5. —; geb. in Halbfrz. n. 7. —

— dasselbe. Suppl. 1896—1897 m. Register zur 3. Aufl. Lex.-8. (III, 532 S.) Ebd. 898. 5. —;
geb. in Halbfrz. n. 7. —

Stoepel, Paul, preußisch-deutscher Gesetz-Codex. Ein chronologisch geordneter Abdruck der in der Gesetzsammlg. f. die königl. Preuß. Staaten von 1806, im Bundes-Gesetzblatt u. im Reichs-Gesetzblatt von 1871 an bis auf die neueste Zeit enth. Gesetze, Verordngn., Kabinetsordres, Erlasse 2c. m. Rücksicht auf ihre noch jetz. Gültigkeit u. prakt. Bedeutg. Suppl. 1898—1899 m. Register, bearb. v. Brach. Lex.-8. (1039 S.) Frankfurt a/O., Trowitzsch & Sohn. n. 10. —; geb. in Halbfrz. n. 12. —; (1806—1899, 15 Bde., ermäß. Pr. geb. 50. —)

— dasselbe. Suppl. 1900—1901 m. Register, bearb. von Brach. Lex.-8. (520 S.) Ebd. 902. 6. —;
geb. in Halbfrz. 8. —

Stoepel, Paul, preußisch-deutscher Gesetz-Codex. Ein chronologisch geordneter Abdruck der in der Gesetzsammlg. für die königl. Preuß. Staaten von 1806, im Bundes-Gesetzblatt u. im Reichs-Gesetzblatt von 1871 an bis auf die neueste Zeit enth. Gesetze, Verordngn., Kabinetts-ordres, Erlasse 2c. m. Rücksicht auf ihre noch jetz. Gültigkeit u. prakt. Bedeutg. Suppl. 1902—1903 m. Register u. 1904—1905 m. Register, bearb. v. Brach. (372 S. u. S. 792 b—h zum Suppl.-Bd. 1898/1899 bezw. 336 S.) gr. 8. Frankfurt a/O. 904. 906. Trowitzsch & Sohn.
à 4. —; geb. in Halbfrz. à 6. —

Stoepel, Paul, preußisch-deutscher Gesetz-Codex. Ein chronologisch geordneter Abdruck der in der Gesetzsammlg. f. die königl. Preuß. Staaten von 1806, im Bundes-Gesetzblatt u. im Reichs-Gesetzblatt von 1871 an bis auf die neueste Zeit enth. Gesetze, Verordngn., Kabinetts-ordres, Erlasse 2c. m. Rücksicht auf ihre noch jetz. Gültigkeit u. prakt. Bedeutg. Neu bearb. v. Thiele. 4. Aufl. 9 Bde. gr. 8. Frankfurt a/O., Trowitzsch & Sohn. 112.50; geb. in Halbfrz. 130.50; erm. Pr. f. Bd. 1—8
80.—; geb. 100. —

I. 1806—1866. (III, 1176 S.) 907.	12.50; geb. n 14. 50
II. 1867—1876. (1119 S.) 907.	12.—; geb. n 14. —
III. 1877—1890. (1126 S.) 908.	12.—; geb. n 14. —
IV. 1891—1897. (1200 S.) 908.	12.50; geb. n 14. 50
V. 1898—1900. (1286 S.) 908.	13.—; geb. n 15. —
VI. 1901—1905. (1029 S.) 908.	12.—; geb. n 14. —
VII. 1906—1907. (493 S.) 908.	6.—; geb. n 8. —
VIII. Generalregister. 1806—1907. (IV, 887 S.) 909.	20.—; geb. n 22. —
IX. 1. Ergänzung 1908. (354 S. m. 1 Taf.)	4. 50
IX. 2. 1908—1909, 2. Abt.: Ergänzung 1909 nebst Titel u. Register zum 9. Bde. (S. 351—978.) 910.	8.—;
	1. u. 2. Abt. in 1 Bd. geb. n 14. 50

Stoepel, P., preußischer Gesetz-Codex, s. a. Gesetz-Codex.

Stoepel, Paul, Preußischer Gesetz-Codex. Ein authentischer Abdruck der in der Gesetzsammlung für die Königl. Preuß. Staaten von 1806 bis auf die neueste Zeit enthaltenen Gesetze, Verordnungen, Kabinetsordres, Erlasse 2c. In Chronolog. Ordnung mit Rücksicht auf ihre noch jetzige Gültigkeit und prakt. Bedeutung für Justiz- wie Verwaltungsbeamte zusammengestellt. 3 Bde. Frankfurt a. O. 855. Trowitzsch. Lex.-8. (1. u. 2. Bd. 1806—1847: IV, 1231 S.) 5 ℛ.

— — Supplement. I—III. Ebend. 857, 58. Lex.-8. 1 ℛ. 10 ngr.

Inhalt: I. Die Gesetzgebung pro 1855 enthaltend. (140 S.) 15 ngr.

II. Die Gesetzgebung pro 1856 nebst den zu den einzelnen Gesetzen erlassenen Ministerial-Instruktionen. 12½ ngr.

III. Die Gesetzgebung pro 1857 nebst den zu den einzelnen Gesetzen erlassenen Ministerial-Instruktionen u. das Inhalts-Verzeichniß der 3 Supplemente. 12½ ngr.

Stoepel, Paul, preußischer Gesetz-Codex. Ein authent. Abdruck der in der Gesetzsammlung für die königl. preuß. Staaten von 1806 bis auf die neueste Zeit enthaltenen Gesetze, Verordnungen, Kabinetsordres, Erlasse 2c. In chronolog. Ordnung, mit Rücksicht auf ihre noch jetzige Gültigkeit und prakt. Bedeutung zusammengestellt. 2. Aufl. 1—3. Bd. und 4. Bd. 1—4. Lfg. Lex.-8. Frankfurt a. d. O., Trowitzsch und Sohn. Thlr.

Inhalt:

Bd. 1. 1806—1834. (748 S.) 861. 2 Thlr. 12 Ngr.
" 2. 1835—1848. (789 S.) 862. 2 Thlr. 12 Ngr.
" 3. 1849—1856. (728 S.) 862. 2 Thlr. 12 Ngr.
" 4. 1—4. Lfg. (S. 1—384.) 862. 1 Thlr. 6 Ngr.

Stoepel, Paul, preußischer Gesetz-Codex. Ein authentischer Abdruck der in der Gesetzsammlung für die königl. preußischen Staaten von 1806 bis auf die neueste Zeit enthaltenen Gesetze, Verordnungen, Kabinetsordres, Erlasse 2c. In chronologischer Ordnung mit Rücksicht auf ihre noch jetzige Gültigkeit u. praktische Bedeutung zusammengestellt. 2. Aufl. 4 Bde. Frankfurt a. O. 862. 63. Trowitzsch & Sohn. Lex.-8. 8 ℛ 24 ngr

1. Bd. 1806—34. (748 S.) 2 ℛ 12 ngr. — 2. Bd. 1835—1848. (789 S.) 2 ℛ 12 ngr. — 3. Bd. 1849—1856. (728 S.) 2 ℛ 12 ngr. — 4. Bd. 1857—61. (461 S.) 1 ℛ 18 ngr.

— — Supplem. V. Die Gesetzgebung pro 1860 u. 1861 enth. Ebend. 862. Lex.-8. (284 S.) 27 ngr.

Stoepel, Paul, preußischer Gesetz-Codex. Ein authent. Abdruck der in der Gesetzsammlg. f. die königl. preuß. Staaten von 1805 bis auf die neueste Zeit enth. Gesetze, Verordngn., Kabinetsordres, Erlasse u. s. w. In chronolog. Ordng. m. Rücksicht auf ihre noch jetzige Gültigkeit u. prakt. Bedeutg. zusammengestellt. 2. Aufl. 1—6. Supplement 1862—1875. [Suppl. VI—XI. der 1. Aufl.] gr. 8. Frankfurt a/O. 867—76. Berlin, Trowitzsch & Sohn. 25. 90

1. 1862—1865. (IV, 228 S.) 2. 40. — 2. 1866—1870. (488 S.) 5. — — 3. 1868—1869. (376 S.) 4. 50. — 4. 1870—1871. (XVI, 348 S.) 5. — — 5. 1872—1873. (VI, 390 S.) 5. — — 6. (VI, 290 S.) 4. —

Stoepel, Paul, preußischer Gesetz-Codex. Ein authent. Abdruck der in der Gesetzsammlung für die königl. preuß. Staaten von 1806 bis auf die neueste Zeit enth. Gesetze, Verordnungen, Kabinetsordres, Erlasse 2c. In chronolog. Ordnung, mit Rücksicht auf ihre noch jetz. Gültigkeit und prakt. Bedeutung zusammengestellt. 6. Suppl. 1874—1875 mit Register. [Suppl. XI der 1. Aufl.] gr. 8. (VI, 290 S.) Frankfurt a. O. 875, Trowitzsch und Sohn.

— dasselbe. 7. Suppl. 1876—1877 m. Register. [Suppl. XII der 1. Aufl.] gr. 8. (VI, 421 S.) Ebend. 880. 7. 50

Stoepel, Paul, preußischer Gesetz-Codex. Ein authent. Abdruck der in der Gesetzsammlung für die königl. preuß. Staaten von 1806 bis auf die neueste Zeit enthaltenen Gesetze, Verordnungen, Kabinetsordres, Erlasse 2c. In chronolog. Ordnung, mit Rücksicht auf ihre noch jetzige Gültigkeit und prakt. Bedeutung zusammengestellt. 7.—9. Suppl. mit Register. gr. 8. Frankfurt a. O., Trowitzsch und Sohn. [7. Suppl.: 1876—1877. [Suppl. XII der 1. Aufl.] (VI, 421 S.) 881. *M 7,50.; 8. Suppl.: 1878—1879. [Suppl. XIII der 1. Aufl.] (VI, 398 S.) 880. *M 7,50.; 9. Suppl.: 1880—1881. (X, 196 S.) 882. *M 2,50.] *

Stoepel, Paul, preußischer Gesetz-Codex. Ein authent. Abdruck der in der Gesetzsammlg. f. die königl. preuß. Staaten von 1806 bis auf die neueste Zeit enth. Gesetze, Verordngn., Kabinetsordres, Erlasse 2c. In chronolog. Ordng., m. Rücksicht auf ihre noch jetzige Gültigkeit u. praktische Bedeutg. zusammengestellt. 8—11. Suppl. m. Register. gr. 8. Frankfurt a/O., Trowitzsch & Sohn. n. 18. — (1—11.: n. 51. 40)

8. 1878—1879. [Suppl. XIII der 1. Aufl.] (VI, 398 S.) 880. n. 7. 50. — 9. 1880—1881. (X, 196 S.) 882. n. 2. 50. — 10. 1882—1883. (360 S.) 882. 3. —. — 11. 1884—1885. (446 S.) 886. n. 5. —

— die besondern Preußischen Strafgesetze commentirt durch Entscheidungen des Königlichen Ober-Tribunals und Ministerial-Rescripte. Eine Sammlung für den Handgebrauch. Berlin 861. Guttentag. gr. 8. (XV, 188 S.) n. 1 ₰

Stopes, Charlotte Carmichael

Stopes, Mrs. C. C., William Hunnis and the revels of the chapel royal, s.a. Materialien zur Kunde des älteren englischen Dramas. 29. Bd.

William Hunnis and the Revels of the Chapel Royal. A study of his period and the influences which affected Shakespeare. By Mrs C(harlotte) C(armichael) **Stopes**. Louvain: Uystpruyst; Leipzig: Harrassowitz 1910. XIV, 302 S. 4°(8°)

(Materialien z. Kunde d. älteren engl. Dramas. Bd 29.) 10. 11362

Stopes, Marie C., B. Sc., a. London: Beiträge zur Kenntnis der Fortpflanzungsorgane der Cycadeen. München 1904: V. Hölling. (50 S.) 8° ¶ Aus: Flora od. Allg. Bot. Zeitung 1904, Bd 93, H. IV.

München, Phil. Fak., Ref. Goebel, Diss. v. 18. Aug. 1904

[Geb. 15. Okt. 80 Edinburgh; Wohnort: London; Staatsangeh.: England; Vorbildung: Univ. London; Studium: North London Collegiate School 15, Univ. London 6, München 2 S.; Rig. 15. Juni 04.]

Stopfel, Fr. Hnr., Briefe über die Erziehung beiderlei Geschlechts. 8. Leipz. 779.

Stopfer, M.: Darstell. d. Rechte d. freyen Städte in Ungarn. *Wien.* 3 Thle. 834. (1 Thl. 8 Gr.)

Stopfer, Math., Erläuterungen d. Grundgesetze f. d. Carlstädter, Warasdiner, Banal-Slavonische u. Banatische Militär-Gränze. gr. 8. (25½ B. u. 2¼ B. Tab.) Wien 831, Gerold.

Stopfer, Math., Erläuterungen üb. d. Militär-Grenz-Verwaltung d. österreich. Kaiserthums. gr. 8. (19 B. u. 3 B. Tab.) Wien 838, [Gerold's Vrlsh.]

— Lehrbuch über den Geschäftsstyl überhaupt und über das ämtliche Verfahren in der Militärgränze insbesondere. Zum Gebrauche bei Vorlesungen für die Gränzzöglinge in Grätz, und zwar für den vierten halben Lehrkurs der Verwaltungslehre. gr. 8. Ebd. 840. ...

— Lehrbuch über die Grundgesetze der karlstädter, warasdiner, banal, slavonischen und banatischer Militär-Gränze. Zum Gebrauche bei Vorlesungen 2c. u. zwar für den zweithalbjähr. Lehrkurs der Verwaltungslehre. gr. 8. Ebd. 840. 2¼ ₰

— Lehrbuch über die Militär-Gränz-Verwaltung des österr. Kaiserthums, z. Gebrauche bei Vorlesungen 2c. und zwar für den dritten halben Lehrkurs der Verwaltungslehre. gr. 8. Ebd. 840. ...

Stopfer, Math., Lehrbuch über die Militär-Gränz-Verwaltung des österreich. Kaiserthums. Zum Gebrauche bei den Vorlesungen für die Gränz-Zöglinge in Gratz. gr. 8. (VIII u. 430 S.) Gratz 841. (Agram, Suppan.) 1⅓ ₰

— Lehrbuch üb. die Statistik d. Militär-Gränze des österreich. Kaiserthums. Nach des K. B. Frhr. v. Hietzinger größerem Werke, zum Gebrauche 2c. und zwar für den ersthalbjährigen Lehrkurs der Verwaltungslehre. gr. 8. Ebd. 840. 2¼ ₰

Stoephasius, H., Berechnung der Einsätze und Gewinn-Antheile von 1/1 bis 1/128 eines Looses bei der Kgl. Preuß. Klassen-Lotterie. 64. (VII, 64 S.) Görlitz [Liegnitz] 872, Wollmann's Verlag. *

v. Ströphasius, Jh. Cph., Beitrr. zur prakt. Pädagogik u. Homiletik. 1s Hft. 8. Glogau 827. N. Güntersche B. 10 gr

— s. C. J. Caesar, commentarii de bello gallico.

Stöphasius, J. Chr. v., neun Kanzel-Vorträge, zum Besten d. Elementar-Schulen zu Lissa (im Großh. Posen). gr. 8. (5 B.) Glogau 829, [Flemming.]

— neun Kanzel-Vorträge, zum Besten der Elementar-Schulen zu Lissa (im Großherzogth. Posen). gr. 8. Glogau u. Lissa 829. N. Güntersche B. 8 gr

Stoephasius, J. Ch. De Somni dei natura. Ad loca quaedam veterum poetarum explicanda. 8 S. . . . .
Lissa, Progr. 1825

Stoephasius, J. Ch. Ueber die Wichtigkeit eines gründl. lat. Sprachunterrichts in den untersten Gymn.-Klassen. 8 S. . . . . . .
Lissa, P 1830

Stoephasius, Marie, Von Unten auf. Ein Beitrag zur Lösung der Volksbildungs- und der Frauenfrage. 8. (32 S.) Berlin 872, Henschel. [München, Th. Ackermann.] *

Stoephasius, Marie, Ziele u. Wege der weiblichen Erziehung nach den Anforderungen der Gegenwart. Ein Beitrag zur Lösung der Frauenfrage. Berlin 868. Wiegandt & Grieben. 8. (73 S.) cart. n. 10 ngr.

Stopier, E., s.a.Gesellschaften, die, m. beschr. Haftg.

Die Gesellschaften mit beschränkter Haftung. Ein Nachschlagewerk f. Banquiers, Industrielle u. Behörden. Hrsg. von Dr. E. Stopier. Mit Anh.: Gesetz betr. d. Gesellsch. m. b. H. Ausg. 1901. Berlin: R. Gahl 1901. (LXXXVIII, 217 S.) 8°

Stopierzyński, Władislaus (geb. Krowica bei Kalisch 15. 6. 1833): De lupo. Berolini (1858). (47 S.) 8°
Berlin, Med. Diss. v. 14. Aug. 1858

Stöpler, Heinr. Zur Erklärung des Homer u. Horaz. 20 S. G. *Darmstadt* 1881. Progr.

Stopp, Daniel, s. Stoppe

Stoppani, Jh. Bapt., (eigentl. Karl Ant.,) Positiones ex universo systemate theologico. 4. Prag 807.

Stoppani, Mario Luigi, aus Mailand (Italien): Synthese des 2,4'-Dioxyflavonols und des 3-Oxyflavonols. [Mit 1 Tabelle.] Bern 1906. 40 S. 8°. [26. I. 06.]
Bern. Phil. Diss. 1905/1906.

Stoppani, Mario Luigi. Synthese des 2, 4'-Dioxyflavonols und des 3-Oxyflavonols. Diss. Phil. Bern. [Mit 1 Tabelle.] 39 S. 8. Bern, W. Wälchli, 1906.

Stoppani, Pietro, italienisch, s.: Noskoschny, H.

Stoppany, Giovanni Ambrogio

Stoppany, G. A. [D. D. S., prakt. Zahnarzt Zürich.]: Aus der chirurgischen Klinik der Universität Zürich (Direktor Herr Professor Krönlein.) Ueber Zahnretention und consecutive krankhafte Erscheinungen der Kiefer. Zürich 1903. 56 S. 8°.
Zürich. Med. Diss. 1902/1903.

Stoppany, G[iovanni] A[mbrogio]. Über Zahnretention und consecutive krankhafte Erscheinungen der Kiefer. Diss. Med. Univ. Zürich. *Kopftitel:* Aus der chirurgischen Klinik der Universität Zürich ⟨Direktor Herr Prof. [Ulrich] Krönlein⟩. VI + 56 S. 8. Zürich, Berichthaus, 1903.

Stoppe, Daniel

Neue Fabeln oder Moralische Gedichte, der deutschen Jugend zu einem erbaulichen Zeitvertreibe aufgesetzt von Daniel Stoppen, aus Hirschberg in Schlesien, Mitgliede der deutschen Gesellschaft in Leipzig. Breszlau, verlegts Johann Jacob Korn, 1738.

Goedeke *3*, 352, 20, 5. 20½ cm. 5 leaves, 286 pages. A second part appeared in 1740.

Stoppe, Dan. Neue Fabeln oder Moralische Gedichte, der Jugend zu einem nützlichen Zeitvertreibe aufgesetzt. 2 Theile in 1 Bande. Breslau, Joh. J. Korn, 1740. 8°. 5 Bl. 286 S.; 2 Bl., 4 Bl. 272 S. 3 Bl. (letztes leer). Fleckiger Pgtbd. d. Z.
G. III. 352, 20: 5. FdF. 1664. Maltzahn III, 125 geben als Jahreszahl für den ersten Teil 1738 an; wahrscheinlich wurde bei der Herausgabe des zweiten Teils das Datum auf dem Titel des ersten Teils in 1740 geändert. — Erstausgabe.

Stopp, Dan., neue Fabeln od. moral. Gedichte, d. deutschen Jugend z. erbaul. Zeitvertreib. 2 Thle. gr. 8. Breslau, Korn. 745.

§ * **STOPPE,** Dan. (geb. am 17. Nov. 1697 zu Hirschberg, † als Gymnas.-Konrektor daselbst am 12. Juli 1747). — Erste u. Zweyte Sammlung von *Daniel Stoppens* Teutschen Gedichten. Franckfurt u. Leipzig, Chrn. Weinmann (mit Signet in Rothdruck), 1728—29. 8°. (Auch in Göttingen: P. 3562; nur Sammlg. 1 in München.)
I: TKpf., Tit., 236 SS. II: 4 Bll. Vorst. u. 216 SS. Diese wegen ihrer Urwüchsigkeit u. pikanten Derbheiten neuerdings sehr gesuchten Gedichte des Hirschberger Konrektors sind reich an Studenten-, „Tobacks"-, Bier- u. Liebesliedern. Am Schluß von Th. 2 finden sich 38 derb-satyr. „Briefe" gegen allerhand Untugenden beiderlei Geschlechts, besonders liederliche Weiber (oft erotisch). — Goedeke III, 352, 20: „Anfangs im leichten Tone Günthers dichtend, fand er später in der nüchternsten Plattheit und gesuchter Niedrigkeit des Ausdrucks Behagen." Vgl. Goedeke, Elf Bücher deutscher Dichtung I, 539; Hoffm., Spenden 2, 179 ff; Eschenburgs Hagedorn 5, 164. 185; Baebler, Jakob, *Daniel Stoppe.* (Archiv f. Litt.-Gesch. 9, 297—324.)

— — Dasselbe, Erste Sammlung. (Neuer Satz.) Ebd. 1742. 8°. 1 Bl. u. 236 S. (In Göttingen.) (2 Mk. 50 Pfg. Paul Lehmann, Berlin, 1885; jetzt theurer!)

- - , Der // Parnaß im Sättler, // Oder // Schertz- und Ernsthafte // Gedichte, // Herrn Daniel Stoppens, // aus Hirschberg in Schlesien, // Mitglieds der Deutschen Gesellschaft // in Leipzig. // Frankfurt und Leipzig, // Verlegts Gottlieb Siegert, Buchhl. in Hirschberg, // 1735. - 12 Blatt (nicht paginiert) Titelkupfer, Titelblatt, Kupfer zur Widmung, Widmung und Vorrede. - 536 S.
B. S. T. 8°.691.

§ — — Dasselbe (derselbe Satz, aber ohne die Widm. an Fr. W. Wincklern). Franckfurth und Leipzig, Zu finden bey Frantz Christian Mumme (in Copenhagen). O. J. (1742.) 8°. (12 Mk. der Vorige, c. 1905.) (Auch in Göttingen.) TKpf., 10 Bll. u. 536 SS.

- - , Sonntags-Arbeit // oder // Geistliche Gedichte // auf alle Sonn- und Fest-Tage // durch das ganze Jahr /// aufgesetzt // von // Daniel Stoppen /// aus Hirschberg in Schlesien// Mitgliede der Deutschen Gesellschaft // in Leipzig // In Hirschberg druckt und verleget es Dietrich // Krahn / Ao. 1737. - 4 Blatt (nicht paginiert) Titelblatt, Widmung und Vorrede. - 164 S.
B. S. T. 8°.692.

Stoppel, C., maler. Naturgeschichte des Thierreichs für Schul- und Selbstunterricht. Mit 952 sauber col. Abbild. auf 114 Taf. 1. Liefg. 2., zum Theil durch neue Taf. verb. Aufl. 8. (Mit 12 Taf. Abbild.) Wolfenbüttel 846, Holle. ⅙ n$

Stoppel, Car. Henr. Iulius (geb. Stettin 28. 7. 1834): De scarlatina. Berolini (1859). (31 S.) 8°
Berlin, Med. Diss. v. 5. Aug. 1859

Stoppel, Ludw., malerische Naturgeschichte des Thierreichs. Für den Schul- u. Selbstunterricht. Mit mehr als 950 color. Abbild. auf 144 Taf. II—XVI. Lfg. 8. (VIII S. u. S. 33—570 nebst 128 color. Taf.) Wolfenbüttel 847, Holle. à n. ⅙ n$ (cmpl. n. 2⅔ n$)

Stoppel, Paul

Stoppel, P., De Gregorio Naz. poet. scen. imit. 1881.

(Stoppel, [Paul], Prof. Dr.): **Katalog** der Schüler-Bibliothek der Großen Stadtschule zu Wismar. Neujahr 1903. *Wismar (1903): Eberhardt.* (27 S.) 8°
Wismar, große Stadt-S, G u. R, OP 1903 (751)

Stoppel, [Paul], Dr.: 11. **Nachtrag** zum Katalog der Bibliothek ⟨1900⟩. *Wismar 1901: Eberhardt.* (S. 8—9.) 4° ¶ [Forts. d. Katalogs 1888 u. d. Nachtr. in d. Progr. 1890—1900 von Anton Kuthe.]
Wismar, Grosse Stadt-S (G u. R), OP 1901 (718)

Stoppel, [Paul], Dr.: 12. Nachtrag zum **Katalog** der Bibliothek ⟨1901⟩. *Wismar 1902: Eberhardt.* (S. 15–16.) 4° ¶ [Forts. d. Katalogs 1888 von Anton Kuthe, u. d. Nachtr. in d. Progr. 1890—1900 von Kuthe, 1901 von Stoppel.]
Wismar, Große Stadt-S (G u. R), OP 1902 (734)

†[—]: I. Nachtrag zum Katalog der Bibliothek der Großen Stadtschule zu Wismar. 1903. 35 S. 8.
Große Stadtschule — Gymn. u. Realschule — *Wismar* 1901 Progr. (718). 1902 (734). 1903.

Stoppel, specimen lexici Euripidei, s. Festschrift für Gymn.-Dir. Dr. Nölting.

Stoppel, Paul Lexici Euripidei specimen novum, quo continentur literae *H* vocabula ἦ—ἡμῶν composuit P. St. 4 (IV, 24 S.). Grosse Stadtsch. — G. u. Rsch. — *Wismar* 1891 (647). Progr.

Stoppel (P.), die wichtigsten Vokabeln des 1. Buches v. Xenophons Anabasis, zur Erlerng. u. Wiederholg. systematisch zusammengestellt. (II, 22 S.) 8. Wismar 902. Hinstorff's Verl. n. — 50

Stoppel, Rose: Über den Einfluß des Lichtes auf das Öffnen und Schließen einiger Blüten. Mit 1 Abb. u. 39 Kurven im Text. Jena: Fischer 1910. 85 S. 8° [Umschlagt.] ¶ (Aus: Zeitschrift f. Botanik. Jg. 2, H. 6.)
Freiburg i. B., Phil. Diss. v. 10. Juni 1910, Ref. Oltmanns
[Geb. 26. Dez. 74 Bündtken; Wohnort: Freiburg i. B.; Staatsangeh.: Preußen; Vorbildung: Realgymn. Einbeck Reife M. 05; Studium: Berlin 2, Freiburg i. B. 7 S.; Rig. 30. Juli 09.] [U 10. 1091

Stoppel, Val., Geschäftsaufsätze. Schönschreibhefte für die Oberstufe der Volks-Schule. 4 Hefte. 4. (à Heft 20 S.) Hanau 887,88, Alberti. [1. Heft. 1.—5. Aufl.; 2. Heft. 1.—6. Aufl.; 3. Heft. 1.—7. Aufl.; 4. Heft. 1.—8. Aufl.] à Heft ** 10 Pf. **

Stoppel, V. Geschäftsaufsätze. Schönschreibhefte f. die Oberstufe der Volks-Schule, sowie f. Fortbildungsschulen. 5 Hefte. 4. (à Heft 20 S.) Hanau 891, Alberti. [1. Heft. 9. Aufl.; 2. Heft. 10. Aufl.; 3. Heft. 7. Aufl.; 4. Heft. 8. Aufl.; 5. (Postheft). 11. Aufl.] à Heft * — 12; * — 60

Stoppel, Val., Geschäftsaufsätze. Schönschreibhefte für die Oberstufe der Volksschule, sowie f. Fortbildungsschulen. 5 Hfte. 4. (à 24 S.) Hanau (902). M. Alberti. à n. — 15
I. 80. Aufl. — II. 74. Aufl. — III. 76. Aufl. — IV. 82. Aufl. V. (Postheft.) 78.—84. Aufl.

Stoppel, Val., Geschäftsaufsätze. Schönschreibhefte für die Oberstufe der Volksschule, sowie für Fortbildungsschulen. 5 Hefte. (Je 24 S.) 8. Hanau, M. Alberti. à n. — 15
I. 126. Aufl. (905.) — II. 130. Aufl. (906.) — III. 119. Aufl. (905.) — IV. 120. Aufl. (905.) — V. Postheft. 134. Aufl. (906.)

Stoppel, Val., Geschäftsaufsätze. Schönschreibhefte f. die Oberstufe der Volksschule, sowie f. Fortbildungsschulen. 5 Hefte. 8. Hanau (910). M. Alberti. à — 15
I. 170.—177. Aufl. (24 S.) — II. 171.—175. Aufl. (24 S.) — III. 169. Aufl. (24 S.) — IV. 172. Aufl. (24 S.) — V. Postheft. 176. Aufl. (28 S.)

—— **Ein praktischer Leitfaden für den Zeichenunterricht in der Volksschule. Mit Berücksicht. der Allgemeinen Bestimmungen vom** 15. Octbr. 1872 **entworfen.** 2 Tle. qu. 4. **Ebendas.** 882. *
Inhalt:
Tl. 1. Cursus der Mittelstufe. 2. verb. Aufl. (XIII, 68 zum Teil lithogr. S.) *ℳ 2.
» 2. Cursus der Oberstufe. (100 zum Teil lithogr. S.) *ℳ 2,50.

—— **Netzzeichenhefte** mit Vorzeichnungen. [Vorstufe des Freihandzeichnens.] Nach der ministeriellen Anweisung vom 20. Mai 1887 bearb. 4 Hefte. 4. (à Heft 16 S.) Ebendas. 888. [1. Heft. 203. Aufl.; 2. Heft. 204. Aufl.; 3. Heft. 205. Aufl.; 4. Heft.] à Heft * 18 Pf. *

—— **Netzzeichenhefte m. Vorzeichnungen. (Vorstufe des Freihandzeichnens.) 4 Hefte. 4. (à Heft 16 S.) Ebd. 891. [1. Heft. 275. Aufl.; 2. Heft. 234. Aufl.; 3. Heft. 235. Aufl.; 4. Heft. 274. Aufl.]** à Heft * — 18

Stoppel, Val., Netzzeichenhefte m. Vorzeichnungen. (Vorstufe des Freihandzeichnens.) Nach der minist. Anweisg. vom 20. V. 1887 bearb. 4 Hfte. 4. (à 16 S.) Hanau, M. Alberti. à n. — 20
I. 596. Aufl. (903.) — II. 579. Aufl. (903.) — III. 580. Aufl. (903.) — IV. 530. Aufl. (901.)

— **Netzzeichenhefte m. Vorzeichnungen. (Vorstufe des Freihandzeichnens.) Nach der minist. Anweisg. vom 20. V. 1887 bearb. I.—IV. Heft. (Je 16 S.) gr. 8. Ebd.** à n. — 20
I. 673. Aufl. (905.) — II. 704. Aufl. (906.) — III. 702. Aufl. (905.) — IV. 639. Aufl. (905.)

— **Netzzeichenhefte m. Vorzeichnungen. (Vorstufe des Freihandzeichnens.) Unter Berücksicht. der gesetzl. Bestimmgn. f. den Zeichenunterricht der preuß. Volksschulen bearb. I.—IV. Heft. (à 16 S.) gr. 8. Ebd. (909).** à — 20
I. 753. Aufl. — II. 751. Aufl. — III. 746. Aufl. — IV. 752. Aufl.

Stoppel, V., die neuen deutschen Reichsmünzen in naturgetreuen Abbildungen (in Hochdr.) **Für Schule u. Haus erläut. u. m. Umrechnungstabellen versehen.** Fol. Leipzig 875. Siegismund & Volkening. — 50

Stoppel, V., Zeichnenhefte mit Vorzeichnungen. Ausg. A. 4 Hefte. qu. 4. Hanau 881—84, Alberti. [1. und 2. Heft. 1.—9. Aufl. (à 28 lithogr. S.); 3. und 4. Heft. 1.—4. Aufl. (à 14 lithogr. S.)] à * 30 Pf. *

—— **dass. — für begabtere Schüler in Volks- und Bürgerschulen. Ausg. A. 5. Heft: Für Knaben. 10. Aufl. 4. (28 lithogr. S.) Ebendas. 884.** *
Ausg. für Mädchen *

—— **dass. — Ausg. B. 8 Hefte. 1.—8. Aufl. qu. 4. (à Heft 16 lithogr. S.) Ebendas. 882—84.** à Heft * 18 Pf. *

—— **dass. — Ausg. B. 9. und 10. (Schluss-)Heft: Für Knaben. 10. Aufl. 4. (à Heft 16 lithogr. S.) Ebendas. 884.** à Heft * 10 Pf. *
Ausg. für Mädchen à Heft * 18 Pf. *

— dasselbe. Ausg. A [in 5 Hftn.] Mit Stigmen. 4. (à 28 S.) Ebend. 886. à n. — 30
1. 23. Aufl. — 2. 3. 22. Aufl. — 4. 5. 20. Aufl. Ausg. f. Knaben resp. Mädchen.

—— dass. — Ausg. B. [in 10 Heften]. Mit Stigmen. 4. (à Heft 16 S.) Ebendas. 886. [1.—3. Heft. 22. Aufl.; 4.—6. Heft. 20. Aufl.; 7. und 8. Heft. 22. Aufl.; 9. Heft. 20. Aufl. Ausg. für Knaben, resp. Mädchen; 10. Heft. 10. Aufl. Ausg. für Knaben, resp. Mädchen.] à Heft * 18 Pf. *

—— dass. — Ausg. A. 1. und 2. Heft. Ohne Stigmen. 23. Aufl. 4. (à Heft 28 S.) Ebendas. 886. à Heft 30 Pf. *

— dasselbe. Ausg. B. 1—4. Hft. Ohne Stigmen. 23. Aufl. 4. (à 16 S.) Ebend. 886. à n. — 18

—— dass. — Serie A [in 5 Heften]. qu. 4. (à Heft 28 S.) Ebendas. 888. [1. Heft. Ausg. mit Stigmen. 211. Aufl.; 2. Heft. Ausg. mit Stigmen. 187. Aufl.; 3. Heft. 188. Aufl.; 4. Heft. 189. Aufl.; 5. Heft. Für Knaben. 25. Aufl.; für Mädchen. 20. Aufl.] à Heft * 30 Pf. *

—— dass. — Serie B [in 10 Heften]. qu. 4. (à Heft 16 S.) Ebendas. 888. [1. Heft. Ausg. mit Stigmen. 201. Aufl.; Ausg. ohne Stigmen. 23. Aufl.; 2. Heft. Ausg. mit Stigmen. 191. Aufl.; Ausg. ohne Stigmen. 23. Aufl.; 3. Heft. Ausg. mit Stigmen. 192. Aufl.; Ausg. ohne Stigmen. 23. Aufl.; 4. Heft. Ausg. mit Stigmen. 193. Aufl.; Ausg. ohne Stigmen. 23. Aufl.; 5. Heft. 176. Aufl.; 6. Heft. 186. Aufl.; 7. Heft. 23. Aufl.; 8. Heft. 150. Aufl.; 9. Heft. Für Knaben. 25. Aufl.; für Mädchen. 20. Aufl.; 10. Heft. Für Knaben. 151. Aufl.; für Mädchen. 20. Aufl.] à Heft * 18 Pf. *

—— Zeichenhefte m. Vorzeichnungen. Serie A in 5 Heften. 4. (à Heft 28 S.) Ebd. 891. à Heft * — 30

1. Ausg. m. Stigmen. 272. Aufl. — 2. Ausg. m. Stigmen. 273. Aufl. — 3. 278. Aufl. — 4. 251. Aufl. — 5. Für Knaben. 223. Aufl. — 5. Für Mädchen. 153. Aufl.

—— dass. — Ausg. B. 1.—9. Heft. 4. (à Heft 20 S.) Ebd. 891. à Heft * — 20

1. Ausg. ohne Stigmen. 259. Aufl. — 1. Ausg. m. Stigmen. 264. Aufl. — 2. Ausg. ohne Stigmen. 260. Aufl. — 2. Ausg. m. Stigmen. 265. Aufl. — 3. 266. Aufl. — 4. 262. Aufl. — 5. 263. Aufl. — 6. 267. Aufl. — 7. 268. Aufl. — 8. 269. Aufl. — 9. Für Knaben. 270. Aufl. — 9. Für Mädchen. 271. Aufl.

— Zeichenhefte m. Vorzeichnungen f. Volksschulen. Unter besond. Berücksicht. der gesetzl. Bestimmgn. f. den Zeichenunterricht der preuss. Volksschulen neu bearb. Ausg. A in 5 Hftn. 4. (à 28 S.) Ebd. à n. — 30

1. Gerade Linie, Winkel, Dreieck, Viereck. 558. Aufl. (902.)
2. Die krumme Linie. 541. Aufl. (901.)
3. Geradlinige Formen, welche auf dem Quadrat u. s. w. beruhen. 569. Aufl. (902.)
4. Gerad- u. kreislinig begrenzte Formen. — Krummlinige ornamentale Flächenformen. 570. Aufl. (902.)
5. Für Knaben. Linearzeichnen. 538. Aufl. (901.)

— dasselbe. Ausg. B in 10 Hftn. 4. (à 20 S.) Ebd. à n. — 20

1. Gerade Linie, Winkel, Dreieck, Viereck. 547.—563. Aufl. (902.)
2. Rechtecksgebilde, das Vieleck, weitere Gebilde im Quadrat, Uebungen im Verkleinern u. Vergrössern. 561. Aufl. (902.)
3. Geometrische Ansichten von einfach gestalteten Gegenständen. 545. Aufl. (902).
4. Bogenlinien, Kreis u. kreislinige Figuren. 513. Aufl. (901.)
5. Die Schlangen- u. Spirallinie, Gefässe, Blatt- u. Blütenformen. 553. Aufl. (902.)
6. Geradlinige Formen, welche auf dem Quadrat u. s. w. beruhen. 559. Aufl. (902.)
7. Formen, welche auf dem regelmässigen Dreieck, Sechseck u. s. w. beruhen. 528. Aufl. (901.)
8. Krummlinige ornamentale Flächenformen. 518. Aufl. (901.)
9. Heft f. Knaben. Geometrische Konstruktionen u. darauf beruhende Formen. 532. Aufl. (901.) — 9. Heft f. Mädchen. Stickmuster. 552. Aufl. 902.
10. Für Knaben. Frontansichten, Baurisse u. s. w. 533. Aufl. (901.) — 10. Heft f. Mädchen. Litzenverziergn. u. s. w. 531. Aufl. (901.)

— Zeichenhefte m. Vorzeichnungen f. Volksschulen. Unter Berücksicht. der gesetzl. Bestimmungen f. den Zeichenunterricht der preuss. Volksschulen neu bearb. Ausg. A in 5 Heften. (Je 28 S.) 4. Ebd. à n. — 30

1. Gerade Linie, Winkel, Dreieck, Viereck. 646. Aufl. (905.)
2. Die krumme Linie. 647. Aufl. (905.)
3. Geradlinige Formen, welche auf dem Quadrat u. s. w. beruhen. 626. Aufl. (904).
4. Gerad- u. kreislinig begrenzte Formen. — Krummlinige ornamentale Flächenformen. 627. Aufl. (906.)
5. Heft f. Mädchen. 588. Aufl. (906.)

— dasselbe. Ausg. B. 1.—9. Heft. (à 20 S.) 4. Ebd. à n. — 20

1. Gerade Linie, Winkel, Dreieck, Viereck. 699. Aufl. (906.)
2. Rechtecksgebilde, das Vieleck, weitre Gebilde im Quadrat, Uebungen im Verkleinern u. Vergrössern. 677. Aufl. (905.)
3. Geometrische Ansichten v. einfach gestalteten Gegenständen. 700. Aufl. (906.)
4. Bogenlinien, Kreis u. kreislinige Figuren. 703. Aufl. (906.)
5. Die Schlangen- u. Spirallinie, Gefäße, Blatt- u. Blütenformen. 694. Aufl. (906.)
6. Geradlinige Formen, welche auf dem Quadrat u. s. w. beruhen. 695. Aufl. (906.)
7. Formen, welche auf dem regelmässigen Dreieck, Sechseck u. s. w. beruhen. 644. Aufl. (905.)
8. Krummlinige ornamentale Flächenformen. 641. Aufl. (905.)
9. Heft f. Knaben. Geometrische Konstruktionen u. darauf beruh. Formen. 701. Aufl. (906.) — 9. Für Mädchen. Stickmuster. 645. Aufl. (905.)

Stoppel, Val., Zeichenhefte mit Vorzeichnungen f. Volksschulen. Auf Grund des neuen Lehrplanes f. den Zeichenunterricht in der preuss. Volksschule bearb. Ausg. C. 1.—3. Heft. (à 20 S.) 4. Hanau (905). M. Alberti. à n. — 20

1. Enth. den Zeichenstoff f. die Unterstufe in 1, 2, 3, 4 u. 5 klass. Schulen.
2. Enth. den Zeichenstoff f. die Mittelstufe in 1 u. 2 klassigen, bezw. der unteren Abteilung der Mittelstufe in 3, 4 u. 5 klassigen Schulen.
3. Enth. den Zeichenstoff f. das Körperzeichnen in 1—5 klassigen Schulen. 674. Aufl.

— Zeichenhefte m. Vorzeichngn. f. Volksschulen. Unter Berücksicht. der gesetzl. Bestimmgn. f. den Zeichenunterricht der preuss. Volksschulen neu bearb. Ausg. A in 5 Heften. I.—III. Heft. (à 28 S.) gr. 8. Ebd. (907). à Heft — 30

I. Gerade Linie, Winkel, Dreieck, Viereck. 708. Aufl.
II. Die krumme Linie. 720. Aufl.
III. Geradlinige Formen, welche auf dem Quadrat u. s. w. beruhen. 676. Aufl.

Stoppel, Val., Zeichenhefte m. Vorzeichngn. f. Volksschulen. Unter Berücksicht. der gesetzl. Bestimmgn. f. den Zeichenunterricht der preuß. Volksschulen neu bearb. Ausg. B (in 10 Heften). gr. 8. Hanau, M. Alberti. à Heft — 20

I. Gerade Linie, Winkel, Dreieck, Viereck. 755. Aufl. (20 S.) (910.)
II. Rechtecksgebiete, das Vieleck, weitere Gebilde im Quadrat, Übungen im Verkleinern u. Vergrößern. 756. Aufl. (20 S.) (910.)
III. Geometrische Ansichten v. einfach gestalteten Gegenständen. 759. Aufl. (20 S.) (910.)
IV. Bogenlinien, Kreis und kreislinige Figuren. 757. Aufl. (20 S.) (910.)
V. Die Schlangen- u. Spirallinie, Gefäße, Blatt- u. Blütenformen. 760. Aufl. (910.)
VI. Geradlinige Formen, welche auf d. Quadrat u. s. w. beruhen. 758. Aufl. (20 S.) (910.)
VII. Formen, welche auf dem regelmässigen Dreieck, Sechseck u. s. w. beruhen. 748. Aufl. (909.)
VIII. Krummlinige ornament. Flächenformen. 744. Aufl. (909.)
IX. für Knaben. Geometr. Konstruktionen u. darauf beruhende Formen. 701. Aufl. (908); f. Mädchen. Stickmuster. 722. Aufl.
X. für Knaben. Frontansichten, Baurisse u. s. w. 716. Aufl. (908); für Mädchen. Litzenverzierungen u. s. w. 671. Aufl. (908).

— dasselbe. Ausg. C. 1.—5. Heft. gr. 8. Ebd. à — 20

I. Enth. den Zeichenstoff f. die Unterstufe in 1, 2, 3, 4 u. 5 klassigen Schulen. 754. Aufl. (20 S.) (909.)
II. Enth. den Zeichenstoff für die Unterstufe in 1, 2, 3, 4. u. 5 klass. Schulen. 749. Aufl. (20 S.) (909.)
III. Enth. den Zeichenstoff für das Körperzeichnen in 1—5-klass. Schulen. 761. Aufl. (20 S.) (910.)
IV. Enth. den Zeichenstoff für das Körperzeichnen in 1—5 klassigen Schulen. 745. Aufl. (20 S.) (909.)
V. Enth. den Zeichenstoff für das Körperzeichnen in 1—5 klassigen Schulen. 750. Aufl. (20 S.) (909.)

— Zeichenschule. 1. und 3. Auflage. I. II. 4° Hanau 1881-93

— Zeichenschule. Ein praktischer Leitfaden für den Zeichenunterricht in der Volksschule. Mit Berücksichtigung der Allgemeinen Bestimmungen vom 15. Octbr. 1872 entworfen. 2 Tle. qu. 4. Ebend. 882. n. 4. 50

1. Cursus der Mittelstufe. 2., verb. Aufl. (XIII, 68 z. Tl. lith. S.) n. 2. —
2. Cursus der Oberstufe. (100 z. Tl. lith. S.) n. 2. 50

— Zeichenschule. Ein prakt. Leitfaden f. den Zeichenunterricht in der Volksschule. Zugleich method. Anweisg. zu den auf Grund der Allgem. Best. vom 15. Oktbr. 1872 u. der minist. Anweisg. vom 20. Mai 1887 bearb. Zeichenheften m. Vorzeichngn. 3., verb. Aufl. 1. u. 2. Tl. gr. 8. Ebd. n. 2. 5; kart. n. 2. 40

1. Mittelstufe. [Netz- u. Freihandzeichnen.] (VI, 68 S. m. Fig.) 891. n. 1. 25; kart. n. 1. 40
2. Oberstufe. [Freihand- u. Linearzeichnen.] (III, 44 S. m. Fig.) 893. n. — 80; kart. n. 1. —

—— Zeichenschule. Ein prakt. Leitfaden f. den Zeichenunterricht in der Volksschule. Zugleich method. Anweisg. zu den Zeichenheften m. Vorzeichngn. 3. verb. Aufl. 1. Tl.: Mittelstufe. [Netz- u. Freihandzeichnen.] gr. 8. (VI, 68 S. m. Fig.) Ebd. 892. * 1 25; geb. * 1 40

2. Tl. Ebd. 1882. cart. * 2 50.

— Zeichenschule. Ein prakt. Leitfaden f. den Zeichenunterricht in der Volksschule. Zugleich method. Anweisg. zu den auf Grund der Allgem. Best. vom 15. X. 1872 u. der minist. Anweisg. vom 20. V. 1887 bearb. Zeichenheften m. Vorzeichngn. 4. verb. Aufl. 1. Tl.: Mittelstufe. (Netz= u. Freihandzeichnen.) gr. 8. (72 S. m. Fig.) Ebd. 901. n. 1.25; geb. n. 1.50

Stoppelhopser, die. Heitere Skizzen aus dem Landleben v. Müller u. Schultze. Mit e. Anh.: Stoppelhopser's Lehr= u. Wander Jahre. 8. (121 S.) Berlin 871. Leipzig, Fest. n. 1. —

Stoppelhopser, die. Heitere Skizzen aus dem Landleben von Müller und Schultze. Mit einem Anh.: Stoppelhopser's Lehr= und Wander=Jahre. 8. (121 S.) Berlin 871, Schlingmann. *

Stoppenbrink, F[ranz], a. Oldenburg i. Großhzgt.: Der Einfluß herabgesetzter Ernährung auf den histologischen Bau der Süßwassertricladen. Leipzig: W. Engelmann 1905. (54 S.) 8° ¶(Aus: Zeitschrift für wiss. Zoologie. Bd 79, H. 4.)

Bonn, Phil. Fak., Ref. Ludwig, Diss. v. 23. Nov. 1904

[Geb. 7. Aug. 79 Oldenburg i. Großhzgt.; Heimatsort: Oldenburg; Staatsangeh.: Oldenburg; Vorbildung: Gymn. Oldenburg Reife O. 98; Studium: Bonn 3, Leipzig 2, Bonn 2 S.; Rig. 27. Juli 04.]

Stoppenbrink, Franz: Die Seewasseraquarien der Realschule in Hamm. Mit 2 Taf. Hamburg 1909: Lütcke & Wulff. 15 S. 8°

Hamburg, R in Hamm P 1909 (904) [S 09. 461.

Stopper, Jos., apologetische Konferenz-Vorträge üb. Gott u. Mensch u. Religion. (XIV, 150 S.) 12. Münster 903 Alphonsus=Buchh. 1.20

Stöpsel, S., s.: Feldpostbriefe aus Bosnien u. der Herzegowina.

Stopsl, Paul, die Kaiser=Ferdinands=Nordbahn zwischen Wien u. Brünn, als e. Theil d. Wien=Bochnia=Bahn, u. deren Ausführ. u. Betrieb in d. J. 1836, 1837, 1838 u. 1839. gr. 4. (7¾ B. u. 19 Kpfrt.) Wien 840, Förster. *

Stör, Die frohlockende! als Margr. Cath. v. Ahlefeldt . . . zur Aeptissin . . . erwehlet. Glückst. 1721. V: *Finck, Sam.* (Bruun, Bibl. Danica III, 956.)

Stör

— s. auch Stöhr.

Stör, Benedikt Hermann (Leutkirch) F, zl/20a

De radicis Valerianae officinalis Linnei in febribus acutis effectu dissertatio medica inauguralis.
Erlangen (Hilpert) 6. IV. 1798. 32 S. 33687

Stoer, Christian Melchior (Nürnberg) A. S. 339/17

Paralipomenon Osiandrinum seu Leonhardi Culmanni antistit. Noriberg. vita et fata.
Präs. Gustav Georg Zeltner.
Altdorf (Kohles) 21. V. 1710. 48 S.

W. v.: Präs., Christian Gottl. Schwarz, Johann Michael Sonntag. 33688

Stoer, Christian Melchior (Nürnberg) A. S. 1319/4

Quaestio curiosa physico-astronomica an luna cingatur atmosphaera. Präs. Johann Heinrich Müller.
Altdorf (Meyer) 11. X. 1710. 20 S. 33689

Stoer, Christoph Karl A. S. 775/19

Dissertatio inauguralis philosophica de piis fraudibus. Präs. Christian Schwarz.
Altdorf (Meyer) 21. VI. 1719. 32 S. 33690

Stoer, Friedrich (Altdorf) Altd. Phs. 45/33

Theses morales de frugalitate in sumendo potu, sive sobrietate. Präs. Magnus Daniel Omeis.
Altdorf (Meyer) 13. III. 1706. 2 Bl. 33691

Stoer, Georg Christoph (Königsberg/Bay.) A. S. 594/35

Dissertatio inauguralis juridica, de donatione inter absentes, et rei alibi sitae.
Giessen (Vulpius) 18. I. 1725. 32 S.

Gew.: Georg Christoph Stoer (Onkel). 33693

Stoer, Georg Christoph (Nürnberg) A. S. 110/29

Specimen inaugurale de litteris investiturae imperialibus quatenus probant contra tertium res in illis contentas possidentem.
Altdorf (Meyer) 25. VI. 1778. 16 S.

Gew.: Stadt Nürnberg. 33694

Gerhard Stoer

[Untersuchung der Frage: Ob es nöthig, nützlich, billig,...sey, die Praxin der Medicin, Chirurgie- u. Apotheker-Kunst in e. Persohn zu vereinigen; Nach Anleitung e. von Andrea Ottomar Goelicken zu Halle A. 1709 gehaltenen Disputation De mutilo medicinae corpore resarciendo per chirurgiam et pharmaciam postliminio revocandas...aufges. von Gerhardo Stoer. Helmstaedt 1727: Buchholtzen.]
95,56 S. 8°

[Zwischent.:] [Goelicke] Gölicken, Andreas Ottomar: (De mutilo medicinae Corpore resarciendo per chirurgiam et pharmaciam...[Deutsch:]) Medicinisch juristische Disputation, worinnen er erweisen will, daß die Artzeney-Kunst ...in vorigen Glantz u. Vollkommenheit müsse gesetzet werden.

[Titelbl. fehlt.]

*r. *Stör, H.* Brandversicherungsanstalt für Gebäude in den Landesteilen r. d. Rh. Gesetz vom 3. IV. 1875. München 1907.

Stör, Herm., die Brandversicherungsgesetze für das Königr. Bayern, s.: Hauck, Thom. v.

Stör, Hieronymus, s. Stöhr

Stoer, Johann Georg (Schweinfurt) A. S. 67/27

Dissertatio inauguralis iuridica de iustis expellendi conductorem causis intra tempora locationis locatori competentibus ad l. III. c. de locato et conducto.
Erlangen (Tetschner) IV. 1758. 64 S. 33695

Stör, Jh. Gli., s. G. Agricola, Gespräch.

Stoer, J. G., De jureconsultorum in rem metallicam meritis. Leipzig, 1745. 28 S.

Stoor, J. G., De theologorum in metallurgiam meritis. Leipzig, 1744. 24 S.

Stoer, Johann Gottlieb A. S. 127/28

De privilegio metallicorum commentatio.
Erfurt (Hering) 10. VII. 1741. 50 S.

Gew.: Dem obersten Bergkollegium zu Dresden.
33696

Stoer, Johann Jakob (Nürnberg) A. S. 201/1

De actione doli mali.
Altdorf (Kohles) 19. III. 1717. 32 S. 33697

Stoer, Johann Ulrich (Velden) A. S. 218/15

Dissertatio academica de officiis erga bruta.
Präs. Magnus Daniel Omeis.
Altdorf (Meyer) 17. VI. 1702. 24 S. 33698

Stoer, Oskar [approb. Arzt aus Regensburg]: Über Genese der Cystennieren .... Regensburg, Druck d. Verlags-Anst. vorm. G. J. Manz, 1887; 39 + 1 S. u. 1 Taf. 8°.
Erlangen, Med. Fak., Inaug.-Diss. v. 1887.

Stör, Thom., christliche Vermahnung an Antonius Thurler (1524), hrsg. von Otto Clemen, s.: Flugschriften aus den ersten Jahren der Reformation. 7. Heft.

Stoer, Volkmar Daniel (Nürnberg) 4°Jur. III, 23/1 1

Disquisitio VIII. problematum iuris naturae et gentium.
Präs. Christian Gottlieb Schwarz.
In: Schwarz: Sylloge problematum iuris naturae et gentium ... Altdorf (Kohles) 1638. (Richtig: 1738).
S. 133 - 148.
33702
Diss. 1731.

Stoer, Volkmar Daniel (Nürnberg) Altd. Thl. 17/57

Quaestiones ex antithetica theologia de principio theologiae revelatae Scriptura sacra coll. XXXVI. et rel. cap. II. proleg. Bajeriani compendii theolog. posit. Präs. Johann Balthasar Bernhold.
Altdorf (Meyer) 6. II. 1732. 32 S. 33701

Stoer, V. D., de Seniore, antistite vet. ecclesiae. Norimb. 1749. 4.

Storath, E[mil]: Über Granulationsentwicklung und Epithelisierung bei Defekten der äusseren Haut, besonders unter Crurin- und Zink-Pasten-Behandlung. Freiburg i. B.: Speyer & Kaerner 1908. 56 S. 8°
Freiburg i. B., Med. Diss. v. 1908, Ref. Kraske
[Geb. 4. Juni 78 Stockheim i. Ufr.; Wohnort: Stockheim; Staatsangeh.: Bayern; Vorbildung: Gymn. Münnerstadt Reife Juli 02; Studium: Heidelberg 4, München 1, Kiel 1, Freiburg i. B. 2, Berlin 2 S.; Coll. 17. Juli 08.] [U 09. 983

Storax, s. Septimus.

Storb, Anton [aus Mühlheim a. d. Ruhr]: Ueber Sarcome mit besonderer Berücksichtigung derjenigen in der Nasenhöhle.... Würzburg, Etlinger's Buchdr., 1890; 53 S. 8°
Würzburg, Med. Fak., Inaug.-Diss. v. 1890

Storbeck, Lesebuch f. berg- u. hüttenmännische Fortbildungsschulen, s.: Wohlrabe.

Storbeck, Adolf

Storbeck, die Häuserzerstörungen in Eisleben nach Verlauf, Umfang u. Ursache u. die Stellungnahme der Behörden zu denselben. Ein Beitrag zur Rechtspflege in Preußen. Mit mehr. Skizzen u. 1 Plane. Im Auftr. and. Hausbesitzer dargest. 1. u. 2. Aufl. gr. 8. (IV, 78 S.) Halle 897. (O. Hendel.) n. — 50

Storbeck, Andreas [appr. Arzt aus Emden, Provinz Sachsen]: Beitrag zur Lehre vom Schichtstaar. Magdeburg, Druck von Feodor Schmitt. 1877. 8. 31 S.

Storbeck, August [aus Salzwedel i. d. Altmark]: Tabes dorsalis und Syphilis ... Berlin, C. Vogts Buchdr., *1895;* 61 S., 1 Bl. 8.
Berlin, Med. Fak., Inaug.-Diss. v. 30. Juli 1895

Storbeck, C., Sammlung 1-, 2- u. 3stimmiger Lieder für die untersten Classen der Gymnasien u. Bürgerschulen. gr. 8. (4¼ B.) Potsdam 844, Riegel's Brlgsh. *

Storbeck, H., Hülfsbuch für Kinder zum Auswendiglernen, enthaltend: Luthers Katechismus mit kurzen Worterklärungen, Gebete und Tabellen für Bibelkunde, deutsche Sprache, Rechnen, Naturgeschichte, Geschichte und Geographie, nebst 2 Karten. 8. (48 S. mit 2 lithogr. Kärtchen.) Potsdam 859, Pusch.

Storbeck, H., Hülfsbuch für Kinder zum Auswendiglernen, enthltd.: Luther's Katechismus mit kurzen Worterklärungen, Gebete u. Tab. für Bibelkunde, deutsche Sprache rc. 2 (lithogr.) Karten. 5. Aufl. Potsdam 868. Pusch. gr. 16. (48 S.) 2½ ngr

Storbeck, H., Hülfsbuch für Kinder zum Auswendiglernen, enth.: Luthers Katechismus mit kurzen Worterklärungen, Gebete und Tabellen für Bibelkunde, deutsche Sprache, Rechnen [Decimalrechnung, neues Maaß und Gewicht], Naturgeschichte, Geschichte und Geographie. 7. verm. Aufl. 8. (58 S. mit 2 lithogr. Karten in 16. und 4.) Potsdam 870, Pusch.

—— dass. — 8. verm. Aufl. 8. (52 S. mit 2 lithogr. Karten in 16. und qu. 8.) Wittenberg 873, Herrosé. ** 25 Pf.; cart. **

Storbeck, Ludwig: Die Nennung des eigenen Namens bei den deutschen Geschichtsschreibern des Mittelalters. Halle a. S. 1910: Kaemmerer. 71 S. 8°
Halle, Phil. Diss. v. 13. Jan. 1910, Ref. Lindner
[Geb. 18. April 86 Wittenberge; Wohnort: Halle a. S.; Staatsangeh.: Preußen; Vorbildung: Stadt-Gymn. Halle Reife M. 05; Studium: Halle 5, München 1, Halle 2 S.; Rig. 7. Juli 09.] [U 10. 1803

Storbeck, Otto, Medizinal-Praktikant a. Magdeburg: Aus d. Königl. Universitäts-Psychiatr. u. Nerven-Klinik zu Kiel. Über einen Fall von Tumor des linken Thalamus opticus. Kiel 1908: H. Fiencke. (20 S.) 8°
Kiel, Med. Fak., Ref. Siemerling, Diss. v. 20. Juli 1908
[Geb. 8. Dez. 78 Lübeck; Wohnort: Lübeck; Staatsangeh.: Preußen; Vorbildung: Kloster-Schule Roßleben Reife O. 01; Studium: Tübingen 3, Kiel 1, Tübingen 1, Leipzig 1, Kiel 5 S.; Coll. 19. Mai 08; Approb. 10. Juni 08.]

Storbeck, Otto [aus Hötensleben '(Prov. Sachsen)']: Uber die Thionylamine der aliphatischen Reihe sowie über das Thionyldiaethylhydrazon ... Rudolstadt, Druck d. fürstl. priv. Hofbuchdr. F. Mitzlaff, 1893; 51 S. 8.
Rostock, Phil. Fak., Inaug.-Diss. v. [15 Dez.] 1892

Storch, d., u. seine Familie. Tragödie in 3 A. von E. M. Arndt, n. bst e. Zugabe. 8. Lpz. Gräff. 804.

Storch, der, u. seine Familie, von E. M. Arndt. Tragödie in 3 Aufz. 2te Ausg. 8. Leipz. Gräff. 815.

Storch, Mops und Frosch, s. Bilderbücher, Münchener.

(Storch. Der St.) Njbl. s. [Schinz, Heinrich Rudolf].

Storch. Eine Auswahl Horaz. Oden in jambisch-rhythm. Uebers. Pr. 1883. 18 S. 4°. 1.20

Storch's größtes, illustrirtes, egyptisch-persisches u. chaldäisches, vollständigstes Traumbuch, Traumdeuter u. Planetenbuch, enth. die bewährtesten Traum-Ausleggn., nebst erfahrungsgemäß gewinnbring. Lotterie-Nummern, Chiromantie, Punktirkunst, Horoskop f. Männer u. Frauenzimmer rc. rc. 8. Aufl. 8. (240 S. m. 400 Abbildgn. od. 700 Darstellgn.) Prag-Karolinenthal 891. Rud. Storch. n. 1. —

Storch's größtes illustrirtes egyptisch-persisches, chaldäisches vollständigstes Traumbuch, Traumdeuter und Planetenbuch. 4. Aufl. 8. (240 S.) —.50 Ebd. 1891.

Storch, Adolf: Vokalharmonie im Rumänischen. *Leipzig: J. A. Barth 1899.* (83 S.) 8° ¶ [Aus: Jahresbericht d. Instituts f. rumän. Sprache zu Leipzig.]
Leipzig, Phil. Diss. v. [2. Dez.] 1899

Storch, Ad. Frz. Das Postwesen von seinem Ursprung bis an die Gegenwart. 8°. Wien 1866.

Verzeichniß, Nr. XI. — Des antiquarischen Bücherlagers der Buch-, Kunst-, Musikalien- und Landkartenhandlung von Alexander Storch in Prag. Enthaltend: Bohemica und andere Slavica. 1854. 8. (88 S.) Prag. Druck von Joh. Spurny. 1854.

Verzeichniß (Nr. XII) des antiquarischen Bücher-Lagers der Buch-, Kunst-, Musikalien- und Landkartenhandlung von Alexander Storch in Prag. Enthaltend: Theologie, Philosophie und Orientalia. Prag. 1855. Druck von Johann Spurny. (102 S. 8.) geh.

Verzeichniß des antiquarischen Bücherlagers der Buch-, Kunst-, Musikalien- und Landkartenhandlung von Alexander Storch in Prag. Enthaltend: Bohemika und andere Slavika. Werke vom Jahre 1488—1855. Prag, 1855. Druck v. Johann Spurny. (89 S. 8.)

Verzeichniß (Nr. 14) des antiquarischen Bücher-Lagers der Buch-, Kunst-, Musikalien- und Landkartenhandlung von Alexander Storch in Prag. Enthaltend: Theologie, Kirchenrecht, Philosophie und Orientalia. Werke vom Jahre 1488—1855. Prag, 1857. Druck von Joh. Spurny. (183 S. 8.)

Storch, Arthur [Pseud.], s.a. Schneeberger, Franz Julius

Storch, Arthur, Der Arbeiterkönig; f. q. Lesehalle, illustrirte.

Storch, Arth., der Arbeiterkönig. Politisch-socialer Roman aus der Gegenwart. Wien 868. Hartleben. gr. 8. (757 S. mit 22 Holzschntaff.) 2 ₰ 4 ngr.

Storch, Arth., der Arbeiterkönig. Politisch-socialer Roman aus der Gegenwart. 3 Bde. in 16 Lfgn. gr. 8. (255; 256; IV, 246 S., mit 20 Holzschntaf.) Wien 869, Hartleben's Verlag. à Lfg. 50 Pf.

—— die Geheimnißvollen oder Freimaurer und Jesuit. Roman. 4 Bde. 1. Aufl. in 24 Lfgn. 1868.69, und 2. Aufl. gr. 8. (IV, 256; 256; 320; 310 S., mit 24 Illustr. auf Holzschntaf.) Ebendas. 870. à Lfg. 50 Pf.

Storch, Arth., Götterkampf oder: Jupiter — Jehova — Christus. Geschichtlicher Roman aus der Zeit der Zerstörung Jerusalems. 3 Bde. (256, 336 u. 359 S. mit Holzschn.-Taf.) Wien 878. 79. Hartleben. 10. —

—— die Katakomben von Wien. Roman. 4 Bde. in 23 Lfgn. gr. 8. (270; 336; 272; 224 S., mit 23 Holzschntaf.) Ebendas. 869,70. à Lfg. 40 Pf.

Storch, Arth., die Katakomben von Wien. Roman. 3. Aufl. 1.—3. Lfg. gr. 8. (1. Bd. S. 1—144 mit je 1 Holzschntaf.) Wien 883, Hartleben's Verlag. à Lfg. 50 Pf.
Die Fortsetzung ist in 3. Aufl. nicht erschienen.

STORCH, Arthur, Die Katakomben von Wien. Roman. A. Hartleben's Verlag Wien, Druck v. W. Zoeller in Wien. III. Aufl. Lief. 4.
Verboten v. L.-G. Wien, 1883. § 64.

— — Dasselbe. Lief. 7.
Verboten v. L.-G. Wien, 15. Juni 1883. § 64.

— — Ein Kind des Volkes oder der Arbeiterkönig. Politisch-socialer Roman aus der Gegenwart. 2. Auflage. Mit 16 Illustrationen. 3 Bde. Lex. 8. (255, 253 u. 245 S.) Ebds. 1869. 4 fl.

Storch, Arth., die Königsmörder. Historischer Roman. 20 Lfgn. gr. 8. (1. Bd. 271, 2. Bd. 287 u. 3. Bd. 400 S. m. je 1 Holzschntaf.) Wien 876. Hartleben. à — 50

— — Die Königsmörder. Histor. Roman. Druck von Hirschfeld, Verlag v. A. Hartleben, Wien, Heft 8.
Verboten v. L.-G. Wien, § 64.

— Licht u. Finsterniß od. die Geheimnisse der Wiener Hofburg. Geschichtlicher Roman. 24 Lfgn. gr. 8. (1 Bd. 272, 2. Bd. 336, 3. Bd. 287 u. 4. Bd. 246 S. m. je 1 Holzschntaf.) Ebend. 872. 73. à — 40

STORCH, Arthur. Licht und Finsternis oder Die Geheimnisse der Wiener Hofburg. Geschichtlicher Roman. (1872.) Lieferung 17.
Konfisziert.

— dasselbe. 2. Aufl. 4 Bde. gr. 8. (271, 335, 287 u. 249 S. m. 24 Holzschntaf.) Ebend. 872. 12. —

Storch, Arth., Mexiko oder Republik und Kaiserreich. Politisch-socialer Roman aus der Gegenwart. 4 Bde. in 21 Lfgn. gr. 8. (256 S., 256 S., 240 S., VIII und 240 S. mit 17 Holzschntaf.) Wien 867,68, Hartleben's Verlag. à Lfg. 4 Ngr.

— — 5. Aufl. Ebd. 1868.

—— zu Wasser und zu Land. Roman. 3 Bde. in 16 Lfgn. gr. 8. (272; 240; 345 S., mit 18 Holzschntaf.) Ebendas. 871. à Lfg. 50 Pf.

— die Welt in Waffen. Zeitgeschichtlicher Roman. 1—4. Lfg. gr. 8. (1. Bd. S. 1—192 m. je 1 Holzschntaf.) Ebend. 876. à — 50

— die Welt in Waffen. Zeitgeschichtlicher Roman. 5—24. (Schluß-)Lfg. gr. 8. (1. Bd. S. 193—271, 2. Bd. 336, 3. Bd. 271 u. 4. Bd. 224 S., mit je 1 Holzschntaf.) Ebend. 877. à — 50

Storch, Aug., kurze Geschichte von Friedberg u. seinem Lehrerseminar. (22 S. m. Abbildgn.) 8. Gießen (904). E. Roth. n. — 60

Storch, Aug., deutsche Grüße. Neue Gedichte. (VII, 87 S.) kl. 8. Gießen 907. E. Roth. 1. —

Storch, Aug., Heimat u. Vaterland. Gedichte. 8. (90 S. m. Abbildgn.) Gießen (902). E. Roth. n. 1. 20; geb. in Leinw. n. 1. 60

— die Hüttenberger. Volksschauspiel in 3 Tln. (zur Feier des Trachtenfestes in Butzbach, Juni 1906). (53 S.) kl. 8. Ebd. 906. n. — 40

Kulturbilder aus Butzbachs Vergangenheit, e. Erinnerungsblatt an d. Ausstellung oberhess. Altertümer im J. 1898 von August **Storch** ‹Butzbach›. (Gießen: Münchow 1898.) (10 S.) 4°
[Umschlagt.:] Aus Butzbachs Vergangenheit. [07. 10539

(Hrsg. v. Tierschutzvereine Schmalkalden.) Tierschutz und Tierschutzverein. Vortrag d. Kreistierarztes Dr. [August] **Storch**. Schmalkalden 1907. (Schmalkalden: F. Wilisch 1907.) (32 S.) 8° [F.] [08. 8190 4

Storch, August [Kreistierarzt in Schmalkalden]: Untersuchungen über den Blutkörperchengehalt des Blutes der landwirtschaftlichen Haussäugetiere. Karlsruhe 1901. 52 S. 8°.
Bern. Vet.-med. Diss. 1900/1901.

Storch, August. Untersuchungen über den Blutkörperchengehalt des Blutes der landwirtschaftlichen Haussäugetiere. Diss. Vet.-Med. Bern. 52 S. 8. Karlsruhe, Macklot, 1901.

Storch, Carl, s. Storch, Karl

Storch, Carl Ludwig, s. Storch, Karl Ludwig

Storch, Christian (Brieg) A. S. 1300/3

Dissertatio inauguralis medica de leienteria.
Präs. Georg Daniel Coschwitz.
Halle (Hilliger) IV. 1727. 29 S.

Gew.: Wolfgang Abraham Schilling, Martin Musik, Johann Gottfried Lorenz.
W. v.: Christoph Sancke, C. G. Grünband.
33762

Storch, E, Beitrag zur Syphilis d. Lunge, s. a. Bibliotheca medica, Abt. C, Hft. 8.

Beitrag zur Syphilis der Lunge v. E. Storch, 3. Assist. am Kgl. pathol. Inst. zu Breslau. M. 1 gr. 4° Taf. in Farbendr. Cassel: Th. G. Fisher & C. 1896. (2 Bl., 12 S., 1 Taf. nebst Erl.-Bl.) 1 Bd 4°
= Bibliotheca medica. Abth. C. H. 8.

Storch, E., Versuch e. psychophysiologischen Darstellung des Bewusstseins, zugleich e. Beitrag zur Lehre v. der Function der Grosshirnrinde. gr. 8. (VIII, 140 S. m. 27 Abbildgn.) Berlin 902. S. Karger. n. 4. —
Sonderabdr. aus: „Monatsschr. f. Psychiatrie u. Neurologie".

Storch, Eduard (geb. Tecklenburg): Thesen. Berlin (1870). (2 Bl.) 8°
Berlin, Med. Thes. v. 21. Juli 1870

Storch, Eman., neue theoretisch-praktische Gesangschule. Leipzig 867. Kahnt. gr. 4. (66 S.) 1 ₰

Storch, Ernst, Arzt: Aus d. Breslauer Patholog. Institut. Über 2 Fälle von Lungenarterienaneurysma. Breslau 1899: Bresl. Genossenschafts-Buchdr. (34 S.) 8°
Breslau, Med. Diss. v. 20. Jan. 1899

— Muskelfunction u. Bewusstsein, s. a. Grenzfragen des Nerven- u. Seelenlebens. 10. Hft.

Muskelfunction und Bewusstsein. Eine Studie zum Mechanismus d. Wahrnehmungen. Von Dr. E[rnst] **Storch** in Breslau. Mit 7 Fig. im Text. *Wiesbaden: J. F. Bergmann 1901.* (S. 44–86.) 4°(8°)
— Grenzfragen d. Nerven- u. Seelenlebens. H. 10. [01. 18474

Storch, Ernst, Dr.: Aus d. Kgl. Poliklinik f. Nervenkranke in Breslau. Psychologische Untersuchungen über die Funktionen der Hirnrinde, zugleich eine Vorstudie zur Lehre von der Afasie. *Breslau 1901: Bresl. Genoss.-Buchdr.* (75 S.) 8°
Breslau, Med. Hab.-Schr. v. 9. Dez. 1901
(Nicht für den Austausch)

(**Storch**, Ernestus Henricus): *De adverbii cum adjectivo conjunctione in latino sermone. 27 Bl. 2°
Halle-Wittenberg, Phil. Diss. v. 4. Dez. 1849
Geb. Bolkenhain (Schles.) 13. 8. 1825. V.

Storch, Ernst Ludw., der liebe Kahle. Gedächtnißpredigt beim Hingange des Superint. und Pfarrers Ernst Gottfried Kahle, gehalten in der Alt-Roßgärtischen Kirche am Sonntage Septuagesimä, den 5. Februar 1860. Neu-Ruppin. (Berlin, Gaertner.) gr. 8. (15 S.) n. 2½ ngr.

Storch, Ern. Phil. Henr. (geb. Berlin 8. 4. 1798): De neonatorum blepharo-blennorrhoea. Berolini (1826). (48 S.) 8°
Berlin, Med. Diss. v. 18. Mai 1826

Storch, Eugen [pr. Arzt aus Ostpreussen]: Zur Spina bifida ... Greifswald: Druck v. Julius Abel 1889. 31 S. 8°
Greifswald, Med. Fak., Inaug.-Diss. v. 4. Jun. 1889

Storch, Frz., Hofgastein. Ein Handbüchlein des Wissenswürdigsten über die Verhältnisse dieses Marktfleckens u. Curorts. 8. (VIII, 64 S.) Salzburg 879. Mayr in Comm. 1. 20

Storch, Frz., Maria, das Heil der Kranken. Darstellung der außerordentl. Vorfälle u. wunderbaren Heilgn., welche in den J. 1866—1875 zu Philippsdorf in Böhmen sich ereignet haben. 1—6. Hft. 8. Georgswalde 873—76. (Breslau, Aderholz.) à n.n. — 60
1. 5. unveränd. Aufl. (112 S.)
2. 3. unveränd. Aufl. (96 S.)
3. 2. unveränd. Aufl. (68 S.)
4. 2. unveränd. Aufl. (64 S.)
5. (124 S.) — 6. (88 S.)

Storch, Frz., die Sagen und Legenden des Gasteinerthales. 16. (IV, 119 S.) Salzburg 879. (Mayrische Buchh.) *
Aus: Sagen von Salzburg, besonders abgedruckt.

Storch, Frz., d. Sagen u. Legenden des Gasteinerthales, gesammelt u. hrsg. 2., ergänzte Aufl. gr. 16. (IV, 119 S.) Salzburg 896. Mayr. Geb. in Leinw. n. 1. 60

Storch, Frz., Skizzen einer naturhistor. Topographie des Herzogth. Salzburg, s. a. Skizzen.

Storch, Franz. Med. Dr. — Skizzen zu einer naturhistorischen Topographie des Herzogthums Salzburg. Herausgegeben von — —. 1. Bd. Flora von Salzburg. Mit 4 Porträten und 1 Landkarte. Salzburg, 1857. Druck von Leop. Zaunrith. (243 S. 4 Porträts 8. und 1 Karte 4.)

Kayser, Joh. Friedr. [Präs.] u. Georg Heinr. Wilh. Storch
De feudis Fuldensibus eorundemque origine, natura et diversitate, disputatio tertia.
Gissae 17. Mai 1747: Joh. Müller. (4), 48, (4) S. 4°

Storch, H.

Storch: Einige Bemerkungen zur Grammatik des Tacitus für den Schulgebrauch. 21 S.—Memel, Progr. 1868

Storch, H., der heutige, insbesondere landrechtliche Darlehns-Vertrag u. die Bedeutung der l. 20 D. XII. I. [de rebus creditis] für denselben. Ein Beitrag zur Frage der Realcontrakte. gr. 8. (74 S.) Berlin 878. Puttkammer & Mühlbrecht. n. 2. —

Storch, H. Das Epitheton ornans. Ratibor, G., 1858. 24 S. 4. Progr.

Storch, H., Symbolae crit. et exeget. in Aeschyli Agamemnona, I. Pr. 1863. 12 S. 4°. 1.20
Memel.

Storch, Heinrich, s.a. S t o r c h , Heinrich Friedrich von

Storch, Heinr., A Generals-Beicht od. D. Mailingeriade. E. oberbayer. Epos. Illustr. v. Rob. Wosak. 8. (46 S.) München 898. Seitz & Schauer. n. — 80

— a kloane Prisl Mundartliche Gedichte. 2., verm. Aufl. 8. (XIII, 57 S.) Stuttgart 894. Druckerei u. Verlagshaus Stuttgart, Dr. Foerster & Co. n. 2. —; geb. n.n. 2. 75

— der wilde Rolf. Ein Burschenlied v. der Lahn in 7 Stücken. 8. (44 S.) Leipzig-Reudnitz 891. M. Hoffmann. n. — 60

Storch, Heinrich: Aus d. Psychiatr. u. Nervenklinik. Psychische und nervöse Störungen nach Selbstmordversuch durch Erhängen. Kiel 1909: Fiencke. 12 S. 8°
Kiel, Med. Diss. v. 24. Okt. 1910, Ref. Siemerling
[Geb. 1. Dez. 83 Neddenaverbergen; Wohnort: Neddenaverbergen; Staatsangeh.: Preußen; Vorbildung: Gymn. Verden Reife O. 04; Studium: Jena 2, München 1, Göttingen 1, Kiel 6 S.; Coll. 21. Mai 09; Approb. 1. Juni 10.]
[U 11. 2599

Storch, Heinr., was mir das Pferd erzählte. Veterinärmedizinisch-humorist. Träumerei u. andere Humoresken. 8. (40 S.) Leipzig-Reudnitz 891. M. Hoffmann. n. — 60

Storch, Heinrich Friedrich von

— s. a. Annalen d. Regierung Katharina's II.

Storch, Heinr., Annalen der Regierung Katharina II. Kaiserin v. Rußland. 1r Bd, Gesetzgebung. gr. 8. Riga. (Hartknoch in Leipz.) 798.
Velinpap.

Storch, Ritter Hnr. (Fr.). Betrachtungen über die Natur des Nationaleinkommens; nach der französ. Urschrift vom Verfasser selbst übertragen. gr. 8°. Halle, Renger, 1825.

Storch, Ritter Heinr. (Fr.), Briefe üb. d. Garten z. Pawlowsk, geschrieben im J. 1802. 12. Petersburg u. Riga, 1805. (Leipzig, Hartknoch.) — 20

S t o r c h , H.: „Considérations sur la nature du revenu national", Paris 1824. — „Betrachtungen über die Natur des Nationaleinkommens. Nach der französischen Urschrift vom Verfasser selbst übertragen", Halle 1825. — Beide vorh.: Preuß. Staatsbibl. Berlin.

S t o r c h , Henri: „Cours d'Economie politique, ou exposition des principes, qui déterminent la prospérité des nations", VI Vols., St. Petersburg 1815 (Schwetschke & S. in Halle). Im Auszuge übersetzt: „Handbuch der Nationalwirthschaftslehre", aus dem Französischen mit Zusätzen, von Karl Heinrich R a u , 3 Bände, Hamburg 1819, 1820 (Perthes). Die Zusätze besonders, ebenda 1820. — Nachdruck: „Cours d'Economie politique, par H. Storch, avec des notes explicatives et critiques, par J. B. S a y", IV Vols., Paris 1823. — Antwort darauf: Storch, H., „Considérations sur la nature du revenu national", Paris 1824. Deutsch vom Verfasser: „Betrachtungen über die Natur des Nationaleinkommens", Halle 1825.

Storch, Heinr., Cours d'Economie politique, ou exposition des principes, qui déterminent la prospérité des nations, VI Vol. gr. 8. St. Petersbourg. (Berlin, Realschulbuchh. et Halle, Hemmerde et Schwetschke.) 815.

Storch, Heinrich. Historisch-statistisches Gemälde des russischen Reichs, am Ende des achtzehnten Jahrhunderts. Mit Karten. Nebst Supplementband zum 5.—7. Th., enthaltend archivalische Nachrichten und Beweisschriften zur neuern Geschichte des russischen Handels. (9 Bde.) 8. Riga 1797—1803.

— histor.-statist. Gemälde des Russ. Reichs am Ende des 18ten Jahrh. 6 Thle u. 7r u. 8r od. Supplem. 2 Thle. Mit Kart. 8. Riga 797—803. Hartknoch in Leipz. 18 ℛ Velinp. 30 ℛ

STORCH, H., Historisch-statistisches Gemälde des russischen Reichs unter Katharina II. 8 Thle. u. 1 Suppl.-Bd. mit Kpfrn. (= 9 Bde.). Riga und Leipzig 1797—1803. Text 8°. Suppl. 4°.
Hugo Helbing's Münchner März-Auct. 1907, no. 203.

— Gemälde von St. Petersburg. 2 Thle. Mit Kpf. u. Vign. 8. Riga 794. Hartknoch in Leipz. 2 ℛ 16 ℊ

— Handbuch der Nationalwirthschaftslehre; aus d. Französ. mit Zusätzen von Karl Hnr. Rau. 3 Bde. gr. 8. Hamb. 819, 20. Fr. Perthes. 7 ℛ 12 ℊ — Die Zusätze des Uebersetz. besond. abgedr. gr. 8. Ebd. 820. 1 ℛ 8 ℊ

S t o r c h , H. Ritter: „Zur Kritik des Begriffs vom Nationalreichthum. Eine akademische Vorlesung", St. Petersburg 1827 (Cnobloch in Leipzig).

Storch, H., zur Kritik d. Begriffs v. Nationalreichthum. Eine akadem. Vorles. 8. (1½ B.) St. Petersburg 827. (Leipzig, Voß.)

— Materialien zur Kenntniß des Russ. Reichs. 2 Bde. 8. Riga 796—98. Hartknoch in Leipz. 2 ℛ 8 ℊ

— principes generaux de Belles-Lettres. gr. 8. St. Petersburg 789.

Storch, H. Russland unter Alexander I. 27 Hefte. 8. Riga u. Leipzig 1803—11. 77,00.

— Rußland unter Alexander I.; e. histor. Zeitschrift. 8 Bde od. 24 Lieferr. Mit Kpf. u. Tabb. gr. 8. Riga 803—806. Hartknoch in Leipz. (à Bd. 2 ℛ 16 ℊ) 21 ℛ 8 ℊ Velinp. 32 ℛ 25e—27e Liefer. A. u. d. T.: systemat. Uebersicht der Literatur in Rußland, während des 5jähr. Zeitraums von 1801—5, von H. Storch u. Fr. Adelung. gr. 8. Ebd. 811. 2 ℛ 16 ℊ Velinp. 4 ℛ

— — dasselbe 26te u. 27te Lieferung.
Hat auch d. Titel:
Systematische Uebersicht d. Literatur in Rußland, während des fünfjähr. Zeitraums von 1801—5, von H. Storch u. Fr. Adelung. 1r, (Russische Literatur.) gr. 8. Ebend. 811.
Velinp.

— Skizzen, Scenen u. Bemerkk. auf e. Reise durch Frankreich gesammelt. 8. Heidelb. 787. 2e A. 790. (Braun). 1 ℛ

— Skizzen, Scenen u. Bemerkungen auf ein. Reise durch Frankreich gesammelt. 8. Heidelberg, Pfähler. (Braun.) 790.

— tableau historique et statistique de l'empire de Russie, à la fin du 18ème Siècle, trad. de l'allemand, av. II Cart. II Toms. gr. 8. Leipz. 800. Hartknoch. 5 ℛ 12 ℊ Velinpap. 8 ℛ

— le même liv. II Toms. avec II Cart. gr. 8. Basel 801. (Tourneisen in Cassel). 5 ℛ 6 ℊ Velinp. 6 ℛ 12 ℊ

Storch, Ritter Hnr. (Fr.), statist. Uebersicht der Statthalterschaften des Russ. Reichs, in Tabellen. Fol. Riga 796. Hartknoch in Leipz. 3 ℛ 8 ℊ

– s. Versuche. Riga 1784.

Storch, Jakob (Hrsg.):

s.: Storch, Johann: Theoretische und practische Abhandlung von Blatter-Kranckheiten... Eisenach: 1753

JB 5.053

Storch, Jaroslaw — Bergmeister. Kundmachung. Gew. St. Dreifaltigkeits-Silber-Zeche Tabor in Böhmen. Von der Direktion der St. Dreifaltigkeits-Zeche — –. Prag, 1856. Druck der k. k. Hofbuchdruckerei von Gottl. Haase Söhne. (8 S. 8.)

Storch, Joh., theoret. praktisch. Abhandl. von Blatterkrankheiten. 4. Eisenach, Griesbach. 743. Rthlr.

Storch, Johann: Theoretische und practische Abhandlung von Blatter-Kranckheiten, darinnen deren Ursprung, Benennung und Unterscheid ...gezeiget, auch eine nach Stahlianischen Methodo abgehandelte Theorie vorausgesetzet wird. Nebst einer Vorrede, Anmerckungen und nützlichen Register versehen, und zum Druck übergeben worden von Jakob Storch. 928 S., gbd.

Eisenach: Griesbach 1753

JB 5.053

— theoret. u. prakt. Abhandl. von d. Kinderkrankheiten. 4 Thle. 8. Eisenach, Griesbach. 749.

Storch, Johann: Theoretische und practische Abhandlung von Kinder-Kranckheiten, darinnen die Theorie auf richtige Gründe gebauet, die Praxis nach denenselben eingerichtet, und die mit vieler Erfahrung bestärckte Curen, durch Göttliche Gnade, glücklich geführet worden. Bd 1 - 4, gbd., Abb.

Eisenach: Grießbach 1750 - 1751

JB 4.056

Johann Storch
1681 - 1751

Johann Storchens [Storch], alias Pelargi, Theoretische und practische Abhandlung von Kinder- Kranckheiten,... Bd [1] - 4. Eisenach: Grießbach 1750-51. 8

[Bd 1:] 1750.
Bd 2: Darinnen vornemlich solche Beschwerungen abgehandelt werden, welche d. Zähnhecken d. Kinder sich beyzumischen pflegen. 1750.
Bd 3: Darinnen vornemlich von Fiebern, Blattern, Masern u. noch einigen bes. Kranckheiten gehandelt wird. 1751.
Bd 4: Darinnen am meisten äusserliche Gebrechen u. noch einige andere z. kindlichen Alter gehörige Materien abgehandelt werden. 1751.

— theoret. prakt. Abhandl. von Kinderkrankheiten, darinnen die Theorie auf richtige Gründe beruhet ꝛc. 4 Bde 8. Gotha 7[illegible]–751.

Johann Storch
1681-1751

Theoretisch- und practische Abhandlung von Kranckheiten, denen vornehmlich Soldaten unterworfen seyn ... entworfen von Johann Storchen [Storch], alias Hulderico Pelargo. Eisenach & Naumburg: Grießbach 1735. 6,543 S. 8

Storch, J. alias Pelargus. Theoret. u. prakt. Abhandlgn v. innerl. u. äuserl. Krankhn, welchen erwachsene Personen, vorneml. aber Soldaten unterworfen zu seyn pflegen. Eisenach 1759.

— theoret. prakt. Abhandl. v. d. Krankheiten, welche erwachs. Personen, vornehml. aber Soldaten unterworfen zu seyn pflegen. 8. Ebend. (Wittekind) 759.

Storch, Johann (Ruhla) A. S. 1162/25

Dissertatio inauguralis medica, exhibens delectum et paucitatem medicamentorum in curandis morbis.
Präs. Justus Vesti.
Erfurt (Grosch) 4. VII. 1701. 24 S.

W. v.: Georg Christoph Peter von Hartenfelss, Johann Philipp Eysel. 33764

Johann Storch
1681-1751

Johann Storchs [Storch], alias Pelargi, Historia hydropis universalis, Das ist: Beschreibung seiner merckwürdigen Wassersucht, benebst geführtem Verhalten, Diät und Cur,... u. nebst beygefügtem Lebens-Lauf... Eisenach: Griesbach 1752. 72,48 S. 8°

[Sondert.:][Storch] Storchen Jacob, alias Pelargo: Johann Storchs, alias Pelargi Leitung und Vorsorge des höchsten Gottes, das ist: Dessen Lebens-Lauf, Schicksale...,nebst dem Sections-Schein.

Storch, auch Pelargus, Jh., († d. 9. Jan. 1751.) hydropis historia, od. Beschreib. seiner merkwürd. Wassersucht u. deren Cur ꝛc. Mit beigefügt. Lebensbeschreib. u. Sektionsschein zum Druck befördert u. mit e. Register versehen v. Jak. Storch. 8. Eisenach 752. (Wittekind). 6 gl.

Storch, Johann: Medicinischer Jahrgang oder Observationes clinicae, darinnen erzeiget, wie die ihm anvertrauete Patienten im Jahr 1721 - 1730 von Monat zu Monat nach dem natürlichen oder Stahlianischen Methodo curiret worden. Jg.1 - 8, gbd.

Leipzig: Eyßel 1724 - 1735

JB 1.780

Johann Storch
1681-1751

Hulderici Pelargi [d.i. Johann Storch] Medicinischer Jahrgang oder Observationes clinicae, darinnen er zeiget, wie die ihm anvertrauete Patienten im Jahr ... curiret worden. Jg.(1)-4. Leipzig: Eyßel 1724-1729. 2 Bde 8°

(Jg.1,) Th.[1.] 2= 1721: 1724.
[Th.1:] 1724.
Th.2: Von Blattern und Masern, wie solche v.Junio 1721 - zum Julio 1722...curiret u. bemercket worden, welchen e. nach Stahlianischen Methodo abgehandelte Theorie ([Storch:] Abhandelung [Abhandlung]von Blattern u.Masern) vorausgesetzt. 1724.
[Sondert.:]Stahl,Georg Ernst: Ausführliche Abhandlung der Blattern u. Masern. Aus d.Lat. übers.
Jg.2= 1722: 1725.
Jg.3= 1723: 1726.
Jg.4= 1726: Wobey e. Forts. seiner Observationum von Blattern und Masern. 1729.

— medicinische Jahrgänge, od. observationes clinicae. 4. Leipzig. 749.

Storch, Johann: Die wohl-unterrichtete Kranckenwärterin, bestehend in einer kurtzen, mit Obrigkeitlichen Consens vor die hiesige ordentlich-bestellte Krancken-Wärterinnen abgefaßten, nachgehens aber etwas weitläuftiger erläuterten, und vor alle, welcher der Krancken pflegen, brauchbar gemachten Instruction entworffen. 128 S., gbd.

Gotha: Mevius 1746
an: Storch, J.: Von Kranckheiten der Weiber. Bd 1. 1746

JB 3.798/1

Storch, Johann: Von Krankheiten der Weiber... Bd 1 - 4, 6 - 8, gbd., Abb.

Gotha: Mevius 1746 - 1753

JB 3.798

—von Krankheiten der Weiber, nebst Unterricht f. Hebammen. 8 Thle. (8r Thl. v. Jak. Storch). 8. Gotha 747—52. (Spt. f. Literat. in Leipz.) 4 ß 20 gr

— Krankheiten der Weiber, nebst Unterricht f. Hebammen. 8 Thle. 8. Gotha. (Comt. f. Lit. in Leipz.) 748-775.

—Leitung u. Vorsorge des höchsten Gottes, d. i.: dessen Lebenslauf, Schicksale, fatale Krankheit u. seliger Abschied rc. 8. Eisenach 751. Griesbach. 5 gr

Storch, Johann: De morbis mulierum...
Gotha: 1746 - 1753

s.: Storch, J.: Von Krankheiten der Weiber...

JB 3.798

Storch, Joh(ann): Schuldige Pflicht eines Physici gegen seine ihm anvertrauete Patienten, wie er selbige in der Diaet und Verhalten, solcher gestalt unterrichtet und warnet, daß sie nicht durch ungegründete und mehr schädliche als nützliche Selbst- oder verbotene Pfuschers-Curen sich ums Leben und Gesundheit bringen, sondern sich vielmehr also verhalten, damit ein vernünfftiger Medicus einen leichten und richtigen Weg zu glücklicher Cur bey ihnen finde. 383 S., gbd.

Gotha: Mevius 1744

JB 5.527

Storch, Johann: Quinque partitum practicum oder eine in fünff Classen eingetheilte Praxis casualis medica, welche er als eine Continuation seiner bisher edirten Jahr-Gänge von Anno 1731 - 1732 zusammen getragen. Nebst einem Anhang von verschiedenen Medicamentis euporistis... Tom.1 - 2, gbd.

Leipzig u.Eisenach: Grießbach 1738 - 1740

JB 1.781

— in 5 Classen eingetheilte Praxis casualis medica v. 1731 bis 1732, nebst Stahls Disput. v. Verhalten u. von der Diät. 4. Eisenach, Griesbach. 731-40.

Storch, Johann (Übers.u.Comm.):

s.: Stahl, Georg Ernst: Theoretische und practische Abhandlung von der Diät. (De diaeta. Dt.) Leipzig u.Eisenach: 1738

JB 1.781/1

Storch, Johann (Übers.u.Comm.):

s.: Stahl, Georg Ernst: Theoretische und practische Abhandlung von dem Verhalten. (De regimine. Dt.) Leipzig u.Eisenach: 1740

JB 1.781/2

Storch, Johann (Übers.):

s.: Stahl, Georg Ernst: Collegium casuale magnum oder sechs und siebentzig practische Casus... (Collegium casuale magnum... Dt.) Leipzig: 1733

JB 1.786

Storch, Johann (Übers., Comm.u.Hrsg.):

s.: Stahl, Georg Ernst: Praxis Stahliana. (Collegium practicum. Dt.) Leipzig: 1728

JB 1.785

— prakt. theoret. Traktat v. Scharlachfieber. 8. Gotha, Mevius. 742.

— Unterricht, auf was Art ein Mensch bey anhaltenden Krankheiten seiner wahrzunehmen habe. 8. Leipzig. 749.

Storch, Johann: Unterricht vor Heb-Ammen, nach der neuesten Accouchers und selbst eigener Erfahrung entworfen, mit vielen Observationibus erläutert...welcher als das I[te] Volumen zu einem bald folgenden Opere casuali practico de morbis mulierum betrachtet werden kann. Gotha: 1746

s.: Storch, J.: Von Krankheiten der Weiber... Bd 1.

JB 3.798/1

Johann Storch
1681 - 1751

Johann Storchens [Storch],alias Pelargi. Unterricht vor Heb-Ammen, nach der neuesten Accouchers u. selbst eigener Erfahrung entworfen,(2: Kranckheiten der Weiber). Vol.(2:Bd) 1.2. Gotha: Mevius 17[47-] 48. 8°

Vol.1:Welcher zu einem bald folgenden Opere casuali practico de morbis mulierum betrachtet werden kan ; deme e. Gebet- Buch in Geburts-Fällen u.e. Instruction vor Wart-Weiber mit angefüget ist. [1747.]
[Sondert.:][Storch] Storchen:Die wohl-unterrichtete Krancken- Wärterin. 1746.
Bd 2: Darinnen vornemlich solche Casus, welche den Jungfern- Stand betr., ... 1748.

Storch, Johann: Nöthiger Unterricht wie man bey grassirenden Fleck- und hitzigen Fiebern zu verhalten hat: damit man selbst nicht mehr, als die Kranckheit an und vor sich, Ursache an seinem Sterben und Verderben werde, sondern vielmahr seinem vernünfftigen Medico einen sichern Weg zu einer glücklichen Cur bahne. Aus viel-jähriger Erfahrung zu gemeinem Nutzen...entworffen. 112 S., gbd.

Eisenach u.Naumburg: Grießbach 1741

JB 4.902

—nöthiger Unterricht, wie man sich bei grassirenden Fleck- u. hitzigen Faulfiebern zu verhalten. 8. Eisenach 758. Wittekind. 2 gr

Johann Storch
1681–1751

Hulderici Pelargi aliâs Johann Storchens [Storch] Wohlmeynender Unterricht, auf was Art ein Mensch, bey anfallenden Kranckheiten seiner wahrzunehmen habe, damit er nicht durch verkehrten Gebrauch der Artzeneyen...sich selbst verwahrlose...aber seinem vernünfftigen Medico eine leichte und glückliche Cur machen könne. Leipzig: Eyßeln 1730. 207 S. 8°

Storch, Johann: Von Weiberkrankheiten...
Gotha: 1746 - 1753

s.: Storch, J.: Von Krankheiten der Weiber...

JB 3.798

Storch, Johann Dethloff (Güstrow) A. S. 143/12

Disputatio inauguralis iuridica de poenis in tutore petendo negligentium. Präs. Johann Rudolph Engau.
Jena (Schill) 30. III. 1748. 34 S.

W. v.: Philipp Christ. David Boelkow (Opp.), T. I. Martinsen (Opp.), Ch. H. Hotters, I. D. Oldenburg.
33765

Storch, Johann Gustav (Güstrow) A. S. 759/13

Dissertatio inauguralis juridica de acquisitione per traditionem. Präs. Johann Bernhard Friese.
Jena (Werther) V. 1711. 40 S. 33766

Storch, Joh. Wilh., topograph.-histor. Beschreibung d. Stadt Eisenach, so wie d. sie umgeb. Berge u. Lustschlösser, insbesond. d. Wartburg u. Wilhelmsthal, nebst Regenten-Geschichte. gr. 8. (38½ B. u. 11 Stnt.) Eisenach 837, Bärecke. *

... aber der Wagen rollt. Allerlei Humor u. Ernst von d. Lebensfahrt. Von Karl Storch. Magdeburg: Creutz 1907. (IV, 303 S.) 8° [F.] [08. 1417

... a b e r der Wagen rollt. Allerlei Humor u. Ernst von d. Lebensfahrt. Von Karl Storch. 2. Aufl. Magdeburg: Creutz 1907. IV, 303 S. 8°

— Beiträge zur Kenntnis des Caseïnogens der Eselinmilch. S. 111. III. 32 . . . . . —.40
Separatabdruck

Storch, Carl, Beiträge zur Kenntnis des Caseïnogens der Eselinmilch. gr. 8. (19 S.) Wien 902. (C. Gerold's Sohn.) n. — 40
Sonderabdruck aus: „Sitzungsber. d. k. Akad. d. Wiss."

Storch Karl, Dr.: Beiträge zur Kenntnis der Eiweißkörper der Kuhmilch. 1. Mitteilung. S. 106. III. 110 . . . . —.20
Separatabdruck

STORCH, Karl
Beiträge zur Kenntnis der Eiweiskörper der Kuhmilch (II. Mittheilung) von Dr. Karl Storch. Aus den Sitzungsberichten der kaiserl. Akademie der Wissenschaften in Wien. Mathem.-naturw. Classe; Bd CVIII. Abth. III. Juni 1899. Wien. 1899. In Comm. Gerold's Sohn. Gr.-8°. 10 S. fl. —.10

Ein Erinnerungsblatt. Gewidmet v. Verein z. Hebung d. Fremdenverkehrs (in Magdeburg). (Verf.: Karl Storch.) (Magdeburg: Faber in Komm. [1906].) (36 S.) 8° [F.] [06. 14640 B

Storch, Karl, Eulen u. Meerkatzen. Allerlei zum Fröhlichwerden. (IV, 304 S.) 8. Magdeburg 909. Creutz.
Geb. in Leinw. 3. 60

Duvigneau, Otto: Zum Gedächtniss des [Br.] Otto Duvigneau geboren am 7. Juli 1828. ein^geg. i. d. e. O. am 7. Sept. 1899. [Rede gehalten von Karl Storch. Magdeburg 1899.] 7 Bl. 8° [Umschlagtit.]
Nebst Bildn.: 10,1×15 cm [Zinkätzung].

Storch, Karl, Jahresabend u. Jahresmorgen. Zwölf Sylvester- u. Neujahrs-Predigten. (93 S.) gr. 8. Leipzig 905. F. Jansa. n. 1. —; geb. n. 1. 60

Storch, Karl, Martin Luther im Hauskleide, s.: Deutsch-Evangelisch, Hft. 4

Storch, Karl, das Eisleber Luther-Jubiläum am 10. Novbr. 1883. 2. Aufl. 8. (80 S. m. eingedr. Holzschn.) Eisleben 884. Mähnert. n. — 75

— Die Modelljacht. Eine Anleitg. zum Selbstbauen v. Boot- u. Jachtmodellen u. Kanoes. (30 S. m. 40 Abb. u. 12 Taf.) Lex. 8. Berlin (910). Albrecht Dürer-Haus.
Geb. in Leinw. 5. —

— Sonnenstrahlen einfangen. Erbauliches u. Beschauliches. (IV, 147 S.) gr. 8. Magdeburg (908). Creutz.
n. 2. —; geb. in Leinw. n. 3. —

— Sonnenstrahlen einfangen. Erbauliches u. Beschauliches. 2. Aufl. (IV, 193 S.) 8. Magdeburg 908. Creutz.
Geb. in Leinw. 3. —

Storch, Karl, chemische Untersuchungen auf dem Gebiete der Veterinärmedizin, Hygiene u. Sanitätspolizei. Leitfaden zum Gebrauche f. Tierärzte u. Studierende. (XXIII, 369 S. m. 23 Abbildgn.) gr. 8. Wien 906. W. Braumüller. n. 6. 80; geb. in Leinw. n. 8. 40

— stille Wege. Allerlei Unmodernes. 1. u. 2. Aufl. (Je IV, 303 S.) 8. Ebd. 905. Geb. in Leinw. n. 3. 60

Stille Wege. Allerlei Unmodernes von Karl Storch. 3. Aufl. Magdeburg: Creutz 1907. (IV, 303 S.) 8° [F.] [08. 1418

Storch, Carl, Das Celluloid und seine Anwendung zur Injektion von Blutgefässen. S.-A. Jena 99. Fischer.

Rede am Sarge des am 21. December 1893 entschlafenen Herrn Superintendent a. D. F. W. Hildebrandt geh. von Pastor [Karl Hermann Ernst] Storch... Magdeburg (1893): R. Wapler. (8 S.) 8° [F.]
Aus: Aus unseres Herrgotts Kanzlei. [06. 9949 B

Storch, Karl Ludwig (Güstrow) A. S. 175/6

Dissertatio inauguralis iuridica de revocatione alienationis iurium superioritatis territorialis et regalium propter errorem invalidae.
Präs. Amandus Christian Dorn.
Kiel (Bartsch) 17. XI. 1751. 48 S. 33767

– De militum v a l e t u d i n e tuenda, s. A l b e r t i, Michael [Praes.]

Storch, Kaspar Friedrich (Güstrow) A. S. 31/11

De divortio praesertim personarum diversae religionis illustrium in Germania. Präs. Johann Georg Estor.
Marburg (Müller) XI. 1747. 93 S.

W. v.: Philipp Wilhelm Gerckens. 33768

Storch L.: Beiträge zur Chemie des Zinns. 1. Zinnsulfid und Sulfozinnsäure. S. 98. IIb. 236 . . . . vgr.
Separatabdruck

— Zur Frage der Konstitution des Thiobarnstoffes. 1. Mitteilung. S. 99. IIb. 462 . . vgr.
Separatabdruck

Storch, L. Lebensversicherungen (Novelle). Frankfurt a. M. 1834.

Storch, Lp.

— Raudon Crotinus u. seine Genossen, Räuber u. Schleichhändler in Litthauen u. Preußen. Sittengemälde der neuesten Zeit. 2 Bde. 8. (1: IV u. 188 S. m. 1 Holzschn. 2: IV u. 186 S.) Ebd. 851. 1½ ß (siehe auch: Bibliothek, Europäische, 583 u. 584. Bd.)

STORCH, Lp., Caroline, die Wiener Barrikadenheldin, Jäger Carl genannt. Revolutionsgeschichte aus Wiens Octoberkämpfen und dem ungarisch-italienischen Freiheitskriege. Grimma und Leipzig, Druck und Verlag des Verlags-Comptoirs. 1850. Kl. 8⁰. (In Budapest, Universitäts-Bibl.)

Storch, Lp., Caroline, die wiener Barrikadenheldin, Jäger Carl genannt. Revolutionsgeschichte aus Wiens Octoberkämpfen und dem ungarisch-italien. Freiheitskriege. 8. (276 S.) Grimma 850. [Wurzen,] Verlags-Comptoir.

—— Nur eine Werberstochter. Historischer Roman aus dem Anfange des 18. Jahrh. 3 Bde. 8. (752 S.) Grimma 850. [Wurzen,] Verlags-Comptoir.

— Pepi, die Auswanderin, siehe: Bibliothek, Europäische, 674. Bd.

Storch, Ludw., Almanach für die reifere Jugend der höheren Stände. Mit Storch's Portrait u. Illustr. v. R. Kretschmer. 16. Stolberg 846, Kleinecke. n. 1½ ß

Storch, Ludw., Almanach für die reifere Jugend der höheren Stände. Mit Storch's Portrait u. (5) Illustrat. 16. (264 S.) Stolberg 847, Kleinecke. n. 1½ ß

Storch, Ludw., Balladen- u. Romanzenschatz. 16. (343 S.) Erfurt 873. Mosel & Schultz. geb. m Goldschn. n. 4. 50

Storch, Ludw., die Beguine. Histor. Roman aus d. Mitte d. 14. Jahrh. 3 Thle. gr. 16. (69 B.) Frankfurt a. M. 833, Sauerländer.

——, Pauline v. Belfis. Erzähl. gr. 12. (10 B.) Gotha 834, Müller.

—— Bilderbuch f. d. Jugend, s. Bilderbuch.

Storch, Ludw., der thüringer Bote, s. Bote.

—— thüringische Chronik. 1. u. 2. Hft. gr. 4. (à 6 B.) Gotha 841, 42, Verlags-Comptoir. (Leipzig, Jackowitz.) à

—— thüringische Chronik. 3. u. 4. Hft. gr. 4. (12 B.) Gotha 843, Verlags-Comptoir. (Leipzig, Jackowitz.) à
1. u. 2. Hft. Ebendas. 1841, 42. à 10 Ngr.

—— Darstellungen a. d. Geographie rc., s. Bildergalerie, neue, f. d. Jugend, 10. Bd.

— i. K. Desfourbet, Carl d. Zweite, u. setze hinzu: auch Leipzig,

Storch, Ludwig
Der Diplomat. Novelle.
Frankfurt a.M.: Sauerländer 1834. 239 S. 8⁰

Storch, Ludwig (Hrsg.), s. Döbel, Ernst Ch.: Des Wagnergesellen – Wanderungen im Morgenlande.

Storch, Ldw., Dur- u. Molltöne. Novellen. 8. Leipz. 827. Engelmann. 1 ß 16 ngr 2e A. 832. 1 ß 6 ngr

—— Dur- u. Molltöne. Novellen. 2. Aufl. 8. (23½ B.) Leipzig 832, Engelmann.

—— Max von Eigl. Roman. 3 Bde. 8. (55¾ B.) Leipzig 845, [Mayer.]

—— Sancta Elisabeth, s. Elisabeth, Sancta.

Storch, Ludw., Sancta Elisabeth. Die heil. Elisabeth, Landgräfin von Thüringen. Elisabeths Leben. Wartburgbilder von M. v. Schwind. Leipzig 860. G. Wigand. Lex.-8. (32 S. u. 11 Holzschntaf.) 15 ngr

— Erzählungen, Novellen u. Sagen. 2 Thle. gr. 12. Gotha 832. Müller. 2 ß 8 ngr

— Falkenberg. 8. Stuttgart 840. Hoffmann. 1½ ß

—— die Fanatiker. Histor. Roman a. d. 2. Hälfte d. 14. Jahrh. 2 Thle. 8. (32 B.) Leipzig 830, [Böhme.]

Storch, Ludwig
Die Fanatiker. Historischer Roman aus der 2. Hälfte des 16. Jh. Th. 1.2.
Leipzig: Hartmann 1831. 8⁰

—— die Feuerschlange. — Der Prophet Thüringens. 8. (18 B.) Frankfurt a. M. 840, [Sauerländer's Verl.]

Storch, Ldw., die drei Flämmchen, od. die Gründung d. Klosters Reinhardsbrunn. Mit 1 Vign. gr. 12. Gotha 824. Hennings. 6 ngr

— die drei Flämmchen, od. d. Gründung d. Kloster Reinhardsbrunnen gr. 8. Gotha 825. Hennings.

Der Fliegenschneider. Eine Geschichte aus Ruhla's Vergangenheit von Ludwig Storch. Eisenach: Eifert & Scheibe [um 1910]. 86 S. 8⁰

—— der Fluch des Urahn. Novelle. 2 Thle. gr. 12. (16 B.) Gotha 835, [Gläser.]

— der Fluch des Urahn. Novelle. 2 Thle. gr. 12. Gotha 835. Neumann; Leipzig, Fr. Fleischer. 2 ß

Storch, Ludw., Förberts-Henns. Novelle a. d. Leben e. Wundermannes d. neuern Zeit, nach wahren Begebenheiten dargestellt. gr. 12. (10½ B.) Leipzig 830, [Böhme.] Thlr.

— Förberts-Henns. Novelle aus dem Leben e. Wundermannes d. neuern Zeit. gr. 12. Leipz. 830. (Hartmann). 1 ß 12 ngr

—— der Freibeuter. Histor. Roman a. d. 1. Hälfte d. 18. Jahrh. 3 Thle. 8. (52 B. u. 1 Stnt.) Leipzig 832, [Krappe.]

Storch, Ludwig
Der Freibeuter. Th. 1-3.
Leipzig: Keil 1856. 8⁰

—— der Freiknecht. Histor. Roman a. d. 2. Hälfte d. 14. Jahrh. 3 Bde. gr. 12. (48½ B.) Leipzig 830, [Böhme.]

— der Freiknecht; histor. Roman aus der zweiten Hälfte des 14n Jahrhund. 3 Bde. 8. Leipz. 830, 32. Hartmann. 4 ℛ 16 g

—— Friedenstein. Gedenkbuch. Lex.-8. (10 B.) Gotha 843, Verlags-Comptoir. (Leipzig, Jackowitz.)

— das Fürstenhaus von Gotha. Ein histor.-poet. Gemälde. 8. Erfurt 826. Müller. 16 g

— Gedichte. Leipzig 854. Keil. 16. (XVI, 384 S.) n. 1 ℛ. 6 ngr.

—— Geschichte Kaiser Karl's des Fünften, s. a. Hausbibliothek, historische.

Storch, Ludwig. Geschichte Kaiser Carls des Fünften. Mit dem Portrait Carls nach Tizian. 8. Leipzig 1853.

Storch, Ludw., Geschichte Kaiser Karl's V. Neue (Titel-)Ausg. gr. 8. (269 S. mit dem Portr. Karl's nach Tizian in Stahlst.) Leipzig (854)65, Senf.

Storch, Ludw., Geschichte Kaiser Karl's V. Neue (Titel-) Ausg. 1865. n. 1 ℛ u. 3. (Titel-)Aufl. Leipzig 869. Senf. gr. 8. (269 S. mit dem Portr. Karl's nach Tizian in Stahlst.) n. 15 ngr.

—— allerlei Geschichten. 2 Bde. 8. (36½ B.) Leipzig 845, C. L. Fritzsche.

—— der Glockengießer. Novelle, nach e. deutschen Volkssage bearb. gr. 12. (10 B.) Leipzig 830, [Böhme.]

— der Glockengießer. Novelle nach einer deutschen Volkssage. 8. Leipz. 830. Hartmann. 1 ℛ 8 g

Brüderlicher Gruss und Glückwunsch zur Einweihung der Loge die zwei Säulen am Stein im Or. Würzburg am 1. Oct. 1871 von der Loge Charlotte zu den drei Nelken im Or. Meiningen. [Unterz.:] Ludw. Storch. [Würzburg 1871: Thein.] 2 S. 4° [Umschlagtit.]
Gedicht: „Sei gegrüsst am Mainesstrand, . . .“

Würzburg: Brüderlicher Gruss und Glückwunsch zur Einweihung der Loge die zwei Säulen am Stein im Orient Würzburg am 1. October 1871 von der Loge Charlotte zu den Nelken im Orient Meiningen. [Unterz.:] Ludwig Storch. [Würzburg 1871: Thein.] 2 Bl. 4°. [Umschlagtit.]
Gedicht: „Sei gegrüsst am Mainesstrand . . .“
W. 12663 ist dementsprechend zu berichtigen.

—— die Heideschenke. Irisches Volksgemälde. 3 Thle. 8. (67½ B.) Bunzlau 837, Appun's Buchh.

Storch, Ludwig
Die Heideschenke. Th. 1–3.
Leipzig: Keil 1855–56. 8°

—— Heimgebrachtes, auf romant. Streifereien gesammelt. 8. (16½ B.) Stuttgart 829, Brodhag.

—— der Jacobsstern. Messiade. 4 Thle. gr. 16. Frankfurt a. M., [Sauerländer's Verl.]

Thl. 1. Des Sternes Aufgang, od. d. Lehrer d. Kaballah.
 2. Des Sternes Wachsthum, od. d. Märtyrer. } (41 B.) 836. 3 Thlr. 6 Gr.
 3. Des Sternes Lichtblüthe, od. d. König v. Zion.
 4. Des Sternes Untergang, od. d. Renegat. } (49 B.) 838. 3 Thlr. 12 Gr.

— s. Immergrün.

Storch, Ludwig
Die Intrigue. Th. 1.2.
Leipzig: Engelmann. 1828. 8°

—— die Intrigue. Novelle. 2 Thle. 1. Aufl. gr. 12. (12½ B.) Leipzig 828. 12 Gr., 2., verb. A. gr. 16. (24 B.) Frankfurt a. M. 833, Sauerländer.

—— der ewige Jude rc., s. a. Jude.

— der ewige Jude, 3 Bde. gr. 12. Stuttg., (Brodhag). 4 ℛ 6 g

— s. Kaisergeschichte, die.

Storch, Ludw., der Karikaturist. Novelle. 2 Thle. 8. (39 B.) Frankfurt a. M. 835, [Sauerländer's Verl.] Thlr.

– Carl d. Zweite, König v. Spanien, s. Destourbet, Reg.

— Kunz v. Kauffung. Novelle. 3 Thle. 8. Leipz. 828. 2e wohlf. Ausg. 8. Ebd. 831. Volckmar. 2 ℛ 12 g

——, Kunz v. Kauffung. Novelle. 3 Thle. 2., wohlf. Ausg. 8. (48½ B.) Leipzig 831, [Günz.]

— Kunz v. Kauffungen. 3 Bde. 8. Leipz. 828, Engelmann.

Storch, Ludwig [Übers.]
s. Keratry, Auguste-Hilarion de: Friedrich Styndall. 1828.

— der Knabe mit der Bibel. The boy with the bible. With an interlined translation for the use of english scholars by J. A. F. Schmidt. Bonn 858. Marcus. 12. (V, 121 S.) n. 12 ngr.

— Knospen u. Blüthen. Eine Samml. poet. Versuche. 2e A. gr. 8. Götting. 824. Deuerlich. (Vandenhöck u. R.) 16 g

— die Königin. Historischer Roman. 4 Bde. Leipzig 858. Hartknoch. 8. (2 Bl., 284; 2 Bl., 282; 2 Bl., 328; 2 Bl., 267 S.) n. 5 ℛ.

—— die Königsbraut. Histor. Roman a. d. 1. Hälfte d. 17. Jahrh. 2 Bde. 8. ... Mainz 832, Kupferberg.

—— die Kuruzzen. Zwei Novellen, s. Bibliothek histor. Romane u. Erzähln., 3. u. 4. Bd.

Storch, Ludwig
Ein deutscher Leinweber. Zeit- und Lebensbilder aus der 1. Hälfte des 16. Jh. Abt. 1–3.
Leipzig: Weber 1846–50. 8°

1. Philipp von Oestreich. Roman. Th. 1–3. 1846.
 Th. 1. Die schöne Kaufmannsfrau von Antwerpen.
 Th. 2. Die Reise nach Spanien.
 Th. 3. Die Königskrone.
2. Karl von Spanien. Roman. Th. 1–3. 1848.
 Th. 1. Der Herzog von Burgund und Niederland.
 Th. 2. Der König von Spanien.
 Th. 3. Der deutsche Kaiser.
3. Das Haus der Fugger. Roman. Th. 1–3. 1850.
 Th. 1. Die Sturmvögel zum Bauernkrieg.
 Th. 2. Der Bauernkrieg.
 Th. 3. Der große Reichstag zu Augsburg und der Zug nach Tunis.

—— Leute von Gestern. Lebensbilder aus der jüngsten Vergangenheit. 1. Abthl. A. u. d. T.: Aus einer Bergstadt. Roman. 3 Thle. 8. (1. Thl. VIII und 311 S.) Leipzig 852, Weber. *

— Leute von Gestern. Lebensbilder aus der jüngsten Vergangenheit. 1. Abth. A. u. d. T.: Aus einer Bergstadt. Roman. 3 Thle. 8. (1: VIII u. 311 S. 2: IV u. 273 S. 3: IV u. 339 S.) Ebd. 852. 53. n. 5 ₰

—— Licht u. Nacht. Novellen u. Erzähln. 2 Bde. 8. (.. B.) Wismar 837, Schmidt u. v. Cossels Rathsbuchh.

Storch's, Ludw., poetischer Nachlaß. Zusammengestellt u. hrsg. von Alex. Ziegler. 8. (XVI, 316 S.) Eisenach 882. Jacobi. n. 3. —

—— Nepenthes. Neueste Novellen u. Erzähln. 4 Bde. 8. (.. B.) Stuttgart 841. [Berlin, Danz.]

—Nepenthes. Neueste Novellen und Erzählungen. 4 Bde. 8. Stuttgart 841. Hoffmann'sche Verlagsbuchh. 5 ₰

—— Novellen. 4 Bde. 8. (68 B.) Frankfurt a. M. 834, Sauerländer.
Inh.: Dintenseppchen. — Die Blutsverwandten. — Die Verschwörung der Pazzi. — Das Mädchen v. Hereford. — J und Y. — Der Brandbrief. — Der Ritter v. silbernen Schild. — Des rothen Königs Traum. — Lebensversicherungen. — Der Diebstahl. — Reinhardsbrunn.

—— neueste Novellen. 8. (16¾ B.) Stuttgart 841. [Berlin, Danz.]

Storch, Ludw., Am warmen Ofen. Erzählungen und Novellen. 2 Bde. Leipzig 854. Keil. 8. (3 Bl., 290; 3 Bl., 238 S.) 2 ₰. 22½ ngr.

——, Orestes in Paris. Novelle. 8. (12¾ B.) Gotha 836, Müller.

Storch, Ludwig

Das Pfarrhaus zu Hallungen oder die Elemente des Christenthums. Zeit-Novelle.
Berlin: Allg. Dt. Verlags-Anstalt 1851. 278.S. 8°

—— Phantasiegemälde, s. Phantasiegemälde, 1840.

—Phantasiegemälde. 1840. Mit 1 Stahlstich. breit 8. Frankfurt a. M. 839. Sauerländer. 1½ ₰

—— der Philologenverein in Gotha. Blätter d. Erinnerung. gr. 8. (2½ B.) Gotha 840, Gläser. *

—— unser Planet, s. Planet.

Reinhardsbrunn. Geschichtl. Erzählung von Ludwig **Storch**. Eisenach: Eifert & Scheibe [um 1910]. 39 S. 8° A 12. 3704

—— ausgewählte Romane und Novellen. 1—17. Bd. 8. Leipzig 855—56, Keil. à Bd. 7½ Ngr.
Inhalt:
Bd. 1. Vörwerts-Häns. (244 S.)
" 2. Der Glockengießer. (232 S.)
" 3—5. Kunz von Kauffungen. 3 Thle. (586 S.)
" 6. Waldmeister. (227 S.)
" 7—10. Die Heldeschenke. 1—3. Thl. und: Der Stockfischfang. (1024 S.)
" 11—13. Der Freibeuter. 3 Thle. (655 S.)
" 14. Madeira. (172 S.)
" 15., 16. Die Königsbraut. 2 Thle. (430 S.)
" 17. Für stille Abende. Erzählungen. 1. Thl. (VII und 162 S.)

Storch, Ludw., ausgewählte Romane und Novellen. 18—31. Bd. 8. Leipzig, Keil. à Bd. 7½ Ngr.
Inhalt:
Bd. 18. Für stille Abende. Erzählungen. 2. Thl. (186 S.) 857.
" 19. Orestes. Der Galeerensklave. (212 S. mit Portr. in Stahlst.) 858.
" 20—31. Ein deutscher Leinweber. Zeit- und Lebensbilder aus der ersten Hälfte des 16. Jahrhunderts. 1—12. Thl. [1. Thl. (V und 179 S.) 2—6. Thl. (VIII und 984 S.) 7—12. Thl. (1155 S.)] 861. 62.
1—17. Bd. Ebendas. 1855,56. 4 Thlr. 7½ Ngr.

Storch, Ludw., Bergmüllers Röschen. — Die bestrafte Untreue. Zwei Novellen. gr. 12. (12½ B. u. Ttlkpfr.) Gotha 830, Müller.

—— der thüringer Sängerbund u. sein erstes Liederfest zu Molsdorf den 16. Aug. 1843. Blätter der Erinnerung. 16. (4½ B.) Gotha 843, Verlags-Comptoir. (Leipzig, Jackowitz.) *

Storch, Ludwig

Die Schmuggler, und Die Rückreise aus dem Bade. Novellen.
Gotha: Müller 1832. 260 S. 8°

—— Schriften. Gesammtausgabe. 1. Serie in 12 Bänden. 1—5. Bd. 8. Gotha 842, Verlags-Comptoir. (Leipzig, Jackowitz.)
A. u. d. Ttln.:
Bd. 1—4. Der Freiknecht. 4 Thle. (63¼ B.) 4 Thlr.
" 5. Der Glockengießer. (18¼ B.) 1 Thlr.

Storch, Ludwig

Friedrich Styndall oder das verhängnißvolle Jahr von Keratry. Aus dem Französischen. Bd 3.
Leipzig: Bossange 1828. 424 S. 8°

—— Taschenbuch d. Liebe u. Freundschaft gewidmet, s. Taschenbuch.

—— Malers Traum. Novelle. gr. 12. (18 B.) Frankfurt a. M. 832, Sauerländer.

— s. Volksbote, der deutsche.

—— Wanderbuch durch d. Thüringerwald. Für Bewohner u. Besucher desselben. 8. (29¾ B.) Ilmenau 841, Richel. (Leipzig, Rein'sche Buchh.) *

—— Wanderbuch durch den Thüringerwald. Für Bewohner u. Besucher desselben. (Neue Ausg.) 8. (29¾ B.) Gotha 842, Verlags-Comptoir. (Leipzig, Jackowitz.) *

—— Wanderbuch durch den Thüringerwald. Für Bewohner und Besucher desselben. 2., mit einer „Karte des Thüringer-Waldgebirges" aus „Meyer's Handatlas" verm. Ausg. 8. (XL und 435 S. mit 1 in Kpfr. gest. und ill. Karte in Fol.) Gotha 851, Klett. *

—— was euch beliebt. Erzählungen. 2 Bde. gr. 8. (40¼ B.) Leipzig 846, C. L. Fritzsche.

—— Winterflora. Novellen u. Erzähln. 1. Bd. 2 Abthl.: Der seltene Diener. — Der Fluch d. bösen That. — Vier Stockwerke. gr. 12. (16 B.) Gotha 836, [Gläser.]

—Winterflora. Novellen und Erzählungen. 1r Bd. in 2 Abthll.: Der seltene Diener. — Der Fluch der bösen That. — Vier Stockwerke. gr. 12. Gotha 836. Neumann; Leipzig, Fr. Fleischer. 2 ₰

—— Zimmergarten. Erzähln. in verschied. Formen. 2 Bde. 8. (36 B.) Frankfurt a. M. 838, [Sauerländer's Verl.]

Storch O.: Vertreibung d. *Taenia saginata* durch Semina cucurbitae maximae. Wiesb. [1892?]. 2 S. (Sætr.). P.

[F.] Karl von **Holtei**. E. Gedenkbl. z. 24. Jan. 1898 v. Dr. O[swald] **Storch**, Waldenburg i. Schl. *Waldenburg i. Schl.: G. Knorrn 1897.* (108 S.) 1 Bd 8. (97. 7339

Storch, O., Karl v. Holtei. E. Gedenkblatt z. 24. I. 1898. gr. 8. (108 S.) Waldenburg i/Schl. 898. G. Knorrn. n. 1. —

Storch, Oswald [Oberl. Dr.]: Aus der Praxis der Germanismen im Schülerlatein, e. prophylakt. Versuch. (Th. I.) Waldenburg i. Schl., P. Schmidt's Druckerei, 1891; 1 Bl., 16 S. 4°
Waldenburg in Schl., st. ev. G, OP 1891 (206)

Storch, Oswaldus *(geb. Oppeln 30. 8. 1846)*: Syntaxeos Pausanianae part. I: De anacoluthis. Vratislaviae (1869). (40 S.) 8° *[Forts. ist d. Gymn.-Progr. v. Waldenburg in Schles. v. 1872.]*
Breslau, Phil. Diss. v. 3. März 1869

Storch: Syntaxeos Pausanianae capita VIII. de ellipsi, de pleonasmo, de brachologia, de attractione, de parenthesibus, de casuum enallage, de oratione variata, de verborum collocatione. 16 S.– Waldenburg i. Sch., Progr. 1872.

— Syntaxeos Pausanianae capp. VIII. Diss. 1872. 16 S. 4°.

Storch Otto, Dr.: Vergleichend-anatomische Polychätenstudien (mit 3 Taf. und 8 Textfiguren). S. 122. 1. 877 . . . . 4.20
Separatabdruck

Storch, Paul

—— katholisches Gebetbuch für die studirende Jugend. 16. (VIII und 382 S. mit 1 Stahlst.) Breslau 861, Aderholz.

— katholisches Gebetbuch für die studirende Jugend. 861. (VIII, 382 S.) — 2. verm. Aufl. Breslau 866. Aderholz. 16. (VIII, 294 S. u. 1 Stahlst.) 10 ngr.

— katholisches Gebetbuch für die studirende Jugend. 3. Aufl. Breslau 868. Aderholz' Buchh. 16. (VIII, 296 S. mit 1 Stahlst.) 10 ngr.

—— katholisches Gebetbuch für die studirende Jugend. 4. Aufl. 16. (VIII, 296 S.) Breslau 871, Aderholz' Buchh. geb. ℳ 1,50.; geb. mit Goldschn. in Etui

Storch, Paul, katholisches Gebetbuch f. die studirende Jugend. 5. Aufl. 16. (VIII, 332 S.) Breslau 876. Aderholz. 1. —; geb. 1. 50; geb. m. Goldschn. in Etui 2. —

Storch, Paul, katholisches Gebetbuch für die studierende Jugend. 6. Aufl. 16. (VIII, 332 S. mit 1 Stahlst.) Breslau 881. Aderholz. n. 1. —; geb. n. 1. 50 u. n. 2. —

Storch, Paul, katholisches Gebetbuch für die studierende Jugend. 7. Aufl. 16. (VIII, 336 S. mit 1 Stahlst.) Breslau 888, Aderholz' Buchh. *ℳ 1.—.; geb. *ℳ 1.50. und *

Storch, Paul, katholisches Gebetbuch f. die studierende Jugend. 8. Aufl. gr. 16. (XI, 403 S. m. 1 Stahlst.) Breslau 894. G. P. Aderholz. n. 1. —; geb. in Leinw. n. 1. 50; m. Goldschn. n. 2. —

Storch, Paul, kathol. Gebetbuch f. die studierende Jugend. Hrsg. v. Frz. Sprotte. 9. Aufl. gr. 16. (XII, 388 S. m. 1 Stahlst.) Breslau 900. G. P. Aderholz. n. 1. —; geb. in Leinw. n. 1. 50; m. Goldschn. n. 2. —

Storch, Paul, kathol. Gebetbuch f. die studier. Jugend. Hrsg. v. Frz. Sprotte. 10. Aufl. (XII, 424 S. m. 1 Stahlst.) 16. Breslau 906. G. P. Aderholz. Geb. in Leinw. n. 2. —; m. Goldschn. n. 2. 50; in Ldr. m. Goldschn. n. 3. —

Storch, Paul, der Cultus der katholischen Kirche erklärt für mittlere Klassen der Gymnasien. 8. (VIII und 88 S.) Ratibor 857(59), Wichura. **

Storch, Paul, der Cultus der katholischen Kirche. 2., verm. Aufl. 8. (VIII und 102 S.) Breslau 864, Max und Comp. *

Storch, Paul, der Cultus der katholischen Kirche. 3. Aufl. Breslau 870. Max & Co. 8. (VIII, 135 S.) n. 8 ngr.

—— der Kultus der katholischen Kirche erklärt. 4. und 5. Aufl. 8. (X, 127 S.) Stuttgart 877,81, Heitz. *

Storch, P., der Kultus der katholischen Kirche, erklärt. 6. Aufl. 12. (X, 127 S.) Stuttgart 888. Heitz. cart. n. — 80

Storch, Paulus *[geb. Oppeln 1. 10. 1826]*: Theses theologicae . . . pro licentiati in ss. theologia honoribus rite capessendis. Vratislaviae (1850). (2 Bl.) 8°
Breslau, Kath.-theol. Liz.-Thesen v. 12. März 1850

Storch, Ph., geographischer Katechismus d. Deutschen Reiches, enth. den Lernstoff der Geographie d. Deutschen Reiches f. die V. Klasse der Volksschule, m. Berücksicht. einschläg. Lesestücke besonders nach den prakt. Bedürfnissen der drei- u. mehrklass. Volksschulen bearb., m. Aufsatzskizzen u. Stoffverteilg. versehen. 3., vollständig umgearb. Aufl. 8. (49 S.) Neustadt a/Harz 890. (Leipzig, Streller.) n. — 25

Storch, Platon, der Bauernstand in Rußland. [Abdruck aus den Mittheilungen der Kaiserl. freien ökonom. Gesellschaft.] gr. 8. (XVIII u. 495 S.) St. Petersburg 850. (Leipzig, Voß.) n. n. 2 ₰

Storch, Th[eodor]: Bericht über eine Reise nach Griechenland. S. 3—15. 4. Progr. Herz. Realgymn. *Meiningen* 1910 (969).

Storch, Thdr., die Wasunger Mundart, s.: Reichardt, Edinhard.

Storch, Theodor [aus Schwallungen (S. Meiningen)]: Angelsächsische Nominalcomposita . . . . Strassburg, Verl. v. K. J. Trübner, 1886; 4 + 72 S. 8°.
Jena, Phil. Fak., Inaug.-Diss. v. 1886.

Storch, Thdr., angelsächsische Nominalcomposita. gr. 8. (IV, 72 S.) Strassburg 886. Trübner. n. 1. 50

Storch, Walther [aus Breslau]: Knochenuntersuchungen, ausgeführt am Knochengerüst eines Rindes. . . . Breslau, Druck v. Grass, Barth & Comp. (W. Friedrich.) (1889); 2 Bl. + 87 S. 8°
Jena, Phil. Fak., Inaug.-Diss. v. 1889

Storch, Walth. Knochenuntersuchungen, ausgeführt am Knochengerüst eines Rindes. Diss. gr. 8. (87 S.) Bresl. 890. (Rudolst., Deistung.) * 1 20

STORCH, Wilhelm Johann: Geschichte des Forst- und Jagdwesens in dem Großherzoglich S. Eisenachischen Kreise, nebst einem Vorwort über die Urwälder, womit Deutschland im grauesten Alterthum bedeckt war. - Eisenach 1841. X, 222 S.

Störchel

— — Julchens Bekenntnisse aus der Ehe. 2 Bde. Ibid. (1805). 8°.

— — — — Dasselbe. Neue Auflage. Ebd., o. J. 8°. 248 u. 234 S.

— s. Bibliothek für Liebende.

STÖRCHEL, Bibliothek für Liebende und für Freunde des feinen Geschmacks. Mit Portrait Störchel's. Leipzig, o. J. (1802). 8°. 240 S.
Heinsius, B.-Lex., hat: 2 Thle. Prag 1803. 8°., mit d. Namen d. Herausgebers. — Zahm.

Störchel, ..., Bibliothek f. Liebende u. Freunde des Geschmacks. 2 Thle. 8. Leipz. 803. Joachim. 1 ß

Störchel, ..., Lebensklugheit, gegründet auf Menschenkenntniß u. Erfahrr. auf dem Wege zum menschl. Herzen, zum gefälligen Umgang u. zum Glücke. Für alle Stände u. Verhältnisse. 8. Leipz., Joachim. 1 ß 12 gr

JULCHENS Nachtstunden oder Der seltene Mann. Familiengeschichte vom Verfasser der Familie Neubek (!) u. a. m. (Ziemlich zahmer Roman von *Störchel.*) 2 Thle. Mit TKpfrn. Leipzig, im Magaz. f. Lit., o. J. (Leipzig, Joachim, 1803). 8°. (2 Mk. 50 Pfg., Fr. Klüber, München, 1906.)
Vorher: Leipzig, im Verlag der Joseph Poltischen Buchhandlung, o. J. (1802). 8°. (3 Mk., 1 Titelbl. ausgebess., G. Priewe, Heringsdorf, 1911.)

NEUBECK, Die Familie —, oder die Irrgänge des menschlichen Herzens. (Roman von *Störchel.*) 2 Thle. Mit gestoch. Tit. u. reizendem Titelkupfer u. Titelvignetten. Leipzig 1802. 8°. (15 Mk. [so!] Edm. Meyer, Berlin, 1908.)
Fehlt im Anon.-Lex.
— — Dasselbe. Ebd. (Ohne Adresse.) 1810. 8°.
1: TKpf., Tit. gestoch. m. Vign., 240 S. (incl. 1 Bl. Vorr. dat. 1801). 2: TKpf., Tit. gestoch. m. Vign. u. 268 S.

ROSE, Die, oder die Macht der Liebe vom Verfasser des Titus-Kopf. *(Störchel.)* 2 Thle. Mit TKpfrn. u. TVignetten. Leipzig, 1802, bey Caspar Widtmann. 8°. 240 u. 238 Seiten. (1 Mk. 80 Pfg., geles. Expl., Beck, Nördl., 1890.)
Zahm. — Anon.-Lex. III. p. 392 (nach Hayn).

v. Störchen, s. Lorber v. Störchen.

Störchen, Ignaz Christoph Lorber von [Praes.],
s. Förchtgott, Johann Andreas: De coherede fundum emphyteuticum, vel censiticum laudemialem in solidum accipiente, ad laudemium, detracta sua rata, solvendum vel maxime obligato. Vulgo von Hinausgabs= Handlohn.

Störchen, Ignaz Christoph Lorber von [Praes.],
s. Seuberth, Johann Lorenz: De eo, an serenissimis S. R. I. vicariis . . . competat ius, comitia imperii universalia indicendi, aut ea, quae vivo imperatore augustissimo fuere, prorogandi?

v. Storchenau, Sigm., († d. 13. April 1798.) der Glaube des Christen wie er sein soll. 8. Augsb. 792. Veith. 20 gr; (a. Al. Doll in Wien). 16 gr Neue Aufl. 804. Mainz, Müller. 12 gr

Storchenau, Sigism., S. J., d. Glaube d. Christen, wie er sein soll. Neu hrsg. v. Hugo Hurter, S. J. 12. (XIII, 275 S.) Freiburg i/B. 895. Herder. n. 1. 50; geb. in Leinw. n. 2. 20

(Storchenau, Sigismund,) L. T. Spittlers Grundriß der Geschichte der christlichen Kirche. Wien, Doll, 1790, 8°.

— Grundsätze der Logik. 8. Augsb. 774. (N. A.?) 786. (Kranzfelder). 8 gr

— Grundsätze d. Logik. 8. Augsb. Veith. 786.

— institutiones logicae. Ed. alt. 8. Wien 770. 12. Ofen 795. Typ. Soc. 9 gr

— Institutiones logicae et metaphysicae in V libros distributae. V Tmi. 12. Augsb. M. Rieger. 791–98.

— Institutionum Metaphysicarum lib. IV. 8. maj. Vien. Trattner. (Tendler.)

— institutionum metaphysicarum IV Pts. 8maj. Wien 176.. Ed. alt. 771. Trattner. 1 ß 8 gr

— institutiones metaphysicae. 12. Ofen 795. Typogr. Soc. 1 ß 16 gr

— Moral d. Christen, s. Moral.

— Philosophie d. Religion, s. Philosophie.

Storchenau, Sigismund, Die Philosophie der Religion. Augsburg, Veith, 1775–81, 8°, 7 Bde.

—— Zugaben zur Philosophie der Religion. Daselbst 1785–8, 5 Bde, 8°. Das ganze Werk in 12 Bden neugedruckt Wien, 1807, 8°; Köln 1810.

— geistliche Reden auf alle Sonntage des Jahres, s. Reden.

— tractatus de religione et theologia naturali desumtus. 8. Wien 786. Al. Doll. 3 gr

— sermones sacri in omnes totius anni dominicas, transt. A. F. Ottm. II Tomi. 8. Posonii 806. Schwaiger. (Eggenberger). 2 ß 8 gr

— seltene Urkunden aus d. innern Archive der Religionsphilosophie, s. Urkunden.

—— Seltenere Urkunden aus dem innern Archive der Religionsphilosophie. Augsburg, Veith, 1791, 8°; 1805; Mainz 1804.

— Vorrede zu Spittlers Kirchengeschichte. 8. Augsb. 790. Doll. 4 gr

Storchenfest, Das, oder der Frühlingsbote. Zug [1818]. V: *Usteri, Johann Martin.* (Cat. d. Stadtbibl. Zürich. Zürich 1864–97.)

Störcher, Karl Fr.

Storchers, C. F., Handbuch für angehende Schullehrer und Ortsvorstände auf dem Lande, zur Verwaltung der Gemeinde-Schreiberey im Kön. Baiern. 2te Ausg. 4. Würzburg, Stahel. 820.

Störcher, Karl Fr., Handbuch f. angeh. Schullehrer u. Ortsvorstände auf d. Lande, zur Verwaltung der Gemeinde-Schreiberei im Königr. Baiern. 4. Würzb. ... 2e Aufl. 821. Stahel. 12 gr

Storchers, C. F., s. Störcher, Karl Fr.

Storck, s.: Bibliothek des öffentlichen Rechts.

Storck, A.: Geschichte, Volkswirtschaft und soziales Leben der Gemeinde Beiertheim Bezirksamt Karlsruhe, s. Stork, A.

Storck, (Ad.,) Ansichten der freien Handelsstadt Bremen u. ihrer Umgebungen. Mit 16 Kpf. gr. 8. Frankf. 823, F. Willmanns. 9 Rthl. — Velinp. Rthlr.

Storck, Ad., Darstellungen aus dem preuß. Rhein und Mosellande. 2 Thle. M. Kupf. 8. Essen und Duisburg, Bädeker. 818.

Storck, Carl, s. Storck, Karl

Storck, Erich, Gerichtsassessor: Der Anspruch auf Übertragung des Eigentums an Grundstücken nach Bürgerlichem Recht und Prozessrecht. Göttingen 1909: Hofer. x, 79 S. 8°
Göttingen, Jur. Diss. v. 28. Juni 1909, Ref. Detmold
[Geb. 29. Febr. 80 Poppenburg; Wohnort: Poppenburg; Staatsangeh.: Preußen; Vorbildung: Gymn. Hildesheim Reife O. 99; Studium: Göttingen 2, München 1, Berlin 1, Göttingen 2 S.; Rig. 29. März 09.] [U 09. 1294

Storck, Frida, der tolle Franz, s.: Hoffmann's, Frz., Volks- u. Jugendbibliothek.

Storck, Frida, Heinz Wolfram. Roman. 2 Tle. in 1 Bde. 8. (166 u. 174 S.) Berlin 891. Janke. n. 6. —

Storck, Friedrich

Storck, Fr., s. † Höärmeckan, F.

Storck, Frdr., Alldeutschland hoch! Zehn Zeitgedichte. Elberfeld 870. Loewenstein & Co. gr. 8. (22 S.) n. 2½ ngr.

Storck, Frdr. (Höärmeckan), Dreiblatt. Hochdeutsches u. Plattdeutsches. gr. 8. (VII, 407 S.) Elberfeld 898. S. Lucas. n. 3. —; geb. in Leinw. n.n. 4. —

Storck, Frdr., freudvoll u. leidvoll. Ein lyrischer Cyklus. Neue wohlfeile Ausgabe von: „Von Haus u. Heerd". 16. (IV, 127 S.) Elberfeld 882. Faßbender. geb. mit Goldschn. n. 1. 50

Storck, Frdr., Gedichte. 16. (VIII, 279 S.) Leipzig 870. Matthes. geb. m. Goldschn. 4. 50

— Gedichte. Erneuerte Ausg. 8. (VIII, 280 S.) Stuttgart 883. Göschen. n. 4. —; geb. n. 5. —

— um den Glauben. Erzählg. aus d. 30jähr. Kriege. 8. (VI, 338 S.) Kassel 897. M. Brunnemann. n. 4. —; geb. n. 5. —

Storck, Friedr., von Haus und Herd. Ein Büchlein Lyrik. 16. (IV, 127 S.) Elberfeld 878, [Langewiesche's Buchh.] Faßbender's Buchh. * M 2.; geb. *

Storck, Friedr. [F. Höarmeckan]. **Kalleroden. Gedichte u. Erzählgn. in bergisch-wupperthaler Mundart. Erneuerte Ausg. 2 Bde. 8. (XV, 304; 300 S.) Elberf. 891,92. Schmitz. à Bd. geb. * 3 —; * 6 —**

Storck, Frdr. (F. Höarmeckan), **Kalleroden.** Gedichte u. Erzählgn. in bergisch-wupperthaler Mundart. Erneuerte Ausg. 1. u. 2. Bd. 8. (XV, 304, 300 S.) Elberfeld 892. F. Schmitz. Geb. in Leinw. à n. 3. —

— Liederbuch. Der „Gedichte." 2. Bd. 16. (VIII, 280 S.) Ebend. 873. geb. m. Goldschn. 4. 50

— Lyrik. Neue Gedichte. 16. (VIII, 171 S.) Ebend. 876. geb. m. Goldschn. n. 3. —

—— poetische Schriften. Kalleroden. Plattdeutsche Gedichte und Erzählungen heiteren und ernsten Inhalts in bergisch-wupperthaler Mundart. 1.—6. Lfg. oder 1. Bd. 8. (VIII, 384 S.) Elberfeld 879, Faßbender's Buchh. à Lfg. * 50 Pf. * geb. *

— poetische Schriften. 1. Bd. Kalleroden. Plattdeutsche Gedichte u. Erzählungen heiteren u. ernsten Inhalts in bergisch-wupperthaler Mundart. 8. (VIII, 384 S.) Elberfeld 879. 80. Faßbender. n. 3. —; geb. 4. —

Storck, Frdr., aus d. Schule d. Lebens. Ernstes u. Heiteres aus meiner Vergangenheit. 1. Tl. (VIII, 256 S. m. Bildnis.) 8. Elberfeld 910. S. Lucas. Geb. in Leinw. 3. 50

Storck, Fritz, belauschte Naturgeheimnisse. Die Kunst, schöne, gesunde u. geistreiche Kinder zu erhalten sowie Knaben oder Mädchen nach Belieben zu bekommen. (65 S.) 8. Leipzig (908). (M. Wendel.) 1. 20

Storck, Fritz, Prolog, gespr. b. d. Vorfeier z. Kreisvorturnerturnen, Elberfeld, 2 S., 8°.

Storck, Gottlieb Fr(iedrich), Referendar in Mainz: Die rechtliche Behandlung der durch öffentliche Sammlungen zu vorübergehenden Zwecken zusammengebrachten Vermögen. Mainz 1907: O. Schneider. (VIII, 66 S.) 8° [F.]
Gießen, Jur. Fak., Ref. Schmidt, Diss. v. 14. Aug. 1907
[Geb. 23. Jan. 85 Alzey; Wohnort: Mainz; Staatsangeh.: Hessen; Vorbildung: Ostergymn. Mainz Reife O. 03; Studium: Gießen 4, Leipzig 2 S.; Rig. 6. Juli 07.]

Storck, Glieb. Fr., die öffentlichen Sammlungen zu vorübergehenden Zwecken. (Diss.) (VII, 66 S.) 8. Berlin 907. Struppe & Winckler. 1. 60

Storck, Heinrich (Hamburg) A. S. 78/17

Specimen juridicum de commerciis institoriis, Von Factorey oder Commission=Handlungen.
Präs. Heinrich Balthasar Roth.
Wittenberg (Schlomach) 1741. 48 S.

Diss. Jena 13. V. 1682. 33770

Storck, Heinrich, appr. Arzt, Assistenzarzt an d. Rhein. Prov.-Heil- u. Pflegeanst. Andernach: Der Intelligenzdefekt bei Dementia epileptica. Berlin 1909: Ebering. 63 S. 8°
Berlin, Med. Diss. v. 30. Juli 1909, Ref. Ziehen
[Geb. 15. Juli 79 Trier; Wohnort: Andernach; Staatsangeh.: Preußen; Vorbildung: Friedrich-Wilhelm-Gymn. Trier Reife O. 00; Studium: Berlin K. W. A. 10 S.; Coll. 27. Juli 09; Approb. 27. März 06.] [U 09. 114

Storck, J. Melch., De visus organo. Vionn. 4°. 1753

Storck, Jh. Just., († d. 24. Juni 1831.) Progr. Ueber die Art u. Weise meines Unterrichts in d. latein. Sprache, nebst Uebersetz. u. kurzer Erklär. e. Horazischen Epistel. 4. Darmst. 825.

— s. 1) Cornelii Nepotis. 2) Eutropii, brev. histor. 3) Justini, historiar. 4) Phaedri, Fabulae Aesop.

STORCK, JOHANNES. Ueber die Einwirkung von Salpetersäure auf Metaoxybenzoësäure. Würzburg, 1884.

Storck, Jos. Ritter v., s.: Blätter f. Kunstgewerbe.

— alte Möbel f. moderne Bedürfnisse. E. Vorlagenwerk z. Gebrauche an Fach-Schulen u. Werkstätten. Im Auftr. d. k. k. Ministeriums f. Cultus u. Unterr., unt. Mitwirkg. v. Osk. Beyer hrsg. 1. u. 2. Hft. Imp.-Fol. (à 3 Taf. in Farbendr. m. 16 Detailbog. u. 4 S. Text.) Wien 896. 97. E. Berté & Co. à Lfg. n. 20. —

Storck, Jos., einfache Möbel im Charakter der Renaissance, ausgeführt im Auftrage u. m. Unterstützg. d. k. k. Handels-Ministeriums als Vorlagen f. Möbeltischler, gewerbl. Fach- u. Fortbildungsschulen hrsg. 4 Lfgn. gr. Fol. (à 3 Steintaf. u. 2 lith. Bl. Details in gr. Fol. u. Imp.-Fol.) Wien 875. Lehmann & Wentzel. In Mappe. n. 12. —; einzeln à n. 3. —

Storck, Jos., einfache Möbel im Charakter der Renaissance, ausgeführt im Auftrage u. mit Unterstützung des k. k. Handels-Ministeriums als Vorlagen für Möbeltischler, gewerbliche Fach- u. Fortbildungsschulen. 2. Ausg. Fol. (12 Steintaf. m. 8 Bog. Details.) Wien 881. Lehmann. In Mappe. n. 12. —

— d. **Pflanze** in d. Kunst. Ein Vorlagenwerk f. den Zeichenunterr. an Kunstgewerbe- u. Real-Schulen, Gymnasien, Lehrer- u. Lehrerinnen-Bildungs-Anst., e. Anschauungsmittel f. ornamental. Stillehre, e. Nachschlagebuch f. Künstler u. Kunsthandwerker. Hrsg. im Auftr. d. k. k. Ministeriums f. Cultus u. Unterr. 12 Hfte. gr. Fol. (à 6 Taf.) Wien, R. v. Waldheim. à n. 10. —

1. Die Rose. (6 farb. Taf.) 895.
2. Der Lorbeer. (6 farb. Taf.) 895.
3. Der Epheu. (6 farb. Taf.) 895.
4. Die Lilie. (6 farb. Taf.) 896.
5. Die Rebe. (6 z. Thl. farb. Taf.) 896.
6. Die Distel. (6 z. Thl. farb. Taf.) 896.
7. Die Eiche. (6 z. Thl. farb. Taf.) 896.
8. Die Nelke. (6 z. Thl. farb. Taf.) 896.
9. Die Palme. (6 z. Thl. farb. Taf.) 896.
10. Der Oelbaum. (6 z. Thl. farb. Taf.) 896.
11. Der Granatapfel. (6 [5 farb.] Taf.) 897.
12. Fruchtgehänge. (6 [2 farb.] Taf.) 897.

— dasselbe. 1.—3. Suppl.-Hft. gr. Fol. (à 6 z. Tl. farb. Taf.) Ebd. 897—898. à n. 10. —

Storck, Jos. Ritter v., die **Pflanze** in der Kunst. Ein Vorlagenwerk f. den Zeichenunterricht an Kunstgewerbe- u. Real-Schulen, Gymnasien, Lehrer- u. Lehrerinnen-Bildungs-Anstalten, e. Anschauungs-Mittel f. ornamentale Stillehre, e. Nachschlagebuch f. Künstler u. Kunsthandwerker. Hrsg. im Auftrage des k. k. Ministeriums f. Cultus u. Unterricht. IV.—VIII. Suppl.-Hft. (Schluss.) gr. Fol. (30 [22 farb.] Taf.) Wien (899. 900). R. v. Waldheim. à Hft. n. 10. —

Trink- und Dessert-Service aus Krystallglas nach Entwürfen von J Storck, ausgeführt von J und L Lobmeyr. (8 Blatt Photographien) fol Wien 1873

— **figurale Vorlageblätter** f. d. Zeichenunterricht an Realschulen, Gymnasien u. kunstgewerbl. Fachschulen. Im Auftr. d. k. k. Ministeriums f. Cultus u. Unterricht hrsg. (In 10 Hftn.) 1. u. 2. Hft. gr. Fol. (à 4 Heliograv. m. 1 Bl. Text.) Ebd. 897. 98. à n. 10. —

— figurale **Vorlageblätter** f. den Zeichenunterricht an Realschulen, Gymnasien u. kunstgewerblichen Fachschulen. Im Auftrage des k. k. Ministeriums f. Cultus u. Unterricht hrsg. Fortgesetzt v. Aug. Eisenmenger. 3. Hft. gr. Fol. (4 Heliograv.) Ebd. (901). n. 10. —

Storck, J., kunstgewerbliche Vorlage-Blätter für Real-, gewerbliche Fach- und Fortbildungs-Schulen. Im Auftrage der k. k. Ministerien für Cultus und Unterricht und des Handels hrsg. (In 12 Lfgn.) 1.—5. Lfg. gr. Fol. (à 10 Lithogr. und Chromolithogr.) Wien 874,75, v. Waldheim.

—— kunstgewerbliche Vorlage-Blätter für Real-, gewerbliche Fach- und Fortbildungsschulen. Im Auftrage der k. k. Ministerien des Cultus und Unterrichts und des Handels hrsg. 6.—13. Lfg. Imp.-Fol. (à 10 Lithogr. und Chromolithogr.) Wien 875—79, v. Waldheim. à Lfg. ℳ 15.
1.—5. Lfg. Ebendas. 1874,75. à ℳ 15.

Storck, J., kunstgewerbliche Vorlage-Blätter f. Real-, gewerbliche Fach- u. Fortbildungsschulen. Im Auftrage der k. k. Ministerien d. Cultus u. Unterrichts u. d. Handels hrsg. 13—15. (Schluss-)Lfg. Imp.-Fol. (à 10 Lith. u. Chromolith. m. 1 Bl. Text.) Wien 883. v. Waldheim. à 15. —

— **kunstgewerbliche Vorlage-Blätter** f. Real-, Gewerbe-, Fach- u. Fortbildungsschulen. Im Auftr. d. k. k. Ministeriums f. Cultus u. Unterricht. Kleine Ausg., enth. 50 ausgew. Blätter. (In 5 Hftn.) 1.—4. Hft. Fol. (à 10 z. Tl. farb. Taf.) Ebd. 896—898. à Hft. 7. 50

— **kunstgewerbliche Vorlage-Blätter** f. Real-, gewerbliche Fach- u. Fortbildungsschulen. Im Auftrage des k. k. Ministeriums f. Cultus u. Unterricht. Kleine Ausg., enth.: 50 ausgewählte Blätter. 5. (Schluss-) Hft. gr. Fol. (10 z. Tl. farb. Taf.) Ebd. (899). 7. 50

Storck, Karl, die kulturelle **Bedeutung** der Musik. I. Die Musik als Kulturmacht des seel. u. geist. Lebens. (Als Vortrag geh. beim 3. musikpädagog. Kongreß zu Berlin.) (51 S.) 8. Stuttgart 906. Greiner & Pfeiffer. n. — 80

Storck, Karl, d. **Elsässerin.** D. Sonntagskind. 2 Novellen. 12. (144 S.) Stuttgart 896. Muth. n. 1. 25; geb. n. 2. —

— **Geschichte der Musik.** Mit Buchschmuck v. Frz. Stassen. (VIII, 848 S. m. 1 Bildnis.) gr. 8. Stuttgart 904. 905. Muth. n. 10. —; geb. in Leinw. n. 12. —
Erschien auch in 4 Abtlgn. à n. 2. —.

— **Geschichte der Musik.** 2. verm. Aufl. (XV, 799 S. m. 1 Bildnis.) gr. 8. Stuttgart (909.10). Muth. 12. —; geb. in Halbfrz. 15. —; auch in 12 Lfgn. à 1. —

Storck, Karl, Joseph **Joachim.** Eine Studie. (Moderne Musiker.) gr. 8. (41 S. m. 1 Bildnis.) Leipzig 902. Berlin, H. Seemann Nachf. n. 1. —

— Jung-Elsaß in der Litteratur, s. a. **Flugschriften** der Heimat. 7. 8.

Storck, Karl: Jung-Elsaß in der Literatur. — Bln: Meyer 1901. 72 S. (Flugschriften der Heimat. H. 7/8.)

Storck, Karl, die florentinische Landschaft, s.: **Böcklin,** Carlo.

Otto von **Leixner.** Eine Studie v. Karl Storck. Berlin: Schall & Grund [1897]. (72 S., 1 Portr.) 1 Bd 8°

— **deutsche Litteraturgeschichte.** F. d. deutsche Haus bearb. gr. 8. (XVI, 504 S.) Stuttgart 898. Muth. n. 3. 20; geb. n. 4. 20

[J.] Deutsche Litteraturgeschichte. F. d. deutsche Haus bearb. v. Dr. Karl Storck. *Stuttgart & Leipzig: J. Roth 1898.* (XVI, 504 S.) 1 Bd 8.
[97. 7340

— **deutsche Literaturgeschichte.** 2. verm. u. verb. Aufl. gr. 8. (VIII, 496 S. m. 1 Taf.) Stuttgart 902. 903. Muth. n 5. —; geb. in Leinw. n. 6. —

Storck, Carl. Deutsche Literaturgeschichte von Dr. Karl Storck. 2. vermehrte und verbesserte Aufl. Mit einem Titelbild [Tafel]. VIII + 496 S. 8. Stuttgart, Muth, 1903. [M. 5. —]
Ueber Schweizer s. darin insbes. S. 24 f. 40 f. 89—91. 126 f. 183 f. 167—169. 178 f. 184. 189. 298 f. 392 f. 403. 407. 411 f. 432—434. 469 etc.

— **deutsche Literaturgeschichte.** 3. verm. u. verb. Aufl. (XII, 540 S. m. Titelbild.) 8. Ebd. 906. n. 5. —; geb. in Leinw. n. 6. —

— **Deutsche Literaturgeschichte.** 4. u. 5. verm. Aufl. 10.—14. Tausend. (XII, 555 S. m. Titelbild.) 8. Ebd. 908. 5. —; geb. in Leinw. 6. —

— **Mozart.** Sein Leben u. Schaffen. Mit e. Bildnis u. 2 Schriftproben. 1.—5. Tausend. (VII, 553 S.) 8. Stuttgart (908). Greiner & Pfeiffer. 6.50; geb. in Leinw. 7.50; in Halbfrz. 8. 50

— s.: **Mozarts Briefe.**

Storck, Karl, Musik u. Musiker in Karikatur u. Satire. Eine Kulturgeschichte der Musik aus dem Zerrspiegel. Mit 502 Textabbildgn., vielen Notenbeispielen, 39 Kunstbeilagen u. 10 Notenstücken. (V, 448 u. 48 S.) Lex. 8. Oldenburg (910. 11). G. Stalling's Verl.
Geb. in Halbperg. 20.—; auch in 16 Lfgn. à 1. —

Storck, Karl. Musik und Musiker in Karikatur und Satire. Eine Kulturgeschichte der Musik aus dem Zerrspiegel ... 2. Aufl. Oldenburg, Gerhard Stalling (1910).
448 + 48 S. m. 502 Abb.; 39 Taf. 4°.
1. Aufl. ebenfalls 1910.

— nationale Noth im Elsaß, s.a. Bücherei, burschenschaftliche. II. 1.

Nationale Noth im Elsass (Briefe e. Elsässers). Von Dr. Karl Storck. Berlin: C. Heymann 1901. (60 S.) 8° [F.]
= Bücherei, Burschenschaftliche. Bd 2, H. 1. [07. 7835]

— das Opernbuch. Ein Führer durch das Repertoire der deutschen Opernbühnen. 2. verb. u. verm. Aufl. 12. (351 S.) Stuttgart (901). Muth. Geb. in Leinw. n. 3. —
1. Aufl. (XXIV, 374 S. in Antiqua.) Ebd. 899. n. 3. —.

— das Opernbuch. Ein Führer durch den Spielplan der deutschen Opernbühnen. 5. u. 6. Aufl. 11.—15. Tausd. (374 S.) kl. 8. Stuttgart 907. Muth.
Geb. in Leinw. n. 3. —

— Das Opernbuch. Ein Führer durch den Spielplan der deutschen Opernbühnen. 7.– 8. verm. Aufl. 16.—21. Taus. Mit 52 Bildnissen auf 4 Taf. (XII, 399 S.) kl.8. Stuttgart 910. Muth. Geb. in Leinw. 3. —

— s.: Schumann's, Rob., Briefe.

— der Tanz, s.a. Sammlung illustrierter Monographien. 9. Bd.

Der Tanz. Von Dr. Karl Storck. Mit 7 Kunstbeil., 1 Facs. u. 150 Abb. *Bielefeld & Leipzig: Velhagen & Klasing 1903.* (140 S.) 4°(8°) [F.]
= Sammlung Illustrierter Monographien. 9. [03. 6896]

Storck, Carl. Am Walensee. Roman von Karl Storck. 3 Bände. VI + 170 *u.* IV + 158 *u.* IV + 214 S. 8. Berlin, Otto Janke, 1902. [*zus.* M. 10. —]

Storck, Petr. Casp. Augustus (geb. Letmathe in Westf. 2. 8. 1833): De uteri neoplasmatibus. Berolini (1860). (32 S.) 8°
Berlin, Med. Diss. v. 2. Aug. 1860

Storck, Ph. Adam

— s. Ansichten der freien Handelsstadt Bremen.

Storck, Ph. Adm., († d. 19. April 1822.) Darstell. aus dem Preuß. Rhein- u. Mosellande. 2 Thle. Mit Kpf. 8. Essen u. Duisb. 818. Bädeker. 3 ß

— s. Episoden aus e. Reise nach Paris.

— s. Gedanken üb. den deutschen Handelsverein, u. setze hinzu: (v. Ph. Adm. Storck).

Storck, Ph. Adam (Hrsg.), s. H e r m a n n.

— s. W. Scott, Fräulein am See, Dess. d. letzte Minstrel, u. Dess. Burg Rokeby.

Storck, Rud., Tam-Tam! Anakreontische u. karnevalist. Lieder. 16. (XVI, 70 S.) Leipzig 894. R. Hahn. n. 1. 25

Storck, Rud. Waldesklänge. Lyrische Ergüsse aus meinem Traum- u. wirkl. Leben. Nebst e. Vorwort v. G. Schumann. 12. (VIII, 116 S.) Saarbrücken 892, Klingebeil. geb. m. G. * 3 —

Storck, W., zum Andenken an weil. Se. Maj. Friedrich, deutschen Kaiser und König von Preussen. Rede, gehalten bei der akadem. Gedächtnisfeier am 30. Juni 1888. gr. 8. (18 S.) Paderborn 888, F. Schöningh. *

Storck, Walther [Apotheker aus Remagen '(Rheinl.)']: Über die Alkyl- und Alkylen-Derivate des Chinidins ... Freiburg i. B., Universitätsbuchdr. v. Ch. Lehmann, 1893; 60 S. 8.
Freiburg i. B., Phil. Fak., Inaug.-Diss. v. 1893

[F.] Storck, *Wilhelm* [Prof.]: Beitrag zum geographischen Kartenzeichnen in der Schule. Offenbach a. M., Seibold'sche Buchdr., 1896; 15—22 S., 4 Ktnsk. 4.
Offenbach a. M., grossh. G u. grossh. R, OP 1896 (649)

Storck, Wilh., Buch der Lieder aus der Minnezeit. 16. (XXVI, 399 S.) Münster 872. Russell. n. 4. —; geb. m. Goldschn. n. 6. —

Storck, Guil. (geb. Letmathe bei Iserlohn [5. 7.] 1829): De declinatione nominum substantivorum et adiectivorum in lingua Palica. Berolini (1858). (30 S.) 8°
Berlin, Phil. Diss. v. 18. Dez. 1858

Storck, Wilh., de declinatione nominum substantivorum et adjectivorum in lingua palica. Grammaticae palicae specimen (I.). Berlin 858. (Münster, Brunn.) gr. 8. (40 S.) 12 *ngr.*

Storck, Wilh., die letzten Dinge. Muspilli u. Gedichte verwandten Inhaltes, deutsch v. St. (VIII, 189 S.) kl. 8. Münster 905. Aschendorff. n. 2.50; geb. in Leinw. n. 3.—

Storck, Wilh., casuum in lingua Palica formatio comparata cum sanscritae linguae ratione. Grammaticae Palicae specimen II. gr. 8. (40 S.) Münster 862, Brunn's Verlag.

— das Buch Hiob. In stabreim. Langzeilen, deutsch. (XVIII, 104 S. m. Bildnis.) kl. 8. Ebd. 906. n. 1. 50; geb. in Leinw. n. 2. —

Storck, Wilh. Luis' de Camoens Leben. Nebst geschichtl. Einleitg. 8. (XVI, 702 S.) Paderb. 890, F. Schöningh. * 8 —

Storck, Wilh., hundert altportugiesische Lieder. Zum ersten Male deutsch v. W. St. 8. (VII, 124 S.) Paderborn 885. F. Schöningh. n. 1. 60; geb. n. 2. 80

Lieder und Sprüche der Heiligen Schrift in stabreimenden Langzeilen von Wilhelm Storck. Münster i. W.: Aschendorff 1905. (VII, 272 S.) 8° [F.] [05. 4217]

—— Aus Portugal u. Brasilien. (1250—1890.) Ausgewählte Gedichte, verdeutscht v. W. St. 8. (XVI, 271 S.) Münster i. W. 892, H. Schöningh. * 3 —; geb. * 4 —

— die Psalmen in stabreimenden Langzeilen. (258 S.) 8. Ebd. 904. Geb. in Leinw. n. 3. —

Storck, Wilh., lose Ranken. Ein Büchlein Catullischer Lieder. Münster 867. Brunn's Verlag. gr. 16. (142 S.) cart. mit Goldschn. 24 *ngr.*; geb. mit Goldschn. 1 *ℛ*

Storck, Wilh., Recepte f. Haus- u. Landwirthschaft. 8. (VIII, 236 S.) Halle 883. Knapp. n. 3. —

— die Thierstoffe. Die Haut, Haare, Wolle, Seide, Blut, Fleisch, Galle, Milch, Fett, Talg, Wachs, Honig, Blase, Leim, Elfenbein, Knochen, Federn rc., ihre Gewinng. u. Verwerthg. In 672 Vorschriften u. Recepten dargestellt. 8. (IV. 315 S.) Halle 883. Knapp. n. 3. —

Stork W, die Verhütung und Beseitigung des Kesselsteines. Halle 1881

Storck, Wilh., die Verhütung u. Beseitigung des Kesselsteins. Auf Grund der neuesten Erfahrungen dargestellt. Mit (eingedr.) Holzschn. gr. 8. (IV, 102 S.) Leipzig 881. Knapp. n. 2. —

Störck: Tausendjähriger Wandkalender, s. Störk, Emil

Störck, Anton Frhr. von

—Abhandl., daß der Stechapfel, das Tollkraut u. Eisenhütlein nicht nur innerl. ganz sicher den Menschen gegeben werden könne, sond. auch in vielen äußerl. Krankheiten heilende Mittel sind; aus d. Latein. übers. v. G. Neuhofer. Mit Kpf. 8. Augsb. 763. Lotter. 6 gr

— Abhandl., daß der Stechapfel, d. Tollkraut u. Eisenhütlein können gebraucht werden. 8. Augsburg, Lotter. (Bürglen) 763.

— Abhandl. v. der Einpfropfung der Kinderblattern. gr. 8. Ebend. (Tendler.) 771.

—Abhandl. von dem heilsamen Gebrauch der schwärzl. Küchenschelle. Mit Kpf. 8. Nürnb. 771. Felssecker. 4 gr

—Abhandl. vom Gebrauch u. der Nutzbarkeit der Lichtblume; hrsgg. v. S. Schinz. Mit Kpf. gr. 8. Zürich 764. Orell. 6 gr

Störck, Anton (Freiherr von): Abhandlung von dem sicheren Gebrauch und der Nutzbarkeit des Stechapfels, des Bilsenkrauts und des Eisenhütleins. (Libellus, quo demonstratur stramonium, hyosciamum, aconitum... Dt.) Übers. von (Christoph) Salomon Schinz. 100 S., gbd., Abb.

Zürich: Heidegger 1793

JB 1.550

—Abhandl. von dem sichern Gebrauch u. der Nutzbarkeit des Stechapfels, Bilsenkrautes u. Eisenhütleins; aus d. Latein. Nebst e. Vorrede von Giften v. S. Schinz. Mit Kpf. gr. 8. Zürich 763. Orell. 12 gr

Stoerck, Ant., Abhdl. v. d. schwärzl. Kuchenschelle, flammula Jovi. 53 pp. Lps. 8°.
1771

—, Abhdl. v. Nutzen des Brennkrauts u. des weißen Diptams. Frkf. u. Lpz. 8. 1769

Anton [Frh.]von Stoerck

Anton Störks [Frh.von Störck: Libellus, quo demonstratur cicutam non solum usu interno tutissime exhiberi... Deutsch:] Abhandlung; worinn erwiesen wird: daß der Schierling cicuta nicht nur innerlich ganz sicher gegeben werden könne, sondern auch zugleich ein sehr nützliches Mittel in vielen Kranckheiten sey... Aus d.Lat. übers. von Ludewig Jakob Heyden. [Nebst] Anh. Wien 1761-62: Trattner. 1 Bd 8°

Störck, Anton (Freiherr von): Abhandlung; worinn erwiesen wird, daß der Schierling (cicuta) nicht nur innerlich ganz sicher gegeben werden könne, sondern auch zugleich ein sehr nützliches Mittel in vielen Krankheiten sey, welche bisher für unheilbar ausgegeben worden. (Libellus, quo demonstratur cicutam... Dt.) Übers.von Ludwig Jakob Heyden. Abhandlung 1-2 (nebst) Anhang, gbd., Abb.

Wien: typ.Trattner 1764

JB 1.547

—zwei Abhandll. vom Nutzen u. Gebrauche des Brennkrauts, u. des weißen Diptams; aus d. Latein. Mit Kpf. 8. Nürnb. 778. Felssecker. 5 gr

— allgem. Anleit. z. Vorbeugung sowohl als z. Heilung der Hundswuth. gr. 8. Ebend. (Tendler.)

v. Störck, Frhrr. Ant., allgem. Anleit. zur Vorbeugung sowohl als zur Heilung der Hundswuth. gr. 8. Wien, Trattner. (Haller in Bern). 3 gr

v. *Störck*, Frhrr. Ant., († d. 11. Febr. 1803.) annus medicus. I. et II. 8maj. Wien 759, 60. Trattner. 1 ß

Anton [Frh.] von Stoerck

Antonii [Frh.von] Störck Annus medicus quo sistuntur observationes circa morbos acutos et chronicos, adiiciunturque eorum curationes et quaedam anatomicae cadaverum sectiones. [1.]2. Vindobonae 1760-61: Trattner. 1 Bd 8°

[1:] Ed.2. 1760.
2: 1761.

— — continuatio, vide H. Ios. Collin.

—Beobachtt. von dem Gebrauch u. Nutzen des Schierlings; aus d. Latein. von Geo. Ldw. Rumpelt. 3 Thle. 8. Dresd. 762. Richter. 20 gr

— — dasselbe, a. d. Latein. gr. 8. Wien, Trattner. (Tendler) 764.

— — Anhang dazu, m. K. gr. 8. Ebend. 764.

—Dass.; aus d. Latein. gr. 8. Wien 764. Trattner. 5 gr Haller in Bern. 11 gr — Anhang dazu. Mit Kpf. gr. 8. Ebd. 764. 3 gr

Störck, Anton (Freiherr von): Beobachtungen von dem sichern Gebrauch und Nutzen des Schierlings, Stechapfels, Bilsenkrauts, Eisenhütleins und der Zeitlosen. (Libellus, quo demonstratur cicutam, stramonium, hyosciamum aconitum et colchicum autumnalem... Dt.) Übers.von Georg Ludewig Rumpelt. 2.Aufl. 384 S., gbd., Abb.

Dresden u.Warschau: Gröll 1765

JB 1.548

Anton [Frh.] von Stoerck

[Teils. Deutsch.] Anton Störcks [Frh. von Störck] Beobachtungen von dem sichern Gebrauch und Nutzen des Schierlings, Stechapfels, Bilsenkrauts, Eisenhütleins und der Zeitlosen. Aus d. Lat. übers. u.m.e. Vorr. u. einigen Erfahrungen verm. von Georg Ludewig Rumpelt. 2. Aufl. Dresden & Warschau: Gröllich 1765. 384 S. 8°

— Beobacht. von d. Gebr. u. Nutzen d. Schierlings, von Rumpelt. 3 Thle. 8. Dresden, Richter. 765.

—tractatus medicus cum diversis experimentis de cicuta, cum fig. 8. Lausanne 762. Pott u. C. 12 gr

— de cicuta libellus I. II. et Suppl. 8. maj. Vien. Trattner. 769.

Störck, Anton Baron von.

Expériences et observations sur l'usage interne de la pomme épineuse . . . traduites du Latin. Vienne 1763. Ü: *Lebègue de Presle, Achille Guillaume.* (BrMm)

— medicin. Jahrgänge, a. d. Latein. gr. 8. Wien, Kurzböck. (Camesina.) 774.

— medicin. Jahrgänge'z aus d. Latein. gr. 8. Wien 774. Kurzböck. (Heubner). 1 ℔ 12 gl

— instituta facultatis med. Vindobon. 8. maj. ibid. 771.

Störck, Anton (Freiherr von): Instituta facultatis medicae Vindobonensis. 59 S., gbd., 1 Taf.

Vindobonae: typ.v.Trattnern 1775

JB 5.497

Ant. Störck institutio Facultatis medicae Vindobonensis. Vindob. 1775. 8. — German vert. Pascal Jos. Ferro. Wien 1785. 8.

Störck, Anton (Freiherr von): Libellus, quo continuantur experimenta et observationes circa nova sua medicamenta. 277 S., gbd., Abb.

Vindobonae: de Trattnern 1765

JB 1.552

— libellus, quo continuantur experimenta et observationes circa nova sua medicamenta. 8maj. Wien 765. Ed. nov. 769. Trattner. 12 gl

Anton [Frh.] von Stoerck

Antonii [Frh. von] Störck, Libellus, quo demonstratur cicutam (2: quo confirmatur cicutam) non solum usu interno tutissime exhiberi, sed et esse simul remedium valde utile in multis morbis, qui hucusque curatu impossibiles dicebantur. [1.] 2.[Nebst] Suppl. Vindobonae 1760 - 61: Trattner. 1 Bd 8°

[1:] 1760.
2: 1761.
Suppl.:Suppl. necessarium de cicuta, ubi simul jungitur cicutae imago, aere excusa. 1761.

Anton [Frh.] von Stoerck

Antonii [Frh. von] Störck, Libellus, quo demonstratur cicutam (2: quo confirmatur cicutam) non solum usu interno tutissime exhiberi, sed et esse simul remedium valde utile in multis morbis, qui hucusque curatu impossibiles dicebantur. [1.]2. [Nebst] Suppl. Vindobonae 1761-63: Trattner. 1 Bd 8°

[1:] Ed.2. 1761.
2: 1763.
Suppl.: Suppl. necessarium de cicuta, ubi simul jungitur cicutae imago aere excusa. 1761.

Anton [Frh.] von Stoerck

Antonii [Frh. von] Störck, Libellus, quo demonstratur: colchici autumnalis radicem non solum tuto posse exhiberi hominibus, sed et ejus usu interno curari quandoque morbos difficillimos, qui aliis remediis non cedunt. Vindobonae 1763: Trattner. 66 S. 8°

Störck, Anton (Freiherr von): Libellus, quo demonstratur herbam, veteribus dictam flammulam Jovis... 53 S., gbd., Abb.

Viennae: de Trattnern 1769

JB 1.549

— lib. quo demonstrantur hyosciamum aconitum etc. 8. Wien 776. Trattner. 9 gl

Anton [Frh.] von Stoerck

Antonii [Frh. von] Störck, Libellus, quo demonstratur stramonium, hyosciamum, aconitum non solum tuto posse exhiberi usu interno hominibus, verum et ea esse remedia in multis morbis maxime salutifera. ... Vindobonae 1762: Trattner. 118 S. 8°

— libellus de stramonio hyosciamo etc. 8maj. Wien 763. Trattner. 12 gl

Störck, Anton (Freiherr von): Libellus de usu medico pulsatillae nigricantis. 61 S., gbd., Abb.

Vindobonae: de Trattnern 1771

JB 1.553

— s. Pharmacopoea Austriaca.

— praecepta medico-practica in usum chirurgicorum castrensium et ruralium diccionum. Versa per Jh. M. Schosulan. 8maj. Wien 776. Gerold. 16 gl Ed. nova. II Tomi. 8maj. ibid. 791. (Beck). 4 ℔

Anton [Frh.] von Stoerck

Anton L.Baro. de Störck [Medicinisch- praktischer Unterricht für die Feld-u.Landwundärzte der österr. Staaten. Lat.:] Praecepta medico- practica in usum chirurgorum castrensium et ruralium ditionum Austriacarum. E lingua Germ. in Lat. versa per Joan[nem] Michaelem Schosulan. T.1.2. Viennae Austr.: Graeffer 1777. 8°

Anton [Frh.] von Stoerck

Anton L.B. de Störck [Medicinisch- praktischer Unterricht für die Feld- u. Landwundärzte der österr. Staaten. Lat.:] Praecepta medico- practica in usum chirurgorum castrensium et ruralium ditionum Austriacarum. E lingua Germ. in Lat. versa per Joan[nem] Michael[em] Schosulan. T.1.2. Viennae Austr.: Bernardus 1778. 1 Bd 8°

Störck, Anton Freiherr von: Praecepta medico-practica in usum chirurgorum castrensium et ruralium ditionum Austriacarum. (Medicinisch-praktischer Unterricht für die Feld- und Landwundärzte der österreichischen Staaten. Lat.) E lingua Germanica in Latinam versa per Johann Michael Schosulan. Editio altera aucta. Tom.1 - 2, gbd.

Viennae Austriae: Hartmann 1784

JB 2.116

Störck, Anton Freiherr von: Praecepta medico-practica in usum chirurgorum castrensium et ruralium ditionum Austriacarum. (Medicinisch-praktischer Unterricht für die Feld- und Landwundärzte der österreichischen Staaten. Lat.) E lingua Germanica in Latinam versa per Johann Michael Schosulan. Editio altera aucta. Tom.1 - 2, gbd.

Viennae Austriae: Wappler 1791

JB 6.566

— Praecepta medico-practica in usum chirurgorum castrensium et ruralium ditionum Austriacarum per F. M. Schosulan. 2 Tmi. 8. maj. Vien. Wappler. (Beck, et. Sammer.) 791. (à 2 Rthlr.)

Störck, Anton (Freiherr von): Supplementum necessarium de cicuta... 67 S., gbd., Abb.

Vindobonae: Trattner 1761

JB 1.545 a

Anton [Frh.] von Stoerck

[Abhandlung von der Einpfropfung der Kinderblattern. Franz.:] Traité de l'inoculation de la petite vérole. Par Antoine [Frh. von] Störck. Vienne: Trattner 1771. 111 S. 8°

— traité de l'inoculation ; trad. de l'allemand. 8. Wien 778. Trattner. 6 gr

Störck, Anton (Freiherr von): Traité, où il est démontré, qu'on peut non seulement donner la cigue intérieurement... (Libellus, quo demonstratur cicutam... Franz.) Traduit...par Heinrich Joseph Collin. 72 S., gbd.

Vienne en Autriche: Trattner 1761

JB 1.546

— traité où il est démontré qu'on peut non seulement donner la Ciguë intérieurement sans le moindre danger etc. II Vol. 8. ibid. 771.

Störck, Anton Freiherr von: Medicinisch-praktischer Unterricht für die Feld- und Landwundärzte der österreichischen Staaten. Th.1 - 2, gbd.

Wien: typ.v.Trattnern 1776

JB 2.115

Anton [Frh.] von Stoerck

Anton Frh. von Stoerck, medicinisch- praktischer Unterricht für die Feld- und Landwundärzte der österreichischen Staaten. Th.1.2. Wien 1780: Trattner. 8°

Störck, Anton Freiherr von: Medicinisch-praktischer Unterricht für die Feld- und Landwundärzte der österreichischen Staaten. 2. Aufl. Th.1-2, gbd.

Wien: typ.v.Trattnern 1786

JB 2.117

Störk, Ant. v., medicin. prakt. Unterricht f. d. Feld- u. Landwundärzte der österreichisch. Staaten. 2 Thle. gr. 8. Wien, Trattner. (Tendler.) 786. Rthlr.

Störck, Anton Freiherr von: Medicinisch-praktischer Unterricht für die Feld- und Landwundärzte der österreichischen Staaten. 3.Aufl. Th.1-2, gbd.

Wien: typ.v.Trattnern 1789

JB 2.118

— de usu med. pulsatillae nigricantis, c. fig. 8maj. Wien 771. Trattner. 5 gr

Störck, Paul Frhr. v., Begriff, Bedeutung und allgemeine Grundsätze des landwirtschaftlichen Genossenschaftswesens. (Sep.-Abdr. aus der „Oesterreich. landwirtschaftl. Genossenschaftspresse".) 8°. Wien, Verlag des Allgem. Verbandes. landw. Genossensch. in Oesterreich, 1910.

— Die Entwicklung der landwirtschaftlichen Genossenschaften in Oesterreich, deren Gegenwart und Zukunft. Vortrag (Sep.-Abdr. aus dem „Genossenschaftl. Jahrb.", Berichtsjahr 1902.) 8°. Wien, Verlag d. Allg. Verbandes landwirtsch. Genossensch. in Oesterreich, 1903.

Storck, Paul Frh. von: Die landwirtschaftlichen Genossenschaften in Nieder-Österreich und den deutschen Landesteilen von Böhmen und Mähren. Graz 1900.

Storck, Paul Frh. von: Vorschläge für die Ausgestaltung der Raiffeisenkassen und sonstigen landwirtschaftlichen Genossenschaften in Steiermark. Graz 1900.

STORER, FRANK H. On the derivatives of Mesitylen. Göttingen, 1867.

Storff, Melchior Theodor (Dülmen) A. S. 1145/3

Disputatio medica inauguralis, de pleuritide. Utrecht (vande Water) 3. V. 1701. 21 S.

Gew.: Karl Bf. von Osnabrück usw. 33775

Storffrich, D. B., psychologische Aufschlüsse über Shakspeare's Hamlet. Bremen 859. Kühtmann & Co. 8. (159 S.) n. 24 ngr.

Storia biblica pei Fanciulli. Compendio dell' opera maggiore del Sig. C. Schmid. Parte I. e II. conten. la storia del vecchio e nuovo Testamento. 8. (11½ B.) Innsbruck 833, Wagner.

– – Ed. II. Ebd. 1836.

—— dass. mit d. Orig. u. d. Ttl.: Biblische Geschichte f. Kinder. Ein Auszug a. d. größeren Werke d. Hrn. Ch. Schmid's. 2 Thle. Enthält d. Geschichte d. alt. u. neu. Testaments. 8. (21¾ B.) Innsbruck 833, Wagner.

– – Ebd. 1836.

Storia biblica pei fanciulli. Compendio dell' opera maggiore del Sig. C. Schmid. Parte I. Contenente la storia del vecchio Testamento. 8. (10½ B.) Innsbruck 844, libr. Wagner. -

Storia biblica illustrata ossia la storia sacra del vecchio e nuovo testamento adorna di vignette, scritta da un sacerdote della diocesi di Basilea e tradotta ad uso delle scuole italiane dal M. R. D. Carlo Ign. Fransioli. 8. (V, 281 S. mit eingedr. Holzschn. und 1 Holzschntaf.) Einsiedeln 868, Gebr. Benziger. geb.

Storia biografica dei regnanti di casa d'Austria dall' origine fino ai giorni nostri. Coi rispettivi ritratti. gr. 4. (151 S. mit 23 lithogr. Portr. in Tondr.) Triest 858(60), Coen. *

Storia, Breve, ed orazioni alla gran Madre di Dio Maria addolorata di Weissenstein. [Innsbruck 1881] V: *Weissensteiner, Pius Maria.* (Margr)

Storia, Breve, sull' origine del rinomato pellegrinaggio alla Madre addolorata di Weissenstein nel Tirolo meridionale. [Innsbruck 1859.] V: *Weissensteiner, Pius Maria.* (Margr)

Storia celeste del r. osservatorio di Palermo, s.: Annalen d. k. k. Sternwarte in Wien.

Storia celeste del r. osservatorio di Palermo, s. Littrow, C. L. v., und Schaub.

Storia critico-militare della guerra presente. Aus d. Franz. Bd 1—4. Frankfurt (1758). 8°.

Storia, dottrina e scopo della frammassoneria, scritta da un frammassone che non lo è più. Trad. dal franceso con aggiunta di note. Vienna: Braumüller 1861. XII, 157 S. 8°
cf. La Civiltà cattolica. Ser. 4 Vol. 11 (1861) S. 716—731.

Storia del Reggimento Cacciatori Tirolesi Imperatore Francesco Giuseppe. Libro di lettura patria pei figli della provincia del Tirolo e Vorarlberg. Dedicato ai membri del Reggimento Cacciatori Imperatore, in occasione del XL. anniversario di reggenza dell' Augusto Sovrano di S. Maestà I. R. Apostolica l'Imperatore Francesco Guiseppe I. Traduzione italiana per cura di Raffaello Cavaliere de Concini. gr. 8. (V, 161 S.) Innsbruck 888. Wagner. n. 1.60

Storia di Frederico II. Re di Prussia. Scritta da Persona imparziale e tradotta dall' originale Tedesco (da Guiseppe Voltiggi). Amsterdam 1789. 4 Bde. 116 + 144 + 120 S. 8°. V: *Richter, Joseph.* (Hans Viktor Pisk: Josef Richter. Diss. Wien 1927. S. 117)

Storia di Frederico II. IV Tomi. 8. Wien 789. Sammer. 1 ƒ 8 ℛ

— di Luigi XVI., Ré di Francia, suo processo e sua morte. 8. Triest 794. Geistinger. 8 ℛ

— di Maria Antoinette, Regina di Francia, suo processo e sua morte. 8. Triest 794. Geistinger. 8 ℛ

— naturale disposta con ordine scientifico e adattata alla commune intelligenza. Proposta ad uso delle scuole e della classe piu numerosa della civile società da G. Curti, illustr. di 230 figure intercalate nel testo. gr. 8. (34¼ B.) Lucerna 846. Meyer. *

— naturale esposta alla gioventù sulle traccie di Buffon adorna di vignette intercalate nel testo. 8. (868 S.) Triest 861, Coen. *

Storia naturale esposta alla gioventù sullo traccie di Buffon. 3. ediz. Triest 864. Coen. 8. (320 S. mit eingedr. Holzschn.) n. 20 ngr

— naturale esposta alla gioventù sulle traccie di Buffon. 3. ediz. 8. (320 S. mit eingedr. Holzschn.) Triest 866, Coen. *

Storia sacra ad uso della classe terza delle scuole elementari maggiori. Parte I. Antico Testamento. 8. (234 p.) Vienna. Stamperia di Leop. Grund. 1854. Ungebunden 15 kr Gebunden in Leinwandrücken 20 kr. C. M.
Wien: Verl. d. Schulbücher-Verschleiß-Administration.

Storia sacra ad uso della classe terza delle scuole elementari maggiori. Parte II. Nuovo Testamento. 8. (170 p.) Vienna. Stamperia di L. Grund. 1854. Wien: Verl. d. Schulbücher-Verschleiß-Administration.

Storia della Scultura dal suo risorgimento in Italia sino al secolo XIX. Per servire di Continuazione alle Opere di Winckelmann e di d'Agincourt. 5 Volumi. Con belliss. figure in ramo (aut. Leop. Cicognara.) Venezia. Fol. maj. (Lipsiae, Weigel in Comm.) 815 — 18.

Storia dei tempi antichi. Fascicolo I. 8. (112 p.) Prezzo 14 Car. M. C.
Wien: Verl. d. Schulbücher-Verschleiß-Administration 1855.

Storia dell' antico testamento narrata ai fanciulli con 24 tavole miniate. qu. 4. (47 S. mit 24 Holzschntaf. in Buntdr.) Triest 867, Coen. cart. *

— universale compilata sulle norme dei più celebri autori dai primi tempi sino ai nostri giorni. 8. (VII und 562 S.) Triest 864, Coen. *

Storia vasi linfatici
Geschichte der lymphatischen Gefäße. (Storia dei vasi linfatici. Dt.) Hrsg. von Christian Friedrich Ludwig. 60 S. (S.47 - 106), gbd.

Leipzig: Weidmann 1794
(Cruikshank, William: Geschichte und Beschreibung der Saugadern des menschlichen Körpers von W. Cruikshank und Paolo Mascagni u.a., hrsg. von Ch. F. Ludwig. Bd 3. Leipzig: 1794)

JB 779/3

Storicius, Jo., Geheimnißvoller Heldenschatz od. der vollständige egyptische magische Schild voll wunderwürdiger Verborgenheiten u. reicher Schätze. Genau a. d. Pergamenthandschrift einer alten Klosterbibliothek. Sehr vermehrt u. alle 7 Theile in einem Bande. Mit 2 Anhängen: I. Das Romanusbüchlein. II. Der große Grimoir des Pabstes Honorius. 544 S. Köln. u. Weimar. 1750. 4°.

Stories for beginners, ed. by K. Lincke, s.: Diesterweg's neusprachliche Reformausgaben.

Stories for christian children. Part 1–3., s.: Barth, C. G.

Stories, domestic. s. Collection of British Authors.

Stories for the fireside circle. Tales for the young by E. M. P. 1. Story: My old nurse Susan. gr. 8. (191 S.) Prag 859, Calve'sche Universitäts-Buchh. *

—— dass. — Second story: the young Dorcas Society. 8. (248 S.) Ebendas. 860.

Stories from general history. Translated from the German (des Kappe) into the Tshi or Asante and Fante language by D. Asante. 2., revised and augmented ed. 8. (253 S.) Basel 893. Missionsbuchh. Geb. n. 2. 40

— **and legends** of the Rhine and Neckar. 4. ed., rev. illustrated. (218 S.) kl. 8. Heidelberg (910). K. Groos Nachf. 2. —

Stories and Legends of the Rhine between Worms and Cologne. 16. (IV, 128 S.) Heidelberg 870, K. Groos.

Stories and legends of the Rhine between Worms and Cologne. New and revised ed. 12. (VI, 146 S.) Heidelberg 880. K. Groos. 1. 20

Stories and legends of the Rhine between Worms and Cologne. 3. ed. 12°. (VI, 151 S.) Heidelb. 891, K. Groos. 1 20

More Stories for the schoolroom by various authors. Für den Schulgebrauch herausgegeben von J. Bube. I. Theil: Einleitung und Text. II. Theil: Anmerkungen und Wörterverzeichnis. Mit 2 Abbildungen. Freytag's Sammlung französischer und englischer Schriftsteller. Wien und Prag. 1900. Tempsky. 8°. XII, 236 S. Geb. K 1.80

Stories, For the Schoolroom by various Authors. [Freytag's Sammlung französischer und englischer Schriftsteller.] 8°. (XV, 175 S.) geb. K 1.80
Wien. Tempsky 1904.

Stories, simple, for young folks from various authors, hrsg. von K. Bandow, s.: Authors, English, 78 Lfg.

Stories and sketches. **Für den Schulgebrauch hrsg. v. Mathilde** Bock. 8. (IV, 127 S.) Leipzig 902. G. Freytag. Geb. in Leinw. n. 1. 40; Wörterbuch (46 S.) n. — 50

— **and sketches.** 2. Bd. Für den Schulgebrauch hrsg. v. Gust. Knauff. (152 S.) 8. Leipzig 908. G. Freytag. — Wien, F. Tempsky. Geb. 1.50; Wörterbuch (68 S.) kart. — 60

Störig, F. E. J., s. Störig, Johann Erich Julius

Störig, Johann Erich Julius

Störig, F. E. J.: „Die Allegorie des Landbaues, oder bildliche Darstellung eines Systems der Landwirthschaft nach dem jetzigen Standpunkt der Wissenschaft, mit einem Commentar", Berlin 1839.

Störig, F. E. J., Beschreib. sieben verwandter od. sich ähnelnder Krankheiten der Schafe, näml.: des Schwindels, der Hirnentzündung, der Dreh- u. Fallsucht, der Kreuzdrehe, der Gnubber- u. Oestruslarven-Krankheit, charakterist. Unterschiede u. Heilung, nebst e. neuen Vorschlage zur Verhütung der Drehkrankheit durch Eiterbänder. Mit 2 Kpf. 8. Berl. 825. Rücker. 12 gr

Störig, Johannes Ericus Julius: De cura ovibus inprimis ungularum morbo laborantibus adhibenda. Berolini 1828. (VIII, 18 S.) 4°
Berlin, Phil. Fak., Antrittsprogr. v. 29. Apr. 1828

Störig, [F. E. J.]: Geschichte, Erscheinungen, Verläufe und Heilarten der unter dem Schaafviehe in den Marken sowohl als in Pommern vom Sommer 1821 bis in das Frühjahr 1822 geherrschten Anthrax-Krankheit. o. O. u. J. S. 521—546.

— **Lehrbuch des gesammten Obstbaues.** gr. 8. Berl. 823. Rücker. 1 ß

Störig, J. Er. Jul., Gründliche Tierheilkunde für Landwirte, oder Darstellung des Körperbaues und der Lebensverrichtungen der Haustiere, nebst Unterricht, deren Krankheiten zu erkennen und zu heilen etc. 1. und 2. Bd. gr. 8. Berlin (24.) 26. Rücker & Püchler. M. 7.50
1. Band: Zootomie und Zoophysiologie. M. 3.50
2. Band: Allgemeine Zoopathologie und Zootherapie mit Inbegriff der Arzneimittellehre. M. 4.

Störig, Jh. Geo. Hnr., evangel. Bilder, Predigten über epistol. u. freie Texte. gr. 8. Magdeb. 821. Heinrichshofen. 14 gr

— **französ. Leseschule, nebst mehreren leichten Lesestücken rc. gr. 8. Magdeb. 822. Heinrichshofen. 16 gr**

— s. Reden, bei einer Amtsveränderung gehalten.

Stoeriko, Adolf

Stoeriko, A., üb. das Verhältnis der beiden Romane Durmart u. Garin de Monglane, s.a. **Ausgaben u. Abhandlungen** aus dem Gebiete der romanischen Philologie.

Stoeriko, Adolf [aus Butzbach]: Ueber das Verhältnis der beiden Romane Durmart und Garin de Monglane . . . (Aus: Ausg. u. Abh. a. d. Geb. d. roman. Phil.) Marburg, Druck v. Joh. Hamel, 1888; 2 Bl. + 49 S. 8°
Marburg, Phil. Fak., Inaug.-Diss. v. [15. Febr.] 1888

STORJOHAN, RUD. HENR., Erysipelas neonatorum. Diss. inaug. Kiliae. 1838.

Storjohann, J., König David, sein Leben u. seine Psalmen. Autoris. aus dem Norweg. übertr. deutsche Ausg. v. A. Gleiss. 2 Bde. gr. 8. (XL, 260 u. IV, 280 S.) Gütersloh 900. 901. C. Bertelsmann. à n. 3. —; in 1 Bd. geb. n. 7. —

— dasselbe. (Ausg. ohne Anmerkgn.) 2 Tle. in 1 Bd. gr. 8. (XL, 191 u. IV, 211 S.) Ebd. 900. 901. n. 3. 80; geb. n. 4. 50

Storjohann, J. Die grosse Gebetserhörung Davids in dem letzten Philisterkriege u. die davon handelnden Psalmen. gr. 8. (86 S.) Berl. 892, Wiegandt u. Grieben. * 1 25

Stork, Dr. Briefe eines badischen Hauptmanns (Josef v. Weinzierl) a. d. J. 1811 und 1812. (Aus Frankf. Ztg.) Frankfurt a. M. 1901. 2 Bl.

Geschichte, Volkswirtschaft und soziales Leben der Gemeinde Beiertheim, Bezirksamt Karlsruhe. Nebst Anh.: Geschichtl. u. wirtsch. Mitteilgn üb. d. Benediktinerabtei u. d. nachmal fürstl. Kammergut Gottesaue. Unter Benützg amtl. Quellen bearb. v. A. **Stork** in Karlsruhe. M. 8 Taf. Abb. Beiertheim: Gemeinderat; Zu haben in A. Bielefeld's Hofbuchh., Karlsruhe (1898). (56, 32 S., 8 Taf.) 1 Bd 8°

Stork, Fr., Geschichtsbilder f. evangelische Volksschulen, s.: Wischmeyer, P.

Stork, H.: Angelgeräthe. Mit Atlas. München 1892

Stork, H., d. Angelsport. Das Wissenswerteste a. demselben, nebst Anleitgn. z. Gebrauch d. Angelgeräte. Lex.-8. (III, 307 u. VI S. m. üb. 1000 Abbildgn.) München 898. (H. Hugendubel.) Geb. n. 7.—

Stork, H., d. Angelsport. Das Wissenswerteste aus demselben, nebst Anleitgn. z. Gebrauch d. Angelgeräte, sow. Beschreibg. d. verschiedensten Angelmethoden, besond. der Flugangel, d. Grundangel, d. Spinnangel u. der Schleppangel. Mit üb. 1000 Abb. Als Anh.: Angler-Fahrten. Victor v. Scheffel als Angler. Div. Erlebnisse auf Angelexkursionen u. s. w. In 10 Erzählgn. Lex.-8. (III, 307 u. VI S.) München 898. Leipzig, W. Opetz. Geb. in Leinw. n. 6. 50

Stork, H. W., großer Schulliederschatz oder 1000 Jugend- und Volkslieder mit ein-, zwei-, drei- und vierstimmigen Volksweisen nebst einem Anh. von 25 Kanons, mit biograph. und charakterist. Notizen über die Dichter der Lieder. Ein Buch für evangel. Lehrer sowie für alle Freunde gesunden Volksgesanges. gr. 8. (XVI, 474 S.) Gütersloh 868, (Bertelsmann's Verlag.) *

Stork, J. von: Kunstgewerbliche V o r l a g e b l ä t t e r, s. S t o r c k, Josef Ritter von

STORK, Joseph (Schwabhausen): De rhachitide.- Monachii: Wolf 1834. 16 S.
31.12.1833 - Urk: F 61
Diss. Ingolst. - Landsh. - Mchn.

Stork, Max, Prof. Dr.: St. Jörg am Oberrhein. Freiburg i. B. (1905: H. M. Poppen). (40 S.) 4°
Freiburg i. B., OR P 1905 (745)

Stork, Max, St. Jörg am Oberrhein. Progr. (40 S. m. Abb.) Lex.-8. Freiburg i/B. (906). (Lorenz & Waetzel.) n.n. 2.—

Stork, Max August [aus Waldkirch]: Über französisches r im Auslaute nach den Grammatikerzeugnissen des 16. Jahrhunderts ... Karlsruhe: Buchdr. J. J. Reiff 1891. 31 [statt 32] S. 8°
Heidelberg, Phil. Fak., Inaug.-Diss. v. [28. Jul.] 1891

Stork, Theodor, aus Fröndenberg: Sprachliche Untersuchungen zum Roman de Renart. (T. 1.) *Leipzig 1901: O. Schmidt.* (54 S.) 8°
Leipzig, Phil. Diss. v. [30. Okt.] 1901

Stork, Victor, a. Ohligs-Weyer (Rheinland): Die Ausführung des Restitutions-Edikts von 1629 im Erzbistum Bremen. Hannover 1906: Gebr. Jänecke. (64 S.) 8° [F.]
Münster, Phil. Fak., Ref. Spannagel, Diss. v. 13. Okt. 1906
[Geb. 17. März 84 Ohligs-Weyer; Wohnort: Münster i. W.; Staatsangeh.: Preußen; Vorbildung: Gymn. Solingen Reife O. 03; Studium: Freiburg i. B. 1, Münster 2, Marburg 1, Münster 3 S.; Rig. 2. Aug. 06.]

Stork, W.: Die T h i e r s t o f f e, s. S t o r c k, Wilhelm

Stork, Willy, in Freundschaft, Liebe u. Wahrheit! Klänge der Weihe, den Brüdern des Odd-Fellow-Ordens gewidmet. (VIII, 71 S.) kl. 8. Leipzig (905). Th. Leibing. Geb. in Leinw. n.n. 1. 80

— Gott schütze die Marine, s.: Oesterwitz, Herm.

Stork, Willy. Italien u. die italienische Schweiz. Von Luzern bis Neapel. Von Nizza bis Venedig. Mit genauer Ortsangabe und bequemer Zeiteinteilung Hrg. von W' St'. [Mit 12 Plänen und 1 Karte.] II + 247 S. 8. Dessau, Anhalt. Verlagsanstalt, 1904. [geb. M. 4. —]

— für Kaiser u. Reich!, s.: Oesterwitz, Herm.

— Kaiser u. Vaterland! 6 volkstüml. Vorträge f. patriot. Kreise, besond. f. Krieger-Vereine. (48 S.) gr. 8. Dessau (903). Anhalt. Verlagsanstalt. n. — 80

— unter dem roten Kreuz, s.: Oesterwitz, Herm.

[F.] Nah und Fern. Gedichte v. Willy **Stork.** [aufgestemp.:] *Essen (Ruhr): T. Waechtler [1897].* (1 Bl., 146 S.) 1 Bd 8. (96. 428

Stork, Willy, die Riviera. Plaudereien u. praktische Winke f. alle Reisenden nach Italien. (Umschlag: Was muss jeder Besucher der Riviera wissen?) 8. (127 S. m. Abbildgn.) Dessau (902). Anhalt. Verlagsanstalt. n. 2. —; geb. in Leinw. n. 2. 50

Störk, Alexander: Die rechtliche Behandlung unmöglicher Bedingungen bei letztwilligen Verfügungen. *Greifswald 1897: J. Abel.* (42 S.) 8° [F.]
Greifswald, Jur. Diss. v. 1897

Störk, Anton Freiherr von
s.: Störck, Anton Freiherr von

Störk, Carl, s. S t o e r k, Karl

Störk, Emil, das habsburgisch-lothringische K a i s e r h a u s. Genealog. Tabelle. Imp.-Fol. (Chromolith. u. Buchdr.) Wien 878. Stecklor. n. 3. —

Störk, Emil, populäre Maass-Tabelle, enth. die fert. Umrechng. der österreich. Längenmaasse, Gewichte u. Hohlmaasse in das neue metr. Maass u. vice versa die Umrechng. der neuen metr. Maasse in die bisher österreich. Maasse, nebst 2 vergl. Maass-Stäben. (Colorirt.) Imp.-Fol. Wien 874. Hügel. n. 1. 60

Störk, Emil, Universal-Münzen-Tabelle enthaltend die fertige Umrechnung von 1 oder 100 jeder belieb. Geldsorte in jede belieb. Geldsorte. Chromolithogr. gr. Fol. Wien 873, Hügel. *

Stoerk, Emil, U n i v e r s a l - M ü n z e n - T a b e l l e, enthaltend die fertige Umrechnung von 1 oder 100 jeder beliebigen Geldsorte in jede beliebige Geldsorte. 2. verb. Aufl. gr. Fol. Wien 884, (Huber und Lahme.) *

Stoerk, Emil, Tausendjähriger Wandkalender. Graz [o. J.]

— tausendjähriger W a n d - K a l e n d e r. Arithmetische Reihenfolge der 1000 Jahre: vom Jahre 1801—2800 nach Christi Geburt, nach Jahrhunderten gruppirt, zur schnellen Auffindung des verlangten Jahres. Imp.-Fol. Wien 882. Teufen. n.n. 2. 12

— tausendjähriger Wandkalender. Imp.-Fol. Marburg i/Steiermark 884. Stoerk. n.n. 2. —

Stoerk, Fel., s.: A r c h i v f. öffentliches Recht.

— der Austritt aus dem landesherrlichen Hause. (VIII, (42 S.) gr. 8. Berlin 903. O. Häring. n. 1. 50

Stoerk, F e l i x: Das Greifswalder Bündnis zwischen Peter d. Gr. und Georg I. vom 28./17. Oktober 1715. 8°
Aus: Pommersche Jahrbücher. Jg. 2. 1901. (01. 3481 B

Stoerk, Fel., Handbuch der deutschen Verfassungen. Die Verfassungsgesetze d. Deutschen Reiches u. seiner Bundesstaaten, nach dem gegenwärt. Gesetzesstande bearb. u. hrsg. gr. 8. (IX, 635 S.) Leipzig 884. Duncker & Humblot. n. 12.—

Stoerk, Fel. Franz v. Holtzendorff, s. Sammlung gemeinverständl. wissenschaftl. Vorträge.

Störk, Franz v Holtzendorff. Ein Nachruf. (Sammlung gemeinverständlicher wissenschaftlicher Vorträge N F 71) Hamburg 1889

– D. Litteratur d. internat. Rechts 1884–1894, s.a. Litteraturbericht, Juristischer. Hft. 9.

Die Litteratur des internationalen Rechts 1884 bis 1894 v. Felix Stoerk, Prof. in Greifswald. *Leipzig: J. C. Hinrichs 1896.* (1 Bl., 40 S.) 8.
— Litteraturbericht, Juristischer, 1884—1894. H. 9.
— **Centralblatt** f. Rechtswissenschaft. Ergänzgsbd. [96. 8405

Stoerk, Fel., zur Methodik d. öffentlichen Rechts. gr. 8. (128 S.) Wien 885. Hölder. n. 2. 80

Stoerk, Felix, Option u. Plebiscit bei Eroberungen u. Gebietscessionen. gr. 8. (VII, 176 S.) Leipzig 879. Duncker & Humblot. n. 4. —

Stoerk, Felix: Über die Rechtsverhältnisse der Indianer in den Vereinigten Staaten von Nord-Amerika. Greifswald 1891.

Stoerk, Folix, s.: Rooueil, nouveau, gónóral do traitós ot autres actos relatifs aux rapports du droit intornational.

— das Reichsgesetz üb. das Auswanderungswesen, s.a. Guttentag's Sammlung deutscher Reichsgesetze.

Stoerk, Fel.: Das Reichsgesetz über das Auswanderungswesen vom 9. Juni 1897 nebst Ausführungsverordnungen u. Anl. Nach den Materialien u. unt. Benutzung amtl. Quellen erl. Berlin 1899.

— der Schutz des deutschen Handels im Seekriege. Vortrag, geh. am 29. 1. 1900 in der Ortsgruppe Greifswald des deutschen Flottenvereins. gr. 8. (20 S.) Greifswald 900. J. Abel. — 40

Stoerk, F. Studien zum See- und Binnenschiffahrtsrecht. 1897.

— **die agnatische Thronfolge im Fürstent. Lippe. (V, 110 S.) gr. 8. Berlin 903. O. Häring. n. 3. —**

— der staatsbürgerliche Unterricht. Rede zur Feier d. Geburtstages Sr. Maj. d. Kaisers am 27. Jan. 1893 in der Aula der Universität Greifswald geh. gr. 8. (III, 32 S.) Freiburg i/B. 893. J. C. B. Mohr. n. 1. —

— **Völkerrecht und Völkercourtoisie, s.: Abhandlungen, staatsrechtliche, Festgabe f. Paul Laband.**

Der Zustimmungsvertrag. Seine Natur u. rechtl. Wirkung auf Grund d. preuß. Gesetzes über Kleinbahnen u. Privatanschlußbahnen v. 28. Juli 1892. Rechtsgutachten. Von Dr. Felix **Stoerk**, Prof. Als Ms. gedr. Berlin 1904: H. S. Hermann. (VIII, 122 S.) 4°(8°) [05. 18869

Stoerk, Karl, e. neuer Athmungs-Apparat. gr. 4. (VIII S. m. 1 Steintaf.) Wien 874. Seidel & Sohn. n. 2. —

—— Beiträge zur Heilung des Parenchym- und Cystenkropfes. gr. 8. (IV, 71 S.) Erlangen [Stuttgart] 874, Enke. *

Störk, Dr. C., Secundararzt im allgem. Krankenhause, z. Laryncoscopie. Ueber Erkrankung des Kehlkopfes u. d. operative Heilverfahren bei demselben. (Separat-Abdruck a. d. Zeitschr. d. k. k. Gesellsch. d. Aerzte in Wien, Jahrg. 1858/60.) 4. (40 S.) Wien, Seidel. in Comm. 1 fl. 1860.

Stoerk, Karl: D. Erkrankgn. d. Nase, d. Rachens u. d. Kehlkopfes, s.a. Pathologie u. Therapie, Specielle.

Die Erkrankungen der Nase, des Rachens, des Kehlkopfes u. d. Luftröhre. Von Prof. Dr. Karl **Stoerk** in Wien. Bd I. II. Wien: A. Hölder 1895–97. 2 Bde 8°
I. M. 89 Abb. u. 4 Taf. im Texte. 1895. (IV, 334 S.)
II. M. 32 Abb. 1897. (VI S., 1 Bl., 358 S.)
= Pathologie, Specielle, u. Therapie. Bd 13. Th. I. II, Abth. I.

Stoerk, Karl, Klinik der Krankheiten d. Kehlkopfs, der Nase u. d. Rachens. 1 Hälfte. Laryngoscopie, Rhinoscopie, Krankheiten der Nase u. d. Rachens. Mit (eingedr.) Holzschn., Chromoxylogr., Schwarz- u. Farbendr.-Taf. Lex.-8. (184 S. m. 3 S. Taf.-Erklärgn.) Stuttgart 876. Enke. n. 6. —

Stoerk, Carl, Klinik der Krankheiten des Kehlkopfs, der Nase u. des Rachens. 2. Hälfte. Krankheiten des Kehlkopfes u. der Luftröhre. Locale Therapie. Instrumenten- u. Operations-Lehre. Künstliche Stimmenbildung. Mit 107 in den Text gedr. Holzschn. u. 4 Taf. in Farbendr. gr. 8. (XI u. S. 185—555 m. 4 Bl. Taf.-Erklärgn.) Stuttgart 880. Enke. n. 10. 80 (cplt.: n. 16. 80)

— über Laryngoscopie, s.a. Sammlung klin. Vorträge.

Störk, Carl, zur Laryngoscopie. Ueber Erkrankungen des Kehlkopfes und das operative Heilverfahren bei denselben. (Abdr. aus der Zeitschr. der k. k. Ges. der Aerzte in Wien.) Wien 859. (Seidel.) gr. 4. (39 S.) n. 24 ngr.

Störk, Carl, zur Laryngoscopie. Ueber Erkrankungen des Kehlkopfes und das operative Heilverfahren bei denselben. gr. 4. (39 S.) Wien 859(61), (Seidel und Sohn.) Thlr. *
Aus: Zeitschrift der k. k. Gesellschaft der Aerzte zu Wien, besonders abgedruckt.

Störk, K., Laryngoscopie und Rhinoscopie, s. Handbuch der allgemeinen und speciellen Chirurgie.

—— Mittheilungen über Asthma bronchiale und die mechanische Lungenbehandlung. Nebst einem Anh. über den Hustenreiz. 8. Erlangen [Stuttgart] 874, Enke. *

— **Mittheilungen** üb. Asthma bronchiale u. die mechanische Lungenbehandlung. Nebst e. Anh. üb. den Hustenreiz. gr. 8. (IV, 102 S.) Stuttgart 875. Enke. n. 2. —

— Sprechen u. Singen. Zwei populäre Vorträge. Gehalten im wissenschaftl. Club zu Wien. gr. 8. (48 S.) Wien 881. Seidel & Sohn. n. 1. 20; geb. n. 1. 80

— d. Untersuchg. d. Speiseröhre (Oesophagoskopie). [Aus: „Wiener klin. Wochenschr."] gr. 8. (24 S. m. 8 Abb.) Wien 896. W. Braumüller. n. — 60

Stoerk, Oskar

Stoerk, O., Über „Protagon" und über die große weiße Niere. (Aus: Sitzungsber. d. k. Akad. d. Wiss., mathem.-naturw. Klasse. Bd. CXV.) Gr.-8°. (ill. 70 S. mit 1 Tafel) † K 2.65 Wien: Hölder 1906.

Stoerk, Walt., prakt. Arbitragerechnungen, s.: Wiener, Paul

Störk, Wilh., die Gottesmutter v. Lindenberg. Ein marian. Geschichts- u. Gebetbuch m. e. Anh. üb. die Kirchen zu St. Peter. 24. (XII, 448 S. m. farb. Titelbild.) Freiburg i/B. 892. Herder. n. 1. 20; geb. in Leinw. n. 1. 80; in Ldr. m. Goldschn. n. 2. 30

Stoerkel, Joh. [app. Arzt aus Ebernburg, Pfalz]: Ein Fall von Schrumpfniere bei einem 29jährigen Individuum ... München, Druck v. V. Höfling, 1893; 34 S. 8.
München, Med. Fak., Inaug.-Diss. v. 1893

Stœrkel, L . Abrégé de grammaire allemande. Résumé complet des connaissances grammaticales indispensables à l'examen du baccalauréat. II + 16 p. 8. Nice, Libr. Autran & Andréolis [et] Libr. Barma (Typ. Sauerländer, Aarau), [1901]. [fr. —. 60]

Stoerkel, L., kurzer Abriss der deutschen Grammatik. (16 S.) 8. Nizza (905). L. Gross. n. — 75

Stœrkel, L . Kurzer Abriss der deutschen Grammatik. II + 16 S. 8. Nice, Deutsche Buchh. L. Gross; Aarau, Typ. Sauerländer, [1906]. [fr. —. 60]

Stœrkel, L . Liederauswahl. 12 S. 8. Nice, Autran & Andréolis (Typ. Sauerländer, Aarau), [1901].

Storkow [Schlagwort]

Storkow, s.: Beeskow-Storkow. — Deutschland. Kürschner-Pein.

Storkow, s.: Mark.

Storkow, s.: Preussen. Messtischblätter.

— s. Wanderkarten.

Stoerl, H. Einige Betrachtungen üb. die Lehre, Schule u. Erziehung unserer im reiferen Knabenalter stehenden Söhne. Vortrag. gr. 8. (23 S.) Lpz. 890, Klinkhardt. * — 50

Stoerl, Heinrich

– D. Fortbildungsschulwesen d. Königr. Sachsen in s. gesetzl. Bestimmgn., s.a. Meinhold's jurist. Handbibliothek.

Stoerl H, das Fortbildungsschulwesen des Königreichs Sachsen in seinen gesetzlichen Bestimmungen. (148 S) Leipzig 1896

Stoerl, Heinr., zur Geschichte u. Verfassg. d. gewerbl. u. kaufmännischen Unterrichtswesens in Leipzig. 8. (IV, 32 S.) Leipzig 897. Seemann & Co. n. — 50

Stoerl, Heinr., Mitteilungen üb. die ersten 25 Jahre der städtischen Fortbildungsschulen f. Knaben zu Leipzig. Denkschrift. gr. 8. (106 S.) Leipzig 900. (A. Hahn.) n.n. 2. —

Stoerl, Heinr., Sammlung gewerblicher Druckvorlagen. Zum Gebrauche f. Gewerbtreibende, f. gewerbl. u. allgemeine Fortbildungsschulen zusammengestellt. Schülerausg. gr. 4. (48 S.) Leipzig 891. C. G. Naumann. n.n. — 75; Ausg. f. Lehrer u. Gewerbtreibende (48 S.) n. 1. —

— Sammlung gewerblicher Druckvorlagen. Zum Gebrauche f. Gewerbeschulen, gewerbl. u. allgemeine Fortbildungsschulen u. f. Gewerbtreibende zusammengestellt. 5. Aufl. Schülerausg. gr. 4. (68 S. m. Formularen.) Leipzig 902. C. G. Naumann. Geb. n.n. 1. —; Ausg. f. Lehrer u. Gewerbtreibende (ausgefüllt) n. 2. —

Stoerl, Heinr., Sammlung gewerbl. Druckvorlagen. Zum Gebrauche für Gewerbeschulen, gewerbl. u. allgemeine Fortbildungsschulen u. f. Gewerbetreibende zusammengestellt. 5. Aufl. Schülerausg. (Neue Ausg. m. Postscheckordnung nebst Vorlagen.) (IV S., 68 S. Formulare u. 22 S. Briefpap.) Lex. 8. Leipzig (909). [C. G. Naumann Verl.] A. Kröner. Geb. nn 1. 10

— e. Wort zur Geschichte des Leipziger Fortbildungsschulwesens. [Aus: „Leipz. Tagebl."] 8. (19 S.) Leipzig 893. (A. Lorentz.) n. — 30

Stoerl, K. Aug. Heinr. Wolfgang Ratke (Ratichius). Ein Beitrag zur Geschichte der Pädagogik des XVII. Jahrhunderts. 43 S. [Sep.-Abdr. aus den Jahrb. f. Phil. u. Päd. 1876, Hft. 3. 4.] Rg. Leipzig 1876. Progr.

Stoerl, K. Aug. Heinr., Wolfgang Ratke [Ratichius]. Ein beitrag zur geschichte der pädagogik d. 17. jahrh. [Aus: „Jahrbb. f. Philol. u. Päd."] gr. 4. (43 S.) Leipzig 876. Hinrichs' Verl. in Comm. n. 1. —

Stoerling, Gvstavvs [Schwafheimensis]: Qvaestiones Ciceronianae ad religionem spectantes ... Ienae, typ. G. Nevenhahni, 1894; 41 S. 8.
Jena, Phil. Fak., Inaug.-Diss. v. 1894

Storm. — Theodor Storm.

Storm's, Th., Leben u. Dichtung, s. a. Schütze, P.

Theodor Storm. Sein Leben und seine Dichtung. Festgabe zum siebzigsten Geburtstag. Von Paul Schütze. Mit einem Porträt Theodor Storms. Berlin. 1887. 8°.

—— Züge zu seinem Bilde, s. Webbe, J.

Storm, Theodor. Ein Bild seines Lebens und Schaffens, s. Wehl, Ferd.

Storm u. Philipp, illustrirter Führer durch Hamburg u. die Nordseebäder Cuxhaven, Helgoland, Amrum, Wyk-Föhr u. Wenningstedt-Westerland-Sylt. Mit ca. 40 Abbildungen, 4 farb. Karten, zahlreichen Theaterplänen rc. 8. (112 S.) Hamburg 890. Verlags-Anstalt u. Druckerei, A.-G. n. 1. —

Storm u. Philipp. Illustrirter Führer durch Hamburg u. die Nordseebäder Cuxhaven, Helgoland, Amrum, Wyk-Föhr, Wenningstedt-Westerland-Sylt u. Norderney. Mit 86 Abbildgn., 5 farb. Karten, Plänen rc. Ausg. 1892. 8. (112 S.) Hamb., Verlagsanstalt und Druckerei, A.-G. * 1 —
Erscheint jährlich.

Storm u. Philipp, illustrirter Führer durch Hamburg u. die Nordsee-Bäder Cuxhaven, Helgoland, Amrum, Wyk-Föhr, Wenningstedt-Westerland-Sylt u. Norderney. Nach officiellen Mittheilgn. bearb. u. hrsg. Mit zahlr. Abbildgn., 5 farb. Karten, Hochwassertabellen u. Fahrplänen. Ausg. 1893. 8. (144 S.) Hamburg, Verlagsanstalt u. Druckerei, A.-G. n. 1. —

Storm & Philipp, illustr. Führer durch Hamburg u. d. Nordsee-Bäder, Cuxhafen, Helgoland, Amrum, Wyk-Föhr, Wenningstedt-Westerland-Sylt, Norderney u. Borkum. Nach offiz. Mittheilgn. bearb. u. hrsg. 12. Jahrg. M. zahlr. Abb., 5 farb. Karten, Hochwassertabellen u. Fahrplänen. 8. (183 S.) Hamburg 898. Verlagsanstalt u. Druckerei. Kart. n. 1. —

Storm & Philipp, illustrirter Führer durch Hamburg u. die Nordsee-Bäder Cuxhafen, Helgoland, Amrum, Wyk-Föhr, Wenningstedt-Westerland-Sylt, Norderney u. Borkum. Nach offiziellen Mittheilgn. bearb. u. hrsg. 14. Jahrg. Mit zahlr. Abbildgn., 4 farb. Karten u. Hochwassertabellen. 8. (141 S.) Hamburg 900. Verlagsanstalt u. Druckerei. n. 1. —

Storm's Kursbuch f. Norddeutschland, Mittel- u. Westdeutschland m. d. Anschlüssen nach Süddeutschland sowie nach Belgien, Dänemark, England, Frankreich, Holland, Norwegen, Oesterreich-Ungarn, Russland, Schweden u. d. Schweiz, nebst Kursbuch d. Klein- und Strassenbahnen in „Storm's Kursbuch f. Nord-, Mittel- u. Westdeutschland" und den Dampfschiff-Verbindgn. in der Nord- u. Ostsee, auf der Oberweser, den masur. Seen, der Elbe u. dem Rhein. Auf Grund amtl. Materials bearb. Mit Fahrkartenpreisen u. Gepäckfrachten. Mit den Fahrplänen d. Berliner Stadt- u. Ringbahn usw. 1910. 4 Nrn. (Nr. 1. Jan.—April. 346 S. m. 2 Karten.) kl. 8. Leipzig, C. G. Röder. à —50

Storm's Kursbuch fürs Reich m. Hotelpreisanzeiger. Vollst. Ausg. v. 1. VII. 1898 f. Nord- u. Süddeutschland m. d. Anschlüssen nach d. Ausland. Sommer 1898. 2. Aufl. 12. (V, 43, 358 u. 50 S. m. 1 Karte.) Leipzig, C. G. Röder. — 50

— dasselbe u. m. Verzeichniss empfehlenswerther Spediteure. Winter 1898/99 (v. 1. X. 1898). 12. (51. 380 u. 53 S. m. 1 Karte.) Ebd. — 50

Storm's Kursbuch fürs Reich m. Fahrkartenpreisen u. Frachtenberechnung, Hotel-Adressbuch, Hotelpreisanzeiger u. Spediteur-Adressbuch. Vollständige Ausg. f. ganz Deutschland m. den Anschlüssen nach: Belgien, Dänemark, England, Frankreich, Holland, Italien, Österreich-Ungarn, Russland, Schweden-Norwegen u. der Schweiz nebst Fahrplänen v. Österreich-Ungarn u. d. Schweiz. 1902. Sommer. Mai—Juni. 12. (544 S. m. 1 Karte.) Leipzig, C. G. Röder. — 60

— dasselbe. Sonder-Beilage. Die Fahrpläne der Berliner Stadtbahn-, Ringbahn- u. Vorortzüge. Sommer 1902. 12. (XVI S. m. 1 Karte.) Ebd. — 10

— dasselbe. Frachten-Suppl. Der deutsche Frachtenverkehr. 7. Aufl. 12. (168 S.) Ebd. 900. 1. —

Storm's Kursbuch fürs Reich mit Fahrkartenpreisen u. **Frachtenberechnung, intern.** Hotel-Adressbuch u. Spediteur-Adressbuch. Vollständ. Ausg. f. ganz Deutschland, nebst Kursbuch der Klein- u. Strassenbahnen Deutschlands in „Storms Kursbuch fürs Reich" mit Anh.: Dampfschiff-Verbindgn. auf dem Rhein, dem Bodensee, den bayer. Seen, der Oberweser, der Elbe, der Ost- u. Nordsee u. Auslands-Kursbuch f. Reisende u. Touristen in Belgien, Dänemark, England, Frankreich, Holland, Italien, Norwegen, Oesterreich-Ungarn, Russland, Schweden, Schweiz. Winter 1906. Okt. bis Dez. (672 S. m. 2 Karten.) kl. 8. Leipzig, C. G. Röder. — 70

— dasselbe. Kleine Ausg. f. Nord- u. Mitteldeutschland m. den Anschlüssen nach Süddeutschland sowie nach Belgien, Dänemark, England, Frankreich, Holland, Oesterreich-Ungarn, Russland, Schweden-Norwegen u. der Schweiz, nebst Kursbuch der Klein- u. Nebenbahnen in „Storms Kursbuch f. Nord- u. Mitteldeutschland" u. den Dampfschiff-Verbindgn. in der Nord- u. Ostsee, auf der Oberweser, den masur. Seen, der Elbe u. dem Rhein. Mit den Fahrplänen der Berliner Stadt- u. Ringbahn usw. Sommer 1906. Mai/Juni. (392 S. m. 1 Karte.) kl. 8. Ebd. — 40

— dasselbe. Sonder-Beilage. Die Fahrpläne der Berliner Stadtbahn-, Ringbahn- u. Vorortzüge, der elektr. Hoch- u. Untergrundbahn u. der Dampfschiffverbindungen. Ausg.: Winter 1904/05. (XVI S.) kl. 8. Ebd. — 10

— dasselbe fürs Reich m. Fahrkartenpreis. u. Frachtenberechnung, intern. Hotel-Adressbuch u. Spediteur-Adressbuch. Auf Grund amtl. Materials bearb. Vollst. Ausg. f. ganz Deutschland, nebst Kursbuch d. Klein- u. Strassenbahnen Deutschlands in „Storms Kursbuch fürs Reich" m. Anh.: Dampfschiff-Verbindgn. auf d. Rhein, dem Bodensee, den bayer. Seen, d. Oberweser, der Elbe, der Ost- u. Nordsee u. Auslandskursbuch f. Reisende u. Touristen in Belgien, Dänemark, England, Frankreich, Holland, Italien, Norwegen, Oesterreich-Ungarn, Russland, Schweden, Schweiz. 1910. 4 Nrn. (Nr. 1. Jan.—April. 696 S. m. 2 Karten.) kl. 8. Ebd. à — 80

— dasselbe f. Süddeutschland (nebst Tirol und Schweiz), Mittel- u. Westdeutschland m. d. Anschlüssen nach Norddeutschland. Kursbuch d. Klein- u. Strassenbahnen in „Storms Kursbuch f. Süd-, Mittel- u. Westdeutschland" u. die Dampfschiff-Verbindungen auf d. Rhein, dem Bodensee u. den bayer. Seen. Auf Grund amtl. Materials bearb. Mit Fahrkartenpreisen u. Gepäckfrachten. Mit dem Vorortverkehr von Augsburg, Berlin, Freiburg, Hamburg, Heidelberg, Karlsruhe, Mannheim, München, Nürnberg, Würzburg. 1910. 4 Nrn. (Nr. 1. Jan.—April. 392 S. m. 2 Karten.) kl. 8. Ebd. à — 50

Weihnachten bei Theodor **Storm.** Erzählt von seiner Tochter Gertrud Storm. Hamburg. 1905. 4°.

Storm, Gust., Snorre Sturlassöns Historieskriving. En kritisk Undersögelse. gr. 8. (IX, 292 S. m. 1 lith. Karte.) Kjöbenhaven 874. Höst. n. 4. 50

Storm, Gust., Maria Stuart. Übers. v. P. Wittmann. gr. 8. (X, 264 S. m. Text-Abbildgn. u. Taf.) München 894. C. Mehrlich. n. 5. —

Storm, Gust., Maria Stuart. Geschichte ihres Lebens auf Grund d. neuesten Quellenforschg. Uebers. v. Pius Wittmann. 2. [Titel-] Ausg. gr. 8. (X, 264 S. m. 12 Abb. u. 4 Vollbild.) München (894) 896. J. Schweitzer, Verl. n. 2. 50; geb. n. 3. —

Dialogues français enseignant la grammaire et la phraséologie du français parlé par Joh. **Storm**, Prof. à Christiania. Éd. allemande rev. par l'auteur. Cours moyen. Cours supér. *Bielefeld & Leipsic: Velhagen & Klasing 1888–1900.* 2 Bde 8°

[Nebent.:] Französ. Sprechübungen. Eine Darst. d. franz. Umgangssprache von Storm. Deutsche Ausg. von Storm u. Dr. [Edm.] Lauterbach. [ol. 3735

Dialogues français enseignant la grammaire et la phraséologie du français parlé par Joh. **Storm**, Prof. à Christiania. Éd. allemande. Cours moyen. *Bielefeld & Leipzic: Velhagen & Klasing 1900.* 8°

[Nebent.:] Franz. Sprechübungen. Eine systemat. Darstellung d. französ. Umgangssprache von Storm. Deutsche Ausg. 3., verb. Aufl. von Storm u. Dr. [Edm.] Lauterbach. [ol. 3736

Storm, Johan, englische Philologie. Anleitung zum wissenschaftlichen Studium der englischen Sprache. Vom Verf. für das deutsche Publikum bearb. I. Die lebende Sprache. gr. 8. (XVI, 468 S.) Heilbronn 881. Henninger. n. 9. —

Storm, Johann, englische Philologie. Anleitung zum wissenschaftl. Studium der engl. Sprache. Vom Verf. f. das deusche Publikum bearb. 2., umgearb. Aufl. I. Die leb. Sprache. 1. Abtlg.: Phonetik u. Aussprache. gr. 8. (XV, 484 S.) Leipzig 892. O. R. Reisland. n. 9. —

Storm, Joh., englische Philologie. Anleitg. zum wissenschaftl. Studium d. engl. Sprache. Vom Verf. f. d. deutsche Publikum bearb. 2., vollst. umgearb. u. sehr verm. Aufl. I. D. leb. Sprache. 2. Abtlg.: Rede u. Schrift. gr. 8. (XXI u. S. 485–1098.) Leipzig 896. O. R. Reisland. n. 11. — (I. kplt.: n. 20.)

Storm, J., französische Sprechübungen. Eine systemat. Darstellg. der französ. Umgangssprache durch Gespräche d. tägl. Lebens, nach der Grammatik geordnet. Mittlere Stufe. Deutsche, vom Verf. durchgeseh. Ausg. gr. 8. (XVI, 208 S.) Bielefeld 888. Velhagen & Klasing. n. 1. 80

— französische Sprechübungen. Eine systemat. Darstellg. der französ. Umgangssprache durch Gespräche des tägl. Lebens, nach der Grammatik geordnet. Deutsche Ausg. 2., verb. Aufl. v. Joh. Storm u. Lauterbach. gr. 8. (XVIII, 217 S.) Bielefeld 893. Velhagen & Klasing. n. 2. 20; geb. n. 2. 60

Storm, Joh., französische Sprechübungen. Eine Darstellg. der französ. Umgangssprache durch Gespräche des tägl. Lebens. Höhere Stufe. Deutsche Ausg. v. Joh. Storm u. Lauterbach. gr. 8. (XVI, 232 S.) Bielefeld 900. Velhagen & Klasing. n. 2. 20; geb. n. 2. 60

Storm, Joh., französische Sprechübungen. Eine systemat. Darstellung der französ. Umgangssprache durch Gespräche des tägl. Lebens, nach der Grammatik geordnet. Mittlere Stufe. Deutsche Ausg. 3., verb. Aufl. v. Joh. Storm u. Lauterbach. gr. 8. (XX, 236 S.) Ebd. 900. n. 2. 20; geb. n. 2. 60

Storm, Joh., französische Sprechübungen. Eine systemat. Darstellg. der französ. Umgangssprache durch Gespräche des tägl. Lebens, nach der Grammatik geordnet. Mittl. Stufe. Deutsche Ausg., 4., verb. Aufl. von Joh. Storm u. Lauterbach. (XX, 236 S.) 8. Bielefeld 910. Velhagen & Klasing. Geb. in Leinw. 2. 60

Storm, L., practischer Führer durch Elsass u. Lothringen, s. a. Grieben's Reise-Bibliothek.

Storm L. praktischer Führer durch Elsass und Lothringen. Berlin 1871

Angelika. Novelle von Theodor Storm. Berlin: Verl. Gabelsberger [1902]. (38 S.) 8⁰ [F.] [Text stenogr.]
= Gabelsberger, Bibliothek. Bd 25.

— Aquis submersus.

—— dass. — s. a. Novellenschatz, neuer deutscher.

— aquis submersus. Novelle. Mit e. Titelbilde (in Holzschn.) v. Paul Meyerheim. 16. (158 S.) Berlin 877. Paetel. n. 3. —; geb. m. Goldschn. n. 4. —

—— aquis submersus. Novelle. 2. Aufl. 8. (195 S.) Berlin 886, Gebr. Paetel. * M 4.—.; geb. **

Storm, Thdr. Aquis submersus. Novelle. 3. Aufl. 8. (195 S.) Berl. 891, Gebr. Paetel. * 4 —; geb. ** 5 50

— Aquis submersus. Novelle. 4. Aufl. 8. (195 S.) Berlin 896. Gebr. Paetel. n. 4. —; geb. in Leinw. n. 5. 50

— aquis submersus. Novelle. 5. Aufl. 8. (195 S.) Berlin 900. Gebr. Paetel. n. 4. —; geb. in Leinw. n. 5. —

Aquis submersus von Theodor Storm. *Berlin: Correspondenzblatt [1901].* (111 S.) 8° [Text stenogr.]
= Gabelsberger, Bibliothek. Bd 2. [os. 618

Storm, Thdr., Aquis submersus. Novelle. 6. Aufl. (195 S.) 8. Berlin 903. Gebr. Paetel. n. 4. —; geb. in Leinw. n. 5. —

— Bötjer Basch.

—— dass. — s. a. Paetels Miniatur-Ausgaben-Collection.

— Bötjer Basch. Eine Geschichte. 12. (116 S.) Ebend. 887. geb. m. Goldschn. n. 3. —

*—— Bötjer Basch. Eine Geschichte. 2. Aufl. 12. (118 S.) Ebd. 891. geb. m. G. * 3 —

— Bötjer Basch. Eine Geschichte. 3. Aufl. 12. (118 S.) Ebd. 901. n. 2. —; geb. in Leinw. m. Goldschn. n. 3. —

Bötjer Basch. Eine Gesch. von Theodor Storm. *Berlin: Correspondenzblatt [1901].* (95 S.) 8° [F.] [Text stenogr.]
= Gabelsberger, Bibliothek. Bd 13. [os. 629

— Bötjer Basch. Eine Geschichte. 4. u. 5. Aufl. (118 S.) kl. 8. Ebd. 903. 905. n. 2. —; geb. in Leinw. m. Goldschn. n. 3. —

— Ein Bekenntnis.

— dasselbe, s. a. Paetel's Miniatur-Ausgaben.

—— ein Bekenntniß. Novelle. 12. (105 S.) Berlin 888, Gebr. Paetel. geb. mit Goldschn. *

*—— Ein Bekenntniß. Novelle. [1887.] 2. Aufl. 12. (107 S.) Ebd. 889. geb. m. Goldschn. * 3 —

— e. Bekenntniß. Novelle. 3. Aufl. 12. (107 S.) Ebd. 896. n. 2. —; geb. in Leinw. m. Goldschn. n. 3. —

Ein Bekenntnis. Novelle von Theodor Storm. *Berlin: Correspondenzblatt [1901].* (88 S.) 8° [F. u. Ant.] [Text stenogr.]
= Gabelsberger, Bibliothek. Bd 9. [os. 625

— ein Bekenntnis. Novelle. 4. Aufl. (107 S.) kl. 8. Ebd. 904. n. 2. —; geb. in Leinw. m. Goldschn. n. 3. —

— s.: Bibliothek Gabelsberger.

Storm, Thdr., ein grünes Blatt. Zwei Sommergeschichten. 16. (III und 72 S.) Berlin 855, Schindler.

Storm, Thdr., ein grünes Blatt. Zwei Novellen. 2. Abdr. 1857. und 3., durchgeseh. Aufl. 16. (V und 72 S.) Berlin 861, Schindler. 15 Ngr.; geb.

— ein grünes Blatt. Zwei Novellen. 4. Aufl. 16. (78 S.) Berlin 881. Paetel. geb. m. Goldschn. n 3 —

— ein grünes Blatt. 2 Novellen. 5. Aufl. (83 S.) kl. 8. Ebd. 903. n. 2. —; geb. in Leinw. m. Goldschn. n. 3. —

Im Brauerhause. Von Theodor Storm. Berlin: Verl. Gabelsberger [1902]. (50 S.) 8⁰ [F.] [Text stenogr.]
= Gabelsberger, Bibliothek. Bd 26.

— im Brauerhause, s. a. Jacht's Stenograph.-Bibliothek.

Im Brauerhause. Erzählung von Theodor Storm. Berlin: F. Schulze [1902]. (48 S.) 8° [Text stenogr.]
= Stenographen-Bibliothek, Lehrer Jachts. Bd 4. [03. 6604

Ein Brief Theodor Storms an seinen Verleger. Zum Delegiertentag d. Verbandes Deutscher Journalisten- u. Schriftsteller-Vereine am 19. bis 22. Juni 1905 zu Darmstadt in Druck gegeben von einem Darmstädter Bibliophilen (Ludw. Saeng jun.). (Darmstadt: Saeng 1905.) 2 Bl. 8° [Umschlagt.] [11. 917

Theodor Storms Briefe an Friedrich Eggers. Mit einer Lebensskizze von F. Eggers und Gedichtproben hrgg. v. H. Wolfgang Seidel. Berlin. 1911 (1910). 8°

— **Briefe in die Heimat aus den J. 1853—1864, hrsg. von G. Storm. (218 S. m. 2 Bildnissen.) 8. Berlin 907. K. Curtius. 5.—; geb. in Leinw. 6. —**

Storm, Thdr., Briefwechsel, s.: Mörike.

Storm, Theodor, und Keller, Gottfried. Der Briefwechsel zwischen Th' St' und G' K'. Hrg. und erläutert von Albert Köster. IV + 236 S. 8. Berlin, Gebrüder Paetel, 1904. [M. 5. —, geb. 6. —]

Zuerst erschienen in: Deutsche Rundschau. Hrg. von Julius Rodenberg. Jahrg. 30. Heft 1—4. Oktober 1903—Januar 1904. Berlin, G' P'. [*je* M. 2. —]

— u. Gottfr. Keller, Briefwechsel. Hrsg. u. erläutert v. Alb. Köster. 2. durchgeseh. Aufl. (272 S.) 8. Ebd. 904. n. 5. —; geb. in Leinw. n. 6. —
1. Aufl. (236 S.) 904. n. 5. —; geb. n. 6. —.

Storm, Theodor, und Keller, Gottfried. Der Briefwechsel zwischen Th' St' und G' K'. Hrg. und erläutert von Albert Köster. 3. Aufl. 276 S. 8. Berlin, Gebrüder Paetel, 1909. [M. 5. —, geb. 6. —]

– Zur Chronik von Grieshuus.

—— dass. — s.a. Paetels Miniatur-Ausgaben-Collection.

— zur Chronik v. Grieshuus. 1883—84. 8. (204 S.) Ebend. 884. n. 5. —; geb. n. 6. 50

—— zur Chronik von Grieshuus. 2. Aufl. 8. (148 S.) Berlin 885, Gebr. Paetel.

*—— Zur Chronik v. Grieshuus. 3. Aufl. 12. (148 S.) Berl. 889, Gebr. Paetel. geb. m. G. * 3 —

— zur Chronik v. Grieshuus. 4. Aufl. 12. (148 S.) Ebd. 895. Geb. in Leinw. m. Goldschn. n. 3. —

— zur Chronik v. Grieshuus. 5. Aufl. 12. (148 S.) Berlin 900. Gebr. Paetel. n. 2. —; geb. in Leinw. m. Goldschn. n. 3. —

Zur Chronik von Grieshuus von Theodor Storm. *Berlin: Correspondenzblatt [1901].* (147 S.) 8° [F.] [Text stenogr.]
— **Gabelsberger**, Bibliothek. Bd 7. [os. 623

— Carsten Curator. 16. (107 S.) Ebend. 878. geb. m. Goldschn. n 3 —

Carsten Curator von Theodor Storm. *Berlin: Correspondenzblatt [1901].* (103 S.) 8° [F.] [Text stenogr.]
— **Gabelsberger**, Bibliothek. Bd 20. [os. 635

—— ein Doppelgänger. Novelle. 12. (125 S.) Berlin 887, Gebr. Paetel. geb. mit Goldschn. *

— e. Doppelgänger. Novelle. 2. Aufl. 12. (125 S.) Berlin 894. Gebr. Paetel. Geb. in Leinw. m. Goldschn. n. 3. —

Ein Doppelgänger. Novelle von Theodor Storm. *Berlin: Correspondenzblatt [1901].* (105 S.) 8° [F.] [Text stenogr.]
— **Gabelsberger**, Bibliothek. Bd 12. [os. 628

—— dass. — s.a. Paetels Miniatur-Ausgaben-Collection.

Ein Doppelgänger. Novelle von Theodor Storm. 3. Aufl. Berlin: Gebr. Paetel 1905. (124 S.) 8° [F.]
— **Miniatur-Ausgaben-Collection**, Paetel's. Bd 14. [os. 10469

— „Eekenhof". — „Im Brauer-Hause". Zwei Novellen. 16. (118 S.) Ebend. 880. geb. m. Goldschn. n. 3. —

— Eekonhof, s.a. **Jacht's** Stenographen-Bibliothek.

Eekenhof. Erzählung von Theodor **Storm**. Berlin: F. Schulze [1900]. (48, II S.) 8° [Text stenogr.]
— **Stenographen-Bibliothek**, Lehrer Jachts. Bd 3. [os. 6613

Eckenhof. Novelle von Theodor Storm. *Berlin: Correspondenzblatt [1901].* (66 S.) 8° [F.] [Text stenogr.]
— **Gabelsberger**, Bibliothek. Bd 19. [os. 634

'Eekenhof'. — 'Im Brauer-Hause'. 2 Novellen von Theodor **Storm**. 2. Aufl. Berlin: Gebr. Paetel 1902. (122 S.) 8°
(Paetel's Miniatur-Ausgaben-Collection.)

– Es waren zwei Königskinder.

—— dass. — s.a. Paetels Miniatur-Ausgaben-Collection.

Storm, Thdr., „es waren zwei Königskinder". 12. (77 S.) Berlin 888, Gebr. Paetel. *M 2.—; geb. mit Goldschn. *

— „Es waren zwei Königskinder". — 1884. 2. Aufl. 16. (77 S.) Berlin 892. Gebr. Paetel. Geb. in Leinw. m. Goldschn. n. 3. —

— „es waren zwei Königskinder". 1884. 3. Aufl. 12. (77 S.) Berlin 898. Gebr. Paetel. Geb. in Leinw. 3. —

'Es waren zwei Königskinder' von Theodor Storm. *Berlin: Correspondenzblatt [1901].* (62 S.) 8° [F.] [Text stenogr.]
— **Gabelsberger**, Bibliothek. Bd 14. [os. 630

Storm, Thdr., „es waren zwei Königskinder". 1884. 4. Aufl. (75 S.) 12. Berlin 904. Gebr. Paetel. n. 2. —; geb. in Leinw. m. Goldschn. n. 3. —

— „Es waren zwei Königskinder". 5. Aufl. (75 S.) kl. 8. Ebd. 907. 2. —

—— der Herr Etatsrath. — Die Söhne des Senators. Novellen. 8. (165 S.) Ebendas. 881. *M 4.; geb. *

— der Herr Etatsrath. 16. (86 S.) Ebend. 882. geb. m. Goldschn. n 3 —

– Ein Fest auf Haderslevhuus, s.a. Paetel's Miniatur-Ausgaben-Collection.

(Paetel's Miniatur-Ausgaben-Collection. Bd. 8.)
Ein Fest auf Haderslevhuus. Novelle v. Theodor Storm. ⟨1885.⟩ Berlin. 1886. 8°

— ein Fest auf Haderslevhuus. Novelle. [1885.] 2. Aufl. 16. (110 S.) Ebd. 892. Geb. in Leinw. m. Goldschn. n. 3. —

Ein Fest auf Haderslevhuus von Theodor Storm. *Berlin: Correspondenzblatt [1901].* (109 S.) 8° [Text stenogr.]
— **Gabelsberger**, Bibliothek. Bd 8. [os. 624

— ein Fest auf Haderslevhuus. Novelle. 3. Aufl. (110 S.) kl. 8. Ebd. 904. n. 2. —; geb. in Leinw. m. Goldschn. n. 3. —

Storm, Thdr., Gedichte. 16. (164 S.) Kiel 852, Schwers. n. 1 ß

—— Gedichte. 1. Aufl. (164 S.) 1852. und 2., verm. Aufl. 16. (VII und 190 S.) Berlin 855(56,) Schindler. *

—— Gedichte. 3., durchgeseh. Aufl. 16. (IX und 190 S.) Berlin 858, Schindler. geb. *

Storm, Thdr., Gedichte. 4., verm. Aufl. 16. (224 S.) Berlin 864, Schindler. * 1 Thlr. 5 Ngr.; geb. mit Goldschn. *

—— Gedichte. 5. verm. Aufl. gr. 16. (252 S.) Berlin 875, Gebr. Paetel. geb. mit Goldschn. *

— Gedichte. 6., verm. Aufl. 12. (262 S.) Ebend. 880. geb. m. Goldschn. n. 5. —

—— Gedichte. 7. verm. Aufl. (262 S.) 885; 8. Aufl. 12. (262 S. mit Portr. in Lichtdr.) Berlin 889, Gebr. Paetel. geb. mit Goldschn. *

—— Gedichte. 9. Aufl. 12. (IV, 262 S. m. Portr. in Lichtdr.) Ebd. 891. geb. m. G. * 6 —

— Gedichte. 10. Aufl. 12. (262 S. m. Bildnis.) Ebd. 895. n. 4. 50; geb. in Leinw. m. Goldschn. n. 6. —

— Gedichte. 11. Aufl. 12. (262 S. m. Bildn.) Ebd. 898. Geb. in Leinw. m. Goldschn. n. 6. —

— Gedichte. 12. u. 13. Aufl. Mit e. Portr. Theodor Storms. 12. (à 262 S.) Ebd. 900. 903. n. 4. 50; geb. in Leinw. m. Goldschn. n. 6. —

— Gedichte. 15. Aufl. Mit e. Portr. Theodor Storms. (262 S.) kl. 8. Ebd. 906. n. 4. 50; geb. in Leinw. m. Goldschn. n. 6. —

Gedichte. Von Theodor Storm. 16. Aufl. Mit 1 Portr. Berlin: Gebr. Paetel 1908. 262 S. 8°

—— Geschichten aus der Tonne. 2. Aufl. 16. (X, 130 S.) Ebendas. 873. geb. mit Goldschn. (*M* 2,70.) *

Inhalt: In der Tonne. — Die Regentrude. — Bulemann's Haus. — Der Spiegel des Cyprianus.

Storm, Theodor
Geschichten aus der Tonne. 3. Aufl. Berlin: Paetel 1889. 157 S. 8°

— Geschichten aus der Tonne. 4. Aufl. 8. (VII, 129 S.) Ebd. 900. n. 4. —; geb. in Leinw. n. 5. —

— Geschichten aus der Tonne. 5. u. 6. Aufl. (VII, 129 S.) 8. Ebd. 903. 906. n. 4. —; geb. in Leinw. m. Goldschn. n. 5. —

Geschichten aus der Tonne. Von Theodor Storm. 7. Aufl. Berlin: Gebr. Paetel 1909. 129 S. 8°

— Hausbuch aus deutschen Dichtern seit Claudius. Eine krit. Anthologie. Hamburg 870. Berlin, Gebr. Paetel. gr. 16. (XX, 714 S.) In engl. Einb. mit Goldschn. 2 ₰

—— Hausbuch aus deutschen Dichtern seit Claudius. Eine krit. Anthologie. 1. Aufl. 1870, und 2., unveränd. Aufl. gr. 16. (XX, 714 S.) Hamburg [Leipzig] 871, W. Mauke. geb. mit Goldschn.

—— dass. — Erste illustrirte Ausg. gr. 4. (VIII, 462 S. mit eingedr. Holzschn. nach Original-Zeichnungen von Hans Speckter, ausgef. von H. Kaeseberg.) Ebendas. 875. [Stettin, Dannenberg.] geb. mit Goldschn. (* *M* 30.)

— Hausbuch aus deutschen Dichtern seit Claudius. 4., durchgeseh. Aufl. 8. (XX, 720 S.) Braunschweig 878. Westermann. n. 6. —; geb. m. Goldschn. n. 8. —

—— Hinzelmeier. Eine nachdenkliche Geschichte. 16. (62 S.) Berlin 856(57,) A. Duncker.

Hinzelmeier. Eine nachdenkliche Geschichte v. Theodor Storm. 2. Aufl. Berlin. 1857. 8°

– Immensee.

— Immensee in Volapük, s.: Borggreve, Emma.

—— Immensee. 1. Aufl. 1852., 2. Aufl. 1854. und 3. Aufl. 16. (61 S.) Berlin 855, A. Duncker.

—— dass. — Illustr. von Ludw. Pietsch. 5. Aufl. 4. (III und 52 S. mit eingedr. Holzschn. und 1 chromolithogr. Taf.) Ebds. 856(57.) *

— Immensee. 6—9. Aufl. Berlin 858—63. A. Duncker. 16. (61 S.) 15 ngr; geb. 27 ngr

—— Immensee or the old man's reverie. Translated with the permission of the author from the 8. edit. of the German by H. Clark. 16. (68 S.) Münster 863, Brunn's Verlag. geb. mit Goldschn.

—— 12. Aufl. ebd. 1868. 8°

—— Immensee. 15.—18. Aufl. 16. (61 S.) Ebendas. 871—74. geb. mit Goldschn. (*M* 2,70.)

—— Immensee. 19.—22. Aufl. 16. (61 S.) Berlin 875—79, Gebr. Paetel. geb. mit Goldschn. *

—— Immensee. 23.—27. Aufl. 16. (61 S.) Ebendas. 881—86. geb. mit Goldschn. *

—— Immensee. 26.—31. Aufl. 12. (72 S.) Ebendas. 885—89. * *M* 2.—.; geb. mit Goldschn. *

—— dass. — gr. 4. (32 S. mit 23 Heliograv. nach W. Hasemann und Edm. Kanoldt.) Leipzig 887, Amelang's Verlag. geb. mit Goldschn. * Luxusausg. **

*—— Immensee. 32.—37. Aufl. 12. (72 S.) Ebd. 889—92. geb. m. G. * 3 —

—— dass. — Mit 23 Heliogr. nach W. Hasemann u. Edm. Kanoldt. 2. Aufl. gr. 4. (32 S.) Lpz. 890, Amelang. geb. m. G. * 20 — Luxus-Ausg. * 35 —

— Immensee. 36.—40. Aufl. 12. (72 S.) Ebd. 892—894. Geb. in Leinw. m. Goldschn. n. 3.

—— dass. — s.a. Paetels Miniatur-Ausgaben-Collection.

[F.] Immensee. Von Theodor Storm. 42. Aufl. *Berlin: Gebr. Paetel 1896.* (72 S.) 1 Bd 8.
= Miniatur-Ausgaben-Collection, Paetels. Bd 1. (96. 4310

— dasselbe. M. 23 Heliograv. nach W. Hasemann u. Edm. Kanoldt. 3. Aufl. hoch 4. (32 S.) Leipzig 896. C. F. Amelang. Geb. in Leinw. m. Goldschn. n. 20. —

— Immensee. 47. Aufl. 12. (72 S.) Ebd. 899. Geb. in Leinw. m. Goldschn. n. 3. —

— Immensee. 50.—53. Aufl. 12. (à 72 S.) Berlin 900—902. Gebr. Paetel. n. 2. —; geb. in Leinw. m. Goldschn. n. 3. —

Immensee von Theodor Storm. *Berlin: Correspondenzblatt [1901].* (48 S.) 8° [Text stenogr.]
= Gabelsberger, Bibliothek. Bd 5. [o2. 631]

— Immensee. 55.—62. Aufl. (72 S.) kl. 8. Ebd. 903—906. n. 2. —; geb. in Leinw. m. Goldschn. n. 3. —

Immensee. Von Theodor Storm. Schulausg., besorgt von Hildner u. Diekhoff. Ann Arbor, Mich.: G. Wahr (1904). (112 S.) 8° [o7. 1169 B

— Immensee. 66. Aufl. (72 S.) kl. 8. Berlin 907. Gebr. Paetel. 2. —

Immensee. Von Theodor Storm. 70. Aufl. Berlin: Gebr. Paetel 1910. 72 S. 8°
(Paetels Miniatur-Ausgaben-Kollektion.) [10. 6565 II

—— zerstreute Kapitel. 1. Aufl. 1873, und 2. Aufl. 16. (188 S.) Ebendas. 875. *
geb. mit Goldschn. *

Inhalt:
Der Amtschirurgus. — Heimkehr. — Gedichte. — Eine Halligfahrt. — Die neuen Fiedellieder. — Draußen im Haidedorf. — Zwei Kuchenesser der alten Zeit.

—— Zerstreute Kapitel. 3. Aufl. 8. (176 S.) Berl. 890, Gebr. Paetel. * 4 —; geb. ** 5 50

— Hans u. Heinz Kirch. 16. (125 S.) Ebend. 883. geb. m. Goldschn. n. 3. —

Hans und Heinz Kirch. Von Theodor Storm. 2. Aufl. Berlin: Gebr. Paetel 1905. (138 S.) 8° [F.]
(Paetel's Miniatur-Ausgaben-Collection.) [o6. 10470

— Lenore. Münster 865. Brunn. 16. (128 S.) 22½ ngr.; geb. 1 ₰

—— bei kleinen Leuten. Zwei Novellen. [Bötjer Basch. — Ein Doppelgänger.] 8. (208 S.) Berlin 887. Gebr. Paetel. *ℳ 4.—.; geb. **

—— deutsche Liebeslieder, s. a. Liebeslieder, deutsche.

— deutsche Liebeslieder seit Joh. Ch. Günther. Eine Codification. Berlin 859. Schindler. 16. (XXIV, 212 S.) geb. n. 1 ₰

Storm, Thdr., s. Liederbuch dreier Freunde.

—— drei Märchen. 16. (VII und 130 S.) Hamburg 866, Mauke Söhne. cart. mit Goldschn.

— drei Märchen. Hamburg 866. Berlin, Gebr. Paetel. 16. (VII, 130 S.) cart. mit Goldschn. 1 ₰

Theodor Storm: Meisternovellen. Ein deutscher Hausschatz. Mit 18 ganzseitigen Zeichnungen v. Otto Soltau. Berlin. Braunschweig. Hamburg. o. J. 4°

— ein stiller Musikant. — Psyche. — Im Nachbarhause links. Drei Novellen. 16. (186 S.) Braunschweig 876. Westermann. n. 3. 60; geb. n. 4. 80

Storm's, Thdr., Novellen. 8. (V, 262 S.) Berlin 868, Gebr. Paetel.
geb. mit Goldschn. *

Inhalt:
In St. Jürgen. — Von Jenseit des Meeres. — Eine Malerarbeit.

— Novellen. Schleswig 868. Bergas. 8. (V, 262 S.) n. 1 ₰ 6 ngr.; geb. mit Goldschn. n. 1 ₰ 12 ngr.

— drei Novellen. Ebend. 861. 16. (VII, 99 S.) 15 ngr.; geb. 27 ngr.

—— drei Novellen. 2. Aufl. 16. (106 S.) Berlin 878, Gebr. Paetel. geb. mit Goldschn. *

— drei Novellen. 3. Aufl. (100 S.) kl. 8. Ebd. 904. n. 2. —; geb. in Leinw. m. Goldschn. n. 3. —

— drei neue Novellen. [Eekenhof. Im Brauer-Hause. Zur „Wald- u. Wasserfreude".] 8. (228 S.) Berlin 880. Paetel. n. 4. —

—— Novellen und Gedenkblätter. 16. (200 S.) Braunschweig 874, Westermann. ℳ 4,50.; geb.

Storm's, Thdr., neue Novellen. 8. (217 S.) Berlin 878. Paetel. n. 4. —

— zwei Novellen. [Schweigen. — Hans u. Heinz Kirch.] 8. (241 S.) Berlin 883. Gebr. Paetel. n. 4. —; geb. n.n. 5. 50

— Pole Poppenspäler. E. Erzählg. f. d. Jugend. M. e. Begleitwort f. Eltern u. Erzieher v. H. Wolgast. 8. (VIII, 72 S.) Braunschweig 899. G. Westermann. Kart. n.n. — 50

— Pole Poppenspäler. Eine Erzählg. f. die reifere Jugend. Mit e. Begleitwort f. Eltern u. Erzieher v. H. Wolgast. 8. (VIII, 72 S.) Braunschweig 900. G. Westermann. Kart. n.n. — 50

—— Renate. 16. (101 S.) Ebendas. 878.
geb. mit Goldschn. *

— John Riew'

—— dass. — s. a. Paetels Miniatur-Ausgaben-Collection.

—— dass. — Ein Fest auf Haderslevhuus. Zwei Novellen. 8. (221 S.) Berlin 885, Gebr. Paetel. *ℳ 5.—.; geb. **

— John Riew'. Novelle. Min.-Ausg. 12. (92 S.) Ebend. 886. geb. m. Goldschn. n. 3. —

John Riew'. Novelle von Theodor Storm. *Berlin: Correspondenzblatt [1901].* (86 S.) 8° [F.] [Text stenogr.]
= Gabelsberger, Bibliothek. Bd 15. [o2. 631

—— In St. Jürgen. 16. (64 S.) Schleswig 868, Schulbuchh. [Berlin, Gebr. Paetel.] (ℳ 2.)
geb. mit Goldschn. (ℳ 2,70.)

— in St. Jürgen. 2. Aufl. 16. (64 S.) Ebend. 877. geb. m. Goldschn. n. 3. —

—— In St. Jürgen. 2. Aufl. 16. (64 S.) Ebendas. 879. geb. mit Goldschn. *

In St. Jürgen von Theodor Storm. *Berlin: Correspondenzblatt [1901].* (61 S.) 8° [F.] [Text stenogr.]
= Gabelsberger, Bibliothek. Bd 21. [o2. 636

— in St. Jürgen. 3. Aufl. (81 S.) 12. Ebd. 903. n. 2. —; geb. in Leinw. m. Goldschn. n. 3. —

— In St. Jürgen. 4. Aufl. (81 S.) kl. 8, Ebd. 907. 2. —

—— der Schimmelreiter. Novelle. 8. (223 S.) Ebendas. 888. *M 5.—; geb. **

—— Der Schimmelreiter. Novelle. 2. Aufl. 8. (207 S.) Ebd. 890. * 4 —; geb. ** 5 50

— der Schimmelreiter. Novelle. 3. Aufl. 8. (207 S.) Ebd. 894. n. 4. —; geb in Leinw. n. 5. 50

Storm, Thdr., der Schimmelreiter. Novelle. 4. Aufl. 8. (207 S.) Berlin 897. Gebr. Paetel. n. 4. —; geb. in Leinw. n. 5. 50

-- der Schimmelreiter. Novelle. 5. u. 6. Aufl. 8. (à 207 S.) Berlin 900. 902. Gebr. Paetel. n. 4. —; geb. in Leinw. n. 5. —

Der Schimmelreiter. Novelle von Theodor Storm. Berlin: Verl. Gabelsberger [1902]. (189 S.) 8° [F.] [Text stenogr.]
= Gabelsberger, Bibliothek. Bd 23.

— der Schimmelreiter. Novelle. 7.—9. Aufl. (207 S.) 8. Ebd. 903. 906. n. 4. —; geb. in Leinw. n. 5. —

— Der Schimmelreiter. Novelle. 11. Aufl. (207 S.) 8. Ebd. 908. 4.—; geb. in Leinw. 5. —

Der Schimmelreiter. Novelle von Theodor Storm. 17. Aufl. Berlin: Gebr. Paetel [1909]. 207 S. 8°
(Bibliothek August Scherl. Bd 552.)

— Im Schloß. Münster 863. Brunn. 16. (97 S.) 15 ngr; geb. 27 ngr

Im Schloss von Theodor Storm. *Berlin: Correspondenzblatt [1901].* (74 S.) 8° [F.] [Text stenogr.]
= Gabelsberger, Bibliothek. Bd 6.

— Schneewittchen, s. a Bungel, Rud. Ewald.

Storm, Theodor. Schneewittchen. Ein Märchenspiel. (... entnommen aus Th. St', Sämtliche Werke Band 4.) Zu Aufführungszwecken ergänzt von Hedwig Bleuler-Waser, Zürich. Mit Bildern von Marianne Hitschmann-Steinberger. 32 S. 8. Wien, Carl Konegen, 1910. [M. —. 20]
Konegens Kinderbücher. Hrg. von Helene Scheu-Riesz und Eugenie Hoffmann. ... (Nr.) 5.

Storm, Theodor: Gesammelte Schriften. Bd 1—19 (in 10 Bden). Braunschweig 1877—1889

Storm's, Thdr., gesammelte Schriften. 1. Gesammtausg. 7.—10. Bd. 8. Braunschweig 877, Westermann. * geb. in 2 Bde. *
Inhalt:
Bd. 7. Gedichte. Draußen im Haidedorf. Viola tricolor. Beim Vetter Christian. (194 S.)
" 8. Die neuen Fiedellieder. Zerstreute Capitel. Eine Halligfahrt. (222 S.)
" 9. Pole Poppenspäler. Im Waldwinkel. (215 S.)
" 10. Ein stiller Musikant. Psyche. Im Nachbarhause links. (184 S.)
1.—6. Bd. Ebendas. 1872. *M 13,50.; geb. *M 16,50.

Storm's, Thdr., gesammelte Schriften. 1. Gesammtausg. 11.—14. Bd. 8. Braunschweig 882, Westermann. * geb. in 2 Bde. *
compl. 14 Bde. *M 31,50.; geb. in 7 Bde. *
Inhalt:
Bd. 11. Aquis submersus. (151 S.)
" 12. Renate. — Carsten Curator. (242 S.)
" 13. Eekenhof. — Zur Wald- und Wasserfreude. (188 S.)
" 14. Im Brauerhause. — Die Söhne des Senators. — Meine Erinnerungen an Eduard Mörike. (173 S.)
1.—10. Bd. Ebendas. 1872—77. *M 22,50.; geb. in 5 Bde. *M 27,50.

—— dass. — 1. Gesammtausg. 3. Aufl. 14 Bde. 8. (VI, 224; 204; 226; 236; 256; 209; 194; 222; 215; 184; 151; 242; 188; 173 S. mit 1 Lichtdr.-Portr.) Ebendas. 884. * geb. in 7 Bde. *

Storm's, Thdr., gesammelte Schriften. 1. Gesammtausg. 15.—18. Bd. (4. Reihe, 4 Bde.) 8. Braunschweig 889, Westermann. * geb. in 2 Bde. **
Inhalt:
Bd. 15. Hans und Heinz Kirch. — Ein Doppelgänger. (252 S.)
" 16. Zur Chronik von Grieshuus. — Bötjer Basch. (264 S.)
" 17. Gedichte. — Ein Fest auf Haderslevhuus. — Schweigen. (268 S.)
" 18. Der Herr Etatsrath. — „Es waren zwei Königskinder". — John Riew'. (268 S.)

—— dass. — 19. Bd.: Ein Bekenntniß. — Der Schimmelreiter. 8. (326 S.) Ebendas. 889. *M 3.60.; geb. *

—— dass. — 7.—10. Bd. (2. Reihe, 4 Bde.) 2. Aufl. 8. Ebendas. 889. *M 9.—; geb. **
Inhalt:
Bd. 7. Gedichte. — Draußen im Haidedorf. — Viola tricolor. — Beim Vetter Christian. (194 S.)
" 8. Die neuen Fiedel-Lieder. — Zerstreute Capitel. — Eine Halligfahrt. (222 S.)
" 9. Pole Poppenspäler. — Waldwinkel. (215 S.)
" 10. Ein stiller Musikant. — Psyche. — Im Nachbarhause links. (184 S.)

Storm's, Thdr., sämmtliche Schriften. Erste Gesammtausg. 6 Bde. 8. (VIII, 224; VII, 204; VII, 226; VII, 236; VII, 256; VII, 209 S.) Braunschweig 868, Westermann. (* M 11.) * M 12.; geb. **

—— dass. — 2. Aufl. 6 Bde. in 12 Lfgn. br. 8. (VII, 224; 226; 226; 236; V, 256; V, 209 S. mit 1 Photogr.) Ebendas. 872. à Lfg. M 1. (* M 12.) * geb. in 3 Bdn. *

Schweigen. Von Theodor Storm. Berlin. 1883. 8°.

Schweigen von Theodor Storm. *Berlin: Correspondenzblatt [1901].* (102 S.) 8° [F.] [Text stenogr.]
= Gabelsberger, Bibliothek. Bd 22.

Schweigen. Von Theodor Storm. 2. Aufl. Berlin: Gebr. Paetel 1902. (109 S.) 8°
(Paetel's Miniatur-Ausgaben-Collection.)

— die Söhne des Senators. 16. (75 S.) Ebend 881. geb. m. Goldschn. n. 3. —

Die Söhne des Senators. Von Theodor Storm. 2. Aufl. Berlin: Gebr. Paetel 1898. (86 S.) 8°
(Paetel's Miniatur-Ausgaben-Collection.)

— die Söhne des Senators. 3. Aufl. 12. (86 S.) Ebd. 902. n. 2. —; geb. in Leinw. m. Goldschn. n. 3. —

Die Söhne des Senators. Novelle von Theodor Storm. Berlin: Verl. Gabelsberger [1902]. (68 S.) 8° [F.] [Text stenogr.]
= Gabelsberger, Bibliothek. Bd 24.

— Die Söhne des Senators. 5. Aufl. (85 S.) kl. 8. Berlin 907. Gebr. Paetel. 2. —

Storm, Thdr., Sommer-Geschichten und Lieder. 8. (VIII und 150 S.) Berlin 851, A. Duncker.

— In der Sommer-Mondnacht. Novellen. Berlin 860. Schindler. 16. (95 S.) 15 ngr; geb. 27 ngr

— in der Sommer-Mondnacht. Novellen. 3. Aufl. Berlin 868. H. Schindler. gr. 16. (95 S.) 15 ngr

— in der Sommer-Mondnacht. Novellen. 4. Aufl. 16. (95 S.) Ebend. 881. geb. m. Goldschn. n. 3. —

— Im Sonnenschein. Drei Sommergeschichten. Berlin 854. A. Duncker. 16. (2 Bl., 61 S.) 15 ngr; geb. 27 ngr

Storm, Thdr., im Sonnenschein. Drei Sommergeschichten. 4. Aufl. gr. 16. (68 S.) Berlin 867, A. Duncker. geb. mit Goldschn.

— im Sonnenschein. Drei Sommergeschichten. 4. Aufl. Berlin 867. Gebr. Paetel. gr. 16. (63 S.) 15 ngr.; geb. mit Goldschn. 27 ngr.

—— Im Sonnenschein. Drei Sommergeschichten. 5. Aufl. 16. (68 S.) Berlin 871, Gebr. Paetel. geb. mit Goldschn. (M 2,70.)
Inhalt:
Im Sonnenschein. — Marthe und ihre Uhr. — Im Saal.

—— im Sonnenschein. Drei Sommergeschichten. 6. und 7. Aufl. 16. (63 S.) Ebendas. 874,82. geb. mit Goldschn. *

*—— Im Sonnenschein. Drei Sommergeschichten. 8. Aufl. 12. (65 S.) Ebd. 889. geb. m. G. * 3 —

[F.] Im Sonnenschein. 3 Sommergeschichten v. Theodor **Storm**. 9. Aufl. *Berlin: Gebr. Paetel 1896.* (65 S.) 1 Bd 8.
— **Minintur-Ausgaben-Collection,** Paetels. Bd 20. [96. 4311

Im Sonnenschein. 3 Sommergesch. von Theodor **Storm**. *Berlin: Correspondenzblatt [1901].* (43 S.) 8° [F.] [Text stenogr.]
= **Gabelsberger,** Bibliothek. Bd 10. [02. 626

— im Sonnenschein. Drei Sommergeschichten. 10. Aufl. 12. (65 S.) Ebd. 902. n. 2. —; geb. in Leinw. m. Goldschn. n. 3. —

Die Stadt. Gedicht v. Theodor **Storm,** komponiert v. Adolf Möller, zur 300j. Jubelfeier der Stadt Husum hrgg. v. J. Rohweder. Husum. 1903. 2 Bl. Fol.

Storm, Thdr., Auf der Universität. Münster 863. Brunn. 16. (128 S.) 22½ ngr.; geb. 1 ℛ

— auf der Universität. 3. Aufl. 12. (128 S.) Ebendas. 888. geb. mit Goldschn. *

— auf der Universität. 4. Aufl. 12. (102 S.) Ebd. 892. Geb. in Leinw. m. Goldschn. n. 3. —

Auf der Universität von Theodor **Storm**. *Berlin: Correspondenzblatt [1901].* (92 S.) 8° [F.] [Text stenogr.]
= **Gabelsberger,** Bibliothek. Bd 3. [02. 619

Auf der Universität. Von Theodor **Storm**. 5. Aufl. Berlin: Gebr. Paetel 1904. (101 S.) 8° [F.]
(Paetels Miniatur-Ausgaben-Kollektion.) [05. 15697 11

— von Jenseit des Meeres, s. a. Volksbücher, Wiesbadener.

— von Jenseit des Meeres. Novelle. Schleswig 867. Bergas. 16. (72 S.) 22½ ngr.; geb. mit Goldschn. 27 ngr.

— **von jenseit d. Meeres. Novelle. 2. Aufl. 16. (72 S.) Berlin 872. Gebr. Paetel. geb. m. Goldschn. 3. —**

— zur „Wald- u. Wasserfreude". Novelle. 16. (101 S.) Ebend. 880. geb. m. Goldschn. n. 3. —

— Waldwinkel. Pole Poppenspäler. Novellen. 16. (222 S.) Braunschweig 875. Westermann. n. 3. 60; geb. m. Goldschn. n. 4. 80

— **zwei Weihnachtsidyllen. Illustr. von Otto Speckter und Ludw. Pietsch. Ebend. 865. 16. (99 S. m. Holzschn.) n. 16 ngr.; geb. n. 27 ngr**

— zwei Weihnachtsidyllen. 2. Aufl. 16. (103 S.) Berlin 875. Gebr. Paetel. geb. m. Goldschn. n. 3. —

— zwei Weihnachtsidyllen. 3. Aufl. 16. (114 S.) Ebd. 892. Geb. in Leinw. m. Goldschn. n. 3. —

— zwei Weihnachtsidyllen. 4. Aufl. 12. (113 S) Ebd. 902. Geb. in Leinw. m. Goldschn. n. 3. —

— Zwei Weihnachtsidyllen. 6. Aufl. (112 S.) kl. 8. Ebd. 907. 2. —

[F.] Theodor **Storm**'s Sämmtliche Werke. Neue Ausg. in 8 Bdn. Bd 1—8. *Braunschweig: G. Westermann 18(97.)98.* 8 Bde 8.
1. (VI S., 1 Bl., 327 S., 1 Portr.) 2. (2 Bl., 231 S., 1 Taf.)
3. (2 Bl., 324 S., 1 Portr.) 4. (2 Bl., 331 S., 1 Taf.)
5. (2 Bl., 331 S., 1 Portr.) 6. (2 Bl., 327 S., 1 Taf.)
7. (2 Bl., 330 S., 1 Portr.) 8. (VIII, 319 S., 1 Taf.) [97. 8161

— dasselbe. Neue Ausg. in 20 Hftn. 1. Hft. gr. 8. (1. Bd. S. 1—144.) Ebd. 898. n. 1. —

Storm's, Thdr., sämmtliche Werke. Neue Ausg. in 8 Bdn. 4. Aufl. 2.—20. (Schluß-)Hft. gr. 8. (1. Bd. VII u. S. 145—327 u. 2.—8. Bd. IV, 330; IV, 324; IV, 331; IV, 331: IV, 325; IV, 330 u. VIII, 317 S. m. 4 Bildnissen u. 5 Taf.) Braunschweig 899. G. Westermann. à n. 1. —

Theodor **Storm's** Sämmtliche Werke. Neue Ausg. in 8 Bdn. (Mit Ill.) 4.–5. Aufl. Bd 1–8. *Braunschweig: G. Westermann 1899–1900.* 8 Bde 8° [F.]
1. 3.–5. Aufl. 1900. 2. 6.–8. 4. Aufl. 1899. [01. 196 10

Theodor Storm's Sämmtliche Werke. Neue Ausg. in 8 Bden. 6. Aufl. Bd 1–8. Braunschweig: G. Westermann 1901. 8 Bde 8°

Theodor Storm's Sämmtliche Werke. Neue Ausg. in 8 Bden. 7. Aufl. (Bd 1–8.) Braunschweig: G. Westermann 1901–02. 8 Bde 8°
1. 2. 1902. 3. 4. 1901. 5. 6. 1902. 7. 8. 1901.

Theodor **Storm**'s Sämmtliche Werke. Neue Ausgabe in 8 Bänden. 11. Aufl. Braunschweig. 1905. 8°.
Jeder Band mit 1 Bilde.

Theodor **Storm**'s Sämmtliche Werke. Neue Ausg. in 8 Bden. 12. Aufl. Bd 1–8. Braunschweig: G. Westermann 1905. 8 Bde 8° [F.] [07. 13672 3

—— **vor Zeiten. Novellen. [Ekenhof. — Zur Chronik von Grieshuus. — Renate. — Aquis submersus. — Ein Fest auf Haderslevhuus.] 8. (VIII, 516 S.) Ebendas. 886. geb.**

—— **Vor Zeiten. Novellen. 2. Aufl. 8. (VII, 516 S.) Ebd. 892. * 6 —; geb. ** 7 50**
Die mit * bezeichneten Werke Th. Storm's sind Theile von Paetel's Miniatur-Ausgaben-Kollektion (s. d.).

— vor Zeiten. Novellen. 3. Aufl. 8. (VII, 474 S.) Ebd. 902. n. 5. —; geb. in Leinw. n. 6. —

Störmann, Bernhard

— **das Kirchenjahr. Ein Lehr- u. Betbuch f. kathol. Christen, besonders f. die Jugend. 16. (XX, 431 S. m. 1 Stahlst.) Ebend. 886. n. 1. —; geb. n. 1. 50**

Das Kirchenjahr. Ein Lehr- u. Gebetbuch f. kath. Christen, bes. f. d. Jugend. Von B. **Störmann**, weil. Pfarrer. 2. Aufl. Durchges. u. mit einigen Zusätzen verm. von Pfarrer [Theodor] Beining. *Dülmen: A. Laumann 1900.* (XXXII, 480 S.) 8° [F.] [01. 4394

Störmann, B., die gute Congreganistin. Handbuch für kathol. Jungfrauen, welche der Marian. Congregation angehören. 16. (386 S.) Dülmen 882. Laumann. n. 1. —; geb. von n. 1. 50 bis n 10. —

Störmann, B., die gute Congreganistin. Marianisches Vereinsbuch f. kathol. Jungfrauen. 3. Aufl. 16. (484 S. m. 1 Stahlst.) Dülmen 886. Laumann. n. 1. —; geb. von n. 1. 50 bis n. 6. —

Störmann, B. Die gute Congreganistin. Marianisches Vereinsbuch f. kathol. Jungfrauen. 5.—8. Aufl. 16. (XVI, 480 S. m. Farbentitel u. 1 Farbendr.) Dülmen 889—92, Laumann. * 1 —
In 2 Ausgaben: für Erziehungsanstalten, u. für Pfarrgemeinden.

Störmann, B., die gute Congreganistin. Marianisches Vereinsbuch f. kathol. Jungfrauen. Ausg. f. Erziehungsanstalten. 8.—10. Aufl. 16. (XVI, 480 S. m. farb. Titel u. 1 Farbendr.) Dülmen 892—894. A. Laumann. n. 1. —; geb. n. 1. 50

— dasselbe. Ausg. f. Pfarrgemeinden. 8.—10. Aufl. 16. (XVI, 480 S. m. farb. Titel u. 1 Farbendr.) Ebd. 894. n. 1. —; geb. n. 1. 50

[F.] Die gute Congreganistin. Marianisches Vereinsbuch f. kathol. Jungfrauen v. B[ern.] **Störmann**, Pfarrer. Ausg. f. Pfarrgemeinden. 14. Aufl. *Dülmen i. W.: A. Laumann 1895.* (XVI, 484 S., 1 Taf., 1 Bildert.) 1 Bd 8. [96. 1155

Störmann, B., d. gute Congreganistin. Marianisches Vereinsbuch f. kathol. Jungfrauen. Ausg. f. Erziehungsanstalten. 15. Aufl. 16. (XVI, 480 S. m. farb. Titel u. 1 Farbdr.) Dülmen 896. A. Laumann. Geb. n. 1. 50

— dasselbe. Ausg. f. Pfarrgemeinden. 18.—20. Aufl. gr. 16. (à XVI, 480 S. m. farb. Titel u. 1 Farbdr) Ebd. 898. Geb. n. 1. 50

Die gute Congreganistin. Marianisches Vereinsbuch f. kath. Jungfrauen von B[ernh.] **Störmann**. Ausg. f. Erziehungsanst. 24. Aufl. *Dülmen: A. Laumann 1900.* (XVI, 480 S.) 8° [F.] [01. 5789 6

Die gute Congreganistin. Marianisches Vereinsbuch f. kath. Jungfrauen von B[ernh.] **Störmann**. Ausg. f. Pfarrgemeinden. 24. Aufl. *Dülmen: A. Laumann 1900.* (XVI, 480 S.) 8° [F.] [01. 8027 6

Die gute Congreganistin. Marianisches Vereinsbuch f. kath. Jungfrauen von B[ernh.] **Störmann**. Ausg. f. Erziehungsanst. 25. Aufl. *Dülmen: A. Laumann 1900.* (XVI, 480 S.) 8° [F.] [01. 5790 6

Die gute Congreganistin. Marianisches Vereinsbuch f. kath. Jungfrauen von B[ernh.] **Störmann**. Ausg. f. Pfarrgemeinden. 25. Aufl. *Dülmen: A. Laumann 1900.* (XVI, 480 S.) 8° [F.] [01. 8028 6

Die gute Congreganistin. Marianisches Vereinsbuch f. kath. Jungfrauen von B[ernh.] **Störmann**. Ausg. f. Erziehungsanst. 26. Aufl. *Dülmen: A. Laumann 1900.* (XVI, 480 S.) 8° [F.] [01. 5791 6

Die gute Congreganistin. Marianisches Vereinsbuch f. kath. Jungfrauen von B[ernh.] **Störmann**. Ausg. f. Pfarrgemeinden. 26. Aufl. *Dülmen: A. Laumann 1900.* (XVI, 480 S.) 8° [F.] [01. 8029 6

Störmann, B., die gute Congreganistin. Marianisches Vereinsbuch f. kathol. Jungfrauen. Ausg. f. Pfarrgemeinden. 27. Aufl. 16. (XVI, 480 S. m. farb. Titel u. 1 Farbdr.) Dülmen 902. A. Laumann. Geb. in Leinw. n. 1. 50

Die gute Kongreganistin. Marianisches Vereinsbuch f. kath. Jungfrauen von B[ernhard] **Störmann**. Ausg. f. Pfarrgemeinden. 28. Aufl. *Dülmen: A. Laumann 1902.* (XVI, 480 S.) 8° [F.] [04. 5547 6

Die gute Congreganistin. Marianisches Vereinsbuch f. kath. Jungfrauen von B[ernh.] **Störmann**. Ausg. f. Erziehungsanst. 29. Aufl. *Dülmen: A. Laumann 1902.* (XVI, 480 S.) 8° [F.] [03. 7726 6

Die gute Kongreganistin. Marianisches Vereinsbuch f. kath. Jungfrauen von B[ernhard] **Störmann**. Ausg. f. Pfarrgemeinden. 30. Aufl. *Dülmen: A. Laumann 1903.* (XVI, 480 S.) 8° [F.] [04. 5518 6

Die gute Kongreganistin. Marianisches Vereinsbuch f. kath. Jungfrauen von B[ernhard] **Störmann**. Ausg. f. Pfarrgemeinden. 31. Aufl. *Dülmen: A. Laumann 1903.* (XVI, 480 S.) 8° [F.] [04. 5549 6

Die gute Kongreganistin. Marianisches Vereinsbuch f. kath. Jungfrauen von B[ernhard] **Störmann**. Ausg. f. Pfarrgemeinden. 32. Aufl. *Dülmen: A. Laumann 1903.* (XVI, 480 S.) 8° [F.] [04. 5550 6

Die gute Kongreganistin. Marianisches Vereinsbuch f. kath. Jungfrauen von B[ernhard] **Störmann**. Ausg. f. Pfarrgemeinden. 33. Aufl. *Dülmen: A. Laumann 1903.* (XVI, 480 S.) 8° [F.] [04. 5551 6

Die gute Congreganistin. Marianisches Vereinsbuch f. kath. Jungfrauen. Von B[ernhard] **Störmann**. Ausg. f. Erziehungsanst. 34. Aufl. Dülmen: A. Laumann 1904. (XVI, 480 S.) 8° [F.] [05. 11870 6

Die gute Congreganistin. Marianisches Vereinsbuch f. kath. Jungfrauen. Von B[ernhard] **Störmann**. Ausg. f. Pfarrgemeinden. 35. Aufl. Dülmen: A. Laumann 1904. (XVI, 480 S.) 8° [F.] [05. 11871 6

Die gute Kongreganistin. Marianisches Vereinsbuch f. kath. Jungfrauen. Von B[ernhard] **Störmann**. Jubiläumsausg. 36. Aufl. Dülmen: A. Laumann 1904. (XVI, 528 S.) 8° [F.] [05. 11879

Die gute Kongreganistin. Marian. Vereinsbuch f. kath. Jungfrauen von B[ernhard] **Störmann**. Ausg. f. Pfarrgemeinden. Jubiläumsausg. 37. Aufl. Dülmen: A. Laumann 1905. (XVI, 544 S.) 8° [F.] [06. 11762 6

Die gute Kongreganistin. Marian. Vereinsbuch f. kath. Jungfrauen von B[ernhard] **Störmann**. Ausg. f. Pfarrgemeinden. Jubiläumsausg. 38. Aufl. Dülmen: A. Laumann 1905. (XVI, 544 S.) 8° [F.] [06. 11763 6

Störmann, B., die gute Kongreganistin. Marianisches Vereinsbuch f. kathol. Jungfrauen. Ausgabe f. Pfarrgemeinden. Jubiläumsausg. 39. Aufl. (XVI, 544 S. m. farb. Titel u. 1 Farbdr.) 16. Dülmen 905. A. Laumann. Geb. in Leinw. n. 1. 50

Die gute Kongreganistin. Marian. Vereinsbuch f. kath. Jungfrauen von B[ernhard] **Störmann**. Ausg. f. Pfarrgemeinden. Jubiläumsausg. 40. Aufl. Dülmen: A. Laumann 1905. (XVI, 544 S.) 8° [F.] [06. 12064 6

Die gute Kongreganistin. Marian. Vereinsbuch f. kath. Jungfrauen von B[ernhard] **Störmann**. Ausg. f. Pfarrgemeinden. Jubiläumsausg. 41. Aufl. Dülmen: A. Laumann 1905. (XVI, 544 S.) 8° [F.] [06. 12065 6

Die gute Kongreganistin. Marian. Vereinsbuch f. kath. Jungfrauen von B[ernhard] **Störmann**, Pfarrer. Ausg. f. Erziehungsanst. 42. Aufl. Dülmen: A. Laumann 1906. (XVI, 544 S.) 8° [F.] [07. 11447

Die gute Kongreganistin. Marianisches Vereinsbuch f. kath. Jungfrauen von B[ernhard] **Störmann**, Pfarrer. Ausg. f. Pfarrgemeinden. 42. Aufl. Dülmen: A. Laumann 1906. (XVI, 544 S.) 8° [F.] [07. 11136

Die gute Kongreganistin. Marianisches Vereinsbuch f. kath. Jungfrauen von B[ernh.] **Störmann**. Ausg. f. Erziehungsanst. 43. Aufl. Dülmen: A. Laumann 1906. (XVI, 544 S.) 8° [F.] [08. 351 6

Die gute Kongreganistin. Marianisches Vereinsbuch f. kath. Jungfrauen von B[ernhard] **Störmann**, Pfarrer. Ausg. f. Pfarrgemeinden. 43. Aufl. Dülmen: A. Laumann 1906. (XVI, 544 S.) 8° [F.] [07. 11137

Die gute Kongreganistin. Marianisches Vereinsbuch f. kath. Jungfrauen von B[ernh.] **Störmann**. Ausg. f. Pfarrgemeinden. 45. Aufl. Dülmen: A. Laumann 1906. (XVI, 544 S.) 8° [F.] [08. 352 6

Die gute Kongreganistin. Marianisches Vereinsbuch f. kath. Jungfrauen von B[ernh.] **Störmann**. Ausg. f. Pfarrgemeinden. 46. Aufl. Dülmen: A. Laumann 1906. (XVI, 544 S.) 8° [F.] [08. 557 6

Die gute Kongreganistin. Marianisches Vereinsbuch f. kath. Jungfrauen von B[ernh.] **Störmann**. Ausg. f. Pfarrgemeinden. 47. Aufl. Dülmen: A. Laumann 1906. (XVI, 544 S.) 8° [F.] [08. 558 6

Die gute Kongreganistin. Marianisches Vereinsbuch f. kath. Jungfrauen von B[ernh.] **Störmann**. Ausg. f. Pfarrgemeinden. 48. Aufl. Dülmen: A. Laumann 1906. (XVI, 544 S.) 8° [08. 559 6

Die gute Kongreganistin. Marianisches Vereinsbuch f. kath. Jungfrauen von B[ernh.] **Störmann**. Ausg. f. Pfarrgemeinden. 49. Aufl. Dülmen: A. Laumann 1906. (XVI, 544 S.) 8° [08. 560 6

Störmann, B., die gute Kongreganistin. Marianisches Vereinsbuch f. kathol. Jungfrauen. Ausg. f. Pfarrgemeinden. 57. Aufl. (XVI, 544 S. m. farb. Titel u. 1 Farbdr.) 16. Dülmen (909). A. Laumann. Geb. in Leinw. 1. 50

Störmann, B., die Mädchenerziehung in Pensionaten, s. Broschüren, Frankfurter zeitgemäße.

— Über Mädchenpensionate. Winke u. Ratschläge f. Eltern u. Erzieherinnen. — Paderborn: Bonifacius-Dr. 1887. VIII, 170 S. 8°

Störmann, Bernh., Über den Mal'ach Jehova im Alten Testamente.
1. Das Wirken des Jehova-Engels in der Zeit vor den Königen. Österreich. Vierteljahrsschr. 1868, S. 133—154;
2. Das Wirken des Jehova Engels in der Zeit der Könige u. nach dem Exil. S. 161—188.
Auch separat Wien, 1868.

— marianisches Vereinsbuch f. katholische Jungfrauen. Die gute Congreganistin. 2. Aufl. 16. (448 S. m. 1 Stahlst.) Dülmen 885. Laumann. n. 1. —

Störmann, *Friedrich* Wilhelm [aus Schmallenberg i. W.]: Ueber Entzündungen, insbes. Augenentzündgn, hervorgerufen durch Raupenhaare ... Berlin, C. Vogts Buchdr., *1894*; 29 S., 1 Bl. 8.
Berlin, Med. Fak., Inaug.-Diss. v. 7. Aug. 1894

Kreis Stormarn. 1:100.000. Zusammengestellt und gez. von Mühlmeister & Johler, Kunstanstalt. Hamburg und Bremen 1890. Farbendruck. 1 Bl. Imp.-Fol., 73,5/83 cm.
Mit Genehmigung der Königl. Preuss. Landesaufnahme.

Die Landschaft Stormarn mit der Grafschaft Ranzau, der Herrschaft Pinneberg und der Stadt Altona. Nr. 301. [ca. 1:320.000.] o. O. u. J. Kupferstich, kol. 1 Bl. 4°, 28/37 cm.
1791 von J. Albrecht in Wien gestochen.

Stormarn und Wandsbek. Ein Hand- und Hausbuch der Heimatkunde. (Große Ausg.) Hrgg. v. Ludwig Frahm. Poppenbüttel. 1907. 8°
—— Kleine Ausg. Poppenbüttel. 1907. 8° [Umschlagt.]

Stormarn, A. v., Krakehl. Allerlei aus der Kinderwelt. gr. 8. (41 S. m. 11 farb. Taf.) Leipzig 887. [Peterson.] Cavael. cart. n. 1. 80

Storme, Geo., s. Ebener, Gfried., englisches Lesebuch — und französisches Lesebuch.

Storme, George, Études sur la conversation française. Manuel de conversation et de voyage. 8. (VIII, 496 S.) Hannover 878, Meyer. *

Storme, Geo., französisches Lesebuch f. höhere Lehranstalten m. e. vollständ. Wörterbuche. gr. 8. (VIII, 319 u. Wörterbuch 67 S.) Hannover 876. Meyer. n. 2. 70

Storme, Geo., Materialien zum Uebersetzen aus dem Deutschen in das Englische u. zur schnellen Erlangung einiger Fertigkeit im mündl. u. schriftl. Gebrauche der engl. Sprache. Hannover 867. Meyer. gr. 8. (VI, 121 S.) n. 10 *ngr.*

— Materialien zum Uebersetzen aus dem Deutschen in's Englische. 2. Aufl. gr. 8. (III, 95 S.) Ebend. 876. n. 1. —

Storme's, Geo., Materialien zum Übersetzen aus dem Deutschen ins Englische. Neu bearb. von W. Kasten. 3. bericht. Aufl. gr. 8. (III, 80 S.) Hannover 888, Meyer. k

—— select German Stories with copious notes for the use of schools and for self-instruction. A practical Method of learning the German Language. 4th edit. carefully revised. (VII, 216 S.) 1872, and 5th edit. considerably enlarged. gr. 16. (XVI, 256 S.) Hannover 874, Meyer. *

Storme, George, select German Stories. A practical method of learning the German language. 6th and 7th edit. revised and corrected by Charles Morgenstern. 16. (XVI, 256 S.) Hannover 879,82, Meyer. *ℳ 1,60.; geb. *

—— select German stories. A practical method of learning the German language. New edit., revised and corrected by Charles Morgenstern. 12. (XVI, 256 S.) Ebendas. 888. k

Storme, Geo., pleasing tales, a short and easy method of learning the German language. Hannover 865. Meyer. 16. (XII, 212 S.) 20 *ngr.*

—— select tales for the use of colleges and schools and for selfinstruction. A new and expeditious method of learning the German language. 2. and improved edit. 8. (X und 206 S.) Hannover 866, Meyer. *

Stormeier, E. von, s. Stocmeier, Ernst von

Störmer, A., die Stellung der Arbeiterpresse zur Alkoholfrage, s. a. Arbeiter-Abstinenten-Bund, deutscher.

Die Stellung der Arbeiterpresse zur Alkoholfrage. Von A. **Störmer.** Referat, geh. auf d. 1. Generalversammlung d. D. A. A. B., nebst e. Anh. Berlin: J. Michaelis [1905]. (32 S.) 8° [F.]
= **Arbeiter-Abstinenten-Bund,** Deutscher. No 11. [07. 10144

Størmer, Carl, s.: Abel, Niels Henrik, e. Brief an Edmund Jacob Kühn.

— Verzeichniss über den wissenschaftlichen Nachlass v. Sophus Lie. 1. Mitteilg. (Videnskabs-Selskabets Skrifter. I. Math.-naturv. Kl. 1904. Nr. 7.) (31 S.) Lex.-8. Christiania 905. (J. Dybwad.) n.n. 1. —

Stoermer, Carl Ferdinand, s. Stoermer, Karl Ferdinand

Störmer, Eduard

Störmer, Ed., Selecta der Hirschgeweih- u. Rehgehörn-Sammlung Sr. Erlaucht d. regier. Grafen Georg Albrecht zu Erbach Erbach. 30 Taf. in photograph. Lichtdr. nach Naturaufnahmen. [Ausgeführt v. Sinsel & Co., Leipzig.] Mit Einleitg. u. begleit. Text von Ernst Ritter v. Dombrowski. gr. Fol. (4 S. Text.) Leipzig 891. (O. Gracklauer.) In Mappe. n.n. 20. —

Stoermer, Hermannus Augustus: Quaestiones de acidi carbonici respiratione exhalati quantitate. Halis Saxonum (1848): Schmidt. 30 S. 8°
Halle-Wittenberg, Med. Diss. v. 16. Aug. 1848
Geb. Elbing [10. 8.] 1827. V.

Stoermer, Karl Ferdinand

Stoermer, Car. Ferd. (geb. Elbing 9. 7. 1831): De malleo humido et farciminoso in homines translatis. Berolini (1855). (28 S.) 8°
Berlin, Med. Diss. v. 6. Aug. 1855

Stoermer, Karl Gottlob (Dresden) A. S. 316/10

Corporis integri robusti et proceri privilegium ex iure Rom. imperii publ. et Saxonici.
Präs. Christoph Ludwig Crell.
Wittenberg (Gerdes) XII. 1730. 63 S. 63704

Störmer, Kurt, aus Großzschocher bei Leipzig: Ueber die Wasserröste des Flachses. *Jena: G. Fischer 1904.* (62 S.) 8°
Leipzig, Phil. Diss. v. 1904

Stoermer, M., Fehler bei der Thonwaren-Fabrikation u. deren Abhilfe, m. besond. Berücksicht. der Untersuchungsmethoden. gr. 8. (VI, 190 S. m. 15 Abbildgn.) Freiberg 901. Craz & Gerlach. n. 6. —

— Untersuchungsmethoden der in der Thonindustrie gebrauchten Materialien, m. besond. Berücksicht. der häufig auftretenden Fabrikationsfehler, deren Ursachen u. Verhütung. 2. verb. Aufl. v. „Die Fehler bei der Thonwaren-Fabrikation u. deren Abhilfe". gr. 8. (VIII, 191 S. m. 15 Abbildgn.) Ebd. 902. n. 6. —

Stoermer, Martin [aus Königsberg]: Über sogenannte physikalisch verschiedene Modificationen von Hydroxylaminderivaten ... Königsberg i. Pr., Druck v. M. Liedtke, 1892; 2 Bl., 37 S., 1 Bl. 8.
Königsberg, Phil. Fak., Inaug.-Diss. v. 24. März 1892

Stoermer, *Richard* [aus Breslau]: Ueber Derivate einiger Nitrile. '(Imidoäther, Amidine, Amidoxime.)' ... Rostock, Univ.-Buchdr. v. Adler's Erben, 1894; 46 S., 1 Bl. 8.
Rostock, Phil. Fak., Inaug.-Diss. v. [1. März] 1894

Stoermer, R., die Oxydations- u. Reproduktionsmethoden der organischen Chemie. Ein Hilfsbuch f. die prakt. Arbeiten im Laboratorium. (X u. S. 3—256.) Lex. 8. Leipzig 909. G. Thieme. 7.—
Sonderabdruck aus: „Die Methoden d. organ. Chemie".

Stoermer, Richard [Dr. phil. aus Breslau]: Über Synthesen in der Cumaronreihe ... Rostock, C. Boldt'sche Hof-Buchdr., 1897; 63 S. 8.
Rostock, Phil. Fak., Hab.-Schr. v. [20. Apr.] 1897

Stoermer, *Theodor* Robert [app. Arzt aus Bunzlau]: Aus d. med. Klinik zu Kiel. Der Diabetes insipidus. Eine Monographie nebst Beiträgen z. Casuistik desselben ... [Folgt:] Anhang. Tabellar. Übersicht der in vorlieg. Arbeit verwendeten Fälle v. Diabetes insipidus. Kiel, Gnevkow & v. Gellhorn, 1892; 125 S., 1 Bl., 25 S., 2 Bde 8.
Kiel, Med. Fak., Inaug.-Diss. v. [27. Mai] 1892

Stoermer, Rob., der Diabetes insipidus. Eine Monographie, nebst Beiträgen zur Casuistik desselben. Diss. gr. 8. (125 u. Anh. 25 S.) Kiel 892. Gnevkow & v. Gellhorn. n. 3.—

Storni, G. Le vite dei santi per tutti i giorni dell' anno. Illustrate ogni giorno da una incisione, un riflesso e una preghiera. In-12°. 810 p. Einsiedeln, Benziger & Co. Leinw. 4 80
1896.

Stornik Dr. P.: Über Parallele. 19. u. 9 Fig. Villach 76.
Progr.

Stornik, Peter Eröffnungsfeier *des neuen Gymnasialgebäudes.* 8 (S. 60—68). Progr. K. k. Staatsg. *Marburg* 1893

Storno, Frz., Illustrationen zu dem Gedichte von Kisfaludy S. Csobancz. Pest 867. Heckenast's Verl. Imp.-Fol. (7 Steintaff. in Tondr. mit 2 Blatt Text.) n. 4 *Thlr.* 20 *ngr.*

Storoscheff H.: Über die Sommer'schen Bewegungen. S. 70. II. 98 . . . . —.20
Separatabdruck

Storoscheff, H., üb. die Sommer'schen Bewegungen. [Aus: „Sitzungsber. d. k. Akad. d. Wiss."] Lex.-8. (15 S.) Wien 874. (Gerold's Sohn.) n. — 20

Storoscheff, H.: Z. Frage üb. d. Entwicklg d. Hydrotherapie in Russland. *Wien & Leipzig 1897.*
in: Fortschritte d. Hydrotherapie. Festschr. z. vierzigjähr. Doctorjub. d. Prof. Dr. W. Winternitz. (97. 1425

Storost, Martha, u. Paula Suchsland, die kräftige u. billige Küche. Für still. Mütter hrsg. v. der Gesellschaft zur Bekämpfung der Säuglingssterblichkeit zu Halle a. S. (21 S.) kl. 8. Jena (910). G. Fischer. —10

Lietuvos A i d o s. Klänge aus Litauen. (Hrsg.: Wilhelm Storost. Tilsit: Storost 1904.) 72 S. 8°

(Storp, Elisabeth:) Die soziale Stellung der Krankenpflegerinnen. — (Dresden) [um 1891.] 13 S. 8°

Storp, Elisab., die soziale Stellung der Kranken-Pflegerinnen. gr. 8. (14 S.) Dresden (901). H. Burdach. n. — 30

Storp, F., Versuch e. Umtriebsbestimmung f. die Kiefernbestände d. Reg.-Bez. Stettin, ausgeführt auf Anordng. d. Ministeriums f. Landwirthschaft, Domainen u. Forsten in den Königl. Oberförstereien Pütt u. Stepenitz. [Aus: „Forstl. Blätter".] 4. (25 S. m. 8 Taf.) Berlin 889. Parey. n. 1. 50

Storp, Ferd., üb. den Einfluss v. Chlornatrium auf den Boden u. das Gedeihen der Pflanzen. gr. 8. (28 S. m. 1 Steintaf.) Berlin 888. (Göttingen, Vandenhoeck & Ruprecht.) n. 1. 40

Storp, Johannes [prackt. [sic!] Arzt]: Untersuchungen über foetale Rachitis .... Königsberg in Pr., Druck v. M. Liedtke, 1887; 2 Bl. + 47 S. + 4 Bl. u. 2 Taf. 8°.
Königsberg, Med. Fak., Inaug.-Diss. v. 26. Jul. 1887.

S t o r p, Johannes, Untersuchungen über foetale Rachitis. Inaugural-Dissertation. gr. 8. (47 S. mit 2 Stnt.) Königsberg i. Pr. 887, (Koch's Antiqu.) 9 *

Storp, Wilhelm, aus Kettwig: Ueber den Einfluss von Alkylgruppen auf die Abspaltung der Halogene aus dem Benzolkern. *Kettwig 1901: F. Flothmann.* (36 S.) 8°
Heidelberg, Naturw.-math. Diss. v. 1901

Storr, Amand., (eigentl. Jh. Nep.,) († d. 8. März 1818.) Charfreitagsfeier, kathol., in d. Deutsche übers. mit Erklärr. u. Melodien; nebst e. Andacht für eine Singbetstunde. gr. 8. Ulm 808. Wohler. 6 *gr*

Storr, Gottlieb Konrad Christian

Storr, Gli. Konr. Chr., († d. 27. Febr. 1821.) Alpenreise v. Jahre 1781. 2 Bde. Mit Kpf. 4. Leipz. 784, 786. Müller. (Joachim). 4 *Thlr*

— üb. seine Bearbeitungsart der Naturgeschichte. 8. Stuttg. 780. v. Cotta. 5 *gr*

Storr, Gottlieb Konrad Christian [Praes.], s. B e c h e r, Gottlob Benjamin: Sciagraphia methodi materiae medicae qualitatum aestimationi superstructae. Tl. IV.

Storr, Gottlieb (Theophil) Konrad Christian: Dissertatio medica inauguralis, qua physicae educationis virtus eximio salubritatis specimine conspicua. [Resp.] Joanne Christophoro Plebst . . .
Tübingen, Med. F., Diss. 1775

Storr, Gottlieb Konrad Christian [Praes.], s. E l s a e s s e r, Heinrich Friedrich: De pigmento oculi nigro de atramentis aliis quibusdam animalibus deque tapeto observationes exhibens nonnullas.

— Entwurf e. Folge von Unterhaltungen zur Einleit. in die Naturgeschichte. 1r Bd. 1r u. 2r Thl. gr. 8. Ulm 777. Stettin. 1 *Thlr* 16 *gr*

Storr, Gottlieb Konrad Christian [Praes.], s. G r o s, Benj. Friedr.: De moscho.

Storr, Gottlieb Konrad Christian [Praes.], s. H a r d e g g, Johann Georg: De fungo articulari.

Storr, Gottlieb Konrad Christian [Praes.], s. H e l l w a g, Christoph Friedrich: De formatione loquelae.

Storr, G. C. C. Idea methodi fossilium Stuttgartiae. 1807. 4.

— idea methodi fossilium. (A. u. d. T.: Museum physiognosticum, methodo, cujus per partes singulas ratio redditur., digestum descriptumque, Pars I.) 4. Stuttg. 808. Steinkopf. 3 *Thlr*

— investigandae Crystalii Fodinarum oeconomiae quaedam pericula. 4. Tübing. 785. (Nachgedr.) 4. Zürich 785. Ziegler. 4 gl

Storr, Gottlieb Konrad Christian [Praes.], s. Reuss, Ferdinand Friedrich: Examen vasorum figulinorum patriae, calce plumbi obductorum, nec non ad eorum correctionem tentamina et consilia.

— Diss. de Sale alpino. 4. Tübing. (Nachgedr.) 4. Zürich 787. Ziegler. 5 gl

— sciagraphia methodi materiae medicae qualitatum aestimationi superstructae. Pars I. II. III. 4. Tüb. 792, 93, 97.

Storr, G. C. Chr. Ueber die Spuren von Veränderungen, die das helvetische Alpengebirge durch eine grosse Naturbegebenheit erlitten zu haben scheint. (Aus d. Mag. f. die Naturk. Helvetiens.) 1787. 8.

Storr, Gttl. Const. Chr., resp. Th. A. Hoelder, De trismo. 30 pp. Tub. 4°. 1780

Storr, Gottlob Christian

— Abhandl. üb die Gnadenwirkung, nebst e. Predigt üb. d. Unschuldbarkeit der Christen ꝛc. Tübing., Fues. 6 gl

— neue Apologie der Offenbarung Johannis. 8. Tübing. 783. 2e Aufl. 805. (Osiander). 20 gl

— annotationes quaedam theologicae ad philosophicam Kantii de religione doctrinam. 4. Tübing. 793. (Osiander). 9 gl

Storr, Gottlob Christian.
Bemerkungen über Kants philosophische Religionslehre. A. d. Lat. Tübingen 1794.
Ü: *Süskind, Friedrich Gottlieb.* (BrMm) (Ky) (MGT) (ErschDL)

— Bemerkk. üb. Kants philosoph. Religionslehre; aus d. Latein., nebst Bemerkk. üb. Fichte's Kritik aller Offenbarungen; aus d. Latein. (von F. G. Süßkind). gr. 8. Tübing. 794. v. Cotta. 16 gl

— Betrachtt. üb. d. Brief Pauli an die Römer, in Wochenpredigten, mit Vorrede v. Chr. Fr. Klaiber. gr. 8. Tübing. 823. Osiander. 14 gl

— 2r Thl. Betrachtt. über den Brief Jacobi, an die Hebräer, Philipper, Epheser u. Thessalonicher; üb. die Briefe Petri u. Brief an die Kolosser, in Wochenpredigten, mit e. Vorr. v. Chr. Fr. Klaiber. gr. 8. Tübing. 824. Osiander. 22 gl (Beide Thle auch unt. d. T.: Wochenpredigten üb. neutestamentl. Texte. 2 Thle.)

— comment. exegetica, qua insigne de Christo oraculum Es. LI. 13. LIII. 15. illustratur. 4. Tübingen 765. Ed. II. 790. (Osiander). 10 gl

— comment. exegetica qua insigne de Christo oraculum Es. LII, 13. LIII, 15. illustratur. 4. ibid. 789.

— comment. de consensu epistolar. Pauli ad Hebraeos et Galatas. 4. Tübing. 792. (Osiander). 2 gl

— Diss. exeget. in epistolar. Pauli minorum aliquot loca. 4. Tübing. 792. (Osiander). 6 gl

— Diss. exegetica in libr. N. T. historicorum aliquot loca. Pars I. et II. 4. Tüb. 790, 91. (Osiander). 16 gl Prs. III. 4. Tübing. 794. v. Cotta. 10 gl

— in librorum N. T. aliquot loca. 4. Tübing. Cotta. 791. — 6

Storr, Glo. Chr., doctrinae christianae pars theoretica e sacris litteris repetita. 8maj. Stuttg. 793. N. Aufl. 807. Metzler. 1 rl 16 gl

Storr, Gottlob Christian [Praes.], s. Eisenlohr, Christian Friedrich: Argumenta ab apologetis sec. II. ad confirmandam relig. christ. veritatem ac praestantiam contra gentiles usurpata.

— Erläuter. des Briefs Pauli an die Hebräer. gr. 8. Tübing. 789. 2e Aufl. 809. (Osiander). 2 rl 4 gl

— Erläuterung d. Briefes Pauli an die Hebräer. gr. 8. Tübing. Heerbrand. 809.

Storr, G. C., de evangeliis arabicis. Tubing. 1775. 4.

Storr, G. C., de fonte evangeliorum Matthaei et Lucae. Tubing. 1794.; rep. in Velthusen etc. commentt. theol. etc. 3. p. 140–172.

— Lehrbuch der christl. Dogmatik; aus d. Latein. mit Erläuterr. aus d. Verfassers eigenen Schriften u. Zusätzen aus d. theolog. Literatur seit 1793 begleitet von K. C. Flatt. gr. 8. Stuttg. 803. Metzler. 2 rl 16 gl 2e Aufl. 1r Thl. 813. 1 rl 16 gl

Storr, C. G., de notione regni coelestis. Tub. 1782. 4; rep. in ejsd. opusc. 1. p. 253 ss.

— notitiae historicae epistolarum Pauli ad Corinthios interpret. servient. 4. Tübing. Heerbrand. 789. — 6

— notitiae historicae epistolarum Pauli ad Corinthios interpret. servient. 4. Tübing. 789. (Osiander). 6 gl

Storr, Glo. Chr., († d. 17. Jan. 1805.) observationes ad analogiam et syntaxin hebraicam pertinentes. 8maj. Tübing. 779. 2e Aufl. 805. (Osiander). 1 rl 8 gl

Storr, Glo. Ch., observationes ad analogiam et syntaxin hebraicam pertinentes. 8. maj. Tübing. Heerbrand. 805.

— observationes super N. Testam. versionibus Syriacis. 8. Stuttg. 772.

— opuscula academ. ad interpretationem libror. sacror. pertinentia. III Voll. 8maj. Tübing. 796—803. v. Cotta. 3 rl 8 gl

— opuscula theologica ob defectum exemplarium denuo recusa. 4. Tüb. 789. Heerbrand. 1 rl (Ist ein bloßer neuer Umschlag um die Dissertationen von 1777—79 u. 1788.)

Storr, G. C., de parabolis Chr. Tubing. 1788. 4; rep. in ejsd. opusc. 1. p. 89 ss.

Storr, Gottlob Christian (Stuttgart) A. S. 1389/51

Dissertatio philosophica de physica ad maiorem simplicitatem reducenda. Präs. Johann Kies. Tübingen (Sigmund) X. 1765. 32 S.

W. v.: Präs. 33777

— Predigten üb. d. Leidensgeschichte Jesu, n. seinem Tode herausg. v. J. F. Flatt. gr. 8. Tubing. Fues (Steinkopf in Stuttg.) 810. 1 —

— zwei Predigten am 17. Sonntage nach d. Feste der Dreieinigkeit. 8. Tübing. 789.

Storr, Gottlob Christian [Praes.], s. Riecke, Viktor Heinrich: De sensu vocis δικαιος et cognatarum in N. T.

Storr, Gottlob Christian [Praes.], s. S c h e l l i n g, Friedrich Wilhelm Joseph: De Marcione Paullinarum epistolarum emendatore.

— Sonn- u. Festtags-Predigten; nach sm. Tode hrsgg. v. F. G. v. Süßkind u. J. F. Flatt. gr. 8. Tübing. 808. Fues. 1 Thlr. 16 Gr.

— von dem seligen Zustande der Seele nach dem Tode vor der Auferstehung; aus d. Latein. von W. L. Storr. 8. Tübing. 791. v. Cotta. 4 Gr.

— über den Zweck der evangel. Geschichte u. der Briefe Johannis. gr. 8. Tübing. 786. 2e A. 810. (Osiander). 1 Thlr. 8 Gr.

Storr, Johann Adam (Heilbronn) A. S. 1353/7

Dissertatio philosophica de decoro politico contra cynicos Quackerosque tanquam praecipuos eiusdem hostes. Präs. Gottlieb Stolle.
Jena (Werther) 14. IV. 1725. 35 S.

W. v.: Präs. 33778

Storr, Johann Christian

Johann Christian Storrens ABSCHIEDS-PREDIGT, welche er bei Niederlegung seines Predigamts und der damit verbundenen Verwechslung der Prälatur Herrenalb mit der Prälatur Alpirsbach am Sonntag Misericordias Domini den 3ten May 1772. über Apostelgeschichte Kap. 20,32. in allhiesiger Stiftskirche gehalten und seiner Gemeine auf Verlangen zum Angedenken dem Druk überlassen. – Stuttgart: Cotta (1772). 32 S.

Johann Christian Storrens Abschieds-Predigt, welche er bei Niederlegung seines Predigtamts und der damit verbundenen Verwechslung der Prälatur Herrenalb mit der Prälatur Alpirspach am Sonntag Misericordias Domini den 3ten May 1772 über Apostelgeschicht Kap. 20,32 in der Stifts-Kirche zu Stuttgart gehalten hat. 2. Ausg. – Stuttgart: Betulius 1776. 15 S.

– ALLE WEGE DES HERRN, ALS GNADE UND WAHRHEIT, denen, die seinen Bund und Zeugniß halten; aus Ps. 25,10; eine Hochzeitspredigt. – Stuttgart 1768.

– ANLEITUNG ZUM GEBET DES HERZENS. – Stuttgart 1756. – in: Storr: Christliches Haußbuch.

– – Basel o. J. [um 1840].

Storr's, Joh. Chrn., Anleitung zum Gebet des Herzens in Frage und Antwort. Zu einer Weihnachtsgabe für die Pfleglinge des Erntevereins wieder aufgelegt von Phil. Paulus. Ludwigsburg 858. Riehm in Comm. 8. (24 S.) nn. $2\frac{1}{2}$ ngr.

Storr, Johann Christian.
Anleitung zum Gebet des Herzens in Frage und Antwort . . . 2. Aufl. Ludwigsburg 1860. H: *Paulus*, *Philipp*. (zu)

Storr, Joh. Christ., Anleitung zum Gebet des Herzens in Frage und Antwort. 2. Aufl. Ludwigsburg 860. (Basel, Balmer &) Riehm. 8. (24 S.) 2 ngr.

Storr, Joh. Chrn., Anleitg. zum Gebet d. Herzens in Fragen u. Antworten. 6. Aufl. (16 S.) Stuttgart 896. Buchh. d. Evang. Gesellschaft. n. — 01

M. Johann Christian Storrens ANLEITUNG ZUM HEILSAMEN GEBRAUCH DES HEILIGEN ABENDMAHLS. – Carlsruhe: Macklot 1761. 39 S.

— Anleitung zum heilsamen Gebrauch des Wortes Gottes, in Frage und Antwort. 8. Basel 841, Spittler u. Co. 2 ngr.

– ANLEITUNG ZUM HEILS. GEBRAUCH DES WORTES GOTTES. 2. Aufl. – Basel 1845.

— Armenpostill, od. Predigten üb. die Sonn- u. Festtagsepisteln u. feiertägl. Evangelien. Mit e. Vorr. von Jh. A. Bengel. 4. Stuttg. 750. 2e A. . . . 3e A., nebst d. Lebensbeschreib. des Verf. 4. Ebd. 776. (Löffler in Manh.) 2 Thlr. 12 Gr.

Storr, Johann Christian: Armen-Postill Uber die Sonn- und Festtägliche Episteln Und Feyertägliche Evangelien. Mit einer Vorrede Johann Albrecht Bengels (u.d.T.: Von der rechten Weise mit Göttlichen Dingen umzugehen: 24 §§, 11 ungez. Bl. –). 2. Aufl. Th. 1. 2. – Stutgart & Eßlingen: Stoll & Mäntler 1752. 386, 820 S. *(frühere Aufl. u.d.T.: Predigten über . . . – anderer Satz und Druck, aber Text mit dem von 1750 identisch.)*

— Beicht- u. Communionbuch. 8. Stuttg. 755. N. A. 771 u. 786. Steinkopf. 8 Gr.

Johann Christian Storrens Beicht- und Communion-Buch samt einer Anleitung zum heilsamen Gebrauch des heiligen Nachtmahls wie auch einem Anhang einer zweifachen Buß-Predigt aus der Ewigkeit. 2. Aufl. – Stuttgart: Stoll 1757. 392, 56 S.

– – 4. Aufl. – Stuttgart 1764. 406 S.

– – 5. Aufl. – Stuttgart 1771. 350 S.

– – 6. Aufl. – Stuttgart 1775. 352 S.

– – 7. Aufl. – Stuttgart: Betulius 1779. 352, 48 S.

– – 8. Aufl. – Stuttgart: Betulius 1782. 352 S.

– – 9., veränd. und mit einem Anhang verm. Ausg. – Stuttgart: Betulius 1786. 344 S.

Storr, Joh. Chrstn., Beicht- u. Communionbuch, nebst e. Erbauungsb. f. Kranke u. Leidende. 10. Aufl. gr. 12. ($7\frac{1}{4}$ B.) Berlin 838, (J. A. Wohlgemuth.) 9 Gr., Blnp. *

Storr, Joh. Chrn., Beicht- u. Communionbuch nebst einem Erbauungsbuch für Kranke u. Leidende. 10. Aufl. Neueste rechtmäß. Orig.-(Titel-)Ausg. 12. (XXVI u. 173 S. m. 1 Lith.) Berlin (838) 852, J. A. Wohlgemuth. $\frac{1}{3}$ Thlr.

– BETRACHTUNG: Warum das wahre Christenthum vielen so sauer und schwer werde? und Wie es ein aufrichtiger Christ zu machen habe, daß er sich die unnöthige Mühe erspahre, und seine Strasse sicher und frölich ziehe? – Carlsruhe 1761: Held. 40 S.

Storr, Johann Christian (Hrsg.), s. B i b l i a mit S t o r r's Vorrede.

– DIE LETZTE BITTE AN SEINE LIEBE ZUHÖRER. Aus der Epistel Judae v. 20.21. am 24. Sonntag nach Trinitatis Den 21. Novembr. 1743. In einer Nachmittags-Predigt In der Fürstl. Hof-Capelle zu Kirchheim unter Teckh. Zum seeligen Abschied an ihr Hertz gelegt, Und auf Begehren zum Druck überlassen Von M. Johann Christian Storr, bißherigen Hof-Vicario. Nunmehro Helffer zu S. Leonhardt in Stuttgardt. – Stuttgart: Erhardt 1744. 50 S.

— Buß-, Beicht- u. Communionbuch. 8. Stuttg. 757.

– ZWEIFACHE BUSPREDICT aus der Ewigkeit über das gewöhnliche Evangelium am ersten Sonntag nach dem Fest der heiligen Dreyeinigkeit aus Luc. 16,19-31 bei Hof gehalten. – Stuttgart: Betulius 1771. 50 S.

Johann Christian Storrens zweifache BUSPREDICT aus der Ewigkeit über das gewöhnliche Evangelium am ersten Sonntag nach dem Fest der heiligen Dreyeinigkeit aus Luc. 16,19–31 bei Hof gehalten. – Stuttgart: Betulius 1782. 48 S.

– NEUN FASTEN-BETRACHTUNGEN über den sogenannten Lobgesang aus den Psalmen Davids, welchen Jesus mit seinen Jüngern gesprochen vor dem Hingang zu seinem Leiden, samt der Leidensgeschichte Jesu nach der richtigen Harmonie der vier Evangelisten und einer Anleitung zu deren heilsamen Gebrauch. – Stuttgart: Mezler 1756. 352 S.

— geheiligte Flämmlein auf dem Betaltar des Herzens. 12. Stuttg. 754. 12. Ebd. 769.

Johann Christian Storrens Gottgeheiligte Flämmlein auf den Bet-Altar des Herzens des Morgens- und Abends, an Fest- und Feyertägen bey der Beicht- und Communion. zur Uebung der Gottseligkeit, im Stand und Beruf, verschiedenen Zufällen und endlich auf dem Kranken- und Todesbett. 2., verm. Aufl. – Stuttgart: Stoll 1755. 849 S.

– – Stuttgart 1769.

– DIE GESCHICHTE DER AUFERSTEHUNG JESU CHRISTI: in vierzig Reden erläutert. – Tübingen 1782.

— die Geschichte der Auferstehung, erläutert. 4. Tübing. 782. v. Cotta. 1 ß 8 gr

— evangel. Glaubenskraft. 8. Tübing. 710.

— Handbibel, mit e. Anleit. z. heilsamen Gebr. des Wortes Gottes, u. 80 Vorreden üb. alle u. jede bibl. Bücher. 8. Stuttg. 757.

M. Johann Christian Storrens CHRISTLICHES HAUS-BUCH zur Uebung des Gebets, in welchem Musculi, Habermanns, Arndts, Neumanns und Arnolds Gebetbücher allesamt ganz eingetragen, und noch viele andere sowol alte als neue geistreiche Gebete mit eingemengten dienlichen Liedern auf allerley Zu- und Umstände zu finden, samt einer Anleitung zum Gebet des Herzens in Frag und Antwort. Bd 1. 2. – Stuttgart: Mezler 1756. LXII, 880 S., S. 881–1337.

– – 2. Aufl. Th. [1.] 2. – Stuttgart 1757.

—— christl. Haus-Buch z. Uebung d. Gebets, in welchem Musculi, Habermanns, Arnds, Neumanns u. Arnolds Gebetbücher ganz eingetragen, u. noch viele andere sowohl alte als neue geistr. Gebete u. Lieder auf verschied. Zu- u. Umstände zu finden sind, mit e. Anleit. z. Gebet d. Herzens. 2 Bde. 3., durchgesch. Aufl. Lex.-8. (79¼ B.) Stuttgart 841, Autenrieth'sche Buchh. (?)

Storr, Joh. Chrstn., christl. Haus-Buch zur Uebung des Gebets, in welchem Musculi, Habermanns, Arnds ꝛc. Gebetbücher ganz eingetragen, u. noch viele and. sowohl alte als neue Gebete u. Lieder zu finden sind. Mit e. Anleitung zum Gebet des Herzens. Mit e. Vorw. v. Fr. Jak. Phil. Heim. 2 Bde. 4. Aufl. gr. 8. (82½ B.) Stuttgart 846, Belser'sche Buchh.

– EINER GEÄNGSTETEN SEELE HERZENSGESPRÄCH MIT GOTT. Nebst einem Gebet ... in gebundener Rede. – o.O. 1761. 8 S.

– DAS HIMMELREICH UNTER DEM BILDE DER ZEHEN JUNGFRAUEN aus Matth. 25, 1–13 in achtzehen Predigten in der Hochfürstl. Hof-Capell in Stuttgart vorgetragen und nebs zwo andern gleichen Inhalts zum Druk gegeben von M. Johann Christian Storren. – Stuttgart: Erhard 1755. 518 S.

— das Himmelreich unter dem Bilde der 10 Jungfrauen, in 18 Predigten. 8. Stuttg. 755. Löflund. 12 gr

— der Lebenslauf Jesu Christi, nach der Harmonie der 4 Evangelisten. 12. Stuttg. 762.

– LEICHBEGÄNGNIS DES WOLFGANG FRIDERICH HOCHSTETTERS. – Stuttgart 1758.

– LEICHENREDE ÜBER MARIA CATHARINA MOLTER. – Stuttgart 1762.

– DE METHODO THEOLOGIAM TRADENDI DEMONSTRATIVA. Von Christoph Matthäus Pfaff, Wilhelm Ulrich Schmidt und Johann Christian Storr. – Tübingen 1736. 16 S.

—— lautere Milch des Worts, s. Kreuzer-Bücher.

[–] LAUTERE MILCH DES WORTS, Für die Säuglinge der Gnade von 3 bis 7 Jahren. – o.O. 1755. 120 S.

— lautere Milch des Wortes für die Säuglinge der Gnade. 24. Stuttg. 765. (Sattler). 2 gr

– – 6. Aufl. – Stuttgart 1781. 142 S.

Johann Christian Storrens lautere Milch des Worts für Säuglinge der Gnade von 3 bis 7 Jahren. 7. Aufl. – Stuttgart: Helfrich 1799. 142 S.

– DIE NACHFOLGE CHRISTI in sieben Predigten über das gewöhnliche Evangelium am Feyertag Andreä aus Matth. 4,18–22. in der Fürstlichen Hofkapelle in Stuttgart öffentlich vorgetragen von M. Johann Christian Storren. – Stuttgart: Erhard 1755. 181 S.

— die Nachfolge Christi, in 7 Predigten, aus Matth. IV. 18. 22. vorgetragen. 8. Stuttg. 755. Löflund. 6 gr

Storr, Joh. Chrstn., die Nachfolge Christi. Betrachtungen über Matth. 4, 18—22. Neue Aufl. 8. (1¼ B.) Zürich 844, Hanke. Thlr.

Johann Christian Storrs PREDIGTEN ÜBER DIE SONN- UND FESTTÄGLICHE EPISTELN UND FEYERTÄGLICHE EVANGELIEN. Mit einer Vorrede Johann Albrecht Bengels. T. 1–3. – Stuttgart: Stoll; Eßlingen: Mäntler 1750. 404, 590, 288 S. *(2. Aufl. 1752 u.d.T.: Armen-Postill.)*

Johann Christian Storren, PREDIGTEN ÜBER DIE SONN- UND FESTTÄGLICHE EPISTELN UND FEIERTÄGLICHE EVANGELIEN, Nebst einer Lebens-Beschreibung des seeligen Herrn Verfassers *(S. 4–8)*. 3. Aufl. – Stuttgart: Betulius 1776. 820 S.

— Predigten über die sonn- und festtägl. Evangelia. 4. Mannh. Löffler. 777.

M. Johann Christian Storrens PREDIGTEN VON DER WICHTIGEN LEHRE DER RECHTFERTIGUNG eines Sünders vor Gott. Über verschiedene Texte H. Schrift. – Stuttgart: Erhard 1756. 16, 707 S.

— Predigten von der wichtigen Lehre der Rechtfertigung eines Sünders vor Gott. 8. Stuttg. 756. (Hofmann). 16 gr

— güldenes Schatzkästlein d. Kinder Gottes zur Erquickung des Geistes bei d. Brunnen- u. Badekur des Leibes. 16. Stuttg., Metzler. 2 gr

– DIE SELIGKEIT DER KNECHTE, die der Herr, so er kommt, wachend findet, aus Luc. 12,37. bei der Leichbegängnis des weil. Hochehrwürdigen und Hochgelehrten Herrn M. Jacob Friderich Grossen, treueifrigen Pfarrers im Herzogl. Waisenhaus zu Stuttgart, als Derselbige den 6ten Jan. 1767 in seinem Erlöser selig entschlafen, und den 9ten darauf zur Erden bestattet worden, in der Hospitalkirche daselbst vorgetragen, und auf Begehren zum Druck überlassen von Johann Christian Storren, Herzogl. Consistorial Rath, Stifts Predigern und Prälaten des Klosters Herrenalb. – Eßlingen (1767): Hoffmann. 24 S.

– DIE WOLBELOHNTE TREUE IN DER LIEBE JESU bei der Leich der ... Maria Catharina ... geb. Steinmarken, Herrn Nicolaus Tobias Nolten Ehegattin ... vorgetragen. – Stuttgart 1762 (Vgl. Nr 2783).

– WARUM WIRD VIELEN MENSCHEN DAS WAHRE CHRISTENTUM SO SCHWER? 4. Aufl. – Stuttgart [um 1840]: Evang. Gesellschaft.

– LEICHTER UND GEWISSER WEG ZUM WAHREN CHRISTENTHUM. Zum Druck befördert von Johann Jacob Lamminit. – Memmingen 1751. 32 S.

– EIN WORT DES LEBENS bey der Christlichen Beerdigung Frauen Louise Charlotte geb. Paulin weil. Jacob Schmidmajers in Berlin Wittwe, von M. Johann Christian Storr. – Stuttgart 1750.

– Worte Gottes bei der LEICHBEGÄNGNIS DES WILHELM GOTTLIEB TAFINGERS. – Stuttgart 1757.

– WORTE DES LEBENS AUS DER AUFERSTEHUNG UND HIMMELFAHRT JESU CHRISTI in 40 Reden nach der Harmonie der vier Evangelisten, sowohl in Absicht auf den richtigen Verstand der Worte als die nöthige Anwendung auf das Herz in hiesiger Fürstlichen Hof-Capelle öffentlich vorgetragen und samt der richtigen harmonischen Geschichte zum Druk überlassen von M. Johann Christian Storren. – Tübingen: Cotta 1757. XXII, 628, 16 S.

— Worte des Lebens aus d. Auferstehung u. Himmelfahrt Jesu Christi, in 40 Reden, nach d. Harmonie der 4 Evangelisten. 4. Tübing. 758. v. Cotta. 1 ß

Storr, K. Ch., s. Storr, Gottlieb Konrad Christian

Storr, Ludwig

— Diss. inaug. medica exponens Amenorrhoeae metrosympathicae exemplum. 4. Tübing. 801.

— über die Natur u. Heilung der Lungenschwindsucht. gr. 8. Stuttg. 809. Steinkopf. 14 gr.

Storr, Edw., († d. 23. Dec. 1813.) Untersuchung üb. den Begriff der Natur u. Heilbedingungen der Hypochondrie. gr. 8. Stuttg. 805. Sonnewald. 18 gr.

Storr, Wilhelm Ludwig

— Abhandl. von Rechnungs- u. Rechnungsabhörgeschäften. 8. Tübing. 790. v. Cotta. 5 gr.

— vermischte Anmerkk. üb. Gegenstände der Würtemberg. Oberamtspraxis. 8. Tübing. 791. v. Cotta. 12 gr.

Storr, Wilh. Ludw., Aufsätze theolg. u. moral. Inhalts. 8. Tübing. Schramm (Heerbrand) 793. — 6

Storr, Wlh. Ldw., († d. 4. Nov. 1804.) Aufsätze, theolog. u. moral. Inhalts. 8. Tübing. 793. Schramm. (Osiander.) 8 gr.

Storr, W. L.: Vermischte Bemerkk. üb. Gegenstände d. Würtemb. Oberamtspraxis; nebst e. Anh. dahin einschlag. Gesetze. *Tübingen*, Cotta. 791. 8. (14 Gr.)

– Diss. exegetica in librorum N. T. historicorum aliquot loca, s. Storr, Gottlob Christian

Storr, Wilhelm Ludwig (Stuttgart) A. S. 566/5

Dissertatio inauguralis juridica de juribus et obligationibus uxoris vel repudiato vel denegato beneficio renunciandi communioni bonorum, maxime secundum jus Würtembergicum. Präs. Eberhard Christoph Canz. Tübingen (Sigmund) III. 1772. 38 S. 33779

Storr, W. L.: Jurist. Literatur d. Deutschen von 1771—80. *Dessau*, Gel. Buchh. (*Frcf. a. M.*, Varrentrapp.) 782—87. 3 Thle. 8. (2 Thl. 14 Gr.)

Storr, Wilh. Ludw.: Juristische Litteratur der Teutschen von 1771 bis 1780 e. Beitr. zur Kenntnis jurist. Bücher. Th. 1—3. Dessau, (Th. 3.:) Frankfurt a. M. 1783—87.

— jurist. Literatur der Deutschen von 1771—1780. 3 Thle. 8. Dessau u. Frkf., a. M. 783—87. Varrentrapp. 2 rthl 14 gr.

— Privatentwurf einiger Eidsformulare, vorzügl. für Würtemberg. Commundiener. 8. Tübing. 790. Schramm. 5 gr.

— v. Rechnungs- u. Rechnungsabhörgeschäften. 8. Tübing. Cotta. 790. — 5

— s. G. C. Storr, vom sel. Zustande.

— was tröstet uns vorzügl. beim Sterben unserer Lieben. 8. Tübing. 790. v. Cotta. 5 gr.

Storre, Heinrich Anton (Hildesheim) A. S. 143/33

Disputatio juridica de actionibus contra magistratum vel judicem instituendis. Altdorf (Kohles) V. 1708. 82 S. 33780

Storren, F. v., hannover. militair. Journal rc., s. Journal.

Störring, Gustav. Einführung in die Erkenntnistheorie. Eine Auseinandersetzung mit dem Positivismus und dem erkenntnistheoretischen Idealismus. VI + 330 S. 8. Leipzig, Wilhelm Engelmann, 1909. [M. 6. —]

Störring, Gust., die Erkenntnistheorie v. Tetens. Eine historisch-krit. Studie. gr. 8. (VIII, 160 S.) Leipzig 901. W. Engelmann. n. 4. —

Störring, Gustav. Ethische Grundfragen. Teil 1: Darstellung und kritische Würdigung der moralphilosophischen Systeme der Gegenwart; Eigenes Moralprinzip. Teil 2: Rechtfertigung der Forderung sittlichen Lebens. Von Dr. G' St', ord. Professor ... [in] Zürich. VIII + 324 S. 8. Leipzig, Wilhelm Engelmann, 1906. [M. 6. —]

Störring, Gustav. Moralphilosophische Streitfragen. Teil 1: Die Entstehung des sittlichen Bewusstseins. Von ... Gustav Störring, ord. Professor ... [in] Zürich. VIII + 152 S. 8. Leipzig, Wilhelm Engelmann, 1903. [M. 4. —]

Vorlesungen über Psychopathologie in ihrer Bedeutung für die normale Psychologie mit Einschl. d. psycholog. Grundlagen d. Erkenntnistheorie von Dr. Gustav Störring, Privatd., Leipzig. Mit 8 Fig. im Text. *Leipzig: W. Engelmann 1900.* (VIII, 408 S.) 8° [oo. 7320

Störring, Gustav Wilh. [Dr. phil., I. Assistenzarzt a. d. psychiatr. Klinik zu Leipzig]: Aus d. physiolog. Institut d. Univ. Berlin. Experimentelle Beiträge zur Thermodynamik des Muskels ... Leipzig, *Druck v. Metzger & Wittig*, 1897; 23 S. 8.
Würzburg, Med. Fak., Inaug.-Diss. v. 1897

Störring, Gustav Wilh. [Dr.]: Zur Lehre vom Einfluss der Gefühle auf die Vorstellungen und ihren Verlauf ... (Aus: Wundt, Philos. Stud., Bd. XII.) Leipzig, W. Engelmann, 1896. 52 S. 8.
Leipzig, Phil. Fak., Hab.-Schr. v. 2. Mai 1896

Störring, Gustav Wilh. [aus Voerde in Westfalen]: John Stuart Mill's Theorie über den psychologischen Ursprung des Vulgärglaubens an die Außenwelt. ... Halle a. S. (Buchdr. v. Knoll & Wölbling, Berlin) 1889; 37 + 1 S. + 1 Bl. 8.
Halle, Phil. Fak., Inaug.-Diss. v. 24. Jul. 1889

Storrs, Henry E. On the Presence of Methyltoluol in commercial Xylol, and Investigations upon some of the Derivatives of Isophtalic Acid. Goettingen, 1869.

Stort, Bruno (geb. Berlin 27. 10. 1851): Ueber das Sarkom und seine Metastasen. Berlin (1877). (32 S.) 8°
Berlin, Med. Diss. v. 11. Okt. 1877

Störtebecker, Klaus, der gefürchtete Herrscher der Meere. 60 Nrn. (à 32 S.) gr. 8. Berlin (908. 09). Verlagshaus f. Volksliteratur u. Kunst. à Nr. — 10

Störtebeker Störtebeker und Jödge Michaels. Erster [u. 2.] Theil. In einem Singe-Spiel ... vorgestellt. Hamburg 1707. V: *Hotter.* (Grässe, Trésor. VII, S. 383.)

Stortenbeker, W., De conditione Siciliae, provinciae, Romanae, Caio, Verre praetore. Diss. 1861. 82 S. 1.50

Störung, geistige, od. Sinnlichkeit? Sachliche Darstellung u. krit. Beleuchtg. des Ehedramas im sächs. Königshause. (Umschlag: Geistige Störung od. Lüsternheit! Der Fall Kronprinzessin Louise u. Giron.) Von Graf Adalb. Edler v. Z . . . r. (48 S.) 8. Leipzig (903). Verlags-Anstalt M. Minde. — 60

Störung, über die, der Gewissensruhe. gr. 8. Wien 844, Mechitaristen-Congregat.-Buchh. geb. 1/3 ₰

Störungen, die, im deutschen Wirtschaftsleben während der J. 1900 ff, s. a. Schriften des Vereins f. Socialpolitik.

Die **Störungen** im deutschen Wirtschaftsleben während der Jahre 1900 ff. Vom Ver. f. Socialpolitik hrsg. Bd 1–7. Leipzig: Duncker & Humblot 1903. 7 Bde 8° [F.]
1. Textilindustrie. 2. Montan- u. Eisenindustrie.
3. Maschinenindustrie. Elektrotechn. Industrie. Schiffsbaugewerbe. Papierindustrie.
4. Verkehrsgewerbe. 5. Die Krisis auf d. Arbeitsmarkte.
6. Geldmarkt. Kreditbanken.
7. Hypothekenbanken. Immobiliarverhältnisse. Baugewerbe.
— **Schriften** d. Vereins f. Sozialpolitik. 105–111. [08. 7025]

Die **Störungen** im deutschen Wirtschaftsleben während der Jahre 1900 ff. in ihren Rückwirkungen auf die industriellen, Effekten- u. Geldmarktsverhältnisse Österreichs. (Vorr.: Prof. Dr. Robert Zuckerkandl.) *Leipzig: Duncker & Humblot 1903.* (XIV, 261 S.) 8° [F.]
— **Schriften** d. Vereins f. Sozialpolitik. 112. [04. 459]

Story, the, of Alladdin or the wonderlamp. An arabian tale. Hersg. u. mit einem vollständ. bezifferten Wörterbuche versehen von M. Silberstein. Quedlinburg 866. Basse. 8. (IV, 164 S.) 12½ ngr.

Story, the, of Elizabeth, s. Collection of British Authors.

Story, the, of Sindbad the Sailor, s. a. Authors, English.

— the, of Sindbad, the sailor. Eine anziehende, leichte Lectüre für Schulen und Institute. Mit einem vollständigen, bezifferten Wörterbuche von S. Maurer. Quedlinburg 863. Basse. 8. (80 S.) 7½ ngr.

—— the, of the sisters, who envied their younger sister, s. Authors, English.

— of a penitent soul, s. a. Collection of British authors.

The **Story** of a penitent soul. Being the private papers of Mr. Stephen Dart, late minister at Lynnbridge in the county of Lincoln. Copyr. ed. Leipzig: Tauchnitz 1892. 288 S. 8°
(Collection of British Authors. Tauchnitz Ed. Vol. 2860.) [11. 1410]

Story, Jos., Commentaries on the Conflict of Laws, foreign and domestic, in regard to Contracts, Rights, and Remedies, and especially in regard to Marriages, Divorces, Wills, Successions, and Judgements. gr. 8. Edinburgh 835. (Hamburgh, Nestler et Melle) 8⅔ ₰

Story's, Jos., englisches u. nordamerikan. Wechselrecht. Deutsch bearb. u. mit Vorrede u. Anmerkgn. begleitet von Geo. Carl Treitschke. gr. 8. (17¼ B.) Leipzig 845, Hinrichssche Buchh.

Story, W. E.: On the algebraic relations existing between the polars of a binary quantic. Leipzig, Diss. 1875

Story-book, the schoolboy's first. A preparation for speaking and writing the English language. Being a collection of easy tales and anecdotes. 856. (VII, 80 S.) — 2. edit. improved and revised. Bremen 858. Geisler. 8. (VIII, 87 S.) n. 8 ngr.

Story-book, the schoolboys first. A preparation for speaking and writing the English language. Being a collection of easy tales and anecdotes. 3. edit. 860. — 4. edit., revised and corrected. Bremen 863. Geisler. 8. (VIII, 96 S.) n. 8 ngr.

Reisebriefe aus Westafrika u. Beiträge z. Entwickelung d. deutschen Kolonien in Togo u. Kamerun. Hrsg. von Chr[istian] **Storz**, M. d. R. Stuttgart: J. Heß 1906. (75 S.) 8° [F.] [06. 997]

Storz, Heinr., Preis-Liste der Bau-Gewerbe in Württemberg. Unter Mitwirkung von Fachgenossen zusammengestellt. gr. 8. (V, 145 S.) Stuttgart 881. Wittwer. n. 2.80

STORZ, Hugo, Apotheker. Ehe und Wohlstand. Ein Beitrag zur Löfung der fozialen Frage. Berlin, Hugo Storz (um 1910). 8°.
Verb. d. Ldg. III Berlin B. 5 J. 116/10.

Storz, J., Handbuch der Wissenschaftslehre od. die Lehre vom Vorstellen, Denken, Erkennen u. Wissen. Nach den besten Quellen bearb. gr. 8. (VIII, 317 S.) Tübingen 886. Fues. n. 5. —

Storz, J., die Philosophie des heil. Augustinus. gr. 8. (VI, 260 S.) Freiburg i/Br. 882. Herder. n. 4. —

Storz, Ludwig, a. Horb a. N.: Über chlorierte und bromierte Niobate und über chlorierte Tantalate. Leipzig 1907: Metzger & Wittig. (27 S.) 8°
Tübingen, Naturw. Fak., Ref. Wislicenus, Diss. v. 25. Juli 1907
[Geb. 15. Sept. 79 Horb a. N.; Wohnort: Tübingen; Staatsangeh.: Württemberg; Vorbildung: Gymn. Ellwangen Obersekunda, Pharmaz. Staatsprüfung; Studium: Tübingen 10 S.; Coll. 25. Juli 07.]

Storz, Viktor, Justizref. in Stuttgart: Beiträge zur Spezifikationslehre des römischen Rechts und des deutschen bürgerlichen Gesetzbuchs. Stuttgart 1903: W. Kohlhammer. (100 S.) 8°
Tübingen, Jur. Diss. v. 1903

Störzel, das preußische Militär-Medicinalwesen. 1. Thl. Die Krankenpflege u. die Lazarethe im Frieden. Schwerin 868. Hildebrand. gr. 8. (108 S.) n. 20 ngr.

Stoerzel, Adolph[us] Frider[icus]: Theses controversae. Halis (1840): Semmler. 2 Bl. 8°
Halle-Wittenberg, Med. Thesen v. 6. März 1840

Stoerzel, Ad(olphus) Fr(idericus): De Paracelsi vita atque doctrina. Halis 1840: (Semmler). 36 S. 8°
Halle-Wittenberg, Med. Diss., nachgeliefert von dem am [6. März] 1840 auf Thesen promovierten Verf.
Geb. Dargun (Mecklenb.) 1816 [vielmehr: 21. 7. 1815]. V.

Stoerzel, J. G.: De singultu, s. Buechner, Andreas Elias [Praes.]

Storzenbecher, Klaus,. Scenen aus d. hanseatischen Vorzeit. Schsp. in 5 A. 8. Hamb. Vollmer. 804.

Storzewski, H. S. J. Graf von: „Von Renten-Papieren und Papiergeld ohne Renten", Poznaniu 1850. — Vorh.: Com. Bibl. Hamburg.

Was die Heimat erzählt. Sagen, geschichtl. Bilder u. denkwürdige Begebenheiten aus Sachsen. Beiträge z. Sächs. Volks- u. Heimatkunde. Von Fr. Bernh. **Störzner**. Mit Zeichnungen von Prof. O. Seyffert u. Maler F. Rowland. 1. *Leipzig: A. Strauch (1904).* 8° [F.] [04. 1681]

Störzner, Fr. Bernh., wie ist in den Gemeinden der Sinn f. die Geschichte der Heimat zu wecken u. zu pflegen? 2. Aufl. (27 S. m. Abbildgn.) gr. 8. Leipzig (903). A. Strauch. n. — 20

Stosch, Albrecht v.: Denkwürdigkeiten. Hrsg. von Ulrich v. Stosch. Mit 1 Bildn. Stuttgart: D. Verlagsanstalt 1904 [1903].
Aus: Deutsche Revue. Jg. 1902 u. 1903.

Stosch, des Generals u. Admirals, ersten Chefs der Admiralität Albr. v., Denkwürdigkeiten. Briefe u. Tagebuchblätter. Hrsg. v. Ulr. v. Stosch. Mit dem Bildnis Albrecht v. Stoschs. 1.—3. Aufl. (275 S.) gr. 8. Stuttgart 904. Deutsche Verlags-Anstalt. 6. —; geb. n. n. 7. —

Stosch, Aug. Wilh. v., die Frage üb. Contagiosität od. Nicht-Contagiosität d. asiat. Cholera, wissenschaftl. erörtert. gr. 8. (2½ B.) Berlin 831, Duncker u. Humblot.

— s. Karl A. W. Berends, opera posthuma.

Stosch, August Wilhelm von: Versuch einer Pathologie und Therapie des Diabetes mellitus. 235 S., gbd.

Berlin: Duncker 1828

JB 2.481

Stosch, A(ugust)W(ilhelm) (Mitarb.):

s.: Wochenschrift für die gesammte Heilkunde. Jg. 1833/1-2. Berlin: 1833.

JB 6.066

Stosch, Balth. Sig., parentationes allegoricae, verblümte Trauerreden. 8. Lpz. 718. Rthlr. — 8

Stosch, Bernard. (Henr.) (geb. Marienwerder 1827): De stricturis urethrae. Berolini (1851). (29 S.) 8°
Berlin, Med. Diss. v. 10. Dez. 1851

Stosch, Eberhard Heinrich Daniel, s.a. Stosch, I. F.

Stosch, E. H. D., de argumento divinae originis relig. christ. a propagatione ejus. I—III. Frcft. ad V. 1767-69. 4.

Stosch, Ebhrd. Hnr. Dn., († ...) commentatio historico-critica de librorum Novi Testamenti canone. 8. Frankf. a. d. O. 755. (Sander in Berl.) 12 gr

Stosch, E.H.D., commentatio hist. critica de librorum novi Testam. canone. 8. Frcf. Strauss (Acad. Buchhandl.) 755. — 12

Stosch, E. H. D., commentatio hist. critica de librorum Novi Testamenti canone. 8. Francof. a. d. O. 755. Jetzt Flittner.

Stosch, E. H. D., de causis persecutionum a Romanis contra Christianos excitatarum. I—II. Fcft. ad V. 1755. 4.

Stosch, E. H. D., de cura vet. eccl. circa libros sacros N. T. Fcf. ad V. 1749. 4; rep. in ejsd.: De libr. N. T. canone. Ibid. 1755. 8.

— institutiones theologiae dogmaticae. 8maj. Frkf. a. d. O. 779. Strauss. 1 ß

— introductio in theologiam dogmaticam. 8maj. Frankf. a. d. O. 778. (Lauffer in Leipz.) 16 gr

Stosch, E. H. D., de supplicio crucis in persona sponsoris nostri secundum rationes sapientiae divinae convenientissimo. Frcft. ad V. 1759. 4.

Stosch, Ferdinand

— exercitatio critico-litteraria de adlegationibus librorum. 4. Lingen 754.

— antiquitatum Smyrnaearum specimen de nominibus urbis. 4. Lingen 751.

— antiquitatum Thyatirenarum libri II. 8. Zwollae 763.

— *Ἀποστολικὸν ὁλόκληρον*, hoc est tractatus theologicus de epistolis apostolorum non deperditis, quo nullam ex epistolis ab apostolis Jesu Christi exaratis periisse luculenter demonstratur. 8. Gröning. 753.

Stosch, Ferd., compendium archaeologiae oeconomicae N. T. 8 maj. Lips. Fritsch. 769. — 8

Stosch, Fd. I., († d. 17. Aug. 1780.) compendium archaeologiae oeconomicae N. T. 8maj. Leipz. 769. (Hahn). 8 gr

— Fasciculi V coniectaneorum et conlectaneorum. 4. Lingen 753—56.

Stosch, Ferd., Dankpredigt z. Feier d. Siege vor Paris, u. d. Einnahme dies. Hauptstadt. gr. 8. Berlin, Dieterici. 814.

— Dankpredigt zur Feier d. Siege vor Paris u. der Einnahme dieser Hauptstadt. gr. 8. Berl. 814. (Mittler). 3 gr

— ehret den König; e. Predigt. gr. 8. Berl. 807. Maßdorf. 3 gr

Stosch, F., de epistolis apostolorum idiographis. Guelf. 1751. 8.

— tractat. theolog. de epistolis apostolorum idiographis. 8. Wolfenb. 752. Meissner. 4 gr

Stosch, Fd. I., Etwas von der reinen deutschen Aussprache. 8. Lemgo 776. Meyer. 1 gr

Stosch, Fd. II., Fragen an Katechumenen. 8. Berl. 807. Schöne. 16 gr Hbg. Pr. 6 gr

— Gedächtnißpredigt auf den hochsel. Prinzen Friedrich Ludwig Karl v. Preußen. gr. 8. Berl. 797. Maßdorf. 3 gr

— Gedanken von d. apostol. Einfalt in Predigten, sowohl überhaupt, als auch insbesondere in dem äußern Vortrage; an die Bremische deutsche Gesellschaft. 4. Götting. 753.

— Gedanken von dem Neuen in den Predigten, an die deutsche Gesellschaft in Göttingen. 4. Götting. 751.

— das Haus d. Gerechten bleibt stehen. Beim Eintritt des 5ten Jahrhund. der Regier. des Hohenzoll. Hauses gehalten. gr. 8. Berl. 815. Mittler. 3 gr

— neueste Kirchenlieder. 8. Lemgo 772. Meyer.

— s. J. v. Liebenberg.

— primae lineae theologiae revelatae dogmaticae ad praelectiones academicas propaedeuticae. 8maj. Lemgo 772. Meyer. 1 gr

Stosch, Ferd., de terrae motibus Laodicenis in Asia Saec. a. C. n. primo quaed. observatt. Progr. Ling. 756. 4. (8 S.)

— museum criticum, vide Museum.

Stoschii, F., Museum criticum. Lemgov. 775. 2 Vol. 8. 1 rthl.

— Predigt zum Gedächtniß d. wohlsel. Kirchenraths J. G. Gebhard, am 18. Oct. 1807 gehalt. gr. 8. Berl. 807. Mittler. 3 gr

— Predigt am Jahrhundertfeste. gr. 8. Berl. 801. Maßdorf. 6 gr

— Predigt üb. den 119. Psalm, 96. Vers, am 81. Geburtstage der verwittw. Königin v. Preußen gehalten. gr. 8. Berl. 795. Maßdorf. 3 gr

— Predigten u. christl. Betrachtt. 2 Thle. gr. 8. Magdeb. 798—801. (Lauffer in Leipz.) 2 ß 14 gr (2r Thl. A. u. d. T.: Andachten in Predigten u. Betracht.)

— christerbauliche Predigten auf alle Sonn- u. Festtage im Jahre. 4. Potsdam. 727. 1 —

— Predigten zur Beförder. der heilsamen Erkenntniß u. d. rechtschaffenen Wesens. 8. Lemgo 761. Meyer. 6 gr

— zwei Predigten von der christl. Vergebsamkeit. 8. Lemgo 773. Meyer. 1 gr

— s. J. C. Strodtmann, das neue gelehrte Europa.

— summa paedagogiae scholasticae ad praelectiones in theologiam revelatam dogmaticam. 8. Berl. 770.

— syntagma dissert. VII, de nominibus totidem urbium Asiae. 8. Wolfenb. 757. Meissner. 7 gr

Stosch, Fr., über die Thatsächlichkeit der Auferstehung Jesu Christi, mit Rücksicht auf die Ansichten von Renan, Schenkel u. Strauß, zur Beurtheilung ihrer Schriften. Ein Vortrag. Danzig 866. (Anhuth.) gr. 8. (28 S.) n. 7½ ngr.

v. Stosch, Friederike, u. Henriette v. Hackewitz, Hülfsbuch für die Wirthschaft in der Stadt u. auf d. Lande. 8. Greifsw. 827. (Koch). 10 gr

Stosch, Friedrich [aus Danzig]: Über diejenigen Unicursalcurven, deren Bogen eine algebraische Funktion der rechtwinkligen Koordinaten ist. . . . Guben, Druck v. A. Koenig, 1891; 52 S. 8° Erlangen, Phil. Fak., Inaug.-Diss. v. 1891

Stosch, Friedrich: Über diejenigen Unicursalcurven, welche nicht die Maximalzahl $\frac{(n-1)(n-2)}{2}$ von Doppelpunkten besitzen. 4 (VIII S.). Progr. G., Rg. u. Rsch. Guben 1898

Stosch, G., die Amortisation der schlesischen Pfandbriefe. gr. 8. (8 B.) Breslau 843, Gosohorsky's Buchh.

Stosch, G.: De ascetis. – Viteb. 1703.

[F.] Die Augenzeugen des Lebens Jesu. E. Beitr. z. Evangelienfrage v. Georg Stosch, Pastor ... in Berlin. *Gütersloh: C. Bertelsmann 1895.* (VII, 299 S.) 1 Bd 8. [96. 1328

—— und W. Kellner, zur Belebung des Missionssinnes. Eine Ansprache von G. St. und ein Vortrag von W. K. Hrsg. vom Vorstand der braunschweig. Missionskonferenz. gr. 8. (38 S.) Braunschweig 888, Grüneberg's Buchh.

Stosch, Geo., Briefe üb. die Offenbarung St. Johannis. Den Liebhabern der Hoffng. als e. Beitrag zum Verständnis dieses Buches der Hoffng. gewidmet. 8. (VIII, 320 S.) Gütersloh 892. C. Bertelsmann. n. 3. 60; geb. n. 4. 50

Der geistliche Charakter Davids. Von Lic. G[eorg] Stosch, Pfarrer zu Berlin. *Gütersloh: C. Bertelsmann 1903.* (VI, 258 S.) 8° [F.] = Stosch: Altestamentl. Studien. T. 6. [03. 4387

Stosch, Geo., das Deuteronomium, s.: Schroeder, Fr. Wilh. J.

— d. pastoraltheolog. Ertrag d. Bergpredigt. Vorlesgn. auf d. Weferlinger theolog. Kursus. gr. 8. (29 S.) Berlin 898. Wiegandt & Grieben. n. — 60

Stosch, Geo., der innere Gang der Missionsgeschichte in Grundlinien gezeichnet. (V, 275 S.) gr. 8. Gütersloh 905. C. Bertelsmann. n. 4. —; geb. 4. 80

— für heilige Güter. Aphorismen zur geschichtl. Rechtfertigg. des alten Testaments. 1.—3. Tauf. (VII, 97 S.) 8. Stuttgart 905. M. Kielmann. n. 1. 60; geb. n. 2. 50

— das Heidentum als religiöses Problem in missionswissenschaftlichen Umrissen. (VI, 165 S.) gr. 8. Gütersloh 903. C. Bertelsmann. n. 1. —; geb. n. 1. 50

— heilige Hoffnung. Predigten, nach dem Kirchenjahr geordnet, in der Klosterkirche zu St. Marienberg-Helmstedt geh. gr. 8. (XII, 368 S.) Ebd. 891. n. 4. —; geb. n. 5. —

— im fernen Indien. Eindrücke u. Erfahrgn. im Dienst d. luther. Mission u. d. Tamulen. gr. 8. (VI, 223 S.) Berlin 896. M. Warneck. n. 2. 80; geb. n. 3. 60

— St. Johannes, d. Apostel, s. a. Handreichung zur Vertiefg. christl. Erkenntnis. Hft. 4.

[F.] St. Johannes, der Apostel. Von Georg Stosch, Pfarrer ... zu Berlin. *Gütersloh: C. Bertelsmann 1897.* (52 S.) 1 Bd 8. = Handreichung z. Vertiefung christl. Erkenntnis. H. 4. [98. 1316

— d. Mission u. d. sociale Frage. M. bes. Berücksicht. d. ind. Verhältnisse. Vortrag, geh. auf d. 11. Jahresversammlg. d. Missionskonferenz in d. Prov. Brandenburg zu Eberswalde. 8. (16 S.) Berlin 895. Buchh. d. Berliner evang. Missionsgesellschaft. n. — 20

— St. Paulus, der Apostel. Eine apologet. Studie. gr. 8. (VII, 232 S.) Leipzig 894. Verlag der Akadem. Buchh. (W. Faber). n. 3. —; geb. 3. 75

[F.] St. Paulus, der Apostel. Von Georg Stosch, Pastor ... zu Berlin. 2. Aufl. *Westend-Berlin: W. Faber & C. 1897.* (VI S., 1 Bl., 210 S.) 1 Bd 8. [97. 1074

— Paulus als Typus f. d. evang. Mission. Vortrag, geh. auf d. Halleschen Missions-Konferenz. [Aus: „Allg. Missions-Zeitschr."] gr. 8. (28 S.) Berlin 896. M. Warneck. n. — 50

Stosch, G., drei Predigten, Weihnachten 1882 in der Klosterkirche zu Marienberg geh. gr. 8. (18 S.) Marienberg i/Braunschw. 883. (Braunschweig, Wollermann.) n.n. — 50

Stosch, Geo., die Prophetie Israels in religionsgeschichtlicher Würdigung. In 3 Tln. (VII, 569) S. gr. 8. Gütersloh 907. C. Bertelsmann. 7. —; geb. 8. —

Stosch, G., die heiligen Sakramente der Kirche Christi. Heilshungrigen Seelen gewidmet. 8. (VIII, 285 S.) Gütersloh 888. Bertelsmann. n. 3. —; geb. n. 3. 60; m. Goldschn. n. 4. —

— die heiligen Sakramente der Kirche Christi. Heilshungrigen Seelen gewidmet. 2. Aufl. 8. (VIII, 285 S.) Ebd. 890. n. 3. —; geb. n. 3. 60; m. Goldschn. n. 4. —

[F.] Die Seele und ihre Geschichte. Meditationen f. d. innere Leben v. Georg Stosch, Pfarrer ... zu Berlin. *Berlin: M. Warneck 1897.* (2 Bl., 168 S., 1 Bl.) 1 Bd 8. [97. 3769

— die Seele u. ihre Geschichte. Meditationen f. das innere Leben. 2. Aufl. gr. 8. (169 S.) Berlin 898. M. Warneck. n. 3. —; geb. in Halbleinw. n. 3. 50; in Ldr. m. Goldschn. n. 4. —

[Umschlagt.:] [F.] Die eigenartigen Seelengefahren, welche den Diakonissenpastoren oder Vorsteherinnen naheliegen. Vortr., geh. auf d. 12. Generalkonferenz d. Diakonissen Mutterhäuser zu Kaiserswerth am 14. Sept. 1898 v. Georg Stosch, Pfarrer ... zu Berlin ... Kaiserswerth a. Rh.: Diakonissen-Anst. [1898]. (12 S.) 1 Bd 8°

— Die apostolischen Sendschreiben, nach ihren Gedankengängen dargestellt. 8 Bde. 8. Ebd. 7.—; geb. 8.50
I. Der Brief des Jakobus. Die Briefe an die Thessalonicher. Der Brief an die Galater. (VI, 128 S.) 908. 2.—; geb. n 2. 50
II. Die beiden Briefe an die Korinther. (III, 182 S.) 910. 2.50; geb. 3. —
III. Der Brief an die Römer. (III, 165 S.) 910. 2.50; geb. 3. —

— Gottes u. Marien Sohn. Geistliche Bilder nach dem Evangelium St. Johannis. 8. (IV, 220 S.) Gütersloh 899. C. Bertelsmann. n. 3 —; geb. n. 3. 60

— alttestamentliche Studien. 1.—4. Tl. 8. Gütersloh, C. Bertelsmann. n. 8. 50; geb. n. 10. 50
1. Entstehung d. Genesis. (VIII, 160 S.) 896. n. 2. —; geb. n. 2. 50
2. Mose u. d. Dokumente d. Auszugs. (III, 167 S.) 897. n. 2. —; geb. n. 2. 50
3. Vom Sinai zum Nebo. (III, 209 S.) 898. n. 2. —; geb. n. 2. 50
4. Israels Heldenzeit. (III, 206 S.) 899. n. 2. 50; geb. n. 3. —

— alttestamentliche Studien. V. Tl.: Die Urkunden der Samuelsgeschichte. 8. (VII, 200 S.) Gütersloh 901. C. Bertelsmann. n. 2. 50; geb. n. 3. —
I.—IV. Tl. Ebd. 896—899. n. 8. 50; geb. n. 10. 50.

— alttestamentliche Studien. VI. u. VII. Tl. 8. Ebd. n. 5. —; geb. n. 6. 10
VI. Der geistl. Charakter Davids. (VII, 258 S.) 903. n. 3. —; geb. n. 3. 60
VII. Das salomonische Zeitalter. (175 S.) 906. n. 2. —; geb. n. 2. 50

Die Weisheit als Seelsorgerin. Betrachtungen f. d. innere Leben von Georg Stosch. Gütersloh: C. Bertelsmann 1906. (94 S.) 8° [F.] [c6. 8484

Die Wirksamkeit des Heiligen Geistes in der apostolischen Zeit und in der Gegenwart. Vortr. auf d. Bielefelder luth. Konferenz geh. von P. Georg Stosch. *Gütersloh: C. Bertelsmann 1900.* (27 S.) 8° [F.] [oo. 7789

Das Salomonische Zeitalter. Von lic. G[eorg] Stosch, Pfarrer zu Berlin. Gütersloh: C. Bertelsmann 1906. (175 S.) 8° [F.]
= Stosch: Alttestamentl. Studien. T. 7. [c6. 16068

Zeitgedanken über die Heilige Taufe. Von Lic. theol. Georg Stosch, Pfarrer zu Berlin. Gütersloh: C. Bertelsmann 1902. (95 S.) 8°

Stosch, H. v., Antwort an Herrn Oberforstrath v. Berg auf seine Betrachtungen über den Einfluß der kleineren deutschen Staaten auf Entwickelung u. Fortschritt des Forstwesens. Stettin 867. Spaethen. gr. 8. (15 S.) n. 5 ngr.

Stosch, Heinrich Sigismund (Küstrin) A. S. 1153/25

Dissertatio medica inauguralis sistens resonitum experientia comprobatum.
Strassburg (Heitz) 1. VIII. 1722. 32 S., 1 Taf.

Gew.: Regierung der Neumark.
Gew.: Philipp Sigismund Stosch (Vater) von Elias Silberrad.
W. v.: Johann Salzmann. 33784

Stosch, Helene, Heimreise von Indien über Palästina, s.: Palmzweige aus d. ostindischen Missionsfelde, Nr. 9.

— wie zwei Kinder d. hl. Land besuchten. gr. 8. (31 S. m. Abb.) Berlin 898. M. Warneck. n.n. — 15

Wie zwei Kinder das heilige Land besuchten. Erzählt von Helene Stosch. Berlin: M. Warneck 1899. (31 S.) 8° [Umschlagt. F.]

Stosch, I., die amtlichen Gutachten, die Verfassung der evangel. Kirche in Preußen betreffend. gr. 8. (31 S.) Stettin 849, (Effenbart's Erbinn. — Nagel.)

Stosch, I. F., s.a. Stosch, Eberhard Heinrich Daniel

Stosch, I. F., institutiones theologiae dogmaticae. 8. Frcf. Strauss (Academ. Buchhdl.) 779. 1 —

— introductio in theologiam dogmaticam. 8. ibid. 778. — 16

Stosch, (I) J. F. W., Lebensbilder, oder: Wohin führt die Anwendung der religiösen Grundsätze der sogenannten protestantischen Freunde? 8. Königsberg i. d. N. 846, (Windolff u. Striese.) 1/2 ₰ — Vergl. auch Stoch, J. F. W. (13/8 B.)

Stosch, J. K., Gedächtnisspredigt auf den K. Preuss. Obristen p. p. Reichsgrafen von Finkenstein. Züllichau (1790). 8.

Stosch, Johannes (geb. Kotzenau in Schles. 11. 1. 1857): Der Hofdienst der Spielleute im deutschen Mittelalter. Berlin 1881. (28 S.) 8°
Berlin, Phil. Diss. v. 5. Febr. 1881

Stosch, Johannes: Theologische Thesen ... zur Erwerbung des Grades eines Lizentiaten der Theologie .... Berlin (1907): G. Schade. (2 Bl.) 4°
Berlin, Theol. Fak., Ref. Seeberg, Diss. v. 27. Nov. 1907
[Geb. 16. Nov. 78 Rosenthal b. Königstein (Kgr. Sachsen); Wohnort: Berlin; Staatsangeh.: Sachsen; Vorbildung: Wilhelms-Gymn. Berlin Reife M. 97; Studium: Berlin, Erlangen, Berlin, Halle, zus. 7 S.; Rig. 16. Nov. 07.]

Stosch, K. v., e. Hilfsbüchlein f. d. Adventsfeier. 12. (64 S.) Diesdorf (895). (Frankfurt a/M., A. Scherigens.) — 50

Stosch, Melchior Friedrich von

Stosch, M. F. v., Genealogia der hochgräfl., freyherrl. und hochadel. Geschlechts derer von Stosch. 2 Bde. Mit 200 Geschlechtstfln. Breslau 1736. fol.

Stosch, Melch. Fr. v., Genealogie d. Hochgräfl. Freyherrl. u. Hochadel. Geschlechts derer v. Stosch, mit Geschlechtstaf. u. K. Fol. Lpz. W. G. Korn. 736. 4 —

v. Stosch, Melch. Frdr. Genealogie des v. Stoschschen Geschlechts. 4. Breslau 1786

Stosch, Samuel Johann Ernst. Auszug aus den kritischen Anmerkungen ähnlich bedeutender Wörter ... [München] 1784. H: *Felner, Ignaz Andreas Anton.* (AarK) »Basel 1783« (Ky)

— krit. Anmerkk. ähnlich bedeut. Wörter, im Auszuge, (v. Ign. Felner). 8. Basel 783. Schweighäuser. 12 gr — Dass. (Nachdruck). 8. Münch. 784. Lentner. 10 gr

Stosch, Sam. Joh. Ernst, Kritische Anmerkungen über die gleichbedeutenden Wörter der deutschen Sprache nebst einem Zusatze u. beygefügten etymologischem Verzeichniss derjenigen Wörter der französischen Sprache, welche ihren Ursprung aus dem Deutschen haben. Frankfurt a. d. O. 1775. 8.

Stosch, Sam. Joh. Ernst, Kleine Beiträge zur nähern Kenntniss der deutschen Sprache. St. 1—3. Berlin 1777—82. 8. (D.)

Stosch, Sam. Jh. Er., († d. 27. Juni 1796.) kleine Beitrr. zur nähern Kenntniß der deutschen Sprache. 3 Stcke u. Register. gr. 8. Berl. 778—82. Mylius. 1 ß 18 gl

— neueste Beitrr. zur nähern Kenntniß der deutschen Sprache, nach sm. Tode hrsgg. v. K. L. Conrad, nebst Register über Stosch's sämmtl. d. deutsche Sprache betreff. Schriften. gr. 8. Berl. 798. Nicolai. 22 gl

— Versuch einer richtigen Bestimmung einiger gleichbedeut. Wörter der deutschen Sprache. 3 Thle. gr. 8. Frkf. a. d. O. 770—773. (1r Thl. 2e Ausg. 777.) gr. 8. Berl. 780. Mylius. 3 ß 20 gl 4r Thl. enthalt. krit. Anmerkk. u. Zusätze üb. die 3 ersten Theile, nebst Universalregister üb. alle 4 Thle. gr. 8. Frkf. a. d. O. 775. gr. 8. Berl. 780. Mylius. 1 ß 4 gl

Stosch, Sam. Joh. Ernst, Versuch in richtige Bestimmung einiger gleichbedeutenden Wörter der deutschen Sprache. Th. 1—4. Frankfurt a. d. O. 1772—1777. 8. . . (D.)

STOSCH S[amuel] J[ohann] E[rnst]. Versuch in richtiger Bestimmung einiger gleichbedeutender Wörter der deutschen Sprache. Tl. 1–3. Trattner, Wien 1785–1786. 4 vol.

— von gleichbedeut. Wörtern, in e. Auszuge, zum Gebr. f. Schulen, von F. T. Bender. 8. Münst. 781. Platvoet. (Coppenrath). 12 gl

Stoschek, Frz., 66 Sprechübungen zur Erlernung der deutschen Umgangssprache in zweisprachigen Volksschulen. 2., verb. Aufl. 8. (VIII, 40 S.) Groß-Strehlitz 892. A. Wilpert. n. — 60

— dasselbe. Handbuch f. den Lehrer. 8. (56 S.) Ratibor 887. Ebd. n. — 50

Stoschek, Frz., Sprechübungen f. zweisprachige Volksschulen zur Erlernung der deutschen Umgangssprache. 3., umgearb. Aufl. 8. (64 S.) Groß-Strehlitz 900. A. Wilpert. n. — 75

Stoschek, Frz., Sprechübungen f. zweisprachige Volksschulen zur Erlernung der deutschen Umgangssprache. 4., verm. Aufl. (64 S.) 8. Groß-Strehlitz 907. A. Wilpert. Kart. — 80

Stosiek, Adam, Kalender f. Gymnasien, Real-Gymnasien, Realschulen etc. auf das Studienj. 1874—75. gr. 16. (66 S.) Prag 874. André. geb. n. 1. 80

Stöfels, Karl, Kinderjahre. 8. Leipz. 798. Junius. 18 gl

Stosiek, Konrad: Das Verhältnis Karls des Großen zur Klosterordnung mit besonderer Rücksicht auf die regula Benedicti. Greifswald 1909: Adler. 73 S. 8°
Greifswald, Phil. Diss. v. 13. Nov. 1909, Ref. Bernheim
[Geb. 25. Juli 84 Slawitz; Wohnort: Altstadt O.-S.; Staatsangeh.: Preußen; Vorbildung: Gymn. Neiße Reife O. 05; Studium: Breslau 7, Greifswald 1 S.; Rig. 20. Juli 09.] [U 10. 1644

Stoskopf, Gustav

Stoskopf, G., Abondglocken. Oper in 2 Aufzügen. Musik v. M. J. Erb. (Textbuch.) 12. (29 S.) Strassburg 900. Schlesier & Schweikhardt. n. — 50

n's Ropfer's Apothek. Schwank in 3 Aufz. von G. **Stoskopf.** 2. Aufl. Straßburg: Schlesier & Schweikhardt 1908. (112 S.) 8° [F.] [08. 981

: Demonstration. Elsäß. Komödie in 3 Akten von G[ustav] **Stoskopf.** Mit e. Deckenzeichnung von P. Braunagel. *Straßburg: Elsäß. Theater 1903.* (126 S.) 8°
Erschien zuerst im Journal d'Alsace (Elsäßer Journal). [04. 460

E Diplomat. E Mordsaffär. 2 Lustspiele in Straßburger Mundart von G[ustav] **Stoskopf.** Mit 7 Ill. von P. Braunagel. 2. Aufl. Straßburg: Schlesier & Schweikhardt 1906. (35 S.) 8° [F.]
Aus: Ill. Elsäss. Rundschau. Jg. 1. 2. [06. 998

D'r verbotte Fahne. Elsäss. Komödie in 3 Aufz. von G[ustav] **Stoskopf.** 2. Aufl. Straßburg: Schlesier & Schweikhardt 1905. (112 S.) 8° [05. 1153

Stoskopf, G., G'schpass u. Ernscht. Gedichtle m. 53 Illüschtratione vun L. Blumer, P. Braunagel, M. Feuerstein etc., m. Muesik vun M. J. Erb un A. Lorentz. Un-ere Deckezeichng. v. Ch. Spindler. 2. Uflaa. 8. (144 S.) Strassburg 898. Schlesier & Schweikhardt. n. 2. 80; geb. n. 3. 50

— d'Heimet, s.: Greber, J.

Stoskopf, G., d'r Hoflieferant. Elsässische Komödie in 3 Aufzügen. 2. Aufl. (108 S.) 8. Strassburg 906. Schlesier & Schweikhardt. n. 1. 50

— d'r Candidat. Luschtspiel in dreij Akt. Mit-e-re Deckezeichng. vun P. Braunagel. 1. u. 2. Uflaa. 8. (à 131 S.) Ebd. 899. 900. n. 2. —

[F. u. Ant.] Luschtigs üs'm Elsass. Gedichtle v. G. **Stoskopf.** M. 51 Illüschtr. v. P. Braunagel . . . Un 1 Deckezeichng v. J. Sattler. 2. Uflaa. *Strassburg: Schlesier & Schweikhardt 1897.* (138 S., 2 Bl.) 1 Bd 8. [97. 158

— Luschtigs üs 'm Elsass. Gedichte. Mit 51 Illüschtratione vun P. Braunagel, Léon Hornecker, F. Laskowsky etc. Un-ere Deckezeichng. vun J. Sattler. 3. Uflaa. 8. (138 S.) Ebd. 897. n. 2. 80; kart. n. 3. 50

— Luschtigs üs'm Elsass. G'schpass un Ernscht. 57 Illustr. v. P. Braunagel, Th. Haas, L. Hornecker u. a. Mit Noten-Beilagen v. M. J. Erb. u. A. Lorentz u. e. Deckenzeichng. v. J. Sattler. (94 S.) 8. Ebd. 905. n. 1. 80; geb. n. 2. 50

Stoskopf, G., Luschtigs üs'm Elsaß. Gedichte in elsäss. Mundart. Mit 85 Abbild. v. L. Blumer, P. Braunagel, M. Feuerstein u. a. Mit Musik v. M. J. Erb u. A. Lorentz u. Deckenzeichng. v. J. Sattler. Neue verm. Aufl. (157 S.) 8. Straßburg 910. Schlesier & Schweikhardt. 2.50; geb. 3. —

— d'r Herr Maire. Luschtspiel in dreij Akt. Mit-e-re Deckezeichng. vun E. Schneider. 8. (VII, 123 S.) Ebd. 898. n. 2. —

— d'r Herr Maire. Luschtspiel in dreij Akt. Mit-e-re Deckezeichng. vun E. Schneider. 3. u. 4. Uflaa. 8. (à VII, 123 S.) Ebd. 899. n. 2. —

D'r Herr Maire. Luschtspiel in dreij Akt vun G(ust.) **Stoskopf.** Mit-e-re Deckezeichn. vun E. Schneider. 5. Uflaa. Strassburg: Schlesier & Schweikhardt 1900. (123 S.) 8°

— D'r Herr Maire. Lustspiel in 3 Aufzügen. Mit 1 Deckenzeichng. v. E. Schneider, 1 Portr. des Dichters u. 7 Abb. der Hauptdarsteller in Lichtdr. 12. Aufl. (VII, 123 S.) 8. Ebd. 909. 1. 50

— d'Millionepartie. Schwank in dreij Akt. Mit-e-re Deckezeichng. vun P. Braunagel. 8. (145 S.) Ebd. 901. n. 2 —

D' Millionepartie. Schwank in 3 Akt vun G[ustav] **Stoskopf.** Mit-e-re Deckezeichnung vun P. Braunagel. 2. Uflaa. Strassburg: Schlesier & Schweikhardt 1902. (145 S.) 8°

D' Müsikantemueter un anderi elsässischi G'schichtle von G[ustav] Stoskopf. Straßburg: Schlesier & Schweikhardt 1910. 77 S. 8°

D'r Prophet. Drama in 5 Aufz. von G[ustav] Stoskopf. *Strassburg: Schlesier & Schweikhardt 1902.* (109 S.) 8° [F.]

— d'Pariser Reis. Schwank in drej Akt. Mit=e=re Deckezeichnung. vun L. Schnug. 8. (140 S.) Ebd. 900. n. 2.—

Stösner, Karl Cph., explicatio vulgaris et orthodoxa locorum ab injuriis recentior. aliquod interpret. vindicata Ebr. I. 3. et Col. I, 17. 4. Leipz. 815. Joachim. 6 gr

Stoesner, Karl Christoph (Querfurt) A. S. 602/40

Quaestio controversi iuris an legati vindicatio et petitio ex testamento elective competat legatario. Präs. Christian Heinrich Breuning. Leipzig (Langenheim) 11. XII. 1775. 8 S. 33705

Stoss', Veit, Biographie u. Charakteristik, s.: Bergau, R.

Stoß, Veit, u. sein Sohn. Schausp. in 5 Aufzgn. (Von M. Schleich.) gr. 8. (128 S. m. 1 Bildn.) München 862. (Rubinverlag.) n. 3. —

Stoss (Hrsg.), s. Zeitschrift für Schweizer. Strafrecht.

Stoss, A.

Stoss, Anleitung zu den Sektionen u. Präparierübungen an unseren Haustieren. gr. 8. (IV, 63 S.) München 889. Rieger. n. 1. 80

Stoss, Anton [Prosect. a. d. k. thierärztl. Hochschule München]: Untersuchungen über die Entwicklung der Verdauungsorgane, vorgenommen an Schafsembryonen. '(Aus d. anat. Institut d. thierärztl. Hochschule München.)' ... M. 100 Abbild. Leipzig, Druck v. J. B. Hirschfeld, 1892; 1 Bl., 32 S., 5 Taf. 8. Erlangen, Phil. Fak., Inaug.-Diss. v. 1892

Sehnsucht. Tagebuchverse aus d. Jugendzeit. Von Hermann Stoss. *Berlin: W. Möller (1900).* (67 S.) 8° [F.]

Die theosophischen Gesellschaften und ihr Verhältnis zur Freimaurerei und anderen ethischen Bestrebungen der Gegenwart von Paul Stoss. Mit Portr. Mit einem Vorw. hrsg. von Rich. Wefers. Hamburg: Kriebel 1907. 66 S. 8°
cf. FZ. 62 (1908) S. 311—312 (R. Bachmann); L. 31 (1908) S. 160 (P. Fischer).

Karma. Von Paul Stoß. Hrsg. von Richard Wefers. Schmiedeberg & Leipzig: Baumann (1910). 35 S. 8°

Stoss, Paul, Prüfungsfragen u. Antworten aus dem österreich. Strafprocess. s. a. Prüfungskandidat, der.

Stoss, P., Prüfungsfragen und Antworten aus dem österr. Strafprozeß. I. Teil. [Der Prüfungskandidat. VIII.] 8°. (140 S.) K 1.80
Wien: Kuppitsch 1907.

Stoss, P., Prüfungsfragen und Antworten aus dem österr. Strafprozeß. II. Teil. [Der Prüfungskandidat. IX.] 8°. (133 S) K 1.80
Wien: Kuppitsch 1907.

— die Wiederverkörperung oder Reïnkarnation. (33 S.) 8. Schweidnitz (904). P. Frömsdorf. n. — 80

Stoß, B., der Thurm=Uhren=Bau auf seiner jetzigen Stufe, s. Rösling, C. W.

Stoss, Wilhelm, Dr.: Die Bedeutung der antarktischen Forschung. *Berlin: R. Gaertner 1899.* (24 S.) 4°
Berlin, Dritte R (HB), OP 1899 (120)

Stoss, Wilh., die Bedeutung der antarktischen Forschung. Progr. 4. (24 S.) Berlin 899 [R. Gaertner.] Weidmann. n. 1.—

Stöß, Jak., Anleitung zur Decimalrechnung, s. Desaga, das Neubadische Maaß u. Gewicht. 2r Thl.

—— Decimalrechnung in angeführt. Beispielen f. Münz-, Maaß- u. Gewichts-Berechnungen aller Staaten d. deutschen Zoll-Vereinigung, vorzügl. zum Gebr. f. Zollbeamte, Handelsleute u. Gewerbtreibende im Großh. Baden. gr. 8. (5 B.) Heidelberg 834, Groos.

Stöß, J., Reductions-Tabellen, enthalt. 1) die französ. Flüssigkeits-Eiche gegen die neue Badische; 2) Litter gegen Maaß, u. die neue Badische Flüssigkeits-Eiche gegen die französ., od. Maaß gegen Litter; 3) die neue Badische gegen die alte Heidelberger Eiche; 4) die alte Heidelberger Eiche gegen die neue Badische. 5) die neue Badische gegen die alte Lauterbacher u. Hemsbacher Flüssigkeits-Eiche; 6) die Lauterbacher u. Hemsbacher Eiche gegen die neue Badische; 7) die alte Manheimer Eiche gegen die Neubadische u. umgekehrt, nach ... Wilb. gr. 8. Karlsr. 831. K. Groos. 6 gr

— der Schnellrechner, oder tabellar. Rechnungswegweiser für den allgemeinen bürgerl. Verkehr bestimmt. gr. 8. Heidelberg 834. Groos. 1/4 ß

Stoess, Ludwig, aus Annweiler: Ein Fall von Cysticercus racemosus des Gehirns. *Erlangen 1901: E. Th. Jacob.* (19 S.) 8°
Erlangen, Med. Diss. v. 31. Juli 1901

Stossberg, Franz, a. Cöln: Die Sprache des altenglischen Martyrologiums. Bonn 1905: S. Foppen. (43 S.) 8° ¶ (Ersch. vollst. im Komm.-Verlage v. P. Hanstein, Bonn.)
Bonn, Phil. Fak., Ref. Bülbring, Diss. v. 16. Mai 1905
[Geb. 14. Sept. 78 Seelscheid (Kreis Siegburg); Heimatsort: Cöln; Staatsangeh.: Preußen; Vorbildung: Friedr.-Wilh.-Gymn. Cöln Reife O. 00; Studium: Bonn 9 S.; Rig. 30. Nov. 04.]

Stossberg, Frz., die Sprache des altenglischen Martyrologiums. (168 S.) gr. 8. Bonn 905. (P. Hanstein.) n. 4. —

Stössel, Joh. Dr. phil. Zum Andenken an Dr. J. St. (1856—95). Zürich 1895.

Stößel, Bibelworte zum Gebrauch bei Gelegenheitsreden, gesammelt. 12. (VIII, 86 S.) Frankfurt a/M. 889. Kauffmann. n. 1. 20

Stößel, Festpredigt zur Feier des 25jähr. Amtsjubiläums. Geh. v. demselben am Schlußfest (Sch'mini Azereth), 11. X. 1906. (16 S.) kl. 8. Stuttgart (906). R. Kaufmann. n. — 30

Stössel, Abraham, aus Russland (Wilno): Ein Fall von Ileus bei einer Wöchnerin mit glücklichem Ausgang. Basel 1906. 20 S. 8°.
Basel. Med. Diss. 1905/1906.

Stössel, Abraham. Ein Fall von Ileus bei einer Wöchnerin, mit glücklichem Ausgang. Diss. Med. Basel. 19 S. 8. Basel, Friedrich Reinhardt, 1906.

Stoeßel, Alfr., Brandung. Novelle. 8. (151 S.) Leipzig 895. R. Friese, Sep.-Cto. n. 2. —

[F.] Freunde. Roman v. Alfred Stössel. *Leipzig: R. Friese 1896.* (2 Bl., 293 S.) 1 Bd 8. [98. 6436 Gr

— das Haus d. Leiden. Novellen. 2. [Titel-] Aufl. d. „Schwarzen Märchen" v. Loth. Bitter. 12. (V, 155 S.) Ebd. (886) 898. n. 1. 50

— Mutter u. Tochter. 13 Briefe u. 1 Postkarte, gesammelt v. S. 8. (45 S.) Berlin 897. Kritik-Verlag. n. 1. —

Stössel Alfred: Der Verwaltungszustand Oesterreichs im Jahre 1620.
H. 1882 PN 242 Diss. Wien, Univ. 674

Stössel, Christian [aus Coburg]: Die Bilder und Vergleiche der altprovenzalischen Lyrik nach Form und Inhalt untersucht .... Marburg, Druck v. Joh. Aug. Koch, 1886; 91 S. + 1 Bl. 8°.
Marburg, Phil. Fak., Inaug.-Diss. v. [30. Nov.] 1886.

Stössel, Christian, die Bilder und Vergleiche der altprovenzalischen Lyrik nach Form und Inhalt untersucht. Diss. Marburg 1886, N. G. Elwertsche Univ.-Buchh. 8°. 94 ℳ.

Stößel, Edwin, Darstellung, Kritik u. pädagogische Bedeutung der Herbartischen Psychologie. Kann Herbarts Psychologie als ausreichende Grundlage der pädagog. Methodologie gelten? Eine krit. Untersuchg. Hrsg. v. Alfr. M. Schmidt. (XVI, 231 S.) gr. 8. Altenburg [Th. Unger] 907. Leipzig, J. Klinkhardt. 3. —

Stoeßel, Erich, a. Berlin: Die Schlacht bei Sempach. (Gräfenhainichen 1905: C. Schulze. (75 S.) 8° ¶ [Erschien gleichzeitig im Verlage von G. Nauck in Berlin.]
Berlin, Phil. Fak., Ref. Delbrück, Diss. v. 11. Okt. 1905
[Geb. 27. Dez. 83 Berlin; Wohnort: Berlin; Staatsangeh.: Preußen; Vorbildung: Luisenstädt. Realgymn. Berlin Reife O. 02; Studium: Berlin 6 S.; Rig. 31. Juli 05.]

Stoessel, Erich, die Schlacht bei Sempach. Diss. (75 S.) gr. 8. Berlin 905. G. Nauck. n.n. 1. 50

Stoessel, F., die Eisenbahn-Fahrzeuge. Ihr Bau und ihre Benutzung. Ein Handbuch für Techniker, Mechaniker und Eisenbahnbeamte. Mit 95 in den Text gedr. Holzschn. Berlin 864. J. Springer. 8. (VIII, 164 S.) n. 27 ngr.

Stössel, F., Die freie Gesellschaft. Versuch einer Schlichtung des Streites zwischen Individualismus und Socialismus. 8°. Chemnitz 1881.

Stoessel, H., Epistolae Platonicae et Dionis vita Plutarchea quomodo cohaereant. Diss 1876. 88 S.

Stoessel, J., die Ausgaben des schweizerischen Bundes und der Kantone im J. 1864. gr. 8. (77 S. mit 1 Tab. in Fol.) Bern 865, (Dalp'sche Buchh.) *
Aus: Zeitschrift für schweizerische Statistik, besonders abgedruckt.

Stössel, Joh[annes], von Bäretsweil [Kt. Zürich]: Ueber das durch variable Inductionsströme in weichem Eisen inducirte magnetische Moment. Zür. Zürcher u. Furrer Dr. 1885. 35 S., 3 Taf. 8°.
Zürich, Phil. Diss. [v. 19. Dec. 1884].

Stössel, Johannes, von Bäretsweil [Kt. Zürich]: Die stillschweigende Willenserklärung nach römischem Rechte. Zürich 1859: Orell Füssli Cie Dr. 2 Bl., 55 S., 1 Bl. 8°
Zürich, Jur. Diss. v. 17. Aug. 1859.

Stoessel, Jules. Mir nach! Fest-Marsch für das eidgen. Unteroffiziersfest 1903 in Bern componirt und dem Organisations-Comitee gewidmet. Ausgabe für Klavier. [Titel illustriert.] 5 S. 4. Bern und Freiburg, Otto Kirchhoff. fr 1. 50

Stößel, Mor., biblische Geschichte zum Gebrauche für den israelitischen Religions-Unterricht an Gymnasien u. Realschulen. 1. Heft. Für die erste Classe des Unter-Gymnasiums u. der Unter-Realschule. Brünn 857. Winiker. gr. 8. (VIII, 131 S.) n. 14 ngr.

Stößel, Mor., biblische Geschichte zum Gebrauche für den israelitischen Religions-Unterricht an Gymnasien u. Realschulen. 2. Heft. Für die zweite Klasse des Unter-Gymnasiums und der Unter-Realschule. Brünn 858. Winiker. gr. 8. (IV, 144 S.) n. 18 ngr.

Stössen [Schlagwort]

Stössen, s.: Preussen. Messtischblätter.

Stösser, v., über Arbeiter-Kolonien. Vortrag, gehalten am 26. März 1884 im Rathhaus-Saale zu Karlsruhe. gr. 8. (19 S.) Karlsruhe 885, (Braun'sche Hofbuchh.)
Aus: Karlsruher Zeitung, besonders abgedruckt.

[F. u. Ant.] Aus den Papieren eines schlesischen Landedelmannes. Erzählgn v. Erdmann Christian [d. i. Guido v. Stösser] ... *Breslau: E. Trewendt 1896.* (2 Bl., 232 S.) 1 Bd 8. [96. 8263

Stoesser, Johann Gottfried (Strassburg) A. S. 627/48

Dissertatio inauguralis juridica exhibens differentias juris statutarii Argentinensis et juris civilis Justinianei in materia concursus creditorum. Strassburg (Piescker) 27. V. 1732. 46 S.

Gew.: Stiftung Schenckbecher. 33707

Arnoldi, Joh. Conr. [Präs.] u. Jo. Rud. Stoesser [Resp.]
Ἀνακεφαλαίωσις praelectionum theologicarum ex compendio Theologiae Positivae Baieriano, in usum auditorii collecta. Spec. I. de Theologia et speciatim naturali.
Giss. 1732. 4.

Arnoldi, Joh. Conr. [Präs.] u. Jo. Rud. Stoesser [Resp.]
Ἀνακεφαλαίωσις praelectionum theologicarum ex compendio Theologiae Positivae Baieriano, in usum auditorii collecta. Spec. I. de Theologia et speciatim naturali.
Giss. 1732. 4.

Stoesser, K. v., s.: Annalen der großh. bad. Gerichte.

Stoesser, K. v., u. M. Heinsheimer. Führer durch die deutschen Reichs-Justiz-Gesetze tabellarisch dargestellt für Richter, Anwälte u. Gerichtsschreiber. Fol. (40 S.) Mannheim 879. Bensheimer. n. 1. 50

Stoesser, K. v., die Stellung der weltlichen Mitglieder in der evangel. Kirchengemeinde, s.: Bassermann, H., unsere Stellung zur hl. Schrift.

[F.] Die Badische Kirchenratsinstruktion v. 6. Juli 1797 u. d. Lehrfreiheit der Geistlichen d. evang. Kirche. E. Beitr. z. Kenntnis d. bad. kirchl. Einrichtgn v. Dr. theol. Ludwig v. Stössor, ... Ministerialpräsid. a. D. ... *Freiburg i. B. & Leipzig: J. C. B. Mohr 1897.* (48 S.) 1 Bd 8. [97. 1369

Stösser, Ludw. v., d. badische Kirchenratsinstruktion v. 6. VII. 1797 u. d. Lehrfreiheit d. Geistlichen d. evang. Kirche. E. Beitrag zur Kenntnis d. bad. kirchl. Einrichtgn. 8. (48 S.) Freiburg i/B. 897. Tübingen, J. C. B. Mohr. n. — 75

Stoesser, M. A., Lehrkarten zum Schlittschuhlaufen. Kurzgefasste Anleitg., die Kunst d. Schlittschuhlaufens zu erlernen. 20 Karten m. 40 Zeichngn. 16. Baden-Baden 890. Sommermeyer. In Schuber. n. 2. —

Valentin Stösser. Lateinische Deklination der Substantiva und Adjektiva auf Grund der Ergebnisse der vergleichenden Sprachforschung. 54 S. Baden, P 1872

Stoesser, Valent., Grabstätten u. Grabinschriften der badischen Regenten in Linearabstammung v. Berthold I. Herzog v. Zähringen 1074—1811. (XLV, 171 S. m. 11 Lichtdr.-Taf.) gr. 8. Heidelberg 903. C. Winter, Verl. n. 8. —; geb. n. 10. —

Stösser, Valent. Katalog der Lehrerbibliothek des großherzogl. Gymnasiums in Baden. 66 S. 8. **Progr.** *Baden* 1884.

Stoesser von Lilienfeld, Johann Ludwig (Strassburg)
A. S. 733/1

Disputatio iuris gentium de auspicio regum.
Präs. Johann Peter Ludewig.
Halle (Gruner) 20. I. 1701. 174 S. 33709

Stoesser von Lilienfeld, Johann Ludwig (Strassburg)
A. S. 193/20

Dissertatio iuris gentium, de auspicio regum.
Präs. Johann Peter Ludewig. Rec.
Halle (Grunert) 1736. 174 S.

Diss. 20. I. 1701. 33710

Stoßfechtschule, deutsche, nach Kreußlerschen Grundsätzen. Zusammengestellt u. hrsg. vom Verein deutscher Fechtmeister. 12. (XIV, 104 S. m. 42 Abbildgn.) Leipzig 892. J. J. Weber. In Leinw. kart. n. 1. 50

Stossfechtschule, Deutsche, nach Kreusslerschen Grundsätzen. (104 S)
(Webers illustrierte Katechismen 228) Leipzig 1902

Stossich Michael: Beiträge zur Entwicklungsgeschichte der Chaetopoden (mit 2 Taf.). S. 77. I. 883 . . . . 1. —
Separatabdruck

Stossich, Mich., Beiträge zur Entwickelungsgeschichte der Chaetopoden. [Mit 2 (lith.) Taf.] [Aus: „Sitzungsber. d. k. Akad. d. Wiss.“] Lex.-8. (12 S.) Wien 878. (Gerold's Sohn.) n. 1. —

Stössl, Adf., üb. den Gebrauch der Bäder im Kindesalter. Eine hygien. Studie. 8. (VII, 190 S.) Wien 875. Braumüller. n. 4. —

— Semiotik u. Untersuchung d. Kindes. Für Aerzte u. Studierende. gr. 8. (X, 432 S.) Stuttgart 875. Enke. n. 8. —

Stoeßl, Otto, Egon u. Danitza. Eine Erzählg. (164 S.) kl. 8. München 911. G. Müller. 3.—; geb. n 4. —

Stoessl, Otto, tote Götter, s.: Scheu, Rob.

Stoessl, Otto, Gottfried Keller, s. a. Literatur, die. 10. Bd.

Stoessl, Otto. Gottfried Keller. Mit einer Heliogravüre, zehn Vollbildern in Tonätzung, zwei [*d. i.* drei] Faksimiles [= 14 Tafeln] und einigen Vignetten G' Kellers. VIII + 82 S. 8. Berlin, Bard, Marquardt & Co., [1904]. (cart. M. 1. 25, geb. 2. 50)
Die Literatur. (Sammlung illustrierter Einzeldarstellungen.) Hrg. von Georg Brandes. (Band 10.)

— Kinderfrühling, s. a. Bibliothek Bard. 16. u. 17. Bd.

Kinderfruehling von Otto **Stoessl**. Novellen. Umschlagzeichnung u. Buchschmuck von Heinrich Vogeler-Worpswede. Berlin: Bard, Marquardt & Co. 1904. (142 S.) 8°
= **Bard**, Bibliothek. Bd 16. 17. [05. 2198

— Lelle. Novelle. 8. (140 S.) Berlin 898. Vita, deutsch. Verlagshaus. n. 2. —; geb. n. 3. —

— In den Mauern. Erzählung. (318 S.) 8. Berlin 907. J. Bard. 4.—; in Pappbd. 5. —

— Conrad Ferdinand Meyer, s. a. Literatur, Die. 25. Bd.

Stoessl, Otto. Conrad Ferdinand Meyer. Mit dreizehn [*d. i.* 14] Vollbildern und einem Faksimile [= 15 Tafeln]. IV + 70 S. 8. Berlin, Bard, Marquardt & Co., [1906]. ([cart.] M. 1. 25, [geb. 2. 50])
Die Literatur. (Sammlung illustrierter Einzeldarstellungen.) Hrg. von Georg Brandes. (Band 25.)

— Sonjas letzter Name. Eine Schelmengeschichte. (314 S.) kl. 8. Ebd. 908. 4.—; geb. 5. —

Stoeßl, Otto, Adalbert Stifter. (Eine Biographie.) 8. (S. VII–XXIII.) Berlin (902). A. Weichert. 1. —
Sonderabdruck aus: „Stifters Werke“.

— Negerkönigs Tochter. Eine Erzählg. (172 S.) 8. Ebd. 910. 8.—; geb. 4. —

— Waare, s.: Scheu, Rob.

Stößler, Johann: Die Psychologie des Josef ibn Zaddik systematisch dargestellt u. auf ihre Quellen untersucht.
H. 1906 PN 1984
Diss. Wien, Univ.

Stossmeister, Ad(olphus) Fr(idericus) Leop(oldus): De tuberculosi. Halis Saxonum (1858): Orphanotropheum. 31 S. 8°
Halle-Wittenberg, Med. Diss. v. 18. Dez. 1858
Geb. Mühlhausen (Thür.) [27. 1. 1830]. V.

Stossmeister, (Joan.) Henr. (Frid. Christophorus) (geb. Silpke in d. Altm. 1811): De sclopetariis vulneribus. Berolini (1850). (38 S.) 8°
Berlin, Med. Diss. v. 17. Aug. 1850

Stössner, Gedächtnisrede auf den am 24. I. 1867 verstorbenen Direktor und Professor E. A. Bach. Annaberg.
Schul-/Univ.-Schrift 1867

Stößner, A., Beiträge zur experimentellen Didaktik. (47 S.) gr. 8. Leipzig 906. J. Klinkhardt. n. — 60
Sonderabdruck aus: „Allgem. deut. Lehrerztg.“

— das Experiment im Psychologieunterrichte des Seminars, s.: Beiträge zur Lehrerbildung u. Lehrerfortbildung. 28. Heft.

Stössner, Arthur, aus Dresden: **Pallas' Ansichten** über einzelne Kapitel der physischen Erdkunde. Ein Beitrag zur Geschichte d. Geographie. *Eibau i. S. 1900: A. Mehnert.* (V, 53 S.) 8°
Leipzig, Phil. Diss. v. [1. März] 1900

Stössner, Arth., Lehrbuch der pädagog. Psychologie. Auf Grundlage der physiologisch-experimentellen Psychologie bearb. Mit 28 Fig. im Text u. zahlr. Anwendungsaufgaben. 2. verb. Aufl. (VIII, 232 S.) gr. 8. Leipzig 910. J. Klinkhardt. 3.40; geb. in Leinw. 4. —

Stößner, C. B., s. Stößner, Karl Benedikt

Stössner, C. C., explicatio vulgaris et orthodoxa Locorum Ebr. I. 3. et Col. I, 17. ab injuriis recentiorum aliquod interpretum vindicata. 4. Lipsiae, Joachim. 815. — 6

Stössner, C. F., de Jesu novo legislatore. Lips. 1783. 4.

Stößner, Eduard, Dr.: Die ehemaligen Besitzungen des Klosters Marienberg vor Helmstedt in der Umgegend des heutigen Helmstedter Gesundbrunnens oder des Bades Helmstedt. Aus d. Urkunden, Akten u. d. Litteratur zsgest. *Helmstedt 1902: (Lippert & Co., Naumburg a. S.).* (27 S.) 4° [F.]
Helmstedt, landw. S Marienberg m. Realabt., OP 1902 (776a)**

Stößner, Ed., Elemente der Geographie in Karten und Text methodisch dargestellt. 1—3. Kursus. Annaberg (856.) Rudolph u. Dieterici. qu. 4. n. 2 ℳ. 7 ngr.
Inhalt: 1. Cursus. (11 S. u. 12 lith. u. color. Karten.) n. 15 ngr. — 2. Cursus. (13 S. u. 13 Karten.) n. 24 ngr. — 3. Cursus. (VI, 18 S. u. 18 Karten.) n. 28 ngr.

Stößner, Ed., Elemente der Geographie in Karten und Text methodisch dargestellt. 1. Kursus. 2. Aufl. qu. gr. 4. (11 lithogr. und ill. Karten mit VI und 11 S. Text.) Annaberg 861, Rudolph und Dieterici. *

Stößner, Ed., Elemente der Geographie in Karten und Text methodisch dargestellt. 3 Kurse. qu. 4. Annaberg, Rudolph und Dieterici. [1. Kursus. 3. Aufl. (11 S. und 11 chromolithogr. Karten.) 865. * 16 Ngr., 2. Kursus. 2. Aufl. 1866. und 3., verb. Aufl. (13 S. und 13 chromolithogr. Karten.) 867. * 24 Ngr., 3. Kursus. 2., verb. Aufl. (18 S. und 18 lithogr. Karten.) 866. * 28 Ngr.] *

Stößner, Ed., Elemente der Geographie in Karten und Text methodisch dargestellt. 3 Curse. qu. Fol. Annaberg 867—74, Rudolph und Dieterici. [Curs 1. 4.—8. verb. Aufl. (12 lithogr. und chromolithogr. Karten mit VI, 11 S. Text.) * ℳ 1,60.; Curs 2. 2.—4. verb. Aufl. (13 lithogr. und chromolithogr. Karten mit 18 S. Text.) * ℳ 2,40.; Curs 3. 2.—4. verb. Aufl. (18 lithogr. und chromolithogr. Karten mit 20 S. Text.) * ℳ 2,80.] *

Stößner, Ed., Elemente der Geographie, in Karten und Text methodisch dargestellt. 3 Curse. qu. gr. 4. Annaberg, Rudolph und Dieterici. [1. Curs. 9.—12. Aufl. (12 lithogr. und color. Karten mit VI, 11 S. Text.) 876—81. * ℳ 1,60.; 2. Curs. 5.—9. Aufl. (13 lithogr. und color. Karten mit 18 S. Text.) 876—81. * ℳ 2,40.; 3. Curs. 5.—7. Aufl. (18 lithogr. und color. Karten mit 20 S. Text.) 876—79. * ℳ 2,80.] *

Stößner, Ed., Elemente der Geographie, in Karten und Text methodisch dargestellt. 3 Kurse. qu. gr. 4. Annaberg, Rudolph und Dieterici. [1. Kursus. 13. verb. Aufl. (13 lithogr. und color. Karten mit VI, 11 S. Text.) 885. * ℳ 1. 60.; 2. Kursus. 10. verb. Aufl. (13 lithogr. und color. Karten mit 15 S. Text.) 885. * ℳ 2.40.; 3. Kursus. 8. Aufl. (18 lithogr. und color. Karten mit 20 S. Text.) 883. * ℳ 2.80.] *

Stößner, Ed. Elemente der Geographie, in Karten u. Text methodisch dargestellt. 1. Kurs. 14. verb. Aufl. qu. gr. 4. (VI, 11 S. Text m. 13 farb. Karten.) Annaberg 889, Rudolph u. Dieterici. * 1 60
2. u. 3. Kurs. Ebd. 1883,85. * 5 20.

Stößner, Ed., Elemente der Geographie, in Karten u. Text methodisch dargestellt. 15., verb. Aufl. qu. Fol. (III, 12 S. m. 12 z. Tl. farb. Karten.) Annaberg 893. Rudolph & Dieterici. n. 1. 60

Stößner, (Eduard), Flora der nächsten Umgebung von Annaberg. Zum Gebrauch beim Unterricht u. auf Excursionen. Mit 9 (lith.) Taf. gr. 16. (VI u. 185 S.) Annaberg 848, Rudolph & Dieterici. n. ⅔ ℳ

—— geographische Fragen für Schüler, zur Einübung der Elemente der Geographie. 3 Curse. gr. 8. Annaberg 861, Rudolph und Dieterici. [1. Cursus. (16 S.) * 2 Ngr., 2. (28 S.) * 2½ Ngr., 3. (32 S.) * 3 Ngr.] *

—— geographische Fragen für Schüler zur Einübung der Elemente der Geographie. 1. und 2. Cursus. 2., verb. Aufl. gr. 8. Annaberg 867, Rudolph und Dieterici. [1. Cursus. (16 S.) * 2 Ngr., 2. Cursus. (28 S.) * 2½ Ngr.] *

—— geographische Fragen für Schüler zur Einübung der Elemente der Geographie. 3 Curse. 8. Ebendas. *
Inhalt:
Cursus 1. enth. 600 Fragen. 3.—5. verb. Aufl. (16 S.) 869—74. * 20 Pf.
" 2. enth. 1000 Fragen. 3. und 4. verb. Aufl. (28 S.) 870,74. * 25 Pf.
" 3. enth. 1075 Fragen. 2. verb. Aufl. (32 S.) 869. * 30 Pf.

— geographische Fragen f. Schüler zur Einübung der Elemente der Geographie. 1—3. Curs. gr. 8. Ebend. 874. 75. n. — 75
1. 600 Fragen. 5. verb. Aufl. (16 S.) n. — 20
2. 1000 Fragen. 4. verb. Aufl. (28 S.) n. — 25
3. 1075 Fragen. 3. verb. Aufl. (32 S.) n. — 30

— geographische Fragen für Schüler zur Einübung der Elemente der Geographie. 1—3. Curs. gr. 8. Ebend. 877—79. n. — 75
1. Enth. 600 Fragen. 6., verb. Aufl. (16 S.) n. — 20
2. Enth. 1000 Fragen. 5., verb. Aufl. (28 S.) n. — 25
3. Enth. 1075 Fragen. 4., verb. Aufl. (32 S.) n. — 30

Stößner, Ed., geographische Fragen für Schüler zur Einübung der Elemente der Geographie. 1. und 2. Cursus. 8. Annaberg 888, Rudolph und Dieterici. *
Inhalt:
Cursus 1. Enth. 600 Fragen. 7. verb. Aufl. (16 S.) * 20 Pf.
" 2. Enth. 1000 Fragen. 6. verb. Aufl. (28 S.) * 25 Pf.
3. Cursus. Ebendas. 1879. * 30 Pf.

Stössner, Ed.: Die Methode des geographischen Unterrichtes in Realschulen. 40 S. 4°.– Döbeln R. I. Ordn., Progr. 1870.

— die Methode d. geographischen Unterrichts in Realschulen. gr. 4. (42 S.) Döbeln 871. (Schmidt.) n. 1. —

Stoessner, Ferdinand Eduard [Lehrer der Landwirthschaft aus Annaberg, Konigr. Sachsen]: Untersuchungen über den Einfluss verschiedener Aussaattiefen auf die Entwickelung einiger Getreidesorten .... (Sep.-Abdr. aus den Landwirthsch. Jahrb. Bd. 16.) Berlin, Druck v. Gebr. Unger (Th. Grimm), 1886; 2 Bl. + 133 S. 8°.
Freiburg i. B., Phil. Fak., Inaug.-Diss. v. 1886.

Stoessner, Ferdinand Eduard, Untersuchungen über den Einfluss verschiedener Aussaattiefen auf die Entwickelung einiger Getreidesorten. Diss. Freiburg i. B. 1886. Gr. 8°. 133 S.
Sonder-Abdruck aus: Landwirthschaftliche Jahrbücher, hrsg. von H. Thiel. XVI. Band 1. Heft. Berlin 1887, Paul Parey.

STÖSSNER, JULIUS: Predigt am Feste »Mariä Schnee« in der Tiefenwegkapelle zu Preßburg mit einem Anhang. Geschichte der Tiefen-Weg-Kapelle. Preßburg (1889): Stampfel. 12 S.

Stößner, Karl Benedikt

STÖSSNER, C. B., Abhandlung von dem Nutzen und Verhalten eines Predigers in Ehesachen. Quedlinburg 1791. 8°.
Ehestandsalmanach II. p. 276.

– Dass., s.a. Stößner, Karl Fr.

— Abhandl. von gesetzmäß. Verlösung der Kirchenstühle in den kursächs. Landen. 8. Leipz. 778. Heinsius. 3 gl

Stößner, Karl Bndt., († d. 27. Juli 1808.) üb. Denunciationen, od. Anzeige außerhalb u. vor Gerichte ꝛc.; ein Buch f. Richter, Advocaten u. das Publicum. 8. Leipz. 796. (W. Rauck). 8 gl

Stößner, K. Be., über Denunciationen, od. Anzeige außerh. u. v. Gerichte ꝛc. ein Buch f. Richter, Advocaten u. d. Publikum. 8. Lpz. Sommer. 795. — 8

— Predigt: Ob u. in wie fern der Prediger selbst der Religion nachtheilig werden könne. gr. 8. Leipz., Linke. 3 gl

— Predigt: Ob u. in wie fern der Prediger selbst der Religion nachtheilig werden könne. gr. 8. Leipz., Linke. 3 gl

— s. Schulmeister, der, wie er berufen wird.

— das Vortreffliche u. Nutzbare des Soldatenstandes ꝛc. 8. Frankf. 773. (Hertel in Leipz.) 3 gl

Stößner, Karl Fr.

— Abhandl. von dem Nutzen u. Verhalten eines Predigers in Ehesachen. 8. Quedlinb. 791. Ernst. 4 gl

– Dass., s.a. Stößner, Karl Benedikt

Stößner, K. Fr., Apologie des Vereins der beyden protestantischen Confessionen, oder ausführl. Darstellung der gehabten Motiven auf der 1818 in Querfurt gehaltenen Kreis-Synode dafür zu stimmen. 8. Leipzig, Hartmann. 820.

Stößner, Karl Fr., Apologie des Vereins der beiden protestant. Confessionen, od. ausführl. Darstell. der gehabten Motiven auf der 1818 in Querfurt gehaltenen Kreis-Synode dafür zu stimmen. 8. Leipz. 820. (Lehnhold). 5 gl

— s. J. A. Ernesti, Lehre der evangel. Kirche.

— moral. Handbuch f. Soldaten. 8. Leipz. 793. (W. Rauck). 4 gl

K. F. Stössner's moral. Handbuch f. d. Soldaten, bes. f. d. Unteroffic. u. Gem. d. kurf. sächs. Armee. Lpz., Sommer. 793. 8° 4 gl

Stoßseufzer, 2 antisemitische. 8. (3 S.) Rossen 893. P. Westphal. — 5

— e. armen christlichen Seele zu St. Blasien. gr. 8. (4 S. m. 1 Abbildg.) Ebd. 894. — 10

Stoßseufzer e. bairisch. Soldaten um Verminderung d. Biersatzes, in der Form d. bekannt. allgem. Gebetes, mit erläut. Anmerkk. ꝛc. (von Jos. Zenger). 8. o. O. 809.

„Stosst an, Bonna soll leben!“ Taschen-Commersbuch f. den Bonner Studenten. 16. (96 S.) Bonn 887. Schulbuchhandlg. (O. Paul). n. — 50

Stoßt an, Göttingen lebe! Akademisches Taschen-Liederbuch gr. 16. (107 S.) Göttingen (901). [F. Wunder.] C. Spielmeyer's Nachf. n n. — 30

Stosz, Wilhelm: Le Sage als Vorkaempfer der Atomistik. Halle a/S. 1884: Eupel in Sondershausen. 62 S. 8°
Halle-Wittenberg, Phil. Diss. v. 5. Jan. 1884
Geb. Sondershausen 5. 10. 1858. V.
Im Buchhandel Halle (Leipzig: Fock) 1884. 60 S.

Stosz, Wilh., Le Sage als Vorkämpfer der Atomistik. gr. 8. (60 S.) Halle 884. (Leipzig, Fock.) n. 1. 50

FSC
www.fsc.org
MIX
Papier | Fördert
gute Waldnutzung
FSC® C083411

Kolibri 360 GmbH
Ferdinand-Jühlke-Straße 7
99095 Erfurt, Deutschland
produktsicherheit@kolibri360.de